LEHRBUCH DER PALÄOZOOLOGIE

Band II

INVERTEBRATEN

Teil 2

Mollusca 2 — Arthropoda 1

4. Auflage

LEHRBUCH DER PALÄOZOOLOGIE

Prof. Dr. rer. nat. habil. Arno Hermann Müller
Freiberg (Sachsen)

Band II

Invertebraten

Teil 2

Mollusca 2 — Arthropoda 1

Mit 703 Abbildungen

Vierte, neu bearbeitete und erweiterte Auflage

SEMPER BONIS ARTIBUS

Gustav Fischer Verlag Jena · Stuttgart · 1994

1. Auflage 1960
2. Auflage 1965
3. Auflage 1981

Prof. Dr. rer. nat. habil. Arno Hermann Müller
Johann-Sebastian-Bach-Straße 4
09599 Freiberg/Sachsen

Die Deutsche Bibliothek – CIP-Einheitsaufnahme

Müller, Arno Hermann:
Lehrbuch der Paläozoologie / Arno Hermann Müller. – Jena ;
Stuttgart : G. Fischer.
Literaturangaben
ISBN 3-334-00222-5
Bd. 2. Invertebraten.
Teil 2. Mollusca 2 – Arthropoda 1. – 4., neu bearb. und erw.
Aufl. – 1994
ISBN 3-334-60458-6

Villengang 2, D-07745 Jena

Gesamtherstellung: Friedrich Pustet, Regensburg
Printed in Germany
ISBN 3-334-60458-6
ISBN Gesamtwerk 3-334-00222-5

Vorwort zur 4. Auflage

Wie sein Vorgänger wurde auch dieser Band — unter Berücksichtigung von Wünschen oder Hinweisen der Benutzer — auf einen aktuellen Wissensstand gebracht, um weiterhin den Bedürfnissen in Lehre, Forschung und Praxis zu entsprechen. Besondere Aufmerksamkeit gilt — ihrer ortho- und parachronologischen Bedeutung wegen — wiederum den Ammonoidea und Trilobita.

Die benutzten Quellen werden im laufenden Text sowie in den umfangreichen Literaturverzeichnissen der einzelnen Kapitel gebührend gewürdigt. Für besondere direkte oder indirekte Hilfe habe ich zu danken: Prof. Dr. G. K. B. ALBERTI, Hamburg; Prof. Dr. B. BOUČEK †, Prag; Dr. C. BRAUCKMANN, Wuppertal; Prof. Dr. V. V. DRUTSCHITZ †, Moskau; Prof. Dr. H. K. ERBEN, Bonn; Prof. Dr. E. FLÜGEL, Erlangen; Prof. Dr. H. FLÜGEL, Graz; Dr. N. HAUSCHKE, Münster; Prof. Dr. H. HILTERMANN, Solbad Laer a. t. W.; Dr. R. JORDAN, Hannover; Dr. E. N. KJELLESVIC-WAERING †, Chicago; H. KOWALSKI †, Moers; Prof. Dr. J. SCHNEIDER, Freiberg; Prof. Dr. Dr. h.c. mult. E. SEIBOLD, Freiburg (Br.); Prof. Dr. L. STØRMER †, Oslo; Prof. Dr. K. TRÖGER, Freiberg; Prof. Dr. Dr. h.c. E. VOIGT, Hamburg; Prof. Dr. Dr. h.c. H. ZAPFE, Wien; Dr. H. ZIBROWIUS, Marseille.

Dank gebührt wiederum dem Verlag für stets gute Zusammenarbeit, insbesondere der Lektorin Frau Ina KOCH und dem Hersteller Herrn Hans KUBIK, ferner Frau Christa PINGEL für die bewährte und sorgfältige Anfertigung der Register.

A. H. MÜLLER

Die Fotografien zu folgenden Abbildungen wurden von Herrn H. ZIMMERMANN †, früher Freiberg, angefertigt: 33, 43, 50, 51, 61, 63, 68, 72, 84, 87, 88, 98, 111, 116, 120, 129, 135, 142, 151, 153—155B, 202, 204—207, 241, 242, 244, 252, 267, 268, 280A, 286, 297B, 299, 307, 312, 322A, 325, 338B, 352–354, 356, 360, 369, 382, 384, 393, 402, 410, 425, 427, 428, 440, 455, 460, 494B, 496, 529, 563, 582, 584, 586, 589, 602, 604, 610, 619, 620, 628, 640B, 642, 643, 655, 660, 662B, 667C, 674, 680. — Bei den übrigen Abbildungen handelt es sich um Fotografien und Zeichnungen des Verfassers, falls keine anderen Angaben gemacht werden.

Inhaltsverzeichnis

Darmtraktus enthält und dessen Spitze das Hinterende des Körpers bildet. An der Vorderseite dieses Eingeweidesackes liegt meist eine tiefe, taschenartige Höhlung mit den Atmungsorganen und dem After, die sog. Mantelhöhle. Sie wird im wesentlichen vom Mantel gebildet, der wie ein Umlegekragen die zwischen Fuß und Eingeweidesack befindliche Einschnürung umgibt. Mit dem Gehäuse ist das Tier lediglich über den Spindelmuskel fest verbunden. Das ist ein dorsoventral verlaufender Muskel, der von der Muskulatur des Fußes dorsal ausstrahlt und sich zur Spitze des Gehäuses erstreckt. Durch seine Kontraktion wird der Weichkörper in das Innere des Gehäuses gezogen. Manche Schnecken mit kleinem Eingeweidesack, dessen Inhalt zum Teil in den Fuß verlagert ist, haben oft ein stark rückgebildetes Gehäuse. Falls überhaupt noch vorhanden, ist es nie spiral aufgewunden und stets vom Mantel überwachsen.

2. *Vorkommen*

Kambrium – rezent, mit über 150000 Arten. Dabei tritt die Gruppe bis einschließlich Perm nur relativ wenig hervor, gewinnt dann aber zunehmend an Bedeutung, so daß sich insgesamt ein ähnliches Bild wie bei den Lamellibranchiaten ergibt (vgl. Band II, Teil 1, 4. Aufl., S. 521, Abb. 575). Hierbei kommt es zum absoluten Maximum der Formenmannigfaltigkeit im Miozän und zu einem nur wenig schwächeren weiteren Maximum im Eozän. Die quantitative Verteilung einer großen Anzahl fossil belegter Gattungen ist aus Abb. 2 ersichtlich.

3. *Der Weichkörper* (Abb. 1)

Der Körper der Schnecken besteht in der Regel aus Kopf, Mantel, Eingeweidesack und Fuß. Hiervon ist der **Kopf** meist deutlich abgesetzt und nur in seltenen Fällen zurückgebildet. Er trägt

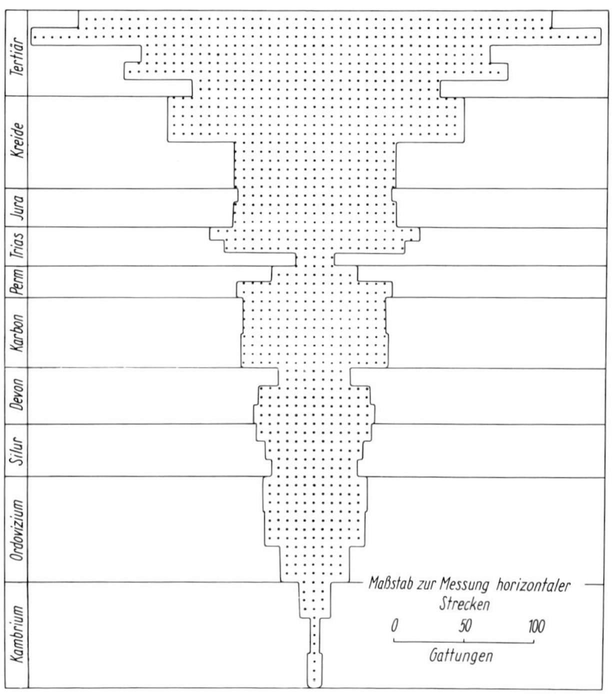

Abb. 2. Die quantitative zeitliche Verteilung von 1242 fossil belegten Gattungen der Gastropoda (ohne Pulmonata).

unten die Mundöffnung, oben die paarig ausgebildeten Tentakel sowie ein Paar Augen. Vor allem die Höhlenbewohner sind blind. – Die Dorsalseite des Körpers ist gewöhnlich in einen hohen Sack verlängert (**Eingeweidesack**), der Magen, Darm, Herz, Nieren, Atmungs- und Fortpflanzungsorgane enthält. Der Eingeweidesack wird außen zum Teil vom **Mantel** umgeben, der sich wie eine Kapuze auf dem Rücken erhebt und bis zum Kopf reicht. Der freie Mantelsaum und auch die ganze Mantelfläche sind reich an Drüsen, durch die teils Farbstoffe, teils der Kalk für die Schale ausgeschieden werden. An einer Seite des Eingeweidesackes liegt eine tiefe, taschenartige Höhlung, die sogenannte **Mantelhöhle**. In ihr befinden sich die Atmungsorgane, die After- und Genitalöffnung. Die Verbindung des Tieres mit der Schale erfolgt bei spiral eingerollten Formen über einen Spindelmuskel, der in der Nähe des Mundsaumes entspringt und sich mit einem sehnigen Streifen an die Gehäusespindel resp. Innenwandung des Gehäuses heftet. Bei primär napfförmigen Schalen können mehrere paarig angeordnete Haftmuskeln

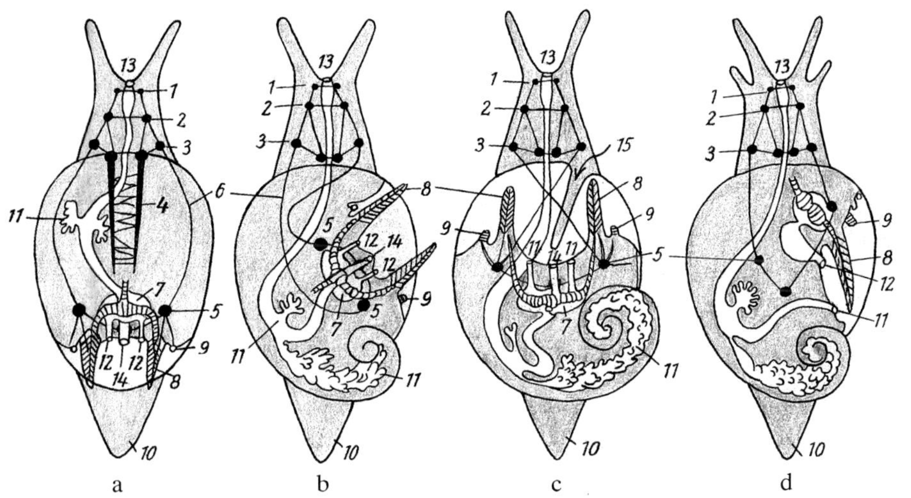

Abb. 3. Schematische Darstellung der topographischen Anatomie bei den Proso- und Opisthobranchiern, zugleich, um die Entstehung der Streptoneurie zu zeigen. Mantelhöhle, Darmtraktus. Pericard sowie Herz sind weiß ausgespart, Ganglien und Hauptverbindungsnerven schwarz ausgezogen. a) Hypothetische **Ausgangsform**, deren Mantelhöhle am Hinterende des Eingeweidesackes liegt; b) **Übergangsform**, bei der die Torsion bereits über 90 Grad erreicht hat. Hierbei wurde die Mantelhöhle an die rechte Körperseite verlagert. Die Visceralkommissuren beginnen, sich zu überkreuzen. Gleichzeitig verlängert sich der Eingeweidesack und rollt sich ein. Er enthält die ursprünglich auf der linken Seite befindliche Mitteldarmdrüse, während die ursprünglich rechts gelegene verkümmert. c) Primitiver **Prosobranchier** dessen Mantelhöhle gegenüber a) um 180 Grad nach vorn gedreht wurde, so daß sie jetzt hinter dem Kopf liegt. In der Decke der Mantelhöhle befindet sich ein Schlitz, der auch das Gehäuse an der darüber liegenden Stelle quert. Durch ihn wird der Kot unmittelbar nach außen befördert, so daß er nicht mit den Kiemen in Berührung kommt. Die Visceralkommissuren sind jetzt völlig überkreuzt. d) **Opisthobranchier**. Hier ist die Mantelhöhle wieder derart zurückgedreht, daß sie ähnlich wie bei b) auf der rechten Körperseite liegt. Gleichzeitig sind die rechte Kieme sowie die rechts vom Darm liegende Niere rückgebildet. Die Visceralkommissuren verlaufen sekundär orthoneuritisch. – **Bezeichnungen:** 1 = Buccalganglion, 2 = Cerebralganglion, 3 = Pleuralganglion, 4 = Pedalganglionstrang. Er wurde nur bei a) eingezeichnet. 5 = Parietalganglion, 6 = Visceralkommissur, 7 = Pericard, darin Herz mit Vorkammer und Aorta, 8 = Kiemen, 9 = Osphradium, 10 = Ende des Fußes. Es handelt sich hierbei um das unechte Körperende. Das echte liegt an der Spitze des Eingeweidesackes. 11 = Mitteldarmdrüse, 12 = Nierenöffnung, 13 = Mundöffnung, 14 = Afteröffnung, 15 = Siphonalschlitz in Mantelhöhle und Gehäuse. – In Anlehnung an STEMPELL aus A. Kaestner (1954/55), verändert.

auftreten. Leider sind Muskeleindrücke selbst bei rezenten Vertretern nur relativ selten zu beobachten.

Der **Fuß** ist meist söhlig und sehr muskulös ausgebildet. Er dient als Kriechsohle. Nur bei planktisch oder nektisch lebenden Schnecken ist er gelegentlich durch zwei flügelartige Schwimmlappen neben dem Kopf ersetzt. In manchen Fällen wird der Fuß zum Graben (z. B. *Natica*) oder Springen (z. B. *Strombus*) benutzt.

Das **Nervensystem** (Abb. 3) besteht aus einem Schlundring mit je zwei Cerebral- und Buccalganglien, ferner aus je einem Paar Pedal- und Pleural-(Pallial-)Ganglien, einem ein- oder mehrfachen Visceralganglion sowie 2 oder 3 weiteren Ganglienpaaren, die alle durch Nervenstränge (Kommissuren) verbunden sind. Von diesen hat die Visceralkommissur bei den Prosobranchiern eine Drehung (Torsion) erfahren, so daß sich ihre Schenkel überkreuzen (Abb. 3c). Dies vollzog sich im Zusammenhang mit den Vorgängen, durch die der ursprünglich am Hinterende liegende After mitsamt dem Verdauungstraktus so umgebogen wurde, daß er neben die Mundöffnung zu liegen kam. Zugleich ging auf diese Weise die ursprünglich bilaterale Symmetrie verloren. Als Folge hiervon sind z. B. die auf der rechten Seite liegenden Organe rezenter Formen viel kleiner als die auf der linken; ja sie können sogar gänzlich verschwinden; weshalb die mit der Torsion verknüpften Erscheinungen taxonomisch und phylogenetisch eine bedeutende Rolle spielen.

Abgesehen von einigen Vertretern, deren **Respiration** sich über die Oberfläche des Mantels vollzieht, atmen die meisten Schnecken mit Hilfe von Kiemen (Kiemenschnecken) oder Lungen (Lungenschnecken = Pulmonaten).

a) **Kiemen:** Das sind gefäßreiche Organe, die in die Mantelhöhle ragen und lamellenartig, kamm- oder federförmig ausgebildet sind. Ursprünglich hatte jede Kiemenschnecke mindestens zwei Kiemen. Von diesen ging aber eine während der Torsion des Eingeweidesackes verloren. Bei manchen Formen entwickelten sich sekundär und zusätzlich Pseudokiemen, die hinten oder seitlich an den Tieren sitzen. Kiemen sind nur bei den im Wasser lebenden Schnecken zu finden.

b) **Lungen:** Bei den zum Landleben und somit zur Luftatmung übergegangenen Vertretern ist die Mantelhöhle mit einem Geflecht von Blutgefäßen ausgekleidet, wodurch sie wie eine Lunge funktioniert. Manche Pulmonaten sind sekundär wieder ins Wasser zurückgekehrt. Doch müssen sie, um zu atmen, an die Wasseroberfläche kommen.

In der Mundhöhle befindet sich bei den meisten Gastropoda eine **Radula**, d. h. ein zungenartiges, mit winzigen, aus chitiniger Substanz bestehenden Zähnchen oder Platten besetztes Band, das über eine Kante etwas vor- und rückwärts bewegt werden kann. Dabei wird die Nahrung der Tiere zerkleinert und in den Schlund befördert. Die Zähnchen und Platten sind in Querreihen angeordnet und entstehen in der sog. Radulatasche. Von hier rücken sie allmählich nach vorn, werden zunehmend abgenutzt und schließlich am vorderen Ende der Radula abgeworfen. Da der Bau bei den verschiedenen Taxa eine große Konstanz zeigt, hat die Radula taxonomische Bedeutung bei den rezenten Formen, nicht jedoch bei den fossilen, da bei ihnen die Radula erhaltungsbedingt noch nicht gefunden wurde. Aus Abb. 4 und 5A, in denen die wichtigsten Typen der Radula dargestellt sind, ergibt sich, daß jede Querreihe meist aus einem Mittelzahn (Rhachis-Zahn) und randständigen Seitenzähnchen besteht, die durch dazwischen liegende Elemente getrennt werden. Die Radula pflanzenfressender Gastropoda hat zahlreiche, meist einfache und gleichförmige Zähnchen oder Platten (Abb. 5B), die der carnivoren Vertreter wenige, oft besonders differenzierte Zähnchen. Die Gesamtzahl der Zähnchen in einer Radula ist je nach Taxon sehr verschieden und kann zwischen 1 und mehr als 750000 betragen, die Anzahl der Querreihen mehrere Hundert. Bei einigen Prosobranchiern ist die Radula vollständig rückgebildet.

Gegenüber der Radula liegen in der Mundhöhle die sog. **Kieferplatten**. Sie sind meist paarig ausgebildet und mit der Radula verbunden.

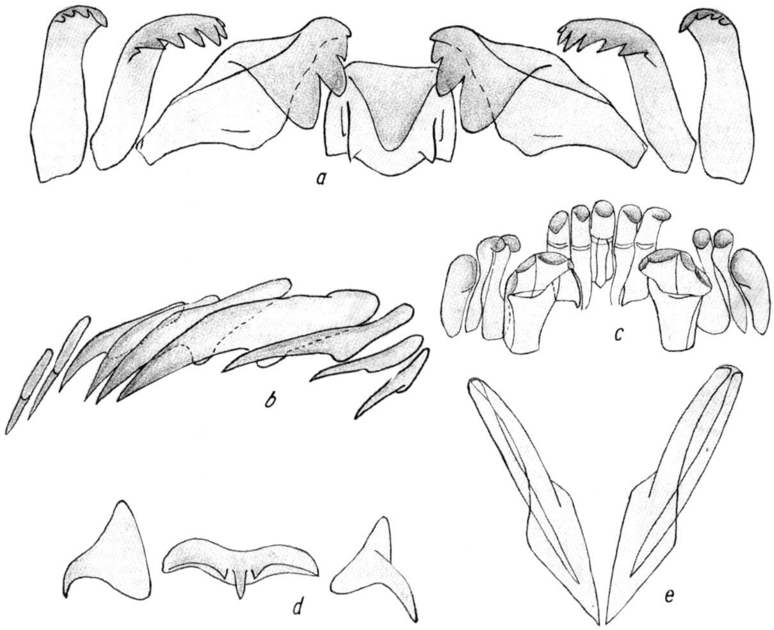

Abb. 4. Einige der wichtigsten Radula-Typen der Gastropoden. Stark vergrößert, ohne Maßstab. Es wird jeweils nur eine, resp. bei b) lediglich eine halbe Querreihe gezeigt. — a) *Lithoglyphopsis modesta* (GREDLER), taenioglossat; b) *Tyloria bylinoides* (THIELE), ptenoglossat; c) *Patella (Scutellastra) pica* REEVE, docoglossat; d) *Xancus ovoideus* (KIENER), rhachiglossat; e) *Haedropleura septangularis* (MONTAGU), toxiglossat. — Etwas verändert nach J. THIELE 1931.

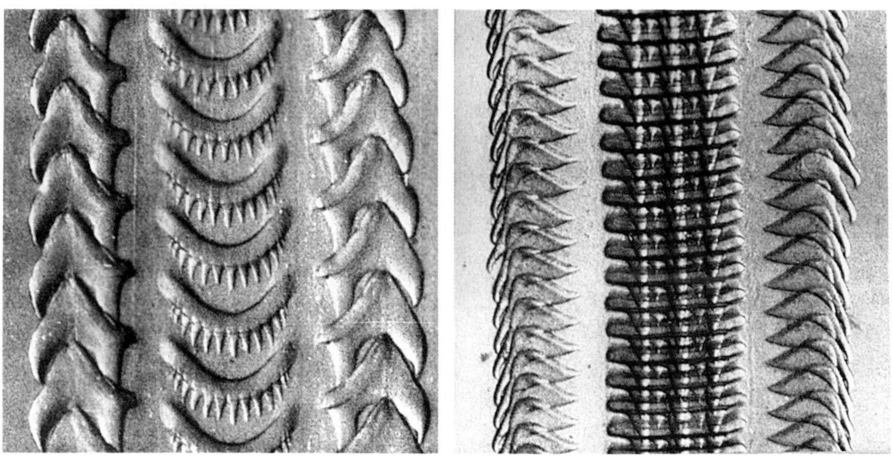

Abb. 5 A. Radula (ausgebreitet) verschiedener Schnecken: a) *Murex brandaris*, rezent. Ca. 40/1 nat. Gr.; b) *Nassa mutabilis*, rezent. Ca. 65/1 nat. Gr.; — Nach G. RICHTER 1962.

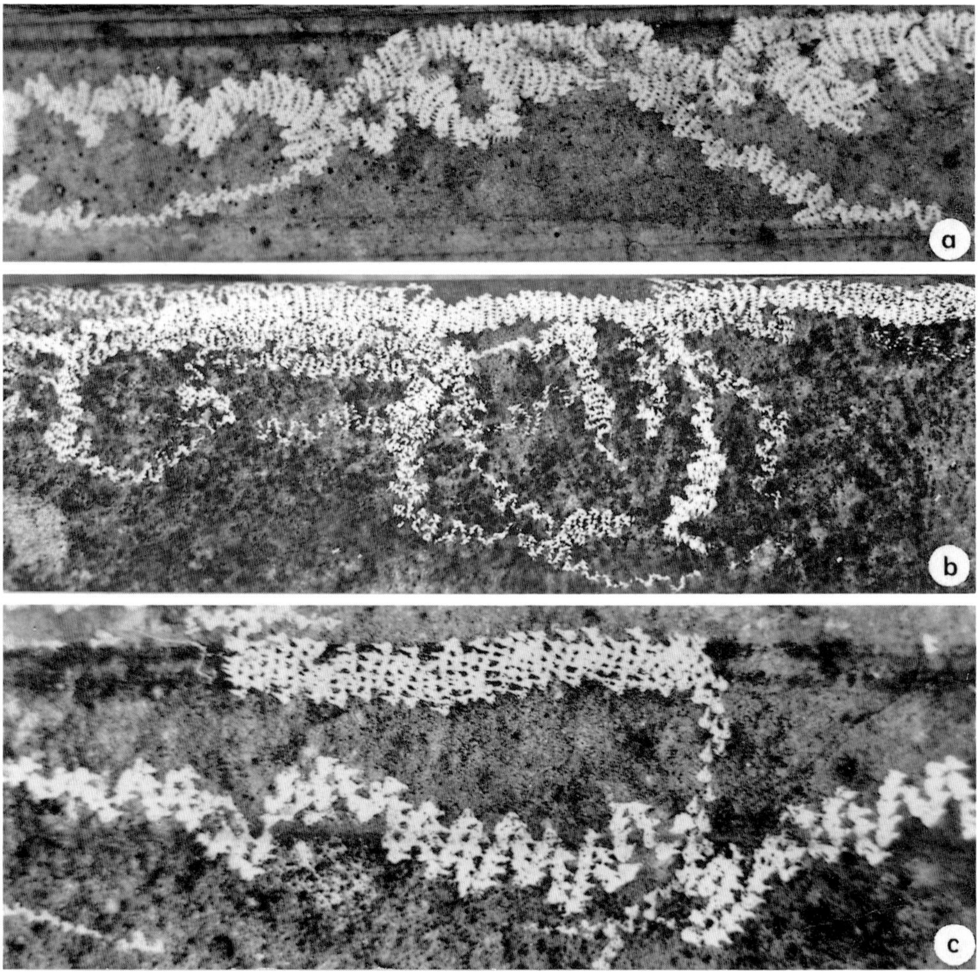

Abb. 5B. Typische Fraßspuren einer sich von Pflanzen ernährenden Lungenschnecke, deren Radula aus zahlreichen nahezu gleichförmigen Zähnchen besteht. Rezent aus einem Garten in Freiberg (Sachsen). Bildbreite von a) und b) ca. 8,5 cm, von c) ca. 4 cm. Fot. Verf.

4. Die Hartteile

Das Gehäuse wird, ebenso wie bei den übrigen Mollusken, vom Mantel ausgeschieden, wobei Form und Größe von der besonderen Beschaffenheit des Eingeweidesackes abhängig sind. Es besteht im allgemeinen unter dem Periostrakum aus zwei Schichten, deren spezielle Zusammensetzung gewisse systematische Aussagen ermöglicht:

a) eine äußere Lage: Sie besteht aus Aragonitprismen, die vertikal resp. mehr oder weniger schräg zur Oberfläche angeordnet sind und oft eine besondere Färbung mit gelegentlich auch fossil erhaltenen Pigmenten aufweisen.

b) einer inneren Lage, die entweder perlmutterartig oder porzellanartig ausgebildet ist. Perlmutterartige Ausbildung liegt dann vor, wenn die sich parallel zur Innenfläche erstreckenden Aragonitlamellen mit Konchiolin wechsellagern; prozellanartige dann, wenn die Beschaffenheit dicht und die chemische Zusammensetzung homogener ist. Umschließt der Mantel das Gehäuse, wird es durch eine oft sehr dicke, porzellanartige Schicht dieser Lage überzogen.

Das Gehäuse besteht im wesentlichen aus Aragonit. Demzufolge ist wegen ihrer relativ leichteren Löslichkeit die Schale an den fossilen Resten meist entweder nicht mehr vorhanden oder in Kalzit umgewandelt. Insgesamt kann man mit 95–98% Kalziumkarbonat rechnen.

Jede der beiden Lagen, aus denen das Gehäuse besteht, weist eine besondere **Skulptur** auf; die der inneren ist nur bei stark abgenutzten und abgeschliffenen Gehäusen zu erkennen. Taxonomisch von erheblicher Bedeutung ist die Beschaffenheit der Außenseite. Die Mehrzahl der Schnecken, insbesondere jedoch die jüngeren Formen ab Jura, zeigt hier eine ausgeprägte Skulptur. Dabei können vertiefte Linien, Furchen, Leisten, Rippen, Knoten, Stacheln, Falten usw. in mannigfacher Weise auftreten. Sind sie im wesentlichen parallel zur Naht, also in Längsrichtung der Röhre, angeordnet, spricht man von Längs- oder Spiralverzierungen. Sie werden wohl alle durch Falten in der Manteloberfläche verursacht. Verlaufen die Skulpturelemente dagegen im wesentlichen senkrecht oder schräg zur Längsrichtung der Röhre, werden sie als Querverzierungen bezeichnet. Dabei handelt es sich um differenzierte Zuwachsstreifen, deren Anordnung und Ausbildung von erheblicher taxonomischer Bedeutuung sein können.

Mitunter finden sich in der Tiefe der Schale, ähnlich wie bei den Muscheln, besondere und von der Skulptur der Oberfläche abweichende Strukturen, die nur dann hervortreten, wenn die Schale von außen her abgeschliffen oder abgerieben wird. So lassen sich bei *Campanilopa* feine Punktreihen erkennen.

Die äußere Lage vor allem ist bei vielen Schnecken bunt gefärbt. Diese **Färbung** geht im allgemeinen während der Fossilisation verloren und findet sich um so seltener, je älter die Fossilreste sind.

Das Gehäuse wird in der Regel aus mehreren **Windungen** oder Umgängen gebildet, die oben mit der Spitze (Apex) beginnen und unten mit der Mündung (Apertura) enden. Je nach der Art der Aufwindung unterscheidet man planspirale, pseudoplanspirale und trochispirale Formen:

a) Planspiral sind sie dann, wenn die Mittellinie aller Windungen in einer Ebene liegt. Dieser Typ ist bei den Schnecken weniger häufig, ganz im Gegensatz zu den Ammonoidea, wo er sehr konservativ beibehalten wird.

b) Beim pseudoplanspiralen Typ liegt die Mittellinie aller Windungen nicht genau in einer Ebene, weicht aber nur wenig von dieser ab.

c) Um trochispirale Gehäuse handelt es sich, wenn, wie dies in der Mehrzahl der Fälle zutrifft, die Windungen räumlich spiral angeordnet sind.

Ein trochispirales Gehäuse wird zur Beschreibung und Abbildung so orientiert, daß der Apex nach oben, die Mündung dem Beschauer zugekehrt ist. Liegt dann die Mündung rechts von der Längsachse, ist das Gehäuse rechtsgewunden, liegt sie auf der linken Seite, ist es linksgewunden (Abb. 6). Die meisten Schnecken sind rechtsgewunden, nur wenige linksgewunden (z. B. Clausiliidae, Physidae). Doch finden sich in sonst rechtsgewundenen Formenkreisen gelegentlich als Ausnahmen linksgewundene und umgekehrt.

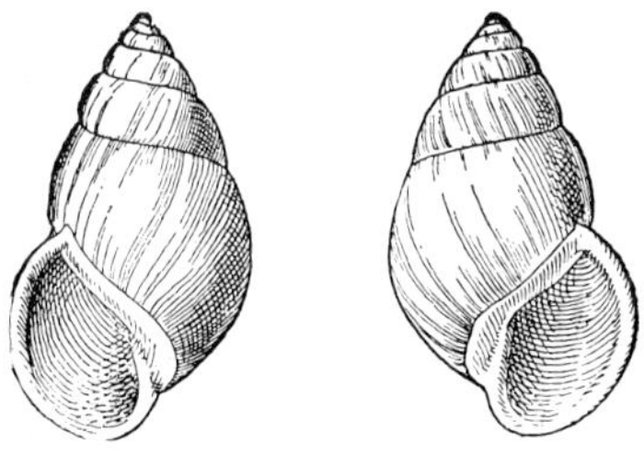

Abb. 6. a) Linksgewundenes, b) rechtsgewundenes Gehäuse von *Bulimus perversus*, einer tropischen Landschnecke. Ca. nat. Gr. — Nach E. v. MARTENS.

Der **Windungsquerschnitt** kann kreisförmig, oval, flach oder gewinkelt ausgebildet sein. Bei den gewinkelten Formen bezeichnet man die an der Außenseite verlaufende Winkellinie als **Kiel**. Die linienartige Berührungsstelle der Windungen an der Gehäuseoberfläche nennt man die **Naht** oder Sutur. Die dem letzten Umgang aufsitzenden Windungen trochispiraler Formen bilden das **Gewinde**. Der äußeren Gestalt nach haben die Gehäuse der Schnecken, wie ein Blick auf die nachstehenden Abbildungen zeigt, eine große Mannigfaltigkeit.

Berühren sich die Windungen in der Windungsachse des Gehäuses, entsteht ein fester Zylinder. Das ist die **Spindel** oder **Columella** (Abb. 7a). Sie kann glatt oder mit spiral verlaufenden Rippen (Spindelfalten) bedeckt sein. Berühren sich die Windungen längs der Windungsachse nicht, entsteht dort ein hohler Kanal. Er oder nur seine Mündung wird als **Nabel** (Abb. 7b) bezeichnet. Je nach der Weite des Nabeleinganges spricht man von weit- oder enggenabelten Formen. Wird ein an sich wohlentwickelter Nabel durch eine Erweiterung des Mundsaumes bedeckt, handelt es sich um einen bedeckt genabelten Vertreter.

Der **Mundsaum** (Peristoma) der Mündung des letzten Umganges kann in zweierlei Weise ausgebildet sein:

a) holostom: ganzrandig (Abb. 7a),

b) siphonostom (Abb. 8): ausgeschnitten oder mit einem Ausguß versehen. Dann zeigt sich neben der Spindel eine kurze Rinne oder eine Ausbuchtung für den Sipho, resp. im Extremfall ein gerader, gebogener oder rückwärts gekrümmter Kanal, der gelegentlich länger ist als der letzte Umgang.

Die meisten Schnecken haben wenigstens in der Jugend einen Deckel (**Operculum**), der dem Hinterende des Fußes aufsitzt und entweder hornig oder seltener kalkig ausgebildet ist (Abb. 9A, B). Die Form dieses Deckels entspricht meist der Mündung, die mit ihm verschlossen werden kann, wenn sich das Tier in die Schale zurückzieht. Der Deckel verschwindet in der Regel in den Formen mit sehr weiter Mündung während der Ontogenese und bei den Nacktschnecken. Es handelt sich keineswegs, wie man lange glauben wollte, um eine dem Gehäuse homologe Bildung, die etwa einer zweiten „Klappe" entspricht, ähnlich wie bei den Muscheln, sondern um die Ausscheidung einer besonderen Drüse, die sich im Fuß befindet. – Den zuerst gebildeten Teil, um den oder von dem aus sich das weitere Wachstum entweder spiral oder konzentrisch vollzieht, bezeichnet man als Nucleus. Er kann mehr oder weniger zentral oder randlich

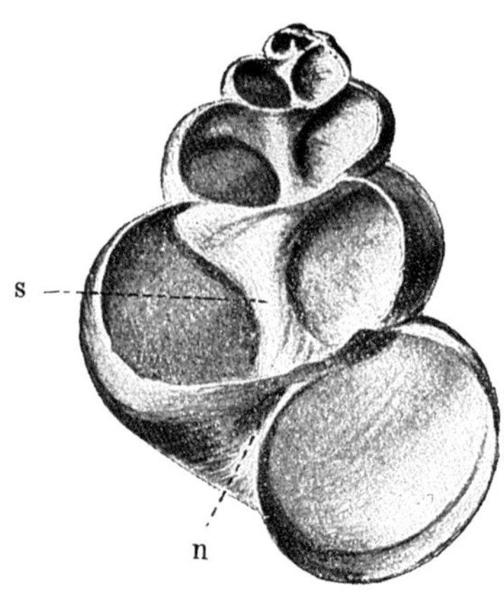

a

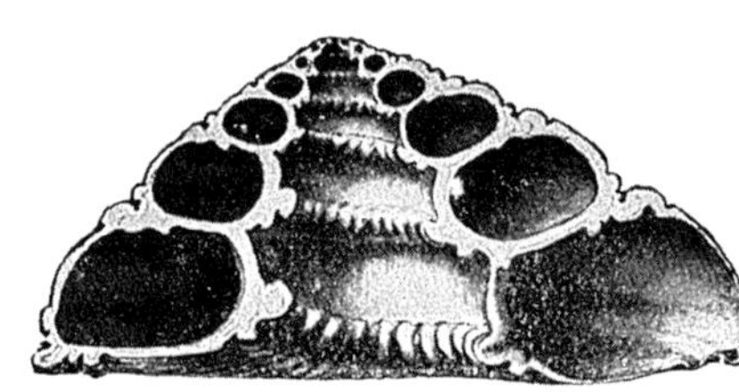

b

Abb. 7. a) „Falscher" Nabel (n) bei einem Gehäuse von *Viviparus*, dessen vordere Wand weggebrochen ist, um die Spindel (s) oder Columella zu zeigen. Mündung holostom. b) Längsschnitt durch das Gehäuse einer anderen Gattung mit sehr weitem „echten" Nabel. — Nach J. E. Boas.

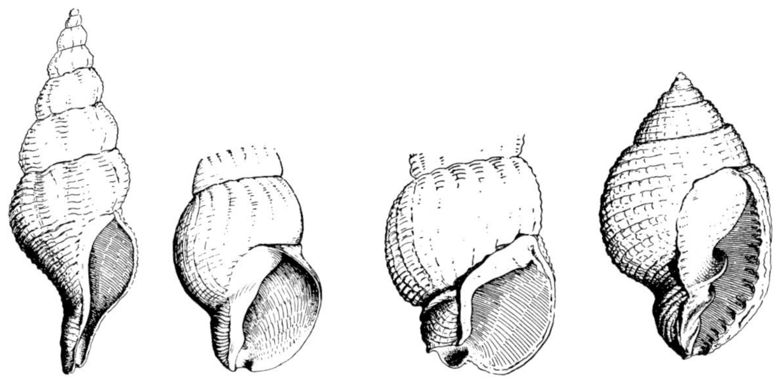

Abb. 8. Formen des Kanals bei siphonostomen Gastropoda. a) *Fusus*, b) *Buccinum* (cyrtostyl, mit Wulst), c) *Nassa,* d) *Cancellaria* (schizostyl, mit Ausschnitt). *Nassa* ohne, *Cancellaria* mit Spindelfalten. Ohne Maßstab. – Nach R. Wedekind 1934.

(marginal) liegen. In ein und derselben Gattung ist, abgesehen von einigen Ausnahmen, das Operculum in ähnlicher Weise ausgebildet. Einige der wichtigsten Formen finden sich in Abb. 9A, B, 10A, B. Die Richtung, in der die Windungen im Operculum verlaufen, ist unabhängig vom Drehsinn der Schale. Er kann individuell verschieden sein; doch erfolgt er meist im Uhrzeigersinn. Hornige Opercula sind im allgemeinen sehr dünn und kaum erhaltungsfähig; die kalkigen zum Teil recht dick und widerstandsfähig, gelegentlich sogar widerstandsfähiger als das Gehäuse selbst. Nicht mit einem Operculum darf der sog. Winterdeckel (= Epiphragma) verwechselt werden, mit dem z. B. *Helix*-Arten während der Winterruhe ihr Gehäuse verschließen. Es ist eine dünne Kalkplatte, die im Frühjahr wieder abgestoßen wird.

Eine besondere taxonomische Bedeutung hat das sog. **Embryonalgewinde**. Es sind dies die ersten Umgänge, die während der embryonalen Entwicklung angelegt werden. Sie unterscheiden sich hinsichtlich Skulptur und Form meist erheblich von denen des übrigen Gewindes. In der Regel ist das Embryonalgewinde z. B. glatter und glänzender. Es entwickelt sich um einen kleinen, meist rundlichen Kern (Nucleus). In einigen Fällen wird es im weiteren Verlauf der Ontogenese abgestoßen, wobei eine Öffnung entsteht, die sich später mit einer Kalkwand verschließt. Je nach der besonderen Ausbildung kann das Embryonalgewinde sein (Abb. 11):

a) **ortho- oder homöostroph** (am häufigsten): zeigt denselben Windungssinn wie das übrige Gewinde;

Abb. 9A. *Poleumita dives* (Barrande), Silur (Kopanina-Schichten) der Tschechei. 2/1 nat. Gr. – Nach J. Svoboda & F. Prantl 1958.

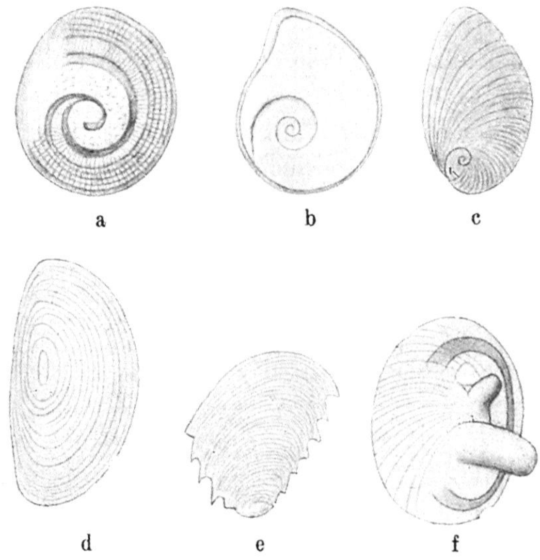

Abb. 9B. Verschiedene Formen der bei den Gastropoda auftretenden Opercula. a) *Turbo (Callopoma) fluctuosus* Wood, nat. Gr.; b) *Otopoma clathratulum* (Recluz), vergrößert; c) *Potadoma (Rhinomelania) zenkeri* (Martens), nat. Gr.; d) *Semicassis (Xenogalea) pyrum* (Lamarck), nat. Gr.; e) *Nassa (Niotha) albescens* Dunker, vergrößert; f) *Anabathron (Nodulus) contortum* (Jeffreys), nat. Gr. Alle Arten sind rezent. – Nach J. Thiele 1931.

Abb. 10A. Kalkige paucispirale Opercula eines rezenten Prosobranchiers (*Turbo* sp.), wahllos aufgesammelt von einem Spülsaum auf Sandstrand nahe Santa Maria bei Havanna (Kuba). Größter Durchmesser des größten Exemplars 12,5 mm. – Nach A. H. Müller 1992.

Abb. 10B. *Fascicularia tulipa,* mumifiziert, mit Operculum, rezent von Marea del Portillo bei Pilon (Kuba). Länge des Gehäuses 11 cm. Fot. Verf.

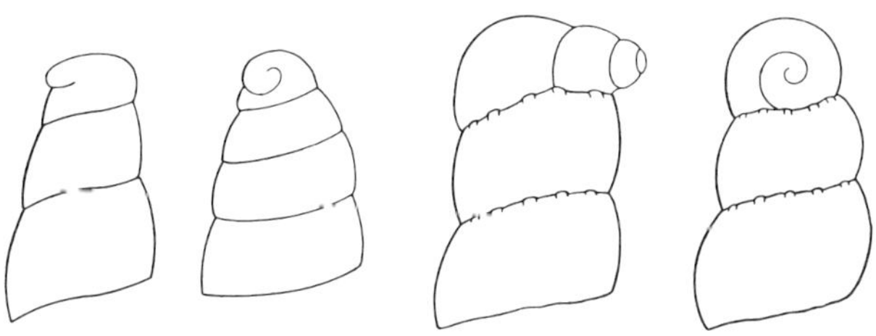

Abb. 11. Verschiedene Formen des Embryonalgewindes bei Schnecken. a) orthostroph, b) heterostroph (= heterogyr), c)—d) alloiostroph. Vergrößert. — Nach W. Wenz 1938—1944.

b) **heterostroph** (weitaus seltener): mit entgegengesetztem Windungssinn;
c) **alloiostroph:** das Embryonalgewinde ist bis um etwa 90 Grad gegen das übrige Gewinde abgebogen;
d) **paucispiral:** mit 1—2 Umgängen;
e) **multispiral:** mit 3 oder mehr Umgängen.

Zu erwähnen ist noch, daß gelegentlich das Embryonalgewinde vom restlichen Gewinde gänzlich umschlossen werden kann. — Die taxonomische Wichtigkeit des Embryonalgewindes beruht vor allem darauf, daß es seinen speziellen Bau während der Stammesgeschichte auch dann noch beibehält, wenn das übrige Gehäuse bereits eine weitgehende Umwandlung erfahren hat. Deshalb lassen sich bei vorsichtiger Bewertung der entgegentretenden Merkmale vor allem die verwandtschaftlichen Beziehungen homöomorpher Formen klären.

5. Systematik

Sehr ungünstig scheint es bei den fossilen Gastropoden hinsichtlich der taxonomischen und phylogenetischen Auswertbarkeit des Gehäuses zu stehen, da die für den Neontologen systematisch vor allem zugrunde liegenden Merkmale (Nervensystem, Herz, Geschlechtsorgane, Kiemen, Fuß, Radula) dem Paläontologen im allgemeinen nicht zugänglich sind. Neuere Untersuchungen haben jedoch gezeigt, daß auch das Gehäuse der Schnecken ein bezeichnendes Bauelement darstellt, das ebenso wie etwa die Schale der Muscheln enge Beziehungen zu den Weichteilen aufweist. Sie sind derart eng, daß man aus den Besonderheiten des Gehäuses unmittelbare Rückschlüsse auf die Organisation der Weichteile zu ziehen vermag. Sehr aufschlußreich sind in dieser Hinsicht Untersuchungen von F. A. SCHILDER (1924—1939) an den Cypraeacea. Hier wurden auf Grund des Gehäuses 92 Gattungen errichtet, von denen 61 nachträglich auch anatomisch genauer untersucht werden konnten. Dies erbrachte eine weitgehende Bestätigung des zuvor unabhängig davon auf rein konchyliologischer Basis erarbeiteten Systems. Eine sorgfältige Analyse der Gehäusemerkmale führt also selbst bei den anscheinend so wenig geeigneten Schnecken zu einwandfreien Ergebnissen.

Große Bedeutung hat die Klassifikation von J. THIELE (1931), der W. WENZ (1938), J. B. KNIGHT (1944), zum Teil auch J. B. KNIGHT, R. L. BATTEN & E. L. YOCHELSON (1960) folgen und die großen Anklang bei den Paläontologen und Neontologen gefunden hat. Sie beruht auf Bau und Lage der Kiemen sowie auf anderen Merkmalen der Weichteile. Dieses System wird unter Berücksichtigung von J. B. KNIGHT et al. (1960) und A. ZILCH (1959) auch nachstehend mit einigen Abänderungen benutzt. Alle Formen, die heute noch vertreten sind, können dabei mit ziemlicher Sicherheit zugeordnet werden. Dies um so mehr, als in letzter Zeit Angaben über die Anatomie, Embryologie und Physiologie kritischer Formen unter den heute noch lebenden Schnecken zur Verfügung stehen. Schwierig wird es lediglich dort, wo keine rezenten Nachfahren bekannt sind. Insgesamt bestehen je nach Autor vielfach noch erhebliche Unterschiede in der Auffassung, so daß, wie auch bei anderen Fossilgruppen, die Angaben über die biostratigraphische Verbreitung etwa der Ordnungen nur einen Anhalt bilden.

Es werden fünf Unterklassen unterschieden:

a) **Monoplacophora** WENZ 1952: Unt. Kambrium — Ob. Devon, rezent;
b) **Bellerophontida** ULRICH & SCOFIELD 1897: Unt. Kambrium — Unt. Trias;
c) **Prosobranchia** MILNE-EDWARDS 1848: Unt. Kambrium — rezent;
d) **Opisthobranchia** MILNE-EDWARDS 1848: ?Devon, Unt. Karbon — rezent;
e) **Pulmonata** CUVIER 1795: Ob. Malm — rezent.

Von den niederen taxonomischen Einheiten oberhalb der Gattungen werden in der Regel nur die Ordnungen und Oberfamilien aufgeführt, während auf die zahlreichen Familien (bei den Archaeogastropoda sind es allein ca. 75) aus erklärlichen Gründen im vorstehenden Rahmen nicht eingegangen werden kann.

Unterklasse **Monoplacophora** WENZ in KNIGHT 1952

1. Allgemeines

Es handelt sich um eine phylogenetisch außerordentlich wichtige Gruppe der Mollusca mit meist bilateral symmetrischem, ursprünglich napfförmigem Gehäuse und primärer Orthoneurie. Charakteristisch sind bis zu 8 Paar Haftmuskeleindrücke, deren Zahl offenbar im Verlaufe der Zeit eine Reduktion erfahren hat. Die paarige Anordnung weist auf eine ursprüngliche Segmentierung hin, die sich auch auf das Gehäuse erstreckte und damit verwandtschaftliche Beziehungen zu den Polyplacophoren erkennen läßt. Es handelt sich zweifellos um die primitivsten Schnekken. Durch Erhebung des Eingeweidesackes entstanden aus den zunächst recht flachen, primär napfförmigen Vertretern höher kegelförmige und aus diesen, wohl durch biomechanische Gründe bedingt, mehr oder weniger hornförmig eingekrümmte Gestalten. Unter Beibehaltung der Orthoneurie und somit des primär bilateralen Baues kam es sodann zur Ausbildung planspiral eingerollter Formen (Bellerophontida). Ein anderer Weg führte unter Torsion des Eingeweidesackes und unter Entwicklung der für die Prosobranchia charakteristischen Streptoneurie zunächst zu den Pleurotomariacea bzw. zu einigen anderen, kleinen und recht kurzlebigen Gruppen. Die hier eingeschlagene Entwicklungsrichtung läßt sich bis zur Gegenwart verfolgen.

2. Vorkommen

Unt. Kambrium — Ob. Devon, rezent mit ca. 35 Gattungen. Das Maximum der Formenmannigfaltigkeit liegt im Unt. und Mittl. Ordovizium.

3. Systematik

Man unterscheidet zwei (? drei) Ordnungen:

a) **Tryblidioidea** Lemche 1957: Unt. Kambrium — Ob. Devon, rezent;
b) **Archinacelloidea** Knight & Yochelson 1958: Ob. Kambrium — Unt. Silur;
c) ? **Cambridioidea** Horny, in Knight & Yochelson 1958: Unt. — Mittl. Kambrium.

Ordnung **Tryblidioidea** Lemche 1957

1. Allgemeines

Es handelt sich um primär schüssel- bis napfförmige, nicht eingerollte Gehäuse, deren Apex zum Teil eingekrümmt ist. Daß diese Einkrümmung nach vorn erfolgte, ergibt sich aus der hufeisenförmigen Anordnung der Haftmuskeleindrücke, die sich auf der Innenseite des Gehäuses befinden. Die offene Seite des Hufeisens liegt am Vorderende.

Von besonderer Bedeutung für die Kenntnis der Tryblidioidea, die fossil letztmalig im Oberdevon gefunden wurden, ist die Tatsache, daß das dänische Meeresforschungsschiff „Galathea" 1952 erstmalig eine Anzahl lebender Vertreter (*Neopilina galatheae*, Abb. 12) aus 3590 m Tiefe an der Westküste von Mittelamerika erbeutet hat*). Diese Tiere, die eingehend durch K.-G. Wingstrand und H. Lemche bearbeitet wurden, zeigen, wie es bereits vorher richtig aus dem fossilen Material geschlossen werden konnte, große Übereinstimmung mit den Polyplacophoren; doch ist die innere Metamerie viel stärker als bei diesen ausgebildet. So werden z. B. die Geschlechtsprodukte durch 5 Paar Nephridien abgegeben. Muskulatur und Nervensystem sind entsprechend segmentiert. Auch die Zirkulationsorgane zeigen eine gewisse Metamerie. Vorhanden sind aber nur 5 Paar Kiemen. Der Kopf wird aus drei, zum Teil verschmolzenen Segmenten gebildet, an denen sich Andeutungen weiterer Nephridien finden. Es handelt sich offensichtlich um die gleichen ursprünglichen Kopfsegmente, die bei den Larven der Anneliden (spätes Trochophora-Stadium) und Crustaceen (Nauplius) den gesamten Körper aufbauen. Ähnlich wie etwa bei den Larven primitiver Schnecken (*Haliotis*) scheint die Leber hinter den drei Kopfsegmenten, nur wenig hinter dem Apex des Gehäuses aus dem Magen zu entspringen, das heißt also an der Grenze zwischen Kopf und Rumpf. Von großem Interesse ist ferner der Nachweis einer typischen helicoiden, schneckenartigen Embryonalschale, die 1½ Windungen umfaßt. Offenbar hat man es hier mit einer präadaptiven Erscheinung zu tun, durch welche sich die Torsion späterer Formen bereits etwas abzeichnet. Schwache Asymmetrie zeigt übrigens auch die erwachsene *Neopilina,* in einem noch stärkeren Maße einige verwandte Formen aus dem

---

*) Seitdem wurden zwei weitere Arten entdeckt, beide im Peru-Chile-Graben. Von der einen Art (*N. ewingi* Clarke & Menzies) fischte das Forschungsschiff „VEMA" des Lamont Geological Laboratory vier Exemplare aus einer Tiefe von 5800 m (Science **29**, 1959). Von der anderen Art (*N. veleronis* Menzies & Layton) wurden 14 Exemplare bei der Insel Cedros in 2700 m Tiefe gefunden (Science **134**, 1961).

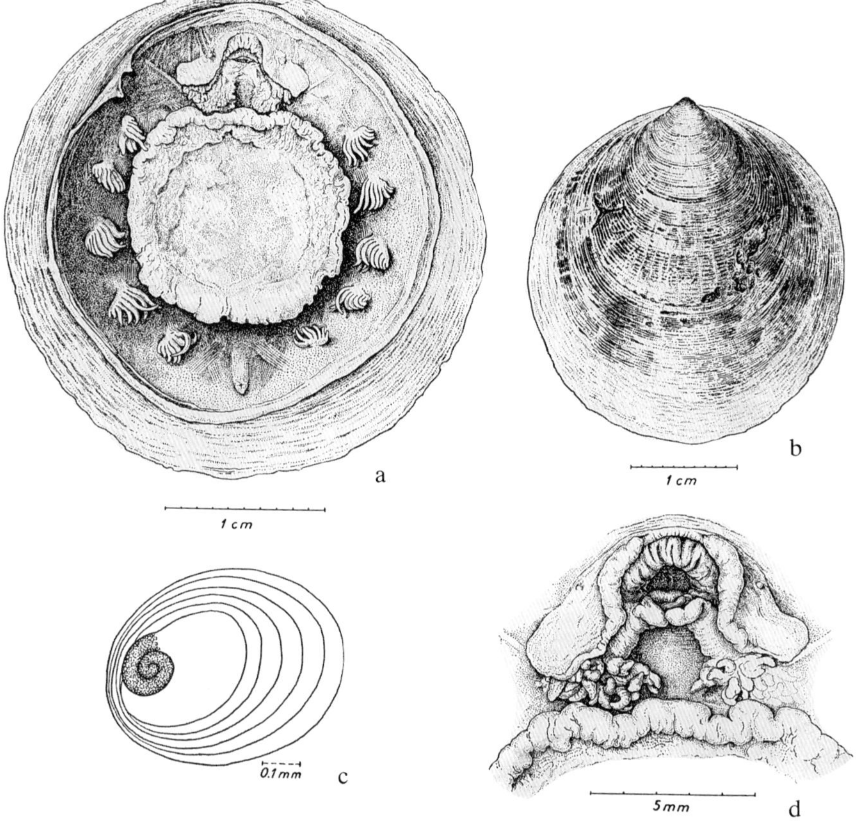

Abb. 12. *Neopilina galatheae* LEMCHE, ein rezenter Vertreter der Tryblidioidea, welcher 1952 von der dänischen Tiefsee-Expedition vor der Südwest-Küste Costa Ricas in 3590 m Tiefe erbeutet wurde. a) Ansicht von der Ventralseite, b) Schale von oben, c) apikaler Teil der Schale mit den Larvenwindungen, d) vorderer Körperabschnitt von unten. Der inmitten der kontrahierten Mundscheibe befindliche Mund wird von den Fühlerlappen umgeben. Zwischen diesen und dem Fuß sind die Tentakelbüschel sichtbar. — Nach H. LEMCHE 1958.

Unt. und Mittl. Kambrium (z. B. *Scenella* und *Stenothecoides*). Die erste Anlage zur ausgesprochenen Torsion, die später zur Ausbildung der Streptoneurie und einer oft sehr weitgehenden Asymmetrie bei den meisten Schnecken führt, ist also sehr früh zu erkennen und scheint in recht verwickelten entwicklungsmechanischen Vorgängen begründet zu sein. Die ersten Teilungen, die sich an einem Schneckenei vollziehen, erfolgen in schrägen, alternierenden Richtungen. Dies hat offensichtlich die schräge Lage der ersten Muskelzellen zur Folge, die, wenn sie sich zum ersten Male kontrahieren, die beginnende Torsion hervorbringen. Die von KNIGHT vertretene Anschauung, daß sich bei den Schnecken ganz plötzlich eine Torsion um 180 Grad vollzogen habe, muß demnach (H. LEMCHE 1957) abgelehnt werden. Sie stimmt nicht mit den embryonalen Befunden überein.

Die Schale von *Neopilina* besteht aus Aragonit und diesem zwischengelagerten Konchiolin. Sie ist selten dicker als 0,3 mm. Der relativ große Phosphorgehalt ist offenbar an das Konchiolin gebunden. Von außen nach innen sind zu unterscheiden: das nur 120—5 μm dicke, bräunliche

Periostrakum; eine äußere, 120–185 µm dicke Schicht relativ großer, vertikal zur Oberfläche orientierter Prismen; eine Perlmuttschicht (bis ca. 25 µm dick) und eine innere Prismenschicht (nur 3—5 µm dick). Ähnlich gebaut ist die Schale von *Pilina*. *Tryblidium* dagegen nimmt eine Sonderstellung ein, da hier unter einer äußeren feinkörnigen Lage eine in den Anwachswülsten stark verdickte, von zahlreichen Poren durchzogene Schicht folgt, deren Struktur bisher nicht zu klären war. Die innere Schicht schließlich erscheint fein lamelliert und wie gefeldert (H. K. Erben et al. 1968).

2. *Vorkommen*

Unt. Kambrium — Ob. Devon, rezent mit ca. 30 Gattungen. Die größte Formenmannigfaltigkeit liegt in Ob. Kambrium und Ordovizium. Während die fossilen Vertreter alle aus marinen Sedimenten von Epikontinentalgebieten stammen, handelt es sich bei den rezenten um Tiefseebewohner.

3. *Beispiele*

Scenella Billings 1872 (syn. *Paramorphella* Matthew 1886): Kambrium von N-Amerika und NO-Asien (Abb. 13A, B).

Der Apex des mäßig hoch-kegelförmigen Gehäuses liegt fast zentral. Die Außenseite trägt feine konzentrische Anwachsstreifen sowie kräftige radiale Streifen oder Rippen. Das Innere zeigt in der Mitte zwischen Rand und Apex einen fast geschlossenen Kreis breiter, fast aneinanderstoßender Haftmuskeleindrücke. Bei Abb. 13B sind es 6 (?) Paar.

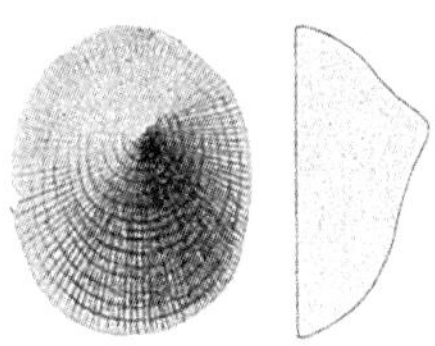

Abb. 13A. *Scenella reticulata* Billings, Unt. Kambrium von Etcheminian (Neufundland). Ca. 3/1 nat. Gr. — Nach Ch. D. Walcott.

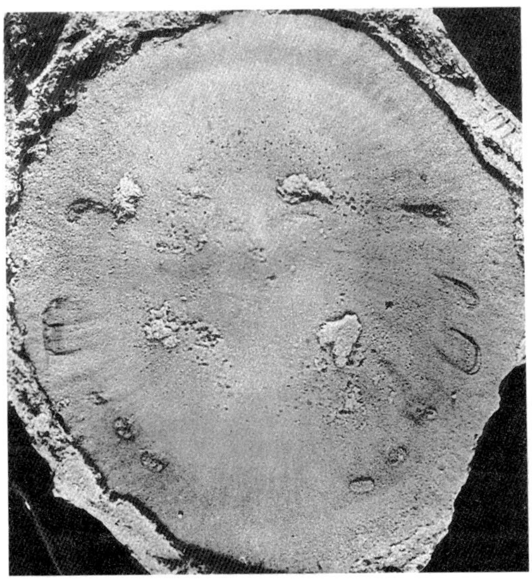

Abb. 13B. Steinkern von *Scenella* sp., der 6 (?) Paar Muskeleindrücke zeigt. Mittl. Kambrium von Britisch-Kolumbien. Ca. 4½ nat. Gr. — Nach F. Rasetti 1954.

Tryblidium LINDSTRÖM 1880 (syn. *Triblidium* GRABAU & SHIMER 1909): Ob. Ordovizium – Mittl. Silur von Europa und N-Amerika (Abb. 14).

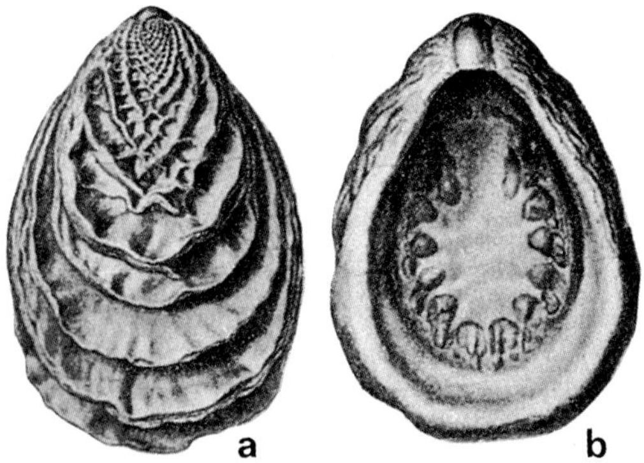

Abb. 14. *Tryblidium reticulatum* LINDSTRÖM, Mittl. Silur (Wenlock) von Gotland. Ca. 1½ nat. Gr. – Nach G. LINDSTRÖM 1884.

Das mittelgroße bis ziemlich kleine Gehäuse ist flach schüsselförmig ausgebildet und außen mit konzentrischen Anwachsstreifen, gelegentlich auch mit schwachen, relativ breiten Radialfalten bedeckt. Apex nahezu an den Vorderrand gerückt, meist abgerieben. Mündung eiförmig, vorn etwas schmäler. Im Inneren finden sich 6 Paar getrennte Haftmuskeleindrücke, die hufeisenförmig nach vorn offen angeordnet sind.

Archaeophiala PERNER 1903 (syn. *Scapha* HEDSTRÖM 1903): Ordovizium von Europa mit wenigen Arten (Abb. 15a, 19a, b).

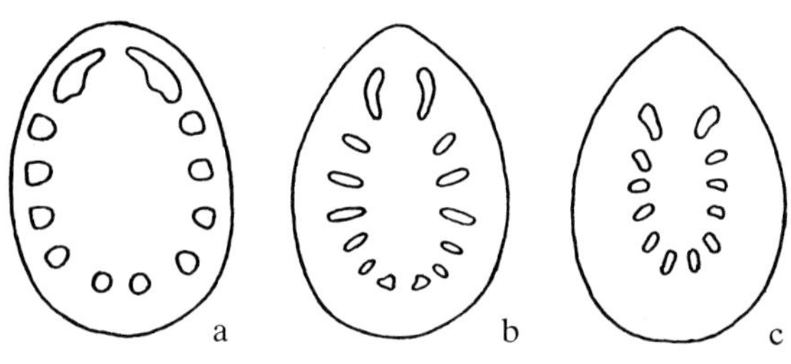

Abb. 15. Schematische Darstellungen der Haftmuskeleindrücke verschiedener Tryblidioidea. a) *Archaeophiala,* b) *Drahomira,* c) *Pilina*. Etwas vergrößert. – Nach R. HORNY 1955.

Schale außen zuckerhutförmig mit leicht nach vorn verlagertem Apex, innen schüsselförmig mit 6 Paar Muskeleindrücken. Oberfläche mit konzentrischen Lamellen.

Drahomira PERNER 1903: Ob. Silur der Tschechei, ziemlich selten in den Budnany-Schichten des Unt. und Mittl. Ludlow (Abb. 15b, 16).

Ähnlich *Tryblidium*, doch mit 7 Paar Muskeleindrücken, von denen die vorderen am längsten sind. Die anderen sind radial zum Mittelpunkt des Gehäuses angeordnet.

Pilina KOKEN 1925: Ob. Silur von Europa (Abb. 15c, 17).

Ähnlich *Tryblidium*, doch dünnschaliger. Oberfläche mit konzentrischen Zuwachszonen und feinen, radial angeordneten Gruben.

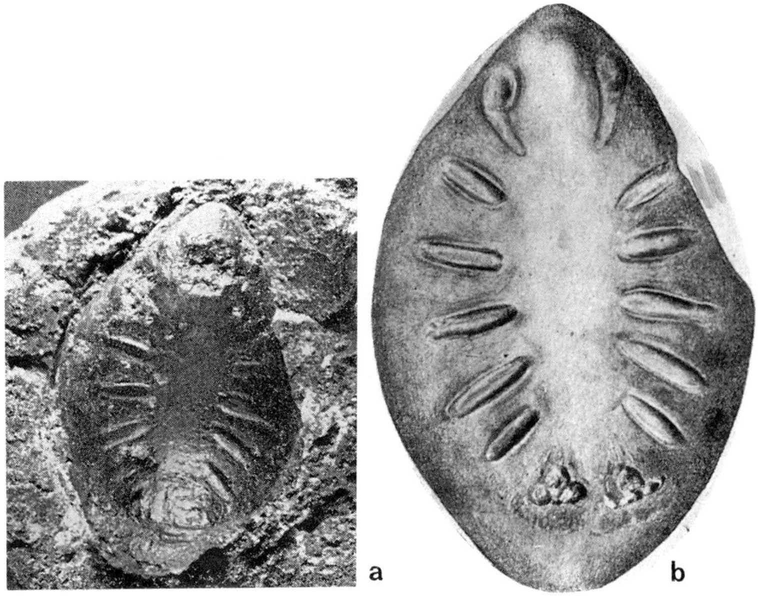

Abb. 16. *Drahomira glaseri* (Barrande in Perner 1903), Steinkerne. Ob. Silur (Budnany-Schichten) der Tschechei. a) Ca. $^3/_1$ nat. Gr., b) ca. $^5/_1$ nat. Gr. — Nach R. Horny 1955.

Abb. 17. *Pilina knighti* Horny, mit der skulpturierten Schalenoberfläche. Ob. Silur (Budnany-Schichten) der Tschechei. Ca. $2^1/_2$ nat. Gr. — Nach R. Horny 1955.

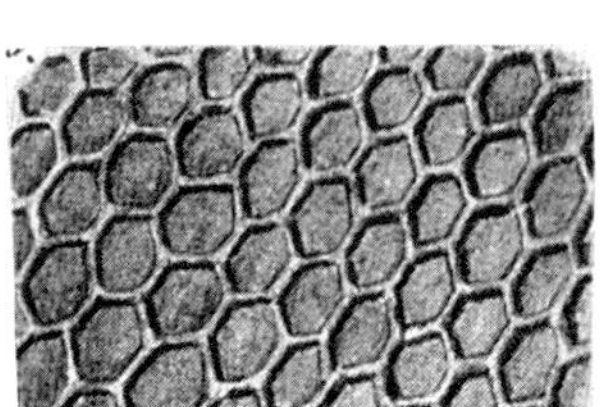

Abb. 18. Teil der skulpturierten Oberfläche eines zu den Tryblidioidea gehörenden Vertreters. Silur der Tschechei. Ca. $^6/_1$ nat. Gr. — Nach R. Horny 1955.

Ordnung **Archinacelloidea** Knight & Yochelson 1958

Gehäuse primär napf- oder mützenförmig. Muskelfeld, sofern bekannt, ringförmig oder unterbrochen mit einem isoliert stehenden Paar besonderer Muskeleindrücke. – Unt. Kambrium – Unt. Silur.

Archinacella Ulrich & Scofield 1897: Mittl. Ordovizium – Unt. Silur von Europa und N-Amerika (Abb. 19g, h).

Gehäuse flach schüsselförmig, ähnlich wie bei *Pilina*. Unter dem Apex ein kontinuierliches Muskelband, das hinten vielleicht offen ist und hier ein besonderes Paar von Haftmuskeleindrükken umfaßt. Oberfläche mit weitständigen Zuwachslinien.

? Ordnung **Cambridioidea** Horny, in Knight & Yochelson 1958

Gehäuse napfförmig, länglich. Apex spitz abgesetzt. Mitunter finden sich deutliche Abweichungen von der bilateralen Symmetrie. – Unt. – Mittl. Kambrium.

Cambridium Horny 1957: Unt. Kambrium von N-Asien (Abb. 19c, d).

Gehäuse bilateral-symmetrisch oder asymmetrisch. Mündung fast oval. Innenseite mit zwei scharfen, medianen Längsfurchen, von denen in der Mitte andere Furchen nach außen verlaufen.

Stenothecoides Resser 1938: Unt. – Mittl. Kambrium von N-Amerika und Asien (Abb. 19e, f).

Gehäuse deutlich asymmetrisch mit scharfem, medianem Längskiel. Oberfläche glatt bis auf

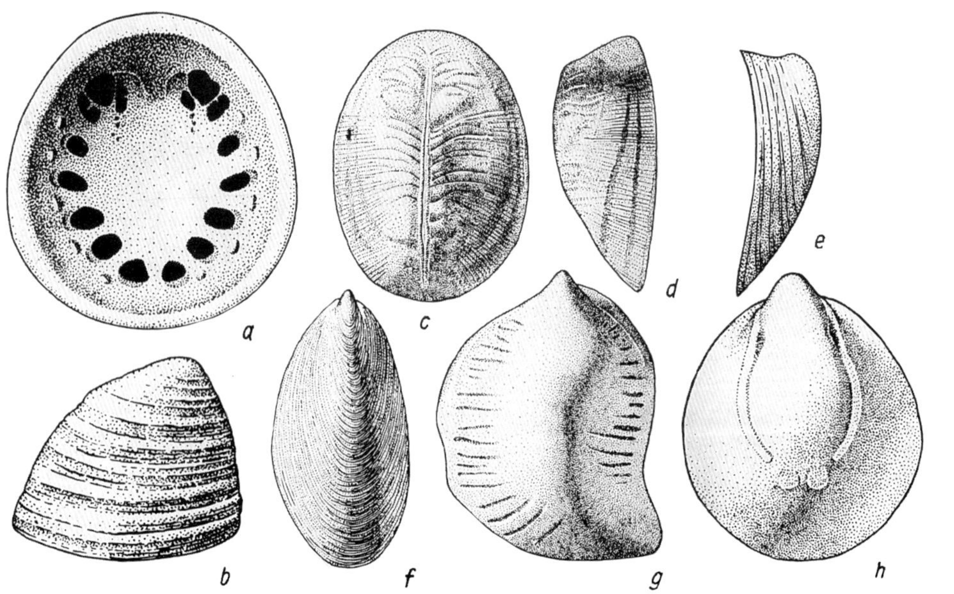

Abb. 19. a)–b) *Archaeophiala antiquissima* (Hisinger), ventral und lateral. Ob. Ordovizium von Schweden. Durchmesser: ca. 3 cm; c)–d) *Cambridium nikoforovae* Horny, Steinkern von oben und von der Seite. Unt. Kambrium von Sibirien. Länge: ca. 1,9 cm; e) *Stenothecoides elongata* (Walcott), Mittl. Kambrium von Nevada. Länge: ca. 0,7 cm; f) *Stenothecoides* sp., Steinkern. Mittl. Kambrium von Kanada. Länge: ca. 1,2 cm; g) *Archinacella powersi* Ulrich & Scofield, lateral. Mittl. Ordovizium von Wisconsin (USA). Länge: ca. 3,2 cm; h) *Archinacella patelliformis* (Hall), Steinkern. Mittl. Ordovizium von New York (USA). Länge: ca. 2,5 cm. – Nach verschiedenen Autoren, aus J. B. Knight et al. 1960.

Zuwachslinien. Innenseite mit zahlreichen Rippen und Furchen, die mehr oder weniger vertikal vom Mündungsrand nach innen verlaufen.

Unterklasse **Bellerophontida** Ulrich & Scofield 1897

(ex Bellerophontacea Ulrich & Scofield 1897)
(Amphigastropoda Simroth 1906)

1. Allgemeines

Die Bellerophontida sind reicher an Individuen, Arten und Gattungen als die Monoplacophora. Sie sind auch höher differenziert als diese. Manche haben eine evolute, unvollständig aufgewundene Schale, während andere advolut, mehr oder weniger involut oder deutlich convolut sind. Die advoluten und involuten Formen haben beiderseits einen offenen Nabel. Nur den convoluten Vertretern fehlt ein Nabel. Ein Schlitz findet sich im allgemeinen auf der Mitte der äußeren Lippe. Hinter diesem erstreckt sich über den letzten Umgang in der Regel ein Schlitzband, das scharf gebogene Zuwachslinien (Lunulae) und gewöhnlich eine schwach konkave bzw. konvexe Oberfläche aufweist. Verschiedene Arten tragen eine beträchtliche Anzahl von spiralen oder querliegenden Skulpturelementen. Finden sich beide zusammen, resultiert Netzskulptur. Es wird hier angenommen, daß der Schlitz und somit die Afteröffnung wie bei den Monoplacophora am Hinterende lag, daß also die Bellerophontida noch keine Torsion erfahren hatten, ganz im Gegensatz zu den ebenfalls mit einem Schlitz ausgestatteten Pleurotomariacea. Dies wird unterstrichen durch die weitgehende bilaterale Symmetrie und die paarige Ausbildung der Muskeleindrücke, die gelegentlich auf Steinkernen bzw. an der Innenseite der Schale beobachtet werden konnten (Abb. 20). Die Pleurotomariacea haben demgegenüber bereits eine Torsion des Eingeweidesackes erfahren. Sie sind typische Prosobranchia. Es muß aber erwähnt werden, daß J. B. Knight, einer der führenden Spezialisten für paläozoische Schnecken, die Bellerophontida als Oberfamilie Bellerophontacea bereits zu den Prosobranchia stellt. Sein Argument ist die weitgehende Übereinstimmung des Schlitzes mit dem der Pleurotomariacea.

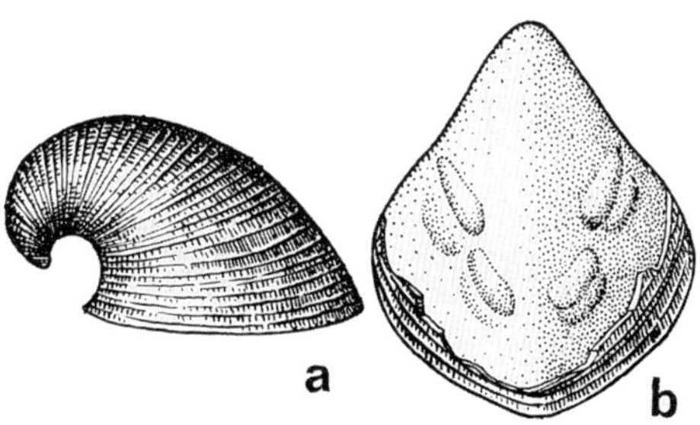

Abb. 20. *Cyrtonella mitella* (Hall), ein primitiver Vertreter der Bellerophontida, mit zwei Paar symmetrischen Haftmuskeleindrücken, von denen jeder von einem zweiten „schattenhaft“ begleitet wird. Mittl. Devon von New York (USA), Ca. 1⅓ nat. Gr. — Nach J. B. Knight & E. L. Yochelson 1960.

2. Vorkommen

Unt. Kambrium — Unt. Trias mit mehr als 50 Gattungen. Maximum der Formenmannigfaltigkeit vom Ordovizium bis Devon. Ein zweites, viel schwächeres Maximum fällt auf das Ob. Kambrium.

3. Beispiele

Cyrtonella HALL 1879: Silur — Devon von N-Amerika (Abb. 20).

Gehäuse stark nach vorn eingekrümmt, etwa eine halbe Windung bildend. Oberfläche mit einem etwas schief verlaufenden Grat. Vorhanden sind zwei Paar symmetrisch ausgebildete Muskeleindrücke, von denen jeder von einem zweiten „schattenhaft" begleitet wird. — Die Gattung wird gelegentlich zu den Tryblidioidea gestellt.

Cyrtodiscus PERNER 1903: Mittl. — Ob. Ordovizium von Europa und N-Amerika (Abb. 21 a, b).

Gehäuse weit genabelt, ohne Schlitz. Oberfläche glatt oder spiral gestreift.

Sinuites KOKEN 1896: Ordovizium von Europa, N-Afrika, N-Amerika und NO-Asien (Abb. 21 c, d).

Gehäuse glatt, punktförmig genabelt. Ein Schlitz ist nicht ausgebildet. Vorhanden ist eine sinusartige Einbuchtung, an der die Zuwachsstreifen abbiegen, aber nicht unterbrochen werden. Seitliche Rippen ragen lobenartig nach unten.

Euphemites WARTHIN 1930: ? Devon, Unt. Karbon — Perm von Europa, N- und S-Amerika, N-Afrika, Asien (Abb. 21 e, f).

Gehäuse stark involut, aus zahlreichen Windungen (bis 10). Schlitzband undeutlich. Letzte Windung auf relativ große Erstreckung mit einer spiral berippten Kalklage (Inductura) bedeckt, verursacht durch einen Umschlag des Mantels, der einen Teil des Gehäuses von außen umhüllte.

Tremanotus HALL 1865 (syn. *Trematonotus* FISCHER 1883): Mittl. Ordovizium — Mittl. Silur von Europa, N-Amerika und Australien.

Mündung im Alter trompetenförmig erweitert. An Stelle des Schlitzes sind einige Perforationen ausgebildet. Oberfläche mit Zuwachsstreifen oder spiralen Reifen unterschiedlicher Dicke.

Bellerophon DE MONTFORT 1808 (syn. *Bellerophus* DE BLAINVILLE 1825, *Waagenella* DE KONINCK 1883): Silur — Unt. Trias, weltweit verbreitet mit zahlreichen Arten (Abb. 22).

Gehäuse *Nautilus*-ähnlich, Umgänge in der Regel breit gerundet. Oberfläche meist mit

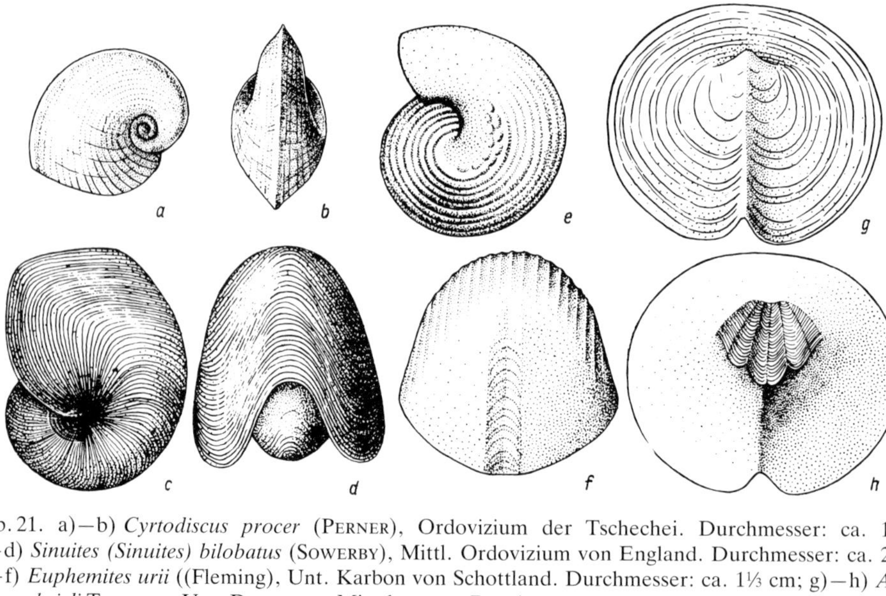

Abb. 21. a)—b) *Cyrtodiscus procer* (PERNER), Ordovizium der Tschechei. Durchmesser: ca. 1½ cm; c)—d) *Sinuites (Sinuites) bilobatus* (SOWERBY), Mittl. Ordovizium von England. Durchmesser: ca. 2½ cm; e)—f) *Euphemites urii* ((Fleming), Unt. Karbon von Schottland. Durchmesser: ca. 1⅓ cm; g)—h) *Aspidotheca schrieli* TEICHERT, Unt. Devon von Mitteleuropa. Durchmesser: ca. 3 cm. — Nach J. B. KNIGHT et al. 1960.

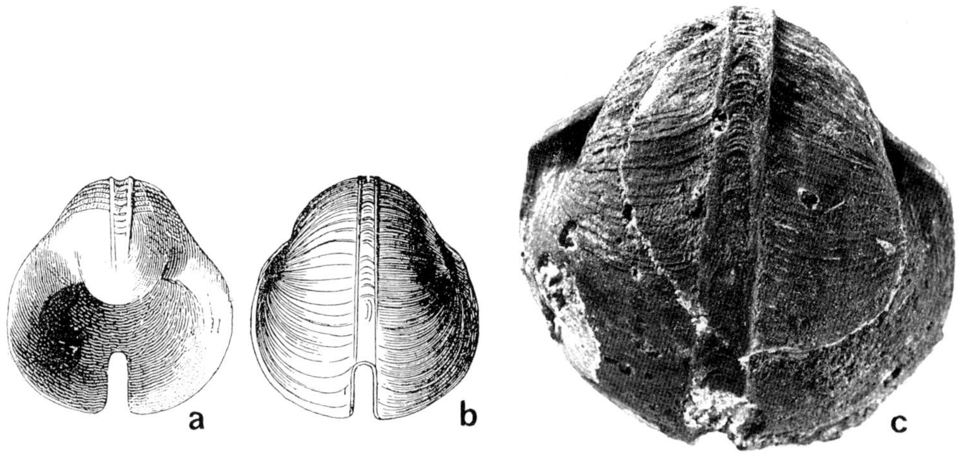

Abb. 22. a)—b) *Bellerophon bicarenus* LEVEILLÉ, Unt. Karbon (Kohlenkalk). Etwa nat. Gr. Nach K. A. v. ZITTEL; c) desgl., etwa 1½ nat. Gr. Orig.

Zuwachslinien, gelegentlich mit kleinen Knötchen. Nabel eng oder fehlend. Mitunter finden sich, wie auch bei anderen Bellerophontida, Spuren der ursprünglichen Färbung.

Aspidotheca TEICHERT 1935: Unt. Devon von Europa (Abb. 21g, h).

Mündungsbereich flächenhaft ausgebreitet. Oberfläche mit konzentrischen Zuwachslinien und medianem Kiel, der ein undeutliches Schlitzband trägt. Innenseite mit vierteiliger Platte, die in dem sonst sehr flachen Gehäuse einen Raum für die Visceralmasse abtrennt. Man nimmt an, daß die Tiere auf der weichen Oberfläche sehr feinkörniger Sedimente lebten.

Knightites MOORE 1941: Devon — Mittl. Perm von Europa, N-Afrika, N- und S-Amerika, Asien (Abb. 23).

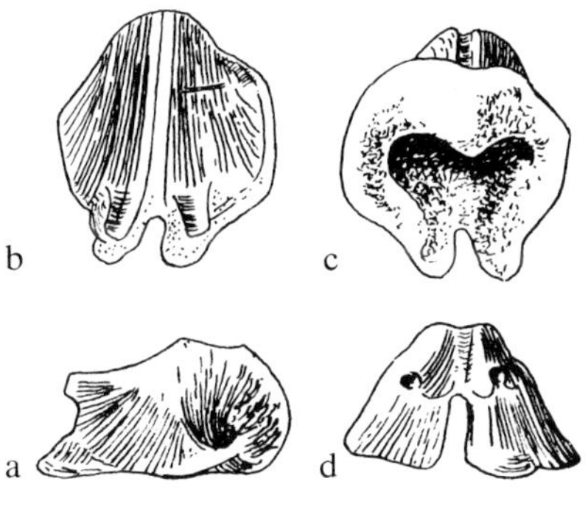

Abb. 23. *Knightites multicornutus* MOORE, a) von der Seite, b) von oben, c) von unten, d) von hinten. Ob. Karbon (Virgilian) von Kansas. Etwa nat. Gr. — Nach R. C. MOORE 1952, umgezeichnet.

Das Gehäuse zeigt im Gegensatz zu anderen Vertretern der Bellerophontida beiderseits vom Schlitz zwei röhrenförmige Ausgüsse. Bei Fortgang des Wachstums wurde dieses eine Paar hinten zurückgelassen und ein neues am Schalenrand angelegt. Möglicherweise handelt es sich um Gebilde, die den Siphonen der höheren Prosobranchia analog sind und wie bei den Neogastropoda als Einströmöffnungen dienten, die das mit Sauerstoff und Nahrung beladene Wasser in die Mantelhöhle und zu den beiden Kiemen leiteten. Die Ausströmungsöffnung befand sich wohl seitlich an der Mündung in der Nähe des Nabels. Der After entleerte zweifellos an der Basis des Schlitzes. — Zunächst nahm man an, daß der Kopf von *Knightites* ähnlich wie bei den Prosobranchia lag, das heißt unter und vor dem Schlitz. Das ist aber völlig entgegengesetzt zur primitiven Orientierung bei den Mollusken, wie sie für die Tryblidioidea angenommen wird. Demzufolge wären Kopf und After bei *Knightites* und somit auch bei den übrigen Bellerophontida in ähnlicher Weise wie bei den Monoplacophora entgegengesetzt orientiert. Dies wird unterstrichen durch die völlige Symmetrie der planspiralen Schale und die Schwierigkeit zu erklären, wie sich die für die Prosobranchia so charakteristische Torsion ohne Auswirkung auf das Gehäuse vollzogen haben kann. Demgegenüber sind die den Bellerophontida (vor allem wegen des Schlitzes) äußerlich so ähnlichen Pleurotomariacea eindeutig Prosobranchia.

Unterklasse **Prosobranchia** Milne-Edwards 1848

(Ctenobranchiata Schweigger 1820, extent, Gray 1840;
Streptoneura Spengel 1881)
(Vorderkiemer)

1. Allgemeines

Es handelt sich um die überwiegend marinen Vorderkiemer mit ihren rechtsgewundenen trochispiralen, gelegentlich aber auch schüssel-, napf- oder füllhornartigen Gehäusen und den in Gestalt einer Acht überkreuzten Nervenbahnen. Man bezeichnet sie deshalb auch als Streptoneura. Infolge des Torsion des Eingeweidesackes und der Überkreuzung der Visceralkommissuren ist die bei den Monoplacophora hinten befindliche Mantelhöhle mit den darin liegenden Kiemen an das Vorderende verlagert worden (Abb. 3c). Ursprünglich waren zwei etwa gleich große und beidseitig befiederte Kiemen vorhanden. Später ging, verursacht durch die Torsion, die rechte Kieme verloren. Formen, denen Kiemen fehlen, atmen entweder mit einem pallialen Auswuchs (Patellacea) oder mit einer lungenartigen Kammer wie die Helicinidae und die Hydrocenidae. Fast alle Prosobranchia sind getrenntgeschlechtlich und haben nur ein Paar Tentakel.

2. Vorkommen

Unt. Kambrium — rezent mit mehr als 750 Gattungen. Maximum der Formenmannigfaltigkeit im Paläozoikum.

3. Systematik

Man unterscheidet nach der Ausbildung der Kiemen, der Gehäusemündung und der Schale drei Ordnungen:

a) **Archaeogastropoda** Thiele 1925: Unt. Kambrium — rezent;
b) **Mesogastropoda** Wenz 1938: Mittl. Ordovizium — rezent;
c) **Neogastropoda** Wenz 1938: Mittl. Ordovizium — rezent.

Seit ihrer Aufstellung wurde die Gattung *Hercynella* Kayser 1878 (Silur — Devon) bis in jüngste Zeit meist zu den Prosobranchia gestellt. Erst H. & G. Termier (1950) sowie F. Prantl (1958) konnten nachweisen, daß es sich um Lamellibranchiaten handelt. Dies ergibt sich aus dem Vorhandensein eines Schloßrandes sowie eines charakteristischen Ligaments. Nach mündlicher Mitteilung von Dr. Prantl haben russische Geologen in Sibirien neuerdings auch doppelklappige Exemplare gefunden, so daß die Frage nach der taxonomischen Stellung der Gattung definitiv geklärt sein dürfte. Nahe mit *Hercynella* soll die rezente Tiefseegattung *Spisula* Dall 1908 verwandt sein, ein Analogon zu *Neopilina* (vgl. S. 25ff.).

Ordnung **Archaeogastropoda** THIELE 1925

(Aspidobranchiata SCHWEIGGER 1820, extent. PELSENEER 1893;
Diotocardia MÖRCH 1865)

1. Allgemeines

Prosobranchia mit zwei doppelseitig befiederten Kiemen und einem Herzen, das zwei Vorkammern aufweist. Man nennt sie deshalb auch Diotocardia. Es handelt sich um die primitivste Ordnung der Prosobranchia, zu denen anscheinend die Mehrzahl der paläozoischen Gastropoda gehört. Die Gestalt des Gehäuses ist sehr mannigfaltig; doch findet sich stets ein Schlitzband. Ein Operculum kann vorhanden sein.

2. Vorkommen

Unt. Kambrium — rezent mit ca. 680 Gattungen, überwiegend marin. Maximum der Formenmannigfaltigkeit im Paläozoikum; doch ist die Ordnung mit etwa 6000 Arten auch in der Gegenwart noch gut vertreten.

3. Systematik

Bei den rezenten Formen unterscheidet man je nach der Ausbildung der Radula zwei Unterordnungen:

a) **Rhipidoglossa** MÖRCH 1865: Querreihen der Radula mit zahlreichen Zähnchen, welche wie die Rippen eines Fächers divergieren.

b) **Docoglossa** TROSCHEL 1866: Querreihen der Radula mit wenigen spitzen Zähnchen.

Diese beiden Unterordnungen können bei den fossilen Formen auf Grund charakteristischer Merkmale der Schale bis zu einem gewissen Maße erkannt werden. Da aber die Radula nicht erhalten ist und viele Vertreter nicht sicher untergebracht werden können, gruppiert man die Archaeogastropoda am besten ohne Ausscheidung der beiden Unterordnungen in die nachstehenden Oberfamilien:

a) **Helcionellacea** WENZ 1938: Unt. — Ob. Kambrium;
b) **Macluritacea** FISCHER 1885: Ob. Kambrium — Devon;
c) **Euomphalacea** DE KONINCK 1881: Unt. Ordovizium — Ob. Kreide;
d) **Pleurotomariacea** SWAINSON 1840: Ob. Kambrium — rezent;
e) **Trochonematacea** V. ZITTEL 1895: Mittl. Ordovizium — Mittl. Perm;
f) **Fissurellacea** FLEMING 1822: Trias — rezent;
g) **Patellacea** RAFINESQUE 1815: ? Mittl. Silur, Mittl. Trias — rezent;
h) **Cocculinacea** THIELE 1909: Miozän — rezent;
i) **Platyceratacea** HALL 1859: Unt. Ordovizium — Ob. Trias;
k) **Microdomatacea** WENZ 1938: Mittl. Ordovizium — Mittl. Perm;
l) **Anomphalacea** WENZ 1938: Silur — Mittl. Perm;
m) **Oriostomatacea** WENZ 1938: Ob. Silur — Unt. Devon, ? Trias;
n) **Trochacea** RAFINESQUE 1815: Trias — rezent;
o) **Neritacea** RAFINESQUE 1815: Mittl. Devon — rezent;
p) **Murchisoniacea** KOKEN 1896: ? Ob. Kambrium, Unt. Ordovizium — Ob. Trias;
q) **Clisospiracea** S. A. MILLER 1889: Unt. Ordovizium — Mittl. Devon;
r) **Pseudophoracea** S. A. MILLER 1889: Unt. Ordovizium — Unt. Karbon;
s) **Craspedostomatacea** WENZ 1938: Ob. Ordovizium — Jura;
t) **Palaeotrochacea** KNIGHT 1956: Unt. Devon — Ob. Kreide;
u) **Amberleyacca** WENZ 1938: Mittl. Trias — Oligozän.

Oberfamilie **Helcionellacea** Wenz 1938

Gehäuse mützenförmig oder planspiral aufgerollt wie bei den Bellerophontida, mit Septum oder Septa, die den Apex abgrenzen. Mündung groß, oval oder gerundet dreieckig. Muskeleindrücke unbekannt. — Unt. — Ob. Kambrium von Europa, N-Afrika, N-Amerika, NO-Asien.

Helcionella Grabau & Shimer 1909: Kambrium von N-Amerika, N-Afrika und NO-Asien.

Gehäuse klein, mützenförmig bis cyrtocon, ohne Schleppe, meist mit kräftigen konzentrischen flachen Rippen und radialen Lirae.

Latouchella Cobbold 1921: Unt. — Ob. Kambrium von Europa, N-Afrika, N-Amerika und NO-Asien (Abb. 24A, B).

Gehäuse mehr oder weniger vollständig eingekrümmt, mützenförmig, seitlich abgeflacht, mit nahezu rechteckigem Querschnitt. Skulptur aus konzentrischen Rippen, oft mit regelmäßiger Gitterung.

Abb. 24A. *Latouchella* sp., Unt. Kambrium von Quebec (Kanada). Vergrößert. — Nach F. Rasetti.

Abb. 24B. *Latouchella iacobinica* Geyer, a) dorsal, b) lateral, c) von hinten ?, d) anderes Exemplar mit retikulater Feinskulptur. Mittl. Kambrium, Hoher Atlas (Marokko). a)—c) 3 x nat. Gr., d) 5½ x nat. Gr. — Nach G. Geyer 1986.

Oberfamilie **Macluritacea** FISCHER 1885

Gehäuse linksgewunden. Unterseite mit oder ohne Nabel, Oberseite flach oder mehr oder weniger trochispiral vorragend. Innere Windungsteile nicht durch Scheidewände abgeschlossen. Opercula sehr dick, kalkig, paucispiral, entsprechen denen anderer linksgewundener Gastropoda. Man nimmt an, daß die M. unabhängig von den Pleurotomariacea aus Bellerophontida hervorgegangen sind. — Ob. Kambrium — Devon mit ca. 15 Gattungen.

Onychochilus LINDSTRÖM 1884 (syn. *Palaeopupa* FOERSTE 1893, *Onycochilus* COSSMANN 1915): Mittl. Silur von Europa und N-Afrika (Abb. 25a).

Oberseite mit trochispiralem Gewinde. Oberfläche mit oder ohne Skulptur. Außenlippe schief zur Windungsachse nach außen geneigt.

Maclurites LESUEUR 1818 (syn. *Maclurita* DE BLAINVILLE 1823, *Maclurina* ULRICH & SCOFIELD 1897): Ordovizium von Europa, N-Amerika, NO-Asien (Abb. 25b).

Gehäuse mittelgroß bis groß, mit flacher Oberseite. Unterseite stark konvex, mit tiefem, steilwandigem Nabel. Windungen oben mit peripherer Kante. Oberfläche mit Spiralstreifen bzw. -furchen und Anwachsstreifen, die unten und außen fast gerade verlaufen. Operculum dick, verkalkt, maximaler Durchmesser ca. 10 cm. Hierzu gehört mit *M. manitobensis* die größte bekannte paläozoische Schnecke. Ihr Durchmesser beträgt 25,5 cm, ihre Höhe 12,1 cm (D. M. BODE et al. 1992).

Abb. 25. a) *Onychochilus physa* LINDSTRÖM, Mittl. Silur der Insel Gotland. Ca. 10/1 nat. Gr. — Nach G. LINDSTRÖM 1884; b) *Maclurites (Maclurites) logani* (SALTER), kleineres Exemplar mit Operculum als „linksgewunden" dargestellt. Mittl. Ordovizium (Black-River-Schichten) von Montreal. Ca. 1½ nat. Gr. — Nach J. W. SALTER 1859.

Oberfamilie **Euomphalacea** DE KONINCK 1881

Das Gehäuse ist meist nahezu planspiral, weniger häufig flach kegelförmig, seltener trochispiral aufgewunden. Die dabei in Erscheinung tretende rechte Asymmetrie weist auf eine schwache Streptoneurie hin. Andererseits läßt der bei vielen Formen vorhandene weitgehend bilaterale Bau bei diesen auf vorwiegend schwimmende (nektische) Lebensweise schließen. Nabel weit geöffnet. Mundrand einfach, zum Teil mit Einschnitt (Sinus), aber ohne Schlitzband. Ein erhaltungsfähiges Operculum kann vorhanden sein. Die Zuwachslinien zeigen zunächst wie bei *Platyceras* zwei Einbuchtungen; später haben sie einen einfachen, schiefen Verlauf. Stammesgeschichtlich schließen die Euomphalacea an die Pleurotomariacea an. — Unt. Ordovizium — Ob. Kreide. Das erste Maximum der Formenmannigfaltigkeit liegt im Devon, das zweite, etwas schwächere in der Trias. Der Großablauf ist, bezogen auf die in den einzelnen Zeitabschnitten entgegentretende Gattungszahl, zweiphasig und schwach regressiv. Dabei besteht die Möglichkeit, daß die beiden Maxima auf grundsätzlich verschiedene Gruppen zurückzuführen sind.

Ecculiomphalus PORTLOCK 1843 (syn. *Eccyliomphalus* AGASSIZ 1846): Unt. Ordovizium – Silur von Europa, N-Amerika und NO-Asien (Abb. 26A, a).

Gehäuse in einer Ebene uhrfederförmig, lose aufgerollt. Oberseite mit scharfem Hohlkiel und Streifen, die parallel zur Mündung verlaufen.

Euomphalus J. SOWERBY 1814 (syn. *Schizostoma* BRONN 1834, *Paromphalus* GRABAU 1936): Silur – Mittl. Perm, weltweit verbreitet mit zahlreichen Arten vor allem im Karbon (Abb. 26B).

Das ziemlich große bis große, scheibenförmige Gehäuse trägt auf der Oberseite einen schmalen Kielwulst und ist zwischen diesem und der oberen Naht abgeflacht. Zuwachslinien mäßig kräftig, auf dem Kiel leicht eingebuchtet. Umgänge berühren sich längs einer Linie. Mündung kreisrund, am Kiel leicht gewinkelt, mit schwachem Sinus auf der Kante. Maximaler Durchmesser ca. 10 cm.

Straparollus DE MONTFORT 1810: Silur – Mittl. Perm, weltweit verbreitet (Abb. 26A, b und c).

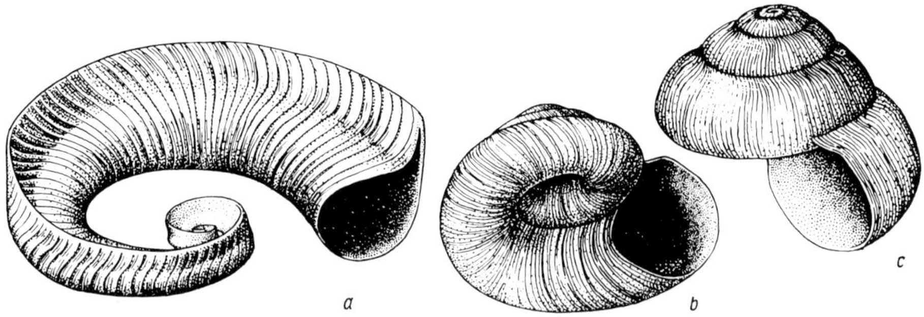

Abb. 26A. a) *Ecculiomphalus alatus* C. F. ROEMER, schief von oben. Mittl. Ordovizium von Irland. Durchmesser: ca. 6½ cm; b)–c) *Straparollus dionysii* DE MONTFORT, b) schief von unten, c) schief von oben. Unt. Karbon von Belgien. Durchmesser: ca. 4½ cm. – Aus J. B. KNIGHT et al. 1960

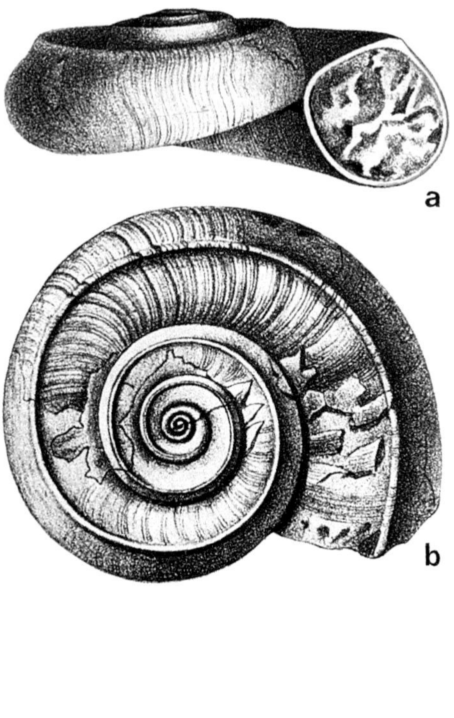

Abb. 26B. *Euomphalus pentangulatus* SOW., Unt. Karbon (Tournai) von Pauquis (Belgien). Ca. nat. Gr. – Nach L. DE KONINCK.

Das meist breit trochispirale, seltener fast scheibenförmige Gehäuse zeigt im Gegensatz zu *Euomphalus* zahlreiche, im Querschnitt gerundete Umgänge, die auf der Oberseite kaum abgeflacht sind. Mündung ohne deutlichen Sinus. Einzelne Arten agglutinierend. Es handelt sich wohl, wie bei *Euomphalus*, um systematisch uneinheitliche Gruppen, da offenbar ähnlich gestaltete Formen zu verschiedenen Zeiten in verschiedenen Entwicklungsreihen auftreten. Danach würde die Frage, ob flache oder hohe Gehäuseform bzw. kantige oder gerundete Ausbildung der Umgänge, taxonomisch von untergeordneter Bedeutung sein.

Discohelix Dunker 1847: ? Trias, Lias (Hettangien) — Malm (Oxford), zum Teil sehr häufig in den Alpen und im Mittelmeergebiet (Abb. 26C).

Gehäuse weit bis extrem weit genabelt, mit zahlreichen sich nicht überlappenden Umgängen. Windungsquerschnitt trapezförmig, mit einem oberen und einem unteren Kiel. Spiralseite konkav, plan oder konvex. Aufwindung überwiegend nach rechts, selten nach links. Embryonalgewinde homöostroph, nicht scharf vom übrigen Gehäuse abgegrenzt. Skulptur parallel zur Mündung und/oder spiral. Operculum nicht bekannt. — D. stellt vor allem im Lias und Dogger des Mittelmeergebiets wichtige Leitfossilien (J. Wendt 1968).

Abb. 26C. a)—b) *Discohelix (Discohelix) dictyota* Wendt, Ob. Lias (Mittl. Toarcien, *Bifrons*-Zone) von Rocca Busambra (Sizilien), D ca. 1,8 cm; c)—d) *Discohelix (D.) costata* Wendt, Ob. Lias (Ob. Toarcien) von Rocca Busambra (Sizilien), D ca. 2,5 cm. — Nach J. Wendt 1968.

Oberfamilie **Pleurotomariacea** Swainson 1840

Die in der Familie Pleurotomariidae vereinigten, zahlenmäßig überwiegenden Gattungen besitzen ein flachscheibenförmiges, hochkegelartiges oder kreiselförmiges Gehäuse mit Schlitz und Schlitzband. Hiervon ist bei den weniger differenzierten, geologisch älteren Vertretern der Schlitz in der Regel nur schwach ausgebildet. Bei den höher differenzierten erreicht er eine größere Länge. Bei den Haliotidae (Meerohren) findet sich eine bis 25 cm breite, flach ohrförmige Schale mit weiter Mündung, wobei der Schlitz in eine entsprechend gekrümmte Lochreihe aufgelöst ist. — Ob. Kambrium — rezent, weltweit verbreitet mit einer großen Anzahl von Arten. Das absolute Maximum der Formenmannigfaltigkeit liegt im Ordovizium und Silur, ein zweites, schwächeres Maximum in der Trias und ein noch schwächeres reicht vom Tertiär bis zur Gegenwart. Dabei vollzieht sich ab Kreide eine starke Abnahme, welche sowohl die Individuen- als auch die Artenzahl betrifft. Die Gesamtzahl der Gattungen beträgt ca. 136.

Horiostomella Perner 1903: Ob. Silur von Europa (Abb. 27a).

Gehäuse niedrig-trochispiral, mit großer Endwindung. Siphonalbereich mit U-förmigem Sinus.

Raphistoma HALL 1847: Mittl. Ordovizium – Silur von Europa und N-Amerika (Abb. 27b). Die abgeflachten Umgänge des mäßig großen, plankonvexen, gekielten Gehäuses treten auf der Oberseite kaum hervor. Die Naht ist nicht rinnenförmig eingesenkt. Der kaum verdickte Außenrand der dreieckigen Mündung zeigt am Kiel einen scharfen Knick.

Lophospira WHITFIELD 1886: Ordovizium – Silur mit zahlreichen Arten in Europa, N-Amerika und NO-Asien (Abb. 27c).

Gehäuse meist mittelgroß; kegelförmig. Umgänge kantig, mit ein oder mehreren Längskielen, von denen dann der mittlere am kräftigsten entwickelt ist. Außenrand der Mündung auf dem Hauptkiel mit tiefem Sinus, der sich aber nicht in einen Schlitz fortsetzt. Spindel meist durchbohrt und schwielig, oft schwach gewunden. Spindelrand umgeschlagen. Maximale Höhe des Gehäuses ca. 10 cm.

Worthenia DE KONINCK 1883: Unt. Karbon – Mittl. Trias, mit sehr zahlreichen Arten weltweit verbreitet (Abb. 28a).

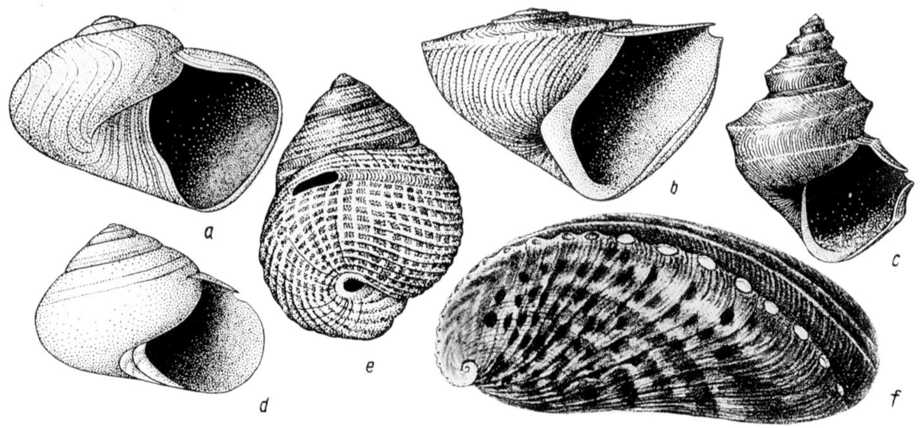

Abb. 27. a) *Horiostomella otiosa* PERNER, Ob. Silur der Tschechei, Breite: ca. 1,8 cm; b) *Raphistoma striatum* (EMMONS), Mittl. Ordovizium von Vermont. Breite: ca. 3,3 cm; c) *Lophospira milleri* (MILLER), Mittl. Ordovizium von New York (USA). Höhe: ca. 3 cm; d) *Gosseletina callosa* (DE KONINCK), Unt. Karbon von Belgien. Breite: ca. 3 cm; e) *Catantostoma clathratum* SANDBERGER, schräg von unten. Mittl. Devon von Mitteleuropa. Höhe: ca. 1 cm; f) *Haliotis asinina* LINNÉ, von außen. Rezent von den Philippinen. Breite: ca. 8 cm. – Nach verschiedenen Autoren, aus J. B. KNIGHT et al. 1960.

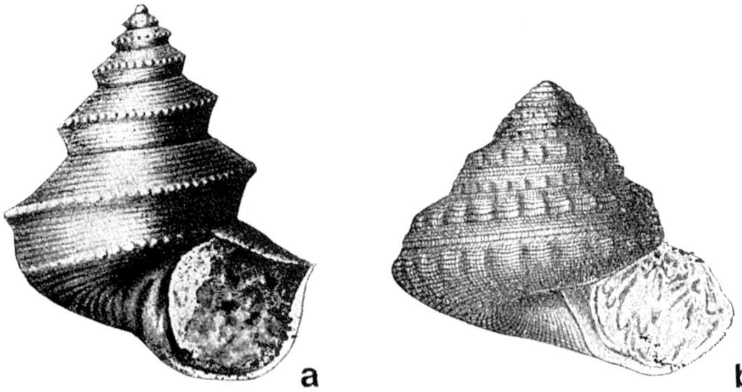

Abb. 28. a) *Worthenia tabulata* (CONRAD), Ob. Karbon von Indiana. Nat. Gr. – Nach C. A. WHITE; b) *Pleurotomaria anglica* SOW., Lias delta von Württemberg. Nat. Gr. – Nach E. FRAAS 1910.

Das meist mittelgroße, kegel- bis kreiselförmige Gehäuse hat ein mäßig hohes Gewinde. Die Umgänge sind abgesetzt und zeigen ein oder meist zwei Kanten, von denen die obere (etwa in der Mitte) das Schlitzband trägt, das als schmale, erhabene, konvexe Leiste ausgebildet ist. Es wird in regelmäßigen Abständen durch halbmondförmige Bögen (Lunulae) verstärkt. Endwindung etwas aufwärts gebogen. Der Außenrand der unten schwach ausgußartig vorgezogenen Mündung trägt einen Schlitz, der um ein Viertel bis ein Drittel auf dem letzten Umgang zurückreicht. Der kaum schwielige Spindelrand ist umgeschlagen, so daß eine Art Nabelritze entsteht.

Gosseletina FISCHER 1885: Unt. Karbon — Perm, ? Trias von Europa, N-Amerika, nördliches Zentralasien (Abb. 27d).

Helix-artig, mit kurzem Schlitz und stark verdickter Innenlippe. Schlitzband ohne Randsaum, schmal und flach, ziemlich hoch an den Windungen. Oberfläche glatt oder mit spiralen Streifen.

Catantostoma SANDBERGER 1842: Mittl. Devon von Europa (Abb. 27e).

Gehäuse trochiform mit unregelmäßig verlaufender letzter Windung und hoch differenzierten Ein- und Ausströmöffnungen. Schlitzband endet an einem kurzen Schlitz mitten auf dem letzten Umgang. Rest der Endwindung ohne Schlitzband und Schlitz, biegt rückwärts und umschließt eine kreisförmige Einströmöffnung.

Pleurotomaria DE FRANCE 1826 (= *Pleurotomarium* DE BLAINVILLE 1825, ICZN pend.): Lias — Unt. Kreide (Apt), weltweit verbreitet (Abb. 28b).

Gehäuse mittelgroß bis groß, kegel- oder kreiselförmig. Umgänge außen abgeflacht. Schlitzband breit, flach oder konkav, meist auf der Windungsmitte. Oberfläche spiral gestreift und mit Knoten in der Nähe der Naht bzw. am peripheren Rand der Basis.

Entemnotrochus FISCHER 1885: Eozän — Miozän von Europa und N-Amerika, rezent mit wenigen Arten aus der Tiefsee vor Westindien, Japan und den Molukken (Abb. 29).

Abb. 29. *Entemnotrochus adansoniana* (CROSSE & P. FISCHER). Rezent, z. B. im Bereich der Kleinen Antillen. Ca. ⅓ nat. Gr. — Nach J. THIELE 1931.

Gehäuse trochiform. Umgänge außen schwach konvex oder schiefwinkelig. Basis ziemlich flach, kantig abgesetzt. Schlitzband ziemlich breit, über der Windungsmitte, mit deutlichen Lunulae. Mündungsschlitz lang, erstreckt sich über die Hälfte der letzten Windung oder darüber hinaus.

Haliotis LINNÉ 1758 (Meerohren): ? Ob. Kreide, Miozän – rezent, heute mit ca. 70 Arten vor allem im südlichen Pazifik, sonst Indik, W-Afrika, Mittelmeer, bevorzugt auf felsigem Untergrund in Ufernähe (Abb. 27f.).

Gehäuse flach ohrförmig, mit weiter, den größten Teil der Unterseite einnehmender Mündung und stark exzentrischem Apex. Äußere Windung randlich mit einer spiralen Reihe rundlicher Perforationen, die außen in der Regel kragenartige Vorragungen tragen. Auf den Innenwindungen sind erstere sekundär verschlossen. Fuß sehr umfangreich. Mit ihm können sich die Tiere am Untergrund festsaugen und selbst bei starker Brandung fixieren. Schale bis ca. 25 cm lang, innen mit prächtiger Perlmutterschicht. Phytophag.

Oberfamilie **Trochonematacea** v. ZITTEL 1895

Das kreiselförmige, offen oder verdeckt genabelte Gehäuse zeigt gewölbte, glatte oder längsskulpturierte, seltener querskulpturierte Umgänge. Schlitzband, Schlitz oder Sinus fehlen. Mündung schief, rundlich, mit winkeliger Bucht an der Außenlippe. Spindelrand schwach gebogen, verdickt. Schale wohl perlmutterig. Das Vorhandensein eines Operculums ist unsicher. – Mittl. Ordovizium – Mittl. Perm mit ca. 5 Gattungen.

Trochonema SALTER 1859: Mittl. Ordovizium – Devon,? Perm von Europa, N-Amerika und NO-Asien (Abb. 30).

Das kegel- bis kreisförmige, weitgenabelte Gehäuse zeigt gekielte Umgänge, sowie eine große Endwindung. Spindelrand verdickt, aber nicht oder kaum umgeschlagen. Mundrand kräftig, zusammenhängend, nur leicht angeheftet.

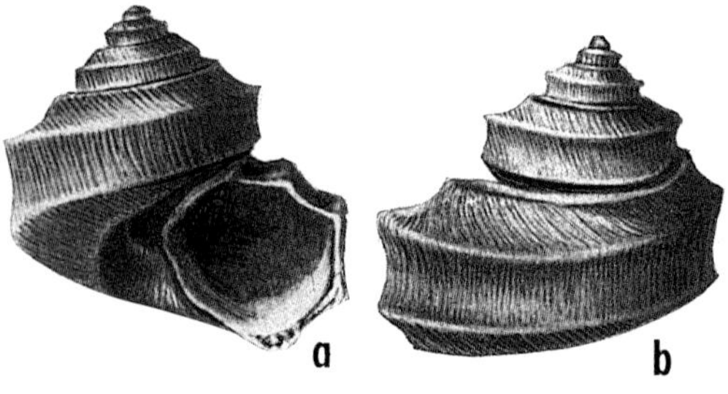

Abb. 30. *Trochonema (Trochonema) umbilicata* (HALL), Mittl. Ordovizium von Pauquette's Rapids. Ca. nat. Gr. – Nach J. W. SALTER 1859.

Oberfamilie **Fissurellacea** FLEMING 1822

Gehäuse sekundär napf- oder mützenförmig. Protoconch spiral. In der Medianlinie, seltener leicht exzentrisch ein Schlitz, Loch oder eine Spalte für die Ausströmöffnung. Innenseite mit hufeisenförmigem Muskeleindruck. – Trias – rezent mit ca. 27 Gattungen.

Emarginula LAMARCK 1801 (syn. *Emarginulus* DE MONTFORT 1810, *Imarginula* GRAY 1821): ? Mittl. Trias, Lias – rezent, weltweit verbreitet (Abb. 31a–c).

Apex von unterschiedlicher Lage, nach vorn eingekrümmt. Am Hinterrand ein mehr oder weniger langer Schlitz. Oberfläche mit radialen Rippen. Innenseite ohne Septum.

Loxotoma FISCHER 1885: Malm (Portland) – Eozän von Europa (Abb. 31d–e).

Ähnlich *Emarginula*, doch mit asymmetrischem Schlitzband und schief zur Medianlinie stehendem marginalen Schlitz.

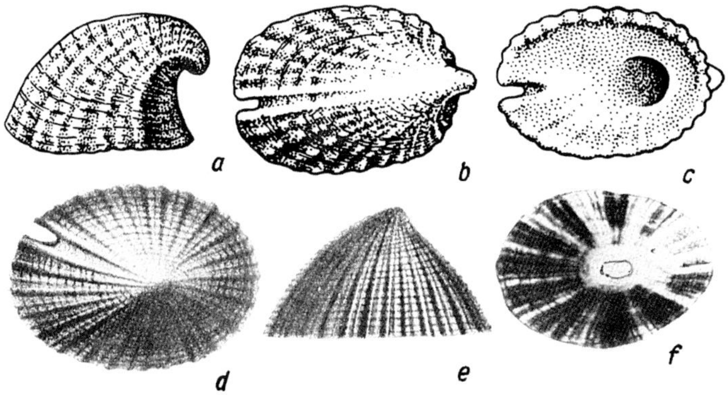

Abb. 31. a)–c) *Emarginula (Emarginula) conica* LAMARCK, lateral, dorsal, ventral. Rezent von England. Länge: ca. 1 cm; d)–e) *Loxotoma neocomiensis* (D'ORBIGNY), lateral, dorsal. Unt. Kreide (Neokom) von Frankreich. Länge: ca. 1½ cm; f) *Fissurella nimbosa* (LINNÉ), dorsal. Rezent von Westindien. Länge: ca. 3⅓ cm. – Aus J. B. KNIGHT et al. 1960.

Fissurella BRUGUIÈRE 1789 (syn. *Fissurellus* DE MONTFORT 1810): Eozän – rezent von Europa, N-, Mittl.- und S-Amerika (Abb. 31f).

Apex fast zentral. Ausströmöffnung als Loch am Apex oder in seiner Nähe.

Oberfamilie **Patellacea** RAFINESQUE 1815
(Napfschnecken)

Das sekundär schüssel-, mützen- oder kegelförmige Gehäuse zeigt weder Schlitz noch apikale Perforation. Ein inneres Septum sowie ein Operculum fehlen. Vorhanden ist ein relativ großer, halbkreis- oder hufeisenförmiger, mit der offenen Seite nach hinten gerichteter Haftmuskeleindruck. Der Apex krümmt sich im Unterschied etwa zu den Capuliden meist nach vorn ein. Enge verwandtschaftliche Beziehungen bestehen zu den Fissurellacea, von denen sie wohl abzuleiten sind. Im Vergleich mit den Tryblidioidea handelt es sich lediglich um Konvergenzerscheinungen. – ? Mittl. Silur, Mittl. Trias – rezent. Heute in flachen Meeresbereichen, wo die Tiere an Felsen, Tangen usw. angeheftet leben. Ortstreu auf felsigem Untergrund lebende P. bilden Sassen, zu denen sie immer wieder zurückkehren, wenn sie in der Umgebung den feinen Algenbewuchs abgeweidet haben. Die Sassen entstehen durch ätzend wirkende Ausscheidungen der Tiere. In diese passen sie lückenlos hinein, sodaß sie weitgehend vor der Brandung oder beim Trockenlaufen in der Gezeitenzone geschützt werden.

Patella LINNÉ 1758 (syn. *Patellaria* GMELIN 1793, *Patellus* DE MONTFORT 1810): Kreide – rezent von Europa, Afrika, Pazifik, O-Asien, Australien, mit zahlreichen Arten. Heute vor allem in wärmeren Meeren (Abb. 32).

Das napfförmige, zum Teil recht flache Gehäuse hat einen rundlichen, eiförmigen oder elliptischen Umriß mit nahezu zentralem Apex. Oberfläche meist radial berippt, seltener glatt. Dickschalig, bis ca. 7 cm lang.

Helcion DE MONTFORT 1810: ? Dogger, Pliozän – rezent von Europa, Afrika, Pazifik.

Apex im Unterschied zu der sonst meist wesentlich dickschaligeren *Patella* mehr dem Vorderrande genähert.

? **Hipponyx** DEFRANCE 1819: Ob. Kreide – rezent (Abb. 33).

Das dickschalige, schief kegelförmige oder napfförmige Gehäuse zeigt einen geraden, seltener spiral eingedrehten, immer aber weit nach vorn gerückten Wirbel. Im Inneren befindet sich ein hufeisenförmiger Muskeleindruck. Charakteristisch ist eine dicke, deckelartige Kalkscheibe, die

Abb. 32. *Patella (Scutellastra) barbara* LINNÉ. Rezent, z. B. am Kap der guten Hoffnung. Ca. nat. Gr. – Nach J. THIELE.

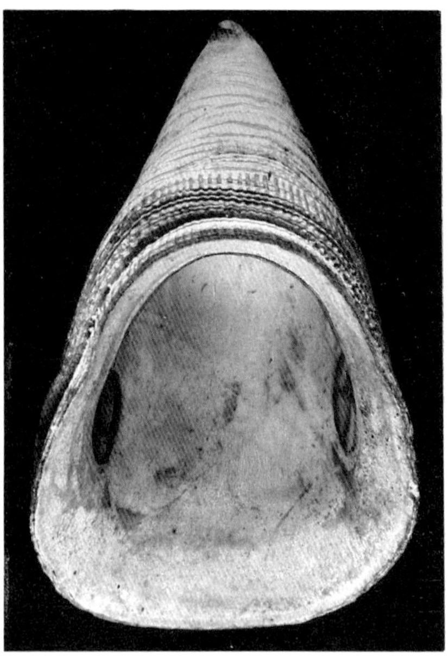

Abb. 33. *Hipponyx cornucopiae* LAMARCK, Gehäuse von innen mit dem Muskeleindruck. Eozän (Lutet) von Damery (Frankreich). Ca. ⅔ nat. Gr.

vom Fuß ausgeschieden wird und mit der sich das Tier an die Unterlage festheftet. *H.* lebt meist mit *Turbo* zusammen, von dessen Exkrementen sich die Schnecke ernährt. Skulptur reticulat.

Oberfamilie **Cocculinacea** THIELE 1909

Der Apex des kleinen bis mittelgroßen, sekundär schüssel- oder mützenförmigen Gehäuses ist im Gegensatz zu den sonst sehr ähnlichen Patellacea nach hinten geneigt. Er liegt meist in der Mitte, seltener etwas seitlich verlagert und ist häufig abgestoßen. Mündung ganzrandig. Das Innere zeigt einen hufeisenförmigen Haftmuskeleindruck, dessen offene Seite nach vorn gerichtet ist. Es handelt sich um stark spezialisierte Formen, die heute meist blind sind und in größerer Meerestiefe leben. — Miozän — rezent.

Cocculina DALL 1882: Miozän — rezent von Europa, Atlantik, N-Amerika, Neuseeland und O-Indien (Abb. 34).

Das dünnschalige, breit kegelförmige Gehäuse ist oben mit feinen Radialstreifen bedeckt. Der Apex zeigt ein spirales Embryonalgewinde, das später abgestoßen wird.

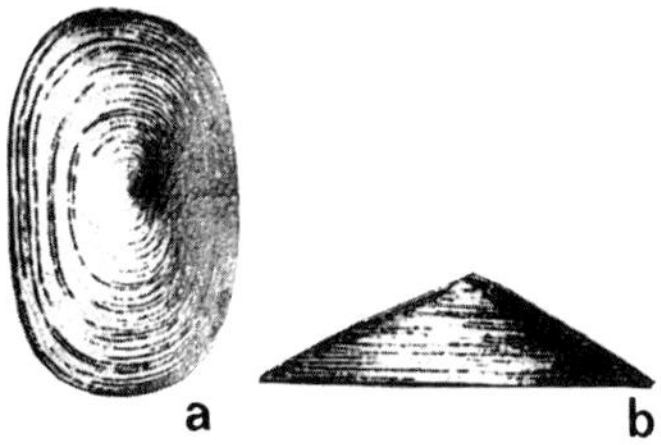

Abb. 34. *Cocculina (Cocculina) rathbuni* DALL. Rezent bei den Barbados-Inseln. Ca. 2/1 nat. Gr. — Nach W. H. DALL 1882.

Oberfamilie **Platyceratacea** HALL 1859

Primitive, überwiegend kreiselförmig gestaltete Archaeogastropoda, deren Außenlippe adapikal, d. h. in Wachstumsrichtung der Umgänge geneigt ist. Einige Vertreter finden sich pseudoparasitisch auf Crinoiden oder anderen Echinodermata. — Unt. Ordovizium — Ob. Trias mit ca. 20 Gattungen.

Cyclonema HALL 1852: Mittl. Ordovizium — Unt. Devon von Europa und N-Amerika (Abb. 35a).

Gehäuse zum Teil relativ groß, kreiselförmig, dickschalig. Gewinde kegelförmig. Endwindung groß, an der Basis stumpfkantig. Unterseite abgeflacht, ungenabelt. Mündung weit, sehr schief. Umgänge gewölbt, durch tiefe Nähte getrennt. Oberfläche mit zahlreichen Längsleisten oder -kielen sowie feinen, sehr schiefen Anwachsstreifen. Spindelrand zwischen Kiel und Spindel etwas ausgehöhlt. Koprophag oder Aasfresser.

Platyceras CONRAD 1840: Silur — Mittl. Perm, mit sehr zahlreichen Arten, vor allem in Europa, N- und S-Amerika, O-Asien, S-Afrika, Australien (Abb. 35b—c).

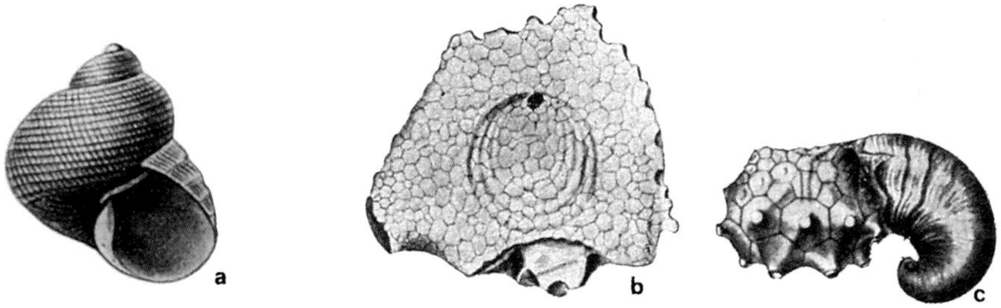

Abb. 35. a) *Cyclonema humerosa* ULRICH, Ob. Ordovizium (Cincinnatian) von Cincinnati (Ohio). Ca. 1⅓ nat. Gr. — Nach E. O. ULRICH & W. H. SCOFIELD 1897; b) Teil der Kelchdecke von *Strotocrinus regalis* HALL aus dem Karbon von Nordamerika. Um die Analöffnung verlaufen konzentrische Linien, die dem sich allmählich vergrößernden Gehäuserand eines ursprünglich darübersitzenden *Platyceras* entsprechen. — Nach J. M. CLARKE; c) Kelch von *Rhodocrinus spinosus* HALL aus dem Mittl. Devon von Nordamerika. Auf der Analöffnung sitzt ein Vertreter der Gattung *Platyceras*. — Nach J. M. CLARKE.

An dem zum Teil recht großen, unregelmäßig mützen- bis hornförmigen Gehäuse ist zumindest die Anfangswindung spiral aufgewunden, die Endwindung jedoch stets abgelöst und mehr oder weniger gekrümmt. Oberfläche mit Anwachsstreifen, zuweilen auch mit radialen Streifen bzw. Höckern oder hohlen Stacheln. Koprophag oder Aasfresser.

Orthonychia Hall 1843: ? Silur, Unt. Devon — Ob. Trias, mit zahlreichen Arten weltweit verbreitet (Abb. 36).

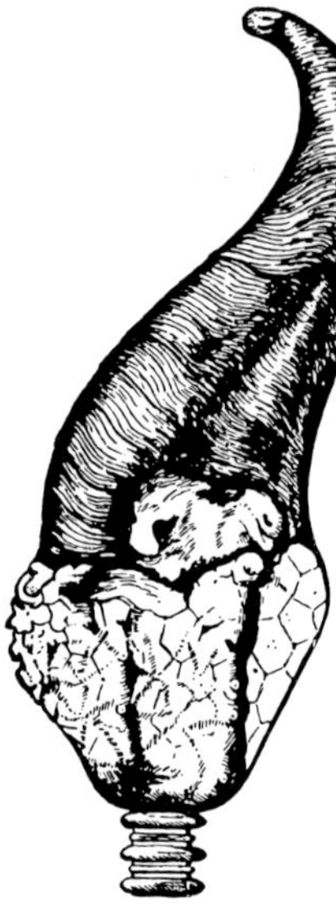

Abb. 36. Kelch von *Melocrinus mimac* Clarke (Unt. Devon), auf dem *Orthonychia tortuosa* Hall sitzt. Die Schnecke ist im Vergleich zum Crinoiden-Kelch so groß, daß man vielleicht an eine Schädigung des Wirtes denken muß. — Nach J. M. Clarke.

Das mäßig große, völlig frei gewundene, kegel- bis hornförmige Gehäuse ist im Alter entweder gerade oder klauenartig gekrümmt. Apex gekrümmt, doch meist nicht erhalten, so daß er oft stumpf erscheint. Oberfläche mit unregelmäßigen, welligen Anwachsstreifen sowie in der Regel mit wenigen regelmäßigen Längsstreifen. Mündung unregelmäßig rundlich.

*O. alata (*Laube 1869) aus den obertriassischen Schichten von St. Cassian ist der bisher jüngste Vertreter der Platycerataceae. Er lebte wie seine paläozoischen Verwandten pseudoparasitisch an Crinozoa.

Platyostoma Conrad 1842: Silur — Devon, mit zahlreichen Arten vor allem in Europa, N- und S-Amerika (Abb. 37a—b).

Das zum Teil ziemlich große Gehäuse hat ein *Natica*-artiges Gepräge, ist also mehr oder weniger kugelig. Gewinde mit abgestumpftem Apex, sehr klein und kurz, aus wenigen Windungen. Spindelrand mäßig breit umgeschlagen.

Platyceras, Orthonychia, Platystoma und Verwandte kommen vielfach pseudoparasitisch auf Crinoiden oder anderen Crinozoa vor. Sie finden sich deshalb hauptsächlich in Trochitenkalken; und es scheint, als ob ihr Erlöschen während des Perm (Ausnahme *Orthonychia*) mit dem Niedergang der Crinoiden in diesem Zeitabschnitt zusammenhängt. Die Schnecken sitzen stets über der Analöffnung, haben sich also offenbar von den Exkrementen ernährt (koprophag). Auffällig ist die zum Teil beträchtliche Größe des Schneckengehäuses im Vergleich zur Kelchgröße des Wirtes, so daß vielleicht schon eine Schädigung desselben vorgelegen haben dürfte. Im übrigen war aber die Tätigkeit der Schnecken wohl von einem ausgesprochenen Vorteil, da die Gefahr einer Verschmutzung durch Exkremente verringert wurde. Daß die Schnecken sich nicht nur zeitweilig auf den Crinozoa festsetzten, sondern, daß diese Beziehungen längere Zeit

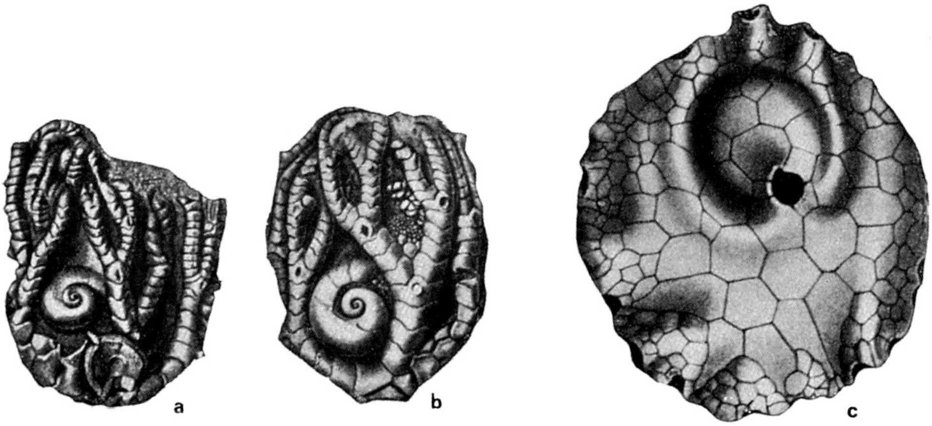

Abb. 37. a)—b) Zwei Exemplare von *Taxocrinus lobatus* HALL aus dem Devon. Über der Analöffnung sitzen Vertreter der Gattung *Platyostoma*. — Nach J. M. CLARKE; c) Kelchdecke von *Craterocrinus ruedemanni* GOLDRING aus dem Devon. Über der Analöffnung saß eine Schnecke, die sich von den Exkrementen der Seelilie ernährte und mit dem Rand ihres Gehäuses einen tiefen Eindruck (Sasse) in der Kelchdecke verursachte. Vergrößert. — Nach J. M. CLARKE.

andauerten, zeigt Abb. 37c. Hier hat der Gehäuserand der Schnecke um die Analöffnung der Seelilie einen tiefen Eindruck verursacht. Dieser Fund hat auch insofern Bedeutung, da bei der betreffenden Crinoidenart im allgemeinen eine lange Analröhre ausgebildet wird, durch welche die Exkremente in größerer Entfernung von der Mundöffnung entleert werden konnten. In diesem Fall ist es nicht zur Ausbildung der Analröhre gekommen, da sich die Schnecke zu einem relativ frühen Zeitpunkt über die Analöffnung gesetzt hat. Vergleichbare Beziehungen zwischen Crinoiden und Schnecken finden sich in den mesozoischen und jüngeren Zeitabschnitten nicht mehr. Hier hat sich das zunächst pseudoparasitische Verhältnis zum Teil in einen echten Parasitismus weiter entwickelt. So setzt sich z. B. *Eulima ptilocrinicola* BARTSCH nicht nur auf dem Kelch des rezenten *Ptilocrinus pinnatus* fest, sondern bohrt sich in denselben mit Hilfe eines Saugrüssels tief ein. Bei den paläozoischen Crinoiden kann man dagegen in keinem Fall von einem echten Parasitismus, höchstens von Vorstufen desselben sprechen. Diese Erscheinungen haben für die Geschichte der Entstehung von Beziehungen zwischen Organismen eine ganz besondere Bedeutung (J. M. CLARKE 1919, 1921; O. ABEL 1935). Während die älteren Platyceraten noch schwach helicoidal bzw. fast planspiral sind, haben die jüngeren in Anpassung an die sessile Lebensweise den napfförmigen Gehäusetypus erworben.

Oberfamilie **Microdomatacea** WENZ 1938

Gehäuse kegel-, kreisel- oder mäßig turmförmig, innen mit Perlmutterlage. Mündung holostom, einfach, rundlich. Innenlippe umgeschlagen. Vermutlich Abkömmlinge der Pleurotomariacea. — Mittl. Ordovizium — Mittl. Perm mit ca. 10 Gattungen.

Microdoma MEEK & WORTHEN (syn. *Pleurotrochus* SHERZER & GRABAU 1909): Unt. Devon — Unt. Perm von Europa, N-Amerika und N-Asien (Abb. 38a).

Gehäuse hoch kreiselförmig. Nähte relativ flach. Die apikalen Umgänge mit quer verlaufenden Rippen und Streifen, die später durch zwei Längsfurchen in drei Knötchenreihen aufgelöst werden.

Anematina FISCHER 1885: Unt. — Ob. Karbon von Europa und N-Amerika (Abb. 38b).

Gehäuse hoch kreiselförmig, enggenabelt. Umgänge gewölbt, Nähte leicht eingesenkt. Oberfläche bis auf Zuwachslinien glatt.

Oberfamilie **Anomphalacea** WENZ 1938

Gehäuse kugelig aufgebläht oder dick scheibenförmig. Außenlippen gerade, prosoclin. Innenlippe in der Regel verdickt oder in verschiedener Weise mit Kalkauflagerungen versehen. Innenseite wahrscheinlich mit Perlmutterlage. — Silur — Mittl. Perm mit ca. 9 Gattungen.

Anomphalus MEEK & WORTHEN 1867 (syn. *Antirotella* COSSMANN 1918): Mittl. Devon — Ob. Karbon von Europa, N-Amerika, NO- und SO-Asien (Abb. 38c).

Gehäuse dickscheibenförmig. Innenlippe im Alter verdickt und sehr verschieden ausgebildet bei den verschiedenen Arten. Oberfläche glatt und glänzend.

Turbinilopsis DE KONINCK 1881: Unt. Karbon von Europa (Abb. 38d).

Gehäuse *Natica*-ähnlich, letzter Umgang stark aufgebläht. Innenlippe verdickt, mit Längsfurche. Nabel eng, mit Nabelschwiele. Oberfläche glatt.

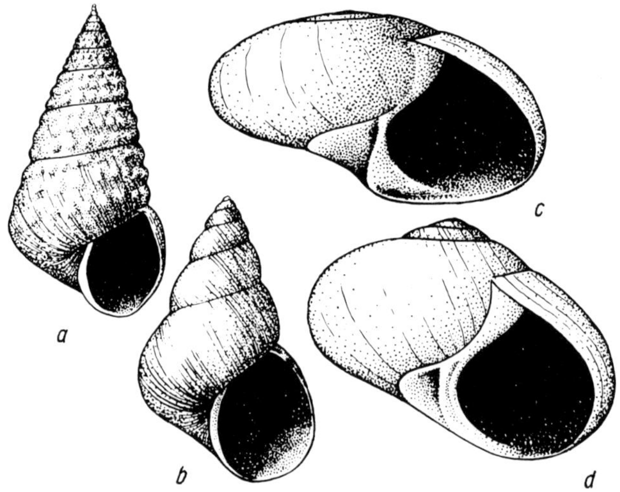

Abb. 38. a) *Microdoma conicum* MEEK & WORTHEN, mittleres Oberkarbon von Illinois (USA). Länge ca. 0,6 cm; b) *Anematina proutana* (HALL), mittleres Unterkarbon von Indiana (USA). Länge: ca. 1 cm; c) *Anomphalus rotulus* MEEK & WORTHEN, mittleres Oberkarbon von Illinois (USA). Breite: ca. 0,5 cm; d) *Turbinilopsis inconspicua* DE KONINCK, Unt. Karbon von Belgien. Breite: ca. 1,1 cm. — Aus J. B. KNIGHT et al. 1960.

Oberfamilie **Oriostomatacea** WENZ 1938

Das niedrig-kreiselförmige oder scheibenförmige Gehäuse besteht aus wenigen, meist abgerundet kantigen bis fast rundlichen Umgängen, die entweder losgelöst sind oder sich längs einer Linie berühren. Die Oberfläche trägt in der Regel kräftige Längsrippen oder -kiele sowie deutliche, mitunter lamellenartige Anwachsstreifen. Gelegentlich finden sich auch hohle Stacheln. Mundränder zusammenhängend, einfach, nicht umgeschlagen. Operculum unbekannt. Die verwandtschaftlichen Beziehungen dieser Gruppe sind noch nicht geklärt. Sie wird vielfach, so von W. WENZ (1938/44), bei den Euomphalacea untergebracht. — Ob. Silur — Unt. Devon, ? Trias.

Oriostoma MUNIER-CHALMAS 1876: Ob. Silur — Unt. Devon von Europa und N-Amerika mit wenigen Arten (Abb. 39).

Gehäuse niedrig-kreiselförmig, mit wenig erhobenem Gewinde. Umgänge kantig-gerundet, mit kräftigen Längskielen. Nur die Endwindung ist in Nähe der Mündung leicht abgelöst. Nabel ziemlich weit.

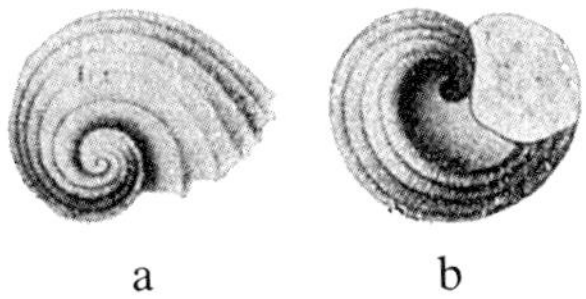

Abb. 39. *Oriostoma barrandei* Munier-Chalmas, Unt. Devon von Gahard bei Rennes. Ca. nat. Gr. — Nach P. Fischer.

Tubina Owen 1859: Unt. Devon mit wenigen Arten in Europa (Abb. 40).
Die Endwindung des fast symmetrisch ein- oder aufgerollten Gehäuses ist gegen die Mündung erweitert. Die Oberfläche trägt außer Längsstreifen spirale Reihen hohler Stacheln sowie engständige, kaum gebogene Anwachsstreifen.

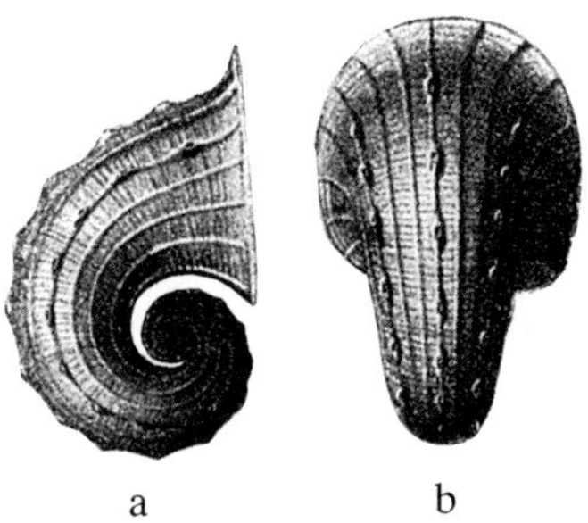

Abb. 40. *Tubina (Tubina) spinosa* (Barrande), Unt. Devon (Kalk von Konjeprus), Konjeprus (Tschechei). Ca. nat. Gr. — Nach J. Perner in J. Barrande 1903—1911.

Oberfamilie **Trochacea** Rafinesque 1815
(Kreiselschnecken)

Das kegel-, kreisel- oder pyramidenförmige Gehäuse ist innen mit einer Perlmutterschicht ausgekleidet. Die im Querschnitt viereckigen Mündungen sind seitlich und an der Basis abgeplattet; ohne Mündungsschlitz und Schlitzband. Die Skulptur besteht meist aus Längsbändern und -rippen, die mit Knötchen verziert sind. In der Regel ist ein dünner, rundlicher oder eiförmiger, spiraler Deckel vorhanden, der aus hornartiger Substanz oder Kalk besteht. — Trias — rezent.
Die Bestimmung bereitet besonders bei mangelhafter Erhaltung mitunter erhebliche Schwierigkeiten. Derartige Formen werden dann häufig unter der Sammelbezeichnung **„Trochus"** zusammengefaßt.

Trochus Linné 1758: Lias — rezent, heute im Indischen und Pazifischen Ozean (Abb. 41 a).
Die abgeflachte Basis des kegel- oder pyramidenförmigen Gehäuses ist außen kantig abge-

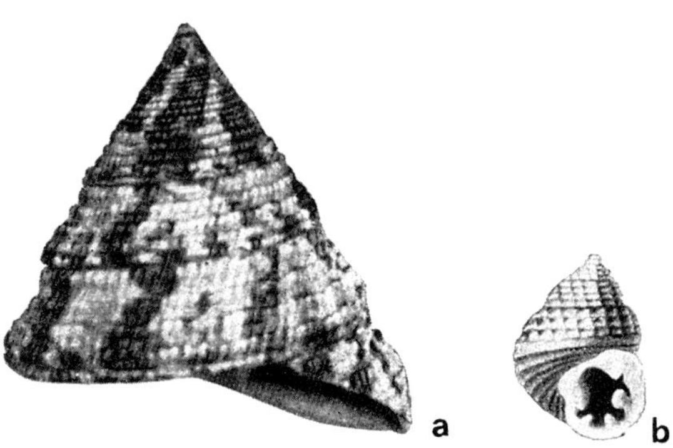

Abb. 41. a) *Trochus maculatus* Linné. Rezent, z. B. bei den Philippinen. Nat. Gr. — Nach J. Thiele 1931; b) *Chilodonta (Chilodonta) clathrata* Étallon, Malm (Rauracien) von Valfin (Frankreich). Ca. ⅔ nat. Gr. — Nach P. de Loriol 1886—1889.

stutzt. Spindelrand gedreht, am Rande oft gezähnt. Nabel gänzlich oder nur im oberen Teil geschlossen. Mündung schräg.

Chilodonta Étallon 1862: Malm (Oxford) — Ob. Kreide (Maastricht) von Europa (Abb. 41 b).

Die dickschaligen, mit Netzskulptur versehenen und Columellarfalten aufweisenden Gehäuse finden sich in der Riff-Fazies. Mündung kreisförmig, rings mit 5 kräftigen Zähnen. Außenlippe dick.

Oberfamilie **Neritacea** Rafinesque 1815

Gehäuse meist kugelig oder eiförmig aufgetrieben, selten mützen- oder napfförmig gestaltet. Ein Nabel fehlt stets. Umgänge wenig zahlreich, gelegentlich stark übergreifend. Schale außen kalzitisch, innen aragonitisch-lamellär. Mündung oval oder kalbkreisförmig. Innenlippe abgeplattet oder schwielig verdickt, häufig mit Zähnen. Operculum, falls vorhanden, kalkig, nicht spiral, mit seitlichem bzw. fast zentralem Nucleus und bei manchen Arten mit Muskelfortsätzen an der Innenseite. — Mittl. Devon — rezent, überwiegend als Meeres- und Süßwasserbewohner.

Naticopsis McCoy 1844: Mittl. Devon — Ob. Trias, weltweit verbreitet (Abb. 42 a).

Gehäuse kugelig aufgetrieben, mit mäßig hohem oder niedrigem Gewinde, sehr dickschalig. Oberfläche meist glatt. Gewinde innerlich nicht resorbiert. Mündung oval. Innenlippe schwielig verdickt.

Neritina Lamarck 1816: Eozän — rezent, weltweit verbreitet im Meer-, Brack- und Süßwasser (Abb. 42 b—c).

Die Innenwindungen des kleinwüchsigen, eiförmigen oder abgeplattet halbkugeligen Gehäuses sind resorbiert. Die glänzende Oberfläche ist glatt oder mit Stacheln bedeckt. Innenlippe abgeplattet, mit scharfem oder fein gezähnelten Innenrand. Außenlippe scharf. Operculum innen meist mit Zapfen und Rippen.

Velates de Montfort 1810: Ob. Kreide (Cenoman) — Eozän von Europa, Afrika, N-Amerika und Asien (Abb. 43).

Der letzte Umgang des niedrig kegelförmigen, bis 12 cm langen Gehäuses ist derart groß, daß nur die gekrümmte Spitze des Gewindes sichtbar ist. Die konvexe oder ebene Innenlippe zeigt

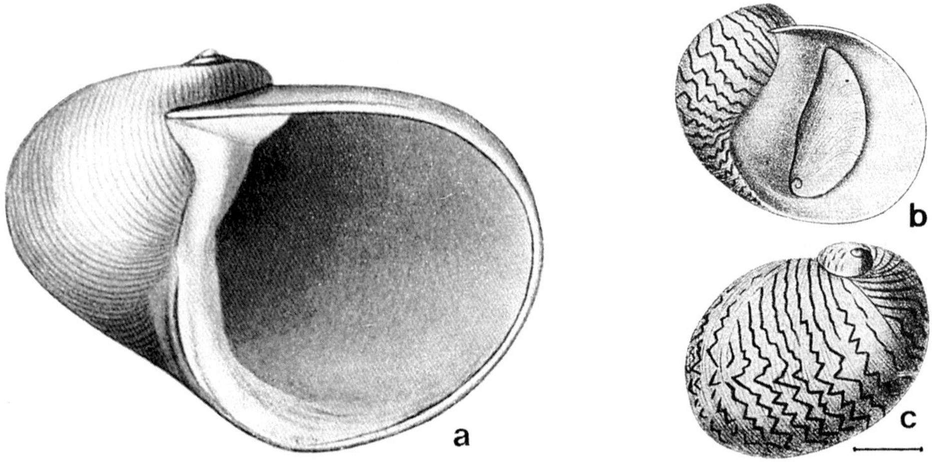

Abb. 42. a) *Naticopsis (Naticopsis) ampliata* Phillips, Unt. Karbon (Visé) von Visé (Belgien). Ca. 1½ nat. Gr. — Nach L. de Koninck; b)—c) *Neritina (Theodoxus) danubialis* Pfeiffer. Rezent in der Donau bei Kelheim (Bayern). — Nach D. Geyer 1927.

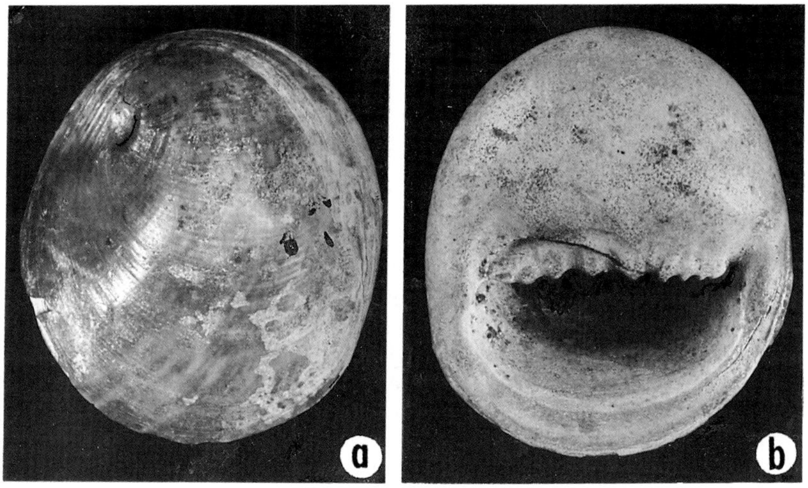

Abb. 43. *Velates perversus* (GMELIN), Eozän des Pariser Beckens. Ca. 2/1 nat. Gr.

einen geraden und gezähnten Innenrand. Von außen betrachtet, erscheint das Gehäuse nahezu bilateral-symmetrisch.

Nerita LINNÉ 1758: Ob. Kreide — rezent weltweit in der Litoralzone warmer Meere auf felsigem Untergrund und im Bereich der Korallenriffe (Abb. 44, 73b).

Das dicke, ovale oder halbkugelige Gehäuse trägt meist eine etwas stärkere spirale Skulptur. Innenlippe schwielig, abgeplattet; mit geradem, häufig gezähneltem Rand. Außenlippe innen verdickt und mit Runzeln oder Warzen bedeckt. Operculum kalkig, halbkreisförmig, subspiral,

Abb. 44. *Nerita versicolor* im Biotop bei Ebbe. Rancho Luna bei Cienfuegos (Kuba). Breite des Abschnitts ca. 15 cm. Fot. Verf. (Nov. 1982).

mit seitlichem Nucleus; Innenseite mit schwieliger Verdickung, zwei Fortsätzen und einer gebogenen Rippe am inneren Rand zur besseren Verankerung in der Gehäusemündung. Innere Windungsteile werden während des Wachstums zunehmend resorbiert (Abb. 73b). Phytophag.

Oberfamilie **Murchisoniacea** Koken 1896

Das Gewinde des schlanken, meist getürmt kegelförmigen Gehäuses besteht aus zahlreichen langsam anwachsenden Umgängen, mit gewölbtem, kantigem oder gekieltem Querschnitt. Schlitzband etwa auf der Mitte der Umgänge bzw. auf der Kante. Oberfläche mit oder ohne Längs- und Querskulptur. Die meist nicht besonders große Endwindung ist entweder nicht oder verdeckt genabelt. Mündung etwas schief, unten ein wenig vorgezogen und häufig schwach ausgußartig. Außenrand scharf, mit V-förmigem Sinus; meist ohne, seltener mit kurzem Schlitz. Die Gruppe hat sich vermutlich bereits im Kambrium von den Pleurotomariacea abgetrennt, mit deren primitivsten Vertretern sie einige gemeinsame Merkmale aufweist. — ? Ob. Kambrium, Unt. Ordovizium — Ob. Trias mit ca. 29 Gattungen. Größte Formenmannigfaltigkeit im Karbon.

Murchisonia d'Archiac & de Verneuil 1841: Ordovizium — Trias von Europa, N-Amerika, Asien, Australien (Abb. 45).

Das hoch turmförmige, zum Teil recht kleine Gehäuse besteht aus zahlreichen langsam anwachsenden, kantigen Umgängen, die durch schmale Nähte getrennt sind. Die Oberfläche zeigt außer Anwachsstreifen, die gegen das Schlitzband vorgezogen sind, meist Längskiele, Längsstreifen, quer verlaufende Rippen oder Knoten. Das relativ breite, konkave, auf der Peripherie gelegene Schlitzband wird von zwei seichten Furchen eingefaßt. Mündung unten kurz rinnenförmig, ausgußartig. Außenrand scharf; mit tiefem Schlitz, der parallele Ränder aufweist. Spindelrand der fast geraden Spindel etwas umgeschlagen.

Abb. 45. *Murchisonia turbinata* (v. Schlotheim), Mittl. Devon von Mitteleuropa. Ca. nat. Gr. — Nach R. C. Moore 1952.

Oberfamilie **Clisospiracea** S. A. Miller 1889

Gehäuse kegel- oder napfförmig. Basis aus einer schmalen, allmählich breiter werdenden Lamelle, die an der Innenseite des Gehäuses spiral nach oben zieht. — Unt. Ordovizium — Mittl. Devon mit ca. 5 Gattungen.

Clisospira Billings 1865: Unt. Ordovizium — Silur von Europa, N-Amerika und NO-Asien (Abb. 47a).

Gehäuse linksgewunden. Basis und Mündung unbekannt. Oberfläche schief gegittert.

Oberfamilie **Pseudophoracea** S. A. MILLER 1889

Gehäuse kreisel- oder linsenförmig. Basis meist eben oder leicht konvex und mit scharfem, peripherem Rand. An der Innenseite konnte bei einigen Gattungen eine Perlmutterlage beobachtet werden, bei anderen nicht. — Unt. Ordovizium — Unt. Karbon mit ca. 15 Gattungen.

Raphistomina ULRICH (in ULRICH & SCOFIELD) 1897: Unt. Ordovizium — Silur mit wenigen Arten aus N-Amerika, Grönland und Europa (Abb. 46).

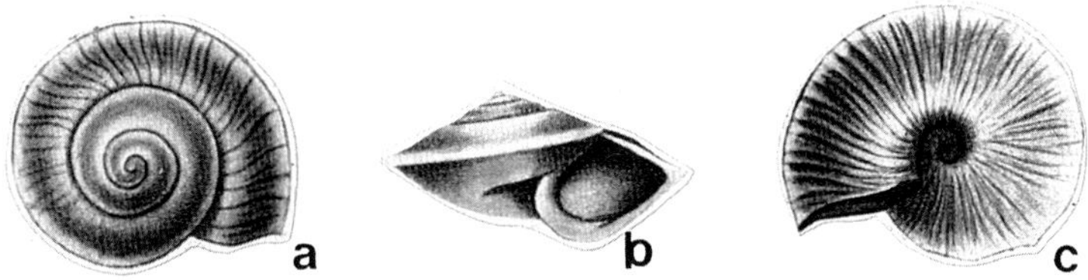

Abb. 46. *Raphistomina lapicida* (SALTER), Mittl. Ordovizium (Unt. Mohavkian) von Lebanon (Tennessee). Ca. ⅗ nat. Gr. — Nach E. O. ULRICH & W. H. SCOFIELD 1897.

Die Umgänge des mittelgroßen, linsenförmigen Gehäuses tragen einen scharfen, nicht abgeflachten oder verbreiterten Kiel. Unterseite der letzten Windung gewölbt, ziemlich eng genabelt. Mündung viereckig. Spindelrand breit über den Nabel umgeschlagen, wenig verdickt.

Pseudophorus MEEK 1873 (syn. *Flemingia* DE KONINCK 1881, *Flemingella* KNIGHT 1936): Silur — Unt. Karbon von Europa und N-Amerika (Abb. 47b).

Gehäuse kreiselförmig, Basis eben mit vollständig offenem Nabel, peripher von einem nach unten ragenden dünnen Randsaum umgeben. Umgänge eben, Naht nicht eingesenkt. Oberfläche mit stark prosoclinen Zuwachslinien.

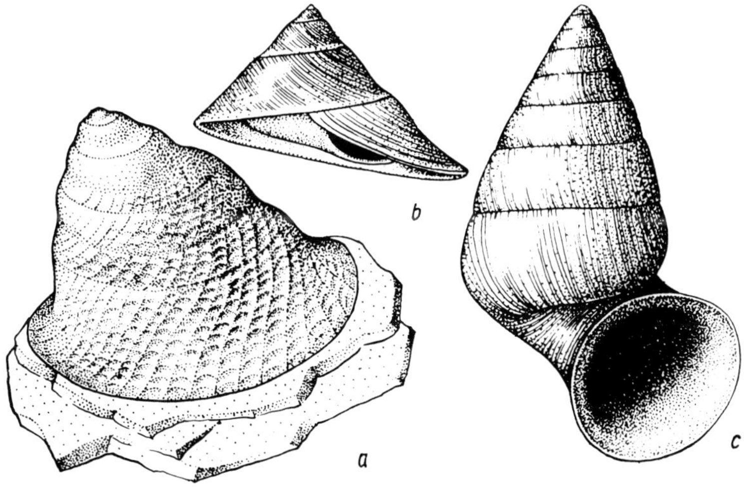

Abb. 47. a) *Clisospira curiosa* BILLINGS, Ordovizium oder Silur von Kanada. Höhe: ca. 1,4 cm; b) *Pseudophorus profundus* (LINDSTRÖM), Mittl. Silur der Insel Gotland. Breite: ca. 2 cm; c) *Codonocheilus striatum* WHITEAVES, Ob. Silur von Ontario (Kanada). Höhe: ca. 1 cm. — Aus J. B. Knight et al. 1960.

Oberfamilie **Craspedostomatacea** WENZ 1938

Wenig bekannte, problematische Gastropoda, deren Mündung im Alter trompetenförmig oder sonstwie erweitert ist. — Ob. Ordovizium — Jura mit ca. 16 Gattungen.

Codonocheilus WHITEAVES 1884 (syn. *Codonochilus* LINDSTRÖM 1884): Ob. Silur von Europa und N-Amerika (Abb. 47c).

Gehäuse niedrig turmförmig. Umgänge sehr niedrig mit flachen Nähten. Letzte Windung abgelöst. Mündung kreisrund, leicht erweitert.

Oberfamilie **Palaeotrochacea** KNIGHT 1956

Gehäuse kegel-, kreisel- oder niedrig turmförmig, in der Regel dickschalig. Sehr dick sind vor allem die Außen- und Innenlippe. Schalenstruktur und Operculum unbekannt. — Unt. Devon — Ob. Kreide (Senon).

Palaeotrochus HALL 1879: Unt. Devon von N-Amerika (Abb. 48a).

Gehäuse kreiselförmig. Außenlippe sinusartig gebogen, prosoclin. Oberfläche mit scharfer Rippe dicht über der Naht und unregelmäßig verlaufenden Zuwachslinien.

Oberfamilie **Amberleyacea** WENZ 1938

Gehäuse rechts- oder linksgewunden, in der Regel kegel- oder kreiselartig, weniger häufig turm- oder scheibenförmig. Mündung rund oder mit eckigem Außenrand. Skulptur meist mit spiralen Elementen, die in der Regel Knoten tragen oder von quer verlaufenden Elementen geschnitten werden. Operculum unbekannt. — Mittl. Trias — Oligozän mit ca. 26 Gattungen.

Hamusina GEMELLARO 1878: Lias — Dogger (Bajocien) von Europa und S-Amerika (Abb. 48b).

Gehäuse hochkonisch, dünnwandig, linksgewunden. Umgänge an der Außenseite flach, mit scharfem, peripherem Kiel, der längs der Naht verläuft. Basis schwach konvex. Skulptur aus Knoten und einigen spiralen Elementen.

Amberleya MORRIS & LYCETT 1851: Trias — Oligozän von Europa, N-Afrika und S-Amerika (Abb. 48c).

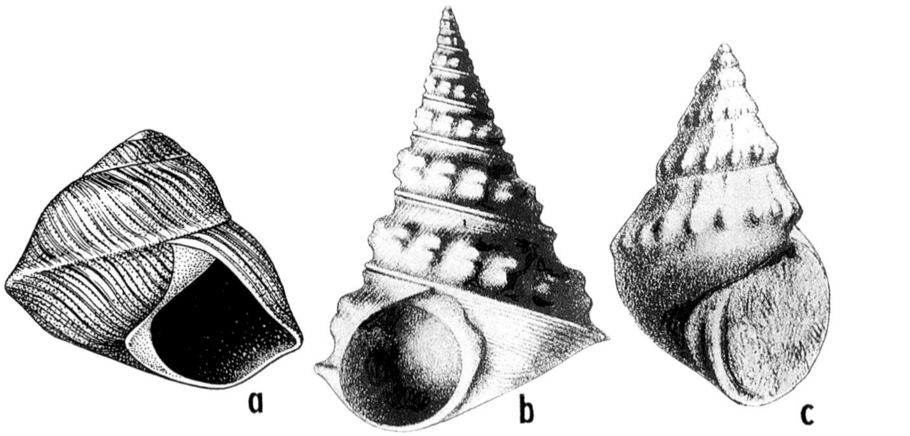

Abb. 48. a) *Palaeotrochus kearneyi* (HALL), Unt. Devon von New York (USA), Höhe ca. 5,7 cm; b) *Hamusina bertholoti* (D'ORBIGNY), Ob. Lias von Frankreich, Höhe ca. 6 cm; c) *Amberleya (Amberleya) bathonica* COX & ARKELL, Dogger (Bathonien) von England, Höhe ca. 5,5 cm. — Nach verschiedenen Autoren, aus J. B. KNIGHT et al. 1960.

Gehäuse ähnlich dem von *Littorina* oder mäßig hochkonisch, rechtsgewunden. Umgänge konvex. Mündung in der Parietalregion nicht durchgehend. Schale perlmutterig.

Ordnung **Mesogastropoda** Wenz 1938

1. Allgemeines

Es handelt sich um eine sehr bedeutungsvolle Gruppe der Prosobranchia, die eine einseitig befiederte Kieme (Pectinibranchia), ein Osphradium und eine meist taenioglossate Radula aufweisen. Das Herz hat nur eine Herzvorkammer (Monotocardia). Das Gehäuse zeigt nie eine perlmutterige Ausbildung und ist gewöhnlich helicoid, seltener scheiben- oder schüsselförmig gestaltet.

2. Vorkommen

Mittl. Ordovizium — rezent, als Bewohner des Meeres, des Süßwassers und des Landes. Wenn man von den wenigen paläozoischen Vertretern absieht, deren Stellung bei den Mesogastropoda zudem meist recht unsicher ist, handelt es sich überwiegend um meso- und känozoische Formen. Die Mehrzahl der aus dem Mesozoikum bekannten Schnecken gehört hierzu. Doch ist die Zahl der känozoischen Arten noch größer.

Die stammesgeschichtliche Entwicklung vollzog sich progressiv, wobei nach relativ langer und wenig ausgeprägter Anlaufzeit die Zahl der Gattungen in der Kreide erstmalig die Hundert erreichte, um sodann im Tertiär die 320 zu übersteigen. Mit einer weiteren, allerdings nur relativ schwachen Zunahme wurde schließlich in der Gegenwart das bisherige Maximum der Formenmannigfaltigkeit erreicht.

3. Systematik

Es werden im wesentlichen nach J. B. Knight, R. L. Batten & E. L. Yochelson (1960) folgende Oberfamilien unterschieden:

a) Loxonematacea: Mittl. Ordovizium — rezent
b) Cerithiacea: Unt. Devon — rezent
c) Cyclophoracea: Unt. Karbon — rezent
d) Valvatacea: Dogger — rezent
e) Littorinacea: Mittl. Trias — rezent
f) Rissoacea: Perm — rezent
g) Calyptraeacea: Malm — rezent
h) Strombacea: ? Trias, Lias — rezent
i) Atlantacea: Ob. Kreide — rezent
k) Cypraeacea: Unt. Kreide — rezent
l) Lamellariacea: ? Paläozän, Pliozän — rezent
m) Naticacea: ? Trias, Lias — rezent
n) Tonnacea: Ob. Kreide — rezent

Oberfamilie **Loxonematacea** Koken 1889

Die Umgänge des mehr oder weniger gestreckten bis turmartigen Gehäuses sind in der Regel mit S-förmig gebogenen Anwachsstreifen bedeckt. Die ganzrandige Mündung ist buchtig ausgebildet. Man neigt dazu, in den Loxonematacea Abkömmlinge der Murchisoniacea zu sehen. Dafür spricht unter anderem die Tatsache, daß einige der letzteren bereits eine Rückbildung von Schlitz und Schlitzband erkennen lassen. — Mittl. Ordovizium — rezent.

Loxonema PHILLIPS 1841: Mittl. Ordovizium — Ob. Trias (Rhät), weltweit verbreitet (Abb. 49).

Das hoch getürmte, schlanke Gehäuse besteht aus zahlreichen, wenig gewölbten Umgängen. Mündung eiförmig, oben verschmälert, unten vorgezogen. Spindel schwach konkav bis gerade. Spindelrand kaum verdickt.

Undularia KOKEN 1892: Mittl. — Ob. Trias (Anis — Rhät), mit einigen Arten vor allem in Europa (Abb. 50 A, B).

Die Umgänge des hoch getürmten Gehäuses sind gekielt, flach oder etwas konkav sowie durch eingesenkte Nähte getrennt. Mündung viereckig, unten schnabelartig vorgezogen. Spindel gerade. Wohl durch Übergänge mit *Loxonema* verbunden.

Melanopsis FÉRUSSAC 1807: Unt. Kreide (Alb) — rezent, weltweit verbreitet mit zahlreichen Arten (Abb. 51).

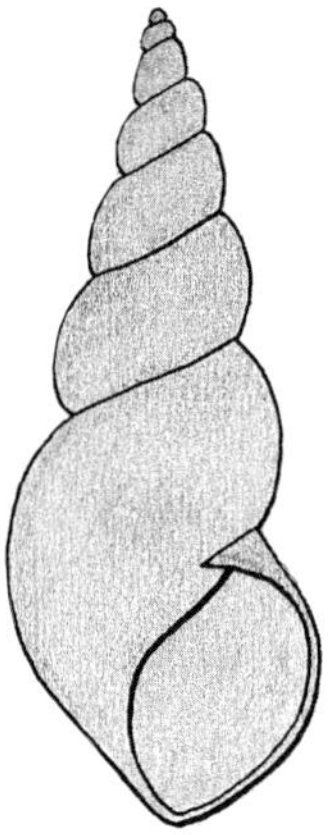

Abb. 49. *Loxonema fritschi* E. PICARD, germanischer Muschelkalk. Ca. nat. Gr. — Aus M. SCHMIDT 1928.

Abb. 50 A. *Undularia scalata* (v. SCHLOTH.), verschiedene Altersstadien. Unt. Muschelkalk (Schaumkalk) von Rüdersdorf bei Berlin. Ca. ½ nat. Gr.

Abb. 50B. *Undularia scalata* (v. SCHLOTH.). Unt. Muschelkalk (Schaumkalk, mu 2χ) von Freyburg (Unstr.). — Ca. 4/5 nat. Gr.

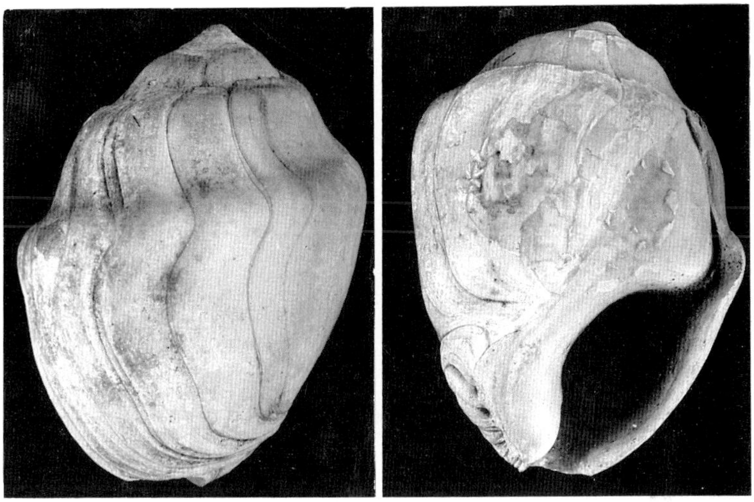

a b

Abb. 51. *Melanopsis vindobonensis vindobonensis* FUCHS, Pliozän (Mäot) des Wiener Beckens. — Ca. 2/1 nat. Gr.

Das mäßig große bis relativ kleine, ungenabelte, schlank eiförmige Gehäuse hat ein ziemlich kurzes Gewinde. Die schmal eiförmige Mündung ist unten stets ausgeschnitten und oben sehr spitz gewinkelt. Außenrand dünn, schwach gebogen. Spindel glatt. Deckel paucispiral.

Thiara BOLTEN (RÖDING) 1798 (syn. *Melania* LAMARCK 1799): Eozän — rezent (Abb. 52).

Die Umgänge des kegelförmigen Gehäuses sind unterschiedlich skulpturiert. Mündung ganzrandig, eiförmig; unten meist etwas vorgezogen. Spindel nicht gewunden.

Promathilda ANDREAE 1887: Mittl. Trias — Malm mit sehr zahlreichen Arten (Abb. 53).

Die Umgänge des schlanken, turm- oder kegelförmigen Gehäuses sind gewölbt und mit längsverlaufenden Kielen bedeckt, die meist von quer dazu sich erstreckenden Anwachsfältchen geschnitten werden. Mündung rundlich bis gerundet viereckig, unten gelegentlich gewinkelt, klein. Embryonalgewinde linksgewunden und oft im rechten Winkel abgebogen.

Abb. 52. *Thiara amarula* (LINNÉ). Rezent, z. B. bei Réunion. Höhe: 4 cm. — Nach J. THIELE 1931.

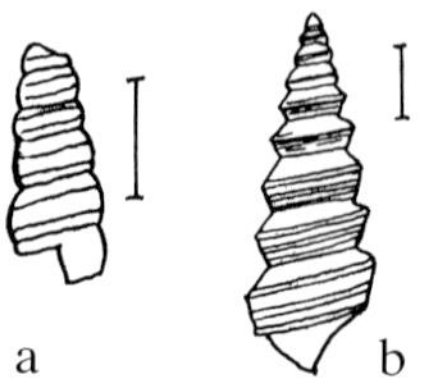

Abb. 53. a) *Promathilda theodorii* (BERGER), Mittl. Keuper (Lehrberg-Schicht) von Koburg. — Nach E. PICARD 1903, umgezeichnet; b) *Promathilda bolina* (v. MSTR.), Ob. Muschelkalk (Trochitenkalk, mo 1). — Aus M. SCHMIDT 1928.

Abb. 54. *Glauconia (Glauconia) kefersteini* (GOLDFUSS), Ob. Kreide (Gosau-Schichten) von Oberösterreich. Ca. 1⅓ nat. Gr. — Nach F. ZEKELI 1852.

Glauconia GIEBEL 1852: Unt. — Ob. Kreide (Maastricht) mit zahlreichen Arten z. B. in Europa, N-Afrika und W-Indien (Abb. 54).

Die Umgänge des ziemlich großen, hochkonischen Gehäuses sind berippt, mit Knotenreihen bedeckt oder glatt. Letzte Windung geritzt genabelt, mit flachem Wulst oder Kiel um den Nabel. Spindelrand etwas über den Nabelritz umgeschlagen. Mündung rundlich, unten kaum ausgeschnitten. Spindel glatt.

Turritella LAMARCK 1799: Kreide — rezent mit zahlreichen Arten. Heute in wärmeren Meeren (Abb. 55—57, 58c).

Das ziemlich festschalige, gelegentlich sehr große und hoch getürmte Gehäuse besteht aus zahlreichen Umgängen, die meist mit Längsfurchen oder -kielen bedeckt sind. Die kleine, holostome Mündung zeigt weder Rinne noch Ausguß. Außenrand bildet einfachen Sinus. Spindel glatt, schief. Deckel multispiral, mit zentralem Nucleus.

Abb. 55. *Turritella terebra* (LINNÉ). Rezent, z. B. bei den Philippinen. Höhe: 135 mm. – Nach J. THIELE 1931.

Abb. 56. a) *Turritella* cf. *terebra* (LINNÉ) beginnt sich einzugraben; b) Lebensspuren, die ein Tier nach dem vollständigen Eingraben hinterlassen hat. Länge der Schnecke ca. 8 cm. Sonst wie Abb. 57.

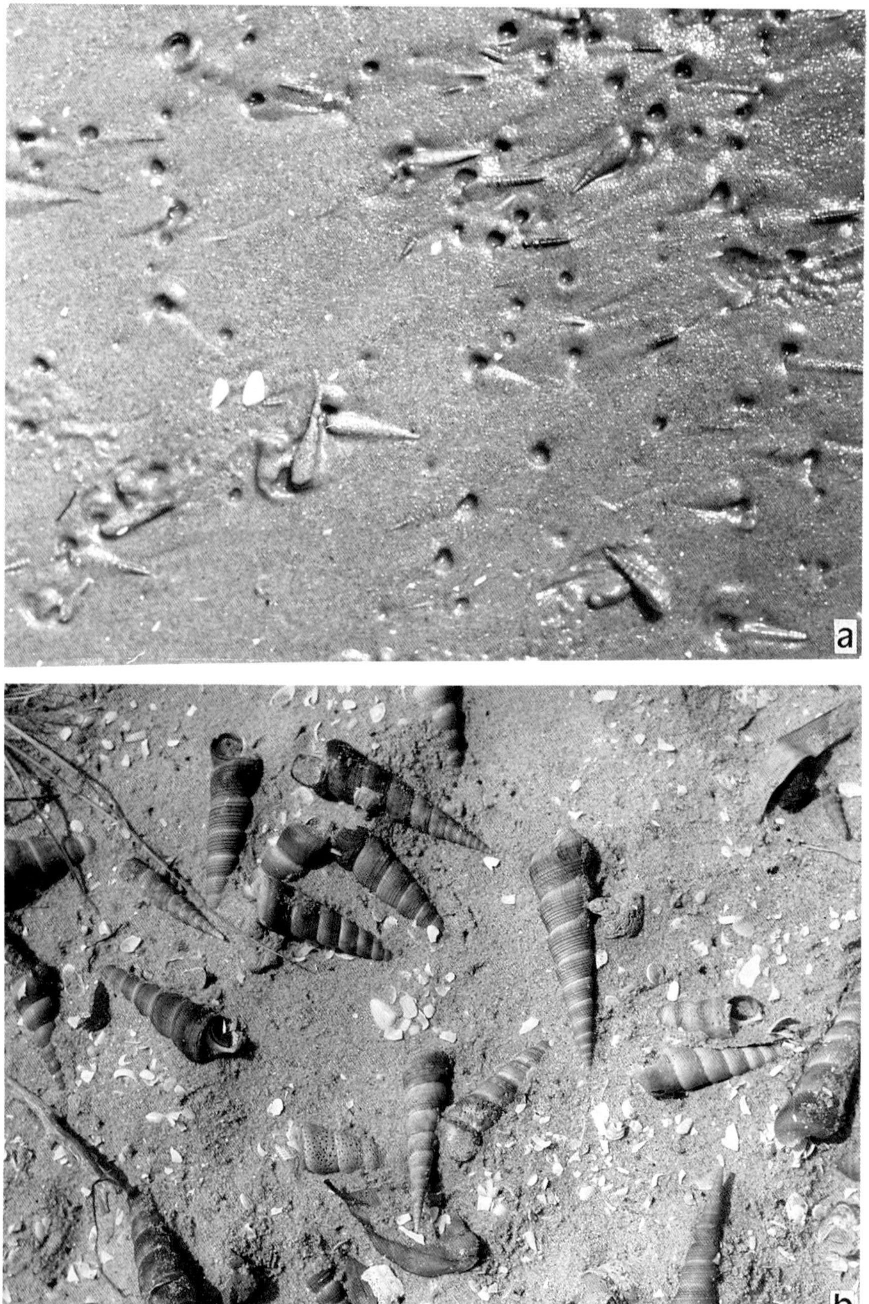

Abb. 57. a) der im strandnahen Litoral (oberen Gezeitenbereich) liegende Biotop von *Turritella* cf. *terebra* (LINNÉ) mit den flach eingegrabenen, in Lebendstellung befindlichen Schnecken; b) unmittelbar dahinter der im wesentlichen aus ihnen bestehende Spülsaum. Rezent, Sandstrand des Südchinesischen Meeres bei Vung Tau (Süd-Vietnam). Maximale Länge der Schnecken ca. 10 cm. Fot. Verf. (Nov. 1982).

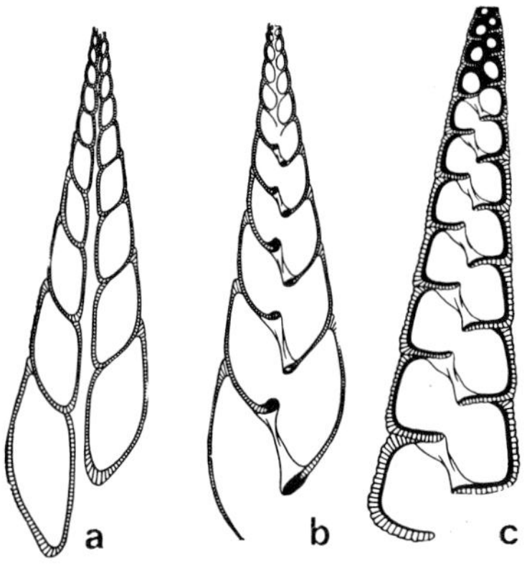

Abb. 58. Längsschnitte durch a) *Pseudomelania,* b) *Thiara,* c) *Turritella.* Ohne Maßstab. — Nach R. Wedekind 1934.

Mesalia Gray 1847 (syn. *Mesaliopsis* Thiele 1929): Ob. Kreide — rezent, weltweit verbreitet (Abb. 59).

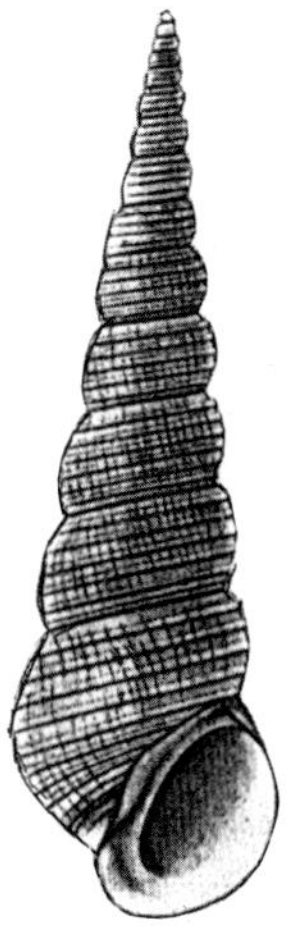

Abb. 59. *Mesalia (Mesalia) brevialis* (Lamarck). Rezent von der Senegalküste. Nat. Gr. — Nach W. Kobelt.

Das getürmt kegelförmige Gehäuse besteht aus zahlreichen gewölbten Umgängen, die mit Längsreifen oder -kielen bedeckt sind. Der dünne Außenrand der eiförmigen Mündung ist oben eingebuchtet, unten vorgezogen. Spindelrand schwielig. Windungen mit erhobenen Rändern.

Vermetus Adanson 1757 (Daudin 1800): Tertiär — rezent (Abb. 60).

Abb. 60. Querschnitte durch die Röhren verschiedener *Vermetus*-Arten. Zum Teil etwas vergrößert. — Aus W. Wenz 1938—1944.

Das unregelmäßig spiral aufgewundene Gehäuse ist ganz oder teilweise festgewachsen. Die oft wie gehämmert erscheinende Oberfläche zeigt meist Längsskulptur sowie regelmäßige Anwachsfältchen. Das Innere der Umgänge trägt auf den Seitenwänden kurze Leisten und auf dem Spindelrand einen kurzen Kiel. Mündung kreisrund, mit entsprechend gestaltetem Operculum.

Vermicularia LAMARCK 1799: Kreide — rezent mit mehreren Arten. Heute in wärmeren Meeren (Abb. 61).

Die ersten Umgänge des nicht festgehefteten Gehäuses sind turritellenartig, die daran anschließenden unregelmäßig aufgewunden. Oberfläche meist mit Längsskulptur, die sich auf den letzten Windungen entweder verstärkt oder abschwächt. Mündung rundlich oder viereckig. Operculum groß.

Stellt man, wie dies vielfach geschieht, *Pseudomesalia* DOUVILLÉ als Untergattung zu *Vermicularia*, reicht die vertikale Verbreitung bis in das Gault (Unt. Kreide) zurück.

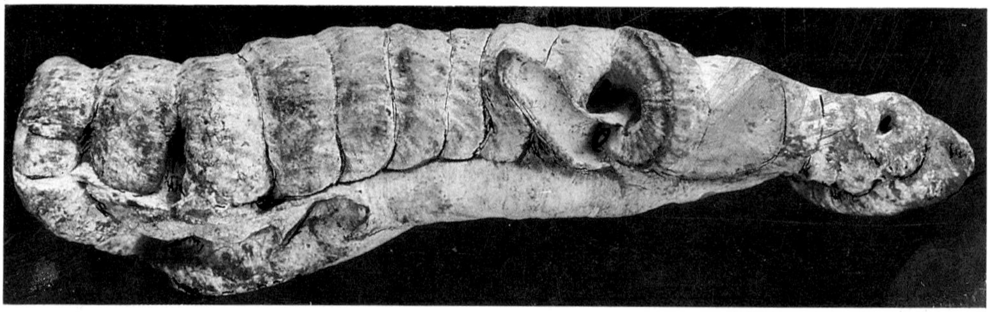

Abb. 61. *Vermicularia* sp., Miozän der Toskana (Italien). Ca. 1½ nat. Gr.

Terebralia SWAINSON 1840: Kreide (Unt. Alb) — rezent (Abb. 62).

Die gewölbten Umgänge des festschaligen, meist hoch getürmten Gehäuses sind durch eingesenkte Nähte getrennt. Die Oberfläche trägt Längsfurchen, kräftige Querrippen sowie unregelmäßig verteilte Varices. Mündung schmal eiförmig, mit kurzem Kanal, der oft durch den übergreifenden Basalrand geschlossen wird. Spindelrand meist mit Falten.

Abb. 62. *Terebralia sulcata* (BORN). Rezent. Höhe: 45 mm. — Nach J. THIELE 1931.

Oberfamilie **Cerithiacea** FLEMING 1822

Das meist spitzkonische, weniger häufig flachkonische oder scheibenförmige, seltener unregelmäßig aufgewundene Gehäuse wird in der Regel aus zahlreichen nur langsam an Dicke zunehmenden Windungen gebildet. Die Skulptur besteht gewöhnlich aus glatten oder knotigen Längselementen, die sich häufig mit querverlaufenden Rippen oder Lamellen vergittern. Mündung selten holostom, sonst mehr oder weniger siphonostom. Operculum meist multispiral, nur am Rande gelegentlich konzentrisch. Man nimmt an, daß die Cerithiacea von den Loxonematacea abstammen. — Unt. Devon — rezent.

Procerithium COSSMANN (in CHARTON & COSSMANN) 1902: Ob. Trias (Rhät) — Ob. Malm mit zahlreichen Arten, weltweit verbreitet.

Die Umgänge des mäßig großen, turmförmigen Gehäuses sind gewölbt und durch tiefe Nähte getrennt. Die Oberfläche trägt Längsreifen, die durch querverlaufende Fältchen gekörnelt werden. Mündung klein, rundlich, unten kaum gebuchtet. Spindelrand nicht verdickt. Embryonalgewinde mit 2½ bis 4 Windungen.

Potamides BRONGNIART 1810: Ob. Kreide (Maastricht) — Pliozän, ? rezent; mit zahlreichen Arten vor allem in Europa.

Die Umgänge des meist mittelgroßen hochgetürmten Gehäuses tragen in der Regel knotige Längsreifen, zu denen querverlaufende Fältchen treten können. Mündung rundlich oder gerundet viereckig, unten mit kurzem, abgestutztem Ausguß. Außenrand gebogen, Spindel gewunden. Deckel rundlich, paucispiral, mit zentralem Nucleus.

Cerithium ADANSON 1757: Tertiär — rezent, mit vielen Arten (Abb. 63, 64a).

Abb. 63. *Cerithium (Tympanotomus) margaritaceum* BROCCHI, Oligozän des Mainzer Beckens. Ca. ⅔ nat. Gr. — Nach einem Originalfoto von B. BOUČEK, Prag.

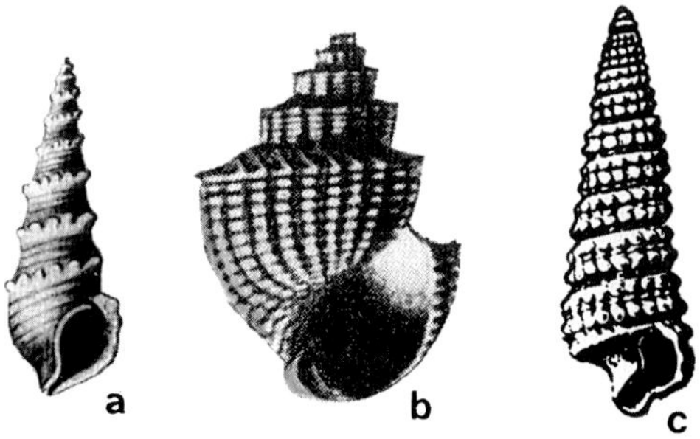

Abb. 64. a) *Cerithium (Triacerithium) pseudotiarella* A. D'ORBIGNY, Unt. Miozän (Burdigal) von St. Paules-Dax (Landes). Ca. ⅔ nat. Gr. — Nach J. P. DE GRATELOUP 1827; b) *Purpurina (Purpurina) bellona* A. D'ORBIGNY, Dogger (Bajocien) von Bayeux (Calvados). Ca. 1½ nat. Gr. — Nach A. D'ORBIGNY; c) *Cerithiopsis subulata* (MONTAGU), ein Vertreter der von der Kreide bis zur Gegenwart reichenden Gattung *Cerithiopsis*. Ca. 5/1 nat. Gr. — Nach R. C. MOORE 1952.

Die zahlreichen schwach gewölbten Umgänge des meist hochgetürmten Gehäuses sind mit knotigen Längsreifen bedeckt. Mündung etwas schief eiförmig; oben ausgußartig, unten mit mäßig langem, schwach rückwärts gekrümmtem Siphonalkanal. Spindel schwielig, ohne Falten auf der Mitte.

Campanile Bayle (in P. Fischer) 1884: Ob. Kreide (Maastricht) — rezent (Abb. 65).

Das zum Teil sehr große (bis ½ m), schlank-kegelförmige Gehäuse besteht aus sehr zahlreichen flachen Umgängen, die Spiralskulptur tragen. Die Höhe der kantig abgesetzten, mit langem, gewundenem Hals und kurzem Kanal ausgestatteten Endwindung beträgt etwa ein Viertel der Gehäusehöhe. Mündung schief eiförmig, oben abgelöst und ausgußartig. Außenrand erweitert, scharf, oben eingebuchtet. Operculum mit einigen schmalen Windungen und exzentrischem Nucleus.

Purpurina A. d'Orbigny 1850: Dogger (Bajocien) — Unt. Malm (Oxford) (Abb. 64b).

Die Umgänge des kreiselförmigen Gehäuses sind abgesetzt und unter der Naht mit einer Rampe versehen. Die eiförmige, etwas bogige Mündung ist unten oft geschnäbelt. Außenrand kaum vorgezogen, auf der Rampe eingebuchtet. Spindel konkav, glatt. Spindelrand dünn.

? Cerithiopsis Forbes & Hanley 1849: Kreide — rezent (Abb. 64c).

Das meist recht kleine, turmförmige, schlanke Gehäuse ist mit längsverlaufenden Knotenrei-

Abb. 65. *Campanile (Campanile) giganteum* (Lamarck), Mittl. Eozän von Chamery (Marne). Ca. ½ nat. Gr. — Nach A. Robin 1925.

hen bedeckt, die Mündung eiförmig oder abgerundet viereckig. Spindel ziemlich kurz. Operculum paucispiral; Nucleus dem sehr dünn ausgebildeten Spindelrand genähert. – Die systematische Stellung bei den Cerithiacea bleibt noch unsicher, da der anatomische Bau der rezenten Arten manche Parallelen zu den Melanelliden zeigt.

Oberfamilie **Epitoniacea**
(Scalacea, Ptenoglossa)

Gehäuse meist kegel- bis turmförmig, selten rundlich bis kreiselartig. Mündung rund, einfach. Skulptur i. d. R. aus spiralen Streifen und quer zu diesen verlaufenden ringförmig vorragenden Querrippen; doch gibt es daneben auch glatte Vertreter. Radula ptenoglossat, d. h. mit zahlreichen hakenartigen Seitenzähnchen, ohne Mittelzahn. Hierauf beruht der Trivialname Federzüngler. Ernährung carnivor, vor allem Coelenteraten. – Jura – rezent, heute in den wärmeren Meeren.

Coniscala BOURY 1887: Ob. Kreide – Paläozän.

Gehäuse hoch turmförmig. Windungen nach außen gewölbt. Skulptur aus feinen spiralen Längsstreifen, die von quer zu den Umgängen verlaufenden Rippen geschnitten werden.

Eine durch Lebensweise und äußere Morphologie stark abweichende Gattung ist:

Janthina RÖDING 1798 (Floß- oder Veilchenschnecke): rezent mit mehreren Arten in den wärmeren Meeren (Abb. 66A).

Gehäuse rundlich bis kreiselförmig, dünnschalig und auf der unteren Hälfte der Umgänge bläulich bis violett gefärbt. Bei der Dominanz bläulicher Farben an der Meeresoberfläche werden hierdurch die dort planktisch lebenden Schnecken wirkungsvoll vor der Sicht ihrer Feinde geschützt. Sie verfertigen aus Luftblasen, die sie mit erhärtendem Schleim umgeben und verkleben, ein bis 12 cm langes und 2 cm breites Floß (Abb. 66A), an dem sie passiv längs der Wasseroberfläche treiben. Sie ernähren sich von Plankton, mit dem sie zufällig zusammentreffen. Handelt es sich z. B. um Segelquallen (*Velella*, Abb. 66B; *Porpita*), schneiden ältere Tiere mit ihrer Radula halbkreisförmige Stücke aus dem Schwimmfloß der Quallen, während jüngere

Abb. 66A. *Janthina* sp. (Floß- oder Veilchenschnecke) mit Schwimmfloß aus Luftblasen, die mit erhärtendem Schleim umgeben und verklebt sind; lebend gestrandet am Südchinesischen Meer bei Vung Tau (Südvietnam). Länge 8 cm. Fot. Verf.

Abb. 66 B. *Velella velella* (LINNÉ), rezent aus dem Mittelmeer bei Lipari, montiert. Länge maximal 4,8 cm. – Fot. Verf. (Mai 1993).

lediglich die Unterseite der befallenen Kolonien abweiden. Kleinere Plankter werden unmittelbar in den Schlund gesaugt. Das *Janthina*-Floß dient zugleich der Anheftung des Eikokons, der bis 2,5 Millionen Eier enthalten kann.

Oberfamilie **Cyclophoracea** GRAY 1847

Vermutlich von den Trochonematacea abstammende primitive Mesogastropoda mit teils niedrig, teils hoch aufgewundenem oder stumpf spindelförmigem Gehäuse, dessen Umgänge meist bauchig aufgetrieben sind. Die Mantelhöhle dieser gestaltlich oft erheblich voneinander abweichenden Tiere ist zu einer Lunge umgestaltet. Operculum hornig, bei typischer Ausbildung multispiral. – Unt. Karbon – rezent mit zahlreichen Arten. Es sind Land- und Süßwasserbewohner.

Cyclophorus DE MONTFORT 1810: Pleistozän – rezent, heute mit zahlreichen Arten in tropischen Gebieten.

Das kugelig-kreiselförmige, relativ niedergedrückte Gehäuse zeigt einen mäßig weiten bis fast geschlossenen Nabel. Mundränder holostom, gerade oder ausgebreitet. Umgänge gewölbt.

Dendropupa OWEN 1861 (syn. *Strophites* DAWSON 1880, non DESHAYES 1832): Unt. – Ob. Karbon von N-Amerika (Abb. 67 a).

Relativ große, an *Pupa* erinnernde Gehäuse. Mündung offenbar mit lamellenförmigem Columellarzahn. Oberfläche mit zahlreichen feinen, der Mündung parallel laufenden Streifen. – Die Gattung wird vielfach bei den Pulmonata untergebracht. Doch besteht kein plausibler Grund anzunehmen, daß diese schon im Paläozoikum ausgebildet waren.

Anthracopupa WHITFIELD 1881: Unt. Perm von N-Amerika (Abb. 67 b).

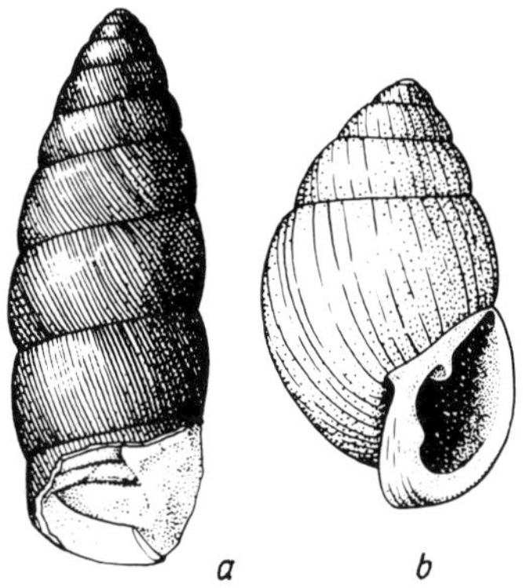

Abb. 67. a) *Dendropupa vetusta* (Dawson), Ob. Karbon von Neuschottland, Länge ca. 0,7 cm; b) *Anthracopupa chioensis* Whitfield, Unt. Perm von Ohio (USA), Länge ca. 0,3 cm. — Aus J. B. Knigth et al. 1960.

Gehäuse klein, etwas an *Pupa* erinnernd, im Umriß fast eiförmig. Oberfläche mit feinen, der Mündung parallellaufenden Streifen. Mündung im Alter verdickt und leicht zurückgeschlagen. Mündung mit kräftigem Columellarzahn und lamellenförmigem Parietalzahn.

Viviparus de Montfort 1810 (syn. *Paludina* Férussac 1812): Jura — rezent, weltweit verbreitet, besonders häufig in den pliozänen Paludinenschichten von Ungarn, Rumänien, Kroatien usw. (Abb. 68—69).

Das hochkonisch aufgewundene, ungenabelte Gehäuse ist mit dickem Periostrakum bedeckt. Die Windungen sind konvex und meist glatt ausgebildet; doch finden sich auch Formen mit einfachen oder knotigen Kielen. Apex in der Regel abgestumpft. Mündung etwas schief, scharfrandig, nicht ausgebuchtet.

Bei den gelegentlich als *Tulotoma* bezeichneten Vertretern des europäischen Pliozän handelt es sich um *Viviparus*-Arten mit ähnlicher Skulptur. *Tulotoma* selbst findet sich nur mit wenigen rezenten Arten, die auf N-Amerika beschränkt sind.

Abb. 68. *Viviparus (Viviparus) viviparus* (Linné), Gehäuse eines weiblichen Tieres. Rezent, Mickten bei Dresden. Ca. 2/1 nat. Gr.

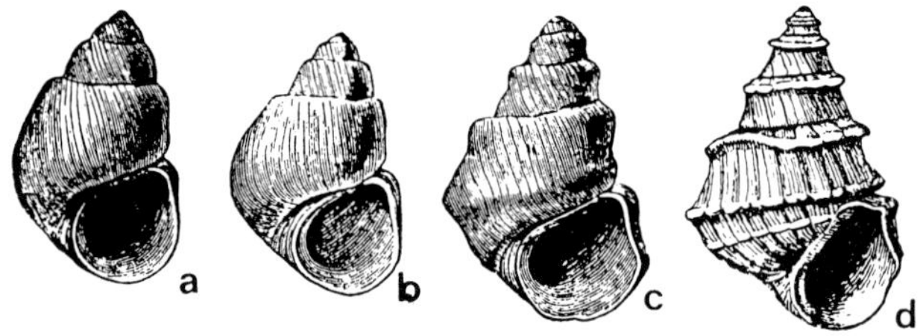

Abb. 69. a)—b) *Viviparus brusinai* NEUMAYR; c) *Viviparus forbesi* NEUMAYR, Pliozän der Insel Cos; d) *Viviparus hoernesi* NEUMAYR, Pliozän von Novaska (Slawonien). Ca. 9/10 nat. Gr. — Aus K. A. v. ZITTEL 1915.

Ampullaria LAMARCK (Kugel- oder Blasenschnecke): Eozän — rezent, heute amphibisch in und an klaren Süßwässern, vor allem in Mittel- und S-Amerika, sonst S-Asien (Abb. 70).

Gehäuse rechtsgewunden, ähnlich *Viviparus*, doch viel bauchiger und größer, erreicht maximal den Umfang einer Kinderfaust. Da die Mantelhöhle der Länge nach durch einen Wulst in eine linke, als Lunge dienende Höhle mit entsprechendem Gefäßnetz und eine rechte mit Kieme geteilt ist, können die Tiere auch längere Zeit außerhalb des Wassers leben. Hinzu kommt ein langer Sipho, mit dem sie Sauerstoff aus der Luft atmen können, indem sie den Sipho aus dem Wasser strecken. Auch sind die Schnecken sehr widerstandsfähig gegen Trockenheit. Sie vermögen in Trockenstarre zu fallen und in diesem Zustand vermutlich bis ca. 5 Jahre zu überdauern.

Der an den Lagunen, Seen und Sümpfen zwischen Südflorida, Ostmexiko, Kuba und den Pampas von Uruguay und Argentinien lebende Schneckenmilan (*Rostrhamus sociabilis*) ernährt sich bevorzugt von der Blasenschnecke *A. gigas*. Da sich der Vogel meist gesellig in Gruppen bis zu ca. 200 Exemplaren an einer Stelle aufhält, kommt es dort nicht selten zu auffälligen Ansammlungen der leeren Schneckengehäuse auf dem Festland (hierzu Band III, Teil 2, 2. Aufl., Abb. 743, S. 615–617).

Abb. 70. *Ampullaria gigas* (Blasenschnecke), rezent, Guama auf Taina, Halbinsel Zapata (Kuba). Durchmesser ca. 5 cm. Fot. Verf.

Oberfamilie **Valvatacea**

Das weit genabelte, konische oder scheibenförmige, meist kleine Gehäuse besteht aus wenigen gerundeten Windungen, die entweder glatt oder mit Längsreifen bzw. Längskielen bedeckt sind. Mündung kreisrund, Ränder zusammenhängend. Operculum dünn, hornig, mit zentralem Nucleus und mehreren schmalen Windungen (multispiral). — Dogger — rezent; heute im Süßwasser der nördlichen Halbkugel verbreitet.

Valvata O. F. MÜLLER 1774: Dogger — rezent (Abb. 71).

Das kleine, flach scheibenförmige Gehäuse hat stielrunde Umgänge. Der sehr weite, perspektivische Nabel zeigt alle Windungen. Operculum hornig, kreisrund, gegen die Mitte eingesenkt; mit vielen engen Spiralen.

Orygoceras BRUSINA 1882: Ob. Miozän — Unt. Pliozän von O-Europa.

Das kleine bis sehr kleine, dünnschalige und häufig mit ringförmigen Rippen bedeckte Gehäuse ist, abgesehen von dem winzigen, noch spiralen Protoconch, gerade gestreckt. Mundrand selten etwas verdeckt. — Die hierzu gehörenden Formen leiten sich wahrscheinlich von *Valvata* s. str. ab.

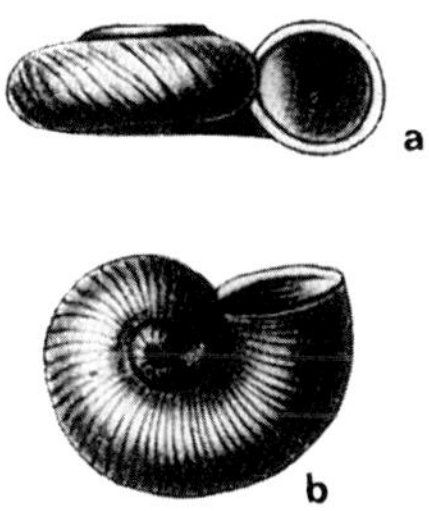

Abb. 71. *Valvata (Valvata) cristata* O. F. MÜLLER. Rezent, Mitteleuropa. Ca. 5/1 nat. Gr.

Oberfamilie **Littorinacea**

Das kreisel- oder kegelförmige Gehäuse ist meist ungenabelt. Falls ein Nabel vorhanden, wird er durch eine Lippe begrenzt. Das Hypostrakum ist je nach Gattung perlmutterig oder porzellanartig ausgebildet. Die Oberfläche trägt häufig Längsstreifen oder -rippen. Die meist eiförmige Mündung wird in der Regel von einem hornigen, spiral gewundenen Deckel verschlossen. Spindelrand oft verdickt und abgeflacht. — Mittl. Trias — rezent; in der Gegenwart meist als Bewohner flacher Meeresbereiche und des Strandes.

Littorina FÉRUSSAC 1821: Eozän — rezent; heute mit zahlreichen Arten in der Strandzone aller Meere (Abb. 72 und 73c).

Das rundliche bis kreiselförmige, ungenabelte und meist dickwandige Gehäuse ist glatt oder spiral gestreift, die Innenschicht porzellanartig ausgebildet. Die ovale Mündung wird mit einem hornigen Deckel verschlossen, der zwei Windungen und einen seitlich gelegenen Nucleus aufweist. — Eine wichtige Art ist:

Littorina littorea LINNÉ (Abb. 73c): Pleistozän — rezent. Man findet sie heute weit verbreitet an den Küsten von Grönland, Island, Skandinavien, in der Nord- und Ostsee sowie im Mittelmeer. Während der vergangenen 50–60 Jahre hat sie sich ferner längs der atlantischen Küste N-Amerikas von Halifax bis Kap May ausgebreitet, das heißt über eine Entfernung von ca. 1000 km. Diese Schnecke, die für die postpleistozänen *Littorina*-zeitlichen Ablagerungen der Ostsee (Alter etwa 6000 Jahre) charakteristisch ist, lebt meist in der Gezeitenzone und kann sich längere Zeit über Wasser aufhalten.

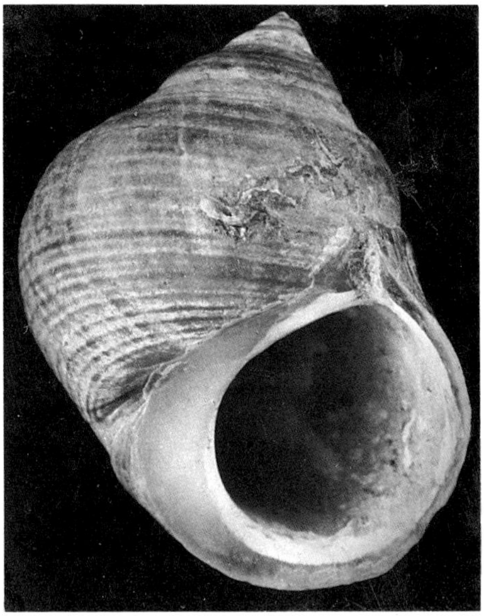

Abb. 72. *Littorina (Littorina) littorea* LINNÉ. Aus dem Postglazial von Sigdal bei Oslo. Ca. 3/1 nat. Gr.

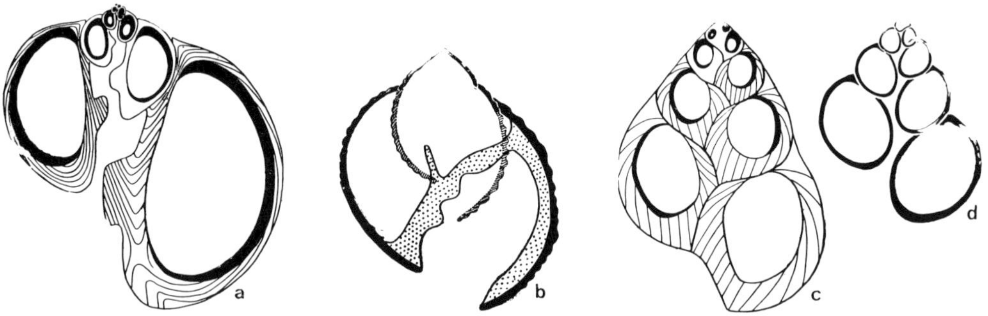

Abb. 73. Längsschnitte durch a) *Natica*, b) *Nerita* (mit resorbierten Außenwänden und deren Ersatz), c) *Littorina*, d) *Viviparus*. Ohne Maßstab. — Nach R. WEDEKIND 1934.

Oberfamilie **Rissoacea** ADAMS & ADAMS 1854

Es handelt sich um meist sehr kleinwüchsige Mesogastropoda. Das glatte, gegitterte oder mit Spiralskulptur versehene Gehäuse ist in der Regel ei- bis kegelförmig, seltener scheiben- oder turmförmig aufgewunden. Mündung holostom, oval oder rundlich, mit oder ohne Bucht im Unterrande. — Perm — rezent; überwiegend Meer- und Brackwasserbewohner. Einige Formen leben im Süßwasser. Manche sind gänzlich auf das Land gegangen. Maximum der Formenmannigfaltigkeit in Tertiär (ca. 180 Arten) und Gegenwart (ca. 300 Arten). Die systematische Stellung einiger hier angefügter Gattungen ist unklar.

Rissoa FRÉMINVILLE 1913: Oligozän — rezent, als Bewohner flacher Meeresteile (Abb. 74a—b).

Das kleine, nur wenige Millimeter lange, dickwandige, kreisel- bis turmförmige Gehäuse ist meist quergerippt oder gegittert. Die ovale, holostome Mündung wird von einem hornigen, paucispiralen Operculum verschlossen. Mundrand verdickt. Die Sohle des schmalen und spitzen

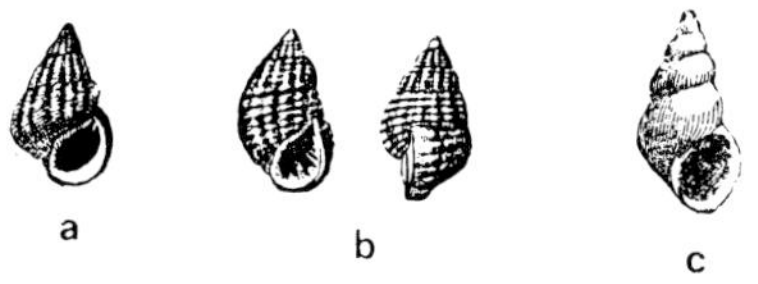

Abb. 74. a) *Rissoa turbinata* (Lam.), Oligozän von Weinheim bei Alzey; b) *Rissoa (Alvania) montagui* Payr. Miozän von Steinabrunn bei Wien. Ca. nat. Gr.; c) *Hydrobia (Littorinella) acuta* A. Braun, Miozän des Mainzer Beckens. Schwach vergrößert. — Nach K. A. v. Zittel 1915.

Fußes ist etwas ausgehöhlt und trägt klebrige Fäden, mit denen sich die Tiere an schwimmenden Gegenständen festzuhalten vermögen.

Hydrobia Hartmann 1821: Perm, Malm — rezent. Heute hauptsächlich im Brackwasser, weltweit verbreitet (Abb. 74c).

Das kegel- bis turmförmige, zugespitzte und glatte Gehäuse ist nicht oder nur schwach genabelt. Mündung eiförmig. Mundrand nicht verdickt. Operculum hornig, dünn, paucispiral; ohne innere Fortsätze. Wichtig sind u. a. folgende Arten:

Hydrobia dubuissoni Bouill.: aus ihr besteht fast ausschließlich der Indusienkalk (Unt. Miozän) der Auvergne;

Hydrobia acuta Braun (Abb. 74c): erfüllt die Hydrobienschichten (Unt. Miozän) des Mainzer Beckens;

Hydrobia trochula Sandb.: gesteinsbildend im Süßwasserkalk von Nördlingen;

Hydrobia pusilla (Prev.): massenhaft im obereozänen Mergel von St. Quen.

Bithynia Leach 1818: Malm (Purbeck) — rezent (Abb. 75).

Das dünnschalige, kreiselförmige Gehäuse ist glatt oder seltener mit einigen Spiralstreifen versehen; mit Nabelspalte. Mundränder zusammenhängend; Außenlippe scharf. Operculum kalkig, konzentrisch; Nucleus zentral.

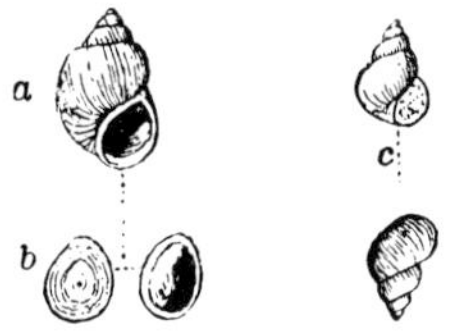

Abb. 75. a)—b) *Bithynia tentaculata* (Linné), Miozän von Miocic (Dalmatien); c) *Bithynia gracilis* Sandb., Süßwasser-Molasse von Oberkirchberg bei Ulm. Ca. nat. Gr. — Nach K. A. v. Zittel 1915.

Oberfamilie **Calyptraeacea**

Das kegelförmige oder flach gewölbte, zum Teil pantoffelartige Gehäuse zeigt einen mittel- oder endständigen Apex. Die inneren Wände sind meist resorbiert. Bei den flacheren Formen findet sich ein internes Septum, an dem die Spindelmuskulatur befestigt ist. — Malm — rezent.

Calyptraea Lamarck 1799: Ob. Kreide — rezent, heute mit einigen Arten in wärmeren Meeren.

Der Apex des breit kegelförmigen Gehäuses, das bei manchen Formen keine Windungen mehr aufweist, liegt zentral. Der meist bis zur Mitte reichende untere Mundrand kann umgeschlagen sein und eine nabelartige, tütenförmige Höhlung bilden.

Crepidula Lamarck 1799 (Pantoffelschnecke): Malm — rezent, heute mit mehreren Arten vor allem in den wärmeren Meeren (Abb. 76).

Abb. 76. *Crepidula gibbosa* Defr., Miozän von Niedersachsen. — Nach F. Kautsky 1925.

Das in der Regel länglich-eiförmige, seltener rundliche, flache, zuweilen ziemlich große Gehäuse ist wenig oder nicht spiralig eingekrümmt, wenn man vom Apex absieht. Dieser liegt nahezu oder ganz randständig. An der Unterseite findet sich ein querverlaufendes Septum, das den hinteren Teil der Mündung überdeckt.

Die in der Jugend bewegliche *Crepidula* wächst später mit dem Fuß z. B. an Felsen, Muschelschalen oder Schneckengehäusen fest, wodurch vielfach Gestalt und Skulptur beeinflußt werden. Bei manchen Arten setzen sich auf ein großes, ausgewachsenes Weibchen oft bis zu 20 kleinere Tiere so aufeinander, daß eine Kette von Individuen entsteht. Diese bilden aber nicht, wie früher angenommen, eine Paarungsgemeinschaft. Ob es sich im einzelnen um Männchen oder Weibchen handelt, ist vermutlich vom Alter abhängig. Sehr große Exemplare sind wohl durchweg Weibchen.

Onustus Humphrey 1797 (syn. *Xenophora* Fischer v. Waldheim 1807): Unt. Kreide (Alb) – rezent, mit wenigen Arten (Abb. 77).

Gehäuse niedrig, breit kegelförmig, am Rande mit lappenartigen Vorragungen oder unregelmäßig zackig ausgebildet. Oberfläche der Spiralseite oft mit relativ großen Fremdkörpern agglutiniert, was vor Brandungswellen und gegen Angriffe von Feinden schützt. Fuß zum Springen eingerichtet. Innenschicht der Schale prozellanartig.

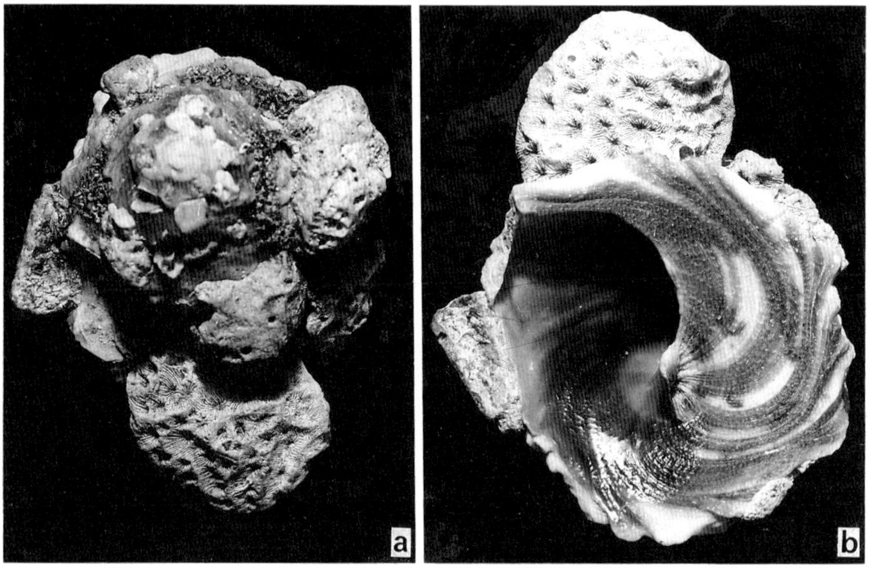

Abb. 77. *Onustus trochiformis* mit Riffschutt agglutiniert, verschiedene Exemplare: a) Spiralseite, b) Nabelseite. Rezent von Varadero (Kuba), atlantische Seite. Größter Durchmesser von a) 6 cm, von b) 6,4 cm. Fot. Verf.

Oberfamilie **Strombacea** Rafinesque 1815
(Flügelschnecken)

Der Mundrand des niedrigen oder turmförmigen, dickschaligen Gehäuses ist oft flügelartig verbreitert, wobei die Mündung meist in eine Rinne am Ende der verlängerten Spindel ausläuft. Der Deckel zeigt einen endständigen Nucleus. Charakteristisch ist die Überentwicklung der Lippe, wodurch das Gehäuse oft wie „geflügelt“ erscheint. Die sich in der besonderen Dicke der Schale zeigende gesteigerte Kalkabsonderung führt gelegentlich zur Ausbildung von Perlen. Die innere Schicht bedeckt oft die Innenseite der Lippe, ja sie überzieht mitunter sogar die Außenseite des Gehäuses. — ? Trias, Lias — rezent; ausschließlich marin. Maximum der Formenmannigfaltigkeit mit ca. 50 Gattungen im Tertiär.

Aporrhais DA COSTA 1778 (syn. *Chenopus* PHILIPPI 1836; *Pelecanus* PIETTE 1891): Dogger — rezent (Abb. 78).

Die Mündung des turmförmig aufgewundenen Gehäuses ist hinten in einen am Gewinde aufsteigenden oder frei vorragenden Kanal verlängert. Die verdickte Außenlippe zeigt meist 4 oder 5 spitze, fingerartige Lappen.

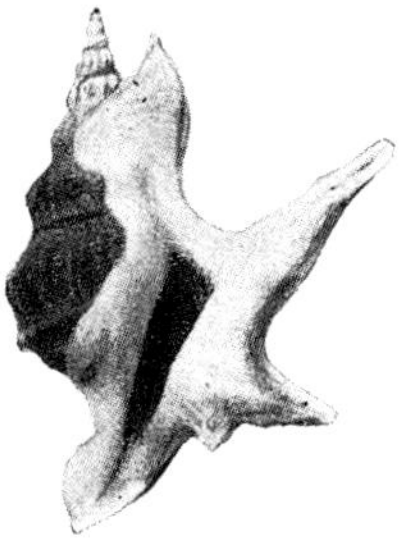

Abb. 78. *Aporrhais pespelecani* (LINNÉ), rezent. Länge: 42—50 mm. — Nach J. THIELE 1931.

Harpagodes GILL 1869: Dogger (Bathonien) — Ob. Kreide (Cenoman) (Abb. 79).

Der letzte Umgang des niedrig aufgewundenen Gehäuses ist sehr groß. Die Außenlippe trägt mehrere stachelartige Fortsätze, von denen der vordere dem Gewinde aufliegt und in Richtung zum Apex verläuft. Die innere Schicht der Wandung greift nicht auf die äußere über.

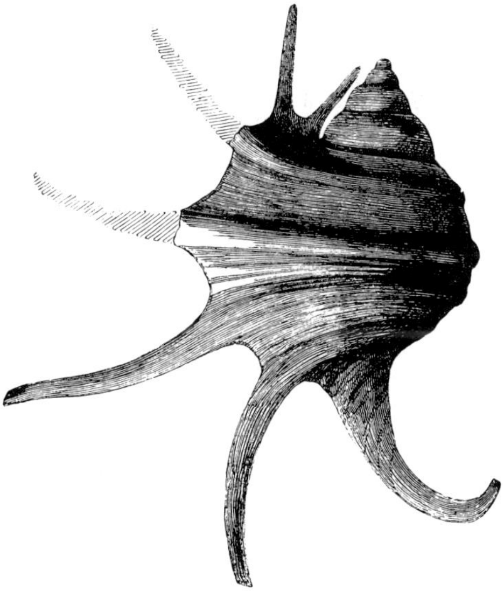

Abb. 79. *Harpagodes oceani* BRONG., Malm (Kimmeridge) vom Lindener Berg bei Hannover. Ca. ⅓ nat. Gr. — Nach K. A. v. ZITTEL 1915.

Strombus LINNÉ 1758: Ob. Kreide (Cenoman) — rezent, heute mit mehreren Arten in den Meeren (Abb. 80 A, B).

Die im Alter flügelartig verbreiterte letzte Windung des kurz turmförmig gestalteten Gehäuses greift vielfach auf den vorletzten Umgang über. Außenlippe nicht gefingert, vorn mit Ausbuchtung für den Kopf des Tieres, Spindelrand schwielig verdickt. Deckel lang und schmal, sensenartig, mit zugeschärftem Rand, lediglich mit der Schmalseite am Fuß befestigt, von dessen Hinterende er wie ein Dolch absteht und mit dem das Tier bei Störung oder Gefahr wild um sich schlägt. Hierauf beruht der Name „Fechterschnecke".

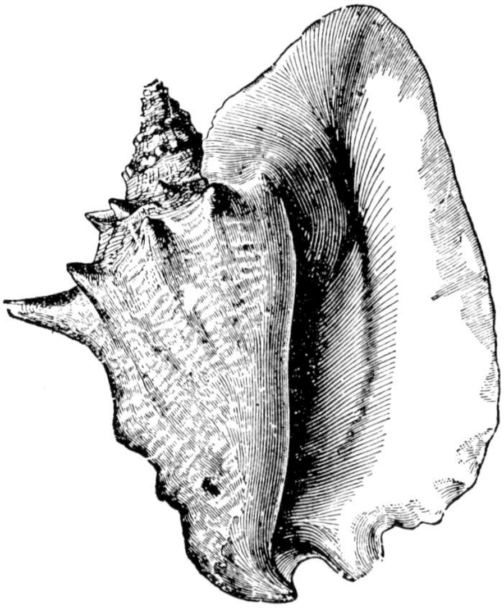

Abb. 80 A. *Strombus gigas* LINNÉ, adultes Exemplar mit flügelartig verbreitertem Außenrand der Mündung. Rezent vom Sandstrand in der Karibik. Maximale Länge ca. 25 cm. — Nach SMALIAN, aus H.-E. GRUNER 1982.

Abb. 80 B. *Strombus pugilis*, juveniles Tier, bei dem die Gehäusemündung noch nicht flügelartig verbreitert ist. Bei b) ist das sensenartige Operculum zu erkennen. Rezent von Costa del Sur bei Trinidad (Kuba). Länge 16 cm. Fot. Verf.

Pterocera LAMARCK 1799: Pleistozän – rezent (Abb. 81 A).
Ähnlich *Strombus*, doch zeigt die Mündung eine gebogene Rinne sowie lange, fingerartige Fortsätze, von denen sich der vorderste dem Gewinde anlegt.

Abb. 81 A. *Pterocera (Harpago) chiragra* (LINNÉ), rezent. Ca. ½ nat. Gr. – Nach J. THIELE 1931.

Rostellaria LAMARCK 1799: Ob. Kreide – rezent (Abb. 81 B).
Das hoch gewundene, meist glatte Gehäuse hat eine relativ kleine Mündung, die hinten zu einer relativ langen, aufsteigenden Rinne ausgezogen ist. Außenlippe verdickt, mit einigen kurzen, zackigen Fortsätzen; vorn ausgebuchtet.

Abb. 81 B. *Rostellaria curvirostris* LAMARCK, rezent. Höhe: 175 mm. – Nach J. THIELE 1931.

Columbellaria Rolle 1861: Malm, gewöhnlich als Riffbewohner.

Das länglich ovale, dickwandige Gehäuse trägt entweder zahlreiche spirale Querrippen oder (seltener) eine Gitterskulptur. Außenlippe innen gezähnelt, nicht verdickt; etwas zurückgeschlagen. Vorderer und hinterer Kanal kurz. Mündung lang, eng; vorn schwach erweitert.

Oberfamilie **Atlantacea**

Das schwach verkalkte, meist flach gewundene Gehäuse kann stark oder vollständig rückgebildet sein. Vielfach ist der Apex von den folgenden Windungen eingeschlossen. Ein Operculum tritt gelegentlich auf. Die Ausbildung des Gehäuses, insbesondere die nicht selten zu beobachtende Bilateralität, ist eine weitgehende Anpassung an die pelagische Lebensweise der sich carnivor ernährenden Tiere. — Ob. Kreide — rezent.

Atlanta Lesueur 1817: Ob. Kreide, u. a. von Europa, N-Amerika, Grönland und Australien. Heute mit zahlreichen Arten in den wärmeren Meeren, wo sie in Tiefen zwischen 0 und 1200 m vorkommen (Abb. 82).

Das rechtsgewundene, gekielte, kleine bis mittelgroße, flach-scheibenförmige Gehäuse hat ein schwach erhobenes Gewinde. Mündung etwas abgeflacht, am Kiel eingekerbt. Operculum mit rechtsgewundenem Nucleus. Schlechte Schwimmer; treiben meist im Plankton.

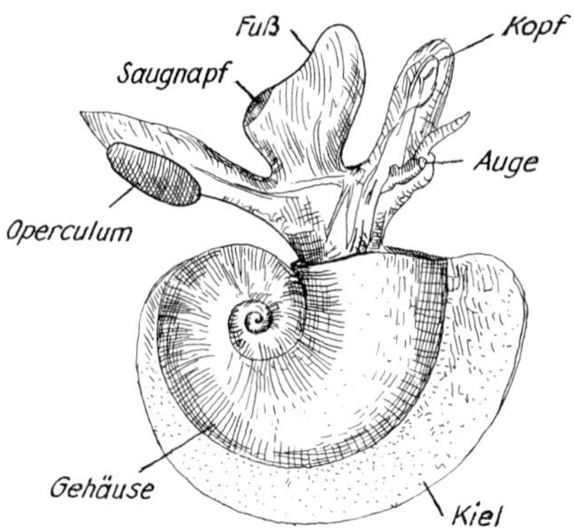

Abb. 82. *Atlanta peronii* Lesueur, rezent aus dem Südatlantik. Ca. 4/1 nat. Gr. — Aus O. Abel 1920, umgezeichnet.

Carinaria Lamarck 1801: Eozän (Europa, Trinidad) — rezent. Heute mit mehreren Arten in wärmeren Meeren, wo sie in Tiefen zwischen 0 und 1300 m beobachtet werden konnten (Abb. 83).

Das mittelgroße bis kleine, mützenförmige, sehr dünnschalige Gehäuse ist seitlich etwas zusammengedrückt, anfangs spiral aufgerollt, später rasch erweitert. Vorderer Fußabschnitt zu einer seitlich abgeflachten Flosse umgebildet, mit dem das Tier schlägt und vorzüglich schwimmt. Hierzu dient auch der schwanzartige, gekielte hintere Abschnitt.

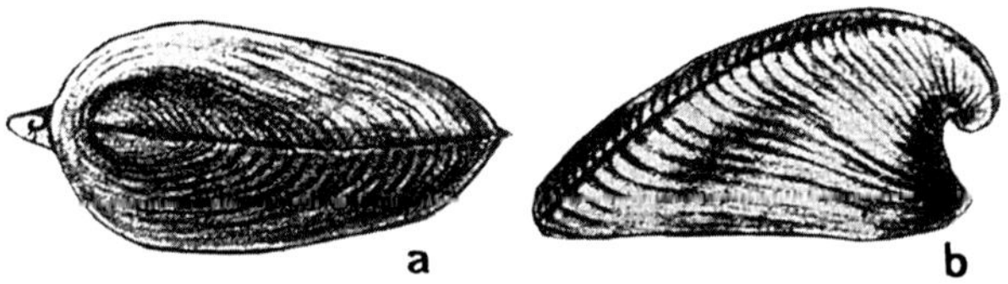

Abb. 83. *Carinaria cristata* (Linné). Rezent, Mittelmeer. Etwa nat. Gr. — Nach G. B. Sowerby.

Oberfamilie **Cypraeacea**
(Porzellanschnecken)

Die letzte Windung des meist eiförmigen, seltener geschnäbelten oder in die Länge gezogenen Gehäuses überdeckt im erwachsenen Zustand das Gewinde vollständig. Die Oberfläche ist mit einer besonderen Schicht überzogen, die vom Mantellappen, der das Gehäuse ganz oder teilweise umhüllt, ausgeschieden wird. Die Mündung endet vorn und meist auch hinten in engen Kanälen. Außenrand in der Regel verdickt, mit eingeschlagener, fast immer gezähnelter oder gefältelter Außenlippe. Spindelrand meist ebenfalls gezähnelt. Dies schützt die Tiere vor allem vor den Scheren beutesuchender Krebse. Ein Operculum fehlt. Verbreitet ist Brutpflege, da das Muttertier meist solange auf dem Gelege bleibt, bis die Jungen ausgeschlüpft sind. Länge adulter Gehäuse ca. 1–10 (selten 20) cm. — Unt. Kreide — rezent, bei weltweiter Verbreitung ausschließlich marin. Die bisherige stammesgeschichtliche Entwicklung vollzog sich progressiv mit dem Maximum in der Gegenwart. Die Gesamtzahl der Gattungen und Untergattungen beträgt mehr als 140. Eine umfassende Bearbeitung unter Berücksichtigung stammesgeschichtlicher Zusammenhänge findet sich bei F. A. SCHILDER 1936.

Cypraea LINNÉ 1758: Ob. Kreide — rezent; heute mit zahlreichen Arten im Indischen und Pazifischen Ozean, wo die Tiere auf Korallen, Schwämmen usw., oft auch unter Steinen, aber nie festsitzend leben (Abb. 84—85).

Das Gewinde des eiförmigen, konkav eingerollten, glatten Gehäuses ist kurz und eingehüllt. Die lange, spaltförmige, etwas seitlich gelegene und gebogene Mündung trägt an beiden Enden einen Ausguß. Außen- und Innenlippe sind gezähnelt.

Cypraedia SWAINSON 1840 (Ob. Kreide — Oligozän) unterscheidet sich von *C.* durch eine netzförmige Skulptur.

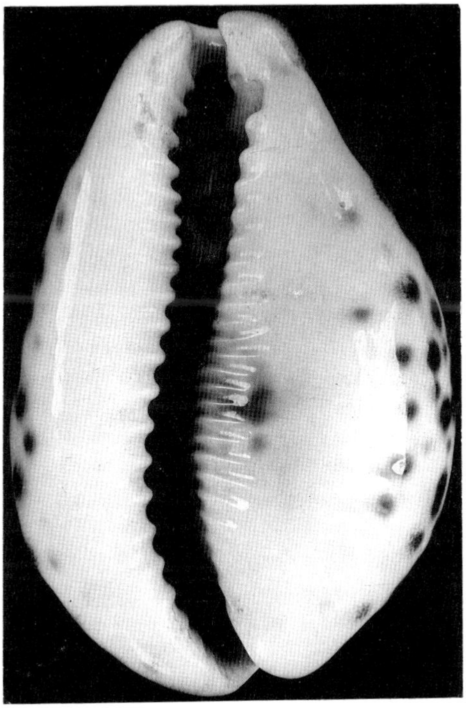

Abb. 84. *Cypraea (Cypraea) tigris* LINNÉ. Rezent, Indik und Pazifik. Ca. 1⅓ nat. Gr.

Abb. 85. *Cypraea amygdalum* Brocc., Miozän von Niedersachsen. Höhe 3 cm. — Nach F. Kautsky 1925.

Oberfamilie **Lamellariacea**

Das wenig differenzierte, zum Teil rückgebildete, meist recht dünnschalige Gehäuse ist in der Regel ohrförmig gestaltet. Die glatten oder spiralgestreiften Umgänge wachsen rasch an, wobei das Gewinde sehr klein, die Endwindung groß und ungenabelt erscheint. Mündung holostom, rundlich bis eiförmig. Außenlippe scharf, nicht umgeschlagen. Innenlippe schmal, ohne Zähne. Die Systematik der rezenten Vertreter stützt sich wegen der merkmalsarmen Ausbildung des Gehäuses im wesentlichen auf anatomische Befunde. — ? Paläozän, Pliozän — rezent, mit einer geringen Anzahl von Gattungen. Die Mehrzahl derselben ist nur aus der Gegenwart bekannt.

Lamellaria Montagu 1815: ? Paläozän, mit einigen Arten in Europa und N-Amerika; rezent mit mehreren Arten vor allem in den warmen und gemäßigten Meeren (Abb. 86).

Das mäßig große bis ziemlich kleine, ohrförmige und durchscheinende Gehäuse besteht aus wenigen, schnell zunehmenden Windungen. Letzte Windung groß. Mündung weit, schräg, eiförmig. Spindelrand mit dünner Schwiele.

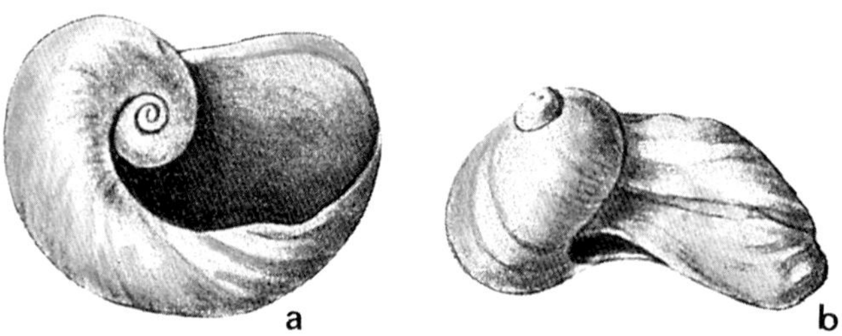

Abb. 86. *Lamellaria (Marseniella) borealis* Bergh, rezent bei Florö (Norwegen). Ca. 3/1 nat. Gr. — Nach R. Bergh.

Oberfamilie **Naticacea**
(Nabelschnecken)

Das rundliche, ei- oder ohrförmige, in der Regel genabelte Gehäuse ist meist glatt oder mit schief zur Mündung verlaufenden Zuwachsstreifen bedeckt. Die Innenschicht zeigt eine porzellanartige Ausbildung. Die ei- oder halbkreisförmige Mündung wird durch einen meist hornigen, seltener deutlich verkalkten (paucispiralen) Deckel verschlossen, der einen exzentrischen Nucleus zeigt. Der Spindelrand ist schwielig verdickt. — ? Trias, Lias — rezent, als überwiegend marine, sehr konservative Formen, die sich im Laufe der Stammesgeschichte nur relativ wenig umgewandelt haben.

Natica Scopoli 1777: Kreide — rezent, marin (Abb. 87).

Der Nabel des rundlichen, meist glatten, seltener spiralgestreiften Gehäuses ist in der Regel durch einen Wulst oder eine Schwiele verengt, zuweilen ganz verschlossen. Der halbkreisförmige Deckel trägt eine deutliche Kalkschicht. Außenlippe scharf, Innenlippe schwielig verdickt.

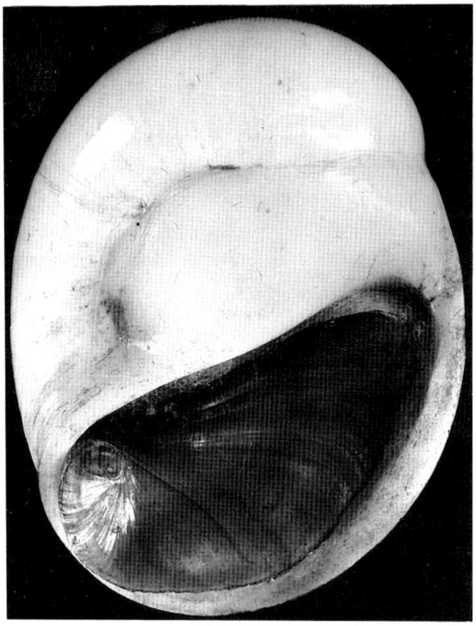

Abb. 87. *Natica mamilla* L., mit Operculum. Rezent von Madagaskar. Ca. 1½ nat. Gr.

Natica und andere Vertreter der Naticacea bohren gewisse, mit einer harten Schale bedeckte Tiere an, um an deren Weichteile zu gelangen. Dies gilt insbesondere für Muscheln, etwas weniger häufig für Schnecken. Fossil finden sich angebohrte Schalen vor allem in den Meeressanden des Mainzer Beckens (Mittl. Oligozän) und in anderen Ablagerungen des marinen Tertiär. Die Bohrung erfolgt unter Mithilfe der Radula überwiegend chemisch durch ein Sekret, das von einer besonderen Drüse (Bohrdrüse) ausgeschieden wird, die sich an der Unterlippe befindet. Die Ätzung läßt sich auch hervorrufen, wenn man die Drüse aus dem Tierkörper herausschneidet und auf eine Muschelschale legt. Die Bohrdrüse sitzt bei den Naticidae an der ventralen Spitze der Unterlippe. Sie hat eine flache, meist kissenförmige Gestalt. Bei den Muriacea (S. 91) befindet sie sich auf dem Fuß. Hier ist sie relativ lang und frei gestielt. Dies erklärt die unterschiedliche Form und Tiefe der Bohrungen, die jedoch stets vertikal zur Oberfläche der befallenen Schale angelegt werden. Bei den Naticidae verlaufen die Wände der relativ kurzen Bohrungen unter parabolischer Krümmung, bei den meist tieferen der Muriacea flach konvergierend. Bei den Naticidae führt der Raubtrieb der Tiere oft dazu, daß sie eine zu große Beute befallen und die Bohrung erfolglos abbrechen müssen. Häufiger ist dies z. B. bei den bis 5 cm dicken Deckelklappen der rezenten *Ostrea edulis* zu beobachten.

Die Technik des Angriffs und die Bewältigung der Beute wurde eingehend bei der in der Nordsee nicht seltenen *Lunatia nutida* DONOVAN untersucht (E. ZIEGELMEIER 1954, G. RICHTER 1961). Diese Naticide fesselt das befallene Tier mit einer elastischen Schleimhülle, wenn es zu beweglich ist und mit dem Fuß nicht festgehalten werden kann. Sonst wird es ohne Schleimhülle angebohrt. — Eingehend studiert ist auch das Verhalten von *Natica alderi*, die Bohrlöcher bis zu einem Durchmesser von 2,5 mm anlegt (A. D. ANSELL 1960). Bei *Venus striatula* (DA COSTA) wird vor allem die Randzone der Schale befallen, vermutlich, weil sie dort am dünnsten ist und am leichtesten durchbohrt werden kann. Hier sind die Perforationen regelmäßig verteilt, was eine stereotype Verhaltensweise anzeigt. Für ein gewisses Wahlvermögen der Bohrschnecken spricht, daß die zu den Naticidae gehörende *Urosalpinx cinera* (SAY) an der Ostküste von N-Amerika vor allem Seepocken befällt. Nur wo diese nicht in ausreichender Menge zur Verfügung stehen, geht sie auf andere Tiere über (vor allem *Crassostrea virginicia* und *Mytilus edulis*). *Murex fulvescens* SOWERBY dagegen bevorzugt unter Laborbedingungen *Crassostrea virginicia*. Sonst werden von den Schnecken andere Tiere, die durchaus als Beute geeignet erscheinen, ohne erkennbare Ursache abgelehnt. Allgemeinen Befunden zufolge greifen Naticidae nur lebende Tiere an, Muriacea daneben auch Aas.

Sinum Bolten 1798 (syn. *Sigaretus* Lamarck 1799): Kreide — rezent, heute mit wenigen Arten in warmen Meeren.

Das birnen- bis ohrförmige Gehäuse ist meist glatt oder spiral gestreift, gelegentlich auch fein netzförmig skulpturiert. Nabel in der Regel punktförmig, zuweilen bedeckt. Anfangswindungen klein, nicht oder nur wenig erhoben. Spindelrand oben umgeschlagen. Mündung weit. Der kleine, hornige Deckel trägt an seinem Unterrand einen Fortsatz. — Einige der zu *Sinum* gehörenden Arten sind ziemlich häufig in manchen Ablagerungen des Eozän, Miozän und Pliozän zu finden.

Oberfamilie **Tonnacea** (Doliacea) (Tonnenschnecken)

Das Gewinde der oft sehr großen, meist festschaligen Gehäuse ist in der Regel relativ niedrig, so daß ähnlich wie etwa bei den Strombacea die letzte Windung überwiegt. Die Skulptur besteht gewöhnlich aus Längsreifen, die nicht selten Knoten tragen. Die siphonostome, lange und schmale Mündung läuft in eine kurze Rinne oder in einen langen Kanal aus. Ein Operculum ist meist vorhanden. Die T. dürften aus den Strombacea hervorgegangen sein. — Ob. Kreide — rezent. Dabei vollzog sich die stammesgeschichtliche Entwicklung bisher progressiv. Während in der Kreide nur ca. ein Dutzend Gattungen bekannt ist, finden sich im Tertiär und in der Gegenwart jeweils etwa sechsmal soviel.

Tonna Brünnich 1772 (syn. *Dolium* Lamarck 1801, *Cadium* Link 1807): Tertiär — rezent, heute mit mehreren Arten als aktive Räuber in wärmeren Meeren (Abb. 88).

Das meist große bis sehr große, relativ dünnschalige Gehäuse hat eine rundliche bis eiförmige Gestalt. Gewinde kurz. Letzte Windung sehr groß und rundlich, mit Längsreifen und dazwischen eingeschalteten feineren Streifen; kaum geritzt genabelt. Die weite Mündung ist unten abgestutzt und mit einem breiten Ausschnitt versehen. Spindelfortsatz gewunden.

Abb. 88. *Tonna maculatum*, rezent. Ca. 1⅓ nat. Gr.

Ordnung **Neogastropoda** Wenz 1938
(Stenoglossa Bouvier 1887)

1. Allgemeines

Getrenntgeschlechtliche Prosobranchia, die einen ähnlichen Kiemenbau wie die Mesogastropoda aufweisen. Im Gegensatz zu diesen ist jedoch die Mündung siphonostom und meist zu einer langen Siphonalrinne ausgezogen. Ein Operculum ist stets vorhanden. Die meist schmale Radula zeigt im allgemeinen nur drei oder weniger Zahnplatten je Querreihe. Neben den Kiemen befindet sich ein paariges Sinnesorgan (Osphradium), mit dem vermutlich die Reinheit des zu den Kiemen gelangenden Wassers geprüft wird.

2. Vorkommen

Mittl. Ordovizium — rezent; Maximum der Entwicklung, nach langer „Anlaufzeit", zwischen Ob. Kreide und Gegenwart. Fast ausschließlich marin.

3. Systematik

Es werden im wesentlichen nach J. B. Knight, R. L. Batten & E. L. Yochelson (1954) nachstehende Oberfamilien unterschieden:

a) Subulitacea: Mittl. Ordovizium — Mittl. Perm
b) Nerineacea: Lias — Ob. Kreide
c) Volutacea: Ob. Kreide — rezent
d) Conacea: Ob. Kreide — rezent
e) Muriacea: Ob. Kreide — rezent
f) Buccinacea: Unt. Kreide — rezent

Oberfamilie **Subulitacea** Lindström 1884

Das gestreckte, hochgetürmte oder länglich eiförmige Gehäuse besteht meist aus glatten, mäßig bis schwach gewölbten Umgängen. Die eiförmige Mündung ist oben verschmälert, gewinkelt, unten bisweilen abgestutzt oder ausgeschnitten bis ausgußartig. Die Stellung bei den Neogastropoda ist nicht gesichert. W. Wenz (1938–1944) rechnet die Gruppe zu den Archaeogastropoda, wofür unter anderem die perlmutterige Beschaffenheit der Schale bei den Subulitinae sprechen soll. — Mittl. Ordovizium — Mittl. Perm mit ca. 13 Gattungen.

Subulites Emmons 1842: Mittl. Ordovizium — Unt. Devon mit zahlreichen Arten vor allem in Europa und N-Amerika (Abb. 89).

Das fest- oder dünnschalige Gehäuse ist spindel- bis etwa eiförmig gestaltet. Gewinde hoch, mit zugespitztem, zum Teil pfriemenförmigem Apex. Umgänge leicht gewölbt, durch schiefe Nähte getrennt. Endwindung hoch, ungenabelt, Spindel unten abgestutzt, eingerollt.

Am Bruchstück eines großen *Subulites*, das in einem pleistozänen Geschiebe im Ostseegebiet gefunden wurde, war nach E. Koken (in: Koken & Perner 1925, S. 284) deutlich die Perlmutterschicht zu erkennen.

Soleniscus Meek & Worthen 1861: Karbon — Perm von Europa, N-Amerika, NO- und SO-Asien mit zahlreichen Arten (Abb. 90).

Die meist abgeflachten Umgänge des gedrungen spindel- bis eiförmigen Gehäuses sind glatt und durch seichte Nähte getrennt. Endwindung groß, bauchig, Mundrand unten meist mit schwachem Ausguß und schiefer Spindelfalte. Außenrand scharf und dünn.

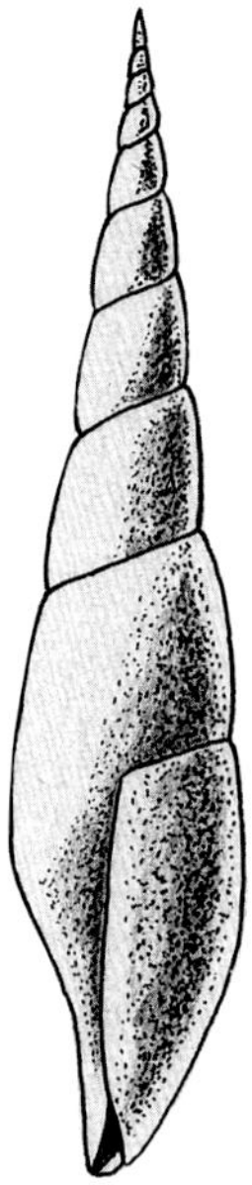

Abb. 89. *Subulites regularis* ULRICH & SCOFIELD, Mittl. Ordovizium (Blackriver-Schichten) von Kentucky (USA). Ca. 4/5 nat. Gr. – Nach R. C. MOORE 1952.

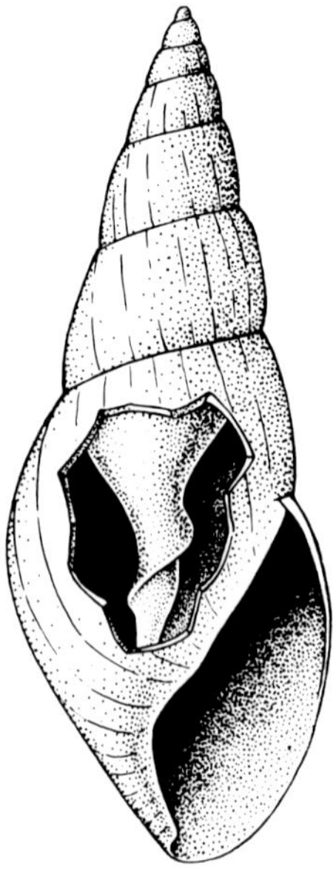

Abb. 90. *Soleniscus typicus* MEEK & WORTHEN, mittleres Oberkarbon von Illinois (USA). Länge: ca. 5,7 cm. – Nach F. B. MEEK & A. H. WORTHEN 1866.

Oberfamilie **Nerineacea**

Eine relativ kurzlebige, heute erloschene Gruppe meist spitzkonischer, seltener rundlicher Schnecken mit zahlreichen in der Regel nicht oder nur wenig skulpturierten Windungen. Embryonalgewinde, soweit bekannt, horizontal abgebogen. Mündung unten leicht schnabelartig ausgezogen oder kurz ausgußartig, nicht ausgeschnitten. Außenrand fast gerade, innen oft mit einer oder mehreren Spirallamellen, oben mit tiefem und schmalem Ausschnitt (? Analsinus), der ein erhabenes oder vertieftes Band zurückläßt. Die oben gerade, unten in der Regel seitlich abgebogene Spindel trägt ebenfalls meist Spiralfalten. So gehören die Nerineacea zu den wenigen Schnecken mit deutlichen inneren Merkmalen. Längsschnitte sind deshalb für eine eingehende Bestimmung meist erforderlich. — Lias — Ob. Kreide (Maastricht), vor allem in Malm und Kreide zum Teil von erheblicher biostratigraphischer Bedeutung.

Ceritella Morris & Lycett 1850 (syn. *Cerithiella* Cossmann 1895): Lias — Ob. Kreide (Cenoman), mit zahlreichen Arten.

Die Umgänge des kegelförmigen, verdeckt genabelten Gehäuses sind mit Anwachsstreifen und -fältchen bedeckt.

Nerinea Deshayes 1825: Lias — Ob. Kreide (Maastricht), mit zahlreichen Arten weltweit verbreitet. Bei großer Mannigfaltigkeit, oft sehr kurzer Lebensdauer und relativ weiter horizontaler Verbreitung bilden zahlreiche Arten ausgezeichnete Leitfossilien (Abb. 91—94).

Die fast glatten bzw. mit knotigen oder glatten Längsreifen bedeckten zahlreichen Umgänge des meist sehr hohen, spitzkonischen und dickschaligen Gehäuses sind in der Regel durch erhabene Nähte getrennt. Mündung gerundet viereckig; unten mit geradem, kurzem Ausguß. Lumen der Umgänge durch Spiralfalten eingeengt. Endwindung nicht besonders hoch, genabelt oder ungenabelt. — Das dickschalige und durch die Falten im Inneren verstärkte Gehäuse stellt

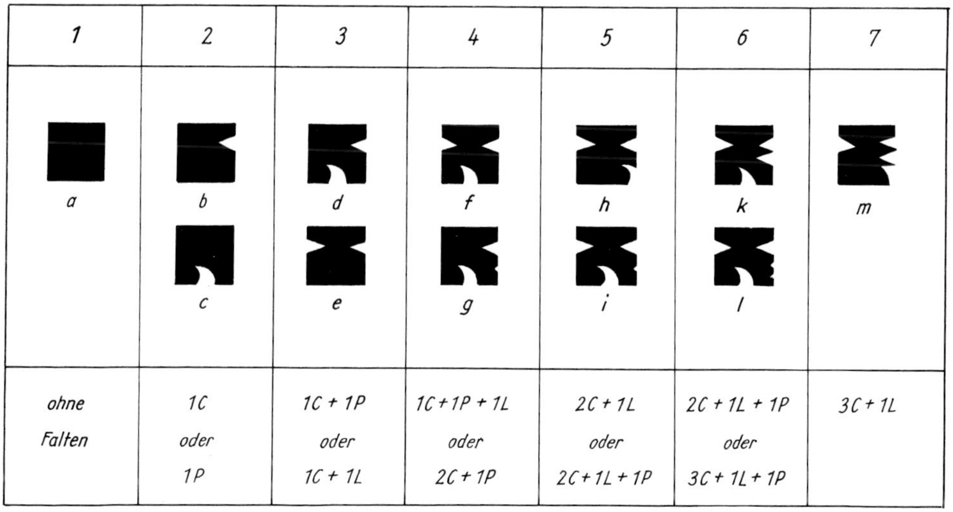

Abb. 91. Schematische Querschnitte durch Windungen von Nerineidae, um die sukzessiv während der Stammesgeschichte und der ontogenetischen Entwicklung aufeinanderfolgenden Stadien zu zeigen. Zur Terminologie siehe Abb. 92. — In Anlehnung an H. & G. Termier 1952.

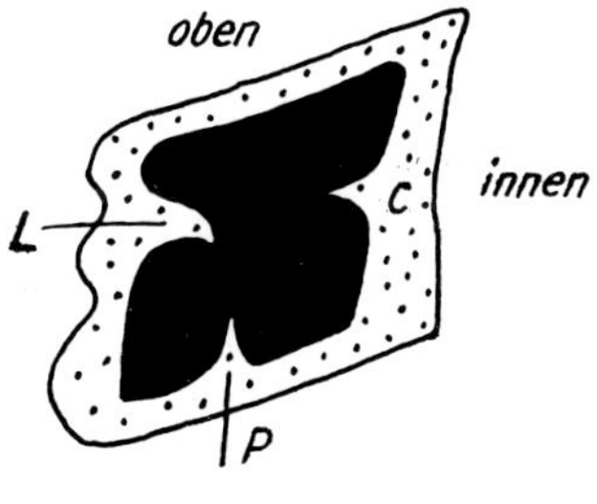

Abb. 92. Schematischer Querschnitt durch die Windung einer zu den Nerineidae gehörenden Form. Bezeichnungen: C = Spindel- oder Columellarfalte, P = Parietalfalte, L = Labial- oder Außenfalte.

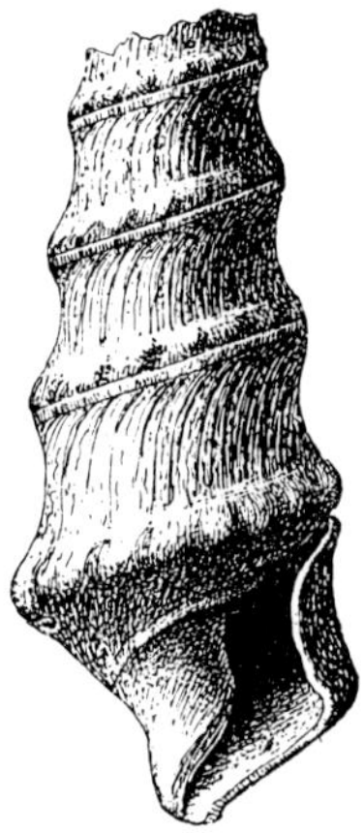

Abb. 93. *Nerinea defrancei* D'ORB., Malm (Coralrag) von Coulanges sur Yonne. Ca. 9/10 nat. Gr. — Nach K. A. v. ZITTEL 1915.

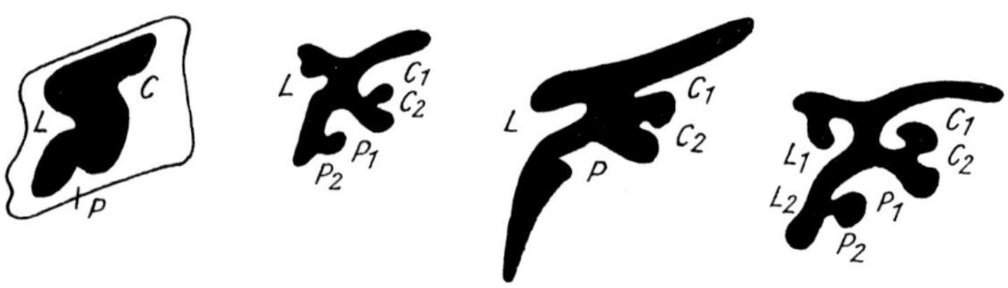

a b c d

Abb. 94. Querschnitte durch die Windungen verschiedener *Nerinea*-Arten. a) *N. (Acrostylus) trinodosa* VOLTZ, Malm (Tithon) von Frankreich; b) *N. prefleuriaui* DELP., Unt. Kreide (Apt — Alb); c) *N. schiozensis* PIRONA, Ob. Kreide; d) *N. galatea* COQUAND, Kreide.

eine Anpassung an das Leben in der Brandungszone (Korallenriffe) dar; häufig in Symbiose mit inkrustierenden Organismen (z. B. *Milleporidium*).

Die Ausbildung der Falten, die das Innere der Umgänge einengen, erfolgt sukzessiv während der stammesgeschichtlichen Entwicklung, wenn man von solchen Formen absieht, bei denen es während der Ontogenese zu einer Acceleration gekommen ist. Die dabei durchlaufenen Stadien sind in Abb. 91, die terminologischen Begriffe in Abb. 92 dargestellt. Diese Stadien finden sich nicht nur bei einer Gattung, sondern als Ausdruck einer Entwicklung in Parallelreihen bei verschiedenen Vertretern. Zur exakten Bestimmung sind also nicht nur Längsschnitte erforderlich, sondern auch die äußere Gestalt und die Skulptur. Die Beschaffenheit des Windungsinneren gestattet im wesentlichen nur Rückschlüsse auf das geologische Alter. So sind die zu den Stadien 5 und 6 (Abb. 91) gehörenden Vertreter charakteristisch für die Kreide.

Itieria MATHERON 1842: Malm, mit wenigen Arten vor allem in Europa (Abb. 95).

Es handelt sich um eine der wenigen Gattungen der Nerineacea mit kugeligem bis eiförmigem Gehäuse, dessen niedrige Windungen sich stark umfassen. Das Windungsinnere entspricht dem Stadium 2 (Abb. 91). Der sehr weite Nabel ist innen mit einem Spiralband ausgestattet, das Gewinde anfangs eingesenkt.

Abb. 95. *Itieria cabaneti* D'ORBIGNY, Längsschnitt. Oxford (Lusitanien). Ca. nat. Gr. – Nach H. & G. TERMIER 1952.

Oberfamilie **Volutacea**

Das zum Teil erhebliche Größe erreichende Gehäuse hat meist eine eiförmige, weniger häufig spindelartige Gestalt. Oberfläche in der Regel glatt, seltener mit Längs- und Querskulptur. Mündung unten mit Kanal, vielfach aber auch nur einfach ausgeschnitten. Spindel bald mit, bald ohne Falten. Operculum, falls vorhanden, dünn, hornig, mit fast endständigem Nucleus. – Ob. Kreide – rezent.

Oliva MARTYN 1786: Eozän – rezent mit zahlreichen Arten. Heute in warmen Meeren (Abb. 96).

Das mäßig große bis sehr große Gehäuse hat eine eiförmige, meist zylindrisch abgeplattete Gestalt. Gewinde niedrig kegelförmig. Umgänge durch rinnenartige Nähte getrennt. Endwindung mit breitem Siphonalband. Mündung fast ebenso hoch wie die Endwindung. Spindelrand gefältelt. Ein Operculum fehlt.

Mitra MARTYN 1784: Ob. Kreide – rezent, fossil mit zahlreichen weltweit verbreiteten Arten. Heute vor allem im Indischen und Pazifischen Ozean (Abb. 97 a).

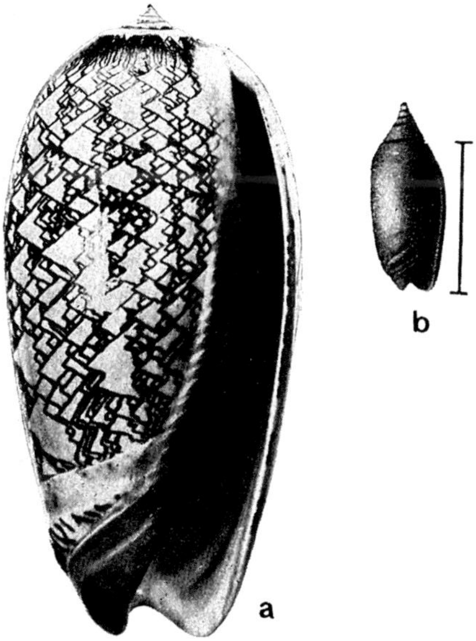

Abb. 96. a) *Oliva porphyria* (LINNÉ), rezent. Nat. Gr. – Nach J. THIELE, 1931; b) *Oliva dufresnei* BASTEROT, Miozän von Niedersachsen. Strich = nat. Größe. – Nach F. KAUTSKY 1925.

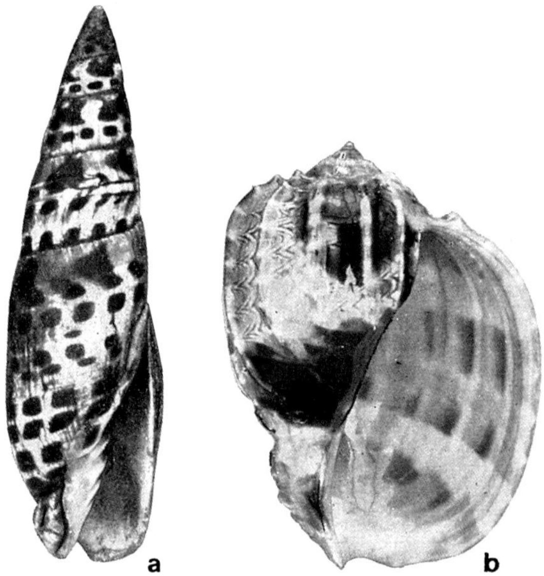

Abb. 97. a) *Mitra episcopalis* LINNÉ, rezent. Höhe: 13 cm; b) *Harpa ventricosa* LAMARCK, rezent. Höhe: 9 cm. – Nach J. THIELE 1931.

Das meist spindelförmige Gehäuse hat ein hohes Gewinde. Die gewölbten Umgänge tragen meist eine deutliche Längs- und Querskulptur, von denen die eine oder andere meist stärker hervortritt. Endwindung sehr groß, länglich eiförmig. Mündung schmal, oben spitz gewinkelt, unten mit breitem, kurzem, tief ausgeschnittenem Kanal. Außenrand dünn, fast gerade, innen meist gezähnelt. Spindel schief, mit 4–5 Falten, von denen die unterste in der Regel sehr schwach ist. Spindelrand schmal und schwielig.

Harpa WALCH 1771: ? Ob. Kreide, Eozän – rezent, heute mit mehreren Arten in warmen Meeren (Abb. 97b).

Das eiförmige, bauchige Gehäuse hat ein ziemlich kurzes, kegelartiges Gewinde. Die Oberfläche, vor allem der sehr großen Endwindung, ist mit querverlaufenden, wenig gebogenen Rippen bedeckt. Umgänge kantig oder rundlich, mit einer abfallenden oder konkaven Rampe unter der Naht. Siphonalwulst hoch, außen von einer breiten Rinne begrenzt, auf der die Rippen hakenartig umbiegen. Spindel in der Mitte mit schwacher Anschwellung. Spindelrand glatt, als glänzende „Schmelzschicht" auf der Ventralseite ausgebreitet. Ein Operculum fehlt.

Athleta CONRAD 1853: Ob. Kreide (Turon) – rezent mit zahlreichen Arten (Abb. 98).

Gehäuse leicht bauchig, verkehrt kegel- bis spindelförmig. Gewinde meist ziemlich klein. Oberfläche mit querverlaufenden Rippen, die oben häufig eine Stachelkante bilden. Daneben finden sich nicht selten feine Längsstreifen. Die Endwindung entspricht fast der gesamten Höhe des Gehäuses. Mündung schmal, hoch, oben ausgußartig, unten mit kurzem, breitem, kaum ausgeschnittenem Kanal. Außenrand kräftig, innen glatt oder gezähnelt. Spindel konkav, mit einigen Falten. Spindelrand weit ausgebreitet. Eine fossil mit zahlreichen Arten vertretene Untergattung ist *Volutispina* NEWTON 1906 (syn. *Volutilithes* SWAINSON 1840 non 1829) (Abb. 98).

Voluta LINNÉ 1758: Eozän – rezent, heute mit wenigen Arten im Atlantik (Abb. 99).

Gehäuse dick eiförmig. Gewinde breit kegelartig, mit Rippen, die eine Schulterkante bilden. Mündung lang, oben spitzwinkelig, unten erweitert, tief gebuchtet und mit kurzer, rückwärts gerichteter Rinne. Spindel mit mehreren Falten. Spindelrand wenig ausgebreitet. Außenrand

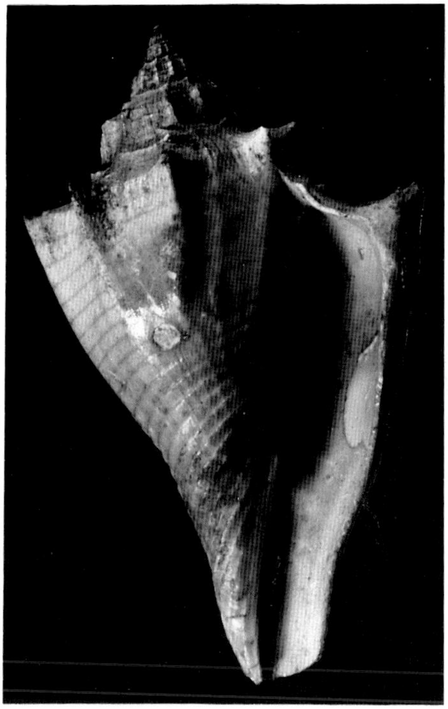

Abb. 98. *Athleta (Volutispina) spinosa* (LAMARCK), Mittl. Eozän (Lutet) von Grignon. Länge: 4 cm.

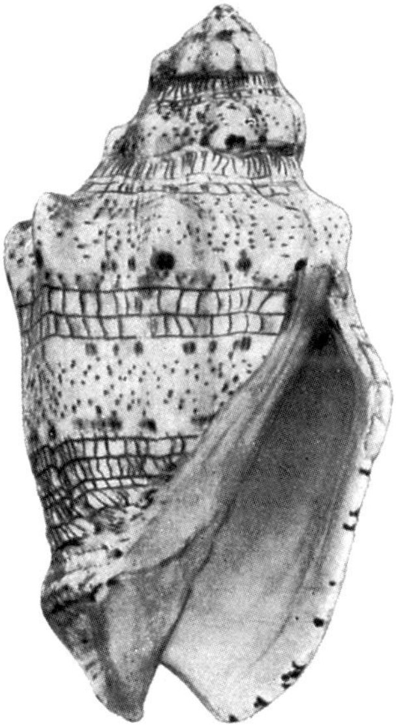

Abb. 99. *Voluta musica* LINNÉ, rezent. Höhe: 11 cm. – Nach J. THIELE 1931.

gerade, ziemlich kräftig. Operculum hornig, lang und schmal, gebogen; mit spiralem, nahezu endständigem Nucleus.

Lyria GRAY 1847: Ob. Kreide (Senon) – rezent (Abb. 100a).

Abb. 100. a) *Lyria taurinia* Bon., Höhe: 4,7 cm; b) *Scaphella bolli* Koch, Höhe: 6 cm; c) *Scaphella miolonissima* Kautsky, Höhe: 7 cm; d) *Cancellaria (Merica) contorta* Bast., nat. Gr.; Miozän von Niedersachsen. — Nach F. Kautsky 1925.

Ähnlich *Voluta*, doch ist der Außenrand stark verdickt. Spindel etwas schwielig, oben konkav, unten schwach gewunden und mit drei fast horizontalen Falten, über denen sich meist mehrere Runzelfältchen befinden.

Scaphella Swainson 1832: Ob. Kreide (Senon) — rezent (Abb. 100b–c).

Das Gewinde des spindelförmigen, glatten oder mit kurzen Rippen bedeckten Gehäuses ist ziemlich kurz, die Endwindung nach unten lang ausgezogen. Mündung schmal, in der Mitte etwas erweitert, unten zu einem mäßig langen, schwach gebogenen Kanal verschmälert; abgestutzt und kaum ausgeschnitten. Außenrand wenig gebogen, scharf, innen glatt. Spindel konkav, unten etwas zurückgebogen, mit deutlichen, schief verlaufenden Falten. Spindelrand oben undeutlich, ziemlich schmal. Ein Operculum fehlt.

Cancellaria Lamarck 1799: Eozän — rezent mit zahlreichen Arten (Abb. 100d).

Gehäuse klein bis mittelgroß, meist gegittert oder berippt. Gewinde mäßig hoch, kegelförmig. Endwindung bedeckt genabelt, mit kräftigem Siphonalwulst. Außenrand verstärkt, innen gezähnelt oder gefältelt. Mündung eiförmig, mit (im Jugendzustand deutlicherem) kurzem Kanal, ohne Operculum. Spindel fast gerade, mit drei kräftigen Falten.

Oberfamilie **Conacea**

Eine große Gruppe sehr verschieden gestalteter Neogastropoda, deren Spindel meist keine eigentlichen Spindelfalten, sondern nur gelegentlich einige Knötchen oder die Andeutung schwacher Fältchen aufweist. Alle rezenten Vertreter sind Toxoglossa und als solche carnivor. Von den Zähnen der Radula ist i.d.R. nur ein Paar spitzer, mehr oder weniger langer Seitenzähne vorhanden, die über eine Rinne oder einen Kanal mit einer Giftdrüse in Verbindung stehen. Da eine Basalmembran fehlt, können die Zähne einzeln in den Rüssel geschoben werden. — Ob. Kreide — rezent, wobei die Mehrzahl der Vertreter ab Tertiär erscheint. Es handelt sich also um eine sehr junge Gruppe.

Clavatula LAMARCK 1801: Eozän — rezent, fossil mit zahlreichen Arten vor allem in Europa, N-Afrika und Asien. Heute mit einigen Arten im Westatlantik und vor S-Afrika (Abb. 101 a).

Gehäuse meist mittelgroß, hoch kegelförmig, mit verschieden hohem Gewinde. Naht auf wulstiger Erhöhung. Oberfläche mit Längsskulptur und flachem, undeutlichem Analband. Mündung oben ziemlich breit, ausgußartig; unten mit verschieden langem Kanal. Spindelrand glatt, oben etwas konkav. Außenrand bogig; mit breitem, dreieckigem Analsinus. Operculum länglich halbeiförmig.

Crassispira SWAINSON 1840: Eozän — rezent mit zahlreichen Arten. Heute in den wärmeren Meeren (Abb. 101 b).

Gehäuse hoch getürmt, Gewinde kegelförmig. Embryonalgewinde stumpf, glatt. Oberfläche mit querverlaufenden Rippen und Reifen. Endwindung mit sehr kurzem Spindelfortsatz und leicht gewölbtem Siphonalwulst. Mündung ziemlich schmal, mit fast parallelen Rändern; unten kaum verschmälert, mit sehr kurzem, am Ende ausgeschnittenem Kanal. Außenrand scharf, in einiger Entfernung von der Lippe verdickt; oben nahe der Naht mit schmalem, tiefem Analsinus. Spindelschwiele am Ansatz des Mundrandes verdickt. Operculum mit endständigem Nucleus.

Bathytoma HARRIS & BURROWS 1891: Eozän — rezent, mit zahlreichen fossilen Arten, die vor allem aus Europa, N-Amerika, Vorderindien und Australien bekannt sind. Heute mit einigen Arten im Indischen und Pazifischen Ozean (Abb. 101 c).

Gehäuse doppelt kegelförmig, mittelgroß oder ziemlich groß. Umgänge über der Kante angedeutet konkav. Längsreifen deutlich knotig. Mündung unten wenig verschmälert. Siphonalkanal etwas gebogen. Spindel mit deutlicher Falte.

Turris O. F. MÜLLER 1766 (syn. *Pleurotoma* LAMARCK 1799): Paläozän — rezent, heute noch mit mehreren Arten im Indischen und Pazifischen Ozean (Abb. 101 d—e).

Gehäuse lang spindelförmig, mit unterschiedlich hohem Gewinde und Siphonalkanal. Die kantigen Umgänge tragen vorwiegend Längsskulptur, zu der querverlaufende Rippen treten können. Außenrand dünn, in der Mitte stark vorgezogen, innen gefältelt; mit schmalem, oft fast rechteckigem Analsinus, der relativ weit von der Naht entfernt liegt. Er verursacht ein einfaches, nicht knotiges Analband. Spindel glatt. Spindelrand ziemlich breit. Operculum mit endständigem Nucleus.

Als Abschluß folgt ein Vertreter der Familie **Conidae** (Kegelschnecken). Es ist dies eine sehr einheitliche Gruppe, vor allem durch ihre meist verkehrt kegelförmige Gestalt leicht erkennbar, die aber leider eine weitgehende Aufsplitterung in kleine Einheiten erfahren hat.

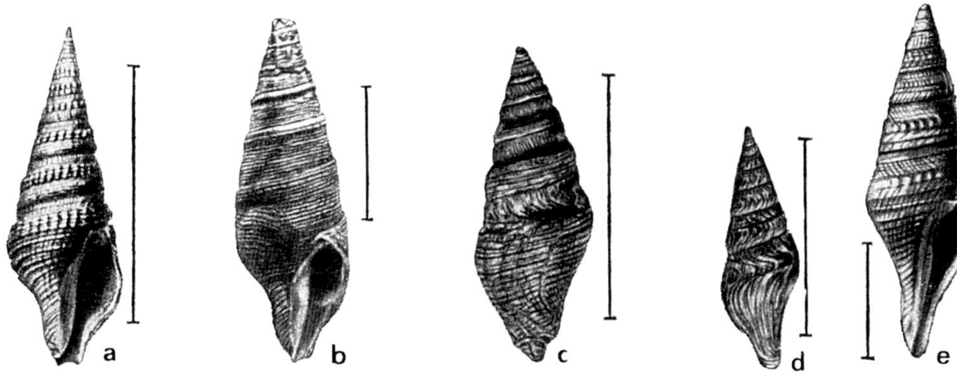

Abb. 101. *Clavatula boreointerrupta* KAUTSKY, b) *Crassispira cimbrica* KAUTSKY, c) *Bathytoma cataphracta* BROCCHI, d) *Turris boreoturricula* KAUTSKY, e) *Turris hanseata* KAUTSKY; Miozän von Niedersachsen. Der Strich entspricht jeweils der nat. Größe. — Nach F. KAUTSKY 1925.

Conus LINNÉ 1758: Ob. Kreide (Senon) — rezent, mit zahlreichen Arten. Heute in warmen Meeren (Abb. 102—104).

Gehäuse meist kräftig, fest- und dickschalig, verkehrt kegelförmig oder konkav kegelförmig; zuweilen mehr walzig ausgebildet. Die Umgänge umfassen sich stark und sind meist glatt oder mit einer Knotenreihe bedeckt. Mündung fast so hoch wie die große Endwindung; schmal, mit nahezu parallelen Rändern. Ein deutlich abgesetzter Kanal fehlt. Die Mündung ist unten etwas ausgeschnitten oder einfach abgestutzt. Spindel gerade. Operculum klein, in der Regel schmal und glattrandig.

Die meisten *Conus*-Arten leben versteckt in Felsspalten, wo sie auf ihre Beute warten. Diese wird mit Hilfe des sehr dehnbaren, erektilen Rüssels, in dessen Mündung oft ein isolierter Radula-Zahn sitzt, rasch getötet. Todesfälle beim Menschen sind bekannt.

Abb. 102. *Conus millepunctatus* LINNÉ, rezent. — Nach J. THIELE 1931.

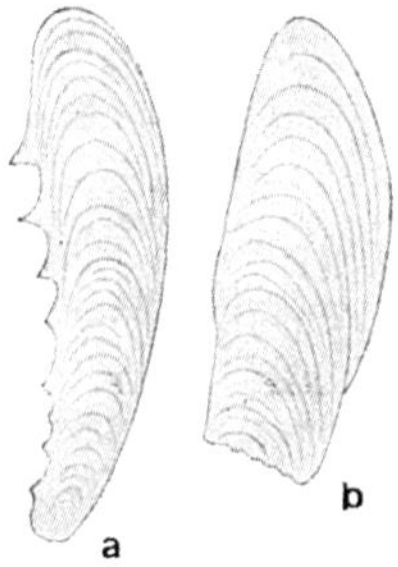

Abb. 103. a) Operculum von *Conus torquatus* MARTENS, rezent; b) desgl., mit abgebrochenem unteren Teil von *C. mediterraneus* HWASS, rezent. — Nach J. THIELE 1931

Abb. 104. *Conus allionii* MICHELOTTI, Miozän von Niedersachsen. Strich = nat. Größe. — Nach F. KAUTSKY 1925.

Oberfamilie **Muricacea**
(Stachelschnecken)

Neogastropoda mit relativ großem, überwiegend gedrungenem Gehäuse, dessen Oberfläche meist mit einfachen oder stacheligen Varices, häufig auch mit schuppigen oder knotigen Längsreifen bedeckt ist. Mündung mit langem Siphonalkanal, der durch Verschmelzung der beiden Ränder geschlossen sein kann. Spindelrand ohne deutliche Falten. Außenrand innen vielfach gezähnt, unten oft mit besonders kräftigem, spitzem Zahn. Das eiförmige, dünne Operculum trägt einen endständigen oder seitlichen Nucleus. Es handelt sich um Raubschnekken, welche die Schalen anderer Weichtiere anbohren, um von deren Fleisch zu leben. — Ob. Kreide — rezent, marin.

Murex LINNÉ 1758: Miozän — rezent, heute mit zahlreichen Arten in Meeren der warmen und gemäßigten Zonen (Abb. 105—106).

Gehäuse rundlich bis eiförmig, Gewinde mäßig hoch. Oberfläche zeigt außer Anwachsstreifen zahlreiche Längsreifen sowie mehrere knotige oder stachelige Varices. Mündung groß, eiförmig;

Abb. 105. *Murex (Acupurpura) tenuispina* LAMARCK. Rezent aus dem Südchinesischen Meer bei Vung Tau (Süd-Vietnam). Länge 9,5 cm. Fot. Verf.

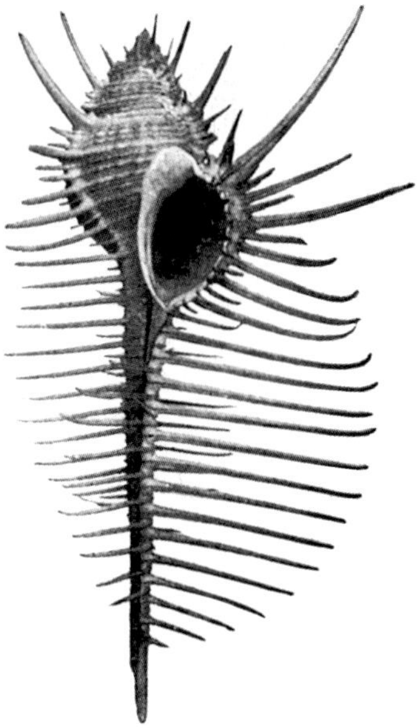

Abb. 106. *Murex (Acupurpura) tenuispina* LAMARCK, rezent. Höhe: 135 mm. — Nach J. THIELE 1931.

in der Regel mit langem, schmalem, nahezu vollständig geschlossenem Siphonalkanal; am Ende nicht ausgeschnitten. Operculum mit fast endständigem Nucleus.

Rapana SCHUMACHER 1817: Tertiär — rezent (Abb. 107—108).

Gehäuse bauchig spindelförmig; Gewinde ziemlich klein. Oberfläche mit spiralen Kielen oder Stachelreihen. Mündung groß, meist relativ breit eiförmig, unten verschmälert und mit offenem, etwas zurückgezogenem Kanal. Spindelrand mehr oder weniger abgelöst.

Als Beispiel für ein Weichtier, das sich weit entfernt vom ursprünglichen Lebensraum andernorts sehr rasch eingebürgert hat, gilt *R. thomasiana* (Abb. 108). Die Heimat dieser bis faustgroßen

Abb. 107. *Rapana (Forreria) belcheri* (HINDS), rezent. Höhe: 100 mm. — Nach J. THIELE 1931.

Abb. 108. *Rapana thomasiana*, rezent aus dem Schwarzen Meer bei Jalta (Krim). Größter Durchmesser 10,5 cm. Fot. Verf.

Schnecke liegt in Ostasien. Sie wurde 1951 erstmalig von der damaligen sowjetischen Schwarzmeerküste in Publikationen verzeichnet, breitete sich dann mit erstaunlicher Geschwindigkeit von Varna und Burgas in Bulgarien nach Norden und Süden aus und ist heute im ganzen Schwarzen Meer anzutreffen. Sie fand auf den von Muscheln (insbes. *Mytilus*) bewohnten Gründen günstige Lebensbedingungen, bohrt aber im Unterschied zu ihren asiatischen Verwandten die Muscheln nicht an. Sie öffnet deren Schalen durch Muskelzug mit dem Fuß und verdaut die Weichteile mit einem dort eingespritzten Sekret.

Typhis MONTFORT 1810: Cenoman — rezent, heute in warmen Meeren (Abb. 109).

Gehäuse meist relativ klein, länglich eiförmig. Gewinde mäßig hoch. Windungen in der Regel mit deutlichen stacheltragenden Varices. Im oberen Teil der Umgänge befinden sich dazwischen offene Röhren, die eine Verbindung mit dem Gehäuseinneren herstellen. Durch sie tritt der Mantel des Tieres nach außen. Mündung klein, rundlich, eiförmig. Mundrand zusammenhängend, mit fast geschlossenem Siphonalkanal. Spindel glatt. Operculum mit endständigem Nucleus.

Abb. 109. *Typhis tubifer* DE MONTF., Eozän (Grobkalk) von Grignon bei Paris. Ca. nat. Gr. — Nach K. A. v. ZITTEL 1915.

Oberfamilie **Buccinacea**

Das ei- bis langspindelförmige Gehäuse ist meist mit Längs- und Querskulptur bedeckt. Die Mündung zeigt einen mehr oder weniger langen Siphonalkanal und in der Regel keine Spindelfalten. — Unt. Kreide — rezent, marin.

Sipho BRUGUIÈRE 1792: Unt. Kreide (Alb) — rezent.

Das Gewinde des länglich-spindelförmigen Gehäuses ist ziemlich hoch. Umgänge mäßig gewölbt, durch tiefe Nähte getrennt und mit deutlichen Längsreifen bedeckt. Endwindung erreicht etwa die Hälfte der Gehäuselänge; eiförmig, mit ziemlich langem Hals, ohne Siphonalwulst. Mündung relativ klein, eiförmig, mit etwas gewundenem, zurückgebogenem Siphonalkanal unterschiedlicher Länge, der am Ende nicht ausgeschnitten ist. Außenrand einfach, innen nicht gefurcht; Spindelrand breit, ziemlich dünn.

Columbella LAMARCK 1799: Ob. Kreide (Maastricht) — rezent (Abb. 110).

Gehäuse meist bauchig spindelförmig. Gewinde in der Regel relativ klein. Oberfläche glatt, mit Längs- oder Querskulptur oder beiden. Mündung meist lang und schmal, schwach S-förmig gebogen; oben schmal ausgußartig, unten tief ausgeschnitten, ohne eigentlichen Kanal. Mündung durch eine Verdickung des Mundrandes verengt, innen meist gezähnt.

Euthria GRAY 1850: Tertiär (Miozän) — rezent.

Gehäuse spindelförmig, mit hohem, beripptem Gewinde. Mündung eiförmig. Siphonalkanal meist ziemlich lang, etwas schräg. Umgänge gewölbt, unter der Naht schwach konkav, ohne deutliche Längsreifen. Zumindest Anfangswindungen mit querverlaufenden Rippchen. Spindelrand breit schwielig.

Buccinum LINNÉ 1758 (Wellhorn): Tertiär (Neogen) — rezent, heute mit zahlreichen Arten in den nordischen Meeren (Abb. 111).

Gehäuse länglich eiförmig, meist ziemlich groß, mit spitzem Apex. Umgänge gewölbt, unterschiedlich skulpturiert. Mündung weit, eiförmig, mit sehr kurzem, breitem, am Ende ausgeschnittenem Kanal. Außenrand dünn, bogig, oben stark vorgezogen, innen glatt. Spindel glatt, mit spiral eingerolltem Siphonalwulst. Spindelrand breit, mäßig kräftig ausgebildet. Operculum kleiner als die Mündung; Nucleus zentral oder dem Rande genähert.

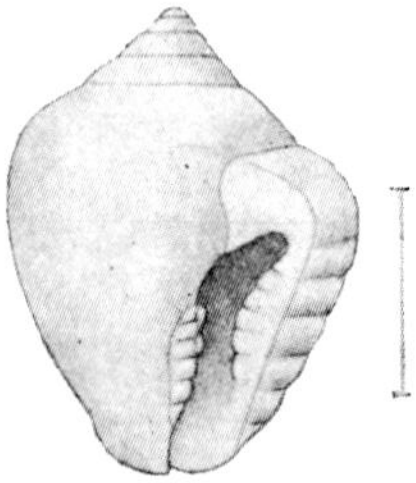

Abb. 110. *Columbella (Euplica) turturina* LAMARCK, rezent. Strich = nat. Größe. — Nach J. THIELE 1931.

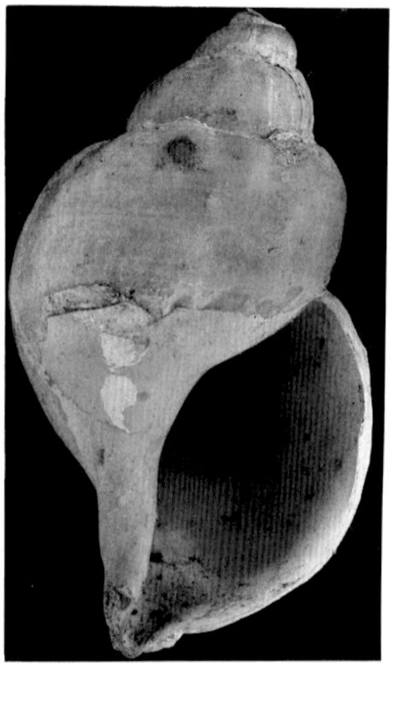

Abb. 111. *Buccinum undatum groenlandicum*, rezent, aus der nördlichen Nordsee. Ca. nat. Gr.

Unterklasse **Opisthobranchia** Milne-Edwards 1848

(Hinterkiemer)

1. Allgemeines

Bei den weniger differenzierten Vertretern zeigt das Gehäuse zunächst die von den Vorfahren übernommene spirale Einkrümmung, bei den späteren aber die Tendenz, das Gewinde zu verkürzen und die Mündung zu erweitern. Dabei wird das Gewinde vielfach von der Endwindung eingeschlossen. Verstärkt sich die Reduktion des Gehäuses noch mehr, kommt es zu seiner Verlagerung in das Innere des Weichkörpers. Schließlich geht es bei den Altersstadien gewisser Formen gänzlich verloren (Nacktschnecken). Falls noch vorhanden, liegen die Kiemen hinter dem Herzen, die Mantelhöhle seitlich (Abb. 3d). Fehlen Kiemen, übernehmen Teile des Mantels oder die gesamte Körperoberfläche respiratorische Funktion. Eine Überkreuzung der Nervenbahnen, die unter anderem auf eine Abstammung von den Prosobranchia hinweist, läßt sich nur bei wenigen primitiven Vertretern andeutungsweise erkennen. Charakteristisch ist die bei vielen Formen zu beobachtende Verschmelzung der Ganglien zu einem Schlundring. Hermaphroditisch.

2. Vorkommen

? Devon, Unt. Karbon — rezent, ausschließlich im Meere. Hier finden sie sich, wenn man von den pelagisch lebenden Pteropoda absieht, hauptsächlich in der Küstenregion. Da nur relativ wenige Vertreter erhaltungsfähige Hartteile ausbilden, ist die Zahl der fossil belegten Gattungen sehr gering.

3. Systematik

Die Tendenz zur Reduktion des Gehäuses führt zu einer großen Mannigfaltigkeit nackter Formen, die aber paläontologisch nur ein geringes Interesse haben. Auf sie dürften lediglich einige der Lebensspuren zurückgehen, die heute zum Teil noch konventionell mit „Würmern" in Beziehung gebracht werden.

Je nach dem Vorhandensein oder Fehlen von Kiemen und Gehäuse werden die nachstehenden vier Ordnungen unterschieden (J. Thiele 1931):

a) **Pleurocoela** (Unt. Karbon — rezent): Meist mit Gehäuse und einer nach rechts offenen Mantelhöhle. Kiemen vorhanden.
b) **Pteropoda** (? Ob. Kreide, Eozän — rezent): Mit oder ohne Gehäuse; ohne deutlich abgesetzten Kopf. Fuß zu einem Paar flügelartiger Flossen umgewandelt. Kiemen vorhanden.
c) **Saccoglossa** (Eozän, rezent): Ein Gehäuse wird gewöhnlich nur bei Jugend- und Larvenstadien ausgebildet. Es ist äußerlich farblos, dünn, spiralig sowie mit kleinem Gewinde und weiter Mündung versehen.
d) **Acoela** (Eozän — rezent): Ein Gehäuse ist nur in den wenigsten Fällen vorhanden. Es zeigt dann meist eine ohr- oder napfförmige Gestalt. Mit oder ohne Kiemen. Mantelhöhle nicht vertieft oder fehlend.

Im folgenden wird nur auf die Pleurocoela, Pteropoda und Saccoglossa eingegangen.

Ordnung **Pleurocoela** Thiele 1925

Meist sind ein äußerliches oder vom Mantel umschlossenes Gehäuse und eine nach rechts offene Mantelhöhle vorhanden. Altersstadien haben, wenn man von den Acteonidae und Limacinidae absieht, kein Operculum. Bei manchen Vertretern (z. B. *Acteon*) trägt der Kopf eine schildartige

Verbreiterung, die durch verwachsen der vier verbreiterten Kopffühler entsteht und zum Graben dient. Dies ist zur Deutung gewisser Lebensspuren wichtig. — Unt. Karbon — rezent. Nachstehend einige Beispiele:

Acteonina D'ORBIGNY 1847: Unt. Karbon — Ob. Kreide (Maastricht) (Abb. 112a).

Das ovale bis spindelförmige Gehäuse ist meist glatt, seltener spiral gestreift. Das Gewinde ragt kegelförmig über die sehr hohe, sich nach unten verjüngende Endwindung. Spindel gerade, mit 1 (?) Spindelfalte. Außenrand scharf. Horniges Operculum vorhanden.

Acteonella D'ORBIGNY 1842: Kreide (Barrême — Maastricht) (Abb. 112b).

Das Gewinde des eiförmigen, dickschaligen Gehäuses kann kegelförmig, völlig plan oder eingesenkt sein. Oberfläche in der Regel glatt. Spindel mit drei kräftigen Spindelfalten.

Acteon DE MONTFORT 1810: Unt. Kreide — rezent (Abb. 112c).

Diese Gattung weist mit vielen Merkmalen auf die Abstammung der Opisthobranchia von den Prosobranchia hin. So kann sich das Tier, das noch Andeutungen einer Überkreuzung der Nervenbahnen zeigt, in das mit einem Operculum versehene eiförmige Gehäuse zurückziehen. Die Mantelhöhle verläuft nach vorn. Allerdings ist die Mündung schon nach rechts gedreht. Im übrigen ist aber der Abstand von den Prosobranchiern derart groß, daß *Acteon* bereits zu den Hinterkiemern gestellt werden muß. Vorhanden ist meist nur eine Spindelfalte.

Bulla (KLEIN 1753) LINNÉ 1758: Mittl. Lias — rezent (Abb. 112d).

Das Gewinde des dünnschaligen, bauchigen Gehäuses ist eingesenkt, die Oberfläche entweder glatt oder mit punktierter Spirallinie verziert. Apex meist durchbohrt. Mündung oben und unten abgerundet. Das Tier kann sich vollständig in das Gehäuse zurückziehen. Embryonalgewinde heterostroph, kann gelegentlich noch sichtbar gemacht werden, wenn man einen Teil der letzten Windung wegbricht.

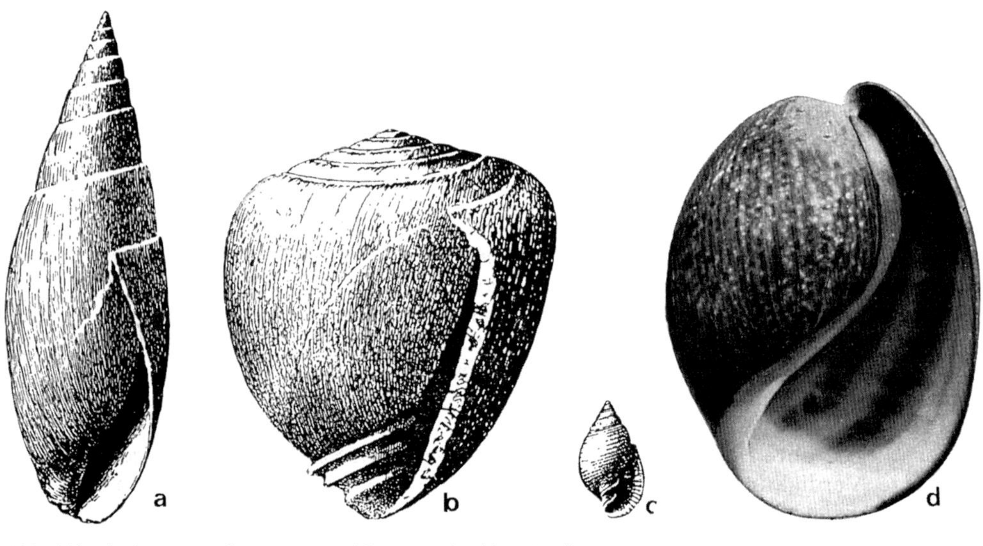

Abb. 112. a) *Acteonina dormoisiana* D'ORB., Malm (Coralrag) von Valvin, Ain. Ca. 9/10 nat. Gr.; b) *Acteonella gigantea* SOW., Senon von Grünbach (Niederösterreich). Ca. 9/10 nat. Gr.; c) *Acteon simulatus* (SOW.), Unt. Oligozän (? Ob. Eozän) von Latdorf bei Bernburg. Ca. nat. Gr.; d) *Bulla ampulla* LINNÉ, rezent. Nat. Gr. — a)—c) nach K. A. v. ZITTEL 1915, d) nach J. THIELE 1931.

Ordnung **Pteropoda** Cuvier 1804
(Flügel- oder Hochseeschnecken)

1. Allgemeines (Abb. 113)

Es handelt sich um pelagisch freischwimmende, meist nackte und (weniger häufig) gehäusetragende, kleinwüchsige Gastropoda, bei denen die auch schon von anderen Opisthobranchia angebahnte Umbildung der eigentlichen (medianen) Sohle des Fußes zu flossenartigen Schwimmorganen den Höhepunkt erreicht. Der bilateral-symmetrische Körper ist bald langgestreckt, bald am Hinterende spiral eingerollt. Ein deutlich abgesetzter Kopf fehlt. Die Augen sind rudimentär. Falls noch vorhanden, liegen die Kiemen hinter dem Herzen, das nur eine Vorkammer aufweist. Sonst übernimmt ein Teil des Mantels oder die gesamte Körperoberfläche respiratorische Funktion. Die meist konischen, seltener kapuzenförmigen oder planspiral eingerollten, gelegentlich auch seitlich abgeflachten und mit Kielen ausgestatteten Gehäuse sind in der Regel dünn und durchscheinend. Mitunter ist noch ein Operculum vorhanden.

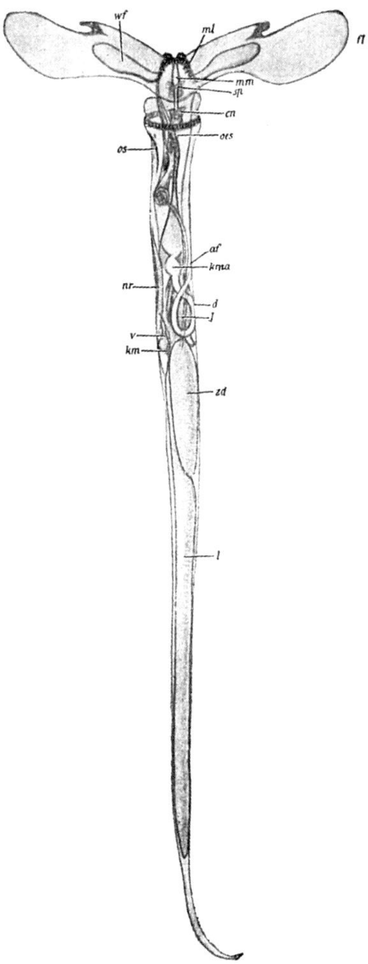

Abb. 113. *Creseis acicula* Rang von der Ventralseite. Rezent. Ca. 15/1 nat. Gr. Bezeichnungen: af = After, cn = Zentralnervensystem, d = Darm, l = Leber, ml = Mittellappen des Fußes, mm = Mundmasse, nr = Niere, oes = Oesophagus, os = Osphradium, wf = Wimperfeld des Fußes, zd = Zwitterdrüse. — Nach J. Meisenheimer 1905.

2. Vorkommen

? Ob. Kreide, Eozän – rezent. Die heute lebenden Formen sind durchweg Bewohner der Hochsee. Hier schweben sie mit abwärts gerichtetem Kopf und in senkrechter Stellung in größerer Tiefe und kommen erst nach Einbruch der Dunkelheit an die Oberfläche. Viele finden sich in dichten Schwärmen und spielen dann bei der Ernährung großer Planktonfresser, z. B. bei den Walen und manchen Fischen, eine erhebliche Rolle. Die Gehäuse sind oft in riesigen Mengen am Meeresboden angehäuft, wo sie in Tiefen zwischen 1000 und 2700 m den Pteropodenschlamm bilden.

3. Systematik

Man unterscheidet zwei Unterordnungen: einmal die stets schalenlosen Gymnosomata (nur rezent nachgewiesen), zum anderen die meist ein Gehäuse tragenden Thecosomata. Von diesen folgen nachstehend einige Beispiele:

Peracle Forbes 1844 (syn. *Peraclis* Pelseneer 1888): rezent, mit 8 Arten in wärmeren Meeren bis etwa 1000 m Tiefe (Abb. 114a).

Das räumlich spiral nach links gewundene Gehäuse hat ein niedriges bzw. mehr oder weniger erhobenes Gehäuse sowie rasch an Umfang zunehmende Windungen. Die etwas gedrehte Spindel ist unten zu einem spitzen Schnabel ausgezogen, der eine kielartige Verdickung aufweist. Die Oberfläche trägt vor allem auf den Anfangswindungen eine netzartige Skulptur. Operculum vorhanden.

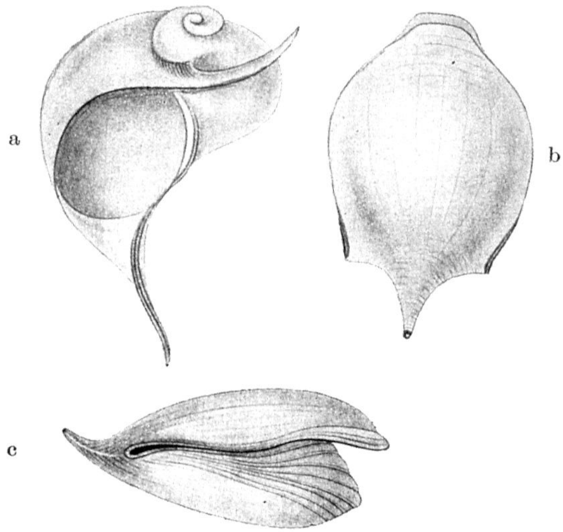

Abb. 114. Gehäuse von Pteropoden, a) *Peracle moluccensis* Tesch., ca. 17/1 nat. Gr.; b)–c) *Cavolinia gibbosa* Rang, ca. 4/1 nat. Gr. Rezent. – Nach J. Meisenheimer 1905.

Clio Linné 1767 (syn. *Cleodora* Péron & Lesueur 1810): ? Ob. Kreide, Eozän – rezent (Abb. 115).

Das gerade gestreckte oder aufwärts gekrümmte, überwiegend pyramidenförmige Gehäuse zeigt ein Paar scharfe Seitenkiele und meist eine dorsale Längsrippe. Der Embryonalabschnitt des Gehäuses ist deutlich abgesetzt und ragt über den Unterrand.

Im Neogen sind oft ganze Tonlagen mit zusammengedrückten und meist schlecht erhaltenen Individuen dieser Gattung gefüllt (z. B. im Pliozän des Monte Mario bei Rom). Auch im Oligozän etwa des Mainzer Beckens kommt die Gattung gelegentlich häufig vor.

Abb. 115. *Clio pyramidata* (Linné), Pliozän vom Monte Mario bei Rom. Ca. nat. Gr. – Nach K. A. v. Zittel 1915.

Cavolinia Abildgaard 1791: Miozän – rezent (Abb. 114b–c und 116A).

Das kugelige, aufgeblähte, seitlich gekielte und geschlitzte, hinten zugespitzte Gehäuse besteht aus zwei ungleich gewölbten Teilen, von denen der eine den anderen an der Mündung helmartig überragt. Die schlitzförmige Mündung wird durch Zahnbildung in einen mittleren und zwei seitliche Abschnitte gegliedert.

Abb. 116A. *Cavolinia tridentata* Forsk., eine besonders typische, weltweit verbreitete Warmwasserform, von unten. Rezent aus dem Mittelmeer (Sizilien). Ca. 9/1 nat. Gr.

Ordnung **Saccoglossa** v. Ihering 1876

(syn. Sacoglossa; Sackzüngler oder Schlauchschnecken)

Opisthobranchia mit einzeiliger, aus kräftigen Zähnen bestehender Radula, die in einen vor ihr befindlichen Blindsack übergeht. In diesem sammeln sich die verbrauchten Zähne, wobei der Blindsack mit zunehmendem Alter der Schnecke länger wird. Das dünnwandige, eiförmige, bei einigen Arten zweiklappige Gehäuse ist in der Regel nur bei Jugend- und Larvenstadien ausgebildet, sonst meist reduziert. – Eozän, rezent. Heute mit ca. 400 Arten, die überwiegend in flachen Küstengewässern der Meere leben. Wenige sind Süßwasserbewohner.

Einzige bisher fossil belegte, zugleich ziemlich aberrante Gattung ist:

Berthelinia Grosse 1875 (syn. *Tamanovalva* Kawaguti & Baba 1959): Eozän des Pariser Beckens, rezent in flachen Küstengewässern von Japan, Australien und Kalifornien (Abb. 116B–C).

Ursprünglich als Muschel aus dem Eozän des Pariser Beckens beschriebene zweiklappige Schnecke, von der überraschenderweise 1959 eine rezente Art entdeckt wurde. Es handelt sich um *B. limax* (Kawaguti & Baba) (Abb. 116B, C), die im Flachwasser der südjapanischen Küste auf der „Rattenschwanzalge" *Caulerpa okamurai* lebt. Später fand man die Art auch vor

Abb. 116B. *Berthelinia limax* (KAWAGUTI & BABA) auf *Caulerpa okamurai* („Rattenschwanzalge"), rezent aus flachen Küstengewässern von Kalifornien. Länge der „Klappen": ca. 7 mm. — Nach Proc. Californ. Acad. Sc. **30**, 1961.

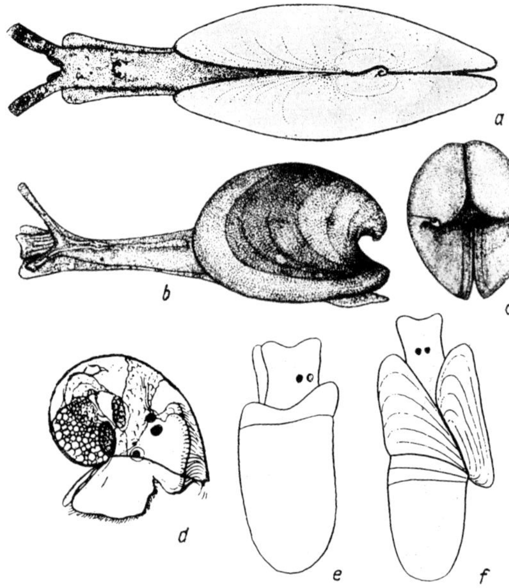

Abb. 116C. a) *Berthelinia limax* (KAWAGUTI & BABA), dorsal. Rezent. Länge der „Klappen": ca. 7 mm. Nach Biol. J. Okayama Univ. **5**, 1959; b)—c) *Julia* sp. (b = von der Seite, c = von hinten). Rezent. Küste einer kleinen südjapanischen Insel. Nach Proc. Jap. Acad. **38**, 1962; d)—f) Larven von *Berthelinia limax* (d = unmittelbar nach dem Schlüpfen, e = 3 Tage nach dem Schlüpfen, f = 10 Tage nach dem Schlüpfen). Stark vergrößert. Nach Proc. Jap. Acad. **35**, 1959.

Kalifornien und Australien. Zur Ontogenie und Morphologie ist bekannt, daß sich drei Tage nach dem Schlüpfen der Larve aus dem Ei am Rande des Gehäuses, das zunächst etwa ½ Windung umfaßt und ein Operculum aufweist, zwei flache Vorsprünge bilden. Aus diesen entstehen im Laufe von 10 Tagen die zunächst ungleichen Wirbel der späteren Klappen.

Gleichzeitig geht das Operculum verloren. Da das Vorderende der einreihigen Radula in einer sackartigen Höhle liegt, handelt es sich um Saccoglossa (Sackzüngler). Die eigenartigen Tiere strecken beim Öffnen der Klappen den Kopf mit zwei großen Rhinophoren und den dicht dahinter befindlichen, ungestielten Augen nach außen. Die Länge der ausgewachsenen Schale beträgt ca. 7 mm.

Unterklasse **Pulmonata** CUVIER 1817

(Lungenschnecken)

1. Allgemeines

Überwiegend gehäusetragende, seltener nackte Gastropoda, deren Mantelhöhle eine Art Lunge bildet und zur Luftatmung dient. Innen ist die Mantelhöhle mit einem komplizierten System von Blutgefäßen ausgekleidet. Sie steht mit der Außenwelt über eine kontraktile Öffnung in Verbindung. Die Keimdrüsen sind zwitterig. Ein Operculum fehlt; doch verschließen viele Landschnecken während des Winterschlafes ihre Mündung mit einem Kalkblatt (Epiphragma), das im Frühjahr wieder abgestoßen wird.

Landbewohnende Pulmonaten, so viele *Helicella*- und *Helix*-Arten, verfallen unter ungünstigen Lebensbedingungen in Ruhezustände. Diese können Tage bis Jahre dauern. Trockenresistente Arten, die zeitweilig hohen Temperaturen bei intensiver Sonnenbestrahlung ausgesetzt sind, verfallen in Trockenstarre. Dies gilt z. B. für die eurytherme *Helicella obvia* HARTMANN, die vor allem in Südosteuropa, aber auch bis ins Rheinland und an die Ostsee vorkommt. Diese Schnecke lebt kolonieweise und trotzt im Freien sowohl der hochsommerlichen Hitze als auch dem Reif der Herbstnächte. Während der heißen Sommermonate heftet sie sich oft in riesigen Mengen dicht nebeneinander an Gräser, Zweige, Baumstämme usw. (Abb. 117). Dies geschieht mit einem Schleimhäutchen, das gegenüber dem Atemloch eine Öffnung trägt. Letztere ist mit kohlensaurem Kalk verschlossen und bildet die einzige Stelle, über die ein geringer Gasaustausch erfolgt. Je nach der Dauer der Trockenstarre lassen sich mit zunehmender Eintrocknung bis zu neun Verschlußhäutchen hintereinander in der letzten Windung des Gehäuses beobachten. Unter diesen Bedingungen erfolgt Anoxibiose, deren Endprodukte (niedrige Fettsäuren und Kohlendioxid) nicht nach außen abgegeben werden, um den Wasserverlust so klein wie möglich zu halten. Hierdurch steigt der CO_2-Gehalt in der Mantelhöhlenflüssigkeit, wodurch die innere Schicht der Schale angeätzt wird.

2. Vorkommen

Ob. Malm — rezent. Die ersten reicheren Faunen mit sicheren Pulmonaten finden sich in den Süßwasserablagerungen des Ob. Malm (Purbeck), so z. B. von Mitteleuropa, Südengland und Spanien. Landbewohnende Pulmonaten erscheinen erstmals häufiger in der Oberkreide.

3. Systematik

Die Zahl der fossilen und rezenten Pulmonaten ist groß. Man kennt bisher insgesamt ca. 7800 Arten (davon ca. 800 fossile), die sich auf ca. 1000 Gattungen und 50 Familien verteilen. Je nach der Lage und dem Bau der Augen, der Zahl und Beschaffenheit der Tentakel unterscheidet man zwei Ordnungen: die Basommatophora und die Stylommatophora. — Von Interesse sind auch Formen, die den Pulmonata näherstehen als den Prosobranchiern oder Opisthobranchiern, obgleich sie eine Kieme haben. Es sind dies die Thalassophila (z. B. Siphonariidae), die erst ab Ob. Kreide in Erscheinung treten. Man nimmt an, daß sich bei ihnen die Kieme sekundär im Gefolge einer neuen Adaption gebildet hat.

Abb. 117. *Helicella obvia* HARTMANN in Trockenstarre, rezent von Tusla bei Baltschick (Bulgarien), Gehäusedurchmesser ca. 2 cm; Fot. Verf. (Juli 1977).

Ordnung **Stylommatophora** A. SCHMIDT 1855
(Landlungenschnecken)

Kleine bis mittelgroße Pulmonaten, deren Augen auf der Spitze der beiden einstülpbaren Tentakel liegen, unter denen in der Regel noch zwei kleinere Taster stehen. Die Genitalöffnungen sind im allgemeinen vereinigt. Viele Vertreter sind nackt oder nur mit einer kleinen, wenig widerstandsfähigen und deshalb schlecht erhaltungsfähigen Schale versehen. Dies und die Tatsache, daß es sich fast ausschließlich um Landbewohner handelt, erklärt, daß man über die Stylommatophora weniger weiß als über die das Wasser bewohnenden Schnecken, einschließlich der Basommatophora. Bei den Formen mit kräftig entwickeltem Gehäuse ist die Mündung zum Schutz vor räuberischen Insekten oft durch zahnartige Vorragungen der inneren Lippe verengt. — Ob. Kreide — rezent.

Nachstehend einige Beispiele:

Cepaea HELD 1837: Ob. Pliozän — rezent (Abb. 118).

Gehäuse kugelig, lebhaft gefärbt, ungenabelt. Mündung schief, groß; Saum erweitert, mit starker Lippe. Grundtönung des Gehäuses hellgelb, gelb, rosa bis dunkelbraun. Außer bänderlosen Formen können solche mit eins bis fünf spiraligen Bändern auftreten, von denen dann 3 auf der Oberseite und 2 auf der Unterseite liegen. Die Bänder sind meist braun; doch finden sich auch durchscheinende und farblose. Neben der bänderlosen Form lassen sich 89 „Bändervarietäten" unterscheiden, von denen aber viele bisher in der Natur noch nicht nachgewiesen wurden.

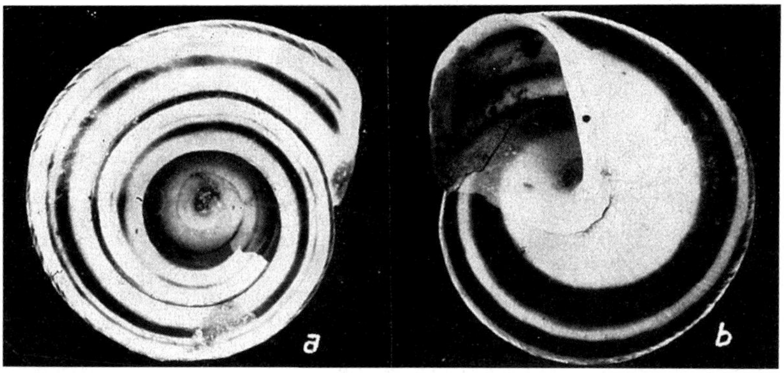

Abb. 118. *Cepaea hortensis* MÜLLER, Pleistozän (Älterer Travertin) vom Johannistal bei Mühlhausen (Thüringen). D 2,2 cm.

Sind alle fünf Bänder vorhanden, werden diese von der Naht zum Nabel von 1 bis 5 durchnumeriert. Fehlt ein Band, wird an der betreffenden Stelle eine Null gesetzt (z. B. 0,2,3,4,5). Vereinigen sich zwei oder mehr Bänder, setzt man die betreffenden Nummern in Klammern, z. B. (1,2,3,)4,5. Hier haben sich die drei ersten Bänder zu einem breiten vereinigt.

Polymita BECK 1837: endemisch auf Kuba mit wenigen sehr variablen Arten (Abb. 119).

Gehäuse ähnlich dem von *Cepaea*, mit extremer Farbkombination der Grundtönung und der Bänder, z. B. Rot gegen Gelb oder Weiß, Grün gegen Braun usw. Auch innerhalb der gleichen Population variieren die Tiere hinsichtlich Färbung und Bänderung der Gehäuse sehr stark. Alle Arten leben auf Bäumen und Sträuchern (Baumschnecken).

Cepaea, Polymita und die nachstehende Gattung *Helix* gehören zu den Helicacea (Schnirkelschnecken), die in der Gegenwart mit mehr als 5000 meist flach gewundenen bis kugeligen, selten hoch getürmten Arten weltweit vorkommen.

Helix LINNÉ 1758: Ob. Kreide — rezent, Hauptverbreitung im Miozän (Abb. 120).

Gehäuse sehr groß, kugelig; bedeckt genabelt. Letzter Umgang groß und bauchig. Mündung gerundet. Mundsaum umgeschlagen.

Achatina LAMARCK 1799 (Oberfam. Achatinacea, Achatschnecken): Eozän — rezent, heute weit verbreitet unter Zutun des Menschen in Afrika, Asien und z. T. Amerika (Abb. 121).

Das große bis riesige (max. 20 cm) Gehäuse ist mehr oder weniger eiförmig; hochgetürmt, holostom.

A. fulica BOWDICH (Abb. 121), deren Urheimat in den tropischen Regenwäldern von W-Afrika liegt, ist ein typisches Beispiel für eine Tierart, die sich rasch über weite Gebiete der Erde ausgebreitet hat. Unter Zutun des Menschen, der sie meist als Nahrungsmittel exportierte, oder als blinder Passagier gelangte sie von Afrika zunächst nach Madagaskar, 1821 nach Réunion, 1830 auf die Seychellen. Von da erreichte sie 1910 Ceylon (Sri Lanka), 1911 Malaya, in den 20er Jahren Indonesien, 1931 China, 1936 Hawaii usw., schließlich in den sechziger Jahren Florida. Sie tritt oft als beträchtlicher Schädling in den Pflanzungen auf und konnte trotz aller Versuche nicht wieder ausgerottet werden; anders als in verschiedenen Gebieten von W-Afrika, wo man das Sammeln der Schnecke als Nahrungsmittel einschränken mußte, um sie dort vor dem Aussterben zu bewahren.

Clausilia DRAPARNAUD 1805: Eozän — rezent, fossil relativ selten (Abb. 122a—c).

Das schlanke, spindelförmige, in der Regel linksgewundene Gehäuse besteht aus 9 bis 14 langsam anwachsenden Umgängen. Mündung unregelmäßig eiförmig oder fast rund, meist durch Falten oder Zähnchen verengt; kann durch ein kalkiges Deckelchen, das sog. Schließknöchelchen oder Clausilium, verschlossen werden.

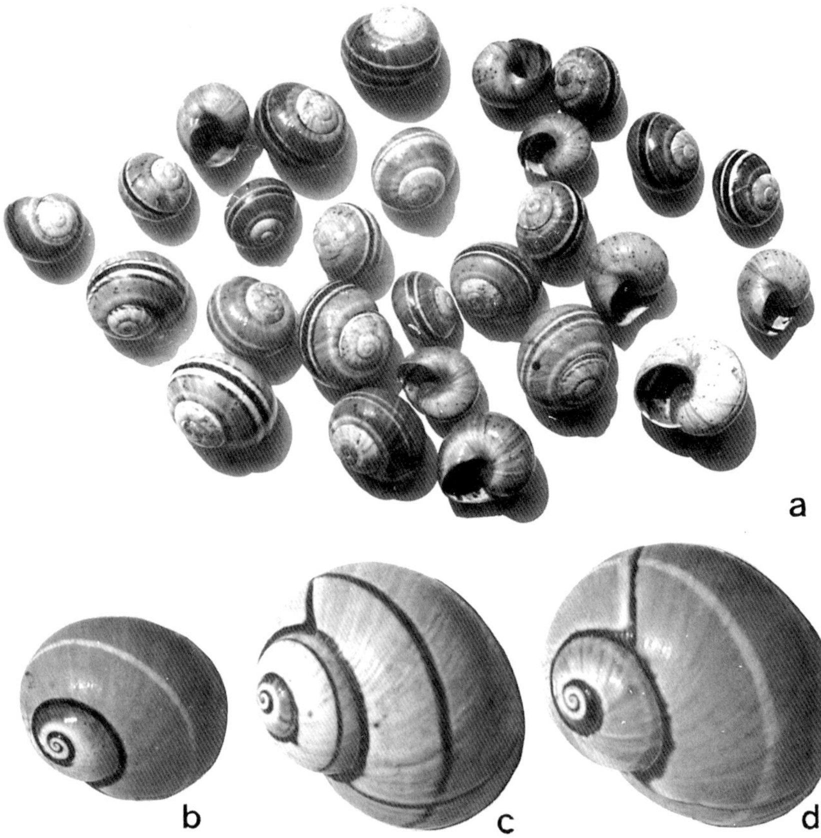

Abb. 119. *Polymita (Oligomita) versicolor* (BORN), endemische Baumschnecken, rezent von Gardalavaca (Oriente, Ost-Kuba), maximaler Gehäusedurchmesser ca. 2 cm. Fot. Verf.

Abb. 120. *Helix pomatia* LINNÉ (Weinbergschnecke), rezent vor allem in SO- und Mitteleuropa. Findet sich schon in den pleistozänen und altholozänen Kalktuffen, z. B. von Cannstatt (Württ.) und Hundsheim (Niederösterr.), der Fränkischen Schweiz, Thüringen usw.

Abb. 121. *Achatina fulica* Bowdich, verschiedene Exemplare. Rezent von Doson (Nord-Vietnam), Länge von a) 7,5 cm. Fot. Verf.

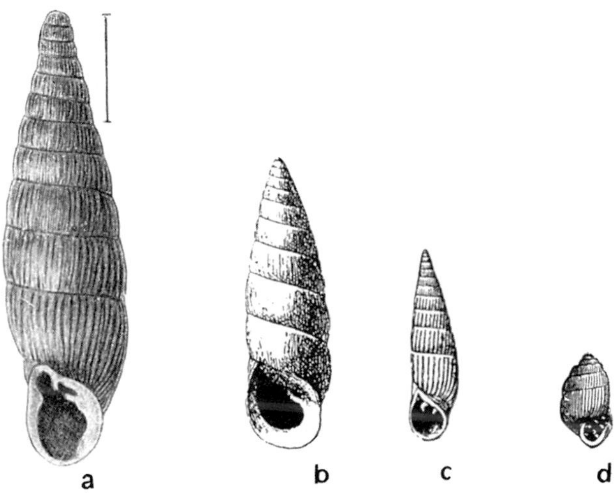

Abb. 122. a) *Clausilia pumila* Pfeiffer. Pleistozäner Kalktuff von Cannstatt bei Stuttgart (Württemberg). Ca. 5/1 nat. Gr. – Nach D. Geyer 1927; b) *Clausilia bulimoides* A. Braun; c) *Clausilia antiqua* Schübler, Unt. Miozän von Eckingen bei Ulm. Vergrößert. – Nach K. A. v. Zittel 1915; d) *Pupa diversidens* Sandb., Miozän von Sansan, Gers. – Nach F. Sandberger.

Pupa Draparnaud 1805: Eozän – rezent (Abb. 122d).
Gehäuse maximal 10 mm hoch, meist aber wesentlich kleiner; in der Regel von bienenkorbähnlicher Gestalt. Zahlreiche, nur langsam zunehmende Windungen. Mündung oft durch Falten, Lamellen und Zähne verengt, die sich an drei Seiten der Mündung legen. Ohne Nabelperforation.

Vitrina DRAPARNAUD 1801: Eozän — rezent.

Gehäuse niedrig, sehr dünnschalig, oft durchscheinend; vermag nur einen Teil des Tieres aufzunehmen. Es ist ungenabelt oder fein durchbohrt und besteht aus 2 bis 3 Windungen, von denen die letzte den Hauptteil des Gehäuses ausmacht. Die Tiere leben heute an kühlen und feuchten Orten und sind gegen Kälte äußerst unempfindlich. Älteste Vorläufer schon im Eozän. Vom Ob. Oligozän ab finden sich Verwandte der rezenten Arten, insbesondere der Gruppe um *V. major*.

Discus FITZINGER 1833: ? Kreide, Eozän — rezent.

Gehäuse linsenförmig, vom Nabel her betrachtet schüsselförmig. Windungen nehmen sehr langsam zu, rippenstreifig. Mundsaum nicht umgebogen und nicht erweitert, ohne Lippe. Nabel weit, perspektivisch.

Succinea DRAPARNAUD 1801: Paläozän — rezent (Abb. 123).

Das ungenabelte, zarte, bernsteinfarbene Gehäuse besteht aus 3 bis 4 Umgängen, von denen der letzte bei weitem überwiegt. Das Tier ist im Verhältnis zum Gehäuse sehr groß und kann von diesem nicht aufgenommen werden.

Succinea lebt vor allem an Teich-, Fluß- und Grabenrändern, besonders gern auf den aus dem Wasser emporwachsenden Pflanzen.

Die äußere Gestalt zeigt, ähnlich wie etwa bei *Lymnaea*, große Mannigfaltigkeit und Veränderlichkeit, so daß die Unterscheidung der einzelnen Formen nicht immer leicht ist.

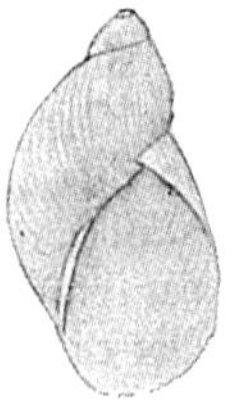

Abb. 123. *Succinea putris* (LINNÉ), rezent an feuchten Wiesen usw. von Europa bis Kola, Armenien und Nordasien. Etwas vergrößert. — Nach J. THIELE 1931.

Zebrina HELD 1837: Altholozän — rezent von Mittel- und S-Europa bis W-Asien, vorwiegend als sehr wärmeliebend auf trockenen Kalkhängen in südlichen Breiten, einige Arten aber auch in feuchteren Biotopen (Abb. 124).

Gehäuse hochgewunden. Mündung spitz eiförmig, mit schwacher, weißer Lippe. Nabel sehr eng, spaltförmig. Das dicke, weiße und lichtundurchlässige Gehäuse, das z. T. durch eingelagerte Granula in der Prismenschicht das Licht vollständig reflektiert, schützt die Tiere vor direkt einfallenden intensiven Sonnenstrahlen. — *Z. varnensis* (Abb. 124) lebt endemisch an der bulgarischen Schwarzmeerküste, von wo sie bis nach Rumänien (Dobrudscha) vorkommt.

Ordnung **Basommatophora** A. SCHMIDT 1855
(Wasserlungenschnecken)

Die Mündung des spiral-, kappen- oder napfförmig gestalteten Gehäuses ist holostom, der innere Rand der Mündung glatt oder mit Längsfalten bedeckt. Die Augen sind im Gegensatz zu den Stylommatophora ungestielt und liegen meist an der inneren Seite oder an der Basis der beiden lappen- oder pfriemenförmigen, nicht rückziehbaren Fühler. Genitalöffnungen im allgemeinen getrennt. Stets beschalt. — Malm (Purbeck) — rezent, überwiegend im Wasser, sonst in seiner Nähe.

Ellobium RÖDING 1798 (syn. *Auricula* LAMARCK 1799): Malm (Purbeck) — rezent.

Das zum Teil sehr große, oft mit Reihen kleiner Körnchen bedeckte, länglich-ovale Gehäuse

Abb. 124. *Zebrina varnensis* (Fam. Enidae, Vielfraßschnecken) in Trockenstarre, a) in einem Graspolster, b) in parallelen Reihen dicht bei dicht an Grashalmen befestigt (der wurzelnahe Teil der Halme jeweils links). Bei ungestörter Einbettung könnten diese Lagebeziehungen Einsteuerung vortäuschen. Rezent von Tusla bei Baltschick (Bulgarien). Maximale Länge der Gehäuse ca. 1,8 cm. Fot. Verf. (Juli 1977).

hat ein kegelförmiges Gewinde sowie eine lange, ziemlich schmale, unten gerundete Mündung. Die in der Regel wenig abstehende Spindelfalte trägt auf der vorletzten Windung meist eine Falte und einen Zahn. Mundrand verdickt, glatt.

Lymnaea LAMARCK 1799: Malm (Purbeck) — rezent, Hauptverbreitung im Tertiär (Abb. 125A, B).

Die Endwindung des dünnschaligen, oft durchscheinenden, rechtsgewundenen Gehäuses ist sehr groß. Die eiförmige, weite Mündung zeigt einen scharfen Außenrand.

Die Tiere leben vorzugsweise in stehenden Gewässern mit Schlammgrund und Pflanzenwuchs. Da Gestalt und Farbe weitgehend von den ökologischen Verhältnissen des jeweiligen Standortes

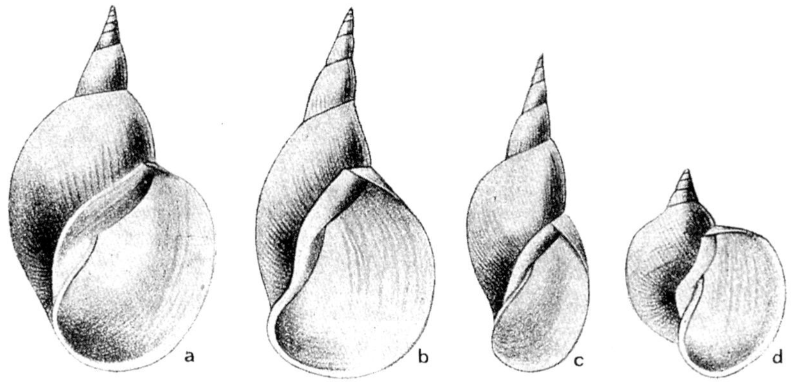

Abb. 125 A. *Lymnaea stagnalis* LINNÉ, verschiedene Standortmodifikationen. Rezent aus Mitteleuropa. Ca. 9/10 nat. Gr. — Nach D. GEYER 1927.

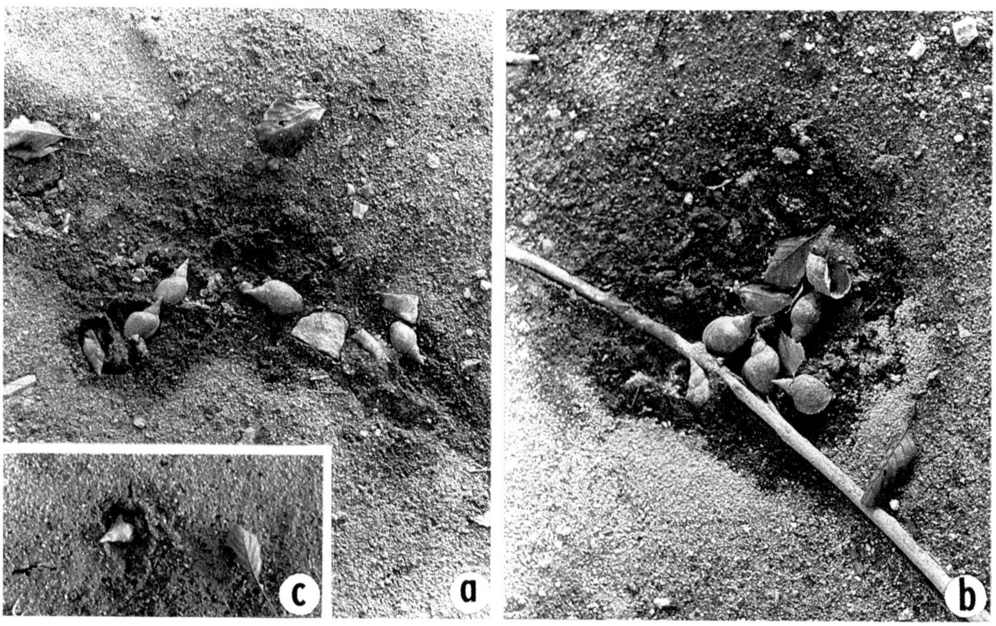

Abb. 125 B. *Lymnaea stagnalis* L. gräbt sich bei Trockenlaufen ihres Wohngewässers an den noch relativ feuchten Stellen mit schräg aufwärts zeigender Gehäusespitze in den Untergrund ein. Rezent aus dem Soldatenteich bei Freiberg (Sachsen). Fot. Verf.

abhängig sind, hat fast jedes Gewässer seine ihm eigentümlichen Formen. Es besteht die Gefahr, daß solche Standortmodifikationen als besondere Arten oder Unterarten betrachtet werden. Sämtliche Formenkreise kommen anscheinend bereits im Tertiär vor, und fast alle fossilen Vertreter lassen sich durch entsprechende rezente Formen belegen. Dabei sind allerdings die großen und dünnschaligen fossil im allgemeinen seltener zu finden, da sie leichter zerstört wurden.

Physa DRAPARNAUD 1801: Malm (Purbeck) – rezent (Abb. 126).
Das eiförmige, dünnschalige, glatte und glänzende Gehäuse ist im Gegensatz zu *Lymnaea* linksgewunden, das Gewinde mehr oder weniger erhoben.

Planorbis O. F. MÜLLER 1774: Malm (Purbeck) – rezent (Abb. 127–129).
Das Gehäuse bildet eine Scheibe, die ungefähr in einer Ebene aufgewunden ist. Es zeigt bei linksgestellter Mündung oben oft eine Abflachung oder ein eingesenktes Gewinde, unten einen tiefen Nabel. Mündung meist sehr weit.

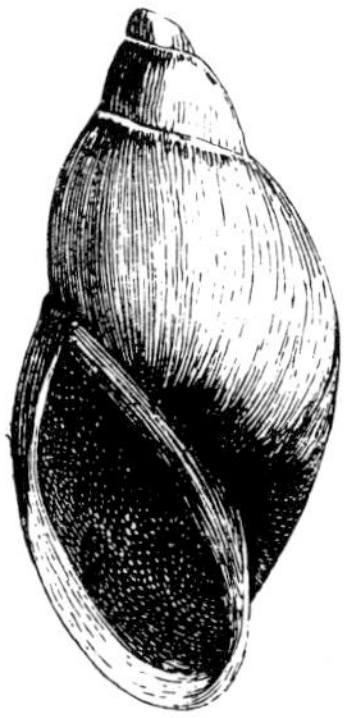

Abb. 126. *Physa gigantea* MICHAUD, Unt. Eozän von Rilly bei Reims. Nat. Gr. – Nach K. A. v. ZITTEL 1915.

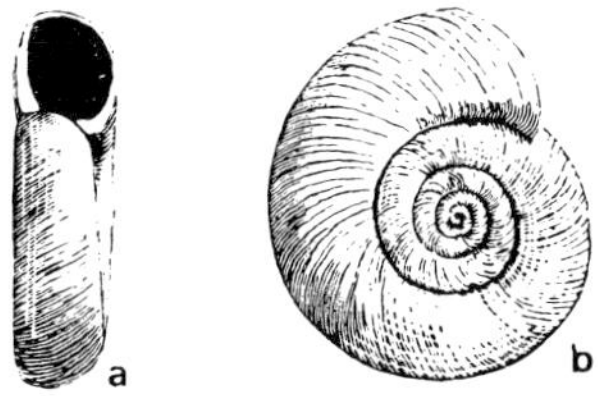

Abb. 127. *Planorbis cornu* BRONGN., Ob Miozän von Mundingen (Württ.). Nat. Gr. – Nach K. A. v. ZITTEL 1915.

Abb. 128. *Planorbis carinatus* MÜLLER, Spülsaum; rezent vom Sewansee (Armenien), Gehäusedurchmesser ca. 1,5 cm; Fot. Verf. (Juli 1978).

Dybowski, W.: Die Gastropodenfauna des Baikalsees anatomisch und systematisch bearbeitet. — Mém. Acad. imp. Sc. St-Pétersbourg **22**, 8, 1—73, 7 Taf., 1875.

Eales, N. B.: Secondary symmetry in gastropods. — Malac. Soc. London, Proc. **28**, 185—196, London 1950.

Erben, H. K., Flays, G., & Siehl, A.: Über die Schalenstruktur von Monoplacophoren. — Abh. Akad. Wiss. Lit., Math.-Nat. Kl. **1968**, Nr. 1, 24 S., 3 Abb., 17 Taf., Wiesbaden 1968.

Fenton, C. L., & Fenton, M. A.: Apparent gastropod trails in the Lower Cambrian (Ross Lake, British Columbia). — Amer. Midland Natural. **12**, 401—405, 1931.

Fleischmann, A.: Vergleichende Betrachtungen über das Schalenwachstum der Weichtiere (Mollusca) (Fortsetzung und Schluß). II. Deckel (Operculum) und Haus (Concha) der Schnecken (Gastropoden). — Z. Morphol. Ökol. Tiere **25** (2/3), 549—622, 1932.

Fischer, P. H.: Perforation de fossiles tertiaires par des gastéropodes prédateurs. — J. conchyliol. **105**, Nr. 2, 66—96, 1966.

Fretter, V., & Graham, A.: British prosobranch mollusks. — Monogr. Roy. Soc. London, XIV + 755 S., zahlr. Abb., London 1962.

Fuhrmann, R.: Die spätweichselglaziale und holozäne Molluskenfauna Mittel- und Westsachsens. — Freiberger Forschungshefte **C 278**, 121 S., 27 Abb., 21 Taf., Leipzig 1973.

Geyer, D.: Unsere Land- und Süßwasser-Mollusken. 3. Aufl., 224 S., 7 Abb., 33 Taf., Stuttgart (Lutz) 1927.

Geyer, G.: Mittelkambrische Mollusken aus Marokko und Spanien. — Senckenbergiana lethaea **67**, 55—118, 6 Abb., 6 Taf., Frankfurt a. Main 1986.

Gorthner, A.: Bau, Funktion und Evolution komplexer Gastropodenschalen in Langzeit-Seen mit einem Beitrag zur Paläobiologie von *Gyraulus „multiformis“* im Steinheimer Becken. — Stuttgarter Beitr. Naturkde, Ser. B, **190**, 173 S., Stuttgart 1992.

Gruber, A.: Eine Fauna mit erhaltenen Schalen aus dem oberen Muschelkalk (Trochitenkalk) von Wiesloch bei Heidelberg. — Verh. nat. med. Ver. Heidelberg, N. F. **17**, 243—325, 4 Taf., Heidelberg 1933.

Gründel, J.: Zur Gastropodenfauna aus dem Dogger. I—IV. — Z. geol. Wiss. **1**, 947—965, 1973; **2**, 831—851, 1974; **3**, 239—251, 777—787, Berlin 1975; insgesamt mit 49 Abb., 5 Taf.

Haber, G.: Gastropoda, Amphineura et Scaphopoda jurassica. — Fossilium Catalogus 1, Animalia **53**, 400 S., Berlin 1932.

Haeckel, W.: Neuentdeckungen unter den Mollusken. — Naturw. Rdsch. **16**, 401—402, 8 Abb., Stuttgart 1963.

Holzapfel, E.: Die Mollusken der Aachener Kreide. — Palaeontogr. **34**, 29—180, 17 Taf., 1888; **35**, 139—268, 22 Taf., 1889.

— Die Cephalopoden-führenden Kalke des unteren Carbon von Erdbach-Breitscheid bei Herborn. — Paläont. Abh. **5** (N. F. **I**), 1, 74 S., 8 Taf., 1889.

— Das obere Mitteldevon (Schichten mit *Stringocephalus Burtini* und *Maeneceras terebratum*) im Rheinischen Gebirge. — Abh. k. preuß. geol. Landesanst. N. F. **16**, 1—460, Berlin 1895.

Horny, R.: Tryblidiinae Pilsbry, 1899 (Gastropoda) from the Silurian of Central Bohemia. — Sbornik Ustredniho Ustava Geol. **XXII**, 73—102, 2 Abb., 4 Taf., Prag 1955.

— Problematic molluscs (? Amphineura) from the Lower Cambrian of south and east Sibiria (USSR). — Sbornik Ustredniho Ustava Geol. **24**, 397—413 (tschech.), 414—422 (russ.), 423—432 (engl.), 3 Taf., Prag 1957.

Hudleston, W. H.: A monograph of the British Jurassic Gasteropoda. I. The Inferior Oolite Gasteropoda. — Monogr. Palaeontogr. Soc., 509 S., 44 Taf., London 1887—1896.

Janssen, R.: Revision der Polyplacophora des Oligozäns in Mitteleuropa. — Archiv Molluskenkde. **108**, 215—236, 3 Taf., Frankfurt a. Main 1978.

Jordan, H.-P.: Zur Taxonomie, Biostratigraphie und Ökologie der Gastropoden des germanischen Zechsteins. — Freiberger Forschungshefte **C 309**, 95—113, 1 Abb., 4 Taf., Leipzig 1975.

Kautsky, I.: Das Miocän von Hemmoor und Basbeck-Osten. — Abh. preuß. geol. Landesanst., N. F. **97**, 1—255, 12 Taf., Berlin 1925.

Keen, A. M.: Sea Shells of Tropical West America (Marine Mollusks from Baja California to Peru). 1064 S., Stanford (Univ. Press) 1971.

Kessel, E.: Über Bau und Bildung des Prosobranchia-Deckels. — Z. Morphol. Ökol. Tiere **38** (1), 197—250, 1941.

Kittl, E.: Die Gastropoden der Schichten von St. Cassian. — Ann. k. k. naturhist. Hofmus., **6**, 166—262, 1891; **7**, 35—197, 1892; **9**, 144—277, Wien 1894.

– Die Triadischen Gastropoden der Marmolata und verwandter Fundstellen in den weißen Riffkalken Südtirols. – Jb. k. k. geol. Reichsanst. **44**, 99–182, Wien 1894.
– Die Gastropoden der Esinokalke nebst einer Revision der Gastropoden der Marmolatakalke. – Ann. k. k. naturhist. Hofmus. **14**, 1–237, 8 Taf., Wien 1899.
– Batten, R. L., & Yochelson, E. L.: [Descriptions of Paleozoic Gastropoda]. – In: R. C. Moore (ed.), Treatise on Invertebrate Paleontology, part **I**, Mollusca 1, 351 S., 1960.
Klebs, R.: Gastropoden im Bernstein. – Jb. preuß. geol. Landesanst., 366–394, 1886.
Knight, J. B.: Primitive fossil gastropods and their bearing on gastropod classification. – Smith. Misc. Coll. **117**, Nr. 13 (Publ. 4092), 56 S., 2 Taf., Washington 1952.
– et al.: Systematic descriptions. – In: R. C. Moore, Treatise on Invertebrate Paleontology, part **I**, Mollusca 1, S. 169–331, 127 Abb., 1960.
– & Yochelson, E. L.: A reconsideration of the Monoplacophora and the primitive Gastropoda. – Malac. Soc. London, Proc. **33**, pt. 1, S. 37–48, 1 Taf., London 1958.
– – Monoplacophora. – In: R. C. Moore, Treatise on Invertebrate Paleontology, part **I**, Mollusca 1, 77–84, 6 Abb., 1960.
Kobelt, W.: Iconographie der schalentragenden europäischen Meeresconchylien, **4**, 172 S., Wiesbaden 1908.
Koken, E.: Über die Entwicklung der Gastropoden vom Cambrium bis zur Trias. – N. Jb. Min. etc., Beil. Bd. **6**, 305–484, 5 Taf., 20 Abb., 1889.
– Die Gastropoden der Trias um Hallstatt. – Jb. k. k. geol. Reichsanst. **46**, 37–126, 31 Abb., Wien 1896.
– Die Gastropoden der Trias um Hallstatt. – Abh. k. k. geol. Reichsanstalt. **17**, 4, 112 S., 31 Abb., 23 Taf., Wien 1897 (1897a).
– Die Gastropoden des baltischen Untersilurs. – Bull. Acad. imp. Sci. St. Pétersbourg **7**, 2, 97–214, Pétersbourg 1897 (1897b).
– Beiträge zur Kenntnis der Gastropoden des süddeutschen Muschelkalkes. – Abh. geol. Spezialk. Els.-Lothr., N. F. **2**, 1–49, 6 Taf., 1898.
– & Perner, J.: Die Gastropoden des baltischen Untersilurs. – Mém. Acad. Sci. Russie, ser. 8, **37**, 1–326, 41 Taf., Leningrad 1925.
Kollmann, H. A., & Yochelson, E. L.: Survey of Paleozoic gastropods possibly belonging to the subclass Opisthobranchia. – Ann. Naturhist. Mus. Wien **80**, 207–220, 1 Taf., Wien 1976.
Koninck, L. G. de: Faune du calcaire carbonifère de la Belgique, 3. pt, Gastéropodes. – Ann. Mus. r. Hist. nat., sér. paléont. **6**, 1–170, 24 Taf., 1881; 4. pt., Gastéropodes, ebd. **8**, 1–240, 32 Taf., Brüssel 1883.
Kuscer, L.: Höhlen- und Quellschnecken aus dem Flußgebiet der Ljublanica. – Arch. Molluskenk. **64**, 48–62, 1 Taf., 1932.
Kutscher, M.: Die Scaphopoden und Gastropoden der Rügener Schreibkreide. – Freiberger Forschungsh. **C 395**, 54–68, 5 Taf., Leipzig 1984.
Lamy, E.: Sur le dimorphisme sexuel des coquilles. – J. Conchyl. **81**, 283–301, Paris 1937.
Lang, A.: Versuch einer Erklärung der Asymmetrie der Gastropoden. – Vjschr. naturforsch. Ges. Zürich **36**, 339–371, Zürich 1891.
Lemche, H.: A new living deep-sea mollusc of the Cambro-Devonian class Monoplacophora. – Nature **179**, 413–416, 4 Abb., London 1957.
– Neuer Tiefsee-Fund eines rezenten Vertreters der kambrosilurischen Molluskengruppe Tryblidiacea. – Geol. Rdsch. **47**, 249–252, 4 Abb., Stuttgart 1958.
– A possible central place for *Stenothecoides* Resser 1939 and *Cambridium* Horny 1957 (Mollusca Monoplacophora) in Invertebrate phylogeny. – Int. Geol. Congr., Rep. of the XXI. Session Norden, Part **22**, 92–101, 3 Abb., Copenhagen 1960.
– & Wingstrand, K. G.: The anatomy of *Neopilina galatheae* Lemche, 1957 (Molluska Tryblidiacea). – Galathea Report **3**, 9–72, 1 Abb., 53 Taf., Kopenhagen 1959.
Lindström, G.: On the Silurian Gastropoda and Pteropoda of Gotland. – Kgl. Svensk. Vetensk. Akad. Handl. **19**, Nr. 6, 1–250, 21 Taf., Stockholm 1884.
Loriol, P. de: Études sur les mollusques des couches coralligènes de Valfin (Jura). – Mém. Soc. paléont. suisse, **13–15**, 369 S., 37 Taf., 1886–1888.
Ložek, V.: Quartärmollusken der Tschechoslowakei. – Rozpr. Ustř. Ustav Geol. **31**, 374 S., 91 Abb., 32 Taf., Prag 1964.
Lüttig, G.: Die Mollusken des Interglazials von Elze. – Paläont. Z. **27**, 67–84, 7 Abb., Stuttgart 1953.

Majima, R.: Life position of fossil naticid opercula (Mollusca: Gastropoda). — J. Paleont. **61** (1), 62—65, 1987.
McNair, C. G., Kier, W. M., La Crox, P. D., & Linsley, R. M.: The functional significance of aperture form in gastropods. — Lethaia **14,** 63—70, Oslo 1985.
Meek, F. B., & Worthen, A. H.: Descriptions of invertebrates from the Carboniferous System. — Illinois Geol. Survey 2, Paleontology, S. 143—410, 18 Taf., Springfield 1866.
Mehl, J.: Radula und Fangarme bei *Michelinoceras* sp. aus dem Silur von Bolivien. — Paläont. Z. **58** (3/4), 211—229, 10 Abb., Stuttgart 1984.
Meisenheimer, J.: Pteropoda. — Wissenschaftl. Ergebn. Deutsch. Tiefseeexped. Valdivia **9,** Berlin 1905.
Moore, R. C. (Ed.): Treatise on Invertebrate Paleontology, part **I**, Mollusca 1, 351 S., 1964.
— Lalicker, C. G., & Fischer, A. G.: Invertebrate fossils. 766 S., New York 1952.
Müller, A. H.: Eine Napfschnecke (*Tropidosalpinx triasina*) aus dem Oberen Muschelkalk von Thüringen. — Geologie **11**, 986—988, 2 Abb., Berlin 1962.
— Über Raubschneckenbefall und Ökologie fossiler Ditrupinen (*Polychaeta sedentaria*). — Mber. Dtsch. Akad. Wiss. Berlin **11** (7), 517—525, 5 Abb., 1 Taf., Berlin 1969.
— Einiges über spirale und schraubenförmige Strukturen bei fossilen Tieren unter besonderer Berücksichtigung taxonomischer und phylogenetischer Zusammenhänge, Teil 5. — Freiberger Forschungshefte **C 298**, 73—79, 2 Abb., Leipzig 1974.
— Das Massenvorkommen kalkiger Opercula eines rezenten Prosobranchiers als Spülsaum bei Havanna (Kuba). — Ebd. **C 445**, 23—28, 5 Abb., 2 Taf., Leipzig 1992.
Nierstrass, H. F.: Die parasitischen Gastropoden. — Ergebn. Zool. **3**, 535—593, 1913.
Oder, C. R. L.: Fossil opercula from the Knox dolomite. — Amer. Midland Natural. **13**, 133—153, 2 Taf., 1932.
Orbigny, A. d': Paléontologie frnçaise, terrain jurassique, **2**, 621 S., Paris 1850.
Peel, J. S. A.: A new Silurian retractile monoplacophoran and the origin of the gastropods. — Proc. Geol. Assoc. **91**, 91—97, 1980.
— Klasse Gastropoda. — In: J. W. Murray (Ed.), Wirbellose Makrofossilien, S. 112—125, 83 Abb., Stuttgart 1990.
— Muscle scars and mode of life of *Carinaropsis* (Bellerophontoidea, Gastropoda) from the Ordovician of Tennessee. — J. Paleont. **67** (4), 528—534, 4 Abb., 1993.
Perner, J.: Gastéropodes. In: Barrande, J., Système silurien du Centre de la Bohême I. — **4, 1** (Patellidae et Bellerophontidae), 164 S., 111 Abb., 89 Taf., 1903; **2** (Pleurotomariidae etc.), 380 S., 153 Abb., 86 Taf., 1907; **3** (Capulidae etc.), 390 S., 59 Abb., 72 Taf., 1911.
Picard, E.: Beitrag zur Kenntnis der Glossophoren der mitteldeutschen Trias. — Jb. preuß. geol. Landesanst. **22**, 445—540, 6 Taf., Berlin 1903.
Prantl, F.: O systematickem postaveni rodu *Hercynella* Kayser. — Casopis Národniko musea **CXXVII**, 159-162, Prag 1958.
Prashad, B.: Recent and fossil Viviparidae. A study on distribution, evolution and palaeogeography. — Mem. Indian Mus. **8**, 153—251, 1 Taf., 1928.
Rasetti, F.: Internal shell structures in the middle cambrian gastropod *Scenella* and the problematic genus *Stenothecoides*. — J. Paleont. **28**, 59—66, 2 Taf., 1954.
Reed, F. R. C.: A monograph of the British Ordovician and Silurian Bellerophontacea. — Palaeontogr. Soc. Monogr., 1—48, 8 Taf., 1920; 49—92, 5 Taf., 1921.
Remelé, A.: Über einige Glossophoren aus Untersilur-Geschieben des norddeutschen Diluviums. — Z. dtsch. geol. Ges. **40**, 666—670, 1888; **41**, 762—770, 828, 1889.
Richards, H. G., & Harrison, A.: Miocene invertebrate fauna of New Jersey. — Proc. Ac. nat. Sci. Philad. **XCIV**, 167—250, 16 Taf., Philadelphia 1942.
Richter, G.: Beobachtungen zum Beutefang der marinen Bohrschnecke *Lunatia nitida*. — Natur u. Mus. **92** (5), 186—192, 7 Abb., Frankfurt a. Main 1961.
Rohr, D. M.: Middle Ordovician carrier shell *Lytospira* (Mollusca, Gastropoda) from Alaska. — J. Paleont. **67**, (6), 959—962, 3 Abb., 1993.
— et al.: *Maclurina manitobensis* (Whiteaves) (Ordovician Gastropoda): The largest known palaeozoic gastropod. — J. Paleont. **66**, 880—884, 1 Abb., 1929.
Rollins, H. B., & Batten, R. L.: A sinus-bearing monoplacophoran and its role in the classification of primitive Mollusca. — Palaeontology **11** (1), 132—140, 1968.

Rosén, N.: Zur Kenntnis der parasitischen Schnecken. — Acta Univ. Lund, N.S. **6**, 4, 1—67, 4 Taf., 1910.

Ross, J. Ph.: Fossil problematica from Upper Ordovician, Ohio. — J. Paleont. **41**, 37—42, 2 Abb., 5 Taf., 1967.

Ruedemann, R.: Paleozoic plankton of North America. — Geol. Soc. Amer. **2,** 1934.

Salter, J. W.: Figures and descriptions of Canadian organic remains. — Geol. survey Canada, decade **1**, 1—46, 10 Taf., Montreal 1859.

Sandberger, F.: Die Conchylien des Mainer Tertiärbeckens. 1—72, 1858; 73—112, 1859; 113—152, 1860; 153—232, 1861; 233—272, 1862; 273—468, 35 Taf., Wiesbaden 1856-1863.

Schairer, G.: Die Gastropodenfauna der Schwammkalke von Biburg (Oberoxford, Südliche Frankenalb). — Mitt. Bayer. Staatsslg. Paläont. hist. Geol. **32**, 37—52, 1 Abb., 4 Taf., München 1992 (1992a).

— Gastropoden aus der *platynota*-Zone (unteres Unterkimmeridge) der Fränkischen Alb (Bayern). — Ebd. **32**, 53—68, 4 Taf., München 1992 (1992b).

Schilder, F. A.: Revision der Cypraeacea (Moll., Gastr.). — Arch. Naturg. A **91**, 1—117, 1927.

— Die Cypraeacea des Pliocaen. — Bull. Mus. roy. Hist. nat. Belgique **9**, 9, 1—28, 1933.

— Die Genera der Cypraeacea. — Arch. Molluskenk. **71**, 165—201, 2 Taf., 1939.

Schmidt, M.: Die Lebewelt unserer Trias. 461 S., 1220 Abb., Oehringen (Rau) 1928.

Schwardt, A.: Revision der *Wortheniella*- Gruppe (Archaeogastropoda) der Cassianer Schichten (Trias, Dolomiten). — Ann. Naturhist. Mus. Wien **A 94**, 23—57, 2 Abb., 9 Taf., Wien 1992.

Seilacher, A., & Gunji, P. Y.: Morphogenetic countdowns in heteromorph shells. — N. Jb. Geol. Paläont. Abh. **190**, 237—265, 12 Abb., Stuttgart 1993.

Shrock, R. R.: Fossils in laterite and bauxite (abstract). — Bull. Geol. Soc. Amer. **58**, 1227—1228, 1952.

Signor III, P. W., & Kat, P. W.: Functional significance of columellar folds in turritelliform gastropods. — J. Paleont. **58** (1), 210—216, 1984.

Simroth, H.: Versuch einer neuen Deutung der Bellerophontiden. — Sitz.ber. naturforsch. Ges. Leipzig **32**, 3—8, Leipzig 1906.

Smith, B.: Observations on gastropod protoconchs. — Paläont. Americana **3**, Nr. 19, 21, 1945—1946.

Smith, E. A.: Remarks on a few species belonging to the family Terebridae, and descriptions of several new forms in the collection of the British Museum. — Ann. Mag. nat. Hist. **11**, 262—271, 1873.

Sohl, N. F.: Gastropod Dimorphism. — Internat. Union Geol. Sci., Series A, **1**, 94—100, 4 Abb., Stuttgart 1969.

Solem, A., & Yochelson, E. L.: North American Paleozoic land snails, with a summary of other Paleozoic nonmarine snails. — Geol. Surv. Prof. Pap. **1072**, 1—38, Washington 1979.

Spitz, A.: Die Gastropoden des karnischen Unterdevon. — Beitr. Paläont. Geol. Österr.-Ungarns u. Orients **20**, 115—190, 6 Taf., Wien 1907.

Spriestersbach, J.: Neue Versteinerungen aus dem Lennenschiefer. — Jb. preuß. geol. Landesanst. **38**, 434—512, 3 Abb., 16 Taf., Berlin 1919.

Squires, R. L.: Pteropods (Mollusca: Gastropoda) from Tertiary formations of Washington and Oregon. — J. Paleont. **63** (4), 443—448, 2 Abb., 1989.

Stache, G.: Beiträge zur Fauna der Bellerophonkalke Südtirols. — Jb. k. k. geol. Reichsanst. **27**, 271—318, 3 Taf., Wien 1877.

Stinchcomb, B. L.: New information on late Cambrian Monoplacophora *Hypseloconus* und *Shelbyoceras* (Mollusca). — J. Paleont. **54** (1), 45—49, 2 Abb., 1980.

Tembrock, M. L.: Taxionomisch-stratigraphische Studie zur *Scalaspira*-Gruppe (Gastropoda, Tertiär). — Paläont. Abh. **III A**, H. 2, 193—366, 3 Abb., 18 Taf., Berlin 1968.

Termier, H. & G.: On the systematic position of the genus *Hercynella*. — Proc. Malac. Soc. London **28**, 156—162, London 1950.

Termier, G., & Termier, H.: Classe des gastéropodes. — In: J. Piveteau (Ed.), Traité de Paléontologie **2,** 365—460, 214 Abb., Paris 1952.

Thiele, J.: Handbuch der systematischen Weichtierkunde **1**, 778 S., 783 Abb., Jena (Fischer) 1931.

Ulrich, E. O., & Scofield, W. H.: The Lower Silurian Gastropoda of Minnesota. — Minnesota Geol. Surv. **3**, Pt. 2, 813—1081, 21 Taf., Minneapolis 1897.

Wagner, A. J.: Über Formenunterschiede des Gehäuses bei männlichen und weiblichen Individuen der Heliciniden. — Abh. Senckenbergiana nat. Ges. **32**, 179—186, 1 Taf., 1910.

— Höhlenschnecken aus Süddalmatien und der Hercegovina. — Sitz.ber. k. Akad. Wiss. Wien, Math.-nat. Cl. **123**, 33—48, Wien 1914.

Walcott, C. D.: Pre-Cambrian fossiliferous formations. — Bull. Geol. Soc. Amer. **10**, 199—244, 7 Taf., 1899.

Wedekind, R.: Gastropoda (Paläontologie). — Handwörterb. d. Naturwiss., 2. Aufl., **4**, 714-727, 69 Abb., Jena (Fischer) 1934.

Wendt, J.: *Dishohelix* (Archaeogastropoda, Euomphalacea) as an index fossil in the Tethyan Jurassic. — Paleontology **11**, pt. 4, 554—575, 9 Abb., 4 Taf., London 1968.

Wenz, W.: Die Landschneckenkalke des Mainzer Beckens und ihre Fauna. Paläontologischer Teil. — Jb. Nassau. Ver. Naturk. Wiesbaden **67**, 30—154, 8 Taf., Wiesbaden 1914.

— Zur Systematik tertiärer Land- und Süßwassergastropoden. — Nachrbl. dtsch. malakozool. Ges. **51**, 76—79, 1919; Senckenbergiana **1**, 67—69, 1919; **2**, 15—18, 1920; **4**, 7—8, 1922; 116—118, 1923; **7**, 125—126, 1925; **10**, 121, 1928; 220, 1928; **11**, 117—119, 1929.

— Gastropoda (Prosobranchia). — In: O. H. Schindewolf, Handbuch der Palaeozoologie **6**, Teil 1, 1—240, 1938; Teil 2, 241—480, 1938; Teil 3, 481—720, 1939; Teil 4, 721—960, 1940; Teil 5, 961—1200, 1941; Teil 6, 1201—1506, 1943; Teil 7, 1507—1639, Berlin 1944. — Darin sehr umfassendes Literaturverzeichnis.

— Ursprung und frühe Stammesgeschichte der Gastropoden. — Arch. Molluskenk. **72**, 1—10, 5 Abb., 1940.

Whidborne, G. F.: A monograph of the Devonian fauna of the South of England. — Palaeontogr. Soc. Mem. (3 Bände) **32**, 1—46, 4 Taf., 1889; **43**, 47—154, 6 Taf., 1890; **44**, 155—250, 9 Taf., 1891; **45**, 251—344, 6 Taf., 1892; II. The fauna of the limestones of Limmaton, Waldborough, Chircombe Bridge, and Chudleigh: **45**, 1—56, 5 Taf., 1892; **46**, 57—88, 5 Taf., 1893; **47**, 89—160, 17 Taf., 1893; **49**, 161—212, 7 Taf., 1895; III. The fauna of the Marwood and Pilton beds of North Devon and Somerset: **51**, 1—112, 16 Taf., 1896; **51**, 113—178, 5 Taf., 1897; **52**, 179—236, 17 Taf., 1898.

Wilson, A. E.: Gastropoda and Conulariida of the Ottawa-St. Lawrence Lowland. — Geol. Surv. Canada, Bull. **17**, 149 S., Ottawa 1951.

Wawra, E., & Sattmann, H.: Bemerkungen zur Radula von *Strombus decorus* (Röding, 1798) (Gastropoda: Prosobranchia) aus dem Mittelmeer. — Ann. Naturhist. Mus. Wien **90 B**, 357—360, 1 Abb., 3 Taf., Wien 1988.

Woodring, W. P.: Geology and description of Tertiary mollusks (Gastropods: Trochidae to Turritellidae). — U. S. geol. Surv., Prof. Pap. **306 A**, 1—145, 1957; Desgl., (Gastropods: Vermetidae to Thaididae). — Ebd. **306 B**, 147—239, 1959; Desgl., (Gastropods: Columbellidae to Volutidae). — Ebd. **306 C**, 241—297, 1964; Desgl., (Gastropoda: Eulimidae, Marginellidae to Helminthoglyptidae). — Ebd. **306 D**, 299—452, 1970; Desgl. (Additions to gastropods, scaphopods, pelecypods: Nuculidae to Malleidae). — Ebd. **306 E**, 453—539, Washington 1973.

Yochelson, E. L.: Permian Gastropoda of the southwestern United States: I. Euomphalacea, Trochonematacea, Pseudophoracea, Anomphalacea, Craspedostomatacea, Platyceratacea. — Bull. Am. Mus. Nat. Hist. **110**, 173—276, 15 Taf., New York 1956.

— Some Lower Ordovician monoplacophoran mollusks from Missouri. — J. Washington Acad. Sci. **48**, Nr. 1, 8—14, 13 Abb., Washington 1958.

— Early Ordovician gastropod opercula and epicontinental seas. — U. S. Geol. Surv. J. Research **3** (4), 447—450, 1975.

— Historic and current considerations for revision of paleozoic gastropod classification. — J. Paleont. **58** (1), 259—269, 1 Abb., 1984.

— Flower, R. H., & Webers, G. F.: The bearing of the new Late Cambrian monoplacophoran genus *Knightoconus* upon the origin of the Cephalopoda. — Lethaia **6**, 275—310, 10 Abb., Oslo 1973. — Darin umfangreiches Literaturverzeichnis.

— & Linsley, R. M.: Opercula of two gastropods from the Lilydale Limestone (Early Devonian) of Victoria, Australia. — Mem. Nat. Mus. Victoria **33**, 1—14, 2 Taf., 1972.

Zeissler, H.: Vorbericht über die Molluskenfaunen aus den Schichten des Ehringsdorfer Quartärs. — Alt-Thüringen **3**, 29—71, 42 Tab., Weimar 1958 (1958a).

— Die fossilen Konchylien von Taubach aus dem Nachlaß von O. Schmidt. — Alt-Thüringen **3**, 72—96, 10 Tab., 7 Taf., Weimar 1958 (1958b).

— Konchylien im Ehringsdorfer Pleistozän. — Abh. Zentr. Geol. Inst. Berlin **23**, 15—90, 8 Abb., 6 Taf., Berlin 1975.

Zekeli, F.: Die Gasteropoden der Gosaugebilde in den nordöstlichen Alpen. — Abh. Geol. R. A. **1,** Abt. 2, 1—124, 34 Taf., Wien 1852.

Ziegelmeier, E.: Beobachtungen über den Nahrungserwerb bei der Naticide *Lunatia nitida* Donovan (Gastropoda, Prosobranchia). — Helgoländer wiss. Meeresuntersuchungen **5** (1), 1—33, List (Sylt) 1954.
Zilch, A.: Gastropoda, Teil 2: Euthyneura, Liefg. 1—4. — In: O. H. Schindewolf, Handb. Palaeozool. **6**, XII + 834 S., 2515 Abb., 1959. — Darin sehr umfassendes Literaturverzeichnis.
Zittel, K. A. v.: Die Gastropoden der Stramberger Schichten. — Paläont. Mitt. Mus. bayr. Staat. **2**, V—VIII, 311—491, 13 Taf., 1873.
— Handbuch der Palaeontologie **2**. Mollusca und Arthropoda. 893 S., 719 Abb., München und Leipzig 1881—1885.
— Grundzüge der Paläontologie (Paläozoologie). I. Invertebrata. 4. Aufl., 697 S., 1458 Abb., 1915.

Formen unsicherer taxonomischer Stellung

V. Klasse **Calyptoptomatida** Fisher 1962

(Hyolithen i. w. S.)

1. Allgemeines

Bilateral-symmetrische, bis ca. 15 cm lange konische Kalkgehäuse mit dreieckigem, elliptischem, kreisförmigem, halbkreisförmigem oder pentagonalem Querschnitt (Abb. 130). Größter Durchmesser an der Mündung. Apikalwinkel 10—40 Grad. Eine Seite gewöhnlich abgeflacht, die andere gewölbt oder mit stumpfem Kiel versehen. Zum Verschluß der Mündung dient bei den meisten Vertretern ein konzentrisch gestreifter Deckel (Operculum) mit exzentrischem Nucleus und paarigen Muskeleindrücken an der Unterseite. Bewegung des Operculums in einem Scharnier. In seltenen Fällen finden sich rechts und links vom Deckel dünne, flach gebogene Leisten, die vermutlich als Stützen für flossenartige Anhänge dienten (Abb. 130—132). Das glatte oder mit feinen Zuwachslinien, gelegentlich auch Längs- und Querrippen bedeckte Gehäuse enthält im unteren Abschnitt oft uhrglasförmige Querscheidewände, die jedoch nicht

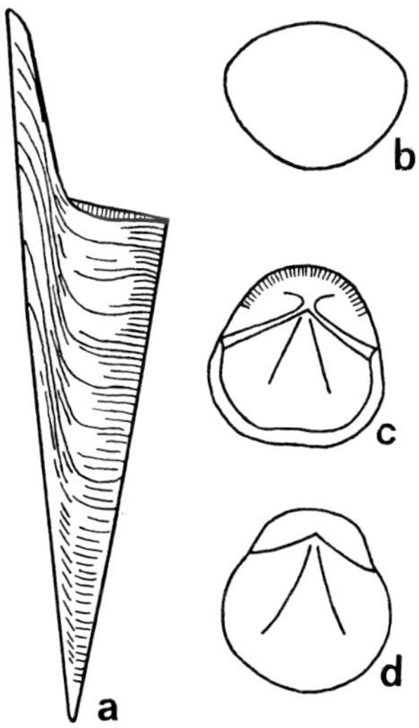

Abb. 130. Schematische Darstellung eines Hyolithen. a) Seitenansicht, b) Querschnitt, c) Operculum von innen, d) Operculum von außen. Etwas vergrößert. — Nach G. & H. Termier 1953.

Abb. 131. *Hyolithes carinatus* Matthew, Mittl. Kambrium (Burgess-Schiefer) von Britisch-Kolumbien. Länge ca. 2 cm. – Nach E. L. Yochelson 1961.

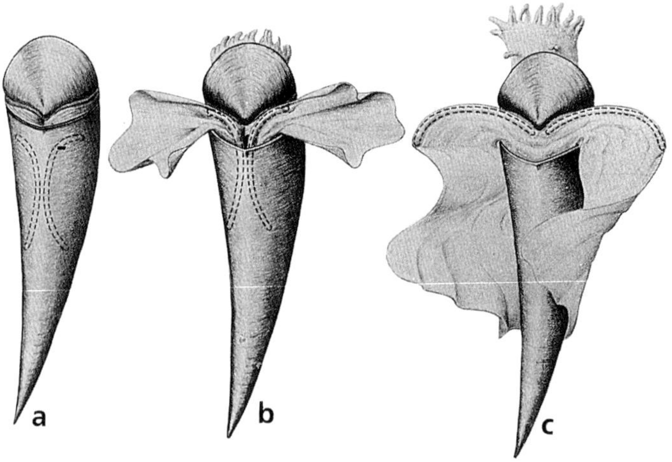

Abb. 132. *Hyolithes* sp., Rekonstruktionsversuche des lebenden Tieres: a) mit geschlossenem Operculum, b) mit geöffnetem Operculum und halb entfaltetem Tier, c) desgl. mit vollständig entfaltetem Tier. Ca. 5/6 nat. Größe. – Nach D. W. Fisher 1962.

über Perforationen in Verbindung stehen. Es handelt sich wohl um Bildungen, mit denen das Tier ältere Abschnitte des Gehäuses von jüngeren abgrenzte. In der Symmetrieebene des Apikalbereichs findet sich mitunter ein Medianseptum. Die Kalkwand hat ähnliche Mikrostruktur wie bei den Mollusken.

2. *Vorkommen*

Unt. Kambrium — Mittl. Perm. Weit verbreitet vor allem im Kambrium und Ordovizium, häufig aber auch noch vielerorts im Silur und Devon, selten in Karbon und Perm. Eine Vorstellung von der zahlenmäßigen und zeitlichen Verteilung von 26 Gattungen ergibt sich aus Abb. 133.

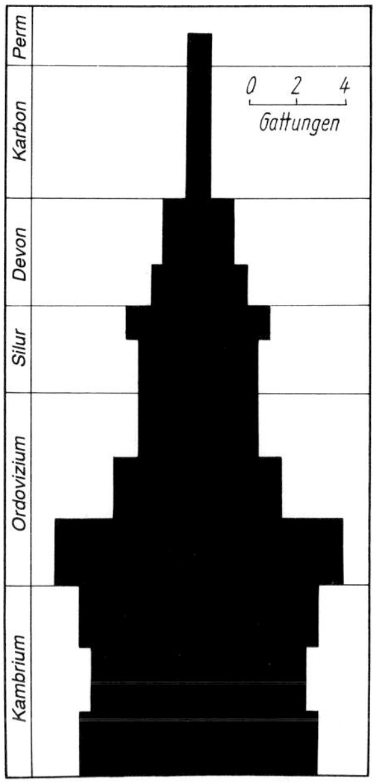

Abb. 133. Die zahlenmäßige und zeitliche Verteilung von 26 Gattungen der Calyptoptomatida (Hyolithen i. w. S.).

3. *Systematik*

Die Beobachtung, daß manche Formen beiderseits der Mündung paarige Anhänge zeigen, spricht für Verwandtschaft mit den Pteropoden. Doch wird dies von anderer Seite mit dem Hinweis bezweifelt, daß es sich vermutlich um eine erloschene Tiergruppe handelt und daß eindeutige Pteropoden erstmalig im Eozän gefunden wurden. So ist die systematische Stellung der Hyolithen bisher noch unsicher.

Je nach der Ausbildung des apikalen Gehäuseabschnittes unterscheidet man folgende Ordnungen:

a) **Hyolithida** Matthew 1899: Unt. Kambrium — Mittl. Perm;
b) **Globorilida** Syssoiev 1957: Mittl. Kambrium;
c) **Camerothecida** Syssoiev 1957: Kambrium.

Ordnung **Hyolithida** Matthew 1899

Bilateral-symmetrische, pyramidenförmige Gehäuse mit konischer Embryonalkammer, die weder äußerlich noch innerlich vom übrigen Gehäuse abgesetzt ist. Operculum mit ein oder zwei Paar bilateral-symmetrischen Muskeleindrücken. — Unt. Kambrium — Mittl. Perm mit ca. 22 Gattungen. Diese verteilen sich wie folgt: Kambrium 10, Ordovizium 13, Silur 7, Karbon 1, Perm 1.

Hyolithes Eichwald 1840 (syn. *Hyolithus* Hermannsen 1847, *Hyolithis* Laseron 1910,

Pugiunculus BARRANDE 1847, *Centhrotheca* SALTER 1866 u. a.): Unt. Kambrium – Mittl. Perm von Europa, Asien, Afrika, N- und S-Amerika, Australien (Abb. 131, 132, 134a, 135).

Querschnitt des Gehäuses oval, fast dreieckig oder trapezförmig, mitunter nahezu pentagonal. Außenseite ohne Rippen, nur mit Zuwachsstreifen. Ventralseite breit gerundet, Dorsalseite konvex. Mündung ventral mit kräftig vorragender Lippe und einem fast kreisförmigen, quadratischen oder nahezu dreieckigen Operculum. Unterseite des Operculums mit einem Paar großer Muskeleindrücke.

Bei *Hyolithes carinatus* MATTHEW aus dem Mittelkambrium (Burgess-Schiefer) von Britisch-Kolumbien (Abb. 131) sowie je einer weiteren Art aus dem Unterkambrium und dem Tremadoc fanden sich beiderseits des Gehäuses schwach gekrümmte Eindrücke. Man hat sie mit den Pteropodien der rezenten Pteropoden verglichen; doch kommen paarige Anhänge ähnlicher Art auch bei Würmern, Brachiopoden und Pterobranchiern vor. O. NOVAK (1891) glaubt, daß es sich um flossenartige Gebilde handelt, die auf dem Operculum befestigt waren und als Gleichgewichtsorgane dienten. Dieser Ansicht haben sich auch B. HOWELL & C. STUBBLEFIELD (1950) angeschlossen (Abb. 132).

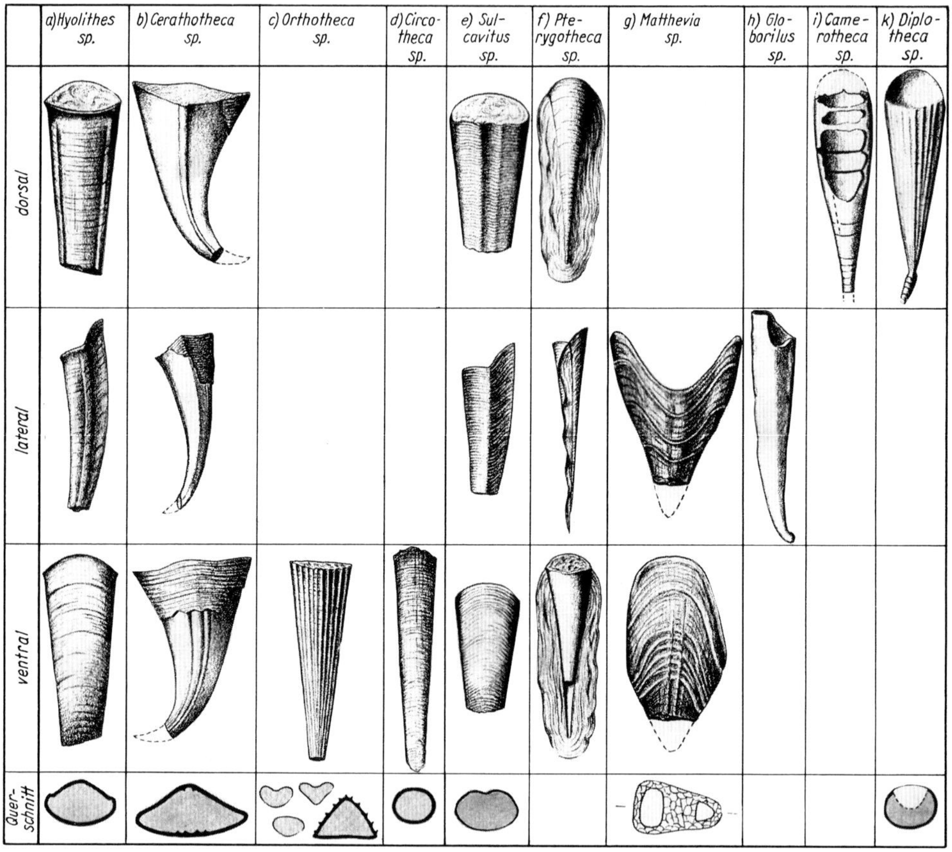

Abb. 134. Die wichtigsten Vertreter der Calyptoptomatida: a)–g) Hyolithida, h) Globorilida, i)–k) Camerothecida. – a) u. g) nach D. W. FISHER 1962; b), c) u. f) nach O. NOVAK 1891; d) u. e) nach G. HOLM 1893; h)–k) nach G. P. LYASHENKO & V. A. SYSSOIEV 1958 zusammengestellt.

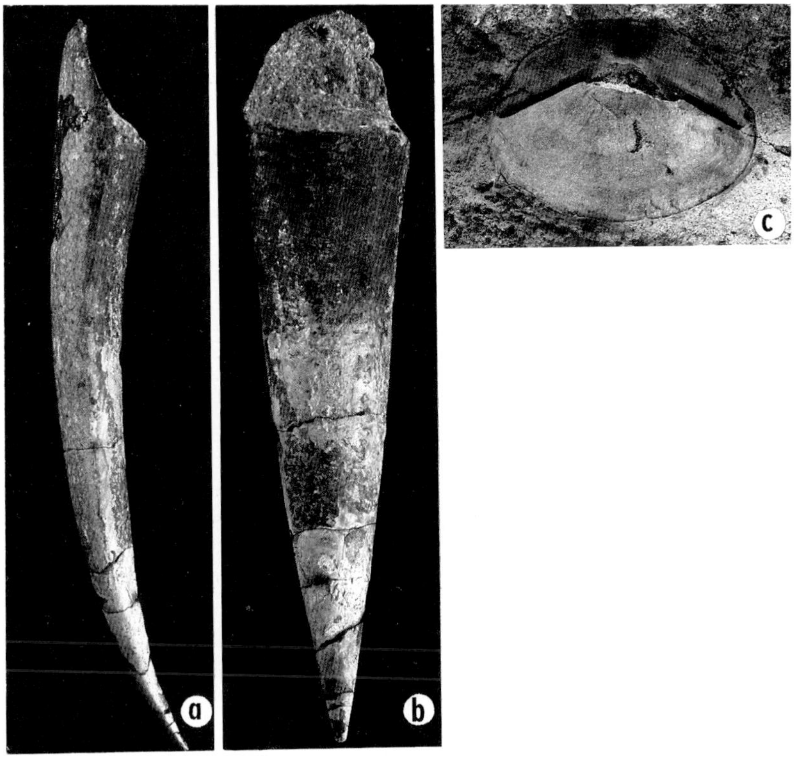

Abb. 135. a)—b) *Hyolithes* sp., Ordovizium (Ob. grauer Orthocerenkalk), pleistozänes Geschiebe von Hiddensee; a) von der Seite, b) von vorn. Ca. nat. Gr. Leg. K. DIEBEL, Berlin; c) Operculum von *Hyolithes* sp., Ordovizium (Backsteinkalk), pleistozänes Geschiebe aus der Mark. Ca. 1⅓ nat. Gr.

Ceratotheca NOVAK 1891: Ob. Silur — Unt. Devon von England und Tschechei (Abb. 134b).
Gehäuse im apikalen Drittel schief auf- und seitwärts gebogen. Mündung relativ weit, ohne Lippen. Querschnitt fast dreieckig. Operculum unbekannt. Medianer Bereich der Dorsalfläche mit zwei, der breit konvexen Ventralfläche mit vier Furchen. Oberfläche quer gestreift.

Orthotheca NOVAK 1886: Unt. Kambrium — Mittl. Devon von Europa, N- und S-Amerika, Asien (Abb. 134c).
Gehäuse orthocon, mit Längsrippen. Querschnitt meist elliptisch, dreieckig oder herzförmig. Mündung fast rechtwinklig zur Gehäuseachse, ohne Lippen oder Vorragungen.

Circotheca SYSSOIEV 1958: Unt. Kambrium von England, Dänemark, N-Amerika; Unt. Kambrium — Mittl. Kambrium von Schweden und Rußland (Abb. 134d).
Ähnlich *Orthotheca*, Oberfläche jedoch nur mit Anwachsstreifen. Querschnitt in der Regel fast kreisförmig.

Sulcavitus SYSSOIEV 1958: Unt. Ordovizium von Schweden und Tschechei (Abb. 134e).
Querschnitt des Gehäuses oval. Dorsalfläche mit breiter Längsfurche. In dieser biegen die Zuwachslinien nach vorn. Mündung ventral mit stark vorragender Lippe.

Pterygotheca NOVAK 1891: Devon der Tschechei (Abb. 134f.).
Gehäuse orthocon. Querschnitt kreisförmig oder oval. Seitlich an der Grenze zwischen Dorsal- und Ventralfläche meist mit ein oder zwei Paar flügelartigen Verbreiterungen, deren Oberfläche Zuwachslinien trägt. Mündung ventral mit kräftig vorragender Lippe.

Matthevia Walcott 1885: Ob. Kambrium von Europa und N-Amerika (Abb. 134g).
Bilateral-symmetrische, breitkonische Gehäuse mit ovalem oder fast quadratischem Querschnitt. Apikalwinkel etwa 35—40 Grad. Wand relativ dick, mit maschenförmigem Bau. Inneres mit nach vorn dicker werdendem, imperforatem Medianseptum, das sich vom Apex auf etwa ⅔ der Länge des Gehäuses nach vorn erstreckt. Eine einzige dünne Querscheidewand teilt es in eine große Mündungskammer und zwei kleine Apikalkammern. Oberfläche mit feinen Papillen bedeckt. Operculum fast oval oder quadratisch, konzentrisch um einen exzentrischen Nucleus gestreift.

Ordnung **Globorilida** Syssoiev 1957

Gehäuse bilateral-symmetrisch, im Apikalteil stärker gekrümmt als sonst. Querschnitt kreisförmig oder fast dreieckig. Operculum kreisförmig oder nahezu quadratisch, flach kegelförmig, gleichmäßig gekrümmt. Oberfläche glatt.
Einzige Gattung ist:
Globorilus Syssoiev 1958: Mittl. Kambrium von Korea (Abb. 134h).

Ordnung **Camerothecida** Syssoiev 1957

Bilateral-symmetrische Gehäuse mit ovalem Windungsquerschnitt. Seitenwände in Nähe der Mündung nahezu parallel und ebenso wie die röhrenförmigen Embryonalstadien ohne deutlichen Divergenzwinkel. Vorhanden sind in den frühontogenetischen Partien kleine Kammern, die durch imperforate Scheidewände abgetrennt werden. In den Altersstadien des Gehäuses werden die Kammern allmählich kleiner. Operculum unbekannt. — Kambrium mit zwei Gattungen:
Camerotheca Matthew 1885: Kambrium von N-Amerika (Abb. 134i).
Mündung vermutlich rechtwinkelig zur Gehäuseachse orientiert.
Diplotheca Matthew 1885: Kambrium von Kanada (Abb. 134k).
Querschnitt des Gehäuses oval oder fast kreisförmig. Wand dick, ebenso wie der röhrenartige Anfangsteil durch querverlaufende Scheidewände in kleine Kammern geteilt. Diese sind in den Wänden meist konvex zur Mündung gekrümmt. Oberfläche mit Längsrippen. Operculum unbekannt.

4. Die Lebensweise

Hierüber läßt sich nichts Sicheres aussagen; doch kann im Hinblick auf die paarigen flossenartigen Anhänge gewisser Formen an eine freischwimmende Lebensweise wie bei den Pteropoden gedacht werden. Dagegen mag das oft vorhandene Operculum sprechen. Zudem zeigt eine Seite häufig eine Abflachung (Liegebasis ?). Nach G. F. Matthew (1885) sollen die Hyolithen mit der Spitze voran im Schlamm gesteckt haben. Vielleicht führten sie aber auch ein halbsessiles Leben, indem sie bald auf dem Grund lagen, bald im Wasser schwammen. L. Marek & E. L. Yochelson (1976) vertreten die Ansicht, daß es sich um Benthonten flacher Meeresteile handelt, wo sie von organischem Detritus lebten.

VI. Klasse **Tentaculitoidea** LYASHENKO 1958

(Cricoconarida FISHER 1962, Tentakuliten i. w. S.)

1. Allgemeines

Es handelt sich um spitzkegelförmige, orthocone, relativ kleine Gehäuse (Abb. 136), die meist aus zahlreichen feinen, einander parallelen und prismatisch struierten Kalklagen bestehen. Die Länge beträgt in der Regel einige Millimeter, kann aber auch Werte zwischen 0,8 und 8 mm aufweisen. Embryonalkammer dickschaliger Vertreter entweder hohl oder mit Kalk gefüllt, bei dünnschaligen Formen stets hohl. Gestalt der Embryonalkammer teils kegelförmig mit spitzem Apex oder tropfenförmig (Abb. 137). Der hintere Teil des Gehäuses ist ähnlich wie bei vielen Gastropoda entweder hohl, durch massigen Kalk gefüllt oder durch konkave Querböden in eine Anzahl Kammern geteilt, denen (?) verbindende Öffnungen fehlen. Es handelt sich wohl um Bildungen, mit denen das Tier ältere Abschnitte des Gehäuses von jüngeren abgrenzte. Innenseite des Gehäuses glatt oder mit Querringen, die meist die Skulptur der Außenseite abgeschwächt repitieren. Dickwandige Formen in der Nähe der Mündung mit zahlreichen radialen Kanälen. Der Zuwachs der Schale und ihre Verdickung vollzogen sich wohl durch Ablagerungen an der Innenseite durch ein Organ, das mit dem Mantel der Gastropoda oder Muscheln verglichen werden kann.

Die taxonomische Stellung der T. ist noch unsicher. Zweifellos ist lediglich die Unterbringung bei den oder in der Nähe der Mollusca wegen des glatten und kugelig abgesetzten Protoconchs.

Abb. 136. Aus verwitterten Kalken geschlämmte Tentakuliten. Es handelt sich um: *Nowakia* sp. (geringelt), *Styliolina clavula* (BARRANDE) (glatt, röhrenförmig) und verschiedene Arten von *Striatostyliolina* (längsgestreift). Mittl. Devon (oberste Trebotov-Kalke) von Holyne (Tschechei). Ca. 7/1 nat. Gr. Ebenso wie Abb. 144 nach einem Originalfoto von B. BOUČEK, Prag.

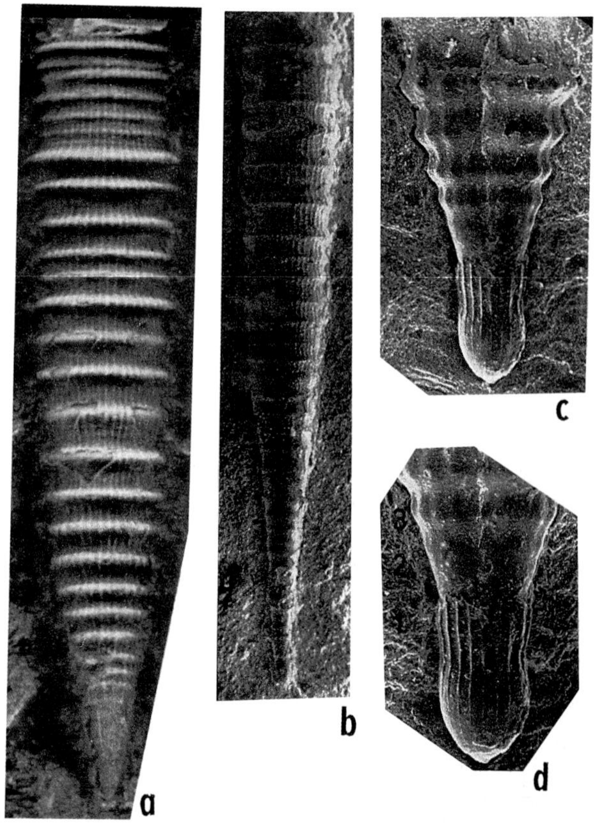

Abb. 137. a) *Nowakia barrandei* Bouček & Prantl, Apikalbereich ohne Längsleistchen, Grenzbereich Unter-/Mitteldevon von Klukovice (Tschechei), L ca. 5,1 mm; b) *Nowakia* cf. *acuaria* (Reinh. Richter), fast vollständiges Gehäuse, Unt. Devon (Pragium ?) vom Wieda-Tal (Unterharz), L ca. 4 mm; c) *Nowakia cancellata* (Reinh. Richter), Apikalbereich mit Anfangskammer, Mittl. Devon (Unt. Eifel, Daleje-Schiefer) von Karlstein (Tschechei), L ca. 0,9 mm; d) desgl., L ca. 0,6 mm. — Nach G. K. B. Alberti 1971, 1972.

Bemerkenswert erscheint ferner die große Ähnlichkeit mit den Pteropoden. So wurde die Gattung *Tentaculites* häufig mit der rezenten Pteropoden-Gattung *Creseis* und die Gattung *Styliolina* mit den Cavoliniden verglichen; doch dürfte es sich lediglich um Konvergenzerscheinungen handeln. Gegen eine Zugehörigkeit zu den Pteropoden spricht vor allem, daß diese erstmalig im Eozän mit sicheren Vertretern gefunden wurden, während die Tentakuliten bereits im Oberdevon erloschen sind. Diese große stratigraphische Lücke (ca. 280 Millionen Jahre) kann wohl kaum durch eine mangelhafte Kenntnis der betreffenden Formen erklärt werden.

Die rasterelektronenmikroskopische Untersuchung der Struktur der Gehäusewand spricht für die Zugehörigkeit der T. zu den Mollusca; denn es lassen sich eine äußere und eine innere Prismenschicht und eine relativ dünne, aus pseudohexagonalen Tafelkristallen bestehende Perlmuttschicht dazwischen unterscheiden (Abb. 138). Von besonderem Interesse ist der Nachweis von Weichteilen, vor allem tentakelartigen Strukturen bei Tentakuliten des Hunsrückschiefers (Unt. Devon) mit Hilfe einer besonderen Röntgentechnik (G. Brassel, F. Kutscher & W. Stürmer 1971) (Abb. 139). Dies könnte ebenso wie die Struktur der Gehäusewand für Beziehungen zu den Cephalopoda sprechen (vgl. W. Blind & W. Stürmer 1977).

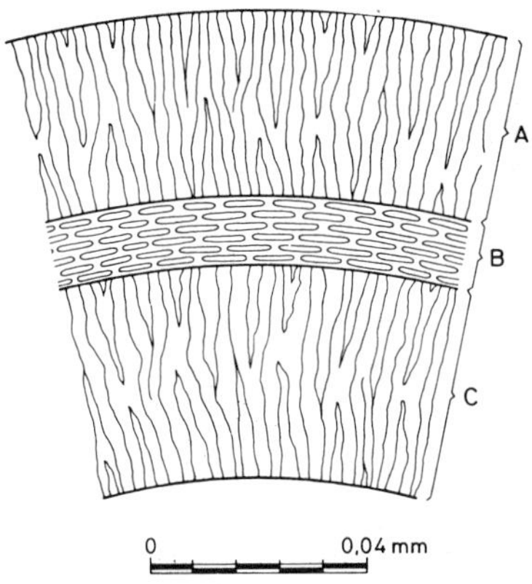

Abb. 138. Struktur der Gehäusewand von *Styliolina* sp. im Querschnitt, A — äußere Prismenschicht, B — Perlmuttschicht, C — innere Prismenschicht; Unt. Devon (Tentakulitenknollenkalk, Pragium) von Ebersdorf (Oberfranken), vergr. ca. 550fach. — Nach G. K. B. ALBERTI 1975.

Abb. 139. Röntgenaufnahme eines Tentakuliten mit Weichteilen, Unt. Devon (Hunsrückschiefer) von Gemünden (Hunsrück), Breite des Abschnitts ca. 3,3 mm. — Nach G. BRASSEL, F. KUTSCHER & W. STÜRMER 1971.

2. *Vorkommen*

Unt. Ordovizium (Ob. Tremadoc) — Ob. Devon mit ca. 14 Gattungen. Dabei nimmt die Formenmannigfaltigkeit allmählich zu, so daß ein einphasiger progressiver Großablauf der Stammesgeschichte resultiert. Die Gattungen verteilen sich wie folgt: Ordovizium 2, Silur 7, Unt. Devon 8, Mittl. Devon 11, Ob. Devon 10 (Abb. 140).

Tentaculitoidea sind oft in großen Mengen zu finden (z. B. im Tentakulitenschiefer und -kalk des Thüringer Unterdevon). Sie wurden zwar schon früher häufig beschrieben und abgebildet, in ihrer biostratigraphischen Bedeutung aber erst relativ spät erkannt. Wichtig ist vor allem die auf T. beruhende Parachronologie des Devon der Tschechei nach B. BOUČEK (1964). In ihrer revidierten Fassung (F. LÜTKE 1979) ist sie in vielen anderen Gebieten anwendbar, so in

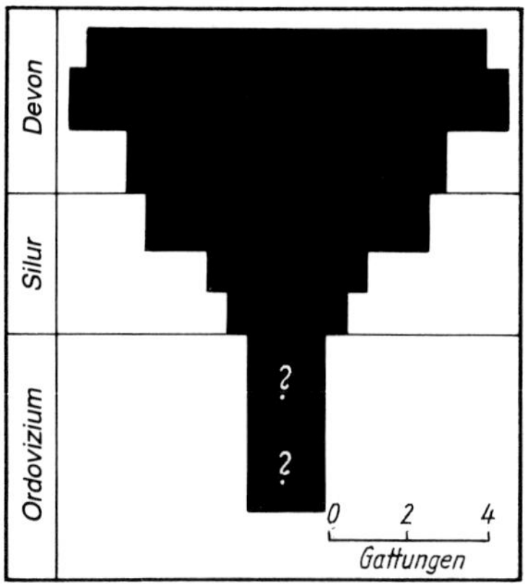

Abb. 140. Graphische Darstellung, die ungefähr die zahlenmäßige und zeitliche Verteilung von 14 Gattungen der Tentaculitoidea (Tentakuliten i. w. S.) zeigt.

Marokko, W- und Mittel-Europa, Zentralasien und SW-China. Die ältesten T. stammen aus dem Unt. Ordovizium (Chepultepec Limestone, Canadian) von Virginia (USA) (D. W. FISHER & R. S. YOUNG 1955).

3. Systematik

Je nach der Ausbildung des Apikalendes und der Embryonalkammer unterscheidet man folgende Familien:

a) **Tentaculitidae** WALCOTT 1886: Unt. Silur (Unt. Llandovery) — Ob. Devon (Mittl. Frasnien);
b) **Homoctenidae** LYASHENKO 1955: Mittl. Devon (Eifel-Stufe) — Ob. Devon (Ob. Frasnien);
c) **Uniconidae** LYASHENKO 1955: Unt. Ordovizium (Tremadoc) — Ob. Devon (Ob. Frasnien);
c) **Nowakiidae** LYASHENKO 1955: Ob. Silur (Unt. Ludlow) — Ob. Devon (Mittl. Frasnien);
e) **Styliolinidae** GRABAU 1912: Mittl. Silur (Wenlock) — Ob. Devon (Unt. Famennien);
f) **Procorniculinidae** ALBERTI 1986: Unt. Devon (Ob. Lochkov — Grenzbereich Lochkov/Prag).

Sie verteilen sich auf zwei Ordnungen: die Tentaculitida und die Dacryoconarida.

Ordnung **Tentaculitida** FISHER 1962

Oberfläche quergeringelt; Anfangsteil gekammert; Apikalwinkel relativ klein; Embryonalkammer kegelförmig. — Unt. Ordovizium (Ob. Tremadoc) — Ob. Devon (Ob. Frasnien).

Familie **Tentaculitidae** WALCOTT 1886

Innenseite des dickwandigen, aus zahlreichen Lagen bestehenden Gehäuses mit vertieften Ringen, deren Abstand in Richtung zur Mündung zunimmt. Steinkerne haben das Aussehen ineinandergesteckter Kegel. Gehäusewand radial von zahlreichen feinen Kanälen durchbohrt. Anfangsteil mit Scheidewänden, die in Richtung zur Mündung leicht konkav gebogen sind. Außenseite des Gehäuses mit Ringen, die im Apikalbereich einheitlicher ausgebildet sind als in der Nähe der Mündung. — Unt. Silur (Unt. Llandovery) — Ob. Devon (Mittl. Frasnien) mit zwei Gattungen.

Tentaculites v. SCHLOTHEIM 1820 (syn. *Lonchidium* EICHWALD 1957): ? Unt. Ordovizium, Unt. Silur (Unt. Llandovery) — Ob. Devon (Mittl. Frasnien) (Abb. 141a, 142, 143b).

Oberfläche der 15—30 mm langen Kegel mit engständigen, querverlaufenden Ringen. In den Zwischenräumen der Ringe feinere Ringe oder Streifen, jedoch nur in Nähe der Mündung. Embryonalteil konisch, hohl oder massiv. Gehäusewinkel apikal 9—12 Grad, oral 3—7 Grad.

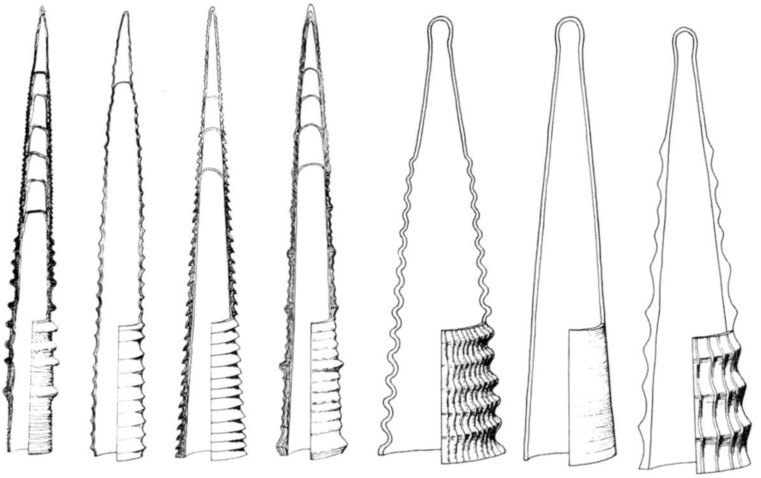

Abb. 141. Etwas schematisierte Schnitte durch die Gehäuse verschiedener Tentaculitoidea: a) *Tentaculites* sp., Devon von Rußland, ca. 4/1 nat. Gr.; b) *Homoctenus krestovnikowi* LYASHENKO, Ob. Devon von Rußland, ca. 18/1 nat. Gr.; c) *Uniconus glaber* (TRAUTSCHOLD), Ob. Devon (Frasnien) von Rußland, ca. 7/1 nat. Gr.; d) *Dicricoconus mesodevonicus* (LYASHENKO), Mittl. Devon (Givet) von Rußland, ca. 7/1 nat. Gr.; e) *Nowakia* sp., ca. 18/1 nat. Gr.; f) *Styliolina grandis* LYASHENKO, Ob. Devon (Frasnien) von Rußland, ca. 18/1 nat. Gr.; g) *Crassilina timanica* LYASHENKO, Ob. Devon (Frasnien) von Rußland, ca. 30/1 nat. Gr. — Nach G. P. LYASHENKO 1959, ewas verändert, zusammengestellt.

Abb. 142. *Tentaculites scalaris* v. SCHLOTH., in die Strömungsrichtung eingeregelt. Unt. Devon (Unt. Ems) von Stadtfeld (Eifel). Ca. 1⅓ nat. Gr.

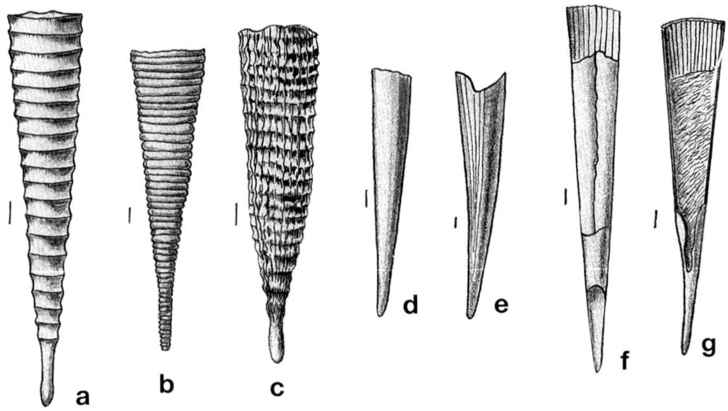

Abb. 143. Tentakuliten: a) *Nowakia acuaria* REINH. RICHTER, Steinkern, Mittl. Devon (*Maenioceras*-Stufe) von Srbsko bei Beraun. Ca. 16/1 nat. Gr.; b) *Tentaculites infundibulum* Reinh. Richter, Steinkern, Mittl. Devon (*Maenioceras*-Stufe) von Thüringen. Ca. 20/1 nat. Gr.; c) *Nowakia elegans* (BARR.), Oberfläche des Gehäuses, Mittl. Devon (*Anarcestes*-Stufe) von Hlupocep. Ca. 16/1 nat. Gr.; d) *Styliolina clavula* (BARR.), Steinkern, Mittl. Devon (*Maenioceras*-Stufe) von Srbsko bei Beraun. Ca. 16/1 nat. Gr.; e) *Styliolina striatula* (Vov.), Oberfläche des Gehäuses, Mittl. Devon (*Maenioceras*-Stufe) von St. Prokop bei Prag. Ca. 20/1 nat. Gr.; f)—g) Desgl., ziemlich vollständige Exemplare. Ca. 20/1 nat. Gr. — Nach O. NOVAK 1882.

Familie **Homoctenidae** LYASHENKO 1955

Gehäusewand dünn, gewöhnlich aus 2—3 Lagen, ohne radiale Kanäle. Innenseite der Wand mit winkelig vertieften Ringen, die sich an der Oberfläche als entsprechende Vorragungen zeigen. Anfangsteil des Gehäuses, falls überhaupt, nur mit ein bis drei dünnen Scheidewänden. — Mittl. Devon (Eifel-Stufe) — Ob. Devon (Ob. Frasnien) mit drei Gattungen.

Homoctenus LYASHENKO 1955: Ob. Devon (Unt. — Mittl. Frasnien) (Abb. 141b).

Abstand der winkeligen Ringe wächst allmählich in Richtung zur Mündung. Zwischenräume breiter als die Ringe. Embryonalteil konisch, vom übrigen Gehäuse in der Regel durch ein einziges Septum geschieden. Seltener finden sich zwei oder drei. Quer- oder Längsstreifen sind nicht ausgebildet. Gehäusewinkel apikal 9—15 Grad, in der Nähe der Mündung 6—12 Grad.

Familie **Uniconidae** LYASHENKO 1955

Gehäusewand dick, aus zahlreichen Lagen, von feinen radialen Kanälen durchbohrt. Innenseite glatt oder nahezu glatt. Anfangsteil in der Regel mit Scheidewänden. Außenseite mit vorragenden Querringen. — Unt. Ordovizium (Ob. Tremadoc) — Ob. Devon (Ob. Frasnien) mit vier Gattungen. Maximum der Formenmannigfaltigkeit in Silur und Unt. Devon.

Uniconus LYASHENKO 1955: ? Ordovizium, Unt. Silur — Ob. Devon (Ob. Frasnien) von Europa (Abb. 141c).

Abstand der Ringe nimmt in Richtung zur Mündung allmählich zu. Querschnitt der Ringe asymmetrisch; steilerer Bereich an der zur Mündung gewandten Seite. Jugendstadium mit Scheidewänden. Gehäusewinkel apikal 7—9 Grad, in der Nähe der Mündung 4—6 Grad.

Dicricoconus FISHER 1962 (nom subst. pro *Heteroctenus* LYASHENKO 1955): Unt. Silur (Mittl. Llandovery) — Ob. Devon (Ob. Frasnien) von Europa, Afrika, Asien, Australien (Abb. 141d).

Mittelgroße Kegel, deren Oberfläche mit unterschiedlichen Querringen bedeckt ist. Von diesen stehen die größeren einzeln oder zu zweien, die kleineren gleichformig verteilt in den Zwischenräumen der ersteren. Quer- und Längsstreifen können auftreten. Jugendstadium mit Scheidewänden. Gehäusewinkel apikal 7—11 Grad, in der Nähe der Mündung 3—7 Grad.

Ordnung **Dacryoconarida** Fisher 1962

Oberfläche glatt oder längsgestreift, zum Teil auch quergeringelt; Anfangsteil nicht gekammert; Embryonalkammer länglich-oval bis tropfenförmig; Apikalwinkel meist relativ groß. — Ob. Silur (Unt. Ludlow) — Ob. Devon (Unt. Famennien).

Familie **Nowakiidae** Lyashenko 1955

Embryonalblase tropfenförmig, zum Teil mit dünnem Apikaldorn. Gehäusewinkel relativ größer als bei den bisher betrachteten Familien. Gehäusewand von unterschiedlicher Dicke, radiale Kanäle nicht beobachtet. Innenfläche wellenförmig mit rippenartigen Ringen. — Ob. Silur (Unt. Ludlow) — Ob. Devon (Mittl. Frasnien) mit drei Gattungen.

Nowakia Gürich 1896 (syn. *Novakia* Tolmachov 1926, non *Novakia* Strobl 1893): Ob. Silur (Unt. Ludlow) — Ob. Devon (Mittl. Frasnien) von Europa, Afrika, Asien, N-Amerika, Australien (Abb. 136, 137, 141e, 143a, c, 144).

Apikales Drittel des Gehäuses glatt, sonst mit breitgerundeten Querringen bedeckt. Außerdem finden sich Längs- und Querstreifen. Innenseite der dünnen Wand wiederholt Skulptur der Oberfläche. Gehäusewinkel apikal 13—18 Grad, in der Nähe der Mündung 10—13 Grad.

Abb. 144. *Nowakia cancellata* Reinh. Richter, Tentakulitenschiefer des unteren Mitteldevon (Daleje-Schiefer, Eifel-Stufe) von Vávrův mlýn (Mühle) bei Choteč (Tschechei). Ca. 9/1 nat. Gr.

Familie **Styliolinidae** Grabau 1912

Embryonalblase tropfenförmig. Gehäusewand von unterschiedlicher Dicke. Radiale Kanäle nicht beobachtet. Innenfläche glatt. — Mittl. Silur (Wenlock) — Ob. Devon (Unt. Famennien) mit 4 Gattungen. Maximum der Formenmannigfaltigkeit im Mittl. Devon.

Styliolina Karpinsky 1884 (syn. *Styliolites* Gürich 1896): Mittl. Silur (Wenlock) — Ob. Devon (Unt. Famennien) (Abb. 136, 138, 141f, 143d—e).

Oberfläche bis auf einige Querstreifen glatt. Gehäusewinkel apikal 8—14 Grad, in der Nähe der Mündung 3—11 Grad. Gelegentlich auftretende Längsfurchen sind sekundär durch Zerbrechung des dünnen Gehäuses entstanden.

Crassilina Lyashenko 1955: Mittl. Devon (Eifel-Stufe) — Ob. Devon (Unt. Frasnien) von Europa und N-Amerika (Abb. 141g).

Oberfläche mit breiten, flach gewölbten Ringen. Außerdem finden sich Längs- und Querstreifen. Wand dick, Steinkerne gleichen denen von *Styliolina*. Gehäusewinkel apikal 12—14 Grad, in der Nähe der Mündung 11—12 Grad.

Familie **Procorniculinidae** Alberti 1986

Gehäuse klein, mit länglich-ovaler Embryonalblase, apikal zugespitzt und/oder mit einem Dorn. Oberfläche mit deutlich ausgeprägten Querringen und Längsleistchen. Je nach Art unterschiedlich bis stark eingekrümmt oder spiral zu einer losen Spirale aufgewunden. Im einzelnen lassen sich die aus Abb. 145 und 146 ersichtlichen Stadien unterscheiden. Von *Procorniculina* zu *„Corniculina"* zeigt sich diese Tendenz zu stärkerer Gehäuseeinkrümmung in einzelnen morphologischen (? phylogenetischen) Schritten, während die übrigen Dacryoconarida das gerade gestreckte Gehäuse bis zum Erlöschen im Ob. Devon konservativ beibehalten, von gelegentlich auftretenden sehr schwachen Gehäusekrümmungen abgesehen.

Procorniculina Alberti 1985: Unt. Devon (Ob. Lochkov) von Oberfranken und ? SW-Algerien (Abb. 145).

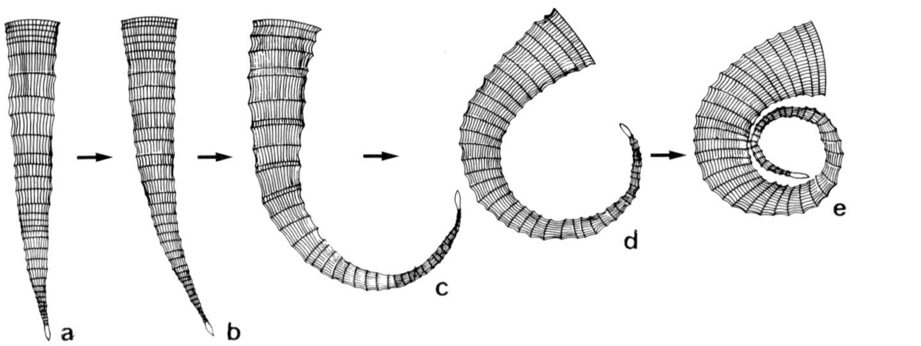

Abb. 145. Die vermutliche Gehäuseentwicklung der Procorniculinidae im Unt. Devon (Ob. Lochkov): a) *Procorniculina franconiana* Alberti forma alpha, b) desgl., forma beta, c) *Procorniculina evoigti* Alberti, d) *Procorniculina paenecircularis* Alberti, e) *„Corniculina" salvelinensis* Ormiston. Alle Figuren sind schematisiert und ca. 15 × vergrößert. — Nach G. K. B. Alberti 1985.

Embryonalkammer leicht zugespitzt, mit (?) Dorn. Querringe scharf, im distalen Bereich des Gehäuses mitunter unregelmäßig angeordnet, zum Teil gedrängt und von unterschiedlicher Länge. Proximal schwach eingekrümmt und distal gerade gestreckt oder proximal bis zum Beginn des distalen Bereichs kräftig bogenförmig eingekrümmt, sodann gerade gestreckt. Die Einkrümmung erfolgt nicht in einer Ebene.

Corniculinoides ALBERTI 1986: Unt. Devon (Ob. Lochkov — Grenzbereich Lochkov/Prag) von Oberfranken, Alaska (Abb. 146).

Gehäuse uhrfederförmig (gyrocon), lose spiral eingerollt (helicoid), rechtsgewunden mit 2 (? 3) vollständigen Umgängen. Windungsquerschnitt abgesehen vom apikalen Bereich oval. Embryonalkammer länglich-tropfenförmig, wahrscheinlich ohne Dorn. Querringe deutlich schräg zur „Längsachse" des Gehäuses, gleichmäßig und sehr dicht angeordnet. In der Nähe der Mündung sind 20–40 Längsleistchen vorhanden.

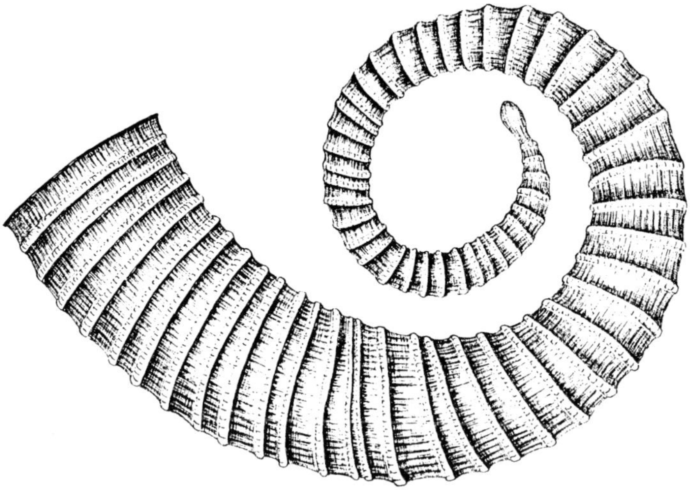

Abb. 146. *Corniculinoides bavarianus* ALBERTI, Rekonstruktion. Unt. Devon (Grenzbereich Lochkov/Prag) von Oberfranken. Größter Durchmesser 3,15 mm. — Nach G. K. B. ALBERTI 1987.

VII. Klasse unbekannt

Ordnung **Hyolithelminthes** FISHER 1962

1. Allgemeines

Meist spitzkonische, 5—15 mm lange, schwarzbraun gefärbte Röhren, die aus Kalziumorthophosphat (Fluorapatit) bestehen und einen Apikalwinkel von 1—4 Grad aufweisen. Die Röhren sind in der Nähe des Apex unregelmäßig gebogen, in Richtung zur Mündung aber gerade gestreckt. Querschnitt kreisförmig oder elliptisch. Zum Verschluß der Mündung diente ein konzentrisch gestreifter, aus zahlreichen Lagen bestehender Deckel (Operculum) mit exzentrischem Nucleus und paarigen, bilateral-symmetrisch angeordneten Muskeleindrücken an der Unterseite, die radial von einem Punkt gegenüber dem Nucleus ausgehen. Oberfläche bei einigen Vertretern mit feinen, quer verlaufenden Rippen und Streifen. Innenseite des dickwandigen Gehäuses glatt, ohne Querscheidewände oder andere Strukturen. Es handelt sich um marine Tiere, die vermutlich mit dem Apex voran vertikal im Sediment steckten und über dessen Oberfläche mit dem gerade gestreckten, mündungsnahen Bereich emporragten. Da die Röhren aus Fluorapatit bestehen, lassen sie sich ohne Schwierigkeiten mit der Monochloressigsäure-Methode (s. Bd. I, 5. Aufl., S. 453) gewinnen.

2. Vorkommen

Unt. Kambrium — Ordovizium von Europa, N- und S-Amerika mit 4 (? 6) Gattungen und etwa 35 Arten in marinen Sedimenten.

3. Beispiele

Hyolithellus Billings 1871: Unt. Kambrium von Europa (Schweden, Rußland), Unt. — mittleres Mittl. Kambrium von Europa (Norwegen, England), N- und S-Amerika (Argentinien) (Abb. 147).

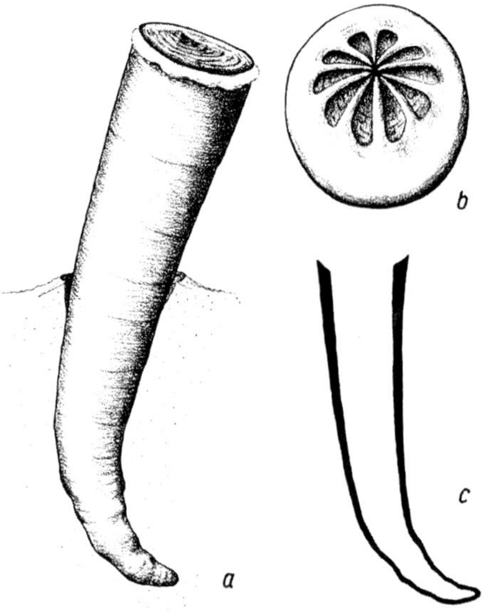

Abb. 147. *Hyolithellus micans* (Billings), a) Rekonstruktion in vermuteter Lebendstellung, mit geschlossenem Operculum; b) Innenseite des Operculums mit 5 Paar Muskeleindrücken; c) Längsschnitt. Unt. Kambrium von New York (USA). a) ca. 4½ nat. Gr., b) ca. 8/1 nat. Gr., c) ca. 3/1 nat. Gr. — Nach Ch. Lochman 1956.

Querschnitt der aus dünnen, in Richtung zur Mündung dicker werdenden Lamellen bestehenden Röhren kreisförmig. Unterseite des Operculums mit 5 Paar tropfenförmigen Muskeleindrücken, von denen die „ventralen" am längsten sind. Muskeleindrücke außen am breitesten. Durchmesser der Opercula 0,25—2,5 mm.

Die Gattung ist vor allem für die fossilarmen Ablagerungen des tiefsten Unterkambrium charakteristisch, in denen Trilobiten entweder fehlen oder nicht kennzeichnend sind. Die weite Verbreitung von *H.* dürfte auf planktische Larvenstadien und relative Unempfindlichkeit gegenüber ökologischen Veränderungen zurückzuführen sein.

Torrellella Holm 1893: Unt. Kambrium — Ordovizium von Europa (England, Norwegen) und N-Amerika.

Querschnitt der sehr spitzen Röhren linsenförmig oder elliptisch. Oberfläche im allgemeinen mit quer verlaufenden Streifen oder Rippchen. In der Regel sind 2 Kiele vorhanden, die an den Schmalseiten entlangziehen. Opercula unbekannt.

VIII. Klasse und Ordnung unbekannt

Familie **Coleolidae** FISHER 1962

Extrem spitzkonische, meist leicht gekrümmte Kalkgehäuse, mit kreisförmigem oder elliptischem Querschnitt. Länge: 0,5—75 mm. Durchmesser 0,5—2,5 mm an der Mündung. Innenseite der relativ dicken, aus Lamellen bestehenden Wand glatt. Oberfläche glatt bzw. mit Längs- oder Querskulptur. Opercula und Kammerscheidewände sind unbekannt. Vielleicht handelt es sich um Vorfahren der Scaphopoda. — Unt. Kambrium — Karbon von Europa, N-Amerika, China und Australien mit 7 Gattungen und ca. 20 Arten in marinen Sedimenten.

Coleoloides WALCOTT 1889: Unt. Kambrium von N-Amerika (Abb. 148a).

Oberfläche mit feinen, parallel und etwas schief zur Längsrichtung verlaufenden Streifen.

Coleolus HALL 1879 (nom. subst. pro *Coleoprion* HALL 1876, non SANDBERGER 1847): Mittl. Silur — Karbon von Europa, N-Amerika und Australien (Abb. 148b).

Oberfläche mit schief zur Längsachse verlaufenden Streifen oder Ringen, gelegentlich auch mit Längsstreifen.

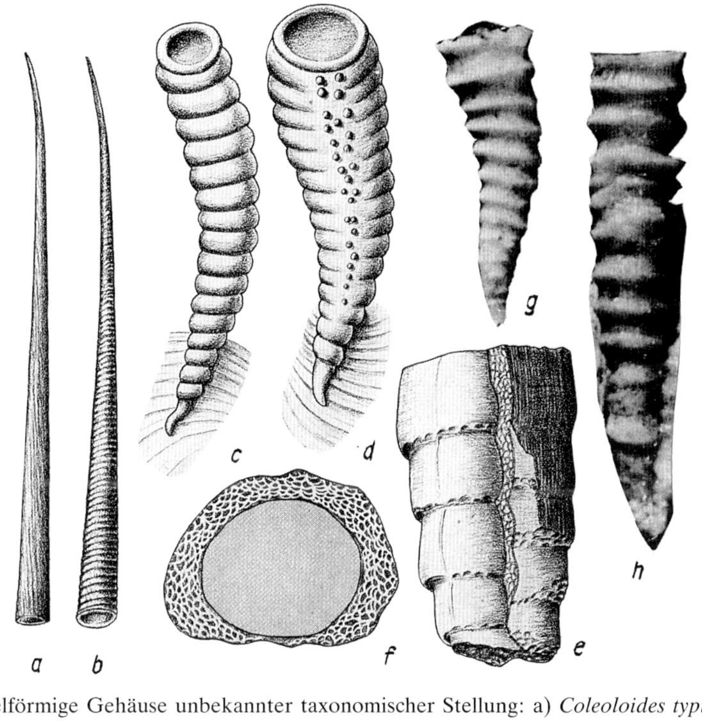

Abb. 148. Kegelförmige Gehäuse unbekannter taxonomischer Stellung: a) *Coleoloides typicalis* WALCOTT, Unt. Kambrium von Neufundland, ca. ⅔ nat. Gr.; b) *Coleolus tenuicinctus* (HALL), Mittl. Devon von New York (USA), ca. ⅔ nat. Gr.; c) *Cornulitella conica* (NICHOLSON), Ob. Ordovizium von Ohio (USA), ca. 4½ nat. Gr.; d) *Conchicolites gregarius* NICHOLSON, Unt. Silur von England, ca. 4½ nat. Gr.; e) *Cornulites serpularius* v. SCHLOTH, Mittl. Silur (Wenlock) von England, ca. 2⅖ nat. Gr.; f) desgl., Querschnitt, ca. 4⅘ nat. Gr.; g)—h) *Cornulites sterlingensis* MEEK & WORTHEN, Ob. Ordovizium von Baffin-Land, ca. 6/1 nat. Gr. — a), g)—h) nach D. W. FISHER 1962; b) nach J. HALL 1879; c)—f) nach J. HALL 1888.

Familie **Cornulitidae** FISHER 1962

Meist etwas unregelmäßig gekrümmte, kegelartige Kalkgehäuse mit kreisförmigem Querschnitt. Länge: 5—80 mm. Durchmesser: 2–20 mm an der Mündung. Oberfläche der Jugendstadien fast glatt, sodann in der Regel mit Querringen. Wand verhältnismäßig dick, mit großen rundlichen Hohlräumen. Steinkerne haben das Aussehen ineinandergesteckter Kegel, was an Tentaculitidae erinnert. Die Röhren sind an irgendwelchen Körpern festgewachsen. Meist handelt es sich um Brachiopoden, Bryozoen und Gastropoden. — Mittl. Ordovizium — Unt. Karbon von Europa und N-Amerika mit 4 Gattungen und ca. 45 Arten, vor allem in marinen Kalkablagerungen.

Cornulites v. SCHLOTHEIM 1820: Mittl. Ordovizium — Mittl. Devon, ? Unt. Karbon von Europa und N-Amerika (Abb. 148e).

Röhren relativ lang. Jugendstadien mit Längsstreifen, Altersstadien mit kräftigen Querringen. Zellig struierte Wand sehr dick. Maximale Länge der Röhren: ca. 80 mm. Durchmesser an der Mündung: bis 20 mm.

Conchicolites NICHOLSON 1872: Ob. Ordovizium (Caradoc) — Unt. Devon von Europa und N-Amerika (Abb. 148d).

Röhren stets büschelartig mit dem schmaleren Ende festgewachsen und auf anderen Körpern befestigt. Oberfläche mit übereinander geschuppten Querringen. Länge: ca. 5—13 mm. Durchmesser an der Mündung: ca. 3 mm.

Cornulitella HOWELL 1952 (nom. subst. pro *Ortonia* NICHOLSON 1872, non WOOD 1869): Mittl. Ordovizium — Unt. Karbon von N-Amerika (Abb. 148c).

Röhren konisch, leicht gebogen und seitlich etwas abgeflacht, mit der gesamten Länge auf anderen Körpern festgewachsen. Oberfläche, abgesehen von der festgewachsenen Seite, mit kräftigen Querringen. Längsstreifen fehlen. Länge: 5—13 mm. Durchmesser an der Mündung: 2—3 mm.

Literaturverzeichnis

ALBERTI, G. K. B.: Bemerkungen zur Morphologie des Proximal-Teiles der Gehäuse einiger Taxa von *Nowakia* (Dacryoconarida) aus dem Unter- und Mittel-Devon. — Senckenbergiana lethaea **53**, 95—101, 1 Taf., Frankfurt a. Main 1972.

— Zur Struktur der Gehäusewand von *Styliolina* (Dacryoconarida) aus dem Unter-Devon von Oberfranken. — Ebd. **55**, 505—511, 1 Abb., 1 Taf., 1975.

— Zur Dacryoconarida-Fauna aus dem Grenzbereich Unter-Devon/Mittel-Devon. — Ebd. **58**, 263—269, 2 Abb., 1977.

— Zur Dacryoconariden-(Tentakuliten-)Chronologie des herzynischen Unter- und Mittel-Devons. — Ebd. **60**, 223—241, 6 Abb., 1979.

— Neue Taxa der Dacryoconarida, insbesondere der Corniculinidae n. fam., aus dem basalen Flemersbacher Tentaculitenkalk (Bayerische Faziesreihe, Unter-Devon) von Oberfranken. — Mitt. Geol.-Paläont. Inst. Univ. Hamburg **59**, 39—50, 2 Abb., 1 Taf., Hamburg 1985.

— Neue Taxa der Dacryoconarida (Tentaculiten) aus dem Unter-Devon. — Senckenbergiana lethaea **67**, 337—343, 7 Abb., Frankfurt a. Main 1986.

— Reconsideration of possible soft parts in dacryoconarids (incertae sedis) from Hunsrück-Schiefer in Western Germany. — Ebd. **69**, 381—390, 3 Abb., 1989.

BANDEL, K.: The reconstruction of „*Hyolithes kingi*" as annelid worm from the Cambrian of Jordan. — Mitt. Geol.-Paläont. Inst. Univ. Hamburg **61**, 35—101, 24 Abb., 10 Taf., Hamburg 1986.

BARRANDE, J.: Système Silurien du centre de la Bohème. Bd. 3. Cl. des Mollusques. Ordre des Ptéropodes. 179 S., 16 Taf., Prag und Paris 1867.

BLIND, W.: Die systematische Stellung der Tentakuliten. — Palaeontographica **133 A**, 101—145, 10 Abb., 8 Taf., Stuttgart 1969.

— & STÜRMER, W.: *Viriatellina fuchsi* KUTSCHER (Tentaculoidea) mit Sipho und Fangarmen. — N. Jb. Geol. Paläont. Mh. **1977**, 513—522, Stuttgart 1977.

BLUMENSTENGEL, H., FREYER, G., & ZAGORA, K.: Über Verbreitung und stratigraphische Bedeutung der

Tentakuliten im Devon der DDR. I. Saxothuringikum. — Z. geol. Wiss. **4**, 1069—1089, 1 Abb., Berlin 1976.
Bouček, B.: The Tentaculites of Bohemia. 215 S., 36 Abb., 40 Taf., Prag 1964.
Brassel, G., Kutscher, F., & Stürmer, W.: Erste Funde von Weichteilen und Fangarmen bei Tentaculiten. — Abh. hess. L.-Amt Bodenforsch. **60**, 44—50, 3 Abb., 2 Taf., Wiesbaden 1971.
Chardin, P. T. de: On an enigmatic pteropod-like fossil from the Lower Cambrian of southern Shansi, *Biconulites grabaui*, nov. gen., nov. sp. — Geol. Soc. China, Bull. **10**, 179—188, 2 Taf., 1931.
Churkin, M. jr., & Carter, C.: Devonian tentaculitids of east-central Alaska; systematies and biostratigraphic significance. — J. Paleont. **44**, 51—68, 3 Taf., Tulsa/Okla. 1970.
Cobbold, E. S.: Cambrian Hyolithidae etc. from Hartshill in the Nuneaton District, Warwickshire. — Geol. Mag. **56**, 149—158, 4 Taf., 1919.
— The Cambrian horizons of Comley (Shropshire) and their Brachiopoda, Gasteropoda, etc. — Geol. Soc. London, Quart. J. **76**, Nr. 304, 325—386, 4 Taf., 1921.
Dzik, J.: Larval development of hyolithids. — Lethaia **11**, 293–299, 7 Abb., Oslo 1978.
Fisher, D. W.: Small conoidal shells of uncertain affinities. — In: R. C. Moore, Treatise on Invertebrate Paleontology **W**, Miscellanea, W 98—W 144, 34 Abb., 1962.
— & Young, R. S.: The oldest known tentaculitid — from the Chepultapec limestone (Canadian) of Virginia. — J. Paleont. **29**, 871—875, 1 Abb., 1 Taf., Tulsa/Okla. 1955.
Gürich, G.: Über Tentaculiten und Nowakien, fossile Röhrentiere. — Schles. Ges., Jber. **77**, Teil 2, 32—35, 1900.
Hall, J.: Containing descriptions of the Gasteropoda, Pteropoda and Cephalopoda of the Upper Helderberg, Hamilton, Portage and Chemung groups. — N. Y. State Geol. Survey, Palaeontology of New York **5**, Teil 2, X + 492 S., 113 Taf. (sep.), 1879.
— Supplement, containing descriptions and illustrations of Pteropoda, Cephalopoda and Annelida. — N. Y. State Geol. Survey, Palaeontology of New York **7**, 42 S., 18 Taf., 1888.
Holm, G.: Sveriges Kambrisk-Siluriska Hyolithidae och Conulariidae. — Sver. Geol. Undersök., Afhandl., ser. C., **112**, 1—172, 6 Taf., 1893 (engl. Res.).
Howell, B. F., & Stubblefield, C. J.: A revision of the fauna of the north Welsh *Conocoryphe viola* beds implying a Lower Cambrian age. — Geol. Mag. **87**, (1), 1—16, 2 Taf., 1950.
Karpinsky, A. P.: Die fossilen Pteropoden am Ostabhange des Urals. — Acad. Impér. Sci. St. Pétersbourg, Mém., ser. 7, **32**, Nr. 1, 1—21, 1 Taf., 1884.
Koken, E.: Die Hyolithen der silurischen Geschiebe. — Z. Dtsch. geol. Ges. **41**, 79–82, 8 Taf., 1889.
Lardeux, H.: Les tentaculites d'Europe occidentale et d'Afrique du Nord. 238 S., 148 Abb., 52 Taf., Paris 1969.
Lochmann, Ch.: Stratigraphy, paleontology, and paleoecology of the *Ellipsocephala* strata in Cambridge and Hoosick quadrangles, New York. — Bull. Geol. Soc. America **67,** 1331—1396, 2 Abb., 10 Taf., 1956.
Lütke, F.: Unterdevonische Tentaculiten (Dacryoconarida) des SW-Harzes. — Neues Jb. Geol. Paläont. Abh. **145**, 306—327, 7 Abb., 1974; ebd. Mh. **1974**, 398—414, 5 Abb., Stuttgart 1974.
— Biostratigraphical significance of the Devonian Dacryoconarida. — Special Papers in Paleont. **23**, 281—289, 2 Abb., London 1979.
— Devonian tentaculites from Nevada (USA). — Cour. Forsch. Inst. Senckenberg **75**, 197—226, 6 Abb., 4 Taf., Frankfurt a. Main 1985.
Lyashenko, G. P.: O stratigraficheskom znachenii tentakulitov. — Akad. Nauk. SSSR Leningrad, Doklady, **91**, Nr. 2, 371—374, 1953 (betrifft die stratigraphische Bedeutung der Tentakuliten).
— Devonian Tentaculitida, Novakiida and Styliolinida of the central part of the Russian Platform. — 20. Internat. Geol. Congr., S. 118—119, 1957.
— Novye vidy Siluriyskikh tentakulitov Pribaltiki i Volyni. — V.N.I.G.N.I., Nr. **9**, 10—26, 5 Taf., 1958.
— Konikonkhii Devona tsentral' nykh i vostochnykh oblastey Russkoy Platformy. — V.N.I.G.N.I., Nr. **10**, 1—220, 31 Taf., 1959.
— & Syssoiev, V. A.: Tip. Mollyuski? Klass konikonkhii. — Osnovy Paleontologii spravochnik Paleontologov Geologov SSSR **6**, 179—191, 7 Taf., 1958.
Malinky, J. M.: Taxonomic revision of Lower and Middle Paleozoic Orthothecida (Hyolitha) from North America and China. — J. Paleont. **61** (5), 942—959, 7 Abb., 1987.
— New early Paleozoic Hyolithida and Orthothecida from North America. — J. Paleont. **63** (3), 302—319, 6 Abb., 1989.

– Early and Middle Cambrian Hyolitha (Mollusca) from Northeastern China. – J. Paleont. **64** (2), 228–240, 3 Abb., Lawrence 1990 (1990a).
– Cambrian Hyolitha from Northeast Canada: Reappraisal of the hyolith orders Camerothecida and Diplothecida. – Ebd. **64** (2), 587–595, 2 Abb., Lawrence 1990 (1990b).
– Linsley, R. M., & Yochelson, E. L.: Taxonomic revision of Hyolitha from the Middle Paleozoic of North America. – J. Paleont. **61** (6), 1173–1186, 4 Abb., 1987.
Marek, L.: New knowledge on the morphology of *Hyolithes*. – Sbor. geol. věd., Paleont. **1**, 53–73, Prag 1963.
– The class Hyolitha in the Caradoc of Bohemia. – Ebd. **9**, 51–113, Prag 1967.
– The hyoliths of the Králův Dvůr Formation (Bohemian Ordovician). – Sbor. geol. věd., Paleont. **30**, 37–59, 2 Abb., 4 Taf., Prag 1989.
– & Isaacson, P. E.: Devonian hyoliths from Bolivia. – J. Paleont. **66** (1), 24–28, 4 Abb., Lawrence 1992.
– & Yochelson, E. L.: Paleozoic mollusk: *Hyolithes*. – Science **146**, 1674–1675, 1964.
– – Aspects of the biology of Hyolitha (Mollusca). – Lethaia **9**, 65–82, 4 Abb., 1976.
Nicholson, A. H.: On the genera *Cornulites* and *Tentaculites* and on a new genus *Conchicolites*. – Amer. J. Sci. **3**, 202–206, 1872.
– On *Ortonia*, a new genus of fossil tubicolar annelides, with notes on the genus *Tentaculites*. – Geol. Mag. **9**, 446–449, 1872.
Novak, O.: Über Böhmische, Thüringische, Greifensteiner und Harzer Tentaculiten. – Beitr. Paläont. und Geol. Österr.-Ungarns **II**, 47–70, 2 Taf., 1882.
– Revision der palaeozoischen Hyolithen Böhmens. – Abh. K. böhm. Ges. Wiss. **7**, Teil 4, 1–48, 3 Abb., 6 Taf., 1891.
Ormiston, A. R.: A coiled tentaculite from the Salmontrout Limestone, Alaska. – J. Paleont. **47** (6), 1065–1068, 1 Abb., 1 Taf., 1973.
Pillet, J.: Sur deux espèces d'Annelides Tubicoles du Devonian americain. – Bull. Soc. Géol. France **6**, 839–846, Abb., 1956.
Richter, R.: Thüringische Tentaculiten. – Z. Dtsch. Geol. Ges. **6**, 275–290, 1 Taf., 1854.
Ruedemann, R.: Paleozoic plankton of North America. – Mem. Geol. Soc. America **2**, 141 S., 26 Taf., 1934.
Runnegar, B., Pojeta, J. jr., Morris, N. J., Taylor, J. D., Taylor, M. E., & McClung, G.: Biology of the Hyolitha. – Lethaia **8**, 181–191, Oslo 1975.
Sinclair, G. W.: Notes on the nomenclature of *Hyolithes*. – J. Paleont **20**, 72–85, 1946.
Stinchcomb, B. L., & Echols, D. J.: Missouri Upper Cambrian Monoplacophora previously considered Cephalopods. – J. Paleont. **40**, 647–650, 1 Taf., 1960.
Syssoiev, V. A.: K morfologii, sistematischeskomu polozhennyv i sistematike kholitov. – Akad. Nauk. SSSR Leningrad, Doklady **116**, Nr. 2, 304–307, 1957.
Termier, G., & Termier, H.: Groupes d'Affinités Incertaines. – In: J. Piveteau (Ed.). Traité de Paléontologie **3**, 1001–1018, Paris 1953.
Walcott, Ch. D.: Note on some Paleozoic Pteropods. – Amer. J. Sci. **30**, 17–21, illustr., 1885.
Yoder, R. L., & Erdtmann, B.-D.: *Tentaculites attenuatus* Hall and *T. bellulus* Hall: a redescription and interpretation of these species as dimorphs. – J. Paleont. **49**, 374–386, 7 Abb., 1 Taf., Tulsa/Okla. 1975.
Yochelson, E. L.: The operculum and mode of life of *Hyolithes*. – J. Paleont. **35**, 152–161, 2 Taf., 1961.
– Notes on the class Coniconchia. – J. Paleont. **35**, 162–167, 1961.
Zagora, K.: Tentaculiten aus dem thüringischen Devon. – Geologie **13**, 1235–1273, 9 Taf., Berlin 1964.
– Neue und wenig bekannte Tentakuliten-Arten aus dem Silur des Ostseeraumes. – Z. geol. Wiss. **2**, 1221–1235, 4 Taf., Berlin 1974.
Zazvorka, V.: Revision of the Hyolithi from dγ. – Palaeont. Bohemiae **13**, 1–22, 1 Abb., 3 Taf., 1928.

IX. Klasse **Cephalopoda** Cuvier 1795

(Kopffüßler)

1. Allgemeines

Es handelt sich um bilateral-symmetrische Mollusken, die einen deutlich abgesetzten und mit Fangarmen ausgestatteten Kopf sowie einen mächtigen, in der Längsachse des Körpers liegenden Rumpf aufweisen. Der Mantel bildet auf der Unterseite eine tiefe Mantelhöhle, die erweitert oder verengt werden kann. Dabei wird Wasser über die Mantelspalte eingesaugt und durch den Trichter, der aus Teilen des Fußes gebildet ist, wieder nach außen befördert. Hierbei entsteht ein kräftiger Rückstoß, mit dem die Tiere zu schwimmen vermögen. Auch die sehr dehnbaren Arme sind aus Teilen des Fußes hervorgegangen, da sie vom Pedalganglion innerviert werden. Arme, die über der Mundöffnung, also dem Bereich des Kopfes ansitzen, sind sekundär dorthin verlagert. Ursprünglich haben die Cephalopoda eine Außenschale, die im hinteren Abschnitt durch zahlreiche Kammerscheidewände in eine entsprechende Anzahl gas- bzw. wassergefüllter und durch einen Hautschlauch (Sipho) in Verbindung stehender Kammern aufgegliedert wird. Das Tier selbst sitzt im nicht gekammerten Teil, der sog. Wohnkammer. Später wird unter zunehmender Reduktion vor allem des gekammerten Abschnitts die Schale in das Innere des Eingeweidesackes verlagert.

Beobachtungen an fossilen Cephalopoda haben immer wieder die Forschung bereichert und mit neuen oder ungelösten Problemen weitere Untersuchungen angeregt. Die Fülle der einschlägigen Publikationen zeigt die sich wandelnden Schwerpunkte und die stimulierende Wirkung neuer Gesichtspunkte. Besonders befruchtend war der Nachweis, daß Nautiliden und Sepiiden der Gegenwart in den Kammern des Phragmoconus Flüssigkeit ausscheiden und deren Menge zu ändern vermögen (Denton & Gilpin-Brown 1961, 1966, 1971, 1973; Denton, Gilpin-Brown & Howarth 1967; Denton 1974). Damit sind sie in der Lage, das hydrostatische Gleichgewicht und die aktive Schwimmfähigkeit vor allem bei vertikaler Lokomotion im Wasser zu regulieren. Der Schluß, daß zum Beispiel auch die Ammonoidea in vergleichbarer Weise reagierten, ergab sich aus dem ähnlichen Gehäusebau, den physiologisch bedingten Dichteänderungen des Weichkörpers (normaler Stoffwechsel, Entwicklung und Abgabe von Geschlechtsprodukten usw.) sowie aus der Tatsache, daß sie wirkungsvoll exogene oder endogene Störungen ihres hydrostatischen Apparats auszugleichen vermochten und selbst bei beträchtlichen Schäden überlebten.

2. Vorkommen

? Unt. Kambrium, Ob. Kambrium — rezent. Der Großablauf der Stammesgeschichte ist ausgesprochen regressiv. Von der großen im Paläozoikum und Mesozoikum vorhandenen Formenfülle ist heute nur noch relativ wenig übrig. Zahlreiche Arten sind ausgezeichnete Leitfossilien. Dies gilt insbesondere für die Ammonoidea und Belemnitoidea.

3. Systematik

Je nach Bau und Lage der Schale bzw. ihrer Rudimente, der Ausbildung der Kammerscheidewände, des Siphonalapparates, der Skulptur u. a. werden die nachstehenden drei Unterklassen unterschieden:

a) **Nautiloidea** Agassiz 1847 (? Unt. Kambrium, Ob. Kambrium — rezent): sehr unterschiedlich gestaltete, außenschalige Cephalopoda (Ectocochlia) mit in der Regel stark differenziertem Siphonalapparat und einfacher Lobenlinie. Kiemenbau der rezenten Vertreter tetrabranchiat.

b) **Ammonoidea** v. Zittel 1884 (? Unt. Ordovizium, Ob. Silur — Ob. Kreide): überwiegend planspiral aufgewundene, außenschalige Vertreter (Ectocochlia) mit randlich fixiertem, wenig differenziertem Sipho und oft stark zerschlitzter Lobenlinie. Embryonalkammer eiförmig bis kugelig aufgetrieben. Kiemenbau vermutlich ähnlich wie bei den rezenten Nautiloidea tetrabranchiat.

c) **Dibranchiata** OWEN 1836 (Ob. Karbon — rezent): falls überhaupt noch eine Schale oder deren Rudimente vorhanden sind, finden sich diese im Inneren des Eingeweidesackes (Endocochlia).

Unterklasse **Nautiloidea** AGASSIZ 1847

1. Allgemeines

Orthocone oder eingekrümmte Ectocochlia, deren Sipho je nach der betrachteten Gruppe eine wechselnde Lage und unterschiedliche, oft starke Differenzierung aufweist. Die Lobenlinie zeigt einen einfachen, maximal (ähnlich wie bei den Goniatiten) wellig verbogenen Verlauf. Die Mehrzahl der Vertreter ist glatt oder nur schwach skulpturiert. Der Kiemenbau der fossilen Formen war vermutlich ähnlich wie beim rezenten *Nautilus* tetrabranchiat.

In dunkel gefärbten, primär bituminösen Tonschiefern des Ob. Silur (Kirusillas-Schiefer, Ludlow) von Bolivien wurde *Michelinoceras* sp. mit Radula und Abdrücken von vermutlich 10 Fangarmen nachgewiesen (J. MEHL, 1984). Die Radula, die hiermit erstmalig bei einem altpaläozoischen Cephalopoden beobachtet werden konnte, besteht aus 7 Zähnchen je Querreihe und zeigt große Übereinstimmung mit dem Bau der Radula bei Goniatiten, Ammoniten und Dibranchiaten (Coleoidea). Zwei der Fangarme sind zu langen, kräftigen Greifarmen differenziert.

2. Vorkommen

? Unt. Kambrium, Ob. Kambrium — rezent mit ca. 715 Gattungen (Abb. 149), von denen nur eine (*Nautilus*) in die Gegenwart ragt. Obgleich sich die Nautiloidea hinsichtlich ihrer Formenmannigfaltigkeit ausgesprochen regressiv verhalten, zeigt sich bei den Ordnungen zunehmend die Tendenz zum intermediären Typ, falls man sie in der Reihenfolge ihres ersten Auftretens betrachtet (Abb. 154 A—K). Die Bereiche größter Formenmannigfaltigkeit verlagern sich zunehmend in Richtung auf die Gegenwart, bis sie bei den geologisch gesehen jüngeren Gruppen eine mehr oder weniger mittelständige Position einnehmen.

Die Ellesmerocerida, Endocerida, Tarphycerida und Actinocerida verhalten sich regressiv, die Orthocerida und Discosorida beginnend intermediär, die Barrandeocerida, Ascocerida, Oncocerida und Nautilida mehr oder weniger intermediär. Dies entspricht der Regel, wonach sich die Formenmaxima einander stammesgeschichtlich ablösender Taxa gleichen Grades derart verlagern, daß sie sich mit wachsender Differenzierung immer mehr der oberen zeitlichen Verbreitungsgrenze der betrachteten Organismengruppe nähern (A. H. MÜLLER 1970, 1972, 1974). Der Charakter der Stammgruppe(n) ist meist regressiv, während er bei den stärker differenzierten, daraus entstehenden Gruppen intermediär (wie bei den Nautiloidea) und bei den am höchsten differenzierten progressiv wird (so bei den Ammonoidea). Darin zeigt sich eine natürliche, mehr oder weniger durch gleitende Übergänge verbundene Hierarchie, wobei mit Annäherung an die Gegenwart insgesamt (für die Tierwelt) der Anteil progressiver Taxa steigt.

In China beginnt aber die Entwicklung der Nautiloidea während der „Wanwankou explosion" im Ob. Kambrium mit einer nur dort dokumentierten Blütezeit, die ca. 40 Gattungen umfaßt. Von diesen überlebten nur 2 die Grenze zum Ordovizium (J.-Y. CHEN & C. TEICHERT 1983, L.-Z. LI 1984, TEICHERT 1987, 1988).

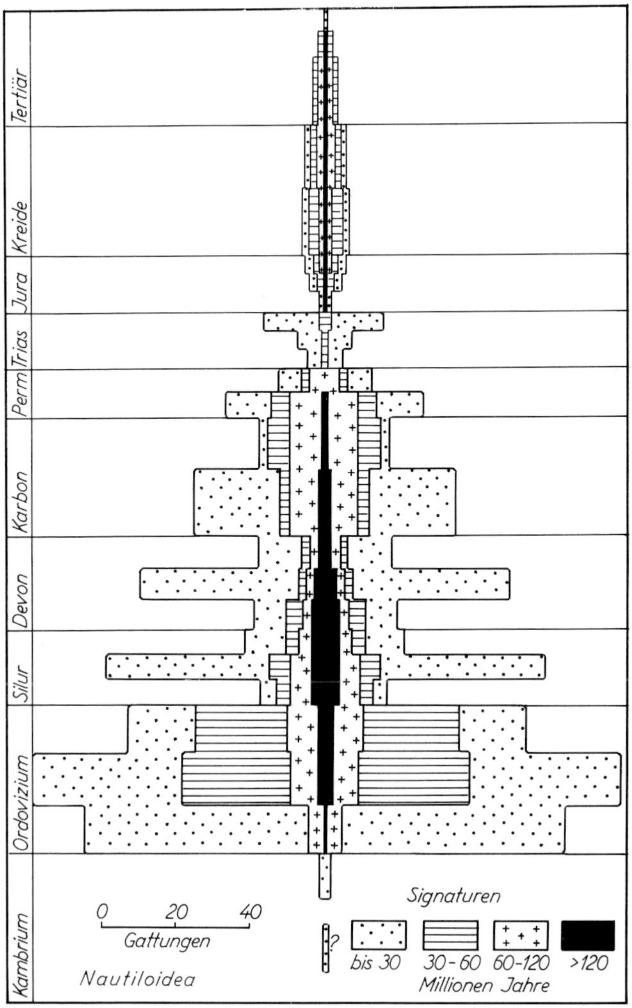

Abb. 149. Die zahlenmäßige und zeitliche Verteilung von 715 Gattungen der Nautiloidea unter besonderer Berücksichtigung der Lebensdauergruppen. — Nach A. H. Müller 1971.

3. Morphologie

Der Weichkörper des heute noch im Indischen und Pazifischen Ozean mit wenig Arten lebenden *Nautilus* (Abb. 150, 151) wird ähnlich wie bei den Gastropoden von einem durch die Epidermis des Mantels ausgeschiedenen Gehäuse eingeschlossen. Während aber bei den Gastropoden der meist lang ausgezogene Eingeweidesack das Gehäuse in der Regel gänzlich füllt, sitzt er beim *Nautilus* nur im ungekammerten, zuletzt errichteten Abschnitt (**Wohnkammer**). Die dahinter folgenden, älteren Teile sind durch Querscheidewände (Septen) in eine Anzahl von Kammern geteilt (Abb. 151b). Sie bilden den **Phragmoconus**. Die Kammern stehen untereinander über einen häutigen Gewebestrang (**Sipho**) in Verbindung, der vom Hinterende des Eingeweidesacks bis zur Embryonalkammer verläuft und von Blutgefäßen durchzogen wird.

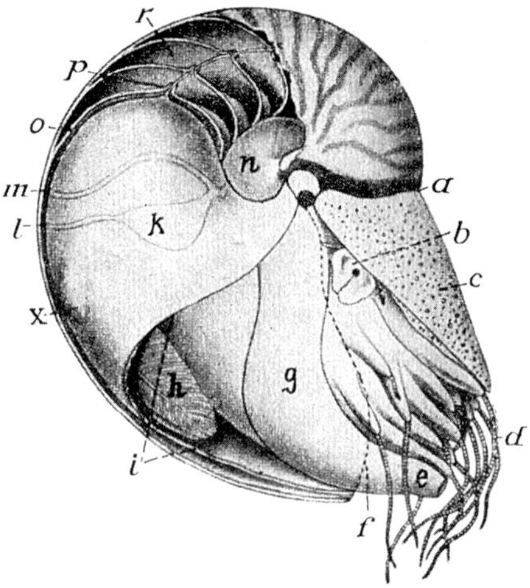

Abb. 150. Medianschnitt durch *Nautilus pompilius* L., rezent aus dem Indischen Ozean. Ca. ⅓ nat. Gr. Bezeichnungen: b = Auge, c = Kopfkappe, d = Tentakel, e = Trichter, f = Mündung, g = Dorsallappen des Mantels, h = Kieme, i = Mantelhöhle, k = Mantel, l u. m = Haftmuskel, p = Sipho, r = Luftkammer, x = Wohnkammer. — Nach R. Owen.

a

Abb. 151. a) *Nautilus pompilius* L., rezent aus dem Indischen Ozean. Gehäuse von außen. Ca. ¾ nat. Gr.

b

Abb. 151. b) Teil eines Medianschnittes, um die Kammerscheidewände, die Siphonaldüten sowie die Nabelperforation zu zeigen. Ca. ³⁄₁ nat. Gr.

Die **Mundöffnung** befindet sich in der Mitte des kreisförmig umgrenzten und vom Rumpf besonders abgesetzten Kopfes. Er bildet mit dem unter ihm liegenden Trichter, der dem Fuß der Muscheln und Schnecken entspricht, das **Cephalopodium** (Abb. 152). Ventral und lateral der Mundöffnung beginnen drei Paar blattartige Arme. Sie sind mit zahlreichen kleinen Tentakeln besetzt, die sich in einfachen, doppelten oder (beim äußeren Armpaar dreifachen) Reihen anordnen. Insgesamt beträgt ihre Zahl etwa 90. Über dem Kopf liegt die sog. **Kopfkappe** (Kapuze), die aus den seitlich verwachsenen Scheiden eines dorsalen Armpaares entstanden ist. Es handelt sich um einen ziemlich dicken, fleischigen, außen warzigen Lappen, der vor allem den Mundbereich überdeckt, wenn sich das Tier in das Gehäuse zurückzieht. Je ein Arm über und unter jedem Auge ist besonders differenziert. Sie dienen vermutlich als Riech- oder Tastorgane. Bei den Augen handelt es sich im Unterschied zu den Wirbeltieren um einfache Einstülpungen der Epidermis. Sie wirken nach dem Prinzip der Lochkamera, sitzen auf kurzen Stielen und sind nur wenig akkomodationsfähig. Ein Glaskörper ist nicht ausgebildet.

Die Mundöffnung wird von einem relativ großen, vorragenden **Kieferapparat** umgeben. Er besteht, wie dies auch für einige der fossilen Nautiloidea nachgewiesen werden konnte, aus scharfen, vogelschnabelartig gestalteten, hornigen „Kiefern", die an der Spitze verkalkt und deshalb fossil häufiger überliefert sein können (Abb. 153—157). Die Oberkiefer werden als Rhyncholithen, die Unterkiefer als Conchorhynchen bezeichnet. Wie bei den Kiefern der anderen Cephalopoda handelt es sich um Duplikaturen der Pharynxwände, die der Insertion der meist stark entwickelten Kiefermuskulatur dienen und denen ein echtes Kiefergelenk (wie das der Arthropoden und Wirbeltiere) fehlt. Angaben zur Morphologie, Terminologie und Taxonomie finden sich u. a. bei Till 1906—1911; E. Rutte 1962; A. H. Müller 1963a—1974;

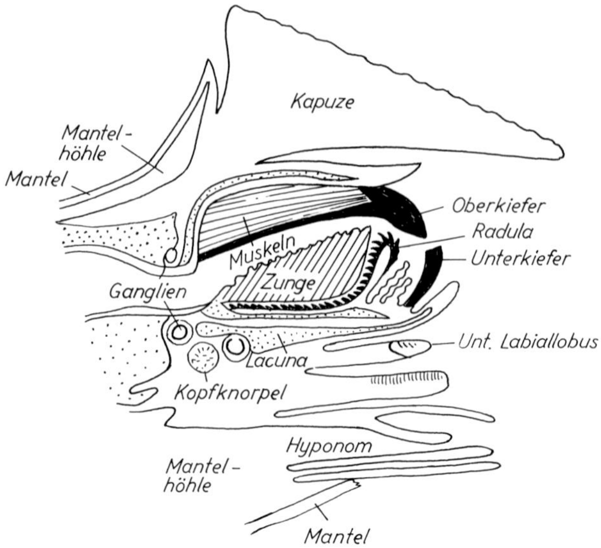

Abb. 152. *Nautilus pompilius* L., schematischer Längsschnitt durch Cephalopodium und benachbarte Weichteile, Breite des Abschnitts ca. 10 cm. — Nach B. Haller, A. Willey & B. Stenzel, umgezeichnet.

Teichert, Moore & Zeller 1964; Kaiser & Lehmann 1971; Geyssant 1970; Teichert & Spinosa 1971.

Die Zuordnung von *Conchorhynchus avirostris* und *Rhyncolite hirundo* zu *Germanonautilus* aus dem germanischen Muschelkalk (Mittl. Trias) ergibt sich vor allem daraus, daß die zum Teil sehr großen Elemente auch in solchen Schichten und ihren Äquivalenten vorkommen, in denen Ceratiten, an die sonst gedacht wird, fehlen oder sehr klein sind. Vor allem gilt dies für die *Atavus-*, *Pulcher-* und die *Robustus*-Zone der Unteren Ceratitenschichten des Oberen Muschelkalks, wo der maximale Scheibendurchmesser der größtmöglichen Ceratiten ca. 8 cm nicht überschreitet und nur *Germanonautilus* für die hier bis ca. 2,6 cm langen Kiefer (Abb. 153) in Frage kommt (A. H. Müller 1968).

Abb. 156a zeigt einen Rhyncholithen, der mit seiner Spitze flach in einem Hohlraum steckt, dessen Ausguß mit Silikonkautschuk (Abb. 156b—c, 157a—d) einen stark gewölbten, herzförmigen und streng bilateral-symmetrischen Bau zeigt. Es handelt sich um die ursprünglich überwiegend muskulösen, aber auch knorpelig praeformierten Teile aus dem Oberkieferbereich des Cephalopodiums, insbesondere des Kopfknorpels. Die Zersetzung der Weichteile muß zu einer Zeit erfolgt sein, als das Nebengestein (Schaumkalk) bereits standfest war. Es ist dies ein weiterer Beleg für die außerordentlich rasche Erhärtung vieler Kalke (Müller 1969).

Der vom Kopf deutlich abgesetzte **Rumpf** umschließt Darmtraktus, Herz, zwei Paar Nieren und die Geschlechtsorgane. Der Rumpf ist im Inneren der Wohnkammer über einen **Epithelring** (Annulus) befestigt, dem an der Schale eine Conchinlage entspricht. Diese ist vorn und hinten schmal bandförmig gestaltet, lateral aber jederseits lappenartig verbreitert. Von diesen Lappen gehen die Retraktormuskeln, vom hinteren Conchinband die subepithelialen Muskeln der Dorsalseite und vom vorderen Conchinband die Längsmuskeln des Mantels aus. Weitere Einzelheiten über den ziemlich komplizierten Bau des „Haftapparates" finden sich bei H. Mutvei 1957 und P. D. Ward 1987.

Auf jeder Seite der vom Mantel gebildeten Kiemen- oder Mantelhöhle liegt ventral ein Paar Kiemen. Hier münden auch der After sowie die Genitalorgane. — Einen ähnlichen Bau wie bei

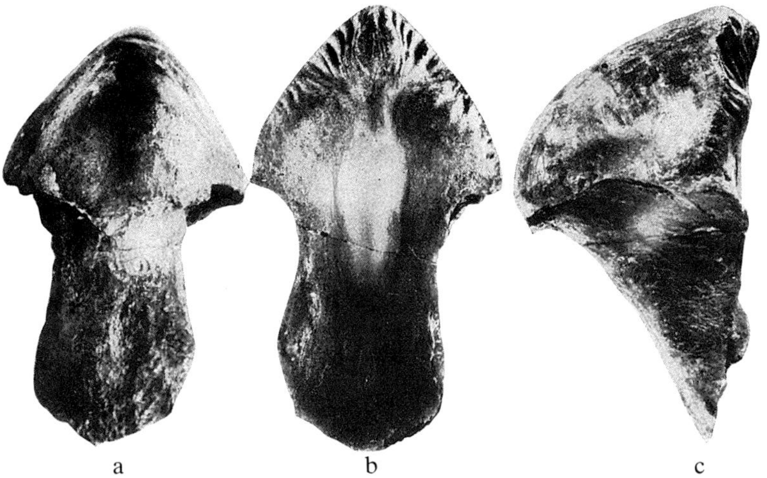

Abb. 153. *Rhyncolite hirundo* (BIQUET), Oberkiefer von *Germanonautilus bidorsatus* (v. SCHLOTH.): a) von oben, b) von unten, c) von der Seite. Ob. Muschelkalk (Unt. Ceratitenschichten) von Reiser bei Mühlhausen (Thür.). Länge ca. 2,6 cm.

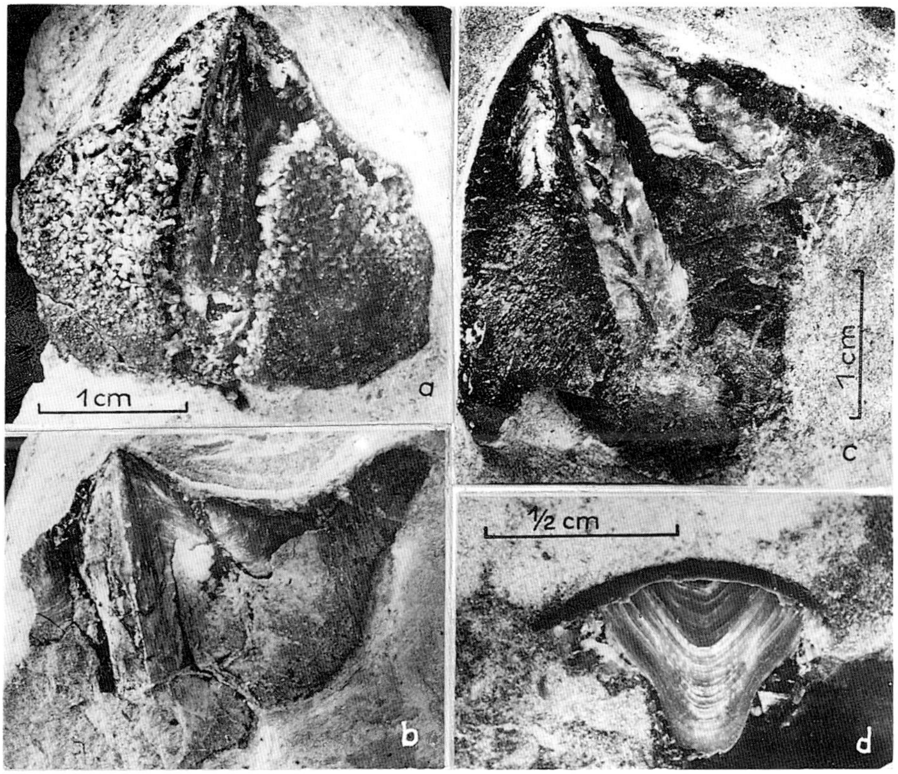

Abb. 154. *Conchorhynchus avirostris* (v. SCHLOTH.), Unterkiefer von *Germanonautilus bidorsatus* (v. SCHLOTH.): a)—c) Ventralseite mit Flügelfortsätzen, d) Anschliff quer zur Längserstreckung im hinteren Bereich der Kaufläche. Ob. Muschelkalk von Württemberg. — Nach A. H. MÜLLER 1963, zusammengestellt.

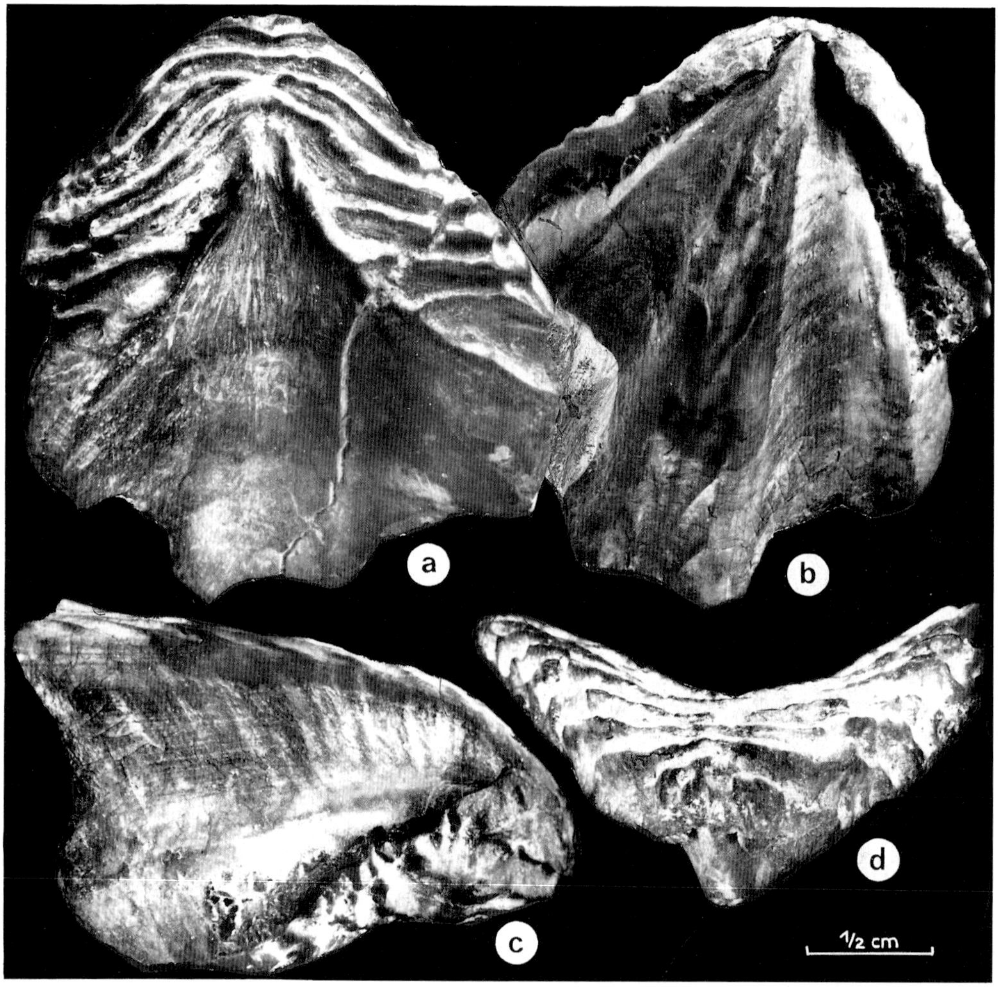

Abb. 155 A. *Conchorhynchus avirostris* (v. SCHLOTH.), verkalktes Mittelstück: a) Kaufläche mit Teil der „Kehle", b) ventral, c) lateral, d) von vorn. Ob. Muschelkalk von Laineck bei Bayreuth. — Nach A. H. MÜLLER 1963.

dem rezenten *Nautilus* dürften auch die Weichteile der meisten übrigen Nautiloidea und der Ammonoidea gehabt haben.

Die **Schale** des rezenten *Nautilus* besteht aus zwei übereinanderliegenden Schichten:

a) der **Porzellanschicht** (außen). Sie wird vom Mantelrand aus sehr dicht aneinandergefügten, milchigweißen bis gelblichen Aragonitkügelchen gebildet. Die Außenseite ist durch Pigmente mit roten oder braunen, geflammten, radial verlaufenden Bändern verziert. Die Dicke der Schicht beträgt ca. ⅓ mm, die der Schale insgesamt etwa 1 mm;

b) der **Perlmutterschicht** (innen). Sie besteht aus feinen, parallel zur Oberfläche verlaufenden, perlmutterglänzenden Aragonitlamellen, die von der Manteloberfläche ausgeschieden werden. Die Perlmutterschicht findet sich deshalb nur im Bereich des Mantels, während die

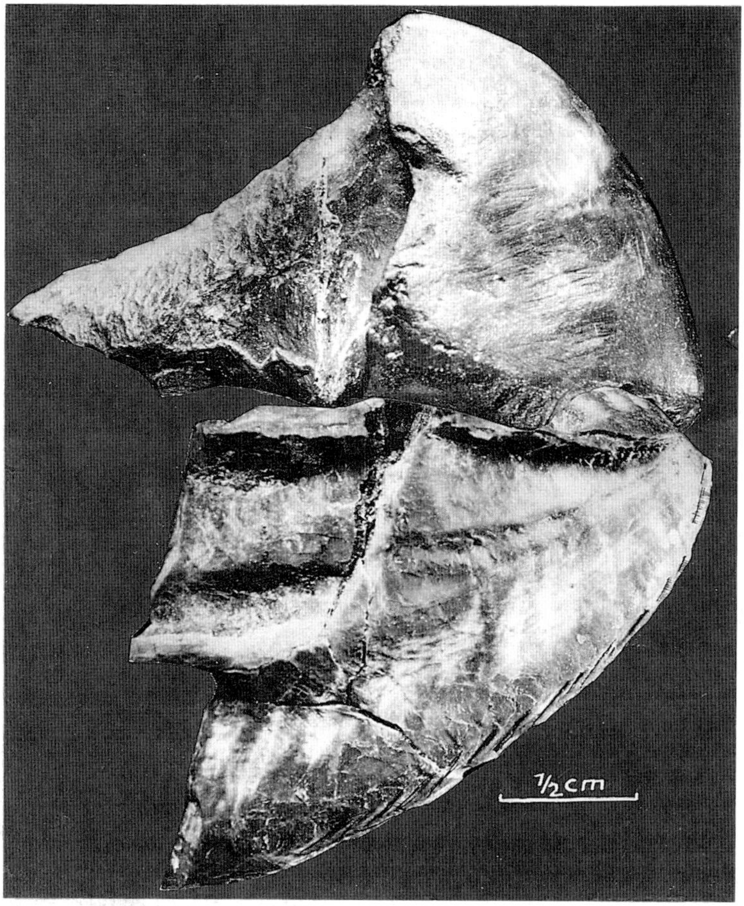

Abb. 155B. Fotomontage der beiden größten, bisher vorliegenden „Kiefer" von *Germanonautilus bidorsatus* (v. SCHLOTH.). Hiervon stammt der „Oberkiefer" aus dem Ob. Muschelkalk (Unt. Ceratitenschichten, mo 2) von Reiser bei Mühlhausen (Thür.), der „Unterkiefer" aus dem Ob. Muschelkalk von Laineck bei Bayreuth. — Nach A. H. MÜLLER 1963.

Bildung der gesamten Porzellanschicht an den Stellen aussetzt, wo sich aufeinanderfolgende Windungen berühren. Hier entsteht dafür die sogenannte **„schwarze Schicht"**, eine durch organische Substanz dunkel gefärbte, von den dorsalen Teilen des Mantels, vermutlich unter Beteiligung der Kopfkappe, ausgeschiedene Lage.

Das Gehäuse von *Nautilus* ist spiral in der Medianebene so eingekrümmt, daß die Ventralseite nach außen zeigt (exogastrische Einkrümmung). Bei anderen Nautiloidea findet sich auch das entgegengesetzte Verhalten, wobei die Ventralseite nach innen zeigt (endogastrische Einkrümmung). Die Embryonalkammer ist fossil nur selten überliefert (Abb. 158).

Die Scheidewände (**Septen**), durch die der hintere Abschnitt des Gehäuses in eine Anzahl Kammern aufgegliedert wird, bestehen nur aus Perlmutterschicht, da sie mit dem Mantelrand überhaupt nicht in Verbindung kommen. Die Septen sind bei den Nautiloidea mit der konkaven Seite in Richtung zur Mündung (procoel) orientiert (Abb. 151b). Sie werden von Öffnungen für

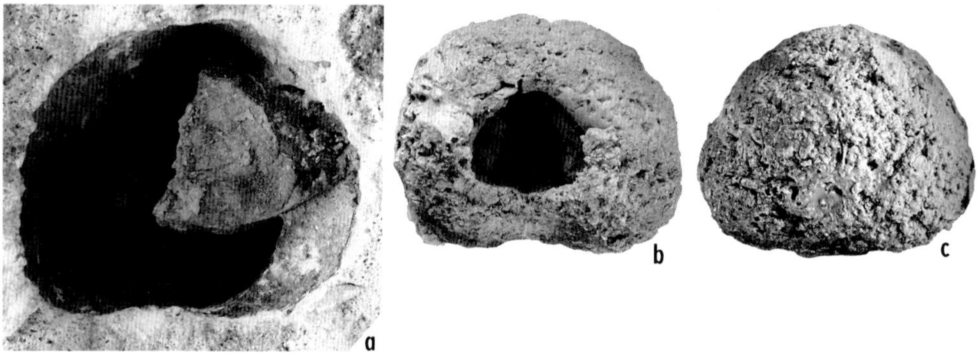

Abb. 156. a) *Rhyncolite hirundo* (Biquet) in situ in dem als Hohlraum erhaltenen Schlundknorpel, Mittl. Trias (Unt. Muschelkalk, Schaumkalk) von Freyburg a. d. Unstrut, L ca. 2,3 cm; b) desgl., Ausguß mit Silikonkautschuk von vorn mit dem vom Rhyncholithen eingenommenen Bereich des Hohlraums; c) desgl. von der Seite. — Nach A. H. Müller 1969.

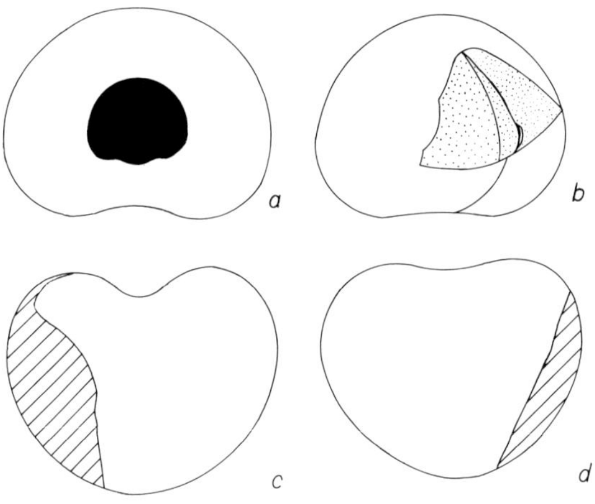

Abb. 157. Wie Abb. 156, Rekonstruktion des als Hohlraum erhaltenen Cephalopodium-Teils, a) von vorn, b) von der Seite (die Spitze des Rhyncholithen zeigt nach rechts = vorn), c) von unten, d) von oben; ergänzte Teile sind schräg schraffiert; Länge ca. 2,3 cm, Breite ca. 2,6 cm, Höhe ca. 2,1 cm. — Nach A. H. Müller 1969.

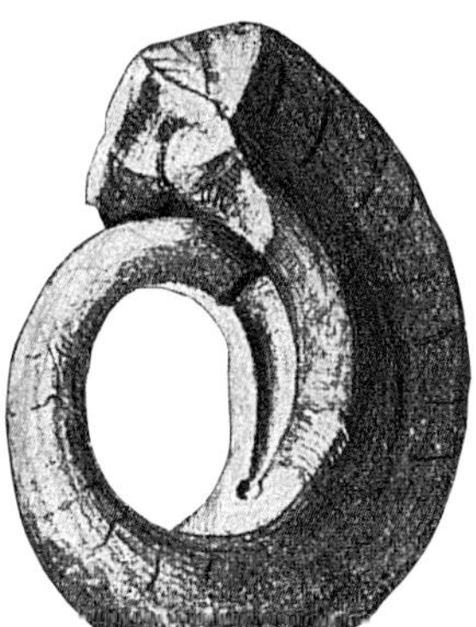

Abb. 158. *Pleuronautilus* sp., mit dem Abdruck der Embryonalkammer. Ob. Trias (Karn, Hallstätter Kalk) von Röthelstein bei Aussee (Salzkammergut). Ca. ¾ nat. Gr. — Nach O. Jaekel, aus O. Abel 1920.

den **Sipho** durchbohrt. An diesen Stellen zeigt die Septenwand eine nach hinten (retrosiphonat) gerichtete, meist trichterförmige Ausstülpung, die **Siphonaldüte** (engl. *septal neck*). In sie paßt die unterschiedlich gestaltete kalkige Hülle des Siphos, die **Siphonalhülle** (engl. *connecting ring*). Sie trägt innen einen dünnen Konchiolinbelag und außen eine feine organische Haut, die auch das Innere der Kammern auskleidet. Sie vermag auf ihrer ganzen Fläche Wasser aufzunehmen.

Im Gegensatz zu den Ammonoidea ist die Ausbildung des Siphonalapparates bei den Nautiloidea sehr variabel (Abb. 159). Er spielt deshalb in der Taxonomie eine bedeutende Rolle. Dabei

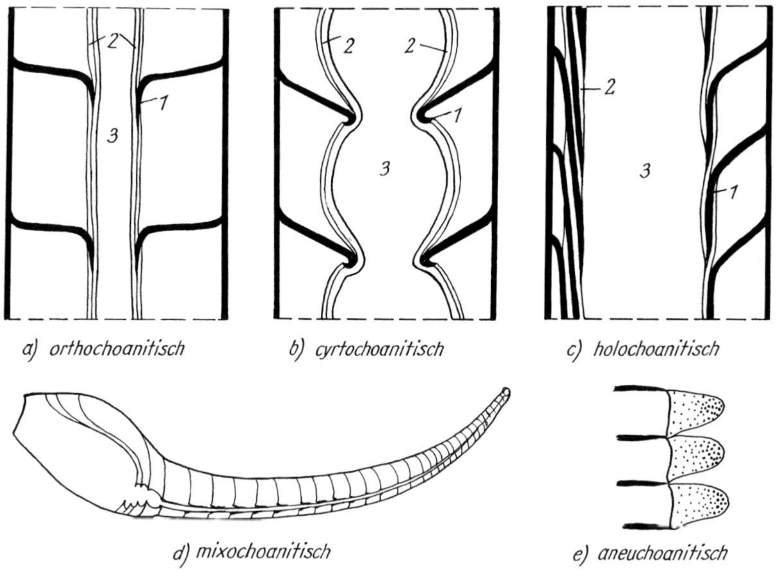

Abb. 159. Die wichtigsten Typen des Siphonalapparates bei den Nautiloidea in Längsschnitten: a) orthochoanitisch, b) cyrtochoanitisch, c) holochoanitisch, d) mixochoanitisch, e) aneuchoanitisch. Bezeichnungen: 1 = Siphonaldüten, 2 = Siphonalhüllen, 3 = Siphonalraum.

unterscheidet man je nach dem Verhalten der Siphonaldüten und der Ausbildung der Siphonalhüllen die nachstehenden Typen:

a) den **orthochoanistischen** (Abb. 159a): Siphonaldüten kurz und gerade, Siphonalhüllen zylindrisch. Beispiel: *Michelinoceras*. Im übrigen findet sich dieser Typ bei fast allen nautiloconen Formen, z. B. im Perm von Nordamerika.
b) den **holochoanitischen** (Abb. 159c): die sehr langen Siphonaldüten reichen zum Teil in das distal folgende Septum und weiter. Beispiel: *Endoceras*.
c) den **cyrtochoanitischen** (Abb. 159b): die relativ kurzen Siphonaldüten sind nach außen umgebogen, die dazwischen verbindenden Siphonalhüllen elliptisch, kugelig oder mützenförmig gestaltet. Der Siphonalapparat zeigt insgesamt ein perlschnurartiges Aussehen. Er findet sich bei fast allen cyrtoconen und orthoconen Vertretern ab Devon. Beispiel: *Actinoceras*.
d) den **mixochoanitischen** (Abb. 159d): zunächst orthochoanitisch, sodann plötzlich cyrtochoanitisch. Beispiel: *Ascoceras*.
e) den **aneuchoanitischen** (Abb. 159e): die außergewöhnlich kurzen Siphonaldüten sind innen mit geraden, dicken Obstruktionsringen besetzt. Beispiel: *Ellesmeroceras*.

Der periphere Rand der Kammerscheidewände wird als **Lobenlinie** bezeichnet. Sie ist bei den Nautiloidea im Gegensatz zu den Ammonoidea (Abb. 470, ferner S. 199ff.) nur schwach differenziert. Neben geradliniger Ausbildung findet sich einfache Wellung verschiedenen Grades. Im letzten Falle nennt man (wie bei den Ammonoidea) die von der Mündung weggerichteten Bögen **Loben,** die zur Mündung verlaufenden **Sättel.**

Die **Gehäusegestalt** vieler Nautiloidea unterscheidet sich von der des rezenten *Nautilus* und seiner Verwandten (Abb. 160). So finden sich neben solchen vom gerade gestreckten, schlanken

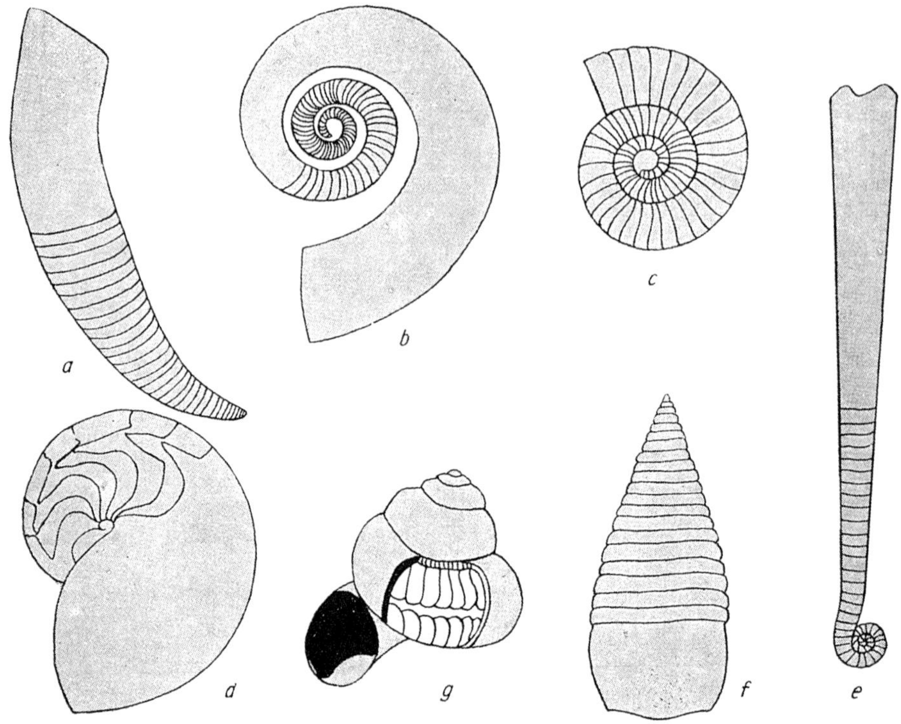

Abb. 160. Die wichtigsten Typen der Gehäusegestalt bei den Nautiloidea. a) cyrtocon, b) gyrocon, c) nautilocon (advolut), d) nautilocon (convolut), e) lituicon, f) brevicon, g) trochicon (torticon). Ohne Maßstab.

und kegelförmigen (orthoconen) Habitus solche mit bogenförmiger Einkrümmung (cyrtocon). Spiral eingekrümmte Gehäuse, bei denen sich die Windungen nicht berühren, werden als gyrocon, solche, deren Windungen sich längs einer Linie berühren (advolut) bzw. überdecken (convolut), als nautilocon bezeichnet. Lituicon ist ein Gehäuse, wenn es nur am Beginn eingerollt, später aber wieder gerade gestreckt verläuft. Von brevicon spricht man dann, wenn es sich um kurze, plumpe, gerade gestreckte Gehäuse von birnenförmiger Gestalt handelt. Mixicone Formen (Abb. 159d) haben ein schlankes, nur schwach gebogenes Anfangsstadium und dann ein kurzes, plumpes Endstadium, das an das brevicone erinnert, in dem aber die Luftkammern dorsal über der Wohnkammer liegen.

Die prozentuale Verteilung der bei den Nautiloidea bekannten Gattungen auf die verschiedenen Formen der Gehäusegestalt ist aus Abb. 161 A, B ersichtlich.

Taxonomisch von besonderer Bedeutung sind organogene kalkige Ausscheidungen im Inneren der Kammern und des Siphonalraumes. Sie wurden einst von Barrande sehr summarisch als „depôts organiques" behandelt und fanden erst in neuerer Zeit vor allem durch H. Schroeder, C. Teichert und R. H. Flower eine eingehende Beschreibung. Danach war das Innere der

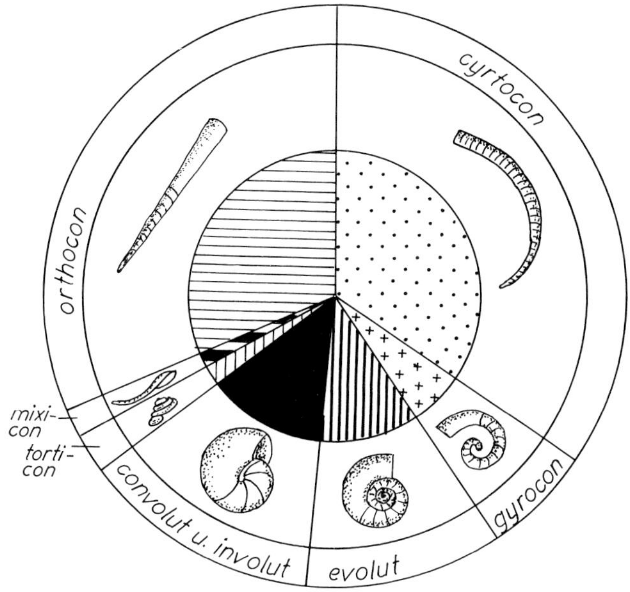

Abb. 161 A. Die prozentuale Verteilung der bei den Nautiloidea bekannten Gattungen auf die verschiedenen Typen der Gestalt. — Nach A. H. MÜLLER 1971.

Kammern ebenso wie die Innen- und Außenseite der Siphonalwand mit Häuten ausgekleidet, zwischen denen über feine siebartige Poren der Siphonalwand Lösungen diffundierten, aus denen sich die kalkigen Einlagen bildeten. — Die im **Inneren des Siphos** vorkommenden organogenen Kalkausscheidungen bezeichnet man als endosiphonal. Sie können sein:

a) **annulosiphonat** (Abb. 162a): ringförmige Gebilde (Obstruktionsringe), die an der Ventralseite des Gehäuses in der Regel dicker sind als dorsal;
b) **actinosiphonat** (Abb. 162b): radial verlaufende Kalkblätter (engl. endisophonal blades), welche an die Blattsepten der Zoantharia erinnern;
c) **endocon** (Abb. 162c): kegelförmige Bildungen (Endosiphonalscheiden), die trichterartig derart ineinander stecken, daß die Spitze zum Apex zeigt.

Die im **Inneren der Kammern** (intracameral) auftretenden Kalkausscheidungen können sein (Abb. 163):

a) **episeptal:** an der in Richtung zur Wohnkammer liegenden Wand des Septums;
b) **hyposeptal:** auf der distal, das heißt in Richtung zur Embryonalkammer liegenden Wand des Septums;
c) **mural:** an der Seitenwand der Kammer.

Hiervon gehen die episeptalen und muralen Bildungen meist ohne Grenze ineinander über, während die weniger stark ausgebildeten hyposeptalen in der Regel deutlich zu erkennen sind. Die Kalkausscheidung im Innern von Sipho und Kammern beginnt an den ersten Kammern und füllt bei den Gehäusen ausgewachsener Vertreter meist weitgehend den Innenraum, während sie in den der Wohnkammer benachbarten Kammern nahezu vollständig fehlen können. In der Regel handelt es sich um eine Wechsellagerung von Lamellen aus Aragonit mit solchen aus einer organischen Substanz. Die intracameralen Kalkablagerungen sind ebenso wie die Obstruktionsringe des Siphonalraumes auf der Ventralseite in der Regel dicker als dorsal. Die Grenze

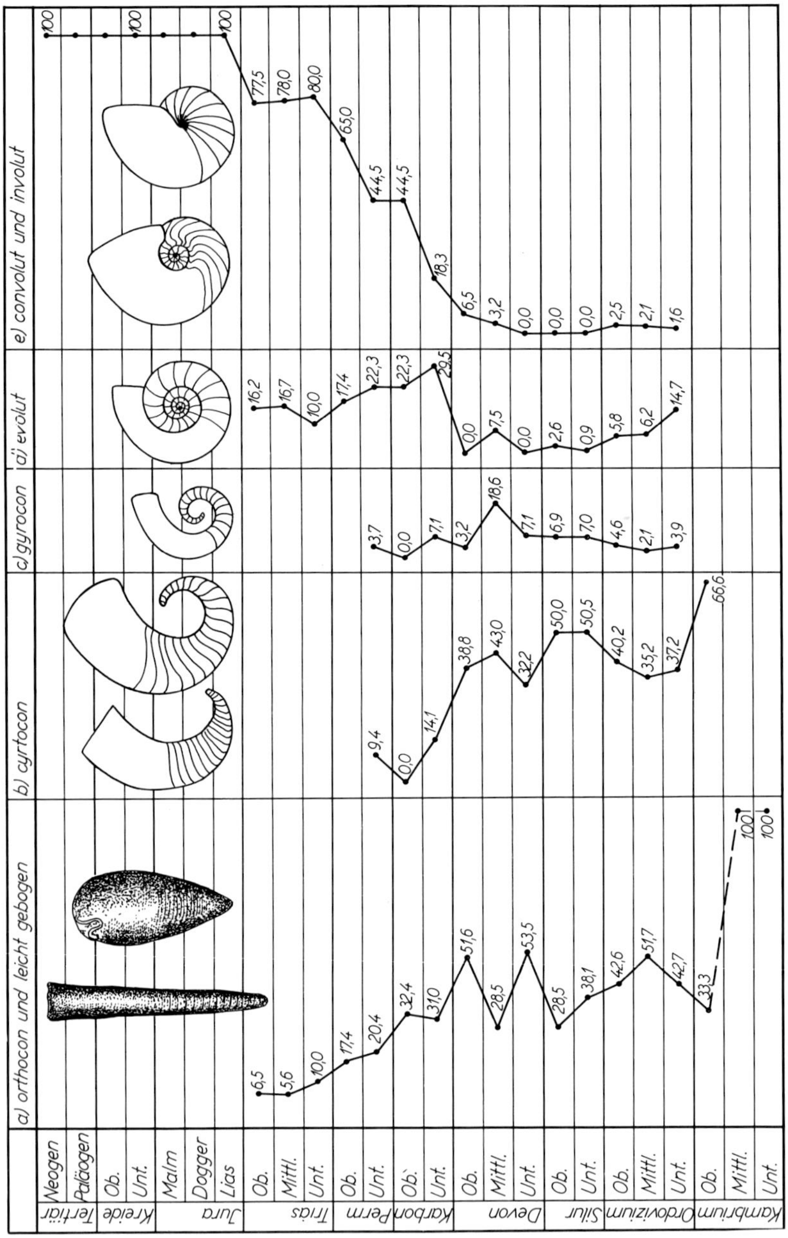

Abb. 161 B. Die prozentuale Verteilung von 701 Gattungen der Nautiloidea auf die angegebenen Zeitabschnitte vom Unterkambrium bis zum Neogen. Die Längsspalte a) enthält die orthoconen, breviconen und ganz leicht gebogenen Vertreter, b) die cyrtoconen, c) die gyroconen, d) die advoluten bzw. die sich nur schwach in den Windungen umfassenden evoluten Formen, d) die convoluten und involuten Gattungen. — Nach A. H. Müller 1971.

zwischen den epi- und hyposeptalen intracameralen Kalkabscheidungen erscheint im Längsschnitt als Linie (Pseudoseptum der älteren Literatur). Abgesehen von seltenen Ausnahmen, fehlen intracamerale Kalkausscheidungen im ältesten adapikalen und im jüngsten adoralen Gehäuseteil. Dies muß taxonomisch ebenso berücksichtigt werden wie die Tatsache, daß sie im älteren Teil des Gehäuses kräftiger entwickelt sind als im jüngeren, und daß die Zahl der auf die

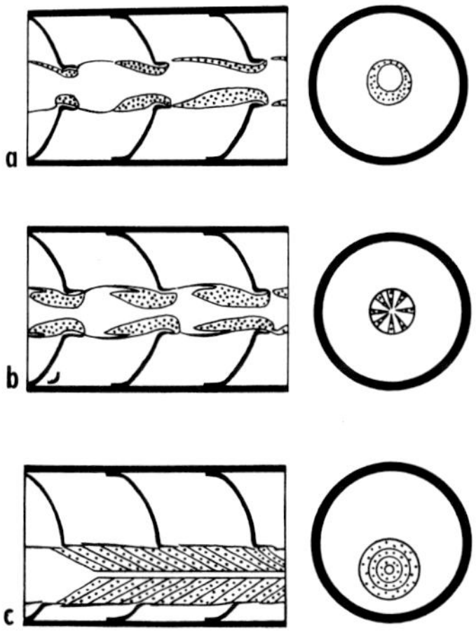

Abb. 162. Schematische Darstellung der bei den Nautiloidea vorkommenden endosiphonalen Kalkausscheidungen: a) annulosiphonat, b) actinosiphonat, c) endocon. Ohne Maßstab. – In Anlehnung an A. G. FISCHER 1952.

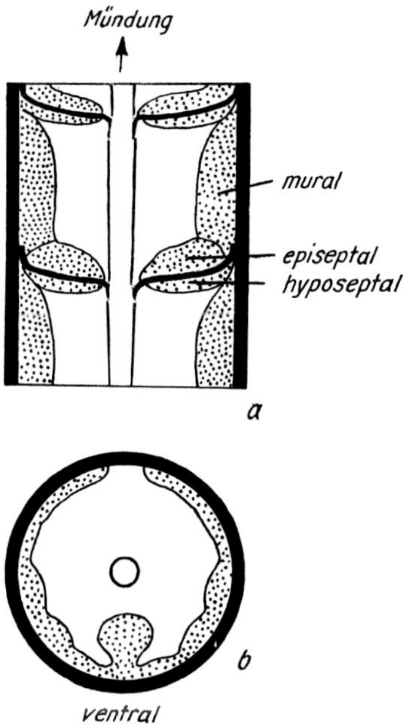

Abb. 163. Schematische Darstellung der in den Kammern der Nautiloidea auftretenden Kalkausscheidungen. a) Längsschnitt, b) Querschnitt.

Wohnkammer folgenden Kammern ohne intracamerale Kalkausscheidungen artkonstant ist. Sie wirkten wie die intrasiphonalen Bildungen sowohl durch ihr Gewicht als durch die Verminderung des Auftriebs als hydrostatisches Organ, das dem Tier eine waagerechte Schwimmlage ermöglichte. Intracamerale Kalkausscheidungen sind bekannt bei den Michelinocerida, Actinocerida, manchen Ellesmerocerida, Oncocerida und Discosorida. Sie fehlen den Endocerida, Tarphycerida und allen übrigen Ordnungen.

4. Zur Physiologie und Lebensweise

Funktionell hat der Phragmoconus dem hydrostatischen Druck zu widerstehen und den Auftrieb des Gehäuses zu regulieren. Dies geschieht durch Regulation der in den Kammern (Interseptalräumen) vorhandenen Flüssigkeit.

Beim rezenten *Nautilus* beträgt der Gasdruck in den Kammern etwa 0,7–0,8 Atmosphären und die Dichte des Weichkörpers (1,068 g/cm³) etwa der des Meerwassers (1,026 g/cm³). Demgegenüber ist die Dichte der Schalensubstanz (2,6 g/cm³) relativ groß. Trotzdem ist nur der letzte Interseptalraum vor der Wohnkammer mit Flüssigkeit gefüllt oder nahezu gefüllt. Die unmittelbar vorhergehenden Kammern enthalten immer weniger; und die Mehrzahl ist frei von ihr (Abb. 164).

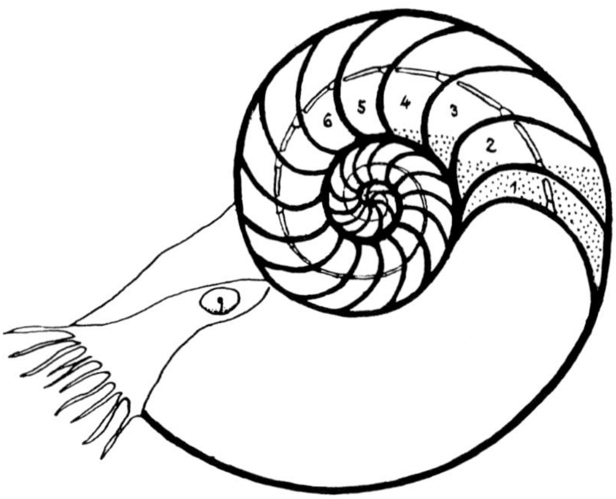

Abb. 164. Schematischer Medianschnitt durch den rezenten *Nautilus* in Lebendstellung; Flüssigkeitsfüllung der Kammern punktiert; D ca. 20 cm. — In Anlehnung an E. J. DENTON 1974.

Bei einem rezenten *Nautilus macromphalus* betrug das Gesamtvolumen der Kammern 88 cm³ und das der darin enthaltenen Flüssigkeit 12,4 cm³ (= 14,1 Volumenprozent). Ein anderes Exemplar enthielt bei einem Kammervolumen von 113 cm³ nur 9,3 cm³ Flüssigkeit (DENTON & GILPIN-BROWN 1966). Im erstgenannten Fall würde die Flüssigkeitsmenge nach HEPTONSTALL 1970 genügen, um den Ausfall der ersten 16 Interseptalräume vor der Bursa embryonalis sowie einer kleinen Zahl der sich daran anschließenden auszugleichen.

Die Flüssigkeit wird, sofern sie unmittelbar mit dem Sipho in Berührung kommt, von diesem abgeleitet. Sonst geschieht dies über die Konchiolin-Haut an den Innenwänden der Kammern, die infolge ihrer Benetzbarkeit die Flüssigkeit wie ein Docht zum Sipho hinaufsaugen. Hinzu kommt, daß durch die schaukelnde, stoßweise Fortbewegung des Tieres die Flüssigkeit auch in den bereits weitgehend entleerten Kammern direkt an den Sipho gelangen kann.

Die Flüssigkeit wird (wie auch bei *Spirula*) aus den neu gebildeten Kammern rasch abgepumpt, so daß zunächst nur wenig Gas in sie zu diffundieren vermag. Der Gasdruck beträgt oft weniger als ½ Atmosphäre. Erst später steigt er allmählich an, bis er sich im Gleichgewicht mit dem Gasdruck des gasausscheidenden Gewebes befindet.

5. Systematik

Während man sich früher im Anschluß an die Untersuchungen von J. BARRANDE über die Nautiloidea aus dem Ordovizium und Silur der Tschechei hauptsächlich auf die äußere Gestalt stützte, wurden später zunehmend die Unterschiede im Bereich des Siphonalapparates verwendet. Dies gilt für die Ausbildung der Siphonalhüllen und Siphonaldüten sowie der in ihnen und in den Kammern befindlichen kalkigen Ablagerungen. Als erster unterschied HYATT nach dem Bau der Siphonaldüten und der Siphonalhüllen ortho-, holo-, cyrto-, schisto- und mixochoanitische Formen. Im Verlaufe der Zeit ergab sich aber vor allem durch Dünnschliffuntersuchungen die Unhaltbarkeit dieser Klassifikation. Es zeigte sich, daß die so vereinigten Vertreter sehr unterschiedlicher Herkunft sind und phylogenetisch nicht zusammengehören. Wesentliche Fortschritte erzielten u. a. R. H. Flower, B. Kummel, V. N. Shimanskiy, C. Teichert und F. A. Zhuravleva. Nachstehend werden vor allem in Anlehnung an Teichert et al. (1964) folgende Ordnungen unterschieden:

a) **Ellesmerocerida** Flower 1950: Ob. Kanbrium — Ob. Ordovizium, ? Ob. Silur;
b) **Endocerida** Teichert 1933: Unt. — Ob. Ordovizium, ? Mittl. Silur;
c) **Actinocerida** Teichert 1933: Unt. Ordovizium — Ob. Karbon;
d) **Orthocerida** Kuhn 1940: Unt. Ordovizium — Ob. Trias;
e) **Ascocerida** Kuhn 1949: Mittl. Ordovizium — Ob. Silur;
f) **Oncocerida** Flower 1950: Mittl. Ordovizium — Unt. Karbon;
g) **Discosorida** Flower 1950: Mittl. Ordovizium — Mitt. (? Ob.) Devon;
h) **Tarphycerida** Flower 1950: Unt. Ordovizium — Ob. Silur;
i) **Barrandeocerida** Flower 1950: Mittl. Ordovizium — Mittl. Devon;
k) **Nautilida** Agassiz 1847: Unt. Devon — rezent.

Ordnung **Ellesmerocerida** Flower 1950

Kleinwüchsige, meist endogastrisch leicht gekrümmte, seltener orthocone Vertreter mit dicht stehenden Kammerscheidewänden, relativ weitem, meist randlich gelegenem, röhrenförmigem Sipho und, falls vorhanden, sehr kurzen Siphonaldüten. Eigentliche endosiphonale Strukturen fehlen. Der Siphonalraum ist jedoch gelegentlich durch Scheidewände gegliedert. Meist sind dicke, oft komplexe Siphonalhüllen ausgebildet. Es handelt sich wahrscheinlich um die ältesten und primitivsten Nautiloidea, zu denen alle bisher bekannten Vertreter des Kambrium und die Mehrzahl aus dem Tremadoc gehören. Kennzeichnend ist die für Stammgruppen charakteristische breite Variation der Gehäusemorphologie. — Ob. Kambrium — Ob. Ordovizium, ? Ob. Silur; oberhalb des Tremadoc selten (Abb. 165 A).

Plectronoceras Ulrich & Foerste 1933: Ob. Kambrium von China (Abb. 166a, b).

Das kleinwüchsige, nur ca. 1 cm lange Gehäuse ist leicht gekrümmt und breiter kegelförmig als *Volborthella* gestaltet. Wie bei dieser stehen die Kammerscheidewände sehr eng, so daß drei bis vier auf 1 mm kommen. Siphonaldüten kurz, leicht nach außen gebogen, variabel von orthochoanitisch zu cyrtochoanitisch. — Es handelt sich um die ältesten unzweifelhaften Vertreter der Nautiloidea.

Ellesmeroceras Foerste 1921: Unt. Ordovizium (Tremadoc) von China, Sibirien, N-Amerika (weit verbreitet) und ? Australien.

Das orthocone, aneuchoanitische bis orthochoanitische Gehäuse ist meist seitlich abgeflacht. Suturen mit flachem Laterallobus. Siphonalhüllen dick, mit feinkörniger Innenzone.

Stellung unsicher:

Volborthella F. Schmidt 1888: Unt. Kambrium, u. a. von Skandinavien, Estland, Kanada, Australien; Mittl. Kambrium von Europa (Tschechei, Polen) (Abb. 166c).

Das ca. ½ cm lange, schlanke und kegelförmige Kalkgehäuse hat außerordentlich engständige Scheidewände. Leider ist die Erhaltung des engen und zentral gelegenen Siphonalapparates (?) derart schlecht, daß der taxonomisch wichtige Bau der Siphonaldüten und -hüllen bisher noch nicht aufgeklärt werden konnte. Manche Autoren (z. B. E. L. Yochelson, K. Bandel 1983) lehnen deshalb eine Zugehörigkeit von *S.* ebenso wie die von *Salterella* zu den Cephalopoden überhaupt ab. O. H. Schindewolf betrachtet die Volborthellen als eine Art erfolgloser Vor- und

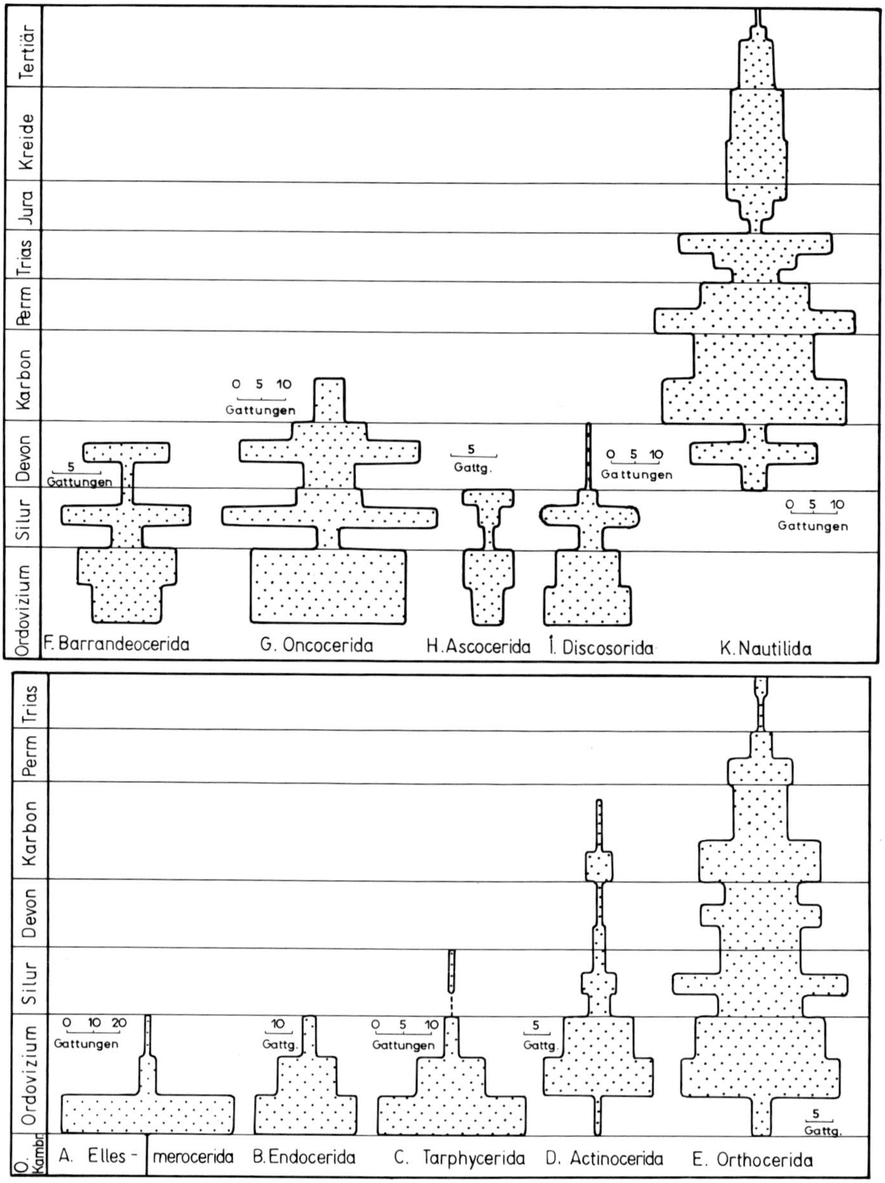

Abb. 165. A. Die zahlenmäßige und zeitliche Verteilung von 64 Gattungen der Ellesmerocerida, B. Desgl. für 60 Gattungen der Endocerida, C. Desgl. für 38 Gattungen der Tarphycerida, D. Desgl. für 34 Gattungen der Actinocerida, E. Desgl. für 114 Gattungen der Orthocerida, F. Desgl. für 35 Gattungen der Barrandeocerida, G. Desgl. für 148 Gattungen der Oncocerida, H. Desgl. für 13 Gattungen der Ascocerida, I. Desgl. für 46 Gattungen der Discosorida, K. Desgl. für 165 Gattungen der fossil vertretenen Nautilida. — Nach A. H. Müller 1970.

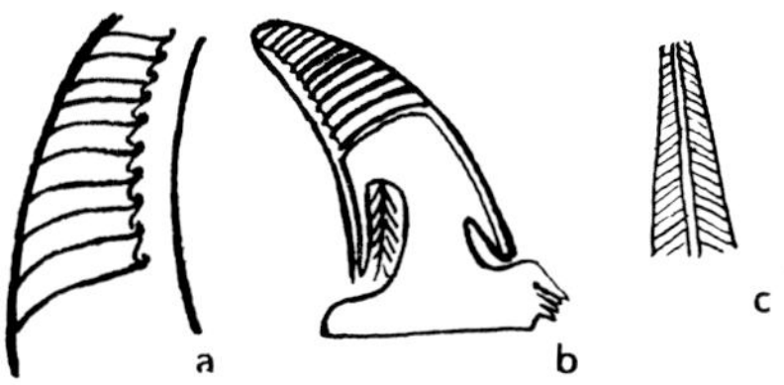

Abb. 166. a) *Plectronoceras* sp., schematischer Längsschnitt; Ob. Kambrium von China. Ca. 4/1 nat. Gr.; b) Rekonstruktion von *Plectronoceras*. Dem sehr kleinen und dicht gekammerten Gehäuse fehlten ebenso wie bei *Volborthella* Auftrieb und Schwebfähigkeit. Die Tiere lebten vermutlich benthisch, wobei sie das Gehäuse nach Art der Schnecken auf dem Rücken trugen. Der Fuß war allem Anschein nach noch als Kriechsohle ausgebildet. Ca. 2/1 nat. Gr.; c) *Volborthella tenuis* SCHMIDT, Unt. Kambrium des Ostseegebiets. Ca. 4/1 nat. Gr. — Nach O. H. SCHINDEWOLF.

Versuchsform („Vorpostenform"), die stratigraphisch völlig isoliert steht und aus der gleichen Wurzel stammen soll, aus der die späteren Cephalopoden hervorgegangen sind.

Salterella BILLINGS 1861: Unt. Kambrium von N-Amerika, England und Asien (Abb. 167).

Das ca. 1 cm lange, schlanke Kalkgehäuse ist meist gerade gestreckt, weniger häufig schwach gekrümmt. Zentral findet sich eine Röhre (? Sipho), der die stark konischen, engständigen Querwände (? Septen) durchquert. Letztere werden mit zunehmender Entfernung vom Apex randlich dicker. Die Querwände bestehen zum Teil aus detritischen Quarzkörnern.

Abb. 167. *Salterella conulata* CLARK, Längsschnitt (schematisch); Unt. Kambrium; L ca. 2,8 cm. — Nach T. H. CLARK 1925.

Ordnung **Endocerida** TEICHERT 1933

Es handelt sich vornehmlich um langgestreckte orthocone, mittel- bis sehr großwüchsige Nautiloidea mit weiträumigem, meist holochoanitischem Siphonalapparat von röhrenförmiger bis kegelförmiger Gestalt, dessen Inneres in der Regel mit organogenen Kalkablagerungen in Gestalt von Endosiphonalscheiden ausgefüllt ist. In einem Falle (*Hudsonoceras*) enthält der Sipho horizontale Böden (Diaphragmen). Die Endosiphonalscheiden sind wahrscheinlich verkalktes Endosiphonalgewebe und keine Absonderungen des Mantels. Im Laufe der Stammesgeschichte werden die Siphonaldüten immer länger. Neben den schlanken, orthoconen Formen finden sich (seltener) brevicone mit schwacher endogastrischer Einkrümmung. Einige Vertreter aus dem Unt. Ordovizium unterscheiden sich von den Ellesmerocerida, aus denen sie hervorgegangen sind, lediglich durch das Vorhandensein von Endosiphonalscheiden.

Zu dieser Ordnung, die nur eine sehr kurze Existenzdauer hat, gehören die größten bisher bekannten orthoconen Nautiloidea mit einer Länge bis zu ca. 9 m. Häufig sind nur die Siphonen erhalten. Die Art und Weise, wie sich die Kammern und die den Siphonalraum füllenden Kalkausscheidungen bei einem höher differenzierten Vertreter der Endocerida bilden, ist aus Abb. 168 ersichtlich. — Unt. — Ob. Ordovizium, ? Mittl. Silur mit mindestens ca. 63 Gattungen (Abb. 165b).

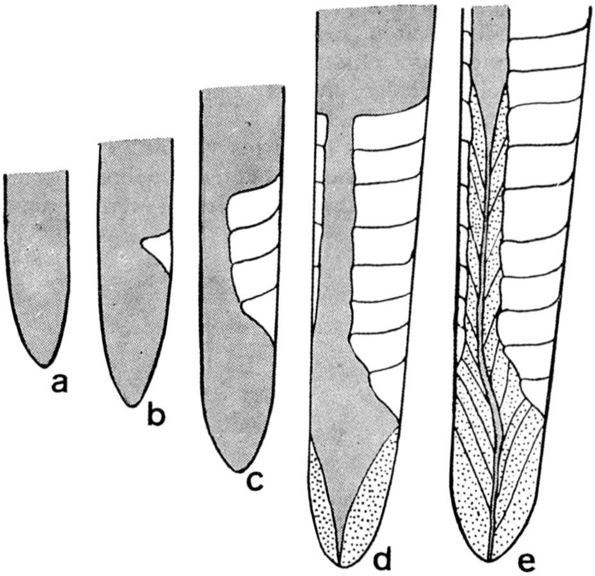

Abb. 168. Schematische Längsschnitte durch verschiedene Wachstumsstadien eines höher differenzierten Vertreters der Endocerida. Die Zeichnungen gründen sich im wesentlichen auf *„Vaginoceras“ oppletum* Ruedemann. — a) Frühes, noch ungekammertes Stadium; b)—c) spätere, schwach gekammerte Stadien, die noch keine Endosiphonalscheiden aufweisen; d) älteres, stärker gekammertes Individuum nach Anlage der ersten Endosiphonalscheide; e) ausgewachsene Form, deren Siphonalraum bereits weitgehend mit Endosiphonalscheiden ausgefüllt ist. Bei d) und e) wurde jeweils nur die hintere Hälfte des Gehäuses abgebildet. — Signaturen: gerastert = Weichkörper; punktiert = Endosiphonalscheiden; weiß = Kammern. — Nach R. H. Flower 1955, umgezeichnet.

Proterocameroceras Ruedemann 1905: Unt. Ordovizium (Tremadoc — Mittl. Llandeilo) von N-Amerika, Grönland, Sibirien und NW-Australien.

Primitivste Endocerida mit langgestrecktem Gehäuse, dessen aneuchoanitischer Sipho zentral liegt und apikal nicht verbreitert ist. Siphonaldüten von unterschiedlicher Länge; Siphonalhüllen dick, mit körnig ausgebildeter Außenschicht. Es handelt sich um Abkömmlinge der Ellesmerocerida, von denen sie durch das Fehlen von Diaphragmen und das Vorhandensein von Endosiphonalscheiden abweichen. Kammern niedrig.

Piloceras Salter 1859: Unt. Ordovizium von Schottland, Norwegen, N-Amerika und Australien (Abb. 169a).

Das rasch im Querschnitt zunehmende brevicone, meist mit ringförmigen Rippen bedeckte Gehäuse ist relativ groß und seitlich abgeflacht. Sipho zentral, groß, im höheren Bereich mit einfachen Endosiphonalscheiden.

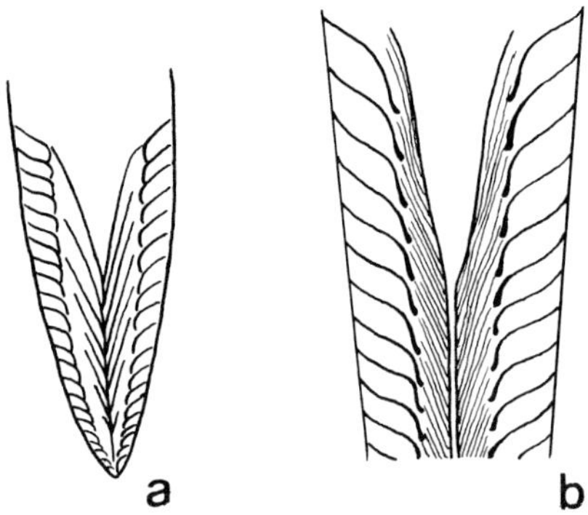

Abb. 169. a) *Piloceras amplum* DAWSON, etwas schematisierter Längsschnitt; b) *Endoceras* sp., schematisierter Längsschnitt. — Nach R. H. FLOWER, umgezeichnet.

Endoceras HALL 1847: Mittl. — Ob. Ordovizium von N-Amerika, Sibirien, N-Europa und O-Asien (Abb. 169b).

Die Siphonaldüten erstrecken sich mindestens bis zur vorhergehenden Kammerscheidewand und werden innen von der Siphonalhülle überkleidet, die oft mit einem „Nadelöhr" versehen ist. Hierunter versteht man einen ringförmig differenzierten Bereich am adapikalen Ende der Siphonalhüllen, der nach FLOWER (1927) mit der inneren, feinkörnigen Zone in den Obstruktionsringen von *Ellesmeroceras* identisch sein soll. Im übrigen ist der sehr weite und lateral liegende Siphonalraum mit Siphonalscheiden gefüllt, durch die axial im allgemeinen der Endosiphonalkanal verläuft. Gehäuse lang, orthocon.

Ordnung **Actinocerida** TEICHERT 1933

Es handelt sich um überwiegend orthocone, meist relativ großwüchsige, bis ca. 6 m lange Vertreter, deren cyrtochoanitischer Sipho mit kompliziert gebauten organogenen Kalkausscheidungen gefüllt ist (Abb. 170—171). Darin finden sich in der Umgebung der Siphonaldüten, die

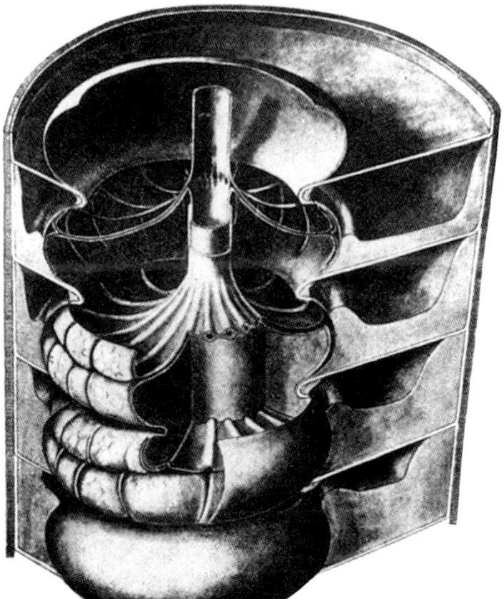

Abb. 170. Rekonstruktion zum inneren Aufbau eines *Actinoceras*, um die in den Kammern und im Siphonalraum vorhandenen Kalkausscheidungen zu zeigen. Der relativ dicke Sipho wird zentral vom Endosiphonalkanal durchzogen, von dem im Bereich jeder Kammer ein kompliziertes System von Radialkanälen ausgeht. Diese münden außen in einem Ringkanal, dem Perispatium. Etwas vergrößert. — Nach C. TEICHERT.

Abb. 171. Längsschnitt (b) durch den gekammerten Gehäuseabschnitt (a) eines Vertreters der Actinocerida, um die Siphonalhüllen sowie die nach hinten größer werdenden Obstruktionsringe zu zeigen. Silur der Tschechei. Ca. 4/5 nat. Gr.

stets umgeschlagen und der Unterseite der Septen angelagert sind, die sog. Radialkanäle. Diese ziehen radial von dem zentral gelegenen Endosiphonalkanal nach außen. Der Sipho enthielt also ein Gefäßsystem, das bereits zu Lebzeiten des Tieres in verkalktes Bindegewebe eingebettet war und so erhalten werden konnte. Auch im Innern der Luftkammern finden sich organogene Kalkausscheidungen. Diese bedecken z. B. die Böden der Kammern und bilden in der Nähe der Siphonaldüten ringförmige Einlagerungen (Obstruktionsringe). Die im Unt. Ordovizium offensichtlich sehr rasch erreichte Grundorganisation des Siphonalapparates wurde dann im Verlaufe der relativ langen Entwicklungsgeschichte nur noch wenig verändert. Der Sipho zeigt sich dabei in randlicher Lage, außerdem ziemlich dick. Auch die übrigen Merkmale wurden nur unwesentlich betroffen; dies gilt insbesondere für die Skulptur und den spitzen Apikalwinkel des Gehäuses. Die Radialkanäle münden in einem Hohlraum, dem Perispatium, das in der Nähe der jeweiligen Siphonalhülle liegt. — Unt. Ordovizium — Ob. Karbon mit ca. 35 Gattungen. Das Maximum der Formenmannigfaltigkeit liegt im Mittl. Ordovizium (Abb. 165 D).

Polydesmia LORENZ 1906: Unt. Ordovizium von Mittel- und Ostasien (Abb. 172).

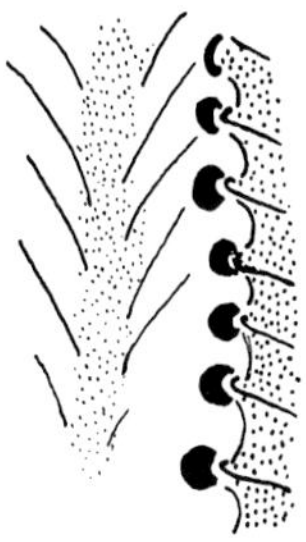

Abb. 172. *Polydesmia canaliculata* LORENZ, Unt. Ordovizium von Shantung. Ca. nat. Gr. — Aus E. BASSE 1952.

Primitivste, sehr eigentümlich gebaute orthocone Actinocerida mit kreisförmigem Querschnitt und großem, etwa zentral verlaufendem Sipho. Siphonaldüten meist sehr kurz, regelmäßig gekrümmt; sonst lang. Siphonalsegmente breit scheibenförmig, ziemlich kurz. Siphonalhüllen stark im Konnex mit dem adoral folgenden Septum. Endosiphonalkanal leicht exzentrisch. Radialkanäle sehr lang. Sie verlaufen schief mindestens über den Bereich zweier Kammern, bevor sie auf das Perispatium unter den Siphonaldüten treffen.

Actinoceras BRONN 1835: Mittl. — Ob. Ordovizium von N-Amerika, Grönland, N-Europa, Sibirien und O-Asien; vor allem in den Randmeeren der nördlichen Festlandsschilde (Abb. 170).

Gehäuse orthocon, großwüchsig, mit stumpfem Apex. Querschnitt meist kreisförmig. Sipho groß, weiträumig, mehr oder weniger zentral, mit hochdifferenziertem Gefäßsystem.

Die distal das Innere des Siphonalraumes füllenden organogenen Kalkausscheidungen gehen von Kalzifikationszentren an den Siphonaldüten aus, von wo sie unter Bildung von Obstruktionsringen zentripetal nach innen wachsen. In ähnlicher Weise bilden sich auch im Inneren der Kammern vor allem epi- und hyposeptale Kalkausscheidungen. Deren Umfang nimmt in dem Maße zu, wie sich der Mantelsack des Tieres vom Apex entfernt.

Ordnung **Orthocerida** KUHN 1940
(Michelinocerida FLOWER 1950)

Überwiegend orthocone, seltener leicht eingekrümmte, hauptsächlich orthochoanitische Nautiloidea mit kreisförmigem Gehäusequerschnitt und relativ engem, etwa zentral gelegenem Sipho. Die Kammerscheidewände stehen weit auseinander. Hinsichtlich Gestalt und Ausbildung des Siphonalapparates weisen besonders die ältesten Vertreter aus dem tieferen Ordovizium eine größere Labilität auf, die sich vor allem darin zeigt, daß die Siphonaldüten nach außen umgeschlagen und die Siphonalhüllen aufgebaucht sind (cyrtochoanitisch). In dieser Zeit der Labilität lassen sich die beiden Ausbildungsformen des Sipho (ortho- und cyrtochoanitisch) taxonomisch noch nicht mit Sicherheit verwerten. Eine Stabilität bildet sich erst später heraus. Dabei vollzogen sich aber im Laufe der sehr langen Stammesgeschichte nur noch verhältnismäßig geringe Veränderungen. Kammern sowie Sipho können Kalkausscheidungen enthalten (Abb. 173), die in Schnitten senkrecht zur Längserstreckung des Gehäuses eine bilateralsymmetrische Anordnung zeigen.

Bei manchen Formen, so z. B. bei *Michelinoceras curtum* (Silur), wurden die hinteren

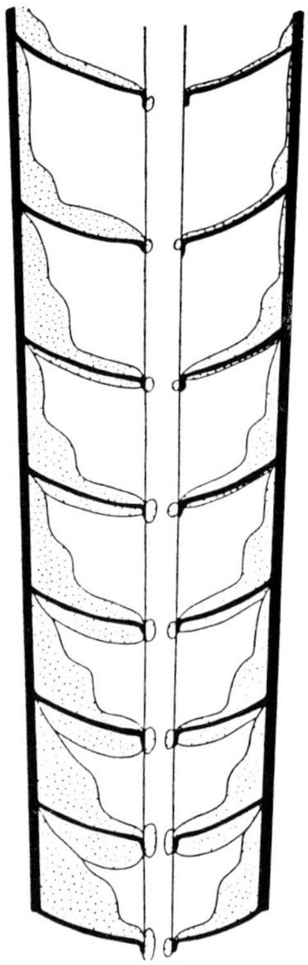

Abb. 173. Dorsoventraler Längsschnitt durch den gekammerten Teil eines zu den Orthocerida gehörenden Vertretern, der Obstruktionsringe im Siphonalraum sowie Kalkausscheidungen im Inneren der Kammern aufweist. Am stärksten ist die Ausbildung der Kalkeinlagerungen ventral und am apikalen Ende, ein Beweis dafür, daß das Gehäuse beim Schwimmen horizontal orientiert war. Ca. nat. Gr. — Nach R. H. Flower 1957.

Kammern abgestoßen und die Bruchstellen durch sekundäre Schalensubstanz überkleidet. Vermutlich war hier das Gehäuse zumindest teilweise vom Mantel oder von Armen umfaßt, eine Erscheinung, die offenbar als Ausdruck der stammesgeschichtlichen Tendenz zur Verlagerung der Schale in das Innere zu werten ist, aber nur bei den Dibranchiata völlig erreicht wurde. Das Gehäuse war beim Schwimmen wahrscheinlich horizontal orientiert, da bei manchen Vertretern einseitige dorsale Farbmuster gefunden wurden (Abb. 174), während die Unterseite (Ventralseite) stets frei davon blieb. — Unteres Mittl. Ordovizium — Ob. Trias mit ca. 125 Gattungen; Maximum der Formenmannigfaltigkeit im Mittl. Silur (Abb. 165E).

Orthoceras Bruguière 1789: Mittl. Ordovizium von N-Europa.

Gehäuse meist orthocon, spitzkonisch; seltener leicht exogastrisch cyrtocon. Sipho orthochoanitisch, ohne Kalkausscheidungen, mehr oder weniger zentral bis leicht ventral verlagert. Oberfläche mit einem Netzwerk feiner Streifen.

Michelinoceras Foerste 1932: Unt. Ordovizium — Ob. Trias (Nor), weltweit verbreitet (Abb. 174a, b; 175a).

Gehäuse lang, orthocon, spitzkonisch bis fast zylindrisch, mit sehr langer Wohnkammer; Oberfläche geringelt.

Windungsquerschnitt rund. Septenabstand groß. Sipho mehr oder weniger zentral, ohne Kalkausscheidungen. Siphonaldüten gerade. Siphonalhüllen zylindrisch. Kammern mit gut ausgebildeten hypo- und episeptalen Kalkausscheidungen. — Beispiel für eine sehr lange existierende Gattung (ca. 280 Mill. Jahre).

Leurocycloceras Foerste 1928: ? Mittl. Ordovizium, Ob. Ordovizium von Estland, Mittl. Silur von Europa und N-Amerika (Abb. 175b).

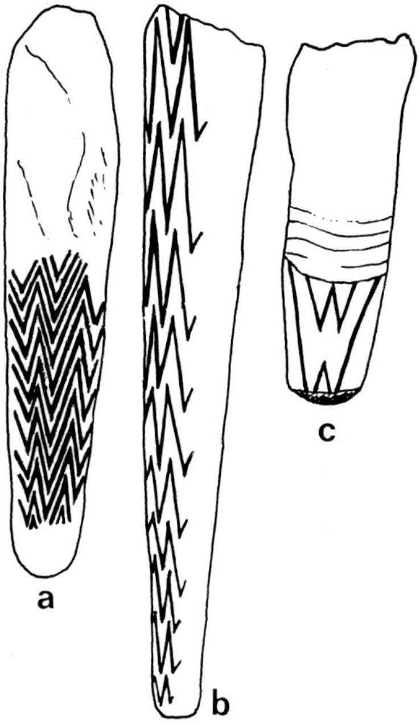

Abb. 174. Farbmuster auf der Schale von Nautiloidea: a) *Michelinoceras ? anguliferum alpenense* FOERSTE, Devon von Michigan (USA), L ca. 8,6 cm; b) *Michelinoceras ? anguliferum* (D'ARCHIAC & DE VERNEUIL), Devon von Mitteleuropa, L ca. 9,2 cm; c) *Hedstroemoceras haelluddenense* FOERSTE, Ordovizium von Schweden, L ca. 6 cm. — Nach A. F. FOERSTE (a) und J. BARRANDE 1865—1877, umgezeichnet.

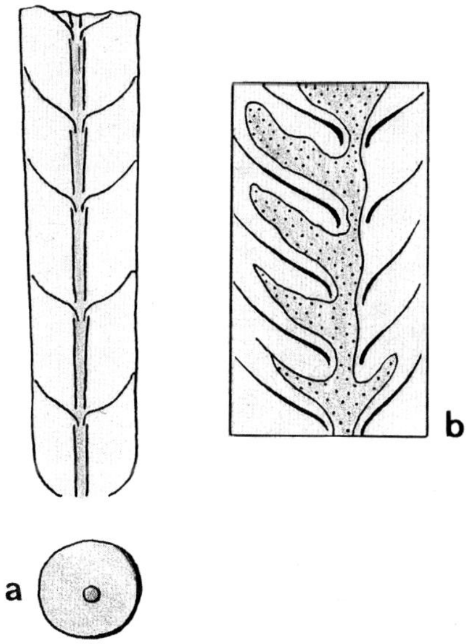

Abb. 175. a) *Michelinoceras michelini* BARR., Silur der Tschechei. Ca. nat. Gr.; b) *Leurocycloceras bucheri* FLOWER, Silur von Indiana. Längsschnitt durch einen Teil des Gehäuses, um die Kalkausscheidungen im Inneren der Kammern sowie des Siphonalraumes zu zeigen. — Aus E. BASSE 1952.

Gehäuse lang, orthocon, spitzkonisch. Oberfläche flach geringelt oder fast glatt. Septen asymmetrisch gekrümmt. Sipho exzentrisch. Siphonaldüten kurz und gerade. Siphonalhüllen fehlen offenbar. Inneres der Kammern mit organogenen Kalkausscheidungen, die gelegentlich mit denen benachbarter Kammern durch Obstruktionsringe der Siphonaldüten in Verbindung stehen. Die Kalkausscheidungen der Kammern haben eine radiale Struktur und sind außen mit zahlreichen feinen Rinnen bedeckt. Die Obstruktionsringe erstrecken sich seitlich unter Verbreiterung und Ausdünnung oft weit in das Innere der Kammern.

Clinoceras MASCKE 1876: Mittl. Ordovizium von N-Europa.

Gehäuse spindelförmig (fusiform), leicht cyrtocon, am Vorderende der Wohnkammer verengt. Siphonalapparat cyrtochoanitisch, fast zentral (leicht zur Dorsalseite verlagert). Sipho offenbar ohne Kalkausscheidungen. Aus *Cl.* oder einer nahestehenden Form sind vermutlich die Ascocerida hervorgegangen.

Ordnung **Ascocerida** KUHN 1949

Das mixochoanitische Gehäuse ist zweigestaltig; zunächst schlank, schwach eingekrümmt und *Michelinoceras*-ähnlich, mit zylindrischem holochoanitischen Sipho; dann aufgebläht, birnenförmig (Abb. 159d). In diesem Abschnitt sind gewissermaßen Luftkammern und Wohnkammer ineinandergeschoben. Dies geschieht dadurch, daß sich große Teile der neuen Luftkammern dorsal auf die Wohnkammer legen und schrittweise an dieser emporgreifen. Unmittelbar hinter der Wohnkammer ist der Siphonalapparat cyrtochoanitisch. Der *Michelinoceras*-ähnliche Abschnitt wurde vermutlich abgestoßen. Nicht selten finden sich Steinkerne der Wohnkammer allein. Die bei *Ascoceras* erreichte Differenzierung ist, wie R. H. FLOWER (1941) wahrscheinlich machen konnte, das Ergebnis einer langen, kontinuierlichen Entwicklung. — Unteres Mittl. Ordovizium — Ob. Silur mit ca. 13 Gattungen (Abb. 165H).

Ascoceras BARRANDE 1847: Mittl. — Ob. Silur von Europa und N-Amerika (Abb. 176).

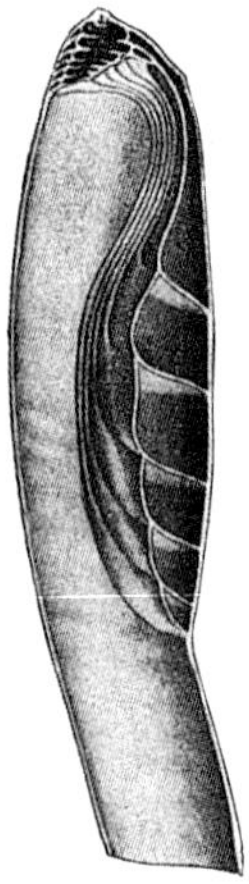

Abb. 176. Schematischer Längsschnitt durch das brevicone Altersstadium von *Ascoceras fistula* LINDSTRÖM, Silur von Gotland. Das schwach cyrtocone, holochoanitische Jugendstadium wurde bereits abgeworfen. Ca. nat. Gr. — Nach LINDSTRÖM.

Der schwach gekrümmte, cyrtocone Anfangsteil enthält eine Anzahl regelmäßig verteilter, weit auseinanderstehender Kammerscheidewände, die durch einen ziemlich dünnen Sipho verbunden werden. Die Siphonaldüten sind relativ lang. Der sack- oder flaschenförmige Altersabschnitt ist zunächst etwas angeschwollen und verengt sich später wieder gegen die einfache, nicht eingebogene Mündung.

Bei *Glossoceras* BARRANDE 1865 (Mittl. — Ob. Silur von Europa) ist im Unterschied zu *Ascoceras* die Mündung durch zungenförmig eingebogene Fortsätze trilobat verengt.

Ordnung **Oncocerida** Flower 1950

Überwiegend cyrtocone, seltener brevicone und nautilocone Vertreter mit primitiver exogastrischer Einkrümmung. Die Mündung ist im Alter meist verengt, wobei ein sog. Trichterschlitz und dorsal zwei, vier oder sechs, wahrscheinlich als Armschlitze dienende Öffnungen verbleiben. Die Ernährung war offenbar microphag, da wegen dieser Verengung vermutlich nur kleinere Nahrungskörper zugeführt werden konnten. Der Siphonalapparat ist im Jugendstadium etwas orthochoanitisch, im Alter cyrtochoanitisch. Sipho überwiegend ventral, bei höher differenzierten Formen, die leicht endogastrisch eingekrümmt sind, gelegentlich zentral. Siphonalhülle im allgemeinen dünn, im Alter gelegentlich verdickt. Endosiphonale Ausscheidungen können in ähnlicher Weise wie bei den Actinocerida auftreten. — Mittl. Ordovizium — Unt. Karbon mit ca. 143 Gattungen; Maxima der Formenmannigfaltigkeit im Mittl. Silur und Mittl. Devon (Abb. 165G).

Oncoceras Hall 1847: Mittl. — Ob. Ordovizium von Europa und N-Amerika.

Gehäuse gekrümmt brevicon, seitlich abgeflacht; hinter der Wohnkammer dicker, zur Mündung hin dünner werdend. Sipho klein, ventral, ohne Kalkausscheidungen.

Trimeroceras Foerste 1926: Mittl. — Ob. Silur von Europa (Abb. 177).

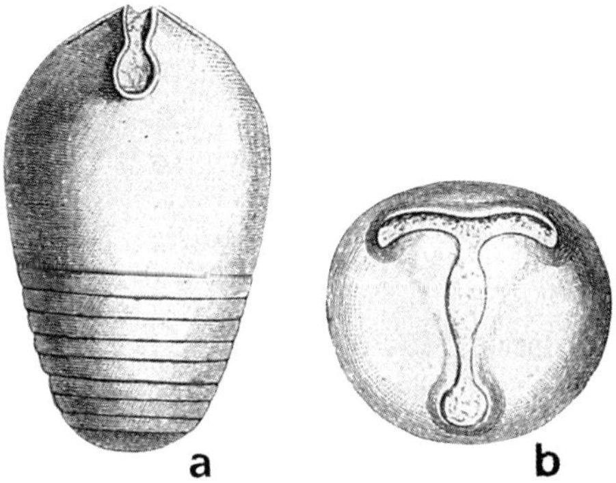

Abb. 177. *Trimeroceras bohemicum* (Barrande), Mittl. Silur der Tschechei, etwa nat. Gr. — Nach K. A. v. Zittel 1915.

Gehäuse brevicon, kurz birnenförmig, mit rundem Querschnitt. Mündung kreuzförmig verengt. Septen folgen sehr dicht aufeinander. Sipho schlank, meist zentral, ohne organogene Kalkausscheidungen.

Jovellania Bayle 1879: Unt. Devon von Europa.

Gehäuse orthocon, schlanker als das sonst ähnliche *Mixosiphonoceras* Hyatt 1900 (? Ob. Ordovizium, Mittl. Silur, ? Unt. Devon von Europa). Siphonalapparat cyrtochoanitisch, nahe der Ventralseite. Siphonaldüten nur schwach ausgebildet. Sehr charakteristisch ist der actinosiphonate Bau, wobei die radialen Längslamellen das Zentrum nicht erreichen und oft unregelmäßig ausgebildet sind. Durch die Längsachse des Sipho verläuft ein Kanal. Gehäuseoberfläche mit ringförmiger Skulptur.

Ordnung **Discosorida** Flower 1950

Mittelgroße bis große, meist brevicone, endogastrisch eingekrümmte, seitlich abgeflachte Vertreter mit weitlumigem cyrtochoanitischen Siphonalapparat. Sipho zentral bis überwiegend ventral. Endosiphonalscheiden, verdickte Siphonalhüllen und komplexe weitere organogene Ausscheidungen sind in der Regel vorhanden, können aber auch fehlen. — Mittl. Ordovizium —

Ob. Devon mit ca. 50 Gattungen; größte Formenmannigfaltigkeit zwischen Mittl. Ordovizium und Ob. Silur (Abb. 165 I).

Discosorus HALL 1852: Mittl. Silur von N-Amerika.

Gehäuse brevicon, kurz, rasch an Dicke zunehmend, nur selten überliefert. Gefunden werden meist die isolierten Siphonen, die aus breit gerundeten, niedrigen Segmenten bestehen. Siphonaldüten kurz. Siphonalhülle im allgemeinen dünn. Siphonalscheiden und Endosiphonalkanal vorhanden.

Phragmoceras BRODERIP 1839: Silur von Europa und N-Amerika (Abb. 178).

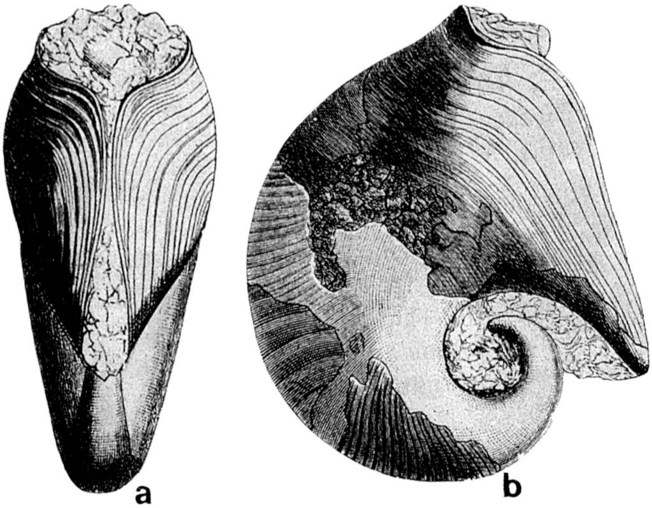

Abb. 178. *Phragmoceras broderipi* BARRANDE, Silur von Lochkov (Tschechei). Ca. ½ nat. Gr. — Nach J. BARRANDE.

Das cyrtocone, seitlich etwas komprimierte, im Querschnitt ovale oder elliptische Gehäuse nimmt rasch an Größe zu. Die Mündung ist T-förmig verengt. Sie zeigt innen (ventral) einen langen und schmalen Trichterschlitz und außen (dorsal) eine einfache, gerundete, querverlaufende Spalte zum Durchtritt der Arme und der Augen. Der dem konkaven Rande genäherte, weite Sipho ist durch radiale Blätter obstruiert.

Ordnung **Tarphycerida** FLOWER 1950

Nautilocone Vertreter mit dicken, komplexen Siphonalhüllen. Der in der Jugend ventral befindliche Sipho kann sich im Alter zentral oder dorsal verlagern. Septen einfach. Siphonaldüten orthochoanitisch. Mündung bei Altersstadien meist modifiziert. — Unt. Ordovizium — Ob. Silur mit ca. 38 Gattungen; Maximum der Formenmannigfaltigkeit im Unt. Ordovizium (Abb. 165 C).

Tarphyceras HYATT 1894: Unt. Ordovizium von N-Amerika, weit verbreitet (Abb. 179a, b).

Die Windungen des *Planorbis*-artigen Gehäuses haben einen nahezu kreisrunden Querschnitt. Der Sipho liegt ventral oder fast zentral.

Discoceras BARRANDE 1867: Mittl. — Ob. Ordovizium von Skandinavien, Baltikum, Kanada und China (Abb. 179c, d).

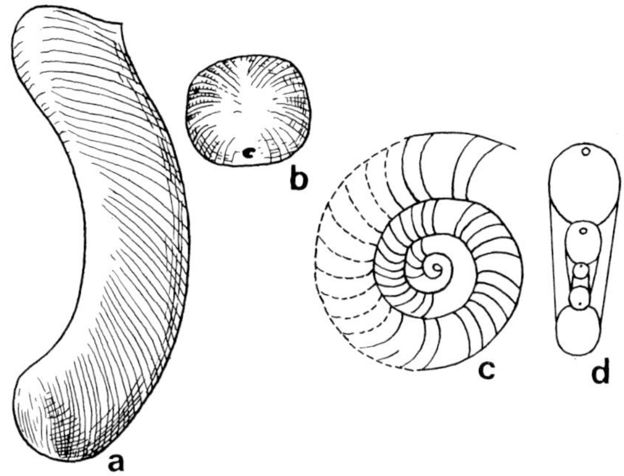

Abb. 179. a) *Tarphyceras seeleyi* (Whitfield), Medianschnitt, Unt. Ordovizium (Tremadoc); b) *Tarphyceras multicameratum* Ruedemann, Querschnitt, Ordovizium. – Nach Ruedemann und Spath; c)–d) *Discoceras antiquissimum* Roemer, Ob. Ordovizium, als Pleistozängeschiebe von Polen. – Nach F. A. Roemer.

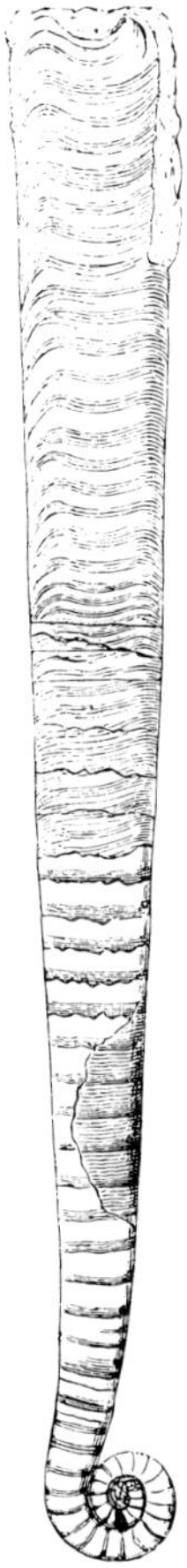

Abb. 180. *Lituites lituus* de Montfort, ordovizisches Geschiebe aus dem Ostseegebiet. Wohnkammer und Mündung sind erhalten. Ca. ⅓ nat. Gr. – Nach F. Noetling.

Windungen evolut, nur wenig an Höhe zunehmend, glatt oder berippt. Sipho der inneren 1½ Windungen zentral, bei den folgenden 1½ bis 2 Windungen fast dorsal, bei den äußeren Windungen adulter Exemplare schließlich dorsal. Siphonalhüllen dick.

Lituites BERTRAND 1763: Mittl. Ordovizium (Llanvirn-Caradoc) von Skandinavien und Ostseegebiet (Abb. 180).

Das Gehäuse ist anfangs planspiral eingekrümmt und scheibenförmig; später löst sich die Röhre ab und wird gerade. Mündung mit Ventralausschnitt und zwei Seitenohren. Der zylindrische Sipho liegt nahe der Innenseite (subdorsal). Die der Wohnkammer adulter Exemplare nahen Kammern mit umfangreichen Kalkausscheidungen.

Ophidioceras BARRANDE 1865: Ob. Silur (Wenlock – Ludlow) von Europa und N-Amerika, weit verbreitet (Abb. 181).

Gehäuse klein, evolut, aus 3–6 Windungen, berippt; ähnlich *Lituites*, doch nur mit kurzem, gerade gestrecktem Abschnitt. Windungen flach, extern zweikielig. Sipho variabel von fast dorsal bis fast ventral. Siphonalhüllen dünn. Mündung im Alter mit tiefen Einschnitten.

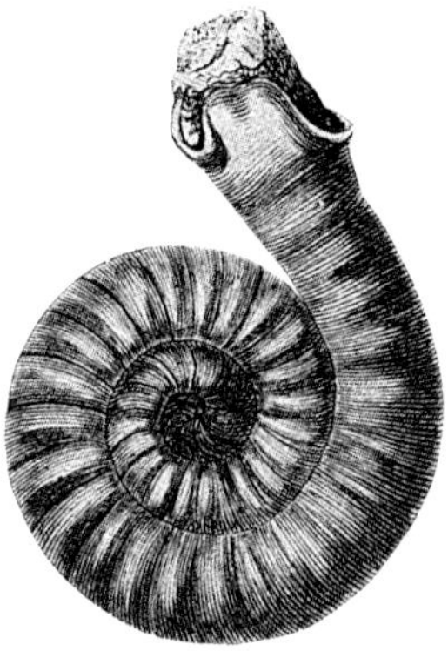

Abb. 181. *Ophidioceras simplex* BARRANDE, Silur (Ludlow) von Lochkov (Tschechei). Ca. nat. Gr. – Nach J. BARRANDE.

Ordnung **Barrandeocerida** FLOWER 1950

Meist mehr oder weniger nauticolon eingekrümmte, aber auch cyrtocone, gyrocone und (selten) torticone Formen, die weitgehend an die Tarphycerida erinnern, im Gegensatz zu diesen aber nur dünne, homogene Siphonalhüllen aufweisen. Der ursprünglich orthochoanitische Sipho enthält keine Kalkablagerungen, wird aber bei höher differenzierten Arten ganz oder teilweise cyrtochoanitisch. – Mittl. Ordovizium – Mittl. Devon mit ca. 37 Gattungen (Abb. 165F).

Barrandeoceras HYATT 1884: Mittl. Ordovizium von N-Amerika.

Gehäuse groß, seitlich abgeflacht, planspiral-evolut. Windungen im Querschnitt oval, berühren sich längs einer Linie, ohne Dorsalfurche; im Alter frei werdend. Sipho bei adulten Formen klein, orthochoanitisch, fast zentral.

Ordnung **Nautilida** AGASSIZ 1847

Überwiegend nautilocone, weniger häufig cyrto- oder gyrocone Nautiloidea, zu denen die Mehrzahl der seit dem Devon nachgewiesenen Gattungen gehören. Im Devon sind neben cyrtoconen und gyroconen Formen nautilocone häufig, die ab Karbon zunehmend, ab Trias allein das Bild beherrschen. – Unt. Devon – rezent mit ca. 165 Gattungen (Abb. 165K).

Oberfamilie **Tainocerataceae** HYATT 1883

Gerade gestreckte, gyrocone und (überwiegend) nautilocone Nautilida mit niedrigen bis quadratischen, selten seitlich abgeflachten Windungsquerschnitten. Als Skulptur finden sich bei den stratigraphisch älteren Formen flügelartige Vorsprünge, Stacheln, Knoten, Rippen oder Krausen, bei den späteren vor allem Rippen und/oder Knoten; doch kann die Skulptur auch vollständig fehlen. Der Sipho liegt bei den frühen Vertretern meist nahe der Ventralseite, bei den späteren in unterschiedlicher Position, häufig aber zentral. Lobenlinie mit sehr flachen Ventral- und Lateralloben. — Unt. Devon — Trias mit ca. 64 Gattungen.

Halloceras HYATT 1884: Unt. Devon von N-Amerika (Abb. 182a).

Gehäuse gyrocon. Windungsquerschnitt fast dreieckig, mit breiter Ventralseite. Oberfläche mit krausenförmigen Vorragungen. Sipho dünn, orthochoanitisch, ventral. — *H.* gehört neben *Ptenoceras* HYATT 1894 (Unt. Devon — Mittl. Devon von Europa und N-Amerika, Abb. 182b—d) und *Trochoceras* zu den ältesten bekannten Nautilida.

Trochoceras BARRANDE 1848: Unt. — Mittl. Devon von Europa (Abb. 183).

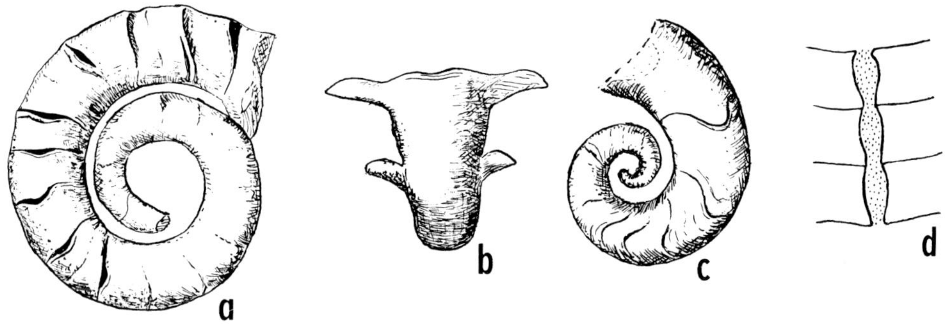

Abb. 182. a) *Halloceras undulatum* (HALL), Unt. Devon von N-Amerika (New York), D ca. 13 cm; b)—d) *Ptenoceras alatum* (BARRANDE), Unt. Devon der Tschechei, D von c) ca. 7 cm, d) Sipho im Längsschnitt. — In Anlehnung an die genannten Autoren.

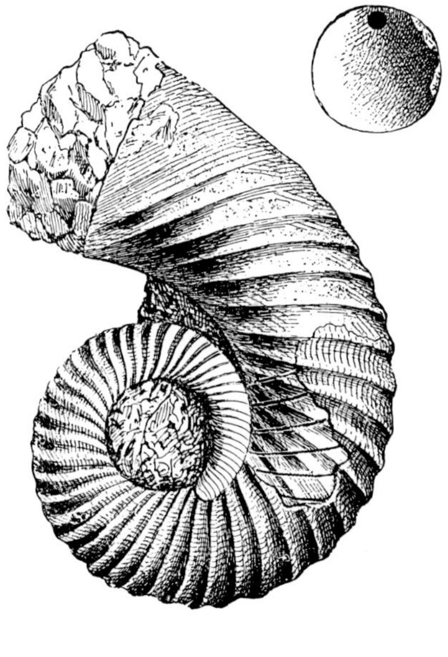

Abb. 183. *Trochoceras optatum* BARRANDE, Unt. Devon von Lochkov (Tschechei). Ca. 9/10 nat. Gr. — Nach J. BARRANDE.

Gehäuse leicht torticon, linksgewunden, nahezu spiral eingekrümmt. Umgänge nehmen rasch an Dicke zu. Windungsquerschnitt des Phragmoconus oval, der der Wohnkammer rechteckig. Lobenlinie mit flachen Ventral- und Lateralloben. Sipho an der Ventralseite, ohne endosiphonale Kalkablagerungen; orthochoanitisch.

Hercoceras BARRANDE 1865: Mittl. Devon von Europa (Abb. 184).

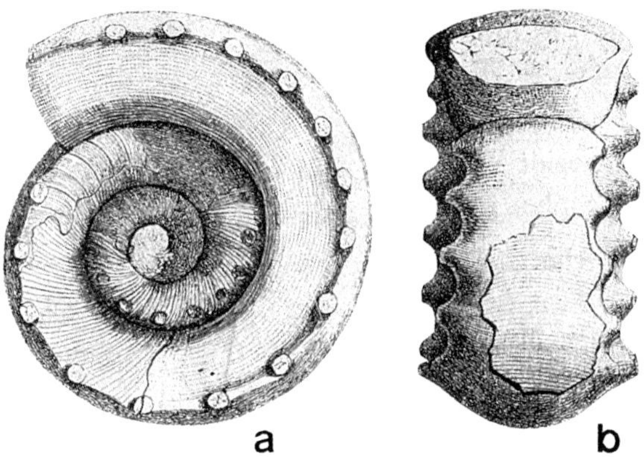

a b

Abb. 184. *Hercoceras mirum* BARRANDE, Mittl. Devon (*Anarcestes*-Stufe) von Hlupocep (Tschechei). Ca. ⅘ nat. Gr. — Nach J. BARRANDE.

Die Umgänge des in geschlossener Spirale eingekrümmten, weitgenabelten Gehäuses haben einen elliptischen bis viereckigen Querschnitt und sind außen mit einer Reihe kleiner Knoten besetzt. Die Wohnkammer nimmt die Hälfte des letzten Umganges ein. Die Mündung wird durch die Einbiegung aller Ränder stark verengt. Der Sipho liegt submarginal unter der Extern-(Ventral-)Seite.

Germanonautilus MOJSISOVICS 1902: Trias von Europa, N-Amerika, Asien und Ägypten (Abb. 185A–187).

Relativ enggenabelt, nautilocon, glatt. Windungsquerschnitt rechteckig bis nahezu quadratisch; extern meist leicht eingesenkt. Flanken konvergieren zur Ventralseite. Umbilikalschultern scharf gerundet. Lobenlinie mit flachem Extern- und breitem, tieferem Laterallobus. Sipho zentral, cyrtochoanitisch („Perlschnursipho"). — Die häufigste Art aus dem germanischen Muschelkalk ist *G. bidorsatus* (v. SCHLOTH.).

Temnocheilus MCCOY 1844: Unt. Karbon — Perm von Westeuropa, Rußland und N-Amerika (Abb. 188).

Gehäuse evolut, mit weitem und offenem Nabel. Querschnitt der Umgänge charakteristisch, nahezu trapezförmig, extern und seitlich abgeflacht; intern mit flacher Einsenkung. Außenrand mit einer Reihe länglicher Knötchen. Sipho fast zentral, dünn, orthochoanitisch.

Koninckioceras HYATT 1884 (syn. *Millkoninckioceras* KUMMEL 1963): Unt. Karbon — Perm von Europa und N-Amerika (Abb. 189).

Abb. 185a. *Germanonautilus bidorsatus* (v. SCHLOTH.), freigewitterter Perlschnursipho. Ob. Muschelkalk (mo 2, Mittl. Ceratitenschichten) von Weimar. Ca. nat. Gr.

Abb. 185b. *Germanonautilus bidorsatus* (v. SCHLOTH.). Ob. Muschelkalk (mo 2, Unt. Ceratitenschichten) von Guntershofen. Ca. ½ nat. Gr.

a

b

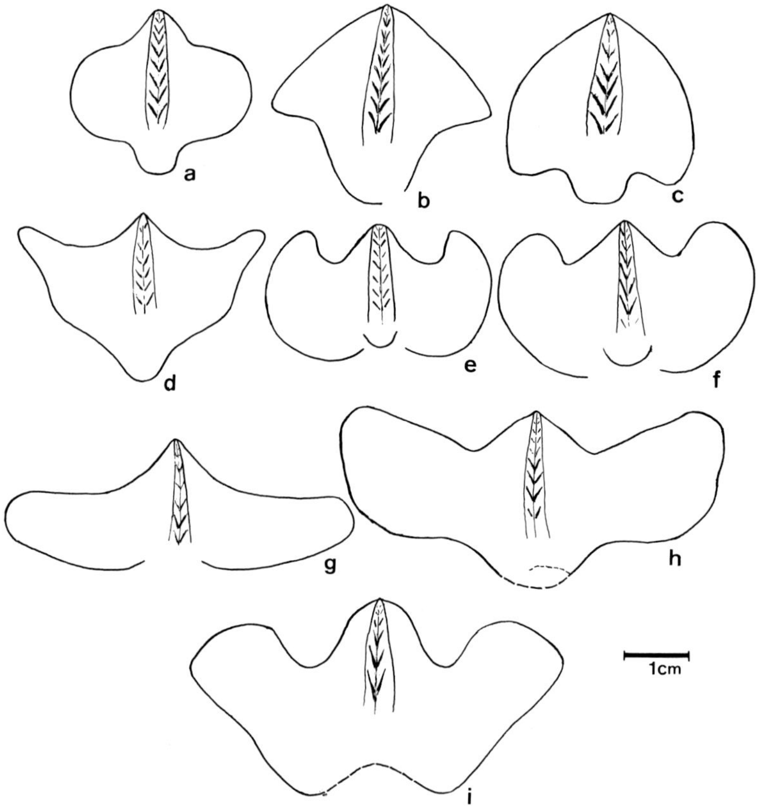

Abb. 186

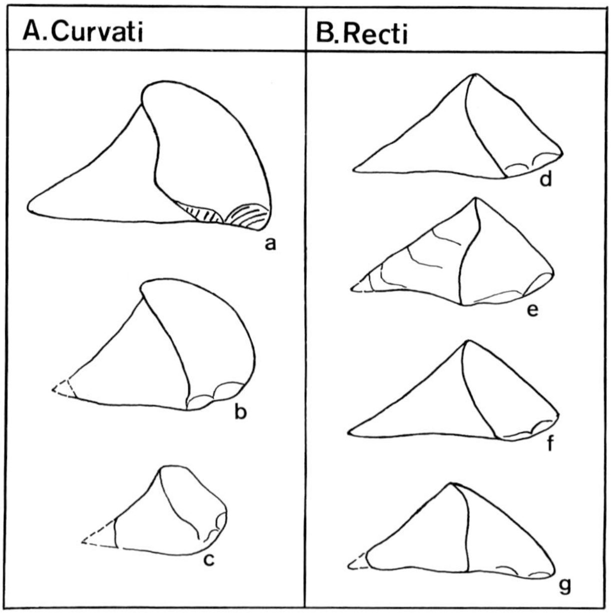

Abb. 187

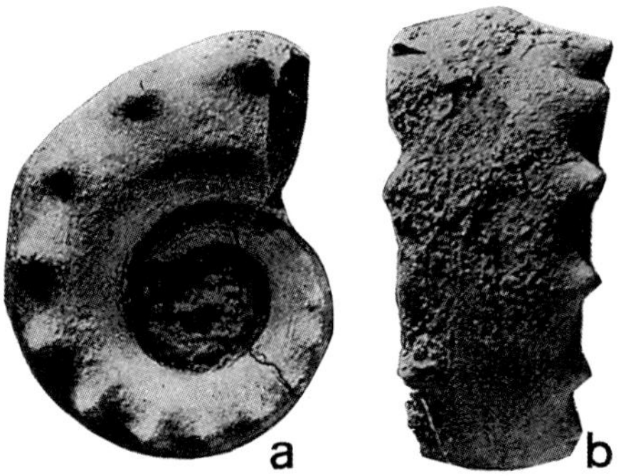

Abb. 188. *Temnocheilus searighti* UNKLESBAY & PALMER, a) lateral, b) ventral. Tieferes Ob. Karbon (Burgner Formation) von Missouri (USA). Ca. nat. Gr. — Nach A. G. UNKLESBAY & E. J. PALMER 1958.

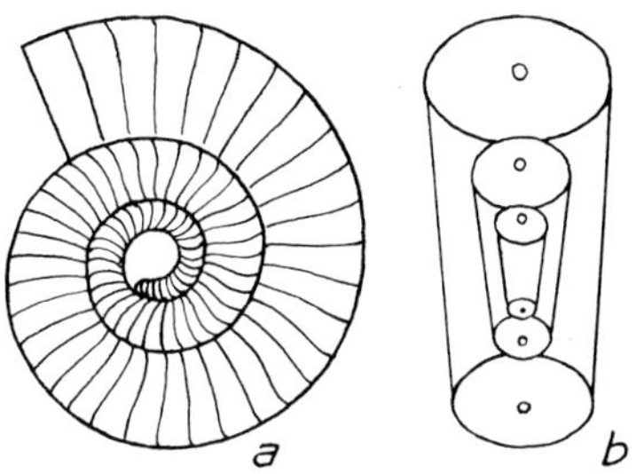

Abb. 189. *Koninckioceras konincki* MILLER & KEMP, Unt. Karbon von Belgien. Ca. nat. Gr. — Nach DE KONINCK & MILLER, umgezeichnet.

Gehäuse weitgenabelt, evolut, aus zahlreichen seitlich stark gerundeten, im Querschnitt elliptischen Umgängen. Externseite breit gerundet. Sipho fast zentral, orthochoanitisch. Lobenlinie einfach, fast gerade. Nabel weit, perforat.

Oberfamilie **Trigonocerataceae** HYATT 1884

Gehäuse gyrocon bis (überwiegend) nautilocon. Windungsquerschnitt quadratisch bis rechteckig, dreieckig (mit scharfer Externseite und breiter Dorsalseite) oder breit gerundet. Überwiegend glattschalig, sonst vor allem mit Knoten oder typischer Längsskulptur. Sipho dünn, in der Lage variabel, fast zentral oder nahe der Externseite; orthochoanitisch. Lobenlinie flach gewellt oder mit deutlichen Ventral- und (zum Teil tiefen) Lateralloben. — Devon — Trias mit ca. 42 Gattungen.

Vestinautilus RYCKHOLT 1852: Unt. Karbon von Europa und N-Amerika (Abb. 190).

Umgänge evolut, in Kontakt, abgesehen von frühen und sehr späten Stadien. Nabel weit, perforat. Oberfläche mit relativ kräftiger Längsskulptur, die im Alter verschwindet bzw. schwächer wird. Lobenlinie gewellt. Sipho dünn, fast zentral, orthochoanitisch. Längsskulptur trägt bei *V. konincki* D'ORBIGNY aus dem Kohlenkalk eine feine Perlung.

Abb. 186. *Conchorhynchus avirostris* (v. SCHLOTH.) mit den zum Teil ergänzten Flügelfortsätzen; Ob. Muschelkalk, a)—d) und f)—g) von Laineck bei Bayreuth, die übrigen von Crailsheim (Württemberg). — Nach A. H. MÜLLER 1974.

Abb. 187. *Rhyncolite hirundo* (DE BLAINVILLE); bei den Curvasti (A) handelt es sich vermutlich um die Oberkiefer der Männchen, bei den Recti (B) um die der Weibchen; Ob. Muschelkalk von Mitteleuropa. — Nach A. H. MÜLLER 1974.

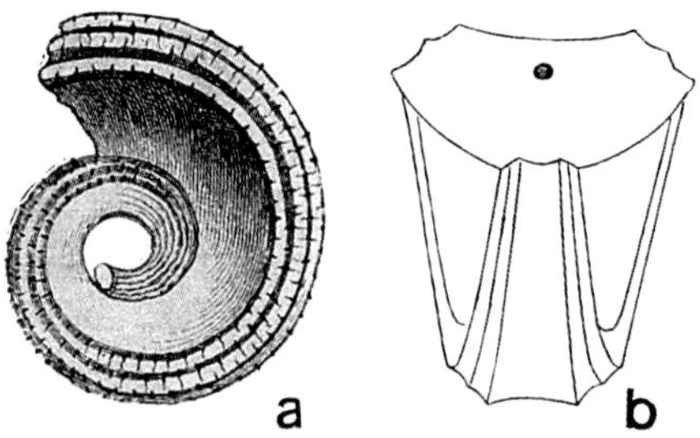

Abb. 190. *Vestinautilus konincki* D'ORBIGNY, Unt. Karbon (Kohlenkalk) von Tournai (Belgien). Ca. nat. Gr. – Nach K. A. v. Zittel 1915.

Oberfamilie **Aipocerataceae** HYATT 1883

Gehäuse cyrtocon bis nautilocon, meist relativ kleinwüchsig. Umgänge rasch zunehmend, extern meist gerundet. Oberfläche glatt oder berippt. Mündung im Alter in der Regel besonders modifiziert. Sipho randlich oder ventral; Siphonaldüten an der Ventralseite orthochoanitisch, an der Dorsalseite ortho- oder cyrtochoanitisch. – Unt. Karbon – Unt. Perm mit ca. 9 Gattungen.

Solenochilus MEEK & WORTHEN 1870: Ob. Karbon – Unt. Perm, weltweit (Abb. 191).

Gehäuse nautilocon, aus wenigen Umgängen, die breiter als hoch sind. Umbilikalschultern winklig, im Alter in zwei lange, laterale Stacheln übergehend. Nabel klein, tief, vermutlich perforat. Sipho ventral. Lobenlinie flach gewellt.

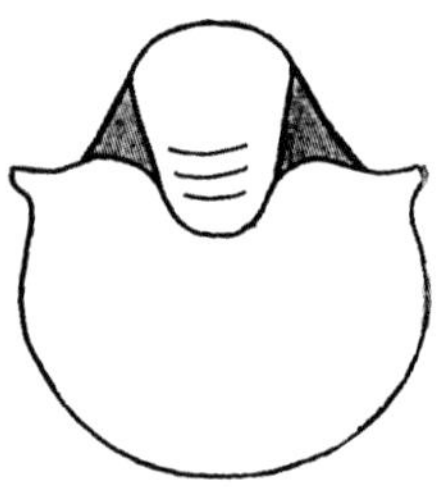

Abb. 191. *Solenochilus springeri* (WHITE & ST. JOHN), Ob. Karbon von Iowa (Nordamerika). Ca. ⅓ nat. Gr. – Nach A. K. MILLER.

Oberfamilie **Clydonautilaceae** HYATT 1900

Gehäuse involut, kugelig bis seitlich abgeflacht, meist glattschalig. Lobenlinie fast gerade bei frühen Formen, bei einigen späteren Vertretern hoch differenziert. – ? Ob. Devon, Unt. Karbon – Ob. Trias mit ca. 21 Gattungen.

Clydonautilus MOJSISOVICS 1882: Ob Trias (Karn-Nor) von Europa, Timor und Indien (Abb. 192a, b).

Gehäuse glatt, ungenabelt. Lobenlinie stark differenziert. Ventrallobus mit schmalem Mediansattel. Laterallobus groß, daneben 2 kleinere zusätzliche Loben auf den Flanken.

Gonionautilus MOJSISOVICS 1902: Ob. Trias (Nor) von Europa (Alpen) und N-Amerika (Nevada) (Abb. 192c, d).

Gehäuse involut, seitlich abgeflacht, glatt. Externseite schmal, kantig gegen die Flanken abgesetzt. Lobenlinie hoch differenziert. Ventrallobus mit starkem Mediansattel. Kleiner sekundärer Lobus im Dorsallobus, zweispitzig.

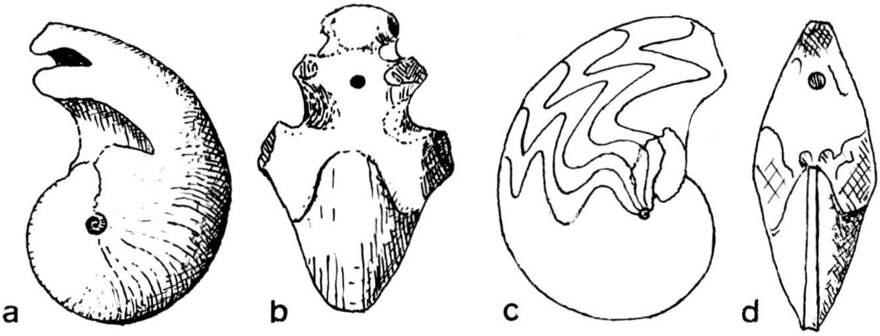

Abb. 192. a)—b) *Clydonautilus noricus* (Mojsisovics), Ob. Trias (Nor) der Alpen, D ca. 22 cm; c)—d) *Gonionautilus securis* (v. Dittmar), Ob. Trias (Nor) der Alpen, D ca. 10,5 cm. — Nach E. v. Mojsisovics 1873—1902, umgezeichnet.

Oberfamilie **Nautilaceae** de Blainville 1825

Involute, im allgemeinen glattschalige, seltener mit einfachen, S-förmigen Falten oder Rippen bedeckte Nautilida, deren orthochoanitischer (selten pseudoholochoanitischer) Sipho meist zentral, sonst dorsal liegt. Lobenlinie mit allen Übergängen von gerade bis stark wellenförmig. — Ob. Trias — rezent mit ca. 29 Gattungen.

Cenoceras Hyatt 1884 (= *Digonioceras* Hyatt 1894, *Nautilites* Zieten 1830, *Ophionautilus* Spath 1927, *Sphaeronautilus* Spath 1927): Ob. Trias (Karn) — Dogger, weltweit verbreitet.

Gehäuse evolut bis involut, im Alter gewöhnlich mit feinen Längsstreifen und Zuwachslinien bedeckt. Windungsquerschnitt sehr variabel. Lobenlinie gerade oder flach gewellt. Lage des Sipho unterschiedlich, doch nie extrem dorsal oder ventral.

C. trechmanni Kummel tritt schon in der Obertrias (Karn) von Neuseeland auf und überschreitet als einziger bisher bekannter Vertreter der Nautiloidea die für diese sehr kritische Trias/Jura-Grenze. Man betrachtet die Art als den Stammvater aller posttriadischen Nautiloide.

Eutrephoceras Hyatt 1894: Malm — Miozän, weltweit verbreitet.

Das glatte, etwa kugelige, enggenabelte Gehäuse hat einen dünnen, orthochoanitischen Sipho, der eine variable, niemals aber eine marginale Lage einnimmt. Die Lobenlinie ist gerade oder fast gerade. — Von den ca. 89 Arten stammen 6 aus dem Jura, 39 aus der Kreide und 44 aus dem Tertiär.

Paracenoceras Spath 1927: Dogger — Unt. Kreide (Alb) von Europa, N- und O-Afrika, Pakistan und Kuba.

Gehäuse involut, glatt; Flanken flach, konvergieren zur breiten Externseite. Lobenlinie flach gewellt. Lage des Sipho variabel.

Cymatoceras Hyatt 1884 (syn. *Neocymatoceras* Kobayashi 1954): Malm — Oligozän, weltweit verbreitet.

Gehäuse involut, sehr variabel, doch meist fast kugelig. Lobenlinie flach gewellt. Oberfläche mit kräftigen, radial und sigmoidal verlaufenden Rippen, die auf der Externseite einen Sinus bilden.

Cymatonautilus Spath 1927: Dogger — Malm von Frankreich und Österreich mit 3 Arten.

Gehäuse evolut, mit Ventral- und Lateralfurchen. Windungsquerschnitt fast quadratisch, etwas breiter als hoch. Oberfläche mit sigmoidal gekrümmten Rippen, die auf der Externseite einen tiefen Sinus bilden. Lobenlinie flach gewellt. Sipho etwa zentral.

Nautilus (Breynius 1732) Linné 1758: Oligozän — rezent, selten während des Tertiär; heute mit wenigen Arten im SW-Pazifik und O-Indik; fossil in Australien und Europa (Abb. 150—152, 164).

Gehäuse involut bis schwach evolut, glatt. Lobenlinie flach gewellt. Sipho orthochoanitisch, zentral.

Von den fünf heute noch vertretenen Arten, die im Indischen und Pazifischen Ozean (zwischen Fidschi-Inseln, Südküste der Philippinen und der Straße von Madagaskar) leben, sind zwei verhältnismäßig häufig. Hiervon zeigt *N. pompilius* L. einen relativ engen, durchbohrten Nabel, der von einer porzellanartig struierten Kalkbildung verschlossen wird. Die Gehäuse der Männchen sind größer als die der Weibchen und im Mündungsbereich etwas breiter sowie stärker gerundet, da hier der zur Übertragung der Spermatophoren dienende, besonders große Arm seinen Platz finden muß.

In der Straße von Tañon (Negros Oriental, Philippinen) wurde *N. pomilius* in Tiefen zwischen 60 und 300 m beobachtet. Sein Fang geschieht während der Nacht mit Hilfe von Bambus-Reusen, die auf den Meeresboden gesetzt und mit Fleischstücken beködert werden. Die eigentliche Nahrung besteht aus kleinen Benthonten und sich langsam bewegenden Nektonten (Y. Kanie & K. Tanabe 1979).

Über Nahrung und Freßverhalten, Tiefenverteilung im Meer, Schwimmlage, periodische Kammerbildung, Vorkommen usw. von *Nautilus* finden sich umfassende Angaben bei P. D. Ward 1985 a, b, 1987; Ders. & L. Greenwald 1982; Ders. & A. W. Martin 1978, 1980; Ders. & M. Wicksten 1980.

Cimomia Conrad 1866: Malm — Oligozän, weltweit verbreitet (Abb. 193 a).

Umgänge lateral und ventral breit gerundet, bis auf die Zuwachslinien glatt. Nabel eng. Sipho klein, variabel in der Position, nur nicht randlich. Die Lobenlinie steht in ihrer Differenzierung

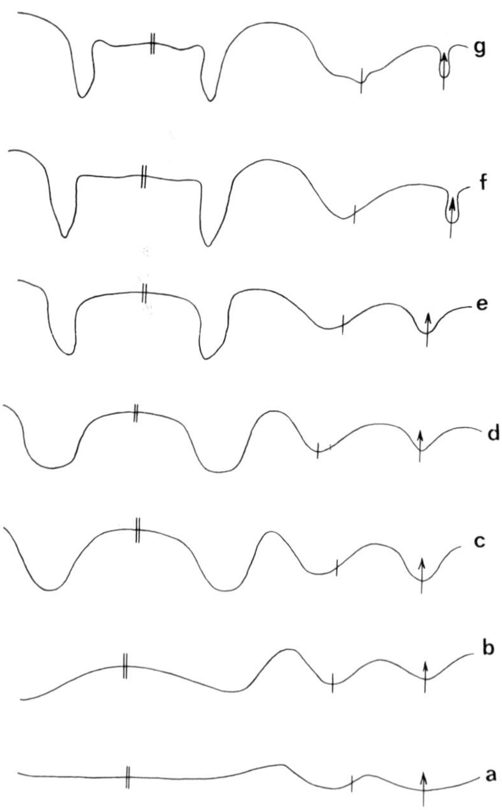

Abb. 193. Die Ausbildung der Lobenlinie bei *Cimomia, Hercoglossa* und *Aturia*, um die zunehmende Differenzierung zu zeigen. a) *Cimomia vincenti* Miller, „Paläozän" von Landana. Ca. ⅓ nat. Gr.; b) *Hercoglossa harrisi* Miller & Thompson, Unt. Eozän von Trinidad, ein primitiver Vertreter von *Hercoglossa*. Ca. ⅖ nat. Gr.; c) *Hercoglossa orbiculata* (Tuomey), Unt. Eozän von Alabama, eine stärker differenzierte Form. Schwach vergrößert; d) die erste Lobenlinie einer typischen *Aturia*, Eozän von Angola. Ca. 15/1 nat. Gr.; e) *Aturia paucifex* (Cope), Unt. Eozän von New Jersey. Ca. ⅔ nat. Gr.; f) *Aturia alabamensis* (Morton), Ob. Eozän von Mexiko. Ca. 1½ nat. Gr.; g) *Aturia curvilineata* Miller & Thomps., Miozän von Venezuela. Ca. ⅓ nat. Gr. — Nach A. K. Miller 1935 und A. K. Miller & W. M. Furnish 1938, umgezeichnet.

zwischen *Eutrephoceras* und *Hercoglossa*. Von den ca. 44 Arten finden sich 25 im Eozän, je 9 in Paläozän bzw. Kreide und 1 im Malm.

Hercoglossa CONRAD 1866 (syn. *Enclimatoceras* HYATT 1883, *Woodringia* STENZEL 1940): Ob. Kreide — Eozän, weltweit verbreitet (Abb. 193b, c und 194).

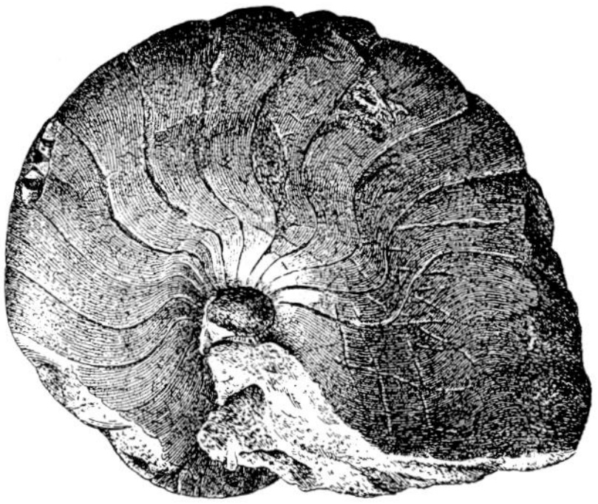

Abb. 194. *Hercoglossa tuomeyi* CLARK & MARTIN, Eozän von Maryland. Ca. ⅓ nat. Gr. — Nach W. B. CLARK & G. C. MARTIN.

Das glatte, kugelige oder scheibenförmige, enggenabelte Gehäuse hat einen orthochoanitischen Siphonalapparat unterschiedlicher, nie aber randlicher Lage. Die Lobenlinie steht hinsichtlich ihrer Differenzierung zwischen *Cimomia* und *Aturia*. Von *Cimomia* unterschieden durch den tiefen Laterallobus und einen höheren Externsattel. — Von den ca. 21 Arten stammen 4 aus der Ob. Kreide sowie 17 aus Paläozän und Eozän.

Aturia BRONN 1838: Paläozän — Miozän, weltweit verbreitet (Abb. 193d—g und 195).

Das nautilocone, seitlich stark komprimierte, enggenabelte Gehäuse hat innerhalb der Nautiloidea die am stärksten differenzierte Lobenlinie. Der dorsal und randlich liegende Siphonalapparat zeigt eine überraschende Ausbildung. Es stecken nämlich die Siphonaldüten etwa wie bei *Endoceras* trichterförmig ineinander. Dies geht zum Teil darauf zurück, daß die Kammerscheidewände sehr eng aufeinanderfolgen, wodurch sich die Lateralloben gelegentlich berühren. Die

Abb. 195. *Aturia* sp., a) Gehäuse von außen, b) Teil des gekammerten Bereichs, um die ineinander steckenden Siphonaldüten zu zeigen. Miozän (Burdigal). a) Ca. nat. Gr. — Nach G.-J. PAINVIN.

Septendrängung und die durch sie mitbewirkte sekundär „holochoanitische“ Ausbildung des Siphonalapparates dürfte ein Zeichen phylogenetischen Niederganges sein. — Von den ca. 47 Arten stammen 2 aus der Kreide, 25 aus dem Eozän und je 10 aus dem Oligozän bzw. Miozän.

Literaturverzeichnis

Barrande, J.: Système Silurien du centre de la Bohême. — **2**, 1, Cephalopodes: texte 1, S. 1—712, texte 2, S. 1—263, 1870; texte 3, S. 1—804, 1874; texte 5, S. 743—1505, 1877; 136 Taf., 1866; 109 Taf., 1870.

Blind, W.: Die ontogenetische Entwicklung von *Nautilus pompilius* (Linné). — Palaeontographica **153 A**, 117-160, 10 Abb., 15 Taf., Stuttgart 1976.

Boyle, P. R., Mangold, K., & Froesch, D.: The mandibular movements of *Octopus vulgaris*. — J. Zool. **188**, 53—67, 9 Abb., 1 Taf., London 1979.

Chamberlain, J. A.: Permeability of the siphuncular tube of *Nautilus*: its ecologic and paleoecologic implications. — N. Jb. Geol. Paläont. Mh. **1978** (3), 129-142, 2 Abb., Stuttgart 1978.

— , Ward, P. D., & Weaver, J. S.: Post-mortem ascent of *Nautilus* shells: implications for cephalopod paleobiogeography. — Paleobiology **7**, 494—509, Ithaca 1981.

Chen, J.-Y., & Lindström, M.: Cephalopod septal strength indices (SSI) et depositional depth in Swedish Orthoceratite limestone. — Geol. et Palaeont. **25**, 5—18, 13 Abb., Marburg 1991.

— & Teichert, C.: Cambrian Cephalopods in China. — Palaeontographica **A 181**, 1—102, Stuttgart 1983.

Collins, R. L.: A monograph of the American Tertiary pteropod mollusks. — John Hopkins Univ., Stud. Geol. **11**, 137—324, 1934.

— & Minton, P.: Siphuncular tube in *Nautilus*. — Nature **216**, 916—917, 1967.

Denton, E. J.: On buoyancy and lives of modern and fossil cephalopods. — Proc. R. Soc. London **185 B**, 273—299, London 1974.

— & Gilpin-Brown, J. B.: The buoyancy of the cuttlefish *Sepia officinalis* (L.). — J. mar. biol. Assoc. U. K. **41**, 319—342, Plymouth 1961.

— — The buoyancy of the Pearly *Nautilus*. — J. mar. biol. Assoc. U. K. **46**, 723—759, Plymouth 1966.

— — Flotation mechanism in modern and fossil cephalopods. — Adv. marine Biol. **11**, 197—268, 1973.

— — & Howarth, J. V.: On the buoyancy of *Spirula spirula*. — J. mar. biol. Assoc. U. K. **47**, 181—191, Plymouth 1967.

Dzik, J.: Phylogeny of the Nautiloidea. — Palaeontologia Polonica **45**, 219 S., 47 Taf., Warschau, Krakau 1984.

Flower, R. H.: Study of the Pseudorthoceratidae. — Palaeontogr. Amer. **2**, 1—198, 22 Abb., 9 Taf., 1939.

— The apical end of *Actinoceras*. — J. Paleont. **14**, 436—442, 1940.

— Notes on structure and phylogeny of eurysiphonate cephalopods. — Palaeontogr. Amer. **3**, 1—56, 3 Abb., 3 Taf., 1941 (1941 a).

— Development of the Mixochoanites. — J. Paleont. **15**, 524—548, 32 Abb., 2 Taf., 1941 (1941 b).

— Ordovician cephalopods of the Cincinnati region. Teil 1. — Bull. Am. Paleont. **116**, 1—656, 22 Abb., 50 Taf., 1946.

— Holochoanites are endoceroids. — Ohio J. Sci. **47**, 155—172, 3 Abb., 1947.

— Cameral deposits in orthoconic Nautiloids. — Geol. Mag. **92**, 89—103, 2 Abb., Hertfort 1955 (1955 a).

— Status of Endoceroid Classification. — J. Paleont. **29**/3, 329—371, 6 Abb., 4 Taf., 1955 (1955 b).

— Nautiloids of the Paleozoic. — Geol. Soc. America **67**, 2, 829—852, 4 Abb., 1957.

Fischer, A. G., & Teichert, C.: Cameral deposits in cephalopod shells. — Univ. Kansas Paleont. Contr. **37**, 30 S., 8 Abb., Kansas 1969.

Foerste, A. F.: Actinosiphonate, trochoceroid and other cephalopods. — Denison Univ. Sci. Lab., Bull. **21**, 285-384, 31 Taf., 1926.

Gasiorowski, St. M.: Sur les Rhyncholithes dans la zone piénine des Klippes. — Ann. Soc. géol. Pologne **28**, 195—201, Krakau 1958 (Poln. m. französ. Zusammenf.).

Geyssant, J. R.: Rhyncholithes (becs de la machoire supérieure de cephalopodes) du Tithonique de Sizile. — Geobios **3** (4), 7—39, 5 Abb., 5 Taf., Lyon 1970.

Griffin, L. E.: The anatomy of *Nautilus pompilius*. — Mem. Nat. Acad., Sci. **8**, 101—203, 11 Abb., 17 Taf., Washington 1900.

Hamada, T.: Distribution and some ecological barriers of modern *Nautilus* species. — Sci. Pap. Coll. Gen. Educ. Univ. Tokyo **27**, 89—102, 1977.

Heinrich, H.: Über den Schlundkopf einiger dibranchiater Cephalopoden. — Z. Naturwiss. **77**, 1—40, 16 Abb., 2 Taf., Stuttgart 1904.
Heptonstall, W. B.: Buoyancy controll in ammonoids. — Lethaia **3**, 317—328, 1 Abb., Oslo 1970.
Hyatt, A.: Genera of fossil cephalopods. — Boston Soc. Nat. History Proc. **22**, 253—338, 1883.
Iredale, T.: Australian pearly *Nautilus*. — Austral. Zoologist **10**, 294—298, 1944.
Jeletzky, J. A., & Zapfe, H.: Coleoid and orthocerid cephalopods of the Rhaetian Zlambach Marl from the Fischerwiesen near Aussee, Styria (Austria). — Ann. Naturhist. Mus. Wien **71**, 69–106, 1 Abb., 4 Taf., Wien 1967.
Kaiser, P., & Lehmann, U.: Vergleichende Studien zur Evolution des Kieferapparates rezenter und fossiler Cephalopoden. — Paläont. Z. **45**, 18—32, 5 Abb., Stuttgart 1971.
Kanie, Y., Fukuda, Y., Nakayama, H., Seki, K., & Hattori, M.: Implosion of living *Nautilus* under increased pressure. — Paleobiology **6**, 44—47, Ithaca 1980.
— & Tanabe, K.: Preliminary report on the ecology of *Nautilus pompilius* in the Philippine seas. — Ann. Rept. Yokosuka City Mus. **25**, 26—29, 4 Abb., 1979.
Kemp, A. H.: The siphuncles of some coiled Nautiloids from the lower Permian of Baylor County, northcentral Texas. — J. Paleont. **31**, 591—594, 1 Taf., Tulsa, Okla. 1957.
Kieslinger, A.: Die Nautiloideen der mittleren und oberen Trias von Timor (inc. Nachtrag). — Mijnwezen Nederland, Ost-Indie, Jaarb. **51**, 53—124, 7 Taf.; Nachtrag: S. 127—145, 1924.
Knaust, D.: Ein bemerkenswerter Nautiliden-Kiefer (*Rhyncholithes hirundo* Faure-Biquet, Cephalopoda) aus dem Mittleren Muschelkalk (Oberanis) der Germanischen Trias. — Veröff. Naturkundemuseum Erfurt **1991**, 58—65, 4 Abb., Erfurt 1991.
Kobayashi, T.: On the phylogeny of the primitive nautiloids, with descriptions of *Plectronoceras liatolungense* etc. — Jap. Geol. Geogr. **12**, 17—26, 1935.
Kummel, R.: Post-Triassic Nautiloid genera. — Bull. Mus. compar. Zool. Harvard Coll. **114**, Nr. 7, 321—494, 35 Abb., 28 Taf., Cambridge, Mass., 1956.
Kummel, K., & Lloyd, R. M.: Experiments on relative streamlining of coiled cephalopod shells. — J. Paleont. **29**, 159—170, 5 Abb., Tulsa 1955.
Kutassy, A.: Fossilium Catalogus **I**/56. Cephalopoda triadica II, Berlin 1933.
Li, L.-Z.: Cephalopods from the Upper Cambrian Siyangshan Formation of western Zhejiang. – In: Stratigraphy and Paleontology of Systematic Boundaries in China: Cambrian-Ordovician Boundary (1), compiled by Nanjing Inst. Geol. Palaeont. Academia Sinica, S. 187–240, 1984.
Loesch, K. C. v.: Eine fossile pathologische Nautilusschale. — N. Jb. Miner., Geol., Paläont. **1912**, Bd. II, 90—102, 1 Taf., Stuttgart 1912.
Mapes, R. H.: Upper Paleozoic cephalopod mandibles: frequency of occurrence, modes of preservation, and paleoecological implications. — J. Paleont. **61** (3), 521—538, 4 Abb., 1987.
Mehl, J.: Radula und Fangarme bei *Michelinoceras* sp. aus dem Silur von Bolivien. — Paläont. Z. **58**, 211—229, 10 Abb., Stuttgart 1984.
Miller, A. K.: Cambro-Ordovician cephalopods. — Biol. Rev. **18**, 98—104, 1943.
— Tertiary nautiloids of the Americas. — Geol. Soc. Amer. Mem. **23**, 1—234, 30 Abb., 100 Taf., 1947.
— Dunbar, C., & Condra, G. E.: The nautiloid cephalopods of the Pennsylvanian System in the mid-Continent region. — Nebraska Geol. Survey Bull. **9**/2, 1—240, 32 Abb., 24 Taf., 1933.
— & Furnish, W. M.: Paleoecology of the Paleozoic cephalopods. — Nat. Res. Council, Rept. Comm. Paleoecology, 54—63, 1936—1937.
Müller, A. H.: Über Rhyncholithen aus dem Oberen Muschelkalk des germanischen Triasbeckens. — Geologie **12**, 842—857, 12 Abb., 3 Taf., Berlin 1963 (1963a).
— Über Conchorhynchen (Nautil.) aus dem Oberen Muschelkalk des germanischen Triasbeckens. — Freiberger Forschungsh. **C 164**, 5—32, 25 Abb., Leipzig 1963 (1963b).
— Ein Nautiliden-Kiefer (*Conchorhynchus similis* n. sp., Cephalopoda) aus der Oberkreide (Obersanton) des nördlichen Harzvorlandes. — Geologie **17**, 1062—1069, 4 Abb., Berlin 1968.
— Nautiliden-Kiefer (Cephalopoda) mit Resten des Cephalopodiums aus dem Muschelkalk des Germanischen Triasbeckens. — Mber. Dtsch. Akad. Wiss. Berlin **11**, 308—315, 3 Abb., 2 Taf., Berin 1969.
— Eine phylogenetische Regel. — Mber. Dtsch. Akad. Wiss. Berlin **12**, 521—531, 8 Abb., Berlin 1970.
— Einiges über spirale und schraubenförmige Strukturen bei fossilen Tieren unter besonderer Berücksichtigung taxonomischer und phylogenetischer Fragen. Teil 1. — Mber. Dtsch. Akad. Wiss. Berlin **13**, 345—359, 6 Abb., Berlin 1971.
— Über den Kieferapparat fossiler und rezenter Nautilida (Cephalopoda) mit Bemerkungen zur Ökologie,

Funktionsweise und Phylogenie. — Freiberger Forschungsh. **C 298**, 7—17, 7 Abb., 2 Taf., Leipzig 1974.

Mutvei, H.: A preliminary report on the structure of the siphonal tube and on the precipitation of lime in the shells of fossil Nautiloids. — Ark. Miner. og Geol., K. Svenska Vet. Akad. **1**, 179—190, 4 Abb., 1 Taf., Stockholm 1955.

— On the relations of the principal muscules to the shell in *Nautilus* and some fossil nautiloids. — Ark. Miner. og Geol., K. Svenska Vet. Akad. **2**, 219—254, 24 Abb., 20 Taf., Stockholm 1957.

Ristedt, H.: Zur Revision der Orthoceratidae. — Abh. Akad. Wiss., math-nat. Kl., Abh. **1968** (4), 213—287, Mainz 1969.

Rutte, E.: Der Kieferapparat triassischer Nautiloidea. — Paläont. Z. **36,** 79—92, 5 Abb., 1 Taf., Stuttgart 1962.

Ruzhentsev, V. E., Shimanskiy, V. N., Zhuravleva, F. A., Balashov, Z. G., Bogoslovskiy, B. I., & Librovich, L. S.: [Mollusks, Cephalopods I, Nautiloids, Entoceratoids, Actinoceratoids, Bactritoids, Ammonoids]. — In: Y. A. Orlov (Ed.), Osnovy Paleont., 438 S., 369 Abb., 80 Taf., Moskau 1962 (russ.).

Saunders, W. B.: The species of living *Nautilus* and their distribution. — The Veliger (California Malac. Soc.) **24**, 8—16, 1981.

— The role and status of *Nautilus* in its natural habit: evidence from deep-water remote camera photosequences. — Paleobiology **10**, 469—486, 1984.

Schindewolf, O. H.: Über das Apikalende der Actinoceren (Cephal., Nautil.). — Jb. Reichsamt Bodenforsch. **62**, 207—247, 15 Abb., 4 Taf., Berlin 1943.

— Discosoriden (Cephal., Nautil.) im deutschen Devon. — Ebd. **62**, 499—533, 16 Abb., 6 Taf., Berlin 1944.

Schmidt, Herm.: Nautiliden aus deutschem Unterkarbon. — Paläont. Z. **24**, 23—57, 4 Taf., Stuttgart 1951.

— Orthocone Cephalopoden aus dem deutschen Unterkarbon. — Paläont. Z. **30**, 41—68, Stuttgart 1956.

Shrock, R. R.: Fossils in laterite and bauxite (abstract). — Bull. Geol. Soc. Amer. **58**, 1227—1228, 1952.

Solem, A., & Richardson, E. S.: *Paleocadmus*, a nautiloid cephalopod radula from the Pennsylvanian Francis Creek Shale of Illinois. — Veliger **17**, 133–242, Berkeley 1974.

Stenzel, H. B.: Ecology of living nautiloids. — Nat. Res. Council, Rept. Comm. Treatise Marine Ecology and Paleoecology, 84—90, 1947—1948.

Stridsberg, S.: Apertural constrictions in some oncocerid cephalopods. — Lethaia **14**, 269—276, 1981.

— Internal shell destruction in some Silurian nautiloids. — Paläont. Z. **64** (3/4), 213—220, 4 Abb., Stuttgart 1990.

Sweet, W. C.: Muscle-attachment impressions in some Paleozoic nautiloid Cephalopods. — J. Paleont. **33**, 293—304, 1 Abb., 2 Taf., Tulsa 1959.

Teichert, C.: Der Bau der actinoceroiden Cephalopoden. — Palaeontogr. **78**, 111—230, 8 Taf., 1933.

— Actinosiphonate cephalopods (Cyrtoceroidea) from the Devonian of Australia. — J. Roy. Soc. W. Australia **26**, 59—75, 2 Abb., 4 Taf., 1940 (1940a).

— Contribution to nautiloid nomenclature. — J. Paleont. **14**, 590—597, 1940 (1940b).

— Major features of cephalopod evolution. — Essays in Paleont. and Stratigr., S. 162—210, 20 Abb., Kansas 1967.

— Times of crisis in the evolution of the cephalopoda. — Z. Paläont. **60,** 227–243, 7 Abb., Stuttgart 1986.

— Main features of ce phalopod evolution. — The Mollusca **12,** Paleontology and Neontology of Cephalopods, 11—79, London (Acad. Press) 1988.

— Kummel, B., Sweet, W. C., Stenzel, H. B., Furnish, W. M., Brian, F. G., Erben, H. K., Moore, R. C., & Zeller, D. E.: Cephalopoda-General Features-Endoceratoidea-Actinoceratoidea-Nautiloidea-Bactritoidea. — In: R. C. Moore, Treatise on Invertebrate Paleontology, part K, Mollusca 3, 519 S., 361 Abb., 1964.

Till, A.: Die Cephalopodengebisse aus dem schlesischen Neocom (Versuch einer Monographie der Rhyncholithen). — Jb. k. k. Reichsanst. **56**, 89—154, 22 Abb., 2 Taf., Wien 1906.

— Die fossilen Cephalopodengebisse. — Jb. k. k. Reichsanst. **57**, 535—682, 7 Abb., 2 Taf., Wien 1907.

Tintant, H.: Un cas de dimorphism chez les *Paracenoceras* (Nautiloidea) du Callovien. — Internat. Union Geol. Sci., Series A, **1**, 167—184, 4 Abb., 4 Taf., Stuttgart 1969.

Tobien, H.: Über die Lebensweise der Ascoceraten (Cephal., Nautil.) — Neues Jb. Min. Geol. Paläont. Abt. B, H. 10, 307—323, 4 Abb., Stuttgart 1949.

TSHUDY, D. M., FELDMANN, R. M., & WARD, P. D.: Cephalopods: biasing agents in the preservation of lobsters. — J. Paleont. **63** (5), 621—626, 5 Abb., 1989.

TUREK, V., & MAREK, J.: Notes on the phylogeny of the Nautiloidea. — Paläont. Z. **60** (3/4), 245—253, 3 Abb., Stuttgart 1986.

ULRICH, E. O., FOERSTE, A. F., MILLER, A. K., et al.: Ozarkian and Canadian cephalopods. — Geol. Soc. Amer. **37**, Teil I: Nautilicones, 157 S., 1942; **49**, Teil II: Brevicones, 240 S., 1943; **58**, Teil III: Longicones and Summary, 226 S., 1944.

UNKLESBAY, A. G., & PALMER, E. J.: Cephalopods from Burgner Formation in Missouri. — J. Paleont. **32**, 1071—1075, 2 Abb., 1 Taf., 1958.

WARD, P. D.: Periodicity of chamber formation in chambered cephalopod: evidence from *Nautilus macromphalus* and *Nautilus pompilius*. — Paleobiology **11**, 438—450, Lawrence 1985 (1985 a).

— Compensatory buoyancy change in *Nautilus macromphalus*. — Veliger **28**, 356—368, Berkeley 1985 (1985 b).

— The Natural History of *Nautilus*. 267 S., London etc. 1987.

— & GREENWALD, L.: Chamber refilling in *Nautilus*. — J. Marine Biol. Ass. United Kingdom **62**, 469—475, Plymouth 1982.

— & MARTIN, A. W.: On the buoyancy control of the Pearly *Nautilus*. — J. Experiment. Zoology **205**, 5—12, New York 1978.

— — Depth distribution of *Nautilus pompilius* in Fiji and *Nautilus macromphalus* in New Caledonia. — Veliger **22**, 259—264, Berkeley 1980.

— & WICKSTEN, M.: Food sources and feeding behavior of *Nautilus macromphalous*. — Veliger **23**, 119—124, 1980.

WESTERMANN, G. E. G.: Model for origin, function and fabrication of fluted cephalopod septa. — Paläont. Z. **49**, 235—253, 7 Abb., Stuttgart 1975.

— Post-mortem descent with septal implosion in Silurian nautiloids. — Paläont. Z. **59**, 79—97, 9 Abb., Stuttgart 1985.

ZITTEL, K. A.: Grundzüge der Paläontologie (Paläozoologie). I. Invertebrata. 4. Aufl. 697 S., 1458 Abb., 1915; 5. Aufl. (bearb. v. F. BROILI), VIII + 733 S., 1457 Abb., München u. Berlin 1921.

Unterklasse **Ammonoidea** v. ZITTEL 1884

1. Allgemeines

Überwiegend planspiral aufgewundene, außenschalige Cephalopoden (Ectocochlia) mit randlich fixiertem, wenig differenziertem Sipho und wellig verbogener, zum Teil stark zerschlitzter Lobenlinie. Embryonalkammer eiförmig oder kugelig aufgetrieben, verkalkt.

2. Vorkommen und biostratigraphische Bedeutung

? Mittl. Ordovizium, Ob. Silur — Ob. Kreide (Maastricht) mit mehr als 1500 Gattungen.

In Abb. 196 ist die zahlenmäßige und zeitliche Verteilung graphisch dargestellt. Dabei lassen sich ähnlich wie bei den Nautiloidea vier Phasen nachweisen, deren Intensität aber in Richtung auf den Zeitpunkt des Aussterbens nicht ab-, sondern zunimmt. So läßt sich eine erste und relativ schwache Phase zwischen Mittel- und Oberdevon erkennen. Sie geht nach ihrem Maximum im Oberdevon und nach einem schwachen, auf das Unterkarbon entfallenden Minimum in die länger anhaltende zweite Phase über, die sich vom Mittelkarbon bis zum obersten Perm erstreckt. Auch deren Maximum liegt etwa am Ende. Nach einer deutlichen und krisenhaften Inzision gestaltet sich unter erneutem Aufblühen eine dritte Phase, die wesentlich stärker ist als die zweite. Sie endet nach einem Maximum in der Obertrias an der Trias/Jura-Grenze unter ähnlichen Erscheinungen wie die zweite Phase. Es kommt wiederum beinahe zum Aussterben der ganzen Gruppe. Aus den wenigen überdauernden Formen geht die vierte, bis etwa zum Ende des Mesozoikums andauernde Virenzzeit mit dem Heer der jurassischen und kretazischen Vertreter hervor. Diese weitaus stärkste und längste Phase endet relativ plötzlich, nachdem sie

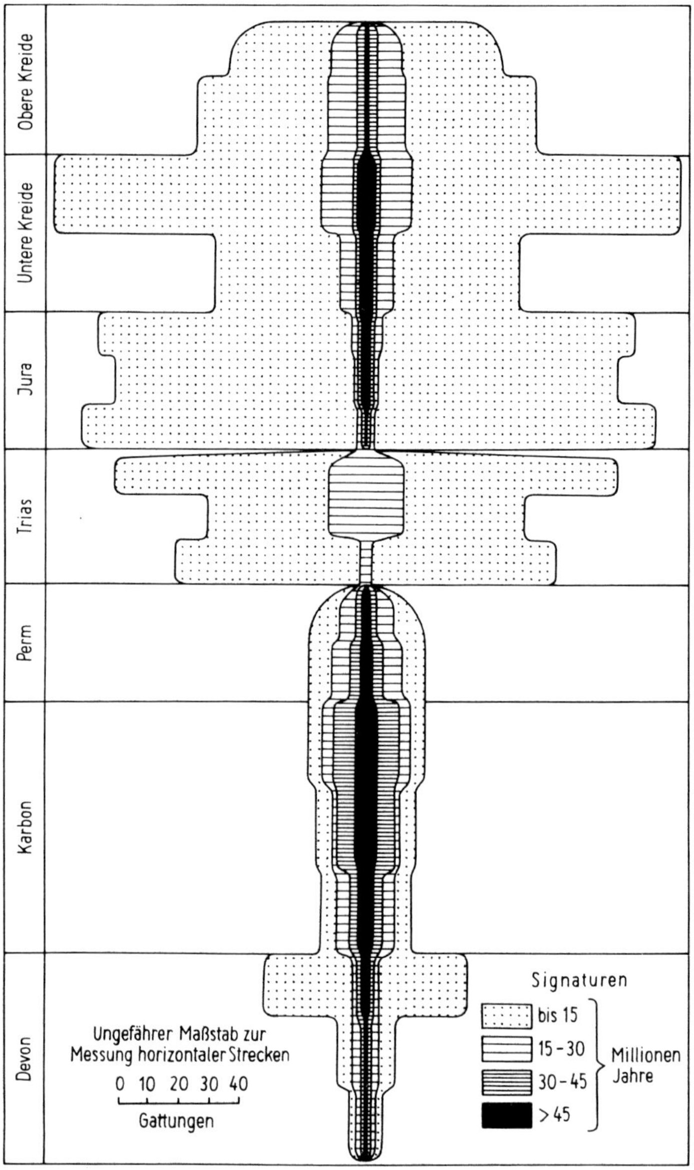

Abb. 196. Die zahlenmäßige und zeitliche Verteilung von 1521 Gattungen der Ammonoidea.

im Gault (nicht, wie bisher angenommen, im Malm) ihr absolutes Maximum erreicht hat. Der bei den Ammonoidea insgesamt verfolgbare phasenhafte Verlauf der Stammesgeschichte läßt sich auch innerhalb der einzelnen Phasen, insbesondere der letzten, nachweisen.

3. *Morpholologie*

Wie bei den Nautiloidea besteht das Gehäuse aus der Wohnkammer und dem gekammerten Teil (Phragmoconus). Die durch die Kammerscheidewände (Septen) begrenzten Kammern stehen untereinander über einen häutigen Gewebestrang (Sipho) in Verbindung. Dieser verläuft vom Hinterende des Eingeweidesacks bis zur Embryonalkammer und ist von Blutgefäßen durchzogen.

Mit fortschreitendem Wachstum rückt das Tier in der **Wohnkammer** immer wieder ein Stück nach vorn und verlängert diese an der Mündung unter Ausbildung von Zuwachslinien. Dabei muß es jeweils die Verbindung der Muskulatur mit der Schale lösen. Zugleich entsteht zwischen ihm und der letzten Kammerscheidewand eine Flüssigkeitslinse, die zunächst durch eine Haut und dann durch ein kalkiges Septum abgegrenzt wird. Der Längenzuwachs richtet sich so ein, daß die Wohnkammer in den meisten Fällen etwa die Hälfte des letzten Umgangs (bei den planspiralen Formen) einnimmt. Je nach Art und Gattung gibt es aber beträchtliche Abweichungen der Wohnkammerlänge von etwas weniger als einer halben Windung bis zu 1½ Windungen. Hochmündige Vertreter mit wenigen Umgängen haben im allgemeinen eine relativ kurze und niedrigmündige, Formen mit zahlreichen Windungen gewöhnlich eine lange Wohnkammer. Hinzu kommt, daß bei ausgewachsenen Tieren die Wohnkammer (= Endwohnkammer) meist um $\frac{1}{10}$ kürzer ist als bei den vorhergehenden ontogenetischen Stadien. Dies beruht darauf, daß bei den Adulten das Wachstum an der Mündung früher aufhört, während die Septenbildung an ihrem Hinterende noch einige Zeit weitergeht. Allerdings geschieht dies nicht mit den relativ großen Abständen wie früher, sondern auffallend eng (finale Septendrängung).

Der freie Rand der Wohnkammer wird als **Mundsaum** (Peristom) bezeichnet. Er hat einen mehr oder weniger geradlinigen oder wellig verbogenen Verlauf. Daneben finden sich nicht selten kragenartige Einschnürungen oder Verdickungen bzw. schmale lippenartige Vorragungen an der Externseite. Weniger häufig, dann aber oft sehr kennzeichnend, sind stärkere Differenzierungen (Abb. 197), die z. B. als langgestreckte, gefingerte oder gestielte **Öhrchen** (engl. lappets)

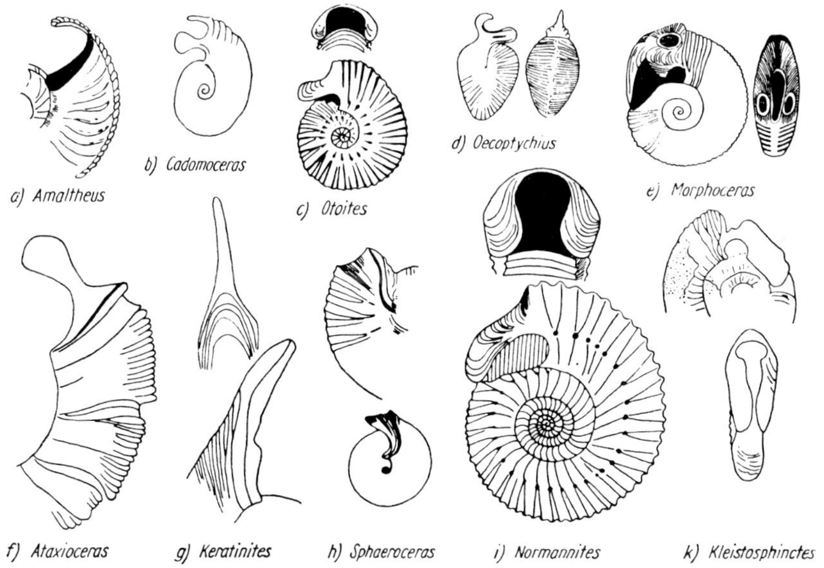

Abb. 197. Verschiedene Ammonoidea mit differenzierter Mündung. An Stelle von *Morphoceras* ist *Ebrayiceras* zu setzen. Ohne Maßstab. – In Anlehnung an verschiedene Autoren.

beiderseits der Mündung ansitzen, wo sie gelegentlich bis zu einem Viertel der Länge eines Umganges erreichen. Mitunter sind sie nach außen und in Richtung zur Internseite derart verlängert, daß sie die Flanken der vorhergehenden Windung umfassen. Einwärts gerichtet, stoßen sie auch in der Medianlinie zusammen, so daß die Mündung eine Zweiteilung erfährt. Bei manchen Formen tritt an der Externseite allein oder gemeinsam mit den Öhrchen ein Vorsprung auf. Überschreitet dieser eine gewisse Länge, wird er als **Rostrum** bezeichnet, eine Bildung, die gerade gestreckt, hornartig gekrümmt oder sogar zurückgebogen sein kann (Abb. 197g). Das Maximum der Differenzierung wird erreicht, wenn das Rostrum eine kapuzenförmige Ausbildung zeigt und gemeinsam mit relativ langen Öhrchen auftritt. Dann erfährt die Mündung, wie etwa bei *Oecoptychius* (Abb. 197d) aus dem Callovien, eine Dreiteilung derart, daß die Bewegungsfreiheit des Tieres zu Lebzeiten weitgehend eingeschränkt gewesen sein muß. Noch weiter geht die Differenzierung aber bei *Ebrayiceras* aus dem Bathonien, bei dem sich zwei verschiedene Externvorsprünge mit den stark verbreiterten Öhrchen vereinigen, so daß die Mündung hier insgesamt fünf Ausschnitte zeigt (Abb. 197e). Über die Bedeutung von Öhrchen und anderen Differenzierungen im Mündungsbereich der Gehäuse als Geschlechtsmerkmale finden sich Angaben S. 205ff.

Die aufeinanderfolgenden Mundsäume durchziehen die gewöhnliche Skulptur als eine feine Streifung oder, falls sich periodisch an der Mündung eine wulstartige Verdickung gebildet hat, in entsprechenden Abständen als Furchen (Einschnürungen) auf dem Steinkern (Abb. 198). Derartige **Einschnürungen**, an denen das Längenwachstum der Tiere offenbar einige Zeit stagnierte, treten vor allem in den Endstadien gewisser Entwicklungsreihen (vor allem der Phylloceratida und ihrer Abkömmlinge) auf, fehlen aber auch bei den Lytoceratida und den von diesen ausgehenden Seitenzweigen (besonders bei den Endgliedern der Perisphinctaceae) nicht. Allem Anschein nach handelt es sich um einen Ausdruck phylogenetischer Senilität.

Die aragonitisch struierte **Schale** ist vor allem bei den Lytoceratida und Phylloceratida in der Regel sehr dünn (0,2—2,2 mm), kann jedoch in bestimmten Fällen eine Dicke von ca. 1 cm

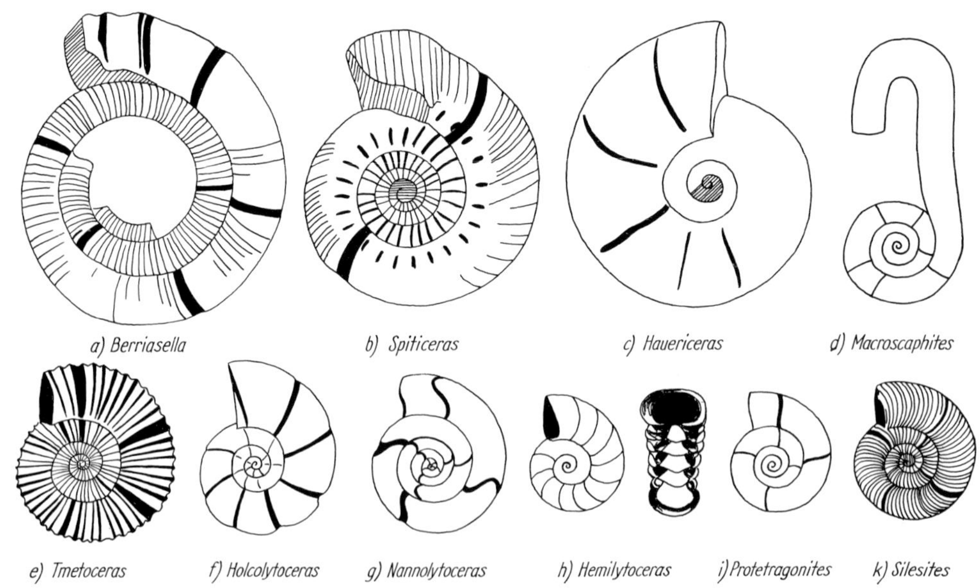

Abb. 198. Verschiedene Ammonoidea, die Einschnürungen (Varices) aufweisen. Ohne Maßstab. — In Anlehnung an verschiedene Autoren.

erreichen. Sie besteht im allgemeinen aus zwei Lagen, von denen die äußere lamellär, die viel dünnere innere prismatisch ausgebildet ist. Vollständig erhalten geblieben ist die Schale aber nur unter besonderen Bedingungen, am häufigsten in etwas kalkhaltigen Tonen. Dann finden sich gelegentlich auch Reste ursprünglicher **Färbung** auf der Oberfläche; meist als weiße oder braune Streifen, die längs oder quer zu den Windungen verlaufen. Falls die Schale nicht vollständig aufgelöst wurde, kristallisierte der primär ausgeschiedene Aragonit in Kalzit um. Pyramidenförmige Aggregate kleiner faserartiger Kristalle, die vor allem im Bereich von hohlen Kielen und Knoten den Steinkernen aufsitzen, bezeichnet man als **Conellae**. Es sind Lösungsrückstände einer besonderen, diagenetisch veränderten Schalenschicht (H. HÖLDER 1952; H. K. ERBEN 1972; K. BANDEL & CH. HEMLEBEN 1975).

Die **Anwachsstreifen** verlaufen in der Regel parallel zum Mundsaum; doch sind sie meist mehr oder weniger gekrümmt. Völlig geradlinig sind sie lediglich auf den Innenwindungen stratigraphisch älterer Goniatiten. Die Einbuchtungen entsprechen vermutlich in ähnlicher Weise wie beim rezenten *Nautilus* den Bewegungsräumen für Trichter und Arme (HERM. SCHMIDT 1930). Dabei lassen sich bei den am stärksten differenzierten Formen jederseits unterscheiden eine:

a) Trichterbucht: von der Mündung abgewandte Einbuchtung an der Externseite. Man findet sie ähnlich wie am rezenten *Nautilus* regelmäßig bei den älteren Goniatiten. Bei den jüngeren und bei der Mehrzahl der übrigen Ammoniten fehlt sie jedoch. Teilung durch eine kleine Mittellamelle dürfte auf eine Trennung der beiden Trichterlappen und ihre gesonderte Funktion hinweisen.
b) Armbucht: von der Mündung abgewandte Einbuchtung an den Flanken des Gehäuses. Nicht immer vorhanden.
c) Kopflappenbucht: gelegentlich am Nabelrand, vor allem bei bikonvexem Verlauf. Wahrscheinlich ähnlich wie beim rezenten *Nautilus* auf die Zipfel des Kopflappens zurückzuführen.

Je nach der speziellen Ausbildung der Anwachsstreifen lassen sich die in Tabelle 1 zusammengestellten Haupttypen unterscheiden, zwischen denen aber zahlreiche Übergangsformen vorkommen. Sie haben, wie erstmalig R. WEDEKIND (1918) nachweisen konnte, systematisches Interesse

Tabelle 1
Die wichtigsten Ausbildungsformen der Anwachsstreifen bei den Ammonoidea. — Bezeichnungen: T = Trichterbucht, A = Armbucht, K = Kopflappenbucht

a) bikonvex (= zweibogig)	b) konvex (= einbogig)
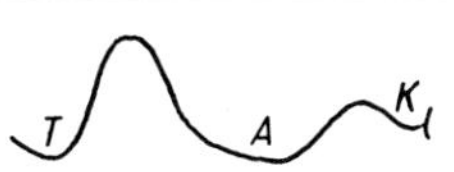 Mit Trichter-, Arm- und Kopflappenbucht. Beispiele: *Agoniatites, Propanoceras, Maenioceras*	 Trichterbucht relativ breit. Arm- und Kopflappenbucht fehlen. Beispiele: *Sporadoceras, Cheiloceras, Imitoceras*
c) linear (= geradlinig)	d) protract (= vorgezogen)
 Verlauf nahezu geradlinig, zuweilen mit schwacher Andeutung einer Trichterbucht. Übergangsform zur konvexen und protracten Anwachsstreifung. Beispiel: *Paragastrioceras*	 Trichterbucht fehlt. An ihre Stelle tritt eine starke Konvexität der Anwachsstreifen in Richtung zur Mündung. Beispiel: *Cladiscites*

und sollten deshalb bei deskriptiven Arbeiten immer dargestellt werden. Vorbildlich geschieht dies z. B. bei H. K. Erben (1964).

Eindrücke von Muskeln, mit denen das A.-Tier im Inneren seiner Wohnkammer befestigt war, sind ebenso wie bei den fossilen Nautiloidea nur unter besonders günstigen Erhaltungsbedingungen überliefert. Es handelt sich vor allem um die aus Abb. 199 ersichtlichen, im einzelnen noch

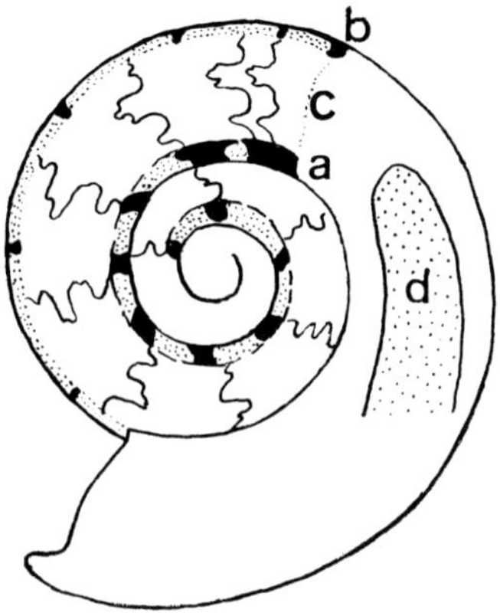

Abb. 199. Haftstrukturen auf besonders gut erhaltenen Steinkernen von Ammonitida: a) paarige Ansatzstellen von Muskeln (? Retraktoren) nahe der Nabelkante, dazwischen „Dunkles Band" als Folge von Schleppstreifung; b) meist halbmondförmige Haftstellen des Siphos auf der inneren Prismenschicht, dazwischen dunkles Band entlang der Externseite; c) Haftband entsprechend dem Annulus des *Nautilus*, d) schwierig deutbare „Flanken-Einbuchtung", vielleicht Ansatzstelle des Retraktormuskels. – Nach R. Jordan 1968, umgezeichnet und in den Termini zum Teil verändert.

umstrittenen Haftstrukturen. Die als Ansatzfelder des Retraktormuskels gedeuteten Narben haben sich inzwischen als richtig erwiesen (K. Bandel 1982; N. H. Landmann & Bandel, 1984; W. Weitschat 1986; Ders. & Bandel 1991). Zumindest bei den von Weitschat und Bandel untersuchten Amonoidea aus der Trias Spitzbergens und Sibiriens ist der Retraktormuskel nicht wie bei jurassischen scheibenförmigen Ammoniten paarig ausgebildet, sondern unpaarig und direkt am Internlobus befestigt. Auch war das Ansatzfeld nicht rund, sondern langgestreckt und schmal, woraus auf ein sehr beschränktes Retraktorsystem und eine geringe, vielleicht auf vertikale Migration begrenzte Lokomotion der fraglichen Gattungen geschlossen werden kann.

Ähnlich wie die Gastropoda (vgl. S. 16), Scaphopoda, Amphineura und fast alle rezenten Cephalopoda besaßen die Ammonoidea eine **Radula**; doch konnte diese erhaltungsbedingt nur in wenigen Fällen nachgewiesen werden (D. Closs 1967; U. Lehmann 1967, 1971). Es handelt sich um die Gattungen *Eoasianites, Arnioceras, Hildaites, Dactylioceras* und *Eleganticeras* (Abb. 200). Im Unterschied zum rezenten *Nautilus*, bei dem sie relativ breit ist und in jeder Querreihe aus 13 Zähnchen besteht, ist sie bei den Ammonoidea schmal und je Querreihe nur

Abb. 200. Querreihen (schematisch) der Radula verschiedener Ammonoidea: a) *Eoasianites* (Ob. Karbon), b) *Dactylioceras* (Ob. Lias), c) *Eleganticeras* (Ob. Lias); Breite von c) ca. 0,5 mm. – Nach U. Lehmann 1990.

mit 7 Zähnchen besetzt. Dies spricht für eine mehr oder weniger carnivore oder omnivore Lebensweise.

Lange Zeit galt es als sicher, daß die Ammonoidea keine **Kiefer** besaßen. Um so größer war die Überraschung, als man sie erstmalig (zusammen mit der Radula) bei *Eoasianites* sp. (Abb. 201)

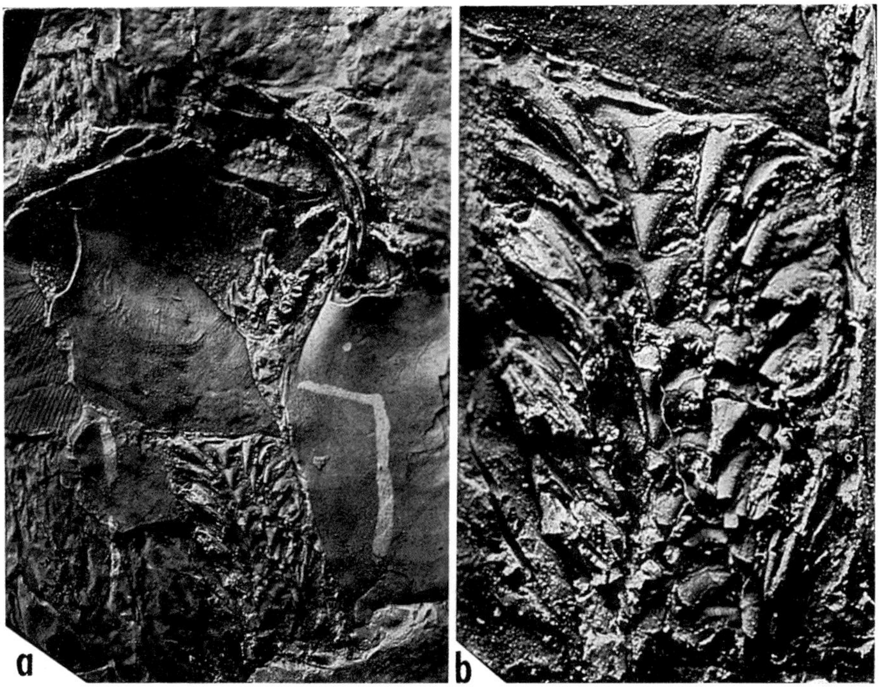

Abb. 201. *Eoasianites (Glaphyrites)* sp., Kieferapparat am Ende der Wohnkammer mit Radula (b), Ob. Karbon (Itararé-Formation) von Uruguay, L von a) ca. 3 cm, von b) ca. 1,1 cm. — Nach D. Closs 1967.

in frühdiagenetisch gebildeten phosphatischen Konkretionen der Itararé-Formation (Ob. Karbon) von Uruguay nachweisen konnte (Closs 1967). Sie tragen wie die ihnen sehr ähnlichen Kiefer der rezenten Dibranchiaten einen schnabelartigen Beißfortsatz. Außen- und Innenlamelle sind jedoch von gleicher Größe. Abweichend zu den Kiefern von *Nautilus* fehlt eine Kalkauflage. Inzwischen konnte durch systematische Suche ein vollständiger Kieferapparat auch bei einer Reihe weiterer Ammonoidea festgestellt bzw. als solcher nachträglich erkannt werden (A. S. Dagys et al. 1989; Y. Kanie et al. 1978; U. Lehmann 1967—1988; F. B. Meek & F. V. Hayden 1864; Y. D. Zakharow 1974 u. a.). Es handelt sich z. B. um die Gattungen *Reticuloceras, Olekinites, Arnioceras, Arietites, Dactylioceras, Hildoceras, Eleganticeras, Parkinsonia, Neophylloceras*. Bei den Oberkiefern, die keine Kalkauflagerung besitzen, sind stets zwei Flügel, eine vordere Duplikatur und meist eine schnabelartige Spitze vorhanden, in keinem Fall aber eine scharfe Schneide. Die Unterkiefer entsprechen zunächst dem, was man als **Anaptychus** (Abb. 202, 208a) bezeichnet und vom Ob. Devon bis zum Ob. Lias nachgewiesen hat. Diese einteiligen, schüsselartig gewölbten, aus horniger Substanz bestehenden dünnwandigen Gebilde wurden früher vor allem als Deckel (Opercula) der Wohnkammer-Mündung gedeutet. Manche von ihnen sind am Vorderende leicht eingekerbt oder schnabelartig verdickt, stets aber wie ein Umschlag einwärts gebogen, also doppelwandig. Viele der im Gestein flach ausgebreiteten

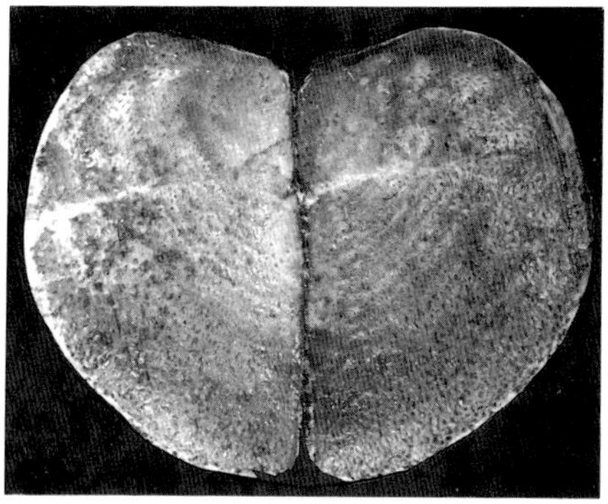

Abb. 206. *Laevaptychus*, Außenseite. Solnhofener Plattenkalk (Malm zeta) von Solnhofen (Bayern). Ca. ⅔ nat. Gr.

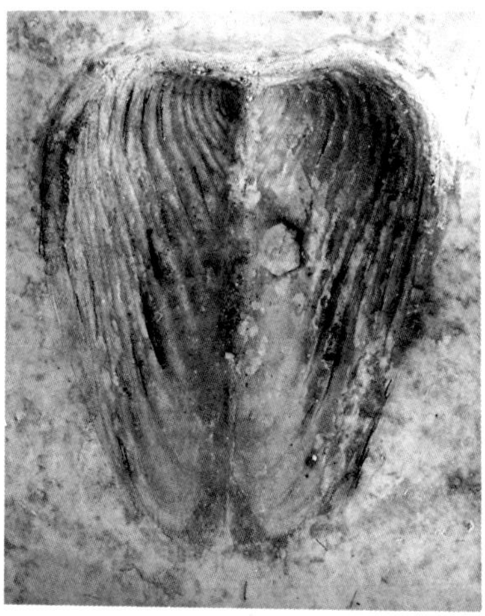

Abb. 207. *Lamellaptychus*, Außenseite. Solnhofener Plattenkalk (Malm zeta) von Solnhofen (Bayern). Ca. 1½ nat. Gr.

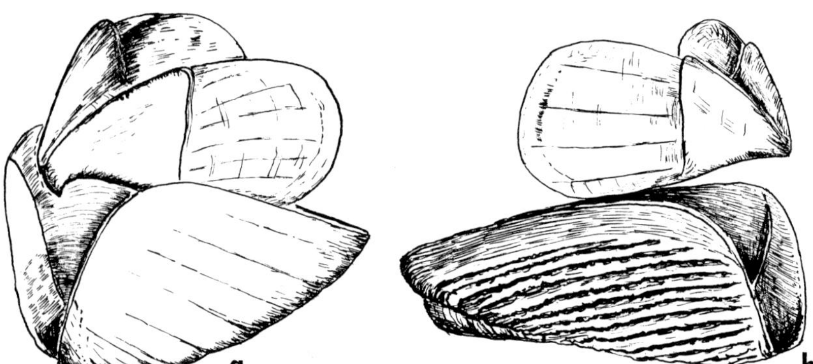

Abb. 208. Modelle des Kieferapparates von Ammonoidea: a) *Psiloceras* sp., der Unterkiefer ein Anaptychus; b) *Hildoceras (Hildaites) levisoni*, der Unterkiefer ein *Cornaptychus*, L ca. 3,5 cm. — Nach U. LEHMANN 1976, umgezeichnet.

Lebzeiten gesessen haben muß, die zusammenhängende Radula gefunden wurde (Abb. 201). Zum Beißen oder Schneiden waren die Aptychen allerdings nicht geeignet, da sie weder eine scharfe Kante noch einen eigentlichen Schnabel aufweisen. Wahrscheinlich wirkten sie wie Schaufeln, die durch den Schlundkopf vor- und rückwärts bewegt wurden. Einige von ihnen dienten vielleicht daneben (z. B. die Laevaptychen) auch noch als Deckel, wozu sie zeitweilig nach vorn-oben in die Wohnkammer-Mündung gestülpt werden konnten.

Da bei den Aptychen die zugehörigen Gehäuse meist nicht bekannt sind, werden bei ihnen u. a. folgende Parataxa unterschieden:

1. **Cornaptychus** Trauth 1927: Ob. Lias — Dogger (Abb. 204).
   Vorhanden ist eine sehr dünne, „hornige", ursprünglich wohl aus Konchiolin bestehende einteilige Innenschicht, die den Anaptychen ähnelt, und eine dünne, zweiteilige Kalkschicht, die sich gelegentlich von der Innenschicht ablöst. Letztere hat eine glänzende, mit welligen Runzeln bedeckte Oberfläche, die etwa parallel zum seitlichen Rand verlaufen. Die Kalkschicht zeigt innen eine zelligmaschige, außen eine homogen erscheinende, bräunliche Lage. Charakteristisch ist *C.* für *Hammatoceras, Hildoceras, Sonninia* und andere „Sichelripper". Bei den stratigraphisch jüngeren Formen kann die sonst berippte Oberfläche der Kalkschicht glatt ausgebildet sein (*Laevicornaptychus*).
2. **Lamellaptychus** Trauth 1927: Dogger — Unt. Kreide, am häufigsten im Malm (Abb. 207).
   Im Umriß schmale, auch in der Struktur an *Cornaptychus* erinnernde Formen, deren dicke Kalkschicht meist allein überliefert ist. Sie besteht aus einer sehr dünnen inneren Lage und einer Prismenschicht, die innen aus parallel angeordneten, außen (zurücktretend) aus unregelmäßig verlaufenden und dickwandigeren Röhrchen gebildet wird. Die Außenfläche trägt kräftige, schief zur Mittellinie verlaufende Falten. Die hornartige Innenschicht ist (wie auch sonst erhaltungsbedingt) in hellen Kalken und Mergeln meist nicht überliefert. Kennzeichnend für die Oppeliidae.
3. **Punctaptychus** Trauth 1927: Dogger — Unt. Kreide.
   Ähnlich *Lamellaptychus,* doch sind die zwischen den Rippen der Außenseite der Kalkschicht verlaufenden Furchen fein punktiert.
4. **Striaptychus** Trauth 1927: Dogger — Ob. Kreide.
   Dünnschalige, meist ziemlich breite Aptychen, bei denen die Außenfläche feine konzentrische Runzeln oder Streifen trägt. Die hornartige Innenschicht ist kräftig entwickelt. Die Kalkschicht läßt keine zelligmaschigen und röhrenförmigen Bestandteile erkennen. Charakteristisch für Stephanoceratidae und Scaphiten.
5. **Granulaptychus** Trauth 1927: Dogger — Unt. Kreide.
   Ähnlich *Striaptychus*, doch ist die Außenfläche mit konzentrischen Reihen kleiner Knoten, die Innenfläche mit einfachen Zuwachslinien bedeckt. Zu finden bei den Perisphincten.
6. **Laevaptychus** Trauth 1927: Ob. Dogger — unterste Kreide, sehr häufig im Malm (Abb. 205—206).
   Breite Formen, deren Kalkschicht vor allem aus dicht angeordneten Röhrchen besteht und mitunter sehr dick werden kann. Die Außenfläche trägt feine Poren, die Innenseite Zuwachslinien. Kennzeichnend für die Aspidoceratidae.

Während die auf das Paläozoikum, die Trias und den Lias beschränkten Anaptychen nur selten häufiger zu finden sind, kommen die Aptychen vor allem im Jura gelegentlich in solchen Massen vor, daß sie namengebend für ganze Schichtkomplexe werden, so für die Aptychenmergel des Kimmeridge in Schwaben, die Aptychenschichten des Ob. Malm der nördlichen Ostalpen und die Aptychenschiefer der Südalpen.

Durch diagenetische Umwandlungen kann der Fossilinhalt eines Gesteins gänzlich oder teilweise (dann oft selektiv) zerstört bzw. unkenntlich werden. Dies gilt etwa für die aus horniger Substanz bestehenden Anaptychen des Paläozoikums. Diese finden sich wie alle ähnlich zusammengesetzten Körper in der Regel nur in den dunklen Kalken und Schiefern, dann auch meist vergesellschaftet mit den zugehörigen Gehäusen. In hellgefärbten Kalken gleichen Alters dagegen trifft man letztere oft in großen Mengen, während die Anaptychen fehlen. Ursache dieser Sonderung ist hier meist nicht ein mechanischer, sondern ein diagenetischer Vorgang.

Der **Siphonalapparat** der Ammonoidea zeigt im Gegensatz zu dem der Nautiloidea nur eine verhältnismäßig geringe Differenzierung. Er ist wie bei den Orthocerida, von denen die Ammonoidea mutmaßlich abstammen, orthochoanitisch, d. h. mit sehr kurzen kragenförmigen Siphonaldüten ausgestattet. Der Sipho beginnt unmittelbar vor der ersten Kammerscheidewand als ein etwas angeschwollener Blindsack (Caecum, Abb. 209, 210), an den sich eine dünne blätterige Membran heftet (Prosipho), die zur gegenüberliegenden Wand der Anfangskammer verläuft. Der Sipho besteht aus Konchiolin-Membranen, die zwischen den Siphonaldüten eine ziemlich dickwandige Röhre bilden können. Eine kalkig-poröse Außenschicht fehlt. In den letzten Kammern vor der Wohnkammer ist der Sipho sehr dünnwandig und deshalb oft nicht erhalten. Er gliedert sich in einzelne Segmente, die den jeweiligen Kammern entsprechen, wobei das neue Segment bereits fertig gebildet war, bevor das letzte Septum seine vollständige

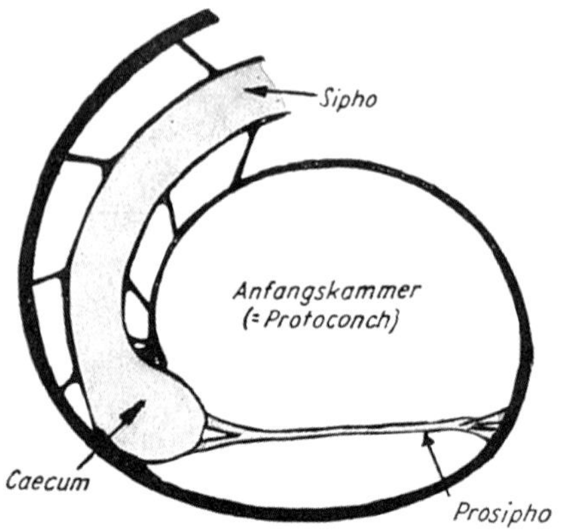

Abb. 209. Schematischer Medianschnitt durch die Anfangskammer (Protoconch) sowie die ersten Luftkammern eines Ammoniten, um die Ausbildung des Siphonalapparates zu zeigen. Ca. 45/1 nat. Gr. — Nach F. GRANDJEAN 1910, umgezeichnet.

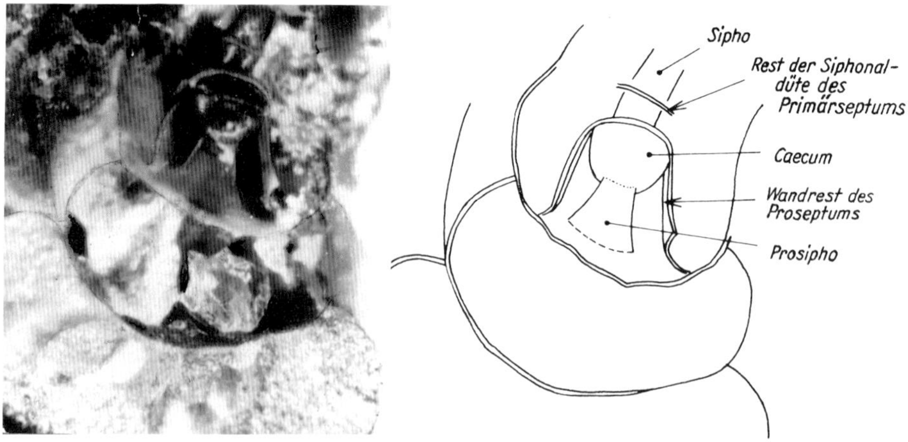

Abb. 210. *Euhoplites* cf. *tuberculatus* (Sow.), frühontogenetische Gehäuseteile mit Protoconch, Caecum und Prosipho. Unt. Kreide (Gault) von Folkstone (England). Ca. 60/1 nat. Gr. — Nach Originalen zu H. K. ERBEN 1962.

Mineralisation erreicht hatte (V. V. Drutschitz & L. A. Dogyschaeva 1974; W. Weitschat & K. Bandel 1991 u. a.).

Die Siphonaldüten zeigen bei den älteren Ammonoidea (Goniatiten und Clymenien) ebenso wie bei den Nautiloidea nach rückwärts (retrosiphonat, Abb. 211), bei den jüngeren Vertre-

Abb. 211. Medianschnitt durch die Anfangskammer und die ersten Windungen von *Agathiceras sundaicum* Han. aus dem Unt. Perm von Timor, um die sich sehr langsam vollziehende Verlagerung des Siphos von innen nach außen zu veranschaulichen. Die Siphonalhüllen sind erhalten. Ca. 9/1 nat. Gr. — Nach O. H. Schindewolf 1931.

tern aber nach vorn (prosiphonat). Viele Ammonoidea sind übrigens anfangs retrosiphonat und erst vom dritten oder vierten Umgang ab prosiphonat. Während der Sipho bei den Nautiloidea noch an der Symmetrieebene hin und her pendelt, ist er bei den Ammonoidea randlich fixiert, und zwar bei den Clymeniida intern, bei allen übrigen Ammonoidea extern. Ein Pendeln des Siphos findet sich lediglich auf den Innenwindungen, so z. B. bei den Tropitidae (Trias). Hier liegt er anfangs innen, später in der Mitte und erst dann extern. Bei Jura- und Kreideformen findet er sich zunächst zentral. Nur bei den älteren Goniatiten hat der Sipho anscheinend von Anfang an eine randständige Lage.

Die Lobenlinie und ihre Elemente: Die Lobenlinie (Sutur) ist der periphere Rand der Kammerscheidewände, mit dem diese an der eigentlichen Gehäusewandung befestigt sind. Der Verlauf ist im allgemeinen wellig. Dabei bezeichnet man die zur Mündung hin gebogenen Elemente als **Sättel**, die von der Mündung abgebogenen als **Loben**.

Hinsichtlich der Deutung der Lobenlinie herrschen bei verschiedenen Forschern recht unterschiedliche Anschauungen, die zum Teil auf Mißverständnissen, zum Teil auf völlig abweichendem Blickwinkel beruhen. Wegen der außerordentlichen Bedeutung, die diese Zusammenhänge aber für die phylogenetische und taxonomische Bearbeitung der Ammonoidea haben, wird nachstehend etwas genauer darauf eingegangen. Die dabei herangezogene Betrachtungsweise gründet sich auf die allgemeine Methodik der Vergleichenden Morphologie, das heißt, die einzelnen Organe werden auf Grund ihres ontogenetischen und phylogenetischen Werdeganges benannt. Nur so vermag man zwischen homologen und analogen Bildungen zu unterscheiden. In dieser Weise wurde die Lobenlinie vor allem von W. Branco, F. Noetling, R. Wedekind und O. H. Schindewolf behandelt, deren Resultate nachstehend zusammengefaßt werden:

Im Devon beginnend und mit der Ob. Kreide endend, vollzog sich ein fortschreitender Gestaltungsprozeß, der in wenigen Bahnen mit erstaunlicher Einheitlichkeit verläuft. Für die Systematik und die Phylogenetik hat deshalb die Lobenlinie eine große Bedeutung. Voraussetzung ist eine exakte Terminologie, die sich auf eine einheitliche Benennung wirklich homologer Elemente gründet. Die Untersuchung darf sich also nicht nur auf die Alterslobenlinie beschränken, sondern muß auch alle Veränderungen im Verlaufe der Ontogenese von der Anfangskammer an verfolgen. Man unterscheidet dabei: a) die Prosutur; b) die Primärsutur; c) die Sekundärsutur.

Betrachten wir zunächst

1. Die **Prosutur**: Als solche bezeichnet man die Lobenlinie der Embryonalkammer, das heißt der bei allen Ammonoidea glatten, ovalen oder quereiförmigen Anfangskammer, die durch eine leichte Einschnürung vom folgenden Teil des Gehäuses geschieden ist. Hinsichtlich der Ausbildung der Prosutur lassen sich die in Abb. 212 und Tabelle 3 ohne weitere Erklärung ersichtlichen

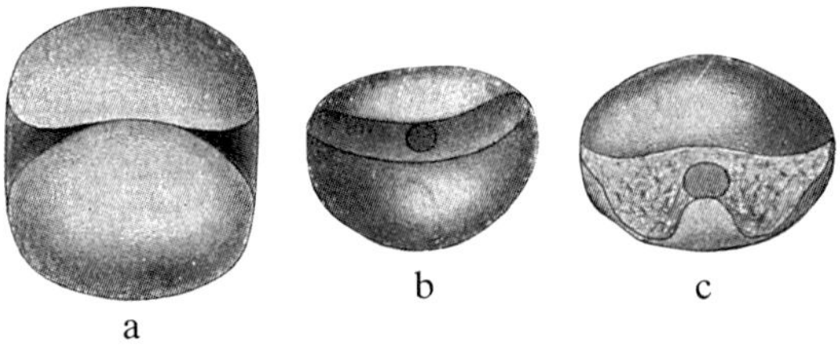

Abb. 212. Die Haupttypen in der Ausbildung der Anfangskammer (Protoconch) der Ammonoidea: a) asellat (*Manticoceras* sp., Ob. Devon I); b) latisellat (*Tropites* sp., Ob. Trias); c) angustisellat (*Lytoceras* sp., Lias). Ca. 30/1 nat. Gr. — Nach W. Branco 1879.

Typen unterscheiden. Insgesamt kann gesagt werden, daß die Prosutur weder einen Extern- noch einen Internlobus aufweist. Die in der Literatur verbreitete Anschauung, daß doch ein Internlobus vorhanden ist, beruht nach O. H. Schindewolf 1929 auf einer falschen Orientierung des internen Abschnitts.

Aus der zeitlichen Verteilung der Prosuturtypen ergibt sich eine orthogenetisch gerichtete Entwicklung von der einfachen asellaten über die latisellate zur angustisellaten Ausbildung. Dabei wird sowohl im Devon als auch in der Trias ein neuer Typus herausgebildet, der dann für kurze Zeit mit dem älteren, niedrigeren vergesellschaftet bleibt, in den beiden folgenden Systemen (Karbon + Perm, Jura + Kreide) aber allein das Feld beherrscht. Irgendwelche Ausnahmen von dieser Regel wurden bisher noch nicht beobachtet. Eine schematische Darstellung über den mutmaßlichen phylogenetischen Werdegang der Prosutur ist in Tabelle 2 zu finden.

Tabelle 2

Zeitliche Verteilung der verschiedenen Erscheinungsformen der Prosutur bei den Ammonoidea

Devon	Karbon	Perm	Trias	Jura	Kreide
asellat					
latisellat					
			angustisellat		

2. Die **Primärsutur** ist die erste typische Lobenlinie, die im ontogenetischen Entwicklungsgang einer Form auftritt. Bei den ältesten, vollständig eingerollten Ammonoidea ist sie trilobat, das heißt, sie zeigt folgende Elemente (Abb. 213 A):

a) Externlobus (E), in der Medianebene der Externseite (ventral),
b) Internlobus (J), in der Medianebene der Internseite (dorsal),
c) Laterallobus (L), dazwischen auf der Gehäuseflanke.

Im Gegensatz zu E und J zeigt L hinsichtlich seiner Lage keine Fixierung.

E, L und J sind somit als die eigentlichen Elemente der Primärsutur anzusehen. Man

Tabelle 3

Die verschiedenen Erscheinungsformen der Prosutur bei den Ammonoidea. Zusammengestellt nach O. H. SCHINDEWOLF 1929

1. Asellater Typus	2. Latisellater Typus		3. Angustisellater Typus	
Er besteht aus je einem sehr flachen Extern- und Internsattel und einem auf der Naht liegenden seichten Lobus (l). Dieser Typus ist also im Sinne der eigentlichen Wortbedeutung nicht völlig geradlinig ausgebildet.	Externsattel hoch und breit; Internsattel mäßig hoch, breit, geteilt oder ungeteilt. Der zwischengeschaltete Laterallobus (l) liegt im Gegensatz zum asellaten Typus außen neben der Naht. Man kann zwei Subtypen unterscheiden, die aber durch fließende Übergänge verbunden sind:		Externsattel hoch und schmal, Laterallobus (l) auf der Flankenmitte. Auf ihn folgt ein niedriger Sattel und ein auf der Naht befindlicher Umschlaglobus (u_1). Je nach der Ausbildung im inneren Lobenteil lassen sich zwei Subtypen unterscheiden:	
	A-Form	B-Form	A-Form	B-Form
	Innensattel ungeteilt.	Innensattel geteilt. Zum Laterallobus (l) tritt ein Umschlaglobus (u_1).	Innensattel ungeteilt, breit. Relativ selten.	Innensattel geteilt, schmal. Zum Umschlaglobus u_1 tritt noch ein zweiter (u_2). Häufig.

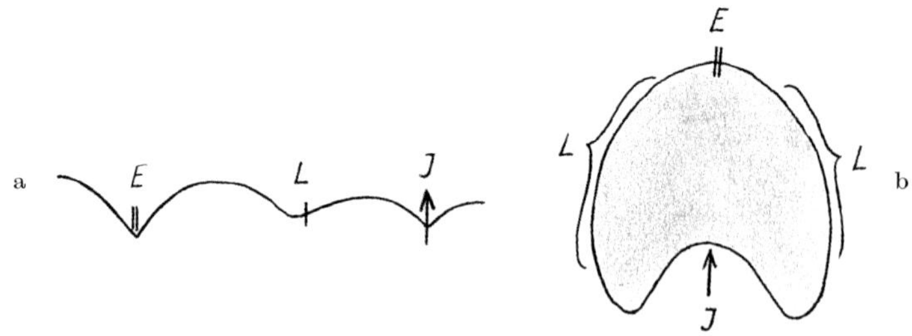

Abb. 213 A. Schematische Darstellung der Haupt- und Grundloben (= Protoloben) der Primärsutur (a) und ihrer Lage zum Windungsquerschnitt (b). — Bezeichnungen: E = Externlobus (auf der Medianebene der Externseite); L = Laterallobus; J = Internlobus (auf der Medianlinie der Internseite); der kleine, einfache Strich entspricht der Nahtlinie; der Doppelstrich der externen Medianebene; der Pfeil der internen Medianlinie. Seine Spitze zeigt bei a) zur Mündung.

bezeichnet sie als die primären Haupt- oder Grundelemente der Lobenlinie (= Protoloben), da sie praktisch bei allen Ammonoidea auftreten. Als Primärsättel dürfen deshalb auch nur die Extern- und Internsättel der Primärsuturen bezeichnet werden.

Durch Akzeleration erfolgt aber bei den höheren Ausbildungsformen der Primärsutur (vgl. Tabelle 4) bereits eine Vermehrung der Loben durch sekundäre Elemente (Hilfs- oder Metaloben). Dabei durchläuft die Primärsutur ähnlich wie die Prosutur (vgl. Tabelle 3) eine selbständige und gerichtete phylogenetische Entwicklung:

Im Paläozoikum waren die Primärlobenlinien (-suturen) trilobat (ELJ), in der Trias unter Hinzunahme eines Umschlaglobus quadrilobat (ELUJ). Im Jura wurden sie fünflobig (quinquelobat) (ELU_2U_1J) und in der Kreide (bei den Tetragoniten) sechslobig (sexlobat, $ELU_2U_3U_1J$). Daneben finden sich in der Kreide noch quinquelobate und sekundär quadrilobate Formen, letztere bei Abrollformen (Heteromorphen).

Eine direkte Beziehung zwischen Prosutur und Primärsutur besteht nicht. Die beiden Entwicklungsbahnen gehen parallel nebeneinander her und zeigen, wie O. H. Schindewolf (1929) nachweisen konnte, in vieler Hinsicht eine ausgesprochen gegensätzliche Richtung.

a) Die Prosutur rekapituliert als embryonales Gebilde nur die Prosutur ihrer Aszendenten;
b) die Primärsutur wiederholt lediglich die Primärsuturen oder späteren ontogenetischen Entwicklungsstadien der Aszendenten;
c) die Prosutur oder eine ihr ähnliche Bildung treten nirgends als Alterslobenlinie oder als späteres ontogenetisches Stadium auf.

3. Die **Sekundärsutur** entsteht nach der Primärsutur unter Vermehrung der Loben, sofern nicht sekundäre Elemente bereits durch Akzeleration in die Primärsutur vorverlegt wurden. Dabei kann Lobenvermehrung entweder durch Loben- oder Sattelspaltung eintreten.

Die Sattelspaltung beginnt mit der Teilung des zwischen J und L gelegenen Sattels (= Internsattels). Die dabei gebildeten Loben werden wegen ihrer Entstehung auf dem Windungsumschlag (vgl. Abb. 213B) **Umschlag-** oder **Umbilikalloben** (U) genannt und in der Reihenfolge ihrer ontogenetischen Entstehung mit U_1, U_2, U_3 ... signiert (Abb. 214). In entsprechender Weise gehen durch Spaltung des zwischen E und L gelegenen Sattels (= Extern-

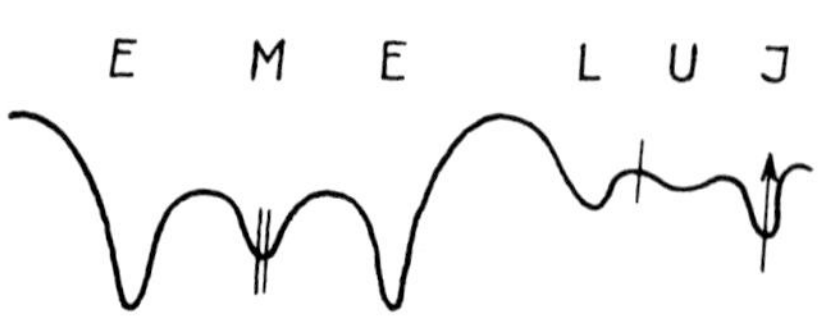

Abb. 213B. Schema einer Lobenlinie (*Manticoceras* sp.), welche die wichtigsten Elemente der sekundären Aufspaltung zeigt (= Sekundärsutur). Ohne Maßstab.

Tabelle 4

Verschiedene Erscheinungsformen der Primärsutur bei den Ammonoidea und ihre zeitliche Verteilung. Zusammengestellt nach O. H. SCHINDEWOLF 1929

a) Trilobater Typus		b) Quadrilobater Typus		c) Quinquelobater Typus
Lobenformel: ELJ Der Laterallobus L liegt stets auf dem Nabel bzw. in seiner unmittelbaren Nähe.		Lobenformel: ELUJ Der mit U bezeichnete Lobus entspricht dem in der Ontogenese der Aszendenten neugebildeten Lobus U_1. Der Laterallobus liegt bei den permischen Typen umbonal, bei den triassischen subumbonal bis nahezu lateral.		Lobenformel: ELU_2U_1J Die mit U_2 und U_1 bezeichneten Loben sind den Hilfsloben U_1 und U_2 der Sekundärsutur homolog. Sie wurden durch Akzeleration (Entwicklungsbeschleunigung) bereits in die Primärsutur vorgeschoben. U_1 liegt stets innen, U_2 auf der Naht, L auf der Mitte der Flanken.
Devon — Karbon		Perm — Trias		Jura — Kreide
	Karbon	Trias		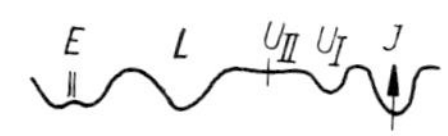
	Devon	Perm		

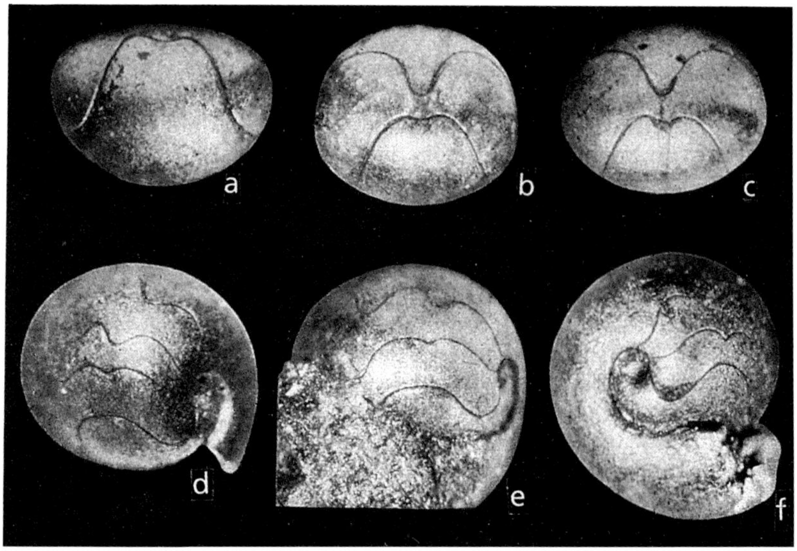

Abb. 214. Die Entwicklung der Lobenlinie bei *Imitoceras* sp.: a) Prosutur; b)—c) Prosutur und Primärsutur; d)—f) Bildung des Adventivlobus in der Sekundärsutur. Unteres Unt. Karbon (Exshaw Formation) von Jasper Park (Alberta). Ca. 33/1 nat. Gr. — Nach O. H. SCHINDEWOLF 1959.

sattels) die sog. **Adventivloben** (A) hervor, die in der Reihenfolge ihrer Entstehung mit A_1, A_2, A_3 ... bezeichnet werden.

Durch Spaltung eines sich im Externlobus bildenden Sattels (Externsattels) entsteht der Medianlobus (M), der z. B. für alle Pharciceratacea charakteristisch ist.

In besonderen Fällen wird einer der Umbilikalloben, meist der dritte oder vierte, zu einem **Suturallobus** umgebildet. Dabei wölbt sich an der Basis des betreffenden Lobus ein Sattel empor und verursacht zwei Teilloben. Auf dem Scheitel des Sattels entsteht ein neuer Lobus, aus dem wiederum ein Sattel hervorgeht usw. (Abb. 215). Diese gleichzeitige Bildung von Lobenpaaren bewirkt bei den sich zunehmend vergrößernden Ammonitengehäusen eine rasche Dehnung der Nabelregion. Der Komplex der Suturalloben wird von der Naht halbiert und zeigt gewöhnlich rechts und links von ihr eine der Entstehungsfolge entsprechende bilaterale Größenabstufung der einzelnen Elemente. Sobald es bei einem Ammoniten zur Bildung von Suturalloben kommt, erfolgt keine Anlage gewöhnlicher Umbilikalloben mehr. Suturalloben-Bildung ist relativ selten, charakteristisch zum Beispiel für die Phylloceratida und Abkömmlinge.

4. Je nachdem, ob ausschließlich Adventiv- oder Umbilikalloben gebildet werden, unterscheidet O. H. SCHINDEWOLF (z. B. 1954):

a) den Adventivloben-Typus, bei dem nur Adventivloben entstehen und der Laterallobus seine Lage nicht verändert:

b) den Umbilikalloben-Typus, der sich durch die Bildung von Umbilikalloben auszeichnet, bei dem aber Adventivloben fehlen und der Laterallobus sich nach außen verlagert.

Da diese beiden Typen verschiedene Zweige der Ammonoidea charakterisieren, liegt ihre phylogenetische Bedeutung auf der Hand. Dies wird dadurch unterstrichen, daß der im Perm und Karbon vorherrschende Adventivloben-Typus, abgesehen von höchstens ein paar Nachläufern, an der Perm/Trias-Grenze erlischt. An seiner Stelle blüht der im Paläozoikum nur wenig hervortretende Umbilikalloben-Typus im Mesozoikum auf, wo er bei den Ceratitida (Trias) und Ammonitida (Jura — Kreide) zu finden ist. Beide Typen wurzeln vermutlich in wenig differen-

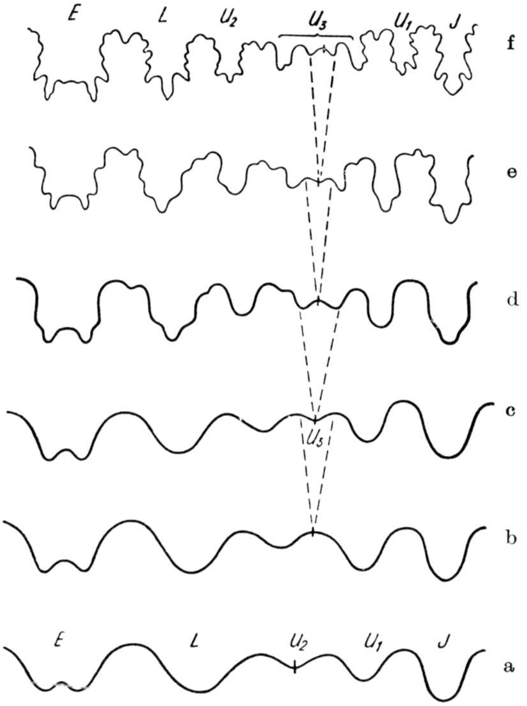

Abb. 215. Typische Suturalloben-Bildung im 3. Umbilikallobus bei *Simbirskites decheni* (Rmr.), Ob. Hauterive von Ihme bei Hannover; f) bei einer Windungshöhe von 4,5 mm. — Nach O. H. Schindewolf 1961.

zierten Vertretern des tieferen Devon (Agoniatitidae). Die Richtigkeit dieser Anschauungen vorausgesetzt, würde die genetische Deutung der Lobenlinie für die jüngeren Ammonoidea, die wegen der sich hier störend bemerkbar machenden Entwicklungsbeschleunigung bisher nicht befriedigend geklärt werden konnte, möglich sein. Der von jeher als Laterallobus bezeichnete Lobus der Ceratitida und Ammonitida würde dann dem primären Laterallobus der frühpaläozoischen Ammonoidea homolog sein. Bis zur definitiven Klärung sind noch zahlreiche Untersuchungen erforderlich.

Die Entwicklung der Lobenlinie bei *Imitoceras* sp. aus dem Unt. Karbon (Exshaw Formation) von Alberta ist in Abb. 214 dargestellt.

Im Hinblick auf die Differenzierung der Lobenlinie unterscheidet man folgende Stadien:

a) Verfaltung 1. Ordnung (**Wellung**): Die bei den orthoconen Nautiloidea noch gerade Lobenlinie verfaltet sich wellenförmig. Dabei sind die Sättel und Loben anfangs einander gleich. Später bildet sich ganz allgemein ein Gegensatz dadurch heraus, daß die Loben schmaler werden und spitz enden. Gleichzeitig kann die Zahl der Loben steigen. Ammonoidea mit primär gewellter Lobenlinie bezeichnet man als Goniatiten, wenn der Sipho extern liegt, und als Clymenien, wenn er sich auf der Innenseite befindet.

b) Verfaltung 2. Ordnung (**Zackung**): Es handelt sich um eine Kleinfaltung, bei der Loben und Sättel in sich eine Verfaltung erfahren. Dabei werden die nach vorn gerichteten Verbiegungen auf den Sätteln (= Blätter) rund, die nach hinten gerichteten auf den Loben (= Zacken) spitz angelegt. Zwischen Sätteln und Blättern einerseits sowie Loben und Zacken andererseits besteht nur ein Ordnungsunterschied. Die erste Anlage von Zacken erfolgt stets am Grunde der Loben (basal). In der Folge beginnen die Zacken an den Loben- und Sattelschenkeln emporzuklettern (aufsteigende Zackung), bis schließlich die Sattelscheitel ergriffen werden (totale Zackung). Dabei zeigt sich eine ähnliche Tendenz zur Umgestaltung wie bei der

Skulptur. In diesem Stadium verfaltet sich die Lobenlinie, ausgehend von basal gezackten Formen über aufsteigend gezackte zu total gezackten zweimal hintereinander: einmal geschieht dies während der Permzeit, zum anderen während der Trias. Die bei der totalen Zackung im Perm an den Sattelscheiteln entstehenden Elemente (= Blätter) sind groß (makrophyll), in der Trias klein (mikrophyll) (vgl. Band I, 5. Aufl., S. 306, Abb. 174). Dabei läßt sich dieser Vorgang nicht nur statistisch für die gesamten Zeitabschnitte ermitteln, sondern mit mehr oder weniger großer Vollständigkeit auch in den verschiedenen Entwicklungsreihen beobachten.

c) Verfaltung 3. Ordnung (**Zähnelung**, Abb. 216a–b). Diese betrifft die Zacken und Blätter, wobei die Zähne den Zacken und die Blättchen den Blättern entsprechen. Die Blättchen sind rund, die Zacken spitz. Ähnlich wie die Zackung kann die Zähnelung, die sich hauptsächlich bei liassischen Ammonoidea findet, basal, aufsteigend und total sein.

d) Verfaltung 4. Ordnung (**Kerbung**, Abb. 216c): Hierbei werden die bei der Zähnelung neu entstandenen Elemente von einer Mikrofaltung betroffen. Dieser Vorgang bleibt aber gewissermaßen in den Anfängen stecken, da die Kerbung nur im Bereich der Loben deutlich zu erkennen ist.

e) Schließlich kommt es in einer weiteren Phase zu einem Abbau der Lobenlinie derart, daß rückläufig und mehr oder weniger deutlich der progressiv durchlaufene Weg in ähnlicher Weise rekapituliert wird. Es ist jedoch keinesfalls eine Umkehr der Entwicklung, sondern lediglich ein **Reduktionsprozeß**, bei dem sekundär gezähnelte, sekundär gezackte (pseudoceratitische) und

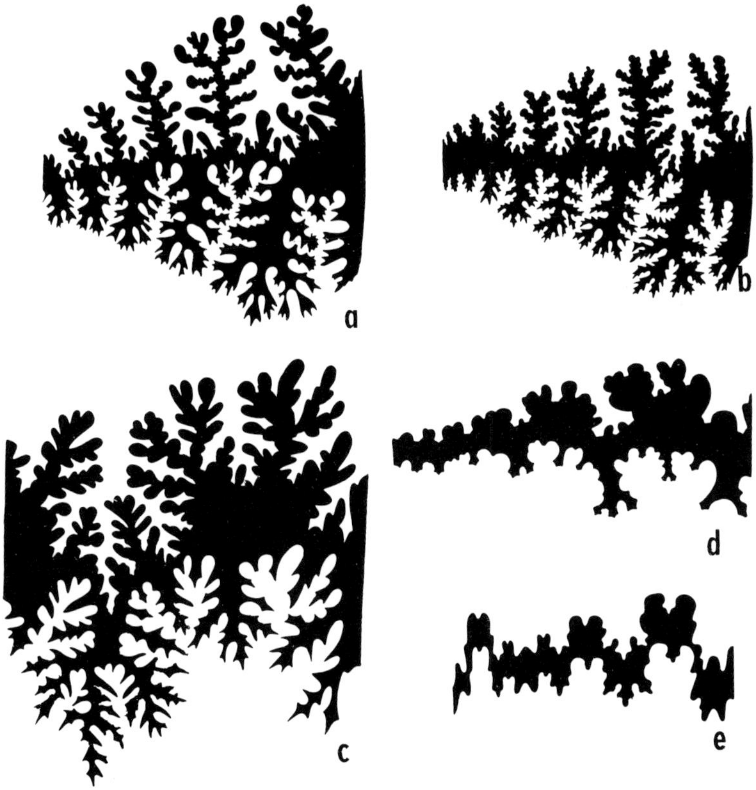

Abb. 216. Verschiedene Stadien der Lobenentwicklung: a) basale Zähnelung; b) totale Zähnelung; c) Kerbung; d)–e) sekundäre Zackung bei Ammonoidea der Kreidezeit. – Nach R. Wedekind 1935.

schließlich sogar sekundär einfach gewellte (pseudogoniatitische) Lobenlinien entstehen. Am häufigsten findet sich dieser Abbau bei den Ammonoidea der Kreide (Abb. 216d–e).

Zur **Erklärung** der zunehmenden Verfaltung der Lobenlinie während der Phylogenese stehen sich zwei Ansichten gegenüber. Die eine nimmt an, daß die vorhandene Lobenlinie die Septenform bedingt, die andere, daß die Lobenlinie durch die Verfaltung des Septums verursacht wird. Erstere Ansicht geht von der Vorstellung aus, daß ein Selektionsvorteil wirksam war, der sich aus der Vergrößerung der Ansatzstelle der subepithelialen Muskulatur des Mantels ergibt und zugleich verständlich macht, weshalb die Kammerscheidewände an ihrem peripheren Rand nicht dicker geworden sind. Gestützt wird die Annahme einer genetischen Programmierung durch ontogenetische Untersuchungen (vgl. O. H. SCHINDEWOLF 1960–1968) sowie durch den morphologischen Vergleich mit dem rezenten *Nautilus* (W. BLIND 1975). Aus letzterem geht hervor, daß die Subepithelial-Muskulatur auch bei den Ammonoidea jeweils im Abstand eines Interseptalraumes an einer prismatisch struierten Kalkleiste (Muralleiste) der Gehäuseinnenwand inserierte. Hier wurde dann der sich während des Wachstums periodisch im Apikalbereich lösende und adoral vorrückende Eingeweidesack gestoppt, wobei die Leiste gewissermaßen den Stempel für die an dieser Stelle entstehende Lobenlinie bildete. Die im Bereich der Verankerung differenzierte Subepithelial-Muskulatur prägte sich ringsum dem Mantelepithel auf und war auch im Bereich der Sättel durch myoadhäsive Fixpunkte genetisch fixiert.

Untersuchungen zur Schalenstruktur und Morphologie juveniler Gehäuse des rezenten *Nautilus* bestätigten erneut, daß Anlage und Morphologie der Septen durch die an der Muralleiste verankerte Subepithelial-Muskulatur bestimmt wird. Dies spricht gegen die modellhaften Vorstellungen zur Membrantheorie der Septenbildung (W. BLIND 1980). Da die Muralleiste sowohl bei fossilen Nautiloidea als auch bei den Ammonoidea nachgewiesen werden konnte, handelt es sich bei der Subepithelial-Muskulatur um ein stammesgeschichtlich sehr altes Muskelepithel.

Die andere Ansicht betrachtet das Septum als mechanisches Stützelement und zieht daraus den Schluß, daß die Lobenlinie durch die funktionell gebildeten Falten des Septums entsteht (E. PFAFF 1911; G. WESTERMANN 1956, 1973, 1975 u. a.). Die statische Abstützung des Septalgewölbes kann danach sein:

a) **zentral,** das heißt in Richtung zum Gehäusezentrum. Kennzeichnend für die Stephanocerataceae und Perisphinctaceae;
b) **lateral**, das heißt gegen die Flanken der Umgänge;
c) **radial**, das heißt gegen das Zentrum der Windungen. Nur beobachtet bei den abgerollten Spiroceratidae.

Hinsichtlich der Einzelheiten sowie der zahlreichen, bei Fall a) aufgestellten Untertypen wird auf die Spezialliteratur (E. PFAFF 1911; G. WESTERMANN 1956, 1973, 1975 u. a.) verwiesen. Geht man im Unterschied hierzu nicht vom mineralisierten Zustand der Septen, sondern von ihrer organischen Vorform aus, läßt sich die Morphologie der Septen funktionell auch auf den Innendruck des gekammerten Teils (Phragmoconus) zurückführen (A. SEILACHER 1975, 1988; U. BAYER 1977a, b, 1982). Die hier entwickelten, noch weitgehend spekulativen Modelle bedürfen weiterer, insbesondere computergestützter Forschung.

Bedeutungsvoll ist der Nachweis organisch struierter **Membranen**, mit denen die Innenwände der von den Septen abgegrenzten Kammern ausgekleidet waren, sich aber offenbar auch in diesen sowohl horizontal als auch mehr oder weniger schräg von einer Kammerwand zur anderen erstrecken konnten. Sie spielten vermutlich eine wichtige Rolle beim Austausch der in den Kammern befindlichen Flüssigkeit. Hierauf wird auf S. 208 im Kapitel über die Lebensweise der Ammonoidea besonders eingegangen.

Grundtypen der Gehäusegestalt: Nach HYATT, SCHINDEWOLF, ERBEN u. a. beginnt die Stammesgeschichte der Ammonoidea mit kleinwüchsigen, stabförmigen Vertretern, die im Gegensatz zu den orthoconen Nautiloidea eine hocheiförmige Embryonalkammer haben. Sehr schnell erfolgt von diesen Typen aus eine Entwicklung zu planspiral eingerollten Formen (Abb. 470).

Eine mit *Bactrites, Lobobactrites, Anetoceras, Teicherticeras* usw. besetzte Reihe findet ihre Fortsetzung mit advolutconvoluten Goniatiten wie *Convoluticeras, Mimagoniatites, Anarcestes* bis zu den ohne Nabellücke eingerollten Gattungen *Werneroceras, Archoceras* usw. (Abb. 217–218). Bei den meisten späteren Ammonoidea wachsen Windungshöhe und -breite

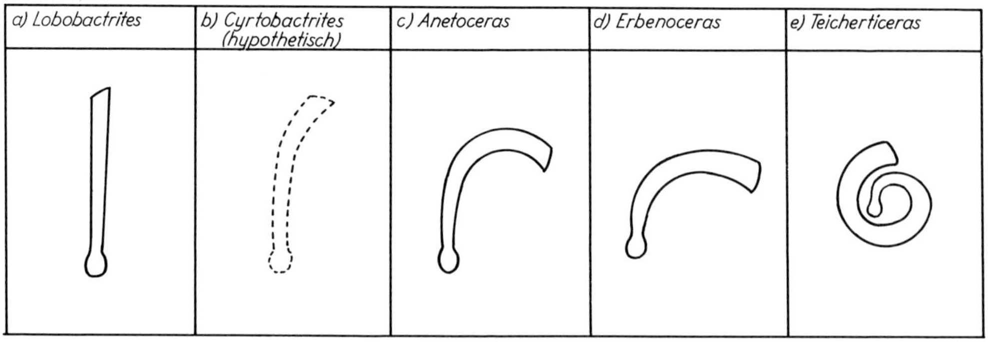

Abb. 217. Die Entstehung der planspiralen Normalform bei den ältesten Ammonoidea aus dem Unterdevon von Mitteleuropa; ohne Maßstab. — Nach H. K. Erben 1964, umgezeichnet und zusammengestellt.

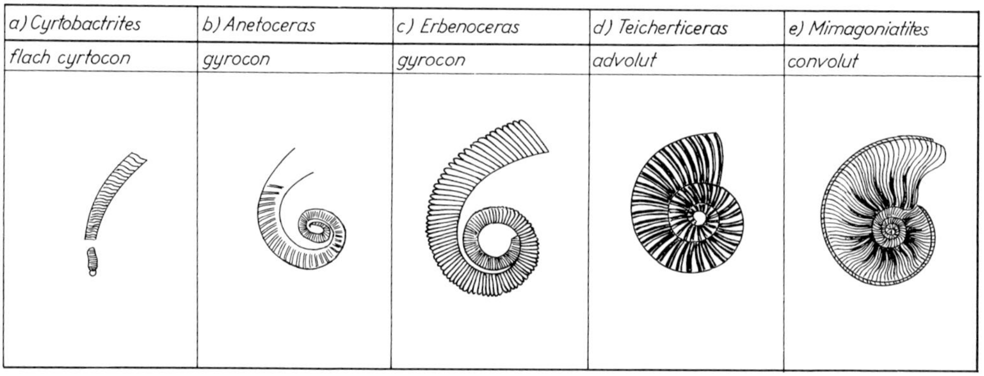

Abb. 218. Das Initialgehäuse einiger der wichtigsten Ammonoidea des Unterdevon (vgl. Abb. 217), ohne Maßstab. — Nach H. K. Erben, umgezeichnet und zusammengestellt.

allmählich an, so daß Außenlinie und Nabellinie jeweils eine regelmäßige ebene Spirale bilden. Je nachdem, ob der Nabel weit oder eng ist, unterscheidet man evolute und involute Formen. Dabei ist zu beachten, daß diese Termini nur eine relative Bedeutung haben und daß sich ihr Sinn je nach dem betrachteten Taxon und dem darin herrschenden Einrollungsmodus ändert. Im übrigen unterscheidet man entsprechend dem Ausmaß, mit dem sich die aufeinanderfolgenden Umgänge überlappen, und nach den allgemeinen Querschnittsverhältnissen des Gehäuses die in Abb. 219 dargestellten Typen. Eine besondere Aufzählung und Beschreibung erübrigt sich. Das gleiche gilt für die aus Abb. 220 ersichtlichen Typen, die die unterschiedlichen Querschnittsverhältnisse der Windungen betreffen.

Neben der erstaunlich konservativ beibehaltenen regelmäßigen, planspiralen Aufrollung des Gehäuses finden sich in den Endstadien gewisser Entwicklungsreihen mehr oder weniger große

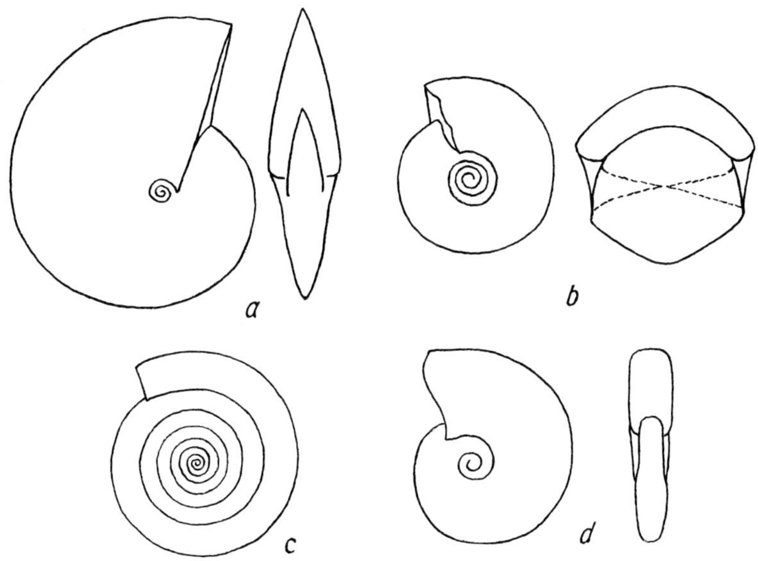

Abb. 219. Einige der wichtigsten Windungstypen der Ammonoidea. a) oxycon, b) cadicon, c) serpenticon, d) platycon. Ohne Maßstab.

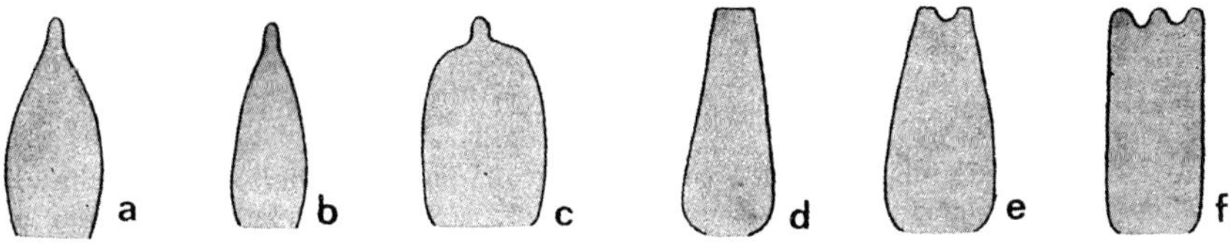

Abb. 220. Einige Typen der Ammonoidea, die die Querschnittsverhältnisse der Windungen betreffen. Ohne Maßstab. — a) lanceolat, acut, b) gekielt, acut, c) gekielt, mit Schulter, d) tabulat, einfach, e) tabulat, sulcat, f) dreikielig.

Abweichungen (Heteromorphe). Diese lassen sich im wesentlichen wie folgt gruppieren (Abb. 221):

a) Die Unregelmäßigkeiten treten meist nur im Bereich der Wohnkammer auf, ohne daß Windungsteile frei werden. Dabei kann die Nabellinie aus der bis dahin eingehaltenen Spirale herausgehen, so daß sich der Nabel plötzlich erweitert. Die Außenlinie wächst dann regelmäßig, falls sie nicht dadurch einen Knick nach außen oder innen erhält, daß die Windungshöhe konstant bleibt, zu- oder abnimmt. Derartige Veränderungen der Außenlinie finden sich gelegentlich auch, wenn die Nabellinie keine Abweichungen erfährt. Man bezeichnet diese Formen als **scaphitoid** (Abb. 221 a—c). — Beispiele: *Diaphorites, Creniceras, Glochiceras nimbatum* (Opp.), *Pimelites populonius* Fuc., *Oecoptychius refractus* Rem., *Christolia* Beau.

b) Umgänge lose uhrfederartig in einer Ebene aufgerollt (**gyrocon**, Abb. 221 d). — Beispiele: *Crioceratites duvali* Liv., *Pictetia astieri* (d'Orb.).

c) Ein verhältnismäßig großer innerer Röhrenabschnitt ist lose oder eng in einer Ebene aufgewunden, der restliche äußere Teil frei und geradegestreckt wie bei *Pedioceras* (**pediocon**, Abb. 221 e). — Beispiele: *Hoplocrioceras fissicostatum* Neum. & Uhl., *Pedioceras abichi* Bac. & Sim.

d) Innenwindungen planspiral aufgewunden. Altersteil zunächst geradegestreckt, sodann im Mündungsabschnitt zurückgekrümmt. Der geradegestreckte Teil ist sehr kurz und auf der

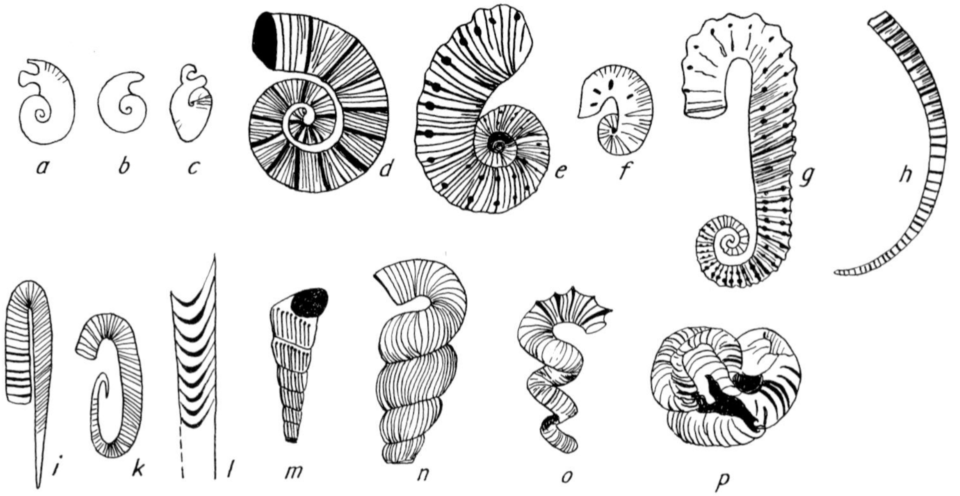

Abb. 221. Die wichtigsten Typen der in den Endstadien gewisser Entwicklungsreihen bei den Ammonoidea auftretenden Abbauformen der Gestalt. a)—c) scaphitoid, d) gyrocon, e) pediocon, f) scaphiticon, g) ancylocon, h) cyrtocon, i) hamulicon, k) hamiticon, l) baculicon, m)—o) turriliticon, p) torticon. Ohne Maßstab.

Innenseite bauchig angeschwollen. Es kommt nur zur Ablösung kurzer Windungsteile (**scaphiticon**, Abb. 221f). — Beispiele: *Scaphites, Desmoscaphites, Acanthoscaphites.*

e) Ähnlich d), doch kommt es zur Ablösung eines größeren Altersabschnittes. Innenwindungen planspiral lose oder tangierend (**ancylocon**, Abb. 221g). — Beispiele: *Ancyloceras matheroni* D'ORB., *Macroscaphites yvani* (D'ORB.).

f) Röhre schwach bis stark bogenförmig in einer Ebene gekrümmt (**toxocon**, Abb. 221h). — Beispiel: *Toxoceras requieni* (D'ORB.).

g) Röhre einfach pfeifenförmig gebogen. Bogenteile verlaufen parallel zueinander (**hamulicon**, Abb. 221i). — Beispiele: *Ptychoceras, Bochianites, Hamulina.*

h) Röhre dreifach hakenartig gekrümmt. Ein Innenabschnitt, zwei Mittelabschnitte und der zurückgebogene Mündungsteil verlaufen parallel zueinander (**hamiticon**, Abb. 221k). — Beispiele: *Hamites, Diplomoceras.*

i) Röhre mit Ausnahme der allerfrühesten Abschnitte geradegestreckt (**baculicon**, Abb. 221l). — Beispiel: *Baculites.*

k) Röhre ganz oder teilweise spiral aufgewunden. Spirale ganz oder teilweise lose oder geschlossen (**turriliticon**, Abb. 221m—o). — Beispiele: *Turrilites, Bostrychoceras, Hyphantoceras.*

l) Röhre unregelmäßig aufgewunden (**torticon**, Abb. 221p). — Beispiel: *Nipponites mirabilis* YABE.

Wie bei der progressiven und regressiven Umgestaltung der Skulptur ergeben sich auch im Hinblick auf die Gehäusegestalt Merkmale, die zeitgebunden sind und demzufolge einen gewissen Leitwert haben („Leitmerkmale"). Die prozentuale Verteilung der bei den Ammonoidea erfaßten Gattungen auf die verschiedenen Formen der Gehäusegestalt ist aus Abb. 222 ersichtlich.

Hinsichtlich der **Skulptur** ist festzustellen, daß während des Paläozoikums im wesentlichen glatte oder nur schwach verzierte Formen vorkommen, auf die während des Mesozoikums überwiegend stark skulpturierte folgen. Bei diesen zeigt die Skulptur zweimal nacheinander etwa in gleicher Weise eine ähnliche orthogenetische Entwicklung (Band I, 5. Aufl., S. 280—282, Abb. 152). Sie beginnt in beiden Fällen mit mehr oder weniger glatten Vertretern. Sodann folgen

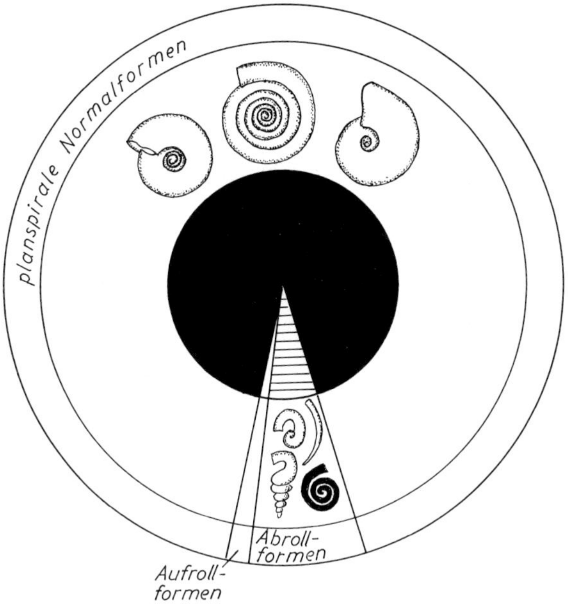

Abb. 222. Die prozentuale Verteilung der bei den Ammonoidea bekannten Gattungen auf die verschiedenen Typen der Gestalt. — Nach A. H. MÜLLER 1971.

solche mit einfachen, radial angeordneten und ungespaltenen Rippen (Einfachripper), aus denen durch einfache Gabelung der Rippen Gabelripper und später durch die Aufspaltung der Gabeläste Spaltripper hervorgingen. In einer weiteren Phase kam es schließlich zu einem Abbau der Skulptur derart, daß rückläufig und mehr oder weniger deutlich der progressiv zurückgelegte Weg in ähnlicher Weise wieder rekapituliert wurde. So entwickelten sich unter anderem sekundäre Gabelripper, Einfachripper und glatte resp. schwach skulpturierte Formen. Dabei handelt es sich aber nicht um eine wirkliche Umkehr der Entwicklung. Es wurde z. B. die Gabelung und Spaltung der Rippen dadurch wieder abgebaut, daß die Verbindung zwischen den Spalt- und Gabelästen im starken Maße verlorenging. Bei den Abbau-Gabelrippern wechseln häufig sekundäre Einfachrippen mit sekundären Gabelrippen, wobei deren Gabelungspunkt am gleichen Exemplar eine unterschiedliche Lage aufweisen kann. Das darauffolgende Stadium zeigt vor allem sekundäre Einfachrippen, bis schließlich der Gestaltungs- und Abbauprozeß mit der Herausbildung sekundär glatter oder schwach skulpturierter Formen seinen Abschluß fand. In Abb. 223 wurde die stratigraphische und zahlenmäßige Verteilung der verschiedenen Skulpturtypen dargestellt, die sich bei den erfaßten 1485 Gattungen statistisch nachweisen lassen. Die Zahlen geben an, wieviel Prozent der in dem jeweiligen Zeitabschnitt berücksichtigten Gattungen zu dem betrachteten Skulpturtyp gehören. Die Gesamtzahl dieser Gattungen ist aus der am weitesten rechts liegenden Kurve ersichtlich. Weitere Einzelheiten vgl. Band I, 5. Aufl., S. 280—282. Angaben über die Größenverhältnisse der Ammonoidea finden sich an gleicher Stelle, S. 291—293.

4. *Dimorphismus (Geschlechtsdimorphismus)*

Am gleichen Ort und in denselben Schichten finden sich vor allem im Ob. Lias, Dogger und Malm relativ häufig einander ähnliche (dimorphe) Ammonoidea (Abb. 224). Deren ausgewachsene (adulte) Exemplare unterscheiden sich vor allem durch die Gehäusegröße und die Anzahl

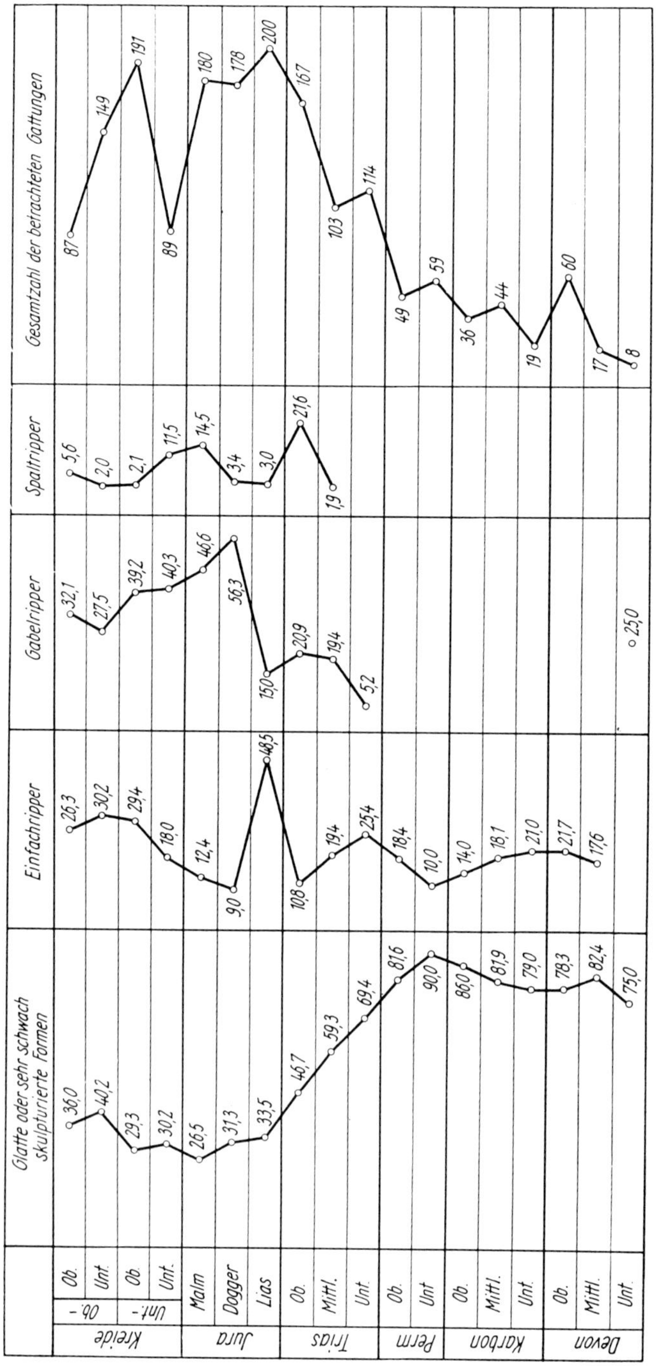

Abb. 223. Die Verteilung von 1485 Gattungen der Ammonoidea unter Berücksichtigung ihrer Skulpturverhältnisse. Die Zahlen geben an, wieviel Prozent der in dem jeweiligen Zeitabschnitt gezählten Gattungen zum betrachteten Skulpturtyp gehören. Die Gesamtzahl dieser Gattungen ist aus der am weitesten rechts befindlichen Spalte ersichtlich.

der Windungen, daneben aber auch durch die Skulptur, die Größe der Embryonalkammer, den unterschiedlichen Verlauf des Mundrandes, die Septenbildung, den Grad der Aufwindung (Involution) und den Windungsquerschnitt. Nur die inneren Windungen entsprechen einander. Hinsichtlich der Gehäusegröße lassen sich unterscheiden (Abb. 224, 225):

a) **Mikrokonche:** relativ kleinwüchsig; Anzahl der Windungen (meist weniger als 6) deutlich geringer als bei den Makrokonchen; im Dogger und Malm vielfach mit ohrförmigen Vorragungen an der Mündung.

b) **Makrokonche:** Anzahl der Windungen (meist 7 und mehr) deutlich größer als bei den Mikrokonchen; Mündung einfach geschwungen oder mit ventralen Vorsprüngen; mitunter in wesentlich geringerer Individuenzahl als die Mikrokonche, zu denen Übergangsformen fehlen.

Bei *Eleganticeras elegantulum* (Young & Bird) aus dem Ob. Lias (Unt. Toarcien) von Ahrensburg bei Hamburg beträgt bei den Makrokonchen die Anzahl der Kammern 75—90, bei den Mikrokonchen 30—58. Das Wachstum verlief bis zum Ende der 4. Windung in beiden Fällen mit gleicher Geschwindigkeit. Die finale Lobendrängung vollzog sich bei den Mikrokonchen abrupt bei den letzten 2—3 Septen, bei den Makrokonchen allmählich im Bereich der letzten 5, 10 oder mehr Kammern (U. Lehmann 1966).

Der Dimorphismus wurde bereits im 19. Jahrhundert vor allem von französischen Autoren (z. B. M. H. D. de Blainville, A. d'Orbigny) auf Geschlechtsunterschiede zurückgeführt. Aber erst seit den fünfziger Jahren unseres Jahrhunderts gestalteten sich die zunächst verschwommenen Ansichten zu einer gut fundierten Arbeitshypothese, derzufolge die Mikrokonche als die Gehäuse der Männchen und die Makrokonche als die der Weibchen betrachtet werden (J. H. Callomon 1955, 1963, 1969; H. Makowski 1962, 1971; G. E. G. Westermann 1964; U. Lehmann 1966; D. F. P. Palframan 1966, 1969; W. A. Cobban 1969; N. H. Trewin 1970 u. a.). Die Weibchen dürften in der Regel etwa doppelt so alt geworden sein wie die Männchen. Dies ist

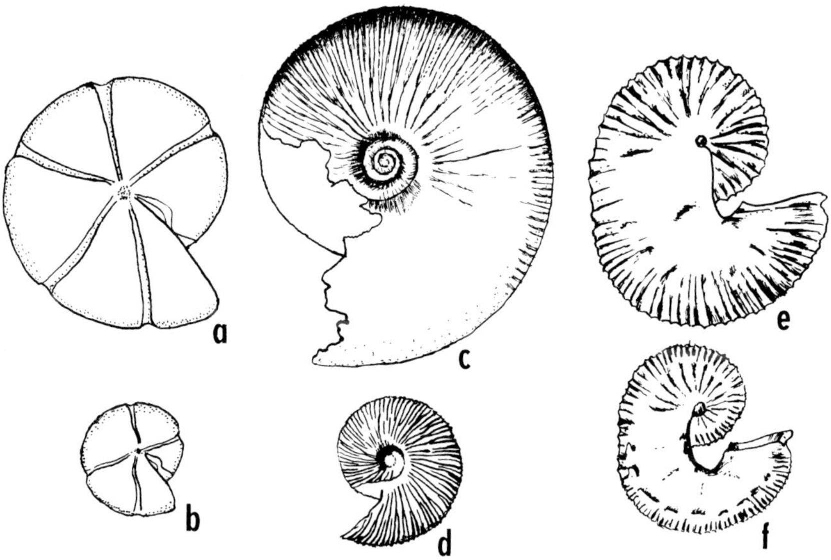

Abb. 224. a)—b) *Cheiloceras subpartitum* (Münster), Mikrokonch (b) und Makrokonch (a), Ob. Devon, D von a) ca. 8,0 cm. Nach H. Makowski 1963; c)—d) *Macrocephalites* sp., Makrokonch (c) und Mikrokonch (d), Dogger (Callovien), D von c) ca. 22 cm. Nach J. H. Callomon 1963; e)—f) *Discoscaphites hippocrespis* (Dekay), Makrokonch (e) und Mikrokonch (f), Ob. Kreide (Unt. Campan), westl. USA, D. von e) ca. 4,6 cm. Nach W. A. Cobban 1969, umgezeichnet.

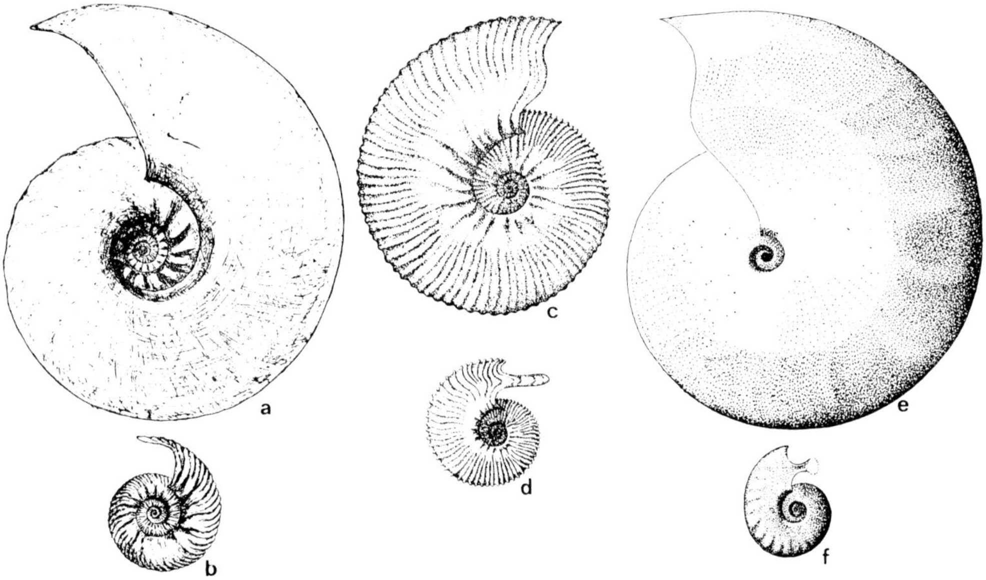

Abb. 225. Vermutliche Makro- und Mikrokonche verschiedener Ammoniten-Arten aus dem Dogger: a) *Quenstedtoceras (Lamberticeras) lamberti* (Sow.), Makrokonch, Ob. Callovien von Woodham (England), D — 15,5 cm; b) *Quenstedtoceras (? Quenstedtoceras) gallicum* Arkell, vermutlich zu a) gehörender Mikrokonch, Ob. Callovien von Weymouth (England), D — 5,5 cm; c) *Kosmoceras (Zugokosmokeras) obductum* (Buckman), Makrokonch, Ob. Callovien von Petersborough (England), D — 11,2 cm; d) desgl., vermutl. zu c) gehörender Mikrokonch, D — 5 cm; e) *Oppelia aspidoides* (Oppel), Makrokonch, Ob. Bathonien von Frankreich, Makrokonch, D — 13 cm; f) vermutlich zu e) gehörender Mikrokonch (*Oecotraustes serrigerus* Waagen), ebenfalls aus der *Aspidoides*-Zone, D — 3,5 cm. — Nach J. H. Callomon 1963, zusammengestellt.

verständlich, da die Reifung der Eier z. B. bei rezenten Dibranchiaten wesentlich länger dauert als die der Spermatophoren.

Weitgehend durch Indizien ist der Geschlechtsdimorphismus u. a. bei folgenden Taxa gesichert: Im Devon bei *Cheiloceras* (Abb. 224a, b), *Tornoceras* und den Clymenien, im Perm bei *Agathiceras*, im Ob. Lias (Toarcien) bei den Harpocerataceae, Hildocerataceae und Hammatocerataceae, im Dogger und Malm bei den Stephanocerataceae (Abb. 224c, d), Perisphinctaceae und Kosmocerataceae, in der Ob. Kreide bei *Discoscaphites* (Abb. 224e, f). Daß über den Dimorphismus in der Kreide bisher wenig bekannt ist, läßt sich vielleicht auf eine rückläufige Entwicklung und Abschwächung der Geschlechtsunterschiede zurückführen.

Taxonomisch hat der Nachweis von Geschlechtsdimorphismus große Tragweite, weil die einander entsprechenden Dimorphen oft nicht nur zu verschiedenen Gattungen, Arten und Unterarten, sondern zu verschiedenen Familien und Unterfamilien gestellt wurden. Jedenfalls erschwert dies ihre Verwendung in der Biochronologie beträchtlich. Da aber die sich aus der Gehäusemorphologie ergebenden Befunde lediglich den Wert von Indizien besitzen, bleibt als bündiges Kriterium nur der Nachweis von Geschlechtsorganen, z. B. von Ovarien oder Eiern, mit deren Hilfe die sekundären Geschlechtsmerkmale der weiblichen Dimorphen zu ermitteln wären. Leider wurden aber Weichteile wegen der ungünstigen Erhaltungsbedingungen nur äußerst selten überliefert. Deshalb sind einige Problematika aus der Wohnkammer frühdiagenetisch fossilisierter Ammonoidea von besonderem Interesse, die als „Eierbeutel" weiblicher Individuen gedeutet werden.

Als Beispiel zeigt Abb. 226A den Medianschnitt durch das Gehäuse eines *Ceratites evolutus parabolicus* aus dem Oberen Muschelkalk (Mittlere Ceratitenschichten, *Evolutus*-Zone) von Ballenstedt am Harz (A. H. MÜLLER 1969). Das kegelförmige, ca. 1,5 cm lange und maximal 1,4 cm breite, sackartige Gebilde darin ist, wenn man von dem dünnen, halsartigen und vermutlich offenen Ende absieht, von einem gröber strukturierten (bis 3 mm dicken) Saum umgeben (Abb. 226B, b). Dieser greift an der breiten Basis unregelmäßig wulstig einwärts. Das Innere ist mit zahlreichen dunkel gefärbten, kalzitischen Körpern gefüllt, die an einigen Stellen dicht bei dicht, an anderen in einigem Abstand nebeneinander liegen. Ihr Durchmesser beträgt ca. 0,5 mm. Für eine Einbettung in situ spricht die konkretionäre Füllung der Wohnkammer mit feinkörnigem, etwas wolkigem Kalk, in dem dünne, röhrenartig durchschimmernde Strukturen vermutlich auf andere Weichteile zurückzuführen sind und, abgesehen von einem distalen Abschnitt an der Mündung, keine Molluskenschalen eingebettet wurden. Ein ähnliches Gebilde wurde erstmalig von LEHMANN (1966) im Wohnkammersteinkern eines makrokonchen *Eleganticeras elegantulum* mit Essigsäure freigelegt (Abb. 226B, a). Es ist ca. 8 mm lang, 6 mm breit und mit etwa 160 kugelförmigen, im Durchmesser ca. 0,5 mm großen Körperchen gefüllt, die eine dünne, pyritisierte Hülle tragen. Die Breite der „Mündung" beträgt 2,6 mm.

Vor allem bei diesem Fund erinnert die gagatartige Substanz im Inneren an die Füllung der Tintenbeutel von Teuthoidea aus dem Posidonienschiefer von Württemberg. Diese Tintenbeutel sind abweichend zu unserem Fall gestreckt-sackförmig und mit einem ziemlich langen Ductus ausgestattet. Und da zudem der Durchmesser der eiförmigen, kugeligen Körper im Inneren der Problematika ungefähr dem der Embryonalblase der zugehörigen Ammoniten entspricht, liegt es näher, an die mit Eiern gefüllten Ovarien oder an Eihüllen zu denken, die in einem regelmäßig gestalteten und mit einer relativ dicken Wand ausgestatteten Beutel vereinigt sind („Eierbeutel").

Zum Vergleich kommt der rezente *Nautilus* in Frage, dessen ca. 4,5 cm lange und 4,5 cm breite

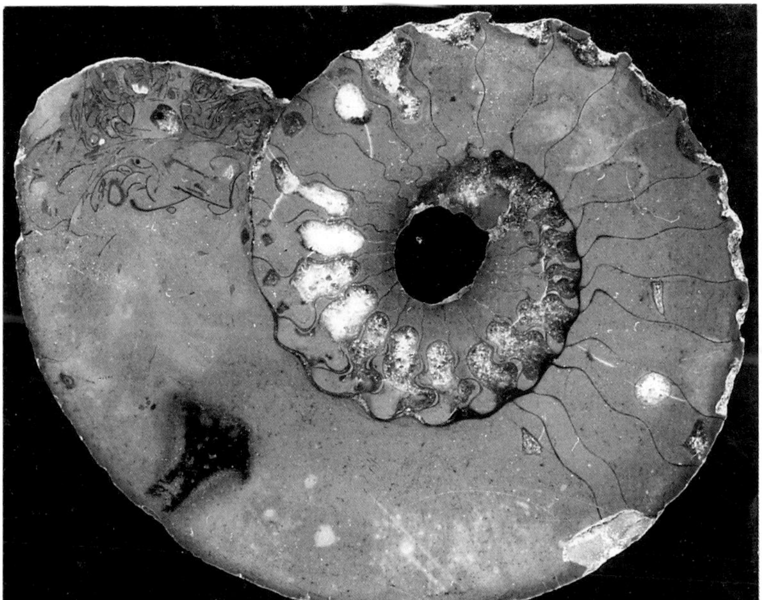

Abb. 226A. Medianschnitt durch *Ceratites (Ceratites) evolutus* PHILIPPI mit „Eierbeutel", Ob. Muschelkalk (Mittl. Ceratitenschichten), Ballenstedt a. Harz, Durchmesser 10 cm. — Nach A. H. MÜLLER 1969.

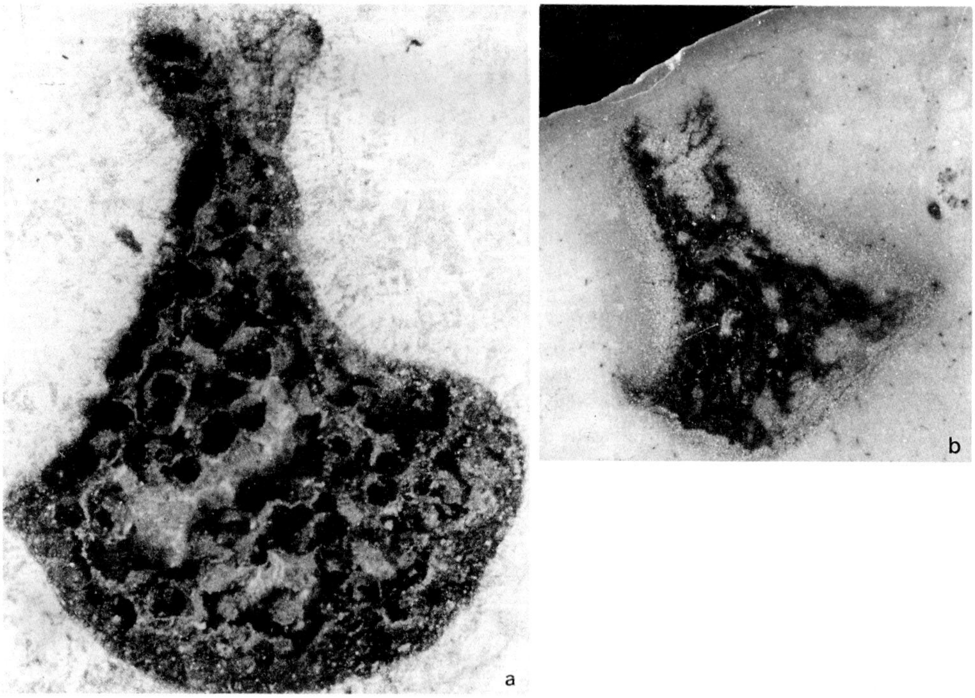

Abb. 226B. a) „Eierbeutel“ aus der Wohnkammer von *Eleganticeras elegantulum* (YOUNG & BIRD), pleistozänes Geschichte der „Ahrensburger Sippe“ (Ob. Lias, Unt. Toarcien), Ahrensburg (Holstein), Länge ca. 0,8 cm. Nach U. LEHMANN 1966; b) „Eierbeutel“ (median längsgeschnitten) aus der Wohnkammer zu Abb. 226A. Nach A. H. MÜLLER 1969.

Gonade von unten gesehen die Gestalt eines rundlichen Beutels hat und am hinteren Ende des Weichteilsacks dicht unterhalb des mittelständigen Siphonalstrangs in der Wölbung des letzten Septums wie in einer Wiege liegt. Von den beiden Poren ist nur die rechte in Funktion. Sie mündet mit kurzem Ductus dicht neben den hinteren Kiemen in die Mantelhöhle. Hinsichtlich der allgemeinen Gestalt, der Kürze des Ductus und der relativen Größe besteht also weitgehend Übereinstimmung mit den fraglichen „Eierbeuteln“ der Ammonoidea.

5. *Die Lebensweise*

Beobachtungen an Ammonoidea haben immer wieder die Forschung bereichert und mit zusätzlichen Problemen weitere Untersuchungen angeregt. Die Fülle einschlägiger Publikationen zeigt die sich wandelnden Schwerpunkte und die stimulierende Wirkung neuer Aspekte. Besonders befruchtend war der Nachweis, daß die Nautiliden und Sepiiden der Gegenwart in den Kammern des Phragmoconus Flüssigkeit ausscheiden und deren Menge zu ändern vermögen (E. J. DENTON & J. B. GILPIN-BROWN 1961, 1966, 1971, 1973; DENTON 1974 u. a., s. S. 151). Damit sind sie in der Lage, das hydrostatische Gleichgewicht und die aktive Schwimmfähigkeit sowohl bei horizontaler als auch bei vertikaler Lokomotion im Wasser zu regulieren. Der Schluß, daß auch die Ammonoidea etwa in vergleichbarer Weise wie die Nautiliden reagierten, ergab sich aus den Ähnlichkeiten im Gehäusebau, den physiologisch bedingten Dichteänderungen des Weichkörpers (normaler Stoffwechsel, Entwicklung und Abgabe von Geschlechtsprodukten usw.) sowie aus der Tatsache, daß sie wirkungsvoll exogene und endogene Störungen ihres hydrostatischen

Gleichgewichts auszugleichen und selbst bei beträchtlichen Schäden zu überleben vermochten. Trotz der inzwischen erzielten Fortschritte bestehen aber noch zahlreiche, oft konträr gegenüberstehende Widersprüche vor allem im Hinblick auf die spezielle Lebensweise und die funktionelle Bedeutung der Lobenlinie. Ein Tintenbeutel konnte nicht beobachtet werden.

Aus Modellversuchen und morphologischem Vergleich mit dem rezenten *Nautilus* ist zu schließen, daß auch bei den Ammonoidea durch Zu- und Abpumpen von Kammerflüssigkeit über Sipho und Kammermembranen ein vertikaler Auf- und Abstieg im Wasser möglich war; vielleicht diurnal in manchen Fällen wie beim heutigen *Nautilus*, der sich tagsüber in Tiefen zwischen 100 und 600 m aufhält, nachts aber nahe der Wasseroberfläche (meist bei ca. 40 m). Da aber die Ammonoidea bereits Ende der Kreidezeit nachkommenlos ausstarben, läßt sich unmittelbar nichts darüber aussagen, in welcher Weise sich Umwelt und individuelle Beschaffenheit bei den verschiedenen Arten und Gattungen ausgewirkt haben. Vermutlich spielten dabei neben dem Siphonalapparat die im Inneren der Kammern des Phragmoconus nachgewiesenen organisch struierten Membranen eine wichtige Rolle. Sie lassen sich mit den Proteinlagen im Phragmoconus des rezenten *Nautilus* vergleichen und wurden auch in den Kammern orthoconer Nautiloidea durch H. Ristedt 1971 beobachtet. In vorzüglicher Erhaltung finden sie sich u. a. in frühdiagenetisch phosphatisierten Ammonoidea (aus 18 Gattungen, 10 Familien und 6 Oberfamilien) der borealen Trias von Spitzbergen und NO-Sibirien (W. Weitschat 1986; Ders. & K. Bandel 1991), sowie in Craspediten des Ob. Malm (Ob. Wolga-Stufe) der Russischen Tafel (O. H. Schindewolf 1968). Vermutlich wurde über sie und den Siphonalapparat die Flüssigkeitsmenge im Phragmoconus durch osmotischen Transport nach dem „Löschpapier-Prinzip" geregelt (H. Mutvei 1971). Demgegenüber bezweifelt aber G. E. G. Westermann 1992, daß es sich bei den von Weitschat und Bandel beschriebenen phosphatisierten Lamellen um Ausscheidungen des Mantelepithels handelt und deutet sie als „Rückstände von getrocknetem Kammergel".

Sicher erscheint, daß die Ammonoidea wegen der Verletzlichkeit ihres Phragmoconus Bewegtwasserzonen im Flachmeerbereich gemieden haben. Sie fehlen oder sind selten in Sedimenten entsprechender Meeresteile. Mit größter Formenmannigfaltigkeit finden sie sich dagegen häufig in Ablagerungen des Schelfs, die etwa zwischen 50 und 250 m gebildet wurden. Vorstellungen über die Implosion verschiedener Ammonoidea sprechen dafür, daß die meisten von ihnen jenseits einer Wassertiefe von ca. 400 bis 500 m nicht zu existieren vermochten. Phylloceratida mit ihren seitlich abgeflachten, überwiegend glatten und involuten Gehäusen wurden als pelagisch (W. J. Kennedy & W. A. Cobban 1993) oder als ozeanisch (Westermann 1989) betrachtet. Bei den Ceratiten des germanischen Oberen Muschelkalkes war die Tiefenreichweite sicher begrenzt, da hier eine Meerestiefe von 250 m kaum erreicht wurde.

Die Argumente sprechen insgesamt gegen ausschließlich epibenthische Lebensweise, wie sie z. B. von U. Lehmann 1975 vertreten wird. Ein Beweis dafür könnte stärkerer Bewuchs mit Epizoen sein. Leider ist aber nur selten festzustellen, ob er zu Lebzeiten der Cephalopoden erfolgte. Beispiele hierzu finden sich in Band I, 5. Aufl., S. 408, Abb. 248 und Band II, Teil 1, 4. Aufl., S. 489 f., Abb. 548).

Starker Bewuchs mit *Placunopsis* läßt sich u. a. bei vielen Ceratiten der Mittleren und Oberen Ceratitenschichten im Muschelkalk nachweisen; doch bestehen auch hier wohl artlich bedingte, auf unterschiedlicher Lebensweise beruhende Abweichungen (A. H. Müller 1978). Vielleicht konnten sich die relativ involuten nodosen Formen mit ihren verhältnismäßig niedrigen Umgängen und der flachen Externseite (d. h. großem Spiralwinkel) in verschiedener Weise fortbewegen: überwiegend am Meeresboden kriechend mit Hilfe der Tentakeln, teils schwimmend (insbesondere vertikal auf- und abwärts) mit nach unten gekehrter Mündung. Eine ähnliche Lebensweise vertrat schon A. E. Trueman 1941 für Formen wie *Sphaeroceras, Cadoceras* und zahlreichen Goniatiten.

Sicher haben sich Gehäusegestalt und Skulptur strömungsmechanisch ausgewirkt; aber auch die Länge der Wohnkammer (Westermann 1976), Größe und Ausbildung des Retraktormuskels

(WEITSCHAT & BANDEL 1991) sowie die mehr oder weniger ausgeprägte Wirkung des Trichters (B. ZIEGLER 1991) dürften eine nicht unwesentliche Rolle gespielt haben.

Die Länge der Wohnkammer z. B. beeinflußt sowohl die Lage des Schwerpunktes als auch das Zentrum des Auftriebs am Gehäuse, letztlich also die Stabilität im Schwimmverhalten. Günstig wirkt sich eine sehr kurze Wohnkammer aus, da hier beide Zentren relativ weit voneinander entfernt liegen und vermutlich der Weichkörper ein entsprechendes Stück aus der Wohnkammer ragt. Zugleich wird der Schwerpunkt unter Rotation des Gehäuses so weit nach unten verlagert, daß die Mündung abwärts gerichtet ist.

Wie auch bei den meisten anderen Tiergruppen wird nicht besonders auf Deformationen eingegangen, die eindeutig auf Frakturen und Krankheiten zurückzuführen sind. Hinsichtlich der Ammonoidea wird lediglich auf folgende Beiträge hingewiesen: O. FRAAS 1863, TH. ENGEL 1894, A. ROLL 1935, N. THÉOBALD 1958, H. HÖLDER 1970, 1973, U. BAYER 1970, H. KEUPP 1973—1993, R. HENGSBACH 1979, 1986, S. REIN 1991, 1993.

6. Systematik

Es werden unter Einbeziehung der Bactritida folgende Ordnungen unterschieden:

a) **Bactritida** SHIMANSKIY 1951: ? Ordovizium, Ob. Silur — Perm, ? Ob. Trias;
b) **Anarcestida** MILLER & FURNISH 1954: Unt. — Ob. Devon;
c) **Clymeniida** WEDEKIND 1914: Ob. Devon;
d) **Goniatitida** HYATT 1884: Mittl. Devon — Ob. Perm;
e) **Prolecanitida** MILLER & FURNISH 1954: Ob. Devon — Ob. Trias;
f) **Ceratitida** HYATT 1884: Mittl. Perm — Ob. Trias;
g) **Phylloceratida** ARKELL 1950: Unt. Trias — Ob. Kreide;
h) **Lytoceratida** HYATT 1889: Lias — Ob. Kreide;
i) **Ammonitida** AGASSIZ 1847: Lias — Ob. Kreide;
k) **Ancyloceratida** WIEDMANN 1967: Ob. Malm — Ob. Kreide (Maastricht).

Ordnung **Bactritida** SHIMANSKIY 1951*)

Primär orthocone oder cyrtocone Ammonoidea mit orthoretrochoanitischem oder cyrtochoanitischem, ventral liegendem Siphonalapparat. Lobenlinie mit Ventrallobus und gelegentlich einem breiten Laterallobus. Dorsallobus nicht ausgebildet. Anwachsstreifen während der gesamten Ontogenese primär konvex, lediglich bei höher differenzierten Seitenzweigen leicht bikonvex. Endosiphonale und intracamerale Kalkausscheidungen fehlen. Lebensweise entsprechend dem Nachweis von Farbstreifen vermutlich horizontal aktiv benthisch oder nektisch. — ? Ordovizium, Ob. Silur — Perm, ? Ob. Trias mit ca. 13 (? 16) Gattungen.

Nachstehend die wichtigsten Familien:

Familie **Bactritidae** HYATT 1884

Longicone, orthochoanitische Bactritida mit überwiegend hohen Luftkammern und im Unterschied zu den orthoconen Nautiloidea hocheiförmiger Embryonalkammer. Aus ihnen entwickelten sich sehr schnell über cyrtocone Vertreter (z. B. *Cyrtobactrites* ERBEN, Unt. Devon) und solchen, deren Mündung goniatitenartig gestaltet ist, die planspiral eingerollten Ammonoidea (Abb. 217—218). Die älteste, stratigraphisch völlig isoliert stehende Art der Bactritidae ist

*) Für ein spezielles Studium der Bactritida und Anarcestida wird auf die sehr eingehenden Bearbeitungen von H. K. ERBEN (1959, 1960, 1962a, 1962b, 1964) verwiesen.

möglicherweise *Eobactrites sandbergeri* (Barrande) aus dem älteren Ordovizium der Tschechei und Norwegens, eine Art, die R. H. Flower & M. Gordon (1959) allerdings mit guten Gründen bei den zu den Nautiloidea gehörenden Baltoceratidae unterbringen möchten. Sie soll nahe mit *Wolungoceras* aus dem Ob. Canadian der Mandschurei verwandt sein und die für die Ellesmerocerida charakteristischen dicken „connecting rings" aufweisen. — ? Mittl. Ordovizium, Ob. Silur — Ob. Perm, ? Ob. Trias.

Bactrites Sandberger 1843: Ob. Silur — Ob. Perm, ? Ob. Trias, weltweit verbreitet (Abb. 227).

Das kleinwüchsige Gehäuse zeigt äußerlich vollkommen das Gepräge eines *Michelinoceras*, unterscheidet sich aber durch einen ventral und randlich gelegenen Sipho sowie durch das Auftreten eines kleinen Ventrallobus. Der Querschnitt ist mehr oder weniger kreisförmig.

Lobobactrites Schindewolf 1932: Unt. Devon (Siegen) — Ob. Devon von Europa, Armenien, Asien, N-Afrika, Australien und N-Amerika (Abb. 228a).

Diese Gattung zeigt gegenüber *Bactrites* insofern Fortschritte, als das jetzt seitlich etwas

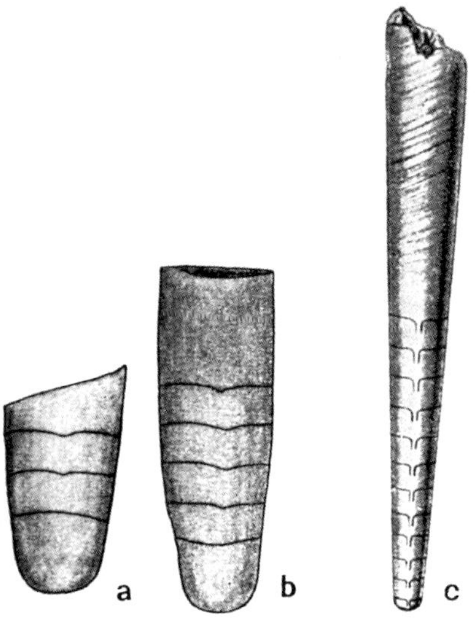

Abb. 227. a)—b) *Bactrites* sp., mit erhaltener Embryonalkammer. Unteres Unt. Karbon (Exshaw Formation), Jasper Park (Alberta). Ca. 30/1 nat. Gr. — Nach O. H. Schindewolf 1959; c) *Bactrites gracilis* Sandb., Ob. Devon I (Büdesheimer Schiefer) von Büdesheim. Nat. Gr. — Nach E. Fraas 1910.

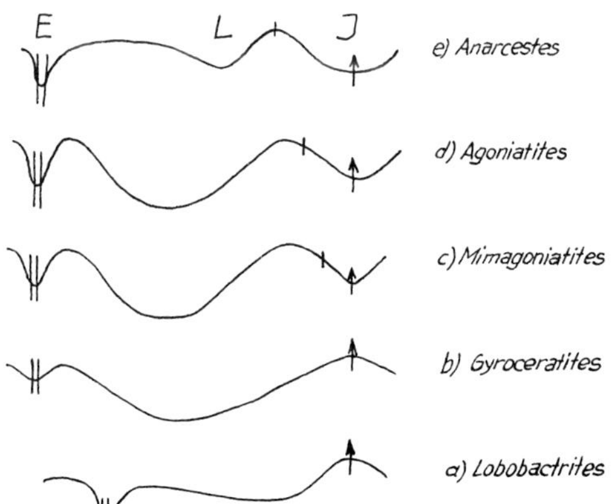

Abb. 228. Die Ausbildung der Lobenlinie bei verschiedenen Gattungen der Anarcestida und Bactritida. — In Anlehnung an A. K. Miller & W. M. Furnish und H. K. Erben.

abgeflachte Gehäuse einen ovalen Querschnitt aufweist. Auch die Anwachsstreifen haben sich differenziert, und die Lobenlinie hat zusätzlich einen Laterallobus.

Familie **Parabactritidae** SHIMANSKIJ 1951

Der Phragmoconus zeigt gegenüber dem der Bactritidae einen stumpferen Apikalwinkel (brevicon) und wesentlich engständigere Kammerscheidewände. Die Wohnkammer wurde bisher anscheinend noch nicht beobachtet. Die zur Zeit vorliegenden Überreste sind teils Steinkerne des Phragmoconus, teils dünne, meist glatte Schalen. Der Sipho ist im Gegensatz zu dem der orthochoanitischen Bactritidae subortho- bis cyrtochoanitisch. Übergänge zu den Bactritidae wurden nachgewiesen (H. K. ERBEN 1964). — Karbon — Perm.

Die Gattung **Parabactrites** SHIMANSKIJ 1948 (Unt. Perm, Rußland) hat einen relativ schlanken Phragmoconus. Der Querschnitt ist seitlich leicht abgeflacht. Die Lobenlinie verläuft vertikal zur Längserstreckung und zeigt keinen Laterallobus.

Ordnung **Anarcestida** MILLER & FURNISH 1954

Primär gyrocone oder convolute, selten sekundär advolute oder sekundär evolute Ammonoidea mit orthoretrochoanitischem, extern gelegenem Siphonalapparat und einfach gewellter (goniatitischer) Lobenlinie. Externlobus mit einer Ausnahme ungeteilt. Einige höher differenzierte Formen mit Umbilikal- bzw. selten auch Adventivloben. Nur primitive Vertreter noch mit Nabellücke. Anwachsstreifen während der gesamten Ontogenese primär konvex oder im Alter bikonvex werdend; gelegentlich auf der Endwindung sekundär konvex. — Unt. Devon — Ob. Devon, weltweit verbreitet, nicht jedoch in S-Amerika und Antarktis; selten im Ob. Devon.

Oberfamilie **Mimosphinctaceae** ERBEN 1964

Zuwachsstreifen abgesehen von einigen höher differenzierten Vertretern primär konvex. Querschnitt der Embryonalkammer kreisrund, Lobenlinie ohne Umbilikal- und Adventivloben. Laterallobus während der gesamten Ontogenese auf Flankenmitte. — Unt. Devon.

Familie **Mimosphinctidae** ERBEN 1953

Primär gyrocone bis primär advolute bzw. fast advolute Anarcestida, die stets eine Nabellücke aufweisen. Nur die höher differenzierten Vertreter sind gelegentlich schon advolut. — Unt. — Mittl. Devon.

Anetoceras SCHINDEWOLF 1935: Unt. Devon (Ob. Siegen) — Mittl. Devon (Eifel) von Eurasien, Marokko, N-Amerika (Abb. 229).

Windungen lose uhrfederförmig, planspiral, bei primitiven Arten angedeutet elliptisch. Skulptur aus Einfachrippen, extern kaum abgeschwächt. Windungsquerschnitt hochoval mit verschmälerter Externseite, ohne konkave Windungszone. Lobenlinie EL; hiervon E klein, L breit.

Mimosphinctes EICHENBERG 1931: Unt. Devon (Ob. Siegen — Ob. Ems) von Mitteleuropa (Abb. 230).

Querschnitt der sich berührenden Windungen hochoval mit verschmälerter Externseite, ohne konkave Windungszone. Skulptur aus kräftigen, leicht sigmoidalen und sich in der Nähe der Externseite gabelnden Rippen, die ohne Unterbrechung über die Externseite verlaufen. Windungsquerschnitt und Lobenlinie erinnern stark an *Anetoceras*. Nabellücke wohl vorhanden.

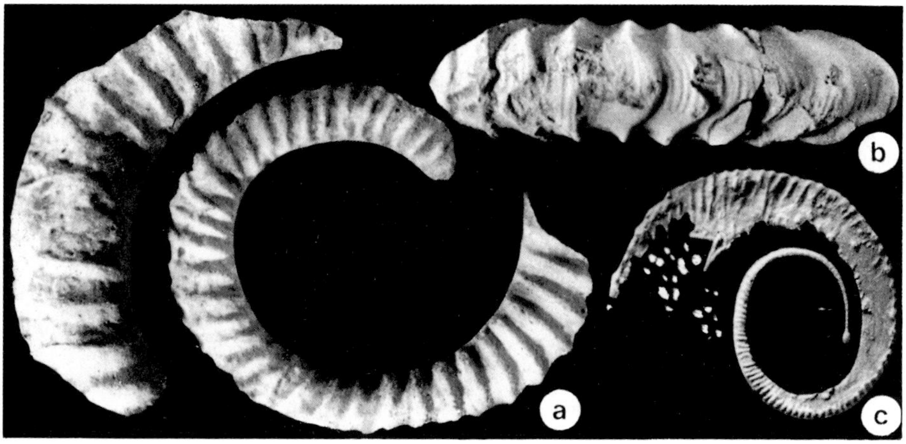

Abb. 229. a) *Anetoceras* aff. *advolvens* Erben, relativ eng gewundenes Exemplar. Unt. Devon (? Ob. Ems) von Hlubočepy bei Prag (Tschechei). Ca. nat. Gr.; b) *Anetoceras* cf. *hunsrueckianum* Erben, Unt. Devon (Ob. Siegen, Bundenbacher Schiefer) von Herrstain. Ca. 1½ nat. Gr.; c) *Anetoceras solitarius* (Barrande), isolierte Spätwindung. Unt. Devon (Ob. Ems) von Yunus bei Kartal (Türkei). Ca. nat. Gr. – Nach H. K. Erben 1962.

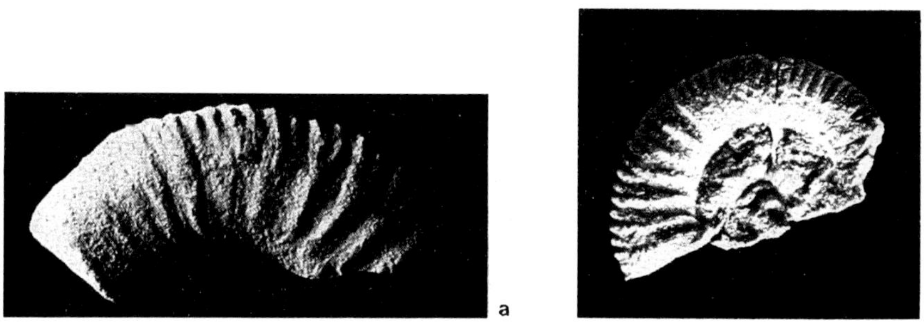

Abb. 230. *Mimosphinctes tripartitus* Eichenberg; Windungsfragmente, mit der überraschend hoch differenzierten Skulptur. Unt. Devon (Schönauer Kalk, *Zorgensis*-Horizont) vom Rothäuser Tal bei Bad Lauterberg (Harz). ⅔ nat. Gr. – Nach H. K. Erben 1954.

Oberfamilie **Mimocerataceae** Steinmann 1890

Anwachsstreifen während der postlarvalen Ontogenese rectiradiat bikonvex, doch stets ohne Kopflappenbucht. Querschnitt der Embryonalkammer kreisrund. Lobenlinie ohne Umbilikal- und Adventivloben. Laterallobus während der gesamten Ontogenese auf Flankenmitte. – Unt. Devon (Ob. Ems) – Mittl. Devon (Eifel).

Familie **Mimoceratidae** Steinmann 1890

Gehäuse primär weit genabelt, stets mit Nabellücke. – Unt. Devon (Ob. Ems) – Mittl. Devon (Mittl. Eifel).

Gyroceratites v. Meyer 1831 (syn. *Aphyllites* Mojsisovics 1882, *Mimoceras* Hyatt 1884): Unt. Devon (Ob. Ems) – Mittl. Devon (Mittl. Eifel) von Europa, Asien, N-Afrika, SO-Australien (Abb. 228b).

Gehäuse scheibenförmig; glatt oder im Alter mit schwachen Einfachrippen. Alle Windungen ohne konkave Innenzone. Externseite mit ventrolateralen Kielen oder Kiel-Lamellen. Lobenlinie wie bei *Anetoceras*.

Oberfamilie **Anarcestaceae** STEINMANN 1890

Anwachsstreifen larval konvex, postlarval bikonvex. Querschnitt der Embryonalkammer kreisrund bis breit queroval. Lobenlinie nur bei einigen höher differenzierten Vertretern mit Umbilikalloben, nur bei einem Seitenzweig auch mit Adventivloben. Laterallobus bei primitiveren Formen während der gesamten Ontogenese auf Flankenmitte, bei einigen höher entwickelten in der Nähe der Naht einsetzend. — Unt. Devon — Mittl. Devon, ? Ob. Devon.

Familie **Agoniatitidae** HOLZAPFEL 1899

Überwiegend scheibenförmige, seitlich abgeplattete, enggenabelte Vertreter mit bikonvexen Zuwachslinien, rasch an Höhe zunehmenden Windungen und spitzbogenartigem Windungsquerschnitt. Die Lobenlinie zeigt einen schmalen Externlobus sowie einen breiten Lateral- und Internlobus. Externlobus ungeteilt. Laterallobus während der gesamten Ontogenese auf Flankenmitte. Adventivloben fehlen stets, Umbilikalloben in den meisten Fällen. Teils mit, teils ohne Nabellücke. — Unt. Devon (Ob. Siegen) — Mittl. Devon (Ob. Givet), ? Ob. Devon.

Mimagoniatites EICHENBERG 1930: Unt. Devon (Ob. Siegen) — Mittl. Devon (Ob. Givet) (Abb. 228c, 231 A, B).

Gehäuse nach der Anfangswindung primär advolut, dann schwach oder deutlich convolut. Anfangswindung ohne, spätere Windungen mit konkaver Windungszone. Mit Nabellücke. Oberfläche mit ungegabelten Rippen, die in der Nähe der Externseite meist ausklingen. Die Primärsutur und die im Bereich der Nabellücke befindlichen Lobenlinien zeigen noch den von *Lobobactrites* her bekannten Internsattel. Er wird erst nach dem Einsetzen der konkaven Innenzone durch einen Internlobus ersetzt (Lobenformel: ELJ).

Agoniatites MEEK 1877: Mittl. Devon (Eifel, Givet), weltweit verbreitet, nicht in S-Amerika und Antarktika (Abb. 228d, 232).

Hierbei handelt es sich neben *Werneroceras* WEDEKIND 1918 (Mittl. Devon, ? Ob. Devon) um die ersten Ammonoidea mit völlig eingerolltem Gehäuse, eine Erscheinung, die auch die Embryonalkammer betrifft. Eine Nabellücke fehlt, so daß die konkave Zone auch auf die innersten Windungen übergreift. Zugleich zeigt schon die Primärsutur den Internlobus, ein Element, das bei *Mimagoniatites* erst im Alter zu beobachten ist.

Auf die Auguritidae BOGOSLOVSKIJ 1961 mit der einzigen Gattung *Augurites* BOGOSLOVSKIJ 1961 (Mittl. Devon, Eifel-Stufe) kann nicht besonders eingegangen werden.

Abb. 231 A. *Mimagoniatites zorgensis* (ROEMER), Unt. Devon von Mitteleuropa. 7½ nat. Gr. — Nach O. H. SCHINDEWOLF 1933.

Abb. 231 B. *Mimagoniatites fecundus* (BARRANDE), Mittl. Devon (Eifelien, Dalejc-Schichten) der Tschechei. Ca. 1¼ nat. Gr. — Nach J. SVOBODA & F. PRANTL 1958.

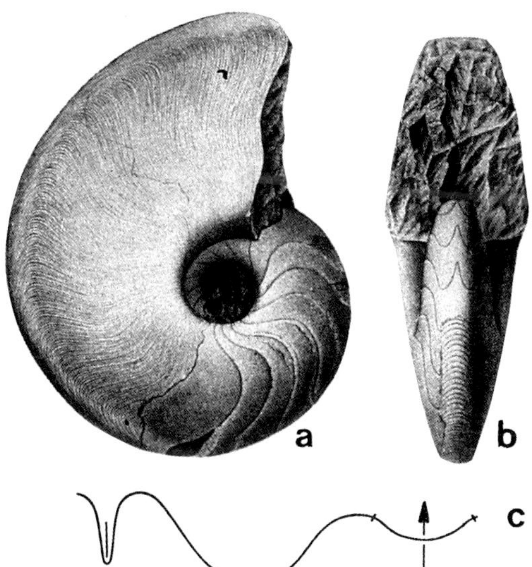

Abb. 232. a)—b) *Agoniatites vanuxemi* (HALL), Mittl. Devon von New York (USA). ⅓ nat. Gr.; c) Lobenlinie. — Nach J. HALL.

Familie **Anarcestidae** STEINMANN 1890

Die Windungshöhe nimmt im Gegensatz zu den Agoniatitidae nur langsam zu. Neben weitgenabelten, aufgeblähten oder dick scheibenförmigen Vertretern finden sich enggenabelte von scheiben- bis linsenförmiger Gestalt. Anwachsstreifen bikonvex. Nabellücke nur bei den primitivsten Formen. Laterallobus in der Ontogenese subumbilikal einsetzend. — Unt. — Ob. Devon.

Anarcestes MOJSISOVICS 1882: Unt. Devon (Ems) — Mittl. Devon (Eifel) von Eurasien, Afrika, N-Amerika (Abb. 228e, 233a).

Das in der Jugend aufgeblähte, später scheibenförmige und seitlich etwas abgeplattete Gehäuse ist weitgenabelt und mit kleiner Nabellücke versehen. Windungsquerschnitt halbmondförmig. Laterallobus in Größe und Lage stark veränderlich. Lobenformel ELJ. Anwachsstreifen bikonvex.

Maenioceras SCHINDEWOLF 1933 (syn. *Maeneceras* auctt., non HYATT 1884): Mittl. Devon von Eurasien, N-Afrika, N-Amerika, ? Australien, charakteristisch vor allem für das Givet (Abb. 233b).

Scheibenförmige, im Alter seitlich abgeflachte Vertreter mit fast geschlossenem Nabel. Durch die Ausbildung eines Adventivlobus erinnert die Lobenlinie an *Sporadoceras*, Lobenformel EALUJ. Anwachsstreifen bikonvex.

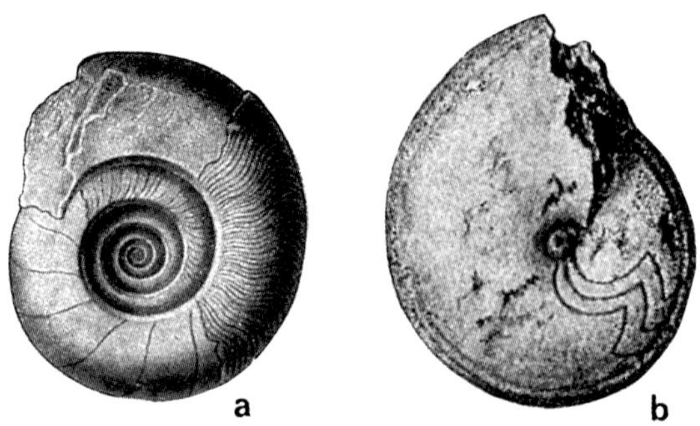

Abb. 233. a) *Anarcestes (Anarcestes) plebeius* (BARRANDE), Mittl. Devon der Tschechei. Ca. 5/6 nat. Gr. — Nach J. BARRANDE 1865—1867; b) *Maenioceras terebratum* (SANDBERGER & SANDBERGER), Mittl. Devon (Givet) von Mitteleuropa. 1½ nat. Gr. — Nach G. & F. SANDBERGER 1850—1865.

Oberfamilie **Prolobitaceae** WEDEKIND 1913

Externlobus ungeteilt; mit Umbilikalloben. — Mittl. — Ob. Devon.

Einzige Familie: Prolobitidae WEDEKIND 1913 mit dem Charakter und der Verbreitung der Oberfamilie.

Prolobites KARPINSKY 1885: Ob. Devon II—IV von Europa und N-Afrika (Abb. 234).

In der Jugend weit-, im Alter ungenabelte, kleinwüchsige und niedrigmündige Formen mit meist sehr kräftigen, gelegentlich aber auch fehlenden Einschnürungen. Von diesen findet sich bei ausgewachsenen Gehäusen gewöhnlich je Umgang nur eine. Die Einschnürungen verlaufen parallel zu den sich gerade erstreckenden Anwachsstreifen. Spiralstruktur ist selten. Lobenformel ELUJ.

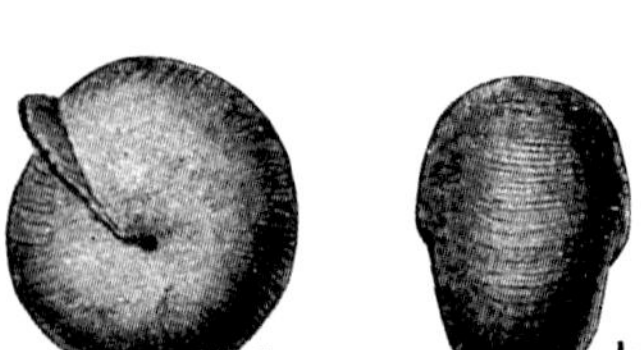

Abb. 234. *Prolobites delphinus* (SANDBERGER & SANDBERGER), Ob. Devon von Mitteleuropa. Nat. Gr. — Nach G. & F. SANDBERGER 1850—1865.

Oberfamilie **Pharcicerataceae** Hyatt 1900

Das linsen- bis scheibenförmige, meist glatte Gehäuse zeigt bikonvexe Anwachsstreifung und einen großen, geteilten Externlobus. Medianlobus vorhanden. Entspricht etwa den Manticoceratidae Wedekinds (1918). — Mittl. Devon (spätes Givet) — Ob. Devon I (Frasnien).

Manticoceras Hyatt 1884 (syn. *Gephuroceras* Hyatt 1884, non *Gephyroceras*): Ob. Devon I (Frasnien), weltweit verbreitet (Abb. 235 und 236b).

Scheiben- oder linsenförmig, eng- oder weitgenabelt, meist glatt, selten mit Rippen oder Knoten. Lobenformel MELUJ. Maximaler Durchmesser ca. 65 cm.

Koenenites Wedekind 1913: Ob. Devon I von Mitteleuropa, Frankreich, N-Afrika, USA (Abb. 236c).

Scheibenförmiger Vertreter mit zwei Umschlagloben. Lobenformel $MELU_2U_1J$.

Ponticeras Matern 1929: Devon I von Europa, N-Afrika, USA (Abb. 236a).

Abb. 235. *Manticoceras intumescens* Beyr., Ob. Devon I. Ca. 5/6 nat. Gr. — Nach G.-J. Painvin.

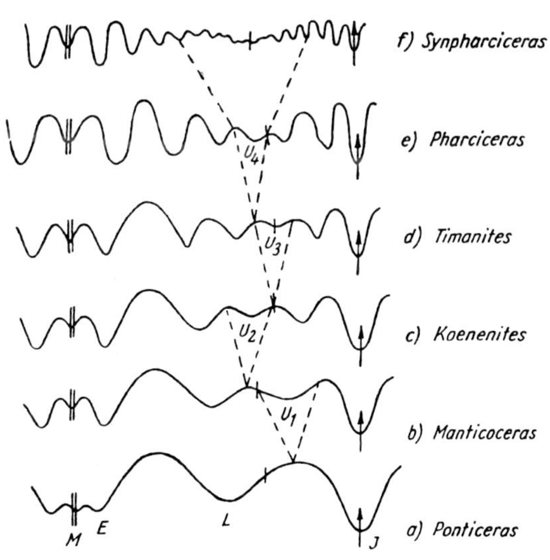

Abb. 236. Die Ausgestaltung der Lobenlinie bei den Pharcicerataceae durch Vermehrung der Umschlagloben (gestrichelte Linien) und stärkere Heraushebung des Mediansattels (M). — Nach O. H. Schindewolf 1945, umgezeichnet.

Ähnlich *Manticoceras*, doch weiter genabelt und mit einfacherer Lobenlinie. Lobenformel MELJ.

Timanites MOJSISOVICS 1882: Ob. Devon I von Europa, N-Afrika, W-Kanada (Abb. 236d). Eng- bis ungenabelte, linsenförmige Vertreter mit zugeschärfter Externseite und drei Umschlagloben. Lobenformel $MELU_2U_3U_1J$.

Pharciceras HYATT 1884: Ob. Devon I von Eurasien und N-Afrika (Abb. 236e). Überwiegend dickscheibenförmige und biforme Vertreter, die in der Jugend weitgenabelt und niedrigmündig, im Alter enger genabelt und hochmündig sind. Mit vier Umschlagloben. Lobenformel $MELU_2U_3U_4U_1J$.

Synpharciceras SCHINDEWOLF 1940: Mittl. Devon (spätes Givet) von Eurasien und Afrika (Abb. 236f.).
Ähnlich *Pharciceras*, doch meist scheibenförmig und mit einer größeren Anzahl von Umschlagloben (bis 9).

Ordnung **Clymeniida** WEDEKIND 1914

Ammonoidea mit einfach gewellter Lobenlinie und intern (dorsal) gelegenem Sipho. Er findet sich lediglich bei einigen Formen (*Cymaclymenia*) in den ersten Kammern zunächst noch extern (ventral), was auf eine Abstammung von den Goniatiten hinweist. Protoconch wie bei den übrigen eingerollten Ammonoidea genabelt und ungenarbt. Ausschlaggebend für die Systematik ist die Lobenlinie, die jedoch meist schlecht erhalten ist und nur schwierig präpariert werden kann. Sie zeigt im Verlaufe der Stammesgeschichte kaum eine bestimmte Entwicklungstendenz. Längere Entwicklungsreihen, die sich an abspaltende Nebenformen anschließen, sind selten. Die Taxonomie wurde hauptsächlich von O. H. SCHINDEWOLF (1923–1972) geklärt.

Die Lobenlinie enthält ursprünglich die Grundelemente E, L und J. Sie wurden von den goniatitischen Vorfahren übernommen, dann umgewandelt, vermehrt oder reduziert. Als Stammform kommt *Archoceras* oder ein verwandter Anarcestide in Frage. Alle Vertreter, die E und J beibehalten und im übrigen die Zahl der Elemente vermehren, werden als Gonioclymeniaceae bezeichnet. Formen, bei denen E nur in den frühsten ontogenetischen Stadien angelegt, später aber durch einen Externsattel ersetzt wird, faßt man als Clymeniaceae und solche, bei denen sowohl E als auch J in dieser Weise verlorengehen und durch Sättel ersetzt werden, als Parawocklumeriaceae zusammen. Die zwischen diesen Oberfamilien bestehenden phylogenetischen Beziehungen sind aus Abb. 237 ersichtlich. – Ob. Devon ? II, III–VI, fast weltweit

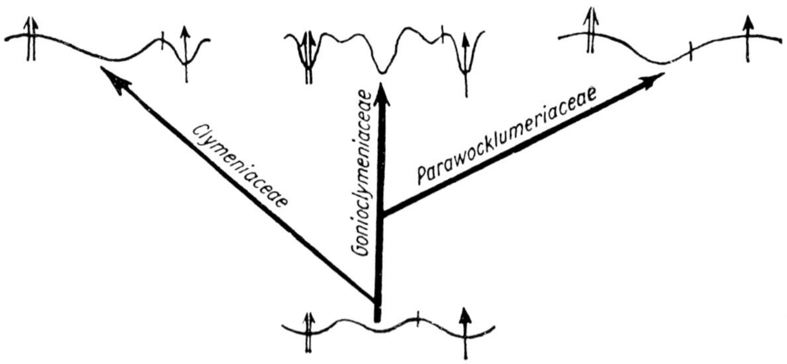

Abb. 237. Schematische Darstellung über die phylogenetische Entwicklung der Lobenlinie bei den drei Oberfamilien der Clymeniida. Am Anfang steht die Lobenlinie des mutmaßlichen goniatischen Vorfahren. Externseite durch einen Doppelpfeil gekennzeichnet. – Nach O. H. SCHINDEWOLF 1955.

verbreitet, von großer biostratigraphischer Bedeutung. Die zahlenmäßige und zeitliche Verteilung von 28 Gattungen unter Berücksichtigung der vermutlichen Existenzdauer zeigt Abb. 238.

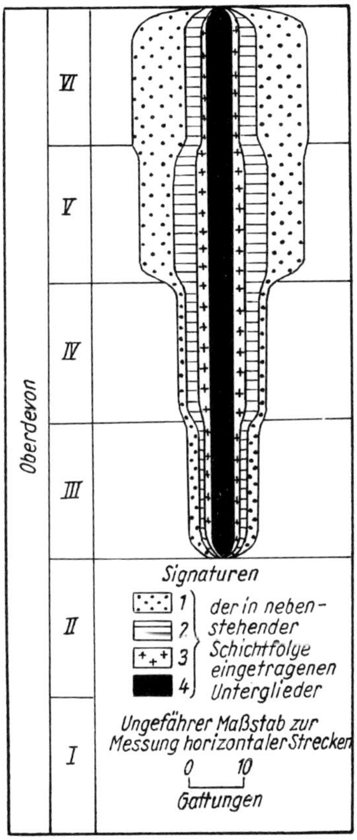

Abb. 238. Halbschematisches Bild, das die ungefähre zahlenmäßige und zeitliche Verteilung von 28 Gattungen der Clymeniida unter Berücksichtigung ihrer mutmaßlichen Existenzdauer zeigt. — Nach A. H. MÜLLER 1955.

Oberfamilie **Gonioclymeniaceae** HYATT 1884

Überwiegend extrem dünnscheibenförmige und weitgenabelte Formen mit seitlich stark abgeplatteten, hochmündigen Umgängen, die sich meist nur wenig umfassen. E immer vorhanden. Anwachsstreifen bikonvex. J im Alter tief. Die Siphonaldüten bilden meist eine kontinuierliche Röhre. — Ob. Devon III—VI, Maximum der Entwicklung im Ob. Devon V—VI. Die bisher zu den G. gerechnete *Acanthoclymenia* HYATT 1900 (Ob. Devon I von Nordamerika) gehört nach HOUSE 1960 zu *Manticoceras*.

Familie **Hexaclymeniidae** LANGE 1929

Die Windungen der stets kleinwüchsigen und niedrigmündigen Gehäuse nehmen nur sehr langsam an Höhe zu. Lobenlinie undifferenziert. Lobenformel immer ELJ. Die Siphonaldüten der ältesten Vertreter kurz, die der jüngeren lang. Bei letzteren bilden sie eine kontinuierliche Röhre. — Ob. Devon IV—VI.

Soliclymenia SCHINDEWOLF 1937: Ob. Devon VI von Eurasien (Abb. 239a—b). Externseite flach gewölbt, kontinuierlich mit den gleichfalls gerundeten Flanken verbunden.

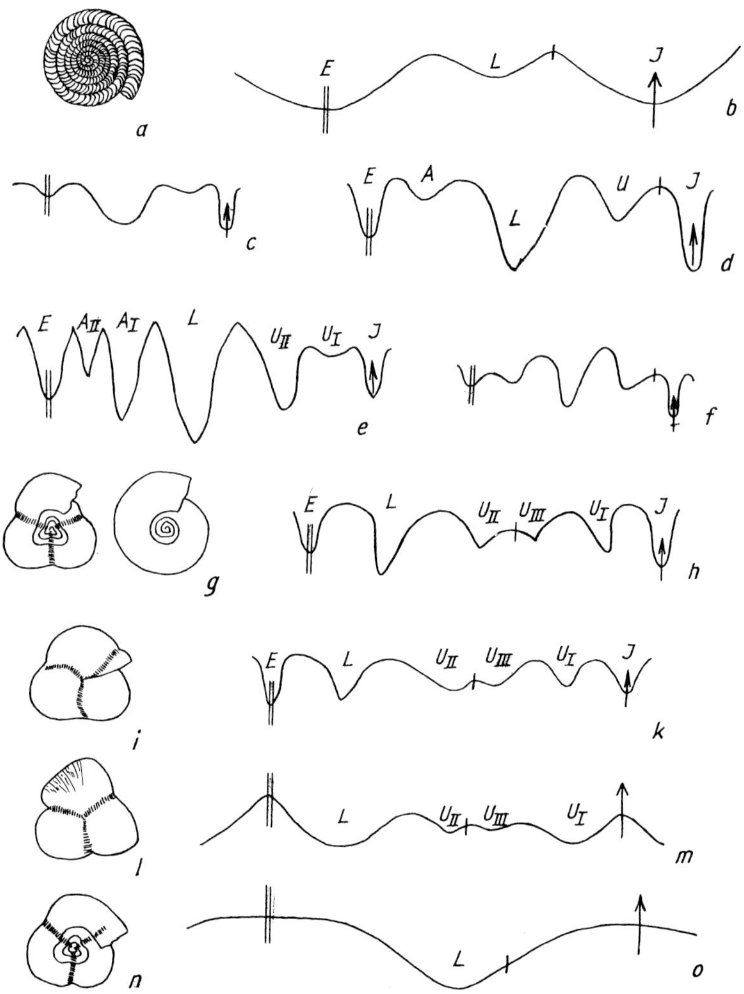

Abb. 239. Verschiedene Vertreter der Clymeniida und ihre Lobenlinie. a)—b) *Soliclymenia solarioides* (v. Buch), Ob. Devon VI; c) *Costaclymenia binodosa* (v. Münster), Ob. Devon V; d) *Gonioclymenia* sp., Ob. Devon V—VI; e) *Sphenoclymenia* sp., Ob. Devon VI; f) *Sellaclymenia angulosa* (v. Münster), Ob. Devon VI; g)—h) *Wocklumeria sphaeroides* (Reinh. Richter), Ob. Devon VI; i)—k) *Epiwocklumeria applanata* (Wedekind), Ob. Devon VI; l)—m) *Parawocklumeria paradoxa* (Wedekind), Ob. Devon VI; n)—o) *Triaclymenia triangularis* Schindewolf, Ob. Devon VI. — Nach O. H. Schindewolf 1923, 1937, 1949.

Die Skulptur besteht aus feinen, dicht stehenden Rippen, die auf der Flanke tief konkav ausgebildet sind und zu einem hohen Marginalvorsprung ansteigen. Siphonaldüten vermutlich lang, röhrenförmig.

Familie **Gonioclymeniidae** Hyatt 1884

Großwüchsige, hochmündige Formen, deren Lobenlinie außer E, L, J immer noch einen oder mehrere U oder A enthält. Die Siphonaldüten sind lang und bilden eine kontinuierliche Röhre. — Ob. Devon V—VI.

Costaclymenia Schindewolf 1920: Ob. Devon V von Europa, N-Afrika (Abb. 239c).

Relativ hochmündige, flachscheibenförmige Gehäuse, deren Windungen sich nicht umfassen. Anwachsstreifen ohne kräftigen Externvorsprung. Der außerhalb der Naht liegende U ist ebenso wie der E sehr flach und wenig ausgeprägt. L an der Basis noch breit gerundet. Mit Externknoten und Zwischenrippen. Lobenformel ELUJ.

Gonioclymenia Hyatt 1884: Ob. Devon V—VI von Eurasien, N-Afrika (Abb. 239d, 240).

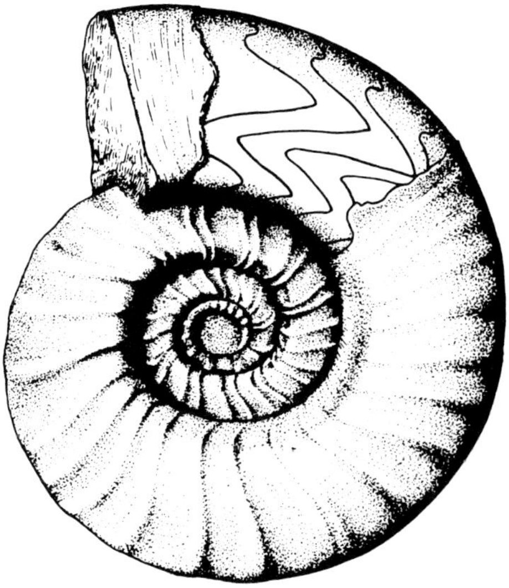

Abb. 240. *Gonioclymenia speciosa* (v. Mstr.), Ob. Devon V von Mitteleuropa. Ca. 4/5 nat. Gr. — Nach O. H. Schindewolf

Das hochmündige, sehr weitgenabelte, seitlich stark abgeflachte Gehäuse zeigt im Normalstadium eine Medianfurche. Außer Externknoten und Zwischenrippen finden sich paarige Nabelrippen. Lobenformel EALUJ.

Sphenoclymenia Schindewolf 1920: Ob. Devon VI von Europa und N-Afrika (Abb. 239e).

Der Windungsquerschnitt des flachscheibenförmigen und hochmündigen Gehäuses ist keilförmig (Externseite zugeschärft, Flanken abgeplattet). Eine deutliche Skulptur fehlt. Die Gattung zeigt die am höchsten differenzierte Lobenlinie innerhalb der Clymeniida. Lobenformel $EA_2A_1LU_2U_1J$.

Familie **Wocklumeriidae** Schindewolf 1937

Das ungekielte Gehäuse ist bei den Endformen dreieckig aufgewunden. Die Lobenlinie weist, wenn man von einer Nebenform (*Biloclymenia* Schindewolf) absieht, keinen Mediansattel auf. Die Siphonaldüten sind lang, zylindrisch und bilden bei einigen Gattungen eine geschlossene Röhre. — Ob. Devon V—VI.

Epiwocklumeria Schindewolf 1937: Ob. Devon VI von Europa (Abb. 239i—k).

Das dünnscheibenförmige, hochmündige Gehäuse hat einen geschlossenen Nabel. Umriß auch im Alter dreieckig-gerundet und mit kräftigen, nach vorn konvexen Einschnürungen. Lobenformel wie bei *Wocklumeria*, doch sind U_2 und U_3 gerundet.

Familie **Cyrtoclymeniidae** Hyatt 1884

Dickscheibenförmige, enggenabelte, niedrigmündige Formen mit gerundeter, seltener zugeschärfter Externseite. Anwachsstreifen konkav-konvex bis bikonvex, mit kräftigem Marginalvorsprung. — Ob. Devon IV—VI.

Cyrtoclymenia Hyatt 1884: Ob. Devon IV—VI von Europa, N-Afrika, N-Amerika, W-Australien.

Gehäuse dickscheibenförmig bis nahezu kugelig, Lobenformel LJ. Hiervon ist L breit gerundet.

Familie **Rectoclymeniidae** Schindewolf 1923

Dünnscheibenförmige, enggenabelte und hochmündige Formen mit zugeschärfter Externseite. Anwachsstreifen bikonvex. — Ob. Devon IV.

Rectoclymenia Wedekind 1908: Ob. Devon IV von Europa, N-Amerika und Australien.

Lobenformel LJ. Der flache L nimmt die gesamte Breite der Flanken ein.

Oberfamilie **Parawocklumeriaceae** Schindewolf 1937

Clymenien, bei denen nicht nur E, sondern auch J während der ontogenetischen Entwicklung durch einen sekundären Sattel ersetzt werden. Die Oberfamilie bildet den Rahmen für die Familie der Parawocklumeriidae Schindewolf. — Ob. Devon VI.

Familie **Parawocklumeriidae** Schindewolf 1937

Das niedrigmündige Gehäuse ist zunächst weit, später enggenabelt. Ohne Extern- und Internlobus. An deren Stelle befindet sich jeweils ein Sattel. Anwachsstreifen bei den älteren Formen bikonvex, bei den jüngeren linear. — Ob. Devon VI.

Parawocklumeria Schindewolf 1926: Devon VI von Europa und Asien (Abb. 239 l—m).

Das mäßig weit- bis enggenabelte, stets dreieckig aufgewundene Gehäuse ist durch tiefe Einschnürungen dreigelappt. Extern- und Internsattel schmal. Lobenformel $LU_2U_3U_1$.

Triaclymenia Schindewolf 1938: Ob. Devon VI von Europa (Abb. 239 n—o).

Das mäßig weitgenabelte Gehäuse ist ebenso wie das von *Parawocklumeria* stets dreieckig aufgewunden. Extern- und Internsattel breit. Dazwischen befindet sich nur der gerundete Laterallobus.

Ordnung **Goniatitida** Hyatt 1884

Abgesehen von einigen primitiven Vertretern prosiphonat. Lobenlinie überwiegend einfach gewellt (goniatitisch), doch zeigen Endformen verschiedener Entwicklungsreihen bereits gezackte Ausbildung. — Mittl. Devon — Ob. Perm.

Familie **Tornoceratidae** Arthaber 1911

Meist scheibenförmige Vertreter, die sich vor allem hinsichtlich der Ausbildung von Adventivloben unterscheiden. Der nicht geteilte Externlobus ist klein und spitz, die Anwachsstreifung meist bikonvex. — Mittl. — Ob. Devon.

Tornoceras Hyatt 1884: Oberes Mitteldevon — Ob. Devon V, weltweit verbreitet, auch in S-Amerika; nicht jedoch in der Antarktis (Abb. 244—245).

Etwa scheibenförmige, ungenabelte bis enggenabelte, meist kleinwüchsige Vertreter mit

Abb. 244. *Tornoceras* sp., Ob. Devon der Petschora. Ca. 4/1 nat. Gr.

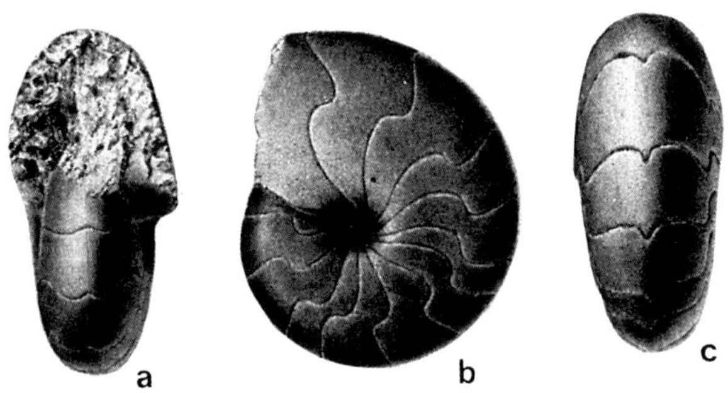

Abb. 245. *Tornoceras (Tornoceras) crebriseptum* RAYMOND, Ob. Devon von Montana. Vergr. – Nach A. K. MILLER & W. M. FURNISH.

bikonvexer Anwachsstreifung. Paarige Externfurchen sowie Varices können vorhanden sein. Lobenformel EALJ. Hiervon liegt A auf der Flanke, L auf der Naht. Großer Artenreichtum.

T. überdauerte als einzige bekannte Gattung der Goniatitida das Frasnien, so daß vermutlich alle späteren Vertreter dieser Ordnung von ihr abstammen.

Pseudoclymenia FRECH 1897: Ob. Devon III (fraglich II) von Europa, N-Afrika, Westaustralien.

Das im Gegensatz zu den meisten *Tornoceras* flachscheibenförmige, mehr oder weniger evolute Gehäuse zeigt bikonvexe Anwachsstreifung. Lobenformel EA_2A_1LJ. Hiervon ist J schmal und tief, A_1 asymmetrisch und an der externen Flanke eingeknickt, A_2 stets flach gerundet.

Familie **Cheiloceratidae** FRECH 1897

Meist scheibenförmige Vertreter mit ungeteiltem Externlobus. Adventiv- und Umbilikalloben ähnlich wie bei den Tornoceratidae. Im Unterschied zeigt die Anwachsstreifung meist eine lineare oder konvexe Ausbildung. — Ob. Devon — Mittl. Perm.

Cheiloceras FRECH 1897: Ob. Devon II, weltweit verbreitet (Abb. 224a—b).
Nicht- bis eng genabelte, stark aufgeblähte bis dickscheibenförmige Vertreter mit bikonvexer Anwachsstreifung. Lobenformel $EALU_nJ$, wobei die Zahl der Umbilikalloben 0, 1, 2 oder 3 betragen kann.
Sporadoceras HYATT 1884: Ob. Devon II—IV, weltweit verbreitet (Abb. 246).

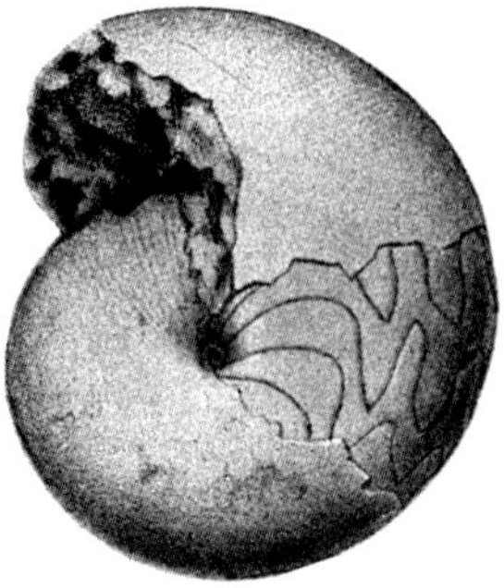

Abb. 246. *Sporadoceras muensteri* (v. BUCH), Ob. Devon von Mitteleuropa. 9/10 nat. Gr. — Nach G. & F. SANDBERGER 1850—1865.

Stark aufgeblähte bis scheibenförmige, ungenabelte, oft recht großwüchsige Formen mit schwacher bis gänzlich fehlender Skulptur. Spiralskulptur gelegentlich vorhanden. Das gleiche gilt für Varices. Diese sind dann auf der Externseite am breitesten, während sie an den Flanken ausdünnen. Die Anwachsstreifung ist konvex oder bikonvex. Lobenformel EA_2A_1LUJ. Die Unterscheidung der Arten beruht im wesentlichen auf der Tiefe und Form der beiden Adventivloben sowie dem Gehäusequerschnitt.
Discoclymenia HYATT 1884: Ob. Devon (fraglich III—IV) von Europa und N-Afrika.
Ähnlich *Sporadoceras*, doch mit einem dritten Adventivlobus. Lobenformel $EA_3A_2A_1LUJ$. In der Ontogenese wird die Reihe der vorangegangenen phylogenetischen Entwicklungsstufen der Lobenlinie wiederholt. Die Anwachsstreifung ist konkav oder bikonkav. Der Gehäusequerschnitt verändert sich stark im Verlaufe des Wachstums.
Imitoceras SCHINDEWOLF 1923: Ob. Devon III — Unt. Karbon (Visé), weltweit verbreitet (Abb. 214).
Kugelige bis scheibenförmige, meist enggenabelte Vertreter mit erheblicher Variabilität auch der Merkmale, nach denen die Arten getrennt werden. Die im Alter konvexe Anwachsstreifung zeigt einen stark ausgebildeten Externsinus. Die fast immer vorhandenen Varices sind auf der Externseite am stärksten. Sie werden in Richtung zum Nabel dünner. Lobenformel EALJ. E tief, fast parallelwandig.
Prionoceras HYATT 1884: Ob. Devon IV — Unt. Karbon von Mitteleuropa.
Kugelige bis scheibenförmige, auch in der Jugend ungenabelte und meist kleinwüchsige Vertreter mit gerader Anwachsstreifung. Im Alter oft mit drei Varices je Umgang. Diese gehen vom Nabel aus und erreichen häufig die Externseite nicht. Lobenformel EALUJ. Hiervon liegt der tiefe A auf der Flanke, der flache L auf dem Nabel.
Gattendorfia SCHINDEWOLF 1923: Unt. Karbon (Tournai), weit verbreitet in Eurasien, N-Afrika, N-Amerika (Abb. 247).
Ähnlich *Imitoceras*, doch bis zur halben Größe weit und dann erst wieder enger genabelt. Lobenformel ELUUJ. Hiervon liegt der eine Umbilikallobus weit außerhalb der Naht.

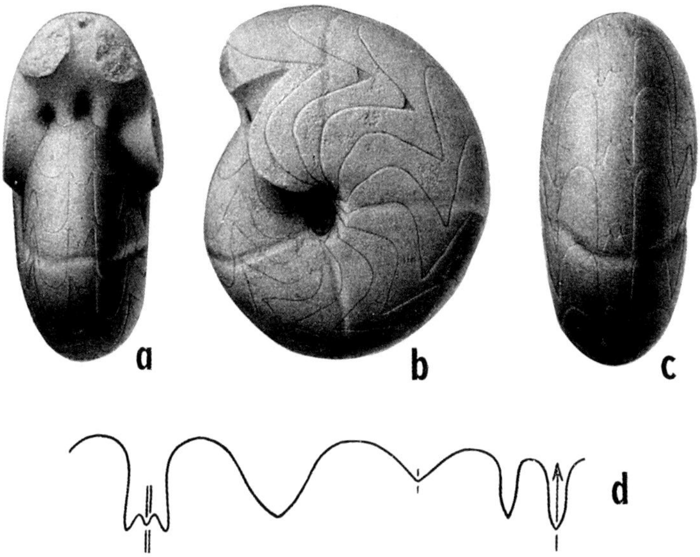

Abb. 254. *Muensteroceras parallelum* (HALL), Unt. Karbon von Indiana (USA), Ca. ¼ nat. Gr. – Nach A. K. MILLER & W. M. FURNISH.

Anwachsstreifung. Externlobus mit parallelen Schenkeln. Mediansattel meist klein, ohne echten Medianlobus. Lobenformel (M)ELUUJ.

Pericyclus MOJSISOVICS 1882: Unt. Karbon, vor allem von Eurasien und N-Afrika, selten in USA (Abb. 255).

Kugelige bis etwa scheibenförmige, *Muensteroceras*-ähnliche, aber berippte Vertreter. Die Lobenlinie zeigt einen zunächst parallelwandigen, später schrägwandigen Externlobus.

Eumorphoceras GIRTY 1909: Ob. Karbon (Unt. Namur), weitverbreitet in Eurasien, N-Afrika und N-Amerika.

In der Jugend extrem weitgenabelt, serpenticon; bedeckt mit dichtstehenden, kräftigen, über die Externseite nicht verbundenen Nabelrippen, die später verlorengehen. Am Ende dieses Stadiums tritt an der Außenseite des Steinkerns meist eine Längsfurche auf. Gleichzeitig bilden sich eine Nabelkante und eine Abplattung der Flanken heraus. Unter Zunahme der Windungshöhe entsteht sodann in der Regel eine äußere Randfurche, vielfach unter starker Zuschärfung.

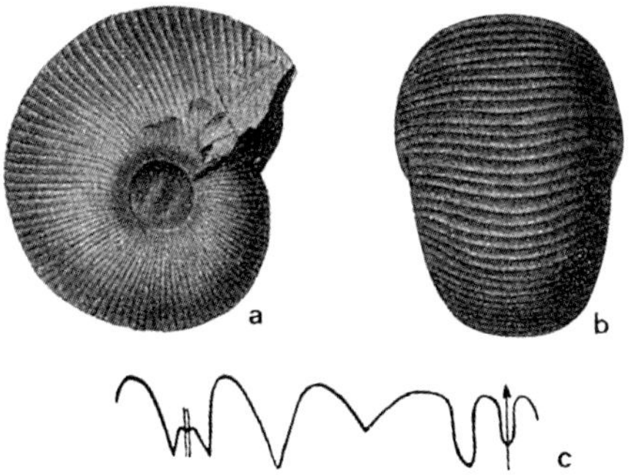

Abb. 255. *Pericyclus kochi* HOLZAPFEL, Unt. Karbon II (Unt. Visé, Erdbacher Kalk) von Erdbach-Breitscheid bei Herborn. ⅚ nat. Gr.; c) Lobenlinie. – Nach E. HOLZAPFEL 1889.

Familie **Gastriococeratidae** Arthaber 1911

Überwiegend aufgeblähte, oft kugelige Vertreter mit weitem Nabel und niedrigen Windungen. Doch finden sich auch abweichend gestaltete Formen. Ein flacher Medianlobus ist anscheinend vorhanden. Lobenformel also (M)ELUUJ. — Unteres Oberkarbon — Ob. Perm (ca. 12 Gattungen).

Gastrioceras Hyatt 1884 (syn. *Neoicoceras* Hyatt 1900): Ob. Karbon (Ob. Namur — Mittl. Westfal) von Eurasien, N-Afrika und N-Amerika (Abb. 256).

Das Gehäuse ist in der Jugend weitgenabelt und wie bei *Eumorphoceras* durch Gabelrippen ausgezeichnet. Später bilden sich eine beknotete, hohe Nabelkante und eine breite Nabelwand. Neben aufgeblähten finden sich dickscheibenförmige, mäßig- bis weitgenabelte Gehäuse.

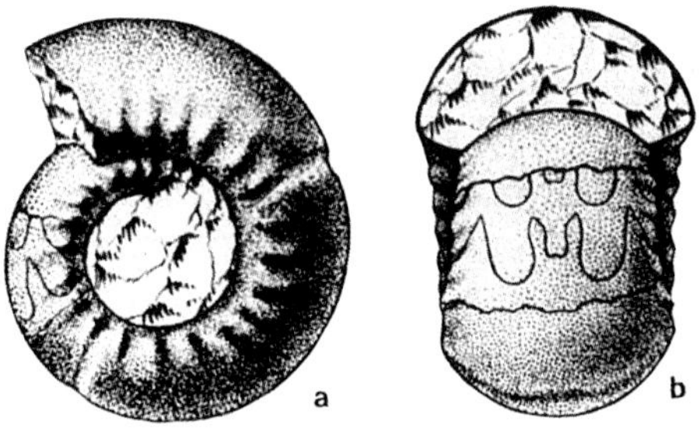

Abb. 256. *Gastrioceras listeri* (Martin), Ob. Karbon von England. Ca. nat. Gr. — Nach A. K. Miller & W. M. Furnish.

Familie **Schistoceratidae** Herm. Schmidt 1929

Weitgehend mit den Gastriococeratidae übereinstimmende Goniatitaceae, die im Unterschied meist keine Knoten auf der Nabelkante zeigen und lediglich mit feinen, in der Regel sich gitterartig überschneidenden Streifen bedeckt sind. Die goniatitische Lobenlinie umfaßt insgesamt 10—16 lanzettförmige Loben. — Unteres Ob. Karbon — Unt. Perm.

Schistoceras Hyatt 1884: Ob. Karbon (Westfal — Stephan) — Unt. Perm von N-Amerika und Ural (Abb. 257).

Das im allgemeinen dickscheibenförmige, mäßig- bis weitgenabelte Gehäuse ist mit feinen Zuwachsstreifen bedeckt. Hinzu können spirale Elemente treten. Die Lobenlinie umfaßt 14 Loben.

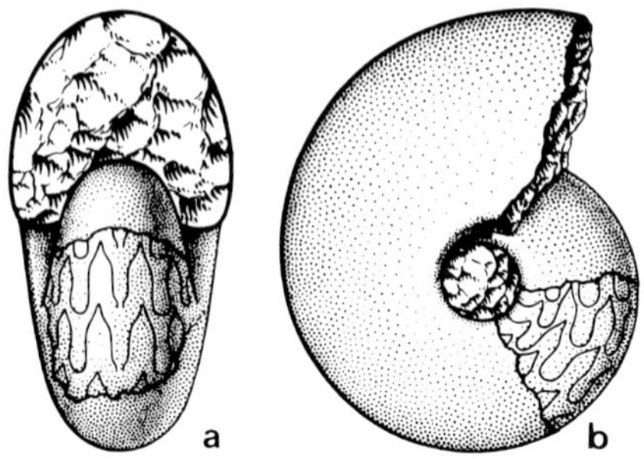

Abb. 257. *Schistoceras missouriense* (Miller & Faber), ob. Oberkarbon von Texas. Ca. 9/10 nat. Gr. — Nach A. K. Miller & W. M. Furnish.

Oberfamilie **Adrianitaceae** SCHINDEWOLF 1931

Die Lobenlinie des scheibenförmigen bis kugelig aufgeblähten, unterschiedlich weitgenabelten Gehäuses ist goniatitisch ausgebildet. Sie enthält insgesamt 10—30 Loben, welche etwa die gleiche Gestalt aufweisen. — Mittl. Ob. Karbon — Mittl. Perm, charakteristisch für das Perm.

Adrianites GEMMELLARO 1887: Mittl. Perm, weit verbreitet.

Das aufgeblähte, enggenabelte Gehäuse ist mit feinen Längsstreifen bedeckt. Die Lobenlinie umfaßt 20—30 Loben.

Oberfamilie **Dimorphocerataceae** HYATT 1884

Scheiben- bis linsenförmige, meist sehr enggenabelte Vertreter mit stark differenziertem, zum Teil typisch gezacktem Externlobus. Auch die übrigen Loben können bereits eine Zackung aufweisen. — Unteres Unterkarbon — Mittl. Perm.

Auf die beiden Familien wird nicht besonders eingegangen.

Dimorphoceras HYATT 1884: unteres Unt. Karbon — mittl. Ob. Karbon von Eurasien, N-Afrika, N-Amerika.

Das seitlich zusammengedrückte, meist punktförmig genabelte und kleinwüchsige Gehäuse ist auf den Flanken mit feinen, sichelförmigen Streifen bedeckt, die Externseite gerundet. Der Externsattel ist zweispitzig.

Ordnung **Prolecanitida** MILLER & FURNISH 1954

Scheibenförmige bis dünn-linsenförmige, einfach retrosiphonate Gehäuse mit goniatitischer bis ceratitischer Lobenlinie. Externlobus anfangs ungeteilt. Anzahl der Umbilikalloben vermehrt sich meist progressiv. — Ob. Devon — Ob. Trias.

Oberfamilie **Prolecanitaceae** HYATT 1884

Wenig oder nicht skulpturierte, meist weitgenabelte Vertreter. — Ob. Devon — Mittl. Perm.

Auf die drei Familien wird nicht eingegangen. Betrachtet werden lediglich einige der besonders kennzeichnenden Gattungen.

Prolecanites MOJSISOVICS 1882: oberes Unt. Karbon von Eurasien, N-Amerika (Abb. 258a, 259).

Scheibenförmige, weitgenabelte und hochmündige Vertreter mit gerundeter Externseite. Auf den Flanken sind außer dem Laterallobus 3 (4) Umschlagloben ausgebildet.

Protocanites HERM. SCHMIDT 1922: unteres Unterkarbon von Eurasien, N-Afrika, USA, SO-Australien (Abb. 258b).

Ähnlich *Prolecanites*, doch nur mit zwei Umschlagloben, zwischen denen die Naht liegt. Lobenformel ELUUJ.

Daraelites GEMMELLARO 1887: Unt. — Mittl. Perm von Sizilien, N-Amerika (Texas), Ural, Mittelasien, Timor.

Gehäuse scheibenförmig, mäßig weit genabelt, schwach skulpturiert. Lobenlinie basal fein gezackt. Externlobus breit, trifid. — *D.* oder eine verwandte Gattung bildet vielleicht die Stammgruppe der Ceratitida.

Oberfamilie **Medlicottiaceae** KARPINSKY 1889

Überwiegend enggenabelte Formen mit abgeflachter oder furchenartig eingesenkter Externseite. An der Externkante finden sich nicht selten Knoten oder Rippen. — Oberes Unterkarbon — Ob. Trias.

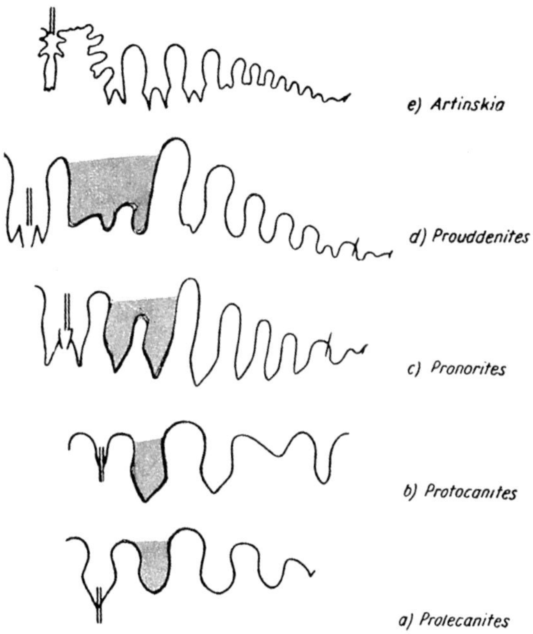

Abb. 258. Lobenlinien einiger Gattungen der Prolecanitida. Der Laterallobus ist zum Teil gerastert. Vergrößert. — Nach A. K. Miller & W. M. Furnish, umgezeichnet.

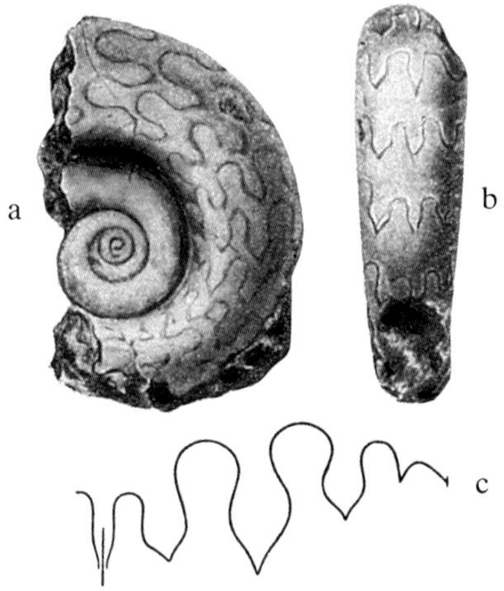

Abb. 259. *Prolecanites americanus* Miller & Garner, oberes Unterkarbon von Indiana (USA). Nat. Gr. — Nach A. K. Miller & W. M. Furnish.

Auf die Familien wird nicht eingegangen. Betrachtet werden lediglich einige besonders kennzeichnende Gattungen.

Pronorites Mojsisovics 1882: oberes Unterkarbon — Perm von Eurasien, N-Afrika, N- und S-Amerika. Biostratigraphisch trotz weiter Verbreitung wenig bedeutungsvoll, da sich die Merkmale nur wenig ändern (Abb. 258c, 260).

Mäßig weitgenabelte Formen mit etwas abgeflachter Externseite. Externlobus dreigeteilt. Laterallobus zweispitzig. Umschlagloben einspitzig.

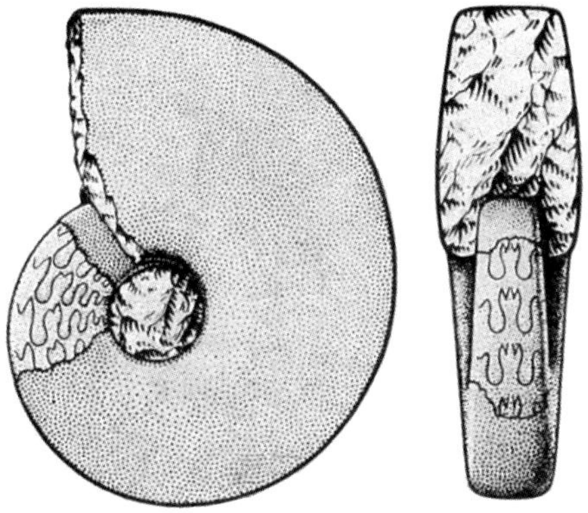
a b

Abb. 260. *Pronorites arkansasensis* SMITH, unteres Oberkarbon von Oklahoma. Nat. Gr. – Nach A. K. MILLER & W. M. FURNISH.

Prouddenites MILLER 1930: Ob. Karbon, insbesondere der USA (Abb. 258d, 261).
Ähnlich *Pronorites*, doch ist der Laterallobus unregelmäßig dreispitzig, der daran anschließende Umschlaglobus schwach zweispitzig. Externseite abgeflacht.

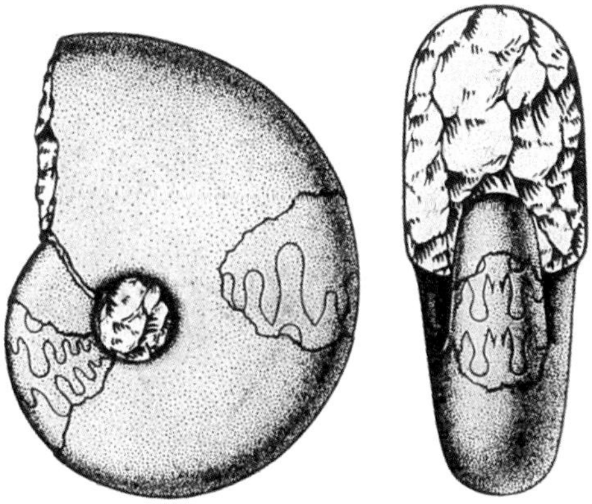
a b

Abb. 261. *Prouddenites primus* MILLER, oberes Oberkarbon von Oklahoma. Ca. 1½ nat. Gr. – Nach A. K. MILLER & W. M. FURNISH.

Medlicottia WAAGEN 1880: Unt. – Ob. Perm von Sizilien, Ural, N-Amerika, Asien, Timor (Abb. 262).
Das dünnscheibenförmige, eng- bis nichtgenabelte Gehäuse zeigt eine furchenartig eingesenkte Externseite und keine besonders hervortretende Skulptur an der Externkante. Laterallobus hoch und zweispitzig.
Artinskia KARPINSKY 1926: oberes Oberkarbon – Mittl. Perm, weit verbreitet in Eurasien, SW-USA (Abb. 258e).
Das scheibenförmige Gehäuse zeigt beiderseits Knoten an der Externkante. Die Lobenlinie ist etwas primitiver als bei *Medlicottia*.
? **Sageceras** MOJSISOVICS 1873: Mittl. – Ob. Trias, weltweit verbreitet (Abb. 263).
Hochmündige, dünnscheibenförmige, enggenabelte Vertreter mit zweikieliger Externseite und zahlreichen, meist zweispitzigen Loben.

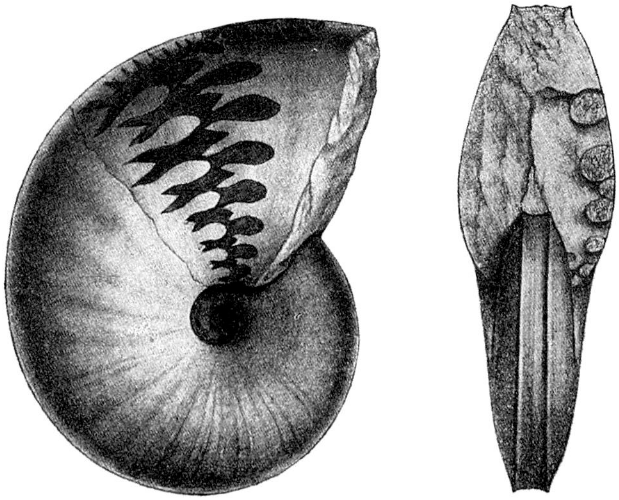

a b

Abb. 262. *Medlicottia dalailamae* DIENER, Perm des Himalaya. Ca. ¾ nat. Gr. — Nach C. DIENER 1897.

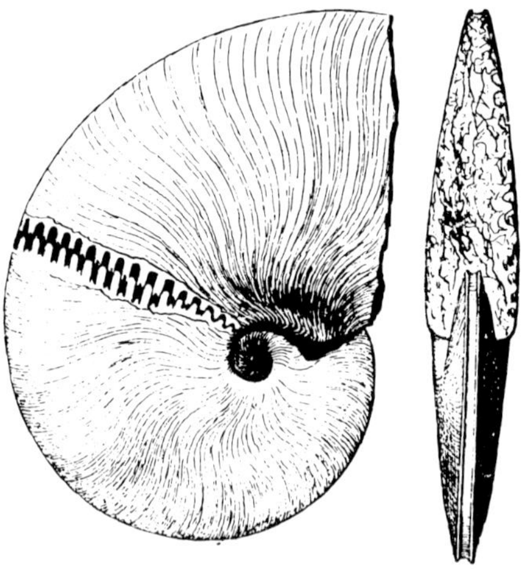

a b

Abb. 263. *Sageceras haidingeri* (HAUER), Ob. Trias von Hallstatt. Nat. Gr. — Aus K. A. v. ZITTEL 1915.

Ordnung **Ceratitida** HYATT 1884

Basal, aufsteigend oder total gezackte Vertreter, die als Abkömmlinge der Daraelitidae betrachtet werden und in vielen Gruppen bereits kräftige Skulptur aufweisen. Die Mehrzahl der triassischen Ammonoidea gehört hierzu. — Perm — Trias, vor allem in den Ablagerungen der Tethys von den Alpen über den Himalaya nach Timor, ferner im westlichen Nordamerika und in der Arktis (hierzu u. a. E. T. TOZER 1984).

Es wird lediglich auf die Oberfamilien eingegangen.

Oberfamilie **Otocerataceae** Hyatt 1900

Hauptsächlich glattschalige, sonst einfachrippige Vertreter, die überwiegend eine fein basal gezackte ceratitische Lobenlinie aufweisen. — Perm — Trias.

Otoceras Griesbach 1880: Unt. Trias (Unt. Skyth), u. a. von Alaska, O-Grönland, Sibirien, Himalaya (Abb. 264).

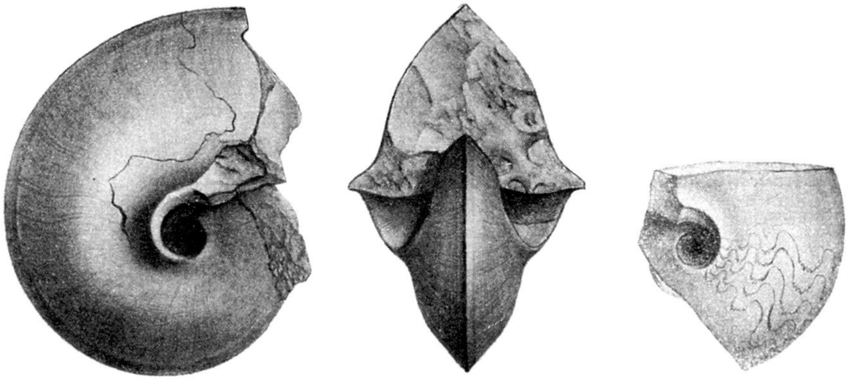

Abb. 264. *Otoceras woodwardi* Griesbach, Unt. Trias (Skyth) des Himalaya. Ca. ½ nat. Gr. — Nach C. Diener 1897.

Eng- und tiefgenabelte Formen mit scharfkantiger Externseite, basal gezackter Lobenlinie und helmförmigem Windungsquerschnitt. Die Länge der Wohnkammer beträgt mehr als einen halben Umgang.

Ophiceras Griesbach 1880: Unt. Trias (Unt. Skyth) von N-Amerika, Asien (Abb. 265).

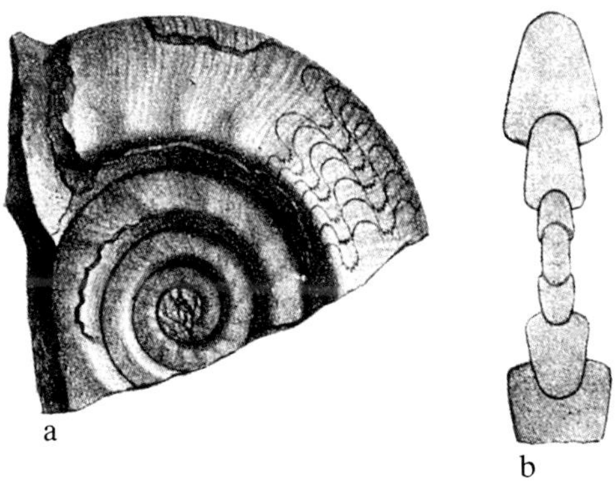

Abb. 265. *Ophiceras tibeticum* Griesbach, Unt. Trias (Unt. Skyth) des Himalaya. Ca. ¾ nat. Gr. — Nach C. Diener 1897.

Serpenticone, nicht oder nur schwach skulpturierte Ceratitida mit basal fein gezackter Lobenlinie, niedrigen elliptischen Windungsquerschnitten und gerundeter Externseite. Nabelwand im allgemeinen hoch.

Oberfamilie **Noritaceae** KARPINSKY 1889

Eine sehr heterogene Gruppe überwiegend glattschaliger, scheibenförmiger Vertreter mit gerundeter oder abgeflachter Externseite und etwas kräftiger basal gezackter (ceratitischer) Lobenlinie. Daneben finden sich jedoch auch einige Abkömmlinge mit kugeligem, gekieltem und beripptem Gehäuse sowie mit differenzierterer oder vereinfachter Lobenlinie. — Unt. — Mittl. Trias.

Flemingites WAAGEN 1892: Unt. Trias (Skyth), u. a. von Salt Range, Timor, Madagaskar (Abb. 266a).

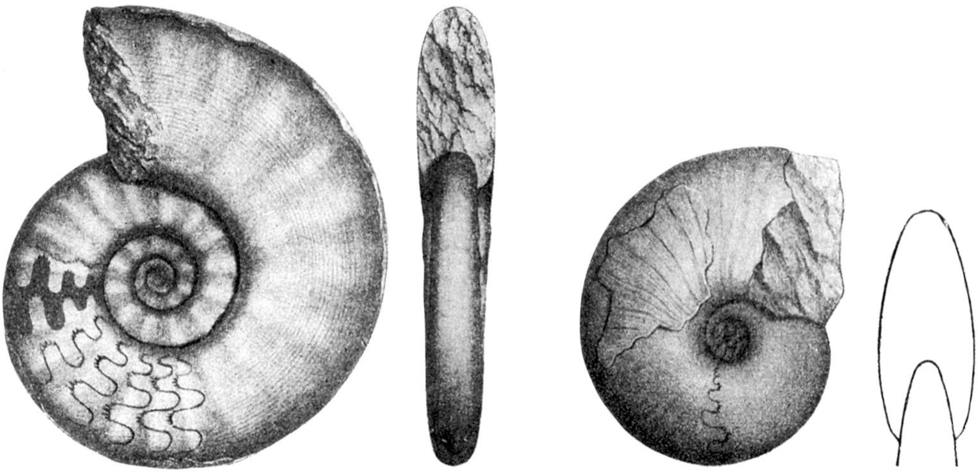

Abb. 266. a)–b) *Flemingites radiatus* WAAGEN, Unt. Trias (Skyth, Flemingitan), Salt Range ¾ nat. Gr.; c)–d) *Koninckites vetustus* WAAGEN, Unt. Trias (Skyth) der Salt Range. Ca. ½ nat. Gr. — Nach W. WAAGEN 1895.

Gehäuse scheibenförmig, stark evolut; meist mit groben Einfachrippen und feiner Spiralskulptur (Strigation) auf den Flanken.

Koninckites WAAGEN 1895: Unt. Trias (Skyth), u. a. von Salt Range, Himalaya (Abb. 266b).

Relativ involute, seitlich abgeflachte, glattschalige Vertreter mit gerundeter oder etwas abgeflachter Externseite. Nabelwand leicht gerundet.

Hedenstroemia WAAGEN 1895: Unt. Trias (Ob. Skyth) von Spitzbergen, Sibirien.

Gehäuse scheibenförmig, involut, seitlich komprimiert; glatt oder mit Zuwachsstreifen verziert. Externseite in der Jugend abgeflacht, im Alter scharfkantig. Lobenlinie mit deutlich hervortretenden Umschlagloben.

Beneckeia MOJSISOVICS 1882: Unt. — Mittl. Trias (Ob. Skyth-Anis) von Mitteleuropa und Transjordanien (Abb. 267—268).

Flach scheibenförmige, sehr enggenabelte und hochmündige, glatte Vertreter mit zugeschärfter Externseite. Die Lobenlinie besteht aus zahlreichen Elementen.

Aus dem Bereich des germanischen Triasbeckens sind bekannt: *B. tenuis* (v. SEEB.) (Unt. Röt, so 1) mit relativ breiten Loben und Sätteln; *B. buchi* (v. ALB.) aus der unteren Hälfte des Unt. Muschelkalkes. Hier sind die Loben wesentlich schmäler als die Sättel. — Von besonderem Interesse ist das gelegentliche Massenvorkommen von Zwergformen, so im Schwarzwald über dem *Ecki*-Horizont und bei Jena im mu1 f (Abb. 268).

Abb. 267. *Beneckeia tenuis* (v. SEEB.), Ob. Buntsandstein (Unt. Röt) von Göschwitz bei Jena (Thüringen). Ca. ⅔ nat. Gr. – Im Gegensatz zu der sonst ähnlichen *Beneckeia buchi* (v. ALBERTI) aus dem Unt. Muschelkalk sind die Loben und Sättel etwa von gleicher Breite.

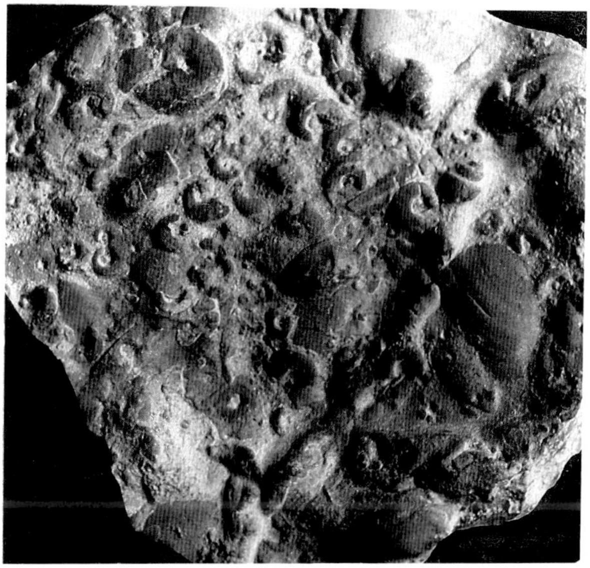

Abb. 268. Massenvorkommen zwergwüchsiger *Beneckeia buchi* (v. ALB.), Unt. Muschelkalk (mul 1f, 1,00 m über β), Steinbruch des Zementwerkes Göschwitz. Ca. 1½ nat. Gr.

Meekoceras HYATT, in C. A. WHITE 1879: Unt. Trias (Skyth), u. a. von N-Amerika, Arktis, Madagaskar, Timor (Abb. 269).

Gehäuse involut bis evolut, scheibenförmig; im allgemeinen glatt, sonst fein gestreift. Lobenlinie mit relativ breiten Sätteln. Loben fein basal gezackt.

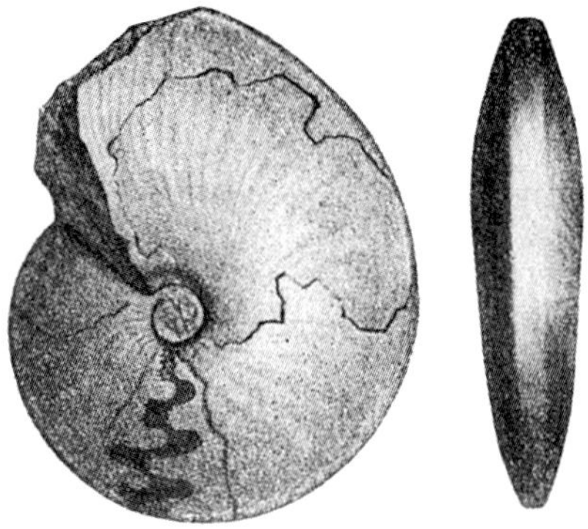

a b

Abb. 269. *Meekoceras radiosum* Waagen, Unt. Trias (Skyth) der Salt Range. Ca. 5/6 nat. Gr. – Nach W. Waagen 1895.

Norites Mojsisovics 1878: Mittl. Trias (Anis-Ladin), u.a. von Alpen, Balkan, Timor (Abb. 270).

Flache, involute, scheibenförmige und glatte Vertreter mit abgeplatteter, beiderseits deutlich gesäumter Externseite.

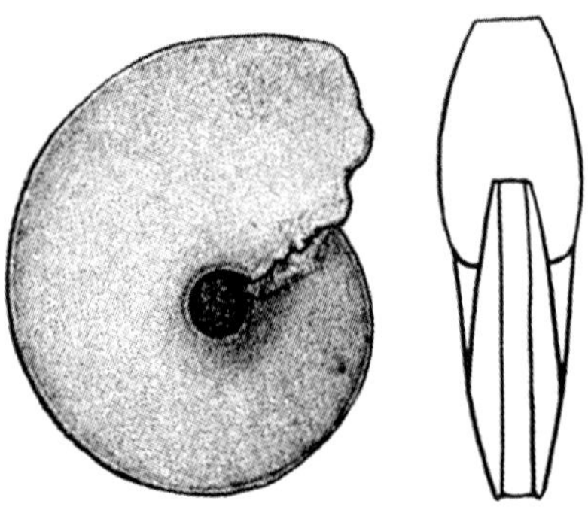

a b

Abb. 270. *Norites gondola* (Mojsis.), Mittl. Trias (Anis) aus dem Gebiet der Alpen und des Balkans. Ca. 1¼ nat. Gr. – Nach E. v. Mojsisovics 1882.

Oberfamilie **Ceratitaceae** Mojsisovics 1879
(ex Ceratitidae Mojsisovics 1879)

Überwiegend stärker skulpturierte Abkömmlinge der Noritaceae, die eine basal, aufsteigend oder total gezackte Lobenlinie aufweisen. Bei einigen Formen zeigt sich jedoch ein Abbau zur sekundär goniatitischen Ausbildung. Entsprechende Abbauerscheinungen finden sich gelegentlich auch im Hinblick auf die Skulptur, so bei den Ceratiten des germanischen Muschelkalkes. – Unt. – Ob. Trias.

Tirolites Mojsisovics 1879: Unt. Trias (Ob. Skyth), u. a. von Alpen, Balkan, Himalaya, N-Amerika (Abb. 271).

Gehäuse evolut, mit rechteckigem Windungsquerschnitt. Externseite breit, gerundet oder abgeflacht. Flanken im allgemeinen mit einfachen, aber unregelmäßigen Querrippen, die an der Externseite in kräftigen Knoten enden. Die sehr einfache Lobenlinie zeigt auf den Flanken nur den schwach basal gezackten Laterallobus und einen goniatitisch ausgebildeten Umschlaglobus.

Dinarites Mojsisovics 1882: Unt. Trias (Ob. Skyth) der Alpen und des Balkans.

Scheibenförmige, involute Vertreter mit gerundeter oder (seltener) abgeflachter Externseite;

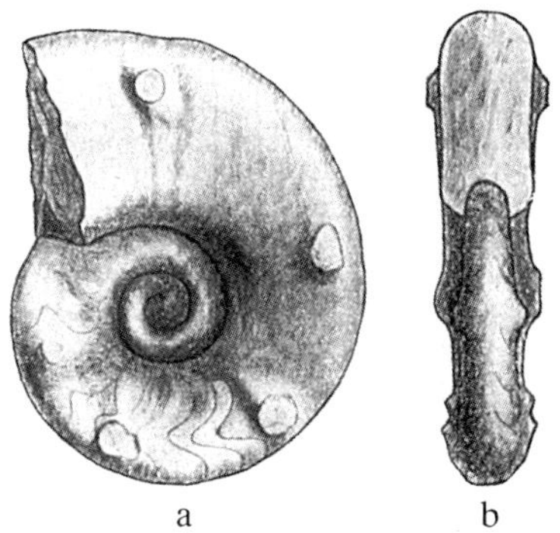

Abb. 271. *Tirolites idrianus* (Hauer), Ob. Skyth von Jugoslawien. Ca. ¾ nat. Gr. — Nach E. v. Mojsisovics 1882.

skulpturlos oder mit einfachen, geraden Rippen, die in der Regel mit einem Knoten beginnen. Die goniatitisch ausgebildete Lobenlinie zeigt auf den Flanken im allgemeinen nur den Laterallobus.

Acrochordiceras Hyatt 1877: Mittl. Trias (Anis) von Eurasien, Timor, Kalifornien, Nevada (Abb. 272).

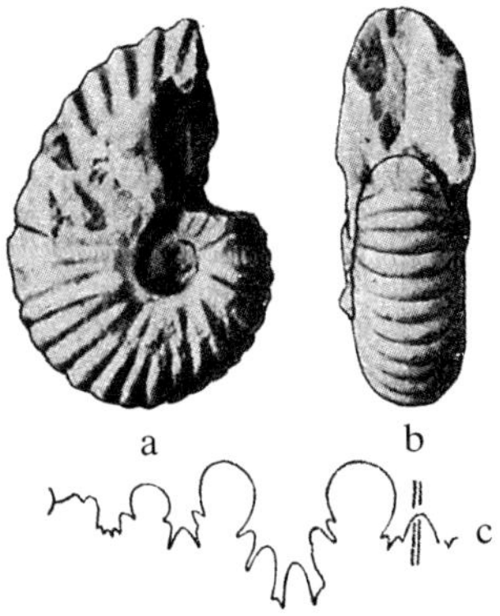

Abb. 272. *Acrochordiceras hyatti* Meek, Mittl. Trias (Anis) von Nevada. a)—b) ca. 7/10 nat. Gr.; c) nat. Gr. — Nach A. Hyatt & J. P. Smith 1905.

Gehäuse involut, gewöhnlich aufgebläht und mit kräftigen, einfachen Rippen bedeckt, die ohne Unterbrechung über die gerundete Externseite verlaufen. Die Rippen können an der Naht Knoten tragen. Lobenlinie basal bis total gezackt.

Ceratites de Haan 1825: Mittl. Trias (Ladin), u. a. von Mitteleuropa, Spanien, Sardinien, Rumänien (Abb. 273—282).

Mittelgroße bis große, evolute Vertreter mit gerundeter oder abgeflachter Externseite und meist kräftiger Skulptur. Lobenlinie basal gezackt (= ceratitisch). Länge der Wohnkammer in der Regel etwas weniger als einen halben Umgang.

Besondere Bedeutung haben die Ceratiten für den Oberen Muschelkalk, wo sie im Bereich des germanischen Binnenbeckens in Mitteleuropa eine sichere zonare Gliederung der Ablagerungen ermöglichen. Sie entstanden aus Paraceratiten der alpinen Trias, von denen sich die ältesten Ceratiten vor allem durch das Fehlen einer Nahtkante unterscheiden. Die bestehenden Isolationsschranken verhinderten eine Panmixie mit den Populationen der Tethys, während durch neue Rekombinationen die vorhandenen Unterschiede verstärkt wurden. Überwiegend endemisch entstand mit beträchtlicher Geschwindigkeit eine Reihe von Arten, die sich meist durch mehr oder weniger rectilineare Abwandlung der Skulptur, der Gehäusegestalt und der Größe unterscheiden (A. H. MÜLLER 1954). Nachstehend einige der wichtigsten Arten (Unterscheidung der Untergattungen nach R. WENGER 1957):

C. (Progonoceratites) atavus PHILIPPI: Untere Ceratitenschichten (Abb. 273).

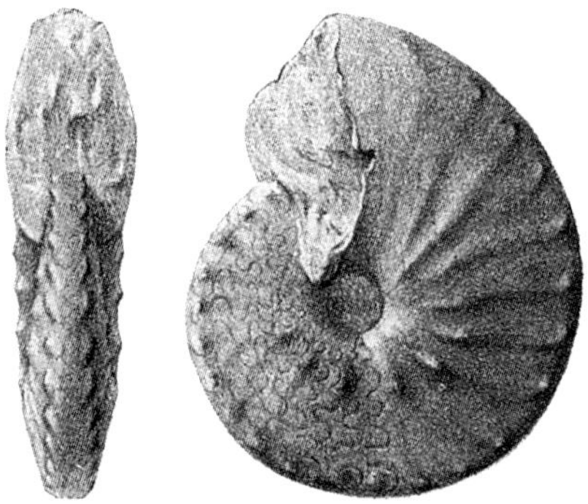

a b

Abb. 273. *Ceratites (Progonoceratites) atavus* PHIL., Ob. Muschelkalk (Unt. Ceratitenschichten) von Thüringen. Ca. 5/6 nat. Gr. — Nach E. PHILIPPI 1901.

Kleinster (Durchmesser ca. 5,5 cm) und ältester Ceratit des germanischen Muschelkalkes, bei dem sich neben Gehäuseabschnitten mit Gabelrippigkeit zwischengeschaltete Einfachrippen bzw. überzählige Extern- oder Lateralknoten zeigen. Doch besteht hinsichtlich der Skulpturstärke eine gewisse Variabilität.

C. (Progonoceratites) robustus RIEDEL: Untere Ceratitenschichten (Abb. 274).

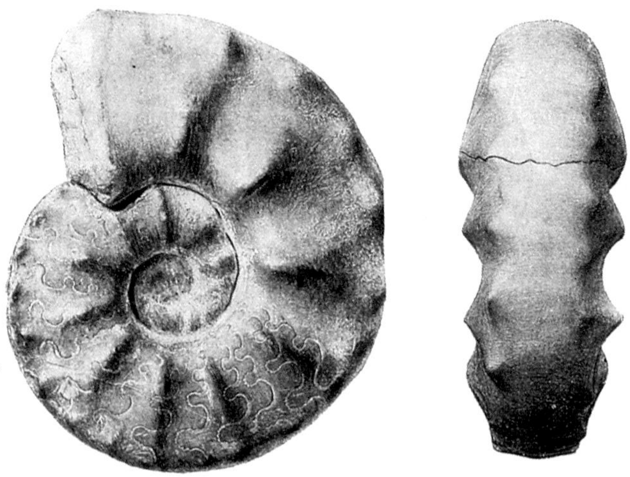

a b

Abb. 274. *Ceratites (Progonoceratites) robustus* RIEDEL, Ob. Muschelkalk (Unt. Ceratitenschichten) von Hackenstedt bei Hildesheim. 3/4 nat. Gr. — Nach A. RIEDEL 1916.

Im Durchmesser 6—8 cm erreichende Formen, die im allgemeinen noch Gabelrippen zeigen. Doch bilden sich auf der Wohnkammer bereits zwei oder mehr nebeneinanderliegende, einfache und längliche Wülste heraus. Weiter rückwärts schalten sich ähnlich wie bei *C. pulcher* hin und wieder isoliert stehende, überzählige Externknoten zwischen die Gabelrippen.

C. (Ceratites) compressus SANDBERGER: Mittlere Ceratitenschichten (Abb. 275).

Abb. 275. *Ceratites (Ceratites) compressus* SANDB., Ob. Muschelkalk (Mittl. Ceratitenschichten) von Mitteleuropa. ¾ nat. Gr. – Nach E. PHILIPPI 1901.

Meist bis ca. 9 cm große, maximal aber fast 12 cm erreichende Vertreter, die neben Gabelrippen etwa 12 Einfachrippen (außen) tragen.

C. (Ceratites) nodosus (BRUGUIÈRE): Obere Ceratitenschichten (Abb. 276).

Abb. 276. *Ceratites (Ceratites) nodosus* (BRUG.), Ob. Muschelkalk (Ob. Ceratitenschichten) von Ballbronn (Unter-Elsaß). Ca. ⅓ nat. Gr. – Nach E. PHILIPPI 1901.

Mittelweite, bis ca. 20 cm erreichende Vertreter mit dicken, im Querschnitt gerundet-quadratischen Windungen. Die Wohnkammer trägt kräftige Einfachrippen, die an der Externseite mitunter dornenartig vorragende Knoten aufweisen.

C. (Discoceratites) dorsoplanus PHILIPPI: Obere Ceratitenschichten (Abb. 277–278).

Im Durchmesser meist ca. 25 cm, selten etwa 36 cm erreichende, scheibenförmige und relativ eng genabelte Ceratiten mit hohem Windungsquerschnitt und abgeplatteter Externseite.

C. (Discoceratites) semipartitus DE MONTFORT: Obere Ceratitenschichten (Abb. 279).

Bis 36 (? 37) cm große, ebenfalls scheibenförmige und relativ enggenabelte glattschalige Vertreter mit hohem, auch auf der Wohnkammer zugeschärftem Windungsquerschnitt.

Hier ist einzufügen, daß M. URLICHS & R. MUNDLOS 1980 die Arten *atavus, flexuosus* und *philippi* (einschließlich der Unterarten im Sinne von WENGER 1957) zu *Paraceratites* HYATT 1900 stellen.

Insgesamt betrachtet, zeigen die Ceratiten des germanischen Ob. Muschelkalkes eine deutliche phylogenetische Größenzunahme. Sie erfolgt zunächst langsam, dann aber etwa ab *C. evolutus* beschleunigt (vgl. Band I, 5. Aufl., S. 291 ff., Abb. 163). Dabei vergrößert sich vom ältesten Vertreter bis zum jüngsten (*C. semipartitus*) der Scheibendurchmesser kontinuierlich auf etwa

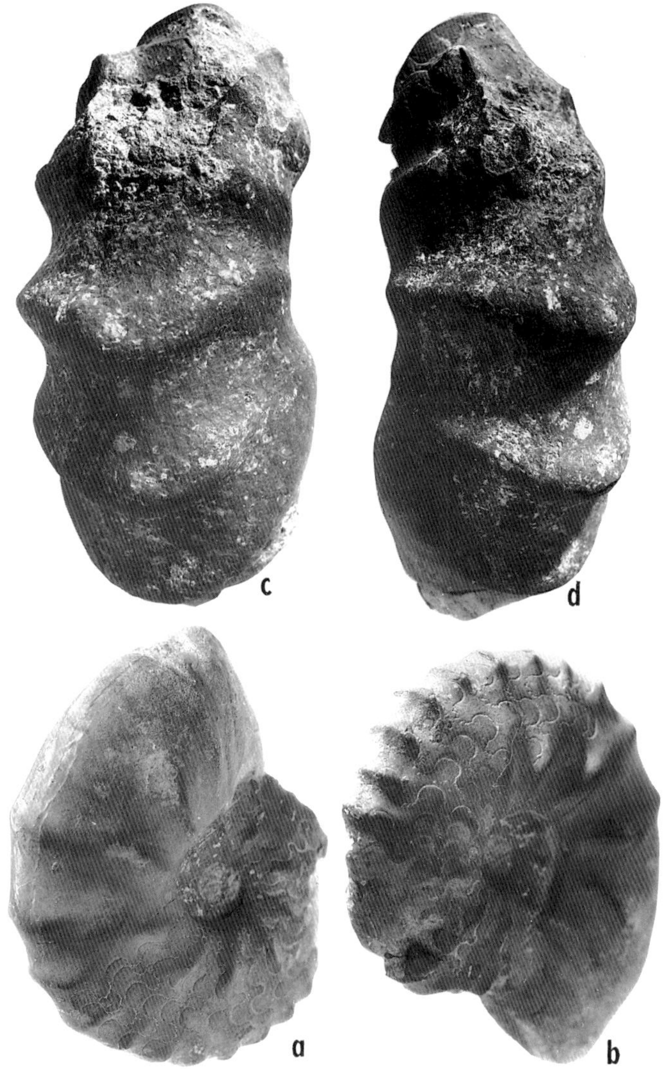

Abb. 280 A. Abnorme Ceratiten aus dem germanischen Ob. Muschelkalk (mo 2) von Ohrdruf (Thür.). a)–b) *Ceratites robustus* RIED., dessen Rippen ohne Unterbrechung über die Externseite verlaufen, c)–d) *Ceratites nodosus* BRUG., Wohnkammer. Ca. ¾ nat. Gr.

Alloceratites SPATH 1934: Ob. Trias (Karn) von Mitteleuropa (Abb. 283 A, B, 284).
Innenwindungen des stark involuten Gehäuses (Involution mindestens 70%) sehr hochmündig, ähnlich denen von *Ceratites* (*Discoceratites*) *semipartitus* flach und glatt. Äußerer Umgang mit kräftiger Binodosus-Skulptur und breiter, flacher Externseite; Knoten scharf und spitz vorspringend. Externknoten nur bei der Fastigatus-Skulptur-Anomalie durch Rippen über die Externseite verbunden. In dieser Weise war das erste nachgewiesene Exemplar ausgebildet (Abb. 284).

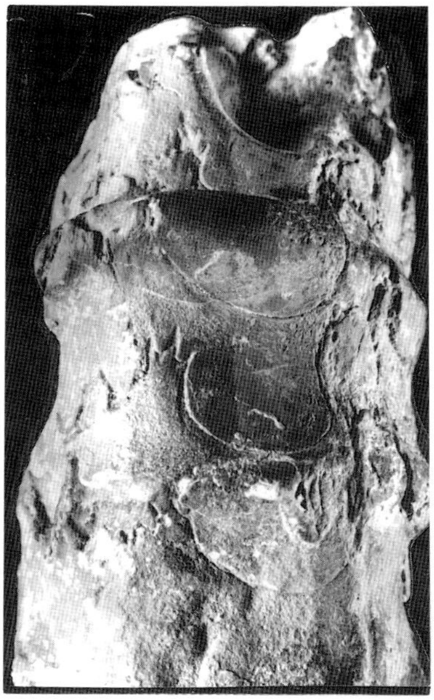

Abb. 280B. *Ceratites (Ceratites) nodosus* (BRUGUIÈRE), Teil der Externseite des Phragmoconus mit Fastigatus-Skulptur-Anomalie und hierdurch asymmetrisch eingebauten Kammerscheidewänden; Mittl. Trias (Ob. Muschelkalk, Ob. Ceratitenschichten), Gegend westl. Zimmern bei Langensalza (Thüringen); L ca. 7 cm. – Nach A. H. MÜLLER 1970.

a

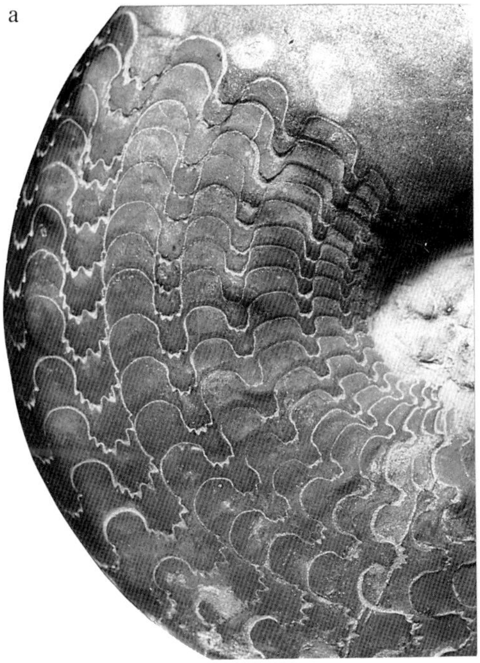

b

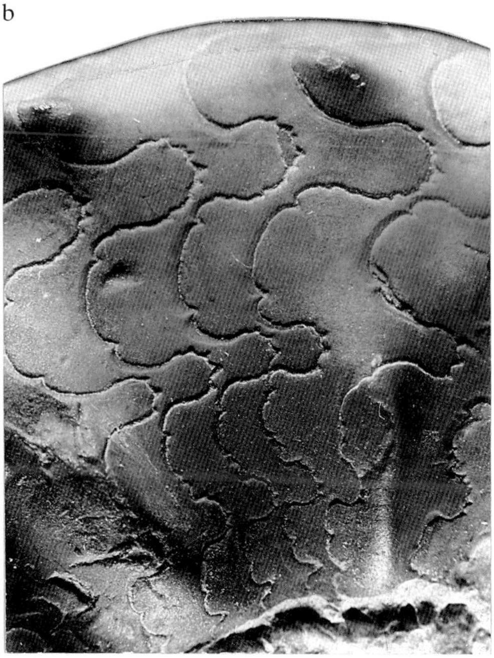

Abb. 281. a) *Ceratites (Progonoceratites) neolaevis* PENNDORF, wohnkammernaher Teil des Phragmoconus mit normal ausgebildeten Lobenlinien; Mittl. Trias (Ob. Muschelkalk, Unt. Ceratitenschichten), Eigenröder Steingraben bei Mühlhausen (Thüringen), Breite des Abschnitts 5,6 cm; b) *Ceratites (Progonoceratites) robustus* RIEDEL, 8. bis 12. Septum hinter der Wohnkammer mit aberranten (total gezackten) Lobenlinien, Mittl. Trias (Ob. Muschelkalk, Unt. Ceratitenschichten), Reiser bei Mühlhausen (Thüringen), Höhe des Abschnitts 1,8 cm. – Nach A. H. MÜLLER 1976.

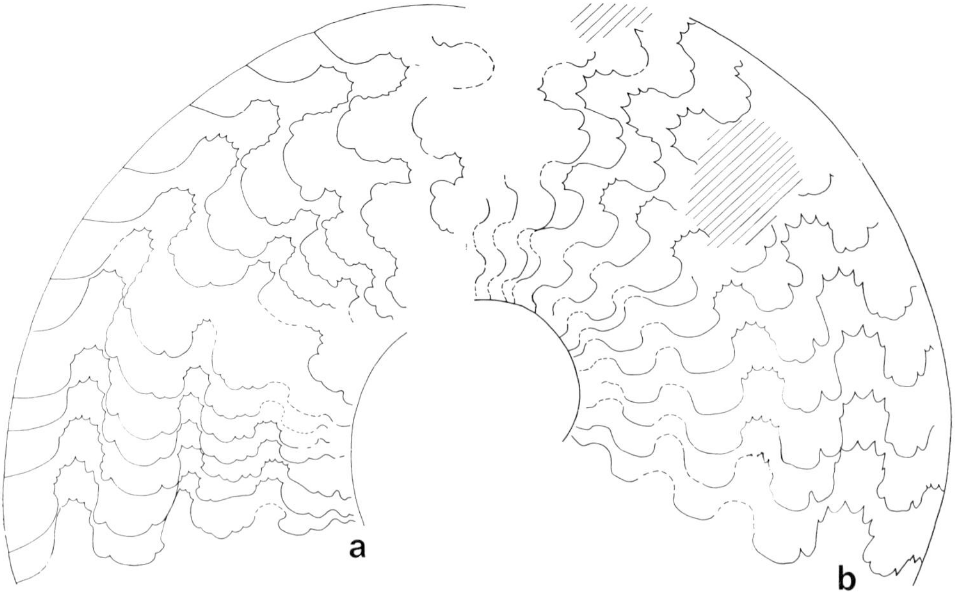

Abb. 282. Wohnkammernaher Teil verschiedener *Ceratites*-Arten mit aberranten (total gezackten) Lobenlinien aus dem Ob. Muschelkalk (Unt. Ceratitenschichten) von Thüringen; a) *C. (Progonoceratites) neolaevis* PENNDORF, Eigenröder Steingraben bei Mühlhausen, Breite des Abschnitts 4,1 cm; b) *C. (Progonoceratites) robustus robustus* RIEDEL, Reiser bei Mühlhausen, Breite des Abschnitts 4,8 cm. – Nach A. H. MÜLLER 1975.

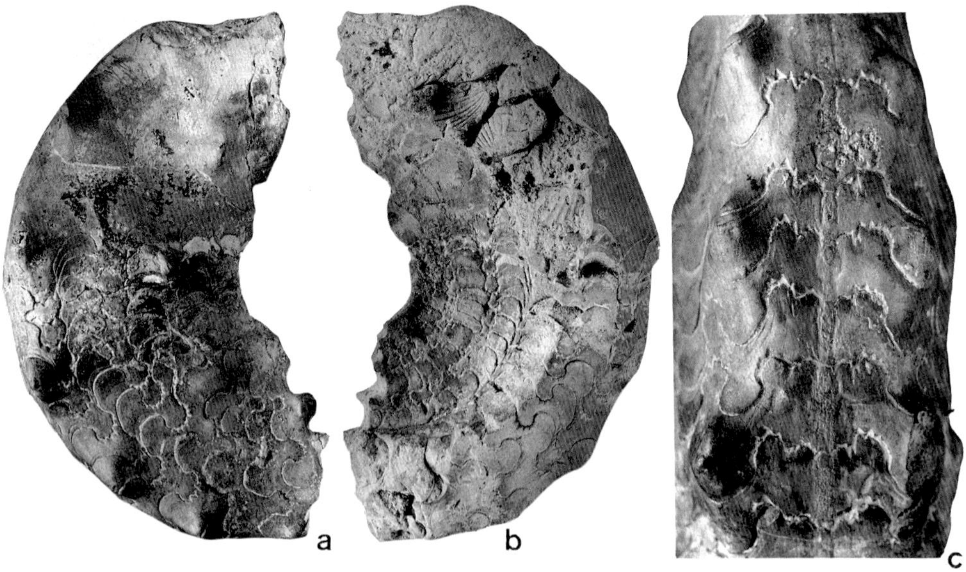

Abb. 283 A. *Alloceratites schmidi* (ZIMMERMANN), a) Steinkern der halben äußeren Windung mit Teilen der Wohnkammer, b) desgl. von der anderen Seite, c) Externseite zwischen der 2. und 8. Kammer. Unt. Keuper (Grenzdolomit, Unt. Karn), Ziegeleigrube Reisdorf bei Eckartsberga (Thüringen), größter Durchmesser 6,8 cm. – Nach A. H. MÜLLER 1969.

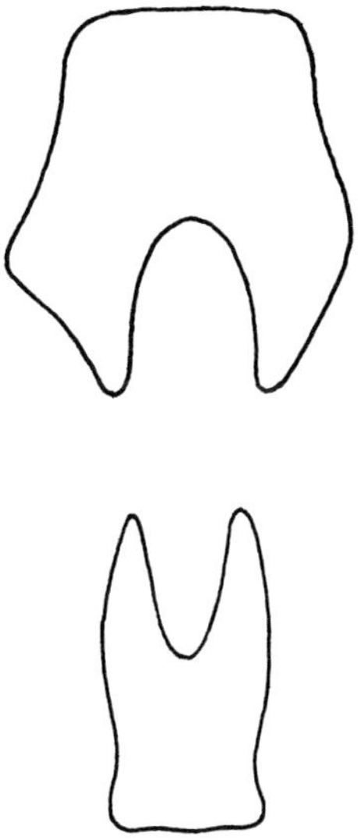

Abb. 283 B. *Alloceratites schmidi* (Zimmermann), Querschnitt durch das proximale Ende der Wohnkammer und den gegenüberliegenden äußeren Umgang zu Abb. 283 A; Durchmesser ca. 6,8 cm. — Nach A. H. Müller 1973.

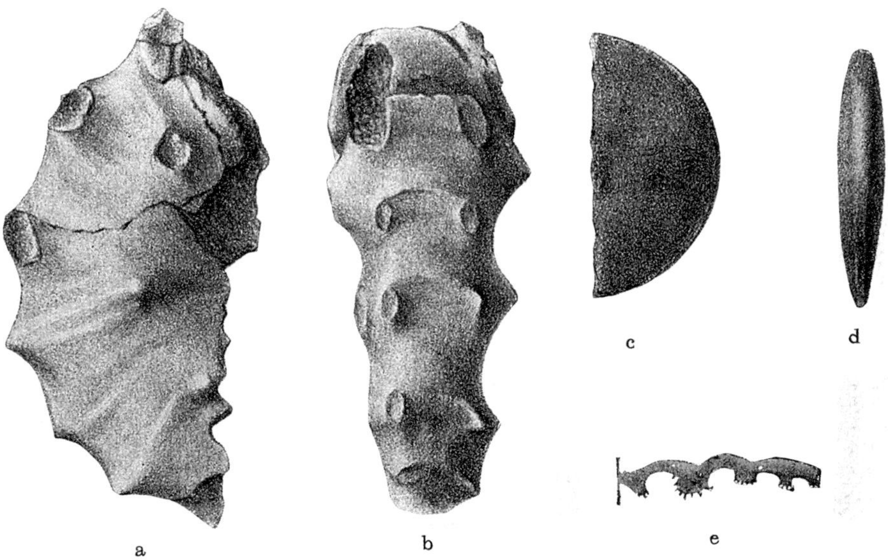

Abb. 284. *Alloceratites schmidi* (Zimmermann) mit Fastigatus-Skulptur-Anomalie, Unt. Keuper (Grenzdolomit) von Sülzenbrück bei Neudietendorf. a) Seitenansicht; b) Externseite; c) Ausguß der vorletzten Windung von der Seite; d) desgl., Externseite; e) Lobenlinie. Nat. Gr. — Nach E. Philippi 1901.

Danubites Mojsisovics 1893: Mittl. Trias (Anis) von Alpen, Balkan, Himalaya, Timor, Japan (Abb. 285).

Gehäuse sehr evolut, mit nahezu quadratischem Windungsquerschnitt und glatter bis schwach gekielter Externseite. Die abgeflachten Flanken tragen einfache, radial verlaufende Rippen. Lobenlinie aufsteigend gezackt.

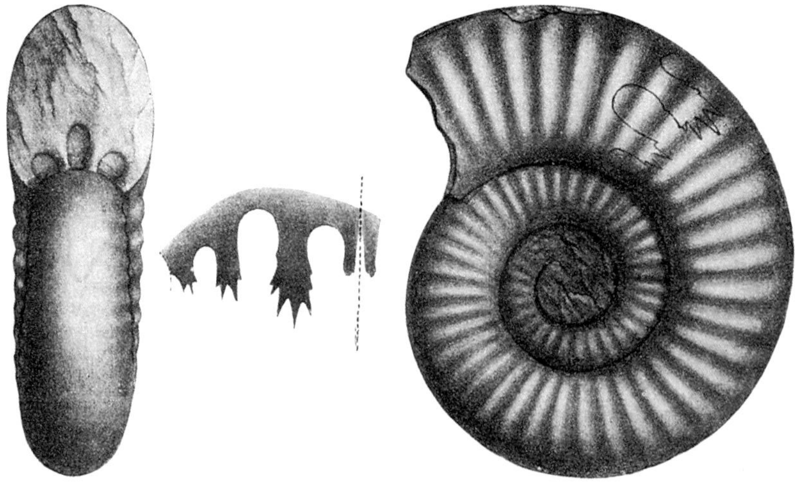

a b c

Abb. 285. *Danubites kansa* Diener, Mittl. Trias (Anis) des Himalaya. Ca. ¾ nat. Gr. – Nach C. Diener 1895.

Balatonites Mojsisovics 1879: Mittl. Trias (Anis) von Alpen, Balkan, Mitteleuropa, Japan, Nevada.

Seitlich stark abgeflachte, weitgenabelte und serpenticone Formen. Externseite flach gekielt. Flanken mit radial verlaufenden, kräftigen Rippen, die sehr unterschiedlich mit Knoten bedeckt sind. Lobenlinie basal gezackt.

Hungarites Mojsisovics 1879: Mittl. Trias (Anis – Ladin), u. a. von Alpen, Mitteleuropa, Spanien, Asien, Balkan, Sibirien, Kalifornien (Abb. 286).

Gehäuse sehr enggenabelt, platycon; mit scharfem, medianem Kiel. Externseite seitlich durch zwei Kanten begrenzt. Lobenlinie basal bis aufsteigend gezackt.

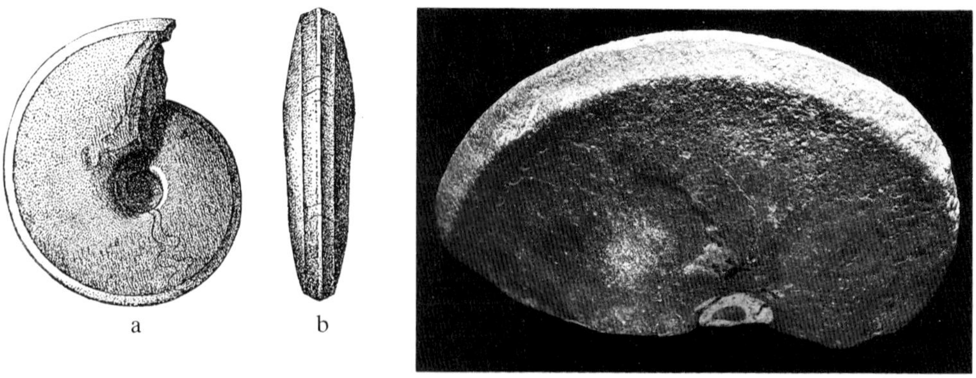

a b

c

Abb. 286. *Hungarites strombecki* (Griep.), Unt. Muschelkalk (mu l). a)–b) Zeichnung des Holotypus nach M. Schmidt 1928, c) Wohnkammer und Teil des gekammerten Abschnitts, gefunden auf sekundärer Lagerstätte im Pleistozän am Spielberg von Kunitz bei Jena. Ca. ⅔ nat. Gr.

Carnites Mojsisovics 1879: Trias (Karn) von Alpen, Himalaya.

Sehr involute, scheibenförmige Vertreter, bei denen die Windungen innen eine tricarinate, später eine bicarinate bis zugeschärfte Externseite aufweisen. Die Flanken tragen gewöhnlich S-förmige Streifen oder Rippen. Lobenlinie total gezackt bis schwach gezähnelt.

Neoclypites Spath 1951: Ob. Trias (Karn) von N-Amerika und Mitteleuropa (Abb. 287 A, B).

Windungsquerschnitt spitzbogenförmig, doch mit abgeflachter oder längsgefurchter Externseite. Oberfläche mit falciformen radialen Zuwachsstreifen, die in regelmäßigen Intervallen zu schwachen Striemen gebündelt sein können, oder mit flachen, radial verlaufenden Rippen auf der Wohnkammer. Lobenlinie basal gezackt, mit wenigen, auffallend groben Zacken, die z. T. etwas an den Sattelflanken aufsteigen. — *N. peregrinus* A. H. Müller gehört zusammen mit *Alloceratites schmidi* (Zimmermann) zu den beiden einzigen bisher aus dem germanischen Keuper bekannten Ammonoidea-Arten. Sie wurden in der Grenzdolomitregion (Karn) von Thüringen gefunden.

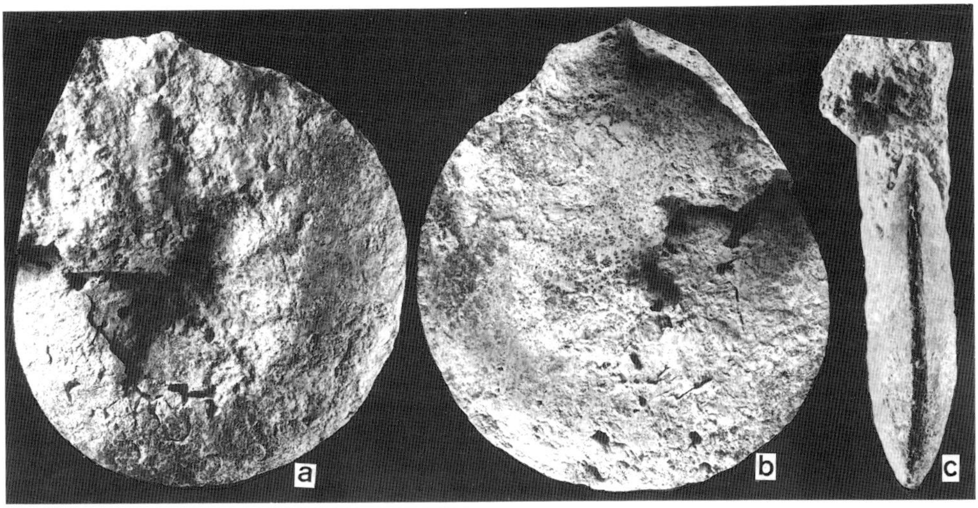

Abb. 287 A. *Neoclypites peregrinus* A. H. Müller, Holotypus, Unt. Keuper (Grenzdolomit, Unt. Karn), Ziegeleigrube Reisdorf bei Eckartsberga (Thüringen), Durchmesser ca. 5,1 cm. — Nach A. H. Müller 1973.

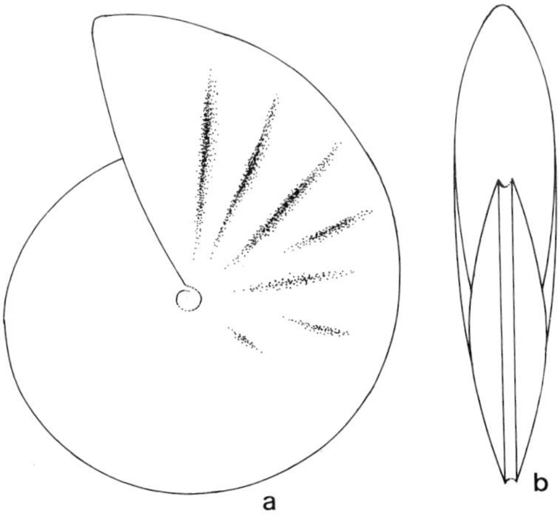

Abb. 287 B. Wie Abb. 287 A, Rekonstruktion. — Nach A. H. Müller 1973.

Oberfamilie **Clydonitaceae** Mojsisovics 1879

Überwiegend kräftig berippte und skulpturierte Ammonoidea mit unterschiedlich ausgebildeter Externseite. Die Lobenlinie ist meist total gezackt. Daneben finden sich aber auch basal und aufsteigend gezackte sowie in einigen Seitenzweigen (offenbar sekundär) einfach gewellte (goniatitische) Formen. Abbauerscheinungen zeigen sich auch im Hinblick auf die Gestalt. — Unt. — Ob. Trias.

Trachyceras Laube 1869: Mittl. — Ob. Trias (Anis — Karn), weltweit verbreitet (Abb. 288).

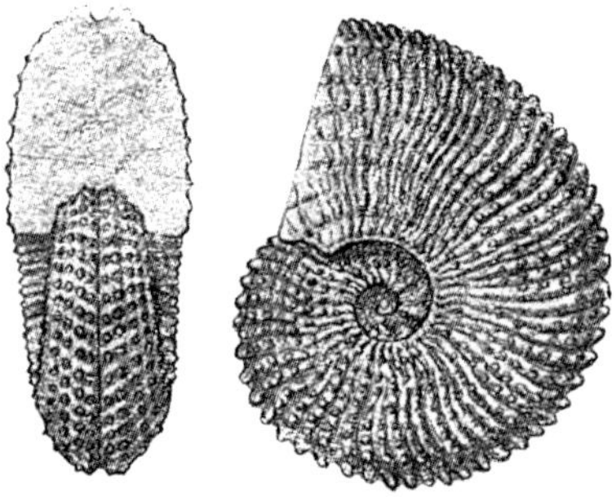

Abb. 288. *Trachyceras aon* v. Münster, Ob. Trias (Unt. Karn, Cordevol) der Alpen. Ca. nat. Gr. — Nach G. A. v. Arthaber.

Mäßig weitgenabelte, scheibenförmige Abkömmlinge der Ceratitidae, deren gerundete Externseite eine mediane Furche aufweist, die jederseits von einer Knötchenreihe begrenzt wird. Die Flanken sind mit einfachen und nahtgabeligen Rippen bedeckt, die spirale Reihen zahlreicher Knötchen tragen. Lobenlinie total gezackt. Die Wohnkammer umfaßt zwei Drittel des letzten Umganges.

Sirenites Mojsisovics 1893: Ob. Trias (Karn — Nor), u. a. von Alpen, Sizilien, Balkan, Himalaya, Timor, Alaska, Kalifornien.

Mäßig weitgenabelte, seitlich stark abgeflachte Vertreter, deren abgeplattete Externseite eine deutliche Medianfurche aufweist. Die Skulptur zeigt S-förmig gekrümmte Spaltrippen, deren Gabelungspunkt in der Nähe der Naht, der Spaltpunkt an der Externkante liegt. Naht und Gabelungspunkte tragen Knötchen. Lobenlinie total gezackt.

Clydonites Hauer 1860: Ob. Trias (Karn — Nor) der Alpen und Siziliens (Abb. 289).

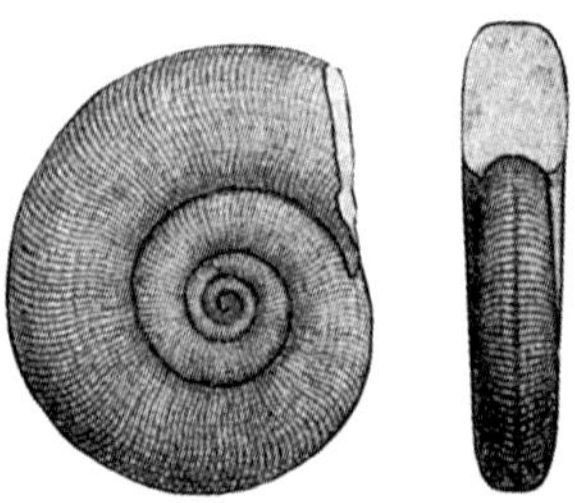

Abb. 289. *Clydonites decoratus* (Hauer), Ob. Trias (Nor) der Alpen. Ca. 7/10 nat. Gr. — Nach E. v. Mojsisovics 1873—1902.

Evolute, seitlich abgeflachte Vertreter, deren feine, körnige Rippchen die auf der gerundeten Externseite befindliche Medianfurche nicht queren. Die Lobenlinie ist meist einfach gewellt, kann aber gelegentlich eine schwache basale Zackung aufweisen.

Cyrtopleurites Mojsisovics 1893: Ob. Trias (Karn — Nor), u. a. von Alpen, Sizilien, Himalaya, Timor (Abb. 290).

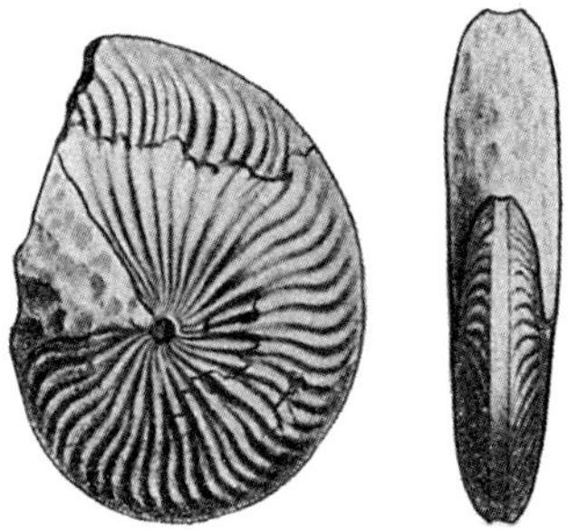

Abb. 290. *Cyrtopleurites bicrenatus* (HAUER), Ob. Trias (Nor) der Alpen. Ca. ½ nat. Gr. – Nach E. v. MOJSISOVICS 1873–1902.

Sehr enggenabelte, seitlich stark abgeflachte Formen, deren schmale Externseite furchenartig eingesenkt ist. Die Flanken des letzten Umganges tragen S-förmig geschwungene Rippen, welche an der Externseite in gekerbten Knoten enden. Lobenlinie total gezackt.

Choristoceras HAUER 1865: Ob. Trias (Karn – Rhät), u. a. von Alpen, Timor, N-Amerika, Arktis (Abb. 291a–b).

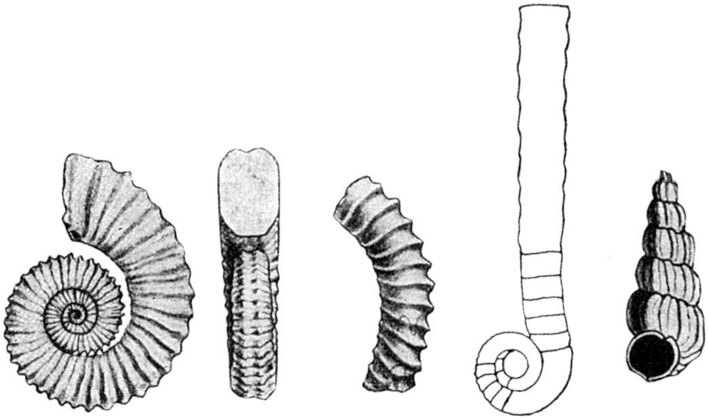

a b c d e

Abb. 291. Abbauformen der Gestalt unter den Ceratitida der pelagischen Ob. Trias der Alpen. a)–b) *Choristoceras marshi* HAUER, Rhät, nat. Gr.; c) *Peripleurites roemeri*, Nor, nat. Gr.; d) *Rhabdoceras suessi* HAUER, Nor, ca. 10/1 nat. Gr.; e) *Cochloceras fischeri* HAUER, Nor, nat. Gr. – Nach E. v. MOJSISOVICS, W. JANENSCH und K. A. v. ZITTEL.

Sehr evolute, planspirale Einfachripper, deren Wohnkammer die Tendenz zeigt, sich abzulösen. Die kräftigen, radialen Rippen verlaufen meist ohne Unterbrechung über die furchenartig eingesenkte Externseite. Externkante gewöhnlich mit Knötchen besetzt. Lobenlinie einfach gewellt. Extern- und Laterallobus leicht zweigeteilt.

Cochloceras HAUER 1860: Ob. Trias (Nor) von Alpen, Timor (Abb. 291e).

Die räumlich-spiral (turriliticon) aufgewundenen und mit einfachen, radial verlaufenden Rippen bedeckten Umgänge berühren sich. Lobenlinie einfach gewellt. – Nicht zu verwechseln mit *Cochlioceras* EICHWALD 1860, einem orthoconen Vertreter der Ellesmerocerida (Nautiloidea) aus dem Ordovizium von N-Amerika.

Oberfamilie **Tropitaceae** Mojsisovics 1875

Sehr unterschiedlich weitgenabelte, meist gabel- oder spaltrippige Ceratitida, die auch Knoten aufweisen können. Bei der Mehrzahl aller Formen ist die Externseite besonders differenziert (gekielt, gefurcht). Die Lobenlinie zeigt meist eine totale Zackung; doch finden sich daneben auch Vertreter mit basal gezackter oder einfach gewellter Ausbildung. Die Wohnkammer erreicht zum Teil eine ganz besondere Länge. — Mittl. — Ob. Trias.

Tropites Mojsisovics 1875: Ob. Trias (Karn — Nor), u. a. von Alpen, Himalaya, Timor, Alaska, Kalifornien (Abb. 292).

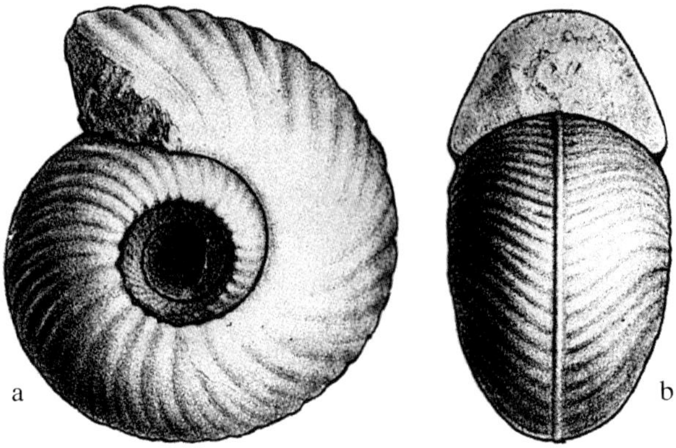

Abb. 292. *Tropites subbullatus* (Hauer), Ob. Trias (Karn), etwa nat. Gr. — Nach E. v. Mojsisovics 1873—1902.

Die sehr breite, gekrümmte Externseite des cadiconen Gehäuses trägt einen Kiel, der beiderseits von Furchen begrenzt wird. Die scharfe Kante des tiefen und relativ weiten Nabels ist im allgemeinen mit Knoten besetzt, von denen die schräg nach vorn verlaufenden Rippen ausgehen. Lobenlinie total gezackt. Die Wohnkammer wird unter allmählicher Reduktion der Windungshöhe exzentrisch.

Celtites Mojsisovics 1882: Mittl. Trias (Ladin) der Alpen.

Sehr weitgenabelte Ceratitida, deren zahlreiche einfache, nach vorn geneigte, feine Rippen nicht über die gekrümmte Externseite hinwegziehen. Windungsquerschnitt etwa quadratisch. Lobenlinie (sekundär?) goniatitisch.

Halorites Mojsisovics 1879: Ob. Trias (Nor) von Alpen, Sizilien, Himalaya, Timor, Kalifornien (Abb. 293).

Das sehr eng, oft punktförmig genabelte, seitlich etwas komprimierte Gehäuse zeigt eine gerundete Externseite und konvexe Flanken. Der letzte Umgang wird unter allmählicher Verminderung der Windungshöhe exzentrisch. Die Oberfläche ist mit relativ schwachen radialen Rippen oder schräg zum Umriß verlaufenden Knötchenreihen bedeckt. Lobenlinie total gezackt.

Juvavites Mojsisovics 1879: Ob. Trias (Karn — Nor), u. a. von Alpen, Sizilien, Himalaya, Timor, Indochina, Alaska, Kalifornien (Abb. 294).

Involute, kugelig aufgeblähte und niedrigmündige bis etwa scheibenförmige und relativ hochmündige Vertreter, deren Gabel- und Spaltrippen meist ohne Unterbrechung über die gerundete Externseite hinwegziehen. Lobenlinie total gezackt.

Sagenites Mojsisovics 1879: Ob. Trias (Karn — Nor), u. a. von Alpen, Sizilien, Himalaya, Kalifornien, Peru (Abb. 295).

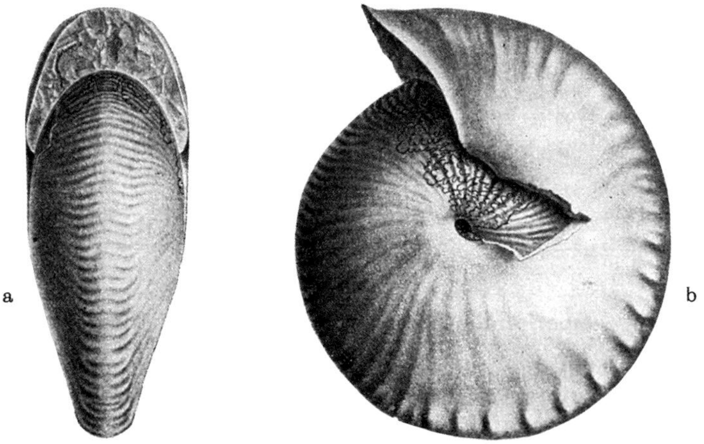

Abb. 293. *Halorites phaonis* Mojsisovics, Ob. Trias (Nor) des Himalaya. Ca. ¾ nat. Gr. – Nach E. v. Mojsisovics 1899.

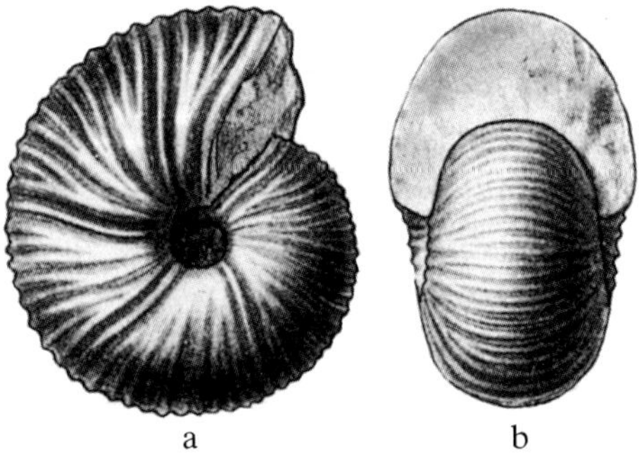

Abb. 294. *Juvavites ehrlichi* (Hauer), Ob. Trias (Nor) der Alpen. Ca. ¾ nat. Gr. – Nach F. v. Hauer.

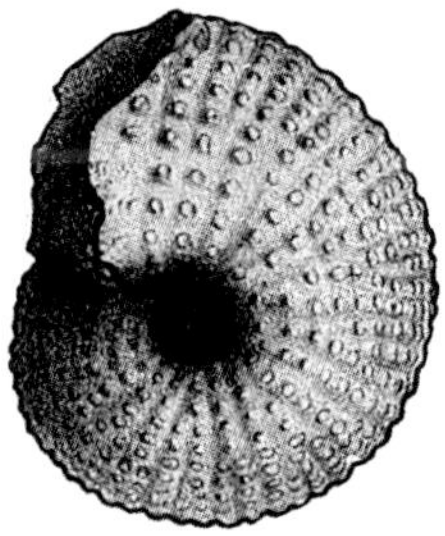

Abb. 295. *Sagenites (Trachysagenites) erinaceus* (Dittmar), Ob. Trias (Karn) der Alpen. Ca. ¾ nat. Gr. – Nach E. v. Mojsisovics 1873–1902.

Das involute, nahezu kugelige Gehäuse hat eine gekrümmte Externseite, über welche die radial verlaufenden Rippen oder Falten ohne Unterbrechung hinwegziehen. Daneben findet sich Spiralskulptur.

Oberfamilie **Lobitaceae** Mojsisovics 1882

Eng- bis punktförmig genabelte, überwiegend glatte, dickscheibenförmige bis kugelig aufgeblähte Vertreter, deren letzter Umgang meist dadurch exzentrisch wird, daß die Windungshöhe allmählich abnimmt. — Mittl. — Ob. Trias.

Lobites Mojsisovics 1875: Mittl. — Ob. Trias (Ladin — Karn), u. a. von Alpen, Balkan, Mittelasien, N-Amerika (Abb. 296).

An *Halorites* erinnernde, kleinwüchsige Formen mit einfach gewellter (goniatitischer) Lobenlinie sowie radial verlaufenden schwachen Rippen, die ohne Unterbrechung über die gerundete Externseite gehen. Wohnkammer sehr lang.

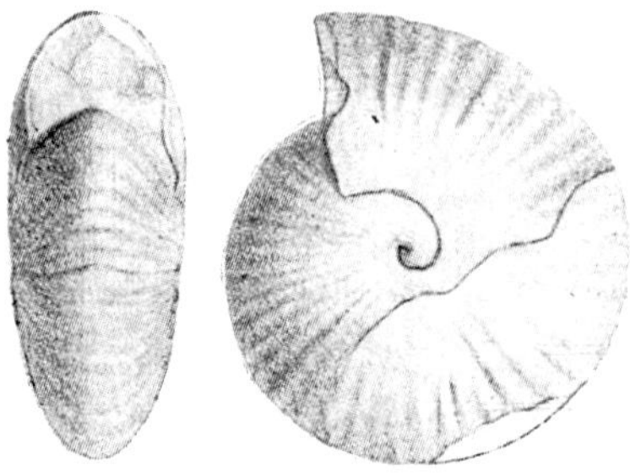

a b

Abb. 296. *Lobites pompeckji* Mojsisovics, Ob. Trias (Karn) von Hallstatt. Nat. Gr. — Nach E. v. Mojsisovics 1902.

Oberfamilie **Arcestaceae** Mojsisovics 1875

Im allgemeinen eng- bis punktförmig genabelte, dickscheibenförmige bis aufgeblähte und meist skulpturlose Vertreter mit total gezackter bis gezähnelter Lobenlinie. Die Wohnkammer umfaßt im allgemeinen 1½ Umgänge. Mündung differenziert; an der Externseite nicht selten kapuzenartig nach vorn gebogen. Embryonalkammer latisellat oder angustisellat. — Mittl. — Ob. Trias.

Arcestes Suess 1865: Ob. Trias (Karn — Nor), weltweit verbreitet (Abb. 297 A, B).

Seitlich ziemlich aufgeblähte, sehr eng- bis punktförmig genabelte, unskulpturierte Ceratitida mit differenzierter Mündung und Einschnürungen. Die Kammerscheidewände folgen sehr eng aufeinander. Loben und Sättel haben nahezu parallele Wände.

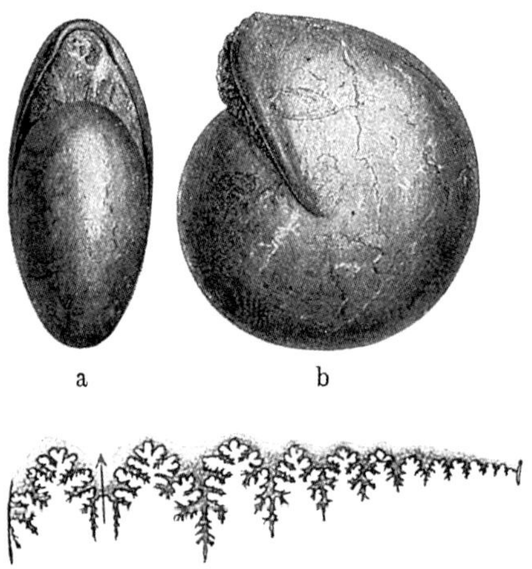

a b

c

Abb. 297 A. a)—b) *Arcestes (Arcestes) intuslabiatus* Mojsisovics, Ob. Trias (Nor) des Salzkammergutes. ½ nat. Gr. — Nach E. v. Mojsisovics; c) desgl. Lobenlinie. — Nach G. A. v. Arthaber.

Abb. 297 B. Medianschnitt durch *Arcestes intuslabiatus* MOJSISOVICS, um die außergewöhnlich lange Wohnkammer zu zeigen. Alpine Obertrias von Hallstatt. Ca. 4/5 nat. Gr.

Joannites MOJSISOVICS 1879: Mittl. — Ob. Trias (Anis — Karn) von Alpen, Balkan, Türkei, Himalaya, Timor, Nevada (Abb. 298).

Das glatte, enggenabelte, dickscheibenförmige, seitlich etwas abgeflachte Gehäuse zeigt Einschnürungen, die in regelmäßigen Abständen aufeinanderfolgen. Die gezähnelte, aus zahlreichen Elementen bestehende Lobenlinie verläuft schwach bogenförmig (arcuat).

Cladiscites MOJSISOVICS 1879: Ob. Trias (Karn — Rhät), u. a. von Alpen, Sizilien, Balkan, Himalaya, Timor, Alaska (Abb. 299).

a

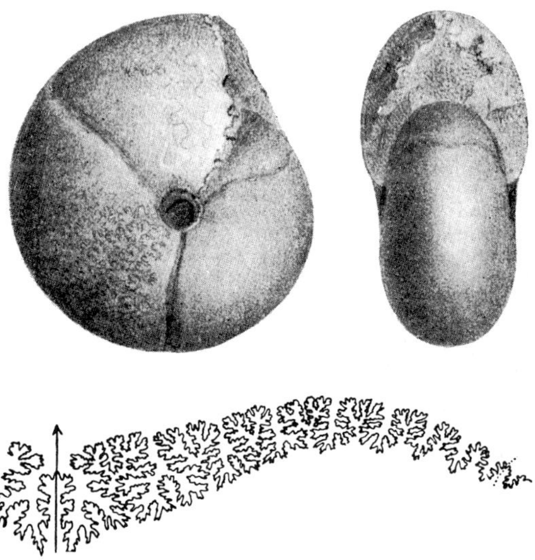

b

c

Abb. 298. *Joannites* cf. *cymbiformis* (WULFEN), Ob. Trias (Karn) des Himalaya. a) seitlich, b) von vorn, c) Lobenlinie, a) u. b) ca. 5/6 nat. Gr. — Nach E. v. MOJSISOVICS 1899.

Abb. 299. *Cladiscites tornatus* (BRONN), Ob. Trias (Nor) vom Steinbergkogel bei Hallstatt. Ca. nat. Gr.

Dickscheibenförmige, sehr eng genabelte Vertreter, deren Oberfläche mit spiralen Streifen bedeckt ist. Windungsquerschnitt rechteckig. Die tief zerschlitzte, gezähnelte Lobenlinie besteht aus zahlreichen Elementen, die in gerader Linie angeordnet sind. Embryonalkammer angustisellat. Einschnürungen fehlen.

? **Megaphyllites** MOJSISOVICS 1879: Mittl. — Ob. Trias (Anis — Nor), u. a. von Alpen, Balkan, Sizilien, Asien, Indochina, Timor, N-Amerika.

Kleinwüchsige, glatte, scheibenförmige und sehr eng- bis punktförmig genabelte Ceratitida, die vor allem auf der Wohnkammer Einschnürungen aufweisen. Loben aufsteigend gezackt; Sättel monophyll. Die Wohnkammer umfaßt etwa drei Viertel des letzten Umganges. Zahlreiche Umbilikalloben.

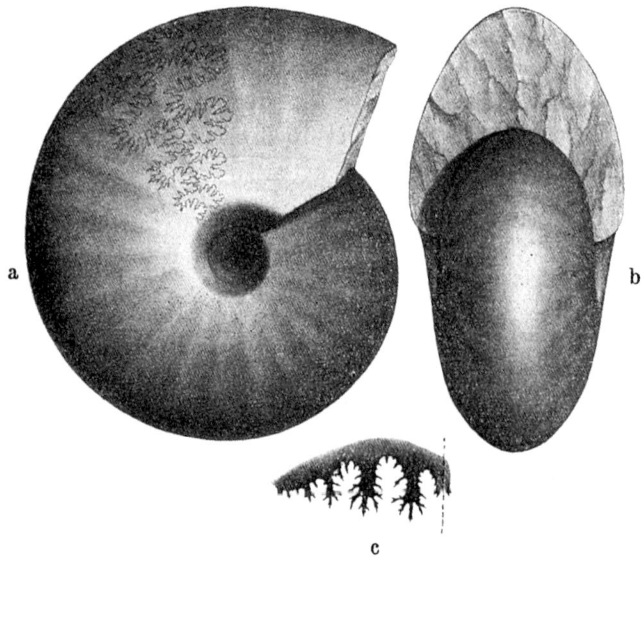

Abb. 300. *Ptychites rugifer* OPPEL, Mittl. Trias (Anis) des Himalaya. Ca. ½ nat. Gr. — Nach C. DIENER 1895.

Oberfamilie **Ptychitaceae** Mojsisovics 1882

Scheibenförmige bis aufgeblähte, überwiegend enggenabelte und glattschalige Ceratitida, deren Innenwindungen eine kugelige Ausbildung zeigen. Neben Formen mit total gezackter oder schwach gezähnelter Lobenlinie finden sich (selten) solche mit einfacher (goniatitischer) Wellung. Die Wohnkammer ist relativ kurz und zeigt höchstens die Länge eines Umganges. — Mittl. — Ob. Trias.

Ptychites Mojsisovics 1875: Mittl. Trias (Anis — Ladin), u. a. von Alpen, Mitteleuropa, Balkan, Himalaya, Timor, Japan, Spitzbergen (Abb. 300—301).

Die Flanken des mehr oder weniger dickscheibenförmigen, enggenabelten Gehäuses sind zum

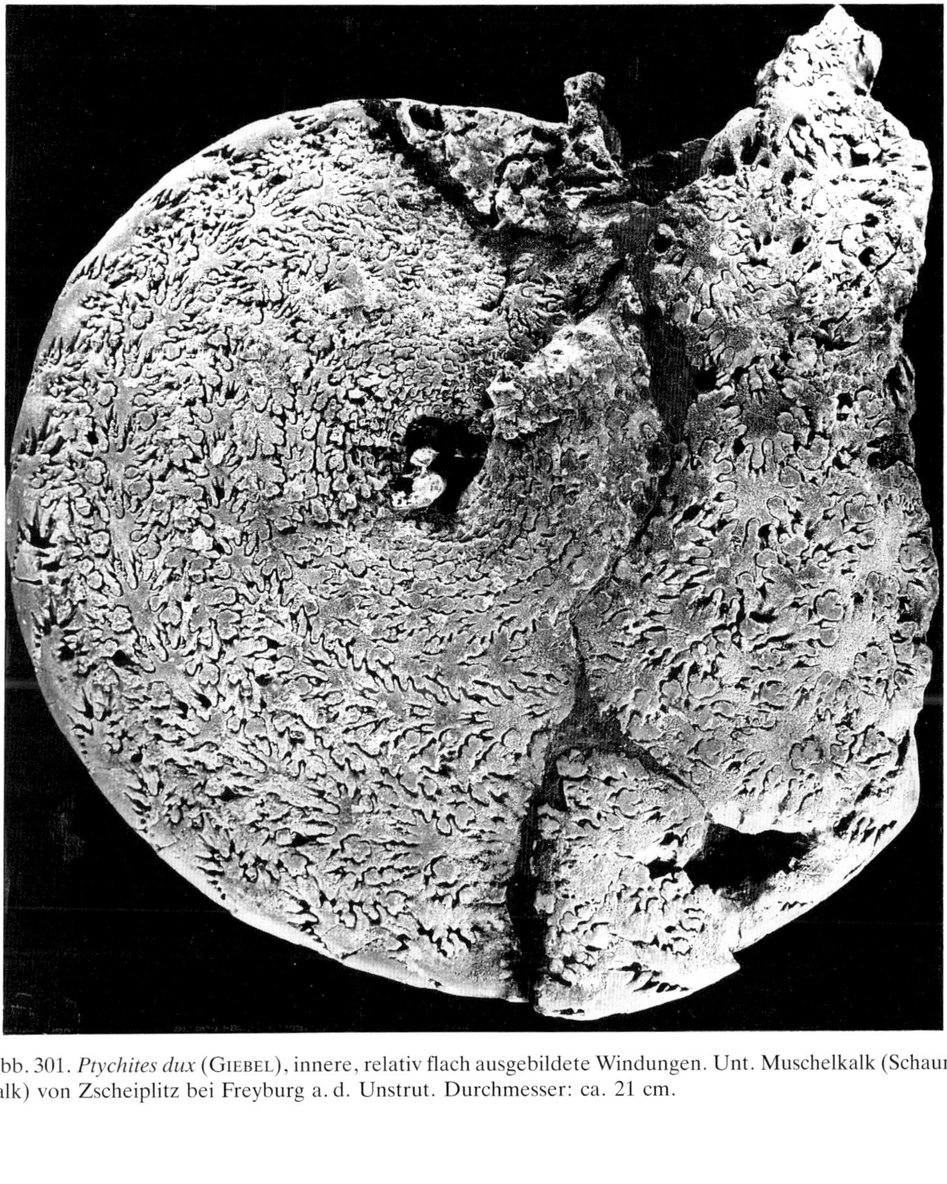

Abb. 301. *Ptychites dux* (Giebel), innere, relativ flach ausgebildete Windungen. Unt. Muschelkalk (Schaumkalk) von Zscheiplitz bei Freyburg a. d. Unstrut. Durchmesser: ca. 21 cm.

Teil mit radialen Falten bedeckt. Externseite verschmälert, gerundet. Lobenlinie stark zerschlitzt, schwach gezähnelt.

Sturia Mojsisovics 1882: Mittl. – Ob. Trias (Anis – Karn), u. a. von Alpen, Balkan, Himalaya, Timor, Japan (Abb. 302).

Scheibenförmige, seitlich relativ stark abgeflachte Vertreter mit verschmälerter, zugeschärfter Externseite und Spiralstreifen auf der Oberfläche. Lobenlinie gezähnelt, mit phylloiden Sattelenden.

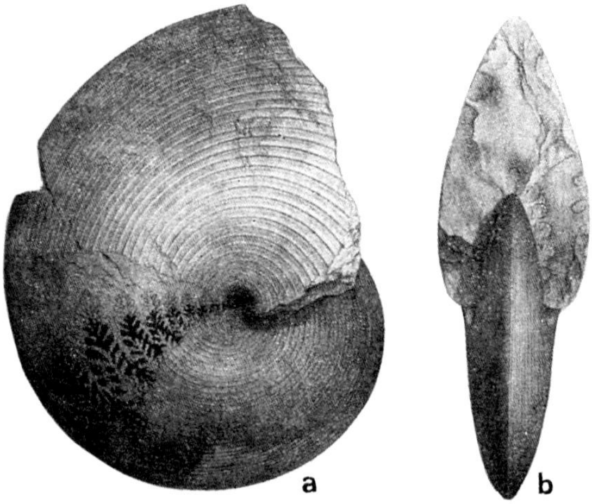

Abb. 302. *Sturia sansovinii* (Mojsisovics), Mittl. Trias des Himalaya. Findet sich auch im Anis und Ladin der Alpen und des Balkans. Ca. ¼ nat. Gr. – Nach C. Diener 1895.

Oberfamilie **Pinacocerataceae** Mojsisovics 1879

Überwiegend flach scheibenförmige, evolute bis involute Ceratitida mit glatter bis schwach radial gefalteter Oberfläche und relativ kurzer Wohnkammer. Die meist aus zahlreichen Elementen bestehende Lobenlinie zeigt bei einigen Gattungen das Maximum der Differenzierung unter den triassischen Ammonoidea. Embryonalkammer angustisellat. – Unt. – Ob. Trias.

Pinacoceras Mojsisovics 1873: Ob. Trias (Karn – Nor), u. a. von Alpen, Sizilien, Balkan, N-Amerika, Himalaya, Timor (Abb. 303 A, B).

Das glatte, extern zugeschärfte Gehäuse erreicht maximal einen Durchmesser von ca. 1½ m. Dies gilt für *P. metternichi* (v. Hauer), den größten aller triassischen Ammonoidea. Es handelt sich dabei zweifellos um einen Ausdruck der phylogenetischen Größenzunahme. Ein extremes Ausmaß erreicht auch die Lobendifferenzierung.

Ordnung **Phylloceratida** Arkell 1950

Glatte oder schwach skulpturierte, dann einfachrippige, meist dünnscheibenförmige Ammonoidea. Lobenlinie mit phylloider, großblätteriger Zerschlitzung der Sättel und zahlreichen Loben. Primärsutur: ELU_2U_1J. Später schalten sich ein 3. und evtl. ein 4. Umbilikallobus ein, letzterer dorsal vom U_3. Alsdann beginnt in dem auf der Naht liegenden Umbilikallobus eine Suturallobenbildung, die zu einer raschen Vermehrung der die Lobenlinie zusammensetzenden Elemente führt, und zwar sowohl auf der inneren als auch auf der äußeren Windungszone

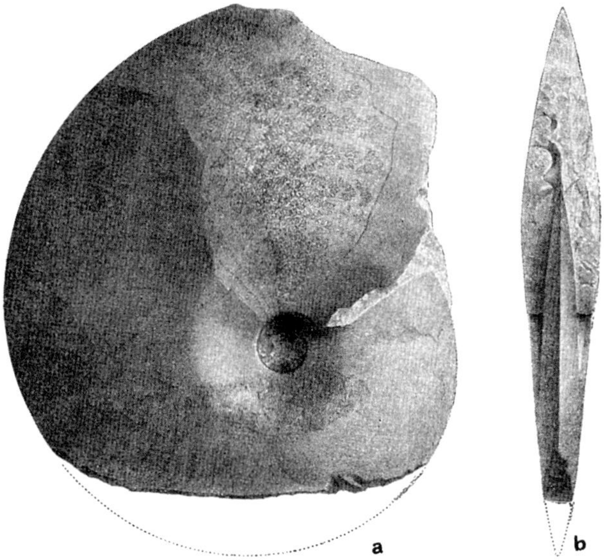

Abb. 303 A. *Pinacoceras parma* MOJS., Ob. Trias (Nor) von Hallstatt. Ca. ⅓ nat. Gr. – Nach E. v. MOJSISOVICS 1902.

Abb. 303 B. *Pinacoceras metternichi* (HAUER), angeschliffene Oberfläche eines Steinkernes. Ob. Trias (Nor) von Hallstatt. Schwach verkleinert.

(Abb. 310b). Die Zahl der im Suturallobus gebildeten Loben bzw. Teilloben ist bei triassischen und unterliassischen Arten relativ klein, wächst aber bald auf 14. Im Dogger und Malm beträgt die Gesamtzahl der Loben in der Regel 36. Dem stehen bei den Lytoceratida insgesamt nur 8—10 gegenüber. Wände des Internlobus und Scheitel des angrenzenden Sattels im Unterschied zu dem Lytoceratida stets ganzrandig, nicht zerschlitzt.

Die Ph., bei denen es sich vermutlich um Abkömmlinge der Meekocerataceae handelt, haben sich im Laufe ihrer langen Stammesgeschichte nur wenig verändert. Aus ihnen sind die Lytoceratida hervorgegangen und zwar bereits in den Ob. Trias. — Unt. Trias — Ob. Kreide, weltweit verbreitet, mit ca. 34 Gattungen.

Monophyllites Mojsisovics 1879: Mittl. Trias (Anis) — Ob. Trias (Karn), weltweit verbreitet (Abb. 304).

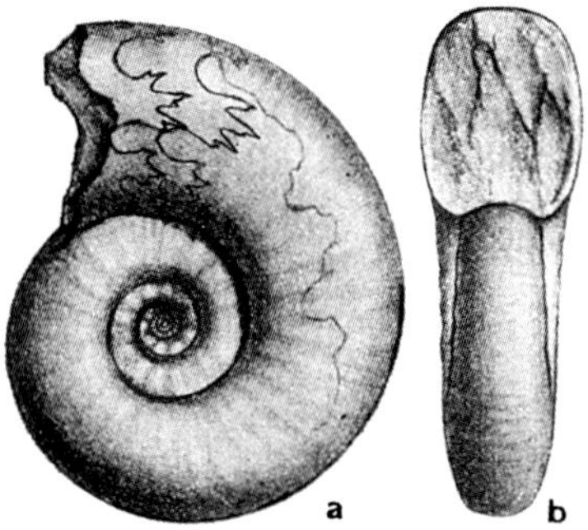

Abb. 304. *Monophyllites hara* Diener, Mittl. Trias (Anis) des Himalaya. Ca. ⅚ nat. Gr. — Nach C. Diener 1895.

Das scheibenförmige, evolute Gehäuse zeigt bei gekrümmter Externseite einen rundlichen Windungsquerschnitt. Die Oberfläche ist mit S-förmigen Zuwachsstreifen bedeckt. Die Lobenlinie enthält vier oder mehr einblättrige Sattelscheitel.

Rhacophyllites v. Zittel 1884 (syn. *Diphyllites, Triphyllites* Jullien 1911): Ob. Trias (Karn — Nor) der Alpen, Ungarns, Siziliens, des Himalayas und Timors (Abb. 305).

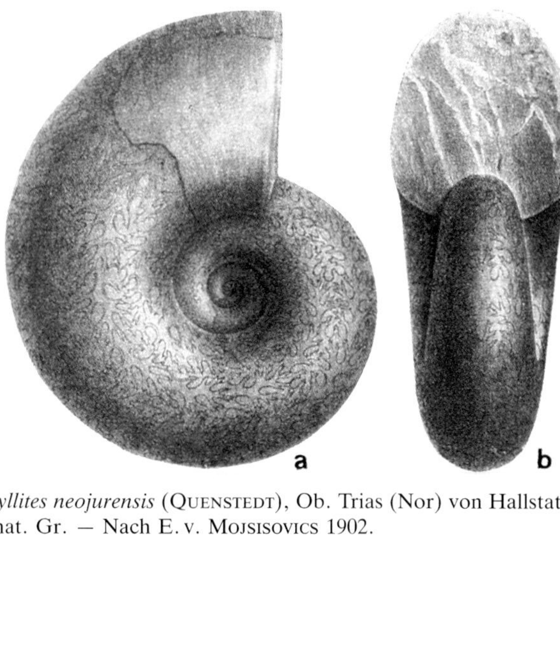

Abb. 305. *Rhacophyllites neojurensis* (Quenstedt), Ob. Trias (Nor) von Hallstatt. Findet sich auch im Nor von Timor. Ca. ½ nat. Gr. — Nach E. v. Mojsisovics 1902.

Ähnlich *Monophyllites*, doch Scheitel des Externsattels zweiblättrig; die Scheitel der folgenden Sättel zwei- oder dreiblättrig.

Phylloceras SUESS 1865 (= *Rhacoceras* HYATT 1867; *Heterophylloceras* KOVACS 1939): Lias α (Sinemurien) — Unt. Kreide (Apt), weltweit verbreitet (Abb. 306).

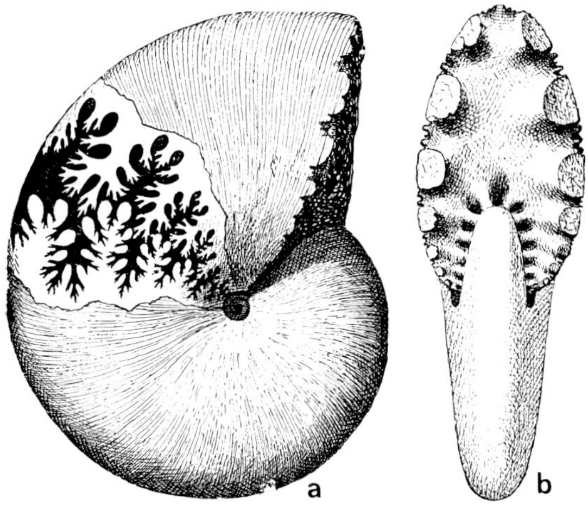

Abb. 306. *Phylloceras heterophyllum* (Sow.), Ob. Lias (Toarcien) von Whitby (Yorkshire). Die Schale ist zum Teil abpräpariert, um die auf dem Steinkern sichtbare Lobenlinie zu zeigen. Der Bereich zwischen zwei aufeinanderfolgenden Septen wurde schwarz gefarbt. Ca. nat. Gr. — Nach K. A. v. ZITTEL 1915.

Nicht oder enggenabelte, seitlich meist etwas abgeflachte Formen, die mit feinen Anwachsstreifen oder schwachen Querfalten bedeckt sind. Die Lobenlinie zeigt in der Regel dreiblättrige Sattelscheitel. Einschnürungen fehlen. Steinkern glatt.

Partschiceras FUCINI 1923 (syn. *Macrophylloceras* SPATH 1927): Lias α (Sinemurien) — Unt. Kreide (Valendis), weltweit verbreitet.

Ähnlich *Phylloceras*, doch mit einfachen Rippen auf der Externregion der Wohnkammer. Außerdem sind die Sättel sehr schmal und ihre Scheitel zweiblättrig.

Calliphylloceras SPATH 1927: Lias (Hettangien) — Unt. Kreide (Mittl. Alb), weltweit verbreitet (Abb. 307).

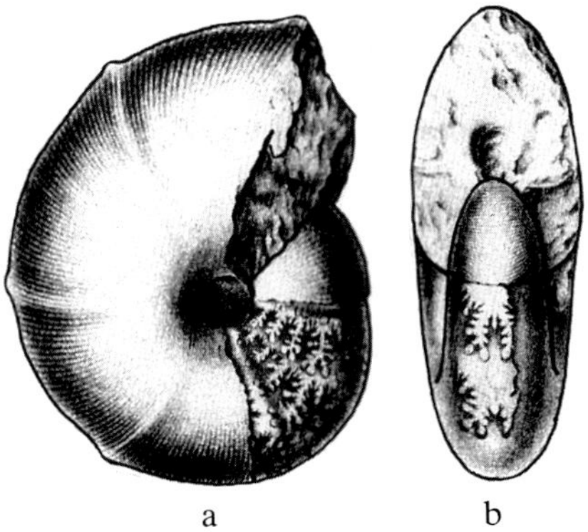

a b

Abb. 307. *Calliphylloceras disputabile* (v. ZITTEL), Dogger (Bathonien oder Callovien) von Ungarn. Ca. ½ nat. Gr. — Nach J. KUDERNATSCH.

Ähnlich *Phylloceras*, doch mit S-förmigen periodischen Einschnürungen auf dem Steinkern. Über ihnen liegen auf der ventralen Hälfte des Gehäuses meist wulstartige Vorsprünge.

Holcophylloceras SPATH 1927 (syn. *Salfeldiella* SPATH 1927): Ob. Lias – Unt. Kreide (Apt), weltweit verbreitet (Abb. 308, 310b).

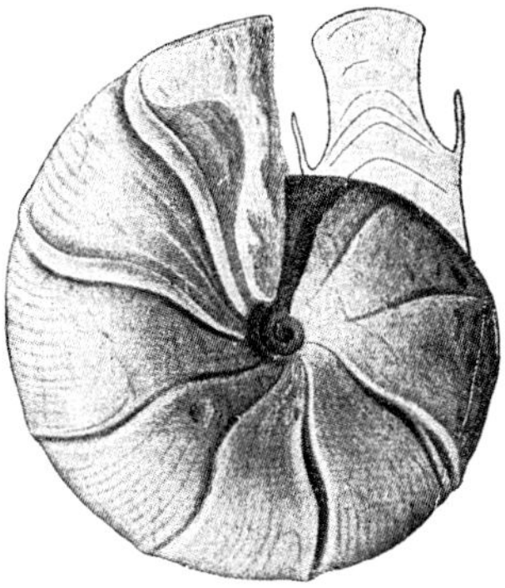

Abb. 308. *Holcophylloceras mediterraneum* (NEUMAYR), Dogger von Chaudon (Basses Alpes). Ca. ½ nat. Gr. – Nach HAUG, aus E. v. STROMER.

Ähnlich *Calliphylloceras*, doch finden sich die (sinusförmig geschwungenen) Einschnürungen meist auch auf den äußeren Windungen. Äußere Hälfte der Umgänge schwach berippt. Lobenlinie vorwiegend mit zweiblättrigen Sätteln.

Juraphyllites MÜLLER 1939: Lias (Sinemurien – Pliensbachien), u. a. von S-Europa und N-Afrika.

Das relativ weitgenabelte, seitlich abgeflachte Gehäuse zeigt eine scharfe Nabelkante und auf der externen Hälfte der Wohnkammer stark nach vorn gebogene (proverse) Rippen, welche ohne Unterbrechung über die Externseite verlaufen. Einschnürungen fehlen.

Meneghiniceras HYATT 1900: Lias (Sinemurien – Pliensbachien) von Europa (Abb. 309).

Ähnlich *Juraphyllites*, doch mit zahlreichen einfachen, nach vorn geneigten oder S-förmig gekrümmten Einschnürungen. Die Externseite trägt eine mediane Reihe von Knötchen, die einen sägeartigen Kiel bilden.

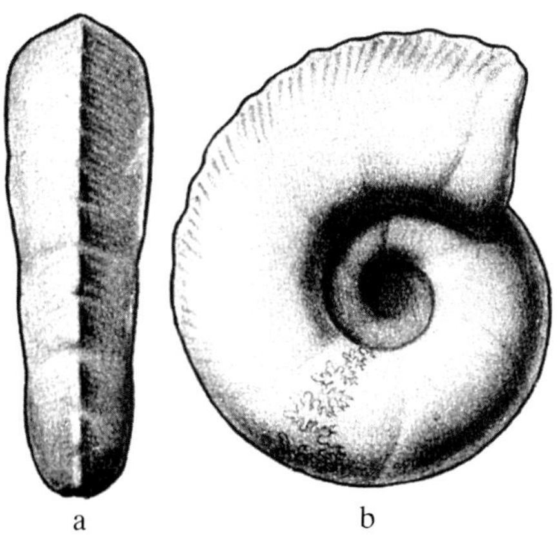

Abb. 309. *Meneghiniceras lariense* (MEN.), Lias (Ob. Pliensbachien) von Italien. Ca. ¾ nat. Gr. – Nach G. MENEGHINI.

Ordnung **Lytoceratida** Hyatt 1889

Überwiegend evolute, weitgenabelte Formen mit rundlichem Windungsquerschnitt. Falls Skulptur ausgebildet, handelt es sich meist um Einfachrippen. Die Lobenlinie zeigt wenige, aber relativ stark differenzierte Elemente mit moosartig zerschlitzten Sätteln und Loben. Blattförmige (phylloide) Sattelscheitel fehlen in der Regel. Im Höchstfalle sind drei Umbilikalloben vorhanden. Eine Suturalloben-Bildung konnte nicht nachgewiesen werden. Die Gesamtzahl der Loben beträgt zwischen 8 und 10, je nachdem, ob ein U_3 vorhanden ist oder nicht. U_1 im Unterschied zu den Phylloceratida stets zweigeteilt, Internlobus mehr oder weniger fein zerschlitzt. Es sind zwei, höchstens drei breite Umbilikalloben vorhanden, die keine Aufspaltung zu einem Suturallobus erfahren. Nachgewiesen sind Anaptychen mit glänzender Oberfläche und konzentrischer Streifung. — Unt. Jura — Kreide, weltweit verbreitet. Häufig vor allem im Bereich der Tethys und der zirkumpazifischen Geosynklinalen.

Oberfamilie **Lytocerataceae** Neumayr 1875

Überwiegend planspirale Vertreter, die sich im Verlaufe der relativ langen phylogenetischen Entwicklung nur wenig umgewandelt haben. Sie bilden die Stammgruppen zahlreicher Abrollformen, die sich hauptsächlich in der Kreide vorfinden. Lobenformel: ELU_2U_1J. Hiervon ist der U_1 unterteilt. — Ob. Trias — Ob. Kreide.

Derolytoceras Rosenberg 1909 (syn. *Dolytoceras* Roman 1938): Mittl. Lias (Ob. Pliensbachien) von Europa.

Kleinwüchsige Formen, deren im Querschnitt etwa quadratische Windungen sich tangierend berühren, dabei aber rasch an Höhe zunehmen. Sie sind innen fein und dicht, außen kräftig berippt. Die Einfachrippen überqueren faltenartig die Externseite.

Lytoceras Suess 1865: Lias (Sinemurien) – Ob. Kreide, weltweit verbreitet (Abb. 310a, 311).

Die im Querschnitt fast kreisförmigen Windungen umfassen sich wenig; Nabel infolgedessen sehr weit. Die Oberfläche ist meist mit leichten, über die Externseite verlaufenden, in der Regel etwas wellig verbogenen Rippen bedeckt. Gelegentlich tritt eine schwache Längsskulptur hinzu.

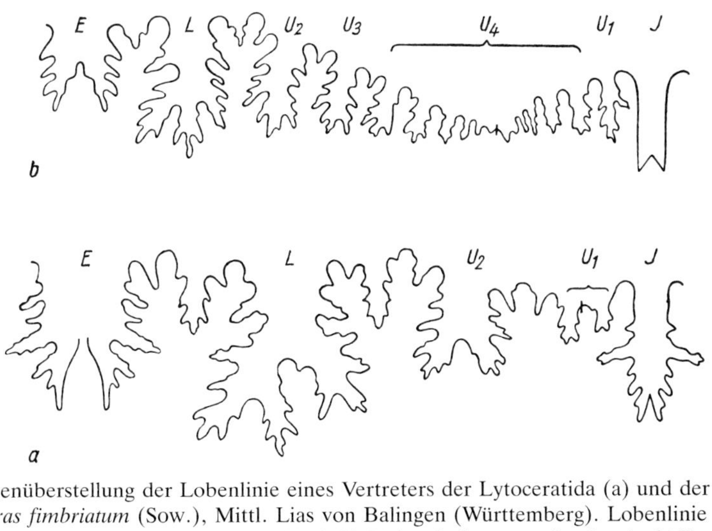

Abb. 310. Gegenüberstellung der Lobenlinie eines Vertreters der Lytoceratida (a) und der Phylloceratida (b). a) *Lytoceras fimbriatum* (Sow.), Mittl. Lias von Balingen (Württemberg). Lobenlinie bei einer Windungshöhe von 7,5 mm. Nach J. F. Pompeckj 1896; b) *Holcophylloceras milaschewitschi* Kar., Unt. Kreide (Barrême) der Krim. Nach W. W. Druzczic 1956. — Aus O. H. Schindewolf 1961.

Abb. 311. *Lytoceras fimbriatum* (Sow.), Lias delta (Domerien). ½ nat. Gr. — Nach G.-J. PAINVIN.

Jugendstadium berippt. Mit und ohne Einschnürungen. Wohnkammerlänge: ½ bis ¾ des letzten Umgangs. Mundsaum einfach. Typische Lobenlinie mit kurzem E und breitem L. Es handelt sich um eine der langlebigsten Gattungen der Ammonoidea.

Der größte Durchmesser wurde mit 1,5 m bei *L. taharoaense* STEVENS 1985 im Malm von Neuseeland nachgewiesen.

Nannolytoceras BUCKMAN 1905 (syn. *Polystomites* SPATH 1931): Dogger (Bajocien-Bathonien) von Europa und N-Afrika (Abb. 198g).

Serpenticone, seitlich abgeflachte, unskulpturierte Vertreter, die eine unterschiedliche Zahl tiefer Einschnürungen aufweisen. Diese verlaufen gerade oder schief zur Externseite, falls sie nicht eine S-förmige Verbiegung zeigen.

Costidiscus UHLIG 1882: Kreide (Barrême — Unt. Apt), u. a. von S- und M-Europa, Mexiko.

Diese Form gleicht im Alter den Innenwindungen von *Macroscaphites*. Daß es sich nicht um Jugendexemplare von diesem handelt, geht schon daraus hervor, daß das *Costidiscus*-Stadium bei *Macroscaphites* nie die gleiche Größe erreicht.

? **Tetragonites** KOSSMAT 1895: Kreide (Mittl. Alb — Ob. Cenoman), u. a. von Europa, Japan, Mexiko und Texas.

Der Windungsquerschnitt des mäßig weitgenabelten Gehäuses ist meist quadratisch, seltener gerundet. Schief verlaufende Einschnürungen sind in der Regel vorhanden. Unterscheidet sich in Gehäuseform und Skulptur stark von den eigentlichen Lytoceratida. Lobenlinie typisch lytoceratid (L bifid, J stark zerschlitzt). Primärsutur sechslobig.

Ordnung **Ammonitida** AGASSIZ 1847

Ausschließlich posttriadische Ammonoidea, die bei erheblichen Unterschieden hinsichtlich der Gestalt überwiegend deutlich skulpturiert sind und eine mehr oder weniger normale, planspirale Aufrollung zeigen. Die Lobenlinie ist, abgesehen von den Endformen mancher Entwicklungsreihen, die eine sekundäre Vereinfachung aufweisen, relativ stark zerschlitzt (gekerbt, gezähnelt). Primärsutur quinquelobat (ELU_2U_1J), selten sexlobat. Diskussion über die stammesgeschichtlichen Beziehungen nicht abgeschlossen. Die früher weitgehend vertretene Herkunft von den

Phylloceratida und Lytoceratida wird heute vielfach bestritten. — Lias — Ob. Kreide (Maastricht), vor allem in Sedimenten des Schelfbereichs.

Oberfamilie **Psilocerataceae** Hyatt 1867
(Ammonitacea Buckman 1905, Arietitaceae Arkell 1950)

Glatte bzw. wenig skulpturierte oder einfachrippige Ammonitida, deren Lobenlinie ebenso wie bei den Eoderocerataceae eine frühontogenetische Aufspaltung des 1. Umbilikallobus und keine Suturallobenbildung aufweist. Bei einigen Gattungen kommt es zu einem sekundären Abbau der Spaltung des 1. Umbilikallobus und zu einer Reduktion der Zahl der Umbilikalloben auf drei. — Lias α (Hettangien — Unt. Pliensbachien), Maximum der Entwicklung im Hettangien. Weltweit verbreitet.

Familie **Psiloceratidae** Hyatt 1867
(Caloceratidae Buckman 1906)

Weitgenabelte, glattrückige Formen, bei denen Rippen entweder gänzlich fehlen oder als kurze Einfachrippen auf die Flanken beschränkt sind. Lobenlinie total gezackt oder schwach gezähnelt. Sättel ausgesprochen dreiblätterig. U_1 bleibt innerhalb der Naht, wird aber auch gespalten. Zum U_2 gesellt sich ein U_3 und eventuell ein U_4. Internlobus wenig zerschlitzt. Die Ausgangsform der P. kann man vielleicht in *Phyllytoceras* aus der Ob. Trias (Karn) des Iran sehen, das sowohl Merkmale der Lytoceratida als der Phylloceratida aufweist. Er ist glattschalig, ziemlich evolut und hat einen Phragmoconus-Durchmesser von nur etwa 4 mm. Seine Primärsutur ist quadrilobat, die Lobenlinie der 2. Kammerscheidewand aber bereits quinquelobat. Auch in den Zlambach-Schichten der Alpen (Ob. Nor — Rhät) wurden einige Exemplare dieser Gattung gefunden. — Lias α (Unt. Hettangien — Sinemurien), Maximum der Entwicklung im Hettangien.

Psiloceras Hyatt 1867: Lias α_1 (Unt. Hettangien), u. a. von Europa, Indonesien, Kanada, Peru (Abb. 312).

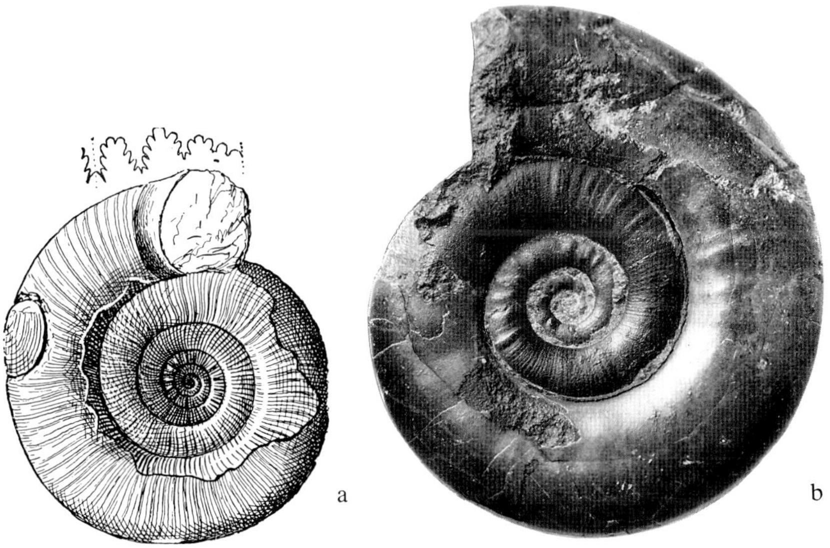

Abb. 312. a) Zum Teil beschalter Steinkern von *Psiloceras psilonotum* (Qu.) mit Anaptychus in der Wohnkammer. Oben Lobenlinie. Lias α_1. Bebenhausen (Württemberg). Nat. Gr. — Nach K. A. v. Zittel 1915; b) beschalter Steinkern, Lias α_1 von Württemberg. Ca. nat. Gr.

Schmale Umgänge, weitgenabelt; glatt oder einfachrippig, wobei sich die Einfachrippen auf die Flanken beschränken. Externseite glatt, gerundet.

Leitfossil für Lias α_1 ist *Ps. psilonotum* (Qu.) [syn. *Ps. planorbis* (Sow.)] (Abb. 312). Gehäuse bis auf feine Zuwachsstreifen glatt.

Alsatites Haug 1894 (syn. *Proarietites* Lange 1922): Lias α (Hettangien) von Europa und ? Japan.

Das aus zahlreichen, nur wenig übergreifenden Windungen bestehende Gehäuse zeigt einen deutlichen, aber nicht von Furchen begrenzten Kiel sowie einfache, eng aufeinanderfolgende Rippen, die sich in Richtung zur Mündung ausgewachsener Exemplare nicht abschwächen.

Familie **Schlotheimiatidae** Dietz 1922

Die überwiegend einfach ausgebildeten Rippen greifen weiter als bei den Psiloceratidae gegen die Externseite vor. Die Rippen sind auf der Externseite nach vorn gebogen und an der Medianlinie abgeschwächt oder unterbrochen. — Lias α (Hettangien — Sinemurien), weltweit verbreitet.

Schlotheimia Bayle 1878: Lias α (Hettangien), u. a. von Europa, Japan, N-Amerika, Peru (Abb. 313).

Abb. 313. *Schlotheimia angulata* (v. Schloth.), Leitform des Lias α_2. Nat. Gr. — Nach G.-J. Painvin.

Externseite gerundet, Querschnitt oval, nur bei alten Exemplaren auf dem Rücken etwas eckig. Mehr oder weniger weitgenabelt.

Leitfossil für Lias α_2 ist *Schlotheimia angulata* (v. Schloth.).

Waehneroceras Hyatt 1889: Lias α (Hettangien), u. a. von Europa, Nevada.

Umgänge zahlreich, oval, Flanken abgeflacht. Ringförmige Rippen, in der Jugend kräftig ausgebildet, im Alter oft abgeschwächt oder fehlend. Externseite gerundet, auf ihr Rippen stets abgeschwächt. Die Lobenlinie ähnelt der von *Schlotheimia angulata*.

Charmasseiceras Spath 1924: Lias α (Unt. Sinemurien) von Europa (Abb. 314).

Die relativ stark involuten Windungen nehmen rasch an Höhe zu. Die von Anfang an scharf hervortretenden Rippen gabeln sich in der Nähe der Naht.

Abb. 314. *Charmasseiceras charmassei* (D'ORB.), Lias α (Unt. Sinemurien). Ca. ⅔ nat. Gr. — Nach TH. WRIGHT 1878—1885.

Familie **Arietitidae** HYATT 1847

Die typischen Vertreter sind durch einen medianen Kiel, der jederseits von einer Furche begleitet wird, ausgezeichnet. Dabei ist der Kiel bei älteren und jüngeren Formen zum Teil nur sehr schwach ausgebildet. Die Furchen können gelegentlich fehlen. Die Skulptur besteht aus Einfachrippen, die sich auf die Flanken beschränken und nicht über die Externseite hinwegziehen. Sie verlaufen gerade oder in Richtung zur Mündung konkav. Der Windungsquerschnitt verändert sich im Verlauf der Ontogenese und zum Teil auch während der Stammesgeschichte von breitovaler bis annähernd kreisrunder resp. subquadratischer zu hochovaler, angenähert rechteckiger oder hochtrapezförmiger Gestalt. Lobenformel $ELU_2U_3U_1J$. — Lias α_3–γ_1 (Sinemurien — Unt. Pliensbachien), weltweit verbreitet.

Vermiceras HYATT 1889: Lias α_3 (Sinemurien), u. a. von Europa, N-Afrika, Iran, Peru, Chile (Abb. 315).

Meist kleinwüchsige Formen mit angenähert rundem bis hochovalem Windungsquerschnitt. Rippen gerade, an der Externseite zum Teil nach vorn gebogen. Maximale Höhe der Rippen auf der Flankenmitte. Knoten fehlen. Furchen meist seicht und breit, können jedoch auch gänzlich verlorengehen; nur bei extremen Formen mit scharfen Seitenkielen. Medianer Kiel schwach ausgebildet bis scharf abgegrenzt.

Abb. 315. *Vermiceras spiratissimum* (QU.), Lias α_3. Nat. Gr. — Nach O. H. WALLISER 1956.

Coroniceras HYATT 1867: Lias α_3 (Sinemurien), u. a. von Europa, Kanada (Abb. 316).

Kiel und Furchen stets vorhanden. Rippen teilweise extern beknotet. Windungsquerschnitt breit- bis hochoval. Lobenlinie weitgehend differenziert. L länger, gleich lang oder kürzer als E. Nabelweite groß.

Arietites WAAGEN 1869: Lias α_3 (Unt. Sinemurien), u. a. von Europa, Himalaya, Mexiko, S-Amerika (Abb. 317).

Über diese Gattung herrschte früher eine große Verwirrung in der Literatur. Hier wird wie folgt definiert (nach O. H. WALLISER 1956): Windungsquerschnitt und Nabelweite sehr verschieden. L stets kürzer als E, L/U_1 länger als E/L, U_2 meist gleich tief wie L; die übrigen U entweder etwa gleich tief wie L, so daß J nicht tiefer reicht als E, oder die U-Loben schwach hängend, so daß sich J tiefer erstreckt als E. L/U_2 etwa ebenso breit oder breiter als E/L. Bei der Untergattung *Arietites* ist der Windungsquerschnitt abgerundet quadratisch bis annähernd hochoval. Rippen in der Regel gerade, meist, und dies besonders in der Jugend, extern nach vorn gezogen. Echte Externknoten fehlen in der Mehrzahl der Fälle; doch sind die Rippen vor der Umbiegung zum Teil stark verdickt.

Arnioceras HYATT 1867: Lias α_3 (Sinemurien), u. a. von Europa, N-Afrika, Indonesien, S-Amerika.

Zunahme der Windungshöhe gering. Windungsquerschnitt hoch rechteckig bis annähernd rund. Geringe Umfassung. L wenig länger bis wenig kürzer als E.

Asteroceras HYATT 1867; Lias α_3 (Sinemurien), u. a. von Europa, N-Afrika, Japan, Indonesien, Kanada.

Im Gegensatz zu den übrigen, bisher genannten Gattungen der Arietitidae sind die Windungen viel dicker. Auch nimmt ihre Höhe relativ rasch zu, so daß der Nabel verhältnismäßig eng ist. Der kräftige Kiel wird von zwei tiefen Furchen begleitet, die aber auf den äußeren Windungen flacher werden.

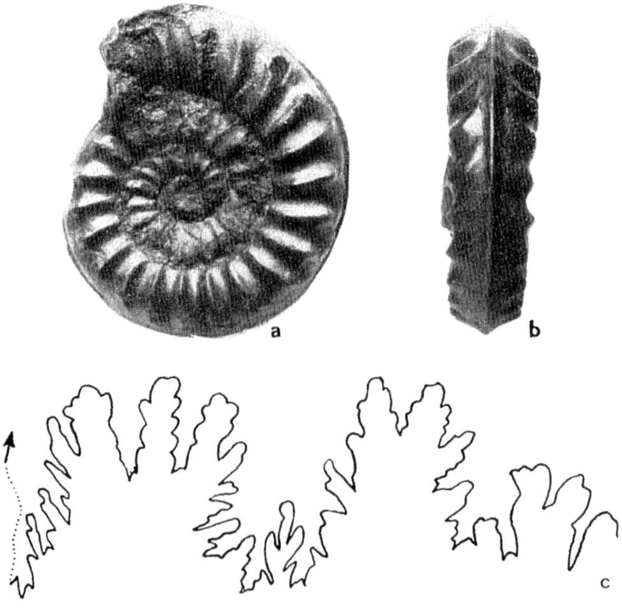

Abb. 316. a)—b) *Coroniceras (Coroniceras) rotiformis* (Sow.), nat. Gr.; c) Lobenlinie. Lias α_3. — Nach O. H. WALLISER 1956.

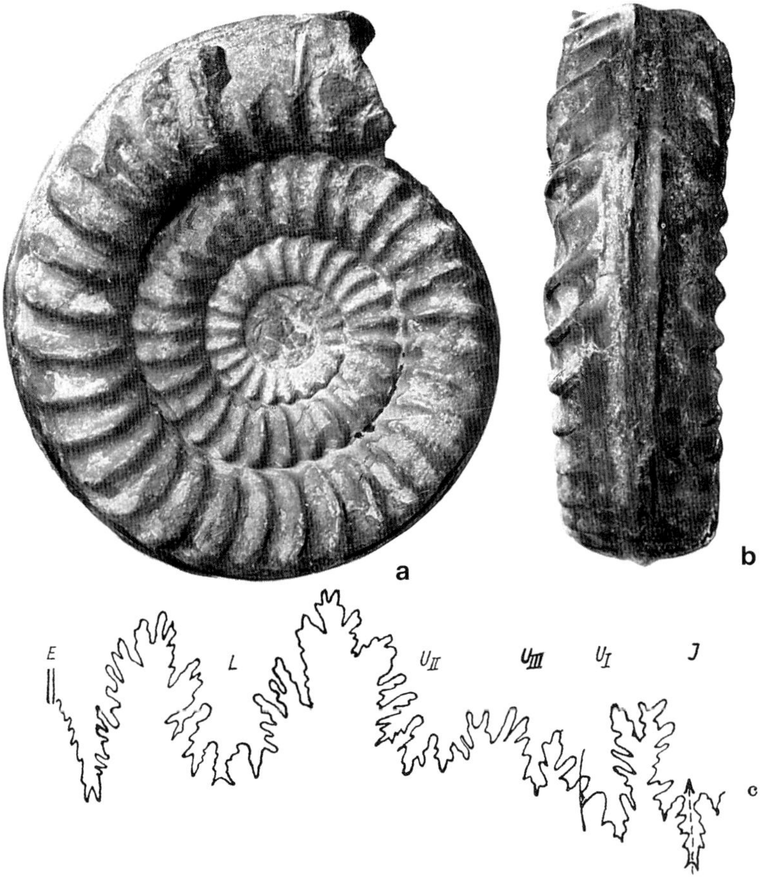

Abb. 317. a)—b) *Arietites (Arietites) bucklandi* (Sow.), Lias α_3. Ca. ½ nat. Gr. — Nach G.-J. Painvin; c) desgl. Lobenlinie. — Nach O. H. Walliser 1956.

Familie **Oxynoticeratidae** Hyatt 1875

Meist oxycone, mit den Amaltheidae mehr oder weniger homöomorphe Abkömmlinge der Arietitidae mit schwacher bis fehlender Skulptur. Soweit vorhanden, sind die Rippchen einfach oder in der Nähe der Naht gegabelt. Die Nahtregion der Lobenlinie ist durch die sich stark umfassenden Windungen stark gedehnt und zeigt auf der Naht zwischen U_1 und U_2 einen breiten Sattel mit mehreren gleichartigen Inzisionen. U_3 verkümmert. — Lias (Unt. Sinemurien — Unt. Pliensbachien), weltweit verbreitet.

Oxynoticeras Hyatt 1875: Lias (Sinemurien) von Europa, N-Afrika, südl. Iran, Japan, Indonesien, S-Amerika (Abb. 318).

Flach scheibenförmig, relativ enggenabelt, in der Jugend mit gerundetem, später scharfem Hohlkiel. Oberfläche glatt oder mit feinen, an der Naht gegabelten Rippchen. — Leitfossil des Lias β_2 ist *O. oxynotum* (Qu.).

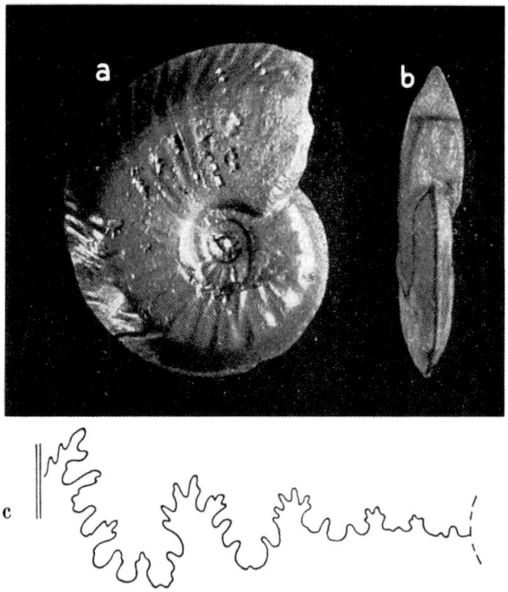

Abb. 318. a)—b) *Oxynoticeras oxynotum* (Qu.), Lias β (Lotharingien) von Balingen (Württemberg). Ca. 1⅓ nat. Gr.; c) Lobenlinie. — Nach H. Söll 1956.

Familie **Echioceratidae** Buckman 1913

Serpenticone, evolute Formen mit fast kreisförmigem Windungsquerschnitt. Die Umgänge sind zunächst fein berippt, später gekielt und mit einfachen, geraden Rippen bedeckt, die verhältnismäßig weit auseinanderstehen. Es handelt sich vermutlich ebenfalls um Abkömmlinge der Arietitidae. — Lias (Sinemurien), weltweit verbreitet.

Echioceras Bayle 1878: Lias (Sinemurien), u. a. von Europa, Indonesien, S- und N-Amerika (Abb. 319).

Windungsquerschnitt breit- bis hochelliptisch. Vorhanden sind extern abgeschwächte Einfach-

Abb. 319. *Echioceras raricostatum* (Zieten), Lias β_3 (Ob. Sinemurien). Ca. nat. Gr. — Nach G.-J. Painvin.

rippen, deren Anzahl je Umgang von innen nach außen abnimmt; ohne Knoten. Externkiel schwach. Kielfurchen nur bei wenigen Formen ausgebildet. — Leitfossil für Lias β_2 ist *E. raricostatoides* (VADASZ).

Oberfamilie **Eoderocerataceae** SPATH 1929

Sehr verschieden gestaltete und skulpturierte, meist ringrippige Ammoniten, für deren Lobenlinie die Aufspaltung des 1. Umbilikallobus und das Fehlen eines Suturallobus bezeichnend sind. — Lias (Sinemurien — Toarcien), weltweit verbreitet.

Bei einigen Gattungen wird die Aufspaltung des 1. Umbilikallobus sekundär vollständig abgebaut. Die Zahl der Umbilikalloben geht selten über drei hinaus. Nur bei den Amaltheidae kann sie auf vier oder fünf ansteigen. Die Zerschlitzung der Loben und Sättel ist primär trifid, bei stammesgeschichtlich jüngeren Vertretern gelegentlich sekundär bifid. Der Sipho liegt in der ersten Windung meist etwas oberhalb der Mitte, wendet sich dann aber rasch der Externseite zu. Manche Vertreter (Liparoceratidae, Amaltheidae) haben Anaptychen, die vollständig denen von *Psiloceras, Arietites* u. a. gleichen. Die Skulptur der Jugendstadien der älteren E. besteht aus einfachen Rippen, die gerade oder leicht gebogen, mitunter verbreitert über die Externseite verlaufen. Die Skulptur hat also den gleichen Grundcharakter wie bei den Psiloceratacеae.

Familie **Eoderoceratidae** SPATH 1929

Evolute, nur wenig übergreifende Umgänge mit rundlichem bis subquadratischem Querschnitt und überwiegend einfachen Rippen, die ohne Unterbrechung über die Externseite hinwegziehen. Bei typischer Ausbildung tragen die Rippen seitlich je zwei Knoten, sonst fehlt vielfach der innere. Die Lobenlinie ist fein und relativ stark zerschlitzt. — Lias α—γ (Sinemurien — Pliensbachien).

Microderoceras HYATT 1871: Lias α—γ (Sienemurien — Unt. Pliensbachien), u. a. von Europa, Mexiko, Peru (Abb. 320).

Überwiegend serpenticone, sehr evolute Formen mit subquadratischem Windungsquerschnitt. Sie tragen auf den Flanken zwei Reihen spitzer Knoten, die durch eine grobe Rippe verbunden werden. Externseite fein berippt.

Abb. 320. *Microderoceras birchi* (SOWERBY), Lias (Unt. Sinemurien), Charmouth/Dorset (England), D ca. 7,5 cm. — Nach W. T. DEAN, D. T. DONOVAN & M. K. HOWARTH 1961.

Eoderoceras SPATH 1925 (syn. *Deroceras* HYATT 1867): Lias β (Ob. Sinemurien), u. a. von Europa, N-Afrika, Iran, S-Amerika.

Sehr evolute Formen mit nahezu kreisförmigem Windungsquerschnitt. Die Flanken tragen zwei Reihen von Knoten, von denen die außen befindlichen dornig hervortreten und durch Rippenbündel über die Externseite verbunden werden. — *E. miles* (SIMPS.) ist eine Leitform des Lias β_3.

Familie **Polymorphitidae** HAUG 1887

Vermutlich von den Eoderoceratidae abstammende, evolute, seitlich mehr oder weniger komprimierte Formen mit unterschiedlich ausgebildeter Externseite und relativ komplexer Lobenlinie. Abgesehen von den glatten Innenwindungen zeigen sich Einfachrippen, die oft etwas nach vorn geneigt sind. — Lias γ (Unt. Pliensbachien), weltweit verbreitet.

Polymorphites HAUG 1887: Lias γ (Unt. Pliensbachien), u. a. von Europa, N-Afrika, Mexiko (Abb. 321).

Abb. 321. *Polymorphites polymorphus* (QU.), Lias (Unt. Pliensbachien) von Europa. Ca. nat. Gr. — Aus F. ROMAN 1938.

Die im Querschnitt etwa quadratischen Windungen tragen einfache, an der Externseite mit je einem Knoten versehene Rippen, die unter leichter Krümmung nach vorn, aber ohne Unterbrechung über die Externseite verlaufen.

Platypleuroceras HYATT 1867: Lias γ (Unt. Pliensbachien), u. a. von Europa und N-Afrika (Abb. 322 A).

Abb. 322 A. *Platypleuroceras brevispina* (SOW.), Lias γ_2 (Pliensbachien) von Württemberg. Ca. ¾ nat. Gr.

Die im Querschnitt meist quadratisch oder seitlich etwas abgeflachten Windungen tragen auf den Flanken kräftige Einfachrippen, auf denen sich jeweils zwei Knoten befinden. Die Rippen verlaufen ohne Unterbrechung über die abgeflachte Externseite.

Acanthopleuroceras HYATT 1900 (nom. nov. für *Cycloceras* HYATT 1867): Lias γ (Unt. Pliensbachien) von Europa (Abb. 322B).

Abb. 322B. *Acanthopleuroceras maugenesti* (D'ORBIGNY), Lias γ_2 (Pliensbachien) von Kirchheim/Teck; D ca. 10 cm. — Nach R. SCHLEGELMILCH 1976.

Evolute Formen mit quadratischem Windungsquerschnitt, deren Windungshöhe rascher zunimmt, als es sonst in dieser Familie üblich ist. Die Externseite zeigt einen breiten Kiel. An diesem enden die radial verlaufenden Einfachrippen, welche an den Flanken kräftig ausgebildet sind und zwei Reihen von Knötchen tragen. Die eine derselben liegt an der Naht, die andere an der Externseite. — Ein Leitfossil für Lias γ_2 ist *A. maugenesti* (D'ORBIGNY).

Familie **Liparoceratidae** HYATT 1867

Offenbar von evoluten Polymorphitidae abstammende, sehr polymorphe Formen, deren Gestaltung sich im Verlaufe der Ontogenese erheblich ändern kann. Typische Vertreter mit zwei Reihen von Flankenknoten. Lobenlinie mit 2 bis 3 Umbilikalloben. Suturalloben-Bildung im U_1 verbreitet. — Mittl. Lias (Pliensbachien), weltweit.

Liparoceras HYATT 1867: Lias γ (Pliensbachien) von Europa, N-Afrika, Indonesien (Abb. 323).

Gehäuse eng genabelt, sphaerocon bis cadicon. Windungshöhe nimmt rasch zu. Flanken mit zwei Knotenreihen. Innere Umgänge fast glatt, die späteren mit einfachen Flankenrippen, die an Randknoten endigen und durch 2—4 Rippen, welche über die breite, gerundete Externseite verlaufen, verbunden sind. Die Externseite weist keinen Kiel auf. Die Wohnkammerlänge beträgt etwa einen Umgang.

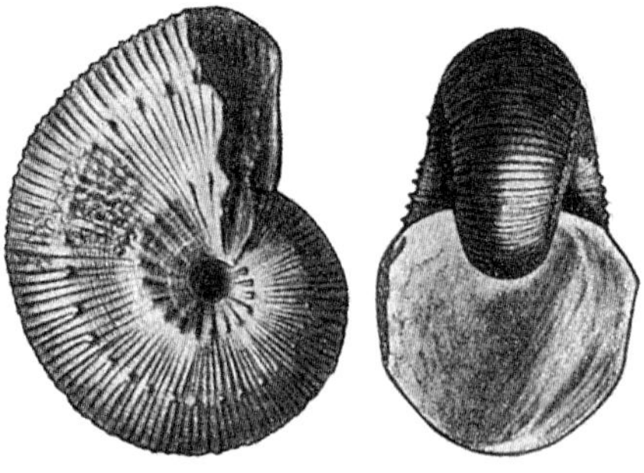

Abb. 323. *Liparoceras (Becheiceras) bechei* (Sow.), Mittl. Lias (Pliensbachien) von England. Ca. ⅓ nat. Gr. — Nach TH. WRIGHT.

Familie **Amaltheidae** HYATT 1867

Hochmündige (oxycone), scheibenförmige und schwach skulpturierte Formen, die in stark berippte, planulate Vertreter mit nahezu quadratischem Windungsquerschnitt übergehen. Charakteristisch ist ein Zopfkiel. Die einfachen, etwas geschwungenen Rippen erinnern bereits an die Sichelrippen der Hildocerataceae. Mit Anaptychus, dessen Oberfläche konzentrische Streifen aufweist. Gemeinsam ist allen A. eine auffallend tiefe Inzision in der Wand des Externlobus und eine Aufspaltung des 1. Umbilikallobus, dessen ventrale Komponente herausgehoben und in der Regel wesentlich kürzer ist als die dorsale. Vorhanden sind 3—5 Umbilikalloben. Nach SCHINDEWOLF (1952) ist die Wurzel der A. unzweifelhaft bei älteren Eoderocerataceae zu suchen, da sie den gleichen Typus der Loben-Entfaltung aufweisen. — Lias (Ob. Pliensbachien-Domerien).

Amaltheus DE MONTFORT 1808: Lias δ_1 (Unt. Domerien), u. a. von Europa, N-Afrika, Kaukasus, Sibirien, Kanada (Abb. 324).

Oxycone, relativ enggenabelte Vertreter, deren Windungsquerschnitt am Nabel breiter wird. Während die Innenwindungen häufig stachelartige Knoten tragen, sind die äußeren meist nur mit flachen, S-förmigen, an der Externseite nach vorn gekrümmten bi- oder trifurcaten, selten einfachen Rippchen oder Streifen bedeckt. Hierzu kann eine spirale Streifung treten. — Das Leitfossil für Lias δ_1 ist *A. margaritatus* DE MONTFORT (ohne Dornen).

Abb. 324. *Amaltheus margaritatus* DE MONTF., Lias δ_1 (Unt. Domerien) von Banz. Ca. 1⅓ nat. Gr.

Pleuroceras HYATT 1867 (syn. *Paltopleuroceras* BUCKMAN 1898): Lias δ_2 (Ob. Domerien) von Europa und N-Afrika (Abb. 325).

Planulate Formen mit nahezu quadratischem Windungsquerschnitt und kräftigen, meist scharfen Einfachrippen, die an der Externkante oft einen Dorn tragen. Zopfkiel stets vorhanden. — Leitfossil des Lias δ_2 ist *Pl. spinatum* (BRUGUIÈRE).

Abb. 325. *Pleuroceras spinatum* (BRUG.), Lias δ_2 (Ob. Domerien) von Württemberg. Ca. nat. Gr.

Familie **Dactylioceratidae** HYATT 1867

Überwiegend serpenticone, einfach- oder gabelrippige Formen mit nahezu kreisförmigen Windungsquerschnitten und einfacher Mündung. Daneben finden sich mehr oder weniger involute und coronate Vertreter, die mit gewissen Stephanoceraten des Bajocien homöomorph sind. Rippen verlaufen ohne Unterbrechung über die Externseite. Lobenlinie meist einfach, Lobenformel E, L, U_2, U_3, U_{1v}, U_{1d}, J. — Lias (Ob. Sinemurien — Ob. Toarcien), ? Unt. Dogger (unterstes Aalenien), weltweit verbreitet.

Prodactylioceras SPATH 1923 (syn. *Paralytoceras* FREBOLD 1922, *Praedactylioceras* FRENTZEN 1937): Lias (Pliensbachien) von Europa, N- und S-Amerika; besonders formenreich im mediterranen Gebiet (Abb. 326).

Serpenticone, sehr evolute Formen, deren Oberfläche mit zahlreichen feinen, überwiegend einfachen Rippchen bedeckt ist. Sie tragen an der Externseite einige isoliert stehende dornige Knoten und sind meist stark gegen die Windung nach vorn geneigt. Windungsquerschnitt rundlich, ohne Extern- und Nabelkante. Laterallobus breit, im Unterschied zu *Dactylioceras* durch einen hohen Sattel zweigeteilt. Externlobus sehr groß und tief.

Dactylioceras HYATT 1867 (zahlreiche Synonyme, z. B. *Orthodactylites* BUCKMAN 1926): Lias (Domerien — Mittl. Toarcien), weltweit verbreitet (Abb. 327).

Planulate, weitgenabelte Vertreter mit nahezu kreisrundem Windungsquerschnitt und kräftiger, engständiger Berippung, die meist aus externgabeligen Gabelrippen besteht. So erinnert *D.*

Abb. 326. *Prodactylioceras davoei* (Sow.), Lias γ_3 (Pliensbachien) von Europa. Ca. ½ nat. Gr. – Aus G.-J. PAINVIN.

Abb. 327. *Dactylioceras (Dactylioceras) commune* (Sow.), Lias ε (Posidonienschiefer) von Holzmaden. Ca. ¾ nat. Gr.

weitgehend an die Perisphincten des Unt. Malm (Oxford). Gabelungspunkt i. d. R. ohne Knoten oder Dornen. Neben den Gabelrippen treten Schaltrippen und durchlaufende Einfachrippen auf. – Als Leitfossil wichtig ist *D. commune* (SOWERBY) aus dem Mittl. Toarcien.

Oberfamilie **Hildocerataceae** HYATT 1867
(Harpocerataceae WEDEKIND 1917)

Überwiegend oxycone oder planulate Formen, deren Flanken sichelförmig gebogene Rippen oder Zuwachslinien tragen (Sichelripper). – Mit Aptychen, die entweder eine gefaltete (*Cornaptychus*) oder glatte Oberfläche (*Laevicornaptychus*) aufweisen. – Lias γ (Unt. Pliensbachien) – Mittl. Dogger (Bathonien), weltweit verbreitet.

Familie **Hildoceratidae** HYATT 1867

Überwiegend planulate oder seitlich abgeflachte, in den Endstadien verschiedener Entwicklungsreihen auch oxycone Vertreter, deren Oberfläche mit sichelförmigen Rippen oder Streifen bedeckt ist. – Lias (Ob. Pliensbachien – Toarcien).

Hildoceras HYATT 1867: Lias ε (Unt. Toracien), u. a. von Europa, Kleinasien, Japan (Abb. 328).

Abb. 328. *Hildoceras bifrons* (Brug.), Leitfossil des Lias ε_2 (Unt. Toarcien). Nat. Gr. – Nach G.-J. Painvin.

Evolute, planulate, weitgenabelte Formen mit quadratischem Windungsquerschnitt und einem Externkiel, der beiderseits von einer tiefen Furche begrenzt wird. Die Rippen biegen in der Mitte der Flanken plötzlich um. Hier verläuft eine charakteristische spirale Furche, durch welche ein äußerer, stärker berippter, von einem inneren, nahezu glatten Bereich geschieden wird. Die Wohnkammer nimmt drei Viertel der letzten Windung ein. – Als Leitfossil wichtig ist *H. bifrons* (Brug.) aus dem Lias ε_2.

Harpoceras Waagen 1869: Lias ε (Unt. Toarcien), u. a. von Europa, N-Afrika, Kaukasus, Indonesien, Japan, Kanada, S-Amerika (Abb. 329, 330a, b).

Abb. 329. *Harpoceras falcifer* (Sow.), Ob. Lias (Unt. Toarcien). Ca. 9/10 nat. Gr. – Nach G.-J. Painvin.

Gehäuse seitlich stark abgeplattet, hochmündig, auf der Externseite zugeschärft (unicarinat). Berippung sehr fein, engständig, S-förmig geschwungen; auf den extern gelegenen Bereichen der Flanken kräftiger als innen. Mündung mit schwachem Seitenohr und Vorsprung an der Externseite; verläuft etwa parallel zu den Rippen. – Als Leitfossilien wichtig sind u. a. *H. elegans* (Sowerby) und *H. capillatum* Denckmann aus dem Lias ε_1.

Grammoceras Hyatt 1867: Lias ζ (Ob. Toarcien), u. a. von Europa, N-Afrika, Kaukasus, Indonesien, Kanada (Abb. 330c–d).

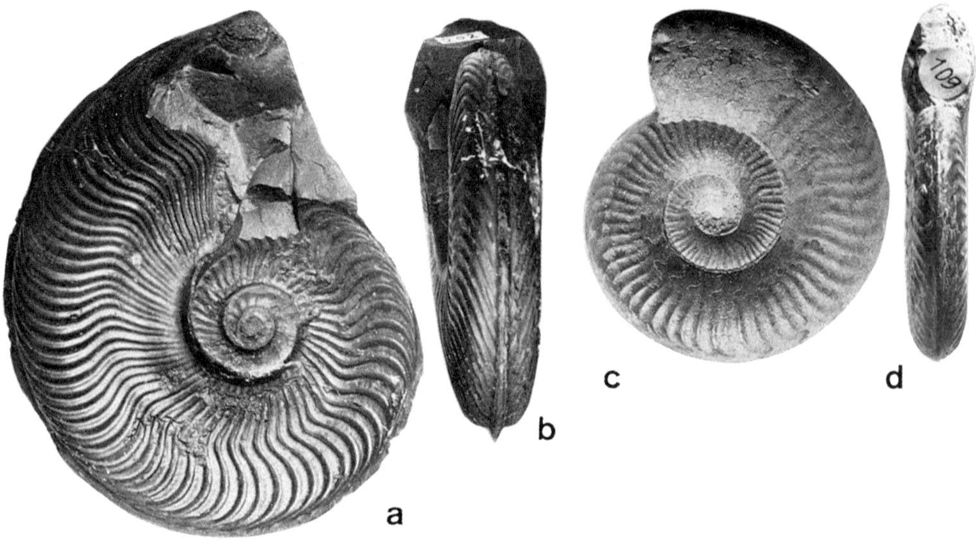

Abb. 330. a)—b) *Harpoceras exaratum* (Y. & B.), Ob. Lias (Unt. Toarcien), Whitby/Yorkshire (England), D ca. 9,5 cm; c)—d) *Grammoceras striatulum* (SOWERBY), Ob. Lias (Ob. Toarcien), Schwäbisch Gmünd-Bargau, D ca. 5,50 cm. — Nach R. SCHLEGELMILCH 1976.

Planulate, weitgenabelte Formen mit Vollkiel und dicht stehenden, relativ feinen, einfachen, nur wenig geschwungenen S-förmigen Rippen. — Als Leitfossil wichtig ist *Grammoceras radians* REINECKE aus dem Lias ζ_2.

Dumortieria HAUG 1885: Ob. Lias (Ob. Toarcien) von Europa, Asien, Indonesien, Kanada, Argentinien (Abb. 331).

Gehäuse planulat, mit unterschiedlichem Windungsquerschnitt und schwachem, glattem Kiel. Flanken mit nahezu gerade und radial verlaufenden Einfachrippen, die auf der Externseite rasch nach vorn umbiegen.

Abb. 331. *Dumortieria levesquei* (D'ORB.), Lias ζ (Ob. Toarcien). Nat. Gr. — Nach G.-J. PAINVIN.

Familie **Graphoceratidae** Buckman 1905

Überwiegend scheibenförmige, seitlich stark komprimierte und enggenabelte Formen mit S-förmiger, häufig abgeschwächter Berippung. — Unt. — Mittl. Dogger (Aalenien — Mittl. Bajocien), weltweit verbreitet.

Leioceras Hyatt 1867 (syn. *Lioceras* Bayle 1878): Dogger α (Aalenien), u. a. von N-Afrika, Europa, Kaukasus, Iran (Abb. 332).

Windungsquerschnitt der meist kleinwüchsigen und enggenabelten Gehäuse bei Jugendstadien breitoval bis kreisrund, im Alter hochoval mit zugespitzter oder abgestumpfter Externseite. Kiel weniger deutlich als bei *Ludwigia*. Kleinwüchsige Formen am Endmundsaum mit oder ohne Öhrchen; große ohne. Die Skulptur besteht meist aus feinen, eng stehenden, vielfach an der Naht gegabelten Rippchen, die sich im Alter abschwächen oder bis auf feine Zuwachsstreifen verschwinden können. — Als Leitfossil wichtig ist *L. opalinum* (Reinecke) aus dem Unt. Aalenien.

Ludwigia Bayle 1878: Dogger β (Aalenien), u. a. von Europa, N-Afrika, Kaukasus, Iran, Sibirien (Abb. 333).

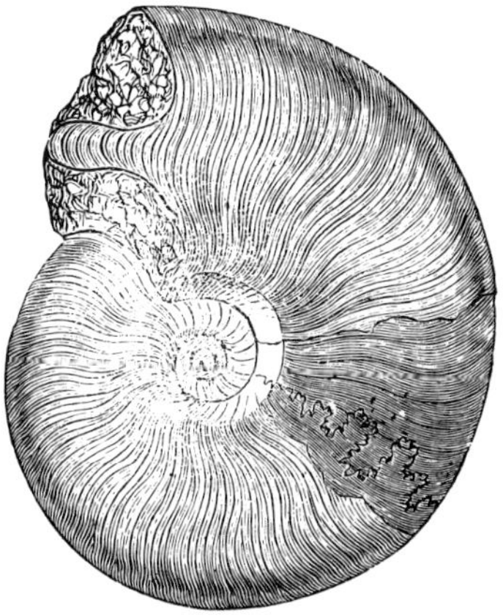

Abb. 332. *Leioceras opalinum* (Rein.), Leitfossil des Dogger α (Unt. Aalenien). Teufelsloch bei Boll (Württemberg). Ca. nat. Gr. — Nach K. A. v. Zittel 1915.

Abb. 333. *Ludwigia murchisonae* (Sow.), Leitfossil des Dogger β (Ob. Aalenien). Nat. Gr. — Nach G.-J. Painvin.

Scheibenförmige, mäßig weit- bis weitgenabelte, meist sehr große, selten kleine (dann an der Mündung mit Öhrchen) Gehäuse. Windungsquerschnitt im Alter hochrechteckig, hochoval oder -trapezförmig. Externseite flach gerundet bis stumpfwinklig. Kiel flach, rund. Extern- und Nabelkante meist gerundet. Lobenlinie sehr variierend, im Alter stark zerschlitzt. — Als Leitfossil wichtig ist *L. murchisonae* (SOWERBY) aus dem Ob. Aalenien (*Murchisonae-umbilicata*-Zone), wozu meist kleinwüchsige, seltener sehr große Formen gehören.

Familie **Hammatoceratidae** BUCKMAN 1887

Überwiegend planulate, weit- bis mäßig genabelte, kräftig mit Gabelrippen bedeckte Vertreter, die einen deutlichen Vollkiel aufweisen. Viele Formen tragen Lateralknötchen oder -dornen. — Lias ζ (Ob. Toarcien) — Mittl. Dogger (Mittl. Bajocien), weltweit verbreitet.

Haugia BUCKMAN 1888: Lias ζ (Ob. Toarcien) von Europa, N-Afrika, Japan, Kanada, Chile (Abb. 334).

Das dünnscheibenförmige, hochmündige und sehr deutlich gekielte Gehäuse trägt relativ dicke Gabelrippen, die am Nabel von einem Knoten ausgehen. Die Berippung wird am Ende der letzten Windung schwächer.

Hammatoceras HYATT 1867: Lias ζ (Ob. Toarcien), u. a. von Europa, N-Afrika, SO-Asien, Indonesien, N- und S-Amerika (Abb. 335).

Abb. 334. *Haugia variabilis* (D'ORB.), Lias ζ (Ob. Toarcien). Ca. nat. Gr. — Nach G.-J. PAINVIN.

Abb. 335. *Hammatoceras insigne* (ZIETEN), Lias ζ (Ob. Toarcien). Ca. nat. Gr. — Nach G.-J. PAINVIN.

Die evoluten, im Querschnitt teils fast kreisförmigen, teils hochmündig-zugeschärften und deutlich gekielten Windungen sind mit kräftigen Gabelrippen bedeckt, die von einer nahtständigen Knotenreihe ausgehen. Lobenlinie fein und tief zerschlitzt. Ausgeprägter Dimorphismus. Makroconche mit glattem äußeren Umgang und einfacher Mündung. Mikroconche klein, mit Öhrchen an der Mündung. — Als Leitfossil wichtig ist *H. insigne* (ZIET.).

Familie **Sonniniidae** BUCKMAN 1892

Planulate bis oxycone, im allgemeinen mit einem Hohlkiel ausgestattete Vertreter, die meist kräftige, vielfach mit Dornen oder Knoten besetzte Sichelrippen tragen. Aptychen vom Typ *Cornaptychus*. — Dogger (Aalenien — Unt. Bathonien), Maximum der Verbreitung im Dogger γ. Abgesehen von den borealen Gebieten weltweit verbreitet.

Sonninia BAYLE 1879: Unt. — Mittl. Dogger (Aalenien — Unt. Bajocien), weltweit (Abb. 336).

Abb. 336. *Sonninia sowerbyi* MILL., Leitfossil des Dogger γ (Unt. Bajocien). Nat. Gr. — Nach G.-J. PAINVIN.

Gehäuse planulat, schwach bis mäßig weit genabelt, meist breit, mit kräftigen, unregelmäßig angeordneten einfachen oder gegabelten, mehr oder weniger sichelförmigen Rippen; in den mittleren ontogenetischen Stadien stets mit Hohlkiel. Die Gabelung der Rippen erfolgt an einer Reihe mittelständiger lateraler Knoten, die im Alter jedoch verschwinden. Gleichzeitig wird die Wohnkammer fast glatt. — Ein Leitfossil des Dogger γ ist *S. sowerbyi* MILL.

Oberfamilie **Haplocerataceae** v. ZITTEL 1884
(Oppeliaceae ARKELL 1950)

Überwiegend scheibenförmige, seitlich komprimierte, gekielte oder ungekielte Formen mit schwacher S-förmiger Berippung und der Tendenz, oxycon zu werden. Man neigt heute dazu, in ihnen Abkömmlinge der Hammatoceratidae zu sehen. — Dogger (Aalenien) — Unt. Kreide (Alb), weltweit verbreitet.

Familie **Haploceratidae** v. ZITTEL 1884

Eine etwas merkmalsarme Gruppe überwiegend glatter Ammoniten mit gerundeter, kielloser Externseite. Einschnürungen fehlen. Die Mündung trägt bei den Mikrochonchen vielfach seitliche Öhrchen. Die Lobenlinie ist schwach differenziert und wenig kennzeichnend. — Dogger (Aalenien) — Unt. Kreide (Hauterive), weltweit verbreitet.

Lissoceras BAYLE 1879: Dogger (Aalenien — Unt. Bathonien), u. a. von Europa, Kaukasus, Iran, Indonesien, S-Alaska.

Die Umgänge des involuten oder mit Zuwachsstreifen bedeckten Gehäuses haben eine stark gerundete Externseite und schwach konvexe Flanken.

Cadomoceras MUNIER-CHALMAS 1892: Dogger (Bajocien) von Europa (Abb. 197b).

Scaphitoide Form von zwergenhaftem Wuchs, deren Innenwindung glatt ist, während der äußere Umgang auf der Externseite eine schwache, dicht stehende Berippung entwickelt. Die zunächst stark niedergedrückte Wohnkammer nimmt in der Nähe der Mündung, die gestielte Öhrchen und ein Rostrum trägt, wieder an Höhe zu, so daß der Umriß des Gehäuses eiförmig erscheint.

Haploceras v. ZITTEL 1870: Malm (Kimmeridge — Tithon), u. a. von Europa, N-Afrika, Madagaskar, Mexiko, Texas, Kuba.

Ähnlich *Lissoceras*, doch mit breiterem und mehr rechteckigem Windungsquerschnitt. Wohnkammer hinter der Mündung, die bei den Mikrochonchen stark entwickelte Seitenöhrchen trägt, zuweilen mit schwachen Einschnitten oder Falten auf der Externseite.

Glochiceras HYATT 1900: Malm (Oxford — Tithon), u. a. von Europa, Afrika, Japan, S-Amerika (Abb. 337).

Sehr kleinwüchsige, stark involute, meist glatte Formen, die auf den Flanken eine mediane, spiral verlaufende Furche tragen. Mündung mit kräftigen Seitenohren.

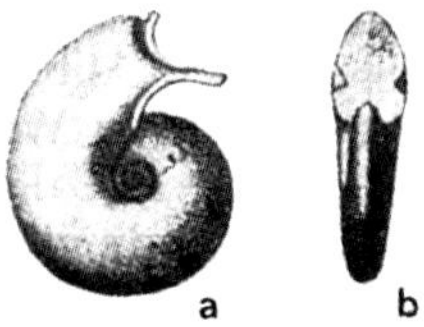

Abb. 337. *Glochiceras nimbatum* OPPEL, Malm (Kimmeridge). Ca. 9/10 nat. Gr. — Nach F. ROMAN 1938.

Familie **Oppeliidae** DOUVILLÉ 1890

Gekielte oder ungekielte, planulate bis oxycone Vertreter, deren Mündung Öhrchen und ein Rostrum aufweisen kann. Soweit Berippung auftritt, ist diese S-förmig geschwungen und gegabelt. — Dogger (Bajocien) — Unt. Kreide (Alb), ? Ob. Kreide (Cenoman). Abgesehen von den borealen Regionen weltweit verbreitet.

Oppelia WAAGEN 1869: Dogger (Bajocien — Callovien), u. a. von Europa, N-Afrika, Alaska, Kaukasus, Iran, Pamir, Himalaya (Abb. 338 A, B).

Das involute, seitlich abgeflachte, schwach gekielte Gehäuse ist mit etwas weiter auseinanderstehenden, S-förmig geschwungenen Rippchen bedeckt, zwischen die sich bei *Oppelia* (*Oppelia*)

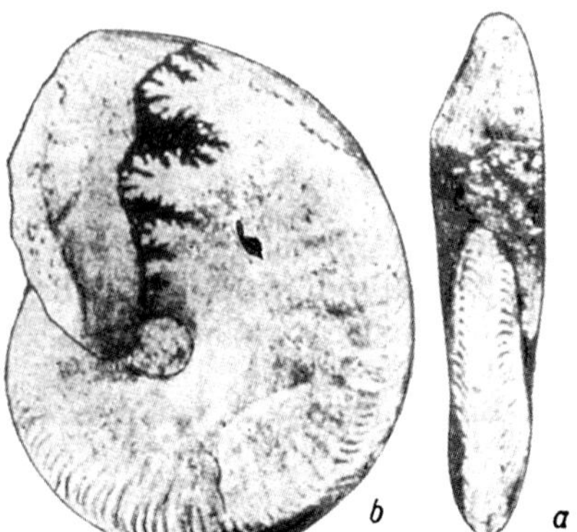

Abb. 338 A. *Oppelia (Oppelia) subradiata* (Sow.). Dogger (Mittl. Bajocien) von England. Ca. nat. Gr. — Nach W. J. ARKELL 1951.

Abb. 338B. *Oppelia (Oxycerites) canaliculata fusca* (Qu.), Dogger (Bathonien) von Württemberg. Ca. 2⅓ nat. Gr.

an der Externseite dichter stehende, sekundäre Rippchen einschalten. Bei der Untergattung *Oxycerites* Rollier 1909 (Ob. Bajocien — Callovien) fehlen die sekundären Rippchen im Alter. Auch ist die Externseite schärfer ausgebildet.

Oecotraustes Waagen 1869 (syn. *Oekotraustes* Waagen 1869): Dogger (Ob. Bajocien – Mittl. Callovien), u. a. von Europa, N-Frankreich, Iran.

Innenwindungen gleichen denen von *Oppelia*. Die äußeren sind in der Regel leicht elliptisch. Mündung mit spatelförmigen Öhrchen.

Hecticoceras Bonarelli 1893: Dogger (Ob. Bathonien) — Malm (Unt. Oxford), weit verbreitet, u. a. von Europa, Afrika, S-Amerika, Madagaskar, Iran (Abb. 339).

Gehäuse evolut, mit kräftigen, meist nahtgabeligen und sichelförmigen geschwungenen

a b

Abb. 339. *Hecticoceras ferrugineus* Spath, Ob. Dogger (Callovien) von Wrzosowa (Polen). Ca. ⅘ nat. Gr. — Nach H. Makowski 1962.

Rippen, die an der Externkante in der Regel in submarginalen Knoten enden. Externseite in der Regel mit schwach angedeutetem Kiel.

Ochetoceras HAUG 1885: Malm (Unt. Oxford – Unt. Kimmeridge), u. a. von Europa, N-Afrika, Iran, Mexiko, Kuba, Chile (Abb. 340).

a b

Abb. 340. *Ochetoceras (Ochetoceras) canaliculatum* (v. BUCH), Malm (Oxford) von Frankreich. Ca. nat. Gr. – Nach G.-J. PAINVIN.

Oxycone, *Harpoceras*-ähnliche Oppelliidae mit gerundeter Externseite und einfachem Mediankiel, der nicht von Furchen begleitet wird. Auf den Flanken findet sich außer sichelförmig gekrümmten Rippen entweder eine mediane laterale Furche oder eine Leiste.

Taramelliceras DEL CAMPANA 1904: Malm (Oxford – Kimmeridge), u. a. von Europa, N-Afrika, Madagaskar, Iran, Himalaya, Japan, Indonesien, Mexiko (Abb. 341).

Abb. 341. *Taramelliceras (Taramelliceras) trachinotum* (OPPEL). Mittl. Malm (Unt. Kimmeridge) von Frankreich. Ca. 9/10 nat. Gr. – Nach G.-J. PAINVIN.

Es handelt sich um stärker skulpturierte Oppeliidae, die keine mediane Furche oder Leiste aufweisen und meist eine relativ breite Externseite haben. Gewöhnlich ist ein unterbrochener Externkiel ausgebildet, der an der Externkante von je einer Reihe von Knötchen begleitet wird, die in Richtung der Aufwindung gestreckt sind. Die Mündung trägt keine Öhrchen. Wird auch als Makroconch von *Creniceras* betrachtet.

Creniceras MUNIER-CHALMAS 1892: Malm (Oxford) von Europa, Afrika, Asien (Abb. 342).
Kleine scaphitoide, seitlich abgeflachte Oppeliidae, die bis auf eine mediane Reihe stumpfer, relativ grober Auskerbungen und einige gelegentlich vorkommende Rippchen auf der Wohnkammer glatt sind. Die Mündung trägt Öhrchen.

Streblites HYATT 1900: Malm (Unt. Kimmeridge), u. a. von Europa, Afrika, Iran, Japan, Mexiko (Abb. 343).
Involute, oxycone Vertreter mit sichelförmigen Hauptrippen, zwischen die sich an der Ventralseite zahlreiche sekundäre Rippchen einschalten. Die Lobenlinie ist im Gegensatz zu der der sonst sehr ähnlichen *Oppelia* stark differenziert.

Neochetoceras SPATH 1825: Malm (Mittl. Kimmeridge — Unt. Tithon), u. a. von Süd- und Mitteleuropa (Abb. 344).
Das oxycone, an der Externseite einfach zugeschärfte Gehäuse trägt auf der äußeren Hälfte der letzten Windung einige sichelförmige Rippen. Die Mündung ist einfach sinusartig geschwungen.

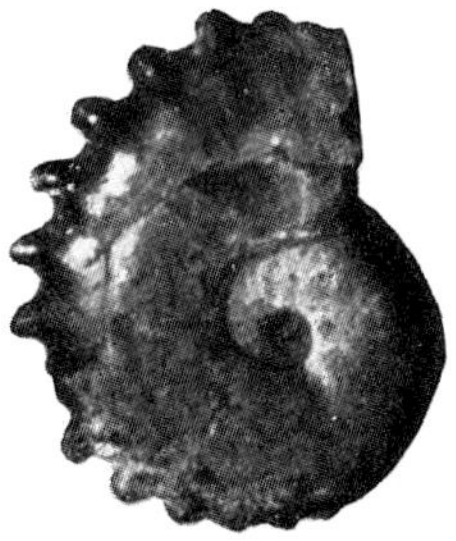

Abb. 342. *Creniceras renggeri* (OPPEL), Malm (Oxford) von Frankreich. Vergrößert. — Nach G.-J. PAINVIN.

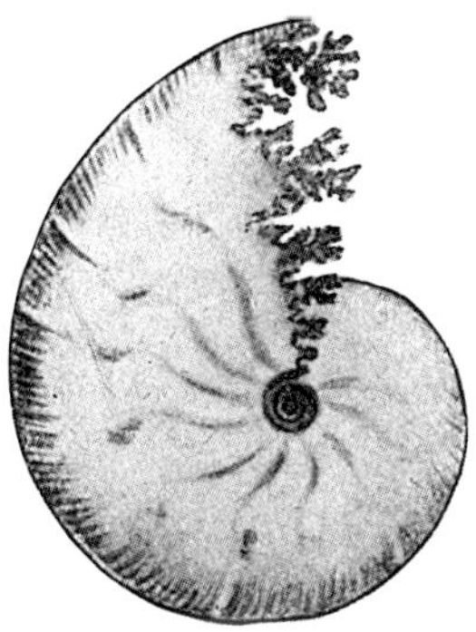

Abb. 343. *Streblites tenuilobatus* (OPPEL), Malm (Unt. Kimmeridge) von Mitteleuropa. ⅓ nat. Gr. — Nach F. A. QUENSTEDT.

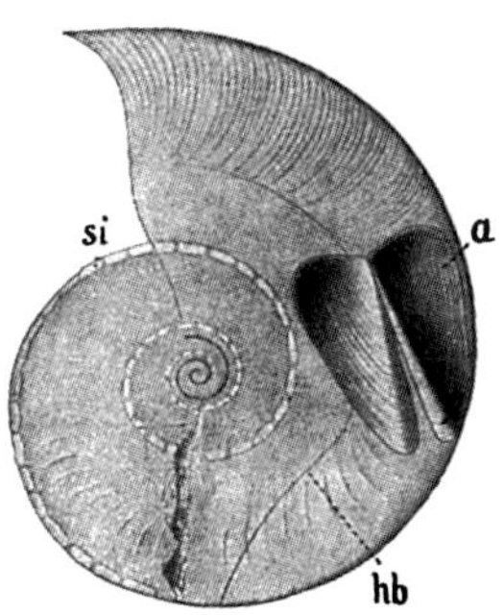

Abb. 344. *Neochetoceras steraspis* (OPPEL), Solnhofener Plattenkalk (Malm zeta) von Bayern. ½ nat. Gr. — Bezeichnungen: si = Sipho, a = Lamellaptychus, hb = Haftbandlinie. — Nach E. v. STROMER.

Oberfamilie **Stephanocerataceae** NEUMAYR 1875
(Stepheoceratacea BUCKMAN 1919)

Überwiegend kräftig skulpturierte, gabelrippige Formen mit planulatem, sphaeroconem oder oxyconem Habitus und stark differenzierter Lobenlinie. Der U_1 wird heterochron angelegt (Ausnahme: Tulitidae). Man nimmt wohl mit Recht an, daß es sich um Abkömmlinge der Hammatoceratidae handelt. Meist mit *Granulaptychus* oder *Praestriaptychus*. — Dogger (Bajocien) — Malm (Unt. Kimmeridge), weltweit verbreitet.

Familie **Otoitidae** MASCKE 1907

Scheibenförmige bis kugelige, mitteldicke, höchstens mittelweit genabelte Formen. Klein bis mittelgroß; mit Ohren. Das Maximum der Windungsdicke liegt meist am Beginn der Wohnkammer oder in ihrer unmittelbaren Nähe. Der Krümmungsindex der Wohnkammer ist gewöhnlich geringer als beim Rest des Gehäuses. U_1 groß, neben dem J; L mäßig zerschlitzt. Die Gabelrippen, deren Gabelungspunkt auf der maximalen Windungsbreite liegt, sind auf der Externseite nicht unterbrochen. Wohnkammer reduziert und exzentrisch. — Dogger (Unt. Bajocien — Bathonien), vorwiegend im Mittl. Bathonien (weltweit).

Otoites MASCKE 1907: ? Unt. und Mittl. Bajocien (? *Emileia*-Sch., *Otoites*-Sch.) von Europa, N-Afrika, Kaukasus, Iran, W-Australien und S-Amerika (Abb. 345).

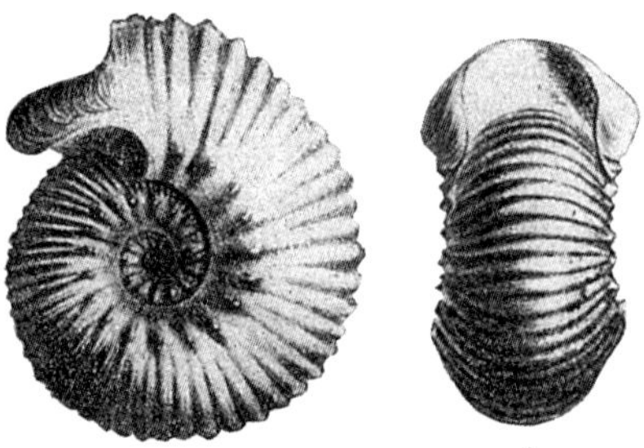
a b

Abb. 345. *Otoites sauzei* (D'ORB.), Unt.? und Mittl. Bajocien. ⅔ nat. Gr. — Nach F. ROMAN 1938.

Mäßig groß, bis fast kugelig. Windungsquerschnitt stark gedrungen bis sehr breit. Externseite hoch gewölbt. Eng- und tiefgenabelt. Wohnkammer stark evolut. Rippen gabeln sich in der Nähe der Naht jeweils in zwei bis sechs Externrippen. Mündung verengt, mit großen Öhrchen.

Normannites MUNIER-CHALMAS 1892 (syn. *Kanastephanus, Itinsaites* MCLEARN 1927; *Parallites, Platystomites, Gerzenites, Germanites* WESTERMANN 1954): Mittl. Bajocien (*Otoites*- bis *Blagdeni*-Zone), u. a. von Europa, Afrika, Iran, N- und M-Amerika (Abb. 346).

Sehr evolute Form, mit schmal gerundeten, wenig gewölbten Ohren. Die Rippen gabeln sich meist in der Mitte der Flanken in zwei Externrippen.

Familie **Stephanoceratidae** NEUMAYR 1875

Verhältnismäßig evolute, planulate oder coronate Formen, deren niedrige Windungen nur langsam an Höhe zunehmen. Der in der Nähe der Naht oder auf der Flankenmitte liegende Gabelungspunkt trägt meist einen Knoten. Die von ihm ausgehenden zwei bis fünf Rippen queren vertikal und ohne Unterbrechung die breite Externseite. Mündung einfach, leicht kontrahiert. — Dogger (Mittl. Bajocien, Bathonien, ? Callovien).

Stephanoceras WAAGEN 1869: Dogger (Mittl. Bajocien), u. a. von Europa, N-Afrika, Arabische Halbinsel, Iran, Indonesien, Kanada, S-Amerika (Abb. 347).

Abb. 346. *Normannites orbignyi* BUCKMAN, Mittl. Bajocien. ⅔ nat. Gr. — Aus F. ROMAN 1938.

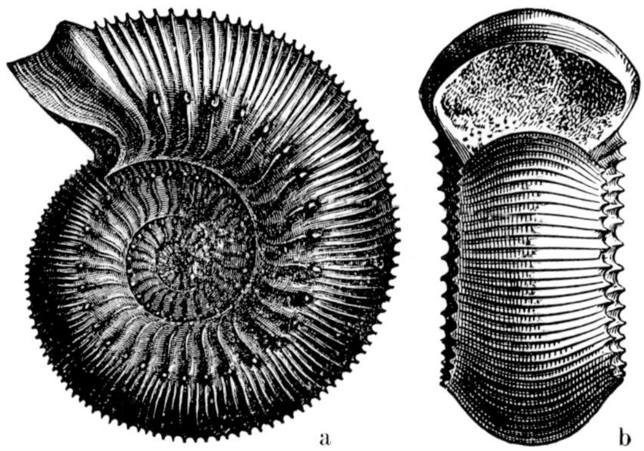

Abb. 347. *Stephanoceras (Stephanoceras) humphriesianum* (SOW.), Dogger (Mittl. Bajocien) von Bayeux (Frankreich). Ca. ½ nat. Gr. — Aus G. STEINMANN.

Gehäuse planulat. Gabelungspunkt nur mit schwachen Knoten besetzt. — Als Leitfossil für das Mittl. Bajocien ist wichtig: *St. humphriesianum* (SOW).

Teloceras MASCKE 1907: Dogger (Mittl. — Ob. Bajocien), u. a. von Europa, Indonesien, Kanada, S-Amerika (Abb. 348).

Gehäuse im Gegensatz zu *Stephanoceras* coronat. Gabelungspunkt mit einem kräftigen Knoten besetzt, von dem je nach dem ontogenetischen Stadium zwei bis fünf Rippen ausgehen. Windungsquerschnitt breit, trapezförmig.

Familie **Sphaeroceratidae** BUCKMAN 1920

Kugelige, sehr involute Formen mit engem Nabel und engständiger, oft sehr feiner Berippung. Der lateral gelegene Gabelungspunkt ist ähnlich wie bei den Stephanoceratidae mit einem Knoten besetzt. Mündung einfach, stark nach vorn gekrümmt. — Dogger (Mittl. — Ob. Bajocien). Abgesehen von den borealen Regionen weltweit verbreitet.

Abb. 348. *Teloceras blagdeni* (Sow.), Dogger (Bajocien) von Mitteleuropa. Ca. ⅓ nat. Gr. — Nach E. Fraas 1910.

Sphaeroceras Bayle 1878: Dogger (Mittl. — Ob. Bajocien), u. a. von Europa, N-Afrika, ? Iran, ? S-Alaska (Abb. 349).

Scaphitoide, eng aufgewundene Formen, bei denen die Nabellinie im Bereich der Wohnkammer zum Teil erheblich von der regelmäßigen Spirale der Innenwindungen abweicht. Ursache ist, daß die Windungsbreite entweder im Bereich der Wohnkammer nicht mehr zunimmt oder, noch häufiger, in Richtung zur Mündung allmählich abnimmt. Rippen sehr fein, ohne Knoten. Mündung endet in einer Einschnürung mit charakteristischem Kragen.

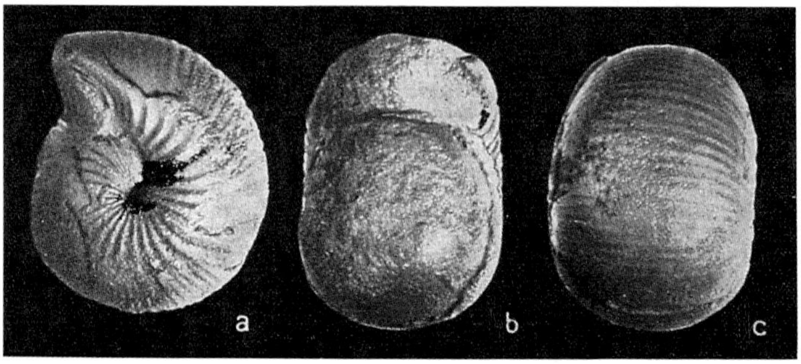

Abb. 349. *Sphaeroceras brongniarti* (Sow.), Dogger (Bajocien) von Längern-Ehrend (Schweizer Jura). Ca. nat. Gr. — Nach G. Westermann 1956.

Familie **Tulitidae** Buckman 1921

Scaphitoide Abkömmlinge der Sphaeroceratidae, die einen cadiconen oder sphaeroconen Habitus und die Tendenz aufweisen, auf dem äußeren Umgang erwachsener Formen die Berippung zu verlieren. — Dogger (Bathonien — Callovien). Abgesehen von den borealen Regionen weltweit verbreitet.

Tulites Buckman 1921: Dogger (Mittl. Bathonien) von Europa und Arabische Halbinsel.

Gehäuse cadicon, mit mäßig weitem Nabel; großwüchsig, Windungshöhe und -breite vermindern sich im Bereich der Wohnkammer allmählich, wodurch die Nabellinie stark vom Verlauf der Innenwindungen abweicht, obgleich sie schon ziemlich evolut ist.

Kheraiceras Spath 1924: Dogger (Unt. Callovien), u. a. von Europa, S-Alaska, Mexiko.

Windungsbreite und -höhe nehmen mit Beginn der Wohnkammer ziemlich rasch in Richtung zur Mündung ab. Hinzu kommt, daß die Wohnkammer im mittleren Teil fast geradegestreckt ist. Und da die Nabellinie diese Richtungsänderung mitmacht, erhält das Gehäuse ein überraschend *Scaphites*-ähnliches Aussehen.

Familie **Macrocephalitidae** Buckman 1922

Ziemlich aufgeblähte, eng- und tiefgenabelte, involute Formen, deren Oberfläche mit oft scharf ausgebildeten, zwei- oder mehrfach gegabelten Rippen bedeckt ist, die ohne Unterbrechung über die gerundete Externseite verlaufen. Knoten fehlen völlig. Die bei manchen Gattungen fast glatte, selten exzentrische Wohnkammer umfaßt etwa 1¼ Umgang. Mündung zeigt weder Kragen noch Einschnürung oder Öhrchen. — Dogger (Mittl. Bathonien — Mittl. Callovien). Abgesehen von den borealen Regionen weltweit verbreitet.

Macrocephalites v. Zittel 1884: Dogger (Unt. Callovien), weltweit verbreitet (Abb. 350).

Meist sehr großwüchsige Vertreter, deren Windungshöhe rasch zunimmt. Oberfläche mit scharfen Rippen bedeckt, die meist an der Naht gabeln und die ohne Unterbrechung über die gleichmäßig gerundete Externseite ziehen. Wohnkammer wird glatt, gelegentlich etwas exzentrisch. — Ein wichtiges Leitfossil des Dogger ε (Unt. Callovien) ist *M. macrocephalus* (v. Schloth).

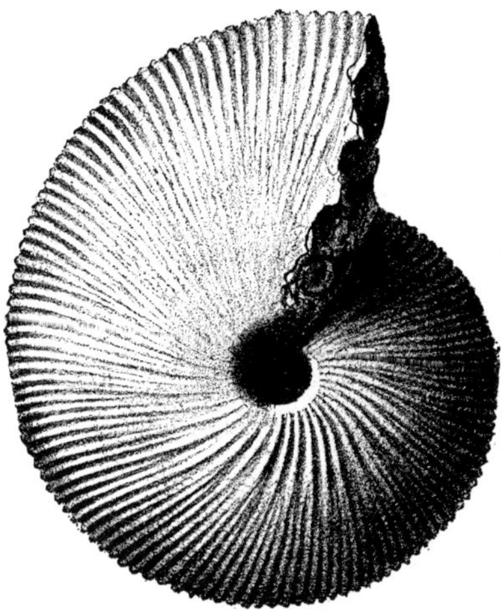

Abb. 350. *Macrocephalites (Macrocephalites) macrocephalus* (v. Schloth.), Dogger (Unt. Callovien) von Ehningen (Württemberg). Ca. nat. Gr. — Nach K. A. v. Zittel 1915.

Familie **Oecoptychiidae** Arkell 1957

Scaphitoide, besonders abweichend gestaltete Formen, deren Mündung eine bizarre Ausbildung zeigt. Über die systematische Zugehörigkeit und über die Abstammung ist man sich noch nicht im klaren. — Dogger (Mittl. Callovien) — Unt. Malm (Unt. Oxford).

Oecoptychius Neumayr 1878: Dogger (Mittl. Callovien), insbesondere von Europa (Abb. 351).

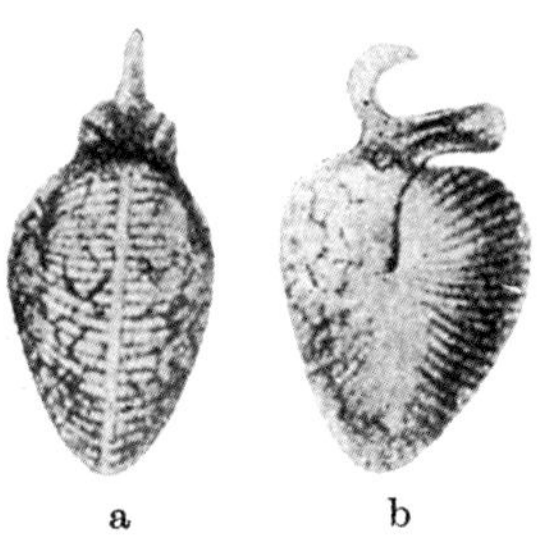

Abb. 351. *Oecoptychius refractus* (Rein.), Dogger (Mittl. Callovien) von Mitteleuropa. Nat. Gr. — Nach F. A. Quenstedt 1885—1888.

Das zunächst sphaerocone, innen glatte Gehäuse verhält sich bis zum Beginn der Wohnkammer ausgewachsener Formen durchaus normal. Sodann wächst aber die Außenlinie viel rascher, um etwa nach einem Viertel Umgang ein scharfes Knie zu bilden. An dieser Stelle ist die Windungshöhe etwa doppelt so groß wie zu Beginn der Wohnkammer. Anschließend verringert sich die Windungshöhe wieder. Schließlich endet die Wohnkammer in der eigentümlich gestalteten Mündung mit Kapuze und großen gestielten Seitenohren. Demgegenüber wächst die Nabellinie im ersten Drittel der Wohnkammer nicht so rasch wie die Außenlinie, sondern biegt erst gegenüber dem Knie aus der bis dahin eingehaltenen regelmäßigen Spirale in Richtung zum Nabel um, verengt sich also. Hierdurch wird der zu Beginn der Wohnkammer noch offene Nabel fast ganz verdeckt.

Familie **Pachyceratidae** Buckman 1918

Während die inneren Windungen ein coronates, cadicones oder *Macrocephalites*-artiges Gepräge aufweisen, zeigen die äußeren Anklänge an das Aussehen früher Stephanocerataceae (z. B. *Morrisiceras*). — Dogger (Mittl. Callovien) — Malm (Ob. Oxford), weltweit verbreitet.

Pachyceras Bayle 1878: Dogger (Mittl. Callovien) — Malm (Unt. Oxford), u. a. von Europa, Afrika, Iran.

Die dicken, radialen Rippen verlaufen rechtwinklig über die gewölbte Externseite. Nabelrand gerundet, nicht mit Knoten besetzt. Die Rippen werden auf der inneren Hälfte der Flanken flacher und können auf der Wohnkammer gänzlich verschwinden.

Familie **Kosmoceratidae** Haug 1887

Überwiegend gabelrippige Abkömmlinge der Macrocephalitidae mit abgeflachter Externseite, auf welcher ähnlich wie bei den Parkinsoniidae vielfach die Rippen beiderseits der Siphonalregion unterbrochen oder abgeschwächt werden. Charakteristisch sind ferner zahlreiche Zierknoten, die an der Externseite oder/und lateral liegen können. Hiervon stammt auch die Bezeichnung „Ornaten“. — Dogger (Callovien), charakteristisch für die nördliche Halbkugel, insbesondere die borealen Regionen.

Kepplerites Neumayr & Uhlig 1892: Dogger (Unt. Callovien), u. a. N- und O-Europa, Grönland, N-Amerika, Peru (Abb. 352).

Mäßig weit genabelte Formen, deren innere Windungen auf der Externseite abgeplattet oder mit einer Furche ausgestattet sind, während die äußeren ein ähnliches Gepräge wie bei *Macrocephalites* zeigen und ebenfalls die Tendenz haben, glatt zu werden. Mündung einfach. Die Innenwindungen zeigen externe Knötchen, die später verschwinden.

Kosmoceras Waagen 1869 (syn. *Cosmoceras* Neumayr 1869): Dogger (Ob. Callovien) in ähnlicher Verbreitung wie *Kepplerites* (Abb. 353).

Gehäuse mäßig weit genabelt, seitlich abgeflacht. Rippen zahlreich, unregelmäßig und dicht angeordnet, zwei- oder mehrfach gegabelt; neben dem glatten externen Band, meist auch neben dem Nabel und an den Gabelungsstellen mit Knoten- und Stachelreihen. Einschnürungen fehlen. Dimorphismus ausgeprägt. Mikrokonche klein, mit Öhrchen. Makrokonche groß, ohne Öhrchen; Alterswindungen weniger kräftig skulpturiert, wobei die Rippen auf der Externseite vielfach nicht unterbrochen, die extern gelegenen Knoten aber reduziert sind.

Familie **Cardioceratidae** Siemiradzki 1891

Es handelt sich um die letzten Vertreter der Stephanocerataceae mit sehr unterschiedlicher Gestalt, die vom coronaten zum sphaeroconen und oxyconen Habitus reicht. Oxycone Formen, die einen kennzeichnenden herzförmigen Windungsschnitt aufweisen, finden sich hauptsächlich im Malm. — Dogger (Unt. Callovien) — Malm (Unt. Kimmeridge), charakteristisch für die nördliche Halbkugel, insbesondere die borealen Regionen (hierzu u. a. J. H. Callomon 1985).

Abb. 352. *Kepplerites* sp., Innenwindungen, Ob. Dogger (Unt. Callovien) von Übring bei Staffelstein (Franken). Ca. 2⅓ nat. Gr.

Abb. 353. *Kosmoceras jason* (REIN.), Ob. Dogger (Ob. Callovien) von Staffelstein (Franken). Ca. 3½ nat. Gr.

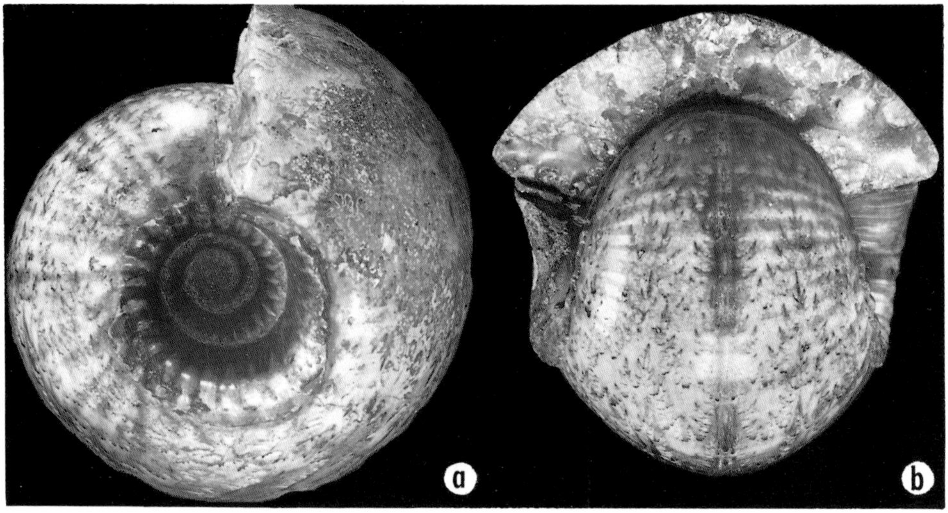

Abb. 354. *Cadoceras* cf. *sublaeve* (Sow.), Dogger (Callovien) von Oxford (England). Ca. ⅔ nat. Gr.

Abb. 355. *Cadoceras sublaeve* (Sow.), Ob. Dogger (Callovien) von Frankreich. Ca. ¾ nat. Gr. – Nach G.-J. Painvin.

Cadoceras Fischer 1882: Dogger (Unt. – Mittl. Callovien), u. a. von Mitteleuropa, Rußland, Alaska, N-Amerika (Abb. 354–355).

Relativ stark involute, enggenabelte und in allen Stadien cadicone Formen, deren Umgänge, abgesehen vom letzten, welcher die Tendenz zeigt, glatt zu werden, mit kräftigen Rippen bedeckt sind. Die einfache, extern nach vorn gebogene Mündung zeigt eine Einschnürung.

Quenstedtoceras Hyatt 1877 (syn. *Quenstedticeras* Teisseyre 1889): Dogger (Ob. Callovien) – Malm (Unt. Oxford), u. a. von Europa, Rußland, Spitzbergen; erstreckt sich etwas weiter nach Süden und Osten als *Cadoceras*, wobei es fast das Mittelmeer und das transkaspische Gebiet erreicht (Abb. 356 A, B).

Jugendwindungen seitlich abgeflacht. Rippen sichelförmig, verlaufen unter spitzem Winkel ohne Kielbildung über die Externseite. Mikrokonche mit vorragendem Rostrum und kräftigen Rippen. Makrokonche mit einfacher, ohne besondere Differenzierung verengter Mündung und glatter Wohnkammer.

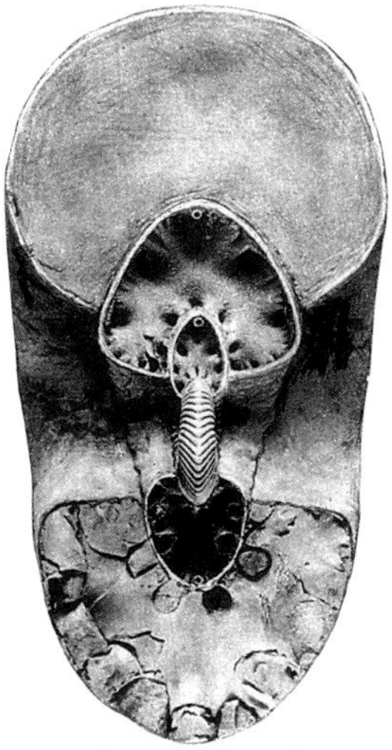

Abb. 356 A. *Quenstedtoceras henrici* DOUVILLÉ, Querschnitt. Ob. Dogger (Callovien) von Lukow (Polen). Ca. ½ nat. Gr. – Nach H. MAKOWSKI 1962.

Abb. 356 B. *Quenstedtoceras henrici* DOUVILLÉ, Innenwindungen. Ob. Dogger (Callovien) von Lukow (Polen). Durchmesser: ca. 5 cm.

Cardioceras NEUMAYR & UHLIG 1881: Malm (Unt. – Ob. Oxford), u. a. von Europa, Rußland, Alaska, N-Amerika; insgesamt etwa in ähnlicher Verbreitung wie *Quenstedtoceras*, hauptsächlich jedoch in Europa (Abb. 357).

Mäßig weitgenabelte Vertreter mit groben, geschwungenen Gabelrippen, welche die kräftig gekielte Externseite unter starker Ausbiegung unter Bildung eines Knotenkiels überqueren. Gehäuse in der Regel seitlich abgeflacht. Mündung der Mikrokonche mit Rostrum.

Abb. 357. *Cardioceras (Cardioceras) cordatum* (Sow.), Unt. Malm (Oxford) von Frankreich. Ca. nat. Gr. — Nach G.-J. PAINVIN.

Oberfamilie **Perisphinctaceae** STEINMANN 1890

Überwiegend evolute, planulate Vertreter, meist mit kräftigen Gabelrippen. Die Formenmannigfaltigkeit ist fast unübersehbar groß. Platyconer und cadiconer Habitus sind weniger häufig, der sphaerocone selten. Oxycone Vertreter kommen überhaupt nicht vor. Der U_1 wird orthochron angelegt. — Dogger (Bajocien) — Unt. Kreide (Valendis), weltweit verbreitet.

Familie **Parkinsoniidae** BUCKMAN 1920

Weitgenabelte frühe Perisphinctaceae, deren meist einfach gegabelte Rippen auf der Externseite durch ein glattes Band oder eine Grube unterbrochen werden. Wie bei den Perisphinctidae ist die Lobenlinie relativ einfach ausgebildet. — Dogger (Ob. Bajocien — Mittl. Callovien), weltweit verbreitet.

Strenoceras HYATT 1900: Dogger (Ob. Bajocien) von Europa, N-Afrika, Kaukasus (Abb. 358).

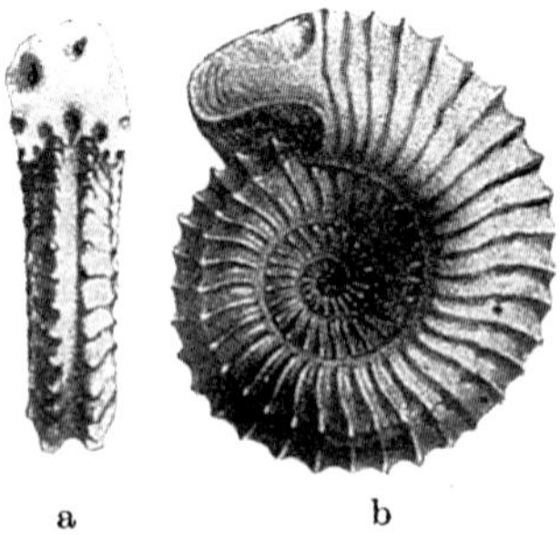

Abb. 358. *Strenoceras niortense* (D'ORB.), Dogger (Ob. Bajocien) von Frankreich. ⅔ nat. Gr. — Nach A. D'ORBINGNY 1840—1876.

Überwiegend mit einfachen, kräftigen und geradlinig verlaufenden, scharfkantigen Rippen ausgestattete Vertreter, die an der Externseite und auf den Flanken Knötchen tragen. Externseite mit glattem Band.

Es handelt sich um eine phylogenetisch und taxonomisch sehr umstrittene Gattung, von der manche Autoren die Ableitung der Spiroceratidae für möglich halten. Die innersten Windungen zeigen aber (G. WESTERMANN 1965) so große Ähnlichkeit mit den Leptosphinctinae, daß die Zugehörigkeit zu dieser Unterfamilie sicher erscheint.

Abb. 359. *Garantiana (Garantiana) dubia* (Qu.), Dogger (Pseudogarantianen-Schichten) von Bielefeld. Nat. Gr. — Nach W. Wetzel 1954.

Garantiana Maschke 1907: Dogger (Ob. Bajocien — Mittl. Bathonien), u. a. von Europa, N-Afrika, Rußland (Abb. 359).

Das vornehmlich mit einfach gegabelten, kräftigen Rippen bedeckte, mittelweitgenabelte Gehäuse trägt stets kleine Knötchen an der Externseite, zu denen gelegentlich auch solche auf den Flanken treten. Als Verschluß der Mündung, die keine Öhrchen aufweist, konnte *Granulaptychus* beobachtet werden. Die Enden der auf der Externseite unterbrochenen Rippen stehen sich im Unterschied zu *Parkinsonia* gegenüber.

Parkinsonia Bayle 1878: Dogger (Ob. Bajocien — Unt. Bathonien), u. a. von Europa, N-Afrika, Rußland, Iran (Abb. 360).

Seitlich abgeflachte, scheibenförmige bis zur Mündung gabelrippige Vertreter, von denen manche auf den Flanken Knötchen tragen können. Öhrchen wurden offenbar nicht ausgebildet. Die Länge der Wohnkammer beträgt drei Viertel bis fünf Viertel des letzten Umganges. Als

Abb. 360. *Parkinsonia parkinsoni* (Sow.), Dogger (Ob. Bajocien) von Württemberg. Ca. nat. Gr.

Mündungsverschluß konnte *Praestriaptychus* beobachtet werden. Die Gattung entwickelt sich ziemlich einheitlich aus weitgenabelten, grob berippten zu relativ enggenabelten, feinrippigen Formen. Eine Abstammung von *Garantiana* kommt nach neueren Untersuchungen nicht in Frage.

? **Spiroceras** QUENSTEDT 1856: Mittl. Dogger (Ob. Bajocien — Bathonien) von Europa, N-Afrika, Vorderasien, N- und S-Amerika (Abb. 361).

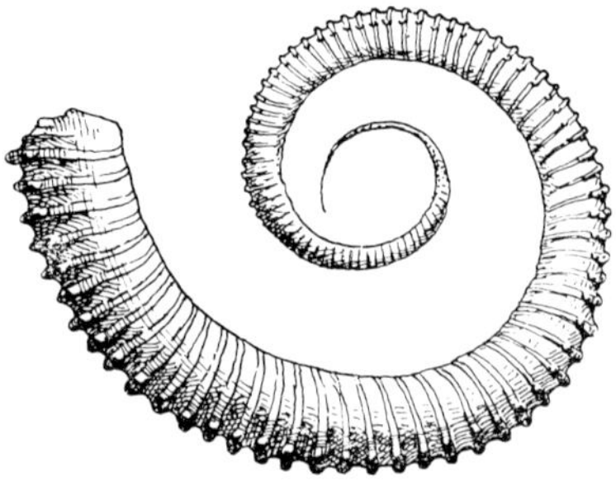

Abb. 361. *Spiroceras bifurcatum* (QU.), Dogger (Ob. Bajocien) von Ehningen (Württemberg). Nat. Gr. — Nach K. A. v. ZITTEL 1915.

Es handelt sich im wesentlichen um gyrocone Vertreter. Sie zeigen immer nur wenige offene Umgänge, die in der Jugend uhrfederartig in einer Ebene aufgerollt sind. Im übrigen finden sich aber große Unterschiede. So können schon in verhältnismäßig jungen Gehäuseabschnitten geradegestreckte Teile oder hakenartige Krümmungen auftreten. Gelegentlich kommt es sogar zu Torsionen und damit zum Bestreben der Windungen, die planspirale Einrollung zu verlassen. Dann entstehen unregelmäßige Schnörkel und Gebilde von korkzieherähnlicher Gestalt. Die einfachen Rippen können zwei Reihen von Knoten oder Stacheln tragen. Primärsutur quinquelobat. Morphologische Ähnlichkeiten mit den kretazischen Heteromorphen beruhen auf Homöomorphie. Externseite wie bei *Parkinsonia* mit glattem Band. Im Laufe der Ontogenie erfolgt eine Reduktion der Lobenlinie von anfangs quinquelobat zu trilobat (EU_2J) (hierzu G. DIETL 1978).

Parapatoceras SPATH 1924: Dogger (Ob. Bathonien — Mittl. Callovien) von Europa, Madagaskar, Indien und S-Amerika.

Innen enger aufgewunden als *Spiroceras*, so daß diese Formen den typischen Ammonoidea etwas näherstehen; außen besonders bei *P. distans densicostatum* (QU.) mehr oder weniger geradegestreckt. Die relativ weit auseinanderstehenden Einfachrippen gehen ohne Unterbrechung über die Externseite. Lobenlinie stark reduziert, wenig zerschlitzt.

Familie **Morphoceratidae** HYATT 1900

Perisphinctaceae von planulatem und sphaeroconem Habitus, die ähnlich wie die Parkinsoniidae auf der Externseite ein glattes Band oder eine Furche zeigen, durch welche die Berippung unterbrochen wird. Diese besteht in der Regel aus aberrant gegabelten Elementen, die im allgemeinen durch sehr schief verlaufende Einschnürungen abgeschnitten werden. Mündung meist mit ventralen oder lateralen Vorsprüngen (Öhrchen); bei manchen Gattungen mit den stärksten bisher bekannten Differenzierungen (*Ebrayiceras*). Lobenlinie relativ einfach. — Dogger (Bajocien — Unt. Bathonien) von Europa und Westtethys.

Morphoceras H. DOUVILLÉ 1880: Dogger (Unt. Bathonien) von Europa, N-Afrika, Iran.

Nahtgabelige, innen sphaerocone, außen planulat werdende Vertreter, deren Externseite ein glattes Band aufweist und deren Berippung durch mehr oder weniger zahlreiche schief verlaufende Einschnürungen geschnitten wird.

Familie **Reineckeiidae** Hyatt 1900

Innen gewöhnlich coronat ausgebildete, nach außen planulat werdende Formen mit kräftigen Rippen, die vielfach Knoten oder Dornen tragen. Manche erinnern an *Ebrayiceras*, so daß an eine Herkunft von den Morphoceratidae gedacht werden kann; doch dürften eher die Parkinsoniidae in Frage kommen, da auch diese vielfach einen mit Dornen versehenen, coronaten Nucleus aufweisen. — Dogger (Callovien), abgesehen von den borealen Regionen, weltweit verbreitet.

Reineckeia Bayle 1878: Dogger (Mittl. Callovien), u. a. von Europa, N-Afrika, Rußland, Pamir, Mexiko, S-Amerika (Abb. 362).

Abb. 362. *Reineckeia (Reineckeia) anceps* (Rein.), Dogger (Mittl. Callovien) von Mitteleuropa. Ca. ½ nat. Gr. — Nach C. E. Bayle.

Während die inneren Windungen einen coronaten Habitus zeigen und breiter als hoch sind, nimmt die Windungshöhe sodann rasch zu. Dabei verringert sich die Involution, wobei an die Stelle der ursprünglich ausgebildeten Knoten Dornen treten, die auf den Gabelungspunkten der Rippen sitzen. Die Mündung trägt seitlich lange Öhrchen. Die Lobenlinie erinnert an die der Parkinsoniidae.

Familie **Perisphinctidae** Steinmann 1890

Überwiegend planulate, meist gabelrippige Vertreter, welche die Hauptgruppe der Perisphinctaceae darstellen und im Gegensatz zu den primitiveren Parkinsoniidae, Morphoceratidae sowie Reineckeiidae eine etwas höher differenzierte Lobenlinie zeigen. — Dogger — Malm; weltweit verbreitet, vor allem aber im Bereich der Tethys und der zirkumpazifischen Geosynklinalen.

Bigotites Nicolesco 1918 (syn. *Bajocisphinctes* Buckman 1927, *Haselburgites* Buckman 1920): Dogger (Bajocien) von Europa, N-Afrika (Abb. 363).

Weitgenabelte, kräftig berippte Formen, die keine Knötchen aufweisen und auf der Externseite eine meist nur schwach hervortretende Furche zeigen. Die Zahl der Einschnürungen beträgt zwei, seltener drei je Umgang.

Leptosphinctes Buckman 1920: Dogger (Ob. Bajocien), u. a. von Europa, N-Afrika, Argentinien (Abb. 364).

Extrem weitgenabelte, seitlich abgeflachte Vertreter, deren Windungsquerschnitt nur langsam zunimmt und bei denen jeder Umgang im allgemeinen drei Einschnürungen aufweist. Berippung sehr fein. Innenwindungen beknotet. Externseite der Wohnkammer glatt. Mündung mit einfacher, schräg liegender Einschnürung, ohne Ohren.

Planisphinctes Buckman 1922: Dogger (Unt. Bathonien) von Europa, Iran, Mexiko.

Abb. 363. *Bigotites thevenini* DE LORIOL, Dogger (Ob. Bajocien) von Frankreich. Ca. ½ nat. Gr. – Nach G.-J. PAINVIN.

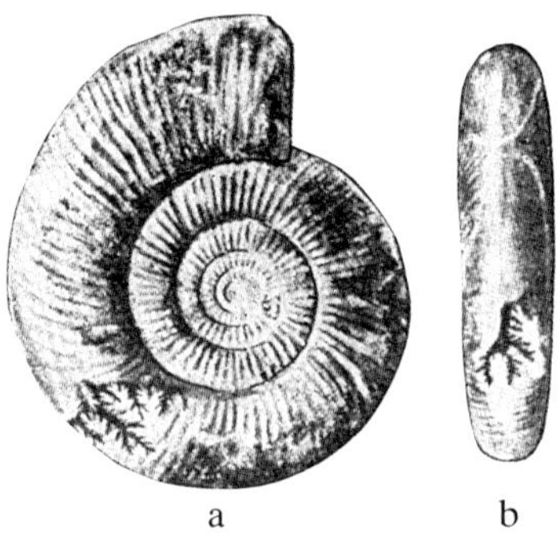

Abb. 364. *Leptosphinctes leptus* BUCKMAN, Bajocien von England. Ca. ⅖ nat. Gr. – Nach S. S. BUCKMAN.

An *Leptosphinctes* erinnernde, weitgenabelte, stark evolute und niedrigmündige Formen, die bis zum Ende der Wohnkammer ohne Abschwächung berippt sind und Öhrchen aufweisen. Zwischen die regelmäßig ausgebildeten Gabelrippen schalten sich einzelne Einfachrippen.

Perisphinctes WAAGEN 1869 (syn. *Martelliceras* SCHINDEWOLF 1925): Malm (Ob. Oxford), u. a. von Europa, Afrika, Rußland, Kuba, Japan (Abb. 365).

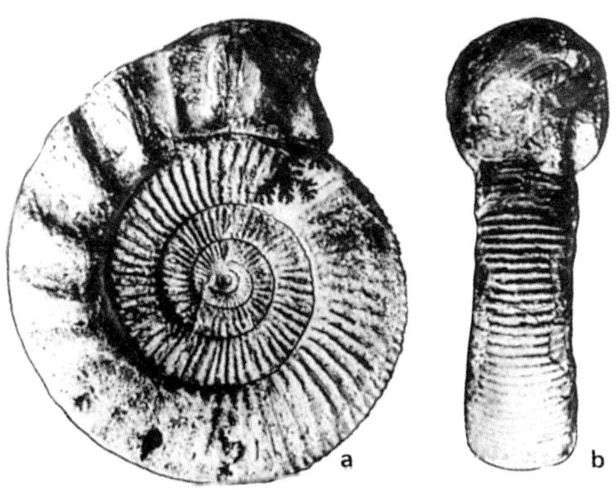

Abb. 365. *Perisphinctes (Perisphinctes) variocostatus* (BUCKLAND), Malm (Ob. Oxford) von England. Ca. ¼ nat. Gr. – Nach W. J. ARKELL.

Die alte „Sammelgattung“ *Perisphinctes*, die auch heute noch als solche bei provisorischer Bezeichnung Verwendung findet, wurde im Laufe der Zeit in eine Vielzahl von Untergattungen und selbständigen Gattungen aufgegliedert. Dabei beschränkt man *Perisphinctes* im engeren Sinne auf groß- bis riesenwüchsige, weitgenabelte Vertreter mit quadratischem Windungsquerschnitt, deren innere Windungen kräftige, engständige Gabelrippen aufweisen. An deren Stelle treten auf der letzten Windung, insbesondere auf der Wohnkammer, ganz plötzlich wenige große, weit auseinanderliegende Einfachrippen. Einschnürungen fehlen. Die einfache Mündung zeigt keine besondere Differenzierung.

In die Nähe von *Perisphinctes* i. e. S. gehören unter anderen folgende Gruppen, die zumeist auch als Untergattungen von *Perisphinctes* betrachtet werden: *Alligaticeras* BUCKMAN 1923 (feine Gabelberippung reicht bis an das Ende der Wohnkammer); *Neomorphoceras* ARKELL 1953 (innere Windungen sphaerocon, involut; äußere Windungen zunehmend evolut. Mit Einschnürungen); *Kranaosphinctes* BUCKMAN 1921 (Windungsquerschnitt rund bis abgeflacht; Externseite wird vor Beginn der Wohnkammer glatt).

Ataxioceras FONTANNES 1879: Malm (Unt. Kimmeridge), u. a. von Europa, Kaukasus, Iran (Abb. 197f und 366).

Abb. 366. *Ataxioceras saxicolum* SCHNEID, Malm γ vom Staffelberg-Gebiet bei Banz (Oberfranken). Ca. ¾ nat. Gr. — Nach TH. SCHNEID 1944.

Seitlich abgeflachte, mäßig weit genabelte Spaltripper mit einigen großen, unregelmäßig ausgebildeten Einschnürungen. Eine Externfurche fehlt.

Ringsteadia SALFELD 1913: Malm (Ob. Oxford), u. a. von Europa, Äthiopien.

Großwüchsige, evolute Vertreter von scheibenförmiger Gestalt und mit der Tendenz, glatte Außenwindungen zu entwickeln. Innenwindungen zunächst coronat, dann perisphinctoid; erst im Alter seitlich abgeflacht und scheibenförmig und auf der Externseite verschmälert, so daß ein oxycones Gepräge entsteht. Einige große, wenig tiefe Einschnürungen sind ausgebildet.

Pictonia BAYLE 1878: Malm (Unt. Kimmeridge) von Europa.

Nahe mit *Ringsteadia* verwandte, verhältnismäßig involute und planulate Formen, deren äußere Windung nahezu glatt oder nur wenig skulpturiert ist. Unterscheidet sich von *Ringsteadia* vor allem durch die sich periodisch verstärkenden Einfachrippen auf den mittleren Windungen.

Rasenia SALFELD 1913: Malm (Unt. Kimmeridge), u. a. von Europa, Spitzbergen, Grönland (Abb. 367).

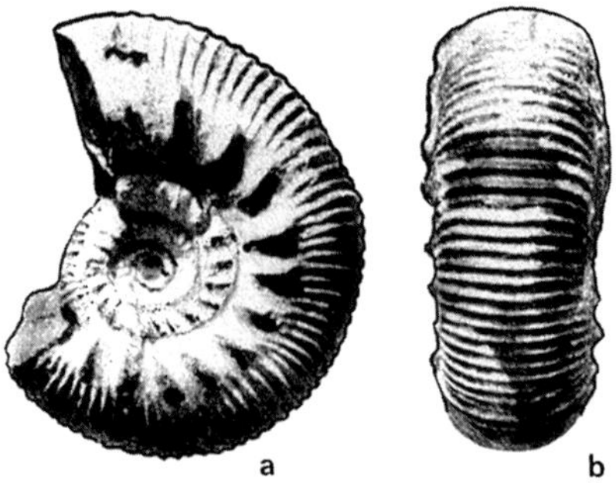

Abb. 367. *Rasenia involuta* SALFELD, Malm (Unt. Kimmeridge). Ca. nat. Gr. — Aus L. F. SPATH.

Scharf und kräftig berippte, nur mäßig weitgenabelte Gabelripper, deren Rippenstiele meist in Knoten auslaufen. Die von hier entspringenden zahlreichen Gabeläste ziehen ohne Unterbrechung über die Externseite. Wohnkammer in den meisten Fällen skulpturiert.

Aulacostephanus TORNQUIST 1896: Malm (Unt. Kimmeridge), u. a. von Europa, Sibirien.

Nahtgabelige, hochmündige Vertreter, bei welchen von einem an der Naht gelegenen Knoten 4—6 Gabeläste ausgehen. An der Externseite werden sie von einem glatten Bande unterbrochen. Gehäuse weitgehend involut. Mikrokonche mit Öhrchen.

Gravesia SALFELD 1913: Malm (Mittl. Kimmeridge) von Europa (Abb. 368).

Abb. 368. *Gravesia gravesi* (D'ORBIGNY), Malm (Mittl. Kimmeridge) von Nordfrankreich. Ca. ⅔ nat. Gr. — Nach PRUVOST, aus F. ROMAN 1938.

Das meist coronat ausgebildete, verhältnismäßig weitgenabelte Gehäuse trägt nahtständige Knoten, von denen jeweils zwei oder drei Rippen ausgehen, die ohne Unterbrechung über die Externseite verlaufen. Die Skulptur zeigt die Tendenz, sich auf der Wohnkammer abzuschwächen. Lobenlinie relativ einfach.

Sutneria v. ZITTEL 1884: Malm (Unt. Kimmeridge), u. a. von Europa, Somalia, Iran, Mexiko (Abb. 369).

Das Vorderende der nur etwa einen halben Umgang messenden Wohnkammer ist gegenüber dem Rest des Gehäuses mehr oder weniger abgeknickt. Dabei liegt die größte Höhe der Wohnkammer im Knie. Die Innenwindungen sind deutlich perisphinctoid, weshalb die hierzu gehörenden Formen ursprünglich von NEUMAYR unmittelbar zu *Perisphinctes* gestellt wurden. Auf der Wohnkammer treten an die Stelle der Gabelrippen ziemlich plötzlich Einfachrippen, die an der Externseite in einem spitzen Knötchen enden.

Abb. 369. *Sutneria platynota* (Rein.), Malm (Unt. Kimmeridge) von Württemberg. Ca. 3½ nat. Gr.

Virgatosphinctes Uhlig 1910: Malm (Unt. — Ob. Tithon), u. a. von Europa, Afrika, Iran, W-Australien, Mexiko, S-Amerika (Abb. 370).

Großwüchsige, mäßig weitgenabelte Spaltripper mit rundlichen bis seitlich etwas abgeflachten Umgängen. Charakteristisch ist die dichte virgatoide Ausbildung der Skulptur, wobei längs einer radial zwischen Externseite und Nabel verlaufenden, im wesentlichen nicht unterbrochenen Hauptrippe zahlreiche Seitenrippen parallel zueinander abzweigen. Mündung einfach, sinusförmig.

Virgatites Pavlow 1892: Malm (Unt. Wolga-Stufe = Unt. Tithon) vom mittleren Teil der ehemaligen UdSSR (Abb. 371).

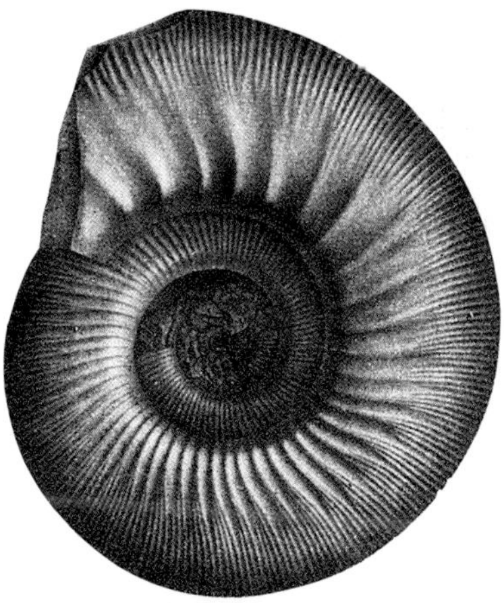

Abb. 370. *Virgatosphinctes frequens* (Oppel), Malm (Tithon) des Himalaya. Ca. ⅓ nat. Gr. — Nach V. Uhlig 1910.

Abb. 371. *Virgatites virgatus* (v. Buch), Malm (Unt. Tithon) aus dem Zentralbereich Rußlands. Etwa ½ nat. Gr. — Nach G.-J. Painvin.

Das relativ enggenabelte, seitlich komprimierte, virgatoid berippte Gehäuse zeigt im Alter einen Abbau der Skulptur, zunächst zu sekundären Gabelrippen, sodann zu Einfachrippen am Ende der Wohnkammer. Die Rippen verlaufen ohne Unterbrechung über die Externseite.

Familie **Aspidoceratidae** v. Zittel 1895

Abkömmlinge der Perisphinctidae mit berippten Innenwindungen. Die äußeren Windungen zeigen die Tendenz, auf den Flanken je zwei Reihen von Knoten auszubilden. Die ziemlich breite Externseite ist niemals gekielt. Mündung im allgemeinen einfach. Kennzeichnend sind dickschalige Laevaptychen. — Dogger — Malm.

Peltoceras Waagen 1871: Ob. Dogger (Ob. Callovien) — Unt. Malm (Oxford), weltweit verbreitet (Abb. 372).

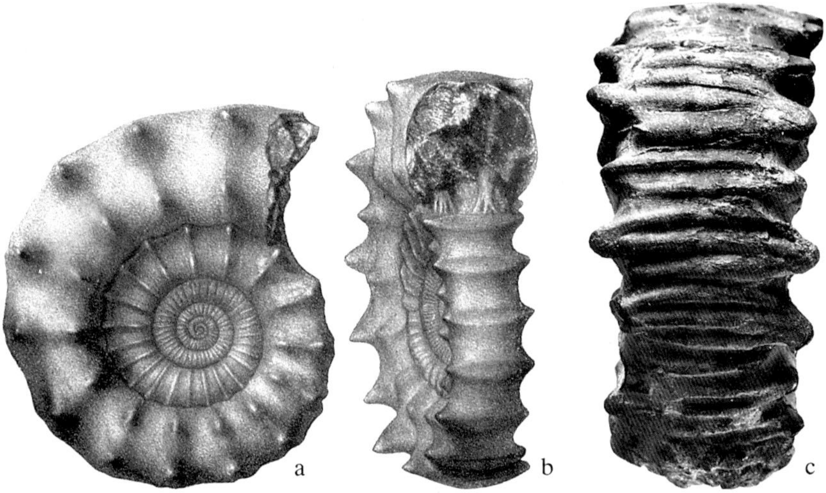

Abb. 372. a)—b) *Peltoceras (Peltoceras) athleta* (Phillips), Ob. Malm (Ob. Callovien). Ca. ¾ nat. Gr. — Nach G.-J. Painvin; c) desgl., Externseite. Ca. 1⅓ nat. Gr.

Die Windungen des sehr weitgenabelten Gehäuses haben einen fast quadratischen Querschnitt und sind innen mit kräftigen Rippen bedeckt, die ohne Unterbrechung über die fast ebene Externseite verlaufen, in deren Nähe sie sich zwei- oder dreifach gabeln. Im Alter zeigen sich Einfachrippen mit zwei Reihen stärkerer Knoten, von denen sich die äußeren als erste entwikkeln.

Peltomorphites Buckman 1925: Malm (Unt. Oxford) von Europa und Madagaskar.

Innenwindungen nahtgabelig, Außenwindungen sekundär einfachrippig. Hier tragen die Rippen bis zu drei spitze Knoten.

Aspidoceras v. Zittel 1868: Malm (Kimmeridge, ? Tithon), u. a. von Europa, Afrika, Japan, Texas, Mexiko, S-Amerika (Abb. 373).

Die Windungen des mäßig weitgenabelten Gehäuses sind gerundet, quadratisch bis abgeflacht im Querschnitt; Berippung abgeschwächt. Auf den Flanken finden sich zwei Reihen von Knoten, von denen die äußere etwa in der Mitte liegt und bei manchen Arten bald verschwindet.

Die dickbauchigen, mit relativ langen Seitenstacheln besetzten Gehäuse von *Aspidoceras* aus dem Solnhofener Plattenkalk (Malm zeta) wurden nicht selten in Vertikalstellung eingebettet und gestatten so Rückschlüsse auf die Sedimentationsgeschwindigkeit. Da die Mächtigkeit der Flinzschichten im Mittel nur 2,5 cm beträgt, der Durchmesser der Gehäuse aber durchschnittlich

a b

Abb. 373. *Aspidoceras rogosniciense* (ZEUSCHNER), Malm (Tithon) von Südost-Europa. Ca. ⅔ nat. Gr. – Aus F. ROMAN 1938.

etwa 5 cm, muß, auch wenn man eine gewisse Sackung in Betracht zieht, das Gehäuse nach der Bildung der unteren Plattenkalklage um einiges frei aus dem Sediment hervorgeragt haben, ehe eine neue Flinzschicht abgelagert wurde. Da das Gehäuse nicht zerstört worden ist, kann zwischen der Entstehung dieser beiden Flinzlagen unmöglich ein viele Jahre umfassender Zeitraum verstrichen sein. Dies spricht, wie noch manches andere, für eine relativ rasche Sedimentation des Solnhofener Plattenkalkes.

Familie **Craspeditidae** SPATH 1924

Im allgemeinen stark involute, hochmündige Vertreter von planulatem, platyconem oder oxyconem Habitus mit der Tendenz, die Skulptur auf dem letzten Umgang gänzlich abzubauen. Die einfache Lobenlinie zeigt auffällig niedrige Elemente. — Malm (Ob. Tithon) — Unt. Kreide (Valendis); charakteristisch für die borealen Regionen.

Craspedites PAVLOW 1892: Malm (Ob. Tithon = Ob. Wolga-Stufe) von Rußland, England, Spitzbergen und Grönland (Abb. 374).

a b

Abb. 374. *Craspedites okensis* (D'ORBIGNY), Ob. Malm (Ob. Wolga-Stufe) von Grönland und Rußland. Ca. nat. Gr. — Aus Paleontologia Universalis.

Die äußeren Windungen des stark involuten, seitlich etwas abgeflachten Gehäuses sind glatt. Innenwindungen fein berippt.

Platylenticeras HYATT 1900 (syn. *Garnieria* SAYN 1901): Unt. Kreide (Unt. Valendis) von M-Europa und Frankreich (Abb. 375).

Die relativ stark abgebaute Lobenlinie ist im Gegensatz zu der des sonst sehr ähnlichen *Garniericeras* (Ob. Wolga-Stufe von Rußland) asymmetrisch ausgebildet und zeigt ceratitische Sattelscheitel. Gehäuse oxycon, glatt, so daß man rein äußerlich von einem „*Oxynoticeras* der Kreide" sprechen könnte.

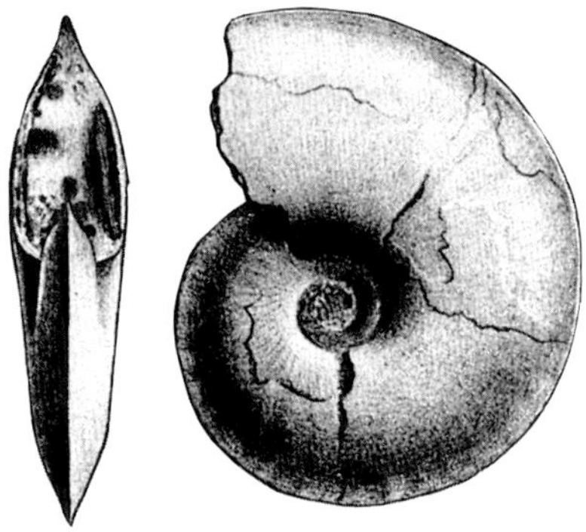

a b

Abb. 375. *Platylenticeras heteropleurum* (NEUMAYR & UHLIG), Unt. Kreide (Valendis) von Mitteleuropa. Ca. 7/10 nat. Gr. – Nach M. NEUMAYR & V. UHLIG 1881.

Familie **Olcostephanidae** HAUG 1910

Gabelrippige bis spaltrippige, zum Teil ziemlich große Endformen der Perisphinctaceae, die einen Kranz nahtständiger, zum Teil rippenartiger Knoten und in manchen Stadien kräftige, schief zur Skulptur verlaufende Einschnürungen aufweisen. Zu den umbilikalen Knoten können solche auf den Flanken und an der Externseite treten. Neben planulaten Gehäusen finden sich solche von sphaeroconem oder cadiconem Habitus. – Malm (Tithon) – Unt. Kreide (Unt. Barrême).

Spiticeras UHLIG 1903: Malm (Tithon) — Unt. Kreide (Valendis), u. a. von S- und M-Europa, N-Afrika, Madagaskar, Indien, Mexiko, S-Amerika (Abb. 198b und 376).

a b

Abb. 376. *Spiticeras spitiensis* (BLANFORD), Unt. Kreide (Berriasien) des Himalaya. Ca. ½ nat. Gr. – Nach V. UHLIG 1903–1910.

Planulate Vertreter mit zunächst relativ niedrigen, später seitlich abgeflachten Windungen. Von den umbilikalen Knoten entspringen 3—4 meist gespaltene, in Richtung zur Mündung geneigte Rippen, die wiederum in der Regel von 2—4 Einschnürungen je Umgang schief geschnitten werden. Die Länge der Wohnkammer beträgt ⅔ bis 1/1 des letzten Umganges.

Olcostephanus NEUMAYR 1875 (syn. *Holcostephanus* SAYN 1889, *Astieria* PAVLOW 1892): Unt. Kreide (? Unt., Ob. Valendis), u. a. von Europa, S-Afrika, Pakistan, Mexiko, Peru (Abb. 377).

Abb. 377. *Olcostephanus (Olcostephanus) astierianus* (D'ORB.), Unt. Kreide (Ob. Valendis) von Frankreich. Ca. ¾ nat. Gr. — Nach G.-J. PAINVIN.

Das mäßig weitgenabelte, relativ involute Gehäuse ist meist verhältnismäßig dick. Von den umbilikalen, zum Teil etwas rippenartig verlängerten Knoten gehen 3 oder mehr radial verlaufende oder schwach nach vorn gebogene Rippen aus, die zum Teil gespalten sein können. Wie bei *Spiticeras* treten proverse Einschnürungen auf. Mündung eingeschnürt.

Polyptychites PAVLOW 1892: Unt. Kreide (Unt. — Ob. Valendis) von N-Eurasien, Mexiko, Kalifornien (Abb. 378).

Mäßig weit- bis sehr weitgenabelte, spaltrippige Vertreter mit zum Teil rippenartig verlängerten Umbilikalknoten und relativ stark zerschlitzter Lobenlinie. Windungsquerschnitt meist niedrig, coronat. Rippen verlaufen über die Externseite.

Abb. 378. *Polyptychites clarkei* v. KOENEN, Unt. Kreide (Unt. Valendis) von Lindhorst bei Jetenburg. Ca. ⅓ nat. Gr. — Nach A. v. KOENEN 1909.

Dichotomites v. Koenen 1909: Unt. Kreide (Ob. Valendis — Unt. Hauterive), u.a. von Europa, Kalifornien, Mexiko, Grönland.

Das seitlich abgeflachte, mit feinen, etwas nach vorn gebogenen Spaltrippen bedeckte Gehäuse zeigt die Tendenz, die Skulptur auf der Mitte der Flanken allmählich abzuschwächen; sonst ähnlich wie *Polyptychites*.

Simbirskites Pavlow 1892: Unt. Kreide (Unt. Hauterive, ? Unt. Barrême), u.a. von N-Eurasien, Kalifornien.

Unterschiedlich weitgenabelte, evolute bis involute Vertreter mit seitlich abgeflachtem, rundlichem oder (häufiger) coronatem Windungsquerschnitt, deren Spaltrippen auf den äußeren Windungen von einem relativ langen Rippenstiel ausgehen, wobei die erste Teilung etwa auf der Mitte der Flanken erfolgt.

Familie **Berriasellidae** Spath 1922
(Palaeohoplitidae Roman 1938, zum Teil)

Überwiegend scheibenförmige (planulate), nie aufgeblähte Abbaugabelripper und Spaltripper, bei welchen ähnlich wie bei den Perisphinctidae skulpturell die Berippung überwiegt. — Malm (Tithon) — Unt. Kreide (Neokom), in der Tethys und in den zirkumpazifischen Geosynklinalen.

Berriasella Uhlig 1905: Malm (Tithon) — Unt. Kreide (Unt. Valendis), u.a. von Europa, N-Afrika, Kaukasus, Iran, Himalaya, Kalifornien, Mexiko, S-Amerika (Abb. 198a und 379).

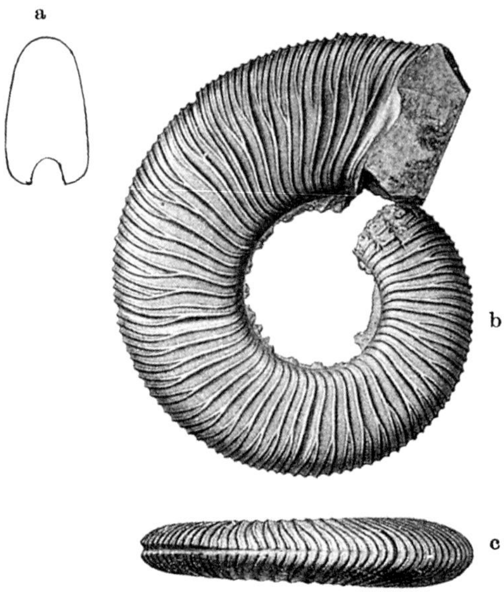

Abb. 379. *Berriasella ciliata* Schneid, Ob. Malm (Tithon) von Neuburg a. D. Ca. ¾ nat. Gr. — Nach Th. Schneid 1915.

Seitlich abgeflachte Vertreter, die überwiegend leicht S-förmig geschwungene Gabel- und Einfachrippen aufweisen. Auf der Externseite findet sich meist ein glattes, schmales Band oder eine entsprechende Furche. Mündung mit Öhrchen.

Neocomites Uhlig 1905: Unt. Kreide (Valendis), u.a. von S- und M-Europa, N-Afrika, Madagaskar, Himalaya, Sumatra, Texas, Mexiko, S-Amerika.

Das involute, relativ enggenabelte Gehäuse hat deutlich abgeplattete Flanken. Die zum Teil gespaltenen, verhältnismäßig feinen und S-förmig gekrümmten Rippen enden an der glatten, abgestutzten Externseite in kleinen, schiefen Aufwölbungen. Lediglich im Alter greifen sie mitunter über die Externseite hinweg.

Oberfamilie **Desmocerataceae** v. Zittel 1895

Die im Querschnitt meist runden bis ovalen, seltener gekielten Umgänge sind gewöhnlich glatt oder schwach berippt, weniger häufig mit Knoten bedeckt. Die Mehrzahl der Vertreter zeigt Einschnürungen. Der innere Umbilikallobus U_1 wird in zwei verselbständigte umfangreiche Loben gespalten. Diese Zweiteilung ist für die von den D. abstammenden Hoplitaceae und alle jurassischen Abkömmlinge der Lytocerida charakteristisch, sofern sie nicht sekundär rückgebildet wurde. — Kreide (Valendis — Maastricht).

Familie **Desmoceratidae** v. Zittel 1895

Überwiegend glatte oder wenig skulpturierte Vertreter mit Wülsten und geschwungenen Furchen (Einschnürungen). Falls Skulptur vorhanden, handelt es sich im allgemeinen um schwache Einfachrippen. Die Lobenlinie zeigt im Gegensatz zu den Phylloceratida nicht den phylloiden, sondern einen fein zerschlitzten, petersilienartigen Charakter. — Kreide (Valendis — Maastricht).

Puzosia Bayle 1878 (syn. *Pleuropachydiscus* Hyatt 1900): Kreide (Unt. Alb — Ob. Turon), weltweit verbreitet.

Zum Teil recht großwüchsige, überwiegend evolute Formen, deren seitlich abgeflachte, im Querschnitt elliptische Umgänge eine gerundete Externseite aufweisen. Falls Skulptur vorhanden, besteht diese aus schwachen Einfachrippen, welche die äußere Hälfte der Umgänge bedecken. Die kräftigen, leicht S-förmig geschwungenen Einschnürungen greifen auf der Externseite zungenförmig nach vorn.

Desmoceras v. Zittel 1884: Kreide (Ob. Apt — Cenoman), weltweit verbreitet (Abb. 380).

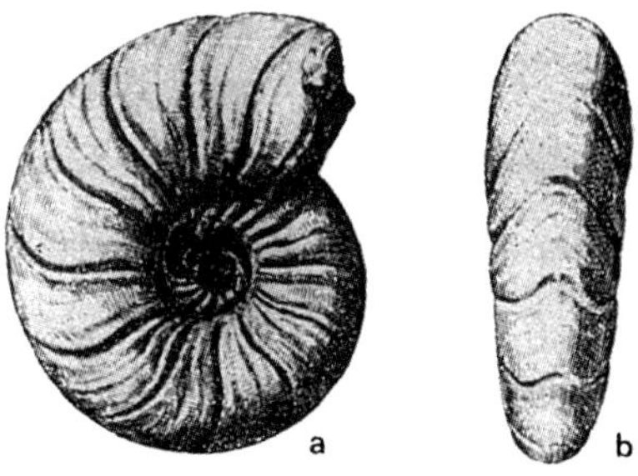

Abb. 380. *Desmoceras keilhacki* Wollemann, Unt. Kreide (Unt. Alb), Ziegelei Algermissen bei Hildesheim. Ca. 1⅓ nat. Gr. — Nach R. Brinkmann 1937.

Ziemlich involute Vertreter, deren dicke Windungen überwiegend einen kreisförmigen oder breitovalen Querschnitt aufweisen. Auf den Steinkernen sind S-förmig geschwungene Einschnürungen vorhanden, über denen sich auf der Außenseite der Schale entsprechend geformte Rippen befinden. Die äußere Hälfte der Umgänge trägt feine Streifen oder Rippchen.

Hauericeras de Grossouvre 1894: Ob. Kreide (Coniac — Maastricht), u. a. von Europa, S-Afrika, Japan, W-Australien (Abb. 198c).

Relativ weitgenabelte Desmoceratidae, deren seitlich abgeflachte, hochmündige Umgänge innen zunächst eine gerundete, später aber kielartig zugeschärfte Externseite aufweisen. Skulptur fehlt. Einschnürungen gekrümmt.

Familie **Holcodiscidae** Spath 1924

Ziemlich involute, enggenabelte Vertreter, deren relativ dicke Umgänge meist einen rundlichen bis breitovalen Querschnitt aufweisen. Die Oberfläche ist in der Regel mit feinen oder kräftigen Einfachrippen bedeckt, die ohne Unterbrechung über die Externseite hinwegziehen. Sie werden auf den Steinkernen von schräg verlaufenden Einschnürungen geschnitten, auf der Oberfläche der Schale von entsprechenden rippenartigen Verdickungen. — Unt. Kreide (Unt. Hauterive — Ob. Barrême).

Holcodiscus UHLIG 1882: Unt. Kreide (Barrême), u. a. von Mittel- und S-Europa, Kalifornien, Mexiko (Abb. 381).

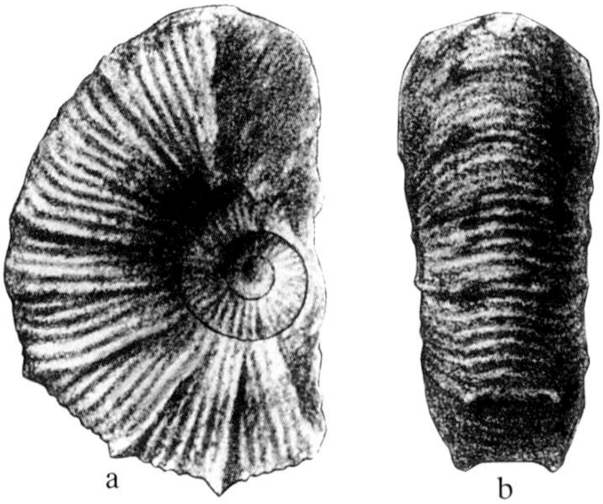

Abb. 381. *Holcodiscus cailleaudianus* (D'ORBIGNY), Unt. Kreide (Barrême) von Frankreich. Ca. 9/10 nat. Gr. — Nach W. KILIAN.

Familie **Pachydiscidae** SPATH 1922

Mäßig große bis sehr große Desmocerataceae, die sich von den Desmoceratidae vor allem durch die kräftigen Rippen unterscheiden. — Unt. Kreide (Ob. Alb) — Ob. Kreide (Maastricht).

Pachydiscus v. ZITTEL 1884 (syn. *Parapachydiscus* HYATT 1900): Ob. Kreide (Campan — Maastricht), weltweit verbreitet (Abb. 382).

Gehäuse seitlich abgeflacht, Windungen hochmündig, mit ovalem oder flachseitigem Querschnitt. Skulptur aus kurzen Umbilikalrippen und von diesen meist getrennten Rippen in der Nähe der Externseite, auf der sie unterbrochen sind. — Hierzu gehört *Pachydiscus seppenradensis* LANDOIS (Abb. 382), mit einem Durchmesser von ca. 2,55 m der größte bisher bekannte Ammonit.

? Familie **Engonoceratidae** HYATT 1900

Das seitlich meist stark abgeflachte und involute Gehäuse zeigt in der Regel eine abgeplattete Externseite. Die Oberfläche trägt häufig Gabelrippen sowie einige Knoten. Die Lobenlinie, die bis zur pseudoceratitischen oder -goniatitischen Ausbildung abgebaut sein kann, hat meist zahlreiche Umschlagloben. — Kreide (Unt. Alb — Unt. Turon).

Engonoceras NEUMAYR & UHLIG 1887: Kreide (Mittl. Alb — Cenoman), u. a. von England, Frankreich, N-Afrika, USA, Mexiko, Kolumbien.

Enggenabelte, seitlich stark abgeflachte Vertreter, deren letzte Windung mit unregelmäßig ausgebildeten Einfach- und Gabelrippen bedeckt ist. Die Lobenlinie zeigt einen pseudoceratitischen Verlauf.

Neolobites FISCHER 1882: Ob. Kreide (Cenoman), u. a. von Frankreich, N-Afrika, Peru (Abb. 383).

Ähnlich *Engonoceras*, doch mit pseudogoniatitischer Lobenlinie. Sie weist zudem eine geringere Anzahl von Sätteln und Loben auf. Recht kleinwüchsige Formen, deren im Querschnitt kreisförmige bis breit rechteckige Windungen mit niedrigen, feinen, geraden oder flach geschwungenen Rippchen bedeckt sind. Schräg zu ihnen verlaufen rippenartige Verdickungen, die an der Externseite und auf den Flanken Knötchen tragen.

Abb. 382. *Pachydiscus seppenradensis* LANDOIS, Ob. Kreide (Unt. Senon) von Seppenrade (Westfalen). Durchmesser: ca. 2,55 m. — Nach einem Gipsabguß im Museum für Naturkunde Berlin.

Oberfamilie **Hoplitaceae** H. DOUVILLÉ 1890

Meist stärker skulpturierte Abkömmlinge der Desmocerataceae, die im allgemeinen recht abweichende Querschnittsverhältnisse, aber ähnliche Lobenlinien aufweisen. Primärsutur stets quinquelobat, enthält also außer E, L und J durchweg zwei Umbilikalloben (U_1 und U_2). Während der Ontogenese kommen noch zwei weitere Umbilikalloben (U_3 und U_4) hinzu, wovon der U_4 zum Suturallobus aufgespalten wird. Gleiches findet sich bei den Desmocerataceae. Ähnlichkeiten mancher Taxa mit den Douvilleicerataceae beruhen auf Homöomorphie. — Unt. Kreide (Unt. Alb) — Ob. Kreide (Maastricht).

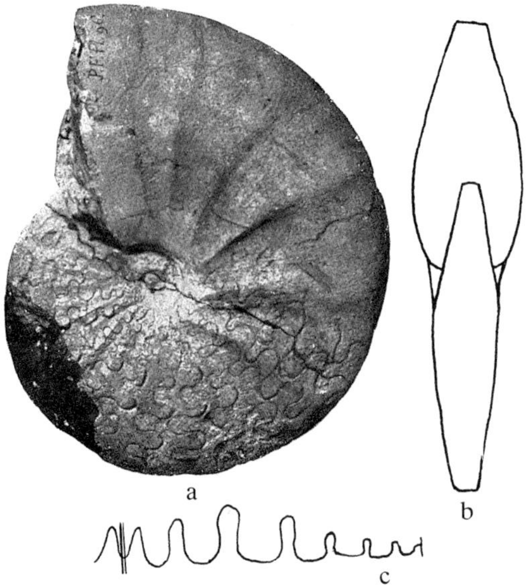

Abb. 383. a)—b) *Neolobites vibrayeanus* (D'ORB.), Ob. Kreide (Cenoman) von Frankreich. Ca. ⅔ nat. Gr.; c) Lobenlinie, vergrößert. — a) Nach G.-J. PAINVIN, b)—c) nach A. D'ORBIGNY 1840—1842.

Familie **Placenticeratidae** HYATT 1900

Mäßig große bis sehr große Ammoniten mit dicken oder seitlich stark abgeflachten Gehäusen, deren Externseite zumindest auf der letzten Windung eine Abplattung oder furchenartige Vertiefung zeigt. Skulptur ist, wenn man von einigen seltenen und ziemlich evoluten Vertretern absieht, nicht oder nur schwach ausgebildet. Die Sättel sind sehr schmal und hoch. — Kreide (Ob. Alb — Maastricht), vor allem der Tethys.

Placenticeras MEEK 1870: Ob. Kreide (Ob. Santon — Unt. Campan), u. a. von Frankreich, Mitteleuropa, Polen, S-Indien, Mexiko, USA (Abb. 384A, B).

Sehr enggenabelte Vertreter mit schwach konvexen Flanken. Die sehr schmale Externseite ist abgeflacht und trägt jederseits meist eine Reihe kleiner Knötchen. Ähnliche Knötchen finden sich auf den Innenwindungen an der Naht. Später rücken sie allmählich in die Mitte der Flanken. Die Skulptur zeigt die Tendenz, im Alter zu verschwinden, so daß die Wohnkammer nicht selten völlig glatt erscheint. Gleichzeitig geht auch meist die Abplattung der Externseite verloren.

Familie **Leymeriellidae** BREISTROFFER 1951

Ziemlich kleinwüchsige, überwiegend seitlich abgeflachte Vertreter, die sich von den sonst recht ähnlichen Hoplitidae vor allem durch ihre relativ flachen und gefurchten Rippen unterscheiden. Außerdem fehlen nahtständige Knoten. — Unt. Kreide (Unt. Alb — unteres Mittl. Alb).

Leymeriella JACOB 1907: Unt. Kreide (Unt. — Mittl. Alb) von Europa (Abb. 385).

Die Externseite des evoluten, einfachrippigen Gehäuses ist entweder abgeflacht oder eingesenkt. Die Rippen sind an den äußeren Enden gefurcht.

Familie **Hoplitidae** H. DOUVILLÉ 1890

Überwiegend kräftig skulpturierte Abkömmlinge der Desmocerataceae, deren einfache oder gegabelte proverse Rippen im allgemeinen an einem nahtständigen Knoten entspringen. Sie sind in der Regel an der glatten, flachen oder gerundeten Externseite unterbrochen. — Kreide (Unt. Alb — Cenoman).

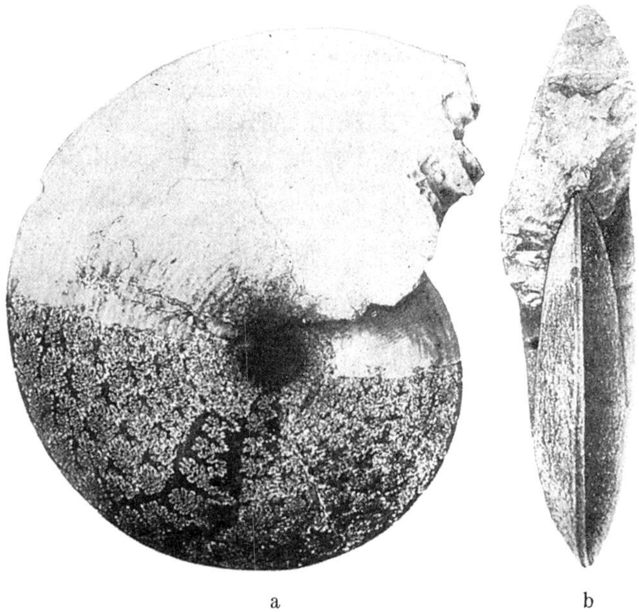

Abb. 384 A. *Placenticeras whitfieldi* HYATT, Ob. Kreide (Senon). Ca. ⅓ nat. Gr. — Nach F. ROMAN 1938.

Abb. 384 B. *Placenticeras* sp., Ausschnitt aus dem gekammerten Teil. Ob. Kreide (Senon) von Dakota. Ca. ⅞ nat. Gr.

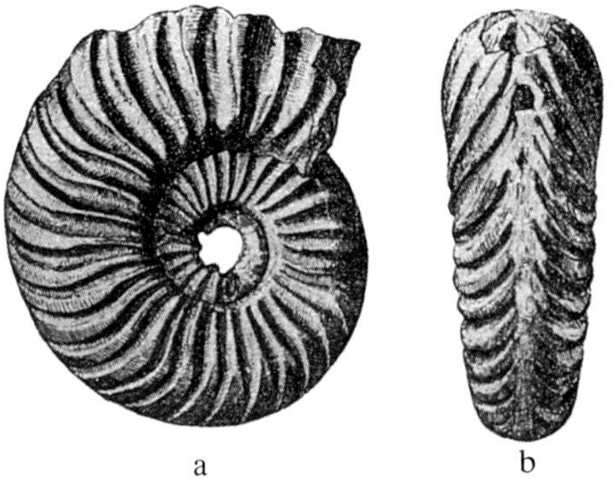

Abb. 385. *Leymeriella tardefurcata* LEYM., Unt. Kreide (Unt. Alb) vom Mittellandkanal bei Schwicheldt. Ca. nat. Gr. — Nach R. BRINKMANN 1937.

Hoplites NEUMAYR 1875: Kreide (Mittl. Alb), u. a. von Europa, Mexiko (Abb. 386 A). Die Windungen des seitlich abgeflachten Gehäuses zeigen einen rechteckigen bis niedrig-trapezförmigen Querschnitt. Die Flanken tragen kräftige, nach vorn gebogene und auf der Externseite unterbrochene Rippen, die in der Regel von nahtständigen Knoten ausgehen. Sie enden an der Externseite alternierend in Knoten, die meist in der Windungsrichtung schief gestreckt sind. — Verschiedene Arten bilden wichtige Leitfossilien.

Euhoplites SPATH 1925: Unt. Kreide (Mittl. — Ob. Alb) von W- und NW-Europa, Grönland und Alaska (Abb. 386 B).

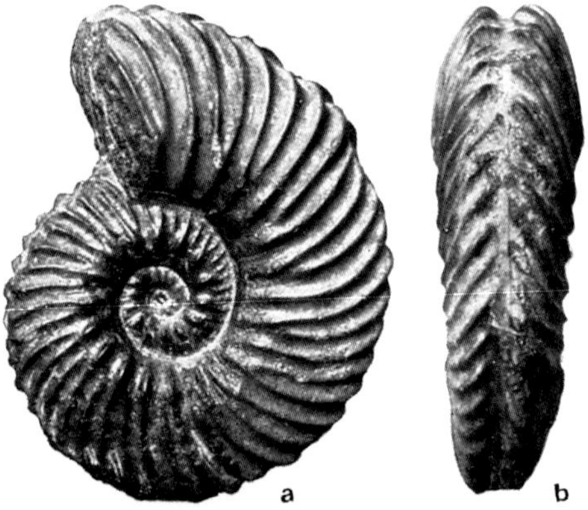

Abb. 386 A. *Hoplites dentatus* (SOW.), Unt. Kreide (Mittl. Alb) von Frankreich. Ca. nat. Gr. — Nach G.-J. PAINVIN.

Abb. 386 B. *Euhoplites lautus* (D'ORBIGNY), Unt. Kreide (Gault) von Wissant (Nordfrankreich). Ca. nat. Gr.

Gehäusegestalt variabel von nahezu involut bis fast evolut, abgeflacht bis aufgebläht. Externseite meist mit tiefer Furche. Externkante mit keulenförmigen, einander fast parallelen alternierenden Knoten, die mit nahtständigen Knoten über kräftige, zickzackförmig verlaufende kräftige Rippen verbunden werden.

Sonneratia Bayle 1878: Unt. Kreide (oberes Unt. Alb — unteres Mittl. Alb), u. a. von Europa (Abb. 387).

Das mäßig weit genabelte und aufgeblähte Gehäuse trägt im wesentlichen nahtgabelige Rippen, die ohne Unterbrechung über die gerundete Externseite hinwegziehen. Die Lobenlinie ist ziemlich einfach gestaltet.

a b

Abb. 387. *Sonneratia dutempleana* (d'Orb.), Unt. Kreide (Unt. Alb) von Frankreich. Ca. nat. Gr. — Nach G.-J. Painvin.

Familie **Schloenbachiidae** Parona & Bonarelli 1897

Verschieden weit genabelte und sehr unterschiedlich gestaltete Abkömmlinge der Hoplitidae, deren Externseite gewöhnlich einen deutlich ausgebildeten Kiel trägt. Soweit Skulptur vorhanden, handelt es sich meist um unregelmäßig ausgebildete Rippen. Die Lobenlinie ist bei der Mehrzahl aller Vertreter verhältnismäßig einfach. — Kreide (oberes Ob. Alb — Cenoman, ? Turon).

Schloenbachia Neumayr 1875 (syn. *Hystrichoceras* Hyatt 1900): Kreide (oberes Ob. Alb — Unt. Cenoman), u. a. von Europa, Grönland, SW-Asien (Abb. 388).

Das involute bis evolute Gehäuse trägt meist einen deutlich ausgebildeten Externkiel, der bei manchen Formen auch stark abgeschwächt sein kann. Die Skulptur besteht im wesentlichen aus sekundären Gabelrippen, deren Gabelungspunkt unterschiedliche Lage aufweist und in der Regel durch einen Knoten betont wird. Weitere Knoten finden sich an der Naht sowie an den externen Enden der Rippen.

Oberfamilie **Acanthocerataceae** Hyatt 1900

Eine (polyphyletische?) Gruppe meist kräftig skulpturierter, dicker Formen, die Einfach- oder Gabelrippen aufweisen. Nur wenige sind bei oxyconem Habitus glatt. Primärsutur quinquelobat. Mehrzahl der Gattungen zeigt eine geringe Anzahl von Umbilikalloben. In keinem Fall wurde bisher eine Aufspaltung des U_1 und eine einwandfreie Suturalloben-Bildung nachgewiesen. Hinsichtlich der Herkunft der A. wird meist an Desmocerataceae gedacht; doch spricht das

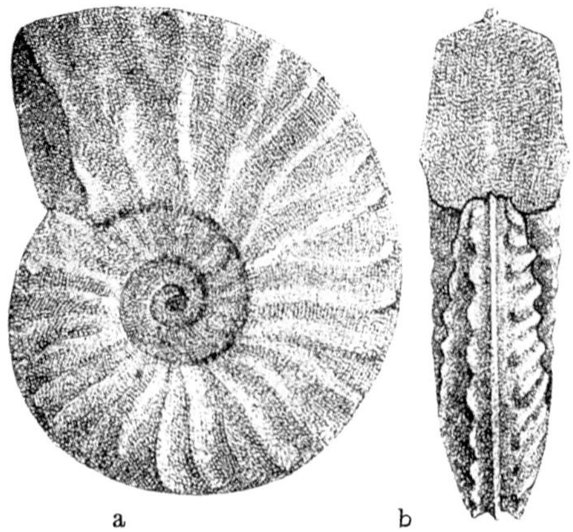

Abb. 388. *Schloenbachia varians* (Sow.), Ob. Kreide (Unt. Cenoman) von Quedlinburg. Ca. nat. Gr. – Nach K. A. v. ZITTEL 1915.

Verhalten der Lobenlinie eher für Haplocerataceae. – Kreide (Unt. Alb – Maastricht). Maximum der Entwicklung bei weltweiter Verbreitung im Mittl. und Ob. Alb. Während dieses Zeitabschnitts stellt die Familie die Mehrzahl aller Ammoniten.

Familie **Brancoceratidae** SPATH 1933

Ziemlich weit genabelte, einfach- oder gabelrippige Vertreter mit Kiel auf der Externseite und rundlichem, ovalem oder quadratischem Windungsquerschnitt. Nach allgemeiner Ansicht die ursprünglichsten Vertreter der Oberfamilie und damit Stammgruppe der übrigen Familien. – Kreide (Unt. Alb – Cenoman).

Brancoceras STEINMANN 1881: Unt. Kreide (oberes Unt. Alb – Mittl. Alb) von England, Frankreich, Indien (Abb. 389).

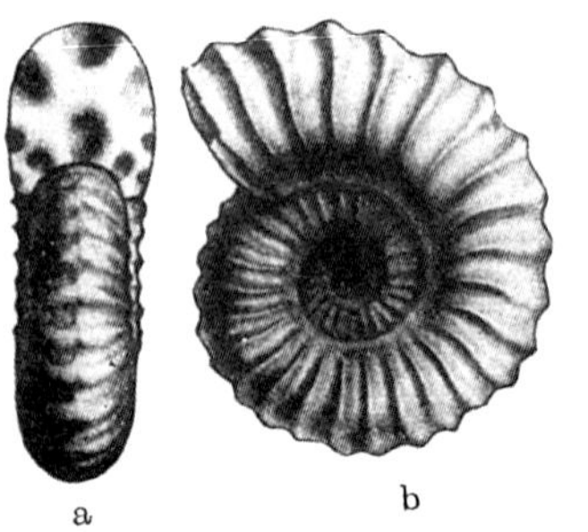

Abb. 389. *Brancoceras senequieri* (D'ORBIGNY), Unt. Kreide (Unt. Alb) von Frankreich. Ca. ¾ nat. Gr. – Nach A. D'ORBIGNY 1840–1842.

Die innersten Windungen sind sehr hochmündig, glatt und tragen einen schwachen Kiel auf der Externseite. Die daran anschließenden zeigen einen quadratischen Querschnitt sowie kräftige, gerundete Einfachrippen, die die Externseite ohne Unterbrechung überschreiten und sich dabei verdicken. Lobenlinie im Alter nur schwach zerschlitzt, wenig differenziert (pseudoceratitisch). Internlobus sehr tief.

Hysteroceras HYATT 1900: Unt. Kreide (oberes Mittl. Alb – unteres Ob. Alb), u. a. von Europa, Afrika, Iran, Pakistan, Mexiko, Grönland.

Im Gegensatz zu dem sonst sehr ähnlichen *Brancoceras* hält der Kiel viel länger an. Außerdem zeigt die Skulptur an Stelle von Einfachrippen überwiegend Gabelrippen. Letztere entspringen an umbilikalen Knoten. Lobenlinie etwas stärker zerschlitzt und differenziert als bei *Brancoceras*. Internlobus sehr tief.

Oxytropidoceras Stieler 1920: Unt. Kreide (oberes Unt. Alb — Mittl. Alb), u. a. von Europa, Afrika, Pakistan, N- und S-Amerika.

Bis in das Erwachsenenstadium gekielte, hochmündige, seitlich abgeflachte Vertreter. Rippen S-förmig gekrümmt, überwiegend einfach, seltener nahtgabelig. Knoten sind nur bei wenigen Formen ausgebildet. Die inneren 5—6 Windungen können glatt sein. Die zunächst recht kräftige Involution nimmt auf dem letzten Umgang sehr rasch ab. Lobenlinie kräftig zerschlitzt.

Mortoniceras Meek 1876: Unt. Kreide (oberes Mittl. Alb — oberstes Ob. Alb) von Europa, Afrika, Indien, S- und N-Amerika (Abb. 390).

Abb. 390. *Mortoniceras rostratum* (Sow.), Unt. Kreide (Alb) von Frankreich. Ca. ⅘ nat. Gr. — Nach G.-J. Painvin.

Das mehr oder weniger weit genabelte Gehäuse trägt innen kräftige, nahtgabelige Rippen, die auf der Wohnkammer überwiegend durch gerade Einfachrippen ersetzt werden. Vorhanden sind stets Knoten an der Naht, in den meisten Fällen solche an der Externseite, wozu gelegentlich auch Lateralknoten treten. Windungsquerschnitt quadratisch, rechteckig oder trapezförmig.

Familie **Lyelliceratidae** Spath 1921

Wenig bedeutende, doch im Alb weit verbreitete, ziemlich evolute Acanthocerataceae von geringer oder mäßiger Größe. Die nicht besonders charakteristische Lobenlinie ist meist bis zur sekundären totalen Zackung abgebaut. — Kreide (Unt. Alb — Cenoman).

Lyelliceras Spath 1921: Unt. Kreide (Unt.— Mittl. Alb) von W-Europa, Pakistan, Mexiko, Peru, Kolumbien (Abb. 391).

Mäßig- bis weitgenabelte Vertreter mit kreisförmigem oder leicht abgeflachtem Windungsquerschnitt und kräftigen Einfachrippen, die jederseits zwei bis drei Reihen von Knötchen

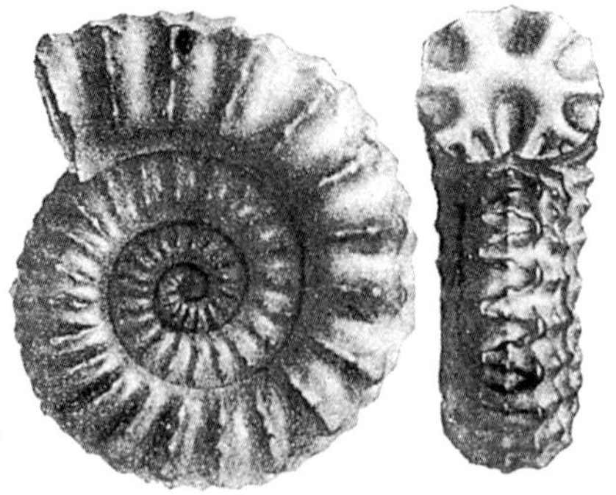

Abb. 391. *Lyelliceras lyelli* (LEYMERIE), Unt. Kreide (Mittl. Alb) von Frankreich. Ca. ⅔ nat. Gr. — Aus F. ROMAN 1938.

tragen. In der Mitte der Externseite kommt eine weitere Knotenreihe hinzu, die jedoch bei einigen Formen verlorengehen kann. Die Rippen verlaufen ohne Unterbrechung über die Externseite, falls sie hier nicht eine sehr charakteristische Zickzacklinie bilden. Internlobus im Vergleich zu den übrigen Loben unverhältnismäßig lang.

Familie **Acanthoceratidae** HYATT 1900

Überwiegend kräftig berippte und beknotete, relativ weit genabelte Vertreter, die teils Einfachrippen, teils Gabelrippen aufweisen. Bei manchen zeigt sich die Tendenz, die Skulptur auf der letzten Windung abzuschwächen. Die Familie ist allem Anschein nach während des Cenoman aus den Lyelliceratidae hervorgegangen. — Ob. Kreide (Unt. Cenoman — Ob. Turon).

Mantelliceras HYATT 1903: Ob. Kreide (Unt. Cenoman), u. a. von Europa, Afrika, S-Indien, Texas, Brasilien.

Involute bis ziemlich evolute, kräftig skulpturierte Formen mit etwa sechseckigem Windungsquerschnitt. Es handelt sich um Abbaugabelripper, bei denen neben Einfachrippen Gabelrippen mit verschieden gelegenem Gabelungspunkt auftreten. Im allgemeinen finden sich, abgesehen von den Jugendstadien, vier bis sechs Reihen von Knötchen auf jeder Seite.

Acanthoceras NEUMAYR 1875: Ob. Kreide (oberes Unt. Cenoman — Ob. Cenoman) von Europa, Afrika, Iran, S-Indien, USA (Abb. 392).

Außerhalb der gabelrippigen Innenwindungen mit einfachen, geraden Rippen bedeckt, die mehrere Reihen kräftiger Knoten tragen (eine umbilikale, eine laterale, eine ventrolaterale und

Abb. 392. *Acanthoceras rhotomagense* (BRONGNIART ex DEFRANCE), Ob. Kreide (Ob. Cenoman) von Frankreich. Ca. ⅙ nat. Gr. — Nach C. E. BAYLE.

eine siphonale). Die Rippen können zumindest auf den Außenrippen gänzlich verschwinden, so daß nur die Knoten übrigbleiben. Windungsquerschnitt etwa quadratisch. Lobenlinie mit breiten, mäßig tief zerschlitzten Sätteln und zweispitzigen Loben.

Mammites LAUBE & BRUDER 1886: Ob. Kreide (Turon), u. a. von Europa, Afrika, S-Indien, Texas, Peru (Abb. 393).

Abb. 393. *Mammites michelobensis* LAUBE & BRUD., Unt. Turon (*Labiatus*-Pläner) von Leubnitz bei Dresden. Ca. ½ nat. Gr.

Mäßig weitgenabelte, zum Teil relativ schwach skulpturierte Abbaugabelripper mit rechteckigem, quadratischem oder trapezförmigem Windungsquerschnitt. Die abgeflachte, gelegentlich auch etwas eingesenkte Externseite trägt im Gegensatz zu *Mantelliceras* und *Acanthoceras* keine mediane (siphonale) Knotenreihe. Die Lobenlinie ist einfacher als bei den meisten übrigen Acanthoceratidae.

Familie **Vascoceratidae** SPATH 1925

Überwiegend kugelig aufgeblähte oder cadicone, eng- bis weitgenabelte und oft sehr großwüchsige Vertreter, deren zum Teil recht grobe Skulptur sich auf den äußeren Windungen nicht selten abschwächt. Windungsquerschnitt und Ausmaß der Involution sind selbst bei ein und demselben Individuum sehr unterschiedlich ausgebildet. Neben (sekundär) total gezackten Formen finden sich solche mit gezähnelter bis gekerbter Lobenlinie. Jugendstadien häufig mit Einschnürungen. — Ob. Kreide (Unt. Turon).

Vascoceras CHOFFAT 1898: Ob. Kreide (Unt. Turon), u. a. von Portugal, Spanien, Frankreich, Afrika, Mexiko.

Innenwindungen des mehr oder weniger weit genabelten Gehäuses eng mit dicken Rippen und zumindest Umbilikalknoten bedeckt. Lobenlinie (sekundär) total gezackt.

Fagesia PERVINQUIÈRE 1907: Ob. Kreide (Unt. Turon), u. a. von Frankreich, Afrika, S-Indien, Japan (Abb. 394).

Gehäuse cadicon, mäßig weit genabelt. Nabelkante mit stumpfen Knoten, von denen 2–3

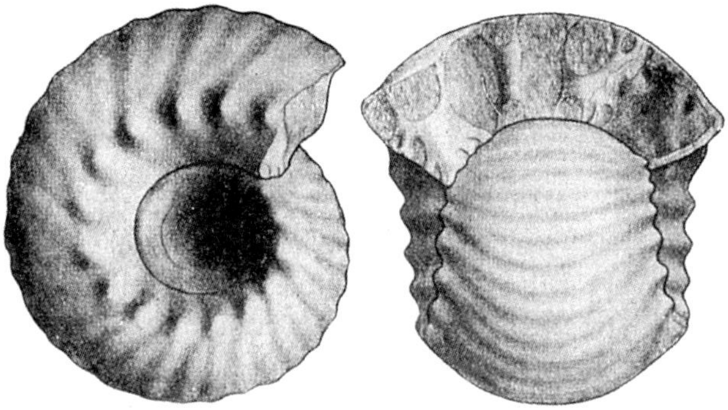

a b

Abb. 394. *Fagesia superstes* (KOSSMAT), Ob. Kreide (Unt. Turon) von Süd-Indien. Ca. ½ nat. Gr. — Nach F. KOSSMAT 1895—1898.

nach vorn gekrümmte, kräftige Rippen ausgehen, die ohne Unterbrechung über die gerundete Externseite hinwegziehen. Lobenlinie gezähnelt oder schwach gekerbt.

Familie **Tissotiidae** HYATT 1900

Mehr oder weniger enggenabelte Abkömmlinge der Vascoceratidae, deren Gehäuse überwiegend gekielt sind. Sie zeigen die Tendenz, die Skulptur abzubauen. Die Mehrzahl ist fast glatt. Andere haben breitgerundete Rippen, die mehrere Reihen von Knoten tragen können. Die Lobenlinie zeigt Abbauerscheinungen zu sekundär gezähnelter, total oder basal bezackter Ausbildung. — Ob. Kreide (Unt. Turon — Unt. Santon).

Tissotia H. DOUVILLÉ 1878: Ob. Kreide (Coniac — Unt. Santon), u. a. von Frankreich, Mitteleuropa, Afrika, Borneo (Abb. 395).

Sehr enggenabelte, stark involute Formen mit etwa eiförmigem Windungsquerschnitt und schwacher bis fehlender Skulptur. Falls Rippen vorhanden (vor allem innen), entstehen diese an umbilikalen Knoten. Von diesen ziehen sie paarweise oder einzeln zur Externkante. Charakteristisch für die sekundär basal gezackte (pseudoceratitische) Lobenlinie sind die breiten und niedrigen Sättel. Die Externseite zeigt einen medianen Kiel, der beiderseits häufig von je einem ventrolateralen Kiel begleitet wird. — Es handelt sich ebenso wie bei dem folgenden *Buchiceras* um sog. Kreideceratiten.

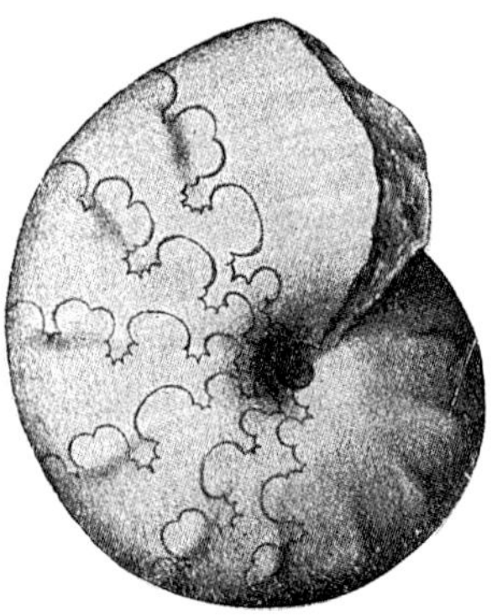

Abb. 395. *Tissotia (Metatissotia) fourneli* (BAYLE) mit pseudoceratitischer Lobenlinie. Ob. Kreide (Coniac) von Algier. Ca. nat. Gr. — Nach E. v. STROMER.

Buchiceras HYATT 1875: Ob. Kreide (Coniac) von Peru.

Unterscheidet sich von *Tissotia* vor allem durch den nahezu quadratischen Windungsquerschnitt und die breite, flache Externseite. Die oft abgeschwächten, sich gabelnden Rippen beginnen an Umbilikalknoten und enden in stumpfen oder zugespitzten Knoten an der Externkante.

Familie **Coilopoceratidae** HYATT 1903

Mehr oder weniger enggenabelte, seitlich abgeflachte, überwiegend oxycone Ammonitina mit zugeschärfter oder enggerundeter Externseite. Falls skulpturiert, zeigen sich einige breitgerundete Rippen, die von Umbilikalknoten nach außen ziehen. Lobenlinie sekundär gekerbt oder gezähnelt. Laterallobus stark verbreitert und in zwei mehr oder weniger selbständige Teilstücke zerlegt, die ihrerseits nocheinmal zweigeteilt werden. Dies erinnert an die Placenticeratidae und Hoplitaceae. Status dieser Familie ebenso wie der der Tissotiidae sehr umstritten. — Ob. Kreide (Unt. Turon — Coniac).

Coilopoceras HYATT 1903: Ob. Kreide (Unt. Turon — Coniac), u. a. von Frankreich, Afrika, Texas, N-Mexiko.

Das sehr enggenabelte, auf der Externseite zugeschärfte Gehäuse zeigt eine nur schwach hervortretende Skulptur aus gerundeten, radial verlaufenden Rippen. Lobenlinie sekundär gezähnelt.

Familie **Collignoniceratidae** WRIGHT & WRIGHT 1951

Seitlich abgeflachte, relativ weitgenabelte Ammonitina, die, abgesehen von einer Gruppe oxyconer, glatter bis schwach skulpturierter Vertreter, verhältnismäßig stark skulpturierte, gekielte Formen mit quadratischem bis hochovalem Windungsquerschnitt umfassen. Die einfachen oder gegabelten Rippen können Knötchen tragen. Lobenlinie überwiegend (sekundär) gekerbt oder gezähnelt. — Ob. Kreide (Unt. Turon — Mittl. Maastricht).

Collignoniceras BREISTROFFER 1947: Ob. Kreide (Turon), u. a. von Europa, Turkestan, N-Amerika (Abb. 396).

Abb. 396. *Collignoniceras (Collignoniceras) woolgari* (MANTELL), Ob. Kreide (Turon) von Frankreich. Ca. ½ nat. Gr. — Nach G.-J. PAINVIN.

Weitgenabelte, einfachrippige Formen mit seitlich abgeflachten Innen- und quadratisch werdenden Außenwindungen, mit kräftigen Umbilikalknoten sowie einer doppelten Reihe von Knoten an der Externkante. Externseite mit Knotenkiel, wobei die einzelnen Elemente in der Längsrichtung des Gehäuses gestreckt sein können.

Peroniceras DE GROSSOUVRE 1894: Ob. Kreide (Coniac), u. a. von Europa, Afrika, S-Indien, Mexiko.

Das sehr evolute, äußerlich an Arietiten erinnernde Gehäuse zeigt einen ovalen bis quadratischen Windungsquerschnitt und an der Externkante mit Knoten besetzte Einfachrippen, die nicht über die mit drei Kielen versehene Externseite hinwegziehen. Laterale und umbilikale Knoten können auftreten. Lobenlinie sekundär gezähnelt.

Texanites SPATH 1925: Ob. Kreide (Ob. Coniac — Unt. Campan), u. a. von Europa, Afrika, S-Indien, Japan, USA (Abb. 397).

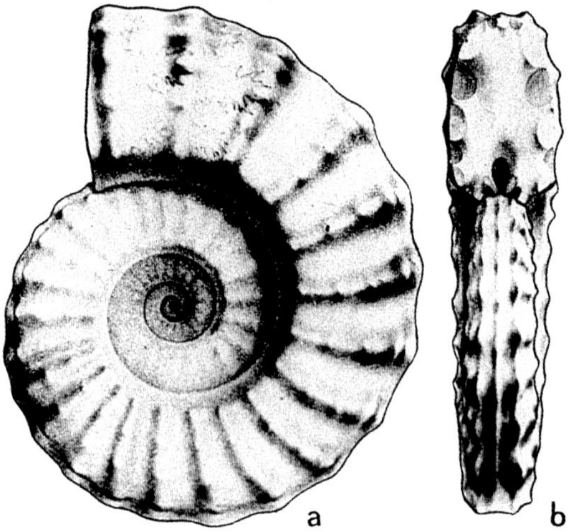

Abb. 397. *Texanites texanus* (ROEMER), Ob. Kreide (Santon) von Texas. Ca. ½ nat. Gr. — Nach J. ROEMER.

Das sehr evolute, seitlich stark abgeflachte, hochmündige Gehäuse zeigt einen nicht unterbrochenen Kiel. Die einfachen Rippen sind mit je drei oder mehr gleichmäßig verteilten Knoten besetzt. Lobenlinie gezähnelt, sehr lobenarm.

Barroisiceras DE GROSSOUVRE 1894: Ob. Kreide (Coniac), u. a. von Frankreich, Spanien, M-Europa, Afrika, Texas, Peru.

Stark involute Vertreter mit hocheiförmigem Windungsquerschnitt und unregelmäßigen, meist nahtgabeligen, leicht S-förmig gekrümmten Rippen. Die Externseite trägt in der Regel einen kräftigen medianen Kiel. An der Externkante biegen die Rippen scharf nach vorn zum Kiel. Lobenlinie sekundär gezähnelt.

Familie **Sphenodiscidae** HYATT 1900

Eng- oder punktförmig genabelte, überwiegend oxycone, seltener aufgeblähte bis dickscheibenförmige Vertreter, die meist eine glatte oder schwach skulpturierte Oberfläche aufweisen. Sonst zeigen sich Knötchen bzw. einfache Rippchen an der Externkante oder auf der Flankenmitte. Lobenlinie gekerbt, gezähnelt oder sekundär basal gezackt. — Ob. Kreide (Ob. Campan — Maastricht).

Sphenodiscus MEEK 1871: Ob. Kreide (Maastricht), u. a. von Holland, Frankreich, Arabische Halbinsel, S-Indien, USA, Mexiko, Venezuela (Abb. 398).

Abb. 398. *Sphenodiscus pleuriseptus* CONRAD, Ob. Kreide (Maastricht) von Texas. Ca. ⅓ nat. Gr. — Nach R. LASSNITZ 1904.

Stark involute, meist punktförmig genabelte, glattschalige Vertreter von oxyconem Habitus. Innenwindungen bei einigen Arten mit schwachen Knötchen auf der Flankenmitte und an der Externkante. Die zahlreichen Elemente der sekundär basal bis aufsteigend gezackten Lobenlinie sind schwach bogenförmig (arcuat) angeordnet. Im Alter tritt an die Stelle der Zuschärfung an der Externseite allmählich eine Krümmung. Vorhanden sind Adventivloben (A_1, A_2), die in der gleichen dorso-ventralen Abfolge wie bei den Goniatiten angelegt werden.

Ordnung **Ancyloceratida** WIEDMANN 1960

Normal aufgerollte und (überwiegend) heteromorphe Abkömmlinge vermutlich der Lytoceratida mit rückgebildeter quadrilobater Primärsutur und beschränkter Anzahl von Umbilikalloben; ohne Suturallobus. — Ob. Malm (Tithon) — Ob. Kreide (Maastricht), weit verbreitet.

Oberfamilie **Ancylocerataceae** MEEK 1876
(incl. Turrilitaceae)

Heteromorphe Ammonoidea, bei denen die quadrilobate Primärsutur während der gesamten Ontogenese fortbesteht und sich offenbar von verschiedenen Stellen aus immer wieder Anläufe zur Wiederherstellung planspiral aufgewundener normaler Gehäusegestalten erkennen lassen. — Malm (Tithon) — Ob. Kreide (Maastricht) mit ca. 95 Gattungen.

Macroscaphites MEEK 1876: Kreide (Barrême — Apt) von S- und M-Europa sowie N-Afrika (Abb. 198d und 399).

Innere Windungen tangierend in einer Ebene aufgewunden. Letzte Windung zunächst geradegestreckt, dann hakenartig umgebogen. Oberfläche mit einfachen, radial verlaufenden Rippen bedeckt. Meist sind Einschnürungen vorhanden, die beiderseits von vergrößerten Rippen eingerahmt werden.

Crioceratites LEVEILLÉ 1837 (syn. *Crioceras* D'ORBIGNY 1842): Unt. Kreide (Hauterive — Barrême), u. a. von Europa, Türkei, Japan, Kalifornien, Mexiko. Leitend im Barrême (Abb. 400).

Gyrocone, das heißt uhrfederförmige, lose aufgerollte, planspirale Vertreter mit ovalem oder subquadratischem Windungsquerschnitt.

Die alte „Sammelgattung" *Crioceratites* mit ihren zahlreichen Arten wurde verschiedentlich aufgegliedert. So erhob L. SPATH (1924) eine Anzahl von Arten zum Typus selbständiger Gattungen, deren Abgrenzung im einzelnen aber noch aussteht. Dies gilt etwa für *Hoplocrioceras* SPATH 1924 (Ob. Hauterive — Barrême), *Parancyloceras* SPATH 1924 (Ob. Barrême) und *Paracrioceras* SPATH 1924 (Ob. Hauterive — Barrême).

Abb. 399. *Macroscaphites yvani* (Puzos), Unt. Kreide (Barrême) von Frankreich. Ca. ½ nat. Gr. — Nach O. Abel 1920.

Abb. 400. *Crioceratites duvali* Leveillé, Unt. Kreide (Mittl. Hauterive) von Frankreich. ⅔ nat. Gr. — Nach C. E. Bayle.

Bochianites Lory 1898: Malm (Tithon) — Unt. Kreide (Hauterive), u. a. von Europa, N-Afrika, Kalifornien, Mexiko.

Hamulicone, das heißt pfeifenförmig gestaltete Formen, deren innerer Abschnitt meist sehr schlank und langgestreckt ist. Falls Skulptur ausgebildet, handelt es sich um schräg verlaufende Ringrippen. Die Elemente der Lobenlinie sind auffallend kurz.

Ancyloceras d'Orbigny 1842: Unt. Kreide (Unt. Barrême — Unt. Apt), u. a. von Europa, Japan, N-Amerika (Abb. 401a).

Ähnlich wie bei *Crioceratites* sind die inneren Windungen lose und in einer Ebene aufgewunden. Im Unterschied ist aber die letzte Windung zunächst geradegestreckt und sodann hakenartig umgebogen. Oberfläche mit einfachen, radial verlaufenden Rippen bedeckt, von denen einige auf den Flanken je drei dornige Knoten tragen.

Heteroceras d'Orbigny 1849: Unt. Kreide (Barrême — Apt) von Europa, Kaukasus und Peru (Abb. 401b).

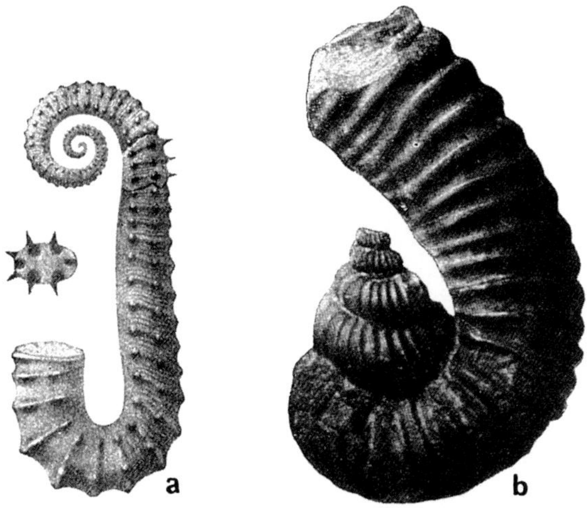

Abb. 401. a) *Ancyloceras matheronianum* (d'Orb.), Unt. Kreide (Barrême) von Cassis bei Marseille. Ca. 1/12 nat. Gr. — Nach A. d'Orbigny 1842; b) *Heteroceras* sp., Unt. Kreide (Barrême) von Frankreich. 9/10 nat. Gr. — Nach G.-J. Painvin.

Äußerlich ähnlich *Macroscaphites*; doch sind die Innenwindungen nicht planspiral, sondern räumlich spiral nach einer schrägen Achse aufgerollt. Der Rest bildet gewöhnlich einen großen, zurückgekrümmten Haken, der aber gelegentlich auch fehlen kann. Auf ihm finden sich mitunter einige Gabelrippen.

Hamulina d'Orbigny 1843: Unt. Kreide (Barrême) von S- und M-Europa, Kalifornien (Abb. 221 i).

Hamulicon, das heißt einfach pfeifenförmig gebogene Vertreter mit feinen, ringförmig verlaufenden Rippen. Auf Teilen des Gehäuses schalten sich periodisch etwas dickere Rippen ein, welche an den Flanken jeweils drei Knoten tragen. Die Loben sind zweispitzig.

Hamites Parkinson 1811: Unt. Kreide (Ob. Apt — Ob. Alb) von Europa, Afrika, Indien, USA (Abb. 221 k).

Das dreifach hakenartig gekrümmte Gehäuse besteht aus einem (mitunter noch schraubenartig gebogenen) Innenabschnitt, zwei Mittelabschnitten sowie einem zurückgebogenen Mündungsteil, die parallel zueinander verlaufen.

Baculites Lamarck 1799: Ob. Kreide (Ob. Turon — Maastricht), weltweit verbreitet (Abb. 402, 403 a).

Überwiegend geradegestreckte Gehäuse, von denen lediglich die inneren Kammern etwa bis zur 17. Kammerscheidewand planspiral aufgewunden sind. Varices können auftreten. Die Loben sind, abgesehen vom Intern- und (seltener) Externlobus, zweispitzig.

Anisoceras Pictet 1854: Kreide (Ob. Alb — Ob. Turon), weltweit verbreitet.

Zunächst meist lose, räumlich spiral aufgewundene Formen, deren Wohnkammer in der Regel geradegestreckt ist. Die Lobenlinie ist relativ stark differenziert, komplizierter als bei dem sonst ähnlichen *Protanisoceras* Spath 1923 (Unt. — Mittl. Alb).

Turrilites Lamarck 1801: Ob. Kreide (Cenoman — Unt. Turon), weltweit verbreitet (Abb. 403 b).

Turriliticone, das heißt räumlich spiral unter spitzem Apikalwinkel aufgewundene Vertreter mit schwacher bis kräftiger Berippung. Manche Formen tragen 3 oder 4 Reihen gleichartige Knötchen.

Bostrychoceras Hyatt 1900: Kreide (Cenoman — Unt. Maastricht), u. a. von Europa, N-Afrika, W-Australien, Texas, Mexiko (Abb. 403 c).

Abb. 402. *Baculites* sp., Abschnitte des gekammerten Teils. Ob. Kreide von Dakota (USA). Ca. nat. Gr.

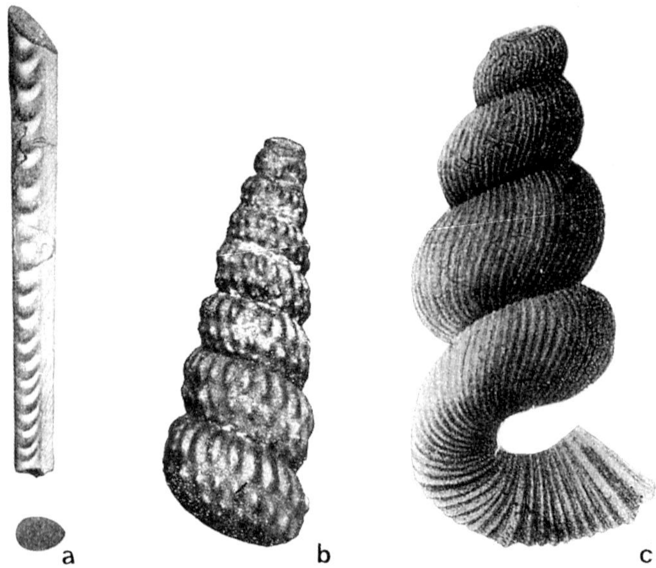

Abb. 403. a) *Baculites pseudoanceps* LASSWITZ, Ob. Kreide (Emscher-Senon) von Texas. Ca. ⅓ nat. Gr. — Nach R. LASSWITZ 1904, b) *Turrilites costatus* LAMARCK, Ob. Kreide (Unt. Cenoman) von Südindien. Ca. ½ nat. Gr. — Nach O. ABEL, 1920; c) *Bostrychoceras polyplocum* (ROEMER), Ob. Kreide (Campan) von Niedersachsen. Ca. ½ nat. Gr. — Nach F. A. ROEMER 1840—1841.

Zeigt ähnliche Windungsverhältnisse wie *Turrilites*, nur wird die Wohnkammer frei. Sie bildet einen U-förmigen Haken. Die Oberfläche ist mit einfachen, ziemlich kräftigen Rippen bedeckt. Varices können vorhanden sein.

Nipponites YABE 1904: Ob. Kreide (? Ob. Turon, Unt. Santon), u. a. von Madagaskar, Japan, Sibirien, USA, ? England (Abb. 404).

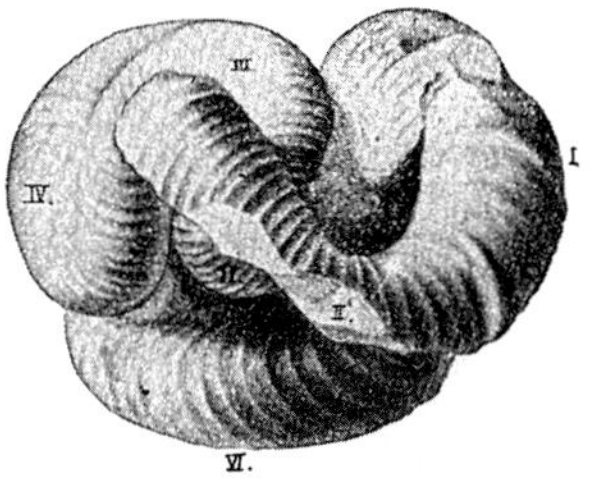

Abb. 404. *Nipponites mirabilis* YABE, Ob. Kreide (Unt. Santon) von Japan. ½ nat. Gr. – Nach H. YABE.

Abgesehen von den auch hier planspiral verlaufenden inneren Umgängen, weitgehend unregelmäßig aufgewunden. YABE denkt im Hinblick auf die Lobenlinie an eine Verwandtschaft mit *Heteroceras*. Berippung und Varices sind ähnlich wie bei *Bostrychoceras* ausgebildet. – Äußerlich ist *N.* zu vergleichen mit dem extrem unregelmäßig aufgewundenen *Peripleurites* MOJSISOVICS 1893 mit goniatitischer Lobenlinie und kontinuierlich über die Externseite verlaufenden Einfachrippen aus der Ob. Trias (Nor) der Alpen und Ungarns.

Oberfamilie **Scaphitaceae** MEEK 1876

Überwiegend scaphiticone, teilweise aber auch ancylocone oder ähnlich gestaltete Heteromorphe, deren Herkunft von den Hamitidae durch sekundäre Wiedereinrollung des Gehäuses wohl überzeugend durch WIEDMANN (1965) belegt ist. Kennzeichnend ist eine sekundäre Neubildung von Umbilikalloben über den einen Umbilikallobus der quadrilobaten Primärsutur hinaus (SCHINDEWOLF 1968); deshalb hat man den Eindruck, als ob die Scaphitaceae manchen Ammonitida recht nahe stehen. Daß es sich aber um Abkömmlinge der Ancylocerataceae handelt, ergibt sich aus der quadrilobaten Primärsutur und dem sehr elementarmen, reduzierten Verlauf der Lobenlinie bei einigen Formen (z. B. *Eoscaphites* BREISTROFFER 1947, Ob. Alb; *Worthoceras* ADKINS 1928, Ob. Alb – Unt. Turon). – Kreide (Unt. Alb – Maastricht) mit ca. 17 Gattungen; viele Arten als Leitfossilien wichtig.

Scaphites PARKINSON 1811: Kreide (Ob. Alb – Campan) der Nordhalbkugel, von Madagaskar und Queensland (Abb. 405).

Der hakenförmig zurückgekrümmte Teil der Wohnkammer greift nicht über den gekammerten, in der Regel mit Gabelrippen bedeckten Abschnitt des Gehäuses. Die Mündung ist meist

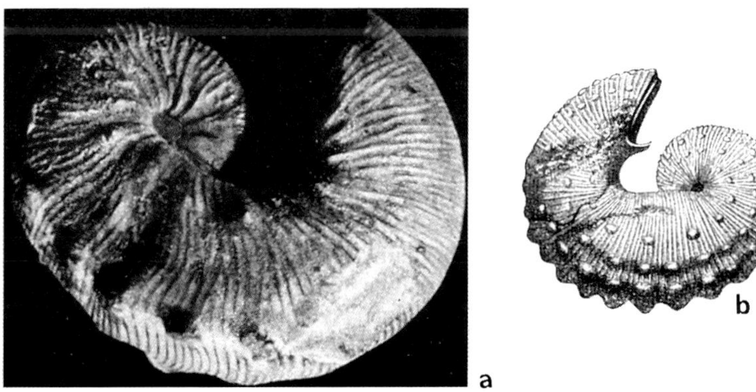

Abb. 405. a) *Scaphites* sp., Ob. Kreide von Dakota (Nordamerika). Ca. ½ nat. Gr., Orig.; b) *Scaphites spiniger* (SCHLÜTER), Ob. Kreide (Senon) von Niedersachsen. Ca. ½ nat. Gr. – Nach C. SCHLÜTER.

kragenartig eingeschnürt. Primärsutur und die nächstfolgenden jugendlichen Stadien der Lobenlinie quadrilobat, dann tritt ähnlich wie bei *Acanthoscaphites* ein U_2 und wesentlich später durch Spaltung des U_1 ein U_3 hinzu. Bei *Acanthoscaphites* findet sich zusätzlich ein U_4.

Hoploscaphites NOVAK 1911: Ob. Kreide (Campan — Maastricht), u. a. von Europa, S-Afrika, N-Amerika (Abb. 406—407).

Ähnlich *Scaphites*, doch ist der Schaft in der Regel wesentlich kürzer. Externseite meist mit kräftigen, in Richtung der Windung langgezogenen ventrolateralen Knoten, zumindest an Schaft und Haken.

Abb. 406. *Hoploscaphites* aff. *greenlandicus* (DONOVAN), Ob. Kreide (Ob. Campan) von Angnertuneq (Grönland), D ca. 10 cm. — Nach T. BIRKELUND 1965.

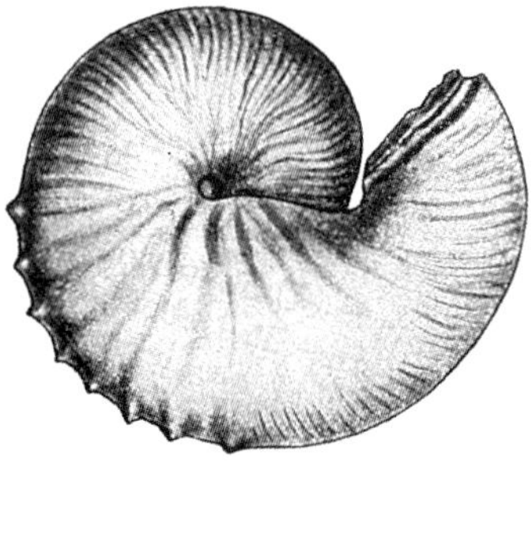

Abb. 407. *Hoploscaphites constrictus* (SOW.), Ob. Kreide (Maastricht) von Frankreich. Nat. Gr. — Nach A. D'ORBIGNY 1840—1842.

Oberfamilie **Douvilleicerataceae** PARONA & BONARELLI 1897

Abkömmlinge der Ancylocerataceae, deren Lobenlinie im Unterschied zu den Hoplitaceae ausgesprochen reduziert ist. Primärsutur und nachfolgende Stadien der jugendlichen Lobenlinie quadrilobat. Anschließend vollzieht sich eine fortschreitende Neubildung von zwei bis drei Umbilikalloben (bis zum U_4) als Reversion bzw. Restitution einstiger Zustände; doch kommt es nicht zu einer völligen Rückkehr zu früheren Stadien der Evolution in der Gesamtstruktur. — Unt. Kreide (Barrême — Alb).

Familie **Douvilleiceratidae** PARONA & BONARELLI 1897

Kräftig skulpturierte, relativ evolute Abbaugabelripper mit ursprünglich kreisförmigem Windungsquerschnitt. Bei den Abkömmlingen ist er entweder polygonal oder seitlich abgeplattet. — Unt. Kreide (Barrême — Mittl. Alb).

Paraspiticeras KILIAN 1910: Unt. Kreide (Barrême) von S-Frankreich, Schweiz, Mähren, Mallorca und S-Spanien (Abb. 408).

Abb. 408. *Paraspiticeras schindewolfi* WIEDMANN, Unt. Kreide (Unt. Barrême) von La Querola (Alicante, Spanien), D ca. 6 mm. — Nach J. WIEDMANN 1966b.

Der erste Umgang bildet eine offene (gyrocone) Spirale; nur die Bursa embryonalis bleibt eingerollt. 2. und folgende Umgänge wieder advolut. Nabel offen. Umgänge rasch anwachsend. Alterswindungen meist gerundet. Skulptur zunächst aus Einfachrippen, die auf dem Lateralkiel Knoten tragen, bzw. aus Gabelrippen. Jüngere Formen mit Skulpturreduktion. — Stammt vermutlich von *Leptoceras*, einem kleinwüchsigen Vertreter der Crioceratiten, der aber bereits „eine deutliche Tendenz zur Wiederaufrollung" zeigt (WIEDMANN 1966).

Douvilleiceras DE GROSSOUVRE 1894: Unt. Kreide (Unt. — Mittl. Alb), weltweit verbreitet (Abb. 409).

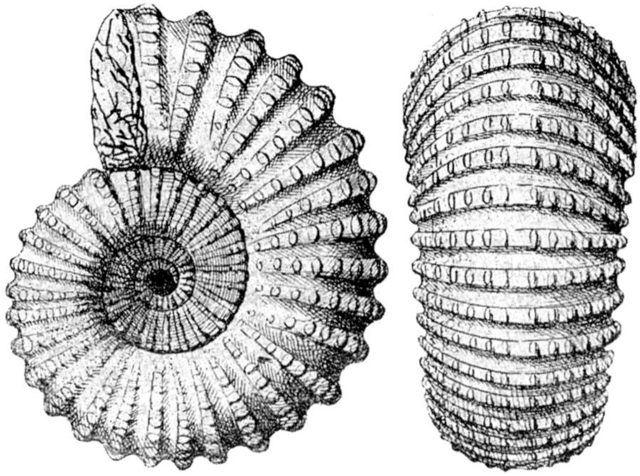

Abb. 409. *Douvilleiceras mammillare* (v. SCHLOTH.), Unt. Kreide (Gault) von Macheroménil (Ardennen). Ca. nat. Gr. — Nach K. A. v. ZITTEL 1915.

Das überwiegend mit sekundären Einfachrippen bedeckte Gehäuse zeigt auf den Innenwindungen zwei Knotenreihen. Später tragen die Rippen zahlreiche Knoten, die schließlich ganz verlorengehen können. Die Rippen sind auf der Externseite entweder unterbrochen oder abgeschwächt. Gelegentlich als Aberration vorkommende scaphiticone Formen lassen gewisse Rückschlüsse auf die Stammesgeschichte der Douvilleiceratidae zu.

Literaturverzeichnis

ARKELL, W. J.: The Jurassic System in Great Britain. XII + 681 S., 41 Taf., Oxford 1933.

— Monograph on the ammonites of the English Corallian beds. — Monogr. Palaeontogr. Soc., LXXXIV + 420 S., 78 Taf., London 1935—1948.

— A classification of the Jurassic ammonites. — J. Paleont. **24**, 354—364, 2 Abb., 1950.

— Monograph on the English Bathonian ammonites. — Monogr. Palaeontogr. Soc., Teil 1—5, 1—140, 17 Taf., London 1951; Teil 7—8, 163—264, 24 Abb., 14 Taf., London 1958.

— Jurassic geology of the world. XV + 804 S., 46 Taf., Edinburgh & London (OLIVER & BOYD) 1956.

BACHMAYER, F.: Beiträge zur Palaeontologie der oberjurassischen Riffe. I. Die Aptychen (Ammonoidea) des Oberjura von Stramberg (ČSSR). II. Die Aptychen der Klentnitzer Serie in Österreich. — Ann. Naturhist. Mus. Wien **66**, 125—138, 4 Taf., Wien 1963.

BANDEL, K.: Morphologie und Bildung der frühontogenetischen Gehäuse bei conchiferen Mollusken. — Facies **7**, 198 S., 109 Abb. 22 Taf., Erlangen 1981.

— & HEMLEBEN, CH.: Anorganisches Kristallwachstum bei lebenden Mollusken. — Paläont. Z. **49**, 298—320, 38 Abb., Stuttgart 1975.

BARDHAM, S., JANA, S. K., & DATTA, K. B.: Preserved color pattern of a phylloceratid ammonoid from the Jurassic Chari Formation, Kutch, India, and its functional significance. — J. Paleont. **67**, 140—143, 2 Abb., 1993.

BARRANDE, J.: Céphalopodes: Système Silurien du centre de la Bohême I, 2, Atlas: 107 Taf. (1865); Textteil: 712 S. (1867), 1865—1867.

BARTZSCH, K., & WEYER, D.: Die unterkarbonische Ammonoidea-Subfamilia Karagandoceratinae. — Freiberger Forschungsh. **C 419**, 130—142, 3 Abb., Leipzig 1988.

BASSE, E.: Céphalopodes, Nautiloidea, Ammonoidea. — In: J. PIVETEAU, Traité de Paléontologie **2**, 522—688, 24 Taf., 60 Abb., Paris (Masson) 1952.

BAUMBERGER, E.: Die Ammoniten der unteren Kreide im westschweizerischen Jura. — Soc. Paléontol. Suisse, Mém., **2**, 1—60, 3 Taf., 1903; **32**, 1—80, 10 Taf., 1905; **33**, 1—30, 5 Abb., 1906; **34**, 1—47, 6 Taf., 1907; **35**, 1—40, 4 Abb., 1909; **36**, 1—57, 5 Abb., 1910.

Bayer, U.: Anomalien bei Ammoniten des Aaleniums und Bajociums und ihre Beziehung zur Lebensweise. — N. Jb. Geol. Paläont. Abh. **135**, 19—41, 2 Abb., 4 Taf., Stuttgart 1970.
— Organische Tapeten im Ammoniten-Phragmokon und ihr Einfluß auf die Fossilisation. — N. Jb. Geol. Palänt. Mh. **1975**, 12—25, Stuttgart 1975.
— Cephalopoden-Septen, Teil 1: Konstruktionsmorphologie des Ammoniten-Septums. — Ebd. Abh. **154**, 290—366, 29 Abb., Stuttgart 1977 (1977a).
— Cephalopoden-Septen, Teil 2: Regelmechanismen im Gehäuse und Septenbau der Ammoniten. — Ebd. Abh. **155**, 162—215, 20 Abb., Stuttgart 1977 (1977b).
— Morphogenetic Programs, Instabilities, and Evolution — a theoretical study. — Ebd. Abh. **156**, 226—261, 21 Abb., Stuttgart 1978.
Benecke, E. W.: Die Versteinerungen der Eisenerzformation von Deutsch-Lothringen und Luxemburg. — Abh. Geol. Spezialkarte Elsaß-Lothringen, N. F. **6**, 598 S., 59 Taf., 1905.
Bentz, A.: Die Garantianenschichten von Norddeutschland mit besonderer Berücksichtigung des Brauneisenoolithhorizontes von Harzburg. — Jb. Preuß. Geol. Landesanst. **45**, 119—193, 6 Taf., 1924.
— Über Strenoceraten und Garantianen insbesondere aus dem Mittleren Dogger von Bielefeld. — Jb. Preuß. Geol. Landesanst. **49**, 138—206, 6 Taf., Berlin 1928.
Berckhemer, F., & Hölder, H.: Ammoniten aus dem Oberen Weißen Jura Süddeutschlands. — Beih. Geol. Jb. **35**, 135 S., 89 Abb., 27 Taf., Hannover 1959.
Blind, W.: Über die Entstehung und Funktion der Lobenlinie bei den Ammonoideen. — Paläont. Z. **49** (3), 254—267, 3 Abb., 2 Taf., Stuttgart 1975.
— Die ontogenetische Entwicklung von *Nautilus pompilius* (Linné). — Palaeontographica **A 153,** 117—160, Stuttgart 1976.
— Über Anlage und Ausformung von Cephalopoden-Septen. — N. Jb. Geol. Paläont. Abh. **160** (2), 217—240, 15 Abb., Stuttgart 1980.
Birkelund, T.: Ammonites from the Upper Cretaceous of West Greenland. — Meddelels. om Gronland **179** (7), 192 S., 125 Abb., 49 Taf., Kopenhagen 1965.
— & Hansen, J.: Shell ultrastructure of some Maastrichtian Ammonoidea and Coleoidea and their taxonomic implications. — K. Danskc Videnskab. Selsk., Biol. Skr. **20** (6), 1—34, 1974.
Branco, W.: Beiträge zur Entwicklungsgeschichte der fossilen Cephalopoden. — Palaeontographica **26**, 15—50, 10 Taf., 1879; **27**, 17—81, 9 Taf., Cassel 1880.
Breistroffer, M.: Sur les zones d'ammonites dans l'albien de France et d'Angleterre. — Trav. Lab. géol. Grenoble **26**, 1—88, 1947.
Brinkmann, R.: Statistisch-phylogenetische Untersuchungen an Ammoniten. — Verh. 5. Internat. Kongr. Vererbungswissenschaft, Berlin 1927, 496—513, 1928.
— Statistisch-biostratigraphische Untersuchungen an mitteljurassischen Ammoniten über Artbegriff und Stammesentwicklung. — Abh. Ges. Wiss. Göttingen, math.-phys. Kl., N. F. **13**, 3, 1—249, 5 Taf., Berlin 1929.
— Monographie der Gattung *Kosmoceras*. — Abh. Gesell. Wiss. Göttingen, math.-phys. Kl., N. F. **13**, 4, 1—124, 2 Abb., 1 Taf., 1929.
— Biostratigraphie des Leymeriellenstammes nebst Bemerkungen zur Paläogeographie des Nordwestdeutschen Alb. — Mittl. Geol. Staatsinst. Hamburg **16**, 1—18, 12 Abb., 1937.
Callomon, J. H.: Sexual dimorphism in Jurassic ammonites. — Leicester Lit. Phil. Soc. Trans. **57**, 21—56, 9 Abb., 1 Taf., Leicester 1963.
— Dimorphism in Jurassic Ammonites. — Internat. Union Geol. Sci., Series A, **1,** 112—125, Stuttgart 1969.
— The evolution of the Jurassic ammonite family Cardioceratidae. — Spec. Papers in Paleontology **33**, 49—90, 1985.
Casey, R.: A monograph of the Ammonoidea of the Lower Greensand. I—VII. — Monogr. Palaeontogr. Soc. **1960—1966**, 582 S., 219 Abb., 97 Taf., London 1960—1966.
Clausen, C.-D.: Oberdevonische Cephalopoden aus dem Rheinischen Schiefergebirge. I. Orthocerida, Bactritida, — Palaeontogr. **128 A**, 86 S., 36 Abb., 10 Taf., Stuttgart 1968; Teil II, ebd. **132 A**, 95—178, 23 Abb., 5 Taf., Stuttgart 1969.
Closs, D.: Goniatiten mit Radula und Kieferapparat in der Itararé-Formation von Uruguay. — Paläont. Z. **41**, 19—37, 4 Abb., 3 Taf., Stuttgart 1967.
Cobban, W. A.: *Baculites* from the lower part of Pierre shale and equivalent rocks in the western interior. — J. Paleont. **36**, 704—718, 1 Abb., 4 Abb., 1962 (1962a).

HOFFMANN, K.: Stratigraphie und Ammoniten-Fauna des unteren Doggers in Sehnde bei Hannover, 202 S., 18 Taf., Stuttgart 1913.
— Die Grenze Unter-Mittellias und die Zone des *Eoderoceras miles* (SIMPSON) in Nordwestdeutschland. — Geol. Jb. **64**, 75—121, 10 Abb., 1 Taf., Hannover 1950.
— (unter Mitarbeit von R. JORDAN): Die Stratigraphie, Paläogeographie und Ammonitenführung des Unter-Pliensbachium (Carixium, Lias gamma) in Nordwest-Deutschland. — Geol. Jb. **A 55**, 3—439, 32 Abb., 40 Taf., Hannover 1982.
HOHENEGGER, J., & TATZREITER, F.: Morphometric methods in determination of ammonite species, exemplified through *Balatonites* shells (Middle Trias). — J. Paleont. **66** (5), 801—816, 19 Abb., 1992.
HÖLDER, H.: Die Aptychen der Ammoniten. — Aus der Heimat **59**, 176—230, 7 Abb., 1951.
— Über Gehäusebau, insbesondere Hohlkiel, jurassischer Ammoniten. — Palaeontogr. Abt. A, **102**, 18—48, 5 Taf., 28 Abb., Stuttgart 1952 (1952a).
— Der Hohlkiel der Ammoniten und seine Entdeckung durch F. A. QUENSTEDT. — Jh. Ver. vaterl. Naturkde Württemberg **1952**, 37—50, 13 Abb., 1952 (1952b).
— Die Gattung *Taramelliceras* im südwestdeutschen Unter- und Mittelmalm. Morphologische und taxonomische Studien an *Ammonites flexuosus* BUCH (Oppeliidae). — Palaeontogr. **A 106**, 37—153, 182 Abb., 4 Taf., 20 Beil., Stuttgart 1955.
— Anomalien an Molluskenschalen, insbesondere Ammoniten, und deren Ursachen. — Paläont. Z. **44**, 182–195, 12 Abb., Stuttgart 1970.
— Miscellanea cephalopodica. — Münstersche Forsch. Geol. Paläont. **29**, 39–76, 10 Abb., 3 Taf., Münster/Westf. 1973.
— Ammoniten der Gattung *Parapatoceras* aus dem Oberen Mitteljura des Süntels (östliches Wesergebirge, Niedersachsen). — Paläont. Z. **52**, 280—304, 16 Abb., Stuttgart 1978.
HOLZAPFEL, E.: Die Goniatiten-Kalke von Adorf in Waldeck. — Palaeontogr. **28**, 225—261, 5 Taf., Stuttgart 1882.
HOUSE, M. R.: Observations on the ammonoid succession of the North American Devonian. — J. Paleont. **36**, 247–284, 15 Abb., 6 Taf., 1962.
— Major features of cephalopod evolution. — In: J. WIEDMANN & J. KULLMANN, Cephalopods-Present and Past, S. 1—16, Stuttgart (Schweizerbart) 1988.
HOWARTH, M. K.: A monograph of the Ammonites of the Liassic family Amaltheidae in Britain. — Monogr. Palaeontogr. Soc. **111,** 1—53, 18 Abb., 10 Taf., London 1957—1958.
HYATT, A.: Genetic Relations of the Angulatidae. — Proc. Boston nat. Hist. Soc. **17**, 15—23, 1874.
— Genera of fossil cephalopods. — Proc. Boston Soc. nat. Hist. **22**, 253—338 (S. 253—272 ausgegeben 1883, S. 273—338 ausgegeben 1884), Boston 1883—1884.
— & SMITH, J. P.: The Triassic cephalopod genera of America. — U. S. Geol. Survey, Prof. Paper **40**, 394 S., 85 Taf., 1905.
ISHIBASHI, T.: Upper Triassic Ammonites from Okinawa-jima, part I. — Mem. Fac. Sci. Kyushu Univ., ser. D, Geol. **20**, 195—223, 2 Abb., 2 Taf., 1970; II. **22**, 1—12, 2 Abb., 3 Taf., 1973; III. **22**, 193—213, 2 Taf., Fukuoka 1975.
JOHNSTON, F. N.: Trias at New Pass, Nevada (New Lower Karnic Ammonoids). — J. Paleont. **15**, 447—491, 3 Abb., 13 Taf., 1941.
JORDAN, R.: Zur Anatomie mesozoischer Ammoniten nach den Strukturelementen der Gehäuse-Innenwand. — Beih. Geol. Jb. **77**, 64 S., 26 Abb., 10 Taf., Hannover 1968.
KANIE, Y. et al.: Preliminary study of jaw apparatus in some late Cretaceous ammonites from Japan and Sakhalin. — J. Geol. Soc. Japan **84** (10), 629–631, 1 Abb., 1 Taf., Tokio 1978.
KAPLAN, U. et al.: Turonian and Coniacian Scaphitidae from England and North-Western Germany. — Geol. Jb. **A 103**, 39 S., 3 Abb., 6 Taf., Hannover 1987.
— & SCHMID, F.: Die heteromorphen Ammoniten der Gattungen *Eubostrychoceras* und *Hyphantoceras* aus dem Turon NW-Deutschlands. - Geol. Paläont. Westf. **12**, 47–87, 6 Abb., 13 Taf., Münster 1988.
KENNEDY, W. J., & COBBAN, W. A.: Aspects of ammonite biology, biogeography, and biostratigraphy. — Spec. Papers in Paleont. **17**, 93 S., London 1976.
— — Campanian ammonites from Annona Chalk near Yancy, Arkansas. — J. Paleont. **67**, 83—97, 12 Abb., 1993.
KESSLER, P.: Konchinbänder, Haftlinie, Hohlkiel und Streifenbüschel bei Ammoniten. — Cbl. Min. Geol. **24**, 499—511, 1923.

Keupp, H.: Der Wert anomaler Perisphincten (Ammonoidea) für die Deutung der Parabelgenese. — Geol. Bl. NO-Bayern **23** (1), 20–35, Erlangen 1973.
— Neue Beispiele für den Regenerationsmechanismus bei verletzten und kranken Ammoniten. — Paläont. Z. **50**, 70—77, 5 Abb., Stuttgart 1976.
— Pathologische Ammoniten — Kuriositäten oder paläobiologische Dokumente? – Fossilien **1** (6), 258—262, 267—275, 1984; **2** (1), 23—35, Korb 1985.
— Fälle der forma aegra calcar (Zieten) bei mesozoischen Ammoniten. — Ebd. **10** (3), 140–144, 5 Abb., Korb 1993.
Koenen, A. v.: Die Ammonitiden des norddeutschen Neocom. — Abh. k. preuß. geol. Landesanst., N. F. **24**, 449 S., 2 Abb., 55 Taf., Berlin 1902.
Korn, D.: Oberdevonische Goniatiten mit dreieckigen Innenwindungen. — N. Jb. Geol. Paläont. Mh. **1988** (10), 605—610, 2 Abb., Stuttgart 1988 (1988a).
— Die Goniatiten des Kulmplattenkalkes (Cephalopoda, Ammonoidea; Unterkarbon; Rheinisches Schiefergebirge). — Geol. Paläont. Westf. **11**, 1—293, 88 Abb., 60 Taf., Münster 1988 (1988b).
— Weitere Goniatiten aus dem Ober-Visé des Sauerlandes (Cephalopoda, Ammonoidea; Unterkarbon; Rheinisches Schiefergebirge). — Geol. Paläont. Westf. **15**, 11—69, 23 Abb., 24 Taf., Münster 1989.
Kulicki, C.: The ammonoid shell: its structure, development and biological significance. — Acta Paläont. Polonica **39**, 97—142, 10 Abb., 25 Taf., Warschau 1979.
Kullmann, J.: Die Goniatiten der Namur-Stufe (Oberkarbon) im Kantabrischen Gebirge, Nordspanien. — Abh. Akad. Wiss. Lit., Math.-Nat. Kl. **1962**, Nr. 6, 119 S., 17 Abb., 7 Taf., Wiesbaden 1962 (1962a).
— Namurian bei Družetić im Westlichen Serbien. II. Paläontologischer Teil. — Bull. Mus. Hist. Nat., Ser. A, **16—17**, 71—112, 7 Abb., 4 Taf., Belgrad 1962 (1962b).
— Die Goniatiten des Unterkarbons im Kantabrischen Gebirge (Nordspanien). II. Paläontologie der U. O. Prolecanitina Miller & Furnish. Die Altersstellung der Faunen. — N. Jb. Geol. Paläont., Abh. **116**, 269—324, 11 Abb., 4 Taf., Stuttgart 1963.
— & Wiedmann, J.: Significance of sutures in phylogeny of Ammonoidea. — Paleont. Contr. **47**, 32 S., 16 Abb., 1970
Kummel, B.: Cephalopoda. — Harvard Univ. Mus. Comp. Zool. Bull. **112**, 3, 181—192, 6 Abb., 1954.
— & Lloyd, R. M.: Experiments on relative streamlining of coiled cephalopod shells. — J. Paleont. **29**, 159—170, 5 Abb., 1955.
— & Steele, G.: Ammonites from the *Meekoceras gracilitatus* zone at Crittenden Spring, Elko County, Texas. — J. Paleont. **36**, 638—703, 20 Abb., 6 Taf., 1962.
Kutassy, A.: Fossilium Catalogus I, Animalia, Teil 56, Cephalopoda triadica II. S. 371—832, Berlin 1933.
Landmann, N. H., & Bandel, K.: Internal structures in the early whorls of Mesozoic ammonites. — Americ. Mus. (n. s.) **2823**, 21 S., New York 1985.
Lange, W.: Zur Kenntnis des Oberdevons am Enkeberg und bei Balve (Sauerland). — Abh. preuß. geol. L.-A., N. F. **119**, 132 S., 3 Taf., Berlin 1929.
— Die Ammonitenfauna der *Psiloceras*-Stufe Norddeutschlands. — Palaeontogr. **A 93**, 192 S., 138 Abb., 20 Taf., Stuttgart 1941.
— Die Schlotheimiinae aus dem Lias Alpha Norddeutschlands. — Palaeontogr. **A 100**, 128 S., 109 Abb., 20 Taf., 1951.
Lehmann, U.: Dimorphismus bei Ammoniten der Ahrensburger Lias-Geschiebe. — Paläont. Z. **40**, 26—55, 11 Abb., 2 Taf., Stuttgart 1966.
— Ammoniten mit Kieferapparat und Radula aus Lias-Geschieben. — Paläont. Z. **41**, 38—45, 3 Abb., 1 Taf., Stuttgart 1967.
— Stratigraphie und Ammonitenführung der Ahrensburger Glazial-Geschiebe aus dem Lias epsilon (= Unt. Toarcium). — Mitt. Geol. Staatsinst. Hamburg **37**, 41—68, 1 Abb., 4 Taf., Hamburg 1968.
— Lias-Anaptychen als Kieferelemente (Ammonoidea). — Paläont. Z. **44**, 25—31, 3 Abb., 1 Taf., Stuttgart 1970.
— Jaws, radula, and crop of *Arnioceras* (Ammonoidea). — Paleontology **14**, part 2, 338—341, 1 Abb., 1 Taf., London 1971.
— New Aspects in Ammonite Biology. — Proc. North Amer. Paleont. Conv. **1969**, part I, 1251—1269, 9 Abb., 1971.
— Aptychen als Kieferelemente der Ammoniten. — Paläont. Z. **46**, 34—48, 2 Abb., 2 Taf., Stuttgart 1972.
— Über Nahrung und Ernährungsweise von Ammoniten. — Paläont. Z. **49**, 187—195, 4 Abb., Stuttgart 1975.

– Ammoniten. Ihr Leben und ihre Umwelt. 171 S., 143 Abb., Stuttgart (Enke) 1976.
– Über den Kieferapparat von Ammoniten der Gattung *Parkinsonia*. – Mitt. Geol.-Paläont. Inst. Hamburg **48**, 79–84, 1 Abb., 1 Taf., Hamburg 1978.
– The jaws and radula of the Jurassic ammonite *Dactylioceras*. – Palaeontology **22**, part 1, 265–271, 3 Abb., 1 Taf., London 1979.
– Zur Anatomie der Ammoniten: Tintenbeutel, Kiemen, Augen. – Paläont. Z. **59** (1/2), 99–108, 7 Abb., Stuttgart 1985.
– On the dietary, habits and locomotion of fossil cephalopods. – In: J. J. WIEDMANN & J. KULLMANN (Eds.), Cephalopods present and past, S. 633–640, Stuttgart 1988.
– Ammonoideen. – Haeckel-Bücherei **2**, 242 S., 135 Abb., Stuttgart 1990.
– & WEITSCHAT, W.: Zur Anatomie und Ökologie von Ammoniten: Funde von Kropf und Kiemen. – Paläont. Z. **47**, 69–76, 1 Abb., 1 Taf., Stuttgart 1973.
LUPPOV, N. P., & DRUTSCHITZ, V. V.: Principles of Paleontology. Handbook for Paleontologists and Geologists of the USSR **6**, Mollusca: Cephalopoda II, 190 S., 78 Taf., 1958.
MAIRE, V.: Contribution à la connaissance des Cardiocératidés. – Soc. géol. France, Mém., Sér. nouv. 15, Mém. **34**, 134 S., 20 Taf., 1938.
MAKOWSKI, H.: Problem of sexual dimorphism in Ammonites. – Palaeontologia Polonica **12**, 92 S., 14 Abb., 20 Taf., Warschau 1963.
– Some remarks on the ontogeneticdevelopment and sexual dimorphism in the Ammonoidea. – Acta Geol. Polonica **21**, 321–340, 1971.
MAPES, R. H.: Carboniferous and Permian Bactritoidea (Cephalopoda) in North America. – Kansas Paleont. Contr. **64**, 1–75, 1979.
– & SNECK, D. A.: The oldest ammonoid „color" patterns: description, comparison with *Nautilus*, and implications. – Paleontology **30** (2), 299–309, 1987.
MARCINOWSKI, R., & NAIDIN, D. P.: An Upper Albian ammonite fauna from Crimea. – Acta Geol. Polonica **26**, 83–119, 6 Abb., 9 Taf., Warschau 1976.
MATSUMOTO, A.: A monograph of the Baculitidae from Japan. – Mem. Fac. Sci., Kyushu Univ., ser. D, Geol. **13**, 116 S., 221 Abb., 27 Taf., 1963.
MAUBEUGE, P. L.: Sur quelques ammonites de l'Aalénien ferrugineux du Luxembourg. – Arch. Inst. Grand-Ducal Luxembourg, Sec. Sci. Nat., sér. nouv. **17**, 73–87, 1947.
– Les ammonites du Bajocien de la région frontière franco-belge. – Arch. Inst. Grand-Ducal Luxembourg, Mém (2) **42,** 104 S., 16 Taf., 1951.
MEEK, F. B., & HAYDEN, F. V.: Palaeontology of the Upper Missouri; Invertebrates. – Smithson. Contrib. Knowledge **14**, 5, 118–121, 1864.
MICHALSKI, A.: Die Ammoniten der unteren Wolga-Stufe. – Mém. Comité géol. Russie, livr. 8, 2, 497 S., 13 Taf., 1890.
MILLER, A. K., & FURNISH, W. M.: Paleoecology of the Paleozoic cephalopods. – Natl. Research Council, Rept. Paleoecology Comm., 54–63, Washington 1937.
– Devonian Ammonoids from America. – Geol. Soc. Amer., Spec. Pap. **14**, XIII + 262 S., 41 Abb., 39 Taf., New York 1938.
MOJSISOVICS, E. v.: Das Gebirge um Hallstatt; Abt. 1, Die Cephalopoden der Hallstätter Kalke. – Abh. geol. Reichsanst. Wien **6**, 356 S., 70 Taf. und 1–23 (Heft 1, 82 S., 32 Taf., 1873; Heft 2, 83–174, 38 Taf., 1875; Suppl.-Heft, 175–356, 23 Taf., 1902), Wien 1873–1902.
– Die Cephalopoden der mediterranen Triasprovinz. – Abh. geol. Reichsanst. Wien **10**, 322 S., 94 Taf., 1882.
– Arktische Triasfaunen. – Mem. Acad. Imp. Sci. Nat. St. Pétersbourg (7) **33**, 59 S., 20 Taf., 1886.
– Beiträge zur Kenntnis der obertriadischen Cephalopoden-Fauna des Himalaya. – Akad. Wiss. Wien, Math.-naturwiss. Kl., Denkschr. **63**, 575–701, 22 Taf., 1896.
MÜLLER, A. H.: Zur Entwicklungsgeschichte der Ceratiten des germanischen Oberen Muschelkalkes, mit einigen Bemerkungen über Abnormitäten. – Z. Geol. **3**, 28–41, 3 Abb., 2 Taf., Berlin 1954.
– Großabläufe der Stammesgeschichte. Erscheinungen und Probleme. 116 S., 71 Abb., 4 Taf., Jena (Fischer) 1961.
– Ein Ceratit (*Ceratites* cf. *schmidi*, Ammonoidea) aus dem Unt. Keuper (Grenzdolomitregion, ku2) des Germanischen Triasbeckens. – Mber. Dtsch. Akad. Wiss. Berlin **11**, 122–132, 6 Abb., 2 Taf., Berlin 1969 (1969a).
– Ammoniten mit „Eierbeutel" und die Frage nach dem Sexualdimorphismus der Ceratiten (Cephalopoda). – Mber. Dtsch. Akad. Wiss. Berlin **11**, 411–420, 3 Abb., Berlin 1969 (1969b).

– Über die Festigatus-Anomalie der Ceratiten (Ammonoidea, Cephalopoda) des germanischen Oberen Muschelkalkes. – Mber. Dtsch. Akad. Wiss. Berlin **12**, 303–321, 9 Abb., 2 Taf., Berlin 1970 (1970a).
– Weitere Aberrationen bei Ceratiten (Ammonoidea, Cephalopoda) aus dem germanischen Oberen Muschelkalk und Bemerkungen zur Originalschale der Ceratiten. – Mber. Dtsch. Akad. Wiss. Berlin **12**, 219–231, 3 Abb., 3 Taf., Berlin 1970 (1970c).
– Über Lobendrängung und Ähnliches bei Ammoniten (Cephalopoda), insbesondere Ceratiten. – Mber. Dtsch. Akad. Wiss. Berlin **12**, 374–390, 10 Abb., 2 Taf., Berlin 1970 (1970d).
– Einiges über spirale und schraubenförmige Strukturen bei fossilen Tieren unter besonderer Berücksichtigung taxonomischer und phylogenetischer Zusammenhänge, Teil 2. – Mber. Dtsch. Akad. Wiss. Berlin **13**, 369–382, 8 Abb., Berlin 1971.
– Über Ammonoidea (Cephalopoda) aus der Grenzdolomitregion des germanischen Unterkeupers. – Z. geol. Wiss. **1**, 935–945, 9 Abb., 1 Taf., Berlin 1973.
– Über die normale und aberrante Lobenlinie der Ceratiten (Ammonoidea, Cephalopoda) des germanischen Oberen Muschelkalkes (Mitteltrias). – Freiberger Forschungshefte **C 309**, 71–94, 21 Abb., 7 Taf., Leipzig 1975.
– Über einen besonderen Typ phylogenetisch deutbarer Aberrationen fossiler Tiere. – Biol. Rdsch. **14** (4), 190–206, 16 Abb., Jena 1976.
– Über Ceratiten mit fehlenden oder unvollständigen Kammerscheidewänden (Septen) und die Frage nach der Lebensweise der Ammonoidea (Cephalopoda). – Freiberger Forschungshefte **C 334**, 69–84, 14 Abb., 2 Taf., Leipzig 1978 (1978a).
– Zur Oologie fossiler Tiere. – Biol. Rdsch. **16** (3), 155–174, 18 Abb., Jena 1978 (1978b).
– Weitere Aberrationen bei Ceratiten (Ammonoidea, Cephalopoda) aus dem germanischen Oberen Muschelkalk (Mitteltrias). – Freiberger Forschungshefte **C 348**, 21–30, 10 Abb., 1 Taf., Leipzig 1980.
Münster, Graf zu: Mémoire sur les Clymenes et les Goniatites du calcaire de transition du Fichtelgebirge. – Ann. Sci. nat. (2) **2**, Zool., 65–99, 6 Taf., Paris 1834.
Nassichuk, W. W.: Carboniferous ammonoids and stratigraphy in the Canadian Arctic Archipelago. – Bull. geol. Surv. Canada **237**, 240 S., 18 Taf., Ottawa 1975.
Neumayr, M.: Die Ammoniten der Kreide und die Systematik der Ammonitiden. – Z. Dtsch. geol. Ges. **27**, 854–892, 1875.
– & Uhlig, V.: Über Ammonitiden aus den Hilsbildungen Norddeutschlands. – Palaeontogr. **27**, 129-303, 42 Taf., Stuttgart 1881.
Newell, N. D.: Phyletic size increase, an important trend illustrated by fossil invertebrates. – Evolution **3**, 103–124, 5 Abb., 1949.
Nowak, J.: Untersuchungen über die Cephalopoden der oberen Kreide in Polen; I. Teil, Genus *Baculites* Lamarck. – Bull. Acad. Sci. Cracovie, Cl. Sci. math.-nat., 326–353, 1908.
– Untersuchungen über die Cephalopoden der oberen Kreide in Polen; II. Teil, Die Skaphiten. – Bull. Acad. Sci. Cracovie, Cl. Sci. mat.-nat., 547–588, 2 Taf., 1911.
Okamoto, K.: Changes in life orientation during the ontogeny of some heteromorph ammonoids. – Palaeontology **31**, 281-294, London 1988.
Olivero, E. B., & Zinsmeister, W. J.: Large heteromorph ammonites from the Upper Cretaceous of Seymour Island, Antarctica. – J. Paleont. **63** (5), 626–636, 7 Abb., 1989.
Oppel, A.: Die Juraformation Englands, Frankreichs und des südwestlichen Deutschlands. – Jh. Verein. vaterl. Naturk. Württemberg **12–14**, 857 S., 1856–1858.
– Über jurassische Cephalopoden. – Palaeont. Mitt. Mus. k.-bayer. Staates **3**, 127–162, 1862; 163–266, 34 Taf., 1863.
Orbigny, A. d': Paléontologie française; Terrains cretacés, I, Céphalopodes. 662 S., 148 Taf., (1–120, 1840; 121–430, 1841; 431–662, 1842), Paris 1840–1842.
– Paléontologie française; Terrains jurassiques, I, Céphalopodes. 642 S., 234 Taf., Paris 1842–1851.
Palframan, D. F. B.: Ammonites: *Taramelliceras* (de Loriol) and *Creniceras renggeri* (Oppel) from Woodham, Buckinhamshire. – Palaeontology **9**, 290–311, 1966.
– Taxonomy of Sexual Dimorphism in Ammonites: Morphogenetic Evidence in *Hecticoceras brightii* (Pratt). – Internat. Union Geol. Sciences, ser. A, **1**, 126–154, 11 Abb., 3 Taf., Stuttgart 1969.
Patteisky, K.: Die Goniatiten im Namur des Niederrheinisch-Westfälischen Karbongebietes. – Mitt. d. Westfäl. Berggewerkschaftskasse **14**, 1–65, 18 Abb., 14 Taf., Bochum 1959.
Pavia, G.: Ammoniti del Baiociano superiore di Digne (Francia SE, dip. Basses-Alpes). – Boll. Soc. Paleont. Italiana **10**, Nr. 2, 75–142, 8 Abb., 17 Taf., Modena 1971.

Pavlow, A. P.: Le Crétacé inférieur de la Russie et sa fauna. — Nouv. Mém. Soc. Imp. Nat. Moscou **21** (sér. nouv., livr. 16), 87 S., 4 Abb., 8 Taf., 1901.
— Les céphalopodes du Jura et du Crétacé inférieur de la Sibérie septentrionale. — Nouv. Mém. Soc. Imp. Nat. Moscou, phys.-math. Cl. (8) **21**, Nr. 4, 68 S., 18 Taf., 1913.
Pfaff, E.: Über Form und Bau der Ammonitensepten und ihre Beziehungen zur Suturlinie. — Jber. Niedersächs. Geol. Vereins Hannover **4**, 208—222, 11 Taf., 11 Abb., 1911.
Pompeckj, J. F.: Über Ammonoideen mit anormaler Wohnkammer. — Jh. Verein vaterl. Naturk. Württemberg **49**, 220—290, 4 Taf., 1894.
— Die Ammoniten des Rhät. — Neues Jb. Min. Geol. Paläont. **2**, 46 S., 2 Taf., 1895.
Popov, I. N.: Découpage asymétrique de la suture des ammonites du Trias. — Doklady Akad. Nauk SSR **95**, Nr. 2, 381—383, 2 Abb., 1929.
Potonié, R.: Die ammonitischen Nebenformen des Dogger (*Apsorroceras, Spiroceras, Parapatoceras*). — Jb. Preuß. Geol. Landesanst. **50**, 216—261, 3 Taf., Berlin 1929.
Prieser, Th.: Beitrag zur Systematik und Stammesgeschichte der Europäischen Peltoceraten. — Palaeontogr. **A 68**, 144 S., 9 Abb., Stuttgart 1937.
Quenstedt, F. A.: Petrefactenkunde Deutschlands. Die Cephalopoden. 580 S., 36 Taf., Tübingen 1845—1849.
— Der Jura. 843 S., 100 Taf., Tübingen 1856—1858.
— Die Ammoniten des Schwäbischen Jura. 1140 S., 126 Taf., Stuttgart 1882—1888.
Ramsbottom, W. H. C., & Saunders, W. B.: Evolution and evolutionary biostratigraphy of Carboniferous ammonoids. — J. Paleont. **59** (1), 123—139, 5 Abb., 1985.
Raup, D. M.: Geometric analysis of shell coiling: coiling in Ammonoids. — J. Paleont. **41**, 43—65, 19 Abb., Tulsa/Okl. 1967.
Rein, S.: Über die Stellung der Ceratiten (Ammonoidea, Cephalopoda) der *enodis/laevigatus*- Zone (Oberer Muschelkalk, Unterladin) Thüringens im Stammbaum der germanischen Ceratiten. — Freiberger Forschungsh. **C 427**, 101—112, 15 Abb., Leipzig 1988.
— Die fastigaten Ceratiten in den Sammlungen des Erfurter Naturkundemuseums. — Veröff. Naturkundemuseum Erfurt **1991**, 66—79, 5 Taf., Erfurt 1991.
— Über Ceratiten (Cephalopoda, Ammonoidea) mit „fehlenden" Septen. — Veröff. Naturhist. Mus. Schleusingen **5**, 22—25, 5 Abb., Schleusingen 1991.
— Zur Biologie und Lebensweise der germanischen Ceratiten. — Sonderbde Ges. Naturkde Württemberg **2,** 279—284, 7 Abb., Stuttgart (Korb) 1993 (1993a).
— Eine Platte mit Kauapparaten der germanischen Ceratiten. — Veröff. Naturhist. Mus. Schleusingen 7/8, 3—4, 7 Abb., Schleusingen 1993 (1993b).
Rieber, H.: Ammoniten und Stratigraphie des Braunjura beta der Schwäbischen Alb. — Palaeontographica **122 A**, 1–89, 25 Abb., 8 Taf., Stuttgart 1963.
— Cephalopoden aus der Grenzbitumenzone (Mittlere Trias) des Monte San Giorgio (Kanton Tessin, Schweiz). — Schweiz. Paläont. Abh. **93**, 1—96, 17 Taf., 1973.
Ristedt, H.: Bactriten aus dem Obersilur Böhmens. — Mitt. Geol.-Paläont. Inst. Univ. Hamburg **51,** 23—26, 1 Abb., 1 Taf., Hamburg 1982.
Roll, A.: Über Fraßspuren an Ammonitenschalen. — Zbl. Min. Geol. B, 120—124, 11 Abb., 1935.
Roman, F.: Les Ammonites jurassiques et crétacées, Essai de Genera 454 S., 54 Abb., 53 Taf., Paris 1938.
Rothpleitz, A.: Über die Einbettung von Ammoniten in die Solnhofener Schichten. — Abh. k.-bayer. Akad. Wiss. München (Kl. 2) **24**, 313—337, 2 Taf., München 1909.
Salfeld, H.: Monographie der Gattung *Cardioceras*. — Z. Dtsch. geol. Ges., Mber. **67**, 149—204, 5 Taf., 1915.
— Monographie der Gattung *Ringsteadia*. — Palaeontogr. **62**, 69—84, 6 Taf., Stuttgart 1917.
— Über die Ausgestaltung der Lobenlinie bei Jura- und Kreide-Ammonoideen. — Nachr. Ges. Wiss. Göttingen, math.-phys. Kl. **3**, 449—467, 7 Abb., 3 Taf., Berlin 1920.
— Kiel- und Furchenbildung auf der Schalenaußenseite der Ammonoideen. — Cbl. Min. Geol. 1921, 343—347, Stuttgart 1921.
— Die Bedeutung der Konservativstämme für die Stammesentwicklung der Ammonoideen. 16 S., 16 Taf., Leipzig 1924.
Sandberger, G. & F.: Die Versteinerungen des rheinischen Schichtensystems in Nassau. 564 S., 39 Taf. (Atlas). (Lief. 1, 2, 72 S., 8 Taf., 1850; Lief. 3, 73—104, Taf. 9—13, 1851; Lief. 4, 105—136, Taf. 14—18, 1852), 1850—1856.

Saunders, B. W., & Shapiro, E. A.: Calculation and simulation of ammonoid hydrostatics. — Paleobiology **12** (1), 64—79, Lawrence 1986.
Schindewolf, O. H.: Über die Ausgestaltung der Lobenlinie bei den Neoammonoidea Wdkd. — Cbl. Min. Geol. **24**, 337—350 und 359—370, 5 Abb., 1923.
— Beiträge zur Kenntnis des Paläozoicums in Oberfranken, Ostthüringen und dem Sächsischen Vogtlande. 1. Stratigraphie und Ammoneenfauna des Oberdevons von Hof a. S. — N. Jb. Mineral., Geol., Paläont. **49**, 250—257, 393—509, 5 Taf., 1923.
— Vergleichende Studien zur Phylogenie, Morphogenie und Terminologie der Ammoneenlobenlinie. — Abh. Preuß. Geol. Landesanst., N. F. **115**, 102 S., 1 Taf., 30 Abb., 1929.
— Über den Ammoniten-Sipho. — Sitz.ber. Preuß. Geol. Landesanst. **6**, 197—209, 1 Abb., 1 Taf., Berlin 1931.
— Zur Stammesgeschichte der Cephalopoden. — N. Jb. Mineral., Geol., Paläont. **55**, 258—283, 4 Taf., 1934.
— Über Epöken auf Cephalopoden-Gehäusen. — Paläont. Z. **16**, 258—283, 4 Taf., 7 Abb., 1936.
— Zur Phylogenie der Clymenien (Cephalop., Ammon.). — N. Jb. Mineral., Geol., Paläont., Mh., (B) **1949**, 197—209, 5 Abb., Stuttgart 1949 (1949 a).
— Zur Nomenklatur der Clymenien (Cephalop., Ammon.). — N. Jb. Mineral., Geol., Paläont. Mh., (B) **1949**, 64—76, 1 Abb., Stuttgart 1949 (1949 b).
— Zur Stratigraphie und Paläontologie der Wocklumer Schichten (Oberdevon). — N. Jb. Mineral., Geol., Paläont., Abh., N. F. **178**, 132 S., 4 Taf., 1951 (1951 a).
— Zur Morphologie und Terminologie der Ammoneen-Lobenlinie. — Paläont. Z. **25**, 11—34, 1 Taf., 1951 (1951 b).
— Über *Strenoceras* und andere Dogger-Ammoniten. — N. Jb. Geol. Paläont. **3**, 119—130, 10 Abb., 1953.
— Über die Lobenlinie der Ammonoidea. — N. Jb. Geol. Paläont. **3** 123—140, 9 Abb., 1954.
— Zur Taxionomie und Nomenklatur der Clymenien. Ein Epilog. — N. Jb. Geol., Paläont., Mh., **1955**, 417—429, 2 Abb. Stuttgart 1955 (hier weitere wichtige Literatur).
— Über Aptychen (Ammonoidea). — Palaeontogr. **III A**, 46 S., 6 Abb., 9 Taf., Stuttgart 1958.
— Studien zur Stammesgeschichte der Ammoniten. I—VII. — Abh. Akad. Wiss. u. Lit. Mainz, math.-nat. Kl., I: **1960**, 1—109, 58 Abb., 2 Taf., 1961; II: **1962**, 111—257, 91 Abb., 1 Taf., 1962; III: **1963**, 259—406, 94 Abb., 1964; IV: **1965**, 407—508, 58 Abb., 1965; V: **1966**, 509—640, 95 Abb., 1966; VI: **1966**, 641—730, 43 Abb., 1967; VII: **1968**, 731—901, 39 Abb., Mainz 1968.
— Über Clymenien und andere Cephalopoden. — Abh. Akad. Wiss. u. Lit. Mainz, math.-nat. Kl. **1971**, Nr. 3, 89 S., 10 Abb., 2 Taf., Mainz 1972.
Schlampp, V.: Malm-Ammoniten — Ein Bestimmungsatlas. 184 S., 100 Abb., 35 Taf., Korb 1991.
Schlegelmilch, R.: Die Ammoniten des süddeutschen Lias. VIII + 212 S., 21 Abb., 52 Taf., Stuttgart (Fischer) 1976.
— Die Ammoniten des süddeutschen Doggers. X + 284 S., 15 Abb., 59 Taf., Stuttgart—New York 1985.
Schlüter, C.: Die Cephalopoden der oberen deutschen Kreide. — Palaeontogr. [**21** (1871), 24 S., 8 Taf.; **22** (1872), 25—120, 26 Taf.; **24** (1876), 121—264, 20 Taf.] 264 S., 55 Taf., 1871—1876.
Schmidt, H.: Zwei Cephalopodenfaunen an der Devon-Carbongrenze im Sauerland. — Abh. Preuß. geol. Landesanst. **44**, 98—171, 3 Taf., Berlin 1924.
— Die carbonischen Goniatiten Deutschlands. — Abh. Preuß. geol. Landesanst. **45**, 489—609, 8 Taf., Berlin 1925.
— Über die Bewegungsweise der Schalencephalopoden. — Paläont. Z. **12**, 194—208, 8 Abb., Stuttgart 1930.
Schmidt-Effing, R.: Die Dactylioceratidae, eine Ammoniten-Familie des unteren Jura. — Münster. Forsch. Geol. Paläont. **25/26**, 255 S., 31 Abb., 19 Taf., Münster 1972.
Scheid, Th.: Die Ammonitenfauna der obertithonischen Kalke von Neuburg a. D. — Geol. Paläont. Abh. Jena, N. F. **13**, Heft 5, 305—416, 12 Taf., 1915.
— Über Raseniiden, Ringsteadiiden und Pictoniiden des nördlichen Frankenjura. — Palaeontogr. **A 89**, 117—182, 14 Taf., 1939; **91**, 79—119, 14 Taf., 1940; Stuttgart 1939—1940.
— Über Ataxioceratiden des nördlichen Frankenjura. — Palaeontogr. **A 96**, 43 S., 12 Taf., 1944.
Schoeller, H.: Considérations sur les ammonites dites déroulées (l'origine de leurs formes). — Soc. géol. France, Bull., Serie 5, **12**, 233—250, 12 Abb., 1942.
Seilacher, A.: Preservational history of ceratite shells. — Palaeontology **14**, pt. 1, 16—21, 2 Abb., 1 Taf., London 1971.

— Mechanische Simulation und funktionelle Evolution des Ammoniten-Septums. — Paläont. Z. **49**, 268—286, 8 Abb., Stuttgart 1975.
— Andalib, F., Dietl, G., & Gocht, H.: Preservational historа of compressed Jurassic ammonites from Southern Germany. — N. Jb. Geol. Paläont. Abh. **152**, 307—356, 20 Abb., Stuttgart 1976.
— Why are Nautiloid and Ammonite Sutures so different? — N. Jb. Geol. Paläont. Abh. **177**, 41—69, 11 Abb. Stuttgart 1988.
— & Gunji, P. Y.: Morphogenetic countdowns in heteromorph shells. — N. Jb. Geol. Paläont. Abh. **190**, 237—265, 12 Abb., Stuttgart 1993.
Shimizu, S.: The Upper Cretaceous Cephalopoda of Japan. — J. Shanghai Sci. Inst., Serie 2, **1**, 159—226, 1 Abb., 5 Taf., 1936.
Siegfried, P.: Die Heersumer Schichten im Hildesheimer Jura-Zug. — Geol. Jb. **67**, 273—360, 10 Taf., 18 Abb., 1953.
Siemiradzki, J. v.: Monographische Beschreibung der Ammonitengattung *Perisphinctes*. — Palaeontogr. **45**, 69—296, 1898; **46**, 297—352, 8 Taf., 1899. Stuttgart 1898—1899.
Simoulin, E.: Observations sur la croissance de la coquille chez quelques Stephanocératidés. — Ann. Soc. Géol. Nord **65**, 9—19, 1 Taf., 2 Abb., 1945.
Smith, J. P.: The carboniferous ammonoids of America. — Monogr. U. S. Geol. Survey **42**, 211 S., 29 Taf., Washington 1903.
Solger, F.: Über den Zusammenhang zwischen der Lobenbildung und der Lebensweise bei einigen Ammoniten. — Internat. Zool. Congr., Comptes Rendus **5**, 786—793, 11 Abb., 1902.
Spath, L. F.: The Eotriassic invertebrate fauna of East Greenland. — Medd. Gronland **83**, 90 S., 12 Taf., 1930.
— The evolution of the Cephalopoda. — Biol. Review **8**, 418—462, 13 Abb., 1933.
— The Ammonite-Zones of the Lias. — Geol. Mag. **79**, 264—268, 1942.
— Problems of ammonite nomenclature. X. The naming of pathological specimens. — Geol. Mag. **82**, 251—255, 1945.
— The study of ammonites in thin median sections. — Geol. Mag. **87**, 77—84, 1950.
Spiegler, W.: Graphoceratidae des Ober-Aalenium (Jura, NW-Deutschland). — Mitt. Geol. Staatsinst. Hamburg **35**, 5—113, 67 Abb., 9 Taf., Hamburg 1966.
Stchépinsky, V.: Fossiles caractéristiques de Turquie. — Matériaux Carte Géol. **1**, 151 S., 38 Taf., 1946.
Stehn, E.: Beiträge zur Kenntnis des Bathonien und Callovien in Südamerika. — N. Jb. Min., Geol. etc., Beil.-Bd. **49**, 52—158, 8 Taf., 1924.
Stevens, G. R.: A revision of the Lytoceratinae (subclass Ammonoidea) including *Lytoceras taharoaense* n. sp., Upper Jurassic, New Zealand. — New Zealand J. Geol. Geophys. **28**, 153—185, 1985.
Stieler, C.: Anomale Mündungen bei Inflatoceraten. — N. Jb. Min., Geol. etc., Beil.-Bd. **47**, 295—346, Abb., 1922.
Swinnerton, H. H., & Trueman, A. E.: The morphology and evolution of the ammonite septum. — Quart. J. geol. Soc. **73**, 26—58, 17 Abb., 3 Taf., London 1918.
Tanabe, K., Rhyncholites and conchorhynchs as calcified jaw elements in some late Cretaceous ammonites. — Lethaia **13**, 157—168, Oslo 1980.
— & Fukuda, Y.: Buccal mass structure of the Cretaceous ammonite *Gaudryceras*. — Lethaia **16**, 246—256, 1983.
Teichert, C.: Times of crisis in the evolution of the cephalopoda. — Z. Paläont. **60**, 227–243, 7 Abb., Stuttgart 1986.
Tharalson, D. B.: Revision of the early Permian ammonoid family Perrinitidae. — J. Paleont. **58** (3), 804—833, 24 Abb., 1984.
Théobald, N.: Quelques malformations chez les Ammonites. — Ann. Sci. Univ. Besançon, (2) Géol. **8**, 19—28, 1 Abb., 2 Taf., Besançon 1958.
Tintant, H.: Les Kosmocératidés du Callovien inférieur et moyen d'Europe occidentale. Essai de Paléontologie quantitative. — Publ. Univ. Dijon **29**, 500 S., 92 Abb., 58 Taf., Dijon 1963.
Tozer, E. T.: The Trias and its ammonoids. The evolution of a time scale. — Geol. Surv. Canada, Misc. Rep. **35**, 171 S., zahlr. Abb., Ottawa 1984.
Trauth, F.: Aptychenstudien. — Ann. Nat. Mus. Wien **41** (1927), 171—259; **42** (1928), 121—163, 3 Taf.; **44** (1930), 329—411, 3 Taf.; **45** (1931), 17—136, 1 Taf.; **47** (1936), 127—145; 1927—1936.
— Die Aptychen des Paläozoikums. — Jb. Preuß. Geol. Landesanst. **55** (1934), 44—83, 2 Taf., 1935.
— Die Aptychen der Trias. — Sitz.ber. Akad. Wiss. Wien, math. naturwiss. Kl., Abt. 1, **144**, 455—483, 1 Taf., 1935.

– Die Anaptychen des Lias. – N. Jb. Min. Geol. etc., Beil.-Bd. **73** B, 70–99, 6 Taf., 1935.
– Die zweivalvigen Aptychen des Lias. – Jb. Verein. vaterl. Naturk. Württemberg **91** (1935), 22–58; **92** (1936), 10–43, 3 Taf., 1935–1936.
– Die Punctaptychi des Oberjura und der Unterkreide. – Jb. Geol. Bundesanst. **58**, 309–332, 12 Taf., 2 Abb., 1935.
– Anaptychi und Anaptychus-ähnliche Aptychi der Kreide. – N. Jb. Min. Geol. Beil.-Bd. **74** B, 448–468, 14 Taf., 1935.
– Die Praestriaptychi und Granulaptychi des Oberjura und der Unterkreide. – Paläont. Z. **19**, 134–162, 2 Taf., 1937.
– Die Lamellaptychi des Oberjura und der Unterkreide. – Palaeontogr. **88**, 115–229, 6 Taf., Stuttgart 1938.
TREWIN, N. H.: A dimorphic goniatite from the Namurian of Chesshire. – Palaeontology **13**, 40–46, 1970.
TRUEMAN, A. E.: The ammonite body-chamber, with special reference to the buoyancy and mode of life of the living ammonite. – Quart. J. geol. Soc. **96**, 339–383, 17 Abb., London 1941.
UHLIG, V.: Über einige mit Mundsaum versehene Ammoniten. – Jb. k. k. Geol. Reichsanst. **32**, 393–395, 3 Abb., Wien 1882.
– The fauna of the Spiti shales. – Palaeont. Indica (XV), **4**, 511 S., 94 Taf., 1903–1910.
– Die Fauna der Spiti-Schiefer des Himalaya, ihr geologisches Alter und ihre Weltstellung. – Denkschr. Akad. Wiss. Wien, math.-naturwiss. Kl. **85**, 79 S., (531–609), 1910.
URLICHS, M.: Über zwei alpine Ammoniten aus dem Oberen Muschelkalk SW-Deutschlands. – Stuttgarter Beitr. Naturk. **39 B**, 13 S., 2 Abb., 1 Taf., Stuttgart 1978.
– & MUNDLOS, R.: Revision der Ceratiten aus der *atavus*-Zone (Oberer Muschelkalk, Oberanis) von SW-Deutschland. – Stuttgarter Beitr. Naturkde, B **48**, 1–42, 7 Abb., 4 Taf., Stuttgart 1980.
– – Immigration of cephalopods into the germanic Muschelkalk bassin and its influence on their suture line. – Lecture Notes in Earth Sciences **1**, 221–236, 8 Abb., Heidelberg 1985.
– – *Rhizocorallium* als Begleiter der Bruchsaler Ceratiten-Pflaster (SW-Deutschland; Mitteltrias, Oberer Muschelkalk, *evolutus*-Zone). – Carolinea **45**, 7–11, 4 Abb., Karlsruhe 1987.
– – Zur Stratigraphie des Oberen Trochitenkalkes (Oberer Muschelkalk, Oberanis) bei Crailsheim. – In: H. HAGDORN (Hrsg.), Neue Forschungen zur Erdgeschichte von Crailsheim, 70–84, 7 Abb., Stuttgart 1988.
VAUGHAN, T. W.: Ecology of modern marine organisms with reference to paleogeography. – Bull. Geol. Soc. Amer. **51**, 433–468, 8 Abb., 1940.
VOGEL, K.: Zwergwuchs bei Polyptychiten (Ammonoidea). – Geol. Jb. **76**, 469–540, Hannover 1959.
WAAGEN, W.: Über die Ansatzstelle der Haftmuskeln beim *Nautilus* und den Ammoniden. – Palaeontogr. **17**, 185–210, 2 Taf., Stuttgart 1870.
WALLISER, O. H.: Chronologie des Lias α_3 zwischen Fildern und Klettgau (Arietenschichten, Südwestdeutschland). – N. Jb. Geol., Paläont. Abh. **103**, 181–222, 5 Abb., 2 Taf., Stuttgart 1956.
WANG, Y.: Latest early early triassic ammonoids of Ziyub, Guizhou – with notes on the relationship between early and middle triassic ammonoids. – Acta Palaeont. Sinica **17**, 151–179, 12 Abb., 3 Taf., 1978 (chin. m. engl. Zusammenfassg. S. 175–177).
– & HE, G.-X.: Triassic ammonoid sequence of China. – Riv. Ital. Paleont. **85**, 1207–1220, Maggio 1980.
WANNER, J.: Beiträge zur Paläontologie des ostindischen Archipels. III. Zur Kenntnis der permischen Ammonoideenfauna von Timor. – N. Jb. Min., Geol., Paläont. **67** B, 257–286, 3 Taf., 1932.
WÄHNER, F.: Beiträge zur Kenntnis der tieferen Zonen des unteren Lias in den nordöstlichen Alpen. – Beitr. Paläont. Geol. Österr.-Ungarns Orients **2–11**, 291 S., 66 Taf., 1882–1898.
WARD, P. D.: Cameral liquid in *Nautilus* and ammonites. – Paleobiology **5** (61), 40–49, Lawrence 1979 (1979a).
– Functional morphology of Cretaceous helically-coiled ammonite shells. – Paleobiology **5**, 415–422, Lawrence 1979 (1979b).
– The relationship of siphuncle size to emptying rates in chambered cephalopods: implications for cephalopod paleobiology. – Ebd. **8**, 96–100, Lawrence 1982.
– The natural history of *Nautilus*. 267 S., Boston 1987.
WEDEKIND, R.: Die Cephalopodenfauna des höheren Oberdevon am Enkeberge. – N. Jb. Mineral., Geol., Paläont. **26**, 565–634, 7 Taf., 1908.
– Die Goniatitenkalke des unteren Oberdevon von Martenberg bei Adorf. – Ges. Naturforsch. Freunde, Sitz.ber. **1913**, 23–77, 14 Abb., 4 Taf., Berlin 1913.

— Monographie der Clymenien des rheinischen Gebirges. — Kgl. Ges. Wiss., math.-physik. Kl., N. F. **10**, 73 S., 7 Taf., Göttingen 1914.
— Die Genera der Palaeoammonoidea (Goniatiten). — Palaeontogr. **62**, 85—184, 54 Abb., 8 Taf., Stuttgart 1918.
— Einführung in die Grundlagen der Historischen Geologie. I. Die Ammoniten-, Trilobiten- und Brachiopodenzeit. 109 S., 19 Abb., 27 Taf., Stuttgart 1935.
WEITSCHAT, W.: Phosphatisierte Ammonoideen aus der Mittleren Trias von Central-Spitzbergen. — Mittl. Geol.-Paläont. Inst. Univ. Hamburg **61**, 249—279, 2 Abb., 7 Taf., Hamburg 1986.
— & BANDEL, K.: Organic components in phragmocones of Boreal Triassic ammonoids: implications for ammonoid biology. — Paläont. Z. **65** (3/4), 269—303, 23 Abb., Stuttgart 1991.
WELTER, O. A.: Die Ammoniten und Nautiliden der Ladinischen und Anisischen Trias von Timor. — Paläontologie von Timor **5**, 71—136, 13 Taf., Stuttgart 1915.
— Die Ammoniten der unteren Trias von Timor. — Paläontologie von Timor **11**, 83—154, 17 Taf., Stuttgart 1922.
WENDT, J.: Genese und Fauna submariner sedimentärer Spaltenfüllungen im mediterranen Jura. — Palaeontographica **A 136**, 121—192, Stuttgart 1971.
WENGER, R.: Die germanischen Ceratiten. — Palaeontographica **108 A**, 57—129, 44 Abb., 13 Taf., Stuttgart 1957.
WESTERMANN, G.: Monographie der Otoitidae (Ammonoidea) usw. — Beih. Geol. Jb. **15**, 364 S., 149 Abb., 33 Taf., Hannover 1954.
— Phylogenie der Stephanocerataceae und Perisphinctaceae des Doggers. — N. Jb. Geol., Paläont. Abh. **103**, 233—279, 9 Abb., Stuttgart 1956.
— Ammoniten-Fauna und Stratigraphie des Bathonien NW-Deutschlands. — Beih. geol. Jb. **32**, 103 S., 9 Abb., 49 Taf., Hannover 1958.
— (Ed.): Sexual Dimorphism in fossil Metazoa and taxonomic Implications. — Internat. Union Geol. Sciences, ser. A, **1**, 250 S., Stuttgart 1969.
— Ammoniten-Nuclei aus Schlämmproben der nordalpinen Obertrias — ihre stammesgeschichtliche und stratigraphische Bedeutung. — Mitt. Ges. Geol. Bergbaustudenten **21**, 561—622, 21 Abb., 6 Taf., Innsbruck 1972.
— Strength of concave septa and depth limits of fossil cephalopods. — Lethaia **6**, 383—403, Oslo 1973.
— Architecture and buoyancy of simple cephalopod phragmocones and remarks on ammonites. — Paläont. Z. **3**, 221—234, 4 Abb., Stuttgart 1975 (1975a).
— Model for origin, function and fabrication of fluted cephalopod septa. — Paläont. Z. **49**, 235—253, 7 Abb., Stuttgart 1975 (1975b).
— The connecting rings of *Nautilus* and Mesozoic ammonoids: implications for ammonoid bathymetry. — Lethaia **15**, 373—384, Oslo 1982.
— New developments in ecology of Jurassic-Cretaceous ammonoids. — Atti 2. Convena Internat. Pergola 1987, 459—478, Rom 1990.
— Formation and function of suspended organic cameral sheets in Triassic ammonoids — discussion. — Paläont. Z. **66**, 437—441, Stuttgart 1992.
Wetzel, W.: Fauna und Stratigraphie der *Wuerttembergica*-Schichten, insbesondere Norddeutschlands. — Palaeontogr. **99**, 63—120, 3 Taf., 1950.
— Die Bielefelder Garantianen. — Geol. Jb. **68**, 547—586, 4 Taf., 8 Abb., 1954.
— Über Ammonitenlarven. — N. Jb. Geol. Paläont., Abh. **102**, 240—252, 1 Abb., 2 Taf., Stuttgart 1959.
WEYER, D.: Trilobiten und Ammonoideen aus der *Entogonites nasutus*-Zone (Unterkarbon) des Büchenbergsattels (Elbingeröder Komplex, Harz), Teil 2. — Geologie **21**, 318—349, 6 Abb., Berlin 1972.
WIEDENMAYER, F.: Die Ammoniten des Besazio-Kalks (Pliensbachian, Südtessin). — Schweiz. paläont. Abh. **98**, 169 S., 19 Abb., 19 Taf., Basel 1977.
— Die Ammoniten der mediterranen Provinz im Pliensbachian und unteren Toarcian aufgrund neuer Untersuchungen im Generoso-Becken (Lombardische Alpen). — Denkschr. schweiz. naturforsch. Ges. **93**, 260 S., 56 Abb., Basel 1980.
WIEDMANN, J.: Unterkreide-Ammoniten von Mallorca. I. Lytoceratina, Aptychi. — Abh. Akad. Wiss. u. Lit., Math.-Nat. Kl. **1962**, Nr. 1, 148 S., 36 Abb., 10 Taf., Wiesbaden 1962 (1962a).
— Habitus, Skulptur und Sutur bei Kreide-Ammonoideen. — N. Jb. Geol. Paläont. Abh. **114**, 317—332, 6 Abb. 1 Taf., Stuttgart 1962 (1962b).

– Unterkreide-Ammoniten von Mallorca. 2. Phylloceratina. – Abh. Akad. Wiss. u. Lit., Math.-Nat. Kl. **1963**, Nr. 4, 163–264, 28 Abb., 11 Taf., Wiesbaden 1963.
– Stammesgeschichte und System der posttriadischen Ammonoideen. Ein Überblick (1. Teil). – N. Jb. Geol. Paläont. Abh. **125**, 49–79, 13 Abb., 2 Taf., Stuttgart 1966 (1966a).
– Desgl., Teil 2. – Ebd., **127**, 13–81, 24 Abb., 4 Taf., Stuttgart 1966 (1966b).
– The Heteromorphs and ammonoid extinction. – Biol. Rev. **44**, 563–602, 23 Abb., 3 Taf., Cambridge 1969.
– Über den Ursprung der Neoammonoideen. Das Problem der Typogenese. – Eclogae Geol. Helv. **63**, 923–1020, 31 Abb., 10 Taf., Basel 1970.
WRIGHT, C. W.: A classification of the Cretaceous ammonites. – J. Paleont. **26**, 213–222, 2 Abb., 1952.
– Notes on Cretaceous ammonites. **I**. Scaphitidae. – Ann. Mag. Nat. Hist. (12) **6**, 473–476, 1953.
– Notes on Cretaceous ammonites. **II**. The phylogeny of the Desmocerataceae and the Hoplitaceae. – Ann. Mag. Nat. Hist. (12) **8**, 561–575, 1955.
WRIGHT, T.: Monograph on the Lias Ammonites of the British Islands. – Monogr. Palaeont. Soc. London, 503 S., 202 Abb., 88 Taf., London 1878–1886.
YIN, T. H.: Upper Palaeozoic ammonoids of China. – Palaeont. Sinica, ser. B, **11** (4), 52 S., 5 Taf., 1935.
ZAKHAROV, Y. D.: Problems of sexual dimorphism in fossil cephalopods, an important subject in modern systematics. – In: M. GRAMM & V. KRASSILOV (Eds.), Problems of phylogeny and systematics. Acad. Sci. USSR, Far Eastern Geol. Inst., S. 1–143, 1969 (russ.).
– A new find of ammonoid jaw apparatus. – Palaeont. Zh. **1974**, 127–129, Moskau 1974 (russ.).
ZAPFE, H.: Aptychen-Lumachellen. – Ann. Naturhist. Mus. Wien **66**, 261–266, 1 Taf., Wien 1963.
ZEISS, A.: *Hecticoceras* und *Reineckia* im Mittel- und Ober-Callovien von Blumberg (Südbaden). – Abh. Bayr. Akad. Wiss., Math.-Nat. Kl., N. F. **80**, 101 S., 4 Abb., 4 Taf., München 1956.
– Dimorphismus bei Ammoniten des Unter-Tithon. – Internat. Union Geol. Sci., Series A, **1**, 155–164, Stuttgart 1969.
ZIEGLER, B.: Ammoniten-Ökologie am Beispiel des Oberjura. – Geol. Rdsch. **56**, 439–464, 20 Abb., Stuttgart 1967.
– Einführung in die Paläobiologie. Teil 2: Spezielle Paläontologie. 2. unveränderte Aufl., X + 409 S., 410 Abb., Stuttgart 1991.
ZITTEL, K. A. v.: Die Cephalopoden der Stramberger Schichten. – Paläont. Mitt. Mus. k-Bayer.-Staaten **2**, 1, 33–118, 24 Taf., 1868.
– Die Fauna der älteren Cephalopoden-führenden Tithonbildungen. – Palaeontogr., Suppl. **1**, 119–310, 15 Taf., Stuttgart 1870.
– Grundzüge der Paläontologie (Paläozoologie). I. Invertebrata. 4. Aufl., 697 S., 1458 Abb., 1915; 5. Aufl. (bearb. v. F. BROILI), VIII + 733 S., 1457 Abb., München u. Berlin 1921.

Unterklasse **Dibranchiata** OWEN 1836

(Coleoidea BATHER 1888)

1. Allgemeines

Es handelt sich um zweikiemige, acht- oder zehnarmige, ausschließlich marine Cephalopoden, die meist eine kalkige, innere Schale aufweisen. Diese bildet sich während der Ontogenese in einem Weichteilsack. Sie soll vor allem den Weichkörper stützen, da sie sich ähnlich wie die Wirbelsäule der Wirbeltiere über die gesamte Dorsalregion erstreckt. Die Arme tragen entweder Fanghaken (Abb. 410A–C) oder Saugscheiben. Kiefer sind im Gegensatz zu den entsprechenden, oft sehr kräftigen Gebilden der Nautilida gewöhnlich nur recht schwach entwickelt (Abb. 411).

Die Mehrzahl der rezenten Dibranchiaten besitzt eine **Radula** (vgl. S. 184). Im Unterschied zum rezenten *Nautilus*, bei dem sie relativ breit ist und aus 13 Zähnchen je Querreihe besteht, wird sie nur aus 7–9 einfachen Zähnchen gebildet. Sie erinnert also an die sehr schmale Radula der Ammonoidea, wo sie 7 Zähnchen je Querreihe aufweist.

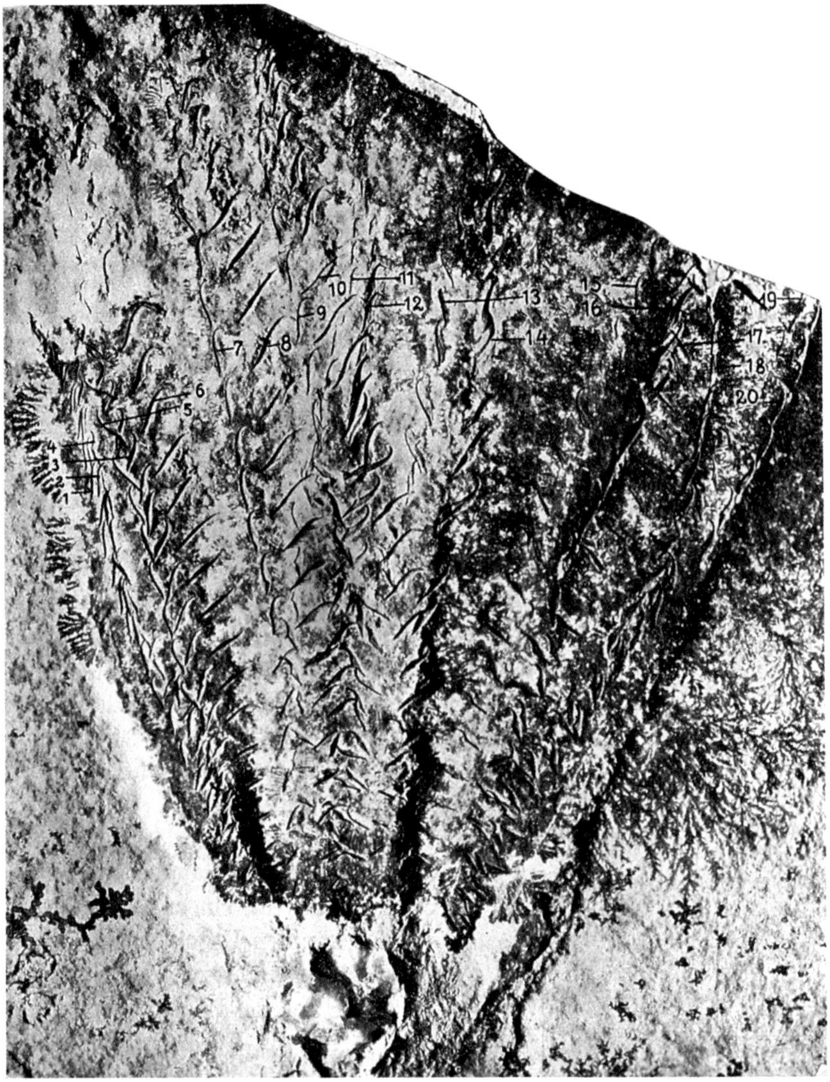

Abb. 410 A. Arme von *Acanthoteuthis speciosa* v. MÜNST., einem kalmarähnlichen Dibranchiaten aus dem Solnhofener Plattenkalk (Malm zeta) von Eichstätt. Die Platte zeigt 20 Längsreihen kleiner Häkchen, die 10 Armen entsprechen. Nat. Gr. — Nach A. NAEF 1922.

Bei den rezenten Formen nehmen die Länge der Radula und die Zahl ihrer Querreihen mit der Größe der Tiere zu. Bei einem 50 Gramm schweren *Octopus* z. B. ist die Radula 9 mm lang und mit 97 Querreihen ausgestattet. Bei einem 4440 Gramm schweren Tier sind es 161 Querreihen bei einer Länge von 36 mm. Entsprechend größer sind auch die einzelnen Zähnchen.

Ihre Lebensweise ist sehr mannigfaltig. Sie bewohnen alle Regionen von der Flachsee bis in die Tiefsee. Teils leben sie pelagisch in Schwärmen auf der Hochsee, teils vagil- oder epibenthisch am Grunde. Viele sind hervorragende Schwimmer. Manche vermögen sich ähnlich wie die fliegen-

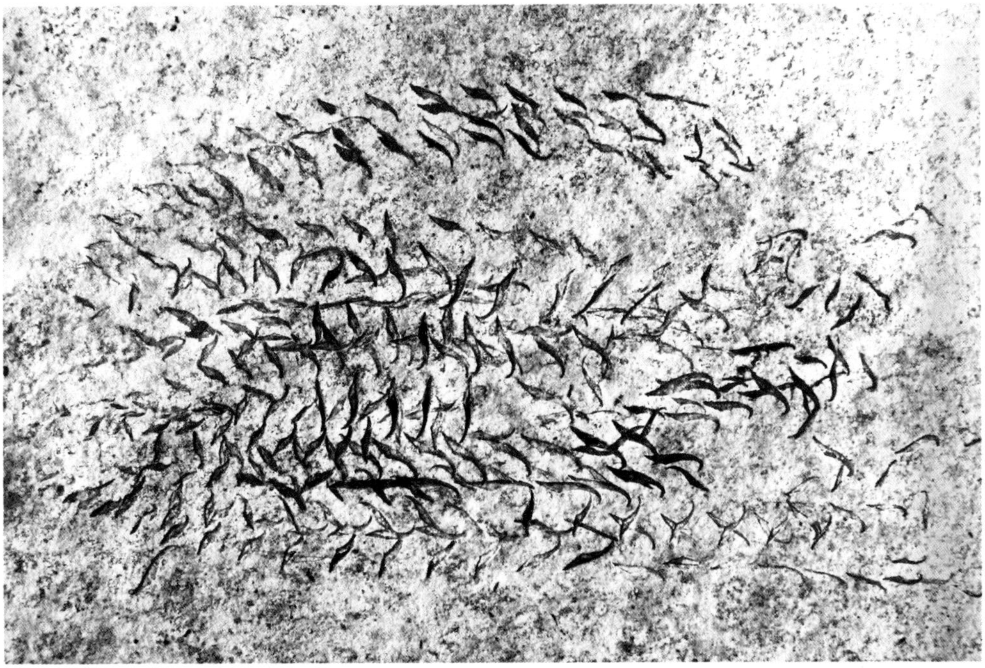

Abb. 410B. *Acanthoteuthis speciosa* v. MÜNSTER, Fangarme mit Fanghäkchen. Solnhofener Plattenkalk (Malm zeta) von Solnhofen (Bayern). Länge des Ausschnittes: ca. 10 cm. — Original im Museum für Naturkunde Berlin.

den Fische auf der Flucht vor Feinden aus dem Wasser zu schnellen und mit Hilfe der ausgebreiteten flossenartigen Anhänge einige Zeit in der Luft zu halten. Neben sehr kleinen finden sich riesige Vertreter, von denen das rezente *Architeuthis* des Atlantiks eine Rumpflänge von 6,6 m und bei ausgestreckten Armen eine Gesamtlänge von 22 m erreicht. Es ist dies der größte bisher bekannte Vertreter der Invertebraten. — Die Ordnungen der Dibranchiata unterscheiden sich hinsichtlich ihrer besonderen Bauweise derart, daß an dieser Stelle nicht näher auf sie eingegangen werden kann und auf die Ausführungen im speziellen Teil verwiesen werden muß.

2. Vorkommen

? Unt. — ? Mittl. Devon, Unt. Karbon — rezent, wobei die fossile Überlieferung nach einem Maximum der Formenmannigfaltigkeit im Jura kontinuierlich abnimmt, was sich oberhalb der Eozän/Oligozän-Grenze noch verstärkt. Offenbar handelt es sich aber nicht um einen biologisch, sondern taphonomisch bedingten Vorgang. Dies ergibt sich einmal aus der im Laufe der Stammesgeschichte steigenden Tendenz zum Abbau der Hartteile, zum anderen aus der Tatsache, daß in der Gegenwart mehr als die Hälfte (ca. 140) der bisher aufgestellten Gattungen vorkommt.

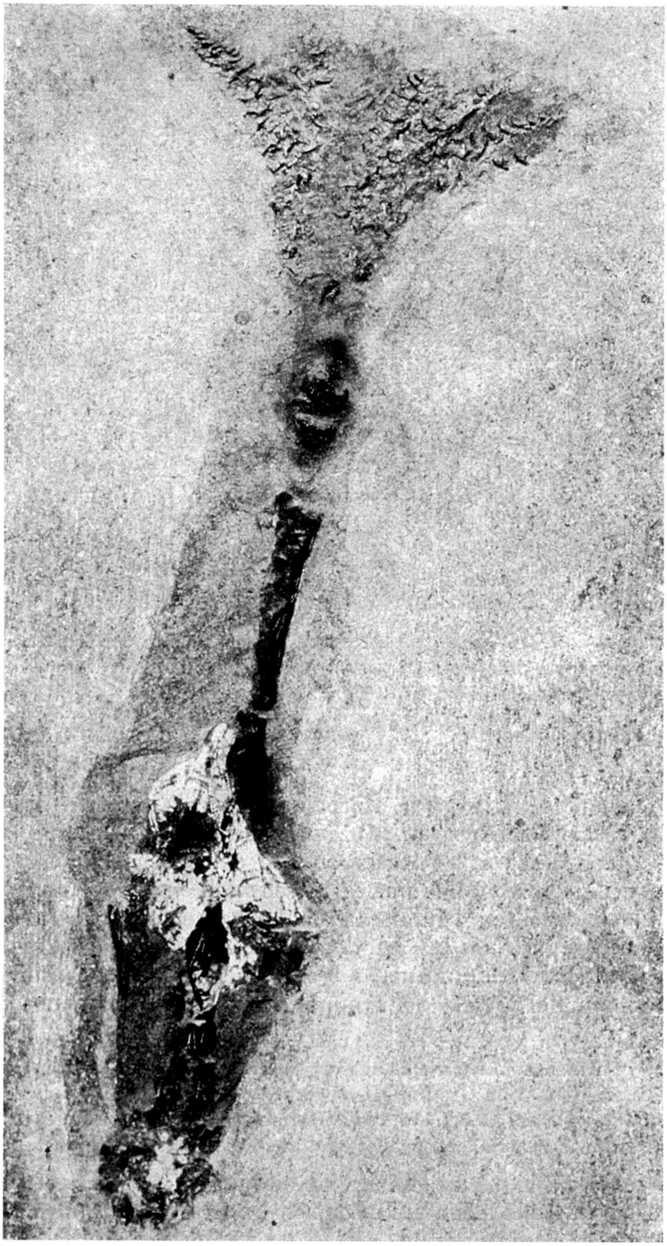

Abb. 410C. *Phragmoteuthis ? conocauda* (QUENSTEDT), vollständiges Exemplar mit häkchenbesetzten Fangarmen (oben) und Tintenbeutel (länglichovales Gebilde im unteren Teil); Ob. Lias (epsilon) (Posidonienschiefer, Unt. Toarcien) von Holzmaden (Baden-Württemberg), Länge ca. 16 cm. – Original im Museum für Naturkunde Berlin.

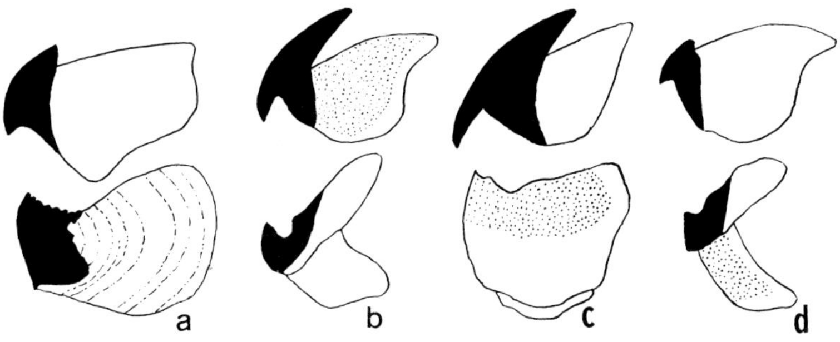

Abb. 411. Kiefer verschiedener rezenter Cephalopoda: a) *Nautilus pompilius* LINNÉ, L ca. 2,3 cm; b) *Sepia officinalis* LINNÉ, L ca. 1,5 cm; c) *Vampyroteuthis infernalis* CHUN, L ca. 1 cm; d) *Octopus vulgaris* LAMARCK, L ca. 1,7 cm. — a) nach H. B. STENZEL 1964, b) und d) nach K. MANGOLD & P. FIORONI 1966, c) nach P. KAISER & U. LEHMANN 1971.

3. *Systematik*

Es werden folgende Ordnungen unterschieden:

a) **Aulacocerida** STOLLEY 1919: ? Mittl. Devon, Ob. Karbon — Malm;
b) **Belemnitida** ZITTEL 1885: ? Unt. Karbon, Lias — Ob. Kreide;
c) **Belemnoteuthida** STOLLEY 1919: Lias — Malm;
d) **Phragmoteuthida** JELETZKY in SWEET 1965: Perm — Ob. Trias, ? Lias;
e) **Teuthida** NAEF 1916: Ob. Trias — rezent;
f) **Sepiida** ZITTEL 1895, emend. NAEF 1916: ? Trias, ? Jura, Ob. Kreide — rezent;
g) **Octopoda** LEACH 1818: Ob. Dogger — rezent.

Die taxonomische Stellung von *Jeletzkya douglassae* JOHNSON & RICHARDSON 1968 aus dem Unt. Karbon (Mississippian) von N-Amerika ist noch nicht geklärt. Es handelt sich um die ältesten bisher bekannten zehnarmigen Cephalopoda.

Ordnung **Aulacocerida** STOLLEY 1919

Es handelt sich um eine stammesgeschichtlich sehr bedeutungsvolle Gruppe, deren Hartteile (vgl. hierzu sinngemäß S. 353–360) einen noch kräftig entwickelten Phragmoconus, aber kein voll entwickeltes Proostracum wie bei den Belemnitida aufweisen. Das sich hier erstmalig zeigende Rostrum hat je nach Art und Gattung sehr unterschiedliche Größe. Im allgemeinen tritt es gegenüber dem noch nicht reduzierten Phragmoconus an Bedeutung zurück. Obgleich dieser große Ähnlichkeit mit dem von *„Orthoceras“* aufweist, leitet man neuerdings die Aulacocerida nicht mehr von diesem oder einer nahestehenden Form ab, sondern von den Bactritidae, einer longiconen, orthochoanitischen und mit hohen Luftkammern ausgestatteten Familie der Bactritida. Es ist also die gleiche Gruppe, von der auch die Goniatiten abstammen. Damit entfällt die Vorstellung, daß die Belemnitida aus den Aulacocerida hervorgegangen sind, die man deshalb bis vor kurzem als „Belemnitenvorläufer“ bezeichnet hat. Der Phragmoconus der Belemnitida weicht wesentlich von dem der Aulacocerida ab. So beträgt bei letzterem der Apikalwinkel nur 5—12 Grad; auch stehen die recht kräftig ausgebildeten Septen relativ weit auseinander. Der Sipho liegt stets auf der Ventralseite. Die Hartteile der A. sind im Unterschied zu denen der Belemnitida aragonitisch struiert. Angaben über die Mikrostruktur vor allem von *Aulacoceras* finden sich zusammen mit kritischen Anmerkungen über die anderer Dibranchiata bei Y. DAUPHIN 1983. — ? Unt. — ? Mittl. Devon, Ob. Karbon — Malm, sehr selten im Dogger und Malm

(Oxford); im Paläozoikum nur von N-Amerika und ? NW-Europa bekannt; in der Trias fast weltweit verbreitet, doch häufiger in den niederen Breiten; im Jura weitgehend auf die Tethys und die angrenzenden Gebiete in Europa beschränkt.

Im Hinblick auf die überraschenden Funde von Aulacocerida im Oberkarbon von N-Amerika erhält ein früher beschriebener Dibranchiatenrest aus dem Mittl. Devon (Givet von Belgien) eine besondere Bedeutung (L. DE KONINCK 1843). Er ist 1,1 cm lang und zeigt in Gestalt und innerer Struktur große Ähnlichkeit mit dem Apikalteil des Rostrums von *Hematites* FLOWER & GORDON 1959. Leider ist das Fundstück verlorengegangen, so daß seine wirklichen Beziehungen vermutlich niemals bestimmt werden können.

? **Protaulacoceras** BANDEL, REITNER & STÜRMER 1983: Unt. Devon (Hunsrückschiefer, Ob. Siegen/Unt. Ems) des Rheinischen Schiefergebirges (W-Deutschland).

Phragmoconus langgestreckt, longicon, mit kreisförmigem Querschnitt. Septenabstände groß. 18.—25. Kammer ebenso lang wie breit. Apikalwinkel 2—5°. Lobenlinie einfach, gerade, quer verlaufend. Sipho zentral, zylindrisch. Mündung kreisförmig. Wohnkammer lang. Anfangskammer eiförmig. Oberfläche glatt. Schalenlänge maximal ca. 16 cm.

Paleoconus FLOWER & GORDON 1959: Ob. Karbon (Unt. *Eumorphoceras*-Stufe) von Nordamerika (Abb. 412 A).

Das im wesentlichen geradegestreckte und zylindrische Rostrum hat einen kurzen, stumpfen, schwach exogastrisch gekrümmten Apex. Unter der Lupe zeigt die makroskopisch glatt erscheinende Oberfläche zahlreiche feine, in der Längsrichtung verlaufende und sich schief dachziegelartig überschuppende Streifen. Vorhanden ist ein Paar tiefe Seitenfurchen, zu denen zwischen

a b

Abb. 412 A. *Paleoconus bakeri* FLOWER & GORDON, a) lateral, mit der Ventralseite links; b) desgl., doch Ventralseite rechts. Vorderer Abschnitt aufgeschnitten, um den Phragmoconus zu zeigen. Ob. Karbon (Unt. *Eumorphoceras*-Stufe) von Nordamerika. Ca. 3/1 nat. Gr. — Nach R. H. FLOWER & M. GORDON 1959.

Apex und Apikalteil ein weiteres Paar tritt, das sich bis zum adoralen Ende des Rostrums erstreckt. Wo das Rostrum gerade und schlank wird, findet sich in der Mitte der Ventralseite eine Erhebung, die beiderseits von einer Vertiefung flankiert ist. Der kegelförmige Phragmoconus reicht nur wenig in das Rostrum. Dessen Querschnitt ist kreisförmig im Gegensatz zu *Eobelemnites*, bei dem er eine seitliche Abflachung aufweist. Der dicht unter der Ventralseite liegende Sipho hat lange, geschwungene Siphonaldüten.

Hematites Flower & Gordon 1959: Ob. Karbon (Unt. *Eumorphoceras*-Stufe) von Nordamerika (Abb. 412B).

a

b

Abb. 412B. *Hematites barbarae* Flower & Gordon, a) dorsal, b) Apex, Ventralseite oben. Ob. Karbon (Unt. *Eumorphoceras*-Stufe) von Nordamerika. Ca. 14/5 nat. Gr. – Nach R. H. Flower & M. Gordon 1959.

Ähnlich wie bei *Aulacoceras* ist die Oberfläche des geradegestreckten und überwiegend zylindrisch gestalteten Rostrums mit zahlreichen feinen Längsstreifen bedeckt. Vorhanden sind ferner lateral gelegene Furchen, von denen aber einige nichts weiter sein dürften als besonders tiefe Längsstreifen. Der Generotypus zeigt außerdem eine in der Mitte der Ventralseite verlaufende Furche, die sich deutlich vom Apikalteil bis zum Apex erstreckt und bei einer anderen Art fehlt. Der relativ schlanke Phragmoconus ist seitlich etwas abgeflacht. Die in der Nähe der nur unklar zu erkennenden Bursa embryonalis gelegenen Teile waren ebenso wie diese offenbar nur schwach verkalkt. *Hematites* scheint trotz seiner Ähnlichkeit mit *Aulacoceras*, der Gattung *Eobelemnites* näherzustehen.

Aulacoceras v. Hauer 1860: Trias der Ostalpen, von Sizilien, Timor, Kanada mit etwa einem halben Dutzend Arten (Abb. 413).

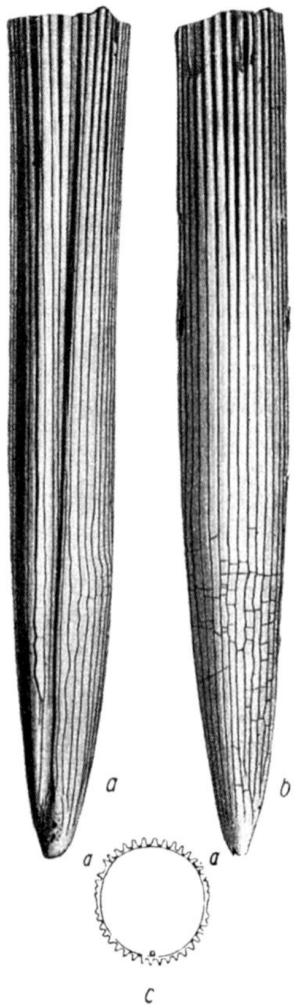

Abb. 413. Vollständiges Rostrum von *Aulacoceras sulcatum timorensis* WAN.: a) lateral, b) dorsal, c) Querschnitt durch den oberen Abschnitt (a—a = dorsale Furchen). Ob. Trias von Timor, Nifoekoko. Ca. ½ nat. Gr. — Nach E. U. v. BÜLOW 1915.

Das gerade, hinten schwach keulenförmig verdickte, spitz zulaufende und bis etwa 25 cm lange Rostrum ist außen mit ca. 40 kräftigen Längsfurchen bedeckt, die bis an den Oberrand des Rostrum cavum verlaufen. Ähnlich wie bei den Belemnitidae besteht es aus einer Anzahl von Amphitheca; doch sind sie weniger zahlreich und nicht so gut zu erkennen. Der sehr lange Phragmoconus hat einen runden Querschnitt, wobei sein Spitzenwinkel 5—12 Grad nicht überschreitet. Die Kammerscheidewände stehen weit auseinander. Die sehr kurzen Siphonaldüten sind nach vorn gerichtet. Der dicht unter der Ventralwand gelegene Sipho ist in seinen oberen Partien vollständig verkalkt. Embryonalkammer kugelig. Die Tatsache, daß der Phragmoconus meist isoliert vom Rostrum gefunden wird, hat Verwechselung des ersteren mit „Orthoceren" verursacht, zumal die Rostren weit seltener vorkommen.

Atractites GÜMBEL 1861 (= *Xiphoteuthis* HUXLEY 1864, *Ausseites* FLOWER 1944, subj. syn.): Mittl. Trias (Anis) — Malm (Oxford), sehr selten in Dogger und Malm; nachgewiesen in Europa, Türkei, Indonesien, Indien, Pakistan (Himalaya), Sibirien, N-Amerika, Neuseeland (Abb. 414a).

Im Gegensatz zu *Aulacoceras* sind Phragmoconus und Rostrum in der Regel nicht besonders skulpturiert. Der bis 1 m lange, im Querschnitt runde bis ovale Phragmoconus hat ebenfalls einen sehr kleinen Spitzenwinkel. Auch hier wird der Phragmoconus meist isoliert gefunden und oft irrtümlich zu „*Orthoceras*" gestellt. Im Unterschied zu diesem zeigt er aber auf der Dorsalseite eine feine Längsstreifung sowie einen randständigen, engen Sipho. Erste Anzeichen für die Ausbildung eines Proostracums sind anscheinend vorhanden. Die Höhe der Kammern beträgt

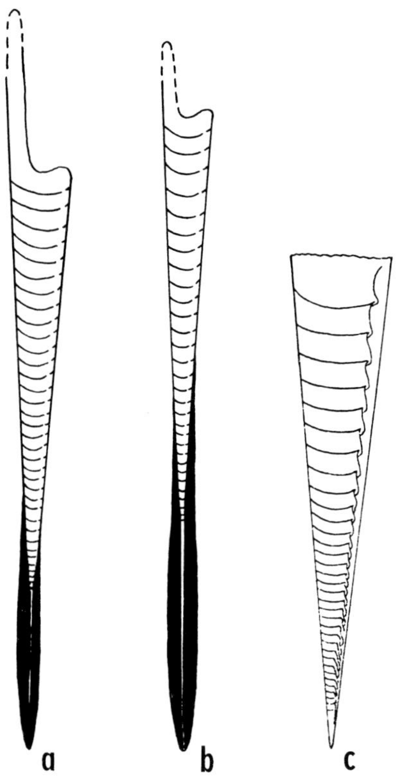

Abb. 414. a) *Atractites haueri* DIENER, schematischer Längsschnitt; Ob. Trias der Alpen. Länge: 19,5 cm; b) *Dictyoconites* sp., schematischer Längsschnitt. Im Gegensatz zu dem sonst sehr ähnlichen *Ausseites* sind Furchen und Längsrippen auf dem Rostrum vorhanden. Ob. Perm von Grönland. Länge: 10,5 cm; c) *Choanoteuthis antimonioensis* MILLER, Längsschnitt durch den Phragmoconus. Ob. Trias von Estado de Sonora (Mexiko). Länge: ca. 16 mm. — c) nach H. W. MILLER jr. 1961.

etwa die Hälfte der Breite, somit etwas weniger als bei *Aulacoceras*. Die Oberfläche des im einzelnen unterschiedlich gestalteten Rostrums ist glatt oder mit kleinen Körnchen bedeckt. Die Seitenfurchen sind im allgemeinen nur undeutlich zu erkennen, die organischen Amphitheca wesentlich breiter als die anorganischen.

Die im Nor der Alpen weit verbreitete und häufige Art *A. alveolaris* (QUENSTEDT) wurde lange Zeit als eigentlicher Belemniten-Vorläufer betrachtet; dies um so mehr, als die etwas jüngere Art *A. quadratoides* (STEINMANN) (Ob. Trias des Salzkammergutes) äußerlich stark an Vertreter der Belemniten-Gattungen *Hastites* und *Nannobelus* erinnert.

A. ist häufig im Lias der Geosynklinalen von N-Amerika und der Tethys, weniger verbreitet in den Epikontinentalmeeren dieser Zeit.

Dictyoconites MOJSISOVICS 1902: Perm von Grönland, Trias (Karn — Nor) von Alpen, Sizilien, Timor (Abb. 414b).

Das langgestreckte, keulenförmige und mit feinen Längsstreifen bedeckte Rostrum zeigt kräftige Dorsolateralfurchen und eine lederartig gerunzelte Oberfläche. Der sehr lange Phragmoconus ist dorsoventral abgeplattet. Er hat einen Spitzenwinkel von 5—10 Grad.

Choanoteuthis FISCHER 1951: Trias von Nevada und Mexiko (Abb. 414c, 415).

Rostrum glatt, aus radial verlaufenden Kalkfasern. Siphonalapparat holochoanitisch. Sonst ähnlich *Atractites*, in dessen Synonymie *Ch.* mitunter auch gestellt wird.

Metabelemnites FLOWER 1944: Trias (insbes. Karn, Unt. Nor) von N-Amerika, Alpen, NO-Sibirien (Abb. 415).

Ähnlich *Atractites*, doch hat der Phragmoconus einen wesentlich größeren Apikalwinkel und viel enger stehende Kammerscheidewände. Rostrum extrem kurz.

Abb. 415. „Belemnitenschlachtfeld" mit *Actinoconites* sp. (1), *Choanoteuthis antimonioensis* MILLER (2) und *Metabelemnites ?* cf. *philippi* HYATT & SMITH. Ob. Trias von Estado de Sonora (Mexiko). Exemplar Nr. 3 hat eine Länge von 37 mm. — Nach H. W. MILLER jr. 1961.

Chitinoteuthis MÜLLER-STOLL 1936: Unt. — Mittl. Lias von Europa (S-Frankreich, Württemberg) (Abb. 416).

Die Amphitheca des Rostrums bestehen nur aus organischer Substanz (Thymol-Reaktion auf fossiles Chitin nach P. KRAFT 1926 verlief positiv). Der Phragmoconus endet nicht mit der Bursa primordialis (diese ist noch unbekannt), sondern mit einer Kammer, die sehr viel kleiner ist als die übrigen (Abb. 416). Sie zeigt einen elliptischen Querschnitt mit dorsoventral stehender größter Achse. Es handelt sich vermutlich um den Überrest einer Kammer, die bei der Resorption älterer Kammern verblieben ist (Appendix terminalis). In gleiche Richtung weist auch die Tatsache, daß sich der Sipho caudal über das letzte erhaltene Septum hinaus in das sonst leere Anfangsstück der Alveole fortsetzt. Diese Resorption erinnert an das Epirostrum der Belemnitida. Die im Vergleich zur Breite (ca. 1 cm) meist sehr langen (bis 18 cm) Rostren tragen

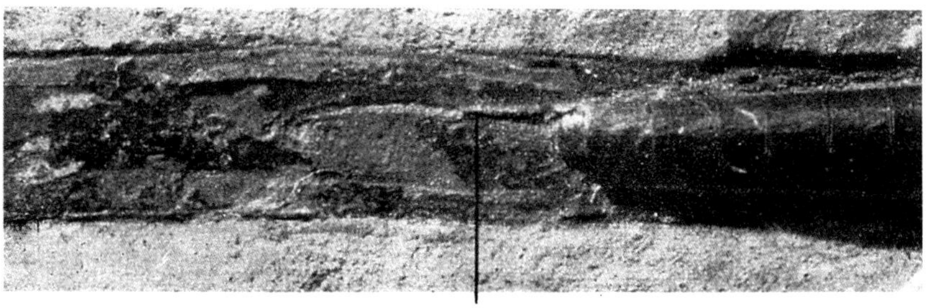

Abb. 416. *Chitinoteuthis decidua* MÜLLER-STOLL, Phragmoconus mit Rostrum, Appendix terminalis und Sipho (S). Mittl. Lias (δ) von Reutlingen (Württemberg). Ca. 5/1 nat. Gr. — Nach H. MÜLLER-STOLL 1936.

auf der Oberfläche bilateral angeordnete Leisten (Cristae), die stärker oder schwächer hervortreten können. Je nach ihrer Lage bezeichnet man sie als dorsolateral, ventrolateral und collateral. Über die innere Struktur der Rostren kann bisher noch nichts ausgesagt werden. Der Sipho ähnelt dem der Belemnitida; doch liegen die Einschnürungen etwas weiter auseinander.

Ordnung **Belemnitida** Zittel 1885

Im allgemeinen langgestreckte, mäßig schlanke Formen mit zungenförmigem, auf die Dorsalseite beschränktem Proostracum und kräftig entwickeltem, verkalktem Rostrum. Der aus zahlreichen niedrigen Kammern bestehende Phragmoconus zeigt einen relativ großen Apikalwinkel. Die Conothek ist immer glatt und skulpturlos. Funde vollständiger Belemnitentiere mit Weichteilen und Rostrum aus dem Posidonienschiefer (Lias epsilon) von Holzmaden (Baden-Württemberg) haben sich zunächst als Fälschungen erwiesen (W. Riegraf & J. Reitner 1979). Dabei wurden von hier stammenden Weichteilabdrücken von *Phragmoteuthis? conocauda* (Quenstedt) (Abb. 410C) mit einem Kittmittel (Kunstharz oder dergl.) Rostren jugendlicher *Passaloteuthis paxillosus* (v. Schloth.) eingefügt. Inzwischen konnten aber echte Funde des Belemnitentieres in Weichteilerhaltung nachgewiesen werden (W. Riegraf & J. Reitner 1979; Riegraf & H. Hauff 1983; Reitner & M. Urlichs 1983). Es handelt sich um mehr oder weniger unvollständige Beutereste unbekannter Räuber aus bituminösen Sedimenten des süddeutschen Ob. Lias (Unt. Toarcien, Posidonienschiefer) und Unt. Dogger (Unt. Aalenien, Opalinuston), wo sie unmittelbar nach dem Zerbiß zu Boden gesunken sind und rasch eingebettet wurden. Trotz der fragmentären Erhaltung geben sie eine ungefähre Vorstellung vom Aussehen des Belemnitentieres, das Rostrum, Phragmoconus, Tintenbeutel, zehn mit Fanghäkchen besetzte Arme und aragonitisch verstärkte Seitenfelder am Gladius aufweist. Zwei der Arme waren vermutlich als Tentakel ausgebildet und mit großen Fanghaken (Onychiten) ausgestattet. Sonst fehlen aber noch genauere Angaben über die Beschaffenheit des Körpers, des Kieferapparates, des Proostracums und die Embryonalentwicklung. — ? Unt. Karbon, Unt. Lias (Hettangien) — Ob. Kreide (Maastricht), selten im Eozän. Hauptsächlich beschränkt auf die borealen und gemäßigten Klimabereiche der Nordhalbkugel; besonders häufig in W-Europa, auf der Krim sowie im Kaukasus. Während des Ob. Lias (Toarcien) wurde Sibirien zu einem wichtigen Entwicklungszentrum der B., die hier vorher nicht vertreten waren (V. N. Saks & T. I. Nalnyaeva 1970).

Es ist anzunehmen, daß die B. ähnlich wie *Loligo* und andere rezente Teuthida ebenso leicht vorwärts wie rückwärts zu schwimmen vermochten. Rückwärts schwimmen letztere vor allem während der Flucht, wobei das im Mantelraum enthaltene Wasser durch Kontraktion der Mantelmuskulatur über den Trichter ausgestoßen wird. Die Flossen liegen dabei dicht am Körper. Vorwärts schwimmen die Tiere bei der Jagd, indem das freie Trichterende mit Hilfe der inneren Muskeln in die entsprechende Richtung orientiert wird. Sonst geschieht die Lokomotion vor allem durch undulatorische Bewegungen des Flossensaumes.

Oberfamilie **Belemnitoidea** Zittel 1895
(Belemniten i. e. S.)

Belemnitida mit breitem, spatelförmigem Proostracum. Rostrum in der Regel mit ein oder mehreren Längsfurchen. — Lias (Hettangien, Lias alpha) — Ob. Kreide (Maastricht).

Die Hartteile: Als natürliche anatomische Teile der Schale des Belemniten-Tieres unterscheidet man: Phragmoconus, Proostracum und Rostrum (Abb. 417).

a) **Der Phragmoconus:** Er entspricht funktionell dem gekammerten Teil im Gehäuse der Ammonoidea und Nautiloidea. Er bildet einen lateral meist etwas abgeplatteten und endogastrisch schwach eingekrümmten Kegel, der durch uhrglasförmige Scheidewände (Septen) in

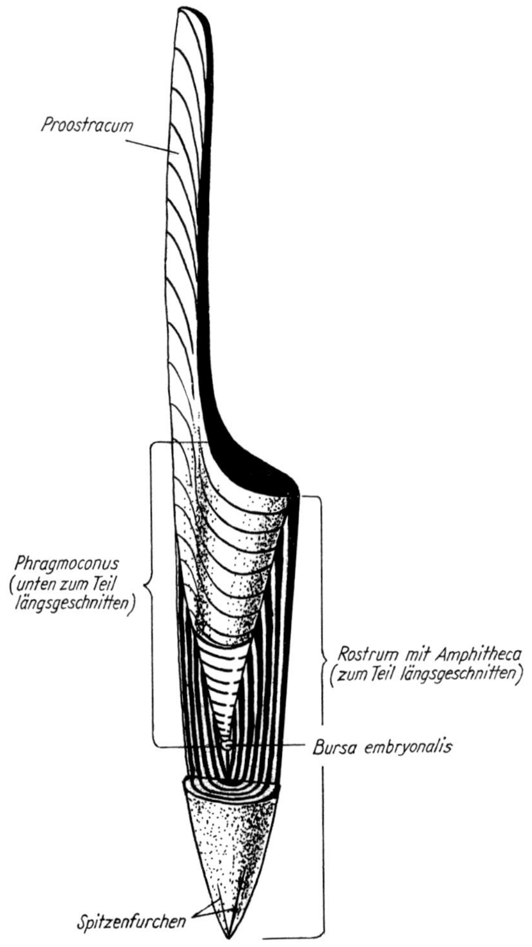

Abb. 417. Schematische Zeichnung zum Bau der Skelettelemente eines Belemniten-Tieres. Vom Phragmoconus ist die untere Hälfte im Längsschnitt, die obere in Seitenansicht dargestellt. Ohne Maßstab.

Kammern (Cellae) aufgegliedert und von einem Sipho durchzogen wird. Der von den Kegelwänden eingeschlossene Winkel schwankt zwischen 5 und 30 Grad. Als ältester Teil des Phragmoconus erscheint die **Bursa primordialis** (Anfangskammer, auch „Embryonalblase"). Sie ist bei manchen Formen sehr dickwandig und caudal oft zu einem Stachel ausgezogen. Ihre Mündung wird durch eine verkalkte Membran abgeschlossen, die dort, wo der Sipho ansitzt, eine oral gerichtete, also dem Zug des Siphos folgende Eindellung aufweist. Dieser ist lateral-ventral verankert und zeigt an den Stellen, wo er die Kammerscheidewände quert, eine deutliche Verengung. Er erhält hierdurch ein perlschnurartiges Aussehen (Abb. 418a). An der Verschlußmembran der Bursa primordialis verbreitert er sich fußartig. Die Achse derselben und die der übrigen Kammern schließen einen Winkel ein (Abb. 418b), der der endogastrischen Einkrümmung des Phragmoconus bei den Sepiida entspricht.

b) **Das Proostracum:** Es ist dies der jüngste, am letzten Septum beginnende Teil der Schale. Er kann mit der Wohnkammer der Ammonoidea und Nautiloidea verglichen werden; doch ist im Gegensatz hierzu der ventrale Teil durch einen Muskelmantel ersetzt. Hierdurch springt das Proostracum dorsal zungenförmig nach vorn. Es besteht aus einem dünnen chitinigen Blatt, dem etwas Aragonit eingelagert ist, so daß es nur selten überliefert wurde. Als Fundpunkte bekannt

Abb. 418. a) *Megateuthis gigantea* (v. SCHLOTH.), von der Ventralseite angeschliffener Phragmoconus mit den Siphonaldüten. Dogger (Bathonien) von Polen. Ca. 2/1 nat. Gr. – Nach H. PUGACZEWSKA 1961; b) Medianschliff durch die Spitze des Phragmoconus und die Bursa primordialis von *Brachybelus breviformis* VOLTZ). Die eingezeichneten Linien zeigen die Mittellinien. Lias ζ von Banz. Ca. 27/1 nat. Gr. – Nach H. MÜLLER-STOLL 1936.

sind vor allem die Mergel des englischen Oxford und der Solnhofener Plattenkalk (Malm zeta). Die Oberfläche des Proostracums ist mit feinen medio-dorsalen und lateralen Längsstreifen sowie quer hierzu verlaufenden Wülsten bedeckt, die wohl mit den Zuwachslinien der Conothek in Verbindung stehen. Hierbei handelt es sich um die rückwärtige Verlängerung des Proostracums in den Bereichen der Septen. – Proostracum und Conothek bilden das Velamen triplex, das grundsätzlich folgende Schichten umfaßt:

1. Stratum callosum (Architheca): morphogenetisch (ontogenetisch) älteste Schicht. Trägt dorsal an der Außen- und Innenseite querverlaufende Wülste (sog. „Zuwachslinien"). Dabei handelt es sich nicht um Skulpturen, sondern um schuppenartig aufeinanderfolgende Elemente, die durch den inneren Aufbau des Stratum callosum bedingt sind. Aus ihm besteht auch die Bursa primordialis.
2. Stratum profundum (äußere Endotheca): innerste Schicht des Velamen triplex, relativ dick. Nicht am Aufbau der Bursa primordialis beteiligt.
3. Stratum album: schließt sich epicentral an das Stratum callosum an. Zeigt sich im Schliff als dünner, heller Streifen. Vermutlich von einem Haftepithel abgeschieden, das den oralen epicentralen Teil des Schalensacks einnahm. Ebenfalls nicht am Bau der Bursa primordialis beteiligt.

c) **Das Rostrum** bildet zusammen mit dem Epirostrum den morphogenetisch jüngsten Teil der Belemniten-Schale. Es hat gewöhnlich eine zigarren- bis kegelförmige oder zylindrische Gestalt. Es besteht ähnlich wie bei den Aulacocerida aus konzentrisch angeordneten, im Wechsel organisch und anorganisch struierten Lamellen (Amphitheca). Hiervon sind die organischen fossil meist als Brauneisen, die um ein Mehrfaches dickeren anorganischen als radial strahliger, durchscheinender, faseriger Kalzit überliefert. Bei den Aulacocerida waren im Gegensatz hierzu die Intervalle der Kalkzufuhr größer, die organischen Amphitheca entsprechend breiter als die anorganischen. Zudem handelt es sich bei ihnen primär um Aragonit.

Das Rostrum besteht aus einem massiven, hinter der Bursa primordialis gelegenen Abschnitt

(Rostrum solidum) und einem davor befindlichen, der den Phragmoconus umhüllt (Rostrum cavum). Der kegelförmige Raum, der zur Aufnahme des Phragmoconus dient, wird als Alveole bezeichnet. Der Anteil des Rostrum cavum am Gesamtrostrum ist sehr verschieden und hat taxonomische Bedeutung.

Vom Hinterende der Bursa primordialis zieht bei manchen Formen eine im Schliff deutlich hervortretende Linie nach hinten. Hierbei soll es sich um eine inhomogene Zone handeln, in der die radial stehenden Kalzitindividuen des Rostrums zusammenstoßen und längs der im Verlaufe der Diagnese färbende Substanzen einzudringen vermochten. Es handelt sich aber wohl um ein feines Röhrchen (vgl. A. H. MÜLLER 1951), das vermutlich von einer funktionslosen, knorpeligen Achse durchzogen war. Diese verlor am Hinterende mit zunehmendem Wachstum an Dicke und hing mit dem umgebenden Weichteilsack zusammen.

Der Verlauf der Amphitheca zeigt, daß das jugendliche Rostrum häufig eine völlig andere Gestalt hatte als das ausgewachsene. Diese Beobachtung führte manche Autoren zu der irrigen Annahme eines „Embryonalrostrums". Man unterscheidet die folgenden, morphologisch wichtigen Typen des jugendlichen Rostrums:

1. den **clavirostriden** (Abb. 419a): schlank, vorderes Ende keulenförmig vertieft.
2. den **conirostriden** (Abb. 419b): keil- bis tütenförmig.

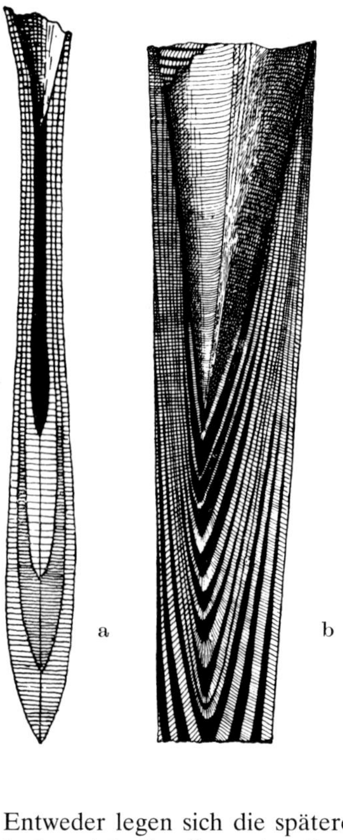

Abb. 419. a) Längsschnitt durch *Hastites clavatus* aus dem Lias, mit dem clavirostriden Jugendrostrum. Die durch verschiedene Signaturen zusammengefaßten Schichten bestehen aus einer größeren Anzahl von Amphitheca. Die Veränderungen während des Wachstums treten so deutlicher hervor. b) Längsschnitt durch einen Teil von *Megateuthis gigantea* (v. SCHLOTH.), mit dem conirostriden Jugendrostrum. Der Phragmoconus wurde nicht zerschnitten. Dogger von Württemberg. Ca. ½ nat. Gr. — Nach O. ABEL 1920.

Entweder legen sich die späteren Amphitheca konzentrisch um das „Jugendrostrum". Dann ändert sich die allgemeine Form nicht; oder es vollzieht sich ein Wechsel. In diesem Falle gestattet die Außenform des Rostrums keinen sicheren Schluß auf den inneren Bau.

Die **Oberfläche** des Rostrums kann taxonomisch wichtige Eindrücke, Furchen, Leisten, Granulationen usw. aufweisen. Man unterscheidet vor allem:

1. **Gefäßeindrücke** (Sulci vasculares): Es sind dies fein verästelte Eindrücke, die wohl auf Blutgefäße zurückgehen und bei manchen Gattungen (z. B. *Belemnitella* und *Belemnella* der Oberkreide) einen Großteil der Oberfläche bedecken. Bei *Belemnitella* stehen sie mit den Seitendoppelfurchen in Verbindung.

2. Die **Seitendoppelfurche** (Sulcus geminatus): Sie wird als Eindruck der Knorpelleiste einer seitlich ansitzenden Flosse gedeutet.

3. **Spitzenfurchen** (Sulci apicales): Es handelt sich um sehr verschieden gestaltete Furchen an der Spitze des Rostrums. Hiervon kann vielleicht der Sulcus dorsolateralis, der sich zuweilen in den Sulcus geminatus fortsetzt, mit letzterem in Verbindung gebracht werden. Außerdem treten häufig neben einem Sulcus ventralis zahlreiche kleine, ventral und dorsal gelegene Fältchen auf.

4. **Alveolarschlitze:** Dies sind schlitzartige Bildungen, die ventral oder dorsal das Rostrum cavum radial durchschneiden und wohl ebenfalls den Eintrittsstellen von Flossensäumen in das Rostrum entsprechen. Je nach der Lage unterscheidet man eine Fissura ventromedialis und dorsomedialis. Beide können sich in Furchen (Incisurae) fortsetzen.

Das Rostrum hatte wohl eine dreifache Bedeutung: es kompensierte den Überauftrieb des Phragmoconus, wirkte beim Schwimmen (wobei es wegen der Trichterstöße wohl meist nach vorn gerichtet war) ähnlich wie das Eisen des römischen Pilum und schützte schließlich den Phragmoconus. Der letzte Punkt war vermutlich besonders wichtig, da das caudale Ende horizontal schwimmender Cephalopoden mechanisch am stärksten gefährdet ist. Dies ergibt sich auch aus den in Abb. 420 gezeigten Rostren.

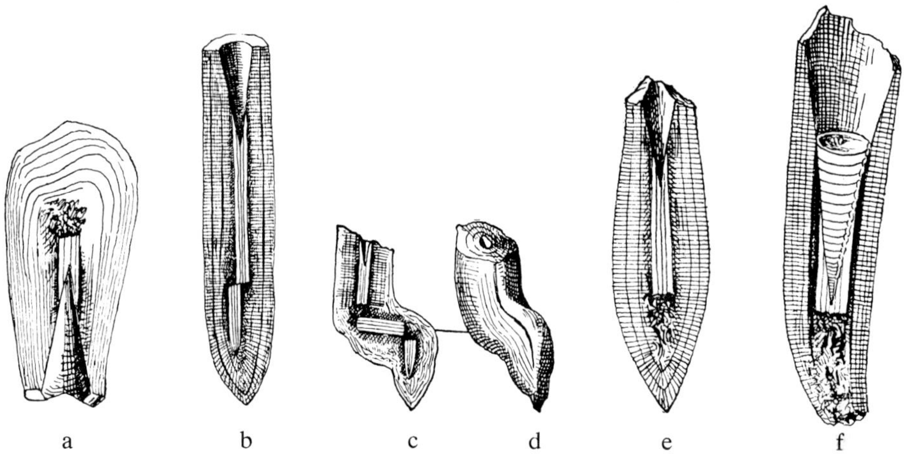

Abb. 420. Verheilte Belemniten-Rostren. Das dickste Stück gehört zu *Duvalia lata* (BLV.), die übrigen zu *Hibolithes subfusiformis* (RASPAIL). Nat. Gr. — Nach DUVAL-JOUVE 1842.

d) Als **Epirostrum** („Spieß") bezeichnet man eine caudale Verlängerung des Rostrums, wie sie bisher hauptsächlich bei Belemniten aus dem Lias epsilon (Gruppe um *Salpingoteuthis acuaria*) beobachtet werden konnte (Abb. 421, 422 A, B). Wahrscheinlich hatten aber auch andere Belemniten (vielleicht alle?) eine derartige Bildung. Nur blieb sie in den seltensten Fällen erhalten.

Das Epirostrum besteht, ähnlich wie das Rostrum, aus organischen und anorganischen Amphitheca, die in gewissen Wachstumsstadien an der Spitze des Rostrums aufgelagert wurden (Abb. 422 A). Auf diese Weise entstand schließlich ein langer Spieß, der gewöhnlich die drei- bis vierfache Länge des Rostrum solidum erreichte, so bei *Pleurobelus compressus* (STAHL). Gleich-

a b

Abb. 421. *Pleurobelus compressus* (Stahl): a) normale Rostren; b) mit ausgewachsenem Epirostrum. Lias δ von Württemberg. Ca. nat. Gr. — Nach H. Müller-Stoll 1936.

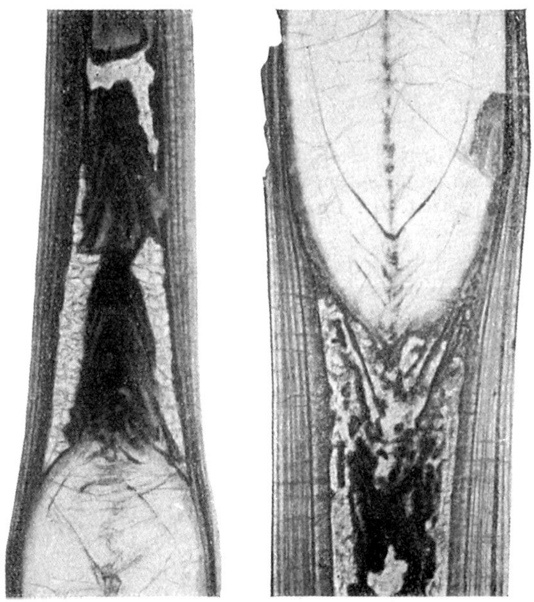

a b

Abb. 422 A. *Pleurobelus compressus* (Stahl), Teile vom Rostrum solidum und Epirostrum (Längsschnitte). In beiden Fällen befindet sich das Epirostrum im Stadium der Sekundär-Resorption. Lias δ von Holzheim. Ca. 4¾ nat. Gr. — Nach H. Müller-Stoll 1936.

a

b

Abb. 422B. *Salpingoteuthis acuaria ventricosia* (Qu.), mit Epirostrum: a) nicht deformiert, Maßstab mit Zentimeterteilung; b) Epirostrum durch Sackungsdruck deformiert. Ca. ⅔ nat. Gr. Ob. Lias (Posidonienschiefer) von Holzmaden (Württemberg).

zeitig spielten sich in seinem Inneren, von der Mittelachse ausgehend, Resorptionsvorgänge ab (Abb. 422 A). Der sich dabei bildende Hohlraum war mit einer heute noch nicht näher bekannten Substanz gefüllt. Sie zeigt lediglich Reste organischer Lamellen (Laminae obscurae). In einem späteren Stadium wurde der zunächst noch relativ kleine Hohlraum radial derart vergrößert, daß nur eine sehr dünnwandige Röhre verblieb und das Rostrum solidum um die Spitze wieder freilag. Vermutlich konnte sich ein verlorengegangenes Epirostrum erneut bilden und in ähnlicher Weise wie oben beschrieben wieder abbauen. Nur so lassen sich die sehr verschiedenen Erhaltungszustände erklären.

Vermutlich diente das Epirostrum als Schutz für das Rostrum. Die Höhlung im Innern des Epirostrums könnte dann als statischer Ausgleich betrachtet werden. Ein mehrmaliges Auftreten ließe sich als Regeneration des durch äußere Einflüsse verletzten und vernichteten Epirostrums deuten. Mehrmaliges Auftreten eines Epirostrums wäre dann nur eine zufällige Erscheinung.

Gegen diese Annahme spricht, daß das Epirostrum während seiner Existenz das Wachstum des Rostrums ausschließt. Es muß beim allgemeinen Wachstum des Tieres und besonders bei dem des Phragmoconus mitgewachsen sein, da es ja nicht nur seiner mechanischen Aufgabe, sondern auch der als statischer Kompensator des Überauftriebs des Phragmoconus gerecht zu werden hat. Darauf mag hinweisen, daß das Epirostrum auch bei offensichtlich jungen Exemplaren auftritt. Man könnte annehmen, daß das Epirostrum, falls es fehlt, durch äußere Einflüsse (Bruch, Anprall, tierische Feinde) oder durch periodische, von gewaltsamen Zerstörungen unabhängige Resorption verlorenging, um die Möglichkeit zu schaffen, daß sich das Rostrum vergrößert und seinen Zweck als statischer Kompensator erfüllen konnte. Das Dickenwachstum des Rostrums wäre dann lediglich durch die Bildung des Epirostrums verursacht, da die Schichten des Epirostrums, die auf dem Rostrum liegen, in keinem Falle resorbiert wurden; es entstand also durch die Summierung von Restkörpern und Anfangsstadien der Epirostralbildung.

Zu einer hiervon abweichenden Vorstellung über Bau und Bildung des Epirostrums kam H. Hölder 1950. Er konnte am Epirostrum der „gestreiften" Belemniten der Gruppe um *Salpingoteuthis acuaria* (v. Schloth) eine konzentrisch lamellöse, radialstrahlige Außenschicht und eine konzentrisch lamellöse Innenschicht unterscheiden. Hiervon zeigt die Außenschicht in der Regel feine Längsstreifen, während die Innenschicht in Falten gelegt sein kann, deren Wellenberge auf der Oberfläche der Innenschicht kräftige, an *Aulacoceras* erinnernde Längsrippen erzeugen. Die Wellentäler ragen septenartig in den Hohlraum des Epirostrums. Eine Beziehung zu den feinen Streifen der Außenschicht besteht nicht.

Nachstehend einige der wichtigsten Gattungen der Belemnitida:

? **Eobelemnites** Flower 1945: Unt. Karbon (Visé) von N-Amerika.

Rostrum radialfaserig, seitlich abgeflacht. Phragmoconus groß, mit dicht stehenden Septen, die schräg zur Mündung geneigt sind und zwar von der Ventral- zur Dorsalseite. Apikalwinkel relativ groß.

Nannobelus Pavlow 1913: Lias (Sinemurien-Toarcien) von Eurasien (Abb. 423).

Abb. 423. *Nannobelus acutus* Miller, schematischer Längsschnitt. Lias von Europa. Ca. ½ nat. Gr.

Das kleine, kegelförmige, schlanke, im Querschnitt ovale oder gerundet dreieckige Rostrum hat keine Spitzenfurchen. Der Phragmoconus reicht fast bis an das Hinterende.

Passaloteuthis Lissajous 1915 (syn. *Holcoteuthis* Stolley 1919): Mittl.-Ob. Lias von Eurasien, Arktis, S-Amerika.

Rostrum mehr oder weniger zylindrisch, mit unterschiedlich deutlichen dorsolateralen Furchen. Apikallinie deutlich exzentrisch.

Hastites Mayer-Eymar 1883: Mittl. Lias (Pliensbachien) — Malm (Oxford, ? Kimmeridge) von Europa, Kaukasus, Zentralasien, Sibirien, kanadische Arktis (Abb. 424).

Abb. 424. *Hastites privatensis* (Mayer 1866), a) ventral, b) anderes Rostrum, lateral. Dogger (Ob. Callovien) von Balin (Polen). Länge von a): ca. 5 cm. — Nach H. Pugaczewska 1961.

Rostrum meist relativ klein, gewöhnlich keulenförmig mit verdicktem Alveolarbereich. Vorhanden ist ein Alveolarschlitz, der in eine ventrale Alveolarfurche übergeht. Schwerpunkt ziemlich nahe dem Hinterende. Seitendoppelfurchen ähnlich wie bei *Belemnopsis* ausgebildet. Alveolarwinkel 20° und mehr.

Dactyloteuthis Bayle 1878: Ob. Lias — Unt. Dogger von Europa, N-Amerika (Abb. 425).

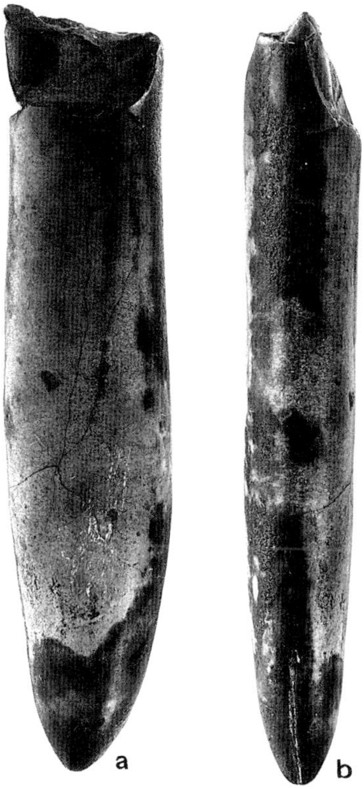

Abb. 425. *Dactyloteuthis* sp., a) von der Seite, b) ventral. Lias. Ca. ¾ nat. Gr.

Das seitlich abgeplattete, fingerförmige Rostrum ist am hinteren Ende nicht zugespitzt. An der Ventralseite kann eine schwach ausgebildete Furche vorhanden sein. Gelegentlich ist ein Epirostrum nachzuweisen.

Megateuthis Bayle 1878 (syn. *Mucroteuthis* Abel 1916): Dogger (Bajocien) von Europa, Asien (Abb. 426—427).
Rostren zum Teil von außergewöhnlicher Größe (bis ca. 1½ m und mehr lang); zylindrisch. Querschnitt oval. Vorhanden sind stets kräftige dorsolaterale und im allgemeinen daneben auch schwächere lateroventrale Spitzenfurchen, zu denen häufig eine dorsale und eine ventrale kommen.

Hibolithes Montfort 1808: Dogger (Bathonien) — Unt. Kreide (Neokom) von Europa, N-Afrika, N-Amerika, Asien, Indonesien; während des Tithon wichtig für den ganzen Raum von Madagaskar bis zur Indomalaysischen Geosynklinale (Abb. 428).

Das langgestreckte, lanzettförmige Rostrum weist deutlich ausgebildete Seitenfurchen auf. Eine ventrale Furche erstreckt sich vom Alveolarrand nach hinten. Der Phragmoconus nimmt etwa ein Viertel der Länge des Rostrums ein. — Im Malm des südlichen Mitteleuropa ist *H.* fast

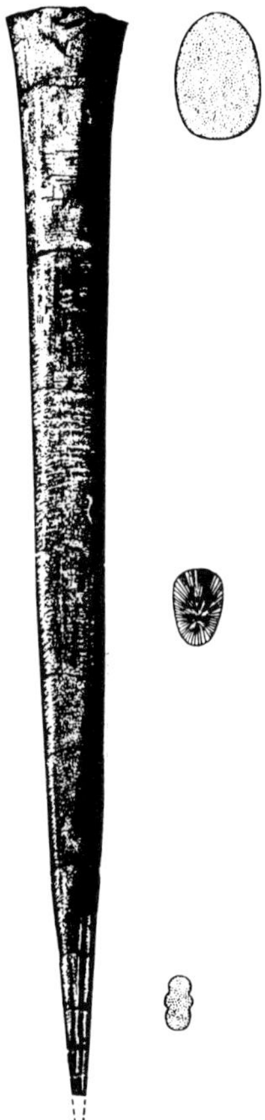

Abb. 426. *Megateuthis gigantea* (v. SCHLOTH.), von der Seite. Rechts daneben Querschnitte in verschiedener Höhe. Dogger (Bathonien) von Mitteleuropa. Ca. ⅕ nat. Gr. — Nach J. ROGER 1952.

Abb. 427. Phragmoconus von *Megateuthis gigantea* (v. SCHLOTH.), Dogger (Ob. Bajocien) von England. Ca. 1½ nat. Gr.

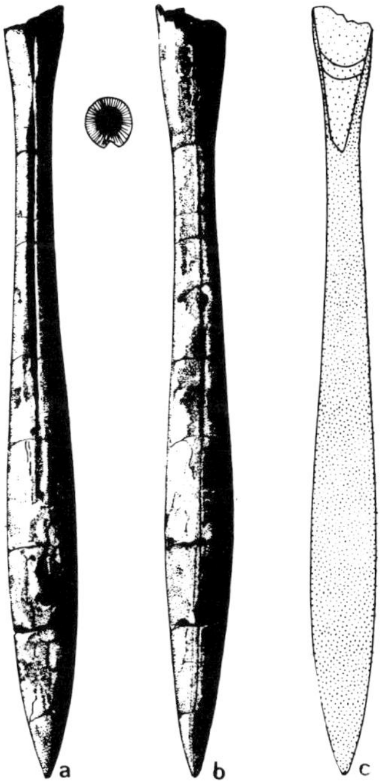

Abb. 428. *Hibolithes semihastatus* (Qu.), a) ventral, b) lateral, c) Längsschnitt. Dogger (Bajocien) von Württemberg. Ca. ⅖ nat. Gr. — Nach J. Roger 1952.

der einzige Belemnit. Dies steht im auffälligen Gegensatz zum Reichtum der gleichaltrigen Ammonitenfauna des Gebiets.

Belemnopsis Bayle 1878: Lias — Dogger von Europa, Asien, Australien (Abb. 429).

Das zylindrische, in der Jugend gelegentlich etwas keulenförmige Rostrum zeigt schwach entwickelte Seitenfurchen sowie eine Ventralfurche, die sich vom Alveolarrand häufig bis

Abb. 429. *Belemnopsis sulcatus,* Mittl. Dogger (Bajocien) von Frankreich. Ca. nat. Gr. — Nach G.-J. Painvin.

nahezu an das zugespitzte Hinterende erstreckt. Ein deutlicher Alveolarschlitz ist ausgebildet. Die Gattung zeigt verwandtschaftliche Beziehungen zu *Hibolithes*.

Rhabdobelus NAEF 1922: Ob. Lias – Dogger (Bathonien), u. a. von Europa, Asien (Abb. 430). Das stabförmige, am Hinterende meist etwas verdickte, sehr kleine Rostrum hat im Alveolarteil einen viereckigen, am Hinterende einen gerundeten Querschnitt. Vorhanden sind tiefe Seitenfurchen, die der Dorsalseite näher stehen als der Ventralseite. Hierzu können schwach ausgebildete dorsale und ventrale Furchen treten. Keine dieser Furchen erreicht das Hinterende.

Cylindroteuthis BAYLE 1878: Mittl. Dogger – Malm von Europa, N-Amerika, Grönland (Abb. 431).

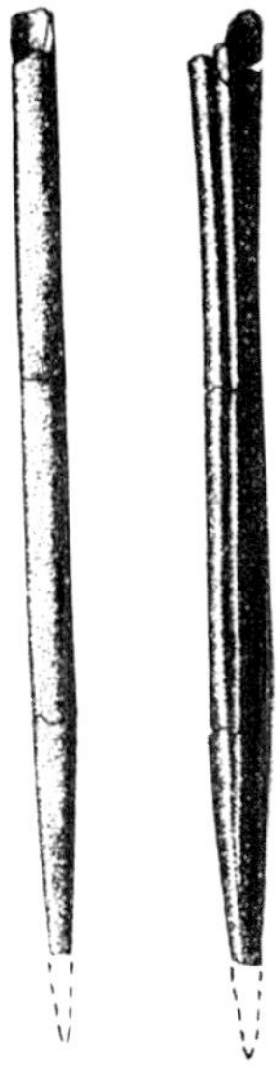

a b

Abb. 430. *Rhabdobelus exilis* (D'ORBIGNY), a) ventral, b) lateral. Ob. Lias von Mitteleuropa. Ca. nat. Gr. – Nach J. ROGER 1952.

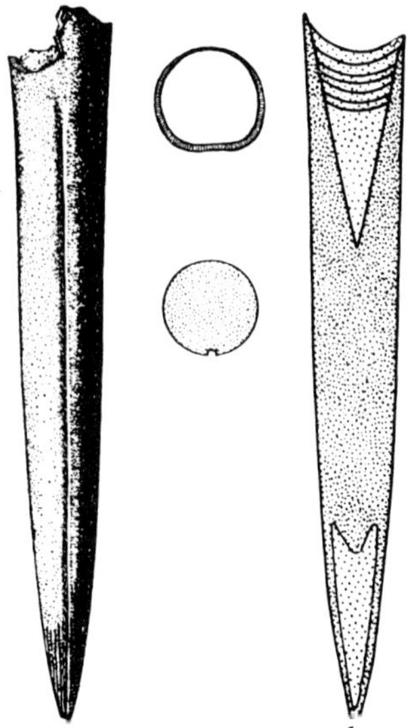

a b

Abb. 431. *Cylindroteuthis munieri* (DESLONGCHAMPS), a) von der Ventralseite; b) Längsschnitt. Dogger (Bajocien) des Calvados. Ca. ½ nat. Gr. – Nach J. ROGER 1952.

Das im allgemeinen sehr lange, schlank-zylindrische und hinten spitz zulaufende Rostrum trägt eine von der Spitze zur Alveole schwächer werdende Ventralfurche. Kein Alveolarschlitz. Querschnitt nahe der Spitze seitlich abgeflacht, an der Alveole kreisförmig.

Acroteuthis Stolley 1919: Ob. Malm — Unt. Kreide (Neokom) von Europa und Arktis (Abb. 432).

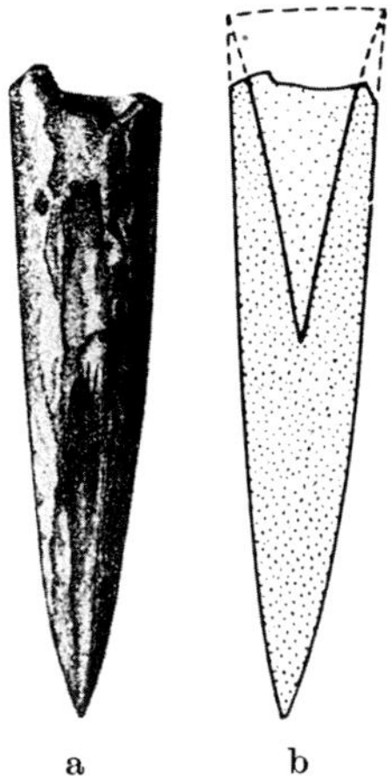

Abb. 432. *Acroteuthis subquadrata* (Roemer), a) ventral, b) Längsschnitt. Unt. Kreide (Neokom) von Bayern. Ca. ½ nat. Gr. — Nach J. Roger 1952.

Der dorsoventrale Durchmesser des großen, gedrungenen und zylindrischen Rostrums ist um einiges größer als der vertikal hierzu gemessene. Vorhanden sind Seitenfurchen sowie eine ventrale Furche oder Vertiefung, die im Gegensatz zu *Cylindroteuthis* am Hinterende schwächer und weniger konstant ausgebildet ist. Ventralseite ausgewachsener Rostren abgeplattet, vor allem im Bereich der sehr tiefen, oft exzentrischen Alveole.

Duvalia Bayle 1878: Malm (Tithon) — Unt. Kreide (Neokom) von Europa, N-Afrika, Madagaskar, Pakistan, Indonesien; weit verbreitet vor allem in Kalkgesteinen der Tethys (Abb. 433—434).

Das fingerförmige, hinten entweder asymmetrisch zugespitzte oder abgerundete, seitlich meist stark abgeplattete Rostrum ist dorsoventral nach hinten hin gewöhnlich verbreitert. Vorhanden ist eine kurze, am Alveolarrand beginnende Dorsalfurche, während eine Ventralfurche fehlt.

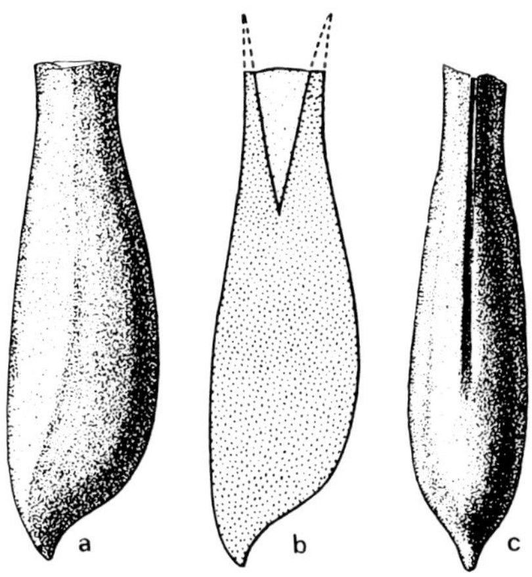

Abb. 433. *Duvalia lata* de Blainville, a) von der Seite, b) dorsoventraler Längsschnitt, c) von der Dorsalseite. Unt. Kreide (Neokom) von Südostfrankreich. Etwas verkleinert. — Nach J. Roger 1952.

Abb. 434. *Duvalia dilatata* DE BLAINVILLE, von der Seite. Unt. Kreide (Hauterive) von Südostfrankreich. Ca. nat. Gr. — Nach G.-J. PAINVIN.

Pseudobelus DE BLAINVILLE 1827: Ob. Lias — Unt. Kreide (Neokom), u. a. von Europa, N-Afrika, Kaukasus (Abb. 435).

Das langgestreckte, seitlich etwas zusammengedrückte Rostrum trägt tief eingeprägte Seitenfurchen, durch die sich eine charakteristische Zweiteilung des Rostrums ergibt.

Oxyteuthis STOLLEY 1911: Unt. Kreide (Hauterive — Apt) von Europa.

Rostrum im Umriß *Cylindroteuthis*-ähnlich; ohne Alveolarschlitz und ohne ventrale Furchen. Vorhanden sind zwei parallel zueinander verlaufende Seitenlinien, die am Hinterende nach unten biegen. Letzteres stumpf oder spitz ausgebildet.

Belemnitella D'ORBIGNY 1840: Ob. Kreide (Ob. Santon — Ob. Maastricht) von Eurasien, N-Amerika, Grönland (Abb. 436—437).

Das in der Regel zylindrische, im Querschnitt runde und apikal oft in eine abgesetzte Spitze auslaufende Rostrum trägt kräftige, gerade verlaufende dorsolaterale Linien und einen deutli-

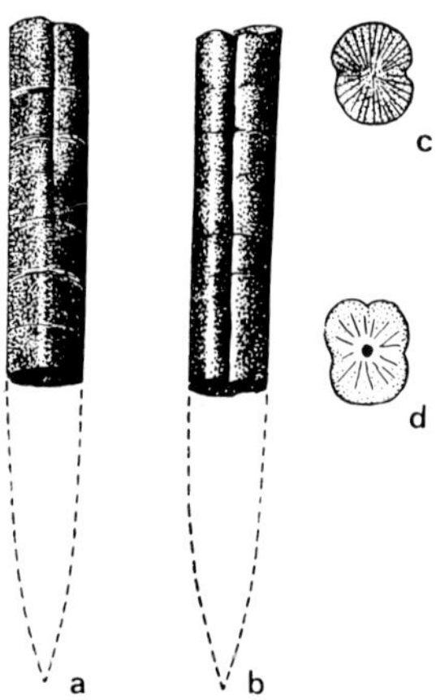

Abb. 435. *Pseudobelus bipartitus* (DE BLAINVILLE), a) dorsal, b) lateral, c)—d) Querschnitte. Unt. Kreide (Neokom) von Frankreich. Ca. 7/10 nat. Gr. — Nach J. ROGER 1952.

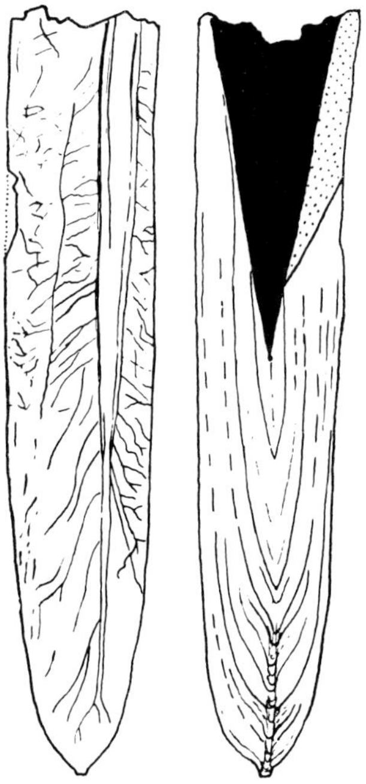

Abb. 436. *Belemnitella mucronata* (v. SCHLOTH.) *senior* NOWAK, unteres Ob. Campan (Leitform); a) lateral, b) Längsschnitt durch den Alveolarschlitz (punktiert). Ca. ¾ nat. Gr. — Umgezeichnet nach J. JELETZKY 1951.

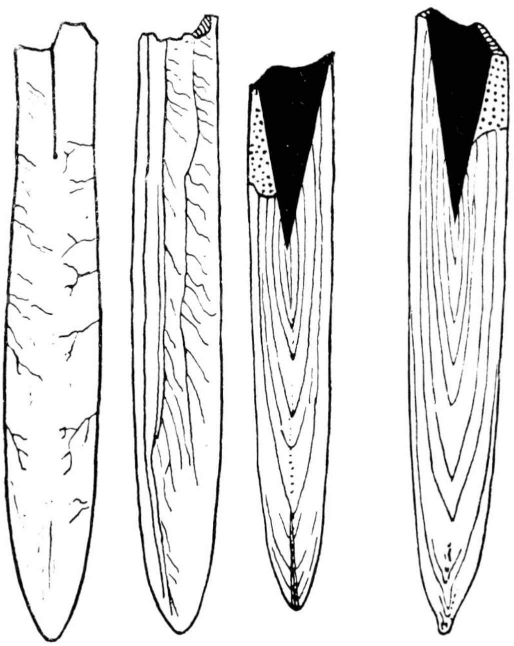

Abb. 437. a)—c) *Belemnitella langei* JELETZKY, oberes Ob. Campan (Leitform); a) ventral, b) lateral, c) Längsschnitt durch den Alveolarschlitz (punktiert). Nat. Gr.; d) *Belemnitella junior* NOWAK, unteres Obermaastricht (Leitform), Längsschnitt durch den Alveolarschlitz (punktiert). Ca. nat. Gr. — Umgezeichnet nach J. JELETZKY 1951.

chen Alveolarschlitz, der relativ weit vor der Bursa embryonalis beginnt. Jugendliches Rostrum conirostrid. Der Alveolarwinkel beträgt 12—16 Grad. — Die Gattung stellt eine Anzahl wichtiger Leitfossilien, deren Vertikalverbreitung in der Ob. Kreide von Niedersachsen aus Abb. 438 ersichtlich ist.

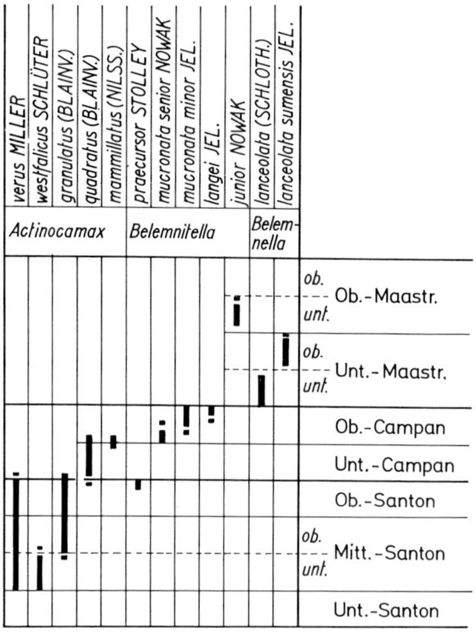

Abb. 438. Die Vertikalverbreitung der wichtigsten Belemniten-Arten in der Ob. Kreide von Niedersachsen. — Nach F. Schmid 1956.

Belemnella Nowak 1913: Ob. Kreide (Maastricht) der borealen Oberkreide, orthochronologisch maßgebend im Unt. Maastricht (Abb. 439).

Kennzeichnend sind ein langes, 1/7 bis 4/5 der Rostrumlänge einnehmendes clavirostrides Jugendrostrum und die wellenförmige Biegung der dorsolateralen Linien in ihrem unteren Drittel. Die von letzteren entspringenden Hauptblutgefäße zweigen unter einem Winkel von mehr als 30 Grad ab. Die Alveole ist völlig oder nahezu vollständig sekundär verkalkt. Der Schatsky-Index erreicht nur die unbedeutende Größe von 0—4,5 (? 5) mm. Er bezeichnet den geringsten Abstand zwischen der Embryonalblase und der Stelle, wo der Alveolarschlitz auf den Rand der Alveole trifft. Bei *Belemnitella* ist er deutlich größer als bei *Belemnella*. Alveolarwinkel 10—21° (? 23°).

Actinocamax Miller 1826: Ob. Kreide (Cenoman — Campan) von Eurasien, Grönland (Abb. 440).

Rostrum meist zylindrisch, seltener keulen- oder kegelförmig. Der Alveolarteil war zu Lebzeiten des Tieres nur unvollständig verkalkt, so daß die heute vorliegende, gewöhnlich vierkantige Vertiefung am Hinterende nicht der eigentlichen Alveole entspricht („Pseudoalveole"). Infolgedessen ist der am überlieferten Rostrum zu beobachtende Ventralschlitz nur sehr kurz. Er beginnt in einer Entfernung von meist weniger als 3 mm vor der Bursa embryonalis; doch kann der Wert zwischen 0 und 8 mm betragen. Oberfläche des Rostrums zeigt Granulation und Gefäßeindrücke. — Auch diese Gattung, der hier *Gonioteuthis* Bayle als Untergattung zugerechnet wird, stellt eine Anzahl wichtiger Leitfossilien, deren Vertikalverbreitung in der Ob. Kreide von Nordwestdeutschland aus Abb. 438 ersichtlich ist.

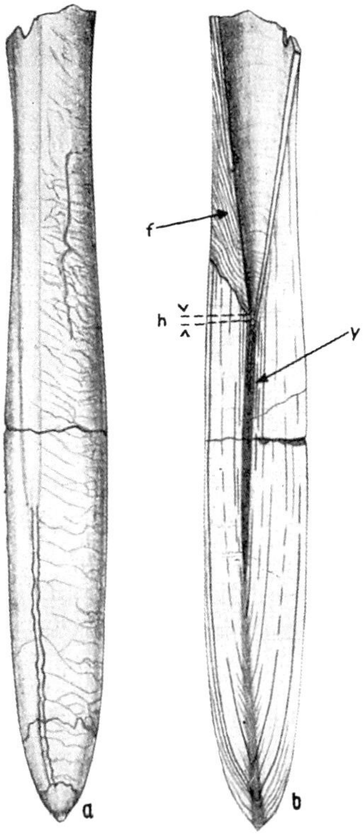

Abb. 439. *Belemnella lanceolata* (Schloth.), unteres Untermaastricht (Leitform); a) lateral, b) Längsschnitt durch den Alveolarschlitz (f). Es bedeuten: y = das nadelartige, früheste Wachstumsstadium, das im Schnitt erkennbar ist; h = Schatsky-Index. Ca. ¾ nat. Gr. — Nach J. Jeletzky 1948.

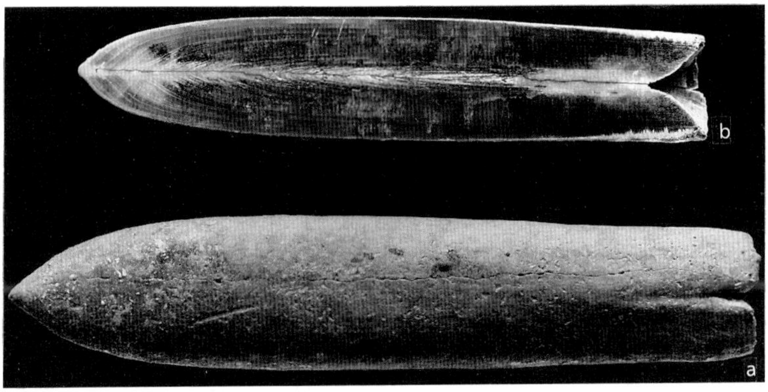

Abb. 440. *Actinocamax („Gonioteuthis") quadratus* (Blainv.); a) von der Ventralseite, b) medianer Längsschnitt. Ob. Kreide (Unt. Campan) von Rouen (Frankreich). Ca. 1¼ nat. Gr.

Oberfamilie **Diplobeloidea** Jeletzky 1965 (pro Diplobelina Jeletzky 1965)

Belemnitida mit ungewöhnlich schmalem, adoral spitz zulaufendem und im Umriß dolchförmigem Proostracum. Phragmoconus brevicon, in der apikalen Hälfte mehr oder weniger endogastrisch eingekrümmt. Septen stehen dichter als bei den übrigen Belemnitida. Rostrum gewöhnlich kurz, gedrungen, am Apikalende stumpf gerundet, meist ohne radialstrahlige prismatische Struktur. — Malm (Tithon) — Ob. Kreide (Cenoman).

Diplobelus Naef 1926: Malm (Tithon) von M-Europa, Krim und ? Kaukasus (Abb. 441).

Die Kammerscheidewände des sehr langen und fast bis zum hinteren Ende des Rostrums reichenden Phragmoconus verlaufen schief zur Längsachse. Das im Querschnitt ovale, auffallend kurze und stumpfe Rostrum besteht aus konzentrischen Lamellen (Amphitheca), zeigt aber nicht die für Belemnitida sonst typische radialstrahlige Struktur. Apikalwinkel des Phragmoconus 24—26 Grad.

Conoteuthis d'Orbigny 1842: Unt. Kreide (Apt, Alb) — Ob. Kreide (Cenoman) von Frankreich, England, Libanon, Mosambik (Abb. 442).

Phragmoconus extrem kurz, apikal unregelmäßig zur Ventralseite eingekrümmt, Apikalwinkel ca. 30 Grad. Septen verlaufen ungewöhnlich schief. Rostrum zu einem dünnen Belag reduziert, mit radialstrahliger und konzentrisch-lamellarer Struktur.

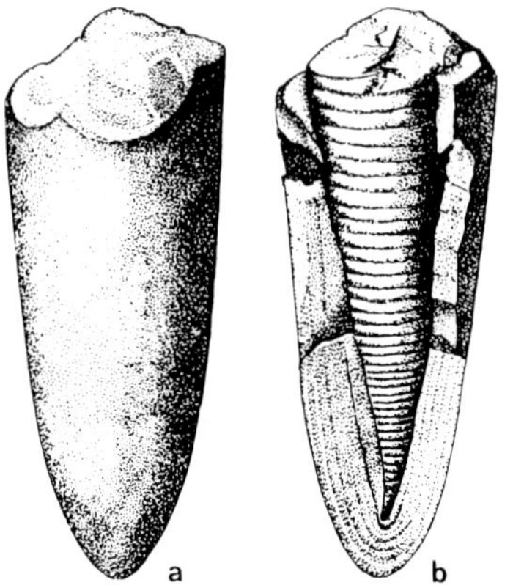

Abb. 441. *Diplobelus belemnitoides* v. Zittel, Ob. Malm (Tithon) von Stramberg. Ca. ⅞ nat. Gr. — Nach J. Roger 1952.

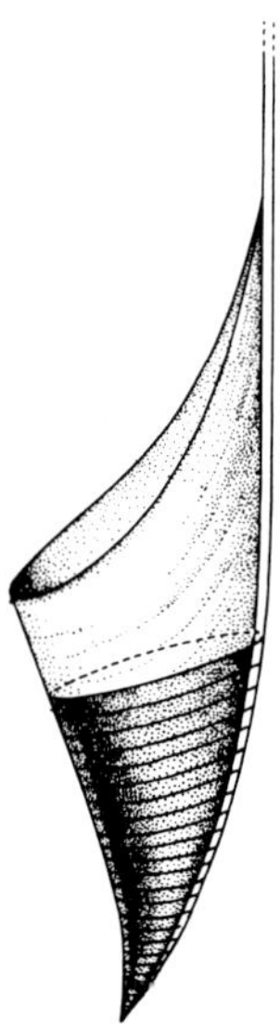

Abb. 442. *Conoteuthis dupiniana* d'Orbigny, Unt. Kreide von Südostfrankreich. Ca. ⁴⁄₅ nat. Gr. — Nach J. Roger 1952.

Ordnung **Belemnoteuthida** Stolley 1919 (? v. Zittel 1885)

„Rostrum" aragonitisch, mehr oder weniger deutlich, meist zu einer dünnen, adoral rasch an Dicke abnehmenden Kalklage auf dem rückwärtigen Teil des Phragmoconus reduziert. Bei *Chitinobelus acifer* Fischer aus dem Posidonienschiefer (Ob. Lias, Toarcien) von Süddeutschland wurde ein Epirostrum nachgewiesen. Proostracum ähnlich dem der Belemnitoidea gut entwickelt, dünn. Anfangskammer napfförmig, undeutlich von der folgenden Kammer geschieden. Vorhanden sind 10 undifferenzierte, mit Doppelreihen von Fanghäkchen besetzte Arme sowie ein Tintenbeutel. — Lias (Unt. Toarcien) — Malm (Unt. Tithon) mit wenigen Arten.

Belemnoteuthis Pearce 1842: Dogger (Callovien) — Malm (Unt. Tithon) von England, Deutschland, Polen, Syrien (Abb. 443).

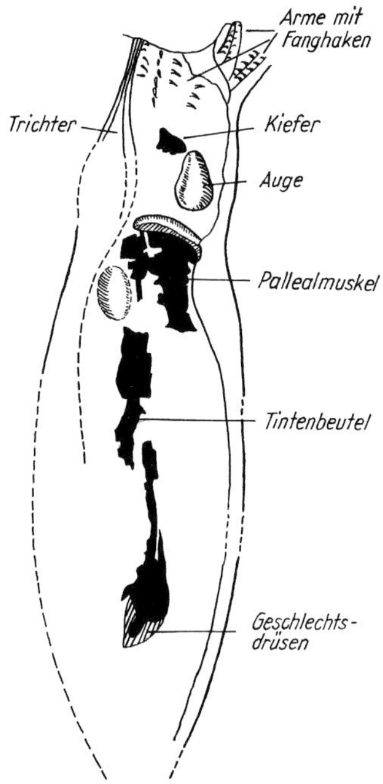

Abb. 443. *Belemnoteuthis syriaca* Roger, Ansicht von der linken Seite. Ob. Kreide (Cenoman) von Syrien. Stark verkleinert. — Nach J. Roger 1952, verändert.

Arme relativ kurz, wie die daran sitzenden Häkchen nicht differenziert. Proostracum mit schwach mineralisiertem Mittelfeld, das von stabiler ausgebildeten Seitenfeldern eingefaßt wird. Mittelfeld mit zentraler Längsstreifung. Phragmoconus brevicon. „Rostrum" klein, tütenförmig, dorsal mit zwei Längswülsten, die von einer Furche getrennt werden.

Acanthoteuthis R. Wagner 1839: Malm (Unt. Tithon, Solnhofener Plattenkalk) von Süddeutschland (Abb. 410 A, B).

Ähnlich *Belemnoteuthis*, Rostrum jedoch ohne Dorsalfurche. Proostracum zungenförmig, massiv, mit Anwachsstreifen und breitem Mittelfeld.

Ordnung **Phragmoteuthida** JELETZKY in SWEET 1965

Proostracum dreiteilig, fächerförmig, beträchtlich länger als der brevicone, mit kurzen Kammern ausgestattete Phragmoconus. Mittelfeld breit, vorn stumpf gerundet. Mediankiel in einigen Fällen vorhanden. Rostrum *Belemnoteuthis*-artig oder dünn. Kiefer ähnlich dem der rezenten Teuthida. Bei *Phragmoteuthis*? *ticinensis* RIEBER aus der Grenzbitumenzone (Anis/Ladin) des Monte San Giorgio (Schweiz) und bei *Phragmoteuthis*? *conocauda* (QUENSTEDT) (Abb. 410C) aus dem Ob. Lias (Posidonienschiefer, Unt. Toarcien) von Holzmaden (Baden-Württemberg) wurden Häkchen an den Fangarmen nachgewiesen. — Ob. Perm — Ob. Lias von O-Grönland, und Europa mit 2 (? 3) Gattungen.

Permoteuthis ROSENKRANTZ 1946: Perm von O-Grönland (Abb. 444).

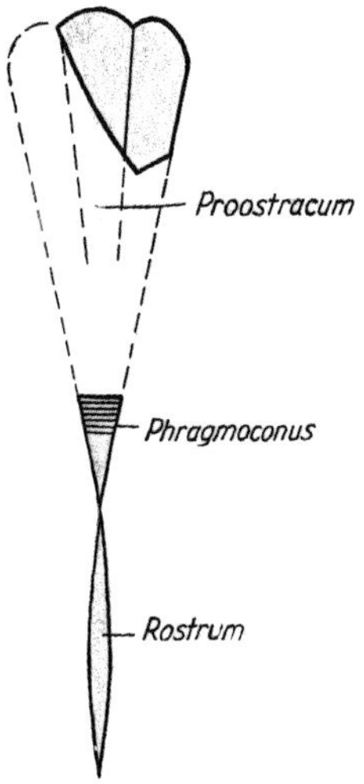

Abb. 444. *Permoteuthis groenlandica* ROSENKRANTZ, Perm von Grönland. Ca. ½ nat. Gr. — Aus J. ROGER 1952.

Das Rostrum dieses eigentümlichen Vertreters ist relativ lang und deutlich claviform. Außerdem zeigt es ähnlich dem der Belemnitoidea radialfaserige Struktur. Beobachtet wurden auch der Phragmoconus mit sehr dicht stehenden Kammerscheidewänden und Teile aus dem vorderen Abschnitt des Proostracums. Die Arme sollen Haken getragen haben.

Ordnung **Teuthida** NAEF 1916
(Kalmare, Abb. 445A, B)

Zehnarmige Dibranchiata, bei denen Phragmoconus und Rostrum mehr oder weniger rudimentär geworden sind, während das Proostracum noch eine kräftige Ausbildung zeigt. Diese Elemente, die eine ähnliche Stützfunktion wie die Wirbelsäule der Vertebraten haben, werden zusammen als Gladius bezeichnet (Abb. 455). Hiervon nimmt das Proostracum den größten Raum ein. Es besteht aus einem Mittelfeld und den beiden Seitenfeldern, von denen letztere jeweils durch die mediane und laterale Asymptote der betreffenden Seite abgegrenzt werden. Hinzu kommen eine (mediane) Rippe oder Leiste, welche das Mittelfeld halbiert, sowie feine Längs- und gelegentlich auch Querstreifen. Vom Phragmoconus ist lediglich noch ein trichter-, kegel- oder löffelartiges Gebilde am Hinterende des Proostracums vorhanden, das man als Conus bezeichnet und von dem jederseits ein flügelartiger Vorsprung, die sog. Conus-Fahne, mehr oder weniger weit am Proostracum nach vorn zieht. Der Phragmoconus ist nicht gekammert. Vom Rostrum findet man mitunter noch eine schwache Andeutung. Bei den Teuthida handelt es sich ausschließlich um „Dauerschwimmer“ (Nekton), die den schwerfälligen hydro-

Abb. 445 A. Ein gestrandeter Kalmar: *Ommastrephes sagittatus* (LAM.), Pfeilkalmar. Varadero (Kuba). Körperlänge ohne Tentakel ca. 30 cm. Fot. Verf. (Nov. 1982).

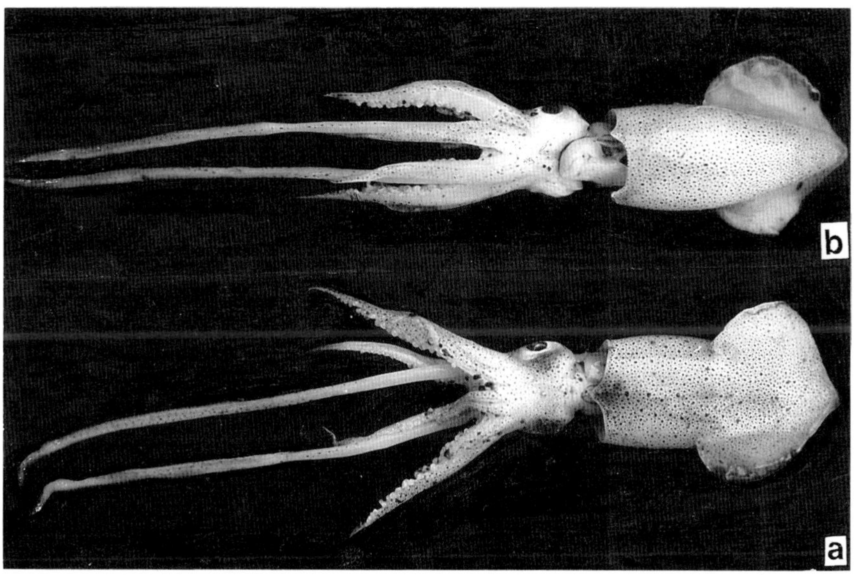

Abb. 445 B. Jugendliche Kalmare mit nur 6 Armen, a) von unten, b) von oben. Halong-Bucht (Nordvietnam, Südchinesisches Meer). Gesamtlänge ca. 16 cm. Fot. Verf.

statischen und protektiven Apparat, wie wir ihn von den Nautiloidea und Ammonoidea kennen, bis auf wenige Rudimente abgebaut und in das Innere des Mantelsacks verlagert haben. — Ob. Trias — rezent. Die relativ wenigen fossilen Vertreter stammen im wesentlichen aus dem Ob. Lias (Posidonienschiefer) und dem Ob. Malm (Solnhofener Plattenkalk), einige weitere aus der Ob. Kreide sowie dem ? Oligozän, während dazwischen große Kenntnislücken klaffen. Maßgebend für die Überlieferung sind offenbar besonders günstige Erhaltungsbedingungen, so daß wir es im Ob. Lias und im Ob. Malm zweifellos nicht mit wirklichen Maxima der stammesgeschichtlichen Entwicklung zu tun haben.

Einige der rezenten Kalmare tragen auf ihren Armen und/oder Tentakeln Haken (Onychiten), die zum Ergreifen und Festhalten der Beute dienen. Bei den Enoploteuthidae finden sie sich auf allen Armen und Tentakeln, bei den Gonatidae nicht auf dem ventralen Armpaar. Bei den Onychoteuthidae sind nur die Tentakeln mit Haken ausgestattet. Die meist 0,5 bis 10,0 mm langen Gebilde entstehen (Abb. 446a—f), indem sich der Saugnapf distal streckt, wodurch

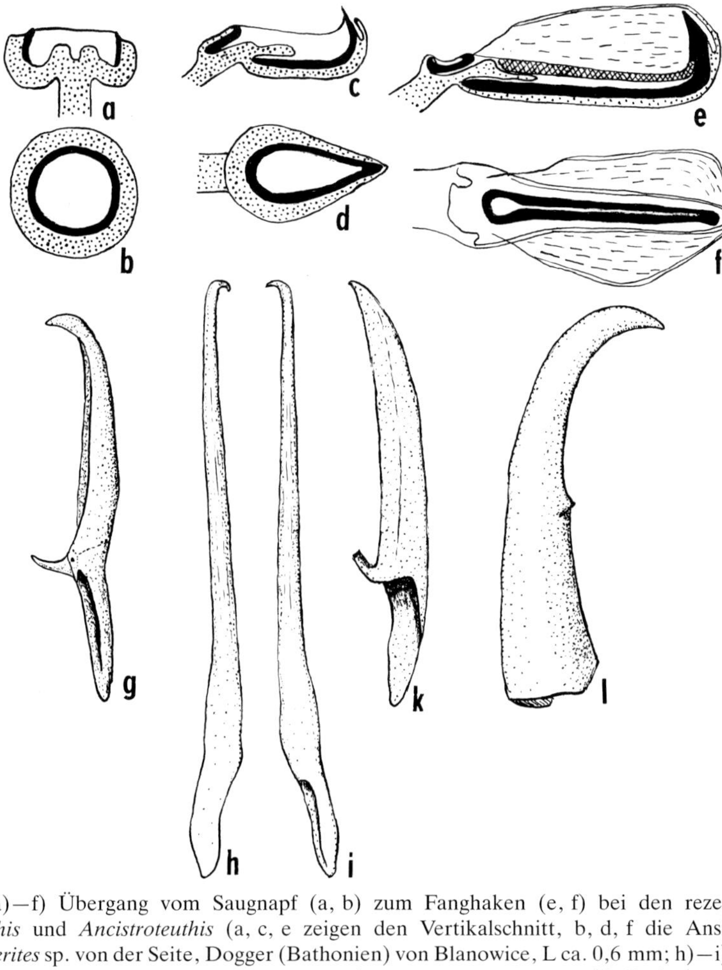

Abb. 446. a)—f) Übergang vom Saugnapf (a, b) zum Fanghaken (e, f) bei den rezenten Gattungen *Onychoteuthis* und *Ancistroteuthis* (a, c, e zeigen den Vertikalschnitt, b, d, f die Ansicht von oben); g) *Paraglycerites* sp. von der Seite, Dogger (Bathonien) von Blanowice, L ca. 0,6 mm; h)—i) *Longuncus* sp., Malm (Volgien) von Brzostowka, L ca. 1,3 cm; k) *Arcuncus* sp., Dogger (Callovien) von Lukow, L ca. 0,7 mm; l) *Urbanecuncus* sp., Dogger (Bathonien) von Blanowice (Polen), L ca. 0,5 mm. — Nach C. Kulicki & H. Szaniawski 1972, umgezeichnet.

dessen Konchiolinring (schwarz gezeichnet) eine scharfe, gekrümmte Spitze erhält. Fossil wurden Haken (oft zusammen mit Überresten von Belemnitida oder Phragmoteuthida) erhaltungsbedingt in dunklen Kalken, Mergeln und Schiefern seit dem Perm nachgewiesen. Weitere Angaben finden sich bei C. Kulicki & Szaniawski 1972.

Vermutliche Stammformen aus dem Paläozoikum

Aus dem Unt. Devon (Hunsrückschiefer, Ob. Siegen/Unt. Ems) des Rheinischen Schiefergebirges liegen die Überreste zweier Gattungen vor, die mit den Schulpen mesozoischer Teuthida verglichen werden können (Abb. 450). Insbesondere gilt dies für *Loligosepia* und Verwandte (s. S. 378), auf deren Gladius laterale Asymptoten als scharfe Kiele ausgebildet sind und eine mediane Rippe dorsal auf dem Mittelfeld entlang zieht. Die stammesgeschichtliche Entwicklung tendiert offenbar zum Abbau des Phragmoconus und zur Reduktion der Wohnkammer, an deren Stelle letztlich der Gladius der mesozoischen und jüngeren Formen verbleibt. Die beiden fraglichen, nachstehend besonders aufgeführten Gattungen aus dem Hunsrückschiefer wurden von ihren Autoren als Palaeoteuthomorpha Bandel, Reitner & Stürmer 1983 vereinigt.

Boletzkya Bandel, Reitner & Stürmer 1983: Unt. Devon (Hunsrückschiefer, Ob. Siegen/Unt. Ems) des Rheinischen Schiefergebirges (Abb. 447b–c).

Vorhanden ist in frühontogenetischen Stadien ein primitiver Phragmoconus, in spätontogenetischen eine Wohnkammer. Erste Kammer kugelig. Frühjuvenile Abschnitte longicon. Apikal-

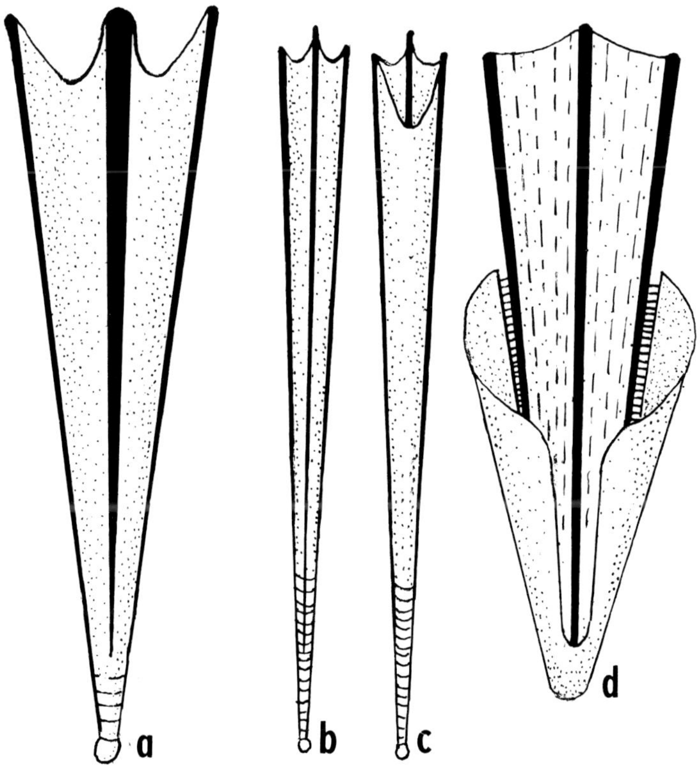

Abb. 447. a) *Naefiteuthis breviphragmoconus* Bandel, Reitner & Stürmer, Rekonstruktion der Dorsalseite, Länge ca. 2 cm; b) *Boletzkya hunsrueckensis* Bandel, Reitner & Stürmer, Rekonstruktion der Ventralseite, Länge 2,8 cm, c) desgl., Ventralseite. Unt. Devon (Hunsrückschiefer), Hunsrück (BRD); d) *Loligosepia* sp., Ventralseite, Jura. – Nach K. Bandel, J. Reitner & W. Stürmer 1983, umgezeichnet.

winkel 5—10°, stets geringer als bei *Naefiteuthis*. In den späteren juvenilen Stadien nimmt die Länge der Wohnkammer im Vergleich zum Phragmoconus zu. Gleichzeitig entwickeln sich ein dorsaler medianer und jederseits ein lateraler Kiel, die in entsprechenden Vorragungen an der Wohnkammermündung auslaufen.

Naefiteuthis BANDEL, REITNER & STÜRMER 1983: Unt. Devon (Hunsrückschiefer, Ob. Siegen/ Unt. Ems) des Rheinischen Schiefergebirges (Abb. 447a).

Im Unterschied zu *Boletzkya* kommt es nicht zu einem deutlichen Phragmoconus. Auch erscheint der Mediankiel sehr früh während der Ontogenese. Erste Kammer ebenfalls kugelig. Apikalwinkel 18—30°.

Oberfamilie **Prototeuthoidea** NAEF 1921

Plumpe bis sehr schlanke Teuthida mit paddelförmigen, fast endständigen Flossen. Arme wahrscheinlich uniserial mit Saugnäpfen besetzt, ohne Hornringe und Fanghaken. Der noch kräftig verkalkte, ½—2 mm dicke Gladius zeigt in der Regel ein durch scharf ausgebildete

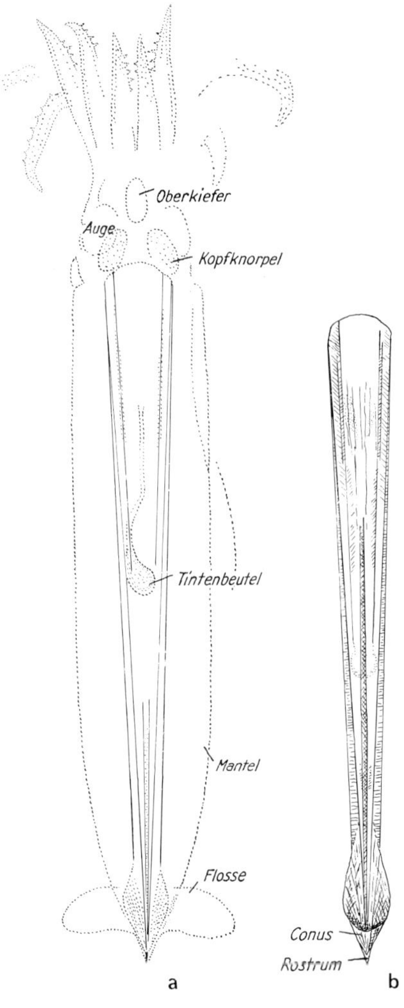

Abb. 448. a) Rekonstruktion von *Plesioteuthis prisca* (RÜPPEL) aus dem Solnhofener Plattenkalk (Malm zeta) von Bayern. Ca. ⅓ nat. Gr.; b) Gladius von der Ventralseite. — Nach A. NAEF 1922, umgezeichnet.

Asymptoten abgegrenztes Mittelfeld. Da diesem ein rinnenförmig verbreiteter Mediankiel fehlt, schließt es sehr stumpf und gerundet nach vorn ab. Die verhältnismäßig niedere Stellung dieser Gruppe ergibt sich vor allem aus dem weiten und tütenförmig ausgebildeten Conus, der aber meist abgebrochen ist und dann aus dem Verlauf der Längsstreifung sowie der Zuwachslinien rekonstruiert werden muß. Wenigstens bei einer Art konnte im Conus eine gekammerte, Phragmoconus-artige Füllung beobachtet werden. — Ob. Trias — Ob. Kreide (Maastricht).

Plesioteuthis Wagner 1859: Ob. Malm (Unt. Tithon) von Deutschland und Frankreich — Unt. Kreide (Unt. Apt) von Helgoland (Abb. 448).

Mehr oder weniger schlanke Prototeuthoidea, deren Conusfahne ganz auf das Hinterende beschränkt und dort als Ganzes zu einem spitzen Conus zusammengebogen ist. Sie geht nach vorn in die relativ breiten, allmählich schmäler werdenden Seitenfelder über. Das Mittelfeld zeigt eine einfache oder doppelte mediane Rippe. Die sehr kurzen Flossen sitzen subterminal am Conus.

Eine relativ häufige Form aus dem Solnhofener Plattenkalk (Malm zeta) ist *Pl. prisca* (Rüppell) (Abb. 448).

Geopeltis van Regteren Altena 1949 (syn. *Geoteuthis* Naef 1921, nicht v. Münster 1843. Dessen Bezeichnung ist synonym mit *Loligosepia* Quenstedt 1839): Lias — Malm von Württemberg, ? Ob. Kreide (Santon) des Libanon (Abb. 449 A, B).

Hier ist der Conus noch breiter als bei *Plesioteuthis*. Er reicht mit seiner Fahne relativ weit nach vorn, bis sie etwa die hintere Hälfte des Proostracums blattartig umfaßt. Die Seitenfelder sind im

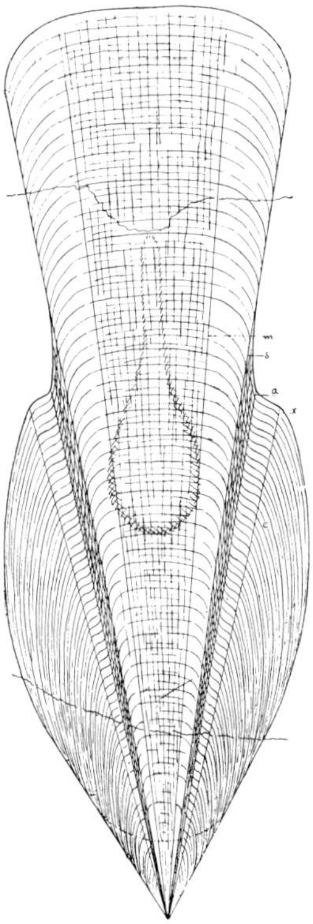

Abb. 449 A. *Geopeltis emarginata* (Voltz), Schulp von der Dorsalseite. Lias epsilon (Posidonienschiefer) von Metzingen. ⅓ nat. Gr. — Nach A. Naef 1922.

Abb. 449 B. *Geopeltis bollensis* (ZIETEN), Gladius und Tintenbeutel (länglichovales Gebilde links); Ob. Lias (Posidonienschiefer, Toarcien) von Holzmaden (Württemberg), Länge von a) ca. 34 cm.

Gegensatz zu dem breiten und kräftig ausgebildeten Mittelfeld sehr schmal. Zusammen mit dem Gladius finden sich fast stets der große Tintenbeutel sowie Reste der Mantelmuskulatur.

Parabelopeltis NAEF 1921: Ob. Lias (Posidonienschiefer) (Abb. 450 a).

Ähnlich *Loligosepia*, doch wird u. a. die Mittelrippe die (dorsal gesehen) eine schmale, scharfe Kante bildet, beiderseits von einer schmalen Furche begleitet.

Loligosepia QUENSTEDT 1839 (syn. *Belopeltis* VOLTZ 1840, *Palaeosepia* THEODORI 1844): Ob. Trias (Nor) – Ob. Lias (Toarcien) von Deutschland und England (Abb. 450 b).

Die Conus-Fahnen verbreitern und verlängern sich meist bis nahezu an den Vorderrand des Proostracums; doch ist jederseits der Winkel zwischen Proostracum und Conus-Fahne noch deutlich zu erkennen. Die lateralen Asymptoten sind als scharfe Kiele ausgebildet. Die Seitenfelder tragen kräftig gebogene Linien. An der Dorsallinie des Mittelfeldes zieht eine mediane Rippe entlang.

Die Mehrzahl der im Posidonienschiefer (Lias epsilon) vorkommenden Schulpe gehört zu *L. aalensis* (ZIETEN); doch sind diese fast stets zerbrochen und von sehr verschiedenem Aussehen. Das ist die Ursache für die zahlreichen Verwechslungen und Synonyma.

Leptoteuthis H. v. MEYER 1834: Ob. Jura (Malm zeta) – Ob. Kreide (Santon) (Abb. 451 a).

Der bis 1 m lange Gladius unterscheidet sich von dem des *Plesioteuthis* durch seine breitere Form, die breiteren, blattartigen Seitenfelder sowie den stumpferen Conus. Das Mittelfeld zeigt keine stabartige, sondern eine bandartige Mittelrippe. Sie ist sehr flach und mit leicht vorgebogenen Querlinien verziert.

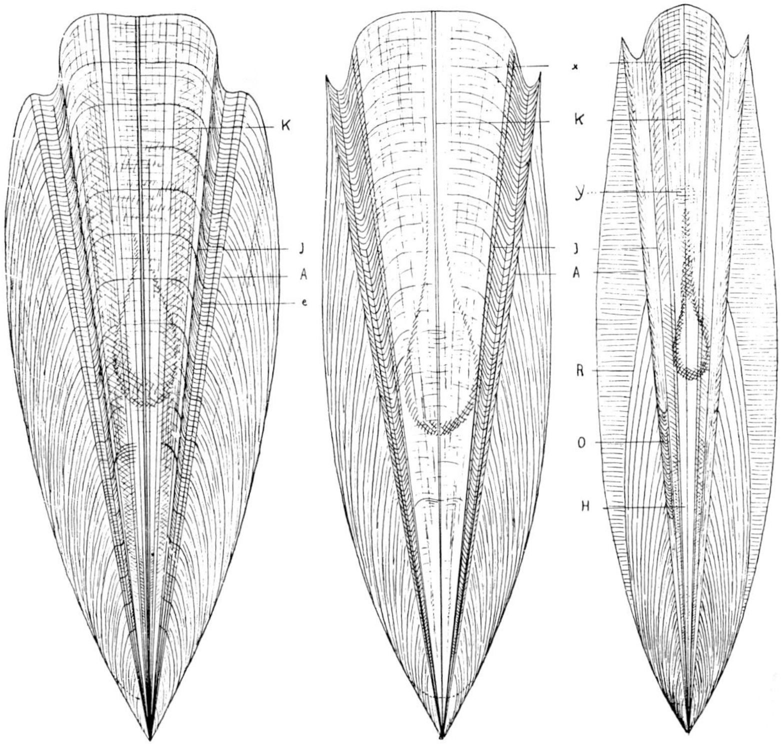

Abb. 450. Schulpe verschiedener Loligosepiidae (= Belopeltidae), die nach dem Verlauf der Zuwachslinien rekonstruiert wurden. a) *Parabelopeltis flexuosa* (MÜNST.), b) *Loligosepia aalensis* (ZIETEN), c) *Loliginites coriaceus* (QU.). Lias epsilon (Posidonienschiefer) von Schwaben. ½ nat. Gr. Bezeichnungen: K = Mittelrippe (Kiel); J = mediale, e = laterale Asymptote; A = Seitenlinien, welche die Bogenstreifen begrenzen; x = Zuwachslinien der Mittelplatte; y = aufgelagerte Querstreifen; R = Grenze des normal gestreiften Teils der Fahne; O = Bogenstreifen; H = helle Zone der Mittelplatte. — Nach A. NAEF 1922.

Besonders gut erhaltene Funde, an denen auch der Umriß der Weichteile zu erkennen ist, ermöglichen eine sehr weitgehende Rekonstruktion des Tieres (Abb. 451b). An den Armen lassen sich querstehende Gebilde beobachten, die von Näpfen, deren Basalpolstern und Schutzsaumstützen, nicht aber von Haken nach Art eines *Acanthoteuthis* herrühren können.

Oberfamilie **Mesoteuthoidea** NAEF 1921

Es sind dies Teuthida, deren Gladius weniger verkalkt ist als bei den Prototeuthoidea und am Vorderende seines Mittelfeldes mit einer Spitze oder einem zugespitzten Fortsatz abschließt. Außerdem ist das Mittelfeld median zu einer breiten, nach unten offenen Rinne („Kiel") zusammengebogen und lateral durch Asymptoten nur undeutlich von den Seitenfeldern abgegrenzt. Die sehr breite, blattartige Conus-Fahne reicht etwa bis zur Hälfte des Gladius nach vorn, während sie hinten in einen löffel- oder schöpfkellenartigen Conus übergeht. — Lias — Ob. Kreide (Santon) von Europa, Libanon, N-Amerika und ? Kuba.

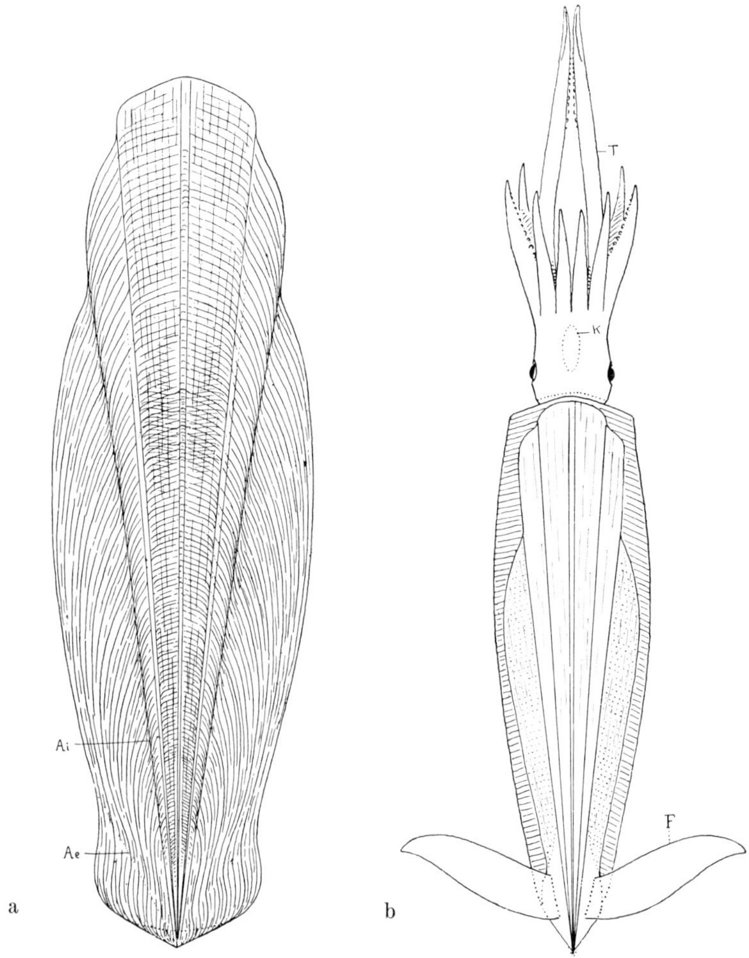

Abb. 451. *Leptoteuthis gigas* MEYER 1834. a) Schulp aus dem Malm zeta von Daiting, ¼ nat. Gr.; b) Rekonstruktion eines jungen Tieres nach einem Fund aus dem Solnhofener Plattenkalk (Malm zeta) von Solnhofen (Bayern). Augen und Saugnäpfe sind ergänzt. ¼ nat. Gr. Bezeichnungen: T = Tentakel, F = Flossen, Ai = innere Asymptote, Ae = äußere Asymptote. — Nach A. NAEF 1922.

Trachyteuthis H. v. MEYER 1846: Ob. Malm (Unt. Tithon) von Süddeutschland — ? Unt. Kreide (Unt. Apt) von Helgoland (Abb. 452).

Der noch relativ stark verkalkte Gladius kann eine Länge von 0,75 m erreichen. Da die Dorsalseite im mittleren Abschnitt eine körnige Oberfläche zeigt, erinnert er stark an den Schulp von *Sepia*.

Teudopsis DESLONGCHAMPS 1835 (syn. *Beloteuthis* v. MÜNSTER 1843): Ob. Lias von Europa (BRD, Frankreich, England) und N-Amerika (Abb. 453).

Der nur noch wenig verkalkte, blattförmige Gladius ist, wenn man von einer regelmäßigen Zuwachsstreifung absieht, glatt und glänzend. Vorhanden ist ferner ein kräftiger Mediankiel, der nach vorn in eine stumpfe Spitze ausläuft.

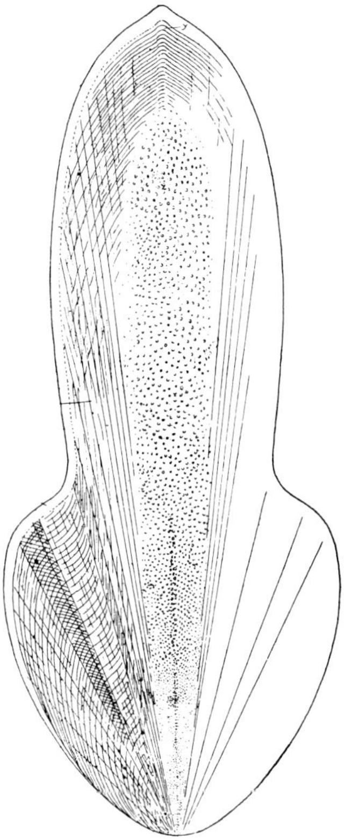

Abb. 452. Gladius von *Trachyteuthis hastiformis* (Rüppel), Solnhofener Plattenkalk (Malm zeta) von Eichstätt (Bayern). Ca. ⅓ nat. Gr. — Nach A. Naef 1922.

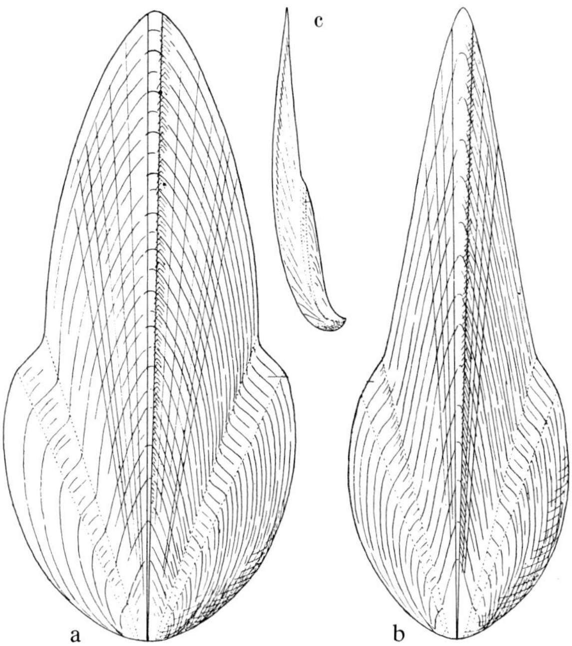

Abb. 453. Dorsalansicht von *Teudopsis*-Schulpen: a) *T. subcostata* v. Münst., bis ½ m lang; b) *T. bollensis* (Zieten); c) Seitenansicht nach Exemplaren rekonstruiert, die im Stinkstein undeformiert überliefert wurden. Lias epsilon (Posidonienschiefer) von Schwaben. Alle ½ nat. Gr. — Nach A. Naef 1922.

Kelaeno v. MÜNSTER 1842 (syn. *Muensterella* SCHEVILL 1950): Ob. Jura (Malm zeta) (Abb. 454b).

Mesoteuthoidea mit langgestieltem Gladius, dessen Hinterende nicht wie bei den bisher betrachteten Formen mit der Spitze des Conus übereinstimmt. Von der Seite betrachtet hat der Gladius das Aussehen einer *Patella*. Dabei war der vom Conus eingenommene Teil auf den Rücken des Tieres verschoben, während der Rest schildförmig nach hinten unten verlängert war.

Am bekanntesten ist *K. scutellaris* v. MÜNSTER aus dem Solnhofener Plattenkalk (Malm zeta) von Bayern, wo auch relativ gut erhaltene Abdrücke der Weichteile gefunden wurden.

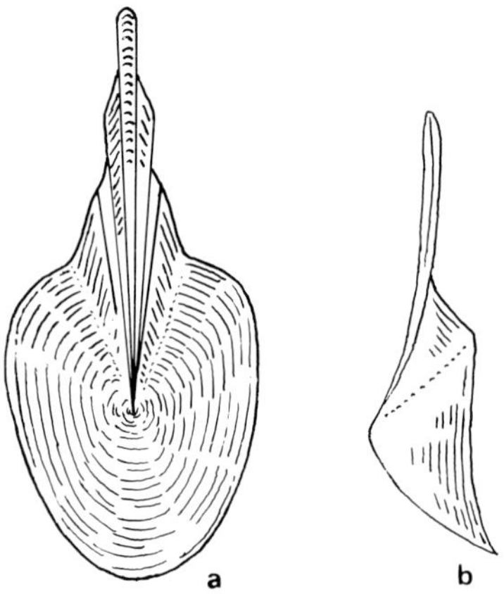

Abb. 454. a) Gladius von *Listroteuthis conica* (WAGNER), dorsal; b) Gladius von *Kelaeno scutellaris* v. MÜNST., lateral. Solnhofener Plattenkalk (Malm zeta) von Bayern. Ca. nat. Gr. — Nach A. NAEF 1922, umgezeichnet.

Oberfamilie **Metateuthoidea** NAEF 1921

Es handelt sich um Teuthida, die bisher nur rezent nachgewiesen werden konnten und deren Gladius im Gegensatz zu den fossilen Formen nicht mehr verkalkt ist. Er ist an seinem Vorderende zu einem langen, freien Stiel (die sog. Rhachis) verlängert (Abb. 455), an dem hinten blattartige Seitenteile sitzen, von denen sich wiederum die Conus-Fahne deutlich abhebt. Abgesehen von *Gonatus* (dessen Conus noch eine kegelförmige Gestalt aufweist und mit einer Substanz gefüllt ist, die an einen stark reduzierten Phragmoconus erinnert) und abgesehen von Jugendstadien hat der Conus nicht mehr seine typische Gestalt. Vom Rostrum kann man bei jugendlichen Formen gelegentlich noch Andeutungen beobachten, während es sonst gänzlich verschwunden ist. — Rezent; fossil noch nicht mit Sicherheit nachgewiesen.

Ordnung **Sepiida** ZITTEL 1895, emend. NAEF 1916

Es handelt sich um zehnarmige Dibranchiata mit kalkiger, meist gut ausgebildeter Schale, die aber auch weitgehend (Sepiolidae) oder vollständig (Idiosepiidae) abgebaut sein kann. Der Apikalteil des Phragmoconus ist nur bei einigen Vertretern orthocon (z. B. *Groenlandibelus, Belemnosella*). Sonst zeigt er im Unterschied zu den Belemnitida verstärkt die Tendenz, sich ventral (endogastrisch) einzukrümmen. Hieraus ergeben sich beim Wachstum des Rostrums, das in seiner Bedeutung meist zurücktritt, Schwierigkeiten, da die Spitze des Rostrums ständig nach unten abgedreht werden muß. Die hauptsächlich auf den hinteren Körperabschnitt beschränkten Flossen sind bei den rezenten Arten median nicht vereinigt. Proostracum ähnlich dem der Belemnitoidea und Diplobeloidea, wenig bekannt. Sipho mindestens doppelt so breit wie bei den Belemnitida und Aulacoceratidae; schon bei den frühesten Kammern in randlicher Position.

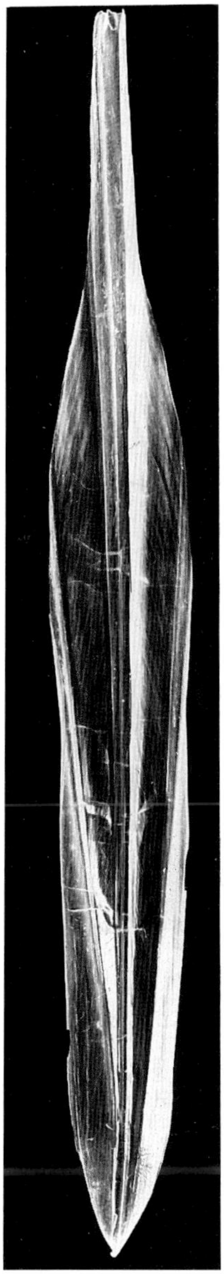

Abb. 455. Gladius eines zu den Metateuthoidea gehörenden Vertreters der Teuthida. Rezent aus dem Mittelmeer. Ca. ½ nat. Gr.

Siphonaldüten meist holochoanitisch. — ? Trias, ? Jura, Ob. Kreide — rezent; in der Gegenwart mit großer Formenfülle, fossil nur mit wenigen Vertretern bekannt.

Nachstehend einige der wichtigsten Taxa:

Familie **Groenlandibelidae** Jeletzky 1966

Vermutlich einen blinden Seitenzweig bildende Sepiida mit gerade gestrecktem, longiconem Phragmoconus, bei dem der Apikalwinkel 12—15 Grad und die Länge der Interseptalräume etwa 0,2—0,4 ihrer Breite beträgt. Rostrum schwach entwickelt, Belemniten-artig oder (?) fehlend. Siphonaldüten meist kurz, orthochoanitisch. Lobenlinie schief, ohne Dorsalsattel, mit kleinem, schmalem Ventrallobus. — Ob. Kreide (Maastricht) mit 2 Gattungen.

Groenlandibelus Jeletzky 1966 (= *Greenlandibelus* Jeletzky 1965, rom. nud.): Ob. Kreide (Ob. Maastricht) von W-Grönland.

Familie **Vasseuriidae** Naef 1921

Rostrum mäßig bis ziemlich lang, longicon bis brevicon, oberflächlich sehr ähnlich dem der Belemnitida und Aulacocerida, ganz oder teilweise mit Längsfurchen und -rippen bedeckt. Phragmoconus lang, apikal nur schwach endogastrisch eingekrümmt. — Eozän (vor allem Mittl. Eozän) von Europa, Arabische Halbinsel, Pakistan.

Vasseuria Munier-Chalmas 1880: Eozän (Lutetien, Bartonien) von Frankreich, Belgien, England (Abb. 456).

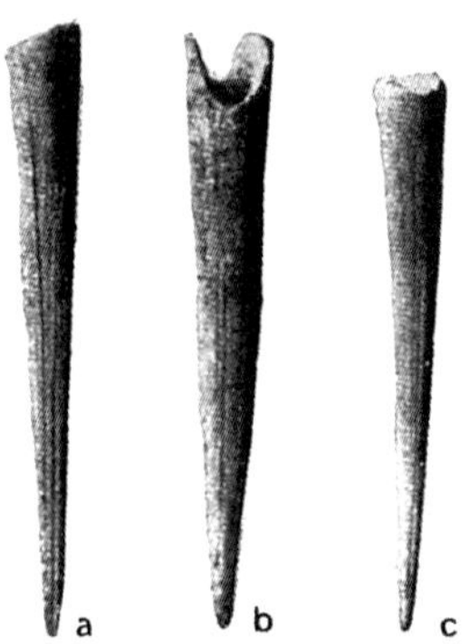

Abb. 456. *Vasseuria occidentalis* Munier-Chalmas, Eozän (Lutetien) der Bretagne. Ca. 9/10 nat. Gr. — Nach G.-J. Painvin.

Die überlieferten Skelettelemente haben etwa die Gestalt und Größe von *Dentalium* und erinnern äußerlich auffallend an *Aulacoceras*. Dies beruht vor allem darauf, daß die Oberfläche 10—15 grobe, recht unregelmäßige Längsrippen und dazwischen liegende scharfe Furchen aufweist. Die verhältnismäßig tiefe Alveole ist wie bei den Belemniten etwas ventral verschoben. Rostrum longicon, gerade oder leicht eingekrümmt. Apikalteil glatt mit charakteristischer, an Sepiidae erinnernder schwammartiger Struktur. Querschnitt der Alveole querelliptisch. Phragmoconus nicht verkalkt, vermutlich vollständig aus organischer Substanz (? Conchiolin). Lobenlinie mit deutlichen Dorsal- und Lateralsätteln sowie breitem, tief-dreieckigem Ventrallobus. Embryonalkammer napfförmig, wenig vom eigentlichen Phragmoconus geschieden. Sipho ungewöhnlich breit.

Familie **Belemnoseidae** Wiltshire 1869

Apikalteil des Phragmoconus mäßig eingekrümmt. Ohne Seitenflügel. Ventraler Kallus (Capitulum) schwach ausgebildet. — Unt. Eozän — Unt. Oligozän von England, Belgien, NW-Frankreich, Rußland und südwestl. USA.

Belemnosis Milne-Edwards 1849: Paläozän — Eozän von NW-Frankreich, Belgien und England.

Die Ventralwand des Rostrums, das Andeutungen seitlicher Flügel aufweist, ist stark ausgebuchtet, das Hinterende abgerundet. Apikalspitze des Phragmoconus im Inneren des Capitulum.

Belemnosella NAEF 1922: Eozän von N-Amerika (Abb. 457a, 458a).

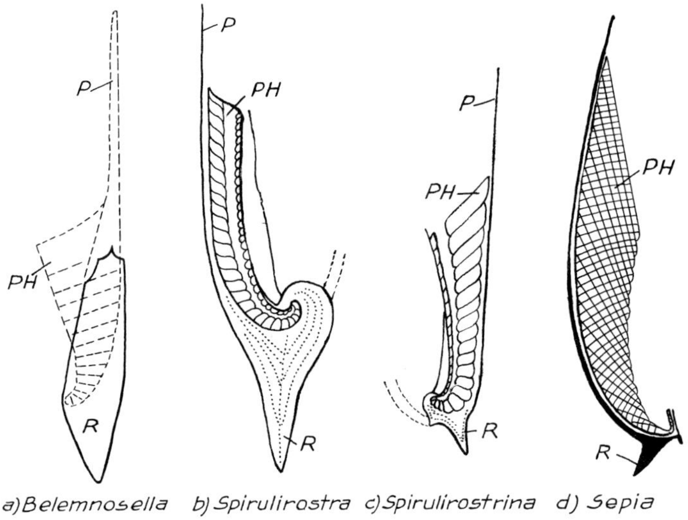

Abb. 457. Schematische dorsoventrale Längsschnitte durch Rostrum (R), Phragmoconus (PH) und Proostracum (P) verschiedener Sepiida: a) *Belemnosella americana* (MEYER & ALDRICH), Eozän von Mississippi, ca. ⅓ nat. Gr.; b) *Spirulirostra bellardii* D'ORBIGNY, Mittl. Miozän von Turin, ca. ⅔ nat. Gr.; c) *Spirulirostrina lovisatoi* CANAVARI, Miozän von Sardinien, ca. nat. Gr.; d) *Sepia orbignyana* (jugendlich), rezent, ca. 6/1 nat. Gr. – Zusammengestellt und umgezeichnet nach A. NAEF 1922.

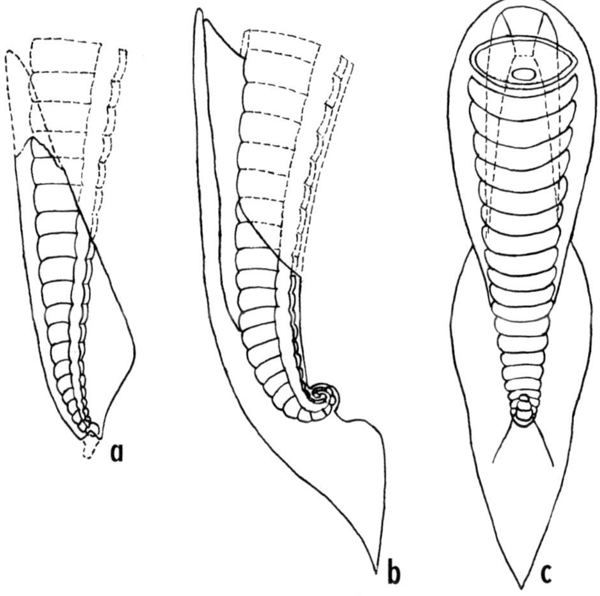

Abb. 458. a) *Belemnosella americana* (MEYER & ALDRICH), Rekonstruktion des Phragmoconus von der Lateralseite, Mittl. Eozän von Clarke Country (Mississippi), L ca. 2,8 cm; b) *Amerirostra americana* (BERRY), Rekonstruktion des Phragmoconus von der Lateralseite, Miozän von Mexiko, L ca. 2,5 cm; c) desgl., von der Ventralseite. – Nach J. A. JELETZKY 1969.

Phragmoconus gerade, nur im Bereich der frühesten 2 oder 3 Kammern mit schwacher ventraler Einkrümmung, Rostrum sehr kurz. Ansätze der Mantelmuskulatur nicht an kantigen oder flügelartigen Fortsätzen, sondern an gerundeten Seitenwülsten.

Familie **Spirulirostridae** NAEF 1921

Apikalende des Phragmoconus meist stark ventral eingekrümmt. Seitenkanten plattenförmig vorragend, erstrecken sich vom Capitulum bis zum Anfang des Proostracum. Befestigung der Mantelmuskulatur am Capitulum und einer ventralen Apophyse. — Oligozän — Miozän von W- und S-Europa, S-Mexiko, Australien.

Spirulirostra D'ORBIGNY 1842: Oligozän — Miozän von Europa und Mexiko, Miozän (nicht Eozän) von Australien (Abb. 457b).

Phragmoconus zunächst planspiral, später orthocon; steckt in dem kurzen, spitz zulaufenden Rostrum.

? **Spirulirostrina** CANAVARI 1892: Miozän von Sardinien (Abb. 457c).

Ähnlich *Spirulirostra*, doch mit wesentlich größeren Seitenkanten und viel kleinerem Capitulum. Bezeichnend sind ferner die relativ starke Reduktion des Rostrums und die schwache Einkrümmung des Phragmoconus.

Familie **Spirulidae** D'ORBIGNY 1826

Sepiida mit planspiral eingekrümmtem, nahezu geschlossenem Phragmoconus, der einen kreisrunden Querschnitt und querstehende Kammerscheidewände zeigt. Vom Rostrum sind nur noch geringe Reste als rindenartiger Überzug vorhanden. Das Proostracum ist vollständig reduziert. — ? Miozän, rezent.

Spirula LAMARCK 1801: ? Miozän von Italien; rezent mit einer Art im Atlantik, Pazifik und Indik (Abb. 459—462).

Der walzenförmige Körper (Abb. 459) trägt kleine, rundliche, fast endständige Flossen, 8 normale und 2 längere Arme. Letztere sind durch breite Hautsäume verbunden und mit kleinen, gestielten Saugnäpfen besetzt. Der dünne, skulpturlose Phragmoconus (Abb. 460) liegt

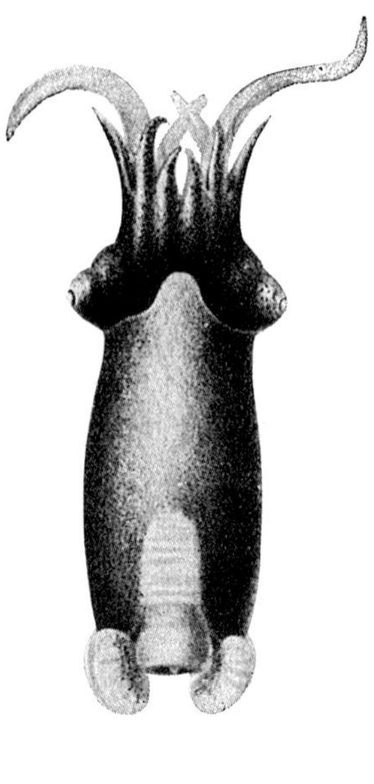

Abb. 459. *Spirula spirula* LINNÉ, Dorsalansicht, rezent. Nat. Gr. — Nach CHUN, aus J. THIELE 1935.

Abb. 460. Phragmoconus von *Spirula spirula* LINNÉ. Rezent im Atlantik, Pazifik und Indik. Ca. 4/1 nat. Gr.

im hinteren Teil des Tieres. Er ist spiral eingekrümmt (2½ Umgänge) und durch einfache Septen gekammert, die in Richtung zur Mündung gewölbt sind. Siphonaldüten wie bei *Nautilus* nach hinten gerichtet, doch viel länger. Sie stecken tütenförmig ineinander und bilden eine Röhre, in welcher der Siphonalstrang verläuft.

Der einzige rezente Vertreter ist *Sp. spirula* LINNÉ, die tropische bis subtropische Gebiete des Pazifik, Atlantik und Indik in 250—1200 m Tiefe bewohnt, wo die Tiere in dichten Schwärmen vertikal, mit abwärts gerichtetem Kopf mehr oder weniger passiv durch das Wasser treiben. Kopf und Arme können vollständig in die Mantelhöhle zurückgezogen werden. Bei erwachsenen Exemplaren sind die ersten Kammern mit Flüssigkeit gefüllt (Abb. 461), deren Salzkonzentration etwa der des Meerwassers entspricht. Die Schalen vermögen einem Druck bis zu 170 Atmosphären zu widerstehen. Sie steigen nach der Zersetzung der Weichteile an die Wasseroberfläche, wo sie von den Strömungen erfaßt und weltweit verbreitet werden. Fossil wurde *Spirula* noch nicht mit Sicherheit nachgewiesen. Bei den aus dem Miozän von Italien stammen-

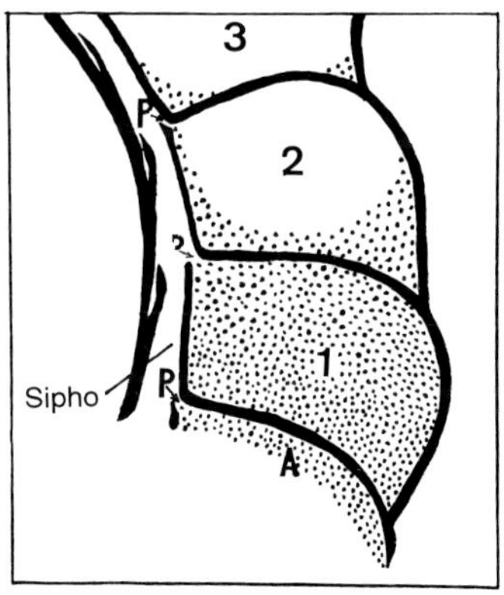

Abb. 461. Die Bildung der Kammern und deren Füllung mit Flüssigkeit bei *Spirula spirula* LINNÉ (schematisch). An der mit A bezeichneten Stelle bildet sich an dem vollständig vom Weichkörper umschlossenen Gehäuse ein mit Flüssigkeit (punktiert) gefüllter Raum, der seitlich von der dort vorwachsenden Gehäusewand umhüllt wird. Kammer 1 ist noch voll Flüssigkeit, Kammer 2 bereits zum größten Teil über die mit P bezeichnete poröse Stelle des Sipho ausgepumpt worden. Breite des Abschnitts ca. 3,5 mm. — Nach E. J. DENTON 1974, umgezeichnet.

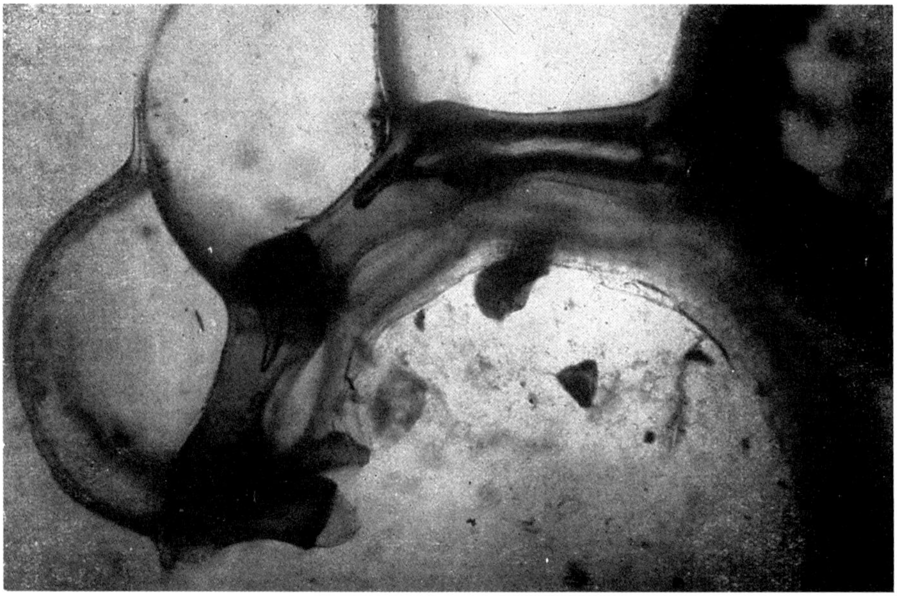

Abb. 462. Die ersten Kammern von *Spirula spirula* LINNÉ. Rezent. Stark vergrößert. — Nach G.-J. PAINVIN.

den Resten handelt es sich möglicherweise um Phragmoconen von Spirulirostridae, die isoliert von den zugehörigen Rostren eingebettet wurden. Im übrigen gleichen sie aber den Hartteilen der rezenten *Spirula*. Letztere wird mit 12—15 Monaten geschlechtsreif und stirbt im Alter von ca. 20 Monaten.

Familie **Sepiidae** KEFERSTEIN 1866

Das Proostracum ist vollkommen, der Phragmoconus weitgehend reduziert. Letzterer besteht aus einem blätterig-gekammerten Wulstteil und einem auf den hinteren Körperabschnitt beschränkten, ventral vom Sipho gelegenen Gabelteil. In beiden Abschnitten sind die Septen sehr schräg von vorn nach hinten geneigt. Der Sipho erweitert sich rasch und bildet zum Teil nur eine Grube an Stelle eines engen Rohres — Eozän — rezent.

Belosepia VOLTZ 1830: Eozän (Abb. 463).

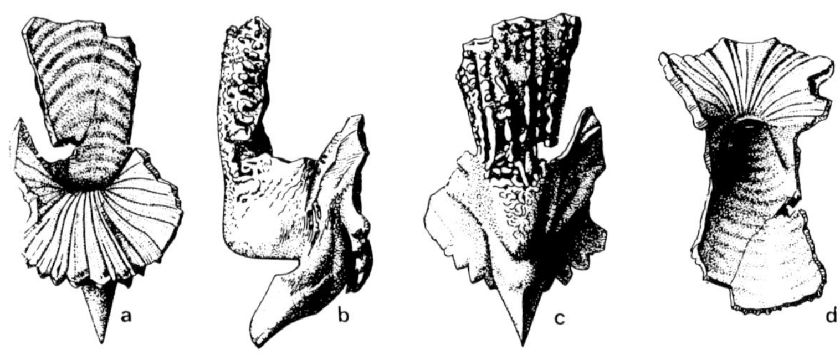

Abb. 463. *Belosepia blainvillei* DESHAYES, a) ventral, b) lateral, c) dorsal, d) Blick auf die Alveole. Eozän (Lutet) des Pariser Beckens. Ca. 9/10 nat. Gr. — Nach J. ROGER 1952.

Erste Kammer des Phragmoconus hochgewölbt, deutlich zur Ventralseite gekrümmt. Kammern im Wulstteil nur zum Teil mit Zwischensepten und Pfeilern. Rostrum kräftig, dorsal abgebogen, mediodorsal mit unregelmäßigem, höckerigem Kamm. Sipho noch relativ schmal.

Sepia Linné 1758: Eozän – rezent. Fossile Schulpe stammen vor allem aus dem Tertiär Italiens (Miozän, Pliozän) und Ungarns (Mittl. Eozän, Oligozän, Miozän) (Abb. 464 und 465).

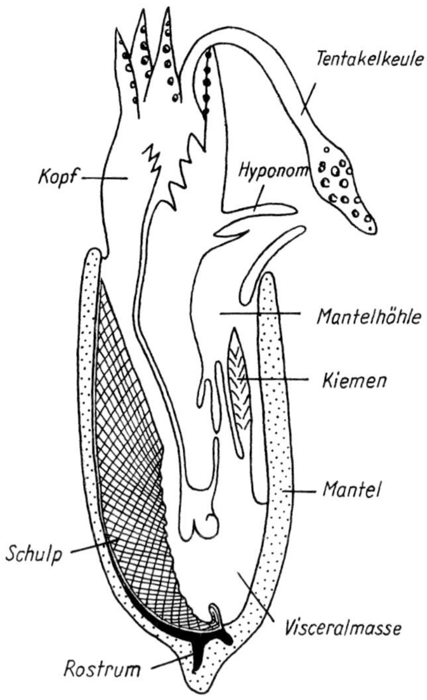

Abb. 464. Schematischer Längsschnitt durch eine rezente *Sepia*. Ca. ½ nat. Gr.

Der länglichovale, vorn gerundete, hinten verdickte Schulp ist ebenso lang wie der Mantel und endet hinten in einem kurzen Rostrum. Eine dünne, außen mit Granulationen bedeckte Lamelle überzieht die Dorsalseite und bildet die Seitenflügel. Der Phragmoconus ist ein blätteriger, aragonitischer Wulst, der aus ca. 100 Kammern besteht. Diese sind etwa 0,7 mm hoch und durch zahlreiche Zwischensepten und Pfeiler aufgeteilt. Die hinteren Kammern enthalten vor allem eine NaCl-Lösung, die vorderen ausschließlich Gas. Letzteres besteht zu 97% aus Stickstoff. Daneben finden sich ca. 2% Sauerstoff sowie Spuren von CO_2 und Edelgasen. Das Gas wird vom Körpergewebe ausgeschieden und bewahrt ziemlich konstant einen Druck von 0,8 Atmosphären. Der Flüssigkeitsgehalt des Schulps kann 10 bis 30% betragen, wobei das spezifische Gewicht des Schulps zwischen 0,5 und 0,7 schwankt. Die Flüssigkeitsmenge wird über den Sipho reguliert. Der osmotische Druck der Flüssigkeit ist geringer als der des Meerwassers und etwa gleich dem des Blutes. Da sich die Druckanpassung im Schulp nur langsam vollzieht, wenn die Tiere in größere Tiefen vordringen und kein osmotischer Ausgleich erfolgt, muß die Schulpwandung den vollen Druck des Meerwassers aushalten. Wie Versuche zeigen, erfolgt Implosion aber erst bei einem Druck von ca. 20 Atmosphären. Da die Tiere meist zwischen 30 und 80 m, höchstens in Tiefen bis 150 m leben, besteht diesbezüglich keine Gefahr (Denton & Gilpin-Brown 1961; Denton 1974).

Der Tierkörper ist dorsoventral abgeplattet und bis ca. 40 cm lang. Er wird durch die ausgewogene Verteilung von Flüssigkeit und Gas in den Kammern waagrecht im Wasser

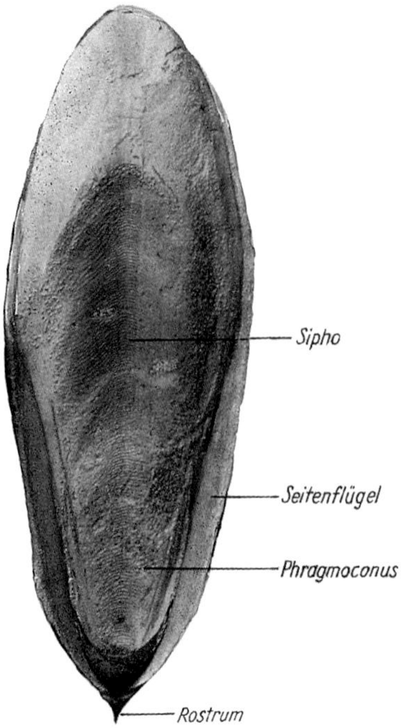

Abb. 465. Schulp von *Sepia officinalis* LINNÉ, rezent. ⅔ nat. Gr.

gehalten. Die ausgedehnten Flossensäume erstrecken sich vom Mantelrand bis zum Hinterende, wo sie aber nicht verwachsen. Zwei der Arme sind zu retraktilen, blitzschnell vorschnellbaren Fangarmen umgestaltet. Bei *S. officinalis* (rezent, häufig im Mittelmeer, Atlantik und in der Nordsee) werden die Fangarme bis 60 cm lang. Mit ihnen ergreifen die Tiere ihre vor allem aus Fischen und Krebsen bestehende Beute. Die genannte Art lebt meist in der Nähe des Meeresbodens, wo sie sich tagsüber gewöhnlich unter schüttelnden Bewegungen des ganzen Flossensaumes in lockerem Sand eingräbt und Liegespuren erzeugt.

Weitere Gattungen:

Beloptera DESHAYES 1827 (Familie Belopteridae NAEF 1922): Unt. Eozän – Unt. Oligozän von West- und Mitteleuropa (Abb. 466).

Das plumpe, kolbenartige und ventral gebogene Rostrum hat flügelartig verbreiterte Seitenkanten. Der zunächst gekrümmte Phragmoconus wächst später gerade.

Abb. 466. *Beloptera belemnitoidea* DESHAYES, von der Ventralseite. Eozän (Lutet) des Pariser Beckens. Ca. 2/1 nat. Gr. – Nach G.-J. PAINVIN.

? **Triadoteuthis** A. H. MÜLLER 1967 (Familie Triadoteuthidae A. H. MÜLLER 1967): Mittl. Trias (Ladin) von Mitteleuropa (Abb. 467).

Schale spachtelförmig, dünn, hinten leicht verbreitert, dorsal mit körnchenartigen Vorragungen bedeckt. Phragmoconus keilförmig, orthocon, dorsoventral stark abgeflacht, nimmt etwa ⅕ der ca. 2—3,6 cm langen Schale ein. Kammerscheidewände nicht nachzuweisen, bestanden vielleicht aus organischer Substanz (Conchiolin).

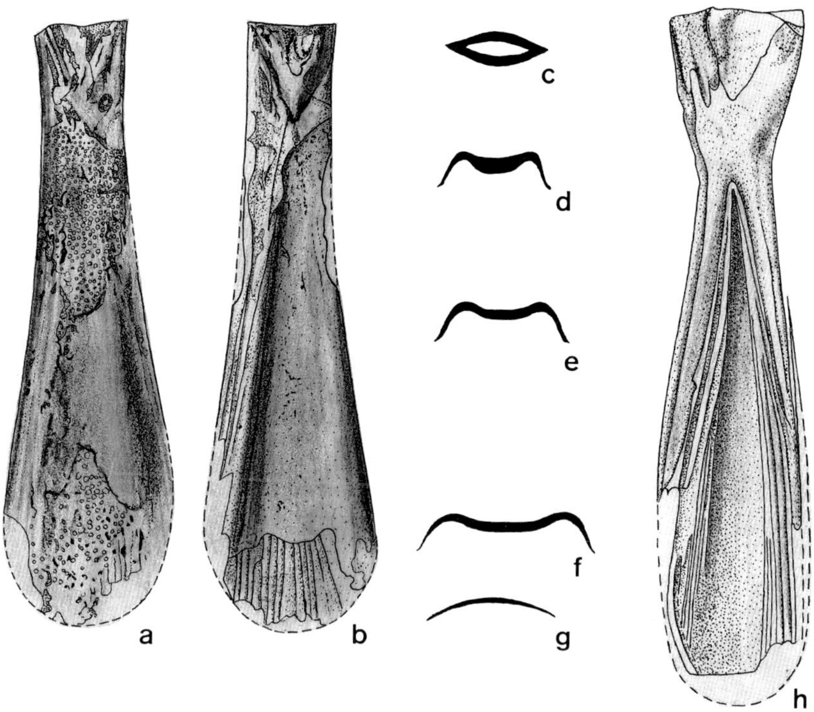

Abb. 467. a)—g) *Triadoteuthis parvula* A. H. MÜLLER, Schulp, a) dorsal, b) ventral, c)–g) vermutliche Querschnittsverhältnisse in der entsprechenden Position, Ob. Muschelkalk (? Ob. Ceratitenschichten), Ballenstedt bei Quedlinburg, Länge ca. 2 cm; h) desgl., Ventralseite, ? Unt. Ceratitenschichten, Gelmeroda (Thüringen), Länge: 3,6 cm. — Nach A. H. MÜLLER 1965.

Ordnung **Octopoda** LEACH 1818
(Kraken)

Der meist nackte, kurze und sackförmige Körper trägt acht kräftige, mit Saugnäpfen besetzte Arme. Die innere Schale ist rudimentär (horniger Schulp) oder völlig rückgebildet. Flossen können vorhanden sein. Abgesehen von wenigen Formen, fossil nur ausnahmsweise erhaltungsfähig. Die rezenten O. ernähren sich bevorzugt von Krebsen, ferner von Muscheln und Schnecken, deren Schalen sie anbohren. *Octopus* häuft die Überreste der Nahrung an seinem Unterschlupf an, wo mitunter mehr als 2000 Muschelklappen gezählt werden konnten. — Ob. Dogger (Callovien) — rezent.

Palaeoctopus WOODWARD 1896: Ob. Kreide von Syrien (Abb. 468).

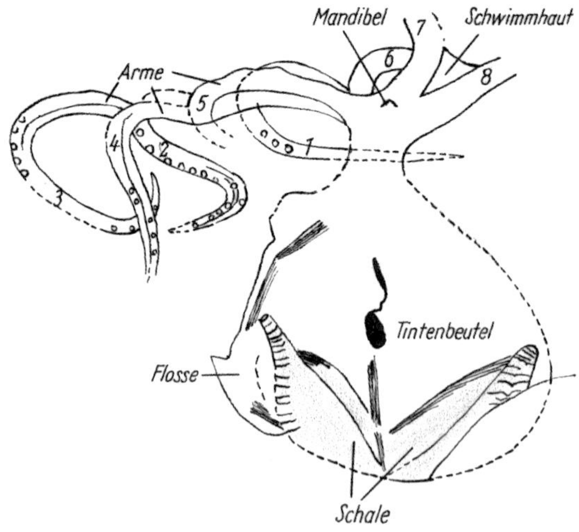

Abb. 468. *Palaeoctopus newboldi* SOWERBY aus dem Senon von Sahel-Alma (Libanon). Schwach verkleinert. Abgeändert und vereinfacht nach J. ROGER 1952.

Mit kleiner, aber noch sehr deutlich ausgebildeter innerer Schale, die ein sattelartiges Aussehen hat. Bekannt ist bisher nur eine Art (*P. newboldi* Sow.), deren Länge (ohne Arme) ca. 4,5 cm beträgt.

Der älteste, bisher bekannte fossile Octopode ist *Proteroctopus ribeti* J.-C. FISCHER & RIOU 1982 aus dem Ob. Dogger (Callovien) von Ardèche (Frankreich).

Argonauta LINNÉ 1758 (Papierboot): Tertiär — rezent; fossil z. B. im Pliozän von Italien, im Miozän der Steiermark, ferner in zeitlich ungenau eingestuften tertiären Ablagerungen (? Neogen) von Japan und Neuseeland. Heute weltweit verbreitet in allen warmen und gemäßigten Meeresbereichen von S-Australien und Kapstadt bis N-Japan und zum Mittelmeer (Abb. 469).

Die Weibchen, welche die Männchen beträchtlich an Größe übertreffen, sondern durch zwei große, am Ende flossenartig verbreiterte, drüsentragende Dorsalarme eine ungekammerte, sehr dünnwandige, spiral eingekrümmte kalzitische Schale ab. Die Oberfläche derselben zeigt Höcker und querverlaufende runzelige Falten, die Externseite jederseits einen knotigen Kiel. Die Schale ist dreischichtig (innen und außen je eine prismatische Lage, dazwischen eine faserige Mittelschicht).

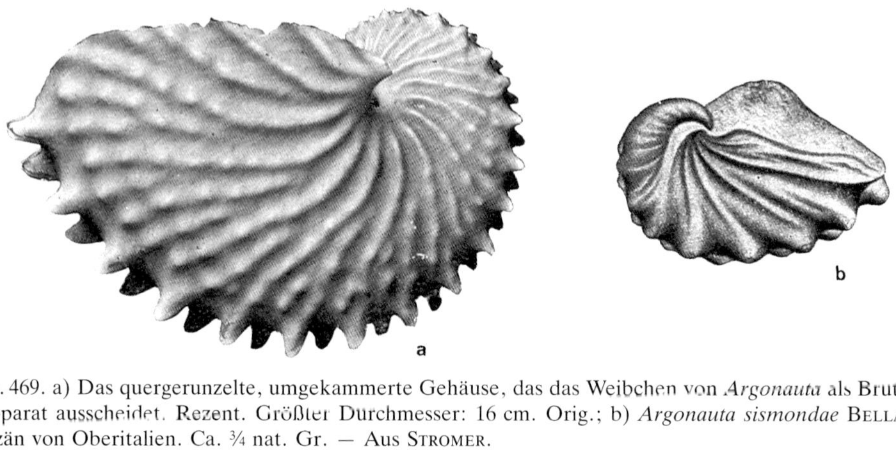

Abb. 469. a) Das quergerunzelte, umgekammerte Gehäuse, das das Weibchen von *Argonauta* als Brutpflegeapparat ausscheidet. Rezent. Größter Durchmesser: 16 cm. Orig.; b) *Argonauta sismondae* BELLARDI, Pliozän von Oberitalien. Ca. ¾ nat. Gr. — Aus STROMER.

Bei diesem Gebilde, das zum Schutz und als Brutpflegeapparat dient, handelt es sich nicht um eine Ausscheidung des Mantels, sondern um eine sekundäre, auf das Weibchen beschränkte Erwerbung. Da auch ein Sipho fehlt, kann sie in keiner Weise mit dem Gehäuse der Ammonoidea und der Nautiloidea verglichen werden. Das Weibchen kann seinen Brutapparat vorübergehend verlassen und auch Beschädigungen an demselben ausbessern.

Während das Weibchen mit ausgestreckten Fangarmen bis ca. 30 cm lang wird, erreicht das zwergenhafte Männchen höchstens eine Länge von 1 cm. Einer seiner 8 Arme ist wurmartig gestreckt und dient zur Aufnahme der Spermatophoren. Er kann autotomieren und selbständig zu dem meist entfernteren Weibchen schwimmen, wo er in die Mantelhöhle eindringt und die Befruchtung vollzieht. Hier wurde er von CUVIER entdeckt, der ihn ohne Kenntnis der Zusammenhänge als „Wurm“ unter dem Gattungsnamen *Hectocotylus* beschrieb.

Izumonauta KOBAYASHI 1954: Miozän von Japan.

Externseite breit, leicht eingemuldet, nicht von ventrolateralen Knotenreihen wie bei *Argonauta* flankiert.

Zur Phylogenetik der Cephalopoda

Die mit einem schwerfälligen, sehr anspruchsvollen hydrostatischen und protektiven Apparat ausgestatteten Ammonoidea sterben bereits in der Ob. Kreide (Maastricht) aus, während die ähnlich beschaffenen, aber in mancher Hinsicht weniger differenzierten Nautiloidea vermutlich vor dem definitiven Niedergang stehen. Die Dibranchiata, die das von den Nautiloidea übernommene Außenskelett unter zunehmender Rudimentation in das Innere des Mantelsackes verlagern, werden überwiegend zu schnellen Dauerschwimmern, wobei sich vor allem Geschwindigkeit und Wendigkeit in der Selektion positiv auswirken. Da sie die hierzu notwendige Plastizität haben, sind die Dibranchiata die einzige Gruppe der Cephalopoden, die heute noch mit relativ großer Individuen- und Artenzahl auftritt.

Betrachtet man die Veränderungen, die die Nautiloidea, Ammonoidea und Dibranchiata während ihrer stammesgeschichtlichen Entwicklung erfahren haben (Abb. 470), zeigt sich, daß sie bei den Nautiloidea vor allem den Siphonalapparat und die progressive Einkrümmung des Gehäuses betreffen, während Lobenlinie und Skulptur nur geringfügige Abwandlungen aufweisen. Bei den Ammonoidea dagegen beschränkt sich die Differenzierung des Siphonalapparats lediglich auf eine Richtungsänderung der Siphonaldüten, auf kurzfristige Verlagerungen zwischen Extern- und Internseite sowie ein schwaches Auf und Ab des Siphos an der Externseite. Auch brachte hier die progressive Einrollung nur wenige und relativ seltene Übergangsformen hervor, die zudem von einigen Autoren angezweifelt werden (z. B. L. F. SPATH 1933).

Abwandlungen stärkerer Art sind lediglich in solchen Merkmalskomplexen zu erwarten, die bei den Nautiloidea keine oder nur geringe Veränderungen erfahren haben, das heißt im Hinblick auf die Skulptur und die Lobenlinie. Dies ist auch der Fall. Nur bei der Gehäusegestalt scheint es anders zu sein; doch entwickelten hier die Nautiloidea ihre Mannigfaltigkeit, in deren Verlauf die Ammonoidea erstaunlich konservativ an der planspiralen Aufrollung festhielten. Umgekehrt zeigen die Nautiloidea kaum Abbau der Gestalt, während die Ammonoidea die entsprechenden Differenzierungen gewissermaßen nachholten. Mit diesen erschöpfte sich anscheinend die entsprechende Gestaltungskraft und die im Zusammenhang mit ihr stehende Gestaltungsmöglichkeit. Die bei den Dibranchiata auftretenden Merkmale sind in der letzten Längsspalte von Abb. 470 dargestellt.

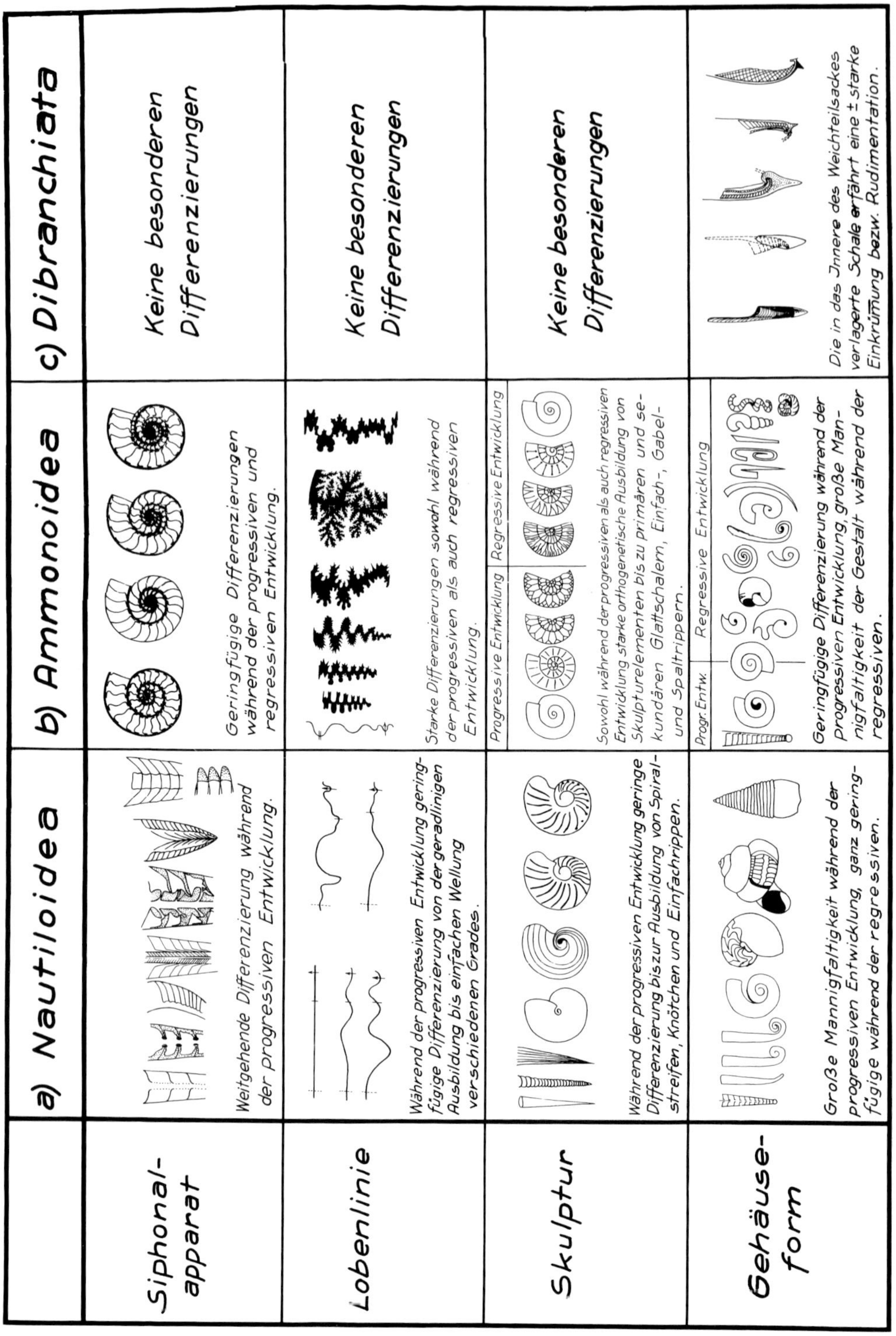

Abb. 470. Die hinsichtlich Sipho, Skulptur, Lobenlinie und äußere Gestalt der Schale bei den Ammonoidea, Nautiloidea und Dibranchiata entgegentretenden Unterschiede.

Literaturverzeichnis

ABEL, O.: Paläobiologie der Cephalopoden aus der Gruppe der Dibranchiaten. VII + 281 S., 100 Abb., 1 Taf., Jena (Fischer) 1916.

BANDEL, K.:Composition and ontogeny of *Dictyoconites* (Aulacocerida, Cephalopoda). — Paläont. Z. **59**, 223-244, 25 Abb., Stuttgart 1985.

— REITNER, J., & STÜRMER, W.: Coleoidea aus dem unterdevonischen Schwarzschiefer („Hunsrück-Schiefer") des Hunsrück (Westdeutschland). — N. Jb. Geol. Paläont. Abh. **165** (3), 397—417, 39 Abb., Stuttgart 1983.

BIRKELUND, T.: Upper Cretaceous Belemnites from Denmark. — Biol. Skr. Dan. Vid. Selsk. **9**, Nr. 1, 70 S., 9 Abb., 6 Taf., Kopenhagen 1957.

— & RASMUSSEN, H. W.: Die Nomenklaturfrage der Belemniten im Senon und die stratigraphischen Zonennamen. — Paläont. Z. **30**, Sonderh., 80—86, 1 Taf., Stuttgart 1956.

BRUNN, A. F.: The biology of *Spirula spirula* (L.). — Carlsberg Found. Oceanogr. Exped. 1928—1930, Dana Rept. **24**, 46 S., 1943.

BÜLOW, E. U. v.: Die Aulacoceratidae der oberen Trias von Timor. 28 S., 2 Taf., Berlin 1915 (1915a).

— Orthoceren und Belemnitiden der Trias von Timor. — Paläontologie von Timor, Lief. **5**, Nr. 7, 1—72, 15 Taf., 1915 (1915b).

BÜLOW-TRUMMER, E. v.: Fossilium Catalogus. I: Animalia. Pars 11. Cephalopoda dibranchiata. 313 S., Berlin 1920.

CHRISTENSEN, E.: Neue Beiträge zum Bau der Belemniten. — N. Jb. Min. etc., Beil.-Bd. **51**, 118—158, 3 Taf., Stuttgart 1925.

CHRISTENSEN, W. K.: Upper Cretaceous belemnites from the Kristianstadt area in Scania. — Fossils and Strata **7**, 1—69, 44 Abb., 12 Taf., Oslo 1975.

— *Actinocamax primus* ARKHANGELSKY (Belemnitellidae; Upper Cretaceous). Biometry, comparison and biostratigraphy. — Paläont. Z. **64** (1/2), 75—90, 9 Abb., Stuttgart 1990.

Denton, E. J.: On buoyancy and the lives of modern and fossil cephalopods. — Proc. R. Soc. London **185 B**, 273—299, London 1974.

— & GILPIN-BROWN, J. B.: The buoyancy of the cuttlefish *Sepia officinalis* (L.). — J. mar. biol. Assoc. U. K. **41**, 319—342, Plymouth 1961 (1961a).

— — The distribution of gas and liquid within the cuttlebone. — J. mar. biol. Assoc. U. K. **41**, 365—381, Plymouth 1961 (1961b).

— — Further observations on the buoyancy of *Spirula*. — J. mar. biol. Assoc. U. K. **51**, 362—373, Plymouth 1971.

— — Flotation mechanism in modern and fossil cephalopods. — Adv. marine Biol. **11**, 197—268, 1973.

DONOVAN, D. T.: *Mastigophora* OWEN 1856: a little-known genus of Jurassic coleoids. — N. Jb. Geol. Paläont. Abh. **165** (3), 484—495, 8 Abb., Stuttgart 1983.

DOYLE, P.: The British Toarcian (Lower Jurassic) belemnites. Part 1. — Monogr. Palaeont. Soc. London **144**, 1—49, 16 Abb., 17 Taf., London 1990.

ENGESER, TH., & REITNER, J.: Beiträge zur Systematik von phragmocontragenden Coleoiden aus dem Untertithonium (Malm zeta, „Solnhofener Plattenkalk") von Solnhofen und Eichstätt (Bayern). — N. Jb. Geol. Paläont. Mh. **1981** (9), 527—545, 11 Abb., Stuttgart 1981.

— — *Chitinobelus acifer* FISCHER 1981, ein Belemnoteuthide (Coleoidea) mit Epirostrum. — N. Jb. Geol. Paläont. Abh. **165** (3), 596—601, 6 Abb., Stuttgart 1983.

— — Teuthiden aus dem Unterapt („Töck") von Helgoland (Schleswig-Holstein, Norddeutschland). — Paläont. Z. **59** (3/4), 245—260, 9 Abb., Stuttgart 1985.

— — Coleoidenreste aus der Oberkreide des Libanon im Staatlichen Museum für Naturkunde in Stuttgart. — Stuttgarter Beitr. Naturk. **124 B**, 15 S., 3 Abb., 2 Taf., Stuttgart 1986.

ERNST, G.: Ontogenie, Phylogenie und Stratigraphie der Belemnitengattung *Gonioteuthis* BAYLE aus dem nordwestdeutschen Santon/Campan. — Fortschr. Geol. Rheinld. u. Westf. **7**, 113—174, 24 Abb., 4 Taf., Krefeld 1964.

FISCHER, J.-C., & RIOU, B.: Le plus ancien octopode connu (Cephalopoda, Dibranchiata): *Proteroctopus ribeti* nov. gen. n. sp., du Callovien de l'Ardèche (Françe). — C. R. Acad. Sci. Paris (D) **295**, 277—280, 3 Abb., Paris 1982 (1982a).

— — Les teuthoides (Cephalopoda, Dibranchiata) du Callovien inférieur de La Voulte-sur-Rhône (Ardèche, France). — Ann. Paléont. (Vertébr.-Invertébr.) **68**, 295—325, 6 Abb., 6 Taf., Paris 1982 (1982b).

Fischer, A. G.: A belemnoid from the late Permian of Greenland. — Meddel. om Grønland **133**, 1—24, 6 Abb., 2 Taf., 1947.
— A new belemnoid from the Triassic of Nevada. — Amer. Jour. Sci. **249**, 385—393, 1 Abb., 2 Taf., 1951.
Flower, R. H.: *Atractites* and related coleoid cephalopods. — Amer. Midland Natural. **32**, 757—770, 1 Taf., 1944.
— A belemnite from a Mississippian boulder of the Caney shale. — J. Paleont. **19**, 490—503, 1 Abb., 1 Taf., 1945.
— & Gordon, M.: More Mississippian Belemnites. — J. Paleont. **33**, 809—842, 5 Taf., 1959.
Geyssant, J. R., & Geyer, O. F.: Rhyncholithes du Jurassique supérieur subbétique d'Espagne. — Paläont. Z. **46**, 151—179, 10 Abb., 3 Taf., Stuttgart 1972.
— & Lapparent, A. F. de: Sur des Conchorhynques et Rhyncholithes du Jurassique supérieur du sud Tunisien. — Notes Serv. Géol. Tunisie **42**, 149—175, 4 Abb., 3 Taf., 1976.
Gordon, M.: Mississippian cephalopods of northern und eastern Alaska. — U. S. Geol. Survey, Prof. Paper **283**, 61 S., 26 Abb., 6 Taf., 1957.
Grade, U.: Der Formenwandel der Belemnitengattung *Acroteuthis* Stolley in der nordwestdeutschen Unterkreide. — Beih. Ber. Naturhist. Ges. Hannover **5**, 313—327, 6 Abb., Hannover 1968.
Hall, R. L.: *Paraplesioteuthis hastata* (Münster), the first teuthid squid recorded from the Jurassic of North America. — J. Paleont. **59**, 870—874, 2 Abb., 1985.
— & Neuman, A. G.: *Teudopsis cadominensis*, a new teuthid squid from the Toarcien (Lower Jurassic) of Alberta. — J. Paleont. **63** (3), 324—327, 1 Abb., 1989.
Hewitt, R. A., Lazell, B. H., & Moorhouse, St. J.: An introduction to the inorganic components of cephalopod shells. — N. Jb. Geol. Paläont. Abh. **165** (3), 331—361, 5 Abb., Stuttgart 1983.
Hölder, H.: Über gestreifte Belemniten aus dem jüngeren Lias. — N. Jb. Geol. Paläont. Mh. (B), 44—54, 5 Abb., Stuttgart 1950.
— Ein belemnitisches Proostrakum aus dem Unteren Lias. — Münster. Forsch. Geol. Paläont. **29**, 63—67, 1 Abb., 2 Fig. auf 2 Taf., Münster (Westf.) 1973.
Jeletzky, J. A.: Zur Kenntnis der oberkretazischen Belemniten (II). — Geol. Fören. Förhandl. **70**, 219—232, Stockholm 1948 (1948a).
— Zur Kenntnis der Oberkreide der Dnjepr-Donez-Senke und zum Vergleich der russischen borealen Oberkreide mit derjenigen Polens und Nordwesteuropas. — Geol. Fören. Förhandl. **70**, H. 4, 583—602, 4 Abb., Stockholm 1948 (1948b).
— Über den taxonomischen Wert einiger morphologischer Elemente des Rostrums der belemnitellenartigen Formen (Familie Belemnitellidae Pavlow 1913) sowie über die Gattung *Belemnella* (Nowak 1913, subg.) Jeletzky 1914, ihre Phylogenie und einige Vertreter. — N. Jb. Mineral. usw. Mh. (B), 1949, 257—287, 14 Abb., Stuttgart 1949 (1949a).
— Upper Cretaceous Stratigraphy (Critical consideration to: F. Brotzens „Zur Gliederung der oberen Kreide in Skandinavien"). — Geol. Fören. Förhandl. **71**, H. 3, 497—501, Stockholm 1949 (1949b).
— Some notes on *„Actinocamax" propinquus* Moberg 1885, its taxonomic position and phylogenetic relations within the family Belemnitellidae Pavlow 1913, morphological characters, and synonymy. — Geol. Gören. Förhandl. **71**, H. 3, 415—424, 4 Abb., Stockholm 1949 (1949c).
— *Actinocamax* from the Upper Cretaceous of Manitoba. — Geol. Survey Canada, Bull. **15**, 1—27, Ottawa 1950.
— Die Stratigraphie und Belemnitenfauna des Obercampan und Maastricht Westfalens, Nordwestdeutschlands und Dänemarks sowie einige allgemeine Gliederungsprobleme der jüngeren borealen Oberkreide Eurasiens. — Geol. Jb., Beih. **1**, 1—142, 7 Taf., 3 Tab., Hannover 1951.
— *Belemnites mucronatus* Link, 1807 (Cephalopoda, Belemnitida): proposed designation of a neotype under the plenary powers Z. N. (S.) 1160. — Bull. zool. Nomencl. **21**, part 4, 268—296, 1 Abb., 1 Taf., London 1964.
— Comparative morphology, phylogeny, and classification of fossil Coleoidea. — Univ. Kansas Paleont. Contr., Mollusca **7**, 1—162, 15 Abb., 25 Taf., Kansas 1966.
— New or poorly understood tertiary Sepiids from southeastern United States and Mexico. — Paleont. Contrib. **41**, 39 S., 5 Abb., 3 Taf., 1969.
— Morphology and taxonomic status of the Jurassic belemnite *„Rhopaloteuthis" somaliensis* Spath 1935. — Palaeontology **15**, part 1, 158—183, 9 Taf., London 1972.
— & Zapfe, H.: Coleoid and Orthocerid Cephalopods of the Rhaetian Zlambach Marl form the Fischer-

wiese near Aussee, Styria (Austria). — Ann. Naturhist. Mus. Wien **71**, 69—106, 1 Abb., 4 Taf., Wien 1967.

JOHNSON, R. G., & RICHARDSON, E. S.: Ten-armed fossil cephaloped from the Pennsylvanian of Illinois. — Science **159**, 526—528, 4 Abb., New York 1968.

JORDAN, R., SCHEUERMANN, L., & SPATH, CH.: Farbmuster auf jurassischen Belemniten-Rostren. — Paläont. Z. **49**, 332—343, 3 Abb., 2 Taf., Stuttgart 1975.

KABANOV, G. K.: (Belemnoidea). — In: W. W. DRUSCHTSCHITZ & M. P. KUDRJAWZEW (Ed.), Atlas der Unterkreide-Faunen des nördlichen Kaukasus und der Krim. 395 S., 149 Taf., Moskau 1960 (russ.).

— Skelet Belemnitid. — Akad. Nauk SSSR, Trudy Paleont. Inst. **114**, 100 S., 45 Abb., 16 Taf., Moskau 1967 (russ.).

KOBAYASHI, T.: *Izumonauta*, a new genus of the Argonautinae, with a note on their rare but gregarious fossil occurence. — Japan. J. Geol. Geogr. **25**, 21—34, 2 Abb., 2 Taf., Tokio 1954.

KONGIEL, R.: On belemnites from Maastrichtian, Campanian and Santonian sediments in the Middle Vistula valley (Central Poland). — Prace Muz. Ziemi **5**, 3—148, 130 Abb., 21 Taf., Warschau 1962.

KONINCK, L. DE: Notice sur une coquille fossile des Terrains anciens de Belgique. — Acad. royale sci. Belgique Bull. **10**, 207—208, 1 Taf., 1843.

KOZLOWSKI, R.: Oeufs fossiles des cephalopodes? — Acta Palaeont. Polonica **10**, 3—9, 2 Abb., Warschau 1965.

KULICKI, C., & SZANIAWSKI, H.: Cephalopod arm hooks from the Jurassic of Poland. — Acta Palaeont. Polonica **13**, 379—419, 9 Abb., 7 Taf., Warschau 1972.

MILLER, H. W., jr.: Paleontologia del Triasico Superior de Sonora. IV. Belemnoides del Triasico Superior del Estado de Sonora. — Paleontologia Mexicana **11**, 15 S., 7 Abb., 1 Taf., Mexico 1961.

MOJSISOVICS, M. v.: Das Gebirge um Hallstatt. 1. Die Molluskenfaunen der Zlambach- und Hallstätter-Schichten. — K. K. Geol. Reichsanst., Abh. **6**, 82 S., 32 Taf., Wien 1873.

MÜLLER, A. H.: Diagenetische Untersuchungen in der obersenonen Schreibkreide von Rügen. — Abh. Geol. Dienst, N. F. **228**, 29 S., 9 Abb., 4 Taf., Berlin 1951.

— Die Kieselungserscheinungen an den Belemnitenrostren. — Abh. Geol. Dienst, N. F. **228**, 25—29, 1 Taf., Berlin 1951.

— Ein (?) Dibranchiatenrest (*Triadoteuthis parvula* n. g. n. sp., ? Cephalopoda) aus dem Oberen Muschelkalk (Ceratitenschichten) von Ballenstedt. — Geologie **16**, 74—87, 3 Abb., 4 Taf., Berlin 1967.

MÜLLER-STOLL, H.: Beiträge zur Anatomie der Belemnoidea. — Nova Acta Leopoldina, N. F. **4**, Nr. 20, 157—226, 12 Abb., 13 Taf., Halle 1936.

MUTTERLOSE, J., SCHMID, F., & SPAETH, CH.: Zur Paläobiogeographie von Belemniten der Unter-Kreide in NW-Europa. — Zitteliana **10**, 293—307, 6 Abb., München 1983.

NAEF, A.: Die fossilen Tintenfische. 322 S., 101 Abb., 1 Taf., Jena (Fischer) 1922.

NAJDIN, D. P.: Oberkreide-Belemniten der West-Ukraine. — Trudy mosk. geol.-razv. Inst. **27**, 125 S., 38 Abb., 21 Taf., Moskau 1952 (russ.).

— Die Oberkreide-Belemniten der Russischen Tafel und der angrenzenden Gebiete (*Actinocamax, Gonioteuthis* und *Belemnellocamax*). 190 S., 35 Abb., 10 Taf., Moskau (Univ. Verl.) 1964 (russ.).

NESTLER, H.: Die Belemniten und die Altersstellung der weißen Schreibkreide der Insel Rügen. — Paläont. Abh. **I**, 373—390, 10 Abb., 2 Taf., Berlin 1963.

NICHOLLS, E. L., & ISAAK, H.: Stratigraphic and taxonomic significance of *Tusoteuthis longa* LOGAN (Coleoidea, Teuthida) from the Pembina Member, Pierre Shale (Campania), of Manitoba. — J. Paleont. **61**, 727—737, 1987.

NIXON, M., & MESSENGER, J. B. (Eds.): The Biology of Cephalopods. — Symposia Zool. Soc. London **38**, 632 S., 1977.

PHILLIPS, J.: A monograph of British Belemnitidae. — Monogr. Palaeontogr. Soc. **17—23**, 1—128, London 1865—1870.

PUGACZEWSKA, H.: Belemnoids from the Jurassic of Poland. — Acta Palaeont. Polonica **6**, 105—236, 26 Abb., 26 Taf., Warschau 1961.

REITNER, J.: Ein Teuthiden-Rest aus dem Obernor (Kössener-Schichten) der Lahnwies-Neidernachmulde bei Garmisch-Partenkirchen (Bayern). — Paläont. Z. **52**, 205—212, 6 Abb., Stuttgart 1978.

— & ENGESER, T.: Eine neue Teuthiden-Art aus dem unteren Sinemurium (Lias alpha 3, „Ölschiefer“) von Dusslingen bei Tübingen (Baden-Württemberg). — N. Jb. Geol. Paläont. Mh. **1981**, 425—430, 5 Abb., Stuttgart 1981.

— & MEHL, J.: Ein besonderes Fossil. — Paläont. Z. **63**, 3—4, 2 Abb., Stuttgart 1989.

— & Urlichs, M.: Echte Weichteilbelemniten aus dem Untertoarcium (Posidonienschiefer) Südwestdeutschlands. — N. Jb. Geol. Paläont. Abh. **165** (3), 450—465, 6 Abb., Stuttgart 1983.

Rieber, H.: *Phragmoteuthis ? ticinensis* n. sp., ein Coleoidea-Rest aus der Grenzbitumenzone (Mittlere Trias) des Monte San Giorgio (Kt. Tessin, Schweiz). — Paläont. Z. **44**, 32—44, 3 Abb., 2 Taf., Stuttgart 1970.

Riegraf, W.: Fund eines Belemniten mit Tintenbeutel. — N. Jb. Geol. Paläont. Mh. **1973**, 447—448, Stuttgart 1973.

— Revision der Belemniten des Schwäbischen Jura. Teil 7 u. 8. — Palaeontographica A, **169**, 128—206, 1980; **173**, 64—130, Stuttgart 1981.

— & Hauff, R. B.: Belemnitenfunde mit Weichkörper, Fangarmen und Gladius aus dem Untertoarcium (Posidonienschiefer) und Unteraalenium (Opalinuston) Südwestdeutschlands. — N. Jb. Geol. Paläont. Abh. **165** (3), 466—483, 5 Abb., Stuttgart 1983.

— & Reitner, J.: Die „Weichteilbelemniten" des Posidonienschiefers (Untertoarcium) von Holzmaden (Baden-Württemberg) sind Fälschungen. — N. Jb. Geol. Paläont. Mh. **1979** (5), 291—304, 14 Abb., Stuttgart 1979.

Rietschel, S.: Ein Belemnitentier mit Weichteilen und Rostrum im Senckenberg. — Natur u. Museum **107**, 121—130, 7 Abb., Frankfurt a. Main 1977.

Roger, J.: Sous-classe des Dibranchiata. — In: J. Piveteau, Traité de Paléontologie **II**, 689—755, 102 Abb., Paris (Masson) 1952.

Rosenkrantz, A:: Krogbaerende Cephalopoder fra Østgrønlands Perm. — Meddel Dansk. Geol. Foren. **11**, 160—161, 10 Abb., 1946.

Rüger, L.: Ein Dibranchiatenfund aus dem oberen Muschelkalk von Gelmeroda (Thüringen). — Jenaische Z. Med. Naturwiss. **75**, 179—196, 8 Abb., Jena 1942.

Saks, V. N., & Nalnyaeva, T. I.: [Early and Middle Jurassic belemnites of northern USSR; Nannobelinae, Passaloteuthinae, and Hastitidae]. — Akad. Nauk SSSR, Sib. Otdel. Inst. Geol. Geofiz., Trudy **110**, 228 S., 62 Abb., 22 Taf., 1970 [russ.].

Scheinpflug, R.: Ein Dibranchiat aus dem mainfränkischen Oberen Muschelkalk: *Triadoteuthis parvula* Müller. — Paläont. Z. **61** (3/4), 253—259, 3 Abb., Stuttgart 1987.

Schevill, W. E.: An Upper Jurassic sepioid from Cuba. — J. Paleont. **24**, 99—101, 1950.

Schlüter, C.: Cephalopoden der oberen deutschen Kreide. — Palaeontographica **21**, 1—120, Cassel 1871.

— Cephalopoden der oberen deutschen Kreide. — Palaeontographica **24**, 123—255, Cassel 1876 bis 1877.

Schmid, F.: Jetziger Stand der Oberkreide-Stratigraphie in Nordwestdeutschland: Cephalopoden — Paläont. Z. **30**, 7—10, 1 Abb., Stuttgart 1956.

— Zur Ontogenie einiger Vertreter der Gattungen *Belemnitella* d'Orbigny und *Belemnella* Nowak. — Geol. Jb. **77**, 533—540, 3 Abb., Hannover 1960.

Schulz, M.-G.: Morphometrisch-variationsstatistische Untersuchungen zur Phylogenie der Belemniten-Gattung *Belemnella* im Untermaastricht NW-Europas. — Geol. Jb. **47 A**, 157 S., 66 Abb., 12 Taf., Hannover 1979.

Schumann, H. O.: Die Belemniten des norddeutschen Lias gamma. — Geol. Jb. **A 12**, 85 S., 35 Abb., 8 Taf., Hannover 1974.

Schwegler, E.: Vorläufige Mitteilung, Grundsätze und Ergebnisse einer Revision der Belemnitenfauna des Schwäbischen Jura. — N. Jb. Min. etc., Mh. (B), 294—306, 1 Abb., Stuttgart 1949.

— Revision der Belemniten des schwäbischen Jura. III. — Palaeontographica **120 A**, 69—112, 30 Abb., Stuttgart 1962.

Shimansky, V. N.: Priamye nautiloidei i baktrioidei Sakmarskogo i Artinskogo Iarusow Iuzhnogo Urala. — Akad. Nauk. USSR **44**, 154 S., 12 Taf., 1954.

Skolozdrówna, S.: The Value of the Alveolus and the Alveolar Fissure for the Systematics of the Genus *Belemnitella* — Pos. Nauk. Panstw. Inst. Geol. **33**, S. 117, Warszawa 1932.

Spaeth, Ch.: Untersuchungen an Belemniten des Formenkreises um *Neohibolites minimus* (Miller 1826) aus dem Mittel- und Oberalb Nordwestdeutschlands. — Beih. Geol. Jb. **100**, 127 S., 27 Abb., 9 Taf., Hannover 1971 (1971a).

— Aragonitische und calcitische Primärstrukturen im Schalenbau eines Belemniten aus der englischen Unterkreide. — Paläont. Z. **45**, 33—40, 1 Abb., 3 Taf., Stuttgart 1971 (1971b).

— Die Frage der Schwimmverhältnisse bei Belemniten in Abhängigkeit vom Primärgefüge der Hartteile. — Paläont. Z. **49**, 321—331, 2 Abb., 1 Taf., Stuttgart 1975.

– Ergänzende Beobachtungen zu Farbmusterungen auf Belemniten-Rostren. – N. Jb. Geol. Paläont. Abh. **165** (3), 438–449, 5 Abb., Stuttgart 1983.

STEVENS, G. R.: The Jurassic and Cretaceous belemnites of New Zealand and a review of the Jurassic and Cretaceous belemnites of the Indo-Pacific Region. – Bull. New Zealand Geol. Surv., Palaeont. **36**, 234 S., 43 Abb., 25 Taf., Wellington 1965.

TICHY, G.: Über die Erhaltung von Farben und Farbmustern an triassischen Gastropoden-Gehäusen. – Verh. Geol. B.-A. **1980**, H. 2, 175–217, Wien 1980.

TING-EN, CH., & ZHEN-HUA, S.: [Discovery of Permian Belemnoids in South China, with comments on the origin of Coleoidea]. – Acta Palaeont. Sinica **21** (2), 181–190, 5 Abb., 1982 [chines. m. engl. Zusammenfassg.].

WIESENAUER, E.: Vollständige Belemnitentiere aus dem Holzmadener Posidonienschiefer. – N. Jb. Geol. Paläont. Mh. **1976**, 603–608, Stuttgart 1976 (als Fälschungen erwiesen).

YOCHELSON, E. L.: Agmata, a proposed extinct phylum of early Cambrian age. – J. Paleont. **51**, 437–454, 3 Taf., Tulsa/Okl. 1977.

YOUNQUIST, W.: The cephalopod fauna of the White Pine shale of Nevada. – J. Paleont. **23**, 276–305, 3 Abb., 9 Taf., 1949.

K. Stamm Protarthropoda Lankester 1904

(Pararthropoda Vandel 1949, Oncopoda Weber 1954)

1. Allgemeines

Eine kleine, sehr heterogene Gruppe segmentierter Protostomia, die in sich sowohl Merkmale der Anneliden als auch der Arthropoden vereinigen. Dies gilt insbesondere für die meist chitinisierte Kutikula, die an Parapodien erinnernden Anhänge sowie für die langgestreckte, wurmförmige Gestalt des Körpers. Die zur Lokomotion dienenden Anhänge tragen Klauen oder Haftlappen.

2. Vorkommen

? Jungalgonkium, ? Unt. — ? Mittl. Kambrium, Ob. Karbon, rezent. Obgleich die Zahl der paläontologischen Belege außerordentlich gering ist, handelt es sich wohl um eine sehr alte Gruppe. Dies gilt vor allem dann, wenn sich *Xenusion auerswaldae* als Onychophore erweisen sollte.

3. Systematik

Man unterscheidet drei Klassen, deren verwandtschaftliche Beziehungen noch unklar sind:

a) **Onychophora** Grube 1853: Formen, die äußerlich an Myriapoden und Anneliden erinnern. — ? Jungalgonkium, ? Unt. — ? Mittl. Kambrium, Ob. Karbon, rezent.

b) **Tardigrada** Doyère 1840 (Bärentierchen): maximal 1200 µm, meist zwischen 300 und 500 µm messende Vertreter, die teils im Meer-, Brack- oder Süßwasser, teils auf dem Lande leben. Der aus einem Kopf- sowie vier Rumpfsegmenten bestehende Körper trägt vier Paar latero-ventral gelegene, mit Klauen oder Haftlappen versehene Anhänge. Die Körperbedekkung ist stark kutikularisiert, jedoch nicht chitinig. Antennen fehlen. Geschlechter getrennt. Entwicklung direkt. — Fossil unbekannt.

c) **Pentastomida** (Zungenwürmer): wurmartige Parasiten, die erwachsen vor allem in der Nasenhöhle von Caniden (Hunden) leben. Da es sich um Innenschmarotzer handelt, sind viele Organe weitgehend rückgebildet. Weil die systematische Unterbringung Schwierigkeiten bereitet, wurden sie als reduzierte Arthropoden (Arachniden) betrachtet bzw. in die Nähe der Anneliden gestellt. Der etwas abgeplattete, schlauchförmige Körper enthält keine Organe der Zirkulation und Respiration. — Fossil unbekannt.

Da Pentastomida und Tardigrada nur aus der Gegenwart vorliegen, werden nachstehend lediglich die Onychophoren genauer betrachtet.

I. Klasse **Onychophora** GRUBE 1853

1. Allgemeines

Es handelt sich um Protarthropoda, deren langgestreckter, an Anneliden oder Myriapoden erinnernder, bilateral-symmetrischer Körper an der Dorsalseite gewölbt, an der Ventralseite abgeflacht ist. Der vom Rumpf nicht abgesetzte Kopf besteht aus drei Segmenten, von denen jedes Anhänge aufweist: das erste ein Paar nichtsegmentierte Antennen, das zweite die Kiefer (Mandibeln), das dritte die einstülpbaren Oralpapillen. Diese tragen an den Spitzen die weiten Öffnungen von Schleimdrüsen, aus denen die Tiere mit großer Kraft und Schnelligkeit zähe Fäden zu entleeren vermögen. Dies geschieht teils als Abwehrreaktion, teils, um damit Beutetiere zu fesseln. Hinter dem Kopf folgen 14—42 Segmente, von denen jedes ein Paar Anhänge trägt, die zur Fortbewegung dienen und unter sich etwa gleiche Ausbildung zeigen. Sie sind seitlich dort am Körper befestigt, wo die gewölbte Dorsalseite in die abgeflachte Ventralseite umbiegt. Die Beine bestehen proximal aus einem kegelförmigen, größeren Abschnitt und distal aus einem viel schlankeren, kleineren Teil, an dem bewegliche Klauen sitzen.

Die Haut wird überall von einer Chitinkutikula bedeckt, die zwar noch recht dehnungsfähig ist, aber schon Häutungen erfordert. Charakteristisch ist ferner eine engständige Querringelung. Quergeringelt sind auch die Beine, eine Erscheinung, die ebenfalls nichts mit der wirklichen, internen Segmentierung zu tun hat. Auf der Oberfläche der Haut finden sich zahlreiche Papillen. Sie fehlen lediglich in der Mittellinie der Dorsalseite, wodurch diese völlig glatt erscheint. Der dioptrische Teil der Augen entspricht dem der am stärksten differenzierten Blasenaugen hochstehender Polychaeten. Die sehr einfachen Elemente der Retina erinnern dagegen an Verhältnisse, wie sie bei manchen Tracheaten zu beobachten sind. Auch hierin kommt die vermittelnde Stellung der Onychophoren zwischen den Anneliden und den Arthropoden zum Ausdruck.

Die Leibeshöhle erstreckt sich über die ganze Länge des Körpers; doch wird sie ebenso wie bei den Arthropoden durch ein transversal verlaufendes Septum (Perikardialseptum) in zwei dorsal übereinanderliegende Etagen geteilt. Beide stehen über Öffnungen des Perikardialseptums in Verbindung, durch die auch die Körperflüssigkeit, welche die Rolle des Blutes spielt, zirkuliert. Ein kontraktiles Rückengefäß (Herz) ist vorhanden. Die Atmung erfolgt im wesentlichen über Tracheen, die sonst für die Tracheata charakteristisch sind. Die Exkretionsorgane gleichen nach Bau und Anordnung den typischen Nephridien der Anneliden. Die Geschlechter sind getrennt; manche Vertreter sind lebendgebärend, andere eierlegend.

2. Vorkommen und Lebensweise

? Jungalgonkium, ? Unt. — ? Mittl. Kambrium, Ob. Karbon, rezent. Aus der Gegenwart kennt man etwa ein Dutzend Gattungen mit ca. 70 Arten, die sämtlich Bewohner des Festlandes sind. Bekannt sind sie vor allem aus dem Indomalaiischen Archipel, dem nördlichen Indien sowie den tropischen Bereichen von Afrika, Amerika und Australien. Hier finden sie sich an dunklen und feuchten Stellen (z. B. unter abgefallenem Laub, fauler Rinde, Kadavern usw.). Als lichtscheue Tiere führen sie ein nächtliches, räuberisches Leben. Neben zweifelhaften Funden aus dem ? Jungalgonkium oder Unt. Kambrium Nordeuropas (*Xenusion*), dem Unt. Kambrium von China (*Luolishania*), dem Mittl. Kambrium (Burgess-Schiefer) von Britisch-Kolumbien (*Aysheaia*) sind die Onychophora fossil bisher nur durch die Gattung *Helenodora* aus dem Ob. Karbon von Illinois (USA) und Frankreich wohl eindeutig nachgewiesen. Da diese in marinen Ablagerungen vorkommt, die rezenten Formen aber alle terrestrisch sind, müßte sich im Laufe der stammesgeschichtlichen Entwicklung ein entsprechender Wechsel des Wohnraumes vollzogen haben.

Die geringe paläontologische Überlieferung erklärt sich aus der Tatsache, daß die Onychophoren, abgesehen vielleicht von den Klauen und Kiefern (Mandibeln), keine Hartteile aufweisen. Es ist denkbar, daß manche der Conodonten- oder Scolecodonten-artigen Gebilde vor allem des Paläozoikums hierzu gehören. Auf eine Darstellung der Onychophoren-Systematik wird verzichtet. Dafür folgen lediglich einige Beispiele:

3. Beispiele

Peripatus GUILDING 1825: rezent, in den tropischen Bereichen von Afrika und Amerika (Abb. 471–472).

Es handelt sich um Formen mit sehr kleinen endogenen Eiern. Die Geschlechtsöffnung liegt zwischen den Beinen des vorletzten Segments. Die Segmentierung ist innerlich.

? **Aysheaia** CH. D. WALCOTT 1911: Mittl. Kambrium (Burgess-Schiefer) von Britisch-Kolumbien (Abb. 473–475, 478a).

Marine, wurmförmige Tiere, die vorn und hinten etwas verschmälert sind und zahlreiche

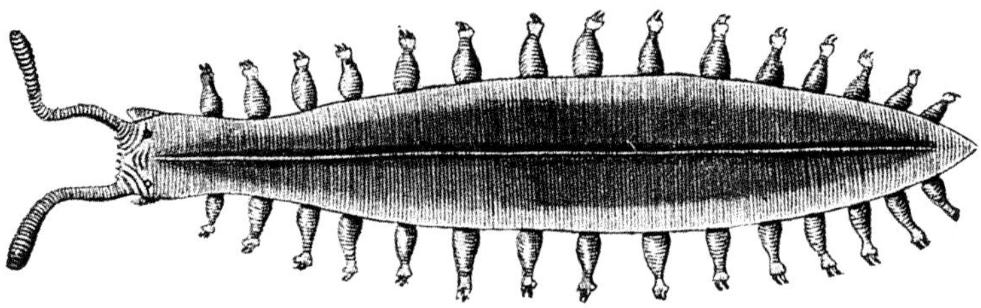

Abb. 471. *Peripatus zealandiae*, rezent. — Nach A. SEDGWICK 1888.

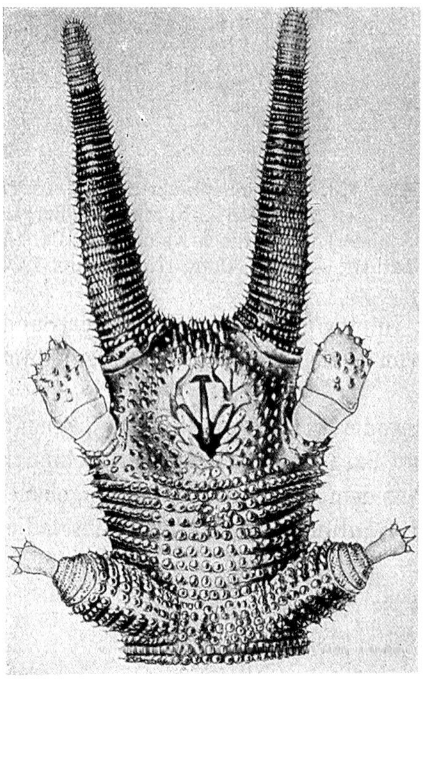

Abb. 472. *Typhloperipatus williamsoni*, von unten. Kopfregion mit Antennen, Oralpapillen und Mundöffnung. Davor das erste beintragende Segment. Rezent von Nordindien. Vergrößert. — Nach ST. KEMP 1914.

a

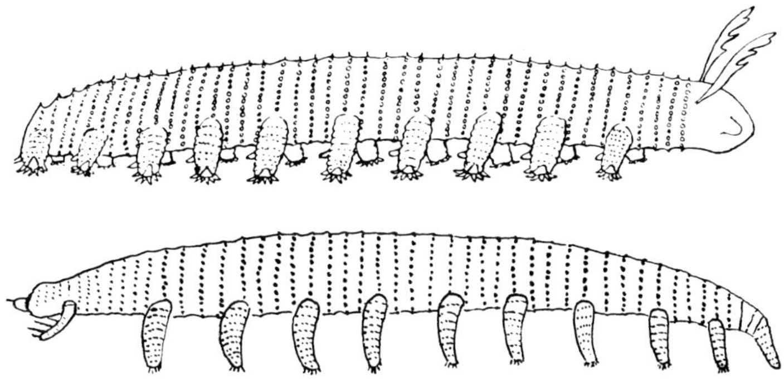

b

Abb. 473. *Aysheaia pedunculata* WALCOTT, Rekonstruktionen: a) nach G.-E. HUTCHINSON 1930, b) nach J. BERGSTRÖM 1978; Mittl. Kambrium (Burgess-Schiefer) von Britisch-Kolumbien; ca. 2/1 nat. Gr.

a b

Abb. 474. *Aysheaia pedunculata* WALCOTT, a) nahezu vollständiges Exemplar, ca. 1 4/5 nat. Gr.; b) vorderer Abschnitt des gleichen Individuums. Ca. 2/1 nat. Gr. Mittl. Kambrium (Burgess-Schiefer) von Britisch-Kolumbien. — Nach CH. D. WALCOTT 1911.

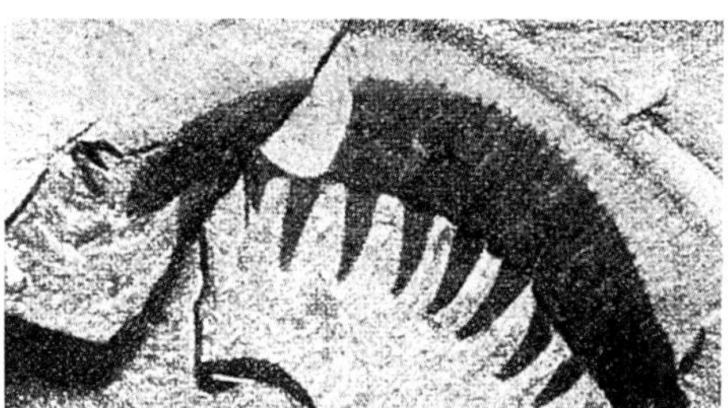

Abb. 475. *Aysheaia pedunculata* WALCOTT, von der Seite. Mittl. Kambrium (Burgess-Schiefer) von Britisch-Kolumbien. Ca. 1 1/3 nat. Gr. — Nach G.-E. HUTCHINSON 1930.

ringartig angeordnete Knötchen tragen. Abgesehen von den vorderen 8 Knötchenreihen kommen auf 4 Knötchenringe zwei kurze, kegelförmige, ebenfalls geringelte Beine. Jedes von diesen besitzt 6 Klauen, von denen 3 nach vorn und 3 nach hinten verlaufen. Der Mund und das letzte Beinpaar liegen terminal. Kiefer konnten nicht nachgewiesen werden.

Bei der Deutung als Onychophoren (z. B. G.-E. HUTCHINSON 1930; O. W. TIEGS & S. M. MANTON 1958) (Abb. 473a) werden zwei kleine, warzenförmige Gebilde am Vorderende als „Frontalpapillen“ (? Präantennen), zwei dahinter folgende, etwas längere und schwach verzweigte Anhänge als ? Antennen betrachtet. Nach J. BERGSTRÖM (1979) (Abb. 473b) handelt es sich bei letzteren aber nicht um Antennen, sondern um zwei seitlich gerichtete Beine, deren Vorderseite mit kräftigen Stacheln besetzt ist. Sie wurden vermutlich zum Fang der Beute benutzt. Zwischen ihnen und dem ersten Anhangspaar des eigentlichen Körpers folgen 8 anhangslose Knötchenringe, was auf ein beinloses Segment schließen läßt. Stimmt dies, muß *A.* von den Onychophoren zurückgezogen werden. Die terminale Lage der Mundöffnung und des letzten Anhangspaares sowie die vielklauige Ausbildung der Gliedmaßen erinnern an Tardigrada.

Eine Zuordnung zu den Tardigrada, wie sie von L. DELLE CAVE & A. M. SIMONETTA 1975 für *Aysheaia pedunculata* für möglich gehalten wurde, scheidet aus. Sie besitzen zwar ebenfalls Lobopodia, doch nur acht, wovon jedes sechs Krallen trägt. Außerdem sind alle bekannten Tardigrada kleiner als 1 mm.

Nach H. B. WHITTINGTON (1978, 1980) hat *Aysheaia pedunculata* WALCOTT (Abb. 478a) im Unterschied zu den rezenten O. weniger Lobopodia, aber mehr Krallen. Außerdem fehlen ihr terminale Antennen und Oralpapillen. Zudem soll der Mund nicht ventral, sondern endständig liegen. Er verzichtet deshalb darauf, *Aysheaia* einem der bekannten höheren Taxa zuzuordnen und nimmt an, daß es sich um eine Gruppe handelt, von der sowohl die Tardigrada als auch die Onychophora (= Uniramia MANTON 1972) abstammen.

? **Xenusion auerswaldae** POMPECKJ 1927: In zwei mit dem Jotnischen Sandstein vergleichbaren nordischen Geschieben von Hiddensee und Heiligengrabe (? Jungalgonkium, ? Unt. Kambrium) (Abb. 476A, B).

Die Aufgliederung des Körpers in 14 mehr oder weniger gleichartige Segmente (Metamerie) und die zahlreichen (12—13), an Parapodien erinnernden Beinpaare sind kennzeichnend für Anneliden, die sich aus dem Erhaltungszustand ergebende Chitinkutikula sowie die daraus folgenden Häutungen und Wachstumsstadien für Arthropoden. — Einzelne der für *X.* bezeichnenden Buckel tragen papillen- oder stachelartige Fortsätze, was ebenso wie die beträchtliche Größe der Buckel gegen ihre frühere Deutung (HEYMONS 1928) als Ventralsäckchen spricht. Die

Abb. 476A. *Xenusion auerswaldae* POMPECKJ, a) Original (Abdruck), b) Positivabguß. Aus einem Sandstein des Jungalgonkium oder Unt. Kambrium Skandinaviens. Nordisches Geschiebe von Heiligengrabe. Ca. ⅖ nat. Gr. Original im Museum für Naturkunde Berlin. — Nach J. J. SEDERHOLM 1931.

Abb. 476B. Details zu Abb. 476A mit den vier am besten erhaltenen Anhängen. Breite des Abschnitts ca. 2,8 cm. – Nach H. JAEGER & A. MARTINSSON 1967.

den Lobopodien der Onychophoren ähnlichen Anhänge sind (im Unterschied zu den Anneliden) geringelt und fein längsgestreift (Abb. 476B). – *X.* wird von L. B. H. TARLO (1967) zu den Coelenterata ähnlich *Rangea* und *Charnia* gestellt, bleibt aber trotzdem noch als O. in Diskussion (J. BERGSTRÖM 1979).

? **Luolishania** HOU & CHEN 1989: Unt. Kambrium (Unt. *Eoredlichia*-Stufe) von Chengjiang (Yunnan, China) (Abb. 477).

Als weitere fragliche Form ist diese Gattung von besonderem Interesse. Hier trägt der langgestreckte Körper an der ventrolateralen Seite 15 Paar einästige Lobopoden. Sein Vorderteil ist nicht deutlich vom hinteren Abschnitt geschieden, der das letzte Lobopodenpaar mit einem kleinen dreieckigen Fortsatz überragt. Rumpf und Lobopoden sind geringelt. Die Somite

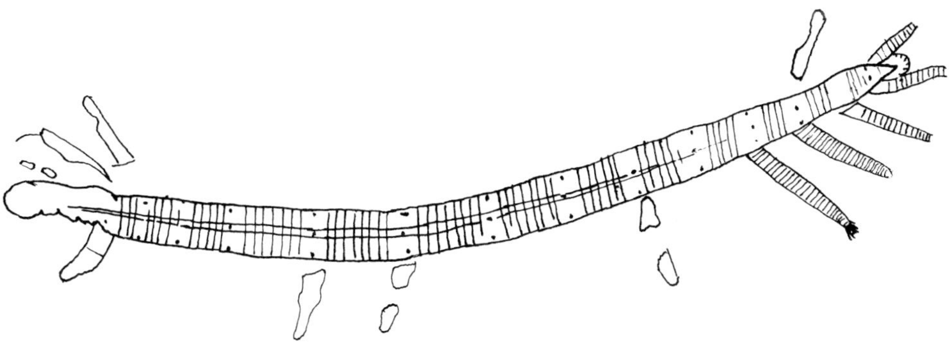

Abb. 477. *Luolishania longicruris* X. HOU & J. CHEN, Holotypus. Unt. Kambrium (Unt. *Eoredlichia*-Stufe) von Chengjiang, Yunnan. Länge ca. 1,5 cm. – Nach X. HOU & J. CHEN 1989, umgezeichnet.

folgen im mittleren Teil des Körpers regelmäßig aufeinander und werden von vorn nach hinten immer schmaler. Die Lobopoden tragen jeweils 4—5 Krallen und sind in der Mitte des Körpers etwa 3mal so lang wie der Körper an ihren Ansatzstellen breit ist. Weiter hinten sind sie entsprechend kürzer. Aus den Krallen läßt sich auf eine kletternde Lebensweise schließen. — Bei L. handelt es sich vielleicht um einen Vertreter der Stammgruppe, aus der sowohl die Onychophoren als auch die Hexapoden und Myriapoden entstanden sind.

Helenodora Thompson & Jones 1980: Ob. Karbon (Westfal, Stephan) von Illinois (USA) und Frankreich (Abb. 478b).

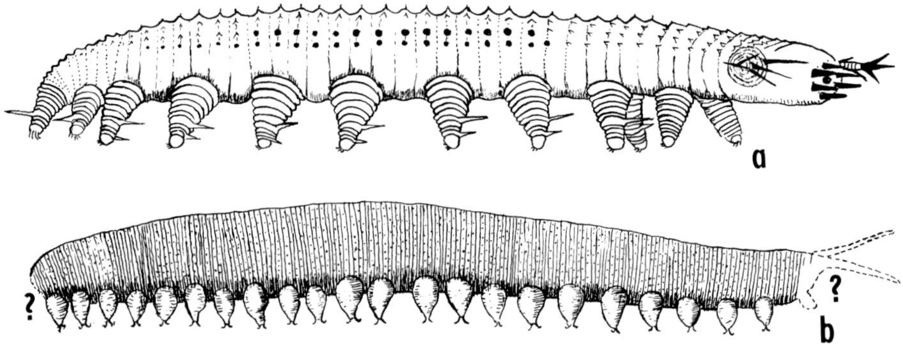

Abb. 478. Rekonstruktionen: a) *Aysheaia pedunculata* Walcott, Mittl. Kambrium (Burgess-Schiefer), Britisch-Kolumbien, L ca. 6,5 cm, umgezeichnet nach H. B. Whittington 1978; b) *Helenodora inopinata Thompson* & Jones, Ob. Karbon (Westfal) von Mazon Creek (Illinois, USA), L ca. 6,5 cm, umgezeichnet nach I. Thompson & D. S. Jones 1980.

Der bis 6 cm lange, wurmförmige und segmentierte Körper trägt ventrolateral mindestens 21 Paar kurze, lobose Gliedmaßen (Lobopodia), die wohl alle mit je zwei kleinen, hakenartigen Krallen ausgestattet sind. Jedes Segment umfaßt bis zu neun feine, mit Papillen besetzte Ringe.

Nach Rolfe (in Pacaud et al., S. 38, 1981) handelt es sich bei der von Scudder 1890 beschriebenen und zu den Myriapoda gestellten Gattung *Ilyodes* eindeutig um eine mit *Helenodora* identische Onychophore. Sie wurde mit zwei Exemplaren im Ob. Karbon (Stephan) von Montceau-Les-Mines nachgewiesen und zeigt deutlich die bei *Helenodora* von Mazon Creek bisher unbekannten Antennen.

4. Phylogenetik

Die Onychophoren bilden eine artenarme, biostratigraphisch völlig bedeutungslose Gruppe. Dafür sind sie aber stammesgeschichtlich von ganz besonderem Interesse, da sie sowohl Merkmale der Anneliden als auch der Arthropoden vereinigen. Sie bilden eine Übergangsgruppe, die zwischen den Anneliden und den Arthropoden steht.

Auf eine nahe Verwandtschaft zu den Anneliden weisen hin: die glatte Muskulatur, der spezielle Bau der Nephridien und ihre Anordnung, die zahlreichen an Parapodien erinnernden Beinpaare sowie der langgestreckte wurmförmige Körper. Die Beziehungen zu den Arthropoden werden vor allem unterstrichen durch: die Chitinkutikula, die sich aus deren Vorhandensein ergebenden Häutungen und Wachstumsstadien, die zu Mandibeln umgewandelten Anhänge des 2. Segments sowie das mit segmental angeordneten, paarigen, durch Klappen verschließbaren Ostien versehene Herz. An Arthropoden erinnern ferner die Klauen an den Enden der Beine.

Literaturverzeichnis

Bergström, J.: Morphology of Fossil Arthropods as a Guide to Phylogenetic Relationships. — In: A. P. Gupta (Ed.), Arthropod Phylogeny, 3—56, 23 Abb., New York 1979.

Cuénot, L.: Les Onychophores. — In: P.-P. Grassé, Traité de Zoologie **VI**, 1—37, Paris (Masson) 1949.

Dechaseaux, C.: Onychophores. — In: J. Piveteau, Traité de Paléontologie **III**, 3—7, 5 Abb., Paris (Masson) 1953.

Delle Cave, L., & Simonetta, A. M.: Notes on the morphology and taxonomic position of *Aysheaia* (Onychophora?) and of *Skania* (undetermined phylum). — Monit. Zool. Ital. (n. s.) **9**, 67—81, 1975.

Heymons, R.: Über Morphologie und verwandtschaftliche Beziehungen des *Xenusion auerswaldae* Pomp. aus dem Algonkium. — Z. Morph. Ökol. Tiere **10**, 307—329, Berlin 1928.

Hou, Xian-guang, & Chen, Jun-yuan: Early Cambrian arthropod-annelid intermediate sea animals, *Luolishania* gen. nov. from Cheng-Jiang, Yunnan. — Acta Palaeont. Sinica **28** (2), 207—213, 2 Abb., 1 Taf., Peking 1989 (chines. m. engl. Zusammenfassg.).

Hutchinson, G.-E.: Restudy of some Burgess shale fossils. — Proc. U. S. Nat. Mus. **78**, 1—24, 1930.

Jaeger, H., & Martinsson, A.: Remarks on the Problematic Fossil *Xenusion auerswaldae.* — Geol. Fören. Stockholm Förhandl. **88**, 435—452, 5 Abb., Stockholm 1967.

Kaestner, A.: Arachnida. — In: Handwörterb. Naturwiss., 2. Aufl., **I**, 356—387, 37 Abb., Jena 1931.

Krumbiegel, G., Deichfuss, H., & Deichfuss, H.: Ein neuer Fund von *Xenusion.* — Hallesches Jb. Geowiss. **5**, 97—99, 1 Abb., Gotha, Leipzig 1980.

Moore, R. C.: Protarthropoda. — In: R. C. Moore, Treatise on Invertebrate Paleontology, part **0**, 16—20, 2 Abb., New York 1959.

Nitecki, M. H.: Mazon Creek Fossils. 581 S., New York—London (Academic Press) 1979.

Pacaud, G., Rolfe, W. D. I., Schram, F., Secretan, S., & Sotty, D.: Quelques invertébrés nouveaux du Stéphanien de Montceau-Les-Mines. — Bull. Soc. Hist. Nat. Autun **97**, 37—43, 1 Abb., Autun 1981.

Pompeckj, J. F.: Ein neues Zeugnis uralten Lebens. — Paläont. Z. **9**, 287—313, 1 Taf., Berlin 1928.

Robison, R. A.: Affinities of *Aysheaia* (Onychophora), with description of a new Cambrian species. — J. Paleont. **59** (1), 226—235, 3 Abb., 1985.

Scudder, S. H.: New Carboniferous Myriapoda from Illinois. — Mem. Boston. Soc. Nat. Hist. **4**, 417—440, 1890.

Sedgwick, A: A monograph of the genus *Peripatus.* — Quart. J. Micros. Sci. **28**, 431—493, 1883.

— *Peripatus.* — Cambridge Nat. Hist. **5**, 1—26, 1895.

Shrock, R. R., & Twenhofel, W. H.: Phylum Onychophora. — In: Principles of Invertebrate Paleontology, S. 531—535, 3 Abb., 1953.

Tarlo, L. B. H.: *Xenusion* — onychophoran or coelenterate? — Mercian Geol. **2**, 97—99, 1967.

Thompson, I., & Jones, D. S.: A possible Onychophoran from the Middle Pennsylvanian Mazon Creek Beds of northern Illinois. — J. Paleont. **54** (3), 588—596, 2 Abb., 3 Taf., Tulsa/Okl. 1980.

Tiegs, O. W., & Manton, S. M.: The evolution of the Arthropoda. — Biol. Rev. **33**, 255—337, Cambridge 1958.

Walcott, Ch. D.: Middle Cambrian Annelida. — Smith Misc. Coll. **57**, 109—144, 6 Taf., 1911.

— Addenta to descriptions of Burgess shale fossils. — Smith Misc. Coll. **85**, 46 S., 1931.

Whittington, H. B.: The significance of the fauna of the Burgess Shale, Middle Cambrian, British Columbia. — Proc. Geol. Assoc. **91** (3), 127—148, 12 Abb., 4 Taf., London 1980.

— The lobopod animal *Aysheaia pedunculata* Walcott, Middle Cambrian, British Columbia. — Phil. Trans. R. Soc. London **280 B**, 409—443, London 1978.

Zacher, F.: Onychophora. — In: Handwörterb. Naturwiss., 2. Aufl., **VII**, 433—441, 8 Abb., Jena 1932.

L. Stamm Arthropoda Siebold & Stannius 1845

(Gliederfüßler)

1. Allgemeines

Es handelt sich um Invertebrata mit bilateral-symmetrischem, ungleichartig (heteronom) segmentiertem Körper und paarigen, meist gegliederten Anhängen. Im Gegensatz zu den in mancher Hinsicht ähnlichen Anneliden, aus deren Nachbarschaft sie stammesgeschichtlich hervorgingen, sind in allen Stadien die Epithelien nicht bewimpert. Der Körper wird von einer geschichteten, elastischen oder — falls Kalksalze eingelagert sind — starren Chitinhülle bedeckt. Die begrenzte Dehnungsfähigkeit derselben macht im Verlaufe des Größenwachstums verschiedene Häutungen erforderlich, wobei die alte, zu klein gewordene Hülle abgestreift wird. Im Anschluß daran bildet sich eine neue, meist größere Haut. Manche Arthropoden behalten die Fähigkeit zur Häutung im geschlechtsreifen Zustand bei, während bei anderen mit Eintritt der Geschlechtsreife diese Fähigkeit verlorengeht. Vertreter der Arthropoda finden sich in allen nur denkbaren ökologischen Verhältnissen. Wir treffen sie im Meer-, Brack- und Süßwasser, auf dem Lande und in der Luft. Mindestens seit dem Devon sind manche Formen zur parasitären Lebensweise übergegangen.

Zu den Arthropoda gehören etwa drei Viertel aller rezenten Tiere, die Vertebraten eingeschlossen. Dabei handelt es sich um über eine Million Arten, die sich zum Teil durch einen außerordentlichen Individuenreichtum auszeichnen. Wenn man die bei ihnen erreichte strukturelle Vervollkommnung, die Radiation in alle nur denkbaren ökologischen Bereiche, fernerhin die oft erstaunlich hohe soziale Organisation der von manchen Vertretern begründeten Tierstaaten berücksichtigt, wird es verständlich, daß die Arthropoda mit gewissem Recht an die Spitze nicht nur der Protostomia (vgl. Band II, Teil 1, 4. Aufl., S. 18), sondern aller Invertebraten gestellt werden. Auch die Ernährung ist außerordentlich differenziert. Sie vermögen alle Arten pflanzlicher und tierischer Substanz zu verwerten.

Die Größe der Arthropoden schwankt je nach der betrachteten Form in sehr weiten Grenzen. Die kleinsten Vertreter mögen im ausgewachsenen Zustand ca. 0,1 mm, die größten 3 m (manche der paläozoischen Eurypteriden) oder 4 m (wie die japanischen Riesenkrebse) aufweisen, gemessen zwischen den Enden ihrer ausgebreiteten Extremitäten. Die Mehrzahl aller Arthropoden hat Ausmaße zwischen 0,5 und 5 cm. Im Gegensatz zu den meisten anderen Tiergruppen ist die phylogenetische Größenzunahme nicht sonderlich charakteristisch und meist nur auf statistischem Weg nachweisbar. In manchen Gruppen findet sich, durch ihren Lebensraum und die besonderen ökologischen Verhältnisse desselben bedingt, phylogenetische Größenabnahme.

2. Vorkommen

? Ob. Algonkium, Unt. Kambrium — rezent. Maximum der Formenmannigfaltigkeit in der Gegenwart.

3. Morphologie

In ähnlicher Weise wie bei den Anneliden, aus deren Nachbarschaft die Arthropoden zweifellos stammen, ist der bilateral-symmetrische Körper segmentiert. Doch unterscheiden sich die Segmente (Metamere oder Somite) grundsätzlich von denen der Anneliden, da sie von einer besonderen Hülle, die aus Chitin besteht, umschlossen werden. Die Ausscheidung dieser Chitinhülle, die entweder der ursprünglichen Gliederung folgt oder zur Verwachsung mehrerer Abschnitte führt, geschieht durch die einschichtige ektodermale Körperhaut. Die Segmente sind gegeneinander beweglich, sofern sich keine Verschmelzung vollzogen hat. Die Chitinhülle zeigt einen schichtigen Aufbau, und zwar

a) außen: eine relativ dünne Lage aus wachsartiger, wasserundurchlässiger Substanz **(Epikutikula)**,

b) innen: eine dickere Lage, die aus einer Wechsellagerung von Chitin- und Proteinlamellen zusammengesetzt ist **(Endokutikula)**.

Letztere ist meist durch kohlen- und phosphorsauren Kalk imprägniert. Hierdurch erhält die nach den Häutungen elastische und bis zu einem gewissen Grade dehnbare Kutikula eine Versteifung derart, daß sie zu einem wirklichen Panzer wird und das Tier zu schützen vermag. Diese Imprägnierung findet sich jedoch nur an der nach außen gerichteten Seite der Segmente, da sonst eine bewegliche Gelenkung der Anhänge sowie der nicht miteinander veschmolzenen Körpersegmente unmöglich wäre.

Für die Fossilisation der Arthropoden ist die Einlagerung von Kalksalzen besonders wichtig, da die hiervon betroffenen Teile meist vorzüglich überliefert werden können. Dies gilt nicht für die lediglich aus Chitin bestehenden Bereiche, bei denen eine Fossilisation nur unter ganz besonders günstigen Bedingungen möglich ist.

Die Chitinkutikula der Arthropoden dient zur Befestigung von Muskeln und anderen Weichteilen an der Innenfläche, so daß wir es mit einem sog. Außen- oder Exoskelett zu tun haben. An den versteiften Teilen der Segmente (Sklerite) lassen sich maximal folgende Abschnitte erkennen:

a) **Tergite:** auf der Dorsalseite,
b) **Sternite:** auf der Ventralseite,
c) **Pleurite:** an den Seiten, nur bei einigen Arthropoden ausgebildet.

Häufig findet sich eine sekundäre Gliederung des Körpers in folgende Abschnitte:

a) **Kopf:** Er wird von den vordersten Segmenten gebildet, in der Regel sechs oder mehr. Auf die ursprünglichen Sklerite, aus deren Verschmelzung der Kopfabschnitt hervorgegangen ist, weisen paarige modifizierte Anhänge hin (z. B. Antennen, Maxillen, Mandibeln). Die übrigen Sklerite können lediglich durch eingehendes Studium der embryonalen Entwicklung nachgewiesen werden. — Die dem Kopfabschnitt folgenden Sklerite sind bei den Myriapoda von annähernd gleicher Ausbildung. Im übrigen zeigen sie eine Differenzierung in folgende Körperabschnitte:

b) **Thorax:** bei manchen Arthropoden mit dem Kopf zu einem **Cephalothorax** vereinigt.

c) **Abdomen** (Hinterleib).

Im allgemeinen trägt jedes Körpersegment, auch solche, die miteinander verschmolzen sind, ein Paar geringelte oder gegliederte Anhänge. Sie sind seitlich zwischen den Sterniten und Tergiten befestigt. Diese Anhänge haben sehr verschiedene Funktion. Sie dienen überwiegend als Beine, zum Teil aber auch als Tast-, Geruchs- und Geschmacksorgane, teils zur Nahrungsaufnahme, Kopulation und Brutpflege. Je nach der Funktion zeigen sie erhebliche Differenzierungen, dies in einem um so größeren Umfange, je höher entwickelt die betreffende Gruppe ist. Bei den am wenigsten differenzierten Formen sind sich die Anhänge mehr oder weniger ähnlich, wenn man von den Antennen absieht. Mit zunehmender Differenzierungshöhe vollzieht sich zugleich eine Reduktion der Anzahl.

Ein Anhang besteht in der Regel aus folgenden Teilen:

a) dem **Endopoditen**: einem innen gelegenen Zweig;
b) dem **Exopoditen**: einem außen gelegenen Ast;
c) dem basalen **Proto- oder Sympoditen**, an dem Endo- und Exopodit befestigt sind. Bei vielen Arthropoden besteht diese Region aus drei Segmenten (Praecoxa, Coxa und Basis). Der Sympodit der Protarthropoden ist ungeteilt und meist sehr kurz;
d) hierzu können noch ein oder mehrere Fortsätze, die sog. **Epipoditen**, treten, die respiratorische Funktion haben.

Die distalen Enden sowohl vom Endo- als auch vom Exopoditen (z. B. *Arthropleura*) oder vom Endopoditen allein (Mehrzahl aller Arthropoden) dienen im wesentlichen der Fortbewegung. Im letzteren Falle hat der Exopodit, ebenso wie dies für die Endopoditen zutrifft, respiratorische Funktion.

4. Systematik

Nachstehend werden folgende Unterstämme betrachtet:

a) **Chelicerata** Heymons 1901: Unt. Kambrium — rezent;
b) **Pycnogonida** Latreille 1810: Unt. Devon — rezent;
c) **Trilobitomorpha** Størmer 1944: Unt. Kambrium — Ob. Perm.

Unterstamm Chelicerata Heymons 1901

(Scherenhörnler)

1. Allgemeines

Der Körper dieser das Wasser oder das Land bewohnenden Arthropoden besteht aus Prosoma (Cephalothorax) und Opisthosoma (Abdomen). Hiervon wird das Prosoma aus Kopf und 6 Segmenten gebildet, von denen die letzteren Anhänge tragen. Das vorderste Paar dieser Anhänge ist zu 2-, 3- oder 4?-gliedrigen Scheren (Cheliceren) umgewandelt. Das auf dem 2. Segment sitzende Paar bezeichnet man als Pedipalpen. Diese dienten ebenso wie die restlichen Anhänge des Prosoma zunächst nur zur Fortbewegung. Später wurden sie mehr oder weniger vollständig in Greif-, Sinnes- oder Kauorgane umgewandelt.

Die Zahl der Segmente, aus denen ursprünglich das Opisthosoma (Abdomen) bestand, beträgt vermutlich 12. Hiervon ist das erste (7. des gesamten Körpers) im allgemeinen reduziert. Auf dem zweiten (8. des gesamten Körpers) liegen die Geschlechtsöffnungen.

Trotz der unterschiedlichen Lebensweise lassen sich alle Cheliceraten hinsichtlich bestimmter Merkmale auf einen gemeinsamen Grundbauplan (vgl. Abb. 479) zurückführen.

2. Vorkommen

Unt. Kambrium — rezent; meist ziemlich selten, so daß diese Tiergruppe insgesamt noch verhältnismäßig wenig bekannt ist. Ihre Vertreter sind, wenn man von der Antarktis absieht, weltweit verbreitet.

3. Systematik

Man unterscheidet:

a) Klasse **Merostomata** (Unt. Kambrium — rezent). Durchweg mit Kiemen atmende Wasserbewohner.

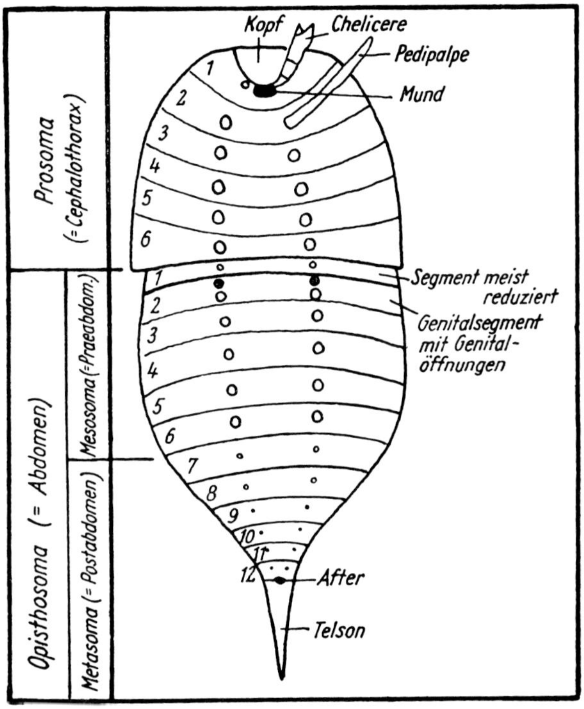

Abb. 479. Schematischer Grundbauplan der Chelicerata (Ventralseite). Die kleinen Kreise entsprechen den Ansatzstellen der (hier meist weggelassenen) Anhänge. Ohne Maßstab. In Anlehnung an L. Størmer 1955.

b) Klasse **Arachnida** (Silur – rezent). Mit Ausnahme der Stammformen und einiger Vertreter, die sich sekundär wieder dem Leben im Wasser angepaßt haben, Landbewohner.

I. Klasse **Merostomata** Dana 1852

(Poecilopoda M'Coy, Palaeostraca Grobben)

1. Allgemeines

Wasserbewohnende Cheliceraten, deren Opisthosoma in einem kräftigen, meist stachelförmigen Telson endet. Auf dem Prosoma (Cephalothorax), das durch Verschmelzung von Kopf und 6 Rumpfsegmenten entstanden ist, finden sich die Sehorgane, und zwar median ein Paar Ocelli, seitlich je ein Facettenauge. Hierzu kommen 6 Paar Anhänge, von denen das vordere 3-, vielleicht auch 4gliedrig ausgebildet ist und Scheren trägt (Cheliceren). Die restlichen Anhänge des Prosoma dienten hauptsächlich als Laufbeine, das hinterste Paar bei manchen Formen auch zum Schwimmen. Die proximalen Segmente sind meist in Kiefer (Coxae) umgewandelt, deren Innenränder zahnartige Bildungen aufweisen (Abb. 480).

Die Zahl der Segmente, aus denen das Opisthosoma besteht, ist verschieden. Sie sind entweder frei gegeneinander beweglich oder vollständig miteinander verschmolzen. Der vordere Teil des Opisthosoma trägt 6 oder 7 Paar Anhänge und wird als Mesosoma (Praeabdomen)

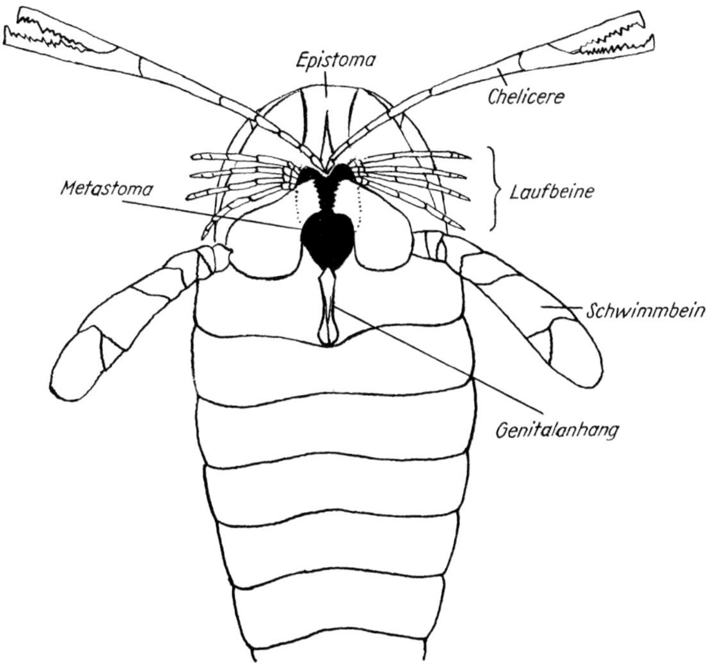

Abb. 480. Rekonstruktion der Unterseite von *Pterygotus (Erettopterus) osiliensis* F. Schmidt. Silur von Rootziküll auf Ösel. Ca. 1/15 nat. Gr. — In Anlehnung an F. Schmidt 1883.

bezeichnet, der dahinterliegende Abschnitt ohne Anhänge als Metasoma (Postabdomen). Das vordere Paar der abdominalen Anhänge ist rudimentär und in kleine Platten (Chilaria) umgewandelt. Die übrigen Anhänge sind plattenförmig oder gegabelt ausgebildet. Jedes von ihnen besteht aus einem stark reduzierten medianen und einem breiten, seitlich gelegenen Zweig, der die Kiemen trägt. Auf dem zweiten Segment des Opisthosoma liegen die Geschlechtsöffnungen.

Die Embryonalentwicklung der rezenten Limuliden (Abb. 496) weist große Ähnlichkeit mit derjenigen der Arachnida auf. So hat das erste Larvenstadium, mit dem der junge *Limulus* das Ei verläßt, eine rudimentäre Gliederung des Prosoma, ein kleines Telson und keine hinteren Blattbeinpaare. Man bezeichnet dieses Stadium als „Trilobitenstadium", da es äußerlich im starken Maße einem Trilobiten ähnelt. Beim zweiten Larvenstadium ist das Telson bereits schwanzartig verlängert und die Segmentierung des Rumpfes reduziert. Auch treten jetzt die hinteren Blattbeinpaare hervor. Nach wenigen Häutungen gleicht sodann der junge *Limulus* bereits dem erwachsenen. Während der Häutung reißt der Panzer längs einer marginalen Sutur auf, so daß die Exuvie äußerlich kaum vom vollständigen Tier zu unterscheiden ist. Geschlechtsreife tritt nach drei und mehr Jahren ein.

2. *Vorkommen*

Die Mehrzahl der nicht sonderlich häufigen Merostomata findet sich im Paläozoikum. Nur eine kleine Gruppe reicht bis in die Gegenwart. — Unt. Kambrium — rezent.

3. Systematik

Innerhalb der Merostomata unterscheidet man zwei Oberordnungen:

a) **Xiphosura** Latreille 1802: Unt. Kambrium — rezent;
b) **Eurypterida** Burmeister 1843: Ordovizium — Perm.

Die Gesamtzahl der bisher aufgestellten Gattungen beträgt etwa 89. Hiervon entfallen auf die Xiphosura 64, auf die Eurypterida 25.

Oberordnung **Xiphosura** Latreille 1802
(Schwertschwänze)

1. Allgemeines

Telson dolch- oder schwertförmig. Umriß des Körpers meist rundlich. Dorsalschild vielfach dreigeteilt. Die Länge beträgt im allgemeinen zwischen 5 und 7 cm; doch finden sich auch bis 60 cm lange Formen.

2. Vorkommen

Unt. Kambium — rezent.

3. Systematik

Man unterscheidet mit L. Størmer (1955) folgende Ordnungen:

a) **Aglaspidida** (Unt. Kambrium — Ob. Ordovizium): primitive Formen, die äußerlich nicht selten etwas an Trilobiten erinnern und deren Opisthosoma aus 11 oder 12 Segmenten besteht.
b) **Xiphosurida** (Silur — rezent): Umriß oval oder fast kreisförmig. Opisthosoma aus 10 oder weniger Segmenten.

Ordnung **Aglaspidida** Walcott 1911

Körper langgestreckt. Prosoma relativ kurz, aber breit; zum Teil mit Wangenecken wie bei den Trilobiten. Opisthosoma aus 11—12 Segmenten, von denen die letzten 2 oder 3 miteinander verschmolzen sein können. Cheliceren 4gliedrig. Die 5 hinteren Anhangspaare des Prosoma enden in Krallen. Sie dienten ebenso wie die Anhänge des Opisthosoma als Laufbeine. Facettenaugen groß und wohlentwickelt. Ocelli sind nicht mit Sicherheit nachgewiesen. Eine dreifache Gliederung kann sowohl am Prosoma als auch am Opisthosoma auftreten. Größe 2—21 cm und mehr, meist jedoch kleiner als 6 cm. Zusammen mit Trilobiten und Brachiopoden in Sedimenten flacher Meeresteile vom Unt. Kambrium — Ob. Ordovizium.

Die Gliedmaßen sind offenbar zweiästig, mit einem inneren Laufbein und einem äußeren, dicht mit Lamellen besetzten Ast (L. N. Repina & O. G. Okuneva 1969). In der Anordnung und Morphologie der Gliedmaßen stehen die A., wenn man von den Cheliceren und den wohl fehlenden Antennen absieht, offenbar den Trilobita und anderen Trilobitomorpha sehr nahe. Die Beinlamellen der Trilobitomorpha und Xiphosurida sind vermutlich homolog.

Man unterscheidet vor allem nach der Zahl der Segmente, aus denen das Opisthosoma besteht, vier Familien:

Familie **Paleomeridae** Størmer 1955

Das Opisthosoma besteht aus 12 freien Segmenten. — Unt. Kambrium.

Paleomerus Størmer 1955: Unt. Kambrium von Schweden (Abb. 481).

Das 12. Segment des Opisthosoma ist lang und trapezförmig.

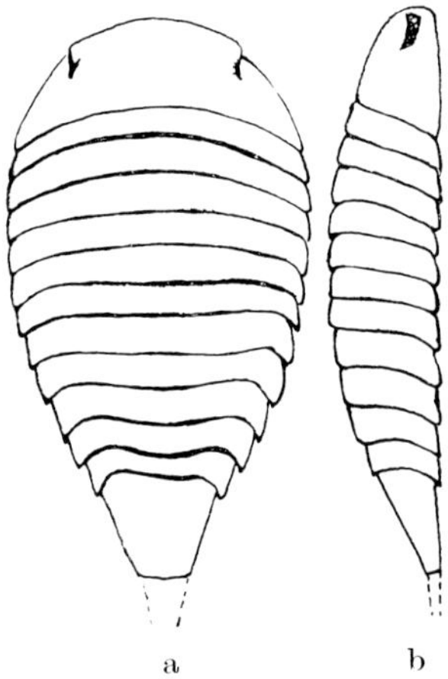

Abb. 481. *Paleomerus hamiltoni* Størmer aus dem Unt. Kambrium von Schweden; a) dorsal, b) lateral. Ca. ⅖ nat. Gr. — Umgezeichnet nach L. Størmer 1955.

Familie **Aglaspididae** Miller 1877

Das Opisthosoma besteht aus 11 freien Segmenten. Prosoma halbkreisförmig mit Wangenecken. — Ob. Kambrium.

Aglaspis Hall 1862: Ob. Kambrium von N-Amerika (Abb. 482).

Telson lang, stachelförmig. 11. Segment U-förmig.

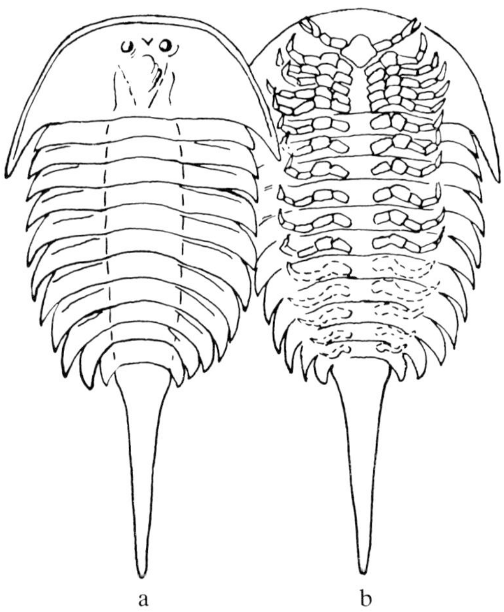

Abb. 482. *Aglaspis spinifer* Raasch, Ob. Kambrium von Wisconsin (USA); a) dorsal, b) ventral. Ca. ¾ nat. Gr. — Nach R. C. Moore 1952.

Familie **Strabopidae** Gerhardt 1932

Das Opisthosoma besteht ebenfalls aus 11 freien Segmenten. Prosoma kurz, oval. Telson breit. — Ob. Kambrium — Ob. Ordovizium.

Strabops Beecher 1901: Ob. Kambrium von N-Amerika (Abb. 483).

Körper langgestreckt.

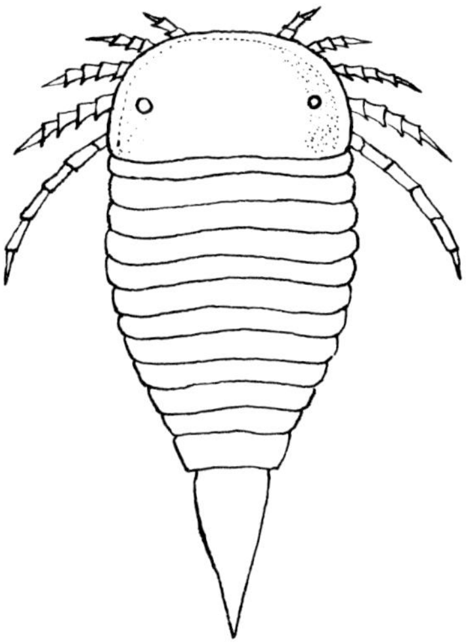

Abb. 483. *Strabops thacheri* Beecher, Rekonstruktion der Dorsalseite. Ob. Kambrium von Missouri (Nordamerika). Ca. ½ nat. Gr. — Umgezeichnet nach J. M. Clarke & R. Ruedemann 1912.

Familie **Beckwithiidae** Raasch 1939

Das Opisthosoma besteht aus 8 freien Segmenten im vorderen Abschnitt und 3 miteinander verschmolzenen Segmenten im hinteren. — Mittl. Kambrium.

Beckwithia Resser 1931: Mittl. Kambrium von N-Amerika (Abb. 484).

Prosoma breit, mit breitem Randsaum. Auf den schildförmig verschmolzenen Segmenten am Hinterende des Opisthosoma ein Dorsalstachel. Telson vermutlich griffelförmig.

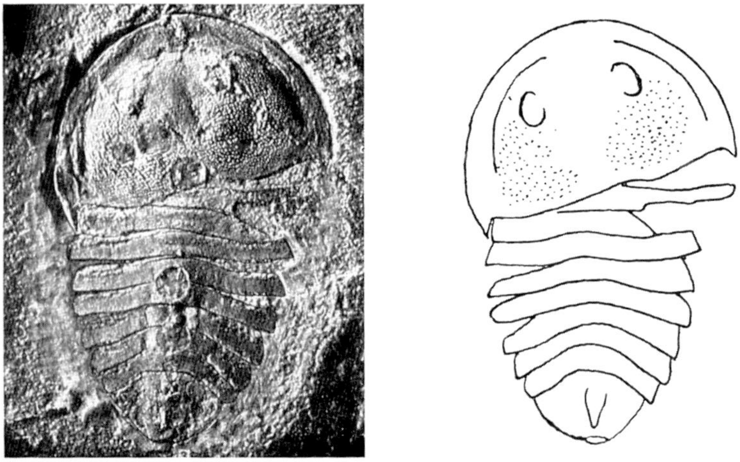

a b

Abb. 484. Exuvie von *Beckwithia typa* Resser, Mittl. Kambrium von Utah (Nordamerika). Nat. Gr. — a) Nach Ch. E. Resser 1931, b) aus L. Størmer 1955.

Ordnung **Xiphosurida** Latreille 1802

Körperumriß oval oder fast kreisförmig. Telson schwertförmig. Opisthosoma aus 10 oder weniger Segmenten, entweder frei, ganz oder teilweise verschmolzen. Cheliceren 3gliederig. Anhänge des Opisthosoma ziemlich blattförmig. — Silur — rezent. Man unterscheidet mit L. Størmer 1955 folgende Unterordnungen:

a) **Synziphosurina** Packard 1886 (Ob. Silur — Unt. Devon): Prosoma mittelgroß bis groß. Opisthosoma aus 9—10 Segmenten.
b) **Limulina** Rud. & E. Richter 1929 (? Unt. Devon, Mittl. Devon — rezent): Großes Prosoma. Opisthosoma aus 9 Segmenten. Telson schwertförmig, länger als das übrige Opisthosoma.

Unterordnung **Synziphosurina** Packard 1886

Prosoma meist relativ groß, halboval oder halbkreisförmig, meist mit Wangenecken. Opisthosoma aus 9—10 Segmenten, von denen das 6. und 7. verschmolzen sein können. Facettenaugen nicht sicher nachgewiesen. Telson in der Regel dolchförmig. Umriß des Körpers (ohne Telson) oval bis kreisförmig. Manche Formen sicher mit Einrollungsvermögen. Überwiegend wohl Brack- und Süßwasserbewohner, da gewöhnlich zusammen mit Eurypteriden und niederen Vertebraten eingebettet. — Ob. Silur — Unt. Devon.

Familie **Limuloididae** Størmer 1952

Kleinwüchsige Formen mit trilobatem Prosoma und Mesosoma. Das Opisthosoma besteht aus 9 Segmenten, von denen das 6. möglicherweise doppelt ist. Metasoma aus 3 Segmenten. — Ob. Silur.

Limuloides Størmer 1952: Ob. Silur von Europa.

Familie **Bunodidae** Packard 1886

Prosoma radial lobiert. Opisthosoma aus 9 Segmenten, von denen das 6. wahrscheinlich doppelt ist. Mesosoma trilobat. Metasoma schmal, aus 3—4 zylindrischen Segmenten. — Ob. Silur — ? Unt. Devon.

Bunodes Eichwald 1859: Ob. Silur — ? Unt. Devon des Ostseegebiets und Norwegens (Abb. 485).

Dorsalschild granuliert. Prosoma ohne Wangenstacheln.

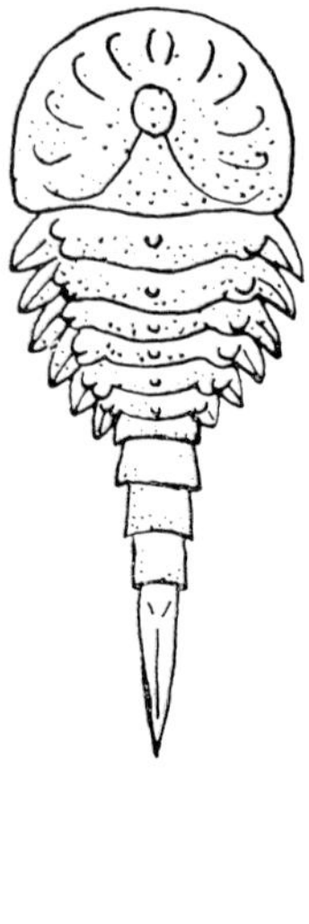

Abb. 485. *Bunodes lunula* Eichw., Ob. Silur des Ostseegebiets. Nat. Gr. — Nach L. Størmer 1955.

Familie **Neolimulidae** Packard 1886

Prosoma trilobat, etwa doppelt so breit wie lang, mit zugespitzten Wangenecken. Opisthosoma ebenfalls trilobat; aus 9, vielleicht auch 10 freien Segmenten. Anscheinend nicht in Meso- und Metasoma geteilt. — Ob. Silur — Unt. Devon.

Neolimulus Woodward 1868: Ob. Silur — Unt. Devon von Europa, einzige Gattung.

Familie **Pseudoniscidae** Packard 1886

Prosoma der kleinwüchsigen Formen glatt, nicht trilobat. Opisthosoma trilobat; aus 9—10 Segmenten, die Pleuralstacheln tragen. Meso- und Metasoma konnten nicht unterschieden werden. — Ob. Silur.

Pseudoniscus Nieszkowski 1859: Ob. Silur von Europa und N-Amerika (Abb. 486).

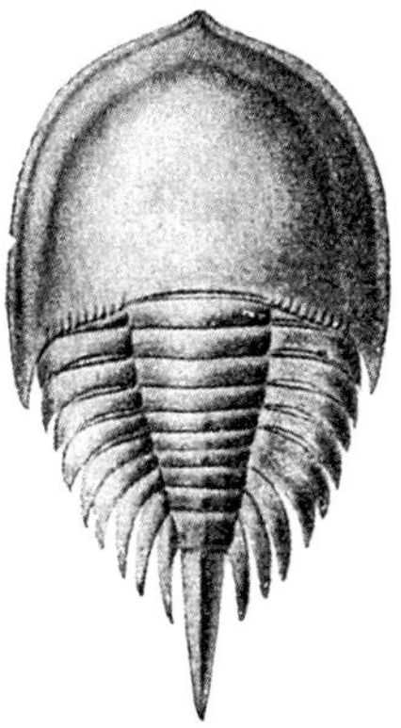

Abb. 486. *Pseudoniscus roosevelti* Clarke, Ob. Silur von New York (USA). Ca. ²⁄₁ nat. Gr. — Nach J. M. Clarke.

Familie **Weinberginidae** Rud. & E. Richter 1929

Prosoma halbkreisförmig, sehr groß, glatt, nicht trilobat. Opisthosoma trilobat, aus 10 kurzen Segmenten. Die letzten 3 sind etwas länger und schmaler. Sie entsprechen dem Metasoma. — Unt. Devon von Europa.

Weinbergina Rud. & E. Richter 1929: Unt. Devon (Hunsrückschiefer) des Rheinlandes (Abb. 487).

Einzige Gattung der Synziphosurina, von der bisher Anhänge bekannt sind. Es handelt sich um die 5 Paar hinteren Anhänge des Prosoma, die nicht in Krallen, sondern in Stacheln enden. Anhänge des Opisthosoma vermutlich plattenförmig wie bei den Eurypterida.

Unterordnung **Limulina** Rud. & E. Richter 1929

Prosoma groß, trilobat, meist halbkreisförmig. Mit Ocelli und seitlichen Facettenaugen. Opisthosoma maximal aus 9 Segmenten, die alle oder zum Teil verschmolzen sein können. Das schwertförmige Telson ist länger als das übrige Opisthosoma (Abb. 488). — ? Unt. Devon, Mittl. Devon — rezent; die Zahl der bisher bekannten Gattungen beträgt ca. 22.

Nachstehend werden nur die Oberfamilien mit ihren wichtigsten Vertretern aufgeführt.

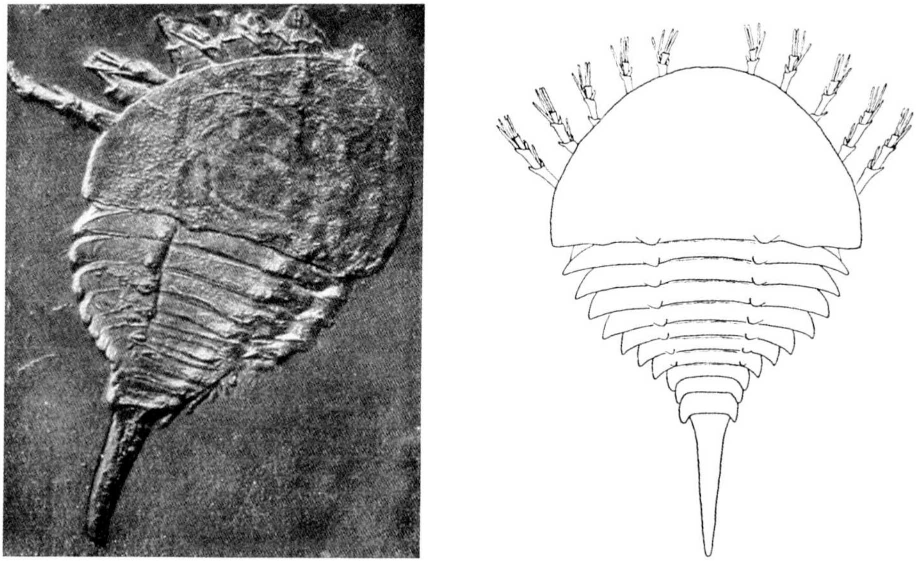

a b

Abb. 487. *Weinbergina opitzi* RUD. & E. RICHTER, Unt. Devon (Hunsrückschiefer) des Rheinischen Schiefergebirges. ¾ nat. Gr. — Nach RUD. & E. RICHTER 1929.

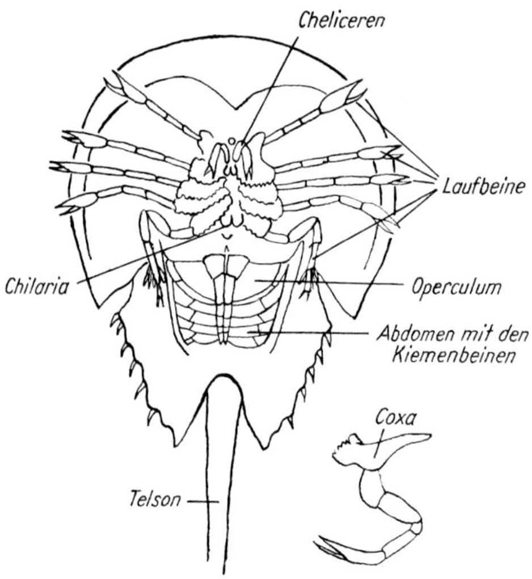

a b

Abb. 488. a) Ventralseite (schematisch) von *Limulus polyphemus* LINNÉ, rezent. Stark verkleinert; b) vorderes Laufbein. — Nach L. STØRMER, umgezeichnet.

Oberfamilie **Belinuracea** v. ZITTEL & EASTMAN 1918

Klein bis mittelgroß. Segmente des Opisthosoma meist frei, doch können 2 oder mehr der hinteren verschmolzen sein. Nur eine Familie (Belinuridae v. ZITTEL & EASTMAN) mit den Merkmalen der Oberfamilie. — Mittl. Devon — Ob. Karbon.

Belinurus König 1820: Ob. Devon – Ob. Karbon von Europa und N-Amerika (Abb. 489). Ecken des Prosoma in lange Stacheln ausgezogen. Telson sehr lang und nadelförmig.

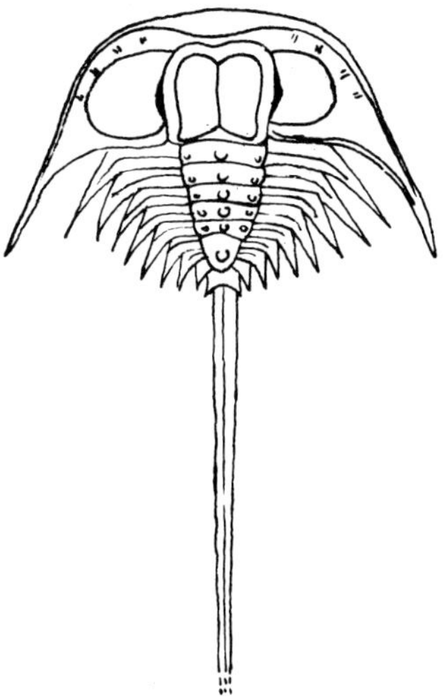

Abb. 489. *Belinurus regina* Baily, Ob. Karbon (Westfal) von Irland. Ca. 2½ nat. Gr. – Nach H. B. Woodward 1866–1878.

Oberfamilie **Euproopacea** Eller 1938

Prosoma und Opisthosoma trilobat. Im Unterschied zu den Limulacea auf dem Prosoma mit deutlich markiertem Zwischenaugenfeld und unbeweglichen Marginalstacheln am Opisthosoma. Letzteres besteht aus 6 oder 7 fest miteinander verschmolzenen Segmenten. – ? Unt. Devon, Ob. Devon – Perm von Europa und N-Amerika.

Euproops Meek 1867: Ob. Karbon – Perm von Europa und N-Amerika (Abb. 490–491). Kleine, fast kreisrunde Formen. Ecken des Prosoma in lange Stacheln ausgezogen. Telson lang. Opisthosoma mit unbeweglichen Marginalstacheln.

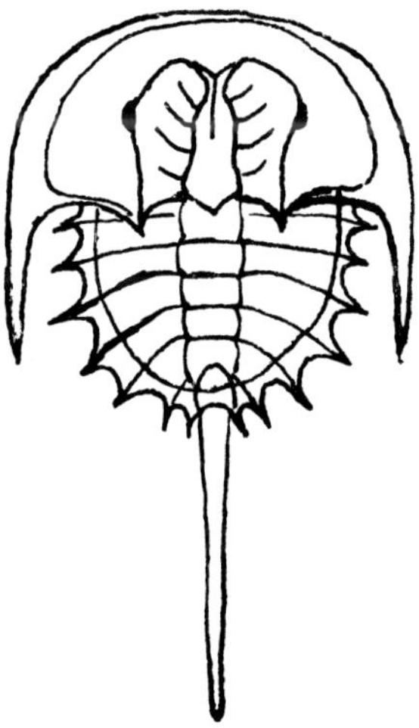

Abb. 490. *Euproops thomsoni* Raym., Ob. Karbon. 1½ nat. Gr. – Nach P. E. Raymond 1944.

Abb. 491. *Euproops danae* (Meek & Worthen), Ob. Karbon von Mazon Creek (Illinois, USA). Breite des Prosoma: 2 cm.

Pringlia Raymond 1944: Ob. Karbon von Europa und N-Amerika (Abb. 492 A).
Prosoma halboval. Wangenstacheln kurz oder fehlend. Nackenstacheln lang, kräftig, verlaufen unter schwacher Biegung nach rückwärts, im Unterschied zu *Euproops* nicht gekielt. Abdomen dreieckig, mit schwachen Axialfurchen, vermutlich ohne Marginalstacheln, hinten mit hohem Knötchen oder Stachel auf der Achse.

Das Prosoma zu Abb. 492 A ist (ohne Wangenstacheln) 17,8 mm breit und (ohne Nackenstacheln) 7,8 mm lang. Es dürfte von einem ausgewachsenen Tier stammen. Da die dorsale Wölbung stark abgeflacht ist und das Prosoma nicht im Zusammenhang mit dem Opisthosoma gefunden wurde, handelt es sich vermutlich um den Teil einer Exuvie.

Oberfamilie **Limulacea** v. Zittel 1885

Opisthosoma und, meist weniger deutlich, auch das Prosoma trilobat. Das halbkreisförmige oder nahezu trapezförmige Opisthosoma trägt in der Regel b e w e g l i c h e Stacheln am Rande. Seine

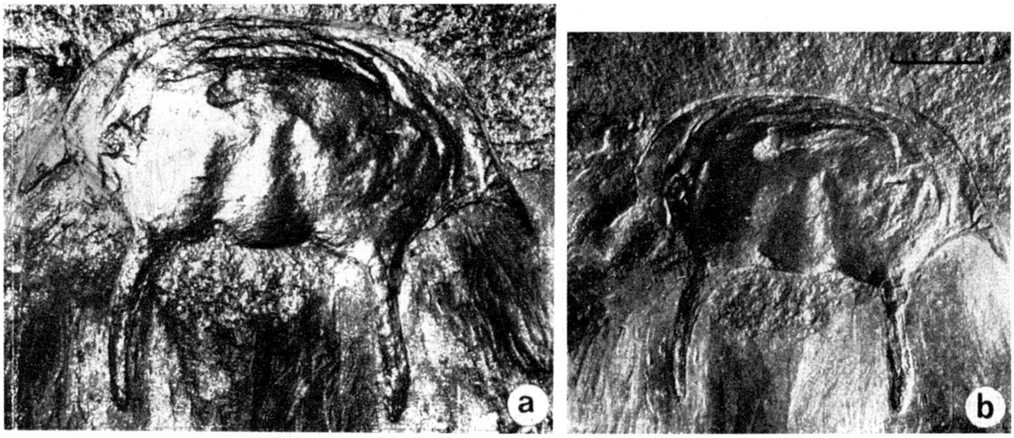

Abb. 492A. *Pringlia fritschi* W. & R. Remy, Prosoma, vermutlich als Teil einer Exuvie. Ob. Karbon (Stephan) von Dölau bei Halle (Sachsen). Breite ohne Wangenstacheln 17,8 mm. — Nach A. H. Müller 1962.

Segmente sind wie bei den Euproopacea fest miteinander verwachsen. — Unt. Karbon — rezent mit ca. 10 Gattungen.

Von besonderem Interesse ist das Laichverhalten der rezenten Limulacea, was Rückschlüsse auf die fossilen Vertreter zuläßt. So versammelt sich der an der nord- und mittelamerikanischen Ostküste vorkommende *Limulus polyphemus* L. jährlich einmal (Frühling) zur Paarung und Laichablage in flachen Küstenbereichen mit sandigem Untergrund. Dies geschieht an manchen Stellen in großer Anzahl. In der Delaware Bucht kann es sich z. B. um mehrere Millionen handeln. Dabei klammern sich die kleineren Männchen auf den Rückenpanzer der Weibchen, von denen sie oft längere Zeit bis zum Eintritt der Eireife umhergetragen werden. Die Ablage der 1 bis 2 mm großen Eier erfolgt jeweils zu mehreren Hundert in etwa 10 cm tiefen und 30 cm breiten Gruben, wo sie das Männchen mit Sperma berieselt. Man hat bis 15 solcher Gruben hintereinander in einer etwa 4 m langen Reihe beobachtet.

Paleolimulus Dunbar 1923: Unt. Karbon — Ob. Trias (Rhät) von Europa und N-Amerika (Abb. 492B).

Der Glabella-artige Mittelteil des Prosoma ist lobiert. Wangenstacheln kurz, leicht nach außen divergierend. Achse des Opisthosoma segmentiert, Seitenteile jedoch glatt. Telson länger als der übrige Körper. Prosoma, Opisthosoma und Telson deutlich gekielt.

Psammolimulus Lange 1923: Unt. Trias von Europa (Abb. 493a, b).

Prosoma mit langen Wangenstacheln. Opisthosoma trapezförmig, seitlich mit breiten, vermutlich beweglichen Stacheln am 6. Segment. Hinterende des Opisthosoma mit langen, posterolateralen Stacheln. Telson entspricht dem von *Limulus polyphemus*. Es ist etwa so lang wie Prosoma und Opisthosoma zusammen. Winkel zwischen dem hinteren Prosomarand und den vorderen Seitenrändern des Opisthosoma nicht geschlossen. Körperachse deutlich ausgebildet.

Limulitella Størmer 1952: Unt. Trias — Unt. Lias von Europa und N-Amerika.

Innerer Rand der Wangenstacheln bildet mit dem seitlichen Rand des Opisthosoma einen spitzen Winkel.

Mesolimulus Størmer 1952: Jura — ? Kreide von Europa und ? Asien (Abb. 494A, B).

Achse des Opisthosoma mit medianem Kiel. Wichtigste Art ist *M. walchi* (Demarest), die besonders häufig und gut erhalten im Solnhofener Plattenkalk (Malm zeta) Bayerns vorkommt (vgl. auch Bd. I, 5. Aufl., S. 355—356).

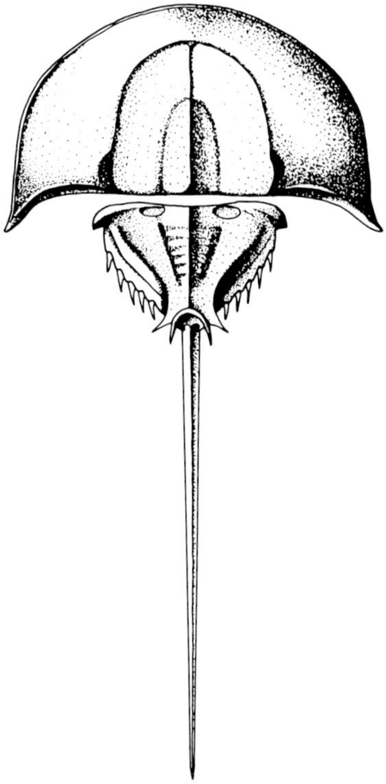

Abb. 492 B. *Paleolimulus fuchsbergensis* Hauschke & Wilde, Rekonstruktion. Ob. Trias (Unt. Rhät) des Harzvorlandes bei Seinstedt. Länge ca. 3 cm. – Nach N. Hauschke & V. Wilde 1987.

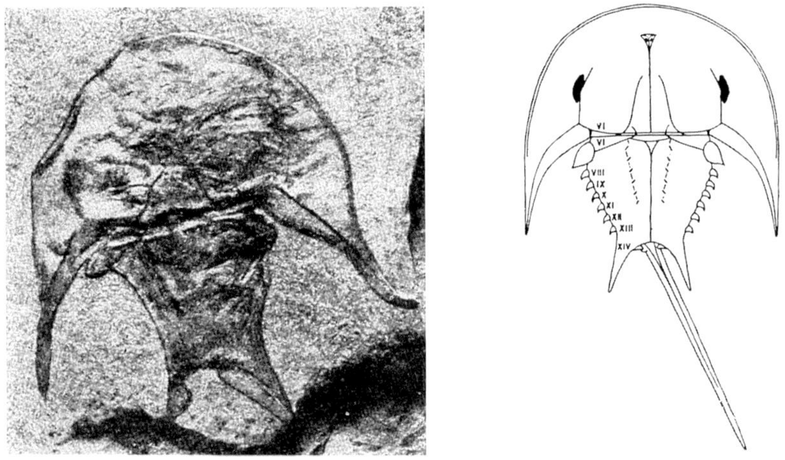

a b

Abb. 493. a) *Psammolimulus gottingensis* Lange, dorsal. Mittl. Buntsandstein von Bremke bei Göttingen. Ca. ¾ nat. Gr. Nach W. Lange 1922; b) desgl. Rekonstruktion. Nach K. D. Meischner 1962.

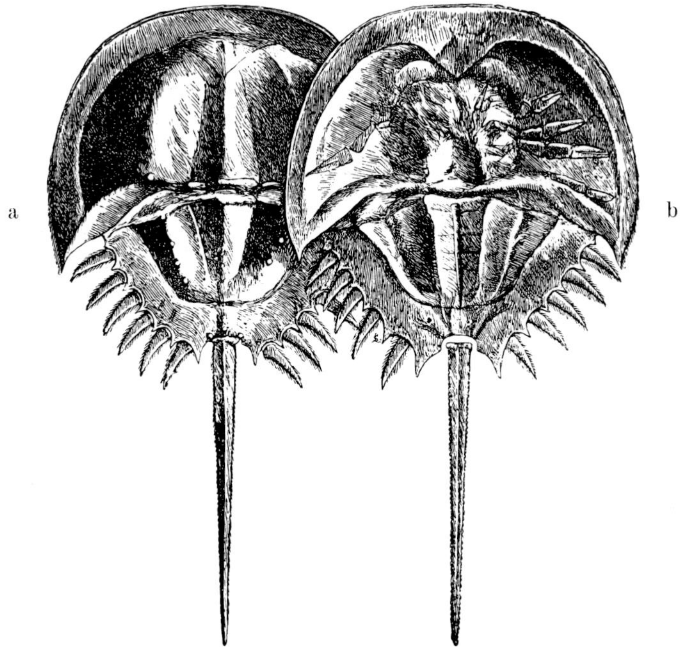

Abb. 494 A. *Mesolimulus walchi* (DEM.): a) Dorsalseite, b) Ventralseite. Solnhofener Plattenkalk (Malm zeta). ⅓ nat. Gr. – Nach K. A. v. ZITTEL 1915.

Abb. 494 B. *Mesolimulus walchi* (DEMAREST), mit phosphoritisierten Eingeweideteilen und entsprechend konservierten Eiern. Solnhofener Plattenkalk (Malm zeta) von Solnhofen (Bayern). Ca. 1½ nat. Gr.

Tachypleus LEACH 1819: Tertiär — rezent, fossil von Europa, rezent von den ostasiatischen Meeren (Abb. 495).

Prosoma weniger gewölbt als bei *Limulus*. Opisthosoma hexagonal. Marginalstacheln beweglich. Letztere sind bei den Männchen und jungen Weibchen lang und gleich groß, bei den adulten Weibchen, soweit es sich jederseits um die drei hinteren handelt, kurz und spitz.

Limulus MÜLLER 1785: rezent als vagiles Benthos längs der nord- und mittelamerikanischen Ostküste sowie in N-Europa (Abb. 488, 496).

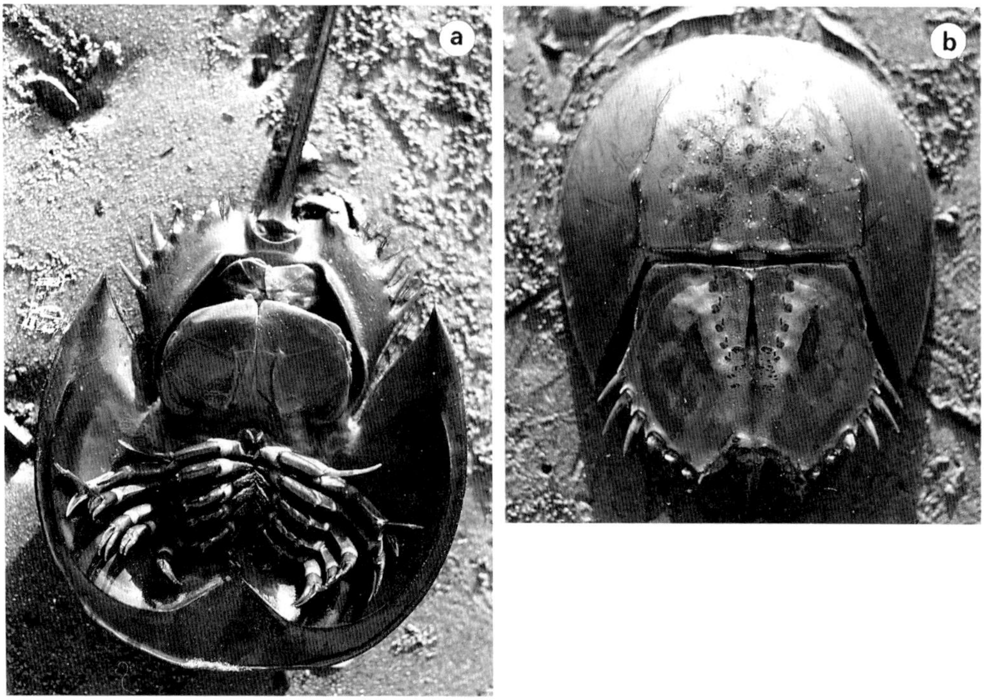

Abb. 495. *Tachypleus gigas* MÜLLER, Weibchen: a) dorsal, b) ventral. Rezent von Vung Tau bei Saigon (Vietnam), Südchinesisches Meer. Breite des Prosoma 17 cm. Fot. Verf. (Sept. 1986).

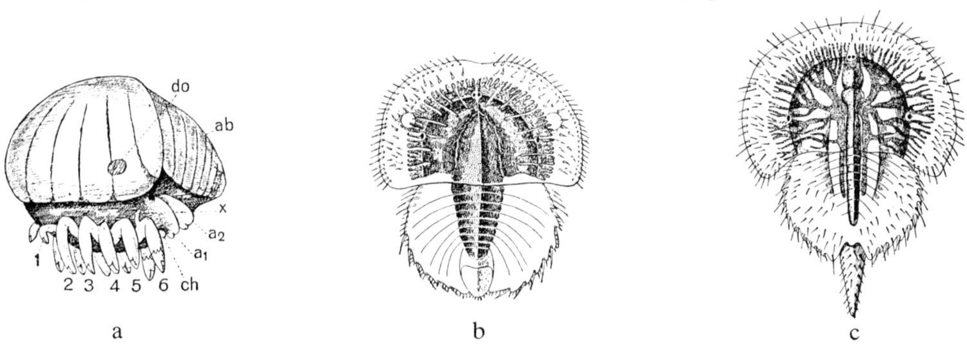

Abb. 496. Embryo und erste Larvenstadien von *Limulus*. a) Embryo in Seitenansicht (1—6 = die Anhänge des Prosoma, a_1 und a_2 = Operculum und erstes Kiemenbein, ab — Abdomen, ch = Chilaria, do — Dorsalorgan, x = Außenast des prosomalen Hinterbeines); b)—c) erstes Larvenstadium. — Aus KORSCHELT/HEIDER.

Prosoma stark gewölbt. Opisthosoma hexagonal. Marginalstacheln beweglich, nach hinten an Länge abnehmend. Nur die jungen Larven vermögen mit den Anhängen des Opisthosoma zu schwimmen.

Carcinoscorpius Pocock 1902: rezent in O-Asien.

Marginalstacheln des Opisthosoma beweglich, alle kurz, die 2. und 3. jedoch relativ am längsten. Einzige Gattung der rezenten Merostomata, die nicht nur marin, sondern auch im Süß- und Brackwasser der Flußmündungen und Flüsse lebt.

Oberordnung **Eurypterida** Burmeister 1843
(Gigantostraca Haeckel 1896, Seeskorpione)

1. Allgemeines

Körper langgestreckt, selten trilobat. Opisthosoma aus 12 frei gegeneinander beweglichen Segmenten. Telson stachel- oder plattenförmig. Opisthosoma besteht aus Mesosoma mit 7 und Metasoma mit 5 Segmenten. Das mittelgroße Prosoma zeigt 5 Paar Anhänge, und zwar von vorn nach hinten: 1 Paar 3gliedrige Cheliceren, 4 Paar Laufbeine, von denen bei den Eurypteracea das hintere zu Schwimmbeinen umgewandelt ist. Der zentral gelegene Mund wird hinten vom Endo- und Metastoma begrenzt. Opercula mit medianem Geschlechtsanhang. Die plattenförmigen Anhänge des Opisthosoma tragen die Kiemen.

Opercula sind modifizierte plattenförmige Anhänge an der Ventralseite des 8. und 9. Körpersegments, wovon das 8. Segment (Genitalsegment) dem 2. abdominalen Tergit entspricht. Am Operculum des Genitalsegments ist stets, an dem des 9. Körpersegments nur in einigen Fällen ein sog. **Genitalanhang** ausgebildet (z. B. bei den Hughmilleriacea). Obgleich selten erhalten, besitzen diese Anhänge große taxonomische Bedeutung (hierzu L. Størmer & E. N. Kjellesvig-Waering 1969; Størmer 1973, 1974).

Jeder Genitalanhang besteht aus einer ventralen und einer dorsalen Lamelle, von denen jede auf ein Anhangspaar der mesosomalen Segmente VIII und IX zurückgeht. Vermutlich geschah dies durch Fusion der inneren Zweige der ursprünglich zweiästigen (biramosen) Anhänge (wie bei *Limulus*). Sind die Genitalanhänge lang und schmal (Typ A), soll es sich um weibliche Tiere, sind sie kurz und breit (Typ B), um männliche handeln (Abb. 497). In beiden Fällen besteht der spießförmige Basalteil aus 3 Gliedern.

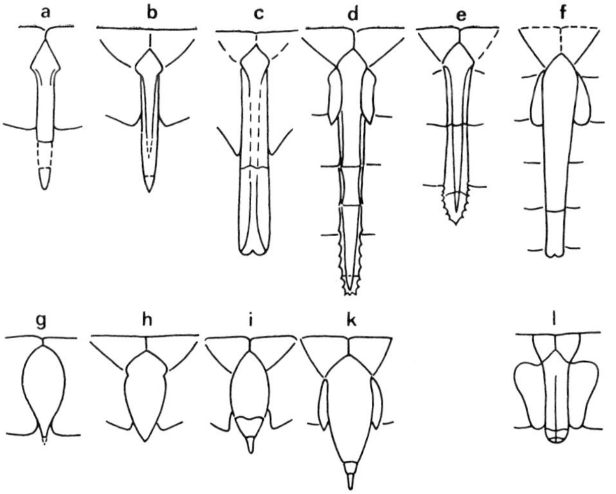

Abb. 497. Die medianen Genitalanhänge von Operculum I bei verschiedenen Gattungen der Hughmilleriacea. Die Anhänge vom Typ A stehen in der oberen, die vom Typ B in der unteren Reihe. Es handelt sich bei a) und g) um *Hughmilleria socialis*, b) und h) um *Nanahughmilleria norvegica*, c) und i) um *Hughmilleria ? banksi*, d) und k) um *Parahughmilleria hefteri*, e) um *Grossopterus overathi*, f) und l) um *Adelophthalmus mazonensis*. Ohne Maßstab. — Nach verschiedenen Autoren, aus L. Størmer 1973.

Das **Schwimmbein** der Eurypterida hat vermutlich einen polyphyletischen Ursprung derart, daß eine Linie vom *Eurypterus*-Stadium, eine zweite vom *Dolichopterus*-Stadium und eine dritte vom *Onychopterella*-Stadium ausgeht. Dabei wird angenommen, daß jeweils am Anfang das mit Dornen besetzte Bein primitiver Formen steht, aus dem sich zunächst das dornenfreie Bein und schließlich das Schwimmbein entwickelt. Diese Zusammenhänge sind aus Abb. 498 ersichtlich. Beim Schwimmbein verbreitert sich der aus Basitarsus, Tarsus und Posttarsus bestehende distale Teil des prosomalen Beins zu einem flachen Paddel, wobei ein vorragender Sporn ventral das Widerlager für den Tarsus bildet.

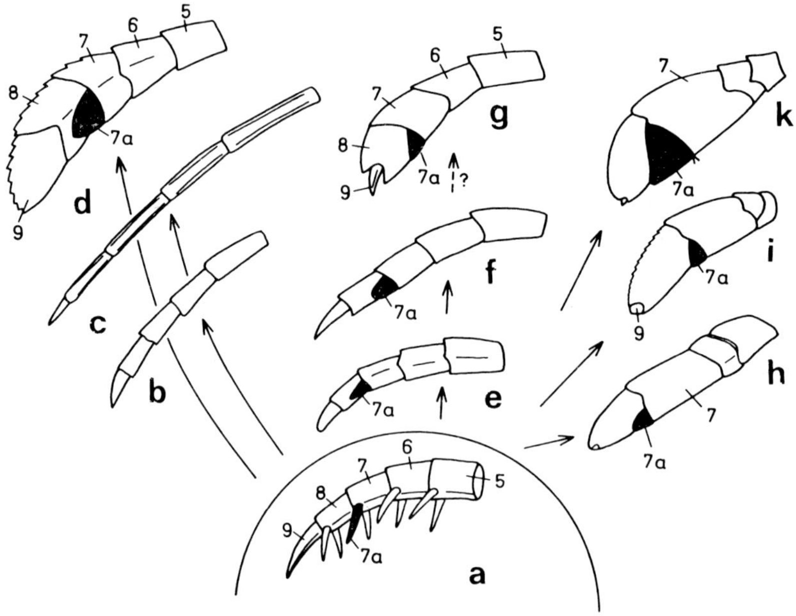

Abb. 498. Adaptive Radiation der Schwimmbeine (VI) bei den Eurypterida. Die 5 distalen Glieder sind mit Zahlen wie folgt gekennzeichnet: 5 — Femur, 6 — Tibia, 7 — Basitarsus, 7a — lateraler Stachel des Basitarsus (schwarz), 8 — Tarsus, 9 — Posttarsus. — a) Verallgemeinerter *Hughmilleria*-Typ, b) *Kokomopterus longicaudatus* (Clarke & Ruedemann), Ob. Silur von Kokomo (Indien); c) *Pagea sturrocki* Waterston, Unt. Devon von Angus (Schottland); d) *Dolichopterus macrocheirus* (Hall), Ob. Silur von Litchfield (New York); e) *Drepanopterus bembycoides* (Laurie), Ob. Silur von Pentland Hills (Schottland); f) *Moselopterus elongatus* Størmer, Unt. Devon von Alken (Deutschland); g) *Onychopterella kokomoensis* (Miller & Gurley). Ob. Silur von Kokomo (Indien); h) *Slimonia acuminata* (Salter), Silur von Schottland; i) *Carcinosoma scorpionis* (Grote & Pitt), Ob. Silur von Buffalo (New York); k) *Eurypterus lacustris* Harlan, Ob. Silur von Williamsville (New York). Ohne Maßstab. — Nach verschiedenen Autoren, aus L. Størmer 1974.

2. *Vorkommen und Lebensweise*

Unt. Ordovizium — Unt. Perm mit ca. 62 Gattungen, deren zahlenmäßige und zeitliche Verteilung aus Abb. 499 hervorgeht. Danach ist der Großablauf der stammesgeschichtlichen Entwicklung einphasig intermediär mit dem absoluten Maximum der Formenmannigfaltigkeit im Ob. Silur. Die Tiere lebten teils vagil-benthisch, teils nektisch hauptsächlich im Süß- und Brackwasser. So sind z. B. bei *Pterygotus* die Laufbeine nur schwach entwickelt und das Telson in eine Art Schwanzflosse umgewandelt. Möglicherweise vermochten sich einige Eurypteriden

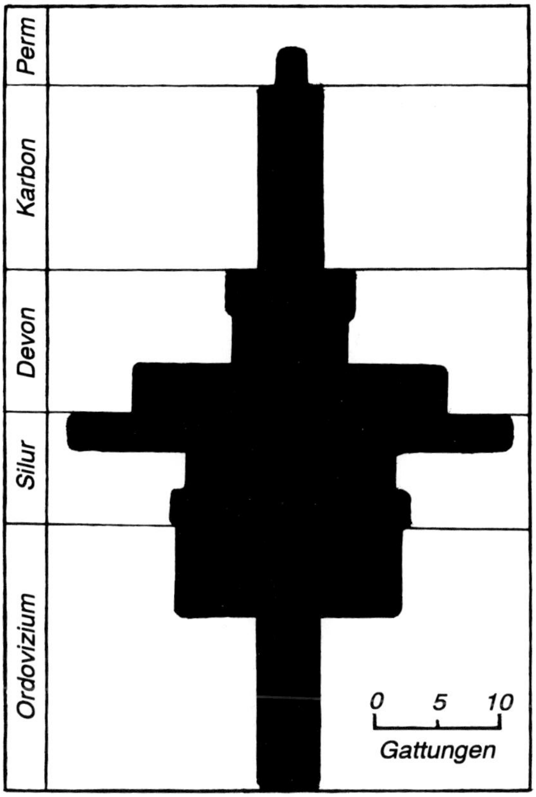

Abb. 499. Die zahlenmäßige und zeitliche Verteilung von 62 Gattungen der Eurypterida.

wegen der wohlgeschützten Lage der Kiemen für einige Zeit auch außerhalb des Wassers aufzuhalten.

Die Eurypterida haben offenbar im Verlaufe ihrer stammesgeschichtlichen Entwicklung einen allmählichen Wechsel des Wohnraumes vom Meer über das Brackwasser zum Süßwasser vollzogen (J. M. Clarke & R. Ruedemann 1912; E. N. Kjellesvig-Waering 1958). So stammen alle ordovizischen Vertreter aus marinen Ablagerungen, während im Silur bereits einige unter Brackwasserbedingungen gelebt haben. Die devonischen Formen bewohnten fast alle das Brack- und Süßwasser. Nur wenige fanden sich zusammen mit marinen Organismen. Aus dem Unt. Karbon kennt man lediglich einen Überrest, der mit Meerestieren eingebettet wurde. Alle übrigen waren Süßwasserbewohner. Das gleiche gilt sodann für alle Eurypterida des Ob. Karbon und Perm. Im Ob. Karbon finden sie sich hauptsächlich in der unmittelbaren Nachbarschaft von Kohlenflözen.

3. *Geschichtliches*

Eurypterida wurden erstmalig durch de Kay (1825) und Harlan (1825) beschrieben. Es handelte sich dabei um amerikanische Vorkommen. Eingehendere Untersuchungen erfolgten aber erst durch J. Hall (1859), T. H. Huxley & J. W. Salter (1859) und Woodward (1866–1878). Von den späteren Autoren sind in alphabetischer Reihenfolge u. a. zu nennen: K. E. Caster, J. M. Clarke, G. Holm, E. K. Kjellesvig-Waering, R. Ruedemann, L. Størmer, V. P. Waterston. Hiervon sind ganz besonders die Namen von Kjellesvig-Waering, Størmer und Waterston hervorzuheben.

4. Zur Systematik

Innerhalb der Eurypterida (auch als Unterklasse der Merostomata geführt) wurde nur eine Ordnung, die der Eurypterida, aufgestellt. Und in deren Rahmen werden mit L. Størmer 1974 je nach der Größe und Bezahnung (Dentikulation) der Cheliceren drei Unterordnungen unterschieden: Eurypterina, Pterygotina und Hibbertopterina.

Unterordnung **Eurypterina** Burmeister 1843

Eurypterida mit kleinen Cheliceren, die keine Zähne tragen. — Ordovizium — Perm mit 8 Oberfamilien, von denen nachstehend lediglich die wichtigsten aufgeführt werden.

Oberfamilie **Drepanopteracea** Kjellesvig-Waering 1966

Prosoma rechteckig bis oval, außen mit Randsaum, größte Breite am Hinterrand. Beine von mäßiger Größe. Beinpaare II—IV ähnlich denen von *Hughmilleria*. Metastoma eiförmig. Genitalanhänge vom Typ A lang, stumpf, vom Typ B rautenförmig. — Silur — Devon mit ca. 3 (? 4) Gattungen.

Drepanopterus Laurie 1892: Silur — Unt. Devon von Europa (Abb. 498e, 500).

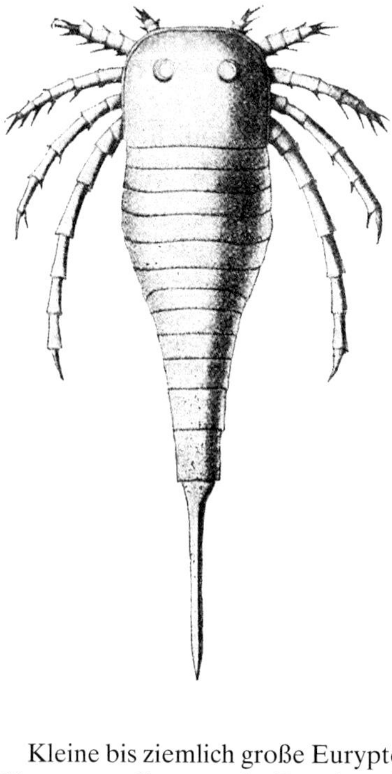

Abb. 500. Rekonstruktion der Dorsalseite von *Drepanopterus longicaudatus* Clarke & Ruedemann, Silur. Ca. ½ nat. Gr. — Nach J. M. Clarke & R. Ruedemann 1912.

Kleine bis ziemlich große Eurypterina mit langgestrecktem Körper. Metasoma ohne deutliche Verengung. Prosoma hufförmig, mit breitem, marginalem Rand. Facettenaugen gekrümmt (?). Abdomen langgestreckt, schmal, mit nadel- oder keulenförmigem Telson. Laufbeinpaare I—III kräftig, mit Stacheln. Beinpaar VI am Basitarsus mit seitlich ansitzendem Stachel (Abb. 498e); Endklauen kräftig, stumpf. Metastoma vorn vermutlich mit Einschnitt. Telson nadel- bis keulenförmig. Oberfläche des Exoskeletts mit kleinen Pusteln und Streifen bedeckt.

Oberfamilie **Stylonuracea** DIENER 1924

Die größte Breite des gestaltlich sehr variabelen Prosoma liegt vor dem Hinterrand. Die Beinpaare II–IV ähneln denen von *Hughmilleria* und sind mäßig lang. Metastoma schmal, spindelförmig, mit tiefer Kerbe am Vorderrand. Sonst ist über die ventralen Strukturen nur wenig bekannt. Das Exoskelett trägt Warzen und Knötchen. — Ordovizium — Perm mit ca. 16 (? 18) Gattungen.

Ctenopterus CLARKE & RUEDEMANN 1912: Silur — Devon von Europa und N-Amerika (Abb. 501).

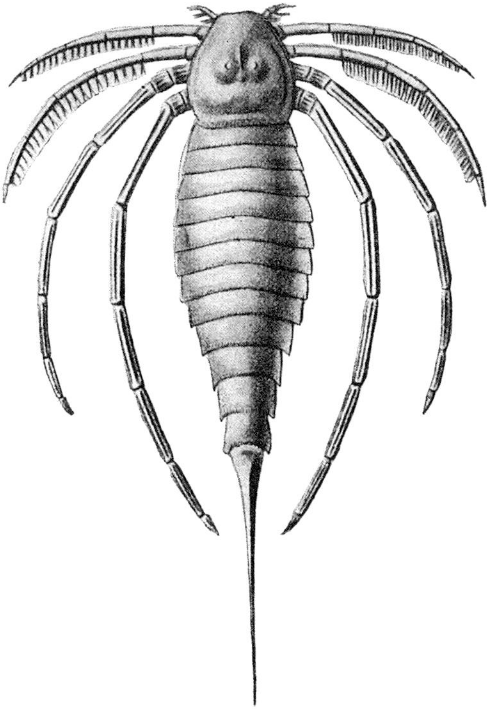

Abb. 501. Rekonstruktion der Dorsalseite von *Ctenopterus excelsior* HALL, Silur von New York. Ca. 1/15 nat. Gr. — Nach J. M. CLARKE & R. RUEDEMANN 1912.

Das Prosoma der mitunter sehr großen Formen wird nach vorn sehr rasch schmaler. Die Laufbeinpaare I und II tragen zahlreiche Stacheln. Die Beinpaare III und IV sind sehr lang und stachellos. Die Facettenaugen befinden sich etwa in der Mitte des Prosoma.

Dolichopterus HALL 1859: Silur von N-Amerika (Abb. 498d, 502).

Prosoma etwa quadratisch. Cheliceren klein. Metastoma schmal, rechteckig.

Oberfamilie **Hughmilleriacea** KJESSELVIG-WAERING 1951

Körper lanzettförmig, am 7. Segment des Mesosoma seitlich mit Stacheln. Prosoma etwa halbelliptisch, an der Basis am breitesten. Allgemeine Körpergestalt der H. ähnelt weitgehend der der Eurypteracea. Beinpaar V vom *Eurypterus*-Typ. Metastoma zweilappig, eiförmig. Genitalanhänge des Typs A lang und stumpf, die vom Typ B ziemlich schmal und rautenförmig. Oberfläche des Exoskeletts mit Streifen und kleinen Stacheln bedeckt. — Ordovizium — Devon mit ca. 5 (? 6) Gattungen.

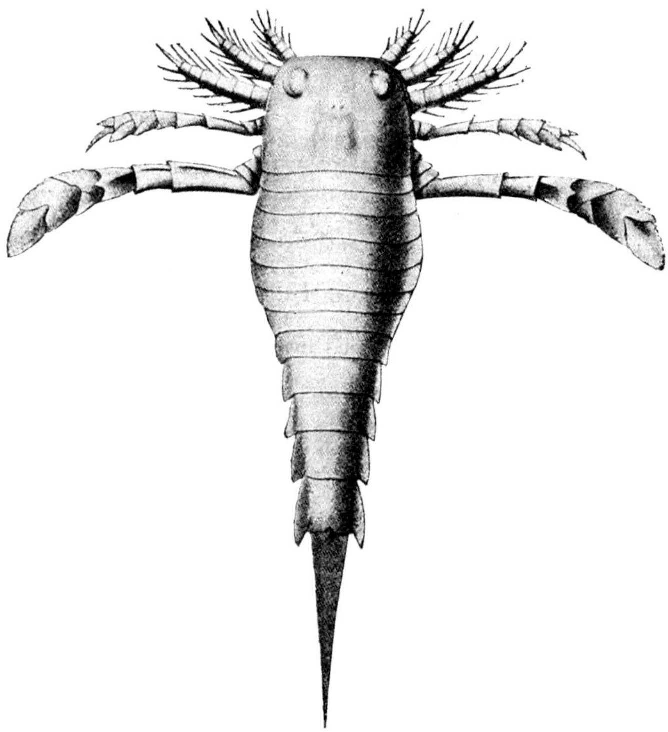

Abb. 502. Rekonstruktion der Dorsalseite von *Dolichopterus macrocheirus* HALL, Silur von New York. Ca. ⅔ nat. Gr. — Nach J. M. CLARKE & R. RUEDEMANN 1912.

Hughmilleria SARLE 1903: Ordovizium — Silur von Europa und N-Amerika (Abb. 497a, g, 503).

Klein- bis großwüchsige Eurypterina mit schmalem, lanzettförmigem Körper, der am letzten Segment des Mesosoma schwach ausgebildete Stacheln trägt. Facettenaugen randlich, groß, elliptisch. Telson meist schlank, spitz, vorn mehr oder weniger verbreitert. Metastoma leicht trapezförmig. Paddeln der Schwimmbeine noch relativ kurz. Oberfläche des Exoskeletts teils glatt, teils mit Streifen und Schuppen bedeckt. Vermutlich handelt es sich um undulatorisch aktiv und rasch fortbewegende Schwimmer.

Parahughmilleria KJELLESVIG-WAERING 1961: Mittl. Silur — Unt. Devon von W-Deutschland (Abb. 497d, k, 498f, 504).

Es sind kleinwüchsige Eurypterina mit lanzettförmigem Körper, halbelliptischem bis parabolischem Prosoma, sowie schmalem, keilförmigem Telson. Die Stacheln am letzten Mesosomalsegment können fehlen. Facettenaugen klein, nierenförmig. Schwimmbeine mit breiter distaler Paddel. Metastoma nahezu rechteckig, fast eiförmig. Genitalanhänge vom Typ A lang, 3—4gliederig, distal gezähnelt, vom Typ B 3gliederig, lang, ziemlich schmal. Oberfläche des Exoskeletts teils glatt, überwiegend jedoch mit Streifen und kleinen Schuppen bedeckt. Beim Postabdomen handelt es sich um kräftigere diagonale Streifen.

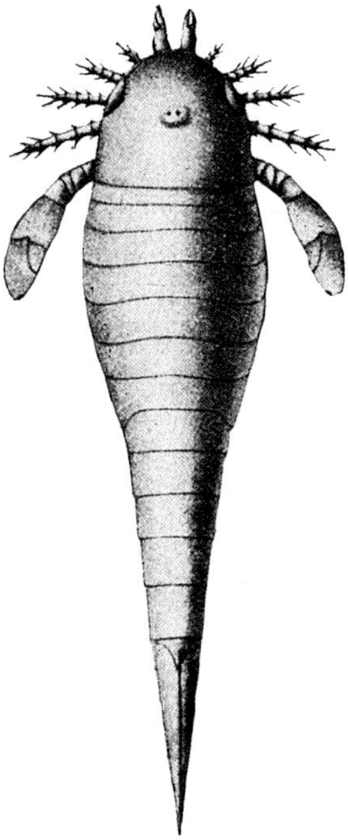

Abb. 503. Rekonstruktion der Dorsalseite von *Hughmilleria socialis* SARLE. Ca. ½ nat. Gr. — Nach J. M. CLARKE & R. RUEDEMANN 1912.

Oberfamilie **Mixopteracea** CASTER & KJELLESVIG-WAERING 1955

Körper mehr oder weniger skorpionähnlich. Mesosoma relativ breit, Metasoma schmal, schlank, hinten in das hakenförmig gekrümmte Telson auslaufend. Vordere Laufbeinpaare ziemlich groß, hintere (IV—V) vom *Hughmilleria*-Typ. Schwimmbeine (VI) mit langem Paddel. Genitalanhänge des Typs A lang, schmal, die des Typs B kürzer, weniger gut bekannt. — Ordovizium — Devon mit ca. 7 Gattungen.

Die Tiere vermochten wohl den Hinterleib über den Kopf nach vorn zu führen, um mit dem hakenförmigen Telson die von den vorderen Anhängen des Prosoma gehaltene Beute zu töten. Die beiden relativ langen hinteren Beinpaare (V—VI) dürften dabei das Opisthosoma, ähnlich wie dies bei den rezenten Skorpionen der Fall ist, unter einem gewissen Winkel schräg gehalten haben.

Moselopterus STØRMER 1974: Unt. Devon — ? Ob. Devon von W-Deutschland (Abb. 505).

Mittelgroße Eurypterina, deren umfangreiches, hufeisenförmiges Prosoma einen breiten Randsaum aufweist. Facettenaugen nierenförmig, subzentral. Cheliceren mittelgroß. Vordere Laufbeinpaare mit Stacheln, hintere (V, VI) ohne Stacheln, doch mit breitem Lobus am Basitarsale (Abb. 498f). Metastoma vorn mit flacher Kerbe. Genitalanhänge des Typs A mandelförmig, des Typs B vermutlich langgestreckt. Mesosoma breit. Metasoma allmählich an Breite abnehmend. Telson hakenförmig gekrümmt. Oberfläche des Exoskeletts teilweise dicht mit Pusteln bedeckt.

Mixopterus RUEDEMANN 1921: ? Unt. Devon (Downton) von Norwegen (Abb. 506).

Körper skorpionartig, mit kleinen Knötchen oder halbkreisförmigen Schuppen bedeckt. Prosoma fast quadratisch, in der Mitte des Vorderrandes etwas vorragend. Mesosoma ziemlich schmal, mit axialen Längsfurchen. Telson lang, stachelartig gekrümmt. Vordere Laufbeinpaare kräftig entwickelt. 7. und 8. Glied der Schwimmbeine groß.

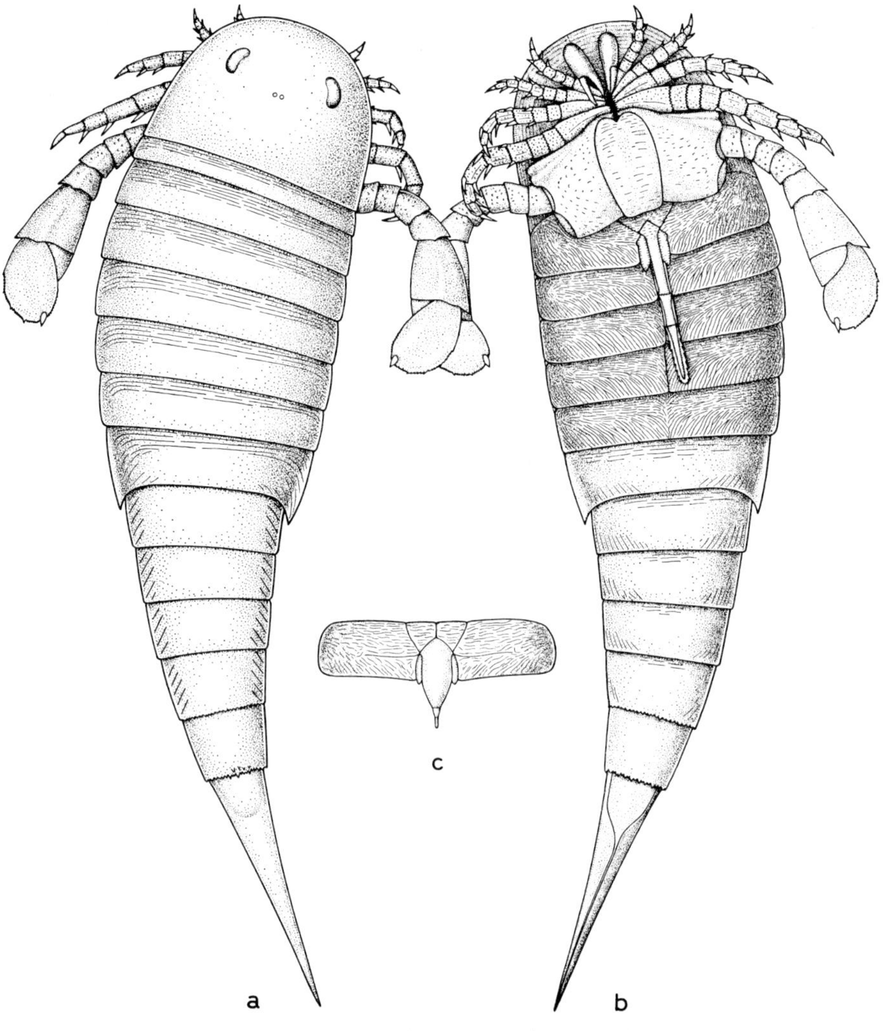

Abb. 504. *Parahughmilleria hefteri* Størmer, Rekonstruktion, a) dorsal, b) ventral mit dem Genitalanhang vom Typ A an Operculum II, c) Genitalanhang vom Typ B an Operculum I. Unt. Devon (höheres Unt. Ems) von Alken a. d. Mosel (W-Deutschland). Ca. 2 × nat. Gr. — Nach L. Størmer 1973.

Carcinosoma Claypole 1890: Silur — Unt. Devon von Europa und N-Amerika (Abb. 498i, 507).

Prosoma etwa dreieckig. Mesosoma eiförmig. Metasoma dünn, schwanzartig, scharf gegen das Mesosoma abgesetzt. Telson lang, hakenartig, spitz. Cheliceren klein. Laufbeine mit langen Stacheln.

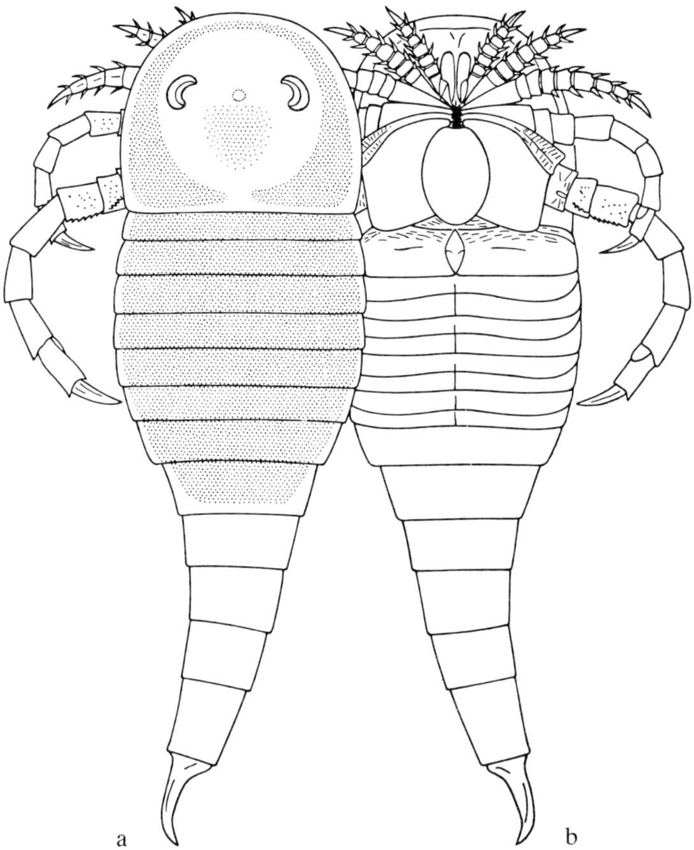

Abb. 505. *Moselopterus ancylotelson* STØRMER, Rekonstruktion mit Genitalanhang vom Typ B, a) dorsal, b) ventral. Unt. Devon (höheres Unt. Ems) von Alken a. d. Mosel (W-Deutschland). Länge ca. 13 cm. — Nach L. STØRMER 1974.

Abb. 506. *Mixopterus kiaeri* STØRMER, dorsal. ? Unt. Devon (Downton) von Ringerike (Norwegen). Länge: ca. 0,95 m. — Nach einer käuflichen Fotografie.

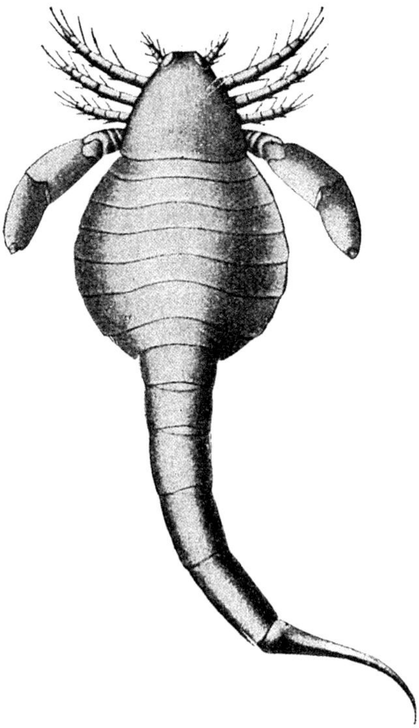

Abb. 507. Rekonstruktion der Dorsalseite von *Carcinosoma scorpionis* (Grote & Pitt), Silur von New York. Ca. ¼ nat. Gr. — Nach J. M. Clarke & R. Ruedemann 1912.

Oberfamilie **Eurypteracea** Burmeister 1843

Prosoma am breitesten an der Basis. Beinpaare II—IV vom *Hughmilleria*-Typ, Beinpaar V vom *Stylonurus*-Typ und Beinpaar VI vom *Eurypterus*-Typ. Metastoma einförmig, vorn schmal und mit Einkerbung. Genitalanhänge des Typs A lang, mit divergierenden terminalen Stacheln, des Typs B sehr klein, mit breiten Flanschen oder Flügeln. — Ordovizium — Devon mit ca. 5 Gattungen.

Baltoeurypterus Størmer 1973: Ob. Silur von Europa (Schweden, Norwegen, Estland, Podolien, Rumänien) (Abb. 508).

Mittelgroße Eurypterina mit nahezu quadratischem Prosoma und relativ großen Facettenaugen. Mesosoma geht allmählich in das Metasoma über. Der vor dem Telson liegende Bereich mit epimeralen Zacken. Telson lang, mit ventralem Kamm. Laufbeinpaare differenziert, die vorderen (II—IV) mit Stacheln, das letzte (V) stylonurid mit distalen Stacheln. Schwimmbeine (VI) mit großer distaler Paddel. Metastoma eiförmig, vorn mit tiefer Einkerbung. Exoskelett mit Schuppen bedeckt, die zum Teil in Längsreihen angeordnet sind. — Der Hauptunterschied zu *Eurypterus* DeKay 1825 (Abb. 498k, 509A, B) besteht in der wesentlich kräftigeren Beschaffenheit der distalen Paddel an den Schwimmbeinen.

Unterordnung **Pterygotina** Caster & Kjellesvig-Waering 1964

Kennzeichnend sind die außerordentlich großen, mit Zähnchen besetzten Cheliceren (Abb. 510). — Ordovizium — Devon mit ca. 6 Gattungen und der nachstehenden Oberfamilie.

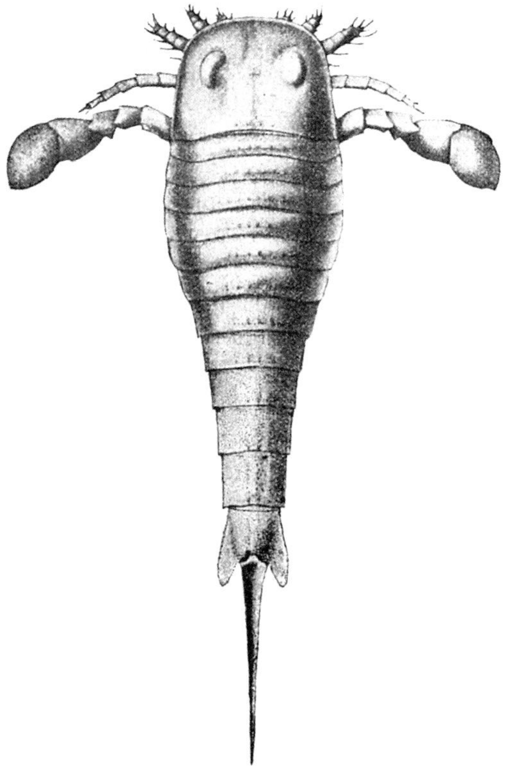

Abb. 508. *Baltoeurypterus tetragonophthalmus* FISCHER, Rekonstruktion der Dorsalseite. Ob. Silur von Europa. Ca. ⅕ nat. Gr. — Nach H. HOLM 1898.

Oberfamilie **Pterygotacea** CLARKE & RUEDEMANN 1912

Prosoma parabolisch, Facettenaugen groß und breit, Telson flossenartig. Beinpaare II—V dünn, zart ausgebildet, vom *Stylonurus*-Typ. Beinpaar VI vom *Eurypterus*-Typ. Metastoma ei- bis herzförmig. Genitalanhänge des Typs A kurz, keulenförmig, des Typs B rauten- bis birnenförmig. — Ordovizium — Devon.

Pterygotus AGASSIZ 1844: Ordovizium — Devon von Europa, Spitzbergen und N-Amerika (Abb. 510).

Facettenaugen berühren den vorderen Seitenrand des Prosoma. Distalrand der Cheliceren gebogen. Coxae der Schwimmbeine mit 11—13 Zähnchen besetzt. Telson mit kräftigem Mediankiel auf der Dorsalseite, der in eine kurze Endspitze übergeht.

Acutiramus RUEDEMANN 1935: ? Ordovizium, Silur — Devon von Europa, N-Amerika und ? Australien (Abb. 511).

Prosoma fast quadratisch. Cheliceren mit geradem Distalrand. Coxae der Schwimmbeine mit 13—15 Zähnchen besetzt. Telson entweder mit flachem Mediankiel oder einer Reihe von Knötchen.

Abb. 509 A. *Eurypterus remipes remipes* DeKay, Dorsalseite. Silur (Fiddlers Green dolomite) von New York (USA). Ca. 9/10 nat. Gr. – Nach E. K. Kjellesvig-Waering 1958.

Unterordnung **Hibbertopterina** Størmer 1974

Großwüchsige Eurypterida mit hoch differenzierten Beinen, von denen die hinteren (IV–VI) basale Vorragungen aufweisen. Metastoma trapezförmig, vorn mit medianer Sutur. Genitalanhänge des Typs B kurz, mit eiförmigem basalen Abschnitt und kleinem, schmalem distalen Bereich. Exoskelett mit groben Stacheln. – Karbon mit ca. 2 Gattungen. Hierzu gehört:

Campylocephalus Eichwald 1860: Unt. Karbon von Europa.

Prosoma fast halbkreisförmig. Facettenaugen zentral. Abdominale Tergite konvex, mit gelenkig artikulierten Fortsätzen.

Abb. 509 B. *Eurypterus remipes remipes* DEKAY, Ventralseite eines Männchens. Silur (Fiddlers Green dolomite) von New York (USA). Ca. ⅔ nat. Fr. — Nach E. K. KJELLESVIG-WAERING 1958.

Abb. 510. *Pterygotus (Pterygotus) cobbi barrandei* SEMPER, proximal unvollständige Chelicere. Ob. Silur (Ludlow, eβ 2) von Lejškov (Tschechei). Ca. 1⅓ nat. Gr.

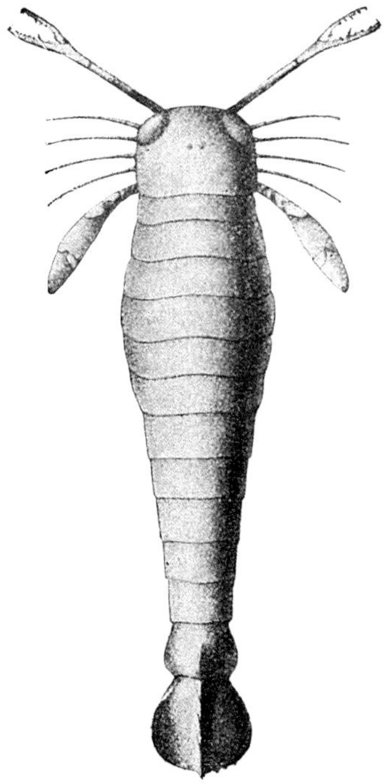

Abb. 511. Rekonstruktion der Dorsalseite von *Acutiramus buffaloensis* POHLMANN, Silur von New York. Ca. 1/25 nat. Gr. — Nach J. M. CLARKE & R. RUEDEMANN 1912.

Literaturverzeichnis

AMBROSE, T., & ROMANO, M.: New Upper Carboniferous Chelicerata (Arthropoda) from Somerset, England. — Palaeontology **15** (4), 569—578, 2 Abb., 2 Taf., London 1972.

ANNANDALE, N.: The habits of Indian king crabs. — Rec. Indian Mus. **3**, 294—295, Calcutta 1909.

BERGSTRÖM, J.: Functional morphology and evolution of Xiphosurids. — Fossils and Strata **4**, 291—305, 3 Abb., 1 Taf., Oslo 1975.

— Morphology of Fossil Arthropods as a Guide to Phylogenetic Relationships. — In: A. P. GUPTA (Ed.), Arthropod Phylogeny, 2—56, 23 Abb., New York (van Nostrand Reinhold) 1979.

BRAUCKMANN, C.: Eurypterida (?) aus dem Namurium B von Hagen-Vorhalle (West-Deutschland). — Dortmunder Beitr. Landeskde, naturwiss. Mitt. **22**, 83—90, 3 Abb., Dortmund 1988.

CASTER, K. E.: A restudy of the tracks of *Paramphibius*. — J. Paleont. **12**, 3—60, 9 Abb., 13 Taf., 1938.

— & KJELLESVIG-WAERING, E. N.: Upper Ordovician Eurypterids of Ohio. — Palaeontographica Americana **4**, Nr. 32, 301—358, 34 Abb., 11 Taf., 1964.

CHLUPAČ, I., & HALIČEK, V.: *Kodymirus* n. g., a new aglaspid merostome of the Cambrian of Bohemia. — Sbornik geol. véd. paleont. **6**, 7—20, Prag 1965.

CLARKE, J. M., & RUEDEMANN, R.: The Eurypterida of New York. — New York State Mus., Mem. **14**, 439 S., 121 Abb., 88 Taf., 1912.

DELLE CAVE, L., & SIMONETTA, A. M.: Early Palaeozoic arthropods and problems of arthropod phylogeny; with some notes on taxa and doubtfull affinities. — In: A. M. SIMONETTA & S. C. MORRIS (Eds.), The Early evolution of Metazoa and the significance of problematic taxa, S. 189—244, 33 Abb., Cambridge etc. 1991.

ELDREDGE, N.: Observations on burrowing behavior in *Limulus polyphemus* (Chelicerata, Merostomata), with implications on the functional anatomy of trilobites. — Amer. Mus. Novitates **2436**, 1—17, 4 Abb., New York 1970.

— Revision of the suborder Synziphosurina (Chelicerata, Merostomata), with remarks on merostome phylogeny. — Ebd. **2543**, 1—41, 14 Abb., New York 1974.

GRAY, J.: Evolution of the freshwater ecosystem: the fossil record. — Palaeogeogr., Palaeoclimat., Palaeoecol. **62**, 1—214, Amsterdam 1988.

HANKEN, N.-M.: The trail of a large Silurian eurypterid. — Fossils and Strata **4**, 255—270, 12 Abb., 3 Taf., Oslo 1975.

HAMMEN, L. VAN DER: A new classification of Chelicerata. — Zool. Meded. **51** (20), 307—319, 1 Abb., Leiden 1977.

HAUSCHKE, N., & WILDE, V.: Limuliden-Reste aus dem unteren Lias Frankens. — Mitt. Bayer. Staatsslg. Paläont. hist. Geol. **24**, 51—56, 3 Abb., München 1984.

— — *Paleolimulus fuchsbergensis* n. sp. (Xiphosura, Merostomata) aus der oberen Trias von Nordwestdeutschland, mit einer Übersicht zur Systematik und Verbreitung. — Paläont. Z. **61**, 87—108, 10 Abb., Stuttgart 1987.

— — Ein Limulide aus dem Zechstein (Oberes Perm) der Korbacher Bucht (Hessen, Bundesrepublik Deutschland). — Geol. Jb. Hessen **117**, 17—21, 1 Taf., Wiesbaden 1989.

— — Zur Verbreitung und Ökologie mesozoischer Limuliden. — N. Jb. Geol. Paläont. Abh. **183**, 391—411, 2 Abb., Stuttgart 1991.

— — & PIETRZENIUK, E.: Ein Limulide aus dem Muschelkalk (mittlere Trias) von Rüdersdorf bei Berlin. — Z. geol. Wiss. **20**, 461—466, 1 Taf., Berlin 1992.

HESSELBO, St. P.: The aglaspidid arthropod *Beckwithia* from the Cambrian of Utah and Wisconsin. — J. Paleont. **63** (5), 636—642, 3 Abb., 1989.

— Aglaspidida (Arthropoda) from the Upper Cambrian of Wisconsin. — J. Paleont. **66**, 885—923, 27 Abb., 1992. — Vorzügliche Abbildungen.

HEUBUSCH, C. A.: Preservation of the intestine in three specimens of *Eurypterus*. — J. Paleont. **36**, 222—224, 1 Taf., 1962.

HOLM, G.: Über die Organisation von *Eurypterus Fischeri* Eichw. — Acad. Sci. St. Petersbourg, Mém., ser. 8, **8**, Nr. 2, 1—57, 10 Taf., 1898.

JONES, B., & KJELLESVIG-WAERING, E. N.: Upper Silurian eurypterids from the Leopold Formation, Somerset Island, Arctic Canada. — J. Paleont. **59** (2), 411—417, 6 Abb., Tulsa 1985.

KRAUS, O.: Zur phylogenetischen Stellung und Evolution der Chelicerata. — Entomologia germanica **3**, 1—12, 8 Abb., Stuttgart 1976.

KJELLESVIG-WAERING, E. N.: Two new Eurypterids from the Silurian of Indiana. — J. Palcont. **22,** 465—472, 2 Taf., 1948.

— Downtonian (Silurian) Eurypterids from Perton, near Stoke Edith, Herefordshire. — Geol. Mag. **30**, 1—24, 3 Taf., 1951.

— The genera, species and subspecies of the family Eurypteridae, BURMEISTER 1845. — J. Paleont. **32**, 1107—1148, 26 Abb., 6 Taf., 1958. — Darin sehr vollständiges Literaturverzeichnis.

— Eurypterids from the Lower Devonian of Ohio. — Chicago Nat. Hist. Mus., Fieldiana **14**, Nr. 5, 79—98, 1961 (1961a).

— The Silurian Eurypterids of the Welsh Borderland. — J. Paleont. **35**, 789—835, 3 Taf., 1961 (1961b).

— Pennsylvanian invertebrates of the Mazon Creek area, Illinois. Eurypterida. — Fieldiana Geol. **12** (6), 85—106, 11 Abb., Chicago 1963.

— A synopsis of the family Pterygotidae CLARKE & RUEDEMANN, 1912 (Eurypterida). — J. Paleont. **38**, 331—361, 26 Abb., 4 Taf., Tulsa/Okl. 1964.

— A revision of the families and genera of the Stylonuracea (Eurypterida). — Fieldiana, geol. Publ., Chicago natur. Hist. Mus. **14** (5), 169—197, 4 Abb., Chicago 1966.

— & HEUBUSCH, C. A.: Some Eurypterida from the Ordovician and Silurian of New York. — J. Paleont. **36**, 211—221, 3 Abb., 3 Taf., 1962.

— & LEUTZE, W. P.: Eurypterids from the Silurian of West Virginia. — J. Paleont. **40**, 1109—1122, 2 Abb., 2 Taf., 1966.

LEUTZE, W. P.: Arthropods from the Syracuse formation, Silurian of New York. — J. Paleont. **35**, 49—64, 2 Taf., 1961.

MALZ, H.: *Kouphichnium walchi*, die Geschichte einer Fährte und ihres Tieres. — Natur u. Museum **94** (3), 81—97, 15 Abb., Frankfurt a. Main 1964.

MEISCHNER, K.-D.: Neue Funde von *Psammolimulus gottingensis* (Merostomata, Xiphosura) aus dem Mittleren Buntsandstein von Göttingen. — Paläont. Z., H. SCHMIDT-Festband, 185—193, 1 Abb., 2 Taf., Stuttgart 1962.

MOORE, P. E.: On gill-like structures in the Eurypterida. — Geol. Mag. **78**, 62—70, 2 Abb., London 1941.

MÜLLER, A. H.: Ein weiterer Fund von *Pringlia* (Merostomata) aus dem Oberen Karbon Mitteldeutschlands. — Mber. Dt. Akad. Wiss. Berlin **4** (5), 315—318, 2 Abb., Berlin 1962.

Novojilov, N. I.: Otriad Eurypterida. – In: J. A. Orlov, Osnovy Paleontologii, Vol. Clenistonogie, trahejnye i helicerovye, 404–423, 31 Abb., 5 Taf., Moskau 1962.

Oyen, F. H. van: Contribution à la connaissance du genre *Adelophthalmus* Jordan & Meyer 1854. – Meded. geol. Stichting, ser. C-IV-3, **7**, 1–98, 156 Abb., 24 Taf., Maastricht 1956.

Packard, A. S.: On the carboniferous *Xiphosurus*-Fauna of North America. – Nat. Acad. Sc. (Washington), Mem. **3**, 143–157, 10 Abb., 3 Taf., 1885.

Pickett, J. W.: A new freshwater limuloid from the Middle Triassic of New South Wales. – Palaeontology **27**, 609–621, 2 Abb., 2 Taf., London 1984.

Prantl, F., & Přibyl, A.: Revision of the Bohemian Silurian Eurypterida. – Rospravy Státníko geol. Ustavei Republ. Českoslov. **10**, 1–116, 30 Abb., 8 Taf., 1948.

Raasch, G. O.: Cambrian Merostomata. – Geol. Soc. Amer., Spec. Paper **19**, 146 S., 14 Abb., 21 Taf., 1939.

Raymond, P. E.: Late Paleozoic Xiphosurans. – Mus. Compar. Zool. Harvard Coll. **94**, 475–508, 11 Abb., 1 Taf., Cambridge 1944.

Repina, L. N., & Okuneva, O. G.: [Kambrische Arthropoda von Primorye]. – Paleont. Zh. **1969** (1), 106–114, 4 Abb., 2 Taf., Moskau 1969 (russ.).

Richter, R. & E.: *Weinbergina opitzi* n. g., n. sp., ein Schwertträger (Merost, Xiphos.) aus dem Devon (Rheinland). – Senckenbergiana **11**, 193–209, 4 Abb., 1929.

Rolfe, W. D. I., & Beckett, E. C. M.: Autecology of Silurian Xiphosurida, Scorpionida, Cirripedia, and Phyllocarida. – Spec. Pap. in Palaeont. **32**, 27–37, 4 Abb., London 1984.

Romano, M., & Whyte, M. A.: A limulid trace fossil from the Scarborough Formation (Jurassic) of Yorkshire; its occurrence, taxonomy and interpretation. – Proc. Yorkshire Geol. Soc. **46** (2), 85–95, 4 Abb., Leeds 1987.

Rudloe, A.: The breeding behavior and patterns of movement of horseshoe crabs, *Limulus polyphemus*, in the vicinity of breeding beaches in Apalachee Bay, Florida. – Estuaries **3** (3), 177–183, 2 Abb., Solomons 1980.

Ruedemann, R.: Presence of alimentary canal in an Eurypterid. – Paleont. Contr., New York State Mus., Bull. **228**, 92–95, 3 Abb., Albany/N. Y. 1921.

Schäfer, W.: Aktuopaläontologische Beobachtungen. 2. Zur Fossilisation von *Limulus*. – Natur u. Museum **94**, 98–104, 5 Abb., Frankfurt a. Main 1964.

Sekiguchi, K., Nakamura, K., Sen, T. K., & Sugita, H.: Morphological variation and distribution of a horseshoe crab, *Tachypleus gigas*, from the Bay of Bengal and the Golf of Siam. – Proc. Japanese Soc. Syst. Zool. **12**, 13–20, 7 Abb., 1976.

– – & Seshimo, H.: Morphologica variation of a horseshoe crab, *Carcinoscorpius rotundicauda*, from the Bay of Bengal and the Golf of Siam. – Ebd. **15**, 24–30, 5 Abb., 1978.

Selden, P. A.: Functional morphology of the prosoma of *Baltoeurypterus tetragonophthalmus* (Fischer) (Chelicerata; Eurypterida). – Transact. Roy. Soc. Edinburgh, Earth Sciences **72**, 9–48, 1981.

Siveter, D. J., & Selden, P. A.: A new, giant xiphosurid from the Lower Namurian of Weardale, County Durham. – Proc. Yorkshire Geol. Soc. **46** (2), 153–168, 8 Abb., Leeds 1987.

Størmer, L.: Merostomata from the Downtonian sandstone of Ringerike, Norway. – Norske Vidensk.-Akad. Oslo, I. Matem.-Naturvid. Kl. **1933**, Nr. 10, 125 S., 12 Taf., Oslo 1934.

– On the relationships and phylogeny of fossil and recent Arachnomorpha. – Skr. Vid. Akad. Oslo, I., Mat.-Nat. Kl. **5**, 5–158, Oslo 1944.

– Phylogeny and taxonomy of fossil horseshoe crabs. – J. Paleont. **26**, 630–639, 3 Abb., Tulsa 1952.

– Merostomata. – In: R. C. Moore, Treatise on Invertebrate Paleontology, Part **P**, Arthropoda 2, 4–41, 30 Abb., Lawrence 1955.

– Eurypterids from the Lower Devonian of Willwerath, Eifel. – Senckenbergiana lethaea **50**, 21–35, 2 Abb., 2 Taf., Frankfurt a. Main 1969.

– Arthropods from the Lower Devonian (Lower Emsian) of Alken an der Mosel, Germany. Part 1: Arachnida. – Senckenbergiana lethaea **51**, 335–369, 8 Abb., 5 Taf., 1970; Part 2: Xiphosura, ebd. **52**, 1–29, 23 Abb., 6 Taf., 1972; Part 3: Eurypterida, Hughmilleriidae, ebd. **54**, 119–205, 97 Abb., 13 Taf., 1973; Part 4: Eurypterida, Drepanopteridae, and other groups, ebd. **54**, 359–451, 45 Abb., 16 Taf., Frankfurt a. Main 1974.

– & Kjellesvig-Waering, E. N.: Sexual dimorphism in eurypterids. – Internat. Union Geol. Sci. **A 1**, 201–214, 3 Abb., Stuttgart 1969.

Tollerton, V. P. jr.: Morphology, taxonomy, and classification of the order Eurypterida Burmeister, 1843 – J. Paleont. **63** (5), 642–657, 1 Abb., 1989.

Waterlot, G.: Classe des Mérostomes. — In: J. Piveteau, Traité de Paléontologie **III**, 530—554, 58 Abb., Paris 1953.
Waterston, C. D.: The Scottish Carboniferous Eurypterida. — Trans. roy. Soc. Edinburgh **63** (2), 265—288, 8 Abb., 4 Taf., Edinburgh 1957.
— Further observations on Scottish Carboniferous eurypterids. — Ebd. **68**, 1—20, 1 Abb., 3 Taf., 1968.
— Gill structures in the Lower Devonian eurypterid *Tarsopterella scotica*. — Fossils and Strata **4**, 241—254, 4 Abb., 2 Taf., Oslo 1975.
— Chelicerata from the Dinantian of Foulden, Berwickshire, Scotland. — Trans Roy. Soc. Edinburgh, Earth. Sci. **76**, 25—33, 5 Abb., Edinburgh 1985.
— Oelofsen, B. W., & Oosthuizen, R. D. F.: *Cyrtoctenus wittebergensis* sp. nov. (Chelicerata: Eurypterida), a large sweep-feeder from the Carboniferous of South Africa. — Trans. roy. Soc. Edinburgh **76**, 339—358, 11 Abb., Edinburgh 1985.
Weygoldt, P., & Paulus, H. F.: Untersuchungen zur Morphologie, Taxonomie und Phylogenie der Chelicerata. I. Morphologische Untersuchungen. — Z. zool. Systematik Evolutionsforsch. **17** (2), 85—116, 7 Abb., Hamburg, Berlin 1979.
Wolff, T.: The horseshoe crab (*Limulus polyphemus*) in North European waters. — Vidensk Medd. dansk naturhist. Foren. **140**, 39—52, 2 Abb., Kopenhagen 1977.
Woodward, H.: Monograph of British fossil Crustacea belonging to the Order Merostomata. — Paleontogr. Soc. London, 263 S., 81 Abb., 36 Taf., 1866—1878.
— The position of the Merostomata. — Geol. Mag. **10**, 243—300, 1913.

II. Klasse **Arachnida** Lamarck 1801

(Spinnen und Skorpione)

1. Allgemeines

Der Körper besteht aus Prosoma (Cephalothorax) und Opisthosoma (Abdomen) (Abb. 512A). Das Prosoma trägt in der Regel 3 Paar unverzweigte Anhänge. Von diesen ist das 1. Paar nicht wie bei den meisten anderen Gliederfüßlern durch Fühler, sondern durch 1-, 2- oder 3gliederige Freßwerkzeuge (Cheliceren) vertreten. Die Pedipalpen sind je nach Ordnung sehr unterschiedlich gestaltet und gewöhnlich 6gliederig. 3. bis 6. Anhangspaar 7gliederig, meist als Laufbeine gestaltet. Opisthosoma maximal aus 12 Segmenten. Atmung, abgesehen von den Milben, bei denen lokalisierte Atmungsorgane fehlen können, durch Fächer-, Sieb- oder Röhrentracheen. Die Körperlänge schwankt von 0,1 mm (bei Milben) bis zu 100 cm (bei Skorpionen). Lebensweise primär aquatisch, sonst überwiegend terrestrisch, seltener sekundär aquatisch; im übrigen hauptsächlich freilebend, selten zeitweilig oder dauernd parasitisch. Ernährung meist carnivor, nur Milben im allgemeinen herbivor.

Sieht man von den Scorpionida ab, reichen die terrestrischen Arachnida bis in das Unt. Devon zurück. Wie der Nachweis wohlentwickelter Fächertracheen (booklungs) bei Palaeocharinidae (Ordnung Trigonotarbida) (Abb. 512B) aus dem Rhynie Chert (Unt. Devon) von Aberdeenshire (Schottland) bestätigt, waren wohl alle Vertreter aus dem Devon luftatmend (M. F. Claridge & S. G. Lyon 1961; L. Størmer 1976). Da auch der silurische Eurypteride *Baltoeurypterus* tracheale Strukturen besaß und die luftatmenden Scorpionida der Gegenwart sich aus aquatischen Formen des Paläozoikum entwickelt haben, hat sich bei den Chelicerata zumindest dreimal unabhängig voneinander die Fähigkeit zum Atmen von Luft ausgebildet (L. Størmer 1976; J. Bergström 1979). Die Stammform der terrestrischen Arachnida (ohne Scorpionida) dürfte ein Wasserbewohner gewesen sein, der sich von den typischen Merostomata und den Scorpionida vor allem durch das Fehlen eines Schwanzstachels unterschied.

Von besonderem Interesse ist die Fähigkeit mancher Spinnen, als passive Flieger auf schwebenden Gespinstfäden größere Strecken zurückzulegen. Man findet diese Fadenflieger nicht nur in

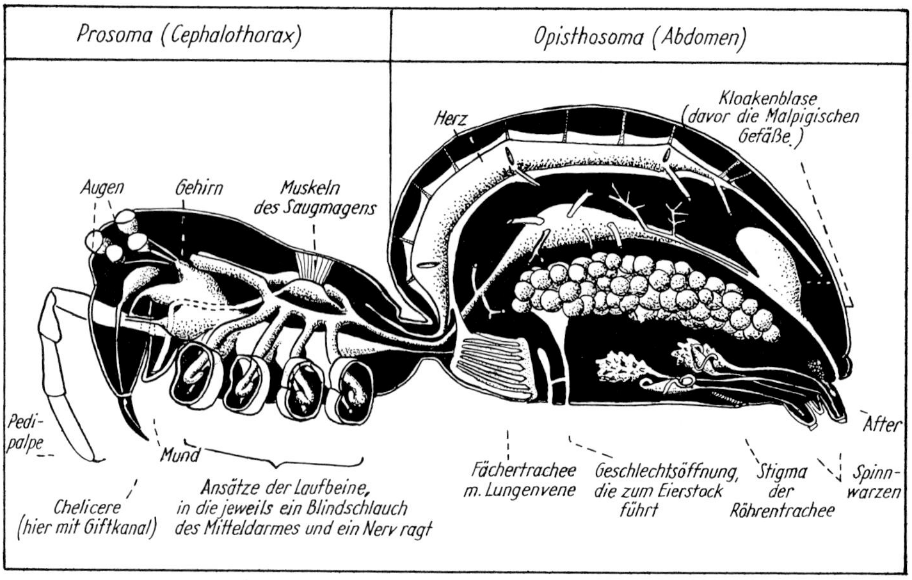

Abb. 512 A. Schematischer Längsschnitt durch eine zweilungige, weibliche Spinne. An Stelle von „Malpigische" ist „Malpighische" zu lesen. – Nach Comstock, aus A. Kaestner 1931; verändert.

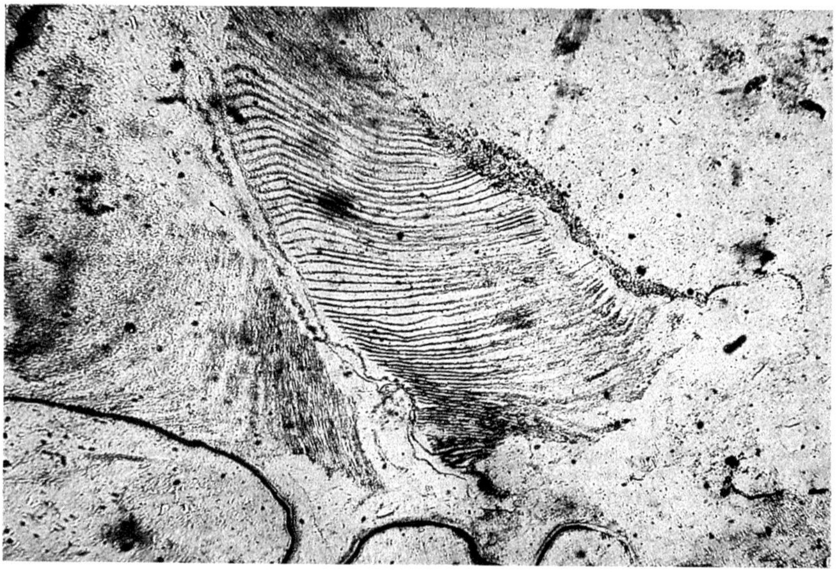

Abb. 512 B. Palaeocharinidae gen. et sp. indet., Längsschnitt durch zwei Fächertracheen (booklungs), Unt. Devon (? Ems, Rhynie Chert) von Aberdeenshire (Schottland), Breite des Abschnitts ca. 0,3 mm. – Nach M. F. Claridge & S. G. Lyon 1961.

den tropischen Regionen, sondern auch in den gemäßigten Breiten, wo sie fast zu jeder Jahreszeit auftreten. Meist handelt es sich um Jungtiere verschiedener Familien, die auf diese Weise zur Verbreitung ihrer Arten beitragen. Bei bestimmten Wetterlagen im Spätherbst kommt es vielfach zu einem auffälligen Massenauftreten, das als „Altweibersommer" bezeichnet wird. Geographische Schranken sind keine wesentlichen Hindernisse, was bei der Beurteilung biogeographischer Verhältnisse zu berücksichtigen ist.

2. *Vorkommen*

Silur — rezent. Dabei ist zu beachten, daß Arachnida-Reste paläontologisch wegen der ungünstigen Erhaltungsbedingungen zwar zu den Seltenheiten gehören, die Formenmannigfaltigkeit der fossilen Vertreter aber wesentlich größer ist als heute. So sind von den 16 bisher aufgestellten Ordnungen in der Gegenwart nur noch 11 vorhanden. 5 starben bereits im Paläozoikum aus.

3. *Geschichtliches*

1801 stellte Lamarck die Klasse der Arachnida auf und trennte hierdurch diese von den Aptera, zu denen Linné in der 10. Auflage seiner Systema naturae auch noch die flügeltragenden Insekten, die Krebse und die Myriapoden rechnete. Der Umfang dessen, was Lamarck als Arachnida betrachtete, wurde aber im Verlauf der Zeit geändert. Von den zahlreichen Autoren, die sich mit dieser Tiergruppe beschäftigten, sind u. a. zu nennen: A. Fritsch, E. Haase, A. Kaestner, J. Millot, A. Petrunkevitch und L. Størmer. Der vermutlich erste fossile Vertreter, ein Skorpion aus dem Karbon der Tschechei, wurde von Corda (1835) beschrieben.

4. *Systematik*

Nachstehend wird im wesentlichen auf die von A. Petrunkevitch (1933, 1939, 1942, 1955) vorgeschlagene Gliederung zurückgegriffen. Sie gründet sich bei den fossilen Vertretern auf die Merkmale der erhaltungsfähigen Hartteile, bei den rezenten insbesondere auf die der Weichteile und auf die Embryologie.

Neuere, zum Teil beträchtlich voneinander abweichende Systeme wurden u. a. von L. van der Hammen 1977, E. Lauterbach 1980 und W. A. Shear & P. A. Selden 1986 vorgeschlagen. Eine abschließende Entscheidung hierüber ist wegen der noch bestehenden Unsicherheiten und Fundlücken derzeit nicht möglich.

Die Zahl der Arachnida hat sich seit der Entdeckung und Beschreibung des ersten paläozoischen Skorpions erstaunlich vermehrt (vgl. Tabelle 5).

Tabelle 5
Die Zahl der bereits bis 1955 bekannten rezenten und fossilen Arachnida.
Nach A. Petrunkevitch 1955

Ordnung	Paläozoikum		Mesozoikum		Tertiär		Quartär	
	Gattg.	Arten	Gattg.	Arten	Gattg.	Arten	Gattg.	Arten
Scorpionida	26	42	2	7	2	2	70	600
Pseudoscorpionida	—	—	—	—	13	18	234	1000
Phalangiida	2	4	—	—	9	16	640	2350
Architarbida	14	25	—	—	—	—	—	—
Acarida	1	1	—	—	60	107	1389	6000
Haptopodida	1	1	—	—	—	—	—	—
Anthracomartida	11	20	—	—	—	—	—	—
Trigonotarbida	24	38	—	—	—	—	—	—
Palpigradida	—	—	1	1	—	—	4	21

Ordnung	Paläozoikum		Mesozoikum		Tertiär		Quartär	
	Gattg.	Arten	Gattg.	Arten	Gattg.	Arten	Gattg.	Arten
Thelyphonida	2	5	—	—	1	1	10	70
Schizomida	—	—	—	—	2	2	3	28
Kustarachnida	1	3	—	—	—	—	—	—
Phrynichida	3	4	—	—	—	—	18	60
Araneida	16	18	—	—	94	180	2735	25000
Solpugida	1	1	—	—	—	—	134	600
Ricinuleida	2	9	—	—	—	—	2	16
	104	171	3	8	181	326	5239	35745

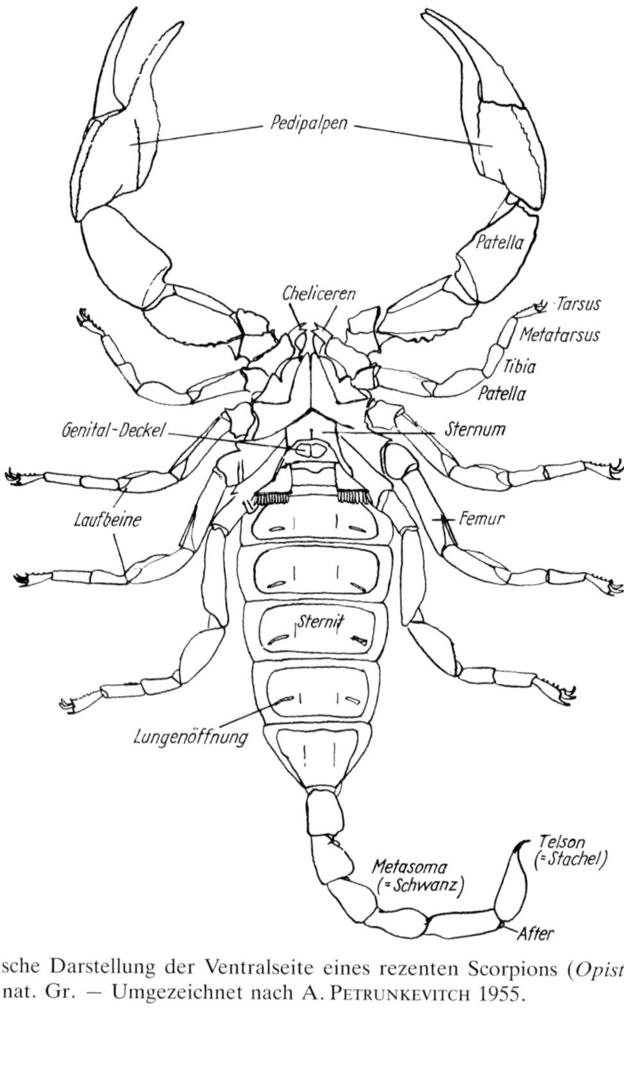

Abb. 513. Schematische Darstellung der Ventralseite eines rezenten Scorpions (*Opisthacanthus lepturus*, Panama). Etwa 1½ nat. Gr. – Umgezeichnet nach A. PETRUNKEVITCH 1955.

Ordnung **Scorpionida** Latreille 1817
(Scorpiones Hemprich & Ehrenberg 1826)
(Skorpione)

1. Allgemeines

Der langgestreckte, segmentierte Körper zeigt eine deutliche Gliederung in Prosoma, Meso- und Metasoma (Abb. 513). Prosoma ganzrandig, ohne Spur einer ursprünglichen Segmentierung, mit 1 Paar medianen und 2–5 Paar lateralen Augen. Anhänge finden sich nur am Prosoma, und zwar: 1 Paar kurze, 3gliederige Cheliceren, deren bewegliche Finger seitlich liegen; 1 Paar 6gliederige Pedipalpen sowie 4 Paar gleichartig ausgebildete Laufbeine, die aus 6 Gliedern bestehen und den 8 Beinen der Spinnen entsprechen. Mesosoma ebenso breit oder noch breiter als das Prosoma, zeigt im Erwachsenenstadium bei den Protoscorpionina 8 und bei den Euscorpionina 7 Segmente. Das lange, schlanke und schwanzähnliche Metasoma besteht immer aus 5 Segmenten und dem Telson. Telson stachelförmig, innen hohl, mit Giftdrüsen. Genitalöffnung mit den Genitaldeckeln auf dem ersten Sternit unmittelbar hinter dem Sternum. Jugendliche Tiere entsprechen morphologisch im wesentlichen den adulten der gleichen Art. Weitere Einzelheiten sind aus Abb. 513 ersichtlich.

Zur Klärung der Frage, ob sich die luftatmenden Scorpionida der Gegenwart aus wasserbewohnenden paläozoischen Formen entwickelt haben, ist die nachstehende Gattung von besonderem Interesse. Es handelt sich um *Waeringoscorpio* Størmer 1970 aus dem Unt. Devon (oberes Unt. Ems) des unteren Moselgebietes und des Hunsrück (W-Deutschland), von der aber bisher nur zwei fragmentarische Reste einer Art (*W. hefteri* Størmer, Abb. 514) vorliegen. In beiden Fällen lassen sich relativ große fächerartige Anhänge nachweisen. Sie wurden überwiegend als externe Kiemen, zum Teil aber auch als vorgestülpte Bereiche des Kiementraktes gedeutet, wo sie ursprünglich ähnlich wie bei Eurypteriden oberhalb der Ventralplatten (? Lobosternalplatten) des Abdomens gelegen haben sollen. Die Mehrzahl der Autoren halten bei *Waeringoscorpio* subaquatische Atmung zumindest für wahrscheinlich (L. Størmer 1970, 1976; W. D. I. Rolfe 1980; Rolfe & E. C. M. Beckett 1984; C. Brauckmann 1987). Unklar bleibt aber, ob dies primär oder sekundär ist und auch auf andere vorkarbonische Vertreter übertragen werden kann. Demgegenüber lehnen P. Weygoldt & H. F. Paulus 1979 eine aquatische Lebensweise aller Scorpionida des Paläozoikums ab.

Der früheste bekannte Skorpion mit eindeutigen Stigmata (also Luftatmung) ist bisher *Palaeopisthacanthus schucherti* Petrunkevitch aus dem Ob. Karbon (Mittl. Pennsylvanian, Westfal D) von Mazon Creek (Illinois, USA) (B. R. Vogel & C. J. Durden 1966). Seine Stigmata sind klein und rund wie bei den rezenten Chactidae. Die Abdominalplatten an der Ventralseite der meisten S. des Paläozoikum gleichen weitgehend den plattenförmigen Anhängen der Eurypterida und sind ihnen vermutlich homolog.

Bekannt sind bisher zwei (? drei) Skorpione mit einer geschätzten Länge zwischen ½ und 1 m. Es handelt sich um *Brontoscorpio* (E. N. Kjellesvig-Waering 1972) und ? *Praearcturus* (W. D. Rolfe 1969) aus dem Gedinne sowie um *Gigantoscorpio* aus dem Unt. Karbon (Tournai) von Schottland (L. Størmer 1976). Letzterer ist ca. 0,5 m lang.

2. Vorkommen

Unt. Silur (Ob. Llandovery) — rezent. Maximum der Entwicklung liegt im Karbon. Das Mesozoikum hat, abgesehen von einigen Funden aus der Trias von Europa, noch keine Reste geliefert. Als Fundorte berühmt sind: das Ob. Karbon von Mazon Creek (Illinois, USA) und der Bernstein (Oligozän) des Ostseegebiets.

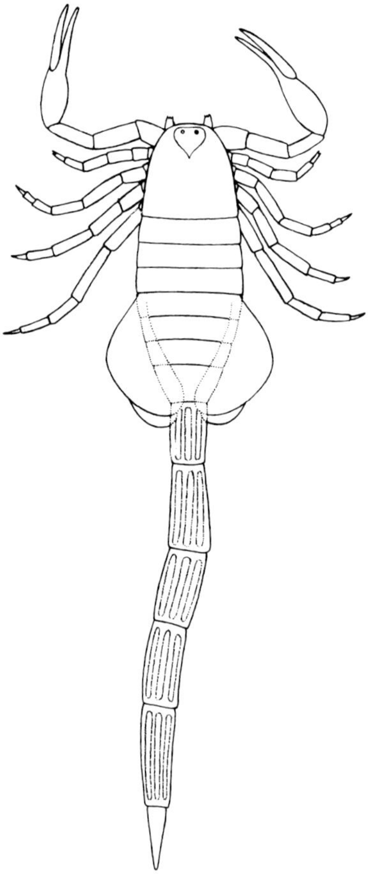

Abb. 514. *Waeringoscorpio hefteri* STØRMER, Rekonstruktion der Oberseite. Unt. Devon (Unt. Ems) des westlichen Rheinischen Schiefergebirges (Hunsrück, Eifel). – Nach C. BRAUCKMANN 1987, umgezeichnet.

3. *Systematik*

Im Anschluß an A. PETRUNKEVITCH (1949, 1955) werden je nach der Zahl der Segmente, aus denen das Mesosoma bei erwachsenen Formen besteht, zwei Unterordnungen unterschieden: die Protoscorpionina und die Euscorpionina.

Unterordnung **Protoscorpionina** PETRUNKEVITCH 1949

Mesosoma (Praeabdomen) aus 8 Segmenten, da im Gegensatz zu den Euscorpionina das 1. Segment auch im Alter bestehen bleibt. Tarsus der Gehbeine endet in einer einfachen Spitze. Hierzu gehören die ältesten, bisher bekannten Scorpionida aus dem Silur von Schweden, Schottland und New York. – Unt. Silur (Ob. Llandovery, „Gala-Tarannon") – Ob. Karbon von Europa und N-Amerika.

Palaeophonus THORELL & LINDSTRÖM 1884: Silur von Europa.

Prosoma etwa quadratisch, Vorderrand konkav. Glieder der Laufbeine auffallend kurz. Bemerkenswert ist die Ähnlichkeit vieler Körperelemente mit denen heute lebender Scorpionida.

Dolichophonus PETRUNKEVITCH 1949: Unt. Silur (Ob. Llandovery, „Gala-Tarannon“) von Schottland (Abb. 515).

Prosoma langgestreckt, viel länger als breit. Augen wurden nicht beobachtet. — Hierzu gehört mit *D. loudonensis* (LAURIE) die bisher älteste bekannte Art der Scorpionida (Abb. 515).

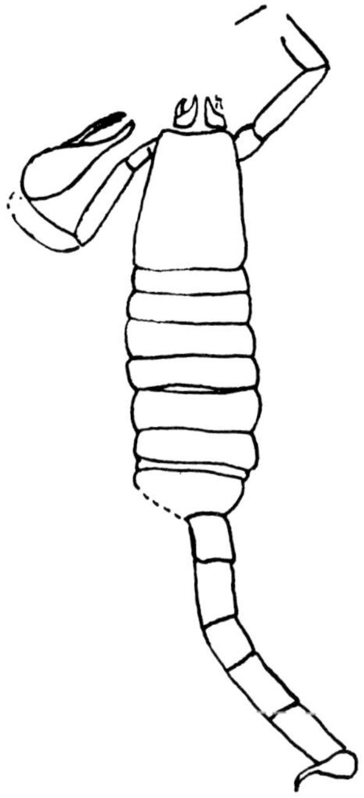

Abb. 515. *Dolichophonus loudonensis* (LAURIE), Unt. Silur (Ob. Llandovery, „Gala-Tarannon“), Pentland Hills südl. Edinburgh (Schottland). Nat. Gr. — Nach A. PETRUNKEVITCH 1955.

Unterordnung **Euscorpionina** PETRUNKEVITCH 1949

Mesosoma im Erwachsenenstadium aus 7 Segmenten. Das 1. Segment des Mesosoma verschwindet im Verlaufe des Wachstums, so daß das erste im Alter sichtbare Segment dem 2. des Jugendstadiums entspricht. Mesosoma bei ausgewachsenen Exemplaren also nur mit 7 Segmenten. Der Tarsus der Laufbeine endet in 2 Krallen. — Devon — rezent.

Palaeoscorpius LEHMANN 1944: Unt. Devon von Mitteleuropa.

Mediane Augen liegen hinter der Mitte des Prosoma.

Eoscorpius MEEK & WORTHEN 1868: Ob. Karbon von Europa und N-Amerika (Abb. 516).

Prosoma rechteckig, mediane Augen ziemlich weit vom Vorderrand entfernt. Glieder der schlanken Anhänge auffallend lang. Segmente des Metasoma langgestreckt.

Tityus C. L. KOCH 1836: Oligozän — rezent (Abb. 517).

Die fossil aus dem Bernstein des Baltikums bekannt gewordenen Arten sind kaum von den heute lebenden zu unterscheiden.

Cyclophthalmus CORDA 1835: Karbon von Mitteleuropa und ? Sibirien (Abb. 518).

Carapax länger als breit. Längsseiten leicht konvergierend. Mediane Augen auf Knötchen, dicht hinter dem Vorderrand. Vor dem Sternum 3 Paar Coxae.

Pylogenetik: Während der stammesgeschichtlichen Entwicklung haben sich die Scorpionida in ihren Grundzügen nur unwesentlich verändert, so daß sie zu den persistenten Vertretern gehören. Im einzelnen sind die Kenntnisse allerdings gering. Sie lebten anscheinend in einer

Abb. 516. *Eoscorpius carbonarius* MEEK & WORTHEN, Ob. Karbon von Mazon Creek. Nat. Gr. — Nach MEEK & WORTHEN 1868.

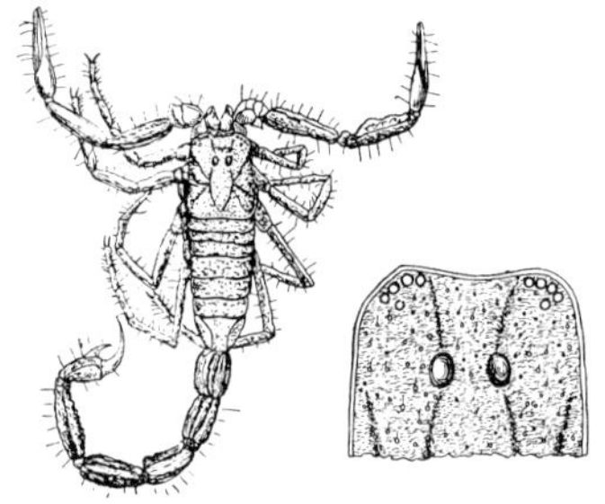

a b

Abb. 517. *Tityus eogenus* MENGE: a) Dorsalseite, ca. 3/1 nat. Gr., b) Vorderteil des Prosoma. Bernstein (Oligozän) des Ostseegebiets. — Nach A. MENGE 1854.

Abb. 518. *Cyclophthalmus ? sibiricus* NOVOJILOV & STØRMER, Ob. Karbon (? Stephan) von Tomjusinsky District, Kemerov Region (Sibirien). — Nach N. NOVOJILOV & STØRMER 1963.

Umgebung, die für ihre Erhaltung ungünstig war. Zweifellos sind sie nicht die Stammgruppe der übrigen Arachnida; denn die Solpugiden des Karbon und die Palpigraden der Jurazeit weisen noch primitivere Merkmale auf. Obgleich vor allem die Protoscorpionina große Ähnlichkeit mit den Eurypterida zeigen, gingen die Scorpionida allem Anschein nach nicht aus den letzteren hervor. Beide dürften von einem gemeinsamen Vorfahren abstammen.

Ordnung **Pseudoscorpionida** Latreille 1817
(Afterskorpione)

Kleinwüchsige (½—6 mm lange) Formen mit ganzrandigem Prosoma. Auf diesem liegen 1—2 Paar Augen. Einige Formen sind blind. Echtes Sternum fehlt. Cheliceren 2gliederig, scherenförmig; beweglicher Finger seitlich. Pedipalpen 6gliederig, groß, scherentragend; beweglicher Finger ventral. 4 Paar Laufbeine, 6- oder 7gliederig. Das gelegentlich durch eine mediane Längslinie dorsal zweigeteilte Abdomen besteht aus 12 deutlich abgegrenzten Segmenten, von denen das 12. rudimentär ist. Atmung mittels Röhrentracheen über je ein Paar Stigmen im 1. und 3. Sternit. Ovipar. Von den äußerlich recht ähnlichen Scorpionida vor allem durch das Fehlen eines „Schwanzes" leicht zu unterscheiden. — Oligozän — rezent. Die aus dem Karbon verzeichneten Formen sind Scorpionida. Die Mehrzahl der fossilen Vertreter stammt aus dem Bernstein (Oligozän) des Ostseegebiets (18 Arten, die sich auf 12 Gattungen und 9 Familien verteilen). Zahl der rezenten Arten: ca. 1100.

Als Beispiel: *Pseudogarypus hemprichii* Koch & Ber. (Abb. 519). Von Interesse ist auch

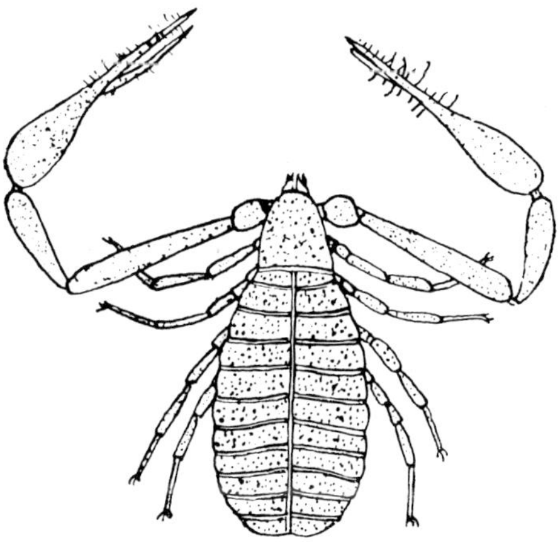

Abb. 519. *Pseudogarypus hemprichii* Koch & Ber., Bernstein (Oligozän) des Ostseegebiets. Ca. 30/1 nat. Gr. — Umgezeichnet nach A. Petrunkevitch 1955.

Abb. 520, die einen Afterskorpion aus der Familie der Chernetidae zeigt. Das Tier klammerte sich an eine Schlupfwespe (Familie Braconidae), begleitete sie auf ihrem Flug und wurde so im Bernstein eingebettet.

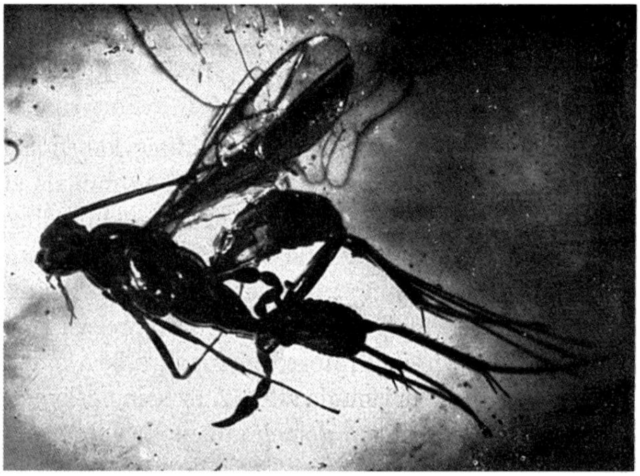

Abb. 520. Ein Vertreter der Pseudoscorpionida (Afterskorpione) aus der Familie der Chernetidae, der sich an eine Schlupfwespe (Familie Braconidae) klammert. Er begleitete das Tier im Fluge und wurde so eingebettet. Bernstein (Oligozän) des Ostseegebiets. Ca. 14/1 nat. Gr. — Nach BACHOFEN-ECHT 1935.

Ordnung **Phalangiida** PERTY 1833
(Opiliones SUNDEVALL 1833; Weberknechte, Kanker)

Der Körper besteht aus einem ungegliederten Cephalothorax und einem segmentierten Abdomen, dessen vordere (3 bis 8) Tergite mehr oder weniger stark mit dem Thorakalpanzer verschmolzen sind. Die maximale Zahl der Abdominalsegmente beträgt 10. Cheliceren aus 3 Gliedern, von denen 2 eine Schere bilden. Pedipalpen 6gliederig, ohne Zangen; kürzer als die Laufbeine. Diese sind sehr dünn, oft sehr lang und 7gliederig. Tarsi vielgliederig, mit Klauen an den Enden. Die Länge des Körpers beträgt in der Regel zwischen 1 und 22 mm; doch erreichen die Laufbeine bei manchen Formen Längen bis zu 200 mm. Ovipar. — Fossil bisher nur mit drei sicheren Arten aus dem Ob. Karbon und einer Anzahl von Vertretern aus dem Bernstein (Oligozän) des Ostseegebiets bekannt. Heute leben mehr als 2300 Arten. Die Überlieferungslükken erklären sich aus der oft weichkörperigen und für eine Fossilisation wenig geeigneten Ausbildung.

Man unterscheidet drei Unterordnungen: die Cyphophthalmina SIMON 1879, Palpatorina THORELL 1876 und Laniatorina THORELL 1876. Von diesen stellen lediglich die beiden letzten fossile Vertreter.

Unterordnung **Palpatorina** THORELL 1876

Pedipalpen schlank. Stinkdrüsen nicht auf Vorsprüngen. Tarsi mit einfacher Kralle. — Karbon — rezent.

Nemastomoides THEVENIN 1901: Ob. Karbon von Europa und N-Amerika (Abb. 521).

Carapax breiter als lang, vorn und an der Seite gleichmäßig gerundet. Augen auf Höcker ziemlich weit vor der Mitte. Sternum oval. Letztes Glied der Pedipalpen länger als die Tibia.

Caddo BANKS 1892: Oligozän — rezent.

Weichhäutige Formen, bei denen das letzte Glied der Pedipalpen länger als die Tibia ist. Weichkörperig. Augen sehr groß, nehmen fast das gesamte Prosoma ein.

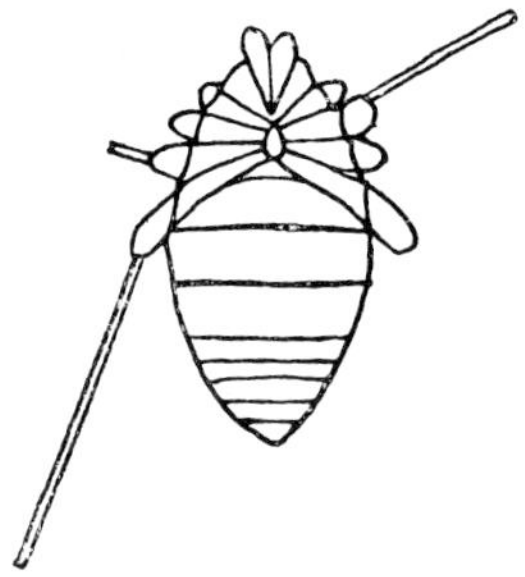

Abb. 521. *Nemastomoides longipes* (PETR.), Ob. Karbon von Illinois (USA). Ca. 2¾ nat. Gr. — Nach A. PETRUNKEVITCH 1955.

Unterordnung **Laniatorina** THORELL 1876

Pedipalpen mächtig entwickelt. Prosoma und die 5 ersten Tergite des Abdomens miteinander verschmolzen. Tarsi des 1. und 2. Beinpaares mit einer Klaue, die des 3. und 4. mit zwei Klauen oder einer dreiteiligen Klaue. — Oligozän — rezent.

Zu dieser Ordnung soll (als bisher einzige fossile Gattung) gehören:

Gonyleptes KIRBY 1819: Oligozän — rezent (Abb. 522).

Femur der Pedipalpen mit Stacheln. Augenhügel mit einem Paar Dornen.

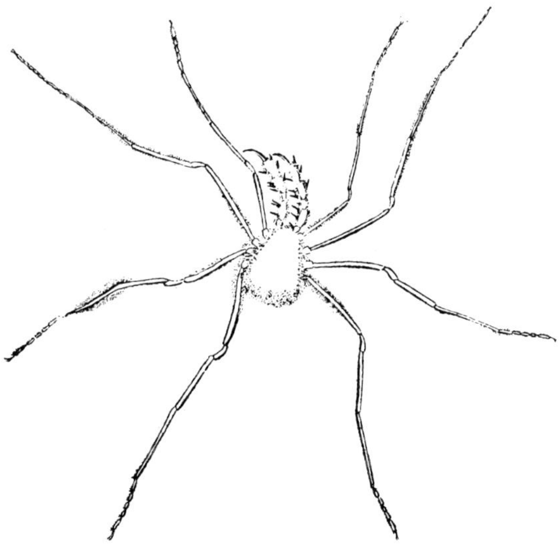

Abb. 522. *Gonyleptes nemastomoides* KOCH & BERENDT, Bernstein (Oligozän) des Ostseegebiets. Ca. 20/1 nat. Gr. — Nach C. L. KOCH & G. C. BERENDT 1854.

Ordnung **Architarbida** PETRUNKEVITCH 1945

Abdomen aus 10, seltener 11 Tergiten, von denen die vorderen 5 oder 6 sehr stark verkürzt und oft durch eine mediane Linie auf der Dorsalseite zweigeteilt sind. Zahl der Sternite stets geringer als die der Tergite (aber nicht weniger als 7 und nicht mehr als 9). After mit Afterdeckel. Cephalothorax nicht segmentiert, mit 1 oder 3 Paar sitzender Augen. Cheliceren 3gliederig,

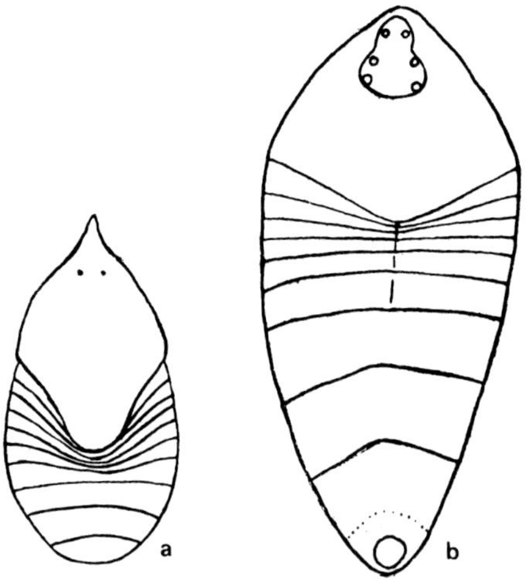

Abb. 523. a) Cephalothorax und Abdomen von *Architarbus minor* PETR., Dorsalseite. Ob. Karbon von Nordamerika. Ca. 2¾ nat. Gr.; b) Cephalothorax und Abdomen von *Goniotarbus angulatus* (POCOCK), Dorsalseite. Ob. Karbon von England. Ca. 3½ nat. Gr. — Nach A. PETRUNKEVITCH 1955.

klein. Pedipalpen 6gliederig, kurz. Laufbeine meist 7gliederig, nur bei den Opiliotarbidae 8gliederig. — Mit 13 Gattungen ausschließlich auf das Ob. Karbon beschränkt.

Von den drei Familien sind die Architarbidae KARSCH 1882 (Abdomen aus 10 Tergiten und 8—9 Sterniten) und die Opiliotarbidae PETRUNKEVITCH 1945 (Abdomen aus 11 Tergiten) am wichtigsten. Nachstehend zwei zu den Architarbidae gehörende Beispiele:

Architarbus SCUDDER 1868: Ob. Karbon von Nordamerika (Abb. 523 a).

Cephalothorax rhombisch, vorn zugespitzt, hinten abgerundet. Mit 1 Paar sitzender Augen. Die verkürzten vorderen Tergite sind sigmoidal gekrümmt.

Goniotarbus PETRUNKEVITCH 1945: Ob. Karbon von Europa (Abb. 523 b).

Cephalothorax mit 3 Paar Augen auf einer flachen, dreilappigen Aufwölbung. Hinterrand schwach konvex.

Ordnung **Acarida** NITZSCH 1818
(Milben)

Abdomen unsegmentiert. Cheliceren und Pedipalpen sehr unterschiedlich gestaltet. Pedipalpen 6gliederig. Zahl der Laufbeinpaare gewöhnlich 4, doch haben manche Formen weniger (3, 2 oder nur 1). Laufbeine meist 6gliederig, doch finden sich daneben auch solche mit 2 bis 7 Gliedern. Die Tarsi tragen am Ende 1 Paar Klauen. Überwiegend weichkörperig und insofern besonders schlecht erhaltungsfähig. Getrenntgeschlechtlich. Einzige Ordnung der Arachnida, zu der Pflanzenfresser gehören. Daneben finden sich dauernde und zeitweilige Parasiten. Bewohner des Festlandes, des Süßwassers und des Meeres. Die Länge des Körpers schwankt von Bruchteilen eines Millimeters bis 25 mm. — Die ältesten Acarida stammen aus dem Devon von Schottland. Sodann fanden sie sich erst wieder im Oligozän (Bernstein des Ostseegebiets). Heute kennt man ca. 1400 Gattungen, so daß die Acarida die zweitgrößte Ordnung der Arachnida bilden.

Einige Beispiele:

Protacarus HIRST 1923: Devon von Schottland (Abb. 524).

Pedipalpen 7gliederig.

Bdella LATREILLE 1795: Oligozän — rezent (Abb. 525).

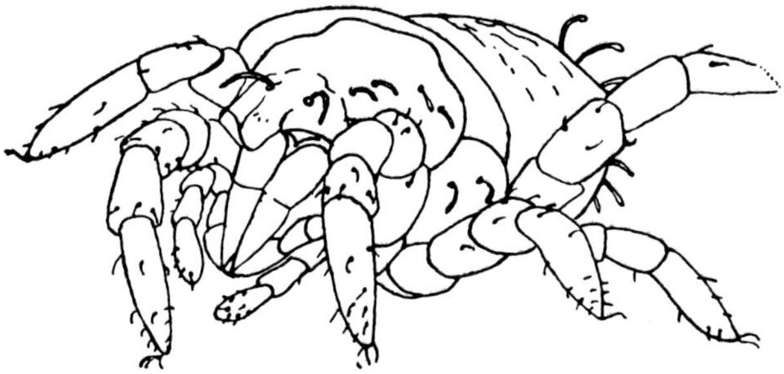

Abb. 524. *Protacarus crani* HIRST aus dem Devon (Old Red) von Schottland. Ca. 170/1 nat. Gr. – Nach S. HIRST 1923.

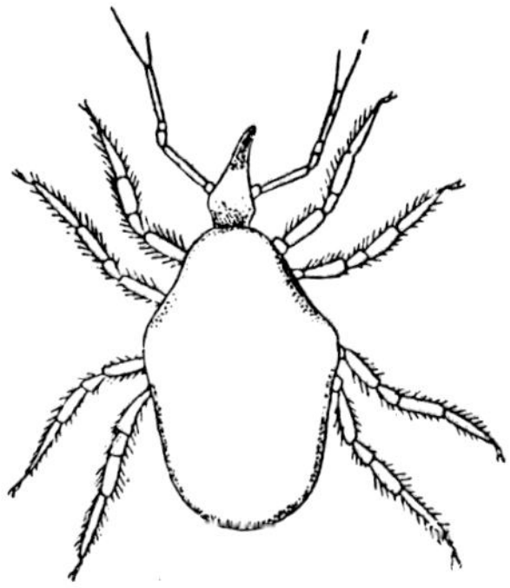

Abb. 525. *Bdella lata* KOCH & BERENDT, Bernstein (Oligozän) des Ostseegebiets. Ca. 20/1 nat. Gr. – Nach C. L. Koch & G. C. BERENDT 1854.

Tarsus mit Praetarsus und 2 Klauen. 2 Paar Augen.
Erythraeus LATREILLE 1906: Oligozän – rezent (Abb. 526).
Cheliceren 1gliederig, stilettförmig. Beine lang und schlank.

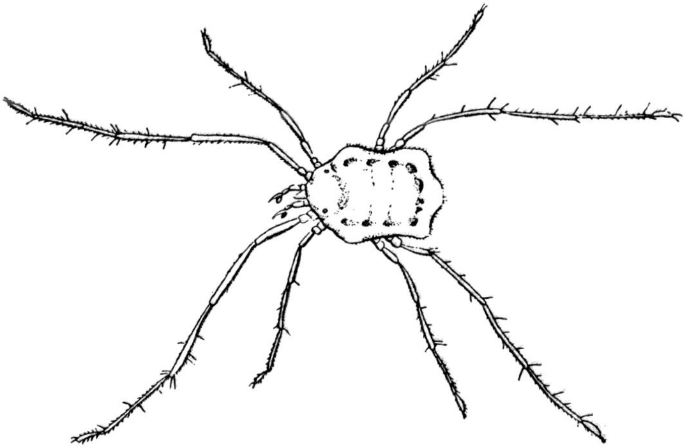

Abb. 526. *Erythraeus foveolatus* (KOCH & BERENDT), Bernstein (Oligozän) des Ostseegebiets. Ca. 17/1 nat. Gr. – Nach C. L. KOCH & G. C. BERENDT 1854.

Ordnung **Haptopodida** Pocock 1911

Abdomen aus 11 ungegliederten Tergiten, von denen das erste sehr kurz ausgebildet ist. 3.—10. Sternit durch eine mediane Längslinie zweitgeteilt. Cephalothorax mit 1 Paar Augen. Cheliceren 3gliederig, scherenförmig. — Die bisher einzige Gattung ist:

Plesiosiro Pocock 1911: Ob. Karbon von England (Abb. 527).

Cephalothorax länger als breit. Hinterrand gerade.

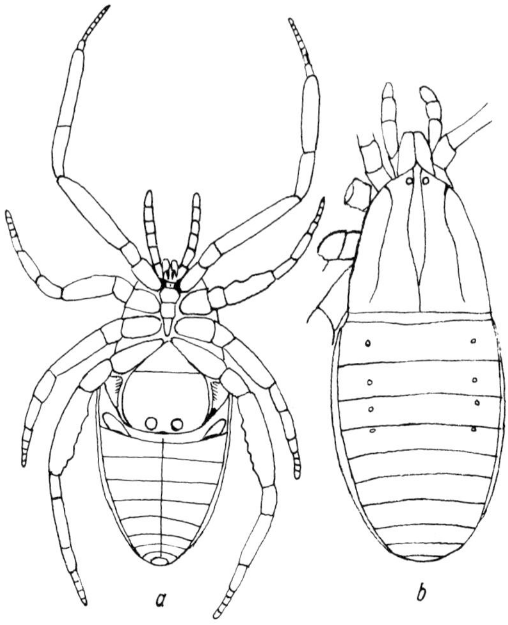

Abb. 527. *Plesiosiro madeleyi* Pocock, Ob. Karbon von England. a) Ventralseite. Ca. 4¾ nat. Gr., b) Dorsalseite, Ausschnitt. — Nach A. Petrunkevitch 1955.

Ordnung **Anthracomartida** Karsch 1882

Cephalothorax ganzrandig, augenlos. Abdomen aus 10 Segmenten, von denen das 2. und 3. nahtlos verschmolzen sind. 2.—9. durch Längsnähte in eine mediane Platte, 1 Paar submarginale und 1 Paar marginale Platten aufgegliedert. — Von den bisher errichteten ca. 11 Gattungen, die 21 Arten umfassen, findet sich nur eine (?) Gattung mit einer Art im Perm. Alle anderen stammen aus dem Karbon von Europa und Nordamerika.

Anthracomartus Karsch 1882: Karbon von Europa (Abb. 528a).

Cephalothorax annähernd quadratisch mit gerundeten Vorderecken.

Brachylycosa Fritsch 1904: Karbon — ? Perm von Europa (Abb. 528b, 529).

Cephalothorax kreisförmig.

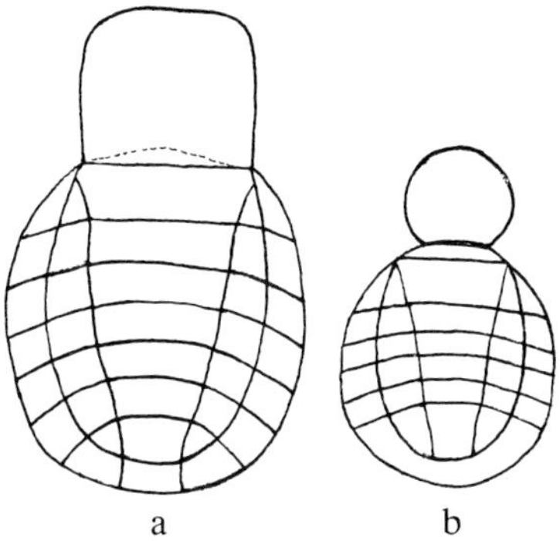

Abb. 528. Anthracomartida. a) *Anthracomartus voelkelianus* Karsch, Dorsalansicht. Ob. Karbon von Mitteleuropa. Ca. 2½ nat. Gr., b) *Brachylycosa kustae* Petrunkevitch, Dorsalansicht. Ob. Karbon der Tschechei. Ca. 1⅓ nat. Gr. — Nach A. Petrunkevitch 1955.

Abb. 529. Abdomen von *Brachylycosa ? manebachensis*. A. H. Müller. Unt. Rotliegendes (Flözführendes der Manebacher Schichten) von Manebach (Thüringen). Ca. 14/1 nat. Gr. — Nach A. H. Müller 1957.

Ordnung **Trigonotarbida** Petrunkevitch 1949

Abdomen aus 8—? 11 Segmenten. Tergite durch 2 Längslinien in 1 mediane und 2 marginale Platten geteilt. Sternite ungeteilt. Cheliceren 2gliederig. Pedipalpen 6gliederig. Beine 7gliederig mit 1 Paar Klauen. Coxosternalregion wie bei den Araneida. Von den Anthracomartida unterschieden vor allem durch das Fehlen marginaler Platten an den abdominalen Sterniten. — Unt. Devon — Ob. Karbon; mit ca. 26 Gattungen, die sich auf 5 Familien verteilen.

Die ausschließlich auf das Devon beschränkten Palaeocharinidae Hirst 1923 haben vermutlich 11 Abdominalsegmente, von denen die beiden letzten ein „Pygidium" an der Ventralseite des Abdomens bilden. Vorhanden sind Komplexaugen ähnlich denen gewisser fossiler Scorpionida. Zu den P. gehören *Palaeocharinoides* Hirst 1923 und *Palaeocharinus* Hirst 1923 aus dem Old

Red von Schottland sowie *Alkenia* Størmer 1970 aus dem Unt. Devon (Unt. Ems) von Alken a. d. Mosel.

Eophrynus Woodward 1871 (Fam. Eophrynidae Karsch 1882): Ob. Karbon (Namur B – Westfal D) von W-Europa (Abb. 530).

Panzer derb, durch kräftige Skulptur zusätzlich versteift. Carapax fast dreieckig, vorn spitz zulaufend; Augen auf Höckern etwas hinter der Mitte. Tergite (10) des Abdomens mit 6 Reihen regelmäßig angeordneter großer Knötchen und vier kurzen Stacheln am Hinterrand. Beine lang, kräftig.

Anthracosiro Pocock 1903 (Fam. Anthracosironidae Pocock 1903): Ob. Karbon von Europa (Abb. 531 a).

Cephalothorax etwa halbkreisförmig. Abdomen aus 10 Segmenten, doch ist das erste zu einer Muskelmembran reduziert. After mit rundem Afterdeckel.

Acrokreischeria Petrunkevitch 1953 (Fam. Eophrynidae Karsch 1882): Ob. Karbon von Europa (Abb. 531 b).

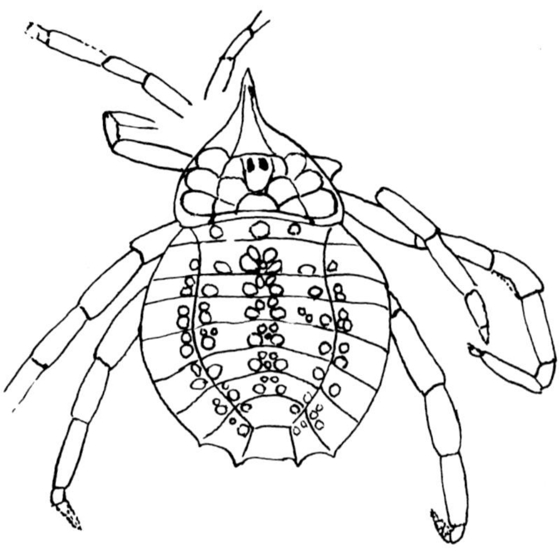

Abb. 530. *Eophrynus udus* Brauckmann, Ob. Karbon (Ob. Namur B) von Hagen-Vorhalle (Ruhrgebiet). Körperlänge ohne Extremitäten ca. 1,6 cm. – Nach C. Brauckmann 1991, umgezeichnet.

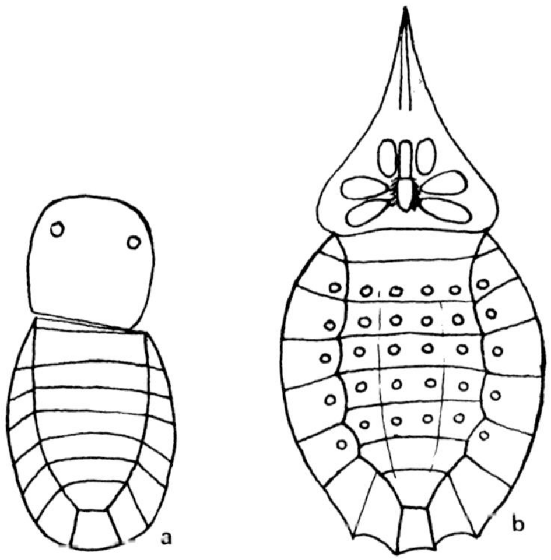

Abb. 531. a) *Anthracosiro fritschi* Pocock, Dorsalseite mit den für die Art charakteristischen Augen. Ob. Karbon von England. 6/1 nat. Gr.; b) *Acrokreischeria verrucosa* (Pocock), Dorsalseite kombiniert. Ob. Karbon von Wales. Ca. 2/1 nat. Gr. – Nach A. Petrunkevitch 1953.

Cephalothorax spitz nach vorn ausgezogen, mit konkaven Seitenflächen und gerundeten Ecken, skulpturiert. Ohne Augen. Abdomen mit 6 Reihen kleiner Knötchen.

Trigonomartus PETRUNKEVITCH 1913 (Fam. Trigonomartidae PETRUNKEVITCH 1949): Ob. Karbon von Europa und N-Amerika (Abb. 532a).

Cephalothorax etwa dreieckig, sehr hoch; ebenso wie das Abdomen mit unregelmäßigen Knötchen bedeckt.

Planomartus PETRUNKEVITCH 1953 (Fam. Trigonomartidae PETRUNKEVITCH 1949): Karbon von Europa (Abb. 532b).

Cephalothorax etwa dreieckig, vorn gerundet. Abdomen mit 8 Tergiten.

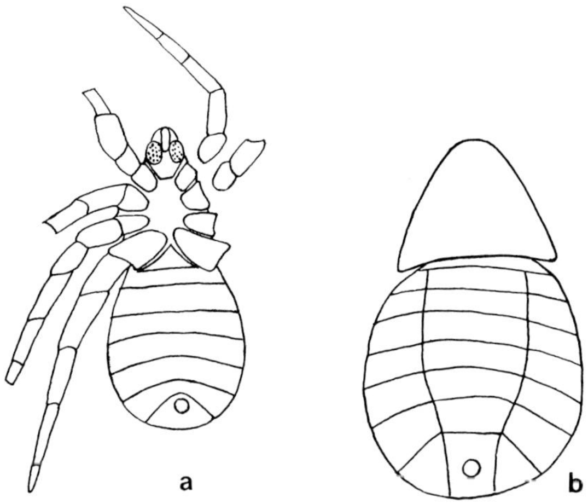

Abb. 532. a) *Trigonomartus pustulatus* (SCUDDER), Ventralseite. Ob. Karbon von Illinois (Nordamerika). Ca. 3/1 nat. Gr. Die Art findet sich auch in Mitteleuropa; b) *Planomartus krejcii* (KUSTA), Dorsalseite des Holotypus. Oberkarbon der Tschechei. Ca. 3½ nat. Gr. — Nach A. PETRUNKEVITCH 1953, 1955.

Ordnung **Palpigradida** THORELL 1888
(Tasterläufer)

Sehr kleine, 0,6—2,8 mm lange Arachnida, deren Prosoma aus 4 Segmenten besteht. Das Abdomen umfaßt 11 Segmente, von denen das 9. bis 11. zu einem Pygidium verschmolzen sind, das an seinem Ende einen vielgliederigen geißelartigen Anhang trägt. Hierdurch ähneln die Palpigraden äußerlich kleinen Skorpionen. Cheliceren 3gliederig, scherentragend; beweglicher Finger lateral. Pedipalpen 6gliederig, beinförmig, ohne Patella. Die 4 Beinpaare sind 7gliederig. Getrenntgeschlechtlich. Ovipar. — Fossil nur mit einer einzigen Art aus dem Solnhofener Plattenkalk (Malm zeta); rezent mit 21 Arten (4 Gattungen) aus dem südlichen N-Amerika, Paraguay, Chile, Asien und Afrika.

Man unterscheidet zwei Familien: die Eukoeneniidae PETRUNKEVITCH 1955 (ausschließlich rezent) und die Sternarthronidae HAASE 1890 (Malm). Zu letzterer gehört *Sternarthron zitteli* HAASE 1890 aus dem Solnhofener Plattenkalk (Abb. 533). Bei ihr sind im Gegensatz zu den rezenten Palpigradida noch das 2. und 3. Sternit des Prosoma getrennt.

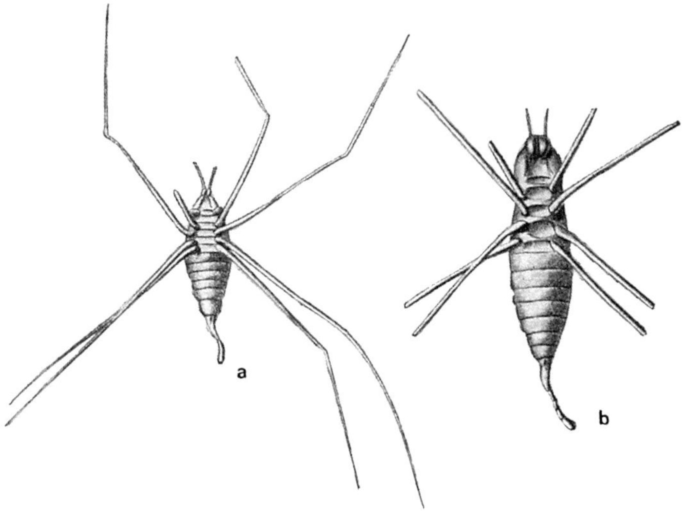

Abb. 533. *Sternarthron zitteli* HAASE (Ventralseite) aus dem Solnhofener Plattenkalk (Malm zeta) von Eichstätt; a) nat. Gr., b) ca. 2/1 nat. Gr. — Nach E. HAASE 1890.

Ordnung **Thelyphonida** LATREILLE 1804
(Uropygi THORELL 1882 z. T., Geißelskorpione)

Cephalothorax ganzrandig, gewöhnlich länger als breit, mit oder ohne Augen. Cheliceren 2-, Pedipalpen 6gliederig. Coxae der Pedipalpen verschmolzen. Erstes Beinpaar fühlerartig. Abdomen aus 12 Segmenten, von denen das 1. stark verkürzt, das 10. bis 12. in ein Pygidium umgewandelt sind. Pygidium endet in einer vielgliederigen Geißel. Räuberische Formen. Länge 18—65 mm. Getrenntgeschlechtlich. Ovipar. — Ob. Karbon — rezent. Heute mit ca. 10 Gattungen und etwa 85 Arten in den Subtropen und (vor allem) Tropen; überwiegend nachtaktiv unter Fallaub, Borke usw. an feuchten Orten. Als Nahrung dienen u. a. Schaben, Holzläuse (Psocoptera), Asseln, Würmer, Landschnecken. Fossil selten und abgesehen von einer Art aus dem Miozän von Kalifornien lediglich mit 2 Gattungen aus dem Ob. Karbon bekannt. Hiervon wurde *Prothelyphonus* FRITSCH 1904 (Abb. 534 A, B) in Europa und den USA nachgewiesen, mit *P. naufragus* BRAUCKMANN & KOCH 1983 bereits im Namur B von Hagen-Vorhalle (W-Deutschland). Insgesamt handelt es sich um 5 Arten. Von der anderen Gattung (*Geralinura* SCUDDER 1884, Westfal D von Mazon Creek, Illinois, USA; ? Kohlenbecken von Kaiping, China) wurden 2 (? 3) Arten beschrieben.

Ordnung **Schizomida** PETRUNKEVITCH 1945
(Zwerggeißelschwänze)

Cephalothorax segmentiert, ohne Augen. Abdomen aus 12 Segmenten, von denen das 1. stark verkürzt, das 9. bis 12. zu einem Pygidium umgewandelt sind. Telson kurz, aus 1—7 Segmenten. Cheliceren 2gliederig, scherenförmig. Coxae der Pedipalpen verwachsen. Erstes Beinpaar fühlerartig. Tarsus in 3—8 Segmente aufgegliedert. — Ob. Tertiär (? Pliozän) — rezent.

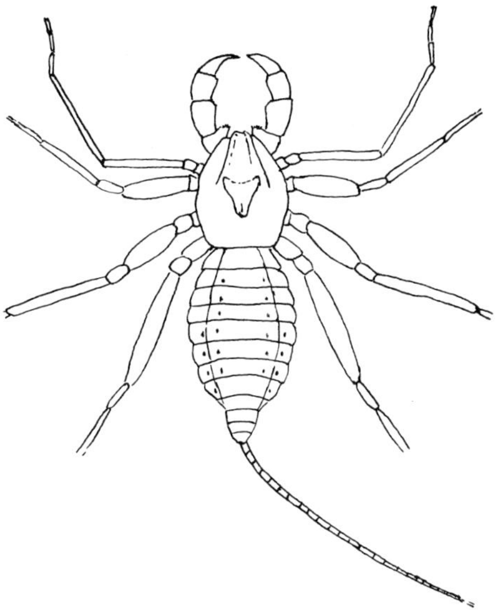

Abb. 534 A. *Prothelyphonus naufragus* Brauckmann & Koch, Rekonstruktion, Ob. Karbon (Ob. Namur B) von Hagen-Vorhalle (Ruhrgebiet). Länge ohne Extremitäten ca. 1,6 cm. — Nach C. Brauckmann 1991, umgezeichnet.

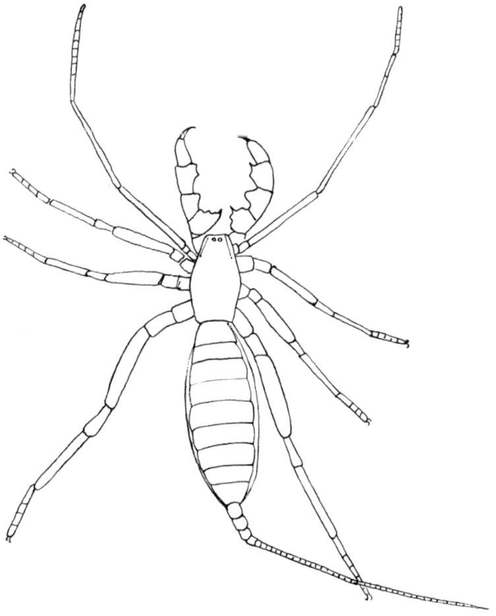

Abb. 534 B. Dorsalansicht von *Prothelyphonus bohemicus* Kusta, Oberkarbon der Tschechei. Ca. 1⅕ nat. Gr. — Nach A. Petrunkevitch 1955.

Ordnung **Kustarachnida** Petrunkevitch 1913

Cephalothorax ganzrandig, unsegmentiert. Coxae dreieckig, fächerartig um ein winziges Sternum angeordnet. Pedipalpen scherenförmig, zugehörige Coxae vollständig verschmolzen. Abdomen segmentiert, mit kleinem Pygidium, ohne Telson. — Die bisher einzige Gattung ist:

Kustarachne Scudder 1890: Ob. Karbon von Nordamerika (Abb. 535).

Cephalothorax gleichmäßig gerundet. 1 Paar mediane Augen auf querovalem Hügel.

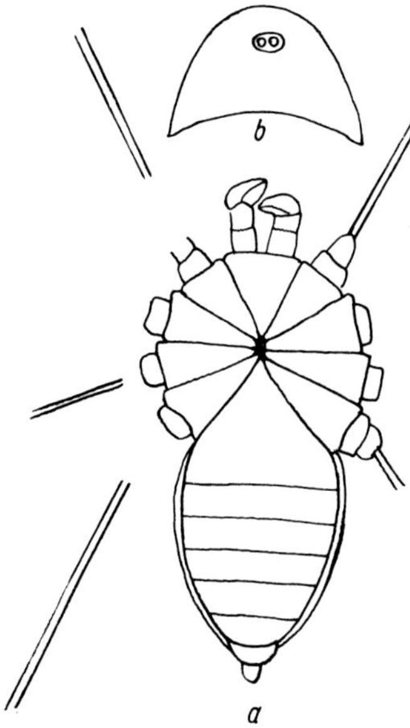

Abb. 535. *Kustarachne tenuipes* SCUDDER aus dem Oberkarbon von Nordamerika. a) Ventralseite, b) Cephalothorax, Dorsalseite. Ca. 4/1 nat. Gr. — Nach A. PETRUNKEVITCH 1955.

Ordnung **Phrynichida** PETRUNKEVITCH 1945
(Amblypygi THORELL 1883)

Cephalothorax nicht segmentiert, flach, gewöhnlich breiter als lang; mit 1 Paar medianen und 3 Paar lateralen Augen. Cheliceren 2gliederig. Pedipalpen kräftig, lang, 6gliederig; für räuberische Lebensweise ausgebildet. Alle Coxae frei beweglich. Erstes Beinpaar stark modifiziert. Abdomen aus 12 Segmenten, von denen das 12. zu einem Pygidium reduziert ist. Ohne Telson. Körperlänge 8—37 mm. Man kennt ca. 60 rezente und 4 fossile Arten, die sich auf 2 Familien verteilen: die ausschließlich rezenten Tarantulidae und die Phrynichidae POCOCK 1900 (Karbon von N-Amerika und Europa; Gegenwart). Zu letzteren gehört *Graeophonus anglicus* POCOCK aus dem Ob. Karbon von England (Abb. 536).

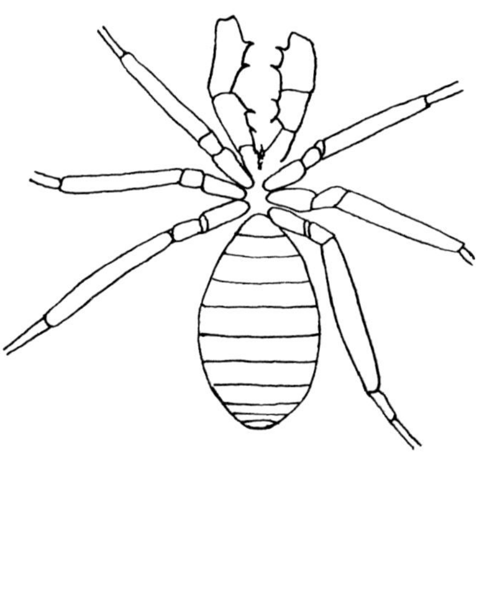

Abb. 536. *Graeophonus anglicus* POCOCK, Ventralseite des Holotypus. Oberkarbon von England. Ca. 2½ nat. Gr. — Nach A. PETRUNKEVITCH 1955.

Ordnung **Araneida** Clerck 1757
(Webespinnen)

Cephalothorax ganzrandig, trägt bis zu 4 Paar Augen. Abdomen mit Spinnwarzen, ohne Pygidium; bei primitiven Formen aus 12 äußerlich sichtbaren Segmenten. Segmentzahl bei differenzierteren Formen bis auf 5 oder 6 reduziert, im Alter nahtlos verschmolzen. Erstes Segment stets zu einem dünnen Stiel umgewandelt. After am Ende des Abdomens, ohne Operculum. Cheliceren 2gliederig, zweites Glied klauenartig, mit Öffnung für eine Giftdrüse. Pedipalpen 6-, Beine 7gliederig. Letztere mit 2 oder 3 Klauen. Ovipar. — Unt. Devon — rezent.

Aus dem Unt. Devon (Unt. Ems) von Alken a. d. Mosel stammt *Archaeomoneta ? devonica* Størmer 1976 mit langem, schmalem Opisthosoma, das keine axialen Furchen aufweist und in seinen vorderen 3/5 nicht segmentiert ist. Die hinteren 2/5 bestehen aus 4 oder 5 Segmenten.

A. Petrunkevitch 1933) unterscheidet 5 Unterordnungen, von denen 2 bisher keine fossilen Vertreter geliefert haben. Insgesamt handelt es sich um ca. 2819 Gattungen (2735 rezente, 84 fossile). Die Einordnung und Bearbeitung der fossilen Formen wird dadurch erschwert, daß viele der Merkmale, die bei den rezenten Araneida von Bedeutung sind, wegen der ungünstigen Erhaltungsbedingungen nicht beobachtet werden können. — Am auffälligsten ist der zunehmende Verlust der abdominalen Segmentation und die Reduktion der Spinnwarzen im Laufe der Stammesgeschichte.

Unterordnung **Liphistiina** Pocock 1892

Die hierzu gehörenden Vertreter werden als die primitivsten Araneida betrachtet, da sie u. a. die größte Anzahl von Abdominalsegmenten aufweisen. Mit 2 Paar Fächertracheen und 4 Paar Spinnwarzen. Heute nur noch durch 3 Gattungen mit wenigen Arten vertreten. — ? Devon, Karbon — rezent.

Hierzu gehören u. a.:

Arthrolycosa Harger 1874: Ob. Karbon von N-Amerika (Abb. 537).
2 Paar Augen auf einem besonderen Knötchen. Prosoma oval.

Protolycosa Roemer 1866: Karbon von Europa (Abb. 538).
Anscheinend blind; ohne Augenhügel.

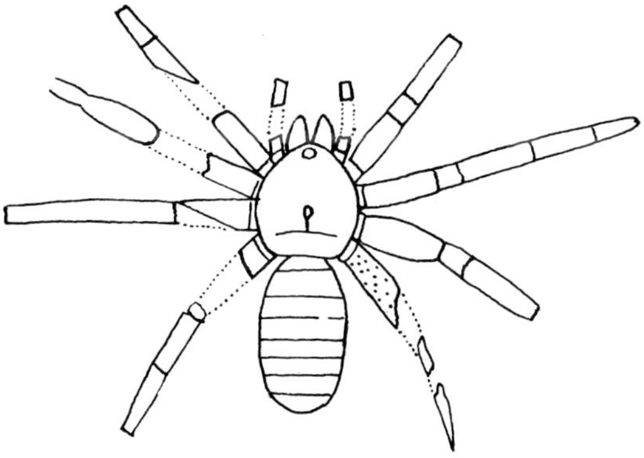

Abb. 537. *Anthrolycosa antiqua* Harger, Ob. Karbon von Nordamerika. Ca. 1⅓ nat. Gr. — Nach A. Petrunkevitch 1955.

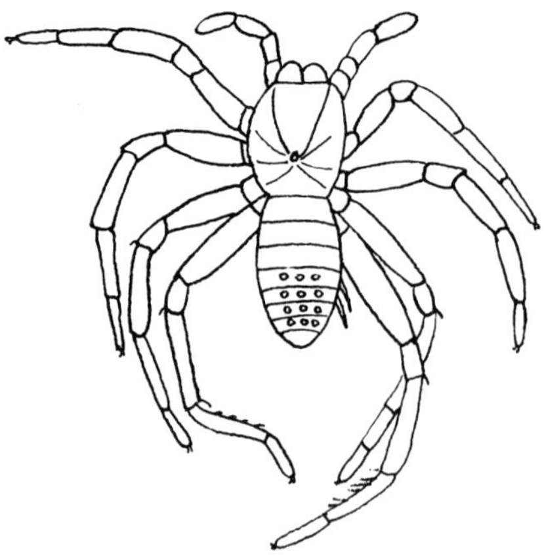

Abb. 538. *Protolycosa anthracophila* ROEMER, Karbon von Europa. Ca. 3/1 nat. Gr. — Nach A. PETRUNKEVITCH 1955.

Unterordnung **Theraphosina** SUNDEVALL 1830
(Vogel- oder Buschspinnen)

Die Theraphosina stehen den Liphistiina am nächsten; doch ist das Abdomen äußerlich bereits unsegmentiert. Das 6. bis 12. Segment sind verschwunden, das 2. bis 5. nahtlos verschmolzen. Zahl der Spinndrüsen auf 2 (weniger häufig 3) Paar reduziert. — ? Ob. Karbon, Unt. Trias — rezent.

Der älteste sichere Vertreter der Th. ist *Rosamygale grauvogeli* SELDEN & GALL 1992 aus der Unt. Trias (Ob. Buntsandstein, Unt. Anis) der nördlichen Vogesen. Er wird vorerst den Hexathelidae POCOCK 1892, die den Dipluridae nahe stehen, zugeordnet. Überraschend sind ferner einige Funde aus der Unt. Kreide Sibiriens und der Mongolei (K. ESKOV & S. ZONSHTEIN 1990). Diese beiden Autoren sind zugleich die Autoren der nachstehend aufgeführten vier neuen Arten und Gattungen. Es handelt sich um: *Cretohexura coylei* (Fam. Mecicobothriidae) aus der Unt. Kreide von Transbaikalien, *Cretomegahexura platnicki* (Fam. Mecicobothriidae), *Cretacattyma raveni* (Fam. Antrodiaetidae) und *Ambiortiphagus ponomarenkoi* (Fam. Atypiidae) aus der Unt. Kreide der Mongolei. Die genannten Familien umschließen die ursprünglichsten rezenten Vertreter der Th.

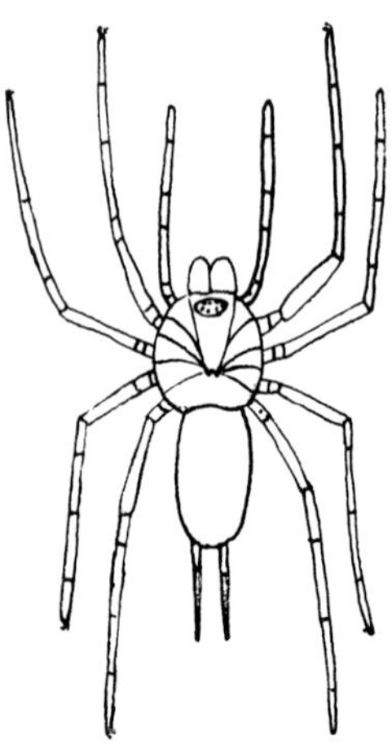

Abb. 539. *Clostes priscus* MENGE, Bernstein (Oligozän) des Ostseegebiets. Ca. 20/1 nat. Gr. — Nach A. PETRUNKEVITCH 1955.

Aus dem Tertiär liegen bisher 13 Arten vor, von denen die Mehrzahl aus dem Ostseebernstein und dem Dominikanischen Bernstein stammt. Hierzu gehört *Clostes priscus* MENGE 1869 (Fam. Dipluridae) aus dem Ostseebernstein (Abb. 539) mit 2 Paar Spinndrüsen, in 3 Klauen endenden Tarsi und stachellosen Beinen.

? **Megarachne** HÜNICKEN 1980: Ob. Karbon (Pallero-Schichten, Bajo-de-Véliz-Formation) von Argentinien (Abb. 540).

Mit einer Körperlänge von ca. 30 cm (ohne Gliedmaßen) handelt es sich um die größte, bisher fossil oder rezent bekannte Spinne. Der trapezförmige, ziemlich flache Cephalothorax bildet

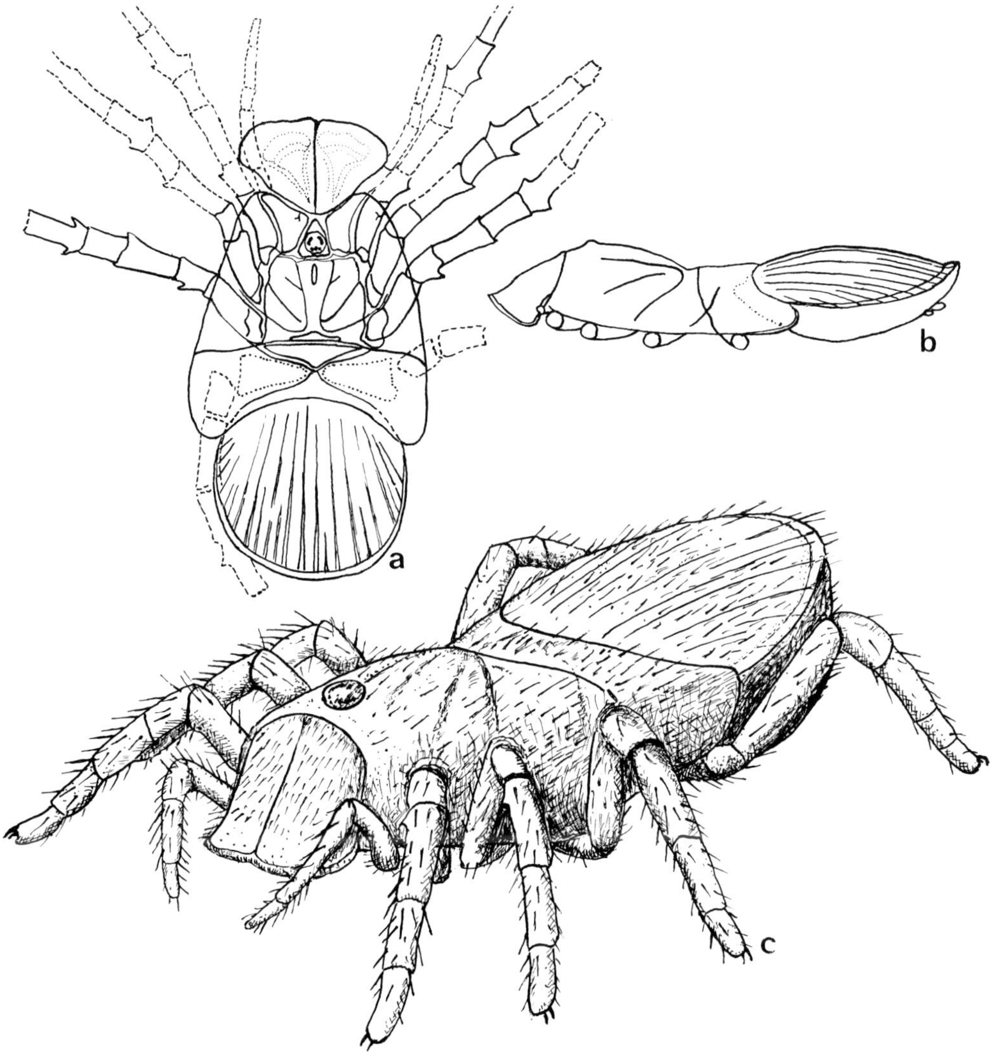

Abb. 540. *Megarachne servinei* HÜNICKEN, a) Dorsalseite mit den Umrissen der Sternocoxalregion, fehlende Teile in gebrochener Linie gezeichnet; b) Rekonstruktionsversuch von Cephalothorax und Abdomen in Seitenansicht; c) Rekonstruktion des gesamten Tieres, Länge des Körpers ohne Anhänge ca. 30,2 cm; Ob. Karbon (Pallero-Schichten, Bajo-de-Véliz-Formation) von Bajo de Véliz (Argentinien). – Nach M. A. HÜNICKEN 1980, umgezeichnet.

einen einzigen Schild, dessen hinterer Teil zum letzten Thorakalsegment gehört und durch eine metapeltidiale Sutur differenziert ist. Letzteres trägt das 4. Beinpaar. Das Sternum ist etwa so lang wie breit, das Labium dreieckig und vom Sternum durch eine metasternale Sutur geschieden. Die paraxialen (orthognathen) Cheliceren haben einen freien Rand, sind seitlich vergrößert und zu einem schaufelförmigen Gebilde (Pala) mit schneidender Kante modifiziert. Das ovale, nicht segmentierte Abdomen wird von einem berippten Dorsalschild bedeckt. Alle Beine sind kurz und gedrungen. — Als größte Spinne der Gegenwart gilt die ca. 10 cm lange *Theraphosa leblondi* aus dem nördlichen S-Amerika, eine Vogelspinne.

Unterordnung **Dipneumonina** Latreille 1817

Abdomen nicht segmentiert. Cheliceren diaxial. Nur 1 Paar Fächer- und 1 Paar Röhrentracheen. — ? Karbon, Oligozän — rezent.

Nachstehend einige Beispiele aus dem Bernstein (Oligozän) des Ostseegebiets:

Hersilia miranda Koch & Ber. (Oberfamilie Hersilioidea Caporiacco 1938; Familie Hersiliidae Thorell 1869): 4 Paar heterogene Augen, hintere Spinnwarzen sehr lang (Abb. 541);

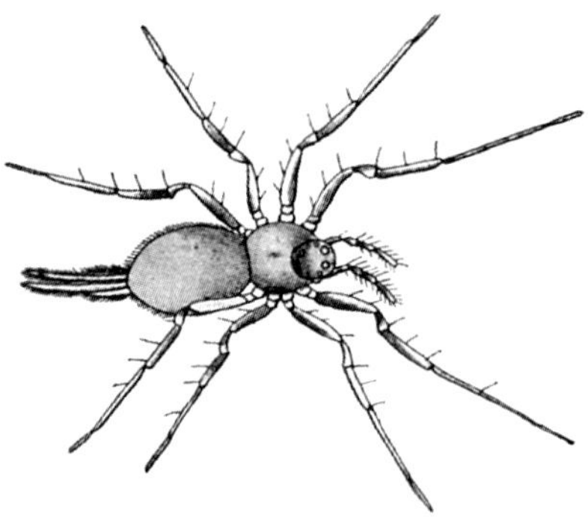

Abb. 541. *Hersilia miranda* Koch & Ber., Bernstein (Oligozän) des Ostseegebiets. Ca. 2/1 nat. Gr. — Nach C. L. Koch & G. C. Berendt 1854.

Eresus monachus Koch & Ber. (Oberfamilie Lycosoidea Sundevall 1833; Familie Eresidae C. L. Koch 1837): Augen in 3 Querreihen (Abb. 542);

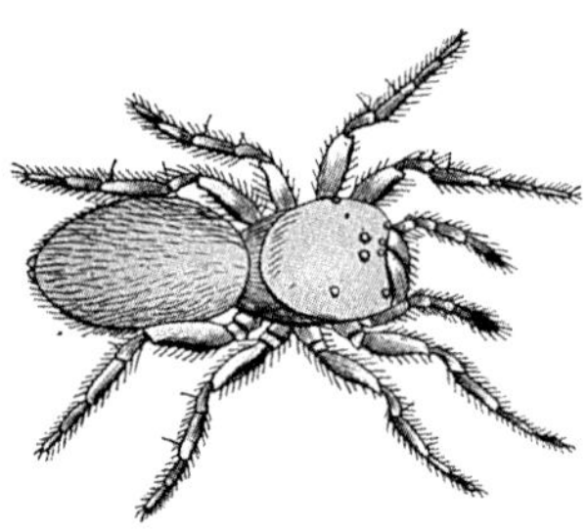

Abb. 542. *Eresus monachus* Koch & Ber., Bernstein (Oligozän) des Ostseegebiets. Ca. 5/1 nat. Gr. — Nach C. L. Koch & G. C. Berendt 1854.

Archaea paradoxa Koch & Ber. (Oberfamilie Araneoidea Leach 1815; Familie Archaeidae Koch & Berendt): Augen in 2 Querreihen; Cheliceren ziemlich weit über dem Mund (Abb. 543);

Gorgopsina melanocephala Koch & Ber. (Oberfamilie Salticoidea F. P. Cambridge 1900;

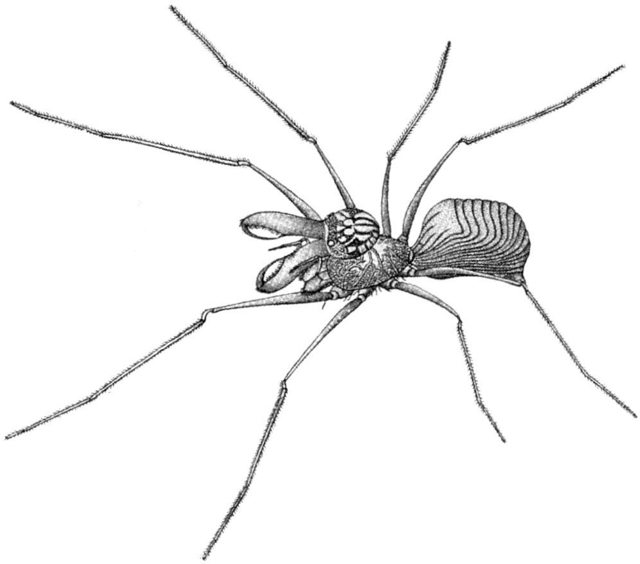

Abb. 543. *Archaea paradoxa* Koch & Ber., Weibchen. Bernstein (Oligozän) des Ostseegebiets. Ca. 10/1 nat. Gr. — Nach C. L. Koch & G. C. Berendt 1854.

Familie Salticidae F. P. Cambridge 1900): Augen in 3 Querreihen, hiervon die vorderste mit 4 großen Augen. Beine mit Stacheln (Abb. 544).

Schließlich zeigt Abb. 545 das Wurfnetz einer Spinne aus der Familie der Theridiidae Sundevall 1833, das im Bernstein (Oligozän) des Samlandes eingebettet wurde, und Abb. 546 einen besonders gut erhaltenen Vertreter der Dipneumonia, der ebenfalls aus dem Bernstein stammt.

Von den beiden restlichen Unterordnungen Hypochilina Petrunkevitch 1933 (mit 2 Paar Fächertracheen) und Apneumonina Dahl 1913 (an Stelle von Fächertracheen mit 1 oder 2 Paar Röhrentracheen) sind fossile Vertreter nicht bekannt.

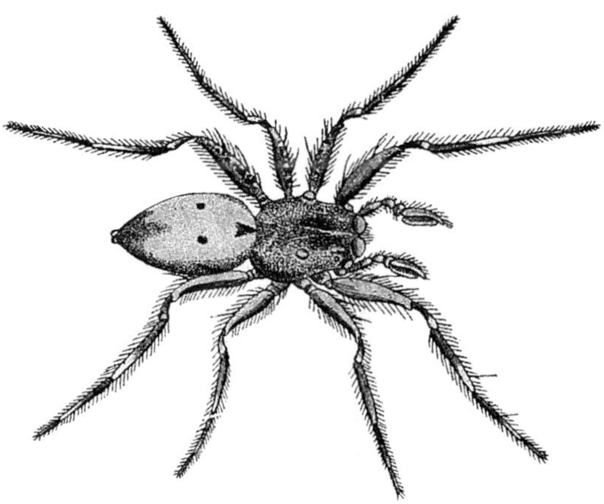

Abb. 544. *Gorgopsina melanocephala* Koch & Ber., Männchen. Bernstein (Oligozän) des Ostseegebiets. Ca. 6/1 nat. Gr. — Nach C. L. Koch & G. C. Berendt 1854.

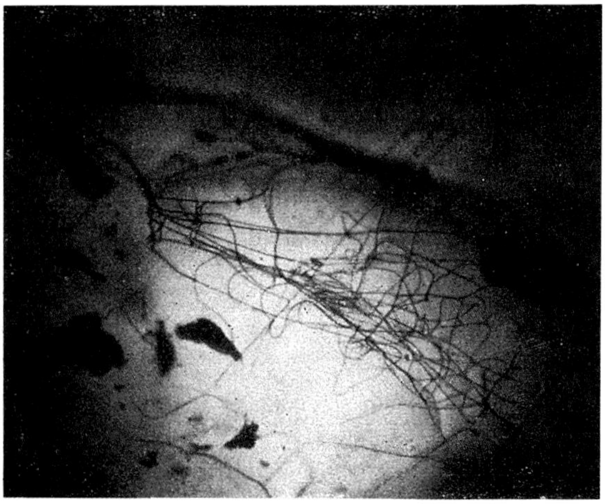

Abb. 545. Wurfnetz einer Spinne aus der Familie der Theridiidae SUNDEVALL 1833, das im Bernstein (Oligozän) des Ostseegebiets eingebettet wurde. 6/1 nat. Gr. — Ebenso wie Abb. 546 nach A. BACHOFEN-ECHT 1935.

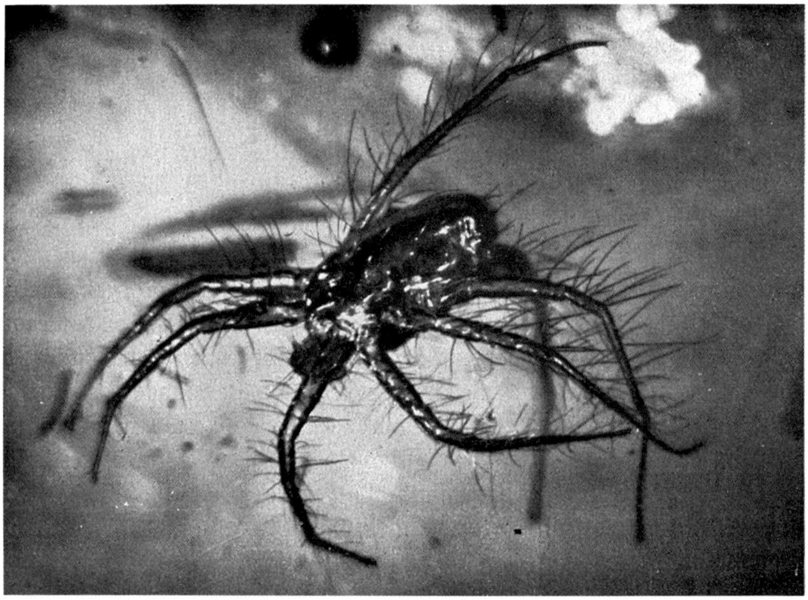

Abb. 546. Ein besonders gut erhaltener Vertreter der Dipneumonina aus dem Bernstein (Oligozän) des Ostseegebiets. 8/1 nat. Gr.

Ordnung **Solpugida** LEACH 1815
(Solifugae SUNDEVALL 1833, Walzenspinnen)

Cephalothorax aus Propeltidium und 3 Thorakalsegmenten. Propeltidium mit 1 Paar medianen und 1 oder 2 Paar rudimentären, seitlichen Augen. Abdomen aus 11 Segmenten. Cheliceren 2gliederig, außergewöhnlich groß, scherenförmig; Pedipalpen 6gliederig, beinförmig. Vordere Laufbeine 7gliederig, fühlerartig, die hinteren 8gliederig, mit zwei Klauen. Länge 9—70 mm. Getrenntgeschlechtlich. Ovipar. Leben heute vor allem in den tropischen und subtropischen Gebieten. Ernähren sich wie die Mehrzahl der Arachnida meist von Insekten. — Fossil bisher nur mit einer Art aus dem Ob. Karbon von N-Amerika (Abb. 547) bekannt; doch liegen aus der Gegenwart mehr als 600 Arten vor, die sich auf über 143 Gattungen verteilen.

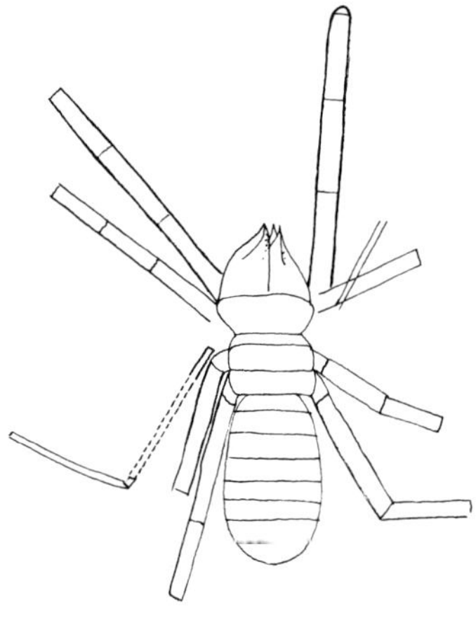

Abb. 547. Dorsalansicht von *Prosolpuga carbonaria* PETR., Ob. Karbon (Westfal) von Mazon Creek (USA). Ca. 2/1 nat. Gr. — Nach A. PETRUNKEVITCH 1955.

Ordnung **Ricinuleida** THORELL 1892
(Kapuzenspinnen)

Cephalothorax nicht segmentiert, Cheliceren 2gliederig, scherenförmig. Sie können von einer beweglichen Platte (Cucullus), die sich am Vorderende des Cephalothorax befindet, überdeckt werden. Pedipalpen 6gliederig, scherenförmig; doch sind die Scheren sehr klein. Abdomen bei erwachsenen Formen aus 9 Segmenten. Hiervon entspricht das erste dem zweiten embryonalen, da das erste embryonale Segment vollständig verlorengeht. Pygidium immer aus drei zylindrischen Segmenten. Körper und Beine stark verkalkt. Getrenntgeschlechtlich. Ovipar. Länge 4—10 mm. Auf dem Prosoma karbonischer Formen konnten 2 Augenpaare nachgewiesen werden (P. A. SELDEN 1986) an der Stelle, wo bei den rezenten Arten zwei lichtdurchlässige Flecken als Augenrudimente liegen. Rezente Vertreter durchlaufen ein 6beiniges Larvenstadium. — Ob. Karbon (Namur B) — rezent. Fossil bisher mit 2 (? 3) Gattungen und 10 Arten im Ob. Karbon von Europa, USA und ? China nachgewiesen. Rezent mit etwa 20 Arten aus 3 Gattungen bekannt, die auf die tropischen Gebiete von Nordamerika und Westafrika beschränkt sind. Hier leben sie bevorzugt unter verrottenden Pflanzenresten am Boden.

Innerhalb der Familie der Curculioididae COCKERELL 1916 (Ob. Karbon) wird das Abdomen von einem einzigen Dorsalschild überdeckt, das durch eine mediane Linie längsgeteilt ist. Auf diese Weise ähneln diese Formen bis zu einem gewissen Maße einem Käfer (Abb. 548 A, B).

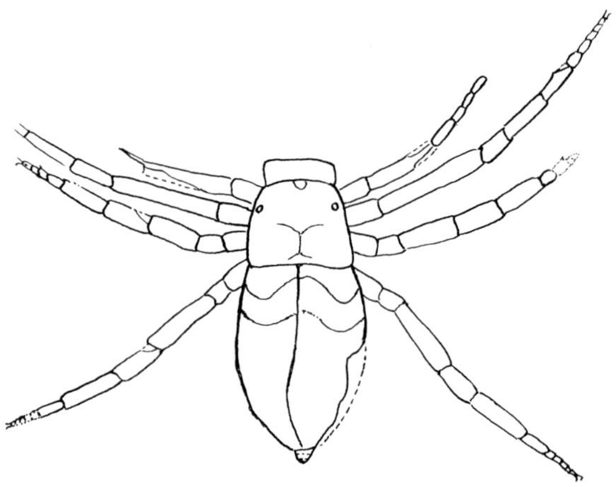

Abb. 548 A. *Curculioides adompha* BRAUCKMANN, Ob. Karbon (Ob. Namur B) von Hagen-Vorhalle (Ruhrgebiet). Körperlänge ohne Extremitäten ca. 1,7 cm. — Nach C. BRAUCKMANN 1991, umgezeichnet.

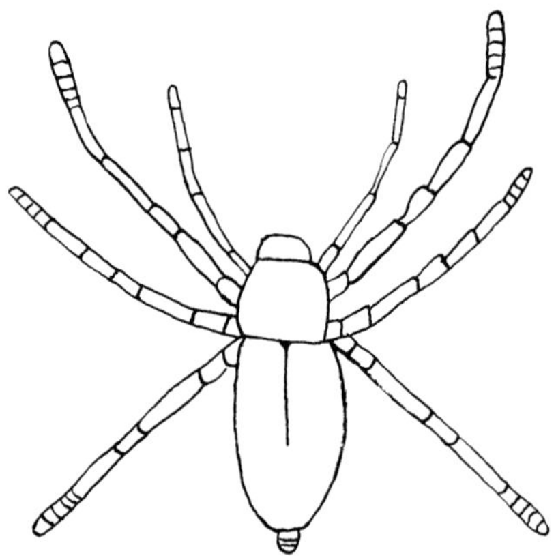

Abb. 548 B. *Curculioides ansticii* BUCKLAND, Rekonstruktion der Dorsalseite. Karbon von England. Ca. ⅔ nat. Gr. — Nach A. PETRUNKEVITCH 1955.

Gemeinsam ist den Palpigradida, Thelyphonida, Schizomida, Kustarachnida, Phrynichida, Solpugida und Ricinuleida die mehr oder weniger laterale Position der Coxae der ersten Laufbeine. Dies beruht wohl darauf, daß letztere bei den meisten der genannten Gruppen zu antennenähnlichen Strukturen umgewandelt wurden. Phylogenetisch von Bedeutung dürfte auch sein, daß ein verschmälertes Hinterende des Opisthosoma (Pygidiosoma) und ein Flagellum nur bei den Thelyphonida, Schizomida, Phrynichida, Palpigradida und Ricinuleida zu finden sind.

Literaturverzeichnis

BERNINI, F.: Fossil Acarida, contribution of paleontological data to acarid evolutionary history. — In: A. M. SIMONETTA & S. C. MORRIS (Eds.), The early evolution of Metazoa and the significance of problematic taxa, 253—262, 2 Abb., Cambridge etc. 1991.

BRAUCKMANN, C.: Neue Arachniden-Funde (Scorpionida, Trigonotarbida) aus dem westdeutschen Unter-Devon — Geologica et Palaeontologica **21**, 73—85, 6 Abb., 2 Taf., Marburg 1987.

— Arachniden und Insekten aus dem Namurium von Hagen-Vorhalle (Ober-Karbon; West-Deutschland). — Veröffentl. Fuhlrott-Museum **1**, 275 S., 78 Abb., 25 Taf., Wuppertal 1991.

— KOCH, L., & KEMPER, M.: Spinnentiere (Arachnida) und Insekten aus den Vorhalle-Schichten (Namurium B; Ober-Karbon) von Hagen-Vorhalle (Westdeutschland). — Geol. Paläont. Westf. **3**, 132 S., 57 Abb., 23 Taf., Münster 1985.

CLARIDGE, M. F., & LYON, S. G.: Lung-books in the Devonian Palaeocharinidae (Arachnida). — Nature **191** (4794), 1190—1191, London 1961.

ESKOV, K. Y.: A new arachaeid spider (Chelicerata: Araneae) from the Jurassic of Kazakhstan, with notes on the so-called „Gondwanan" range of recent taxa. — N. Jb. Geol. Paläont. Abh. **175** (1), 81—106, 10 Abb., Stuttgart 1987.

— & ZONSHTEIN, S.: First Mesozoic mygalomorph spiders from the Lower Cretaceous of Sibiria and Mongolia, with notes on the system and evolution of the infraorder Mygalomorphae (Chelicerata: Araneae). — N. Jb. Geol. Paläont. Abh. **178**, 325—368, 40 Abb., Stuttgart 1990.

FRITSCH, A.: Palaeozoische Arachniden. 55 S., 15 Taf., Prag 1904.

GUTHÖRL, P.: Die Arthropoden aus dem Karbon und Perm des Saar-Nahe-Pfalz-Gebietes. — Abh. Preuß. Geol. L.-A., N. F. **164**, 219 S., 116 Abb., 30 Taf., Berlin 1934.

HAASE, E.: Beiträge zur Kenntnis der fossilen Arachniden. — Z. dtsch. Geol. Ges. **42**, 629—657, 3 Taf., 1890.

HAMMEN, L. VAN DER: A new classification of Chelicerata. — Zool. Meded. **51** (20), 307—319, 1 Abb., Leiden 1977.

HIRST, S.: On some arachnid remains from the Old Red Sandstone (Rhynie Chert Bed, Aberdeenshire). — Annals Mag. Nat. Hist., ser. 9, **12**, 455—474, 13 Abb., 5 Taf., London 1923.

HÜNICKEN, M. A.: A giant fossil spider (*Megarachne servinei*) from Bajo de Véliz, Upper Carboniferous, Argentinia. — Bull. Acad. Nac. Ci. Cordoba **53** (3—4), 317—340, 7 Taf., 1980.

JUX, U.: *Somaspidion hammapheron* n. gen. n. sp. — ein Arachnide aus dem Oberkarbon der subvaristischen Saumsenke NW-Deutschlands. — Paläont. Z. **56** (1/2), 77—86, 2 Abb., Stuttgart 1982.

KARSCH, F.: Neue Milben im Bernstein. — Entomol. Z. **28**, 175—176, Berlin 1884.

KJELLESVIG-WAERING, E. N.: Silurian scorpions of New York. — J. Paleont. **40**, 359—375, 18 Abb., 3 Taf., Tulsa/Okl. 1966.

— *Brontoscorpio anglicus:* a gigantic Lower Paleozoic scorpion from central England. — J. Paleont. **46**, 39—42, 2 Abb., 1972.

— A restudy of the fossil Scorpionida of the world. — Palaeontogr. amer. **55**, 1—287, 39 Abb., 18 Taf., Ithaca, New York 1986.

KOCH, C. L., & BERENDT, G. C.: Die im Bernstein befindlichen Crustaceen, Myriapoden, Arachniden und Apteren. 124 S., 17 Taf., Berlin 1854.

KUSTA, J.: *Anthracomartus Krejcii*, eine neue Arachnide aus dem Böhmischen Karbon. — Sitz.ber. k. böhm. Ges. Wiss. **1883**, S. 340, 1883.

— Neue fossile Arthropoden aus dem Noeggerathienschiefer von Rakonitz. — Sitz.ber. k. böhm. Ges. Wiss. **1885**, S. 7, 1885.

LAUTERBACH, K.-E.: Schlüsselereignisse in der Evolution des Grundbauplans der Arachnata (Arthropoda). — Abh. naturwiss. Ver. Hamburg, n. F. **23**, 163—327, 72 Abb., Hamburg 1980.

LEARY, R. I.: *Labriscorpio alliedensis:* a new Carboniferous scorpion from Rock Island County, Illinois. — J. Paleont. **54**, 1255—1257, 2 Abb., Tulsa 1980.

LEHMANN, W. M.: *Palaeoscorpius devonicus* n. g., n. sp., ein Skorpion aus dem rheinischen Unterdevon. — N. Jb. f. Min. etc., Mh. B, 177—185, 4 Abb., Stuttgart 1944.

MÜLLER, A. H.: Ein Arachnidenrest (*Brachylycosa? manebachensis* n. sp.) aus dem Unteren Rotliegenden (Manebacher Schichten) von Thüringen. — Geologie **6**, 95—98, 2 Abb., Berlin 1957.

NOVOJILOV, N., & STØRMER, L.: A new scorpion from the Upper Carboniferous of Sibiria. — Norsk Geol. Tidsskr. **43**, 83—87, 2 Taf., Bergen 1963.

ONO, H.: Erstnachweis einer Krabbenspinne (Thomisidae) im Dominikanischen Bernstein. — Stuttgarter Beitr. Naturk. **73 B**, 13 S., Stuttgart 1981.

PATRICK, R. R.: A new phalangiotarbid (Arachnida) from the McCleansboro Group (Pennsylvanian) of Indiana. — J. Paleont. **63** (3), 327—331, 5 Abb., 1989.

PETRUNKEVITCH, A.: A monograph of the terrestrial Palaeozoic Arachnida of North America. — Trans. Connecticut Acad. Arts Sci. **18**, 1—137, 88 Abb., 13 Taf., New Haven 1913.

— A study of Palaeozoic Arachnida. — Trans. Connecticut Acad. Arts Sci. **37**, 69—315, 83 Taf., New Haven 1949.

— Paleozoic and mesozoic Arachnida of Europe. — Mem. geol. Soc. America **53**, 128 S., 58 Taf., New York 1953.

— Arachnida. — In: Treatise on Invertebrate Paleontology, Part P, Arthropoda 2, P 42—P 162, 86 Abb., Lawrence 1955.
Rolfe, W. D. I.: Early invertebrate terrestrial faunas. — In: A. L. Panchen (Ed.), The Terrestrial Environment and the Origin of Land Vertebrates, S. 117—157, 5 Abb., London, New York 1980.
— & Beckett, E. C.M.: Autecology of Silurian Xiphosurida, Scorpionida, Cirripedia, and Phyllocarida. — Spec. Pap. in Palaeont. **32**, 27—37, 4 Abb., London 1984.
Schawaller, W.: Spinnen der Familien Tetragnathidae, Uloboridae und Dipluridae im Dominikanischen Bernstein und allgemeine Gesichtspunkte (Arachnida, Aranaceae). — Stuttgarter Beitr. Naturk. **89 B**, 19 S., 26 Abb., Stuttgart 1982.
— Die Spinnentiere (Arachnida) im Dominikanischen Bernstein. — Stuttgarter Beitr. Naturk. **18 C**, 72—78, 1 Taf., Stuttgart 1984.
Scudder, S. H.: The Tertiary insects of North America (Arachnides Latreille). — U. S. Geol. Survey, 45—90, 1 Taf., Hayden 1890.
Selden, P. A.: Ricinuleids — living fossils? — Acta. 10. Congr. internat. Arachnol. **1**, S. 425, Jaca 1986.
— & Gall, J.-C.: A Triassic mygalomorph spider from the Northern Vosges, France. — Palaeontology **35** (1), 211—235, 6 Abb., 6 Taf., London 1992.
Shear, W. A., & Selden, P. A.: Phylogenetic relationships of the Trigonotarbida, an extinct order of arachnids. — Act. 10. Congr. internat. Arachnol. **1**, 393—397, 1 Abb., Jaca 1986.
Størmer, L.: *Gigantoscorpio willsi*, a new scorpion from the Lower Carboniferous of Scotland and its associated preying microorganisms. — Skr. norske Vid.-Akad. Oslo I, matem.-naturvid. Kl., n. s. **8**, 36 S., 45 Abb., 22 Taf., Oslo 1963.
— Arthropods from the Lower Devonian (Lower Emsian) of Alken an der Mosel, Germany, Part 1: Arachnida. — Senckenbergiana lethaea **51** (4), 335—369, 8 Abb., 5 Taf., Frankfurt a. Main 1970.
— Arthropods from the Lower Devonian (Lower Emsian) of Alken an der Mosel, Germany. Part 4: Eurypterida, Drepanopteridae, and other groups. — Senckenbergiana lethaea **54**, 359—451, 45 Abb., 16 Taf., Frankfurt a. Main 1974.
— Arthropods from the Lower Devonian (Lower Emsian) of Alken an der Mosel, Germany. 5. Myriapoda and additional forms, with general remarks on fauna and problems regarding invasion of land by arthropods. — Senckenbergiana lethaea **57**, 87—183, 107 Abb., 10 Taf., Frankfurt a. Main 1976.
Vachon, M., & Heyler, D.: Description d'une nouvelle espèce de scorpion: *Buthiscorpius pescei* (Stéphanien de Montceau-les-Mines, France). Remarques sur la classification des Scorpions (Arachnida) du Carbonifère. — Bull. Soc. Hist. Nat. Autun **113**, 29—47, 7 Abb., Autun 1985.
Vogel, B. R., & Durden, Ch. J.: The occurrence of stigmata in a Carboniferous scorpion. — J. Paleont. **40**, 655—658, 1 Abb., 1 Taf., 1966.
Walossek, D., Li, Cheng-Sen, & Brauckmann, C.: A scorpion from the Upper Devonian of Hubei Province, China (Arachnida, Scorpionida). — N. Jb. Geol. Paläont. Mh. **1990** (3), 169—180, 3 Abb., Stuttgart 1990.
Weygoldt, P., & Paulus, H. F.: Untersuchungen zur Morphologie, Taxonomie und Phylogenie der Chelicerata. I. Morphologische Untersuchungen. — Z. zool. Systematik Evolutionsforsch. **17** (2), 85—116, 7 Abb., Hamburg 1979.
Wills, L. J.: A monograph of British triassic scorpions. Part 1. — Palaeontogr. Soc. **1946**, 1—137, 53 Abb., 10 Taf., London 1946.
Wunderlich, J.: Spinnenfauna gestern und heute. Fossile Spinnen in Bernstein und ihre heute lebenden Verwandten. 283 S., Wiesbaden (Bauer-Verl.) 1986.
— Die fossilen Spinnen im Dominikanischen Bernstein. — Beitr. Araneol. **2**, 1—378 S., Straubenhardt 1988.
— Fossile Zwerg-Sechsaugenspinnen (Oonopidae) der Gattung *Orchestina* Simon, 1882 im Bernstein, mit Bemerkungen zur Sexualbiologie (Arachnida: Araneae). — Mitt. Geol.-Paläont. Inst. Univ. Hamburg **51**, 83—113, 28 Abb., Hamburg 1982.
— Die ersten Spinnen aus dem Mittel-Eozän der Grube Messel. — Senckenbergiana leth. **67** (1/4), 171—176, Frankfurt a. Main 1986.

Unterstamm Pycnogonida LATREILLE 1810

(Asselspinnen)

1. Allgemeines

Es handelt sich ausschließlich um marine Arthropoden, die äußerlich den Cheliceraten ähneln (Abb. 549). Das 1. Segment trägt die drei vorderen Anhangspaare, und zwar (von vorn): 1 Paar Cheliforen (cheliform), 1 Paar Palpen (palpiform) und 1 Paar Ovigeren (Brutbeine, hochdifferenziert, dienen beim Männchen zur Aufnahme der Eier bis zum Schlüpfen). Dahinter folgen im allgemeinen 4, seltener 5 (in einem Fall auch 6) Paar Laufbeine, die einer entsprechenden Anzahl von Rumpfsegmenten ansitzen. Alle Anhänge sind einzeilig und ungespalten. Im Unterschied zu den Cheliceraten fehlt den rezenten Arten sowie der unterdevonischen *Palaeothea* (s. später) ein wohlentwickeltes Abdomen. Bei *Palaeoisopus* besteht es aus 5, bei *Palaeopantopus* (beide Unt. Devon) aus 6 Segmenten. Sonst findet sich an seiner Stelle ein kleines, rundliches oder längliches Knötchen. Außerdem ist der Vorderteil des Körpers zu einem kräftigen Rüssel (Proboscis) umgestaltet. Heute, abgesehen von einer hermaphroditen Form, getrenntgeschlechtlich. Die Larve (Protonymphon, Abb. 550) ist nicht freilebend. Auch zeigt sie im Gegensatz zu der äußerlich ähnlichen Nauplius-Larve keine gespaltenen Anhänge.

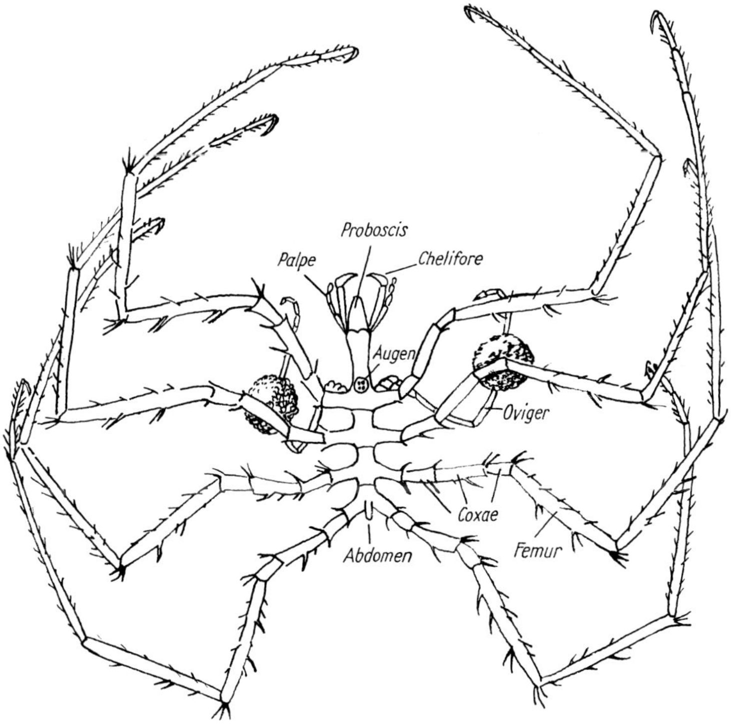

Abb. 549. Dorsalansicht (schematisch) eines rezenten Pycnogoniden (*Nymphon rubrum* HODGE). Es handelt sich um ein Männchen, das an jedem Oviger einen Eiballen trägt. Ca. 5½ nat. Gr. — Umgezeichnet und leicht verändert nach J. W. HEDGPETH 1955.

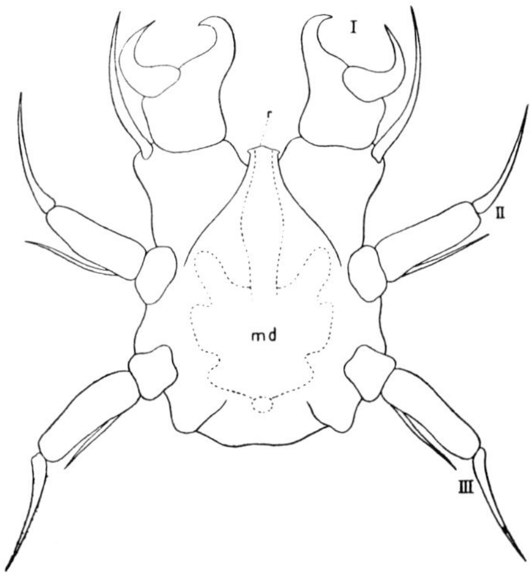

Abb. 550. Protonymphon-Larve eines rezenten Pantopoden *(Ammothea)*. md = Mitteldarm, r = der schnabelartige Rüssel (Proboscis), I—III = die drei Extremitätenpaare. — Nach J. MEISENHEIMER 1902.

2. *Vorkommen*

Fossil nur aus dem Unt. Devon (Hunsrückschiefer, Ob. Siegen/Unt. Ems) des Rheinlandes mit 3 Arten aus 3 Gattungen bekannt. Rezent mit mehr als 700 Arten in allen Meeren. Ursache der großen Seltenheit fossiler Funde dürfte in der überwiegend geringen Größe und ungünstigen Erhaltungsfähigkeit des dünnen, leicht zerbrechlichen Integuments zu suchen sein.

3. *Systematik*

Früher meist unmittelbar oder als unsicheres Anhängsel zu den Arachnida gestellt. Heute betrachtet man sie als eigenen Unterstamm, der gleichberechtigt neben Merostomata und Arachnida steht. Herkunft aller Wahrscheinlichkeit nach von den Cheliceraten (frühen Merostomata).

Ordnung **Palaeopantopoda** BROILI 1930

Proboscis, Cheliforen und Augen fehlen anscheinend. Abdomen aus 2 oder 3 Segmenten. Hierzu gehört die einzige, bisher nur in wenigen Exemplaren gefundene Art (*Palaeopantopus maucheri* BROILI 1929, Abb. 551) aus dem Unt. Devon (Hunsrückschiefer) des Rheinlandes.

Ordnung **Pantopoda** GERSTAECKER 1863

Vorderes Anhangspaar (Cheliforen) mit Scheren. Abdomen zu einem kleinen, nicht segmentierten Knoten reduziert. Drittes Anhangspaar meist zu Ovigeren (Eierträgern) umgewandelt, die aber nur bei den Männchen wirklich als solche dienen. Kennzeichnend ist ein oft kräftig entwickelter Rüssel (Proboscis), der Chitinhaken trägt und vermutlich aus der Verschmelzung von Ober- und Unterlippe hervorging. Zahl der Segmente (Somite) des Rumpfes beträgt je nach Art drei bis sechs. Lebensweise ausschließlich marin (stenohalin), vom Gezeitenbereich bis in die Tiefsee aller Meere; am häufigsten und artenreichsten jedoch in arktischen und antarktischen Gewässern. Überwiegend benthisch; doch steigen einige zur Wasseroberfläche empor, um zu laichen. Ein rezenter Vertreter ist bathypelagisch. Jugendstadien meist parasitisch (in Hydro-

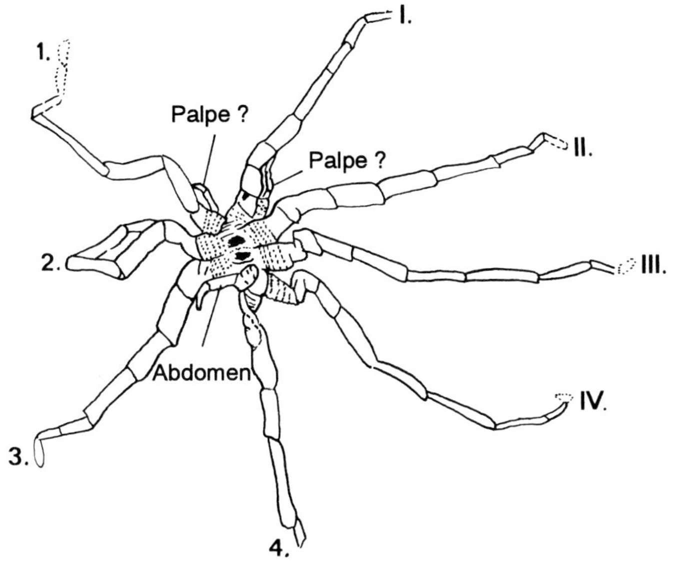

Abb. 551. *Palaeopantopus maucheri* BROILI, Oberseite. Unt. Devon (Hunsrückschiefer, Ob. Siegen/Unt. Ems), Hunsrück (W-Deutschland). Maximale Breite zwischen den äußeren Enden der Beine ca. 14 cm. – Nach J. BERGSTRÖM, W. STÜRMER & G. WINTER 1980, umgezeichnet und vereinfacht.

zoen, Octokorallen, Mollusken u. a.), im Alter freilebend. Als Nahrung dienen niedere, weichkörperige Tiere, vor allem Cnidaria.

Die Spannweite beträgt in der Gegenwart von einigen Millimetern bei Vertretern aus der Gezeitenzone bis zu 40 cm bei Tiefseeformen (*Colossendeis* JARZYNSKY 1870). Die einzige fossile Art (*Palaeothea devonica* BERGSTRÖM, STÜRMER & WINTER 1980, Unt. Devon, Hunsrückschiefer des Rheinlandes) erreicht nur eine Länge von ca. 5 mm. Aus der Gegenwart sind mehr als 70 Gattungen bekannt, die sich auf 7 Familien verteilen.

Bei *Phalangites priscus* MÜNSTER und *Palpites cursor* ROTH aus dem Solnhofener Plattenkalk (Malm zeta) von Bayern handelt es sich nicht, wie ursprünglich angenommen, um Pantopoda, sondern um Phyllosoma-Larven von Crustacea (Decapoda) (vgl. Bd. II, Teil 3, 3. Aufl., S. 130, 1989).

Ordnung **Palaeoisopoda** HEDGPETH 1978

Der Rumpf besteht wie bei den rezenten Pantopoda aus 4 Segmenten, wovon jedes ein Paar Beine trägt. Von diesen ist das nachfolgende jeweils etwas kürzer als das vorhergehende. Im Gegensatz zu der früheren Anschauung (F. BROILI), wonach der Rumpf nach vorn in einen langen Rüssel (Proboscis) ausläuft, handelt es sich hierbei um das Abdomen aus 5 Segmenten und Telson (V. B. DUBININ 1957; W. M. LEHMANN 1959; J. BERGSTRÖM 1980; W. STÜRMER & G. WINTER 1980) (Abb. 552). Es ähnelt dem anderer Arthropoden; doch soll das Abdomen einer brieflichen Mitteilung von R. HARTENBERGER, Oberbrombach (1992) zufolge wenigstens bei einigen Exemplaren haarförmige Vorragungen tragen (? Geschlechtsdimorphismus). Das blattförmige Organ, das man bisher für ein segmentiertes Abdomen hielt, ist in Wirklichkeit das vordere Scherenpaar. Ferner konnte nachgewiesen werden, daß das Extremitätenpaar III als Eierträger (Oviger) ausgebildet war. Auf der Dorsalseite liegt der Augenhügel mit 4 Ocellen. Da

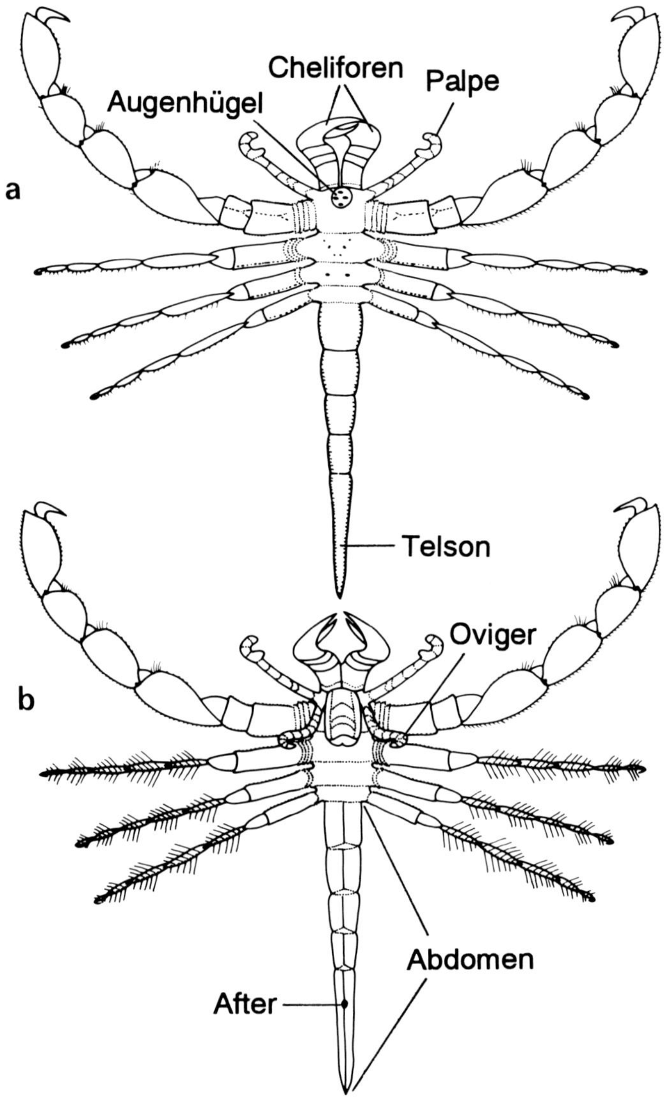

Abb. 552. *Palaeoisopus problematicus* BROILI, Rekonstruktionen (a – dorsal, b – ventral). Unt. Devon (Hunsrückschiefer, Ob. Siegen/Unt. Ems) des Rheinischen Schiefergebirges. Kann eine Spannweite von etwa 32 cm erreichen. – Nach J. BERGSTRÖM, W. STÜRMER & G. WINTER 1980.

das Abdomen einschließlich Telson nur 6 Segmente aufweist, ist letzteres das 13. Die maximale Spannweite beträgt etwa 20 cm. – Bisher sind nur wenige Exemplare einer Art (*Palaeoisopus problematicus* BROILI 1928) aus dem Unt. Devon (Hunsrückschiefer, Ob. Siegen/Unt. Ems) des Rheinlandes bekannt (Abb. 552).

Literaturverzeichnis

Bergström, J., Stürmer, W., & Winter, G.: *Palaeoisopus, Palaeopantopus* und *Palaeothea*, pygnogonid arthropods from the Lower Hunsrück Slate, West Germany. — Paläont. Z. **54**, 7—54, 34 Abb., Stuttgart 1980.

Broili, F.: Beobachtungen an neuen Arthropodenfunden aus den Hunsrückschiefern: ein Pantopode aus dem rheinischen Unterdevon. — Sitz.ber. Bayr. Akad. Wiss., Math.-Nat. Abt. **1929**, 272—280, 6 Abb., 1 Taf., München 1929.

— Über ein neues Exemplar von *Palaeopantopus*. — Ebd. **1930,** 209—214, 1 Abb., 1930.

— *Palaeoisopus* ist ein Pantopode. — Ebd. **1932,** 45—60, 3 Taf., 1932.

— Weitere Beobachtungen an *Palaeoisopus*. — Ebd. **1938,** 33—47, 5 Abb., 5 Taf., 1938.

Dubinin, V. B.: [Über die Orientierung des Kopfendes der devonischen Pycnogoniden der Gattung *Palaeoisopus* und ihre systematische Stellung bei den Arthropoda]. — Doklady Akad. Nauk SSSR **117**, 881—884, Moskau 1957 [russ.].

Hedgpeth, J. W.: On the evolutionary significance of the Pycnogonida. — Smithson. Misc. Coll. **106**, Nr. 18, 53 S., 16 Abb., 1 Taf., 1947.

— On the phylogeny of the Pycnogonida. — Acta Zoologica **35**, 193—213, 9 Abb., Stockholm 1954.

— *Palaeoisopus*. — In: R. C. Moore, Treatise on Invertebrate Paleontology, Part P, Arthropoda **2**, 171—173, 1 Abb., Kansas 1955 (1955a).

— Pycnogonida. — In: R. C. Moore, Treatise on Invertebrate Paleontology, Part P, Arthropoda 2, 162—170, 6 Fig., Kansas 1955 (1955b).

Lehmann, W. M.: Neue Entdeckungen an *Palaeoisopus*. — Paläont. Z. **33**, 1/2, 96—103, 4 Abb., 2 Taf., Stuttgart 1959.

Lotz, G., & Bückmann, D.: Die Häutung und die Exuvie von *Pygnogonum litorale* (Ström) (Pantopoda). — Zool. Jb. Anat. **85**, 529—536, 1968.

Manton, S. M.: Habits, functional morphology and the evolution of pygnogonids. — Zool. J. Linnean Soc. London **63**, 21 S., London 1978a.

— The Arthropoda. Habits, Functional Morphology and Evolution. XII + 527 S., Oxford 1978b (nicht 1977).

Unterstamm Trilobitomorpha Størmer 1944

(Proarthropoda Vandel 1949)

1. Allgemeines

Eine Gruppe altertümlicher, meist mariner Arthropoda von zum Teil recht unterschiedlicher Ausbildung. Neben Merkmalen, die für diesen Unterstamm selbst charakteristisch sind, finden sich solche, die an Merostomata oder Crustacea erinnern. Dies erklärt, weshalb man die Trilobitomorpha in eine Anzahl zum Teil recht kleiner Klassen aufgliedert. Gemeinsam sind aber allen Spaltbeine vom Trilobiten-Typ (vgl. S. 497) sowie präorale Antennen. — Mit den Chelicerata können die Tiere deshalb nicht vereinigt werden, weil ersteren Antennen fehlen. Dafür finden sich bei manchen Formen recht einheitlich ausgebildete Cheliceren, die aber eine andere Position als bei den Chelicerata haben. Bei den Pseudonostraca und Marrellomorpha erinnert nichts an Chelicerata.

2. Vorkommen

Unt. Kambrium — Ob. Perm. Es handelt sich um marine Tiere, deren stammesgeschichtliches Maximum auf das Kambrium und Ordovizium fällt. Die meisten Gattungen finden sich zwischen Mittl. und Ob. Kambrium.

3. Systematik

Je nach der Ausbildung des Dorsalpanzers, dem Vorliegen an Crustacea oder Chelicerata erinnernder Merkmale sowie dem Bau der am Kopfabschnitt befindlichen Anhänge, werden die nachstehenden Klassen unterschieden:

a) **Merostomoidea** Størmer 1944 (Unt. — Mittl. Kambrium, Unt. Devon): Überwiegend an Merostomata erinnernde Vertreter, die meist ein Paar uniseriale, vielgliederige Antennen und einen überwiegend dreiteiligen Dorsalpanzer aufweisen. Dieser bedeckt den Körper in der Regel bis zu den hintersten Segmenten. Der Schwanzabschnitt ist meist stabförmig.
b) **Pseudonostraca** Raymond 1935 (Mittl. Kambrium, Unt. Devon): An Crustacea erinnernde Formen, die meist keine Dreigliederung des Dorsalpanzers aufweisen.
c) **Marrellomorpha** Beurlen 1934 (Mittl. Kambrium): Vermutlich planktisch lebende Trilobitomorpha von eigenartigem Bau, deren kurzer Dorsalpanzer eine weitgehende Zerschlitzung und Aufgliederung zeigt. Neben einem Paar langer, uniserialer, vielgliederiger Antennen, findet sich ein weiteres Paar, ebenfalls sehr langer, uniserialer Anhänge, die ebenfalls mit Borsten bedeckt sind.
d) **Trilobita** Walch 1771 (Unt. Kambrium — Ob. Perm): Der Körper läßt sich sowohl von vorn nach hinten als auch von rechts nach links in drei Abschnitte gliedern. Abgesehen von einem Paar relativ langer, uniserialer und vielgliederiger Antennen, sind sämtliche Anhänge Spaltbeine vom Trilobiten-Typ.

Abweichend von der hier vertretenen Gruppierung betrachtet L. Størmer (1959) die Merostomoidea, Pseudonostraca und Marrellomorpha nur als Unterklassen, die er in einer Klasse der Trilobitoidea vereinigt. J. Bergström (1979) faßt als Trilobitomorpha folgende Taxa zusammen: Marrellomorpha (mit Marrellida, Mimetasterida, Acerostraca und ? Halycina), Merostomoidea (mit Limulavida, Cheloniellida, ? Strabopidae, ? Emeraldellida) und Trilobita. Die Unsicherheiten in der Systematik ergeben sich vor allem aus der nur lückenhaft bekannten Morphologie. Außerdem sind die fraglichen Gruppen ausgestorben, so daß ein Vergleich mit rezenten Verwandten ausscheidet.

I. Klasse **Merostomoidea** Størmer 1944

1. Allgemeines

Überwiegend an Merostomata erinnernde, meist mit einem Paar uniserialer, vielgliederiger Antennen versehene Trilobitomorpha mit dreiteiligem Rückenpanzer, der, abgesehen von wenigen Vertretern, den Körper bis zu den hintersten Segmenten bedeckt. Er besteht aus einem Kopf-, Rumpf- und Schwanzabschnitt. Die Anhänge der hinteren Körperregionen sind Spaltbeine vom Trilobiten-Typ, deren Kiemenbein im allgemeinen etwas stärker entwickelt ist als bei den Trilobiten. Der Schwanzabschnitt hat wie bei den Eurypterida meist eine stabförmige (styliforme) Gestalt.

2. Vorkommen

Unt. — Mittl. Kambrium, Unt. Devon.

3. Beispiele

Naraoia WALCOTT 1912: Mittl. Kambrium (Burgess-Schiefer) von Britisch-Kolumbien (Abb. 553).

Der relativ breite und bis 3 cm lange Körper wird fast vollständig vom Dorsalpanzer bedeckt. Ungeschützt sind lediglich die beiden letzten Segmente, von denen das hinterste mit Stacheln ausgestattet ist. Die Kopfregion zeigt 1 Paar kleine seitliche Augen, ferner 2 kurze, dicht segmentierte Antennen sowie 4 Paar weitere Anhänge. – Dem äußeren Gepräge nach erinnert *N.* einerseits an Trilobiten, andererseits an Xiphosuren. P. E. RAYMOND (1935) betrachtet *N.* als eine Übergangsform zwischen den Trilobiten und ihren unmittelbaren Vorfahren.

Leanchoilia WALCOTT 1912 (syn. *Bidentia* WALCOTT 1912): Mittl. Kambrium (Burgess-Schiefer) von Britisch-Kolumbien (Abb. 554 A, B).

Abb. 553. *Naraoia compacta* WALCOTT, dorsal. Mittl. Kambrium (Burgess-Schiefer) von Britisch-Kolumbien. Länge ca. 3,5 cm. – Ebenso wie Abb. 554 A, B nach CH. D. WALCOTT.

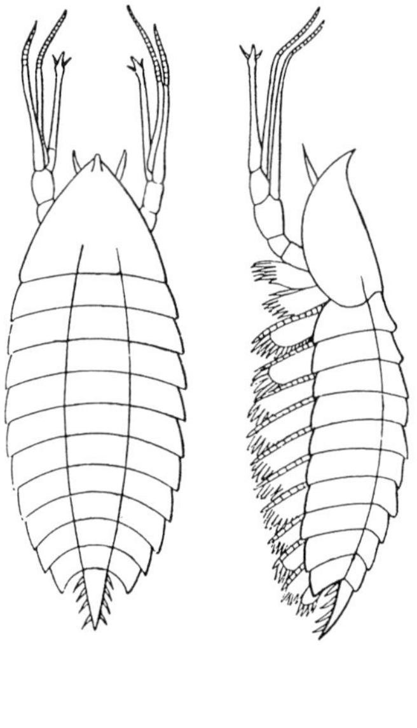

Abb. 554 A. *Leanchoilia superlata* WALCOTT, Rekonstruktion. Mittl. Kambrium (Burgess-Schiefer) von Britisch-Kolumbien. Ca. 4/5 nat. Gr.

Abb. 554 B. *Leanchoilia superlata* WALCOTT, Mittl. Kambrium (Burgess-Schiefer) von Britisch-Kolumbien. Länge des unteren Exemplars ca. 10 cm.

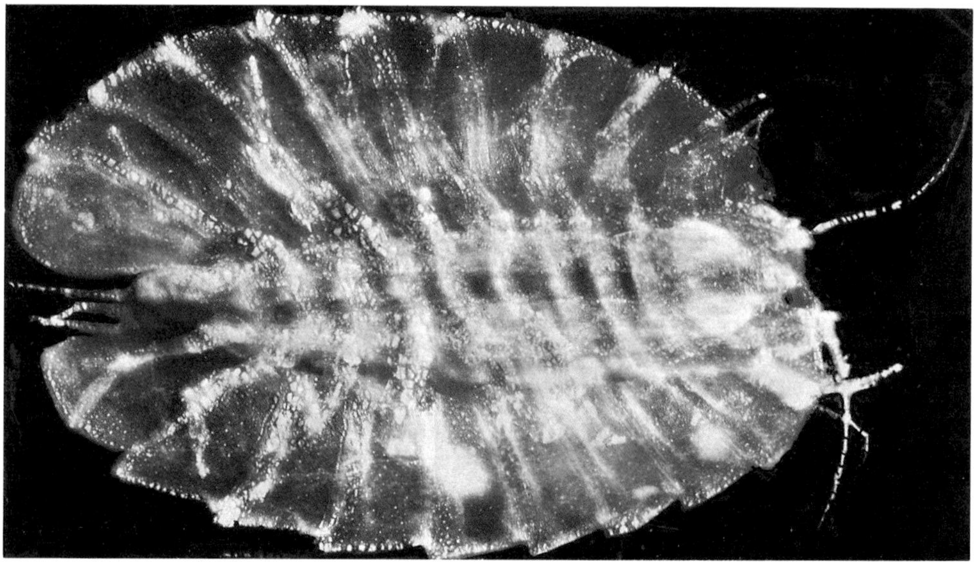

Abb. 555 A. *Cheloniellon calmani* BROILI, Fotokomposition verschiedener Röntgenaufnahmen; Unt. Devon (Hunsrückschiefer) des Hunsrück (Rheinisches Schiefergebirge), Länge ca. 7,5 cm. — Nach W. STÜRMER & J. BERGSTRÖM 1978.

Der bis 8 cm lange Dorsalpanzer bedeckt fast den gesamten Körper, der aus einer nach hinten halboval abschließenden Kopfregion sowie 10 Segmenten gebildet wird. Als besonderes Kennzeichen findet sich in der Kopfregion 1 Paar große gegabelte Anhänge, die aus 5–6 Gliedern bestehen. An der Innenseite des 3. oder 4. Gliedes sitzt 1 Paar relativ lange Dornen, deren vielgliederige Enden vermutlich als Tastorgane dienten. Der vordere Teil der Kopfregion trägt außerdem zwei kleine Anhänge (Antennen) und eine Art Rostrum. Dies und die als Tastorgane gedeuteten Anhänge lassen an eine Verwandtschaft mit den Crustacea denken.

Cheloniellon Broili 1932: Unt. Devon (Hunsrückschiefer) des Rheinischen Schiefergebirges (Abb. 555A, B, 575h).

Der fast kreisförmige Dorsalpanzer zeigt eine Gliederung in 10 Segmente und bedeckt, abgesehen von der sehr langen Furca, den ganzen Körper. Dieser erreicht, die Furca mitgerechnet, eine Länge von ca. 7 cm. Auf dem Mittelteil des hinteren Segments der Kopfregion liegen die beiden kleinen Augen. Vorhanden sind ein Paar Antennen, ein 2. Paar präoraler Anhänge und vermutlich 4 wahrscheinlich einfache Beine. Letztere tragen Gnathobasen an der Ventralseite. Wie bei den Xiphosura und Eurypterida sind die hinteren Gnathobasen kräftiger als die

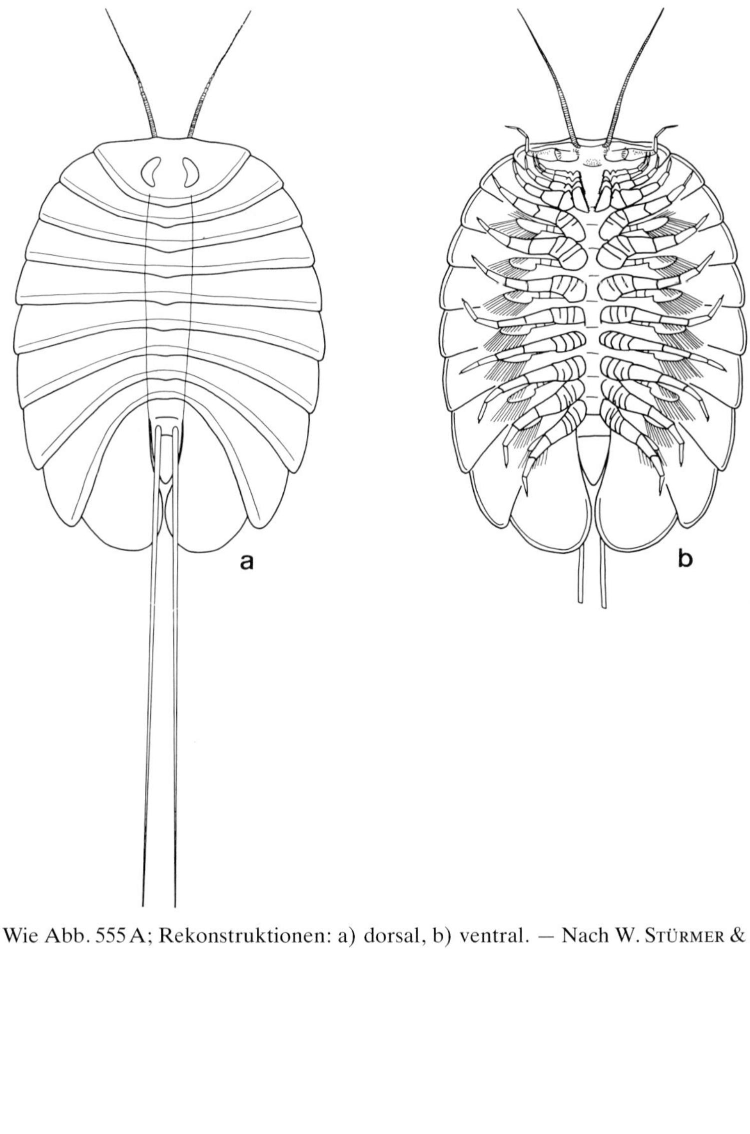

Abb. 555B. Wie Abb. 555A; Rekonstruktionen: a) dorsal, b) ventral. — Nach W. Stürmer & J. Bergström 1978.

vorderen. Dahinter folgen 8 Paar zweiästige Extremitäten, die den 8 Tergiten entsprechen. Bei dem 2. Paar präoraler Anhänge handelt es sich vermutlich um Fangbeine. Sie sind scherenlos, haben aber die gleiche Position wie die Scheren bei den Chelicerata. An letztere erinnert auch das kleine Labrum mit nach rückwärts gerichteten Dornen. Während aber die Chelicerata 7 Paar Kopfanhänge aufweisen, sind es bei *Ch.* (ohne die Antennen) nur fünf. *Ch.* war ein fleischfressender Bodenbewohner.

Ch. steht zu spät in der geologischen Vergangenheit, als daß er eine Stammform der Chelicerata sein könnte; doch zeigt das Tier, auf welche Weise sich vielleicht die Trilobitomorpha aus Chelicerata entwickelt haben. Der Unterschied zwischen beiden Gruppen ist zweifellos viel geringer als ursprünglich angenommen. Vielleicht ist *Ch.* ein später Vertreter der Trilobitomorpha, aus denen die Chelicerata hervorgingen.

Sidneyia WALCOTT 1911: Mittl. Kambrium (Burgess-Schiefer) von Britisch-Kolumbien (Abb. 556, 575 g).

Abb. 556. *Sidneyia inexpectans*, von der Dorsalseite. Mittl. Kambrium (Burgess-Schiefer) von Britisch-Kolumbien. Ca. ½ nat. Gr. — Nach M. BOULE & J. PIVETEAU 1935.

Der Dorsalpanzer der maximal 12 cm langen, an Eurypterida erinnernden Tiere zeigt eine breite, aber sehr kurze Kopfregion, auf der sich die beiden randständigen Augen befinden. Der ebenfalls sehr breite Rumpfabschnitt besteht aus 11 (oder 12) Segmenten, die nach hinten rasch schmaler und länger werden. Der Schwanzabschnitt liegt auf einem plattenartig verbreiterten „Telson", das bei genauerer Betrachtung einen komplizierten Bau zeigt. Es wird nämlich aus einer medianen Achse gebildet, an der zwei seitliche Verbreiterungen sitzen, die in ihrem vorderen Teil wiederum von zwei anderen Verbreiterungen überdeckt werden. Es sind 1 Paar vielgliederige, im proximalen Teil mit Borsten bedeckte Antennen sowie möglicherweise eine Lippe vorhanden. — Nach D. L. BRUTON (1977) sind die Gliedmaßen denen von *Limulus* ähnlich, während Cheliceren fehlen.

Stellung unsicher:

Emeraldella WALCOTT 1912: Mittl. Kambrium (Burgess-Schiefer) von Britisch-Kolumbien (Abb. 557 A, B).

Die äußerlich stark an Merostomata erinnernden, bis 4 cm langen Tiere zeigen ebenfalls einen dreiteiligen Dorsalpanzer, dessen relativ kleine Kopfregion nach vorn abgerundet ist. An ihr befinden sich 1 Paar lange, vielgliederige Antennen, eine Lippe sowie mehrere Paar postorale Anhänge. Der Rumpf besteht aus 10 trilobaten Segmenten, hinter denen 3 weitere folgen, die nicht trilobat und wesentlich schmaler sind. Von diesen ist das letzte stachelförmig und fast ebenso lang wie die 12 davorliegenden Segmente. Die Ausbildung des Dorsalpanzers erinnert an Aglaspidida, die der Anhänge an Trilobiten.

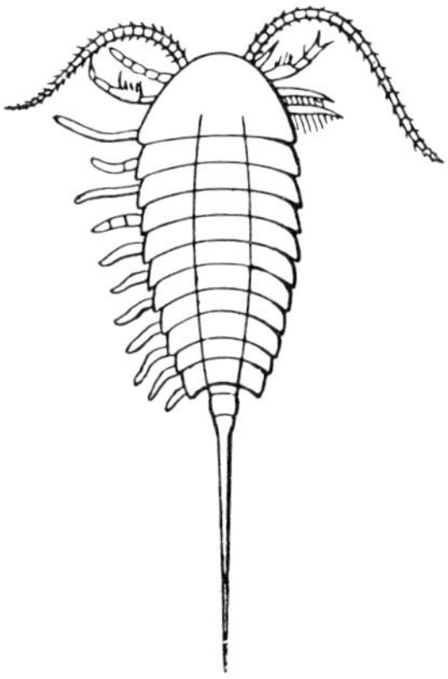

Abb. 557 A. *Emeraldella brocki* WALCOTT, Rekonstruktion der Dorsalseite. Mittl. Kambrium (Burgess-Schiefer) von Britisch-Kolumbien. Ca. nat. Gr. — Nach CH. D. WALCOTT.

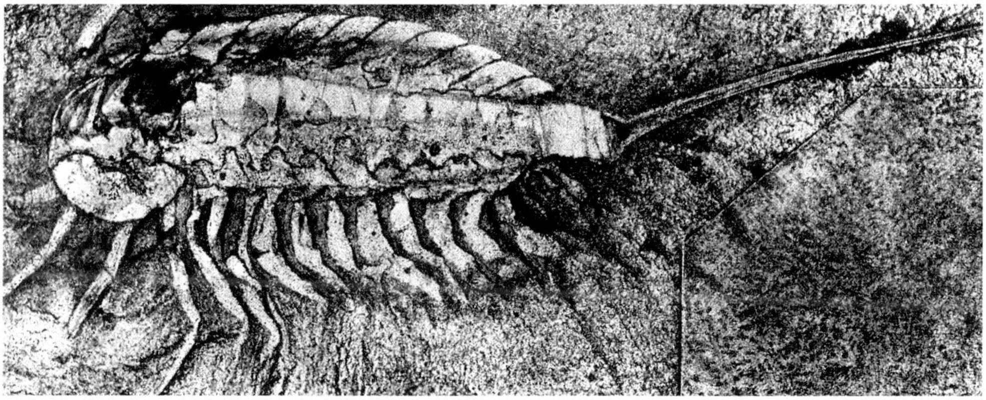

Abb. 557 B. *Emeraldella brocki* WALCOTT, Mittl. Kambrium (Burgess-Schiefer) von Britisch-Kolumbien. Länge ca. 5 cm. Ebenso wie Abb. 558—559 B nach CH. D. WALCOTT.

II. Klasse **Pseudonostraca** RAYMOND 1935

(Pseudocrustacea STØRMER 1944)

1. Allgemeines

An Crustacea erinnernde Trilobitomorpha, die Anhänge vom Trilobiten-Typ aufweisen und deren Dorsalpanzer meist keine Dreigliederung zeigt wie etwa bei den Merostomoidea.

2. Vorkommen

Mittl. Kambrium.

3. Beispiele

Waptia WALCOTT 1912: Mittl. Kambrium (Burgess-Schiefer) von Britisch-Kolumbien (Abb. 558, 559B, a–b).

Der ungegliederte, im Umriß gerundet dreieckige Dorsalpanzer der maximal ca. 5 cm langen Tiere bedeckt nur das vordere Drittel des Körpers, dessen hinterer, aus 6 Segmenten bestehender Abschnitt keine Anhänge trägt. Am Telson befinden sich zwei plattenartige Verbreiterungen, die vielleicht der Furca anderer Formen homolog sind. Unter dem Panzer schauen hinten einige Segmente hervor, die Anhänge vom Trilobiten-Typ aufweisen. Zwischen den beiden

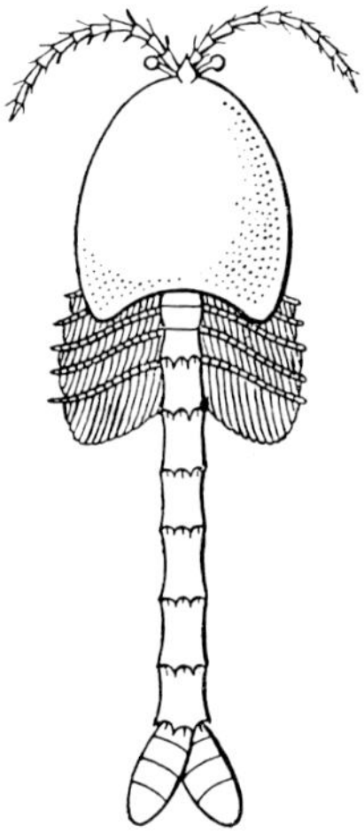

Abb. 558. *Waptia fieldensis* WALCOTT, Rekonstruktion der Dorsalseite. Mittl. Kambrium (Burgess-Schiefer) von Britisch-Kolumbien. Ca. nat. Gr.

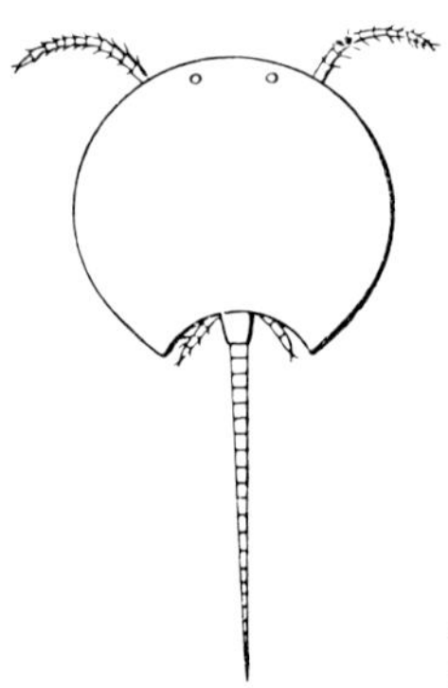

Abb. 559A. *Burgessia bella* WALCOTT, Rekonstruktion. Mittl. Kambrium (Burgess-Schiefer) von Britisch-Kolumbien. Ca. 2⅖ nat. Gr.

kleinen, am vorderen Ende des Dorsalpanzers liegenden gestielten Augen befindet sich eine kleine Rostralplatte sowie 1 Paar dünne, mit Borsten besetzte vielgliederige Antennen. – Obgleich die Mehrzahl der Merkmale für eine Zugehörigkeit zu den Crustacea spricht, muß die Gattung wegen der Anhänge vom Trilobiten-Typ zu den Trilobitomorpha gestellt werden.

Burgessia Walcott 1912: Mittl. Kambrium (Burgess-Schiefer) von Britisch-Kolumbien (Abb. 559 A, 559 B, c–d).

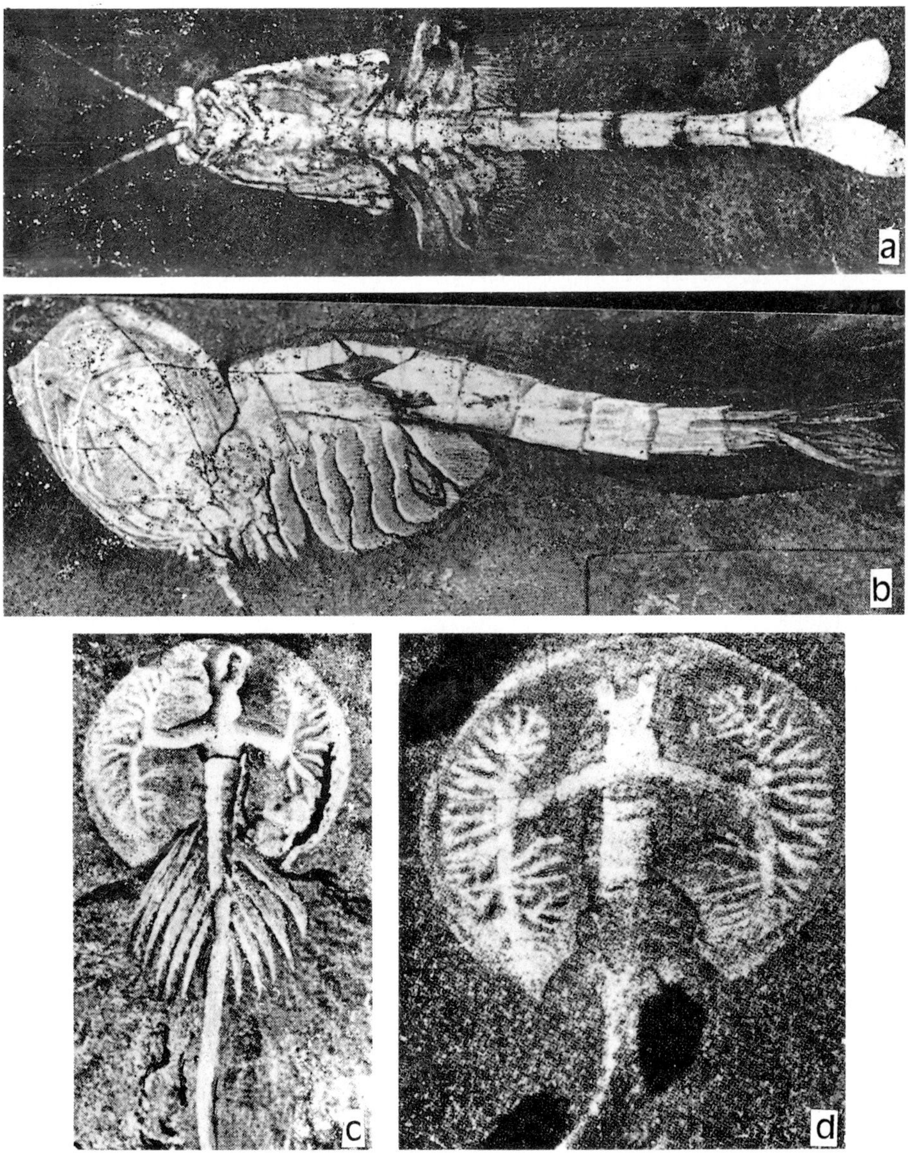

Abb. 559 B. a)–b) *Waptia fieldensis* Walcott (a – dorsal, b – lateral), Länge von a) ca. 6,7 cm; c)–d) *Burgessia bella* Walcott, Länge von c) ca. 1,5 cm. Mittl. Kambrium (Burgess-Schiefer) von Britisch-Kolumbien.

Das insgesamt etwa 1½ cm lange Tier hat einen nahezu kreisförmigen, völlig glatten Dorsalpanzer, der den Körper, bis auf den langen, spitzen und vielgliederigen Schwanzabschnitt, bedeckt. Am Vorderrand des Panzers befinden sich dorsal zwei kleine Augen, ventral 1 Paar lange, uniseriale und vielgliederige Antennen sowie eine Lippe. Die Anhänge des Rumpfes sind Spaltbeine vom Trilobiten-Typ. Bei manchen, besonders gut erhaltenen Resten war der Verdauungskanal mit den seitlich daran befindlichen verzweigten Divertikeln zu erkennen. Letztere konnten in ähnlicher Weise auch bei *Naraoia*, verschiedenen Trilobiten (Abb. 577—578) und bei Xiphosuren beobachtet werden.

Nach H. B. Whittington (1980, S. 137, Fig. 5, D—e) besitzt *B.* 3 Paar Laufbeine, die ventral gerichtete fadenförmige, vermutlich der Nahrungsaufnahme dienende Anhänge tragen.

Stellung unsicher:

Yohoia Walcott 1912: Mittl. Kambrium (Burgess-Schiefer) von Britisch-Kolumbien (Abb. 560).

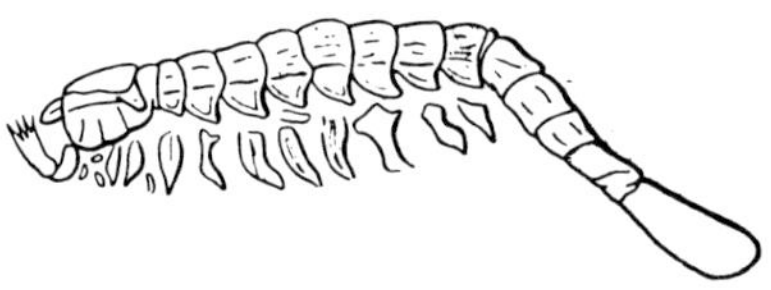

Abb. 560. *Yohoia tenuis* Walcott, Rekonstruktion von der Seite. Mittl. Kambrium (Burgess-Schiefer) von Britisch-Kolumbien. Ca. ⅔ nat. Gr. — Nach L. Størmer 1949.

Die Kopfregion der maximal etwa 2 cm langen, trilobaten Tiere wird von einem Panzer bedeckt, der an das Cephalon der Trilobiten erinnert. Vorhanden sind zwei seitlich gelegene Augen und ein kleiner Frontalfortsatz. Hinter der Kopfregion folgen 12 Segmente und ein flaches, nahezu rechteckiges Telson. Ein Paar große Anhänge, die sich an der Kopfregion befinden, ist am distalen Ende mit Stacheln versehen. 12 der Rumpfsegmente tragen Anhänge, die allem Anschein nach dem Trilobiten-Typ angehören. Den letzten 4 Segmenten fehlen sie. Möglicherweise handelt es sich bei *Yohoia* um ein Larvenstadium anderer Trilobitomorpha.

Kopfbereich von *Y.* nach H. B. Whittington (1974; 1980, Taf. 3, Fig. 1 u. Text-Fig. 8) vermutlich mit 3 Paar Laufbeinen.

III. Klasse **Marrellomorpha** Beurlen 1934

1. Allgemeines

Höchst eigenartig gebaute, mutmaßlich planktische Trilobitomorpha, deren Dorsalpanzer eine weitgehende Zerschlitzung und Aufgliederung zeigt. Der segmentierte und mit einem kleinen Telson versehene Rumpfabschnitt trägt gleichartige Anhänge vom Trilobiten-Typ, die ein besonders breites Kiemenbein aufweisen. Vorhanden ist 1 Paar lange, uniseriale und mit Borsten besetzte, vielgliederige Antennen sowie ein weiteres Paar ebenfalls sehr lange Anhänge. Die Zahl der Kopfanhänge schwankt zwischen zwei und vier. — Mittl. Kambrium, Unt. Devon.

2. Systematik

Marrella Walcott 1912: Mittl. Kambrium (Burgess-Schiefer) von Britisch-Kolumbien (Abb. 561).

Der Dorsalpanzer der maximal nur 1½ cm lang werdenden Vertreter besteht aus einem zentral

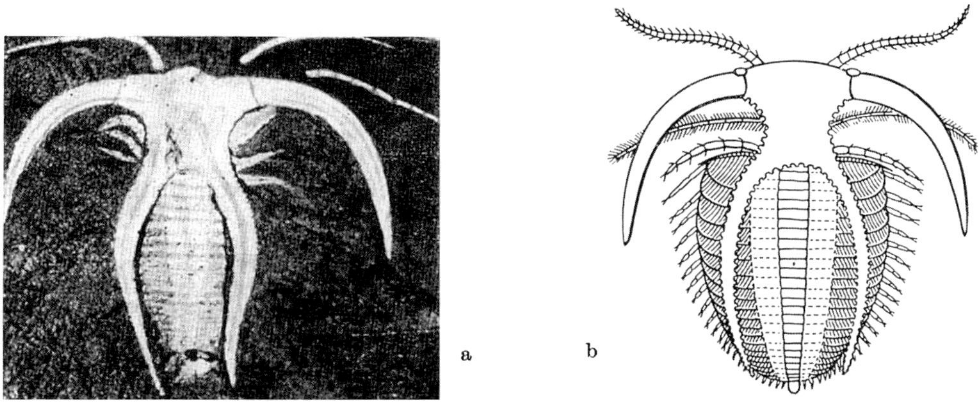

a b

Abb. 561. *Marrella splendens* WALCOTT, a) Dorsalansicht, b) desgl. Rekonstruktion. Ca. 2⅗ nat. Gr. – a) Nach CH. D. WALCOTT, b) nach CH. D. WALCOTT, G. E. HUTCHINSON & P. E. RAYMOND, in L. STØRMER 1949.

gelegenen Abschnitt, von dem seitlich und nach hinten je 1 Paar lange Hörner entspringen. Von diesen sind die beiden vorderen mit einer besonderen Sutur am Zentralteil des Panzers inseriert, was an die Befestigung der Wangenstacheln bei den Trilobiten erinnert. Auf der Sutur liegen die beiden kleinen Augen. Der hinter den vorderen Hörnern befindliche Teil des Panzers ist am Rande fein gezähnelt. Der Ventralteil des Kopfabschnitts zeigt außer einem Paar langer, vielgliedriger uniserialer Antennen, die mit wenigen kurzen Borsten besetzt sind, ein weiteres Paar ebenfalls sehr langer, aber dicht mit feinen Borsten bedeckter Anhänge, die jeweils aus neun Gliedern bestehen. Vorhanden ist ferner eine Lippe, die wohl hinter der Mundöffnung liegt. Die Zahl der Kopfanhänge beträgt zwei. Der hinter ihm folgende Teil des Körpers wird von 24 Segmenten und einem kleinen Telson gebildet. Ob Pleuren, wie sie in Abb. 561b mit gestrichelten Linien angedeutet sind, vorhanden waren, ist fraglich. Das, was seitlich nach außen ragt, sind die gleichartig ausgebildeten Anhänge vom Trilobiten-Typ, die ein besonders breites

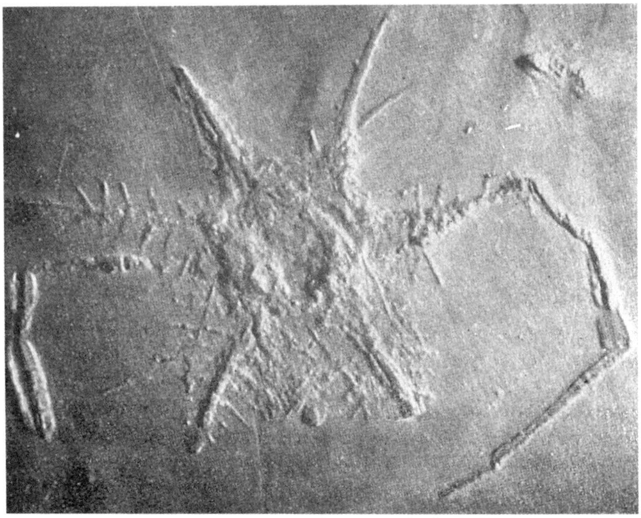

Abb. 562A. *Mimetaster hexagonalis* (GÜRICH), Dorsalseite. Unt. Devon (Hunsrückschiefer) von Bundenbach. Ca. ⅔ nat. Gr. – Nach G. GÜRICH 1931.

Kiemenbein aufweisen. Bei *Marrella* handelt es sich vermutlich um eine den Trilobiten sehr nahestehende Form, die wahrscheinlich zu den Branchiopoda überleitet.

Eine neue Rekonstruktion von *M.* bei H. B. Whittington (1971; 1980, S. 138, Fig. 6) zeigt 3 Paar Laufbeine, während die dahinter folgenden Anhänge vermutlich zum Schwimmen dienten.

Mimetaster Gürich 1931 (nom. nov. pro *Mimaster* Gürich 1931, non *Mimaster* Sladen 1882): Unt. Devon (Hunsrückschiefer, Ob. Siegen/Unt. Ems) des Rheinischen Schiefergebirges (Abb. 562 A, B).

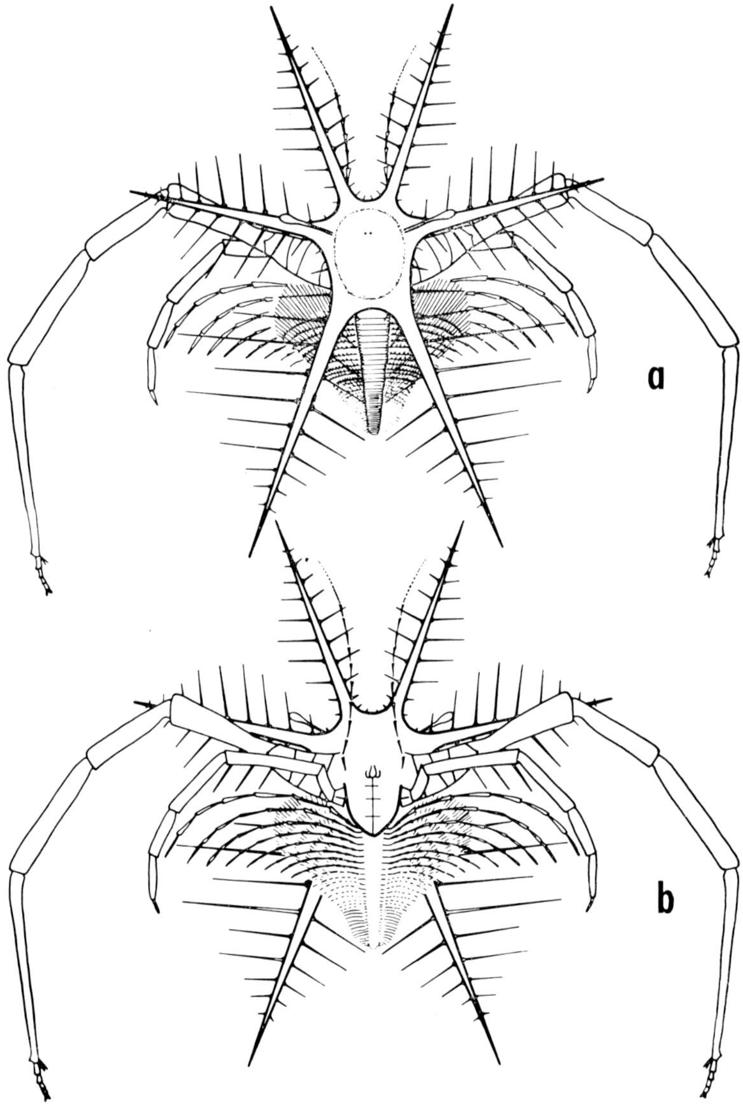

Abb. 562 B. *Mimetaster hexagonalis* (Gürich), a) Dorsalseite, b) Ventralseite (das Ventralorgan auf dem großen Labrum hier als Mund interpretiert). Unt. Devon (Hunsrückschiefer), Rheinisches Schiefergebirge. Größter Durchmesser ca. 4,5 cm. — Nach W. Stürmer & J. Bergström 1976.

Die Mittellinie des mit bilateral-symmetrischem, sechsstrahligem Saume versehenen Kopfschildes (Durchmesser 9—14 mm) geht zwischen den beiden vorderen und hinteren Stacheln hindurch. Es ist eine Anzahl von Anhängen vorhanden, die sich wie folgt deuten lassen (von vorn): ein Paar Antennulen (sehr fein und einzeilig), zwei Paar sehr große Anhänge, die aus wenigen langen Gliedern bestehen (? Pereiopoden, das erste Paar ist doppelt so lang wie das zweite); vier Paar wesentlich kleinere Pereiopoden. Nachweisen läßt sich ferner ein Paar gestielte Augen, zwischen denen sich wahrscheinlich noch ein weiteres Paar ungestielte Augen befindet. Abdomen vermutlich aus 24 Segmenten, die nach hinten schmaler und kürzer werden. Jedes dieser Segmente trägt ein Paar Anhänge. Das Telson wird durch eine kleine Platte gebildet. — Die bisher einzige Art ist *Mimetaster hexagonalis* (GÜRICH).

Wie bei *Vachonisia* wurden Gliedmaßen vom Trilobiten-Typ nachgewiesen (R. BIRENHEIDE 1971).

Vachonisia W. M. LEHMANN 1955: Unt. Devon (Hunsrückschiefer, Ob. Siegen/Unt. Ems) des Rheinischen Schiefergebirges. Vorhanden sind 4 Paar Kopfanhänge.

Literaturverzeichnis

BERGSTRÖM, J.: Morphology of Fossil Arthropods as a Guide to Phylogenetic Relationships. — In: A. P. GUPTA (Ed.), Arthropod Phylogeny, 2—56, 22 Abb., New York (van Nostrand Reinhold Co.) 1979.

BIRENHEIDE, R.: Beobachtungen am „Scheinstern“ *Mimetaster* aus dem Hunsrück-Schiefer. — Senckenbergiana lethaea **52**, 77—91, 7 Abb., 2 Taf., Frankfurt a. Main 1971.

BRIGGS, D. E. G.: A new Trilobite-like Arthropod from the Lower Cambrian Kinzers Formation, Pennsylvania. — J. Paleont. **52**, 132—140, 3 Abb., 1 Taf., Tulsa/Okl. 1978.

— & MOUNT, J. D.: The occurence of the giant arthropod *Anomalocaris* in the Lower Cambrian of Southern California, and the overall distribution of the genus. — J. Paleont. **56**, 1112—1118, 1 Abb., 1982.

— BRUTON, D. L., & WHITTINGTON, H. B.: Appendages of the arthropod *Aglaspis spinifer* (Upper Cambrian; Wisconsin) and their significance. — Palaeontology **22**, 167—180, 1979.

— & ROBINSON, R. A.: Exceptionally preserved nontrilobite arthropods and *Anomalocaris* from the Middle Cambrian of Utah. — Paleont. Contr. Pap. **111**, 1—23, 1984.

BROILI, F.: Ein zweites Exemplar von *Cheloniellon*. — Sitz.ber. Bayrisch. Akad. Wiss. München, Math.-Nat. Abt., S. 11—32, 3 Taf., 1933.

BRUTON, D. L.: Appendages of *Sidneyia, Emeraldella* and *Leanchoilia* and their bearing on trilobitoid classification (abstract). — J. Paleont. **51** (2. suppl.), 4—5, 1977.

— The Middle Cambrian arthropod *Sidneyia*, Burgess Shale, British Columbia. — Phil. Trans. R. Soc. London **295 B**, 619—656, 1981.

— & WHITTINGTON, H. B.: *Emeraldella* and *Leanchoilia*, two arthropods from the Burgess Shale, Middle Cambrian, British Columbia. — Ebd. **300 B**, 553—585, London 1983.

DECHASEAUX, C.: Classes des Merostomoides, des Pseudocrustacés et des Marrellomorphes. — In: J. PIVETEAU, Traité de Paléontologie **III**, 27—43, 17 Abb., Paris (Masson) 1953.

DELLE CAVE, L., & SIMONETTA, A. M.: Early Palaeozoic arthropods and problems of arthropod phylogeny; with some notes on taxa and doubtfull affinities. — In: A. M. SIMONETTA & S. C. MORRIS (Eds.), The early evolution of Metazoa and the significance of problematic taxa, 189—244, 33 Abb., Cambridge etc. 1991.

HOU, X.: [Three new large arthropods from Lower Cambrian, Chengjiang, Eastern Yunnan. — Acta Palaeont. Sinica **26** (3), 272—285, 5 Abb., 4 Taf., 1987] [chines. m. engl. Zusammenfassung].

HUGHES, C. P.: The early arthropod *Waptia fieldiensis*. — J. Paleont. **51** (2. suppl.), S. 15, 1977.

MORRIS, C. S.: A redescription of the Middle Cambrian worm *Amiskwia saggitiformis* WALCOTT from the Burgess Shale of British Columbia. — Paläont. Z. **51**, 271—287, 5 Abb., 2 Taf., Stuttgart 1977.

SIMONETTA, A. M.: Remarks on the origin of the Arthropoda. — Atti Soc. Tosc. Sc. Nat. (s. b.) **82**, 112—134, 1976.

— & DELLE CAVE, L.: The Cambrian non trilobite arthropods from the Burgess Shale of British Columbia. A study of their comparative morphology, taxonomy and evolutionary significance. — Palaeontol. Ital. **69**, 1—37, 1975.

STØRMER, L.: On the relationships and phylogeny of fossil and recent Arachnomorpha. — Skr. Vid.-Akad. Oslo **I**, Nr. 5, 185 S., 29 Abb., 1944.

– Classes des Merostomoidea, Marrellomorpha et Pseudocrustacea. – In: P.-P. Grassé, Traité de Zoologie **VI**, Paris (Masson) 1949.
– Trilobitomorpha. – In: R. C. Moore, Treatise on Invertebrate Paleontology, part **0**, 22–37, 26 Abb., 1959.
Stürmer, W., & Bergström, J.: The arthropods *Mimetaster* and *Vachonisia* from the Devonian Hunsrück Shale. – Paläont. Z. **50**, 78–111, 11 Abb., 10 Taf., Stuttgart 1976.
– – The arthropod *Cheloniellon* from the Devonian Hunsrück Shale. – Paläont. Z. **52**, 57–81, 12 Abb., Stuttgart 1978.
Walcott, Ch. D.: Middle Cambrian Merostomata. – Smithson, Misc. Coll., Pub. 2009, Bd. **57**, Nr. 2, 17–40, 5 Taf., 1911.
– Middle Cambrian Branchiopods, Malacostraca, Trilobita and Merostomata. – Smithson. Misc. Coll., Pub. 2051, Bd. **57**, Nr. 6, 145–228, 10 Abb., 9 Taf., 1912.
Whittington, H. B.: Redescription of *Marrella splendens* (Trilobitoidea) from the Burgess Shale, Middle Cambrian, British Columbia. – Geol. Surv. Canad. Bull. **209**, 1–24, 1971.
– *Yohoia* Walcott and *Plenocaris* n. gen., arthropods from the Burgess Shale, Middle Cambrian, British Columbia. – Ebd. **231**, 1–21, 1974.
– The significance of the fauna of the Burgess Shale, Middle Cambrian, British Columbia. – Proc. Geol. Assoc. **91** (3), 127–148, 12 Abb., 4 Taf., London 1980.
– Rare arthropods from the Burgess Shale, Middle Cambrian, British Columbia. – Phil. Trans. R. Soc. London **292 B**, 329–357, London 1981.
– *Tegopelte gigas*, a second soft-bodied trilobite from the Burgess Shale, Middle Cambrian, British Columbia. – J. Paleont. **59** (5), 1251–1274, 1985.
– & Briggs, D. E. G.: The largest Cambrian animal, *Anomalocaris*, Burgess Shale, British Columbia. – Phil. Trans. R. Soc. London **309 B**, 569–609, 1985.

IV. Klasse **Trilobita** Walch 1771

(Trilobiten)

1. Allgemeines

Es handelt sich um paläozoische, ausschließlich marine Arthropoda, deren Panzer sich sowohl von vorn nach hinten als auch seitlich in drei Abschnitte gliedern läßt: von vorn nach hinten in Cephalon, Thorax und Abdomen, seitlich in Rhachis (Achse) und die beiden Seitenteile (Abb. 563–564). Der durch Einlagerung von Kalk und Kalziumphosphat (bis zu 30%) besonders widerstandsfähige Panzer schützt die Dorsalseite und die randlichen Teile (Umschlag) der Ventralseite. Die bei den Vorfahren wohl durchweg frei gegeneinander beweglichen Segmente, aus denen der Körper besteht, sind mit Ausnahme der im mittleren Körperabschnitt (Thorax) gelegenen miteinander verschmolzen, und zwar vorn zum Cephalon (Kopfschild), hinten zum Pygidium (Schwanzschild). Dabei bezeichnet man den Vorgang, der zur Bildung des Cephalons führte, als Cephalisation, den, welchem das Pygidium seine Entstehung verdankt, als Caudalisation. Die Anhänge der Ventralseite bestehen aus einem Paar vielgliederiger, einästiger Antennen sowie einer wechselnden Anzahl undifferenzierter zweiästiger Spaltbeine. Die vorderen 4 Paare gehören zur Kopfregion. Durch ihre Häufigkeit, leichte Erkennbarkeit und oft gute Erhaltung bei geringer Existenzdauer und gleichzeitig großer biogeographischer Verbreitung bilden viele Arten vorzügliche Leitfossilien, insbesondere vom Kambrium bis Unterkarbon. Aus ähnlichen Gründen dienen die T. bevorzugt als Objekte zum Studium stammesgeschichtlicher Veränderungen, z. B. der gleichzeitigen und der heterochronen Parallelentwicklung.

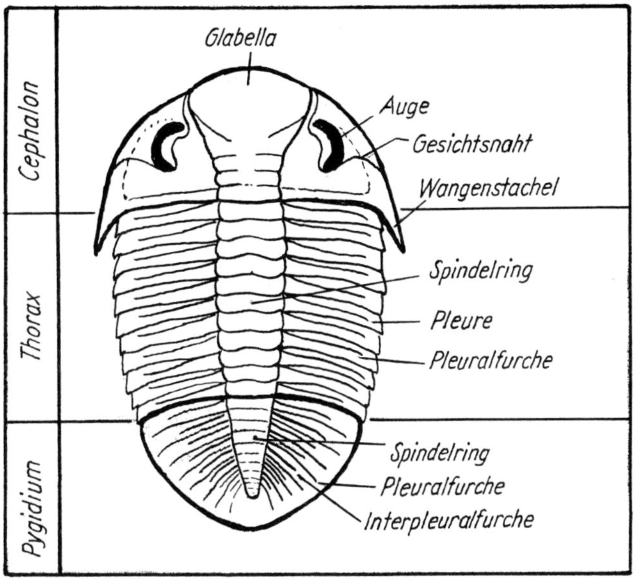

Abb. 563. Zur Terminologie des Dorsalpanzers eines Trilobiten.

2. *Vorkommen*

Unt. Kambrium — Ob. Perm. Hierbei wird die erste und stärkste Phase der Stammesgeschichte in der Zeit vom Unt. Kambrium bis zum Ob. Ordovizium mit dem absoluten Maximum während des Ob. Kambrium durchlaufen. Nach einem Minimum, das auf das Silur fällt, folgt während der Devonzeit eine zweite, aber wesentlich schwächere Phase. Von da ab vermindert sich die Formenmannigfaltigkeit kontinuierlich bis zum nachkommenlosen Aussterben der Klasse im Ob. Perm (vgl. Band I, 5. Aufl., S. 230, Abb. 127).

Die stratigraphisch jüngsten Trilobiten stammen aus dem Ob. Perm (Tartar) von Slowenien, Himalaya und China. Es sind Arten der Gattungen: *Cheiropyge* Diener 1897 (Artinsk — Tartar von Europa, Asien, N-Amerika), *Neoproetus* Tesch 1923 (Artinsk — Tartar von Europa und Asien), *Pseudophillipsia* Gemmellaro 1892 (Stephan — Tartar von Europa und Asien). Sie gehören alle zur Unterordnung Illaenina der Ptychopariida.

3. *Der Dorsalpanzer*

Die Dorsalseite des meist halbkreisförmigen bis halbelliptischen Cephalons zeigt eine zentral liegende, buckelförmige Auftreibung, die **Glabella**, und die beiden Seitenteile (Abb. 565). Hiervon trägt die Glabella an ihrem Hinterende in der Regel eine Querfurche (Sulcus occipitalis), die dem Hinterrand des Cephalons parallel läuft und den Nackenring (Annulus occipitalis) abtrennt. Er gleicht meist dem mittleren Teil (Spindelring) eines Thorakalsegments. Die geringe Differenzierung des Nackenringes rührt daher, daß er als letzter von der Cephalisation erfaßt wurde. Um so mehr sind aber die vorher ergriffenen Segmente umgeformt, wobei deren Spindelringe zum restlichen Teil der Glabella verschmolzen wurden. Als letzte Andeutung der ursprünglichen Segmentierung sind die Seitenfurchen (maximal 4 Paar, ohne Nackenfurche) zu betrachten. Sie verlaufen nur noch selten quer von einer Seite zur anderen, sondern werden auf der Mitte der Glabella meist undeutlich und verschwinden schließlich ganz. Sie sind oft nach hinten gerichtet, wobei sie nicht selten sog. Glabellarloben abtrennen. Am längsten halten sich die Seitenfurchen aber auf der Innenseite des Panzers. Hier bilden sie vorspringende

Abb. 564. *Odontopleura roemeri* (BARRANDE) (oben) und *Miraspis mira* (BARRANDE), zwei kennzeichnende Trilobiten aus den kalkigen Tonschiefern (Litener Schichten) des Mittl. Silur (Wenlock) von Loděnice (Tschechei). Ca. 2¾ nat. Gr. Original im Geologisch-Paläontologischen Institut der Karls-Universität Prag. — Nach einem Originalfoto von B. BOUČEK (Prag).

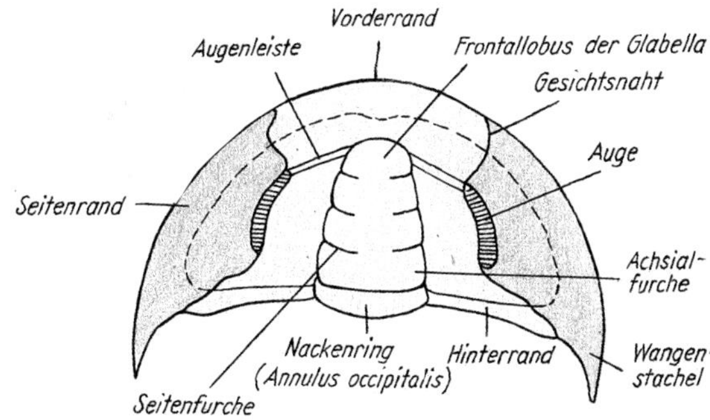

Abb. 565. Zur Terminologie des Cephalons. Das Cranidium ist weiß, jede der freien Wangen grau gezeichnet. Ohne Maßstab.

Leisten, die besonders deutlich an Steinkernen beobachtet werden können und als Ansatzstellen für Bänder (? Kaumuskeln) dienten. Ganz allgemein betrachtet, verschwinden, dem phylogenetischen Gang der Cephalisation entsprechend, als erste die vorderen Seitenfurchen. Im übrigen zeigt sich während der stammesgeschichtlichen Entwicklung die Tendenz, die zunächst im wesentlichen kegelartigen Formen der Glabella durch nach vorn zunehmend verbreiterte zu ersetzen (Abb. 566). Dies ergibt sich sehr deutlich bei einer statistischen Auswertung.

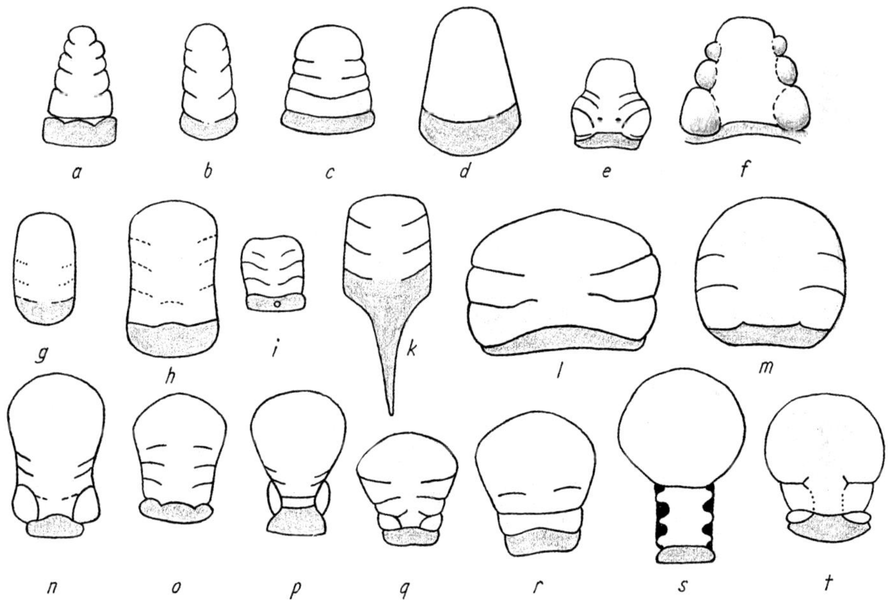

Abb. 566. Die Ausbildung der Glabella bei verschiedenen Trilobiten-Gattungen. Der Nackenring ist gerastert. a) *Daguinaspis*, Unt. Kambrium, 1⅕ ×; b) *Redlichia,* Unt. Kambrium, 1/1 ×; c) *Eops,* Unt. Kambrium, 1⅘ ×; d) *Rawlinsella,* Mittl. Kambrium, 1⅘ ×; e) *Dechenella*, Mittl. Devon, 1⅘ ×; f) *Aulacopleurina*, Mittl. Devon, 3⅕ ×; g) *Myopsomicmacca,* Unt. Kambrium, 2⅕ ×; h) *Micmacca*, Unt. Kambrium, 1⅕ ×; i) *Parabolinella*, Unt. Ordovizium, 1⅕ ×; k) *Redlichaspis*, Unt. Kambrium, 1⅘ ×; l) *Pliomerella*, Ob. Ordovizium, 1⅕ ×; m) *Pompeckia*, Ob. Ordovizium, ¾ ×; n) *Eocyphinium,* Unt. Karbon, 2⅕ ×; o) *Anabaraspis*, Unt. Kambrium, 1/1 ×; p) *Cyphinoides*, Unt. Karbon, 2⅕ ×; q) *Dalmanitina*, Ordovizium, ¾ ×, r) *Paradoxides*, Mittl. Kambrium, ½ ×; s) *Staurocephalus*, Ob. Ordovizium, 4/1 ×; 6) *Pradesia*, Unt. Ordovizium, 4/1 ×. — Nach verschiedenen Autoren.

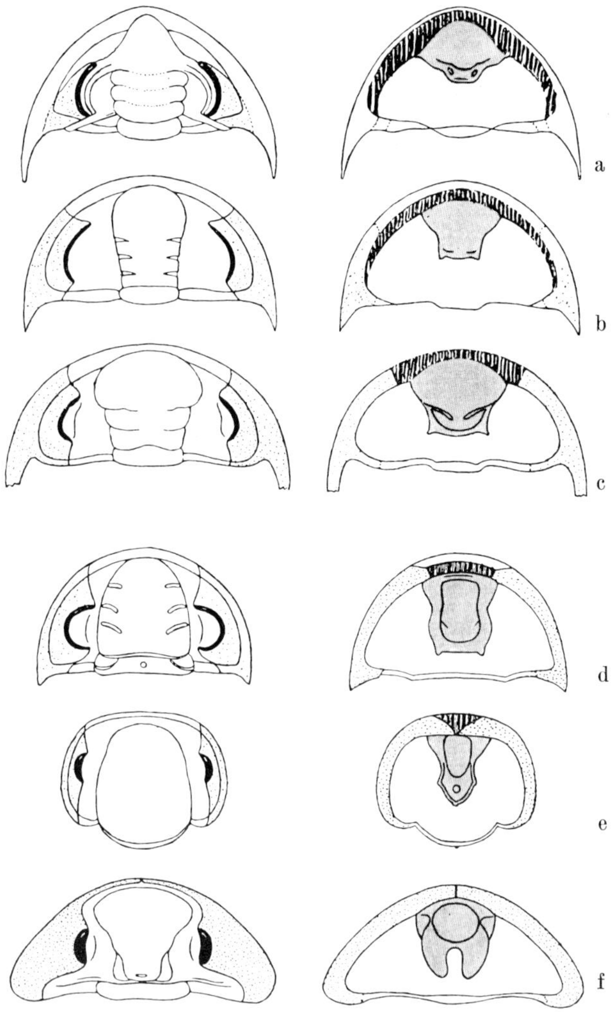

Abb. 567. Die Ausbildung der Dorsalseite (links) und der Ventralseite (rechts) des Cephalons verschiedener Trilobiten. a) *Kjerulfia lata* KIAER, Unt. Kambrium von Skandinavien; b) *Xystridura saintsmithi* CHAPMAN, Mittl. Kambrium von Australien; c) *Paradoxides* sp., Mittl. Kambrium der Tschechei; d) *Proetus bohemicus* HAWLE & CORDA, Unt. Devon der Tschechei; e) *Holotrachelus punctillosus* TÖRNQUIST, Silur von Skandinavien; f) *Asaphus expansus* (WAHLENBERG), Unt. Ordovizium des Ostseegebiets. Ohne Maßstab. — Signaturen: Rostrum = fein gestrichelt, Hypostom = fein gerastet, freie Wangen = punktiert. — Nach verschiedenen Autoren, aus P. HUPÉ 1953.

An der Unterseite des Cephalons können drei besondere Elemente liegen: die Rostralplatte, das Hypostom und das Metastom (Abb. 567).

a) Das vorderste Element hiervon ist die **Rostralplatte**, die vom Umschlag des Cephalons oft durch eine Sutur getrennt wird.
b) Dahinter folgt präoral das meist eiförmige **Hypostom** (Abb. 568), das häufig mit der Rostralplatte verwachsen ist und im einzelnen eine sehr unterschiedliche, taxonomisch wichtige

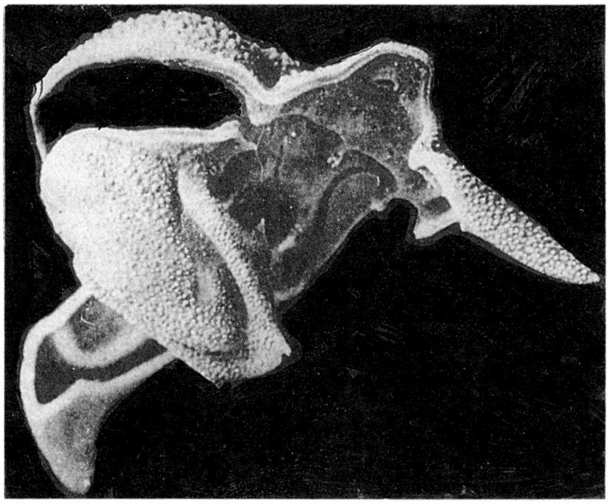

Abb. 568. *Ceraurinella typa* Cooper, Cranidium und Hypostom etwa in natürlicher Position schräg von unten. Mittl. Ordovizium von Virginia (USA). Ca. 5⅗ nat. Gr. – Nach B. F. Howell 1935.

Ausbildung zeigt. Man kennt es bereits von etwa einem Drittel der bisher beschriebenen Trilobiten-Arten. Nicht nachgewiesen wurde es bei vielen Agnostida. Offenbar war es hier nicht verkalkt.

c) Postoral liegt das **Metastom**, eine sehr kleine, nur bei wenigen Gattungen (z. B. bei *Olenoides*) vorhandene Platte.

Im Gegensatz zur Glabella lassen die **Seitenteile** (Wangen) des Cephalons die sie aufbauenden Segmente nur undeutlich erkennen. Diese Seitenteile umgeben die Glabella und bilden ein Schutzdach für die an der Unterseite des Cephalons gelegenen Mundgliedmaßen. Die Seitenteile werden meist durch besondere Nähte (**Gesichtsnähte**, Sutura facialis) aufgegliedert. Längs dieser Linien reißt der Panzer bei der Häutung auf, wodurch sie erleichtert wird. Eine Beweglichkeit ermöglichten die Gesichtsnähte nicht. Je nach ihrem Verlauf unterscheidet man:

a) Protoparia (Abb. 569a): Hier liegt die Gesichtsnaht als Ausdruck primitiver phylogenetischer Verhältnisse am Außenrand des Cephalons.
b) Hypoparia (Abb. 569a): Sie zeigen ähnliche Verhältnisse, doch ist in diesem Falle die Randständigkeit ein Ausdruck höherer phylogenetischer Differenzierung.
c) Proparia (Abb. 569b): Die Gesichtsnähte münden vor den Spitzen der Wangenecken.
d) Opisthoparia (Abb. 569c): Die Einmündung erfolgt seitlich hinter den Spitzen der Wangenecken.
e) Metaparia (Abb. 569d): Vorderer und hinterer Ast der Gesichtsnähte münden am Hinterrand.

Liegen die Gesichtsnähte auf der Dorsalseite des Cephalons, lassen sich unterscheiden (Abb. 565):

a) feste Wangen: Das sind die Teile, die unmittelbar an die Glabella grenzen, mit der sie das Cranidium bilden. Bei Trilobiten, deren Gesichtsnähte am Außenrand des Cephalons entlangziehen, nimmt das Cranidium die gesamte Dorsalseite ein.
b) freie Wangen: Hierbei handelt es sich um die außerhalb des Cranidiums befindlichen Teile. Ihre hinteren Ecken können gerundet sein oder in mehr oder weniger langen Spitzen oder Stacheln auslaufen.

Da die Spitze der Wangenecken auch vor diese rücken kann, ist bei Arten ohne Wangenspitze eine Unterscheidung zwischen Proparia und Opisthoparia unmöglich. Eine Ausnahme machen

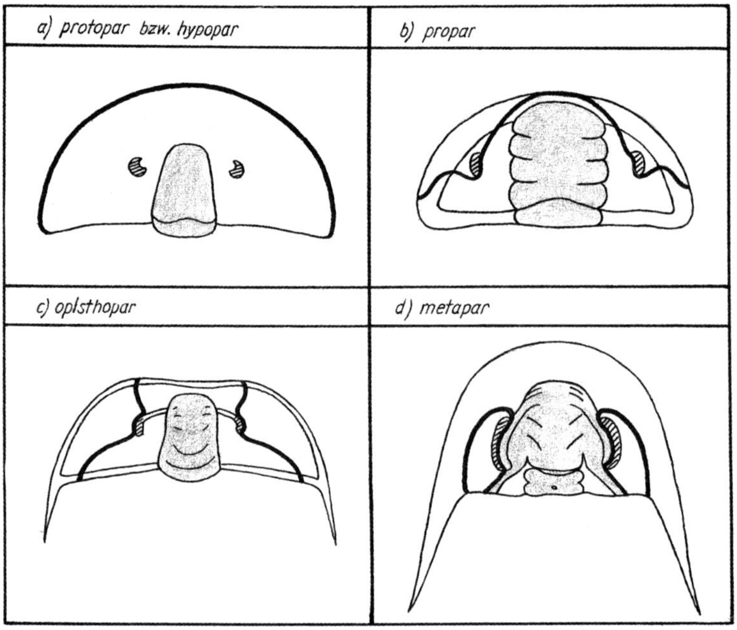

Abb. 569. Die wichtigsten Typen der Gesichtsnähte bei den Trilobita. Ohne Maßstab.

lediglich die Formen mit ganz extremen Verhältnissen. Gesichtsnähte fehlen vor allem bei einigen sekundär erblindeten Formen und bei frühen Olenellina.

Die Seitenteile des Cephalons tragen die **Augen**. Bei diesen handelt es sich meist um zwei Facettenaugen, die auf den freien Wangen dicht neben der Gesichtsnaht liegen und halbkreisförmigen Umriß haben. Die Sehfläche zeigt in der Regel nach außen. Sie liegt auf einem Augenhügel, der bei manchen Formen stielartig verlängert ist. Dann befindet sich die Sehfläche an der Spitze. Der Stiel ist aber immer unbeweglich. Andererseits kann der Augenhügel auch einsinken.

Ein Teil des **Augenhügels** wird von einem entsprechend aufgewölbten Abschnitt der festen Wange gebildet. Es ist dies der sog. **Augendeckel**, der entweder mit dem Vorderrand der Glabella unmittelbar zusammenhängt oder über eine sog. **Augenleiste**, unter der vermutlich der Sehnerv lag, mit der Glabella verbunden sein kann. Bei den jüngeren Trilobiten wird die Augenleiste seltener, findet sich aber noch bei manchen oberdevonischen Formen.

Die Sehfläche des Augenhügels ist mit Linsen verschiedener Zahl (bis 15000 bei *Remopleurides*) besetzt, deren Anordnung sein kann:

a) holochroal (Abb. 570a): Die einzelnen Linsen sind polygonale Facetten, die wie bei der Mehrzahl aller Trilobiten mit ihren Seiten aneinanderstoßen und eine geschlossene Fläche bilden (Facettenaugen).
b) schizochroal (Abb. 570b): Hier handelt es sich um halbkugelige Linsen, die getrennt voneinander in einer sonst undurchsichtigen Chitindecke liegen. Diese Ausbildung findet sich z. B. bei den Phacopidae, bei *Harpes* und *Cryptolithus*.

Der holochroale und der schizochroale Augentyp sind einander homolog. Hiervon läßt sich der schizochroale durch eine leichte Umgestaltung des von den Vorfahren ererbten holochroalen Auges erklären. Zahlreiche Formen sind sekundär erblindet. Dies gilt z. B. für *Cryptolithus*, der in der Jugend nur noch eine einzige Linse auf jeder Wange trägt.

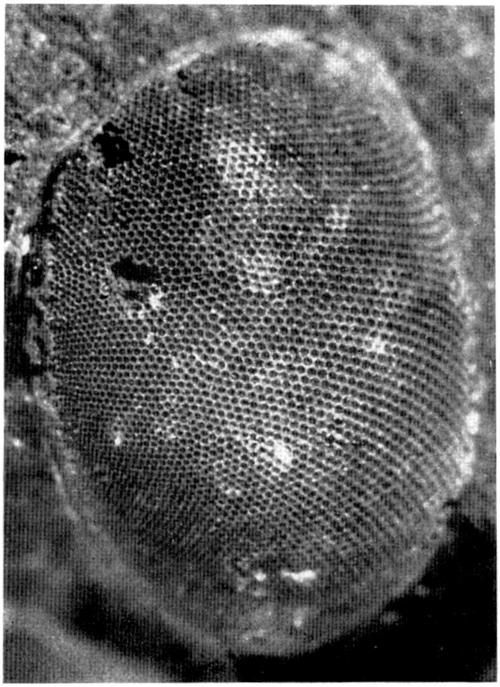

a

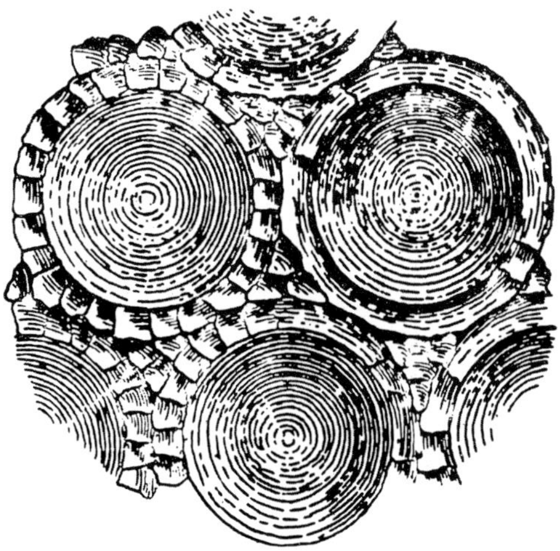

b

Abb. 570. Die Ausbildung der Augen bei den Trilobiten: a) holochroal von *Cyclopyge prisca* (BARRANDE), Ordovizium von Osek (Tschechei). Ca. 7/1 nat. Gr. Nach F. BACHMAYER; b) schizochroal bei „*Phacops*" ? sp., Devon von Südafrika. Ca. 25/1 nat. Gr. Nach E. BILLINGS 1859.

Im Gegensatz zu Cephalon und Pygidium besteht der **Thorax** aus einer Anzahl nicht miteinander verwachsener Segmente. Den medianen Teil jedes derselben nennt man **Spindelring**, die beiden Seitenteile **Pleuren**. Die Spindelringe bilden zusammen einen Teil der Rhachis oder Achse, die in der Glabella ihre Fortsetzung findet. Beiderseits wird die Rhachis durch Rückenfurchen von den Seitenteilen abgegrenzt. Die Segmente der Thorakalregion sind unter sich sowie mit Pygidium und Cephalon gelenkig verbunden. Als **Pleuralfurche** bezeichnet man eine Vertiefung, die auf der Dorsalseite jeder Pleure meist von vorn innen nach hinten außen zieht.

Das **Pygidium** besteht ähnlich wie das Cephalon aus Segmenten, die miteinander verwachsen sind. Während aber beim Cephalon die Zahl dieser Segmente konstant ist und immer 7 beträgt, handelt es sich hier je nach Gattung und Art meist um eine größere Anzahl. Allerdings ist sie häufig nicht genau feststellbar, da ihre Grenzen besonders am Hinterende des Pygidiums undeutlich werden. Die geringste wahrnehmbare Segmentzahl beträgt zwei oder drei. Das Pygidium dieser Formen ist immer sehr klein. Im übrigen sind bis 30 Spindelringe deutlich feststellbar. Maximal wurden 44 Ringe (bei *Encrinurus*) beobachtet; doch gehören hier vermutlich mehrere einem einzigen Segment an, aus dem sie durch Teilung hervorgegangen sind. Diese Annahme hat wohl Berechtigung, obgleich eine sekundäre Segmentteilung nur bei weichhäutigen Arthropoden nachgewiesen werden konnte. Das Pygidium ist gelenkig mit dem Thorax verbunden. Unter dem letzten Segment des Pygidiums liegt die Afteröffnung. Statistisch läßt sich die Tendenz erkennen, daß im Laufe der Stammesgeschichte eine zunehmende Anzahl von Segmenten durch Caudalisation dem Pygidium einverleibt wurde (Tabelle 6). Bei *Olenoides*

Tabelle 6
Statistik über die mittlere Anzahl der Segmente an Thorax, Pygidium und beiden Teilen zusammen bei den Trilobiten mit mehr als drei Thorakalsegmenten. — Nach H. Hupé 1953

	Zahl der untersuchten Familien	Mittlere Anzahl der thorakalen Segmente	Mittlere Zahl der Segmente des Pygidiums	Mittlere Gesamtzahl der Rumpfsegmente
Ordovizium und Silur	36	9,76	5,14	14,90
Ob. Kambrium	34	10,58	4,44	15,02
Mittl. Kambrium	29	11,98	3,01	14,99
Unt. Kambrium	16	13,00	2,56	15,56

serratus (Rominger) (Abb. 605) aus dem mittelkambrischen Burgess-Schiefer von Britisch-Kolumbien trägt das Hinterende zwei lange, antennenähnliche und vielgliederige Anhänge (Cerci) (H. B. Whittington 1975, 1980).

4. Die Anhänge der Ventralseite

Wie besonders günstig erhaltene Trilobitenreste zeigen, die vor allem im Mittl. Kambrium und im Ordovizium von N-Amerika gefunden wurden, trägt die Ventralseite 1 Paar vielgliederige, einästige Antennen sowie eine wechselnde Anzahl undifferenzierte, zweiästige Spaltbeine (Abb. 571). Hiervon gehören die vorderen vier zur Kopfregion. Diese, wie auch die An-

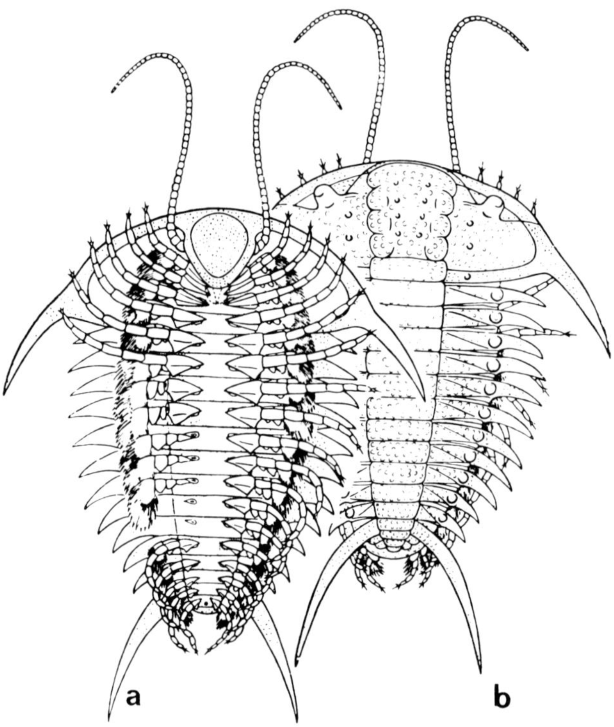

Abb. 571. Rekonstruktion von *Ceraurus pleurexanthemus* Green, a) Ventralseite mit den Anhängen, b) Dorsalseite. Mittl. Ordovizium von Nordamerika (New York). Ca. 1½ nat. Gr. — Aus H. J. Harrington 1959.

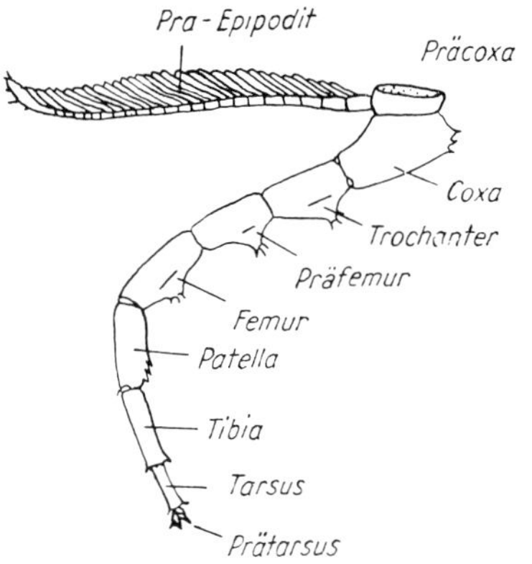

Abb. 572. Zur Terminologie der bei den Trilobiten auftretenden Spaltbeine. – Nach H. J. HARRINGTON 1956.

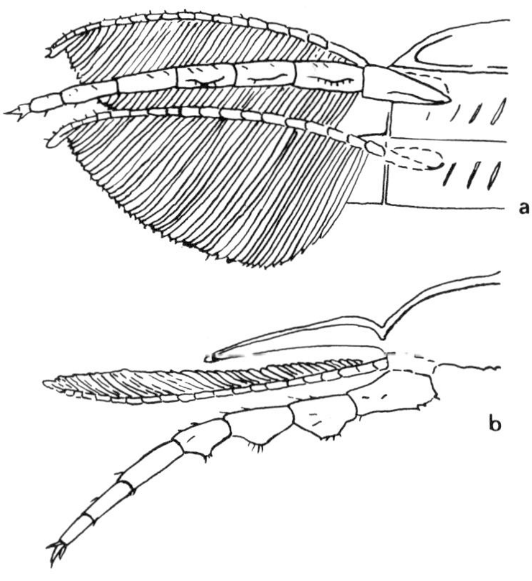

Abb. 573. Die Spaltbeine von *Triarthrus eatoni* (HALL), a) von der Ventralseite, b) von vorn. Mittl. Ordovizium von Nordamerika (New York). Ca. 5/1 nat. Gr. – Nach H. J. HARRINGTON 1956.

hänge von Thorax und Pygidium, bestehen im wesentlichen aus folgenden Teilen (Abb. 572, 573):

a) dem **Protopoditen** (Sympoditen), der aus Präcoxa und Coxa gebildet wird und als gemeinsame Basis für die beiden weiteren Teile dient;
b) dem ventral gelegenen **Endopoditen** (Telepoditen oder „Lauf-Bein"), der sieben, meist röhrenförmige Glieder aufweist, von denen das äußerste i. d. R. Endkrallen trägt. Es handelt sich dabei wohl in der Regel um grabende Formen. Gut erhaltene Extremitäten und zugehörige Fährten aus dem Bundenbacher Schiefer (Unt. Devon) zeigen, daß bei *Phacops* die Spitze der Endopoditen von einem Kranz elastischer Borsten umgeben war, der beim Schreiten der Tiere auf weichem Schlamm das Einsinken verhindern sollte (Abb. 574).
c) dem dorsal befindlichen **Exopoditen** (Prä-Epipoditen oder „Kiemen-Bein"), der wesentlich kürzer ist als der zugehörige Endopodit und im Gegensatz zu diesem nicht über die Pleuren hinausragt. Er trägt an einer kurzen, je nach Gattung sehr unterschiedlich ausgebildeten Achse eine Anzahl sich dachziegelartig überdeckender Lamellen. Der Exopodit hatte vermutlich respiratorische Funktion, wozu wahrscheinlich noch eine Rolle beim Schwimmen

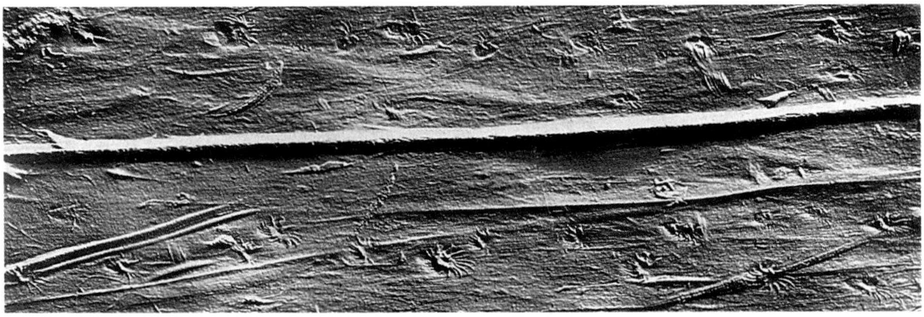

Abb. 574. Zweizeilige Fährte von *Phacops* sp. Die rosettenartigen Eindrücke des Borstenschirmes sind in der unteren Tritt-Zeile im Uhrzeigersinn, in der oberen entgegengesetzt abgebogen (Beweis für einwärts gerichtete Unterschenkel). Unt. Devon (Bundenbacher Schiefer) von Gemünden (Rheinland). Länge des Ausschnittes: ca. 5½ cm. — Nach A. SEILACHER 1962.

kam. Möglicherweise fingen sich in den Lamellen auch kleine Beutetierchen und im Wasser suspendierte Partikel.

Die Unterschiede zwischen den Spaltbeinen von Thorax und Pygidium sind unbedeutend. Ihre Größe ist lediglich am Pygidium etwas geringer; auch sind sie bei *Cryptolithus* z. B. um ein weniges platter ausgebildet.

Die Unterschiede in Form und Anordnung der Lamellen am äußeren Ast der Gliedmaßen auch anderer spaltbeiniger (schizoramer) Arthropoden ergeben sich aus Abb. 575.

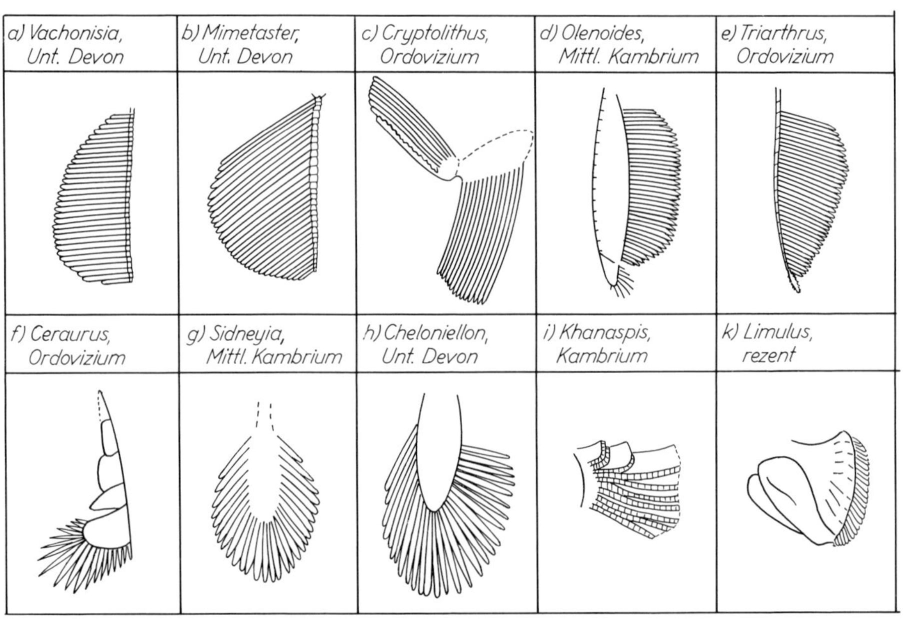

Abb. 575. Form und Anordnung der Lamellen am äußeren Ast der Gliedmaßen spaltbeiniger (schizoramer) Arthropoden; bei den (?) Marrellomorpha (a, b) handelt es sich um eine Reihe ventral verlaufender Stacheln, die von besonderen Podomeren ausgehen; bei den Trilobita (c—f) sind sie ventral und/oder dorsal gerichtet und an großen Podomeren befestigt; ähnliches gilt für g)—i). Bei den Xiphosurida (k) finden sich breite lamellare Kiemen. Nach J. BERGSTRÖM 1979, umgezeichnet.

Zweifellos waren die Spaltbeine der Trilobiten mit der Innenseite des Panzers durch kräftige Muskeln verbunden. So findet man im Bereich des Cephalons nicht selten 4 Paar Muskeleindrücke entsprechend den 4 Paar Spaltbeinen (Abb. 576). Ähnliche, paarig angeordnete Eindrücke konnten auch an der Rhachis von Thorax und Pygidium beobachtet werden.

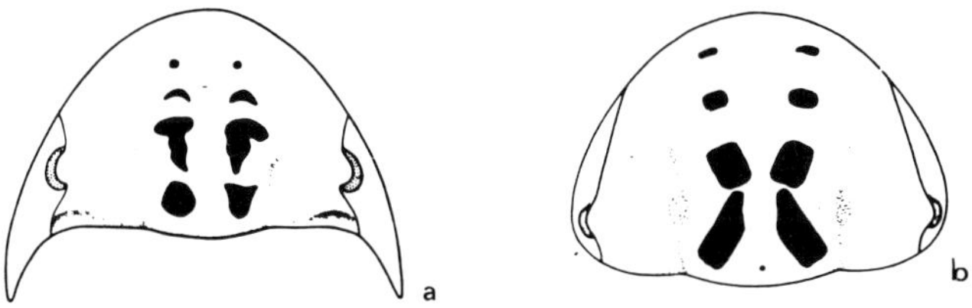

Abb. 576. Muskelfelder im Bereich der Glabella von a) *Dysoplanus* sp. aus dem Unt. Ordovizium von Schweden. Ca. nat. Gr.; b) *Stenopareia* sp. aus dem Mittl. Ordovizium von Schweden. Ca. 1⅗ nat. Gr. – Aus H. J. Harrington 1959.

5. Die inneren Organe und die Nahrungsweise

Über das Verdauungssystem der Trilobiten ist nur sehr wenig bekannt, ja sogar die Lage des Mundes läßt sich nicht mit Sicherheit angeben. Man nimmt jedoch an, daß er hinter dem Hypostom und vor dem bei manchen Arten ausgebildeten Metastom an der Ventralseite gelegen hat. Von ihm führte vermutlich ein kurzer Ösophagus vorwärts in das Innere zu einem Magen (Proventriculum), der unter der Glabella lag und von dem sich ein langer Darm unter der Rhachis bis zum hinteren Ende des Pygidiums erstreckte, wo er in der Afteröffnung endete. Ähnlich wie bei den rezenten Krebsen dürften besondere Muskeln (Kaumuskeln) eine Erweiterung von Ösophagus und Magen bewirkt haben.

Zu den wenigen Strukturen, die als Überreste des Darmtraktus betrachtet werden können, gehören zwei von J. Barrande (1852) abgebildete Individuen von *Onnia ornata* aus dem Ordovizium (D_2) der Tschechei. Hier zeigt sich ein mit feinem, tonigem Sediment gefüllter Strang, während das Nebengestein eine rein quarzitische Ausbildung aufweist. Für eine derartige Erhaltung hätte wohl auch eine stärkere Chitinisierung der Darmwand nicht ausgereicht, wenn die Füllung des Darmrohres nicht bereits zu Lebzeiten des Tieres erfolgt wäre. Möglicherweise haben die betreffenden Individuen Schlamm gefressen, um die darin enthaltene organische Substanz zu verdauen. Damit ist aber über die Ernährungsweise der Trilobiten nichts Definitives ausgesagt. Denn auch die Crustacea von heute zeigen, daß die gleiche Art, ja dasselbe Individuum zu verschiedenen Zeiten die Nahrungsweise ändern kann. Die Hauptnahrung der Trilobiten dürfte aus Pflanzenmulm und tierischen Resten bestanden haben (siehe auch W. Stürmer & J. Bergström 1973).

An vielen Trilobiten, vor allem aber bei den Olenidae, Ptychopariidae, Harpidae, Trinucleidae usw., kann man auf den Wangen eigenartige anastomosierende, radial laufende Eindrücke beobachten, die im Anschluß an P. E. Raymond (1920) als „genal caeca" bezeichnet werden (Abb. 577). Diese Gebilde sind nur im Bereich der Wangen, nicht aber auf der Glabella und dem Nackenring vorhanden. Es handelt sich wohl zweifellos um Abdrücke von Divertikeln des Verdauungskanals, wie sie in ähnlicher Weise auch bei Trilobitomorpha aus dem mittelkambrischen Burgess-Schiefer von Britisch-Kolumbien beobachtet werden konnten, so bei *Burgessia* Walcott 1912 (vgl. S. 483). Abb. 578 zeigt eine Rekonstruktion der vermuteten Lage des Verdauungskanals und der Divertikel, wie sie bei den Trilobiten angenommen werden muß. – Über das Fortpflanzungssystem und das exkretorische System der Trilobiten ist dagegen bisher noch nichts bekannt geworden. Auch für Herz und Nervensystem liegen bisher noch keine

Abb. 577. *Harpides grimmi* BARRANDE, nur in diesem Exemplar bekannt. Bei der Vertiefung im Bereich der Glabella handelt es sich wohl um den Magen (Proventriculum), bei den radial nach außen verlaufenden anastomosierenden Gebilden um Divertikel des Verdauungskanals. Unt. Ordovizium (Tremadoc) von Mirošoc (Tschechei). Ca. 1¾ nat. Gr. Original im Nationalmuseum Prag. – Nach Originalfoto von B. BOUČEK (Prag).

unmittelbaren Beobachtungen vor. Sie sind bei Abb. 579 in Analogie zu gewissen Crustacea eingezeichnet.

6. Das Einrollungsvermögen

In ähnlicher Weise wie viele Insekten, Myriapoden sowie die rezenten Isopoden vermochten sich die meisten Trilobiten einzurollen. Dies erfolgte wohl als Reflex bei Störungen aus der Bodenruhe, aus dem Kriechen und aus dem Schwimmen. Aus dem Schwimmen brachte die Einrollung die Tiere auf dem sichersten und schnellsten Wege auf den Grund. Nur die Olenellidae und

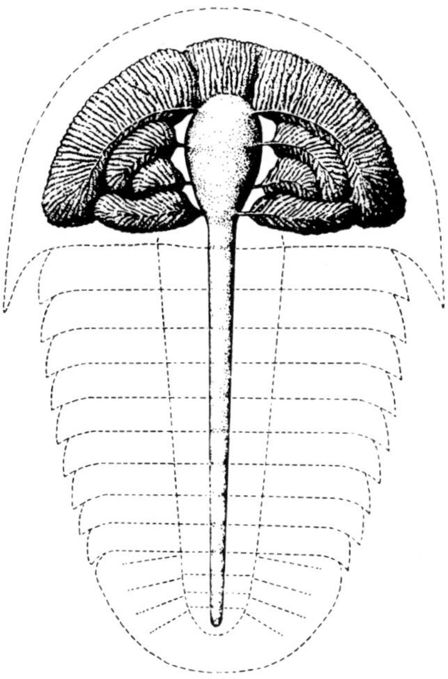

Abb. 578. Schematische Rekonstruktion des Verdauungssystems eines Trilobiten. Zu sehen sind der Magen mit den Divertikeln im Bereich des Cephalons und das geradegestreckte Darmrohr. Ohne Maßstab. – Nach H. J. HARRINGTON 1959.

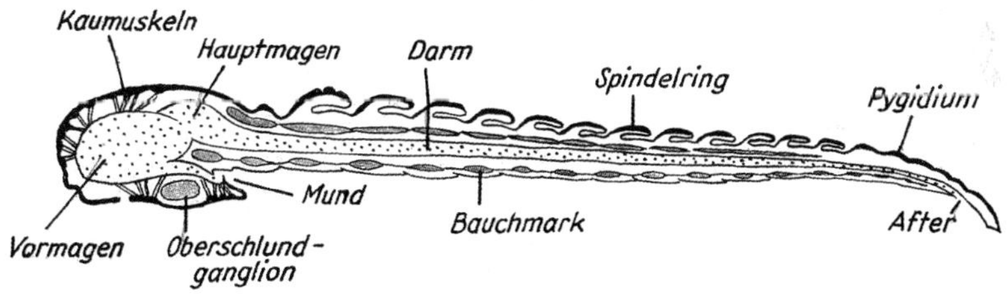

Abb. 579. Schematischer Längsschnitt durch einen Trilobiten. Ohne Maßstab. Nach RUD. RICHTER 1925.

andere primitive Vertreter des Unt. Kambrium, die ein sehr kleines Pygidium haben, konnten sich nicht einrollen. Bei den übrigen unterscheidet man je nach dem Mechanismus, mit dem sich die Einrollung vollzogen hat, zwei Typen:

a) die **sphäroidale** (Abb. 580, 581, 679): Hier sind alle Thorakalsegmente etwa gleichmäßig beteiligt. Sie ist am häufigsten und findet sich z. B. bei den Asaphidae, Illaenidae, Proetidae, Phacopidae, Calymenidae usw. Es handelt sich also hauptsächlich um Formen mit großem oder sehr großem Pygidium.
b) die **diskoidale** (Abb. 644): Bei diesem Typ werden Thorax und Pygidium auf das Cephalon wie die Seiten eines sich schließenden Buches umgeschlagen. Dies gilt für einige höher differenzierte Vertreter mit kleinem oder mittelgroßem Pygidium, z. B. für die Harpidae und Trinucleidae.

Als **Pandersche Vorsprünge** bezeichnet man abgerundete elliptische oder längliche Erhebungen an den Duplikaturen der festen Wangen und der Pleuren des Thorax. Es handelt sich vermutlich um Widerlager, die ein zu starkes Übergleiten der Pleuren während des Einrollungsvorganges verhindern sollten. – Unmittelbar hinter den Panderschen Vorsprüngen liegen im Exoskelett

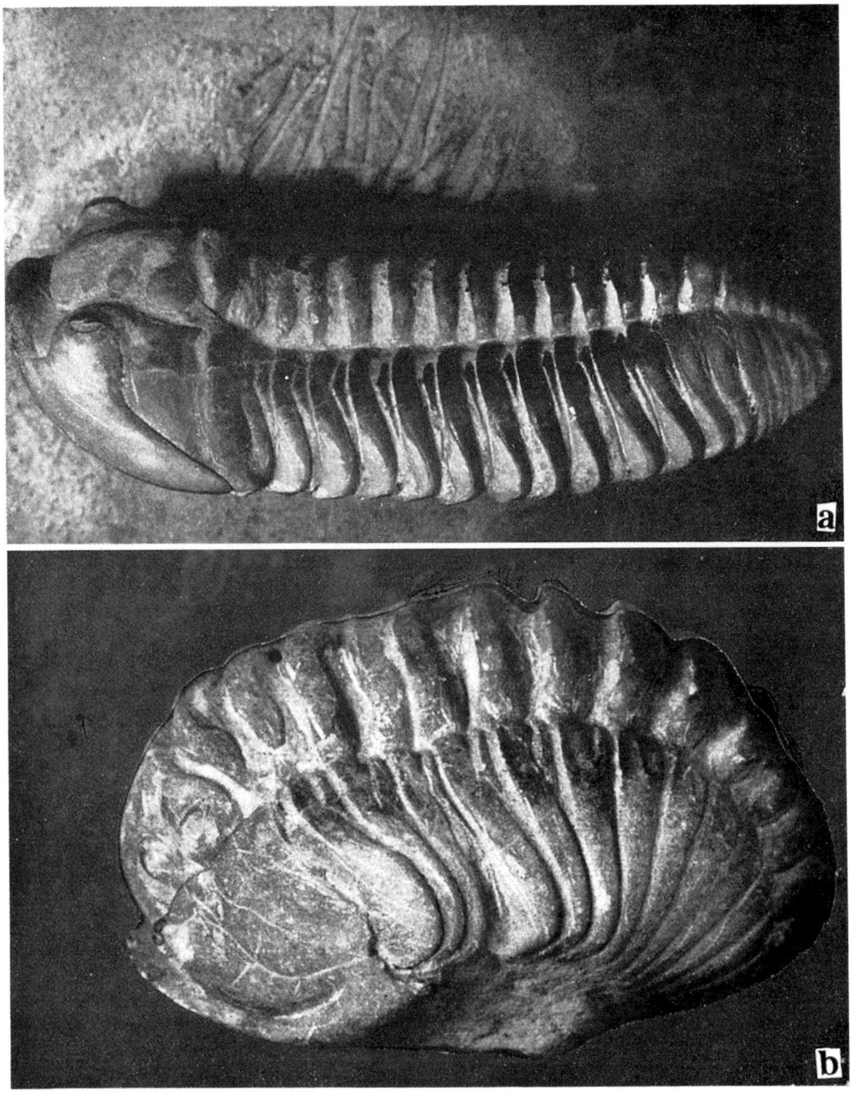

Abb. 580. Sphäroidale Einrollung bei *Calymene collicephala* GREEN aus dem Ordovizium von Cincinnati (Ohio). Das in a) gezeigte Individuum ist 3,5 cm lang. Die übrigen wurden fototechnisch etwa auf gleiche Größe gebracht. — Nach Fotos von F. BACHMAYER (Wien).

kleine, rundliche Vertiefungen, die **Panderschen Öffnungen.** Sie führten wohl zu irgendwelchen metameren inneren Organen, vielleicht zu Nephridien.

7. Die Häutung

Da ein starres Außenskelett vorhanden ist, waren, ähnlich wie bei den übrigen Arthropoda, Häutungen erforderlich, während das Größenwachstum jeweils nur im unmittelbaren Anschluß daran für eine relativ kurze Zeit erfolgen konnte. Da sich demzufolge Häutungen mehrfach

wiederholen mußten (man rechnet mit 30 und mehr), handelt es sich bei den meisten Trilobitenresten nicht um die Leichen der Tiere selbst, sondern um Häutungsprodukte (Exuvien) (Abb. 582). Beim Häutungsvorgang spielten die Gesichtsnähte sowie die Trennungslinie zwischen Cephalon und Thorax eine große Rolle. Letzteres gilt vor allem für Trilobiten, die wie die Phacopidae keine in Funktion befindlichen Gesichtsnähte mehr aufweisen.

Von besonderem Interesse sind **Häutungslagen,** die dann vorliegen, wenn mehrteilige und voneinander getrennte Häutungsprodukte in einer bestimmten, bei derselben Tiergruppe immer

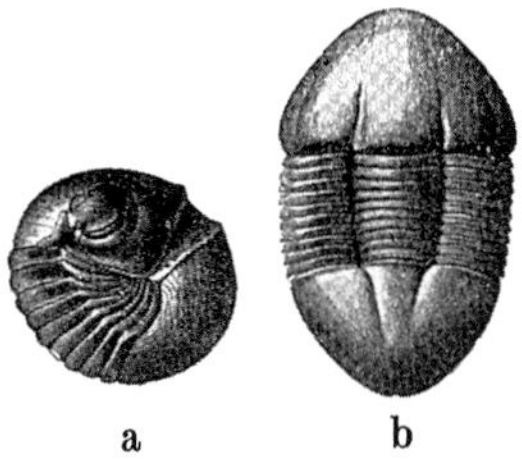

a b

Abb. 581. *Ectillaenus katzeri* (BARRANDE), a) eingerollt, b) ausgestreckt. Ordovizium (Unt. Llanvirn) der Tschechei. Ca. ⅓ nat. Gr. — Aus M. NEUMAYR.

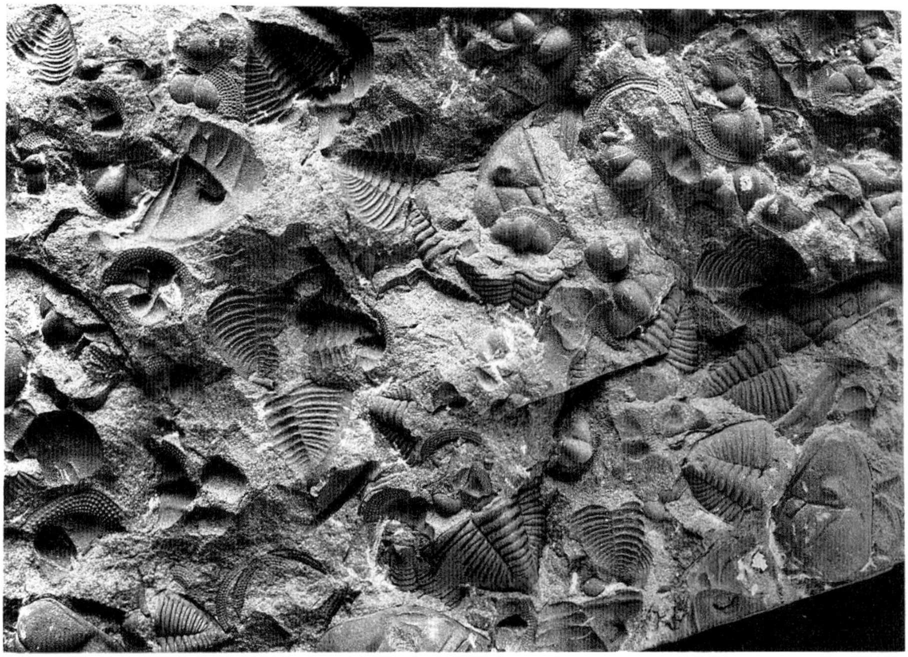

Abb. 582. Exuvien von *Dalmanitina* sp. und *Onnia ornata* (STERNBERG), Ordovizium der Tschechei. Ca. ⅘ nat. Gr.

wiederkehrenden Weise eingebettet und erhalten wurden. Da eine Verlagerung der meist sehr leichten Elemente nicht erfolgt sein kann, weisen sie auf ruhige Sedimentationsverhältnisse hin.

Bei den Phacopidae, insbesondere bei *Phacopidella, Cryphops, Nephranops, Trimerocephalus* und *Dianops,* handelt es sich hierbei um die „Saltersche Einbettung". Sie wurde erstmalig von SALTER (1862, 1864) in ihren Besonderheiten erkannt, dann durch Rud. RICHTER (1937) eingehend untersucht und beschrieben. Wie aus Abb. 583 und 584 A ersichtlich, liegen bei ihr Thorax und Pygidium unversehrt mit der Wölbung nach oben, während das Cephalon abgetrennt und mit der Wölbung nach unten so eingebettet ist, als ob es gegenüber dem Rumpf eine Kippung um 180 Grad durchgeführt hat. Die Gesichtsnähte sind also außer Funktion, wodurch Cranidium und freie Wangen in Verbindung blieben. Diese Art der Einbettung ist auf feinklastische Sedimente beschränkt und wurde bisher nur in Ton- und Mergelschiefern gefunden. Sie fehlt sowohl in gröberklastischen Gesteinen als auch in reineren Kalken.

Eine etwas abweichende Art der Häutung wurde von C. HENNINGSMOEN (1957) bei Vertretern der Olenidae beschrieben. Hier besteht die ungestörte Exuvie aus einem Teil, der von Cranidium, Thorax und Pygidium sowie einem anderen, der von den freien Wangen gebildet wird.

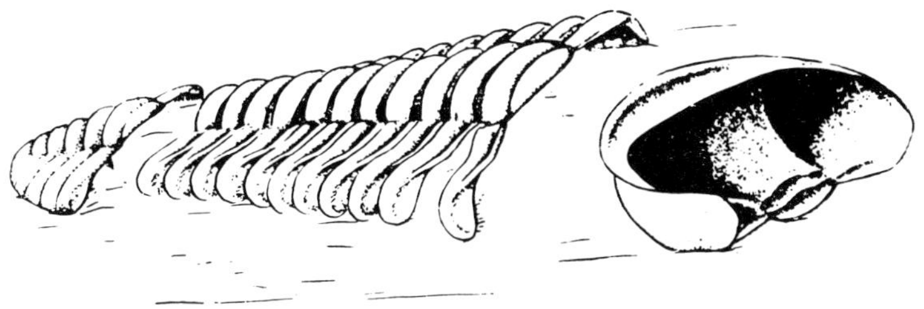

Abb. 583. Die Saltersche Einbettung einer Exuvie von *Nephranops* sp. aus dem Ob. Devon von Deutschland. Ca. 5/1 nat. Gr. – Nach Rud. Richter 1937.

Abb. 584 A. *Phacopidella liopyga* Reinh. Richter, in der Salterschen Einbettung. Ob. Devon I, Laasen bei Saalfeld (Thüringen). Ca. 8/1 nat. Gr.

Letztere liegen unter dem Cranidium und sind etwas nach rückwärts verlagert. – Weitere Angaben zum Häutungsvorgang der Trilobiten finden sich u. a. bei K. J. McNamara & D. M. Rudkin 1984, S. E. Speyer 1985 und D. S. Brandt 1993.

Im Mittl. Kambrium (Jinetzer Schiefer) der Tschechei finden sich nicht selten räumlich begrenzte, nesterartige Ansammlungen von Trilobiten, die überwiegend radial angeordnet sind (Abb. 584B). Vermutlich handelt es sich um Häutungsgemeinschaften, wobei sich die bei der Häutung abweichende Aktionstemperatur ausgewirkt hat. Die Orientierung vollzog sich wahrscheinlich auf Grund sukzessiver Unterschiedsreaktionen in einem Faktorengefälle, wobei die Tiere wegen der im frisch gehäuteten Zustand ungünstigen Bedingungen in den günstigsten Wärmebereich (Wärmepraeferendum) gelangt sind.

Trifft diese Deutung zu, handelt es sich um ein Palaeobiochorion, worunter Konzentrationsstellen oder Aktionszentren autochthon eingebetteter fossiler Organismen verstanden werden, die innerhalb eines größeren Biotops scharf abgegrenzt sind. Rezente Biochorien finden sich am häufigsten in Aas, Exkrementen, Pilzen, Tierwohnungen, Baumstümpfen, unter umgestürzten Stämmen und unter Steinen, in Mikrogewässern und als Folge ungerichteter Suchbewegungen, vor allem bei Hunger, Geschlechtstrieb usw.

a

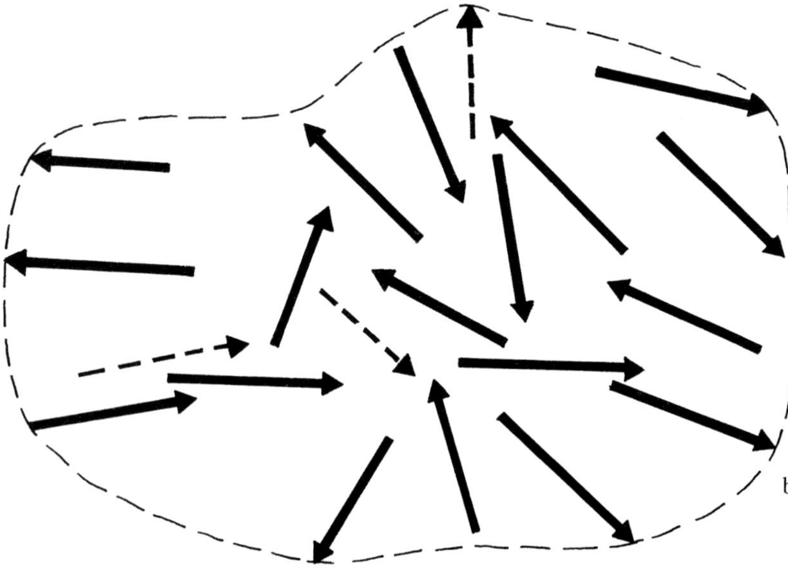

b

Abb. 584B. *Ellipsocephalus hoffi* (v. Schlotheim), nesterartige Ansammlung (Gruppenbildung) überwiegend radial angeordneter Individuen, Beispiel für ein Palaeobiochorion (vermutlich Häutungsgemeinschaft); Mittl. Kambrium von Horovice bei Prag, größter Durchmesser der Bildfläche ca. 15 cm.

8. Die Larvenstadien

Die Larvenstadien der Trilobiten sind heute nach den ersten und richtungsweisenden Untersuchungen J. Barrandes (1852) an *Sao* aus dem Mittl. Kambrium der Tschechei von etwa 30 weiteren Gattungen bekannt. Man unterscheidet drei verschiedene Stadien:

a) Das **Protaspis**-Stadium (Abb. 585—586) reicht vom Schlüpfen aus dem Ei bis zur Scheidung des ursprünglich einheitlichen, runden Schildchens in die größere Kopfregion und das kleinere Pygidium. Die Länge beträgt zwischen ¼ und 1 mm, selten mehr. Der Umriß der Achse ist schon bei den kleinsten Formen angedeutet. Von etwa ¼ mm ab zeigt das Protaspis-Stadium Segmentation, wobei der vorderste Ring am längsten ist. Der 5. (seltener 4.) Ring ist der Nackenring. Dahinter folgt der kurze Axialteil des Protopygidiums. Je nach der Ausbildung kennt man zwei Unterstadien (L. Størmer 1942):

1. die Anaprotaspis (Abb. 585a—c, 586a), ein einheitliches, kreisförmiges oder ovales, konvexes Schildchen, das nur das bereits gebildete Cephalon mit glatter oder segmentierter Glabella aufweist;

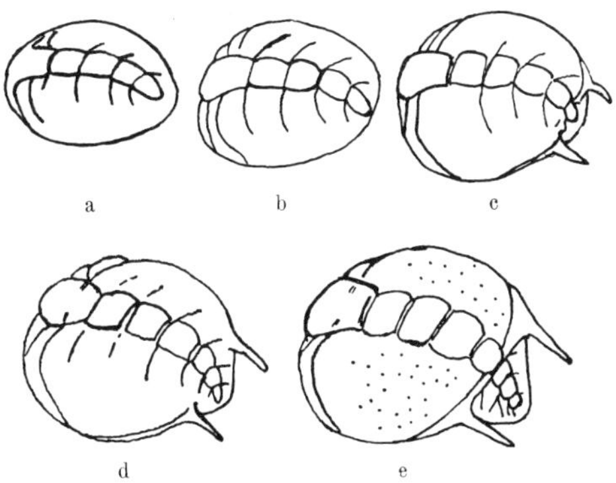

Abb. 585. Protaspis-Stadien von *Olenus*, halbschematisch von oben: a)—c) verschiedene Anaprotaspis, d)—e) verschiedene Metaprotaspis. Ca. 70/1 nat. Gr. — Nach L. Størmer 1942.

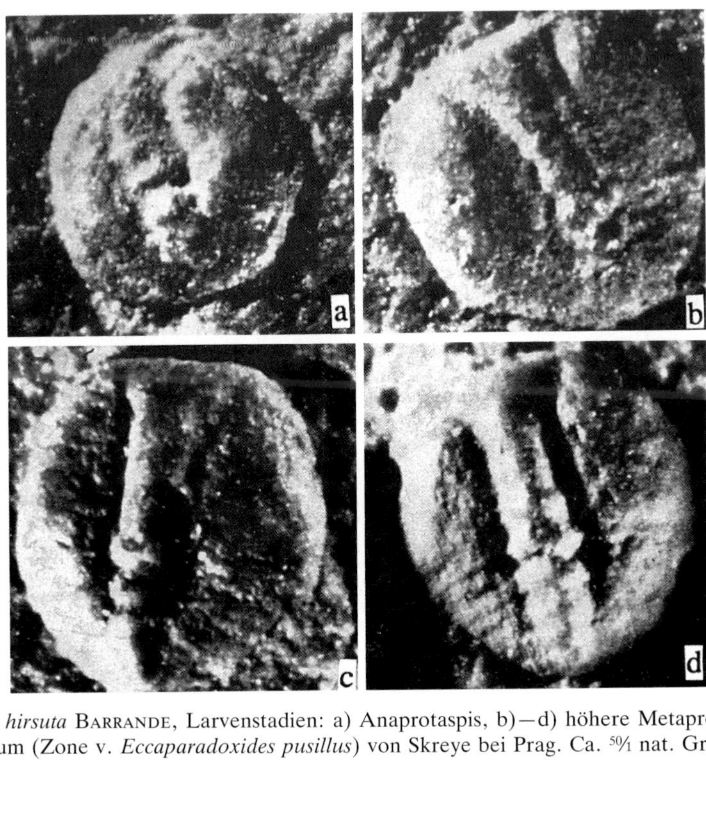

Abb. 586. *Sao hirsuta* Barrande, Larvenstadien: a) Anaprotaspis, b)—d) höhere Metaprotaspis-Stadien. Mittl. Kambrium (Zone v. *Eccaparadoxides pusillus*) von Skreye bei Prag. Ca. 50/1 nat. Gr.

2. die Metaprotaspis (Abb. 585d—e, 586b—d), die mit dem Erscheinen weiterer Segmente hinter den bereits gebildeten beginnt, so daß ein mehrfach segmentiertes Protopygidium entsteht.

b) Das **Meraspis**-Stadium (Abb. 587) setzt mit der Herausbildung einer funktionsfähigen Gelenkung zwischen Cephalon und Protopygidium ein und endet, wenn alle für die betreffende Art charakteristischen Segmente des Thorax außer einem vorhanden sind. Sie werden am vorderen Ende des Protopygidiums eingeschaltet. Als Bezeichnung erhält das Meraspis-Stadium, das noch keine Thorakalsegmente aufweist, eine Null, die folgenden je nach der Zahl der Segmente die Nummern 1 bis ... Mit der zunehmenden Zahl der Thorakalsegmente steigert sich die Größe der Larven bis auf etwa das 6—12fache der größten Protaspis.

c) Das **Holaspis**-Stadium (Abb. 588h—i) beginnt, wenn erstmalig die für die betreffende Art charakteristische Anzahl von Thorakalsegmenten erreicht ist. Bei den folgenden Häutungen vollzieht sich eine rasche Größenzunahme, ohne daß hierdurch die Körpergestalt noch wesentlich verändert wird.

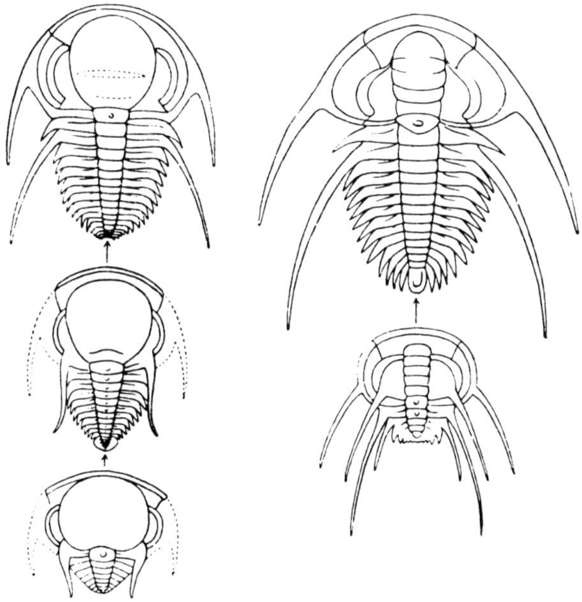

Abb. 587. Verschiedene Meraspis-Stadien von *Paradoxides spinosus* Boeck. Die oben gezeichneten Larven entsprechen, wenn man von der Größe absieht, schon fast den erwachsenen Formen dieser Art. — Nach H. Hupé 1953.

9. *Die Größenverhältnisse*

Die Mehrzahl aller Trilobiten ist zwischen 3 und 8 cm lang. Die kleinsten ausgewachsenen Formen erreichen nur eine Länge von ca. 0,5 cm. Es handelt sich dabei um Vertreter der Agnostidae. Der größte bisher bekannte Trilobit ist *Uralichas ribeiroi* aus dem Mittl. Ordovizium. Er gehört zu den Lichadidae und erreicht eine Länge von 75 cm. Im Mittl. Kambrium findet sich mit *Paradoxides harlani,* der bis 45 cm lang wird, schon ein ganz respektabler Vertreter. Die zweitgrößte Form dürfte aber *Terataspis grandis* aus dem Mittl. Devon sein. Sie wird bis 60 cm lang und gehört ebenfalls zu den Lichadidae.

Phylogenetische Größenzunahme ist nicht sonderlich charakteristisch für die Arthropoden.

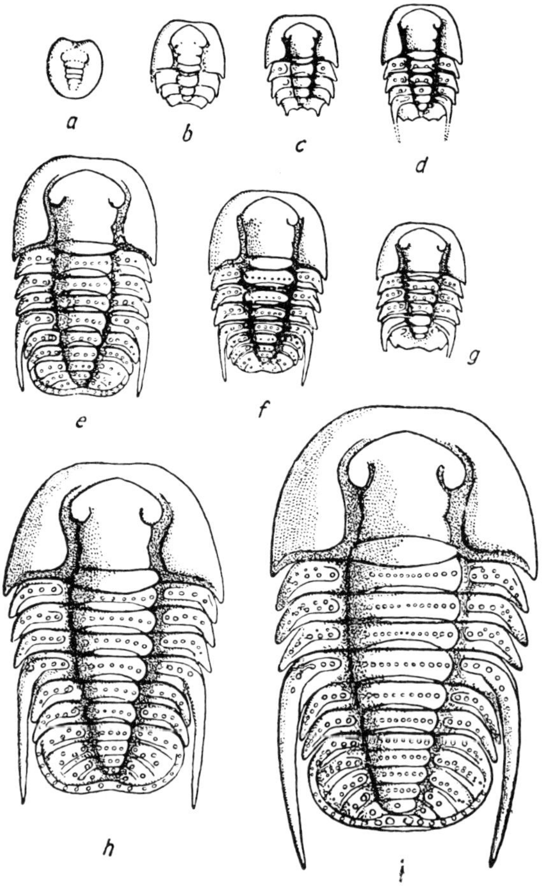

Abb. 588. Ontogenetische Stadien von *Shumardia pusilla* (SARS) aus dem Unt. Ordovizium (Tremadoc) von England. a) Protaspis, ca. 30/1 nat. Gr.; b) Meraspis-Stadium 0, ca. 30/1 nat. Gr.; c)–g) Meraspis-Stadien 1 bis 5, ca. 23/1 nat. Gr.; h) Holaspis-Stadium, ca. 23/1 nat. Gr.; i) größeres Holaspis-Stadium mit zusätzlichem Segment im Bereich des Pygidiums, ca. 15/1 nat. Gr. — Aus H. J. HARRINGTON et al. 1959.

Sie tritt hier selten offen zutage und läßt sich meist nur statistisch sicher erfassen. Bei den Trilobiten kommt sie deutlich vor allem bei den Ptychopariidae, Redlichioidae, Asaphidae, Lichadidae, Dalmanitidae und Homalonotidae vor.

10. Systematik

Im wesentlichen nach H. J. HARRINGTON (1959) werden die nachstehenden Ordnungen und Unterordnungen unterschieden, auf die sich die Mehrzahl der bisher aufgestellten mehr als 1400 Gattungen verteilt:

a) **Agnostida** KOBAYASHI 1935: Unt. Kambrium — Ob. Ordovizium
   Agnostina SALTER 1964: Unt. Kambrium — Ob. Ordovizium
   Eodiscina KOBAYASHI 1939: Unt. — Mittl. Kambrium
b) **Redlichiida** RUD. RICHTER 1933: Unt. — Mittl. Kambrium
   Olenellina RESSER 1938: Unt. Kambrium

Redlichiina HARRINGTON 1959: Unt. — Mittl. Kambrium
Bathynotina LOCHMAN-BALK 1959: oberes Unterkambrium — unteres Mittelkambrium
c) **Corynexochida** KOBAYASHI 1935: Unt. — Ob. Kambrium
d) **Ptychopariida** SWINNERTON 1915: Unt. Kambrium — Ob. Perm
Ptychopariina RUD. RICHTER 1933: Unt. Kambrium — Ob. Ordovizium
Asaphina SALTER 1864: oberes Mittelkambrium — Ob. Ordovizium
Illaenina JAANUSSON 1959: Ordovizium — Ob. Perm
Harpina WHITTINGTON 1959: Ob. Kambrium — Ob. Devon
Trinucleina SWINNERTON 1915: Unt. Ordovizium — Mittl. Silur
e) **Proetida** SALTER 1864: Unt. Ordovizium — Ob. Perm
f) **Phacopida** SALTER 1864: Unt. Ordovizium — Ob. Devon
Cheirurina HARRINGTON & LEANZA 1957: Unt. Ordovizium — Mittl. Devon
Calymenina SWINNERTON 1915: Unt. Ordovizium — Mittl. Devon
Phacopina STRUVE 1959: Unt. Ordovizium — Ob. Devon
g) **Lichida** MOORE 1959: Unt. Ordovizium — Ob. Devon
h) **Odontopleurida** WHITTINGTON 1959: oberes Mittelkambrium — Ob. Devon.

Ordnung **Agnostida** KOBAYASHI 1935

Überwiegend sehr kleinwüchsige, meist blinde Trilobita mit larvenähnlichem Charakter, bei denen Cephalon und Pygidium einander ähnlich sind und etwa die gleiche Größe aufweisen. Der Thorax besteht lediglich aus 2 oder 3 Segmenten. — Unt. Kambrium — Ob. Ordovizium.

An phosphatisierten, maximal 1 mm langen Exemplaren von *Agnostus* sp. aus dem Ob. Kambrium von Schweden konnten einästige Antennen und die Gliedmaßen nachgewiesen werden. Letztere sind im hinteren Teil des Körpers zweiästig und im Bau so verschieden, daß eine Zugehörigkeit von *Agnostus* zu den Trilobita ebenso ausscheiden soll wie eine nähere Verwandtschaft. Ihre Morphologie spricht ferner gegen eine pelagische oder parasitäre Lebensweise der vorliegenden Stadien (K. J. MÜLLER 1982).

Unterordnung **Agnostina** SALTER 1864
(Agnostoidae HUPÉ 1953)

Es handelt sich um sehr einfach gebaute blinde Miomera (Abb. 589) mit nahezu gleichartig gestaltetem Cephalon und Pygidium und einem Thorax, der aus 2 Segmenten besteht. Gesichtsnähte fehlen; ein Hypostom ist unbekannt. Die Glabella zeigt maximal 4—5 Loben, während der Nackenring gewöhnlich rudimentär ist. Die unterschiedlich lange Achse des Pygidiums besteht aus 3 oder weniger Segmenten und einem Endstück. — Unt. Kambrium — Ob. Ordovizium (Ashgill).

Phalacroma HAWLE & CORDA 1847 (syn. *Platagnostus* HOWELL 1935): mittleres Mittelkambrium von Europa, Sibirien, NO-Asien und Neufundland (Abb. 590a).

Cephalon und Pygidium sind bis auf geringfügige Spuren der Rückenfurchen glatt.

Agnostus BRONGNIART 1822: Ob. Kambrium von Europa, N-Amerika, Sibirien, China und Australien, in Tiefwassersedimenten (Abb. 590b).

Vor der aus 2 Hauptloben bestehenden Glabella verläuft eine Längsfurche. Die Achse des Pygidiums zeigt 3 Loben. Pygidium hinten mit 2 Dornen.

Hypagnostus JAEKEL 1909: oberes Mittelkambrium, u. a. von Europa, Australien, Argentinien, China (Abb. 590c).

Vor der aus 2 Hauptloben bestehenden Glabella verläuft keine mediane Längsfurche wie bei *Agnostus*. Der vordere Lobus ist stark abgeschwächt. Die weit nach hinten reichende Achse des

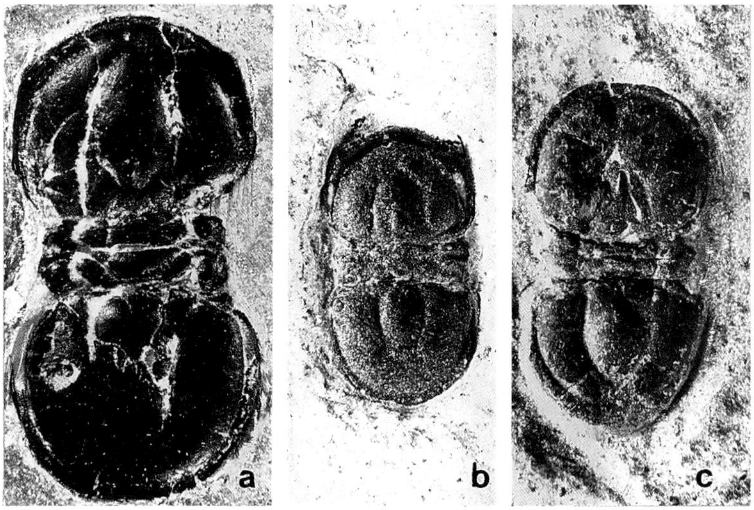

Abb. 589. Verschiedene Agnostina:
a) *Ptychagnostus* sp., Mittl. Kambrium (Condor Shale Member, Swasey Formation) von House Range, Milliard Co. (Utab, USA). Länge: 5,8 mm; b) *Acadagnostus* sp., Länge: ca. 5,3 mm, sonst wie a); c) *Peronopsis interstricta* WHEELER, Mittl. Kambrium (Wheeler Shale-Formation) von House Range (Utah, USA), Länge: 7,6 mm.

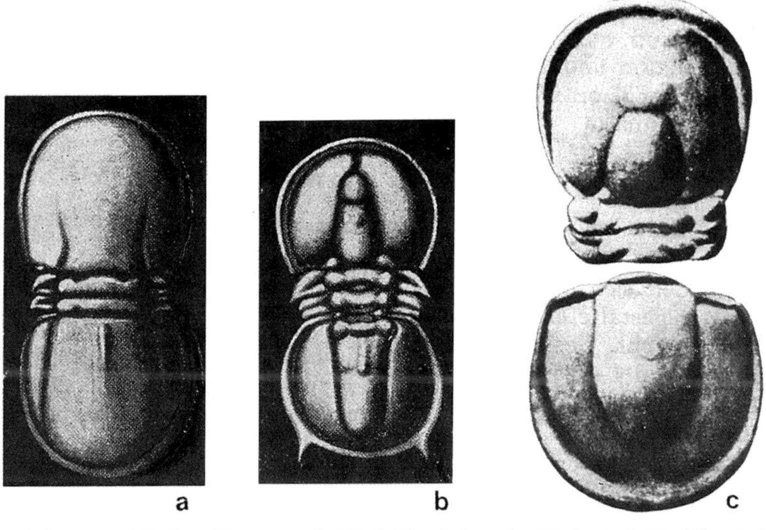

Abb. 590. a) *Phalacroma bibullata* (BARRANDE), Mittl. Kambrium der Tschechei. Ca. 14/1 nat. Gr. – Nach P. HUPÉ 1953; b) *Agnostus pisiformis* LINNÉ, unteres Oberkambrium von Västergötland. Ca. 5/1 nat. Gr. – Nach P. HUPÉ 1953; c) *Hypagnostus parvifrons* (LINNARSSON), Mittl. Kambrium von Schweden. Ca. 8⅕ nat. Gr. – Nach A. H. WESTERGÅRD 1946.

Pygidiums zeigt einen nahezu dreieckigen Umriß. Eine Segmentierung ist auf ihr nicht oder nur andeutungsweise zu erkennen.

Unterordnung **Eodiscina** Kobayashi 1939

Kleinwüchsige Formen mit 2 bis (überwiegend) 3 Thorakalsegmenten, einige noch mit Augen. Cephalon und Pygidium haben etwa gleiche Größe, sind aber im Gegensatz zu den sonst ähnlichen Agnostina vom gleichen Bau wie bei den übrigen Trilobiten. So finden sich am Cephalon meist Gesichtsnähte und ein deutlicher Nackenring. Die gewöhnlich wohlausgebildete Glabella ist entweder zylindrisch oder nach vorn verjüngt, die Achse des maximal aus 12 Segmenten bestehenden Pygidiums häufig mit einer Reihe von Knötchen besetzt. Falls Gesichtsnähte vorhanden, sind diese propar. Die Tiere vermochten sich einzurollen. — Unt. — Mittl. Kambrium, Maximum der Formenmannigfaltigkeit im Unt. Kambrium.

Hebediscus Whitehouse 1936: mittleres Unt. Kambrium — Mittl. Kambrium, u. a. von N-Amerika, Asien, Australien (Abb. 591a).

Die relativ kurze und ungefurchte Glabella ist entweder zylindrisch oder nach vorn verjüngt. Die Gesichtsnähte verlaufen vermutlich propar. Der Thorax besteht aus 3 Segmenten. Achse und Seitenteile des halbkreisförmigen Pygidiums sowie die Pleuralflächen sind glatt.

Pagetia Walcott 1916: Unt. — Mittl. Kambrium von N-Amerika, Sibirien, Asien, Australien (Abb. 591b).

Die deutlich abgesetzte Glabella ist nach vorn verjüngt, der Nackenring zu einem langen Stachel verlängert, der schräg nach hinten zieht. Augen und propar verlaufende Gesichtsnähte sind vorhanden. Der ziemlich schmale Rand des Cephalons trägt radiale Marken. Der Thorax besteht aus 2 Segmenten, die lange, hinten in einen Stachel auslaufende Achse des Pygidiums aus ca. 6.

Serrodiscus Rud. & E. Richter 1941 (syn. *Paradiscus* Kobayashi 1943): Unt. Kambrium von Europa und N-Amerika (Abb. 591c).

Das halbelliptische Cephalon zeigt eine nach vorn verjüngte Glabella sowie einen einfachen Nackenring. Augen und Gesichtsnähte fehlen. Der Thorax besteht aus 3 Segmenten, die lange Achse des Pygidiums aus ca. 11. Die Pleuralflächen sind ungefurcht. Die zu dieser Gattung gehörenden Vertreter erreichen mit 1,5—4,0 cm eine für Eodiscina beträchtliche Länge.

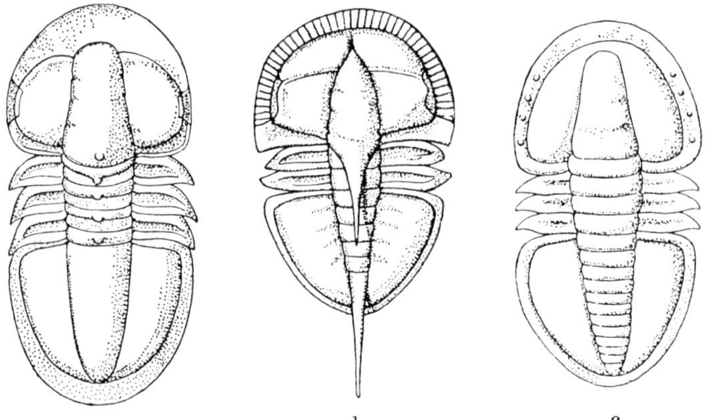

a b c

Abb. 591. Eodiscina: a) *Hebediscus cobboldi* Resser, mittleres Unterkambrium von Comley. Ca. 7/1 nat. Gr.; b) *Pagetia bootes* Walcott, Mittl. Kambrium von Britisch-Kolumbien. Ca. 9/1 nat. Gr.; c) *Serrodiscus speciosus* (Ford), Unt. Kambrium aus dem Tal des Hudson. Ca. 3/1 nat. Gr. — Nach P. Hupé 1953.

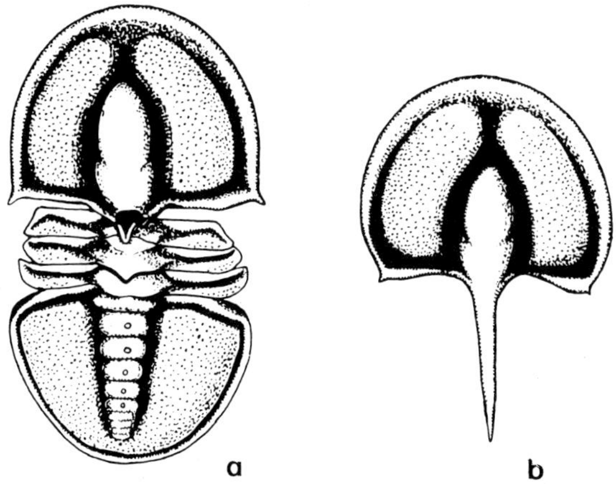

Abb. 592. *Eodiscus punctatus* (SALTER), Mittl. Kambrium von Neufundland. Ca. 7½ nat. Gr. – Nach F. RASETTI.

Eodiscus HARTT in WALCOTT 1884: Mittl. Kambrium von N-Amerika und NW-Europa (Abb. 592).

Die kurze, nach vorn verjüngte Glabella läuft hinten in einen Stachel aus. Der Rand des Cephalons ist niedrig, fein gekörnelt oder glatt. Augen und Gesichtsnähte fehlen. Der Thorax besteht aus 3, das mit einer langen Achse ausgestattete Pygidium aus einer großen Anzahl von Segmenten. Die Pleuralflächen sind gewöhnlich ungefurcht.

Ordnung **Redlichiida** RICHTER 1933

Opisthopare Trilobiten, deren halbkreisförmiges oder halbelliptisches Cephalon meist in kräftige Wangenstacheln ausläuft. Es trägt eine nach vorn verjüngte, parallelseitige oder vorn verbreiterte Glabella, die im allgemeinen eine sehr deutliche Segmentierung aufweist. Die in der Regel großen Augen haben die Tendenz, halbkreisförmig zu werden. Der Vorgang der Caudalisation befindet sich noch in den Anfängen, so daß das Pygidium meist nur sehr klein ausgebildet ist. Der Thorax besteht demgegenüber aus zahlreichen Segmenten. – Unt. – Mittl. Kambrium.

Unterordnung **Olenellina** RESSER 1938

(Mesonacida POULSEN 1927, Protoparia STØRMER 1942, Olenelloidae HUPÉ 1953)

Ziemlich große Trilobita mit langgestrecktem Dorsalpanzer und großem, nicht ganz halbkreisförmigem Cephalon, das gewöhnlich einen deutlich ausgebildeten Saum sowie mächtige Wangenstacheln aufweist. Die meist klar hervortretende Glabella zeigt in der Regel kräftige Seitenfurchen. Vorhanden sind große, halbkreisförmige Augen. Das 3. Segment des aus zahlreichen Elementen bestehenden Thorax ist oft besonders groß (macropleural). Sofern überhaupt ein Pygidium vorliegt, ist es sehr klein. Es besteht höchstens aus (?) 3 Segmenten. Am Thorax kann man nicht selten einen vorderen (prothorakalen) Abschnitt mit normal ausgebildeten Pleuren und einen hinteren (postthorakalen) Abschnitt unterscheiden, der reduzierte Pleuren aufweist. – Unt. Kambrium.

Nevadia WALCOTT 1910: Unt. Kambrium von ? Europa und N-Amerika (Abb. 593).

Das Cephalon ist nahezu dreimal so breit wie lang und zeigt eine schmale, konische Glabella

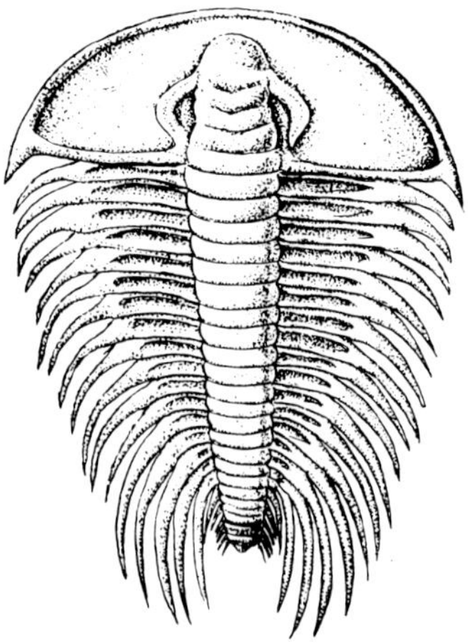

Abb. 593. *Nevadia weeksi* WALCOTT, Unt. Kambrium von Nevada. Ca. ½ nat. Gr. — Nach CH. D. WALCOTT 1910.

mit 3 Seitenfurchen. Die Wangenstacheln sind sehr kurz. Soweit bisher bekannt, besteht der Thorax aus 17 prothorakalen und 11 postthorakalen Segmenten, von denen letztere reduzierte, dornenartige Pleuren aufweisen. Das Pygidium ist eine winzige, ungeteilte Platte. Das 3. Thorakalsegment zeigt im Unterschied zu vielen anderen Olenellina normale Ausbildung.

Olenellus BILLINGS 1861: Unt. Kambrium von Europa, N-Amerika und Grönland (Abb. 594).

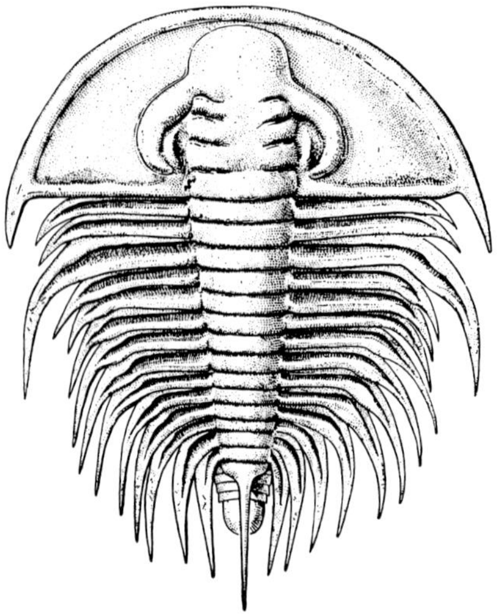

Abb. 594. *Olenellus thompsoni* (HALL), Unt. Kambrium von Vermont. Ca. ⅔ nat. Gr. — Nach P. HUPÉ 1953.

Die zylindrische, weit nach vorn reichende Glabella hat einen runden Frontallobus und 3 Paar Seitenlinien. Der Thorax besteht aus 14 prothorakalen Segmenten, von denen das 3. stark macropleural ist. Das 15. Segment zeigt macrospinale Ausbildung.

Holmia MATTHEW 1890: Unt. Kambrium von Europa und N-Amerika (Abb. 595).

Die relativ lange, nach vorne verbreiterte Glabella ist an der Stirnseite stark gerundet, das Cephalon beträchtlich breiter als der vordere Teil des Thorax. Dieser zeigt keine Differenzierung in einen pro- und postthorakalen Abschnitt. Insgesamt sind es 16 Segmente mit Achsialdornen,

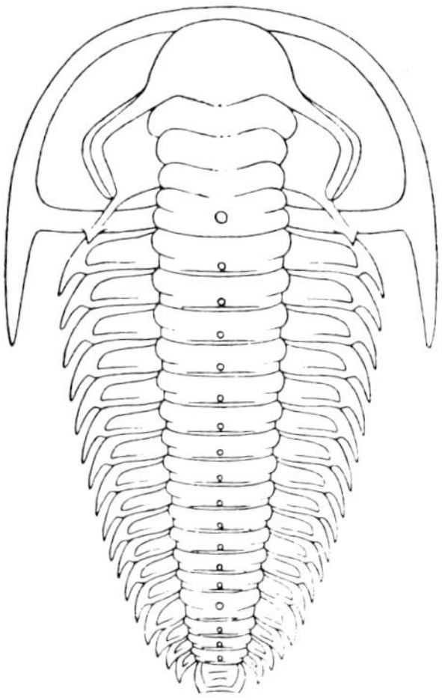

Abb. 595. *Holmia mickwitzi* (SCHMIDT), Rekonstruktion. Unt. Kambrium von Estland. Ca. ⅔ nat. Gr. — Nach O. H. SCHINDEWOLF 1927.

die in der Nähe des Pygidiums besonders stark entwickelt sind. Die Pleuren enden in kräftigen, nach rückwärts gerichteten Stacheln. Das sehr kleine, plattenartige Pygidium zeigt auf der Achse zwei Segmente.

Unterordnung **Redlichiina** HARRINGTON 1959
(Redlichioidae HUPÉ 1953)

Eine sehr formenreiche Gruppe opisthoparer Trilobita, deren langgestreckter Dorsalpanzer einen nahezu elliptischen Umriß aufweist. Das halbkreisförmige oder halbelliptische Cephalon trägt meist kräftige Wangenstacheln. Die zunächst zylindrische oder nach vorn verjüngte, gewöhnlich wohlsegmentierte Glabella zeigt die Tendenz, im Laufe der Stammesgeschichte nach vorn breiter zu werden. Die in der Regel sehr großen Augen sind bei den meisten Vertretern halbmondförmig gestaltet. — Unt. — Mittl. Kambrium.

Redlichia COSSMANN 1902: Unt. Kambrium, u. a. von Iran, China, Indien, Australien (Abb. 596).

Die nach vorn verschmälerte Glabella erstreckt sich bis oder nahezu bis zur Furche am Vordersaum. Sie zeigt drei gleichartige, durchlaufende oder in der Mitte abgeschwächte Seitenfurchen. Die hinteren Glabellarloben sind von ähnlicher Gestalt und Größe wie der Nackenring. Die präokulare Gesichtsnaht bildet mit der Längsachse einen Winkel von 19—20 Grad. Augen-

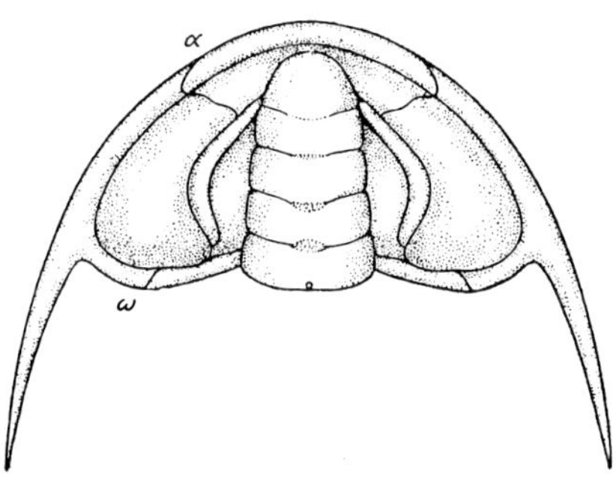

Abb. 596. Rekonstruktion des Cephalons von *Redlichia noetlingi* (REDL.). Unt. Kambrium (*Neobelus*-Schichten), Fort Kusak (Pakistan). Ca. 1½ nat. Gr. — Nach O. H. SCHINDEWOLF 1955.

hügel sehr lang, erstrecken sich bis an den Nackenring nach hinten. Der Thorax besteht aus 15 Segmenten, von denen das 11. vergrößert und mit einem Stachel versehen ist. Das kleine Pygidium umfaßt mindestens 2 Segmente. Maximale Länge von *R.* ca. 10 cm.

Protolenus MATTHEW 1892: Unt. Kambrium, u. a. von Europa und Marokko (Abb. 597).

Die sich leicht nach vorn verjüngende Glabella zeigt 3 Paar Seitenfurchen. Die Augen sind über eine nahezu gerade Augenleiste mit dem Vorderrand der Glabella verbunden. Die zahlreichen Segmente des Thorax tragen Pleuraldornen. Das Pygidium ist sehr klein.

Lusatiops RUD. & E. RICHTER 1941: Unt. Kambrium von Europa und Korea (Abb. 598).

Ähnlich *Protolenus,* doch sind die Wangenstacheln länger und die nach vorn verlaufenden Äste der Gesichtsnähte stärker geschwungen.

Strenuella MATTHEW 1887: Unt. Kambrium von Europa, N-Amerika, N-Afrika (Abb. 599).

Das halbkreisförmige Cephalon zeigt kräftige, relativ lange und breite Wangenstacheln sowie eine zylindrische bzw. nach vorn leicht verjüngte Glabella mit gerundetem Vorderende. Das präglabellare Feld ist kurz. Die Seitenfurchen sind nicht oder kaum zu erkennen. Der breite Nackenring läuft hinten in einen Stachel aus. Das sehr kleine Pygidium besteht aus (?) 2 Segmenten.

Ellipsocephalus ZENKER 1833: oberes Unterkambrium, u. a. von Skandinavien; Mittl. Kambrium, u. a. von Europa und Australien (Abb. 600).

Die im allgemeinen glatte, zylindrische Glabella hat die Tendenz, sich nach vorn leicht zu verbreitern. Ihr Vorderende ist winkelig zugespitzt. Die im Alter von außen undeutlichen, sonst vor allem auf dem Steinkern klar hervortretenden Augenleisten sind sehr schmal ausgebildet.

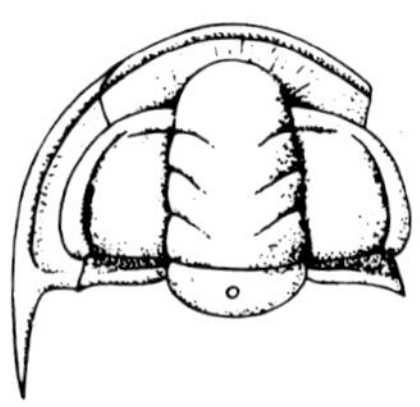

Abb. 597. *Protolenus paradoxoides* (MATTHEW), unvollständiges Cephalon. Unt. Kambrium von Europa. Ca. 4/5 nat. Gr. — Nach E. S. COBBOLD.

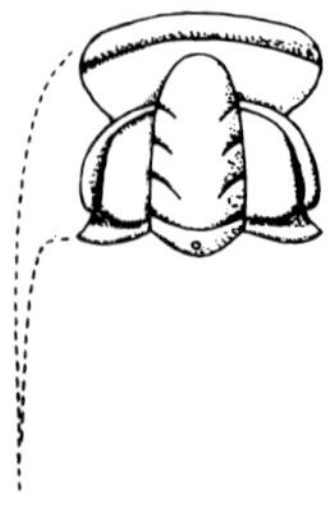

Abb. 598. *Lusatiops lusaticus* (SCHWARZBACH), unvollständiges Cephalon. Unt. Kambrium von Europa. Ca. 3/4 nat. Gr. — Nach RUD. & E. RICHTER.

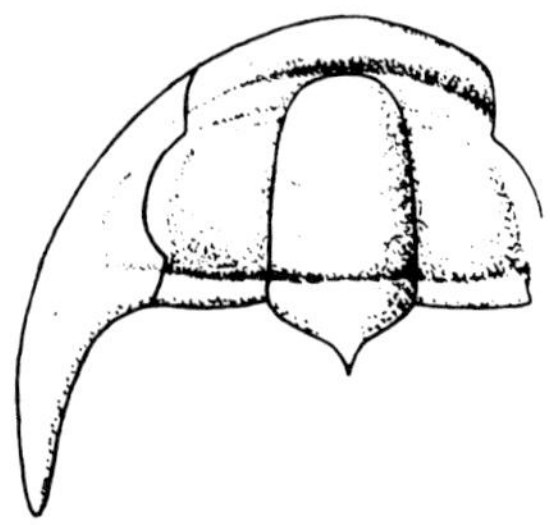

Abb. 599. *Strenuella strenua* (BILLINGS), unvollständiges Cephalon. Unt. Kambrium von Nordamerika. Ca. 2/1 nat. Gr. — Nach A. B. SHAW.

Abb. 600. *Ellipsocephalus hoffi* (v. Schlotheim), Mittl. Kambrium von Horovice bei Prag. Ca. nat. Gr.

Die Wangenecken verlaufen zugerundet. Der Thorax besteht aus 12 Segmenten. Das Pygidium ist klein, aber verhältnismäßig breit.

Paradoxides Brongniart 1822: Mittl. Kambrium der atlantischen Provinz in feinklastischen Küstensedimenten (Abb. 601–602).

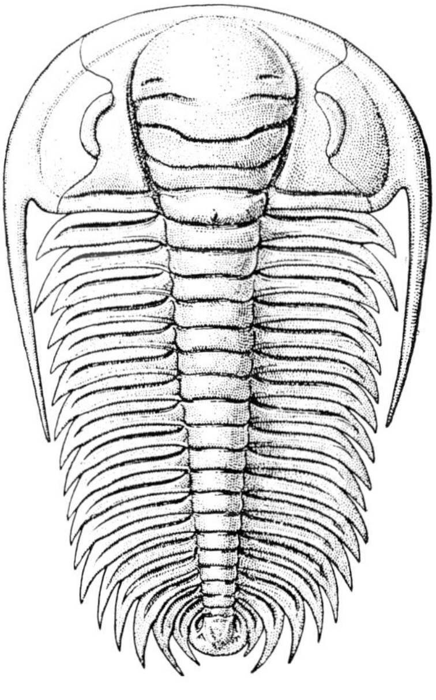

Abb. 601. *Paradoxides spinulosus* Boeck, Mittl. Kambrium der Tschechei. Ca. ⅖ nat. Gr. — Nach P. Hupé 1953.

Abb. 602. Thorax und Pygidium von *Paradoxides gracilis* (Boeck), Mittl. Kambrium der Tschechei. Ca. nat. Gr.

Mittelgroße bis fast 0,5 m lange Redlichiina, deren stark nach vorn verbreiterte Glabella sich bis an den Stirnrand des Cephalons erstreckt. Die vor den relativ großen Augen liegenden Teile der Gesichtsnähte divergieren nach außen. Das halbkreisförmige Cephalon läuft in lange Wangenstacheln aus. Der Thorax besteht aus 16—21 Segmenten, deren tief gefurchte Pleuren Stacheln tragen, die nach hinten länger werden. Das sehr kleine, gewöhnlich langgestreckte Pygidium zeigt sehr schmale Seitenteile, wenige Segmente auf der Achse und bei einigen Vertretern 1 oder 2 Paar kleine Stacheln am Hinterende. Das Hypostom ist hinten beiderseits zugespitzt und bei manchen Arten mit der reduzierten Rostralplatte verwachsen.

Auf die nur 2 Gattungen umfassende Unterordnung Bathynotina Lochman-Balk (oberes Unterkambrium — unteres Mittelkambrium) wird nicht besonders eingegangen.

Ordnung **Corynexochida** Kobayashi 1935
(Corynexochoidae Hupé 1953)

Langgestreckt elliptische, meist mit einem großen Pygidium ausgestattete opisthopare Trilobiten, deren halbkreisförmiges Cephalon in der Regel Wangenstacheln trägt. Die langgestreckte, gewöhnlich zylindrische Glabella wird bei einigen Gattungen nach vorn breiter. Sie erreicht dann meist auch den Stirnrand. Außer dem Nackenring lassen sich in der Regel 4 Paar Seitenfurchen nachweisen, von denen die vorderen häufig schräg nach vorn verlaufen. Augenleisten sind in der Regel vorhanden und schräg oder gekrümmt ausgebildet. Die vor den Augen liegenden Teile der Gesichtsnähte erstrecken sich etwa parallel oder schwach konvergierend bzw. divergierend. Falls eine Rostralplatte vorhanden, ist sie mit dem Hypostom verwachsen. Der Thorax besteht meist aus 7—10 (weniger häufig 2—12) Segmenten, deren Pleuren kräftig gefurcht sind und i. d. R. in Spitzen enden. Der Rand des mittelgroßen bis großen Pygidiums ist meist mit Stacheln besetzt, bei einigen Gattungen aber auch glatt und sehr unterschiedlich gebaut. — Unt. — Ob. Kambrium.

Dolichometopus ANGELIN 1854: Mittl. Kambrium von Skandinavien und N-Amerika (Abb. 603).

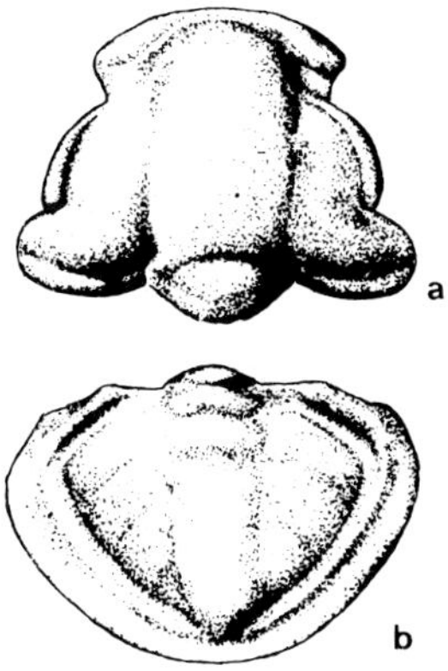

Abb. 603. *Dolichometopus svecicus* ANGELIN, Mittl. Kambrium von Schweden. a) Cranidium, ca. 2/1 nat. Gr.; b) Pygidium, ca. nat. Gr. — Nach A. H. WESTERGÅRD 1948.

Das stark längs- und quergekrümmte Cephalon zeigt eine schwach konvexe, zylindrische oder leicht nach vorn verbreiterte Glabella, die bei ausgewachsenen Exemplaren keine Seitenfurchen aufweist und sich bis zum Stirnrand erstreckt. Der Nackenring nimmt in Richtung zur Mittellinie an Dicke zu, so daß er, von außen gesehen, einen linsenförmigen Umriß hat. Die Augenleisten verlaufen schräg. Das große, etwas mehr als halbkreisförmige Pygidium ist schwach konvex und nur undeutlich segmentiert. Die Oberfläche des Panzers zeigt eine feine Punktierung oder Körnelung. Das Hypostom ist mit der Rostralplatte verwachsen, von denen die letztere kräftige, nach hinten verlaufende „Flügel" hat.

Corynexochus ANGELIN 1854: Mittl. Kambrium, u. a. von Europa, N-Amerika, Sibirien, Australien (Abb. 604).

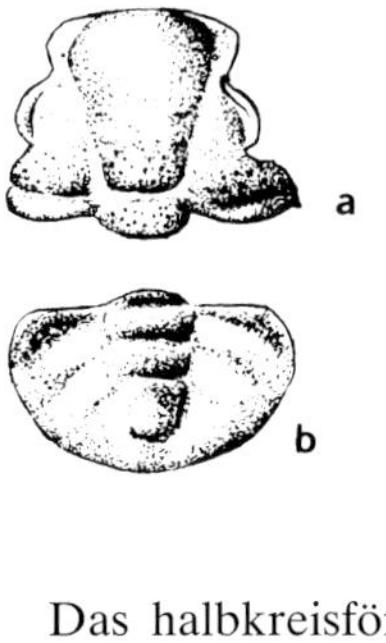

Abb. 604. *Corynexochus spinulosus*, a) Cranidium, b) Pygidium. Mittl. Kambrium von Schweden. Ca. 4/1 nat. Gr. — Nach A. H. WESTERGÅRD 1948.

Das halbkreisförmige Cephalon zeigt zugespitzte Wangenecken und eine stark nach vorn verbreiterte Glabella. Sie erstreckt sich bis an den Stirnrand und erreicht hier etwa die doppelte Breite des kräftig ausgebildeten Nackenringes. Die Seitenfurchen sind, falls überhaupt noch vorhanden, sehr schwach, die Augen klein. Der Thorax hat 7 Segmente mit tief gefurchten und in Spitzen auslaufenden Pleuren. Die Achse des halbkreisförmigen Pygidiums zeigt in der Regel 3 Segmente und fast ebene, leicht konvexe Seitenteile. Das Hypostom ist ähnlich wie bei *Dolichometopus* mit der Rostralplatte verwachsen, die ebenfalls kräftige, nach hinten verlaufende „Flügel" aufweist.

Olenoides MEEK 1877: oberes Mittelkambrium von N-Amerika, Argentinien, Asien (Abb. 605—606).

Die stark konvexe, zylindrische oder schwach nach vorn verbreiterte Glabella hat drei Paar deutliche Seitenfurchen. Augen klein. Der Thorax besteht aus 6 oder 7 Segmenten. Die Achse des etwas mehr als halbkreisförmigen Pygidiums zeigt 5—11 Segmente, primär und sekundär gefurchte Seitenteile sowie 4—8 Paar randliche Dornen von meist gleicher Länge. Die Oberfläche ist mit kleinen Körnchen bedeckt. Maximale Länge von *O.* ca. 15 cm.

Dorypyge DAMES 1883: Mittl. Kambrium von Skandinavien, O-Asien, Sibirien, Argentinien, Australien.

Die faßförmige, nahezu an die Stirnseite reichende Glabella ist vorn und hinten verengt. Die Wangenstacheln sind von mäßiger Länge. Die Achse des Pygidiums zeigt 7—8 Segmente, stark primär gefurchte Seitenteile und 6 (selten 5) Paar wohlentwickelte Randdornen. Von diesen sind 1 oder 2 Paar der hintersten von anderer Größe als die übrigen. Die Oberfläche des Panzers ist im allgemeinen fein gekörnelt.

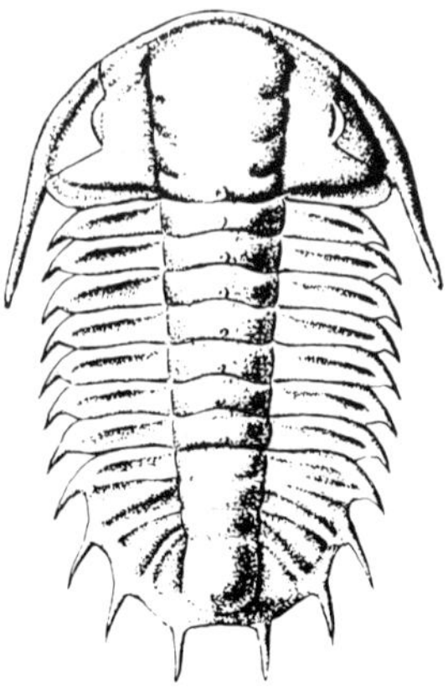

Abb. 605. *Olenoides curticei* WALCOTT, Rekonstruktion. Mittl. Kambrium von Alabama. Ca. ¾ nat. Gr. — Nach CH. D. WALCOTT.

Ordnung **Ptychopariida** SWINNERTON 1915

Es handelt sich um die größte, über 800 Gattungen umfassende Ordnung der Trilobita, die mehr als 3 Thorakalsegmente und meist opisthopare, seltener propare Gesichtsnähte aufweisen. Falls vorhanden, sind die Seitenfurchen der im allgemeinen nach vorn verjüngten Glabella einfache, linienhafte, untereinander fast parallel verlaufende Vertiefungen. Ein konsolidiertes, zum Teil recht großes Pygidium ist vorhanden. — Unt. Kambrium — Ob. Devon (Frasnien).

Unterordnung **Ptychopariina** RUD. RICHTER 1933

Das überwiegend halbkreisförmige Cephalon hat eine einfache, in der Regel nach vorn verjüngte Glabella, überwiegend opisthopare Gesichtsnähte und ein ausgedehntes präglabellares Feld. Der Thorax ist verhältnismäßig groß, das Pygidium klein. Am kleinsten ist es bei den ältesten Vertretern. — Unt. Kambrium — Ob. Ordovizium.

Nachstehend die wichtigsten Oberfamilien mit einigen besonders kennzeichnenden Gattungen.

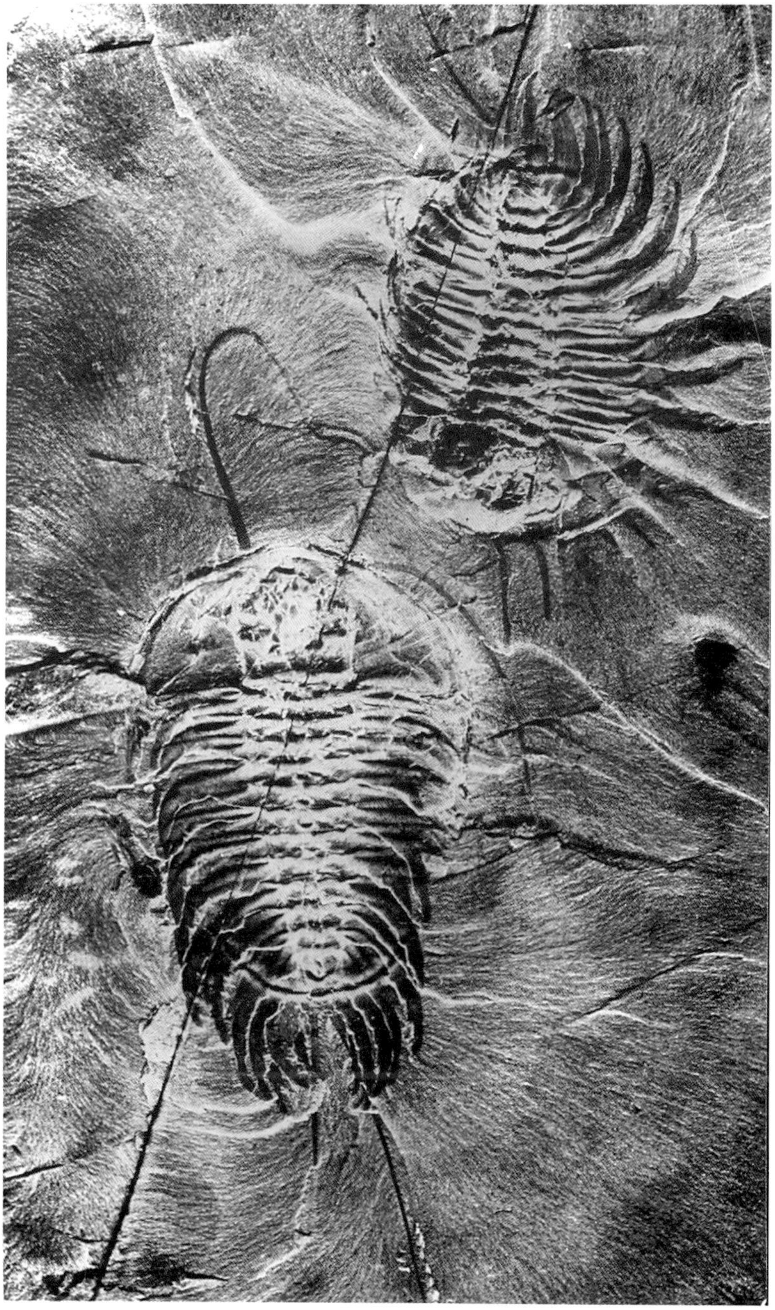

Abb. 606. *Olenoides serratus* (ROMINGER), Mittl. Kambrium (Burgess-Schiefer) von Britisch-Kolumbien. Breite des Abschnitts ca. 16 cm. — Nach CH. D. WALCOTT.

Oberfamilie **Ptychopariacea** MATTHEW 1887

Der länglichovale Panzer zeigt ein halbkreisförmiges Cephalon, einen relativ großen Thorax und ein kleines Pygidium. Die sich nach vorn verjüngende, verhältnismäßig kurze Glabella trägt 3 oder 4 Paar mehr oder weniger deutlich ausgebildete Seitenfurchen. Die vor den Augen liegenden Abschnitte der Gesichtsnähte konvergieren oder divergieren. Augenleisten sind meist vorhanden. Der Thorax besteht aus 12—21 Segmenten mit deutlich gefurchten Pleuren. Das kleine Pygidium zeigt nur wenige Segmente und keinen Rand. Die Oberfläche des Panzers ist im allgemeinen glatt. — Unt. Kambrium — Unt. Ordovizium.

Ptychoparia HAWLE & CORDA 1847: ? Unt. — Mittl. Kambrium von Tschechei, N- und O-Asien (Abb. 607).

Abb. 607. *Ptychoparia striata* (EMMRICH), Mittl. Kambrium von Jince (Tschechei). Ca. nat. Gr. — Nach Originalfoto von F. PRANTL (Prag).

Das halbkreisförmige Cephalon weist einen deutlich ausgebildeten konvexen Randsaum und eine nach vorn verjüngte Glabella mit 4 Paar Seitenfurchen auf. Das präglabellare Feld wird von radial verlaufenden Streifen bedeckt. Das aus 5 Segmenten bestehende Pygidium ist halb so lang und halb so breit wie das Cephalon; der Stirnwulst schmal und gewölbt, die Oberfläche des Panzers glatt.

Euloma ANGELIN 1854: Unt. Ordovizium (Tremadoc) der nordatlantischen Provinz (Abb. 608).

Die an *Calymene* erinnernden tiefen Seitenfurchen (mindestens 2 Paar) sind stark nach rückwärts gebogen. Das hintere Paar isoliert meist Basalloben. Die relativ großen Augen sind über eine nur undeutlich hervortretende Augenleiste mit dem Vorderrand der Glabella verbunden. Der Thorax besteht aus 13 Segmenten. Das kleine, stark verbreiterte Pygidium zeigt den für Ptychopariida typischen Bau.

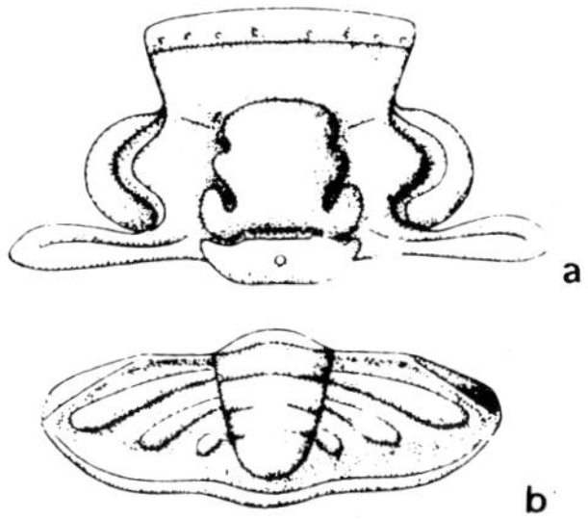

Abb. 608. *Euloma laeve* ANGELIN, a) Cranidium, b) Pygidium. Unt. Ordovizium von Schweden. Ca. 2½ nat. Gr. — Nach T. E. TJERNVIK 1956.

Elrathina RESSER 1937: Mittl. Kambrium von N-Amerika (Abb. 609).
Das halbkreisförmige Cephalon hat abgerundete Wangenecken, eine relativ kurze, sich nach vorn verjüngende Glabella sowie gerade Augenleisten, die zum Vorderrand der Glabella verlaufen. Der Thorax umfaßt zahlreiche (ca. 18) Segmente mit kräftig gefurchten, leicht zugespitzten Pleuren. Das kleine Pygidium ist kaum breiter als der Nackenring

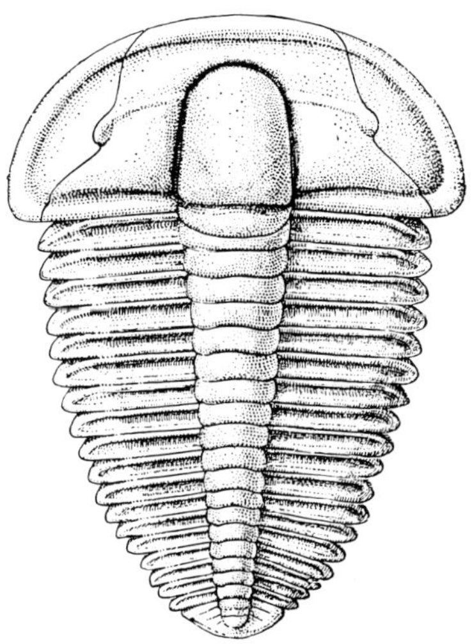

Abb. 609. *Elrathina cordillerae* (ROMINGER), Mittl. Kambrium von Kanada. Ca. 2⅗ nat. Gr. — Nach P. HUPÉ 1953.

Oberfamilie **Conocoryphacea** ANGELIN 1854

Der kleine oder mittelgroße Panzer zeigt ein halbkreisförmiges bis nahezu trapezförmiges Cephalon mit kurzer, kräftig hervortretender, in der Regel nach vorn verjüngter Glabella. Augen fehlen. Sind Gesichtsnähte vorhanden, liegen diese am Rande oder in seiner unmittelbaren Nähe. Der Thorax besteht aus 6—25 oder mehr Segmenten. Die Achse des kleinen Pygidiums umfaßt 1—8 Ringe. — Unt. Kambrium — Ob. Ordovizium.

Conocoryphe HAWLE & CORDA 1847: Mittl. Kambrium der nordatlantischen Provinz (Abb. 610).
Blinde Ptychopariina mit eiförmigem Panzer und halbkreisförmigem Cephalon, das spitz zulaufende Wangenstacheln aufweist. Die nicht bis an den Stirnrand reichende Glabella verjüngt sich und ist vorn abgestutzt. Sie trägt 3 Paar sehr schräg nach hinten gerichtete Seitenfurchen. Der Thorax besteht aus 14 Segmenten mit tief gefurchten und an den Enden abgestutzten Pleuren. Das halbkreisförmige Pygidium zeigt 6—8 Segmente und einen schmalen, aber deutlich abgesetzten Rand. Die Achse ist, verglichen mit der Breite des Panzers, relativ schmal.

Abb. 610. *Conocoryphe sulzeri* (v. SCHLOTH.), Mittl. Kambrium (Jinetzer Schichten) von Beroun bei Prag (Tschechei). Länge: ca. 9 cm.

Oberfamilie **Dikelocephalacea** MILLER 1889

Der mittelgroße oder sehr große Panzer hat ein meist halbkreisförmiges Cephalon mit mittelgroßen bis großen Wangenstacheln. Die breite, sich gewöhnlich nach vorn verjüngende Glabella trägt 2 oder 3 Paar Seitenfurchen, von denen die hinteren gewöhnlich durchlaufen. Der Thorax besteht aus maximal 13 Segmenten. Das zum Teil sehr große, meist breitovale oder ovale Pygidium zeigt häufig 1 Paar kurze postlaterale Dornen oder Stacheln. — Ob. Kambrium.

Dikelocephalus OWEN 1852: Höherer Teil des mittleren Oberkambrium — Basis des oberen Ob. Kambrium von N-Amerika (Abb. 611).

Die niedrige, quadratische Glabella weist eine nahezu gerade Stirn sowie 2 Paar Seitenfurchen auf, von denen die hinteren durchlaufen. Die etwas mehr als mittelgroßen Augen sind über eine nur undeutlich ausgebildete Augenleiste mit dem Vorderrand der Glabella verbunden. Die kurze Achse des breitovalen Pygidiums zeigt im wesentlichen vier Ringe. Auf den flachen Seitenteilen finden sich meist 4 Paar Interpleuralfurchen. Vorhanden ist 1 Paar kurze, postlaterale Stacheln. Maximale Panzerlänge ca. 20 cm.

Oberfamilie **Olenacea** BURMEISTER 1843

Überwiegend opisthopare, nur ausnahmsweise propare Ptychopariida mit gerundeten oder zugespitzten Wangenecken. Das Cephalon hat einen schmalen Rand, kleine bis mittelgroße Augen und meist deutlich ausgebildete Augenleisten. Die Glabella ist zylindrisch oder nach vorn verjüngt. Der Thorax besteht aus 9—24 Segmenten. Das kleine Pygidium kann randliche Dornen oder Stacheln aufweisen. — Ob. Kambrium — Ob. Ordovizium.

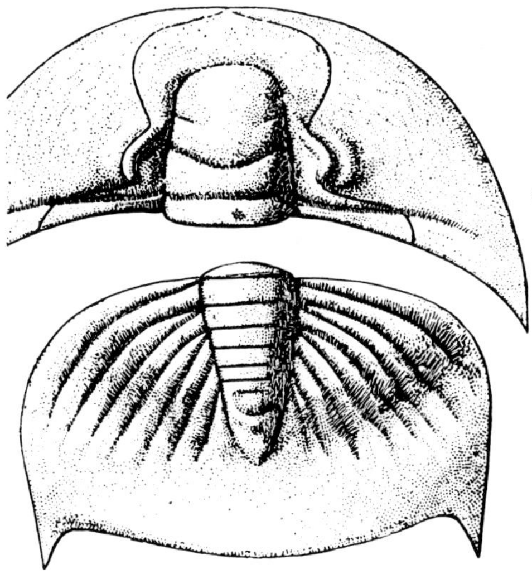

Abb. 611. *Dikelocephalus regalis* Ulrich & Resser, a) Cephalon, b) Pygidium. Ob. Kambrium von Wisconsin. Ca. ¾ nat. Gr. — Nach P. Hupé 1953.

Olenus Dalman 1827: unteres Ob. Kambrium von N-Europa, N-Amerika, Asien (Abb. 612). Das halbkreisförmige oder auch vierseitige Cephalon ist relativ flach und mit spitzen Wangenstacheln ausgestattet. Die etwa zylindrische oder schwach nach vorn verjüngte, vorn leicht abgestutzte Glabella trägt 2—3 Paar schiefe Seitenfurchen. Präglabellares Feld groß. Die mittelgroßen Augen sind über gerade oder schräg verlaufende Augenleisten mit dem Vorderrand der Glabella verbunden. Der Thorax besteht aus 13—15 Segmenten, deren Pleuren spitz enden. Das kleine halbkreisförmige oder dreieckige Pygidium hat einen schmalen, erhabenen Randsaum und in der Regel ein paar kleine randliche Stacheln.

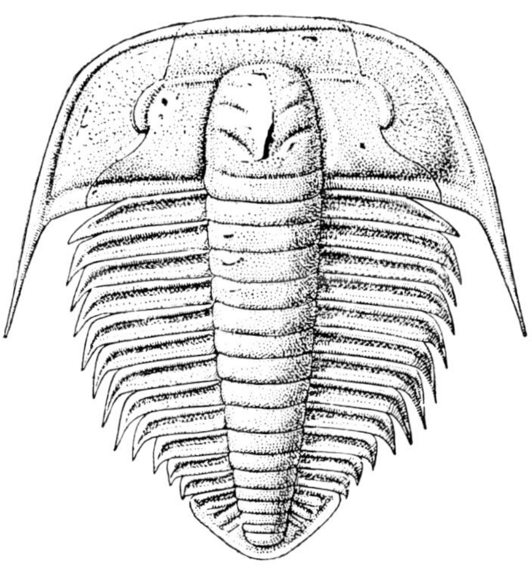

Abb. 612. *Olenus truncatus* Brünnich, Ob. Kambrium von Andrarum (Schweden). Ca. 5½ nat. Gr. — Nach P. Hupé 1953.

Parabolina Salter 1849: Ob. Kambrium — Unt. Ordovizium (Tremadoc) von Europa, W-Asien, N- und S-Amerika (Abb. 613).

Ähnlich *Olenus,* doch mit breiterer und längerer Glabella. Das praeglabellare Feld ist demzu-

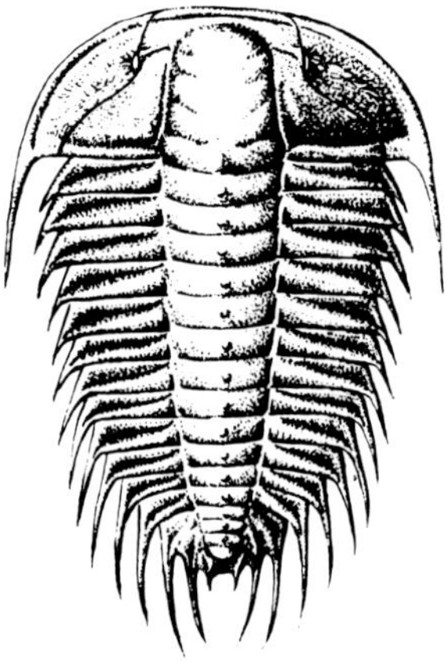

Abb. 613. *Parabolina spinulosa* (Wahlenberg), Ob. Kambrium von Schweden. Ca. 3/1 nat. Gr. — Nach A. H. Westergård 1922.

folge kürzer. Anzahl der Thorakalsegmente 12. Pleuren laufen in spitzen Dornen aus. Das große Pygidium zeigt 2—6 ziemlich lange, kräftig entwickelte Randdornen.

Eurycare Angelin 1854: mittleres Oberkambrium von N-Europa (Abb. 614).

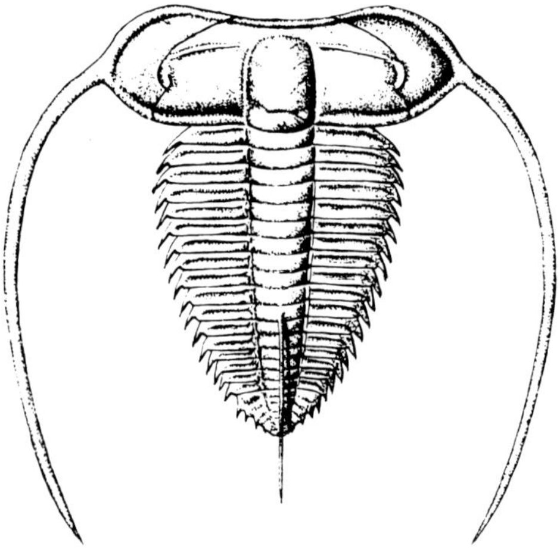

Abb. 614. *Eurycare latum* (Boeck), Rekonstruktion. Ob. Kambrium von Schweden. Ca. nat. Gr. — Nach H. J. Harrington.

Die Hinterecken des sehr breiten und kurzen Cephalons sind in sehr lange, flach nach außen geschwungene Wangenstacheln ausgezogen, die den Hinterrand des Pygidiums um einiges überragen. Das vor der meist zylindrischen Glabella befindliche Feld ist klein. Vorhanden sind 2 oder 3 Paar schiefe Seitenfurchen. Der Thorax besteht aus 12—17 Segmenten, deren Pleuren schräg gefurcht und mit kurzen Pleuralstacheln ausgestattet sind. Der Rand des kleinen Pygidiums ist mit winzigen Stacheln besetzt.

Peltura Milne-Edwards 1840: mittleres Oberkambrium von Europa, N-Amerika (Abb. 615).

Das annähernd nierenförmige Cephalon hat in der Regel abgerundete Wangenecken und eine nahezu bis an den Stirnrand ragende, schwach nach vorn verjüngte, breite Glabella. Diese trägt 2—3 Paar flache, schiefe Seitenfurchen. Die weit vorn gelegenen Augen haben nur undeutlich hervortretende Augenleisten. Der Thorax besteht aus maximal 12, nach vorn schmaler werden-

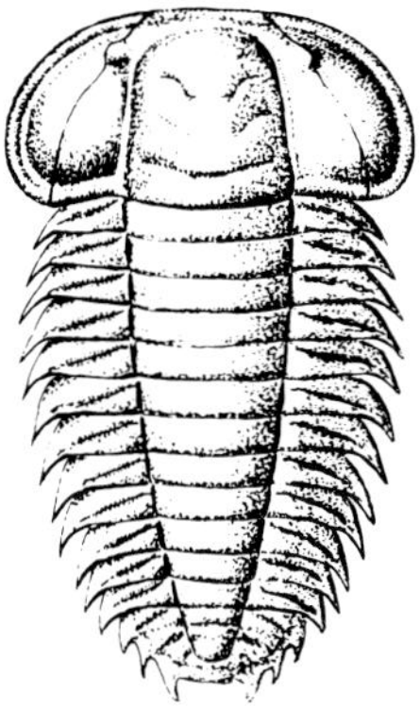

Abb. 615. *Peltura scarabaeoides* (WAHLENBERG), Ob. Kambrium von Schweden. Ca. nat. Gr. — Nach A. H. WESTERGÅRD 1922.

den Segmenten, deren Spindelringe gewöhnlich breiter als die in kräftigen Dornen auslaufenden, schief gefurchten Pleuren sind. Die Achse des kleinen Pygidiums zeigt 2 Ringe, die Seitenteile meist 2—3 Paar randliche Dornen. Doch kann der Rand auch glatt sein.

Triarthrus GREEN 1832: Ordovizium (Tremadoc-Caradoc), weltweit verbreitet (Abb. 616).

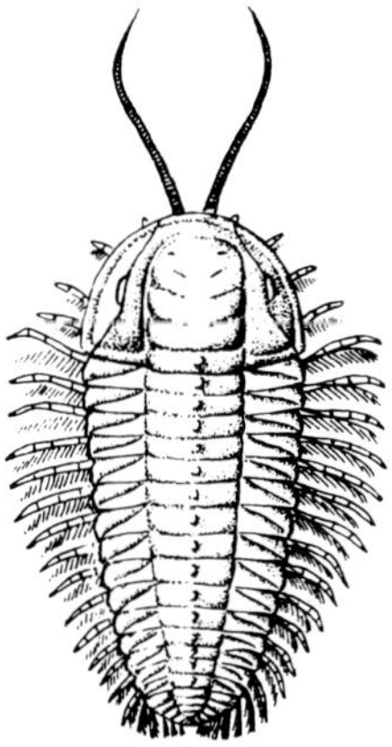

Abb. 616. *Triarthrus eatoni* (HALL), Rekonstruktion. Ob. Ordovizium von New York. Ca. 1⅓ nat. Gr. — C. E. BEECHER.

Das halbkreisförmige Cephalon zeigt eine sehr breite, meist zylindrische und weit nach vorn reichende Glabella, die 2—4 Paar sehr schmale Seitenfurchen trägt. Die vor den Augen liegenden Abschnitte der in den Wangenecken beginnenden Gesichtsnähte konvergieren zum Stirnrand. Ähnlich wie bei *Peltura* sind die Spindelringe des aus 12—16 Segmenten bestehenden Thorax breiter als die ebenfalls schräg gefurchten Pleuren, deren Enden hier aber abgerundet sind. Die Achse des kleinen, hinten abgerundeten Pygidiums zeigt 3—5 Ringe und gefurchte Seitenteile.

Oberfamilie **Solenopleuracea** ANGELIN 1854
(Solenopleuroidae HUPÉ 1953 + Parasolenopleuroidae HUPÉ 1953 + Agrauloidae HUPÉ 1953)

Ptychopariida mit kleinem Pygidium, deren Glabella meist einen ovalen Umriß zeigt, gelegentlich sich aber auch nach vorn verjüngt oder parallele Seiten aufweist. Gesichtsnähte und Axialfurchen sind tief und breit, nur gelegentlich weniger deutlich oder fehlend. Die Oberfläche des Panzers ist gewöhnlich mit Knötchen oder Körnchen bedeckt. — Mittl. Kambrium — Unt. Ordovizium.

Solenopleura ANGELIN 1854: Mittl. Kambrium von Europa, N-Amerika, Sibirien (Abb. 617).

Das halbkreisförmige Cephalon zeigt eine stark konvexe, vorn gerundete, sich verjüngende oder ovale Glabella sowie mehr oder weniger rudimentäre Wangenspitzen. Vorhanden sind 2 oder 3 Paar schräg nach rückwärts verlaufende Seitenfurchen und gewöhnlich deutlich hervortretende Augenleisten. Der Thorax besteht aus maximal 14 Segmenten, deren gefurchte Pleuren gerundete Enden aufweisen. Die Achse des ziemlich breiten Pygidiums zeigt 7—8 Ringe und eine kräftig hervortretende Segmentierung auf den Seitenteilen. Die Oberfläche trägt feine Knötchen.

Sao BARRANDE 1846: Mittl. Kambrium von Europa (Abb. 586, 618).

Das halbkreisförmige, mit kurzen Wangenstacheln ausgestattete Cephalon hat eine nach vorn verjüngte, abgestutzte Glabella, die nur etwa zwei Drittel bis drei Viertel der Länge des

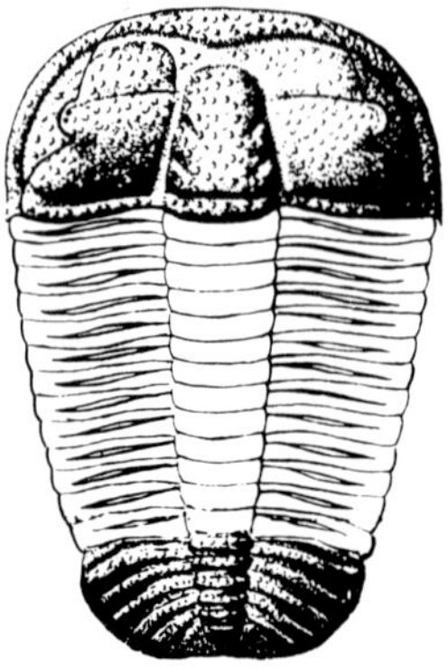

Abb. 617. *Solenopleura canaliculata* (ANGELIN), Mittl. Kambrium von Schweden. Ca. ½ nat. Gr. — Nach N. P. ANGELIN.

Abb. 618. *Sao hirsuta* BARRANDE, Mittl. Kambrium von Tyronice (Tschechei). Ca. 1½ nat. Gr. — Nach Originalfoto von F. PRANTL (Prag).

Cephalons einnimmt und 2—3 Paar querverlaufende Seitenfurchen aufweist. Diese vereinigen sich in der Mittellinie der Glabella mit einer Längsfurche. Die Gesichtsnähte konvergieren nach vorn. Der Thorax besteht aus 17 Segmenten, deren Pleurenenden abgestutzt sind. Das sehr kurze, aber relativ breite Pygidium umfaßt 2 Segmente. Die Außenfläche des Panzers ist mit kleinen Knötchen bedeckt, die Querreihen bilden. Hierzu kommen Dornen auf Nackenring und Spindelachse der Thorakalsegmente.

Agraulos Hawle & Corda 1847 (syn. *Arionides* Barrande 1837, *Agrauloides* Howell 1937): Mittl. Kambrium von Europa und N-Amerika (Abb. 619).

Cephalon halbkreisförmig, mit kurzen Wangenspitzen. Glabella kurz, nach vorn verjüngt. Präglabellares Feld groß. Augenleisten und Seitenfurchen der Glabella so gut wie ausgelöscht. Thorax mit ca. 16 Segmenten. Pygidium sehr klein.

Abb. 619. *Agraulos ceticephalus* (Barrande), Mittl. Kambrium von Skryje (Tschechei). Länge: ca. 2,5 cm.

Oberfamilie **Asaphiscacea** Raymond 1924
(Asaphiscoidae Hupé 1953)

Ptychopariida mit elliptischem oder ovalem Umriß. Das Cephalon hat ähnliche Gestalt und Größe wie das Pygidium. Gesichtsnähte opisthopar. Wangenecken gerundet, spitz oder mit kurzen Stacheln. Glabella vorn verjüngt, mit geradem Stirnrand. Präglabellares Feld mehr oder weniger groß. Thorax mit 7—11 Segmenten. Pygidium halbkreisförmig oder fast dreieckig, mit unterschiedlich breitem Rand. Achse spitz zulaufend. — Mittl. — Ob. Kambrium mit ca. 20 Gattungen, die im wesentlichen in Nordamerika und Asien auftreten.

Asaphiscus Meek 1873 (syn. *Eteraspis* Resser 1935): Mittl. Kambrium im Westen der USA (Abb. 620).

Glabella nach vorn verschmälert, mit drei Paar Seitenfurchen. Präglabellares Feld groß. Wangenecken abgerundet. Thorax aus 7—11 Segmenten. Pygidium halbkreisförmig, mit breitem und flachem Randsaum, Achse mit 5—8 Segmenten.

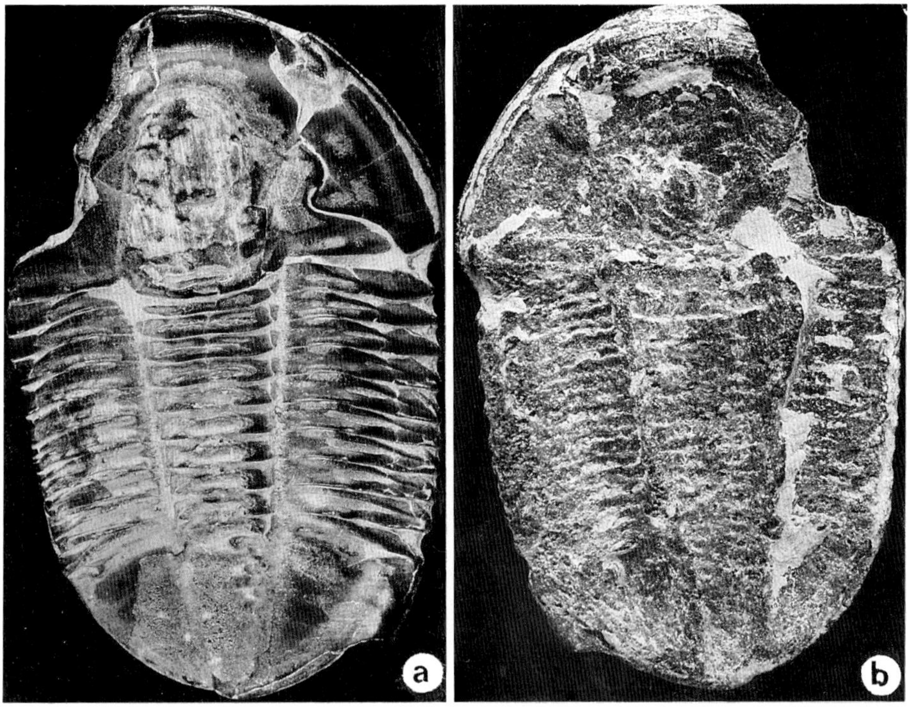

Abb. 620. *Asaphiscus wheeleri* MEEK, a) dorsal, b) ventral mit Andeutung von Hypostom und Extremitäten. Mittl. Kambrium (Wheeler Shale-Formation) von House Range (Utah, USA). Länge: 2,3 cm.

Oberfamilie **Remopleuridacea** HAWLE & CORDA 1847

Mittelgroße Ptychopariina, deren nach vorn verjüngte Glabella 2 oder 3 Paar Seitenfurchen aufweist, die oft die Axialfurchen nicht erreichen. Die vor den großen Augen liegenden Abschnitte der opisthoparen Gesichtsnähte divergieren sehr stark. Der Thorax besteht aus 5—12 Segmenten, deren Pleuren diagonal gefurcht sind. Der Rand des kleinen Pygidiums trägt je nach Art meist 1 bis 4 Paar Randstacheln. Lediglich bei einigen frühen Formen ist der Randsaum glatt. — Ob. Kambrium — Ob. Ordovizium (Ashgill).

Remopleurides PORTLOCK 1843: Unt. — Ob. Ordovizium, weltweit verbreitet (Abb. 621). Das halbkreisförmige Cephalon läuft in relativ lange Wangenstacheln aus. Der mittlere Teil der etwas über den Stirnrand des Cephalons ragenden Glabella ist verbreitert und füllt den gesamten Raum zwischen den Augenhügeln aus. Vorhanden sind 2 Paar sehr schwache Seitenfurchen. Der Thorax besteht aus 11 Segmenten, deren Spindelringe wesentlich breiter sind als die zugespitzten Pleuren. Der Rand des kleinen, dreieckigen Pygidiums ist mit 2 Paar kleinen Stacheln besetzt.

Unterordnung **Asaphina** SALTER 1864

Opisthopare Ptychopariida, deren Glabella schwache Seitenfurchen aufweist oder glatt ist; vorhanden ist aber in den meisten Fällen ein kleines, median gelegenes Knötchen. Augenleisten sind selten und dann sehr schwach ausgebildet. Der Thorax besteht aus 6—9 Segmenten.

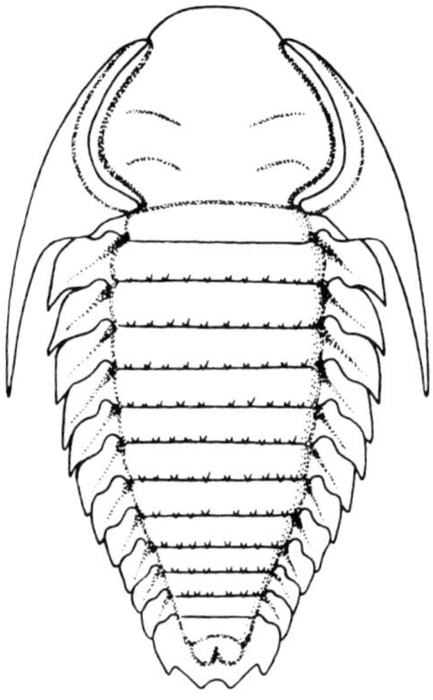

Abb. 621. *Remopleurides colbii* S. A. MILLER, Rekonstruktion. Mittl. Ordovizium von Irland. Ca. 2/1 nat. Gr. – Nach H. B. WHITTINGTON.

Cephalon und Pygidium haben etwa die gleiche Größe. – Ob. Kambrium – Ob. Ordovizium.

Oberfamilie **Asaphacea** BURMEISTER 1843

Der Thorax besteht i. d. R. aus 8 (seltener 7) Segmenten. Falls Augenleisten vorhanden, sind diese schwach entwickelt und meist kaum unterscheidbar. Das Pygidium ist entweder gerundet oder hinten mit einem Stachel versehen. – Ob. Kambrium – Ob. Ordovizium.

Asaphus BRONGNIAT 1822: Ordovizium (Arenig – Llandeilo) von Europa (Ostseegebiet) (Abb. 622).

Die flache, vor den Augen verbreiterte Glabella reicht bis zum äußeren Rand des halbkreisförmigen Cephalons, dessen Wangenecken meist gerundet sind. Weder das Cephalon noch das

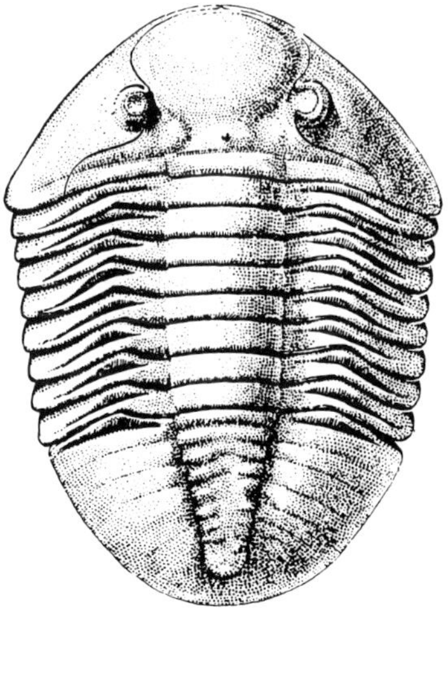

Abb. 622. *Asaphus (Asaphus) expansus* (WAHLENBERG), Unt. Ordovizium von Estland. Ca. nat. Gr. – Aus P. HUPÉ 1953.

Pygidium zeigen Andeutungen eines Randsaumes. Seitenfurchen mit Ausnahme des hinteren Paares schwach oder fehlend. Achse des halbkreisförmigen, hinten gerundeten Pygidiums leicht segmentiert. Seitenteile glatt oder sehr schwach berippt. Der Thorax besteht aus 8 Segmenten mit diagonal gefurchten, an den Enden gerundeten Pleuren.

Ptychopyge ANGELIN 1854: Ordovizium (Arenig-Llandeilo) von N-Europa und O-Asien (Abb. 623).

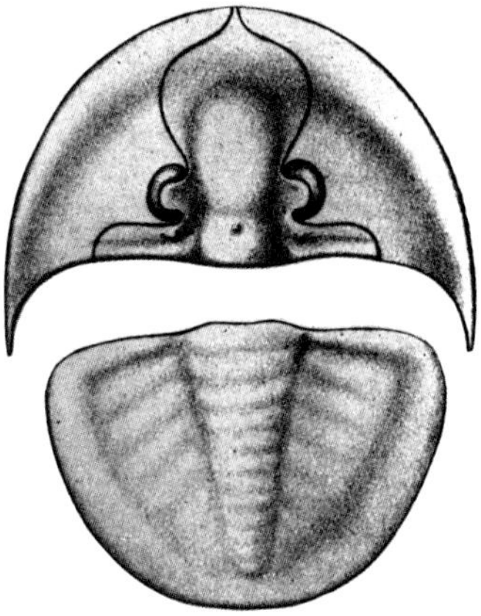

Abb. 623. *Ptychopyge angustifrons* (DALMAN), a) Cephalon, b) Pygidium. Unt. Ordovizium von Fennoskandia. Ca. nat. Gr. – Nach V. JAANUSSON.

Cephalon und Pygidium haben im Gegensatz zu *Asaphus* einen abgeflachten Rand; auch ist die Glabella relativ schmal und kurz. Sie nimmt nur etwa drei Viertel der Länge des in Wangenspitzen auslaufenden Cephalons ein, so daß das präglabellare Feld verhältnismäßig groß ist. Die Augen sind klein und weisen an ihrem Hinterrand als Besonderheit ein Knötchen auf. Der Thorax besteht aus 8 Segmenten mit relativ breiten, gerade abgestutzten Pleuren. Der innere Teil des hinten abgerundeten, halbkreisförmigen Pygidiums ist mit schwachen, ungefurchten, runden Rippen bedeckt.

Isotelus DE KAY 1824: Ordovizium (Llandeilo – Ashgill) von N-Europa, Grönland, N-Amerika, Sibirien, China, vor allem in der Kalkfazies (Abb. 624).

Cephalon dreieckig. Wangenecken abgerundet, spitz oder mit kurzen Stacheln. Glabella undeutlich, vor den etwas hinter der Mitte liegenden Augen leicht verbreitert. Nackenring und Seitenfurchen fehlen. Achse des Thorax wesentlich breiter als Pleuren. Pygidium mit flachem, undeutlichem Randsaum; Achse, falls überhaupt vorhanden, kaum zu erkennen; Seitenteile glatt oder sehr schwach berippt.

Megalaspides BRØGGER 1886: Unt. Ordovizium (Arenig) von N-Europa (Abb. 625).

Das im Gegensatz zum Pygidium mit einem flachen Rand umgebene Cephalon zeigt eine ziemlich deutliche parallelseitige Glabella. Die Wangen laufen in Spitzen aus. Die Achse des aus 8 Segmenten bestehenden Thorax und des Pygidiums ist beträchtlich schmaler als die glatten Seitenteile des Pygidiums.

Asaphellus CALLAWAY 1877: Unt. Ordovizium (Tremadoc), u. a. von England, N- und S-Amerika, China (Abb. 626).

Sowohl Cephalon als auch Pygidium zeigen einen konkaven Rand, bis zu dem die sehr flache, kaum hervortretende, ungefurchte und parallelseitige Glabella reicht. Die Wangenecken laufen in Spitzen aus. Der Thorax besteht aus 8 Segmenten, deren Spindelringe wesentlich schmaler sind als die schwach diagonal gefurchten, an den Enden leicht gerundeten Pleuren. Die deutlich abgesetzte Achse des ziemlich breiten, flachen Pygidiums ist nicht segmentiert. Die Seitenteile sind gelegentlich mit feinen Rippen bedeckt. Augen relativ klein.

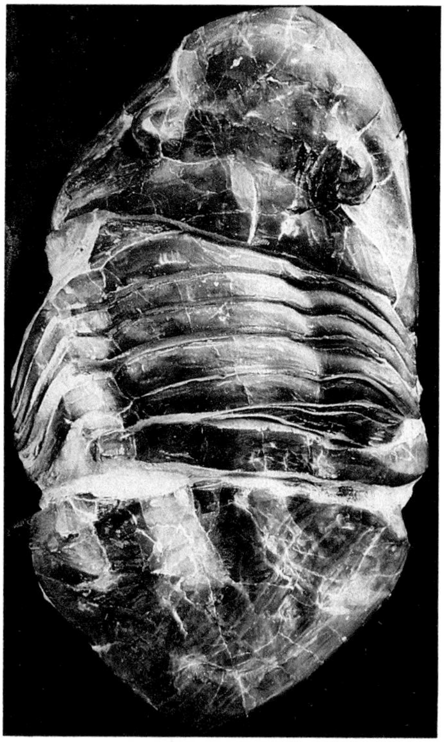

Abb. 624. *Isotelus gigas* De Kay, höheres Ordovizium (Blackriver-Schichten) von Criner Hills (Oklahoma, USA). Länge: ca. 5,7 cm.

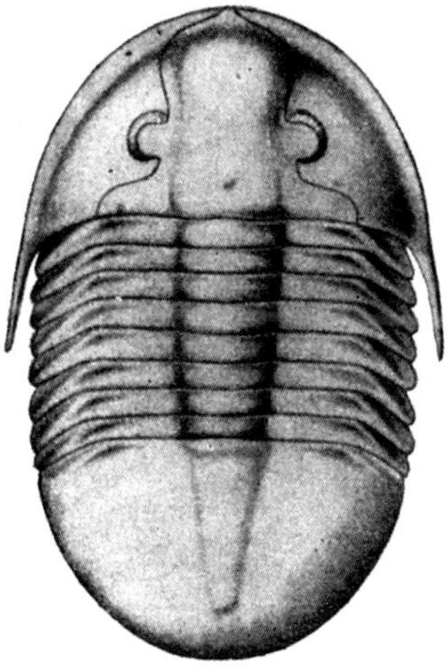

Abb. 625. *Megalaspides dalecarlicus* (Holm), Rekonstruktion. Unt. Ordovizium von Fennoskandia. Ca. 9/10 nat. Gr. – Nach P. Thorslund.

Niobe Angelin 1851: Unt. Ordovizium (Tremadoc-Llanvirn) von Europa und N-Amerika (Abb. 627).

Das hinten abgerundete Cephalon hat einen annähernd trapezförmigen Umriß und eine nach vorn leicht verjüngte oder schwach verbreiterte Glabella. Die relativ kleinen Augen befinden

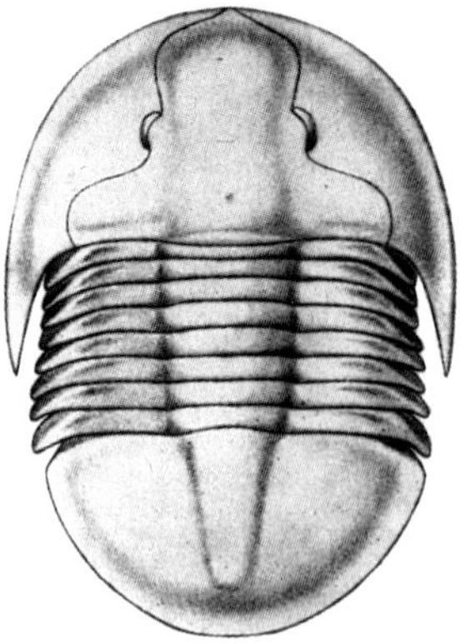

Abb. 626. *Asaphellus homfrayi* (SALTER), Rekonstruktion. Unt. Ordovizium (Tremadoc) von England. Ca. nat. Gr. — Nach V. JAANUSSON.

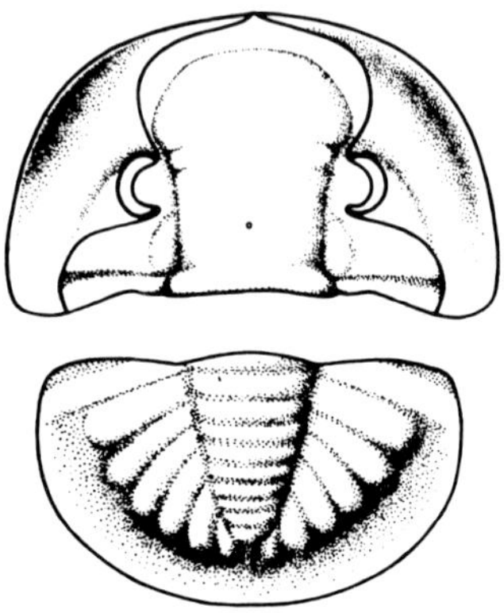

Abb. 627. *Niobe frontalis* (DALMAN), a) Cephalon, b) Pygidium. Unt. Ordovizium von Europa. Ca. 1⅕ nat. Gr. — Nach V. JAANUSSON.

sich etwa auf halber Länge des Cephalons. Die Achse und der innere Abschnitt der Seitenteile sind undeutlich segmentiert.

Ogygiocaris ANGELIN 1854 (nom. conserv.): Unt. Ordovizium (Llanvirn) — Mittl. Ordovizium (Llandeilo) von N-Europa und N-Argentinien (Abb. 628).

Cephalon halbkreisförmig, mit kurzen Wangenstacheln. Glabella fast parallelseitig, in Höhe der Augen leicht eingeschnürt. Gesichtsnähte vor der Glabella intramarginal. Seitenteile des Pygidiums mit flachem Außenrand, der nach innen in ungefurchte, kräftige Rippen übergeht. Hinterrand des Pygidiums gerundet.

? **Nileus** DALMAN 1827: Unt. Ordovizium (Tremadoc) — Ob. Ordovizium (Caradoc), weit verbreitet, vor allem in Kalken (Abb. 629).

Der Panzer hat parallele Seiten und gleichmäßig gerundete Enden. Das fast nierenförmige Cephalon zeigt eine sehr breite, zylindrische, leicht konvexe und ungefurchte Glabella. Die Augen sind sehr groß und halbkreisförmig, die freien Wangen außerordentlich klein. Die schmalen, außen gerundeten und schräg nach hinten gerichteten Pleuren des aus 8 Segmenten bestehenden Thorax sind nur undeutlich gegen die sehr breite Achse abgesetzt. Das halbkreisförmige Pygidium ist fast glatt; doch mit kurzer, undeutlicher Achse und Randsaum.

Symphysurus GOLDFUSS 1843: Unt. Ordovizium (Tremadoc) — Mittl. Ordovizium von Europa, N- und S Amerika (Abb. 630).

Ähnlich *Nileus,* doch mit halbkreisförmigem Cephalon, deutlich abgegrenzter und konvexer Glabella. Auch tritt die hier schmalere, sich nach vorn verbreiternde Achse des Thorax kräftiger

Abb. 628. *Ogygiocaris dilatata,* Ordovizium von Oslofeltet (Norwegen). Ca. ½ nat. Gr. – Nach einer käuflichen Fotografie.

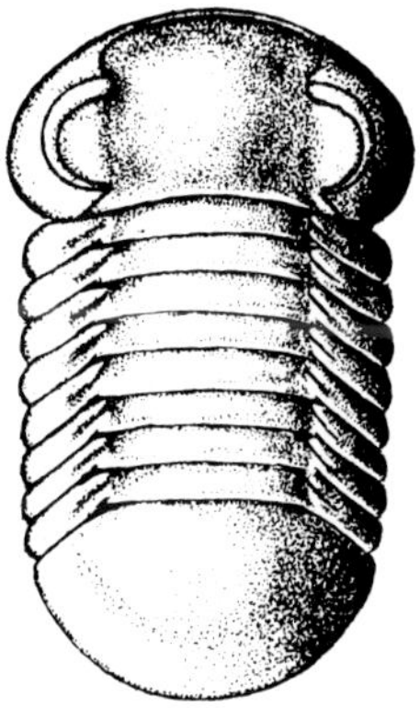

Abb. 629. *Nileus armadillo* DALMAN, Ordovizium von Schweden. Ca. nat. Gr. – Nach N. P. ANGELIN 1851–1878.

hervor. Das stärker konvexe Pygidium hat eine deutliche, aber kurze Achse. Die Oberfläche ist gewöhnlich mit feinen Linien bedeckt.

Dikelokephalina BRØGGER 1896: Unt. Ordovizium von N-Europa und O-Asien (Abb. 631).

Die kurze, sich nach vorn verjüngende Glabella trägt 3 Paar tiefe, schlitzartige Seitenfurchen. Die mittelgroßen bis großen Augen liegen hinter dem Mittelpunkt des Cephalons, dessen Wangen in Stacheln auslaufen. Das relativ lange, etwa subquadratische Pygidium verjüngt sich

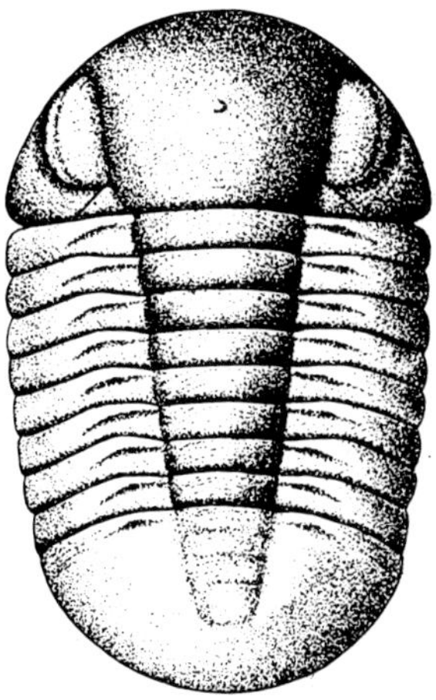

Abb. 630. *Symphysurus palpebrosus* (DALMAN), Mittl. Ordovizium von Schweden. Ca. 9/10 nat. Gr. — Nach N. P. ANGELIN verändert, aus H. J. HARRINGTON et al. 1959.

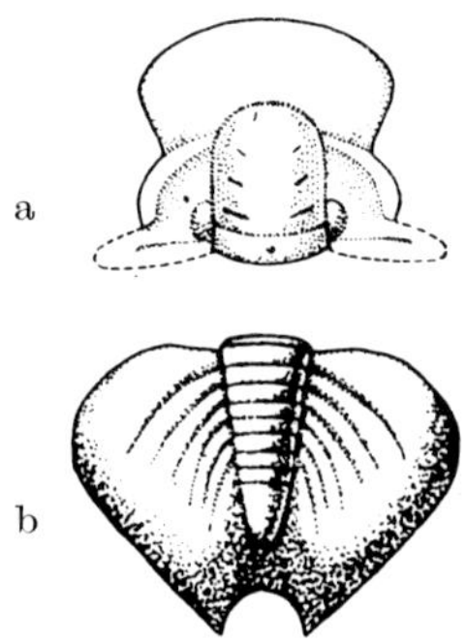

Abb. 631. *Dikelokephalina dicraeura* (ANGELIN), a) Cranidium, b) Pygidium. Unt. Ordovizium von Skandinavien. Ca. nat. Gr. — Nach T. KOBAYASHI.

nach hinten und trägt hier 2 Stacheln. Seine Achse zeigt 7—8 Ringe. Die Seitenteile, welche etwa doppelt so breit wie die Achse sind, haben beiderseits 7 Segmente, die durch rückwärts gerichtete Interpleuralfurchen getrennt werden.

Hungioides KOBAYASHI 1936: Ordovizium (Ob. Arenig — Llanvirn) von M-Europa, S-Amerika, China, Australien (Abb. 632).

Abb. 632. *Hungioides graphicus* RUD. & E. RICHTER, Teil von Thorax und Pygidium. Ordovizium (Griffelschiefer, dγ 1; Ob. Arenig), Griffelbruch Langethal bei Steinach (Thür.). Ca. 9/10 nat. Gr. — Nach RUD. & E. RICHTER 1954.

Die sich nach vorn verjüngende Glabella weist 4 Paar schlitzartige Seitenfurchen auf. Die mittelgroßen Augen sind über eine Augenleiste mit ihrem gerundeten Vorderrand verbunden. Der Thorax besteht aus 13 Segmenten, deren in Spitzen endende Pleuren schräge Schienenfurchen und ein keilförmiges Hinterband tragen. Die schmale, konvexe Achse des am Hinterrand in 2 Paar breiten Dornen auslaufenden halbkreisförmigen Pygidiums zeigt ca. 11 Ringe.

Oberfamilie **Cyclopygacea** RAYMOND 1925

Das halbkreisförmige, hinten gerundete, stark gewölbte Cephalon hat eine breite, sich über die gesamte Länge des Cephalons erstreckende Glabella, die mit dem Nackenring verschmolzen ist. Die festen Wangen sind zu einem winzigen Band reduziert. Auch die freien Wangen erscheinen bei den meisten Gattungen sehr klein. Sie werden hauptsächlich von den außerordentlich großen, seitlich gelegenen Augen eingenommen, die 750—3500 Linsen haben. Der Thorax besteht aus 5—9 Segmenten mit breiten, nach hinten schmaler werdenden Spindelringen. Umgekehrt werden die gefurchten, außen zugespitzten Pleuren im allgemeinen breiter. Die Achse des mittelgroßen bis großen Pygidiums besteht aus maximal 5 Ringen, während die Seitenteile in der Regel nur 1—2 Rippen aufweisen. Die meisten Arten sind sehr klein; doch finden sich auch einige, die eine Länge von 14 cm erreichen. — Ordovizium (Ob. Tremadoc-Ashgill).

Cyclopyge HAWLE & CORDA 1847: Ordovizium von Europa (Abb. 633).

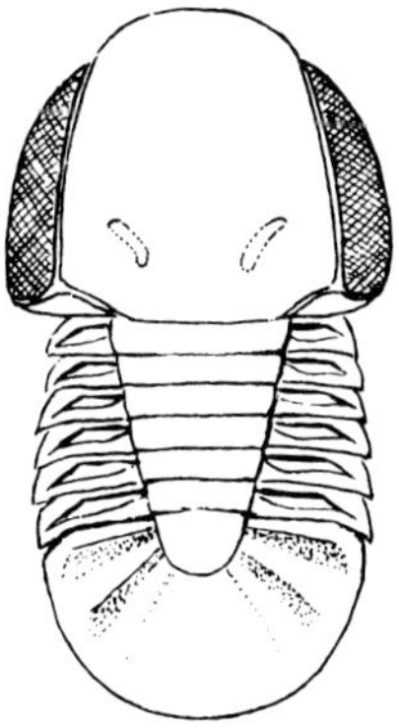

Abb. 633. *Cyclopyge rediviva* (BARRANDE), Ordovizium (dε) der Tschechei. Ca. 1½ nat. Gr. — Nach G. HOLM 1886.

Die breite, sich nach vorn etwas verjüngende Glabella hat nur 1 Paar winzige Seitenfurchen. Die sehr großen Augen greifen seitlich am Cephalon auf die Ventralseite herum. Der Thorax besteht aus 6 Segmenten. Das große, halbkreisförmige Pygidium zeigt eine schmale, kurze Achse und sehr breite Seitenteile.

In die Nähe von *Cyclopyge* gehört *Pricyclopyge* Rud. & E. RICHTER 1954 aus dem Ordovizium (Arenig — Llandeilo) von Europa, Türkei (Abb. 634).

Oberfamilie **Ceratopygacea** LINNARSSON 1869

Die nach vorn schwach verjüngte, zylindrische oder verbreiterte Glabella trägt auf ihrem hinteren Abschnitt ein medianes Knötchen. Die ziemlich breiten freien Wangen laufen in kurze, spitze Wangenstacheln aus. Der Thorax besteht aus 6—9 Segmenten. Das etwa halbkreisförmige bis dreieckige Pygidium zeigt in der Regel 1—2 Paar seitlich Stacheln, die von den vorderen Segmenten ausgehen. Nur in wenigen Fällen ist der Rand des Pygidiums glatt. — Oberes Mittelkambrium — Unt. Ordovizium (Tremadoc).

Abb. 634. *Pricyclopyge prisca* (BARRANDE), Ordovizium (Unt. Llanvirn) der Tschechei. Ca. ⅔ nat. Gr. — Nach Originalfoto von F. PRANTL (Prag).

Ceratopyge HAWLE & CORDA 1847: Unt. Ordovizium (Tremadoc), u. a. von Europa, Türkei, Argentinien (Abb. 635).

Die hinteren Seitenfurchen der an der Vorderseite abgestutzten, schwach verbreiterten Glabella sind napfförmig eingetieft, die übrigen flach ausgebildet bzw. reduziert. Die vor den Augen befindlichen Äste der Gesichtsnähte divergieren stark, so daß sie einen Winkel von ca. 90 Grad einschließen. Der Thorax besteht aus 6 Segmenten, die schmale Spindelringe sowie kräftig gefurchte Pleuren aufweisen, deren zugespitzte Enden nach außen gerichtet sind. Das halbkreisförmige Pygidium zeigt 5—6 Axialringe und einen schmalen, leicht konvexen Randsaum. Am Hinterende befinden sich zwei leicht nach außen gekrümmte Stacheln.

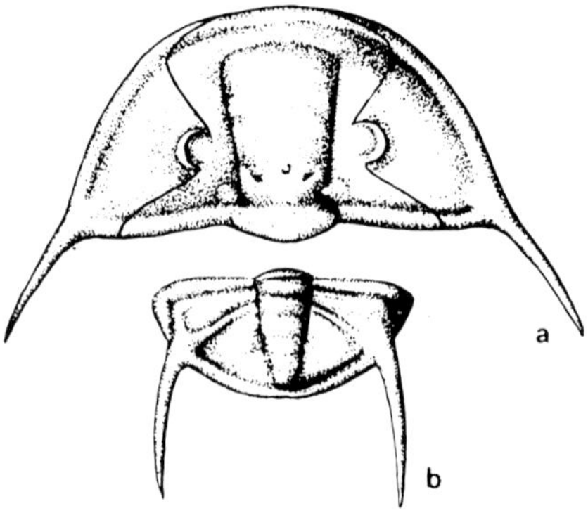

Abb. 635. *Ceratopyge forficula* (SARS), a) Cephalon, b) Pygidium. Unt. Ordovizium (Tremadoc) von Schweden. Ca. 2½ nat. Gr. — Nach J. C. MOBERG & C. O. SEGERBERG 1906.

Unterordnung **Illaenina** JAANUSSON 1959

Ptychopariida, deren Cephalon und Pygidium etwa von gleicher Größe sind und bei denen die Glabella im allgemeinen keine oder nur sehr schwache Seitenfurchen aufweist. Der Thorax besteht aus 8—10 Segmenten. Pygidium hinten abgerundet, mit kurzer Achse. — Ordovizium — Ob. Devon (Frasnien).

Oberfamilie **Illaenacea** Hawle & Corda 1847

Mittelgroße Illaenina mit nach vorn verbreiterter Glabella, während der Thorax aus 8–10 Segmenten gebildet wird. Die Pleuren sind im wesentlichen parallel zu den Rändern der Segmente gefurcht. – Ordovizium (Arenig) – Silur (Wenlock).

Illaenus Dalman 1827: Ordovizium (Arenig-Ashgill), weltweit verbreitet (Abb. 636).

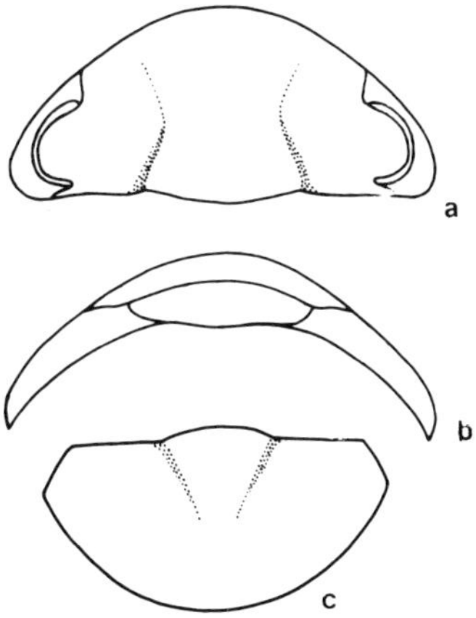

Abb. 636. *Illaenus crassicaudus* (Wahlenberg), a) Cephalon, dorsal; b) desgl., ventral; c) Pygidium. Mittl. Ordovizium. Ca. 1½ nat. Gr. – Nach V. Jaanusson 1994.

Die ungefurchte, sehr flache, sanduhrförmige Glabella verläuft ohne Grenze in den Raum der Frontalarea. Die mittelgroßen Augen sitzen weit seitlich in den Ecken des hinten gerundeten und nahezu halbelliptischen Cephalons. Der Thorax besteht aus 10 Segmenten, deren Spindelringe im allgemeinen deutlich abgesetzt sind. Das Pygidium zeigt eine kaum hervortretende, unsegmentierte, sich nach hinten verjüngende Achse, glatte Seitenteile sowie abgestutzte Seitenkanten.

Ectillaenus Salter 1867: Ordovizium (Llarnvirn-Ashgill) von N- und M-Europa (Abb. 637).

Abb. 637. *Ectillaenus sarkaensis* (Novak), tieferes Ordovizium (Schichten von Osek-Kvan, Unt. Llanvirn), Tschechei. Ca. nat. Gr.

Das Cephalon hat etwa die gleiche Größe wie das Pygidium, das ähnlich wie bei *Illaenus* einen halbkreisförmigen bis nahezu dreieckigen Umriß aufweist. Falls Augen vorhanden, sind sie sehr klein. Der Thorax besteht aus 10 Segmenten.

Bumastus MURCHISON 1839: Mittl. Silur (Wenlock) von W-Europa und N-Amerika (USA) (Abb. 638).

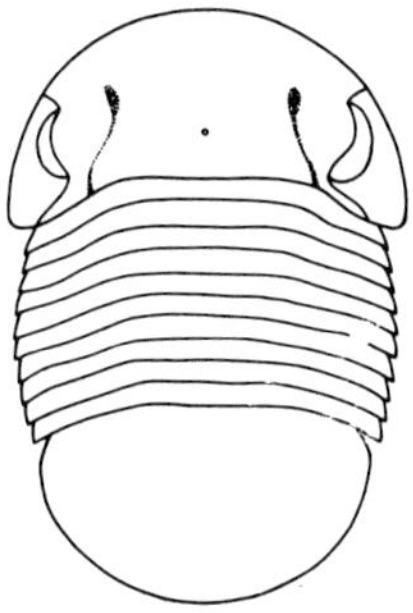

Abb. 638. *Bumastus* sp., Mittl. Silur. Ca. ⅓ nat. Gr. — Nach J. W. SALTER.

Ähnlich *Illaenus,* doch läßt sich die sehr breite Achse des aus 10 Segmenten bestehenden Thorax nur undeutlich erkennen. Das halbkreisförmige Pygidium ist im allgemeinen vollständig glatt. Die Glabella tritt noch etwas hervor. Etwa in Höhe der weit hinten liegenden Augen befindet sich mitten auf ihr ein kleines Knötchen. Falls vorhanden, divergieren die Axialfurchen vor den Augen.

Scutellum PUSCH 1833 (syn. *Goldius* DE KONINCK 1841, *Bronteus* GOLDFUSS 1843): Silur — Ob. Devon I, weltweit verbreitet (Abb. 639, 640 A, B).

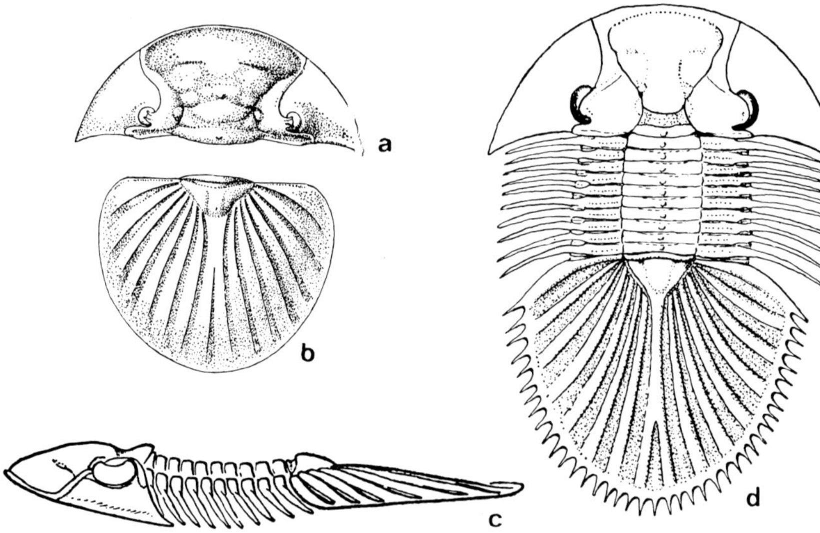

Abb. 639. a)—b) *Scutellum (Scutellum) paliferum* (BEYRICH), Unt. Devon (Kalk von Konjeprus, f) der Tschechei, ca. ½ nat. Gr. — Nach J. BARRANDE 1852; c) *Scutellum (Scutellum) flabelliferum* (GOLDFUSS) in Seitenansicht, Mittl. Devon (Eifel-Stufe) von Gees (Eifel), nat. Gr. — Nach RUD. RICHTER 1923; d) *Scutellum (Thysanopeltis) speciosum* (CORDA), Mittl. Devon (Eifel-Stufe) von Wildungen (Kellerwald), nat. Gr. — Nach RUD. & E. RICHTER 1956.

Abb. 640 A. *Scutellum (Scutellum) flabelliferum* (Goldfuss), Pygidium. Mittl. Devon, Bunter Bock bei Clausthal (Harz). Ca. 4 × nat. Gr.

Eigenartig gebaute Trilobiten, deren großes Cephalon eine nach vorn verbreiterte Glabella zeigt, von deren Basis aus die Rückenfurchen nach vorn und hinten divergieren. Vorhanden sind differenzierte Seitenfurchen sowie eine kräftige Nackenfurche, die einen breiten Nackenring abtrennt und beiderseits häufig eine Anschwellung zeigt. Die Augendeckel sind klein und halbkreisförmig. Die ebenfalls kleinen Augen liegen in der Nähe des Hinterrandes. Ihre ringförmige, holochroale Sehfläche trägt 1000 bis 4000 Linsen. Die opisthopare Gesichtsnaht ist um den Augenlappen stark eingekrümmt. Die Vorderäste kreuzen den Stirnrand und verlaufen sodann als Rostralnaht auf der Unterseite. Die im Umriß dreieckigen und sehr großen freien Wangen zeigen entweder eine scharfwinkelige Wangenecke oder einen Wangenstachel. Der Thorax umfaßt 10 etwa gleich breite Segmente, deren wulstige Pleuren zugespitzte Enden haben und nur selten eine deutliche Furche aufweisen. Das sehr große, halbkreisförmige bis halbelliptische Pygidium ist länger als das Cephalon. Während die Achse keine Segmentierung zeigt, tragen die Seitenteile 7 Rippen. Auf Glabella, Nackenring, Augendeckel sowie der Achse von Thorax und Pygidium finden sich gelegentlich hornartige Vorsprünge.

Eobronteus Reed 1928: Mittl. Ordovizium — Ob. Silur von Europa und N-Amerika.

Glabella pilzförmig, mit 3 wenig differenzierten Seitenfurchen. Feste Wangen sehr breit. Pygidium halbkreisförmig, flach, mit 6 Seitenrippen.

Octobronteus Weber 1945 (syn. *Stoermeraspis* Prantl & Pribyl 1947): Ordovizium — Silur von Mittel- und N-Europa sowie dem östlichen N-Amerika.

Pygidium mit 8 wenig erhabenen Seitenrippen.

Abb. 640B. *Scutellum (Scutellum) paliferum* (BEYRICH), Massenanhäufung von Pygidien. Unt. Devon (Ob. Konjeprus-Kalk) der Tschechei. Ca. ¾ nat. Gr.

Unterordnung **Harpina** WHITTINGTON 1959

Mittelgroße bis kleine Ptychopariida, deren halbkreisförmiges oder ovales Cephalon meist eine breite, in lange und breite Fortsätze auslaufende „Siebhaube" zeigt. Im Vergleich hierzu ist die sich nach vorn verjüngende Glabella sehr klein. Vorhanden sind 1—3 Paar Seitenfurchen, von denen das vor den (falls ausgebildet) sehr kleinen, jeweils nur aus 2 Linsen bestehenden schizochroalen Augen befindliche Paar vielfach dreieckige Loben abtrennt. Die Augen sind meist über deutliche Augenleisten mit dem vorderen Teil der Glabella verbunden. Gesichtsnähte randlich oder opisthopar. Der sehr gedrungene Thorax, der meist nur wenig über die Fortsätze der „Siebhaube" ragt, besteht aus 12 oder mehr (maximal 29) Segmenten, mit kurzen, breit gefurchten Pleuren. Das kleine, dreieckige oder längliche Pygidium hat nur wenige Segmente. Seine Achse ist konvex. — Ob. Kambrium — Ob. Devon (Frasnien).

Harpes GOLDFUSS 1839: Silur — Ob. Devon, u. a. von Europa und N-Afrika (Abb. 641—644). Die Glabella läuft vorn in 2 breite, ovale Lateralloben aus. Die hinteren Glabellarloben sind sehr breit. Der innere Teil der U-förmig umrissenen „Siebhaube" zeigt Reihen kleiner Grübchen. Der Thorax besteht aus 29 Segmenten.

Eoharpes RAYMOND 1905: Mittl. Ordovizium der Tschechei.
Das Cephalon hat im Gegensatz zu *Harpes* einen mehr kreisförmigen Umriß; auch sind die hinteren Glabellarloben wesentlich kleiner. Zudem besteht der Thorax nur aus 12—15 Segmenten. Die Glabella verjüngt sich stark nach vorn und ist über gerade verlaufende Augenleisten mit den kleinen Augen verbunden.

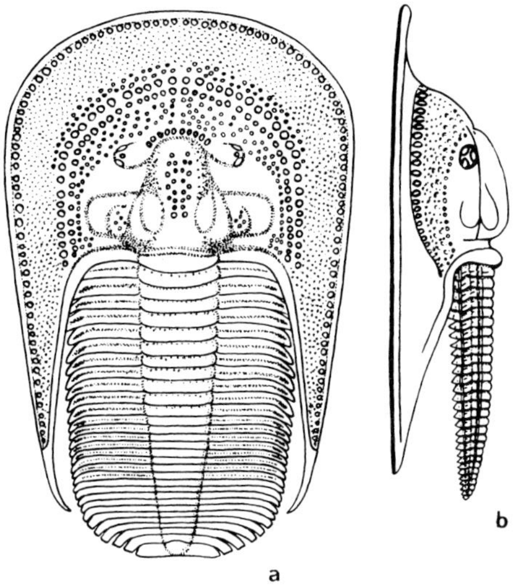

Abb. 641. *Harpes macrocephalus* GOLDFUSS, Rekonstruktion. Mittl. Devon von Mitteleuropa. Ca. 9/10 nat. Gr. — Nach RUD. RICHTER 1921.

Abb. 642. *Harpes ruderalis* HAWLE & CORDA, Cephalon. Silur (Radotin-Schichten) der Tschechei. Ca. 1½ nat. Gr. — Nach J. SVOBODA & F. PRANTL 1958.

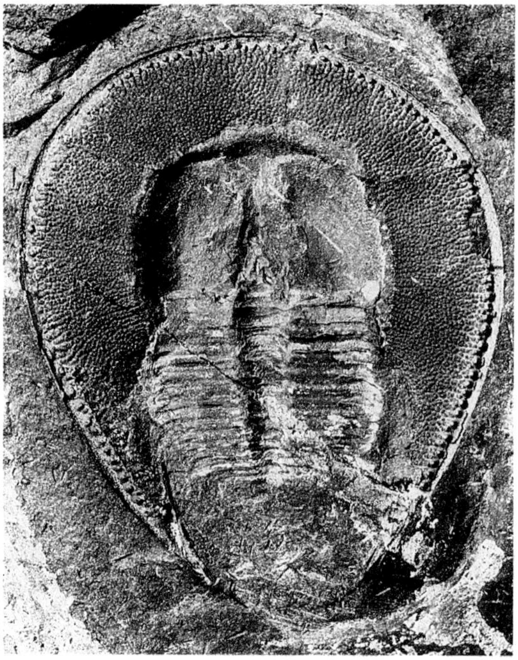

Abb. 643. *Harpes (Harpes) radians* REINH. RICHTER, Mittl. Devon (Mittl. Eifel-Stufe, Tentakulitenschiefer) von Schaderthal bei Probstzella (Thüringen). Ca. 1½ nat. Gr.

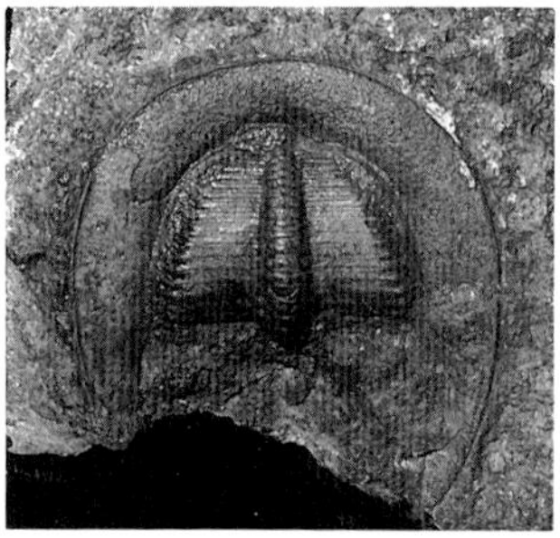

Abb. 644. *Harpes ungulus* STERNBERG mit umgeschlagenem Pygidium. Silur (Unt. Ludlow) von Dlouhá Hora bei Beraun (Tschechei). Ca. nat. Gr. — Nach Originalfoto von F. PRANTL (Prag).

Unterordnung **Trinucleina** SWINNERTON 1915

Das halbkreisförmige bis dreieckige Cephalon zeigt lange, spitze Wangenstacheln, die meist weit über den Hinterrand des Pygidiums hinausragen und von einer Sutur der Länge nach durchzogen werden. Die Augen fehlen entweder oder sind bis auf eine einzige Linse reduziert. Die immer nach vorn verbreiterte Glabella trägt maximal 3 Paar Seitenfurchen, die aber gelegentlich auch gänzlich fehlen können. Der Thorax besteht gewöhnlich aus 5—8 Segmenten; doch haben einige Formen bis zu 30. Die Pleuren sind im Vergleich zu der schmalen Achse sehr breit, flach und tief gefurcht. Die schmale Achse des halbkreisförmigen oder etwa dreieckigen Pygidiums reicht bis an den Hinterrand und zeigt in der Regel zahlreiche Ringe. Die Seitenteile sind flach. Die Oberfläche des Panzers ist glatt oder auf dem Randsaum des Cephalons mit netzartig angeordneten Grübchen besetzt. — Unt. Ordovizium (Tremadoc) — Ob. Silur (Ludlow).

Trinucleus MURCHISON 1839: Ordovizium (Llanvirn, Llandeilo, ?Caradoc) von England, Skandinavien, ?Rußland (Abb. 645).

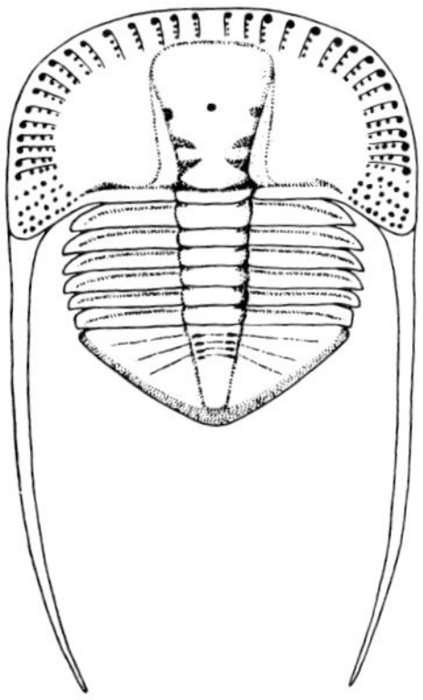

Abb. 645. *Trinucleus fimbriatus* MURCHISON, Mittl. Ordovizium von Wales (England). Ca. 4/5 nat. Gr. — Nach H. B. WHITTINGTON.

Der flache Randsaum des Cephalon ist mit radial angeordneten Grübchen bedeckt. Die nach vorn verbreiterte Glabella trägt 3 Paar kurze, tiefe Seitenfurchen, von denen die mittleren und hinteren am tiefsten sind. Thorax mit 6 Segmenten. Das etwa dreieckige Pygidium ist drei- oder viermal breiter als lang.

Tretaspis McCOY 1849: Mittl. — Ob. Ordovizium von England und NO-Europa (Abb. 646).

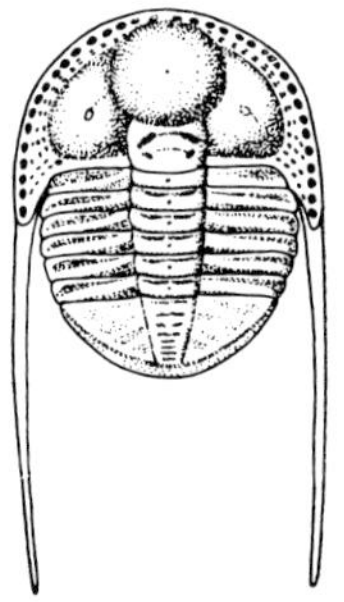

Abb. 646. *Tretaspis seticornis* (HISINGER), oberes Mittl. — Ob. Ordovizium von Nordeuropa und England. Ca. 1⅓ nat. Gr. — Nach L. STØRMER.

Die Glabella zeigt 3 Paar Seitenfurchen und einen stark hervortretenden, im Umriß fast kreisförmigen Frontallobus. Ein Stachel auf dem Nackenring fehlt. Der Randsaum weist im wesentlichen nur zwei Reihen von Grübchen auf.

Cryptolithus GREEN 1832: Unt. — Ob. Ordovizium von England und N-Amerika (Abb. 647). Die ovale Glabella trägt lediglich ein einziges Paar sehr kurze Seitenfurchen. Augenhöcker und Augenleisten fehlen. Der Randsaum zeigt konzentrische Reihen von Grübchen, die auch vorn radial angeordnet sind. Auf dem Nackenring befindet sich ein medianer Stachel.

Onnia BANCROFT 1933: Mittl. — Ob. Ordovizium, u. a. von England, Frankreich, Tschechei, N-Afrika (Abb. 648 A, B).

Die ovale, nach vorn etwas verbreiterte Glabella hat ähnlich wie bei *Cryptolithus* nur 1 Paar sehr kurze Seitenfurchen. Der Randsaum trägt im wesentlichen vier konzentrische Reihen von Grübchen, die radial angeordnet sind. Augenhöcker und Augenleisten fehlen.

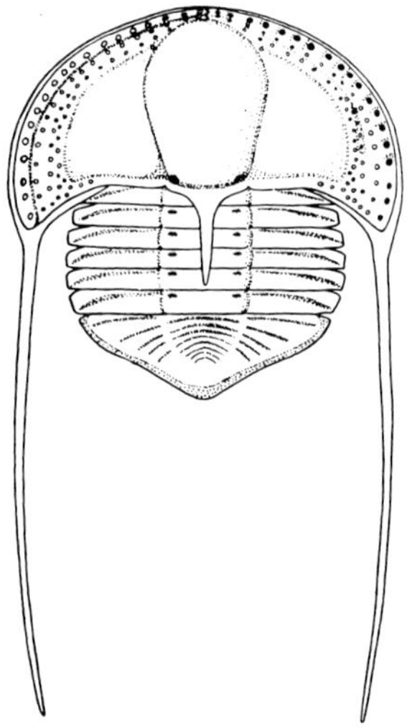

Abb. 647. *Cryptolithus tesselatus* Green, Mittl. Ordovizium von Nordost-Amerika. ²⁄₁ nat. Gr. – Nach H. B. Whittington.

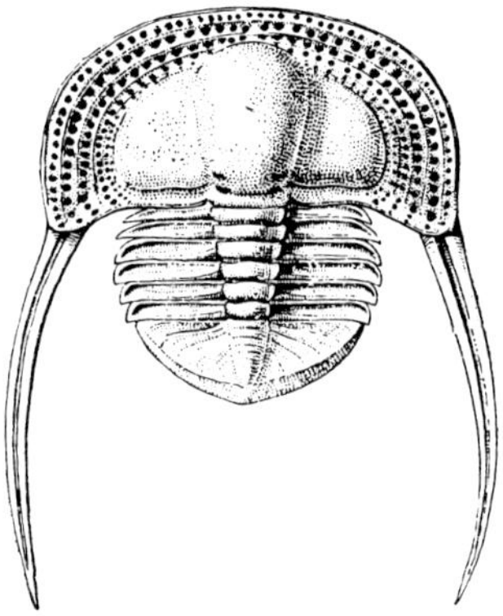

Abb. 648 A. *Onnia ornata* (Sternberg), Ob. Ordovizium (Unt. Caradoc) der Tschechei. Ca. 1⅕ nat. Gr. – Nach P. Hupé 1953.

Abb. 648 B. Massenanhäufung von Exuvien der *Onnia ornata* (Sternberg), Ob. Ordovizium der Tschechei. Ca. ⅔ nat. Gr.

Orometopus Brøgger 1896: Unt. Ordovizium (Tremadoc) von Europa und S-Amerika (Abb. 649).

Der vor dem Nackenring gelegene Teil der überwiegend zylindrischen Glabella läuft nach hinten in einen Stachel aus. Ihr Vorderrand ist über schräge Augenleisten mit den großen, mittelständigen Augen verbunden. Am Vorderende der Glabella sowie in den Hinterecken der festen Wangen treten tiefe Grübchen auf. Die sehr langen, leicht nach außen geschwungenen Wangenstacheln ragen weit über das Hinterende des Pygidiums hinaus. Der Thorax besteht aus 7–8 Segmenten, von denen die Spindelringe des 3. und 4. Segments kurze mediane Dornen tragen können.

Ampyx Dalman 1827: Unt. – Mittl. Ordovizium von Europa, O-Asien und N-Amerika (Abb. 650).

Die bis an das Vorderende des Cephalons oder etwas darüber hinaus ragende Glabella zeigt vorn einen langen, aufwärts gekrümmten Stachel. Der Thorax besteht aus 6 Segmenten, deren Pleuralfurchen nach außen tiefer werden.

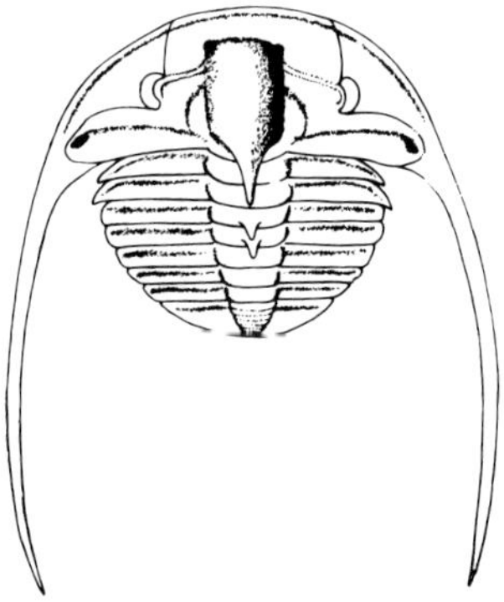

Abb. 649. *Orometopus elatifrons* (Angelin), Rekonstruktion. Unt. Ordovizium (Tremadoc) von Schweden. Ca. 4½ nat. Gr. – Nach H. B. Whittington.

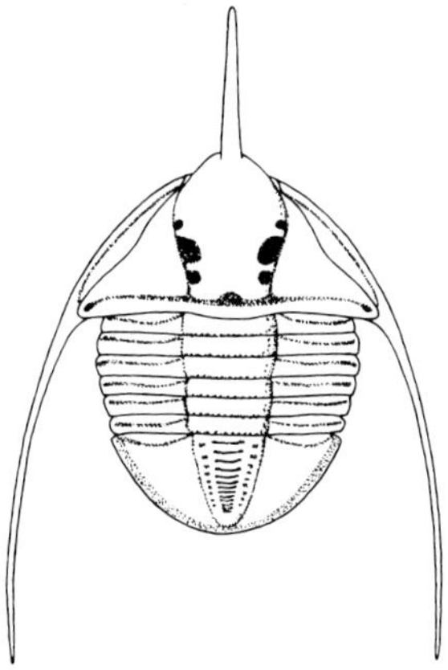

Abb. 650. *Ampyx nasutus* Dalman, Unt. Ordovizium von Schweden, Norwegen und Rußland. Ca. nat. Gr. – Nach H. B. Whittington.

Ordnung **Proetida** SALTER 1864

In der Regel zwischen 1 und 4 cm, ausnahmsweise über 12 cm lange opisthopare Trilobiten mit schmalen, festen Wangen, mittelgroßem bis großem Pygidium und subkonischer bis subovaler Glabella. Vorhanden sind 1—4 Paar Seitenfurchen. Nur bei wenigen Vertretern fehlen Augenleisten. Der Thorax besteht aus 8—22 (meist 8—10) Segmenten, die gefurchte Pleuren tragen. — Unt. Ordovizium (Tremadoc) — Ob. Perm (Tartar).

Proetus STEINIGER 1831: Ob. Ordovizium (Ashgill) — Unt. Karbon, weltweit verbreitet, so in Europa, N-Afrika, N-Amerika, O-Asien (Abb. 651).

Kleine bis sehr kleine Formen, deren halbovales Cephalon in kurze, aber kräftige Wangenspitzen ausläuft. Die subovale, gerundete Glabella ist nur schwach gefurcht und reicht bis zum Randsaum nach vorn. Die vor den Augen liegenden Äste der Gesichtsnähte divergieren leicht. Der Thorax besteht aus 10 Segmenten, deren Pleuren abgestutzte Enden aufweisen. Die Achse des halbkreisförmigen Pygidiums zeigt 6—12 Segmente, die Seitenteile 4—6 Rippen, die unter leichter Krümmung nach hinten verlaufen. Maximale Panzerlänge ca. 3 cm.

Cyrtosymbole RUD. RICHTER 1913: Mittl. — Ob. Devon von Europa, N-Afrika, Asien (Abb. 652).

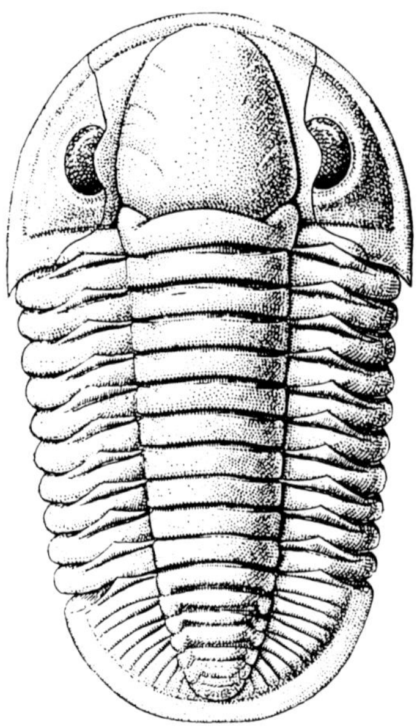

Abb. 651. *Proetus (Proetus) bohemicus* H. & C., Unt. Devon (Ob. Konjeprus-Kalk) der Tschechei. Ca. 2⅔ nat. Gr. — Nach P. HUPÉ 1953.

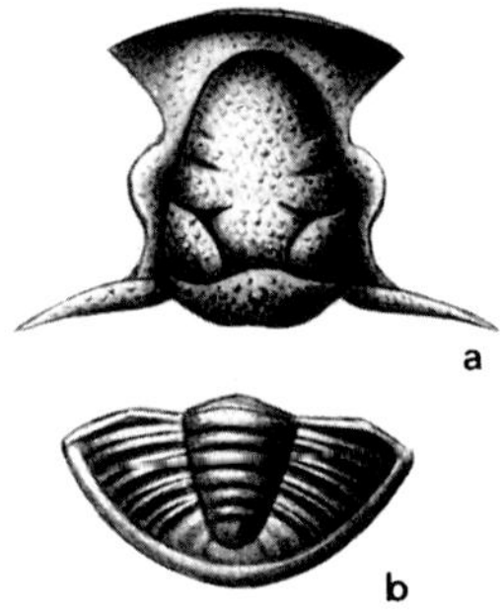

Abb. 652. *Cyrtosymbole (Cyrtosymbole) escoti* (v. KOENEN), a) Cranidium, ca. 8/1 nat. Gr.; b) Pygidium, ca. 4/1 nat. Gr. Ob. Devon von Frankreich (Cabrières). — Nach RUD. RICHTER.

Die nach vorn verjüngte Glabella trägt auf der Innenseite die Spuren von mindestens 3 Paar Seitenfurchen. Nackenknötchen sind ausgebildet. Die gekrümmte opisthopare Gesichtsnaht nähert sich in Höhe der Augen der Rückenfurche. Augendeckel und Sehfläche sind vorhanden. Das Pygidium ist nur wenig länger als eine halbe Breite und besteht im Gegensatz zu *Dechenella* aus weniger Segmenten. Die Seitenteile zeigen meist 5 Paar deutliche Rippen (selten bis 6). Es handelt sich überwiegend um mäßig große, sonst um kleine bis winzige Formen.

Typhloproetus Rud. Richter 1913: Ob. Devon (IV–VI) – Unt. Karbon von Europa bis Innerasien.

Die lange und schlanke Glabella ist in das stark und einheitlich gewölbte Cephalon so einbezogen, daß sie bis auf Reste ihre Eigenwölbung verloren hat. Augendeckel und Sehfläche fehlen meist. Gesichtsnähte verwachsen, so daß die freien Wangen in der Regel nicht mehr abgeworfen werden konnten. Die Gesichtsnähte sind nur bei besonderer Beleuchtung zu erkennen. Wangen, soweit vorhanden, mit Stachel. Pygidium halbkreisförmig oder etwas länger; Saum höchstens angedeutet, nicht abgesetzt. Achse schlank, schmal, deutlich segmentiert. Seitenteile mit 6½–10 Paar Rippen.

Drevermannia Rud. Richter 1909: Oberes Unterdevon – Unt. Karbon von Europa (Abb. 653).

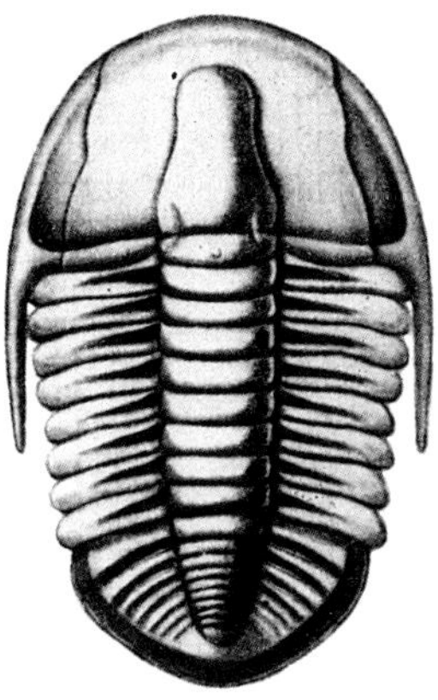

Abb. 653. *Drevermannia pruvosti* Rud. & E. Richter, Unt. Karbon (Visé) von Menorca. Ca. 3½ nat. Gr. – Nach Rud. & E. Richter.

Kleinwüchsige, blinde Vertreter mit nach vorn verjüngter oder flaschenhalsförmiger Glabella und 3, zumindest auf dem Steinkern deutlichen und relativ weit hinten liegenden Seitenfurchen. Augendeckel fehlen. Der Thorax besteht aus 8 Segmenten, deren Pleurenenden zugespitzt sind. Die Achse des halbkreisförmigen Pygidiums zeigt 5–10 Segmente, die Seitenteile 6–10 Rippen. Randsaum des Pygidiums schmal, durch Furche abgesetzt.

Phillibole Rud. & E. Richter 1937: Unt. Karbon (*Goniatites*-Stufe) von Europa (Abb. 654).

Die Gattung steht hinsichtlich der Ausbildung von Cephalon und Pygidium zwischen *Phillipsia* und *Cyrtosymbole*. Im Unterschied zu *Phillipsia* ist das Pygidium kürzer (halbkreisförmig oder wenig länger) und segmentärmer, hat aber immer eine größere Anzahl von Segmenten (11 und mehr) als *Cyrtosymbole*.

Dechenella Kayser 1880: Unt. – Mittl. Devon, u. a. von Europa und N-Amerika (Abb. 655).

Das halbkreisförmige, in Wangenspitzen auslaufende Cephalon zeigt eine nach vorn stark eingeschnürte und gerundete Glabella mit 3–4 deutlichen, meist tiefen Seitenfurchen. Das praeglabellare Feld ist ziemlich groß. Die vor den Augen liegenden Äste der Gesichtsnähte divergieren stark. Der Thorax besteht aus 10 Segmenten, deren Pleurenenden schwach zugespitzt sind. Die Achse des sehr großen, langen und schmalen Pygidiums zeigt 14–19 Segmente, die Seitenteile bis zu 14 Rippen.

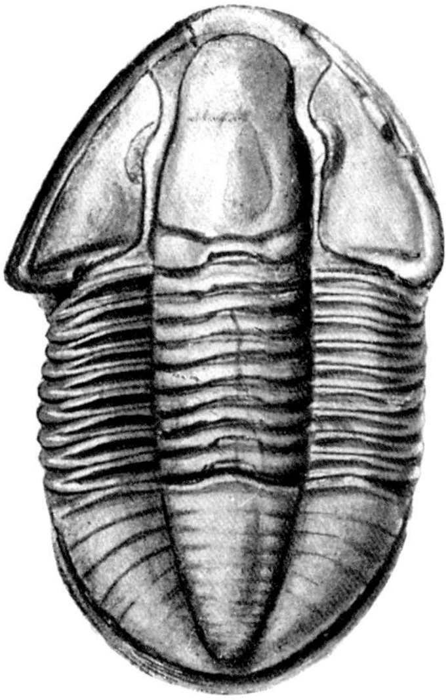

Abb. 654. *Phillibole aprathensis* RUD. & E. RICHTER (Holotypus), Unt. Karbon (*Goniatites*-Stufe Posidonienschiefer) von Aprath (Steinberg) bei Elberfeld. Ca. ⅔ nat. Gr. — Nach RUD. & E. RICHTER 1937.

Abb. 655. *Dechenella (Basidechenella)* cf. *kayseri* RUD. RICHTER, eingerollt schräg von oben. Mittl. Devon (*Cultrijugatus*-Zone), Gerolstein (Eifel). Breite: ca. 1,2 cm.

Phillipsia PORTLOCK 1843: Unt. Karbon von Europa, Asien und N-Amerika (Abb. 656).

Das vorn stark gerundete, in spitze Wangenstacheln auslaufende Cephalon hat eine zylindrische oder nach vorn verjüngte Glabella, die bis zum Randsaum reicht. Vorhanden sind 3 Paar Seitenfurchen, die relativ weit hinten liegen und von denen das hinterste Paar stark nach rückwärts gekrümmt ist. Der Thorax besteht aus 9 Segmenten, deren Pleurenenden zugespitzt sind. Die Achse des sehr langen, halbovalen Pygidiums zeigt bis 13 Segmente; die Seitenteile haben bis 12 Rippen.

Griffithides PORTLOCK 1843: Unt. Karbon (Ob. Tournai) — Ob. Karbon (Namur) von Europa und Zentralasien (Abb. 657).

Das Cephalon hat im Unterschied zu *Phillipsia* eine nach vorn verbreiterte und in Höhe der großen bis mittelgroßen Augen eingeschnürte Glabella, die bis an den Stirnrand reicht. Wangenstacheln schmal, terminal zugespitzt, relativ kurz bis mäßig lang. Pygidium mit 12—17 Segmenten auf der Achse und 7—11 Rippen auf den Seitenteilen.

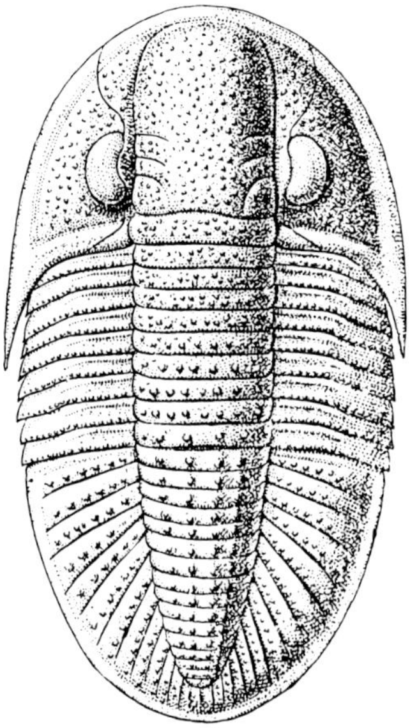

Abb. 656. *Phillipsia gemmulifera* (PHILLIPS), Unt. Karbon (Ob. Tournai) von England. Ca. 2⅔ nat. Gr. — Nach P. HUPÉ 1953.

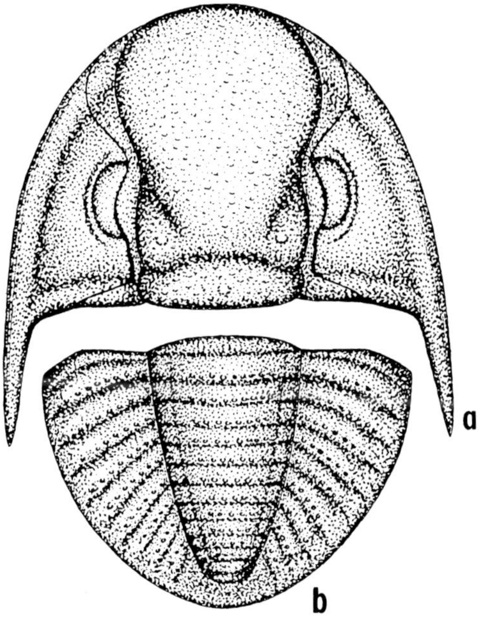

Abb. 657. *Griffithides (Griffithides) longiceps* PORTLOCK. Unt. Karbon (Kohlenkalk, ? Visé) von N-Irland. Breite des Cephalon (a) 10,9 mm. — Nach G. HAHN et al. 1983.

Brachymetopus McCOY 1847: Ob. Devon — Ob. Karbon von Eurasien, N-Amerika, Australien (Abb. 658).

Die sehr kurze Glabella des halbkreisförmigen, mit Wangenspitzen versehenen Cephalons ist zylindrisch oder dreiseitig und erreicht nur ½—⅔ der Länge des Cephalons. Gesichtsnähte können nicht unterschieden werden. Die mittelgroßen Augen liegen ziemlich weit hinten dicht neben der Glabella, die nur 1 Paar Seitenfurchen aufweist. Der Thorax besteht vermutlich aus 10 Segmenten. Die Achse des halbkreisförmigen oder länglichen Pygidiums hat 9—17 Segmente

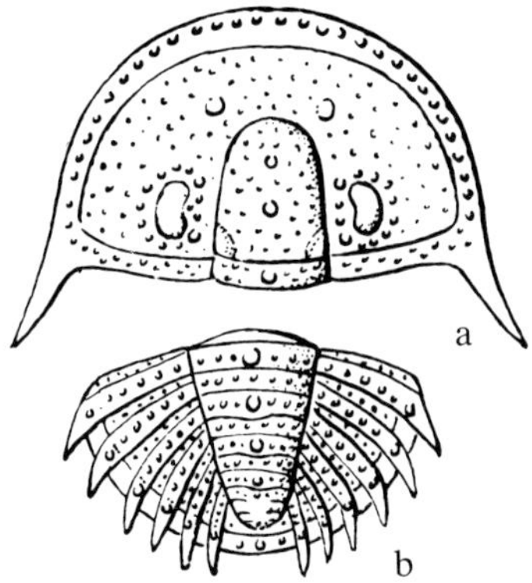

Abb. 658. *Brachymetopus strzeleckii* McCoy, a) Cephalon, b) Pygidium. Karbon von Südaustralien. Ca. 8/1 nat. Gr. – Nach F. R. Reed, aus H. J. Harrington et al. 1959.

sowie stark nach hinten gekrümmte Rippen, die am Rand in Stacheln auslaufen. Die Oberfläche des Panzers ist mit Knötchen unterschiedlicher Größe bedeckt.

Aulacopleura Hawle & Corda 1847: Mittl. Ordovizium – Mittl. Devon von Europa, Marokko und Grönland (Abb. 659–660).

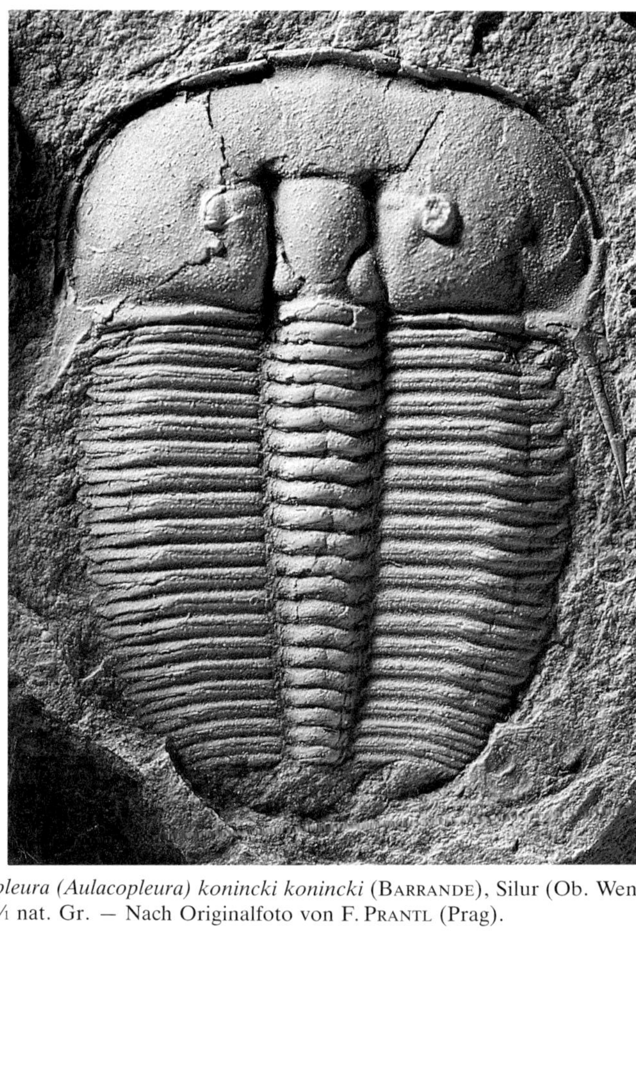

Abb. 659. *Aulacopleura (Aulacopleura) konincki konincki* (Barrande), Silur (Ob. Wenlock) von Lodenice (Tschechei). Ca. 3/1 nat. Gr. – Nach Originalfoto von F. Prantl (Prag).

Abb. 660. *Aulacopleura (Aulacopleura) konincki konincki* (Barrande), verschiedene Altersstadien. Mittl. Silur (Wenlock) von Beroun bei Prag (Tschechei). Länge des größten Exemplars: ca. 2 cm.

Das meist nur schwach gekrümmte halbkreisförmige Cephalon hat kleine Wangenspitzen sowie eine kurze, nach vorn verjüngte Glabella mit 2—3 Paar Seitenfurchen. Hiervon sind die hinteren derart gekrümmt, daß sie auf die Nackenfurche treffen. Der Thorax besteht aus 12—22 Segmenten, die gerundete Pleuralenden aufweisen. Die Achse des kleinen, glattrandigen Pygidiums zeigt 6—7 Ringe.

Ordnung **Phacopida** Salter 1864

Ordovizische und jüngere, überwiegend propare, seltener opisthopare Trilobita, die vermutlich von den Ptychopariida abstammen. Die sehr unterschiedlich gestaltete Glabella verbreitert sich bei der Mehrzahl aller Vertreter nach vorn. Der Thorax besteht aus 8—19 Segmenten. Abgesehen von einigen besonders frühen und wenig differenzierten Formen, ist das Pygidium mittelgroß bis groß; doch stets kleiner als das Cephalon. — Unt. Ordovizium (Tremadoc) — Ob. Devon (Famennien). — Die Devon/Karbon-Grenze wurde nach dem Erlöschen der Ph. lediglich durch einige Brachymetopidae und Proetida überschritten.

Der propare Verlauf der Gesichtsnähte hat sich offenbar dreimal unabhängig voneinander aus opisthoparen Stammformen der 3 Unterordnungen (Cheirurina, Calymenina, Phacopina) entwickelt.

Unterordnung **Cheirurina** HARRINGTON & LEANZA 1957

Kleine bis mittelgroße, überwiegend propare Phacopida, deren meist nach vorn verbreiterte Glabella bis zu 4 Paar, zum Teil durchlaufende Seitenfurchen aufweist. Die holochroalen, oft kleinen Augen können fehlen, desgleichen die Gesichtsnähte. Rostralplatte und Hypostom sind nicht miteinander verwachsen. Der Thorax besteht aus 8—19 Segmenten, mit glatten, gefurchten oder gekielten Pleuren. Die Seitenteile des Pygidiums tragen 2—16 Paar Rippen, die meist in Gestalt von Dornen über den Rand treten. Außenskelett häufig mit kleinen Körnchen bedeckt. — Unt. Ordovizium (Tremadoc) — Mittl. Devon (Givet).

Cheirurus BEYRICH 1845: Ob. Ordovizium — Mittl. Devon, weltweit verbreitet (Abb. 661).

Die nach vorn verbreiterte Glabella ragt über den Vorderrand des halbkreisförmigen, in kurze Wangenstacheln auslaufenden proparen Cephalons. Annulus occipitalis und die ersten Seitenfurchen sind in der Mitte mit der Glabella vereinigt. Der Thorax besteht aus 11 Segmenten mit distal schräg gefurchten, vertikal zur Achse verlaufenden Pleuren. Die Enden der Pleuren sind zugespitzt. Der Rand des relativ kleinen Pygidiums ist mit 3 Paar etwa gleich großen Stacheln und einem mittelständigen, meist etwas reduzierten Dorn am Ende besetzt.

Sphaerexochus BEYRICH 1845: Mittl. Ordovizium — Silur (Ludlow) von Europa, N-Amerika, Indien, Australien (Abb. 662 A, B).

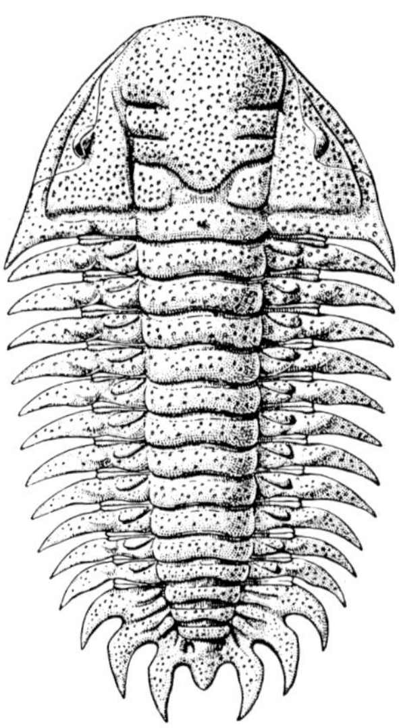

Abb. 661. *Cheirurus insignis* BEYRICH, Mittl. Silur (Ob. Wenlock) der Tschechei. Ca. $\frac{4}{5}$ nat. Gr. — Nach P. HUPÉ 1953.

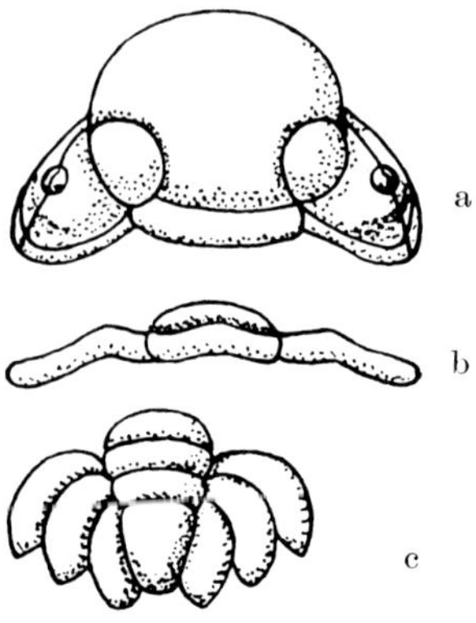

Abb. 662 A. *Sphaerexochus mirus* BEYRICH, a) Cephalon, b) Thorakalsegment, c) Pygidium. Sonst wie Abb. 662 B. Ca. nat. Gr. — Nach J. BARRANDE.

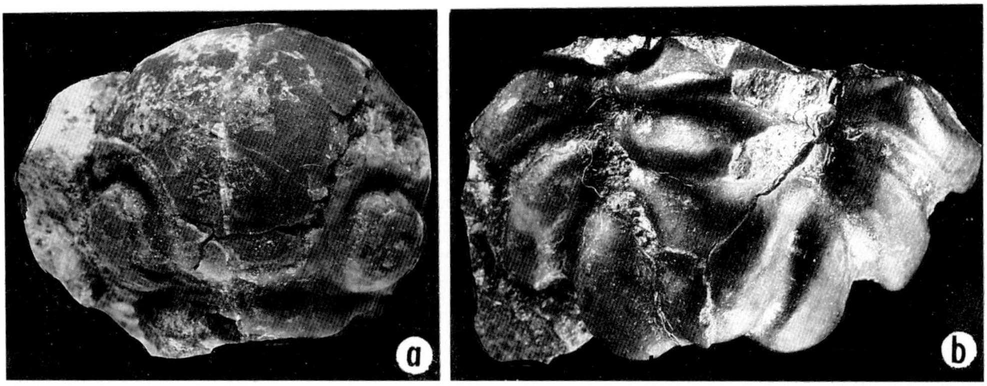

Abb. 662B. *Sphaerexochus mirus* BEYRICH, a) Cephalon, Breite: ca. 2 cm; b) Pygidium, Breite: ca. 2,7 cm. Mittl. Silur (Wenlock) von Listice bei Prag.

Den weitaus größten Raum des Cephalons nimmt die kreisförmige, stark überhängende Glabella ein, deren hinteres Seitenfurchenpaar rundliche, deutlich abgesetzte Loben abgrenzt. Bei manchen Arten findet sich zusätzlich ein weiteres Paar kurze Seitenfurchen. Der Thorax besteht aus 10 Segmenten, mit ungefurchten, in gerundete Spitzen auslaufenden Pleuren. Das relativ kleine Pygidium trägt 3 Paar kurze, breit gerundete Stacheln am Rande.

Deiphon BARRANDE 1850: Silur von Europa und N-Amerika (Abb. 663).

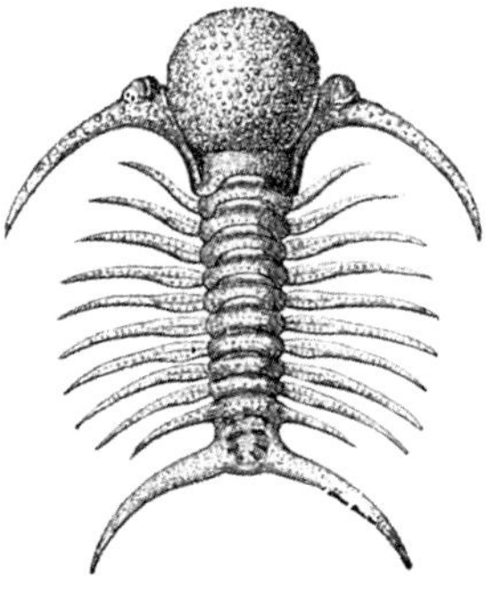

Abb. 663. *Deiphon forbesi,* Rekonstruktion. Mittl. Silur (Wenlock) von England. Ca. nat. Gr. — Nach J. W. SALTER.

Die Glabella ist vor den hinteren Seitenfurchen außerordentlich stark aufgebläht und größer als der Rest des Cephalons. Die freien Wangen sind sehr klein, die festen Wangen zu langen, stark nach außen geschwungenen Wangenstacheln ausgezogen. Der Thorax besteht aus 9 Segmenten, deren Pleuren spitz enden und nicht in Kontakt miteinander stehen. Das relativ kleine Pygidium zeigt 2 Paar Randstacheln, von denen das hintere Paar größer ist.

Placoparia HAWLE & CORDA 1847: Ordovizium (Arenig — Caradoc) von Europa und N-Afrika in feinklastischen Ablagerungen (Abb. 664).

Opisthopare Cheirurina, deren nach vorn schwach erweiterte Glabella etwas länger als breit ist und 3 Paar tief eingeschnittene Seitenfurchen aufweist. Der Thorax besteht aus 11—12 Segmenten, deren Pleuren vertikal zur Achse verlaufen und gerundete Enden zeigen. Augen fehlen. Die Achse des Pygidiums trägt 4 Ringe, während die Rippen der Seitenteile als kurze, breite und freie Dornen über den Rand ragen.

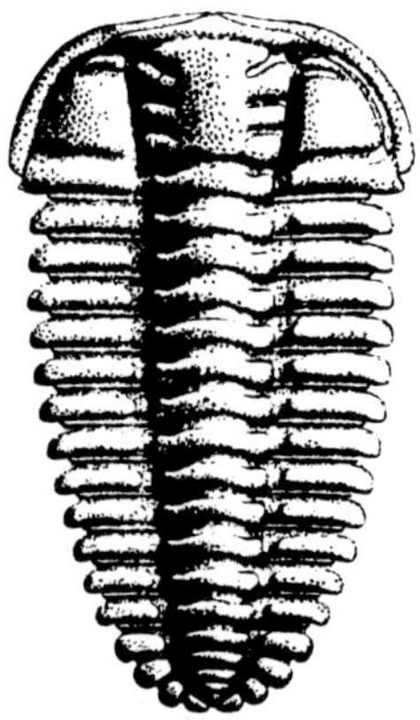

Abb. 664. *Placoparia zippei* (BOECK), Mittl. Ordovizium der Tschechei. Ca. 1⅓ nat. Gr. — Nach J. BARRANDE.

Encrinurus EMMRICH 1844: Ob. Ordovizium (Ashgill) — unteres Unt. Devon, weltweit verbreitet (Abb. 665).

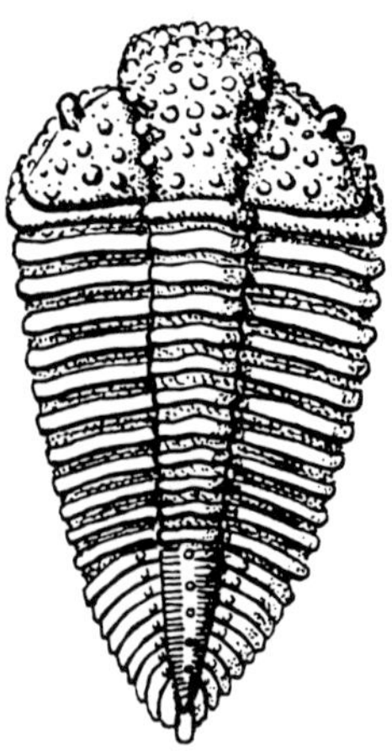

Abb. 665. *Encrinurus* cf. *punctatus* (WAHLENBERG), Mittl. Ordovizium (Llandovery) von Oslo (Norwegen). Länge: ca. 3 cm. — Nach G. HENNINGSMOEN 1959.

Die Glabella ist stark nach vorn verbreitert und hängt etwas über den Vorderrand des halbkreisförmigen, in gerundete Wangenecken auslaufenden Cephalons. Vorhanden sind 3 Paar Seitenfurchen, die zum Teil durchlaufen. Die Augen sind oft etwas gestielt. Der Thorax besteht aus 10—12 Segmenten, deren ungefurchte Pleuren gerundete Enden aufweisen. Das etwa dreieckige Pygidium ist länger als breit und zeigt auf den Seitenteilen (?) 5—10 Paar Rippen, die schräg nach rückwärts gekrümmt sind. Die Zahl der Ringe auf der Achse des Pygidiums ist wesentlich größer.

Staurocephalus BARRANDE 1846: höheres Ordovizium (Caradoc) — Ob. Silur (Ludlow) von Europa, N-Amerika, Australien, M-Asien, meist in karbonatischen Sedimenten (Abb. 666).

Der Frontallobus der stark nach vorn verbreiterten Glabella ist kugelförmig aufgebläht und ragt meist weit über den Vorderrand des halbkreisförmigen, in kurze Wangenspitzen auslaufenden Cephalons. Der hintere parallelseitige Abschnitt der Glabella trägt 3 Paar Seitenfurchen. Der Thorax besteht aus 10 Segmenten, deren Pleuren lange, nach rückwärts gekrümmte Stacheln aufweisen. Das relativ kleine Pygidium hat eine aus 3 oder 4 Ringen gebildete Achse und 3 Paar Pleuralstacheln, deren Spitzen nach rückwärts zeigen. Panzer bis 1,5 cm lang.

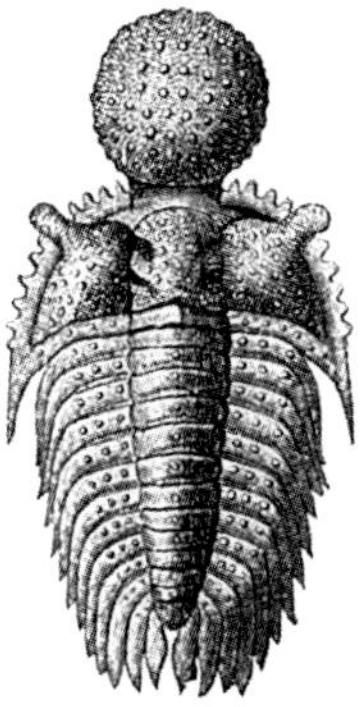

Abb. 666. *Staurocephalus murchisoni* BARRANDE, Mittl. Silur (Wenlock) von England. Ca. 2½ nat. Gr. – Nach J. W. SALTER.

Unterordnung **Calymenina** SWINNERTON 1915

Mittelgroße bis große Phacopida, deren halbkreisförmiges oder nahezu dreieckiges Cephalon meist gerundete, seltener zugespitzte Wangenecken aufweist. Die sich nach vorn verjüngende, glocken- oder trapezförmige Glabella trägt bis 4 Paar Seitenfurchen, die aber bei manchen Vertretern auch fehlen können. Der Thorax besteht gewöhnlich aus 13 (selten weniger) Segmenten mit gerundeten Pleurenenden. Die Seitenteile des Pygidiums sind nach hinten gefurcht. – Unt. Ordovizium (Tremadoc) – Ob. Devon (Frasnien).

Calymene BRONGNIART 1822: Ob. Ordovizium – Mittl. Devon (Eifel-Stufe), weltweit verbreitet (Abb. 667 A, B).

Die nach vorn verjüngte, kräftig über die Wangen ragende Glabella trägt 3 Paar rundliche Seitenloben. Der Thorax besteht aus 13 (selten 12) Segmenten. Die Achse des relativ kleinen halbkreisförmigen Pygidiums zeigt 6 Ringe, jeder Seitenteil 6 tiefe, flach nach rückwärts verlaufende Furchen.

Flexicalymene SHIRLEY 1936 (syn. *Orimops* RAFINESQUE 1832, ICZN pend.): Ordovizium (Llandeilo) – Mittl. Silur (Wenlock) von N-Amerika und Europa (Abb. 667 C).

Glabella mit 3 Paar Lateralloben. Rückenfurchen in Höhe der 1. und 2. Lateralloben kontrahiert. Präglabellares Feld breit. Präglabellare Furche sehr tief. Zahl der Thorakalseg-

Abb. 667 A. *Calymene incerta* BARRANDE, Ob. Ordovizium (Unt. Caradoc) von Zahořany (Tschechei). Ca. nat. Gr. – Nach Originalfoto von F. PRANTL (Prag).

Abb. 667B. *Calymene blumenbachi* (Brgt.), Mittl. Silur (Wenlock) von Dudley (England). Länge des größeren Exemplars ca. 2,5 cm.

mente 12 oder 13. Pygidium mit tiefen Pleural- und flachen Interpleuralfurchen, die fast bis zum Rande der Seitenteile verlaufen.

Colpocoryphe Novak in Perner 1918: Unt. — Mittl. Ordovizium, u. a. der Tschechei, von Frankreich, N-Afrika, N-Amerika (Abb. 668).

Das halbelliptische, an den Wangenecken gerundete Cephalon ist viel breiter als lang. Die stark nach vorn verjüngte und abgestutzte Glabella trägt 3—4 Paar deutlich ausgebildete, nach rückwärts gerichtete Seitenfurchen. Die Achse des dreieckigen Pygidiums zeigt 8 Ringe oder weniger, jeder Seitenteil 2 oder 3 sehr undeutliche Rippen. Ein breiter Randsaum ist vorhanden.

Homalonotus König 1825: Ob. Silur, u. a. von England und Schweden (Abb. 669).

Das Cephalon ist im Gegensatz zu *Trimerus* viel breiter als lang, auch erreicht die praktisch glatte, trapezförmige Glabella nahezu den Vorderrand, wo sie auf den hier deutlich ausgebildeten Randsaum trifft. Die sehr breite Achse von Thorax und Pygidium ist kaum gegen die Pleuren oder Seitenteile abgesetzt. Die Quergliederung des hinten zugespitzten Pygidiums tritt, abgesehen vom hintersten Abschnitt, deutlich hervor.

Trimerus Green 1832: Unt. Silur (Llandovery) — Devon (Givet, ?Frasnien), weltweit verbreitet (Abb. 670).

Das nahezu dreieckige, hinten gerundete und saumlose Cephalon hat eine kurze, fast trapezförmige und praktisch glatte Glabella, der Thorax eine nur undeutlich gegen die Pleuren abgesetzte breite Achse. Das dreieckige Pygidium ist länger als breit und zeigt im Gegensatz zu *Homalonotus* eine, wenn auch schwache, doch deutlich erkennbare Dreigliederung.

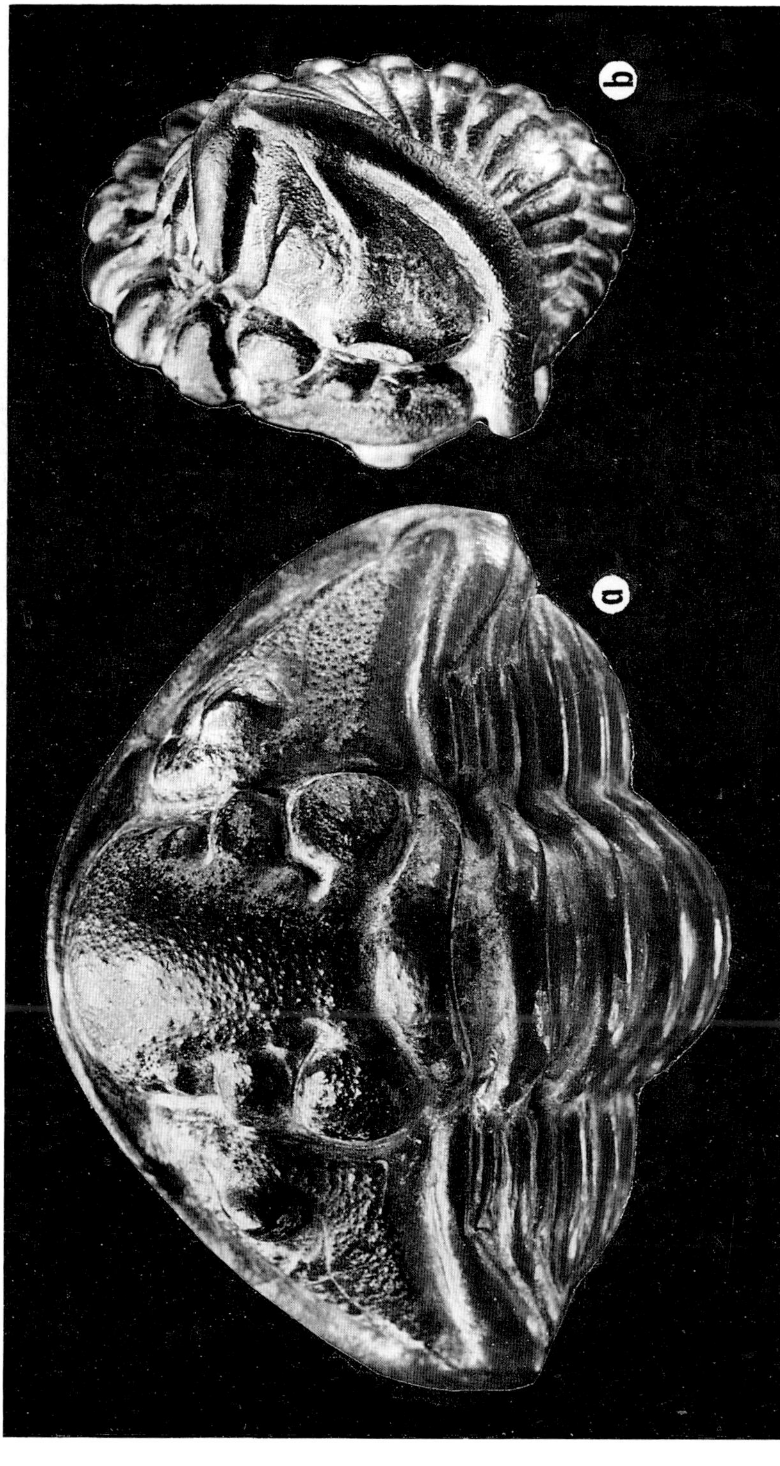

Abb. 667 C. *Flexicalymene* sp., eingerollt. Ob. Ordovizium von Cincinnati (Ohio, USA). Breite des größeren Exemplars: ca. 2 cm.

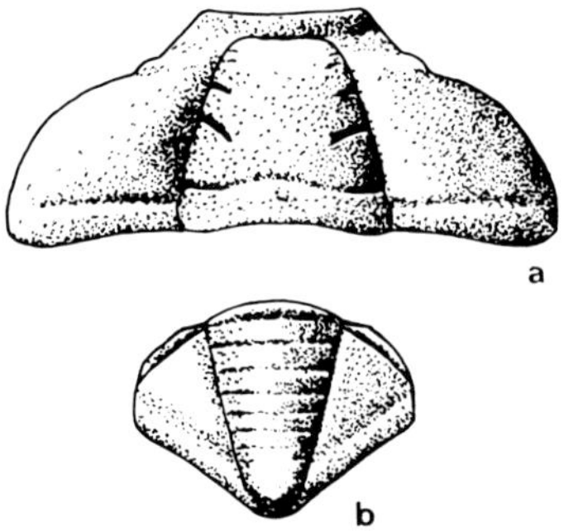

Abb. 668. *Colpocoryphe arago* (ROUAULT), a) Cranidium, b) Pygidium. Mittl. Ordovizium (Unt. Llanvirn) der Tschechei. Ca. 1⅓ nat. Gr. — Nach K. SDZUY.

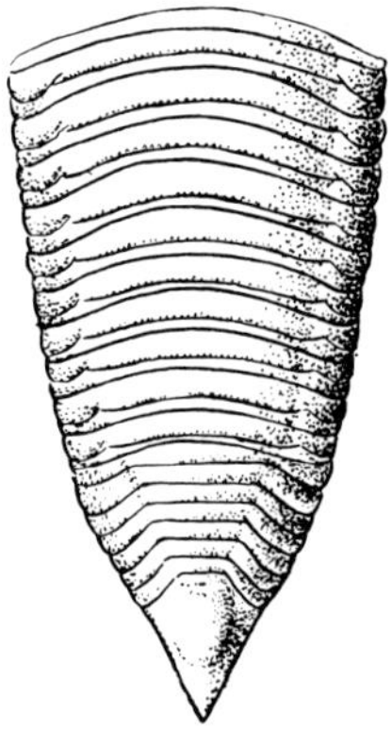

Abb. 669. *Homalonotus knighti* KÖNIG, Thorax und Pygidium. Ob. Silur von England. Ca. ⅔ nat. Gr. — Nach J. W. SALTER.

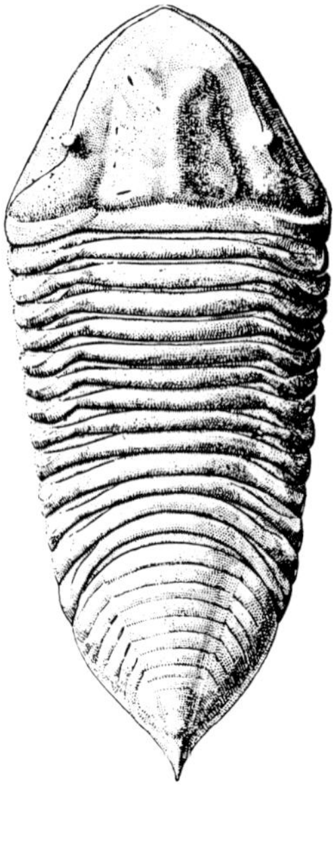

Abb. 670. *Trimerus delphinocephalus* GREEN, Ob. Silur von Dudley (England). Ca. ½ nat. Gr. — Nach P. HUPÉ 1953.

Unterordnung **Phacopina** STRUVE 1959
(Phacopoidae HUPÉ 1953)

Schizochroale, meist propare Trilobita, die keine Rostralplatte aufweisen und deren Thorax aus 11 Segmenten mit gefurchten Pleuren besteht. Schon die am wenigsten differenzierten Vertreter haben die Tendenz, die Augen im Verlaufe der stammesgeschichtlichen Entwicklung zu reduzieren und die Gesichtsnähte zu verschmelzen. Glabella nach vorn verbreitert. — Unt. Ordovizium (Arenig) — oberes Ob. Devon.

Familie **Dalmanitidae** VODGES 1890

Phacopina mit abgeflachtem Körper und relativ großem Pygidium. Die Seitenfurchen sind alle deutlich ausgebildet. Die Augen treten bei den meisten Formen stark hervor. — Unt. Ordovizium (?Arenig) — unteres Ob. Devon mit ca. 30 Gattungen.

Treveropyge STRUVE 1958: Unt. Devon (Maximum) — unteres Mitteldevon von Europa und ?N-Afrika (Abb. 671).

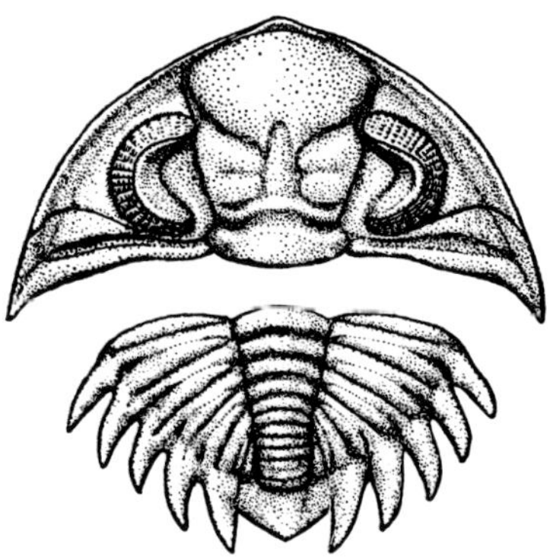

a

b

Abb. 671. *Treveropyge prorotundifrons* (RUD. & E. RICHTER), a) Cephalon, b) Pygidium. Unt. Devon (Unt. Ems), Ober-Stadtfeld (Eifel). Ca. 2/1 nat. Gr. — Nach W. STRUVE 1958.

C e p h a l o n halbkreisförmig mit sehr kurzen, schräg nach hinten außen gerichteten Wangenstacheln; flach gewölbt mit kleiner Saum-Spitze, wobei der Stirnlappen nur relativ wenig über den dahinter gelegenen Abschnitt der Glabella ragt. Rückenfurchen schwach divergierend. Augen sehr groß. Die Enden der Pleuren sind in lange, stachelartige Lappen ausgezogen. P y g i d i u m mit relativ breiter Rhachis, die 10 bis 12 Spindelringe umfaßt. Die Seitenteile zeigen 5 Paar flache Rippen, von denen das 5. beträchtlich kürzer ist als das 1. Der Rand ist mit 5 Paar sanft nach hinten gebogenen, abgeflachten, kurzen oder mäßig langen Randlappen besetzt. Endlappen dreieckig, breit und kurz.

Die Mehrzahl der bisher zu *Asteropyge* gestellten Formen ist wohl bei *Treveropyge* einzuordnen.

Asteropyge HAWLE & CORDA 1847: Unt. Devon bis Grenze Mittl./Ob. Devon von Europa, Klein- und Zentralasien (Abb. 672).

Ähnlich *Treveropyge,* doch ohne echte Saumspitze. An deren Stelle findet sich gelegentlich ein verbreiteter Vordersaum. Weiterhin ist der Stirnlappen nicht aufgebläht und nicht gegen das Mittelfeld abgesetzt. Die Randstacheln des Pygidiums sind im Querschnitt nicht abgeflacht, sondern rundlich. Außerdem sind die hinteren merklich kürzer als die vorderen.

Asteropyge ist hinsichtlich des Individuenreichtums eine der wichtigsten Gattungen des Unt. Devon im Rheinischen Schiefergebirge.

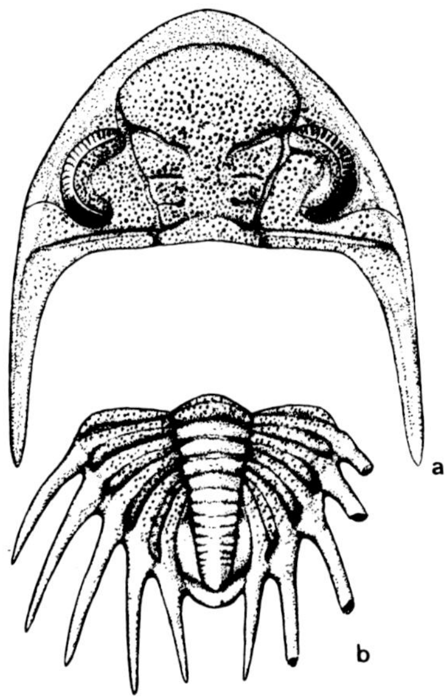

Abb. 672. *Asteropyge punctata* (Steininger), a) Cephalon, ca. 1⅕ nat. Gr.; b) Pygidium, ca. 1⅕ nat. Gr. Mittl. Devon der Eifel. — Nach W. Struve.

Dalmanitina Reed 1905: Mittl. Ordovizium (Mittl. Llandeilo) — Ob. Ordovizium (Ashgill), ?Unt. Silur (Llandovery) von Europa, N-Afrika, N-Amerika und China (Abb. 673—674).

Cephalon halbkreisförmig mit mehr oder weniger langen Wangenstacheln, die zumeist gegen den Seitenrand des Cephalons abgespreizt und durch einen deutlichen Knick abgesetzt sind. S 1 und S 2 konvergieren mäßig bis stark nach außen. S 1 im allgemeinen deutlich adaxial gegabelt. S 3 ohne abaxiale Erweiterung. Hintersaum des Hypostoms schmal. Pygidium spitzbogig, quer- oder längsgestreckt; kann, falls man den Endstachel nicht berücksichtigt, die Länge des Cephalons erreichen. Die relativ breite Rhachis verläuft über eine kräftige Spindelleiste in den meist ausgebildeten, aufwärts gekrümmten Endstachel. Seitenteile mit kräftigen Rippen bedeckt.

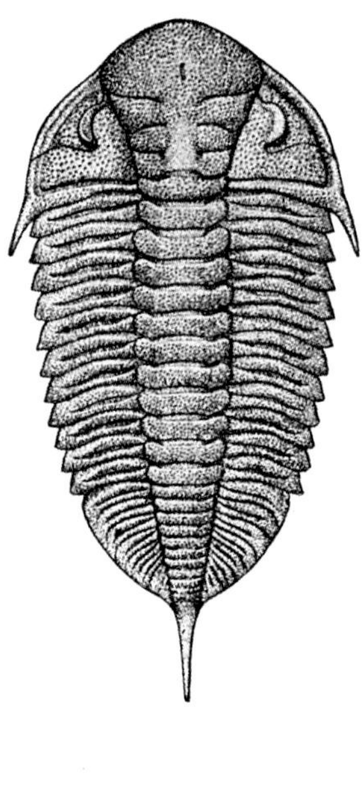

Abb. 673. *Dalmanitina (Dalmanitina) socialis* (Barrande), vollständiger Panzer. Mittl. Ordovizium (Llandeilo) der Tschechei. Ca. 9/10 nat. Gr. — Nach W. Struve 1958.

Abb. 674. *Dalmanitina (Dalmanitina) socialis* (Barrande), Cephalon. Mittl. Ordovizium (Letná-Schichten des Llandeilo, 1ε 1b) des Prager Beckens (Tschechei). Ca. 1½ nat. Gr.

Eine sehr häufige und gut bekannte Art ist *D. (D.) socialis* (Barrande) aus den Letná-Schichten (dε 1b) des Mittl. Ordovizium (Llandeilo) der Tschechei (Abb. 673—674).

Eudolatites Delo 1935: Mittl. — Ob. Ordovizium (Mittl. Llandeilo — Ob. Caradoc), fraglich bis ins Mittl. Silur (Wenlock) von Europa und ?China (Abb. 675).

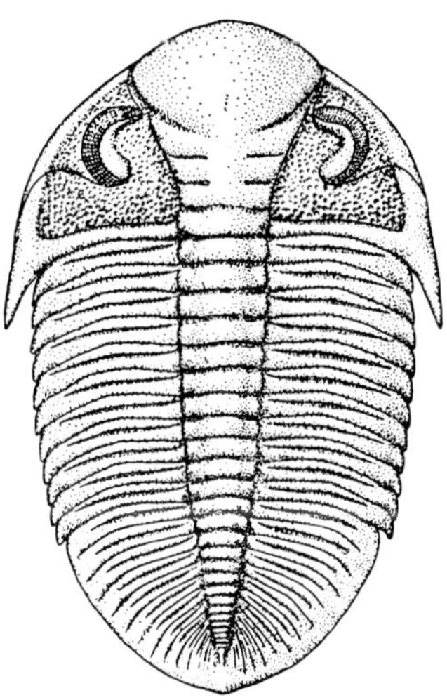

Abb. 675. *Eudolatites angelini* (Barrande), vollständiger Panzer. Ob. Ordovizium (Caradoc, dε 2c) der Tschechei. Nat. Gr. — Nach W. Struve 1958.

Cephalon halbkreisförmig mit abgespreizten Wangenstacheln. Ein Vordersaum fehlt. S 1 und S 2 konvergieren nur schwach nach außen, falls sie nicht parallel zueinander transversal gerichtet sind. S 3 abaxial etwas erweitert. Augen mäßig groß. Der Hintersaum des flachen Pygidiums ist vermutlich in eine kurze, gezähnte Zunge ausgezogen. Das spitzbogige oder breit gerundete Pygidium hat die gleiche Größe wie das Cephalon und zeigt im Gegensatz zu den meisten *Dalmanitina* nie einen Endstachel. Die schlanke Rhachis besteht aus 10—15 Spindelringen. Die Seitenteile zeigen bei undeutlich begrenztem Saum 8—13 Paar Rippen.

Odontochile Hawle & Corda 1847: Unt. – Mittl. Devon von Europa, N- und S-Amerika, Australien (Abb. 676).

Cephalon mit flachem, in der Aufsicht vor der Stirn breit sichtbarem Saum. Hypostom mit länglichem Umriß und langem Mittelkörper, mit konvergierenden stetigen Seitenrändern, verbreitertem und zu einer flachen Zunge verlängertem Saum am Mundrand. Das sehr lange und stark segmentierte Pygidium hat 16–22 (meist 18–22) Spindelringe, 12–15 Rippen sowie einen breiten Umschlag.

Ormathops Delo 1935: Mittl. Ordovizium (Arenig) von Europa (Abb. 677).

Das halbkreisförmige Cephalon zeigt einen breiten Stirnrand. Die vor den Augen liegenden Teile der Gesichtsnähte berühren die Glabella nicht. Die kleinen Augen befinden sich vor den vorderen seitlichen Ecken der Wangen. Die Achse des etwa dreieckigen Pygidiums zeigt bis 10 Segmente, die Seitenteile 5 Paar Rippen.

Abb. 676. *Odontochile auriculata* (Dalman), Pygidium. Unt. Devon (Branik-Kalk) der Tschechei. Ca. 1⅓ nat. Gr. – Nach J. Svoboda & F. Prantl 1958.

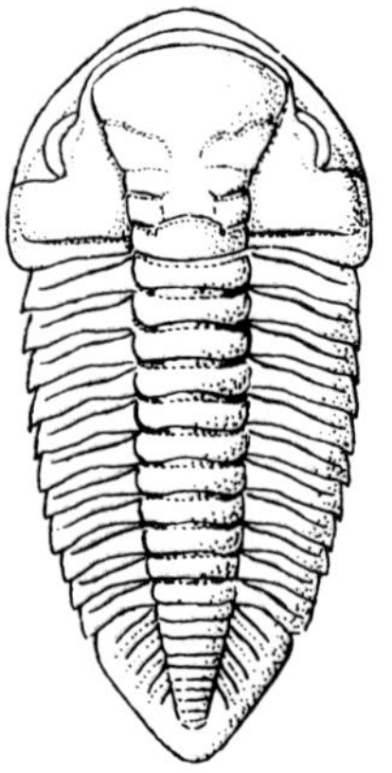

Abb. 677. *Ormathops atavus* (Barrande), Mittl. Ordovizium der Tschechei. Ca. nat. Gr. – Nach J. Barrande 1872.

Familie **Phacopidae** Hawle & Corda 1847

Das halbkreisförmige Cephalon hat gerundete, seltener winkelige Wangenecken, niemals aber Wangenstacheln. Die stark gewölbte Glabella verbreitert sich rasch nach vorn und ist nicht selten mit Knötchen besetzt. Die Enden der Pleuren sind gerundet. Das relativ kleine, halbkreisförmige oder kürzere Pygidium hat einen glatten Rand. – Ob. Ordovizium (Ashgill) – oberes Ob. Devon (Famenne).

Phacops EMMRICH 1839: Devon (Siegen — Famenne) von Europa, N-Afrika, N-Amerika (Abb. 678–680).

Die beiden vorderen Seitenfurchenpaare der vorn stark verbreiterten Glabella fehlen fast ausnahmslos. Das kurze Pygidium ist hinten abgerundet, der Panzer verhältnismäßig plump. Augen groß.

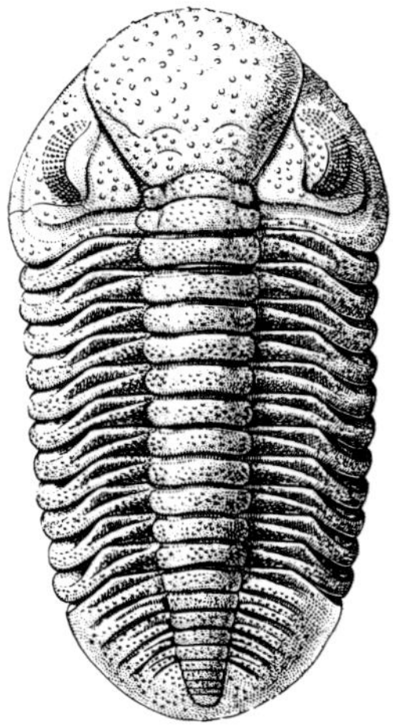

Abb. 678. *Phacops fecundus* BARRANDE, vollständiger Panzer. Devon der Tschechei. Ca. ⅔ nat. Gr. — Nach P. HUPÉ 1953.

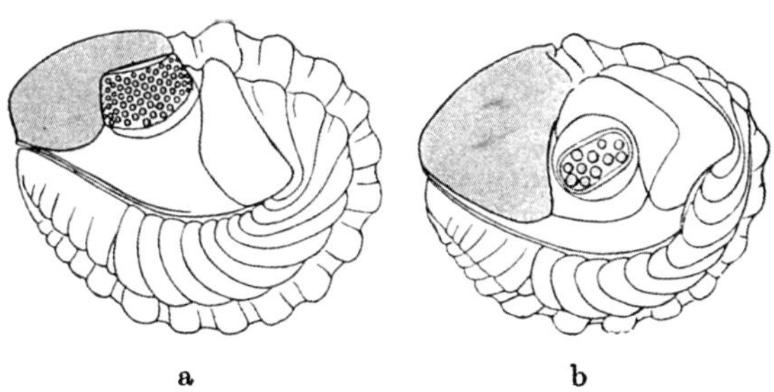

Abb. 679. a) *Phacops (Phacops) schlotheimi* (BRONN), eingerollt in Seitenansicht. Ob. Couvin-Stufe, Gees bei Gerolstein (Eifel). ²⁄₁ nat. Gr.; b) *Eocryphops kayseri* (HERRMANN), eingerollt in Seitenansicht. Unt. Couvin-Stufe, Hermershausen. Ca. 3⅓ nat. Gr. — Nach RUD. & E. RICHTER 1931.

Abb. 680. *Phacops (? Phacops) roemeri* GEINITZ, Mittl. Devon (Mittl. Eifel-Stufe, Tentakulitenschiefer) von Schaderthal bei Probstzella (Thüringen). Ca. ⁵⁄₁ nat. Gr.

Cryphops R. & E. Richter 1926: Ob. Devon von Europa (Abb. 681).

Augen im Gegensatz zu *Phacops* sehr klein. Randsaum des Cephalon breit. Pygidium kurz und breit.

Trimerocephalus McCoy 1849: Ob. Devon von Europa bis Zentralasien (Abb. 682).

Augenlose Phacopina, deren halbkreisförmiges Cephalon einen breiten Randsaum und eine stark nach vorn verbreiterte Glabella aufweist. Nur die hinteren Seitenfurchen sind deutlich ausgebildet. Das Pygidium gleicht dem von *Cryphops*.

Nephranops Rud. Richter 1926: Ob. Devon von Europa (Abb. 683).

Augen weitgehend reduziert, doch sind noch Sehflächen oder ähnliche Bildungen vorhanden, die im Umriß den Augen von *Phacops* ähneln. Bei manchen Arten können jederseits bis 40 Linsen auftreten; andere sind völlig blind. Das relativ große Pygidium ist nicht besonders kräftig gegliedert.

Dianops Rud. & E. Richter 1923: Ob. Devon von Europa (Abb. 684).

Die sehr flache, nach vorn verbreiterte Glabella ist seitlich am Vorderende abgestutzt. Augen fehlen gänzlich. Gesichtsnähte sind nur noch am Rand des Cephalons zu erkennen. Das Pygidium ist halb so lang wie breit. Achse und Seitenteile undeutlich gegliedert.

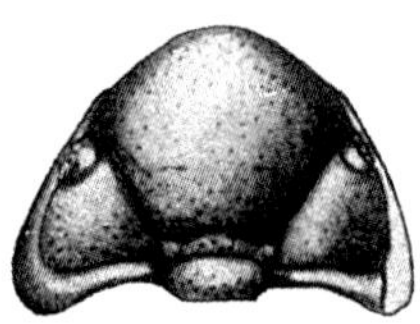

Abb. 681. *Cryphops acuticeps* (Kayser), mit Schale erhaltenes Cephalon. Ob. Devon I (*Manticoceras*-Stufe) von Langenaubach bei Dillenburg. Ca. 4/1 nat. Gr. — Nach Rud. & E. Richter 1926.

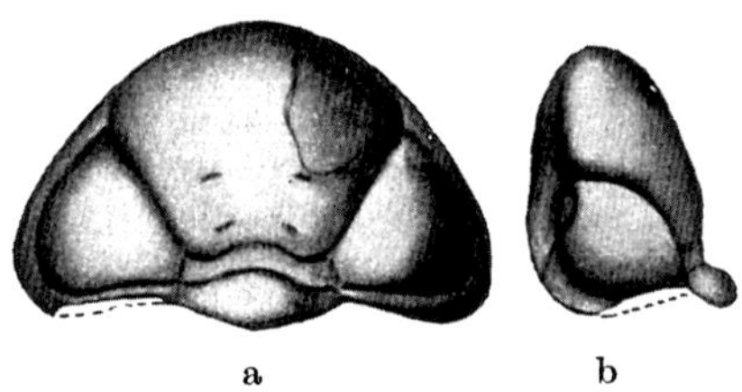

Abb. 682. *Trimerocephalus mastophthalmus* (Reinh. Richter), a) Cephalon von oben; b) desgl. von der Seite. Ob. Devon II (*Cheiloceras*-Stufe) von Gattendorf. Ca. 3/1 nat. Gr. — Nach Rud. & E. Richter 1926.

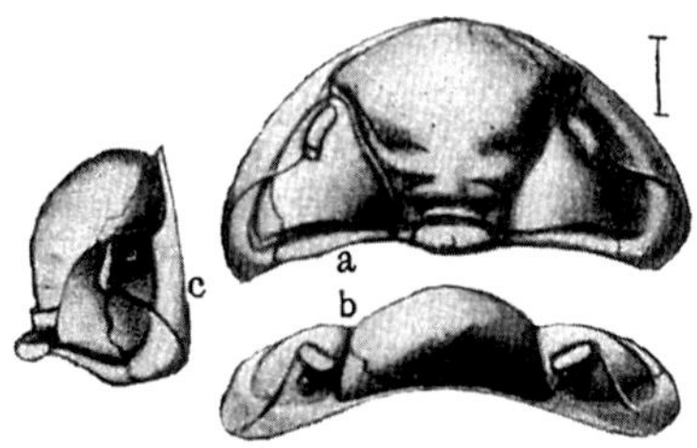

Abb. 683. *Nephranops incisus incisus* (A. Roemer), überwiegend als Steinkern erhaltenes Cephalon; a) von oben, b) von vorn, c) von der Seite. Ob. Devon (? höhere *Manticoceras*-Stufe) von Rübeland (Harz). — Nach Rud. & E. Richter 1926.

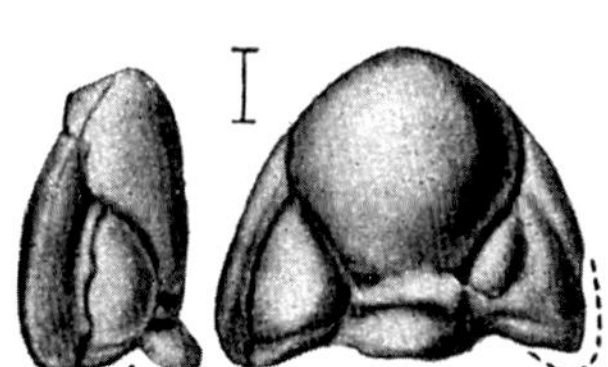

Abb. 684. *Dianops anophthalmus* (Frech), teilweise körperlich erhaltenes Cephalon, a) von oben, b) von der Seite, Ob. Devon der Karnischen Alpen. — Nach Rud. & E. Richter 1926.

Phacopidella REED 1905: Silur – Ob. Devon (Abb. 685).

Die vorn verbreiterte Glabella des halbkreisförmigen, randlich zugeschärften Cephalons ist nicht abgeflacht und zeigt 3 Paar deutlich ausgebildete Seitenfurchen. Die Augen sind relativ groß, die hinteren Äste der Gesichtsnähte auf den Wangen stark konvex gebogen. Achse und Seitenteile des halbkreisförmigen Pygidiums zeigen deutliche Gliederung.

Dienstina RUD. & E. RICHTER 1931: Ob. Devon von Europa.

Der stark nach vorn verbreiterten, nicht abgeflachten Glabella des nahezu fünfeckigen Cephalons fehlt das 2. und 3. Paar Seitenfurchen. Die Augen sind sehr klein, die Gesichtsnähte auf ihre unmittelbare Umgebung beschränkt. Die kurze Achse und die Seitenteile des großen, stark gewölbten Pygidiums zeigen nur eine undeutliche Gliederung.

Calmonia CLARKE 1913: Unt. Devon der Südhalbkugel (Abb. 686).

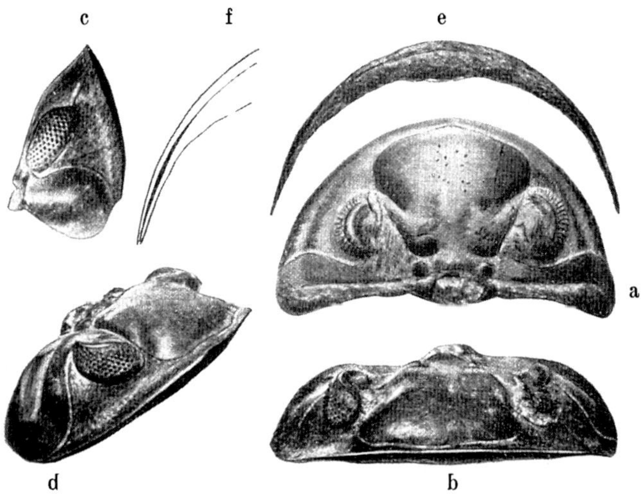

Abb. 685. *Phacopidella (Phacopidella) glockeri* BARRANDE, Cephalon. a) Aufsicht, b) Stirnansicht, c) Seitenansicht, d) Ansicht schräg von links, e) Unterseite, f) linker Teil der Unterseite (mit Furche). Silur (e α), Barrandeum bei Prag. Ca. 2/1 nat. Gr. – Nach RUD. & E. RICHTER 1931.

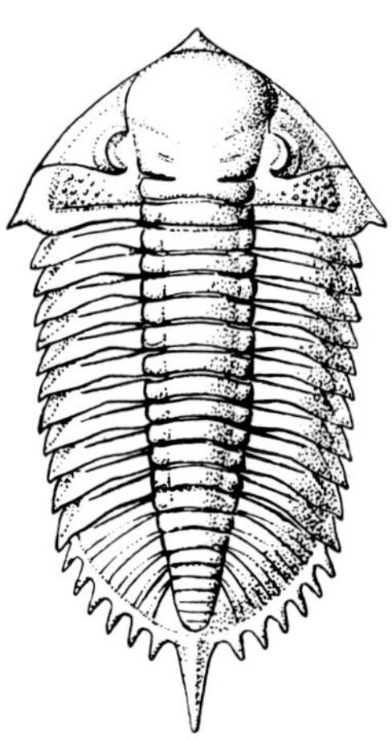

Abb. 686. *Calmonia signifer* VOGDES, Unt. Devon von Parana (Brasilien). Länge: ca. 8 cm. – Nach J. M. CLARKE 1913.

Cephalon abgerundet dreieckig mit kurzem Stirnfortsatz und kleinen Wangenstacheln. Glabella flach, nach vorn etwas breiter werdend. 3 Paar Seitenfurchen, von denen die mittleren zu zwei flachen, adaxialen Gruben abgebaut sind. Augen klein, etwa in der Mitte zwischen Vorder- und Hinterrand des Cephalons. Pygidium mittelgroß; Achse mit zahlreichen Segmenten; Seitenteile mit 5 Paar Rippen und 6 Paar langen Randstacheln. Beim Generotypus ein langer medianer Stachel am Hinterrand des Pygidiums.

Acaste GOLDFUSS 1843: Silur von Europa und N-Amerika (Abb. 687).

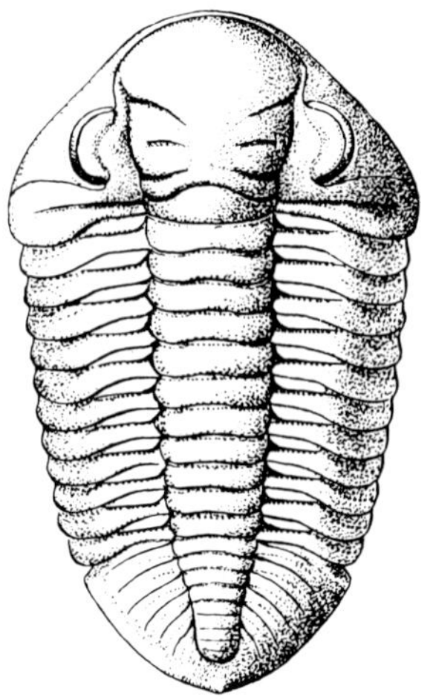

Abb. 687. *Acaste downingiae* (MURCHISON), Silur (Wenlock) von Dudley (England). Ca. ⅔ nat. Gr. — Nach J. W. SALTER 1853.

Kleinwüchsige Phacopina mit relativ plumpem, fast *Phacops*-artig anmutendem Panzer und halbkreisförmigem bis dreiseitigem Cephalon. Die Wangenecken sind gerundet; doch können gelegentlich rudimentäre „Wangenstacheln" beobachtet werden, die der eigentlichen Wangenrundung als winzige spitze Knötchen aufsitzen. Die Loben der schwach nach vorn verbreiterten Glabella unterscheiden sich größenmäßig nur wenig. Die hinteren Seitenfurchen sind am tiefsten. Das relativ lange, hinten abgerundete Pygidium zeigt die Tendenz, dreieckig zu werden. Achse und Seitenteile deutlich gegliedert.

Pterygometopus FR. SCHMIDT 1881: Ordovizium von N-Europa, England und dem Nordostteil von N-Amerika (Abb. 688).

Cephalon meist breit gerundet, mit kurzen Wangenstacheln. Frontallobus sehr breit, kann mit den angrenzenden Teilen der Wangen verschmelzen und so ein geflügeltes Aussehen annehmen. Augen in der Regel groß, vorgewölbt oder hochkonisch, etwa in der Mitte zwischen Vorder- und

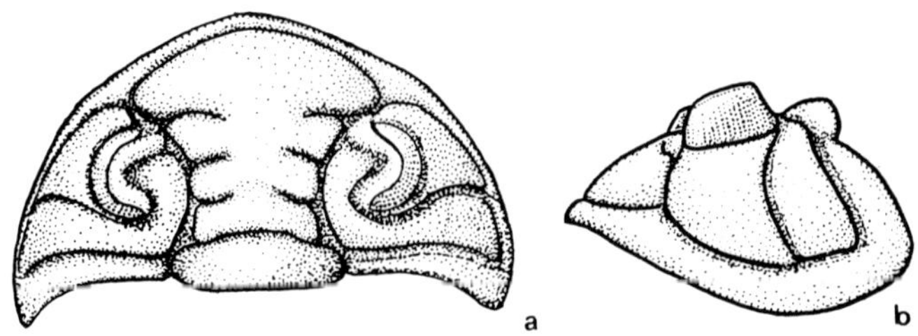

Abb. 688. *Pterygometopus (Pterygometopus) sclerops* DALMAN, Cephalon: a) dorsal, b) lateral. Ordovizium (*Expansus*-Schichten) von Östergötland (Schweden). Ca. ⅔ nat. Gr. — Nach W. STRUVE 1959.

Hinterrand des Cephalons. Achse des Pygidiums mit 5—13 Segmenten, Seitenteile mit 6—13 Paar gefurchten Rippen.

Chasmops McCoy 1849: Ordovizium von N-Europa, England und N-Amerika (Abb. 689).

Cephalon meist halbkreisförmig. Wangenstacheln im allgemeinen vorhanden und sehr lang. Glabella vorn verbreitert. Mit großem Frontallobus. 2. Paar der Glabellarloben klein oder

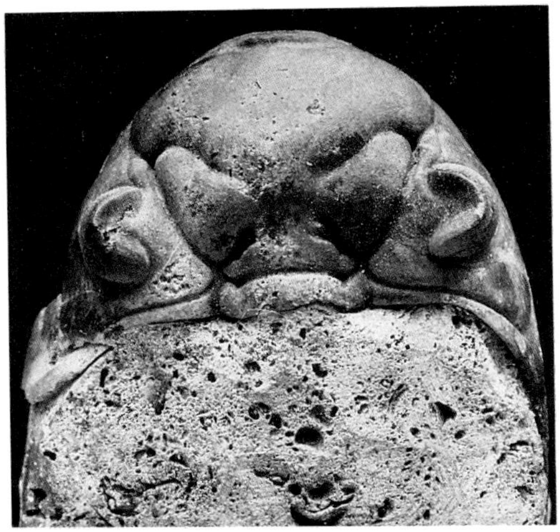

a

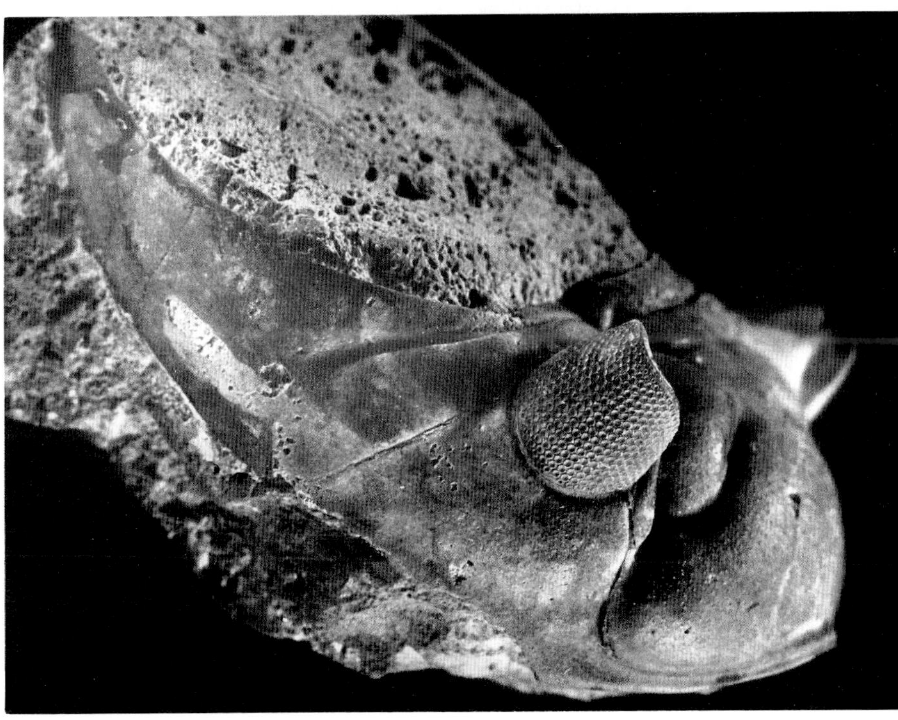

b

Abb. 689. *Chasmops macrurus*, Cephalon: a) von oben, b) schräg von der Seite. Ordovizisches Geschiebe aus dem Pleistozän. Länge: ca. 3½ cm.

undeutlich, 3. Paar hypertrophisch. Achse des Pygidiums mit 6 bis 20 Segmenten, Seitenteile mit gleicher Zahl Rippen, die entweder vertikal zur Achse oder stark nach rückwärts gebogen verlaufen. Hinterrand des Pygidiums abgerundet, zugespitzt oder abgestutzt.

Ordnung **Lichida** Moore 1959

Mittelgroße oder außergewöhnlich große opisthopare Trilobiten mit eigenartig ausgebildetem Cephalon und Pygidium. Ein Paar Seitenfurchen verläuft nahezu in der Längsrichtung der nach vorn verbreiterten oder verjüngten, bis an den Vorderrand oder darüber reichenden Glabella. Die meist sehr flachen Seitenteile des großen Pygidiums sind durch Verschmelzung von je 3 (selten 4) Pleuren entstanden, deren zugespitzte Enden über den Rand ragen. — Unt. Ordovizium — Ob. Devon.

Lichas Dalman 1827 (syn. *Autolichas* Reed 1923): Unt. Ordovizium — Mittl. Silur von Europa, China und N-Amerika (Abb. 690).

Die beiden Seitenfurchen der schwach nach vorn verbreiterten Glabella erreichen nicht den Nackenring. Der Thorax besteht aus 11 Segmenten mit zugespitzten Pleurenenden. Die Achse des spitz zulaufenden Pygidiums wird hinten breiter. Die Seitenteile bestehen aus je 3 gefurchten Pleuren.

Uralichas Delgado 1892: Mittl. Ordovizium von Europa (Abb. 691).

Wie bei *Lichas* erreichen die beiden Seitenfurchen der schwach nach vorn verbreiterten, etwas über den Rand des Cephalons hängenden Glabella nicht den Nackenring. Auch verjüngt sich die

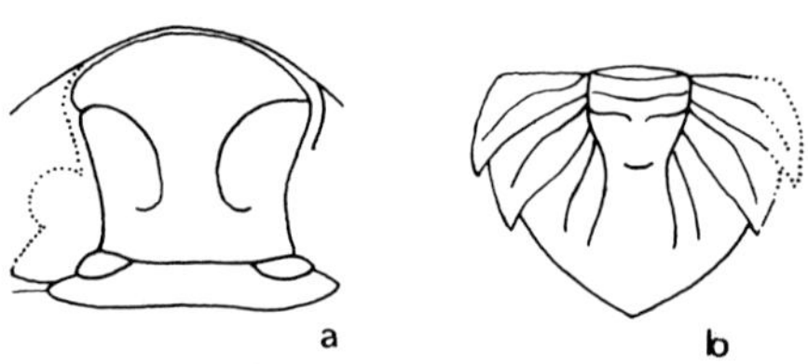

Abb. 690. *Lichas laciniatus* (Wahlenberg), a) Cranidium, b) Pygidium. Unt. Silur (Llandovery, Unt. Dalmanitesschiefer) von Schweden. Ca. nat. Gr. — Nach E. Warburg 1939.

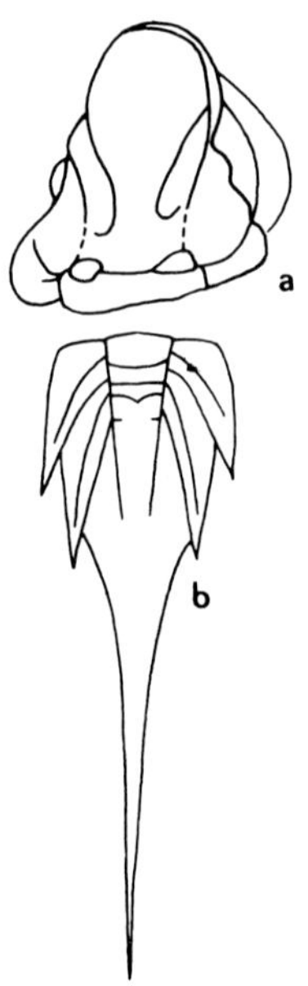

Abb. 691. *Uralichas ribeiroi* (Delgado), a) Cephalon, b) Pygidium. Mittl. Ordovizium von Europa. Ca. 1/5 nat. Gr. — Nach J. F. Delgado.

Achse des sehr langgestreckten und in einen langen Stachel auslaufenden Pygidiums nach hinten. Die Seitenteile bestehen aus 3 oder 4 gefurchten Pleuren.

Terataspis HALL 1863: oberes Unterdevon von N-Amerika (Abb. 692).

Es handelt sich um recht abweichend gestaltete Lichida, die eine Länge von ca. 0,75 m aufweisen können und somit zu den größten bisher bekannten Trilobiten gehören. Die in Längsrichtung der nach vorn verbreiterten Glabella verlaufenden Seitenfurchen erreichen im Unterschied zu *Lichas* und *Uralichas* den Nackenring. Die relativ breite Achse des Pygidiums verjüngt sich schwach nach hinten. Die Seitenteile tragen 4 Paar lange, bedornte Stacheln.

Eine sehr eigenartige, zu den Lichida gehörende Form ist *Ceratarges armatus* (GOLDF.) (Abb. 693).

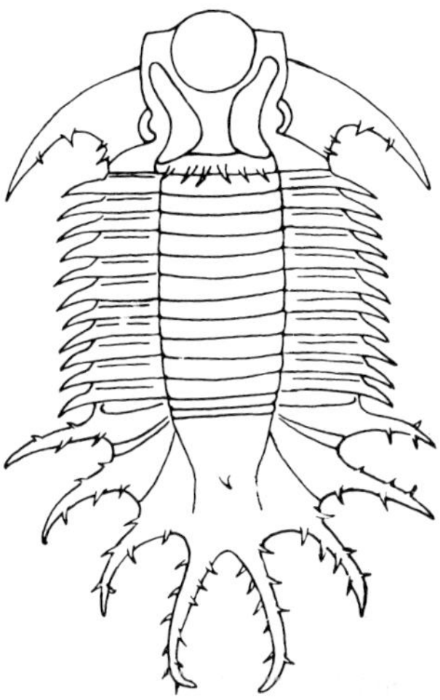

Abb. 692. *Terataspis grandis* (HALL), Rekonstruktion. Oberes Unterdevon von Nordamerika. Ca. 1/10 nat. Gr. — Nach I. G. REIMANN.

Abb. 693. *Ceratarges armatus* (GOLDF.), Mittl. Devon der Eifel. Ca. 4/1 nat. Gr. — Nach R. & E. RICHTER 1930.

aus dem Mittl. Devon. Sie lebte vermutlich flach im Sediment eingegraben, wobei die Stielaugen herausschauten.

Solche Trilobiten, die außer den mehr oder weniger in gleicher Ebene mit dem Panzer liegenden Hörnern und Stacheln zusätzlich noch solche tragen, die über den Panzer hinausragen und ihm oft ein erstaunlich bizarres Aussehen verleihen, bezeichnet man mit Rud. & E. Richter als „Hörnertrilobiten". Sie finden sich in den verschiedensten taxonomischen Bereichen, hauptsächlich aber bei den Lichida und Odontopleurida, weniger häufig bei den Proetina, Calymenina und Phacopina.

Ordnung **Odontopleurida** Whittington 1959

Sehr eigentümliche, meist stark bestachelte opisthopare Trilobiten, deren zylindrische oder nach vorn verjüngte Glabella 2 oder 3 Paar laterale Glabellarloben aufweisen kann und weit nach vorn ragt. Augen klein, holochroal, oft vorragend, durch gebogene Augenleisten mit dem Vorderrand der Glabella verbunden, bei einigen Arten gestielt. Der Nackenring trägt i. d. R. Stacheln oder Hörner. Entweder handelt es sich dabei um ein kräftiges mittelständiges Horn oder um 2 etwas weniger kräftige, relativ lange Stacheln bzw. Hörner. Der Thorax besteht aus 8—10 Segmenten, deren horizontal verlaufende Pleuren meist in langen Stacheln enden. Die Achse des kleinen, etwa dreieckigen Pygidiums trägt 2 oder 3 Ringe, jeder Seitenteil paarig angeordnete Dornen. — Oberes Mittelkambrium — Mittl. Devon (Givet).

Odontopleura Emmrich 1839: Silur (Wenlock — Ludlow) von Europa (Abb. 694).

Abb. 694. *Odontopleura ovata* Emmrich, Mittl. Silur (Motol-Schichten) der Tschechei. Ca. 2¾ nat. Gr. — Nach J. Svoboda & F. Prantl 1958.

Der Nackenring läuft in 2 nach hinten oben gerichtete Dornen aus. Die Glabella zeigt 3 Paar relativ große Loben. Das relativ breite Pygidium ist randlich mit Dornen besetzt, von denen ein Paar der am weitesten hinten liegenden eine besondere Länge erreicht.

Acidaspis Murchison 1839: Mittl. Ordovizium — Devon von Europa und N-Amerika (Abb. 695).

Im Unterschied zu *Odontopleura* trägt hier der Nackenring nur einen relativ dicken und nach hinten oben gerichteten Dorn. Der Thorax besteht aus 10 Segmenten. Das Pygidium zeigt 7 Paar Randdornen, von denen das 7. Paar dicker und länger ist.

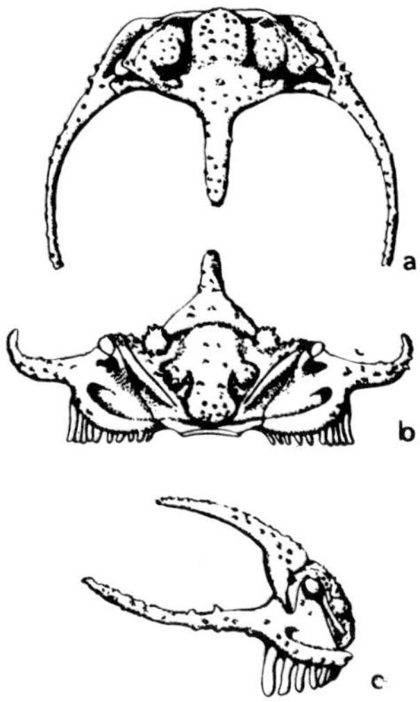

Abb. 695. *Acidaspis brightii* MURCHISON, Cephalon: a) von oben, b) von vorn, c) von der Seite. Mittl. Silur von England. Ca. nat. Gr. – Nach H. B. WHITTINGTON.

Miraspis RUD. & E. RICHTER 1917: Mittl. Silur von Europa (Abb. 696).
Ähnlich wie bei *Odontopleura* läuft der Nackenring in 2 relativ lange, nach hinten oben gerichtete Stacheln aus. Der Thorax besteht aus 9 Segmenten mit tief gefurchten Pleuren, von denen jede am Ende 3 Stacheln trägt. Der Rand des Pygidiums zeigt 11 Paar Stacheln, von denen das 3. Paar länger und dicker ist.

Abb. 696. *Miraspis mira* (BARRANDE), Silur (Ob. Wenlock) von Lodenice (Tschechei). Ca. ⅔ nat. Gr. – Nach Originalfoto von F. PRANTL (Prag).

Selenopeltis HAWLE & CORDA 1847 (syn. *Polyeres* ROUAULT 1847): Unt. – Ob. Ordovizium (Arenig – Ashgill) von Europa, N-Afrika und M-Asien (Abb. 697).
Cephalon quer rechteckig, mit langen Wangenstacheln. Nackenring kurz, mit medianem

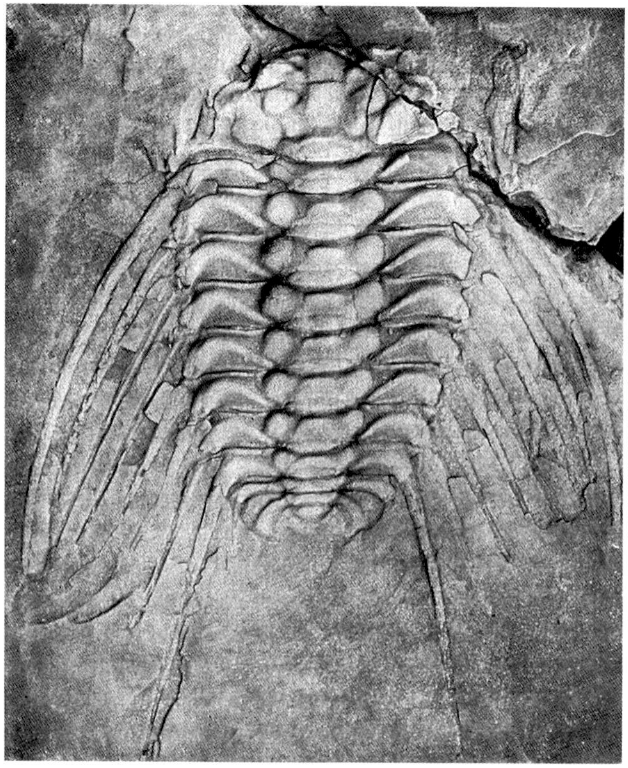

Abb. 697. *Selenopeltis buchii* (Barrande), Mittl. Ordovizium (schwarze Tonschiefer der Cerniner Schichten) von Vinice (Tschechei). Ca. 1½ nat. Gr. Original im Nationalmuseum Prag. – Nach Originalfoto von B. Bouček (Prag).

Knötchen. Thorax aus 9 Segmenten, deren Spindelringe konvexe Lateralloben tragen. An jeder Pleure ein kurzer vorderer und ein langer, rückwärts gekrümmter hinterer Dorn. Achse des kleinen Pygidiums mit drei Ringen, Rand mit einem Paar Stacheln.

Hervorragend präparierte und abgebildete hörner- und stacheltragende Odontopleurida finden sich bei H. Kowalski 1992. Hierzu gehört u. a. *Dicranurus hamatus elegantus* Campbell aus dem Unt. Devon von Oklahoma (USA) mit 2 kräftigen Nackenhörnern, die sich in der hinteren Hälfte halbkreisförmig derart einbiegen, daß ihre Spitzen schräg nach vorn zeigen. Von den Wangen verläuft jederseits ein langer, drehrunder Dorn mit leicht aufwärts gerichteten Enden weit nach außen. Außerdem gehen von den Mittelbändern des neungliedrigen Thorax Stacheln aus, die auf dem 4., 6. und 7. Segment eine besondere Länge erreichen.

Abb. 698 zeigt einen Odontopleuriden mit besonders starker Bestachelung am Pygidium. Es handelt sich um *Ceratocephala barrandei* (Flechter in Salter) aus dem Mittl. Silur (Wenlock) von Dudley (Großbritannien). Die kleinen Augen ragen auf kurzen Stümpfen über den Vorderrand des Cephalon.

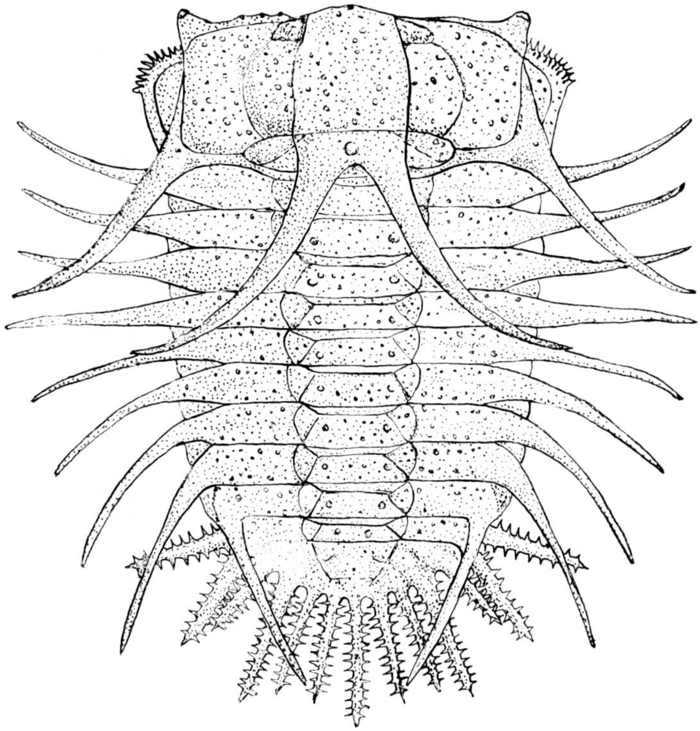

Abb. 698. *Ceratocephala barrandei* (FLECHTER in SALTER), Rekonstruktion. Mittl. Silur (Wenlock) von Dudley (Großbritannien). Länge mit Stacheln 4,2 cm. — Nach A. T. THOMAS 1981, aus H. KOWALSKI 1992, umgezeichnet.

Literaturverzeichnis

ALBERTI, G.: Unterdevonische Trilobiten aus dem Frankenwald und Rheinischen Schiefergebirge (Ebbe- und Remscheider Sattel). — Geol. Jb. **81,** 135—156, 3 Abb., 1 Taf., Hannover 1962.

— Trilobiten des jüngeren Siluriums sowie des Unter- und Mitteldevons I. — Abh. senckenberg. naturforsch. Ges. **520,** 692 S., 55 Abb., 52 Taf., Frankfurt a. Main 1969.

— Desgl., II. — Ebd. **525,** 1—233, 20 Abb., 20 Taf., Frankfurt a. Main 1970.

— Desgl., III. — Senckenbergiana leth. **62,** 1—75, 10 Abb., 8 Taf., Frankfurt a. Main 1981.

— Desgl., IV. — Ebd. **64,** 1—88, 10 Abb., 9 Taf., Frankfurt a. Main 1983.

BABCOCK, L. E.: Trilobite malconformations and the fossil record of behavioral asymmetry. — J. Paleont. **67,** 217—229, 6 Abb., 1993.

— & SPEYER, St. E.: Enrolled trilobites from the Alden Pyrite Bed, Ledyard Shale (Middle Devonian) of Western New York. — J. Paleont. **61** (3), 539—548, 5 Abb., 1987.

BARRANDE, J.: Système silurien du centre de la Bohême. I. Recherches paléontologiques. **1.** (Crustacés: Trilobites). XXX + 935 S., 51 Taf., Prag—Paris 1852.

— Système silurien du centre de la Bohême. I. Recherches paléontologiques. Supplément au **1** (Trilobites divers et Poissons). XXX + 647 S., 35 Taf., Prag—Paris 1872.

BERGSTRÖM, J.: Remarks on the appendages of Trilobites. — Lethaia **2,** 395—414, 6 Abb., Oslo 1969.

— Organization, life, and systematics of trilobites. — Fossils and Strata **2,** 69 S., 16 Abb., 5 Taf., Oslo 1973.

BRANDT, D. S.: Ecdysis in *Flexicalymene meeki* (Trilobita). — J. Paleont. **67** (6), 999—1005, 4 Abb., 1993.

BRAUCKMANN, C.: Die Cyrtosymbolinae mit geblähten Wangenstacheln (Trilobita; Dinantium bis Namurium). — Senckenbergiana leth. **59** (3), 137—203, 45 Abb., 2 Taf., Frankfurt a. Main 1978.

— Eine Vergesellschaftung von Kulm- und Kohlenkalk-Trilobiten im Unter-Karbon des Rheinischen Schiefergebirges. — Jber. naturwiss. Ver. Wuppertal **38,** 146—149, 2 Abb., Wuppertal 1985.

– Chlupáč, I., & Feist, R.: Trilobites at the Devonian-Carboniferous boundary. – Ann. Soc. géol. Belgique **115,** fasc. 2, 507–518, 3 Abb., Brüssel 1993.
– & Hahn, G.: Trilobites as index fossils at the Devonian-Carboniferous boundary. – Cour. Forsch.-Inst. Senckenberg **67,** 11–14, 5 Abb., Frankfurt a. Main 1984.
– & Tilsley, J. W.: On *Cyrtoproetus* (Trilobita; Dinantian-Namurian). – Senckenbergiana leth. **68,** 139–161, 19 Abb., 1 Taf., Frankfurt a. Main 1987.
Bright, R. C.: A paleontologic and biometric study of the Middle Cambrian trilobite *Elrathia Mingii* (Meek). – J. Paleont. **33,** 89–98, 1959.
Brøgger, W. C.: Om paradoxideskifrene ved Krekling. – Nyt Magazin for Naturvidenskaberne **24,** 18–88, 6 Taf., Oslo 1878.
– Über die Ausbildung des Hypostomes bei einigen skandinavischen Asaphiden. – Bihang till K. Svenska, Handl. **11**/3, (Sveriges Geol. Undersök., C/28), Stockholm 1886.
Brongniart, Alexandre & Demarest, A. G.: Histoire naturelle des crustacés fossiles, sous les rapports zoologiques et géologiques. Savoir: Les Trilobites. 154 S., 11 Taf., Paris (Levrault) 1822.
Buchholz, A.: Trilobiten aus Geschieben der oberkambrischen Stufe 1. – Archiv für Geschiebekde **1** (2), 105–116, 5 Abb., 1 Taf., Hamburg 1991.
Campbell, K. S. W.: Trilobites of the Haragan, Bois d'Arc and Frisco Formations (Early Devonian), Arbuckle Mountains Region, Oklahoma. – Oklahoma geol. Surv. Bull. **123,** 227 S., 36 Abb., 40 Taf., Norman 1977.
Chatterton, B. D. E., Siveter, D. J., Edgecombe, G. D. & Hunt, A. S.: Larvae and relationships of the Calymenina (Trilobita). – J. Paleont. **64** (2), 255–277, 14 Abb., Lawrence 1990.
Chlupač, I.: The Upper Devonian and Lower Carboniferous trilobites from the Moravian Karst. – Sborn. geol. Věd. Paleont. Řada P, **7,** 143 S., 35 Abb., 24 Taf., Prag 1966.
– The phacopid trilobites of the Silurian and Devonian of Czechoslovakia. – Rozpr. ústredn. Ústav. geol. **43**, 172 S., 26 Abb., 32 Taf., Prag 1977.
Clarkson, E. N. K.: A functional study of the Silurian Odontopleurid Trilobite *Leonaspis deflexa* (Lake). – Lethaia **2,** 329–344, 7 Abb., Oslo 1969.
– Dimorphism of the Eye in *Weberides shunnerensis* (King) (Trilobita). – Internat. Union Geol. Sci. **A 1,** 185–195, 5 Abb., 1 Taf., Stuttgart 1969.
– The evolution of the eye in trilobites. – Fossils and Strata **4,** 7–31, 6 Abb., 6 Taf., Oslo 1975.
Dalman, J. W.: Om Palaeaderna eller de sa kallade Trilobiterna. – K. Svenska Vetenskapsakademiens, Handl. **1,** 226–294, 6 Taf., Stockholm 1827.
Delo, D. M.: Phacopid trilobites of North America. – Geol. Soc. Amer., Spec. Paper **29,** 135 S., 14 Taf., New York 1940.
Eldredge, N.: Patterns of cephalic musculature in the Phacopina (Trilobita) and their phylogentic significance. – J. Paleont. **45** (1), 52–67, 7 Abb., 2 Taf., 1971.
Erben, H. K.: Trilobiten aus dem älteren Hercyn (Unterdevon) des Unterharzes. – Neues Jb. Geol. Paläont., Abh. **94,** Nr. 2–3, 150–362, 64 Abb., 8 Taf., Stuttgart 1952 (1952a).
– Zur Gliederung der Ceratocephalidae Rud. & E. Richter 1925, emend. Prantl & Přibyl 1949 (Tril.). – Neues Jb. Geol. Paläont., Mh. **7,** 304–317, Stuttgart 1952 (1952b).
– Blinding and extinction of certain Proetidae (Tril.). – J. Palaeont. Soc. India **3,** 82–104, 5 Abb., Lucknow 1961.
Etheridge, R., jr.: The Cambrian trilobites of Australia and Tasmania. – Roy. Soc. South Australia, Trans. **43,** Adelaide 1919.
Evitt, W. R.: Some Middle Ordovician trilobites of the families Cheiruridae, Harpidae and Lichidae. – J. Paleont. **25,** 587–616, 1 Abb., 4 Taf., Tulsa 1951.
Foerste, A. F.: The generic relations of the American Ordovician Lichadidae. – Amer. J. Sci. **49**/4, 26–50, 4 Taf., New Haven 1920.
Green, Jacob: Synopsis of the trilobites of North America. – Monthly Amer. J. Geol. Nat. Sci. **1**/12, Philadelphia 1832.
Hahn, G., & Hahn, R.: Die Trilobiten der Ober-Devon, Karbon und Perm. – In: K. Krömmelbein (Hrsg.), Leitfossilien (begründet von G. Gürich), 2. Aufl., **1,** 127 S., 5 Abb., 12 Taf., Berlin–Stuttgart 1975. – Darin weitere Literaturangaben.
– – Die Trilobiten des belgischen Kohlenkalkes (Unter-Karbon). 2. – Geologica et Palaeontologica **15,** 89–114, 9 Abb., 3 Taf., 1982a; 3., ebd. **15,** 115–124, 7 Abb., 1 Taf., Marburg 1982b.
– – & Brauckmann, C.: Die Trilobiten des belgischen Kohlenkalkes (Unter-Karbon). 1. – Geologica et

Palaeontologica **14,** 165–188, 11 Abb., 2 Taf., 1980; 4., ebd. **16,** 163–182, 15 Abb., 2 Taf., 1982; 5, ebd. **17,** 109–135, 15 Abb., 3 Taf., 1983; 6, ebd. **18,** 65–79, 12 Abb., 1 Taf., 1984; 7, ebd. **19,** 51–59, 13 Abb., 2 Taf., 1985; **8,** 20, 87–111, 15 Abb., 3 Taf., 1986; **9,** ebd. **21,** 137–167, 13 Abb., 3 Taf., 1987; 10, ebd. **22,** 55–72, 1 Abb., Marburg 1988.

– – & RAMOVS, A.: Perm-Trilobiten aus Slowenien, NW-Jugoslawien. – Senckenbergiana lethaea **51** (4), 311–333, 7 Abb., 1 Taf., Frankfurt a. Main 1970.

HARRINGTON, H. J.: General description of Trilobita. – In: R. C. MOORE, Treatise on Invertebrate Paleontology, part. 0, 38–117, 58 Abb., New York 1959 (1959a).

– Classification. – In: R. C. MOORE, Treatise on Invertebrate Paleontology, part 0, 145–170, 4 Abb., New York 1959 (1959b).

– MOORE, R. C. & STUBBLEFIELD, C. J.: Morphological terms applied to Trilobita. – In: R. C. MOORE, Treatise on Invertebrate Paleontology, part 0, 117–126, New York 1959.

– et al.: Systematic descriptions. – In: R. C. MOORE, Treatise on Invertebrate Paleontology, part 0, 170–540, 307 Abb., New York 1959.

HENNINGSMOEN, GUNNAR: The trilobite family Olenidae. – Norske Videnskapsakademien, Math.-Naturv. Kl. Skr. **1,** 303 S., 19 Abb., 31 Taf., Oslo 1957.

HENRIKSEN, K. L.: The segmentation of the trilobit's head. – Dansk Geol. Foren., Meddel. **7,** 1–32, Copenhagen 1926.

– The manner of moulting in Arthropoda. – Notula entomol. **11,** 103–127, 14 Abb., Copenhagen 1932.

HESSLER, R. R.: Secondary segmentation in the thorax of trilobites. – J. Paleont. **36,** 1305–1312, 4 Abb., 1 Taf., 1962.

HOWELL, B. F.: Revision of the Upper Cambrian faunas of New Jersey. – Geol. Soc. America, Bull. **48,** Mem. 12, 46 S., 8 Taf., New York 1945.

HU, C.-H.: Ontogeny and sexual dimorphism of Lower Paleozoic Trilobita. – Palaeontogr. Americana **7** (44), 27–155, Ithaca N. Y. 1971.

HUPÉ, P.: Classe des Trilobites (Trilobita WALCH 1771). – In: J. PIVETEAU, Traité de Paléontologie **III,** 44–246, 140 Abb., Paris (Masson) 1953.

– Reflexions sur quelques traits de la structure céphalique chez les larves de Trilobites. – Géol. Soc. France, Bull., 7. ser., **1,** 745–758, 16 Abb., 1960.

JAANUSSON, VALDAR: Untersuchungen über baltoskandische Asaphiden. 1. Revision der mittelordovizischen Asaphiden des Siljan-Gebietes in Dalarna. – K. Svenska Vetenskapsakademiens, Arkiv f. Min. Geol. **14,** 377–464, Stockholm 1953.

– Zur Morphologie und Taxonomie der Illaeniden. – K. Svenska Vetenskapsakademiens, Arkiv f. Min. Geol. **1**/20, 545–583, 19 Abb., 3 Taf., Stockholm 1954.

KEGEL, W.: Die obersilurischen Trilobiten aus dem Harz und dem rheinischen Schiefergebirge. – Preuß. Geol. Landesanst., Jb. 1927, **48,** 616–647, 8 Abb., 2 Taf., Berlin 1928.

KIELAN, Z.: Upper Ordovician Trilobites from Poland and some related forms from Bohemia and Scandinavia. – Palaeont. Polonica **11,** 198 S., 50 Abb., 36 Taf., Warschau 1959.

KOBAYASHI, T., & HAMADA, T.: Devonian trilobites of Japan in comparison with Asian, Pacific and other faunas. – Palaeont. Soc. Japan, spec. Pap. **20,** 1–202, 5 Abb., 13 Taf., Tokyo 1977.

KOCH, C.: Monographie der *Homalonotus*-Arten des rheinischen Unterdevon. – Geol. Specialkarte von Preußen, Abh. **4**/2, 1–85, 8 Taf., Berlin 1883.

KOWALSKI, H.: Scutelluidae aus dem Mitteldevon der Eifel. – Aufschluß **30,** 1–18, 11 Abb., 2 Taf., Heidelberg 1979.

– Eifeler Trilobiten und ihre Geschichte. – Aufschluß **33,** 437–451, 5 Abb., Heidelberg 1982.

– Trilobiten. Verwandlungskünstler des Paläozoikums. 157 S., 180 Abb., 14 Taf., Korb 1992. – Hervorragendes Bildmaterial.

LAKE, PHILIP: Trilobites from Bolivia, collected by Dr. J. W. EVANS in 1901–1902. – Quart. J. geol. Soc. **62,** 425–430, 1 Taf., London 1906.

– A monograph of the British Cambrian trilobites. – Monogr. Palaeont. Soc. London, 1–350, London 1906–1946.

LESPÉRANCE, P. J.: Vincular furrows in some early Silurian and Devonian Phacopidae (Trilobita), predominantly from North America. – J. Paleont. **65** (2), 276–294, 6 Abb., Lawrence 1991.

LOCH, J. D., STITT, J. H. & DERBY, J. R.: Cambrian-Ordovician boundary interval extinctions. Implications of revised trilobite and brachiopod data from Mount Wilson, Alberta, Canada. – J. Paleont. **67** (4), 497–517, 9 Abb., 1993.

Lochman-Balk, C. & Wilson, J. L.: Cambrian Biostratigraphy in North America. — J. Paleont. **32,** 312—350, 18 Abb., Tulsa 1958.
Lu, Y.: Ordovizische Trilobitenfaunen von Zentral- und Südwestchina. — Palaeont. Sinica, n. s. **11B,** 463 S., Peking 1975 (chines. m. engl. Zusammenfassg.).
Lütke, F.: Zur Evolution der altpaläozoischen Proetina (Trilobita). — Senckenbergiana leth. **61,** 73—144, 36 Abb., Frankfurt a. Main 1980.
Martinsson, A. (Ed.): Evolution and morphology of the Trilobita, Trilobitoidea and Merostomata. — Fossils and Strata **4,** 467 S., zahlr. Abb. und Taf., Oslo 1975.
Matthew, G. F.: Faunas of the *Paradoxides*-beds in eastern North America. — Acad. Sci., Trans. **15,** 192—247, 4 Taf., New York 1896.
Maximova, S. A.: Trilobity srednego i verchnego devona Urala i severnych Mugodshar. — Trudy vsesojusn. nautschno-issled. geol. Inst. (VSEGEI), n. s. **3**, 263 S., 44 Abb., 18 Taf., Moskau 1955.
McNamara, K. J., & Rudkin, D. M.: Techniques of trilobite exuviation. — Lethaia **17**, 153—173, Oslo 1984.
Moore, R. C. (Ed.): Treatise on Invertebrate Paleontology, part **O,** Arthropoda 1. 560 S., 415 Abb., Lawrence 1959.
Müller, K. J.: Weichteile von Fossilien aus dem Erdaltertum. — Naturwiss. **69,** 249—254, 9 Abb., 1982.
Novák, O.: Zur Kenntnis der böhmischen Trilobiten. — Palaeont. Geol. Österreich-Ungarns, Beitr. **3,** 23—63, 4 Taf., 1883.
Öpik, A. A.: Trilobiten aus Estland. — Acta et Commentationes Univ. Tartuensis, A, Math.-Phys.-Med. **32,** 1—163, 42 Abb., 26 Taf., 1937.
Osmolska, H.: Famennian Phacopidae from the Holy Cross Mountains (Poland). — Acta Palaeont. Polonica **3,** 119—149, 7 Abb., 4 Taf., Warschau 1958.
— Revision of non-cyrtosymbolinid trilobites from the Tournaisian-Namurian of Eurasia. — Palaeont. Polonica **23,** 165 S., 9 Abb., 22 Taf., Warschau 1970.
Owens, R. M.: Ordovician Proetidae (Trilobita) from Scandinavia. — Norsk. geol. Tidskr. **53**, 117—181, 15 Abb., Oslo 1973.
Palmer, A. R.: Ontogenetic development of two olenellid trilobites. — J. Paleont. **31,** 105—128, 9 Abb., 1 Taf., 1957.
— Morphology and ontogeny of Lower Cambrian ptychoparioid trilobites from Nevada. — J. Paleont. **32,** 154—170, 7 Abb., 2 Taf., 1958.
— Comparative ontogeny of some opisthoparian, gonatoparian and proparian Upper Cambrian Trilobites. — J. Paleont. **36,** 87—96, 2 Abb., 1 Taf., 1962.
Poulsen, Chr.: Bornholms Olenuslag og deres fauna. — Danm. Geol. Unders. **2**, Nr. 40, 1—83, 3 Taf., 1923.
Prantl, F. & Přibyl, A.: A study of the superfamily Odontopleuracea nov. superfamily (trilobites). — Czechoslovakia, Státní Geol. Ustav, Rozpravy **12,** 221 S., 11 Taf., Prag 1947.
— — Classification and division of the genus *Scutellum* Pusch 1833, from the Barrandian (Central Bohemia). — Internat. Acad. tchèque Sci., Bull (1946), **47,** 1—32, 7 Taf., Prag 1947.
— — Classification of some Bohemian Cheiruridae (Trilobitae). — Národní Museum, Sborník, Geol. Paleont. **3V,** Nr. 1, 1—40, 6 Taf., Prag 1947.
— — Classification of the Bohemian Homalonotidae (Trilobitae). — Internat. Acad. tchèque Sci., Bull. (1947), année **48,** Nr. 9, 1—24, 6 Abb., 2 Taf., Prag 1948.
— — A revision of the Bohemian representatives of the family Otarionidae R. & E. Richter (Trilobitae). — Czechoslovakia, Státní Geol. Ustav, Sborník **17,** 353—512, Prag 1950.
— — On the Bohemian representatives of the family Harpedidae (Hawle and Corda) (Trilobitae). — Czechoslovakia, Ustred, Ustav Geol., Rozpravy **18,** 1—170, 10 Taf., Prag 1954.
Přibyl, A. & Erben, H. K.: Über einige neue oder wenig bekannte Acanthopyginae (Tril.) des böhmischen und des deutschen Devons. — Paläont. Z. **26,** 141—174, 11 Abb., 4 Taf., Berlin 1952.
Rasetti, F.: Phylogeny of the Cambrian trilobite family Catillicephalidae and the ontogeny of *Welleraspis*. — J. Paleont. **28,** 599—612, 4 Abb., 1 Taf., 1954.
— Middle Cambrian Trilobites of the Pleasant Hill Formation in Central Pennsylvania. — J. Paleont. **39,** 1007—1014, 2 Taf., 1965.
— Upper Cambrian trilobite faunas of northeastern Tennessee. — Smithson. Misc. Coll **148,** Nr. 3, 1—126, 1965.
Raw, F.: The development of *Leptoblastus salteri* and other trilobites. — Geol. Soc. London, Quart. J. **81,** 223—431, 3 Taf., 1925.

— Systematic position of the Olenellidae (Mesonacidae). — J. Paleont. **11,** 575–597, 1 Abb., Tulsa 1937.
— The external morphology of the tribolite and its significance. — J. Paleont. **27,** 82—129, 1953.
RAYMOND, P. E.: Upper Cambrian and Lower Ordovician Trilobita and Ostracoda from Vermont. — Geol. Soc. Amer. Bull. **47,** 1079—1146, 4 Taf., New York 1937.
REED, F. R.: A review of the Asaphidae. — Ann. Mag. Nat. Hist. **5,** Nr. 10, London 1934.
RICHTER, Rud.: Von Bau und Leben der Trilobiten. 4. Die Versteifungen der Schale und daraus hervorgehende Konvergenzen. — Palaeont. Hungarica **1,** 90—108, 20 Abb., Budapest 1923.
— Von Bau und Leben der Trilobiten. 3. Die Beziehungen von Glatze und Magen. — Palaeont. Hungarica **1,** 77—87, 16 Abb., Budapest 1926 (nicht 1923 veröffentlicht).
— Von Bau und Leben der Trilobiten. 8. Die „SALTERsche Einbettung" als Folge und Kennzeichen des Häutungsvorgangs. — Senckenbergiana **19,** 413—431, 3 Abb., Frankfurt a. M. 1937.
— & E.: Die Trilobiten des Oberdevons. Beiträge zur Kenntnis devonischer Trilobiten IV. — Abh. preuß. geol. Landesanst., N. F. **99,** 1—314, 18 Abb., 12 Taf., Berlin 1926.
— — Über zwei für das deutsche Ordovicium bedeutsame Trilobiten. — Senckenbergiana **9,** 64—82, 1 Taf., Frankfurt a. M. 1927.
— — Unterlagen zum Fossilium Catalogus, Trilobitae V. — Senckenbergiana **13,** 140—146, 4 Abb., Frankfurt a. M. 1931.
— — Studien im Paläozoikum der Mittelmeerländer. V. Die *Saukianda*-Stufe von Andulasien, eine fremde Fauna im europäischen Ober-Kambrium. — Senckenberg. naturf. Gesell., Abh. **450,** 1—81, 5 Taf., Frankfurt a. M. 1940.
— — Phacopacea von der Grenze Emsium/Eiflium (Tril.). — Senckenbergiana **33,** 79—108, 4 Abb., 4 Taf., Frankfurt a. M. 1952.
— — Die Trilobiten des Ebbe-Sattels und zu vergleichende Arten (Ordovizium, Gotlandium/Devon). — Senckenberg. naturf. Gesell., Abh. **488,** 1—76, 6 Taf., Frankfurt a. M. 1954.
— — Oberdevonische Trilobiten, Nachträge II. Phylogenie der oberdevonischen Phacopidae. — Senckenbergiana lethaea **36,** 56—72, 2 Abb., Frankfurt a. M. 1955.
— — Grundlagen für die Beurteilung und Einteilung der Familie Scutellidae (Tril.). — Senckenbergiana lethaea **37,** 79—124, 7 Taf., Frankfurt a. M. 1956.
SALTER, J. W.: A monograph of the British trilobites. — Palaeontogr. Soc., Mon., 1—244, 30 Taf., London 1864—1883.
SANDERS, H. L.: The cephalocarida and crustacean phylogeny. — System. Zool. **6,** 112—129, 9 Abb., 1957.
SCHMIDT, F.: Revision der ostbaltischen silurischen Trilobiten nebst geognostischer Übersicht des ostbaltischen Silurgebiets. I. Phacopiden, Cheiruriden und Encrinuriden. — Mem. Acad. Imp. Sci. **30**/7, Nr. 1, 1—237, 16 Taf., St. Petersbourg 1881.
— Über eine neuentdeckte untercambrische Fauna in Estland. — Mem. Acad. Imp. Sci. **36**/7, Nr. 2, 1—27, 2 Taf., St. Petersbourg 1888.
— Revision der ostbaltischen silurischen Trilobiten, Abt. V, Lief. III. — Mem. Acad. Imp. Sci. **14**/8, Nr. 10, St. Petersbourg 1904.
SCHMIDT, W. F.: Die mittelkambrische Fauna von Doberlug. — Jb. Reichsamt Bodenforsch. **62,** 344—402, 4 Taf., Berlin 1944.
SCHRANK, E.: Trilobiten aus Geschieben der oberkambrischen Stufen 3–5. — Paläont. Abh. **A 4**, 805—891, 5 Abb., Berlin 1973.
SCHWARZBACH, M.: Die Oberlausitzer Protolenusfauna. Weitere Funde aus dem schlesischen Kambrium und ihre allgemeinere Bedeutung. — Jb. Preuß. geol. Landesanst. **59,** 769—785, 8 Abb., 2 Taf., Berlin 1939.
— Trilobiten aus dem westfälischen Karbon. — Fortschr. Geol. Rheinld. u. Westf. **3,** Teil 2, 795—802, 11 Abb., Krefeld 1962.
SDZUY, K.: Die Fauna der Leimnitz-Schiefer (Tremadoc). — Senckenberg. naturf. Gesell., Abh. **492,** 1—74, 48 Abb., 8 Taf., Frankfurt a. M. 1955.
— Tiergeographie und Paläographie im europäischen Mittelkambrium. — Geol. Rdsch. **47,** 450—461, 2 Abb., Stuttgart 1958.
— Trilobiten aus dem Unter-Kambrium der Sierra Morena (S-Spanien). — Senckenbergiana leth. **43,** 181—229, 4 Abb., 6 Taf., Frankfurt a. M. 1962 (1962a).
— Neue kambrische Fossilien aus Bohrungen im Gebiet von Doberlug. — Geologie **11,** 1087 bis 1101, 3 Abb., 1 Taf., Berlin 1962 (1962b).
SELWOOD, E. B. & BURTON, C. J.: Possible Dimorphism in certain Devonian Phacopids (Trilobita). — Internat. Union Geol. Sci. **A 1,** 196—200, Stuttgart 1969.

SNAYDR, M.: Anomalous carapaxes of Bohemian paradoxid trilobites. — Sbornik geol. véd. paleont. **20,** 7—31, 5 Abb., 8 Taf., Prag 1978.
— Bohemian Silurian and Devonian Proetidae (Trilobita). — Rozpr. Uštred. ust. geol. **45,** 1—354, 80 Abb., 64 Taf., Prag 1980.
SPEYER, S. E.: Moulting in phacopid trilobites. — Trans. R. Soc. Edinburgh **76,** 239—253, Edinburgh 1985.
STØRMER, L.: Studies on trilobite morphology. Teil 1: The thoracic appendages and their phylogenetic significance. — Norsk Geol. Tidsskr. **19,** 143—273, 35 Abb., 12 Taf., Oslo 1939.
— Studies on trilobite morphology. Teil 2: The larval development, the segmentation and the sutures and their bearing on trilobite classification. — Norsk Geol. Tidsskr. **21,** 49—164, 2 Taf., Oslo 1942.
— On the relationship and phylogeny of fossil and recent Arachnomorpha. A comparative study on Arachnida, Xiphosura, Eurypterida, Trilobita and other fossil Arthropoda. — Norske Videnskaps-Akademi, Mat.-Naturv. Kl., Skr. **5,** 158 S., 30 Abb., Oslo 1944.
— Studies on trilobite morphology. Teil 3: The ventral cephalic structures with remarks on the zoological position of the trilobites. — Norsk Geol. Tidsskr. **29,** 108—158, 14 Abb., 4 Taf., Oslo 1951.
STRUVE, W.: Beiträge zur Kenntnis der Phacopacea (Trilobita), 1: Die Zeliszkellinae; 2: Acastavinae n. subfam.; 3: *Treveropyge* n. gen. und *Comura (Delocare)* n. subgen. (Asteropyginae). — Senckenbergiana leth. **39,** 165—211, 16 Abb., 4 Taf., Frankfurt a. M. 1958.
— Einige Trilobiten aus dem Ordovizium von Hessen und Thüringen. — Ebd. **43,** 151—180, 5 Abb., 2 Taf., Frankfurt a. M. 1962.
— Beiträge zur Kenntnis der Phacopina (Trilobita), 9. *Phacops (Omegops)* n. sg. (Trilobita; Ober-Devon). — Ebd. **56,** 429—451, 33 Abb., 2 Taf., Frankfurt a. Main 1976.
STÜRMER, W. & BERGSTRÖM, J.: New discoveries on trilobites by X-rays. — Paläont. Z. **47,** 104—141, 6 Abb., 9 Taf., Stuttgart 1973.
TEMPLE, J. T.: Notes on the Cheiruracea and Phacopacea. — Geol. Mag. **93,** 418—430, Hertford 1956.
THOMAS, A. T.: British Wenlock trilobites. — Monogr. Palaeontogr. Soc. **552,** 1—56, 1978; **559,** 57—99, London 1981.
— & FORTEY, R. A.: Unterstamm Trilobita. — In: J. W. MURRAY (Ed.), Wirbellose Makrofossilien, 231—256, 124 Abb., Stuttgart (Enke) 1990.
TJERNVIK, T. E.: On the Early Ordovician of Sweden. — Geol. Inst. Univ. Uppsala, Bull. **36,** Nr. 9, 107—283, Uppsala 1956.
TRIPP, R. P.: The classification and evolution of the superfamily Lichacea (Trilobita). — Geol. Mag. **94,** 104—122, 8 Abb., Hertford 1957.
— & EVITT, W. R.: Silicified trilobites of the family Asaphidae from the Middle Ordovician of Virginia. — Palaeontology **29,** 705—724, 1986.
WALCOTT, Ch. D.: Second contribution to the studies on the Cambrian faunas of North America. — U. S. Geol. Survey **30,** 369 S., Washington 1886.
— Fauna of the Lower Cambrian or *Olenellus*-Zone. — U. S. Geol. Survey, 10th Ann. Rept., 509—760, 55 Taf., Washington 1890.
— Cambrian geology and paleontology, Nr. 2: Cambrian trilobites. — Smithsonian Misc. Coll. **53,** 13—52, 6 Taf., Washington 1908.
— Cambrian geology and paleontology, Nr. 6: *Olenellus* and other genera of the Mesonacidae. — Smithsonian Misc. Coll. **53,** 231—422, 22 Taf., Washington 1910.
— Cambrian geology and paleontology; III, Nr. 3; Cambrian trilobites. — Smithsonian Misc. Coll. **64,** 155—258, 15 Taf., Washington 1916 (1916a).
— Cambrian geology and paleontology; III, Nr. 5: Cambrian trilobites. — Smithsonian Misc. Coll. **64,** 301—456, 23 Taf., Washington 1916 (1916b).
— Cambrian geology and paleontology; IV, Nr. 4: Appendages of trilobites. — Smithsonian Misc. Coll. **67,** 115—216, 3 Abb., 2 Taf., Washington 1918.
— Cambrian geology and paleontology; V, Nr. 2: Cambrian and Lower Ozarkian trilobites. — Smithsonian Misc. Coll. **75,** 51—60, 6 Taf., Washington 1924.
— Cambrian geology and paleontology; V, Nr. 3: Cambrian and Ozarkian trilobites. — Smithsonian Misc. Coll. **75,** 60—146, 10 Taf., Washington 1925.
WEBER, V. N.: Trilobites of the Carboniferous and Permian system of the USSR. 1. Carboniferous trilobites. — Monogr. Paleont. USSR **71** (1), 1—104, 112—113, 160 (russ.), 114—159 (engl.), 78 Abb., 11 Taf., Leningrad und Moskau 1937.

– Trilobites of the Silurian rocks; Nr. 1: Lower Silurian trilobites. – Monogr. Paleont. USSR **69,** 1–113, 11 Taf., Moskau 1948.

WEDEKIND, Rud.: Klassifikation der Phacopiden. – Z. Dtsch. geol. Ges. **63,** 317–336, 2 Abb., 2 Taf., 1 Tab., Berlin 1912.

WESTROP, St. R.: Upper Cambrian (Marjuman-Steptoean) trilobites from the Port au Port group, Western Newfoundland. – J. Paleont. **66** (2), 228–255, 18 Abb., Lawrence 1992.

WHITTINGTON, H. B.: The Trinucleidae – with special reference to North American genera and species. – J. Paleont. **15,** 21–41, 2 Taf., 1941 (1941a).

– Silicified Trenton trilobites. – J. Paleont. **15,** 492–522, 13 Abb., 4 Taf., 1941 (1941b).

– A monograph of the British trilobites of the family Harpidae. – Palaeontogr. Soc., Mon., 1–55, 7 Taf., London 1950.

– Silicified Middle Ordovician trilobites: the Odontopleuridae. – Mus. Comp. Zool., Bull. **114,** 159–288, 25 Abb., 24 Taf., 1956 (1956a).

– Type and other species of Odontopleuridae (Trilobita). – J. Paleont. **30,** 504–520, 4 Abb., 4 Taf., 1956 (1956b).

– Ontogeny of the trilobite *Peltura scarabaeoides* from Upper Cambrian, Denmark. – Palaeontology **1,** pt. 3, 200–206, 1 Taf., 1959 (1959a).

– Ontogeny of Trilobita. – In: R. C. MOORE, Treatise on Invertebrate Paleontology, part O, 127–145, 20 Abb., New York 1959 (1959b).

– Phylogeny and distribution of Ordovician Trilobites. – J. Paleont. **40,** 696–737, 16 Abb., 1966. – Darin umfangreiches Literaturverzeichnis.

– Trilobites with appendages from the Middle Cambrian, Burgess Shale, British Columbia. – Fossils and Strata **4,** 97–136, 31 Abb., 25 Taf., Oslo 1975.

– The significance of the fauna of the Burgess Shale, Middle Cambrian, British Columbia. – Proc. Geol. Assoc. **91** (3), 127–148, 12 Abb., 4 Taf., London 1980 (1980a).

– Exoskeleton, moult stage, appendage morphology and habits of the Middle Cambrian trilobite *Olenoides serratus*. – Paleontology **23,** 171–204, 1980 (1980b).

– & EVITT, W. R.: Silicified Middle Ordovician trilobites. – Geol. Soc. America, Mem. **59,** 137 S., 27 Abb., 33 Taf., New York 1953.

YUAN, J.-L.: Proetiden aus dem jüngeren Oberdevon von Süd-China. – Palaeontographica **A 201,** 1–102, 46 Abb., 15 Taf., Stuttgart 1988.

ZHOU, Z. Y., & HUGHES, C. P.: A review of the trinucleid trilobites of China. – Paläont. Z. **63** (1/2), 55–78, 11 Abb., Stuttgart 1989.

ZITTEL, K. A.: Grundzüge der Paläontologie (Paläozoologie). I. Invertebrata. 4. Aufl., 697 S., 1458 Abb., 1915; 5. Aufl. (bearb. v. F. BROILI), VIII + 733 S., 1457 Abb., München u. Berlin 1921.

Anhang: Klasse **Arthropleurida** WATERLOT 1934

Deutlich segmentierte, bis 1,8 m lange, altertümliche Arthropoda, deren langgestreckter, an Myriapoden erinnernder Körper aus einem Kopf-, Rumpf- und Schwanzabschnitt besteht (Abb. 699 A). Die Cuticula ist, verglichen mit der Größe der Tiere, auffallend dünn. Der Kopf ist lediglich von *Eoarthropleura* bekannt und dürfte bei *Arthropleura* entgegen der Rekonstruktion in Abb. 699 A ebenfalls relativ kurz, vorn breit gerundet und wie die übrigen Körpersegmente mit Pleuren ausgestattet gewesen sein. Die Anzahl der gelenkig verbundenen Segmente beträgt maximal etwa 30, sonst je nach Art und dem ontogenetischen Stadium weniger. Der lange, schmale Körper hat eine weitgehend gleichbleibende Breite, die nur zum Kopf und zum Schwanzabschnitt relativ rasch abnimmt. Die Tergite der Segmente variieren in Gestalt und Größe. Die vorderen sind etwas schmaler. Jedes Tergit überlappt das nach hinten folgende um etwa ein Viertel seiner Länge. Es besteht aus einem rechteckigen medianen Teil (Achse) und pleurenartigen (paratergalen) Seitenteilen. Jedes Segment trägt ein Paar Gliedmaßen, die im Unterschied zu den älteren Vorstellungen (WATERLOT 1934) (Abb. 699 B) nicht biramos, sondern uniramos ausgebildet sind (Abb. 700 A). Die relativ große, aus radial angeordneten Skleriten bestehende Rosettenplatte wird als Teil der Subcoxa betrachtet. Bei den basalen Strukturen der

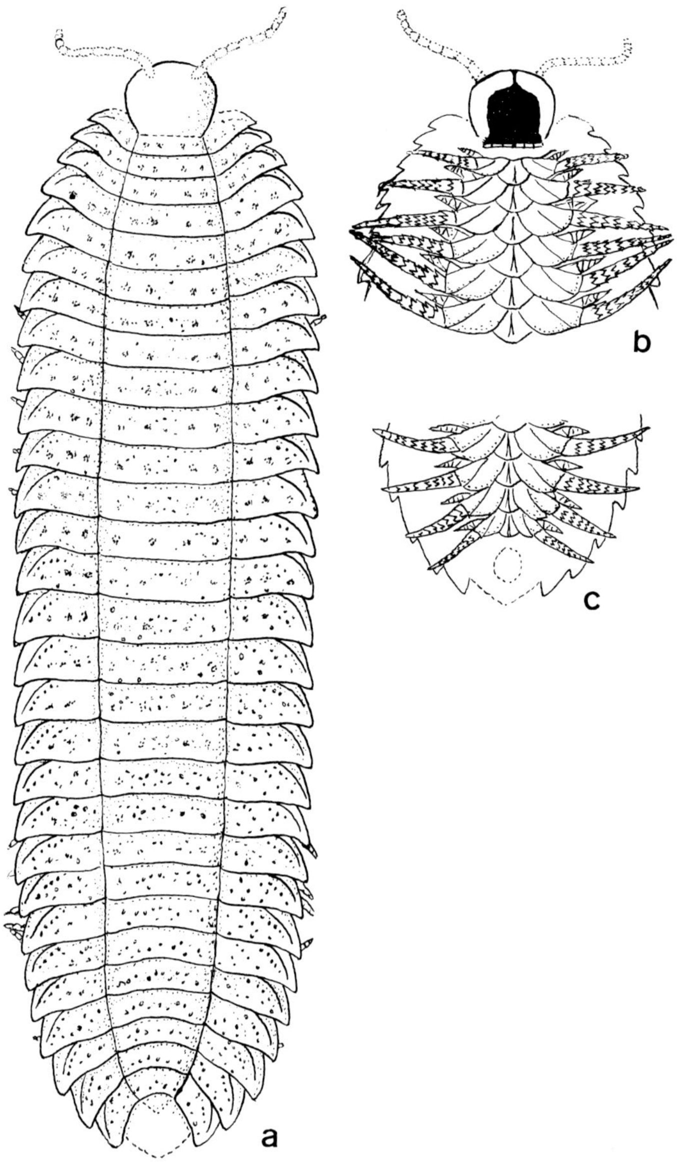

Abb. 699 A. *Arthropleura armata* JORDAN & MEYER, Rekonstruktion: a) Dorsalseite, b) Ventralseite der Kopfregion, c) Ventralseite der Analregion; Ob. Karbon von Europa, Länge von a) ca. 1,60 m. — Nach W. D. ROLFE 1969, umgezeichnet.

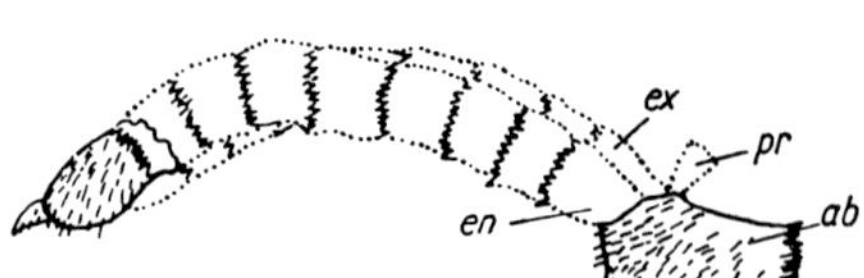

Abb. 699 B. Kaufuß von *Arthropleura* sp., Rekonstruktion. Westfal. Ca. $^{5}/_{1}$ nat. Gr. Bezeichnungen: ab = Sympodit, ex = Exopodit, en = Endopodit, pr = Praecoxa. — Nach G. WATERLOT 1953.

Segmente (Abb. 700 A, B) handelt es sich vermutlich um sklerotisierte Teile der Körperwand, durch die der Bereich zwischen dem (medianen) Sternit und den Seitenteilen der Somite wie bei den rezenten Myriapoden geschützt wurde. Man neigt heute dazu, die A. als besondere Klasse den Myriapoda zuzurechnen (Rolfe & Ingham 1967; Rolfe 1969). – Unt. Devon – Ob. Karbon von Europa, Kasachstan und N-Amerika mit 2 (? 3) Gattungen.

Eoarthropleura Størmer 1976: Unt. Devon (Unt. Ems) von M-Europa (Abb. 700 B).

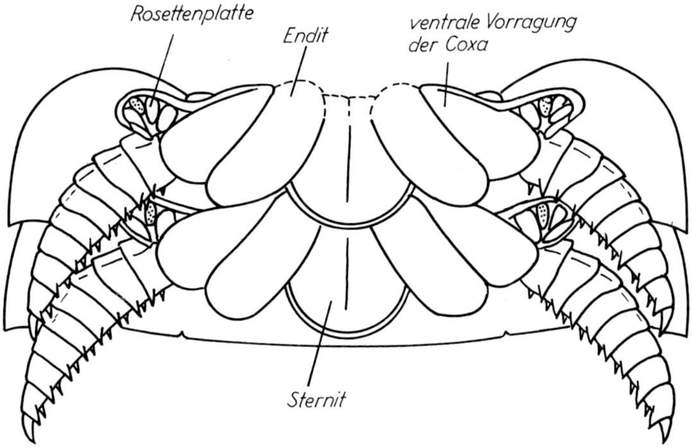

Abb. 700 A. *Arthropleura armata* Jordan & Meyer, Rekonstruktion der Ventralseite zweier Somite des Rumpfes; Ob. Karbon (Westfal) des Saargebiets (BRD). – Nach L. Størmer 1976, umgezeichnet.

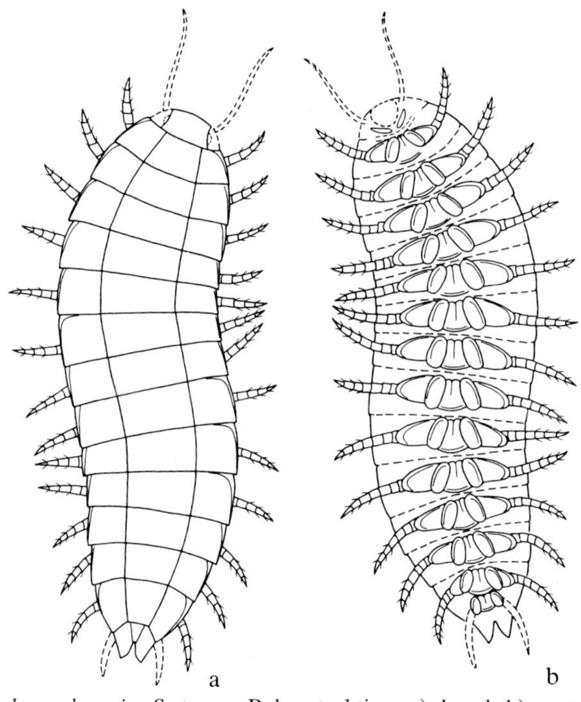

Abb. 700 B. *Eoarthropleura devonica* Størmer, Rekonstruktion, a) dorsal, b) ventral; Unt. Devon (Unt. Ems), Alken a. d. Mosel; ca. ¾ nat. Gr. – Nach L. Størmer 1976.

Dorsalseite des Exoskeletts glatt. Kopf kurz. Tergite einiger Somite mit vorderen und seitlichen Randsäumen. Hintere Doublatur der Achse an der Dorsalseite mit Längsfurchen. Sternite fast quadratisch. Extremitäten mit relativ langen Gliedern. Coxa mit Endit. Ohne Rostralplatte.

Arthropleura Jordan & Meyer in Meyer 1853 (= ? *Troxitis* Goldenberg 1854): Ob. Karbon (Westfal — Stephan) von Europa, Kasachstan und N-Amerika (Abb. 699 A, B, 700 A).

Tergite dosoventral abgeplattet, durch 2 axiale Längsfurchen in 3 Loben gegliedert. Panzer nur 1—2 mm dick; außen mit derben Knötchen und Dornen bedeckt, zwischen die sich andere, kleinere Elemente einschalten. Leider können infolge der Größe der Tiere und der vermutlich starken selektiven Zerstörung der mineralisierten Teile durch Huminsäuren in der Regel nur Fragmente geborgen werden. Zu den wenigen, fast vollständigen Funden gehört eine adulte *A. armata* aus dem Saargebiet. Sie zeigt ohne Kopf und Hinterende, die nicht erhalten sind, 26—27 Segmente bei einer Länge von 90 cm und eine maximale Breite von 23 cm. Vorn und hinten fehlen einige Tergite, so daß deren Gesamtzahl auf mindestens 30, die Länge des Tieres im unversehrten Zustand auf 110 cm geschätzt werden kann (G. Hahn et al. 1986).

Die Tiere lebten vermutlich nicht, wie ursprünglich angenommen wurde, hauptsächlich im Süßwasser, sondern wie die rezenten polydesmiden Diplopoda auf dem Lande, wo sie im Mulm und Fallaub die nötige Feuchtigkeit fanden. Wie die Schlundfüllung einer jugendlichen *A. armata* zeigt, die aus dicht gepackten, fein zerbissenen Pflanzenresten besteht, ernährten sich die *A.* vermutlich ganz oder überwiegend herbivor.

Literaturverzeichnis

Guthörl, P.: Die Arthropoden aus dem Carbon und Perm des Saar-Nahe-Pfalz-Gebietes. — Abh. preuß. geol. L.-A., N. F. **164,** 219 S., 116 Abb., 30 Taf., Berlin 1934.

— Entdeckung und Bergung des größten, bis jetzt bekannten Exemplars von *Arthropleura armata* Jordan & v. Meyer in der Grube Maybach-Saar. — Z. Dtsch. Geol. Ges. **87,** 687—692, 4 Abb., 1 Taf., Berlin 1935.

— *Arthropleura,* der Riesengliederfüßler des Obercarbons und seine Verbreitung in den europäischen Steinkohlenbecken. — Glückauf **72,** 965—975, 12 Abb., Essen 1936.

Hahn, G., Hahn, R., & Brauckmann, C.: Zur Kenntnis von *Arthropleura* (Myriapoda; Ober-Karbon). — Geologica et Palaeontologica **20,** 125—137, 3 Abb., 2 Taf., Marburg 1986.

Rolfe, W. D.: Arthropleurida. — In: R. C. Moore (Ed.), Treatise on Invertebrate Paleontology, part **R,** Arthropoda 4, 607—620, 8 Abb., Lawrence/Kans. 1969.

— & Ingham, J. K.: Limb structure, affinities and diet of the Carboniferous „Centripede“ *Arthropleura.* — Scott. J. Geol. **3,** 118—124, 2 Abb., 1 Taf., Edinburgh 1967.

Salter, J. W.: On some species of *Eurypterus* and allied forms. — Quart. J. geol. Soc. London **19,** 81—87, 8 Abb., London 1863.

Størmer, L.: Arthropods from the Lower Devonian (Lower Emsian) of Alken an der Mosel, Germany. 5. Myriapoda and additional forms, with general remarks on fauna and problems regarding invasion of land by arthropods. — Senckenbergiana lethaea **57,** 87—183, 107 Abb., 10 Taf., Frankfurt a. Main 1976.

Waterlot, G.: Études des gîtes minéraux de la France. Bassin Houiller de la Sarre et de la Lorraine. II. Faune fossile. Étude de la faune continental du Terrain Houiller Sarro-Lorrain. 320 S., 66 Abb., 24 Taf., Lille 1934.

— Découverte de deux fragmentes de patte-mâchoire d'*Arthropleura* (archeocrustacé) du Terrain Houiller Sarro-Lorrain. — Ann. Soc. géol. Nord **67,** 183—195, 4 Abb., 1 Taf., Lille 1949.

— Ordre des Arthropleurida Waterlot 1934. — In: J. Piveteau, Traité de Paléontologie **III,** 247—254, 7 Abb., Paris (Masson) 1953.

Anhang: Klasse **Euthycarcinoidea** Gall & Grauvogel 1964

Eine problematische Gruppe limnischer Arthropoden, die teils an Myriapoden (Diplopoda), Merostomaten und Insekten, teils an Trilobitomorphen und Crustaceen erinnern, die aber keiner dieser Gruppen zugeordnet werden können. Gegen Crustaceen, an die man zunächst dachte, spricht, daß nur ein Antennenpaar sicher nachgewiesen werden konnte (F. R. Schram & W. D. I. Rolfe 1982) (Abb. 701 A). Als Labrum läßt sich vielleicht das 1. Sternit deuten, eine ventrale Kopfplatte etwa analog der Rostralplatte der Trilobiten. Die auffallende, konkave Fläche auf dem 2. Sternit dürfte vielleicht mit der Ernährung zusammenhängen, der Mund zwischen dem 1. und 2. Sternit liegen. Worum es sich aber im einzelnen bei den fraglichen Strukturen im Bereich des 1. Tergits und des Kopfes wirklich handelt, läßt sich erst mit besser erhaltenen Funden klären. So bezeichnen wir entsprechend der sehr vorsichtigen Diagnose von Schram & Rolfe 1982 die Euthycarcinoidea als Arthropoden mit einem Paar Antennen, einer variablen Anzahl von Somiten am Praeabdomen, die ventral deutlich als Sternite, dorsal als einfache, nicht miteinander verwachsene Tergite ausgebildet sind und von denen jedes ein Beinpaar trägt. Das Postabdomen ist anhangslos und endet in einem styliformen Telson. — Ob. Karbon (Westfal D) — Mittl. Trias mit ca. 5 Gattungen.

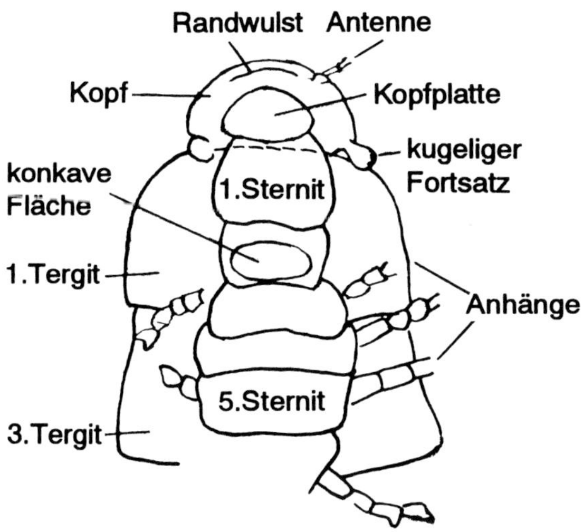

Abb. 701 A. *Kottixerxes gerem* Schram & Rolfe, Ventralseite von Kopf und der unmittelbar angrenzenden Region. Ob. Karbon (Stephan B) von Montceau-les-Mines (Frankreich). Länge ca. 0,9 cm. — Nach F. R. Schram & W. D. I. Rolfe 1982, umgezeichnet.

Beispiele:

Euthycarcinus Handlirsch 1914: Ob. Karbon (Westfal D) — Unt. Trias von Frankreich und Deutschland (Abb. 701 B).

Praeabdomen mit 6 Tergiten, deren rückwärtige Seitenecken in spitze Fortsätze auslaufen und von denen das 6. Tergit deutlich schmaler ist als die übrigen. Alle Tergite mit einem kontinuierlich durchlaufendem mittelständigen mittelständigen Kamm oder Grat.

Bei den antenniformen Anhängen auf Abb. 701 B handelt es sich vermutlich um besonders differenzierte Beine, was sich aus deren einästigem (uniramen) Bau ergibt. Ähnliches dürfte für

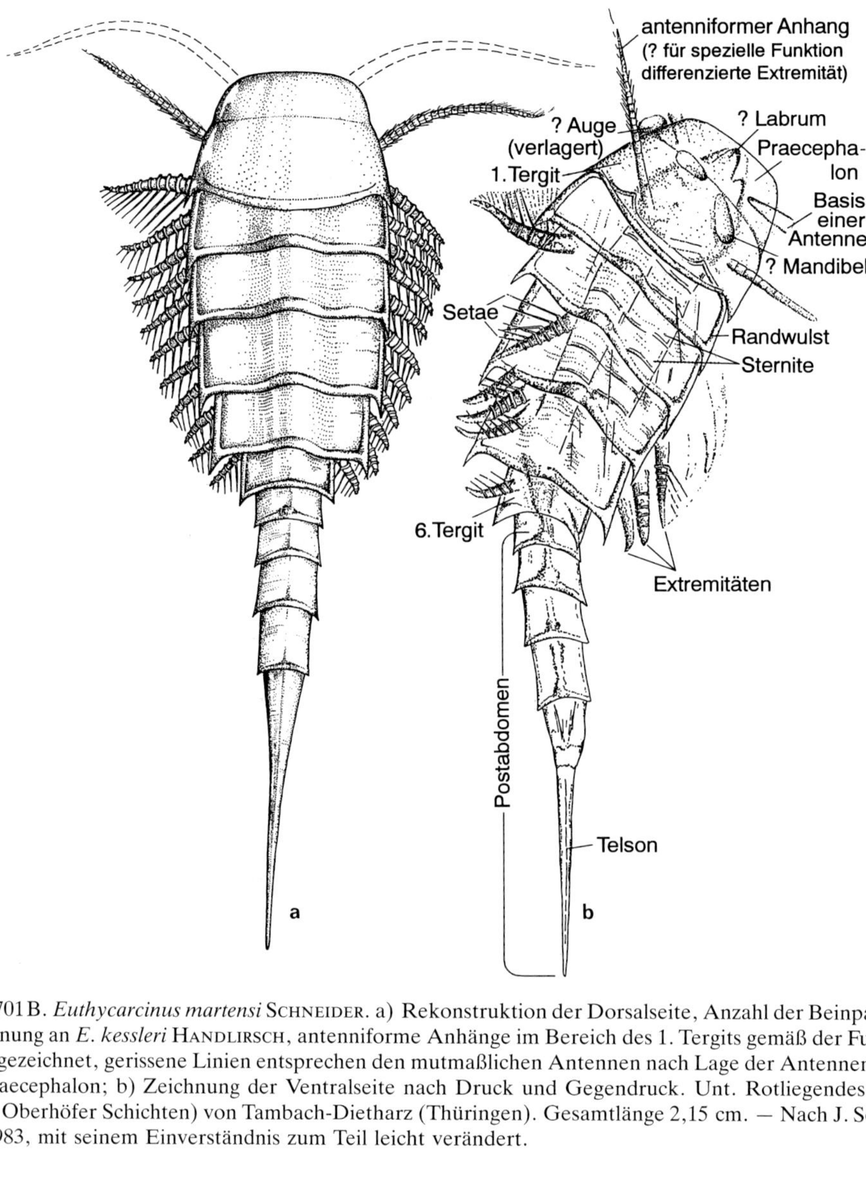

Abb. 701 B. *Euthycarcinus martensi* SCHNEIDER. a) Rekonstruktion der Dorsalseite, Anzahl der Beinpaare in Anlehnung an *E. kessleri* HANDLIRSCH, antenniforme Anhänge im Bereich des 1. Tergits gemäß der Fundposition gezeichnet, gerissene Linien entsprechen den mutmaßlichen Antennen nach Lage der Antennenbasen am Praecephalon; b) Zeichnung der Ventralseite nach Druck und Gegendruck. Unt. Rotliegendes (Unt. Perm, Oberhöfer Schichten) von Tambach-Dietharz (Thüringen). Gesamtlänge 2,15 cm. — Nach J. SCHNEIDER 1983, mit seinem Einverständnis zum Teil leicht verändert.

die von GALL & GRAUVOGEL (1964, Taf. V, Fig. 1) als 2. Antennen bezeichneten Gebilde zutreffen.

Kottixerxes SCHRAM 1971: Ob. Karbon (Stephan B) von Frankreich und Mittl. Pennsylvanian von Mazon Creek (Illinois, USA) (Abb. 701 A).

Hinterrand der praeabdominalen Tergite leicht sinusförmig gebogen. Alle Tergite etwa von gleicher Breite, glatt, ohne Skulptur. Telson etwas kürzer als das Postabdomen.

Synaustrus RIEK 1964: Mitt. Trias von Neu-Süd-Wales.

Antennen massiv. Kopf vorn deutlich schmaler als hinten. Hinterrand der 6 praeabdominalen

Tergite nicht sinusförmig gebogen; rückwärtige Seitenecken ohne spitz zulaufende Fortsätze. Vorderteil der Tergite dorsal teilweise mit mittelständigem Kamm. Telson etwa von gleicher Länge wie das Postabdomen.

Literaturverzeichnis

Gall, J.-C., & Grauvogel, L.: Un arthropode peu connu, le genre *Euthycarcinus* Handlirsch. — Ann. Paléont. Invert. **40,** pt. 1, 3—18, 3 Abb., 8 Taf., Paris 1964.

Handlirsch, A.: Eine interessante Crustaceenform aus der Trias der Vogesen. — Verh. k. k. zool.-bot. Ges. Wien **64,** 1—8, 1 Abb., Wien 1914.

Pacaud, G., Rolfe, W. D. I., Schram, F. R., Secretan, S., & Sotty, D.: Quelques invertébrés nouveaux du Stéphanien de Montceau-les-Mines. — Bull. Soc. Hist. Nat. Autun **97,** 37—43, Autun 1981.

Riek, E. F.: Merostomoidea (Arthropoda, Trilobitomorpha) from the Australian Middle Triassic. — Rec. Austr. Mus. **26,** 327—332, 2 Abb., Sydney 1964.

— Re-examination of two arthropod species from the Trias of Brookvale, New South Wales. — Ebd. **27,** 313—321, Sydney 1968.

Rolfe, W. D. I.: Les Euthycarcinoides de Montceau et Mazon Creek. — Bull. trimestr. Soc. Hist. Nat. Autun **115,** 71—72, Autun 1985.

Schneider, J.: *Euthycarcinus martensis* n. sp. — ein neuer Arthropode aus dem mitteleuropäischen Rotliegenden (Perm) mit Bemerkungen zu limnischen Arthropoden-Assoziationen. — Freiberger Forschungshefte **C 384,** 49—57, 3 Abb., Leipzig 1983.

Schram, F. R.: A Strange Arthropod from the Mazon Creek of Illinois and the Trans Permo-Triassic Merostomoides (Trilobitoidea). — Fieldiana, Geol. **20** (6), 85—102, 11 Abb., Chicago 1971.

— & Rolfe, W. D. I.: New euthycarcinoid arthropods from the Upper Pennsylvanian of France and Illinois. — J. Paleont. **56,** 1434—1450, 3 Abb., Lawrence 1982.

Schultka, S.: Erster Nachweis der Gattung *Euthycarcinus* (Arthropoda) aus dem Oberkarbon von Ibbenbüren (Nordrhein-Westfalen, Deutschland). — Paläont. Z. **65** (3/4), 319—332, 8 Abb., Stuttgart 1991.

Anhang: Coelomaten unsicherer oder unbekannter taxonomischer Stellung

Nachstehend werden einige Organismenreste betrachtet, deren taxonomische und stammesgeschichtliche Zuordnung sehr unsicher oder völlig unbekannt ist.

a) **Tullimonstrum gregarium** Richardson 1966: Ob. Karbon (Mittl. Pennsylvanian, Francis Creek Shale) von Mazon Creek (Illinois, USA) (Abb. 702).

Es handelt sich um ein bilateral-symmetrisches, homogen segmentiertes, weichkörperiges Tier mit einer maximalen Länge von ca. 34 cm, an dem eine Kopf-, Rumpf- und Schwanzregion zu unterscheiden sind (Abb. 702 a, b). Die augenlose Kopfregion nimmt etwa ⅓ der Gesamtlänge ein und läuft nach vorn in einen dünnen, vermutlich nicht retraktilen „Rüssel" (Proboscis) aus, der an seinem distalen Ende einen winzigen, kieferartigen (?) Fangapparat trägt (Abb. 702 c). Die beiden „Kiefer" sind an der Innenkante mit feinen, nadelspitzen Stiften besetzt. Ein Gelenk zum Öffnen oder Schließen ist nicht zu erkennen. Gegen den Rumpf wird die Kopfregion durch das dünne, röhrenförmige und vermutlich relativ starre Querorgan („bar") abgegrenzt. Es war vermutlich nur mit der etwas verdickten Mitte am Körper festgewachsen und endet jederseits in einem kleinen, ovalen, stets nach rückwärts gerichteten Knopf (?Auge) (Abb. 702 d, e). Der schlauchförmige, weich geschwungene und bei gut erhaltenen Exemplaren bis zu 16 Segmente aufweisende Körper wird mit Annäherung an den Schwanzabschnitt schmaler. Dieser zeigt in seiner Mittelregion 8—12 Segmente und jederseits eine dreieckige Flosse, die, wegen ihrer faltigen und oft leicht gewellten Abdrücke im Gestein, dünn und biegsam gewesen sein muß. Der Schwanzabschnitt nimmt etwa ¼ der Körperlänge ein und endet in einer stumpfen Spitze. Eine

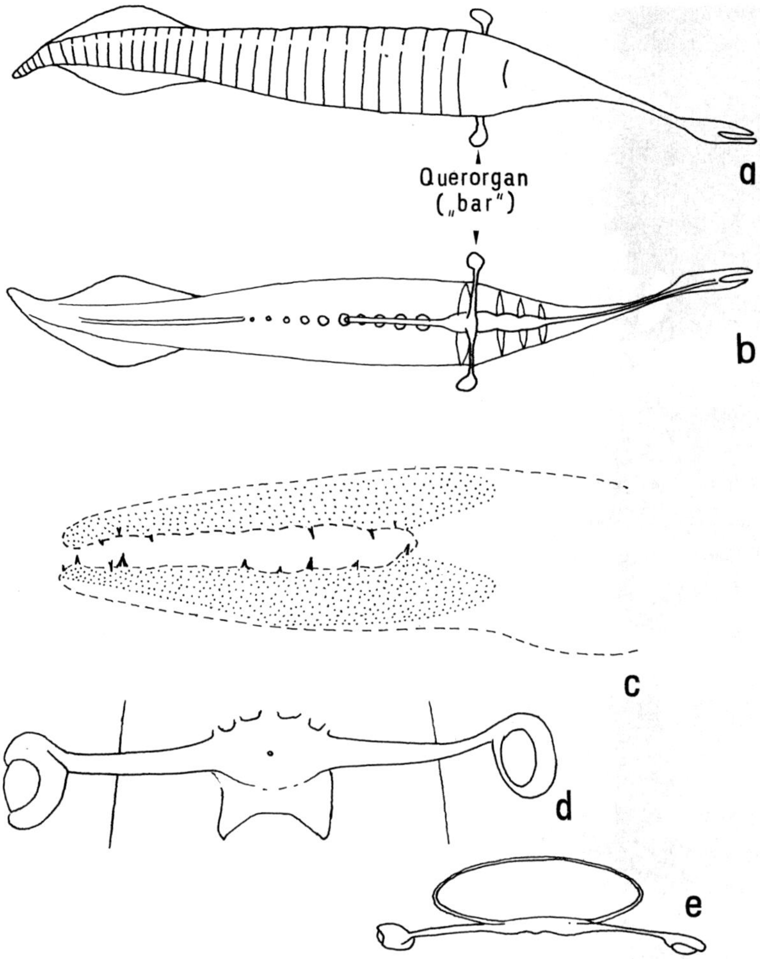

Abb. 702. *Tullimonstrum gregarium* RICHARDSON, Ob. Karbon (Mittl. Pennsylvanian) von Mazon Creek (USA, Illinois): a)–b) Rekonstruktion, bei b) mit der hypothetischen inneren Anatomie; maximale Länge ca. 34 cm; c) „Kieferapparat" (der punktierte Bereich liegt in Pyriterhaltung vor und entspricht vielleicht einem festeren Gewebe); d) Rekonstruktion des „Querorgans"; e) Querschnitt durch den Körper im Bereich des „Querorgans". – Zusammengestellt nach R. G. JOHNSON & E. S. RICHARDSON jr. 1969.

mediane Längsstruktur entspricht wohl dem gerade verlaufenden Darmtraktus. Rundliche Eindrücke, die gelegentlich im Bereich des Rumpfes in jedem Segment beiderseits der Mittellinie vorkommen, sind schwierig zu deuten (? Nephridien, Gonaden, Ganglien). Falls Hartteile vorhanden waren, können sie nicht aus Knochen, Chitin oder Kalziumkarbonat bestanden haben.

Wie sich aus der marinen Begleitfauna (Polychaeten, Medusen, Holothurien, Crustaceen, Mollusken) ergibt (R. G. JOHNSON & E. S. RICHARDSON 1966), neben der nur vereinzelte Reste aus dem limnisch-terrestrischen Bereich auftreten, handelt es sich bei *T.* vermutlich um einen Meeresbewohner. Leider läßt sich das Tier keinem der bekannten Tierstämme zuordnen. Hiergegen sprechen vor allem Proboscis und Querorgan. Innere Organe und Segmentation

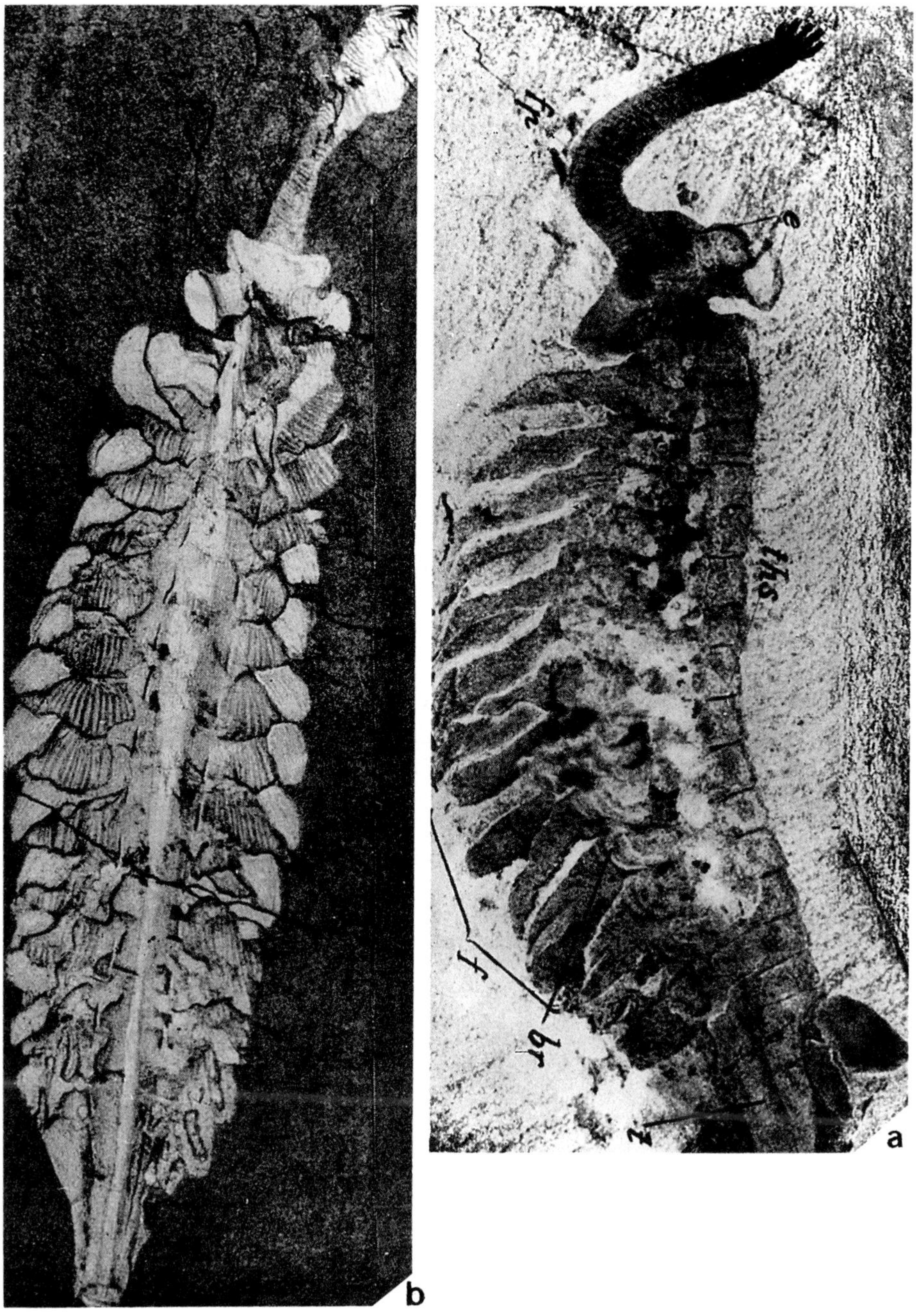

Abb. 703 A. *Opabinia regalis* WALCOTT. a) lateral, b) ventral. Mittl. Kambrium (Burgess-Schiefer) von Britisch-Kolumbien. Länge von b) ca. 8 cm. — Nach CH. D. WALCOTT.

lassen auf einen Coelomaten schließen. Der äußere Habitus erinnert an gewisse Sipunculida, Echiurida und Chaetognatha. Ähnlichkeiten bestehen auch zu den Nemertinen; doch dürfte die Organisation bereits einen höheren Grad erreicht haben. Segmentierung und Differenzierung des Körpers in verschiedenen Regionen sind weniger ausgeprägt als bei typischen Anneliden und Arthropoden. Keines der für Mollusken charakteristischen Merkmale läßt sich nachweisen. Vermutlich handelt es sich um den Repräsentanten eines ausgestorbenen Tierstammes, dessen Berechtigung aber durch weitere Funde abgesichert werden muß.

b) **Opabinia regalis** WALCOTT 1911: Mittl. Kambrium (Burgess-Schiefer) von Britisch-Kolumbien (Abb. 703 A, B).

Es handelt sich um ein ca. 7—8 cm langes, der Längserstreckung nach dreigeteiltes (trilobates) Tier mit 5 großen, gestielten Komplexaugen, langem, erektilem Rüssel („Proboscis") und ca. 16 Abdominalsegmenten. Letztere tragen jederseits 2 plattenartige Anhänge.

Es bestehen zweifellos Beziehungen zu den Arthropoden; doch läßt sich *O.* bei keiner der bekannten Klassen unterbringen. H. B. WHITTINGTON (1975) vertritt die Ansicht, daß das Tier in einem praearthropoden und/oder praeanneliden Stamm wurzelt.

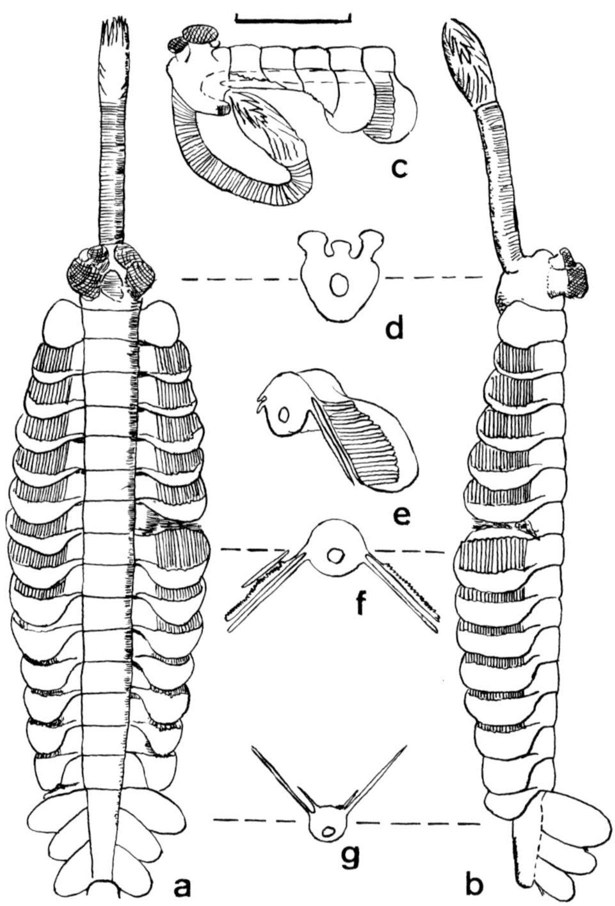

Abb. 703 B. *Opabinia regalis* WALCOTT, Mittl. Kambrium (Burgess-Schiefer) von Britisch-Kolumbien, Maßstab 1 cm. a) Dorsalseite, b) Lateralseite, c) Details des Vorderendes von der Seite, d)—g) Querschnitte an der jeweiligen Stelle. — Nach H. B. WHITTINGTON 1976, umgezeichnet.

Literaturverzeichnis

BEALL, B. S.: The Tully Monster and a new approach to analyzing problematica. — A. M. SIMONETTA & S. C. MORRIS (Eds.), The early evolution of Metazoa and the significance of problematic taxa, 271—285, 10 Abb., Cambrige etc. 1991.

BERGSTRÖM, J.: Morphology of Fossil Arthropoda as a Guide to Phylogenetic Relationships. — In: A. P. GUPTA (Ed.), Arthropod Phylogeny, 2—56, 23 Abb., New York 1979.

BRIGGS, D. E. G., & WHITTINGTON, H. B.: The affinities of Cambrian animals *Anomalocaris* and *Opabinia*. — Lethaia **20** (2), 185—186, Oslo 1987.

JOHNSON, R. G., & RICHARDSON, E. S., jr.: A remarkable Pennsylvanian fauna from Mazon Creek area, Illinois. — J. Geol. **74** (5) I, 626—631, 1966.

— — The morphology and affinities of *Tullimonstrum*. — Fieldiana, Geol. **12,** Nr. 8, 119—149, 18 Abb., 1969.

LEIBHARDT, M.: Im Jagdgebiet des Tully Monsters. — Nat. u. Museum **99,** 552—558, 12 Abb., Frankfurt a. Main 1969.

MÜLLER, A. H.: *Tullimonstrum gregarium* aus dem Oberkarbon von Mazon Creek (Illinois, USA). — Biol. Rdsch. **14,** 49—51, 1 Abb., Jena 1976.

RICHARDSON, E. S.: The Tully Monster. — Bull. Field Mus. nat. Hist. **37** (7), 4—6, Chicago 1966.

WALCOTT, Ch.: Middle Cambrian Annelids. — Smithson. Misc. Coll., Publ. 2009, Bd. **57,** Nr. 2, 109—144, 5 Taf., 1911.

— Middle Cambrian Branchiopoda, Malacostraca, Trilobita and Merostomata. — Smithson. Misc. Coll., Publ. 2051, Bd. **57,** Nr. 6, 145—228, 10 Abb., 9 Taf., 1912.

WHITTINGTON, H. B.: The enigmatic animal *Opabinia regalis,* Middle Cambrian, Burgess Shale, British Columbia. — Phil. Trans. Roy. Soc. London **271 B,** 1—43, London 1975.

Korrekturen und Nachträge zu Band II/1 (4. Auflage)

S. 202, 12. Z. v. unten: Diagenese statt Diagnose; S. 238 und Abb. 215 B: *Peytoia* keine Meduse, nach neueren Befunden der Mundbereich von *Anomalocaris* WHITEAVES; S. 256, 5. Z. v. unten: *Charniodiscus* statt *Charnodiscus*; S. 326, Abb. 318 B um 180° drehen; S. 339, 2. Z. v. unten: BUSK statt BUSKI; S. 371, 9. Z. v. unten: Ob. statt Unt.; S. 373, 1. Z. v. oben: *francquana* statt francquana; S. 495, 3. Z. v. oben: *Facivermis* statt *Facivermes;* S. 539, Leg. zu Abb. 599: Der linken statt der rechten Klappe.

Nachzutragen ist S. 25:

ZHURAVLEV, A. Y.: Were Ediacaran Vendobionta multicellulars? — N. Jb. Geol. Paläont. Abh. **190**, 299—314, 3 Abb., Stuttgart 1993. — Darin umfassendes Literaturverzeichnis.

Nachzutragen sind S. 101 ff.:

SCHULZE, F. E.: Die Xenophyophoren, eine besondere Gruppe der Rhizopoden. — Deutsche Tiefsee-Exp. 1898—1899, **XI**, 1—55, 8 Taf., Jena 1907.

TENDAL, O. S.: A monograph of the Xenophyophoria (Rhizopodea, Protozoa). — Galathea Rep. **12**, 7—103, Copenhagen 1972.

— & HESSLER, R. R.: An introduction to the biology and systematics of Komokiacea (Textulariina, Foraminiferida). — Galathea Rep. **14**, 165—194, Copenhagen 1977.

Personenregister

Sachregister

Kursiv gesetzte Seitenzahlen bedeuten, daß eine Abbildung vorhanden ist.